CMOS 數位積體電路分析與設計
第四版

CMOS Digital Integrated Circuits Analysis and Design, 4e

Sung-Mo (Steve) Kang
Korea Advanced Institute of Science and Technology
University of California at Santa Cruz

Yusuf Leblebici
Swiss Federal Institute of Technology – Lausanne

Chulwoo Kim
Korea University – Seoul

著

黃崇禧

國立雲林科技大學電機工程系

陳右罡

國家中山科學研究院

譯

國家圖書館出版品預行編目資料

CMOS 數位積體電路分析與設計 / Sung-Mo(Steve)Kang, Yusuf Leblebici, Chulwoo Kim 著；黃崇禧, 陳右罡譯. -- 四版. -- 臺北市：麥格羅希爾, 2016.01

面；　公分 (電子/電機叢書；EE035)

譯自：CMOS digital integrated circuits : analysis and design, 4th ed.

ISBN 978-986-341-194-9

1.積體電路

448.62　　　　　　　　　　　　　　　　　104016797

電子/電機叢書　EE035

CMOS 數位積體電路分析與設計 第四版

作　　　者	Sung-Mo (Steve) Kang, Yusuf Leblebici, Chulwoo Kim
譯　　　者	黃崇禧　陳右罡
特約編輯	胡天慈
企劃編輯	陳佩狄
業務行銷	李本鈞　陳佩狄　林倫全
業務副理	黃永傑
出　版　者	美商麥格羅希爾國際股份有限公司台灣分公司
地　　　址	台北市 10044 中正區博愛路 53 號 7 樓
讀者服務	E-mail: tw_edu_service@mheducation.com TEL: (02) 2383-6000　　FAX: (02) 2388-8822
法律顧問	惇安法律事務所盧偉銘律師、蔡嘉政律師
總經銷(台灣)	臺灣東華書局股份有限公司
地　　　址	10045 台北市重慶南路一段 147 號 3 樓 TEL: (02) 2311-4027　　FAX: (02) 2311-6615 郵撥帳號：00064813
網　　　址	http://www.tunghua.com.tw
門　　　市	10045 台北市重慶南路一段 147 號 1 樓　TEL: (02) 2382-1762
出版日期	2016 年 1 月（四版一刷）

Traditional Chinese Copyright © 2016 by McGraw-Hill International Enterprises, LLC., Taiwan Branch
Original title: CMOS Digital Integrated Circuits Analysis & Design, 4e　ISBN: 978-0-07-338062-9
Original title copyright © 2015 by McGraw-Hill Education
All rights reserved.

ISBN：978-986-341-194-9

※著作權所有，侵害必究。如有缺頁破損、裝訂錯誤，請寄回退換

譯者序

　　首次接觸到本書時為二版，對於當時譯者從事電路設計工作與研究多所助益。於任教目前服務系所後，即開始採用三版作為相關課程的教科書達數年之久。本書內容涵蓋層面甚廣，包含半導體製程、元件模型、電路設計、製造測試……等相關議題。前段內容可供一般學生對於超大型積體電路設計基礎知識的入門，而完整內容除可使從事數位系統設計工程師了解底層標準元件電路知識，另混合訊號 / 類比電路設計工程師亦可做為建立高速積體電路設計之基礎。

　　有關四版內容，原文作者除改寫當代半導體製程演進介紹外，採用短通道電晶體模型來推導相關電路特性，並刪除原有空乏型反相器電路範例而改用虛擬 nMOS 反相器替代，以符合現今次微米 / 奈米製程電路設計主流。記憶體章節亦部分改寫，增加低電壓 SRAM 介紹；BiCMOS 章節則改為算術運算單元電路介紹；時脈產生章節亦增加鎖相迴路與延遲鎖定迴路簡介。

　　謝謝家人對於譯者從事翻譯期間犧牲家庭時間的包容，以及麥格羅希爾公司、陳佩狄小姐與編輯們的協助，讓譯者對於國內積體電路設計教育的理念之一得以實現！因翻譯時間急促，如有疏漏謬誤，亦請讀者與先進們不吝指正。

黃 崇 禧
謹識於雲林縣斗六市雲林科技大學電機工程系

譯者序

　　本書使用了數學方式來分析數位電路的特性，透過書內的分析方式，設計者能對電路的操作有充分的了解，並且於電路設計之初，即能先推估電路的效能。

　　在第四版中，作者因時代的演進與為了符合主流設計而刪除部分內容並加入算術運算單元電路、鎖相迴路與延遲鎖定迴路等新的內容，這些都是目前常用且重要的數位電路。此次內容的更新，使得本書更趨於完整與符合時代潮流。

　　謝謝家人，特別是愛妻毓珊的協助，使譯者能完成此次的翻譯。因時間倉促，翻譯上如有疏漏，但請讀者們不吝賜教與指正。

陳右罡

謹識於桃園市龍潭區國家中山科學研究院

作者簡介

Sung-Mo "Steve" Kang 於加州大學柏克萊分校取得電機工程博士學位。他曾從事全客戶式 CMOS VLSI 晶片的開發，包括在新澤西州莫瑞山的 AT&T 貝爾實驗室的世界上第一顆 32 位元全 CMOS 微處理器與周邊晶片。他曾在伊利諾大學厄巴納香檳分校、加州大學聖塔克魯斯分校、加州大學默塞德分校與韓國大田的高等科學與技術學院 (KAIST) 教授數位積體電路課程。他還應邀於全球主要會議與大學對於 CMOS 數位電路、可靠性與超大型積體電路系統的計算機輔助設計進行演講與指導課程。

Kang 博士是 IEEE、ACM、AAAS 等學會院士，並已獲得許多獎項，其中包括 IEEE 千禧年獎章、IEEE 研究生教學技術領域獎、IEEE CAS 學會 M. E. Van Valkenburg 獎、IEEE CAS 學會技術卓越獎、SRC 技術卓越獎與田長霖教育領袖獎。他曾擔任伊利諾大學厄巴納香檳分校系主任、加州大學聖塔克魯茲分校電機學院院長、加州大學默塞德分校校長，目前並擔任韓國大田 KAIST 校長 (2013~)。

Yusuf Leblebici 於伊利諾大學厄巴納香檳分校取得電機與電腦工程博士學位。他曾是伊利諾大學厄巴納香檳分校電機與電腦工程的客座助理教授、伊斯坦堡科技大學電機與電子工程副教授與伍斯特理工學院電機與電腦工程副教授。他還擔任過薩班哲大學的微電子學程的協調員。目前，他是瑞士聯邦理工學院洛桑分校正（講座）教授與微電子系統實驗室負責人。他的研究興趣包括：高性能 CMOS 數位與混合訊號積體電路設計、超大型積體電路系統的計算機輔助設計、智慧型感測器介面、半導體元件模擬與模型化以及 VLSI 可靠度分析。他是 IEEE 院士，並且獲得北約科學研究員獎、土耳其科學與技術研究理事會青年科學家獎以及伍斯特理工學院約瑟夫塞繆爾薩丁傑出院士獎。他被選為 IEEE 電路與系統學會 2010~2011 年的傑出講師。

Chulwoo Kim 於韓國大學取得電子工程學士與碩士學位,並於伊利諾大學厄巴納香檳分校取得電機與電腦工程博士學位。1999 年,他在加州聖克拉拉市的英特爾公司 (Intel Corporation) 設計技術部門擔任暑期實習生。2001 年 5 月,他加入了 IBM 在德克薩斯州奧斯汀的微電子部門,他曾在此參與 cell 處理器的設計。自 2002 年 9 月起,他任教於韓國大學電子與電腦工程系,目前為教授。他曾是加州洛杉磯大學與加州大學聖塔克魯茲分校的客座教授。他目前的研究興趣是有線收發器、記憶體、電源管理與資料轉換器等領域。

　　Kim 博士獲得了三星 (Samsung) 人性科技論文大賽銅獎、ISLPED 低功耗設計大賽獎、DAC 學生設計競賽獎、SRC 優秀發明獎、韓國科學與技術部青年科學家獎、Seoktop 卓越教學獎與 ASP-DAC 最佳設計獎。他目前擔任 *IEEE Transactions on VLSI Systems* 的編輯委員會成員與 IEEE International Solid-State Circuits Conference 技術議程委員。

前 言

互補式金屬氧化層半導體 (CMOS) 數位積體電路是現代資訊時代的致能技術。因為 CMOS 積體電路具有低功率消耗、大雜訊邊界與易於設計等固有特性，使其被廣泛用於發展隨機存取記憶體 (RAM) 晶片、微處理器晶片、數位訊號處理 (DSP) 晶片以及應用特定積體電路 (ASIC)。隨著在發展可攜式運算平台、穿戴式通訊裝置、智慧型手機與多媒體系統對於低功率、低雜訊積體電路系統增加需求，CMOS 電路的普遍使用仍持續成長。

因為 CMOS 積體電路的領域廣泛，傳統上它被分為數位 CMOS 電路與類比 CMOS 電路。而本書專注於討論 CMOS 數位積體電路。然而，應該要注意的是，傳統數位與類比 CMOS 設計之間的界線正變得更為模糊，特別是在奈米等級製造技術、超低操作電壓與延伸操作頻率至數 GHz 範圍所呈現出的挑戰。因此，我們試圖從「類比」觀點來呈現數位 CMOS 積體電路分析與設計，也就是將用於實現數位功能之元件與電路的類比及非離散性質列入考慮。

本書的起源要追溯到 1990 年代初期，當時前兩位作者密集地參與教授大學部與研究所層級的數位 IC 基礎。在伊利諾大學厄巴納香檳分校，我們曾在一門大四的選修課，ECE382——大型積體電路設計，嘗試用過一些數位 MOS 電路方面的教科書。然而，學生與教師都認為需要有一本新書來對 CMOS 積體電路做更全面性的探討。因此，我們的教科書計畫在幾年前就從收集我們自己的授課筆記開始。由 1993 年起，我們曾在伊利諾大學厄巴納香檳分校及伊斯坦堡科技大學、伍斯特理工學院以及瑞士聯邦理工學院洛桑分校使用過本教材的演進版本。我們倆得到來自學生、同事與審閱者的意見之鼓勵。《CMOS 數位積體電路：分析與設計》(*CMOS Digital Integrated Circuits: Analysis and Design*) 的初版發表於 1995 年底。

在初版推出後不久，我們看到了需要更新內容的需求，以反映使用本書的教師與學生所提供的許多建設性意見。我們試圖納入與更新重要的主題，如低功率電路設計與高速電路中的連接線設計，以及深次微米電路設計議題，並提供在記憶體電路中新發展的更縝密探討。我們也感受到在像 CMOS 數位電路這樣快速發展的領域中，只能透過及時反映最先進技術的更新來維持教科書的品質。這種認知引導我們著手於本書的後續改版，第二版於 1998 年問世而第三版則在 2002 年發行，以反映製程技術與電路設計實現的進展。

自 2002 年發行第三版以來已經過了 11 年，CMOS 數位積體電路領域仍以持續成長的速度保持成長與發展。奈米等級技術的出現與晶片上結合大量功能區塊之系統晶片架構的廣泛使用，已經引進了對於數位 CMOS 積體電路設計的劇烈變化而須進行探討。因此，我們決定對於本書的下一個版本不再進行增訂，而是幾乎所有章節都需要全面性改寫。作者團隊增加了韓國大學 Chulwoo Kim 教授，並進行廣泛的修改。第四版就是這種密集努力的成果。

《CMOS 數位積體電路：分析與設計》主要是作為大四或研一的綜合性教材，同時亦可做為從事積體電路設計、數位設計與 VLSI 等領域工作的工程師們之參考書目。我們了解數位積體電路以更快進展速度演進中，我們已盡全力在所有涵蓋的主題來呈現最新內容。這本教科書包含 15 個章節；我們了解到不可能在一個學期裡縝密地涵蓋到所有內容。因此，基於我們的教學經驗，我們提出了如下的建議：若是用於大學部，前十章的範圍對於一學期的 CMOS 數位積體電路課程提供了足夠內容。

若時間允許，第 11 章「低功率 CMOS 邏輯電路」、第 12 章「算術建構區塊」與第 13 章「時脈與 I/O 電路」的一些選定主題也可以涵蓋在內。此外，本書亦可做為兩學期課程，允許對於後面章節中的先進主題進行更詳盡的探討。在研究所層級，則一學期可涵蓋前十章的一些選定主題，以及最後五章的內容。

本書的前八章致力於對 MOS 電晶體及其相關部分、基本反相器電路的靜態和動態操作原理、分析與設計以及組合和循序邏輯電路的結構與操作等進行詳細探討。須注意的是，簡介這章已經顯著地擴展至包括 VLSI 設計方法的詳細陳述。因為在本教科書前半段所討論的數位積體電路設計技術是直接和數位 VLSI 與 ASIC 設計相關，我們認為這些文章脈絡應該呈現在本教科書的開頭。晶片上連接線模型化與連接線延遲時間計算的議題是廣泛地涵蓋於第 6 章中，其提供了數位積體電路切換特性的完整觀點。另有獨立一章（第 9 章）則是保留給動態邏輯電路探討，其係用於最先進 VLSI 晶片中。第 10 章已經在內容與呈現上進行了完整地修訂；它提供了許多最先進的半導體記憶體電路的深入陳述。

由於體認到低功率電路設計的重要性日與俱增，我們有一章（第 11 章）專注於討論低功率 CMOS 邏輯電路，其提供了用於降低大型數位積體電路功率消耗方法與設計實例的全面性涵蓋。關鍵性算術構建構區塊呈現於第 12 章，強調高性能多位元加法器與乘法器。

接著，第 13 章提供對於時脈控制與晶片 I/O 設計的重要主題之清楚洞察。而一些關鍵議題如 ESD 保護、時脈分佈、時脈緩衝與閂鎖現象等亦被詳細討論。最後，更先進但重要的可製造性設計與可測試性設計兩項主題則分別涵蓋於第 14 章與第 15 章。

我們曾對本書是否要涵蓋 nMOS 電路進行長時間討論。我們為了教學方法上的理由而決定提供部分內容。因此，為了強調在數位電路設計中許多領域廣泛使用的負載觀念，我們於第 5 章描述基本電阻性負載型與虛擬 nMOS 反相器以及其類似電路，而於第 7 章呈現虛擬 nMOS 邏輯閘 (NAND/NOR)。

此版本的線上學習中心 (www.mhhe.com/kang) 亦包含：

- 教師手冊
- 講義投影片
- Cadence ™設計教程
- 彩板。

雖然在準備印製用原稿時，我們花了相當多心力與專注於各項細節上，但本書仍然有一些人為的瑕疵與錯誤。我們歡迎並萬分感激來自讀者對於技術內容改進以及呈現風格的建議與修正意見。

Sung-Mo (Steve) Kang　　　　**Yusuf Leblebici**　　　　**Chluwoo Kim**

Daejeon, Korea　　　　*Lausanne, Switzerland*　　　　*Seoul, Korea*

目次

CHAPTER 1

簡介 1

1.1 歷史觀點 1
1.2 本書目標與組織 4
1.3 電路設計範例 8
1.4 VLSI 設計方法的概觀 16
1.5 VLSI 設計流程 18
1.6 設計層級 20
1.7 一致化、模組化與區域化的觀念 23
1.8 VLSI 設計型式 24
1.9 設計品質 34
1.10 封裝技術 36
1.11 電腦輔助設計技術 40
練習題 41

CHAPTER 2

MOSFET 的製造 45

2.1 簡介 45
2.2 製造流程：基本步驟 46
2.3 CMOS n 型井製程 55
2.4 CMOS 技術的演進 62
2.5 佈局設計規則 68
2.6 全客戶式光罩佈局設計 72
練習題 76

CONTENTS

CHAPTER 3

MOS 電晶體　85

 3.1 金屬氧化層半導體 (MOS) 的結構　85
 3.2 外加偏壓下的 MOS 系統　89
 3.3 MOS 電晶體 (MOSFET) 的結構與操作　91
 3.4 MOSFET 的電流 - 電壓特性　101
 3.5 MOSFET 的尺寸縮小與小幾何形狀效應　110
 3.6 MOSFET 電容　138
 練習題　148

CHAPTER 4

使用 SPICE 的 MOS 電晶體模型化　153

 4.1 簡介　153
 4.2 基本概念　154
 4.3 Level 1 模型方程式　156
 4.4 Level 2 模型方程式　159
 4.5 Level 3 模型方程式　163
 4.6 最先進的 MOSFET 模型　164
 4.7 電容模型　165
 4.8 SPICE MOSFET 模型的比較　168
 練習題　176

CHAPTER 5

MOS 反相器：靜態特性　179

5.1　簡介　179

5.2　電阻性負載型反相器　186

5.3　MOSFET 負載型反相器　195

5.4　CMOS 反相器　204

練習題　223

CHAPTER 6

MOS 反相器：切換特性與連接線效應　227

6.1　簡介　227

6.2　延遲時間定義　229

6.3　延遲時間計算　230

6.4　具延遲條件的反相器設計　237

6.5　連接線寄生效應的計算　248

6.6　連接線延遲的計算　258

6.7　CMOS 反相器的切換功率消耗　265

練習題　277

CHAPTER 7

組合 MOS 邏輯電路　281

7.1　簡介　281

7.2　使用虛擬 nMOS(pMOS) 負載的 MOS 邏輯電路　282

CONTENTS

    7.3   CMOS 邏輯電路   294

    7.4   複合邏輯電路   300

    7.5   CMOS 傳輸閘（傳送閘）   312

    練習題   320

CHAPTER 8

循序 MOS 邏輯電路   327

    8.1   簡介   327

    8.2   雙穩態元件行為   328

    8.3   SR 閂鎖器電路   332

    8.4   時脈控制閂鎖器與正反器電路   338

    8.5   時脈控制儲存元件的時序相關參數   345

    8.6   CMOS D 型閂鎖器與邊緣觸發正反器   347

    8.7   基於脈波控制閂鎖器的時脈控制儲存元件   352

    8.8   基於感測放大器之正反器   354

    8.9   時脈儲存元件中的邏輯內嵌方式   355

    8.10 時脈控制系統的功率消耗與節能方法   356

    練習題   362

CHAPTER 9

動態邏輯電路   367

    9.1   簡介   367

    9.2   傳送電晶體電路的基本原理   369

    9.3   電壓靴帶   380

9.4 同步動態電路技術　383
9.5 動態 CMOS 電路技術　388
9.6 高性能動態 CMOS 電路　391
練習題　407

CHAPTER 10

半導體記憶體　413

10.1 簡介　413
10.2 動態隨機存取記憶體 (DRAM)　418
10.3 靜態隨機存取記憶體 (SRAM)　445
10.4 非揮發性記憶體　459
10.5 快閃記憶體　471
10.6 鐵電隨機存取記憶體 (FRAM)　479
練習題　481

CHAPTER 11

低功率 CMOS 邏輯電路　487

11.1 簡介　487
11.2 功率消耗的概述　488
11.3 透過電壓縮小的低功率設計　499
11.4 切換活動量的估算與最佳化　509
11.5 降低切換電容　515
11.6 絕熱邏輯電路　517
練習題　523

CONTENTS

CHAPTER 12

算術建構區塊　525

12.1　簡介　525
12.2　加法器　525
12.3　乘法器　535
12.4　移位器　541
練習題　542

CHAPTER 13

時脈與 I/O 電路　547

13.1　簡介　547
13.2　ESD 保護　547
13.3　輸入電路　550
13.4　輸出電路與 L(di/dt) 雜訊　555
13.5　晶片上時脈產生與分佈　559
13.6　閂鎖效應與預防方法　573
練習題　583

CHAPTER 14

可製造性設計　585

14.1　簡介　585
14.2　製程變異　586
14.3　基本的觀念與定義　587

14.4 實驗設計與性能模型化 593
14.5 參數化良率預估 600
14.6 參數化良率最大化 604
14.7 最壞狀況分析 607
14.8 性能變異性的最小化 612
練習題 615

CHAPTER 15

可測試性設計 619

15.1 簡介 619
15.2 故障類型與模型 619
15.3 可控制性與可觀察性 623
15.4 特定用途的可測試設計技術 624
15.5 基於掃描式技術 626
15.6 內建自我測試技術 628
15.7 電流監控 IDDQ 測試 631
練習題 632

參考文獻 633
重要公式 639
名詞索引 641

Chapter 1

簡介
Introduction

1.1 歷史觀點

　　由於電路積體化技術與大型系統設計的快速進步，在過去幾十年裡電子產業成長驚人。在高效能運算、電訊與消費性電子中使用的積體電路已是以飛快的速度成長。這些應用所要求的計算與資訊處理能力，一向是這個領域快速發展的驅動力。圖 1.1 為下一個十年期間，資訊技術的重要趨勢概觀。目前最先進的技術（如低位元率視訊與蜂巢式通訊）已經提供給終端用戶一定的處理能力和可攜性。這種趨勢預期會持續，對於超大型積體電路 (very-large-scale integration, VLSI) 與系統設計來說，具有非常重要的涵義。在資訊服務裡的一項最重要特性，就是持續增加更高處理能力與頻寬的需求（例如，處理即時視訊）。另一項重要的特性是資訊服務傾向變為更加個人化；意思是說，資訊處理裝置必須更有智慧，並且也具備可攜性以允許更多行動性。這種朝向可攜式與分散式系統架構的趨勢為系統整合的主要驅動力之一，但並不會排除朝向同時並存與相同重要的集中化且功能強大的資訊系統發展趨勢，像是網路運算 (network computing, NC) 與視訊服務所需。

　　當各種資料處理與電訊裝置需要越來越複雜的功能時，把這些功能整合在一個小封裝的需求也日益增加。藉由單石 (monolithic) 晶片上邏輯閘數目所計量的積體化程度，在近 30 年中已經呈現指數上升，這主要是因為製程 (processing) 技術與連接線 (interconnect) 技術的快速進展。表 1.1 列出過去 50 年來，積體電路邏輯複雜度的演進過程，並標示出每個世代的里程碑。在這裡，電路複雜度上的邏輯閘數目應該僅能視為指定大小數量級的代表性計量。視功能而定，一個邏輯區塊能包含從 10 至 100 顆電晶體。最先進的微處理器晶片，如 *IBM dual-core Power6* 或是 *INTEL Itanium*（代號 Tukwila）係由 7.9 億至 20.5 億顆電晶體所構成。系統晶片 (System-on-chip, SoC) 使用數位與類比矽智財 (intellectual property, IP) 以整合系統所需的全部元件至單一晶片上。系統級封裝 (system-in-package, SiP) 將不同的模組或積體電路 (integrated circuits, ICs) 合併至單一封裝中。SiP 整合了處理器、動態隨機存取記憶體 (DRAM)、快閃記憶體與被動元件，受到許多行動應用的歡迎。

表 1.1　積體電路複雜度的演進過程。

世代	年份	複雜度 * （# 每顆晶片邏輯閘數量）
單一電晶體	1958	<1
單元邏輯（單閘）	1960	1
多功能	1962	2–20
複合功能	1964	20–100
中型積體電路 (MSI)	1967	100–1000
大型積體電路 (LSI)	1972	1000–20,000
超大型積體電路 (VLSI)	1978	20,000–
系統晶片 (SoC)	1990 年代晚期	多組 IP
系統級封裝 (SiP)	2000 年代早期	異質整合

* 每項技術剛興起時。

圖 1.1
資訊服務技術上的重要驅動趨勢。

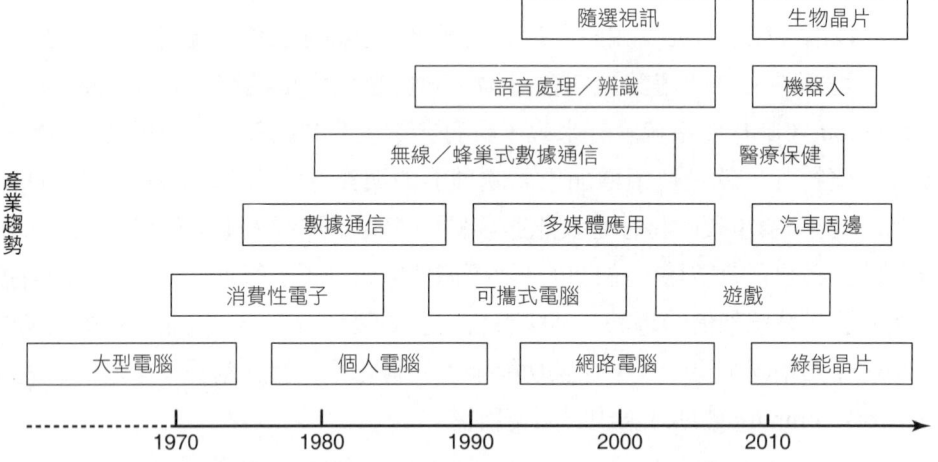

整合大量功能的單石晶片通常提供：

- 較小的面積與體積，因此電路較為簡潔
- 較低的功率消耗
- 較少的系統級測試需求
- 較高的可靠度，主要是因為晶片上已改善的連接
- 較高的操作速度，因為連接線長度明顯減少
- 顯著的節省成本

因此，在可預見的未來，目前的整合趨勢將會持續。元件製造技術的進步使得最小特徵尺寸 (feature size)（如電晶體最小的閘極寬度或是可以在晶片上實現的連接線寬度）不斷縮小。圖 1.2 所示為從 1970 年代晚期開始，積體電路中電晶體最小特徵尺寸的演進過程。在 1980 年，也就是 VLSI 時代的初期，典型的

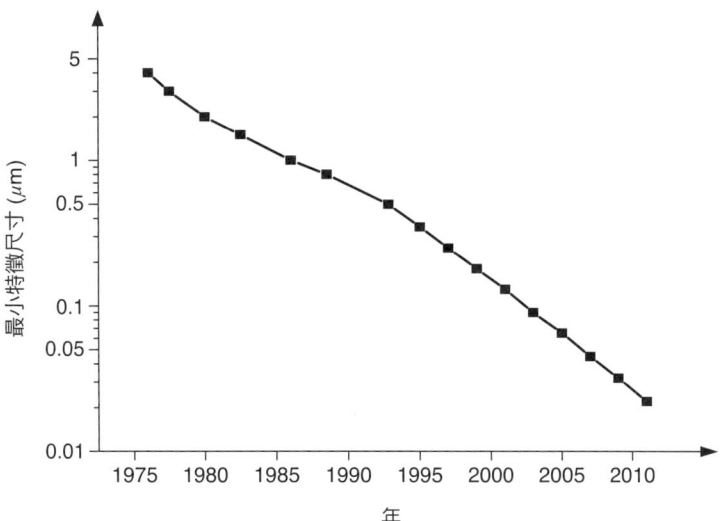

圖 1.2
積體電路最小特徵尺寸隨時間變化的演進過程。

最小特徵尺寸為 2 μm，而特徵尺寸 0.3 μm 與 65 nm 則如預期分別在 2000 年與 2010 年附近。然而，實際的技術發展已遠遠超出這些預測。最小特徵尺寸 0.25 μm 於 1995 年達成，而特徵尺寸為 0.18 μm 與 65nm 的元件則分別在 2001 年與 2007 年就已經非常普及。第一顆 64-M 位元 DRAM 與 *Intel Pentium* 微處理器晶片含有超過 300 萬顆電晶體，於 1994 年就已經可以使用，推進了積體化密度的輪廓。三星 (Samsung) 於 2007 年底，發表第一顆基於 30-nm 製造技術所製作的 64-G 位元反及閘快閃 (NAND Flash) 記憶體。根據國際半導體技術藍圖 (International Technology Roadmap for Semiconductors, ITRS) 的預測，金屬氧化層半導體電晶體 (metal oxide semiconductor, MOS) 特徵尺寸於 2015 年左右可以達到 10 nm，允許每顆晶片的電晶體密度達到 24 億顆。

在比較積體電路的整合密度時，必須明確地區分記憶體晶片與邏輯晶片。圖 1.3 所示為 1970 年開始，記憶體晶片與邏輯晶片隨時間的整合程度。在過去 40 年間，每顆晶片的電晶體數量是以指數速率成長的，實際上證明了於 1960 年代早期高登‧摩爾 (Gordon Moore) 對於晶片複雜度的成長率之預測。（摩爾定律 (Moore's Law)：於單顆晶粒 (die) 中的電晶體數量每隔兩年會變為兩倍。）從電晶體數量的觀點來看，在任何一年裡，邏輯晶片包含的電晶體個數明顯較少，主要是因為複雜的連接線消耗了大量的晶片面積。記憶體電路具有高度規律性，因此更多的記憶體單元能被以更少的連接線面積來整合。這也是對於記憶體電路而言，為何晶片複雜度（每顆晶片內的電晶體數）的增加率始終是較高的主要原因之一。

數位互補式金屬氧化層半導體 (complementary metal oxide semiconductor, CMOS) 積體電路 (integrated circuits, ICs) 已經成為超大型積體電路背後的一股

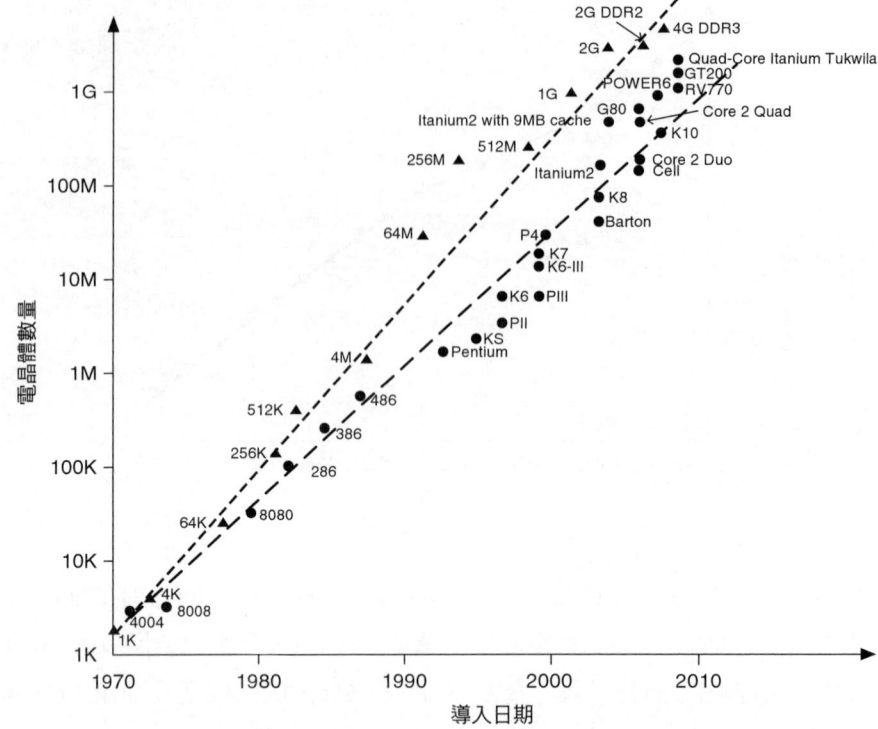

圖 1.3
記憶體晶片與邏輯晶片隨時間的整合程度。

驅動力，用以供作高效能運算與其它科學與工程應用。有著低功率消耗、可靠的性能、使用動態電路於高速應用的電路技術與不斷改善製程技術等特色，數位 CMOS ICs 的需求將持續強勢。

市場期待能在十年內，將非平面式基於電晶體的積體電路之最小特徵尺寸降低至 5 nm。如此一來，單一邏輯晶片可以整合幾十億顆的電晶體，而記憶體晶片的整合程度甚至可以更高。這也給了晶片開發者在製程、設計方法、測試與專案管理上巨大的挑戰。透過各個擊破 (divide-and-conquer) 的方法，以及使用電腦輔助設計 (computer-aided design, CAD) 工具的更先進自動化設計，則這些極大型 (ultra-large-scale) 的問題應該是可以解決的。

1.2 本書目標與組織

本書之目的是在幫助讀者發展於數位 CMOS 電路與晶片上的深入分析以及設計能力。VLSI 晶片的發展，需要仰賴跨領域的團隊：架構設計、邏輯設計、電路與佈局設計、封裝、測試以及製程與元件工程師們。同時不可或缺的是用於設計自動化與最佳化的電腦輔助工具。在任何單一書本中要討論到全方位的發展議題都是不可能。因此，本書專注在數位電路上，但也呈現了對於深入理解 CMOS 數位電路所必要的製程與元件相關原理之內容。

讀者可能經常迷失在細節中而無法看到全貌。然而，對於 VLSI 電路設計而言，重要的是能引用適當的邊界條件以得到整體最佳化來完成設計。事實上，積體電路的美妙在於最終設計目標為所有相連的電晶體的協同性能，而非個別電晶體。因此，連接線問題幾乎與個別電晶體的問題一樣重要。不論個別電晶體表現的多好，如果沒有同樣良好的連接線技術，則大寄生 (parasitic) 電容與電阻可能會影響整體性能而造成電晶體或邏輯閘之間連線的大延遲。

本書可供作大學部四年級與研究所一年級作為數位電路設計的高階課程，對於從事 VLSI 設計的工程師也應該很有幫助。大多數所呈現的教材已經在伊利諾大學厄巴納香檳分校 (University of Illinois at Urbana-Champaign) 電機與電腦工程學系的大學部和研究所課程中教授了數年之久。本書讀者應該已經對半導體元件、電子電路設計與分析以及邏輯理論有足夠的背景知識。本書會強調邏輯設計、電路設計與佈局設計間的相互關係，但主要的焦點是放在電晶體等級的電路設計與分析。而這需要在電流與電壓部分有相當多的詳細計算，以及理解元件特性如何影響整個電路的性能，如傳遞延遲、雜訊邊界與功率消耗。

典型的數位積體電路課程中所涵蓋的主題之相關順序與範圍如圖 1.4 所示。首先需要的是基本元件物理的基礎知識，以便在電路分析時，可以了解並使用各種**金屬氧化層半導體場效電晶體 (metal oxide semiconductor field effect transistor, MOSFET)** 的元件模型。在回顧元件基礎後，強調重點將從單顆元件轉移至簡單的雙電晶體電路，例如反相器，然後到更複雜的邏輯電路。我們將會看到，當移至更深入的主題後，每個題目的廣度也會顯著地增加。事實

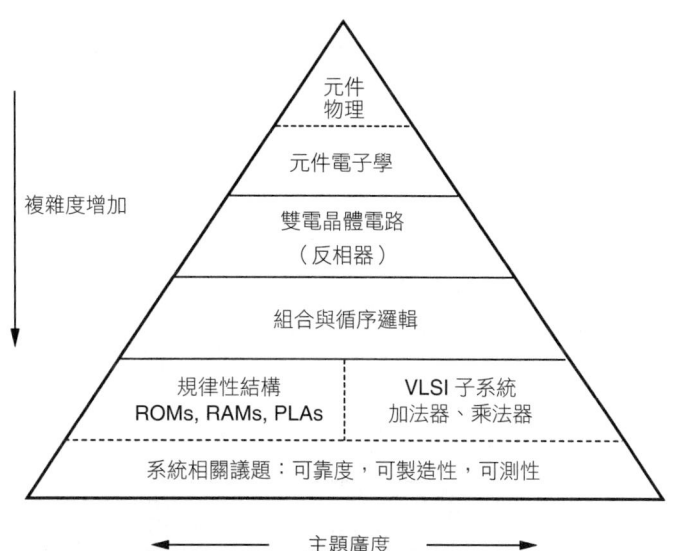

圖 1.4
典型的數位積體電路課程所涵蓋主題的順序。

上,對於實現複雜電路與系統,有許多不一樣的變化可以列入考慮。因此,我們將檢視有關大型系統實現的代表性例子,並且就性能、可靠度 (reliability) 與可製造性 (manufacturability) 比較它們的相對優點。

本書首先回顧與製造相關的議題。一開始先簡述具代表性的積體電路製造技術,建立製程流程的簡單概念,並且提供讀者製程相關必要的術語。本書所涵蓋的 MOS 元件物理等級與範圍,專門為親自動手的電路設計與分析應用而發展。因此,大多數所使用的元件模型相對簡單。雖然選擇簡單的元件模型,於準確性上可能會受到相當限制,然而,重點主要是對於基本設計觀念的正確理解,以及在初期設計階段期間,能對電路性能做出有意義的預估。VLSI 設計中使用的電腦輔助電路模擬工具,也扮演著非常重要的角色。本書還包含許多基於 SPICE(Simulation Program with Integrated Circuit Emphasis) 的電腦模擬例題和練習題。在廣泛的計算平台上,SPICE 已經成為電晶體等級 (transistor-level) 的電路模擬中所公認的標準。有完整一章是專門用來檢視和比較 SPICE 中執行的 MOSFET 模型,包括各種元件模型參數的認定。

本書的主要焦點是放在 CMOS 數位積體電路,但虛擬nMOS(pseudo-nMOS)的數位電路教材也包括在內。雖然近年來,CMOS 已成為許多應用的技術選擇,但是 nMOS 邏輯的基礎觀念對於 CMOS 設計的概念性理解與發展上提供了有力的基礎。第 5 章至第 9 章專門討論基本 CMOS 的分析與設計,以及一些虛擬nMOS 的數位電路。圖 1.5 顯示一個簡單數位積體電路「家譜」,

圖 1.5
CMOS 數位電路型式的分類。

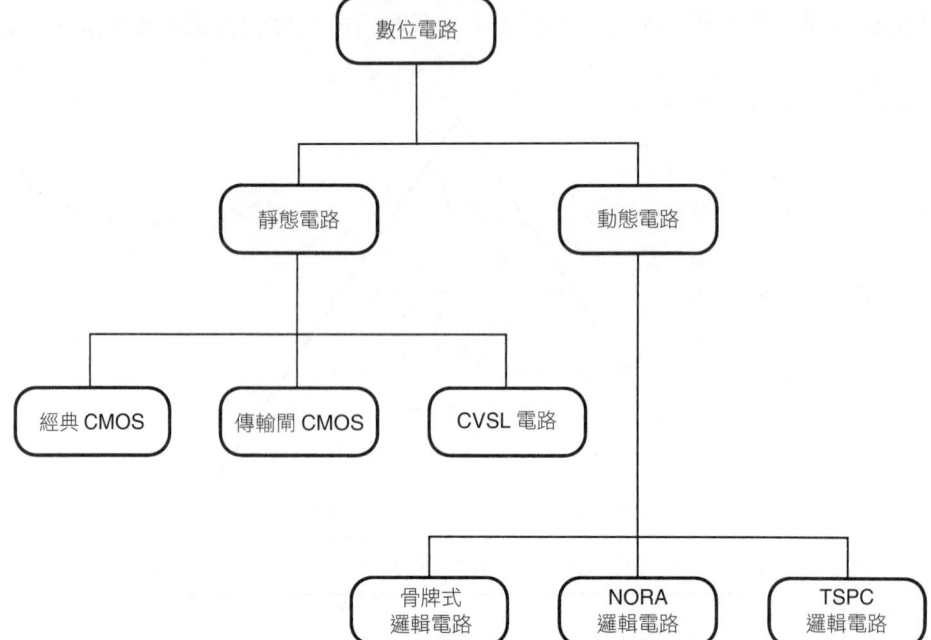

列出不同型電路之間的類別與關係。根據基礎的操作原理，這些電路分為兩大類，即靜態電路與動態電路。靜態 CMOS 電路進一步分成數種子類別，如經典的（全互補式）CMOS 電路、傳輸閘 (transmission-gate) 邏輯電路、傳送電晶體 (pass-transistor) 邏輯電路與串接電壓切換邏輯 (cascade voltage switch logic, CVSL) 電路。動態 CMOS 電路的子類別則有骨牌式 (domino) 邏輯、NORA 與真實單相時脈 (true single-phase clock, TSPC) 電路等。

除了電晶體等級的電路設計議題，準確預測與減少連接線的寄生效應，已成為高性能數位積體電路的熱門話題，特別是對於次微米 (sub-micron) 技術。因此，第 6 章有很大一部分是討論連接線效應。半導體記憶體將在第 10 章詳細討論，會特別強調不同的靜態與動態記憶體類型之設計和操作，以及它們的性能特性之比較。本書有一章專門討論低功率 CMOS 邏輯電路，因為可攜式系統與日俱增的重要性，以及限制非常高密度的 ULSI 晶片功率消耗（也就是散熱）的需求，導致近年來在低功率消耗設計上快速且非常令人關注的發展。在大多數情況下，低功率消耗的要求必須結合另外兩項同為艱鉅的任務，也就是更高的整合密度以及更佳的電路性能。另外有一章則完全在討論輸入 / 輸出 (input/output, I/O) 電路以及相關議題，包含靜電放電 (electrostatic discharge, ESD) 保護、準位移動、超級緩衝器設計以及預防閂鎖效應 (latch-up)。最後，在可製造性設計與可測試性設計這兩章中會涵蓋許多重要的主題，如良率 (yield) 預估、統計式設計與系統可測試性。這都是在大型積體電路設計中值得特別關注的議題。

這次的新版本包含一個全新的章節，算術建構區塊。高速、低功率消耗的算術建構區塊在微處理器、數位訊號處理器、數據機以及許多其它 VLSI 晶片中不可或缺，且為數眾多。因此應該以一個獨立的章節來討論。在這裡，我們將對各式各樣的算術建構區塊進行詳細的討論，並且介紹用以降低功率消耗與提高性能的設計策略。

本書的章節組織允許不同變化的課程安排與自學方案。許多章節可以群組在一起，以適用特定的課程教學大綱，而其它章節可以在不明顯失去連貫性下跳過。每個章節中含有許多的題解和例題，整合至文本中以增進對於內容的了解。除此之外，在每章末尾也提供了一組練習題，其中有些特別配合以電腦為基礎的 SPICE 模擬。

1.3 電路設計範例

為了建立對於數位電路設計週期的整體印象，本章會以一個簡略的設計練習開始，而我們身為電路設計者，會從邏輯圖伴隨設計規格開始。邏輯電路首先需要轉化為 CMOS 電路，完成初始佈局。根據佈局，所有重要的寄生效應都可藉由使用電路萃取 (extraction) 程式計算出來。一旦由初始佈局中得到完整電路描述，我們可使用電路等級 (circuit-level) 模擬程式 (SPICE) 來分析電路的 DC 與暫態性能，然後對於模擬結果與給定的設計規格進行比較。如果正如本題，初始設計無法符合規格中的任何條件，我們須設計一個改進的電路以滿足設計目標。然後，將改進的設計實作至新佈局，且重複「設計 - 分析」過程，直到全部設計都符合規格。此電路設計步驟的簡化流程示於圖 1.6。須注意的是，本書涵蓋的主題首要關注的是在於虛線框內的兩個重要步驟，即 VLSI 設計與設計驗證 (design verification)。

圖 1.6
電路設計步驟的流程。

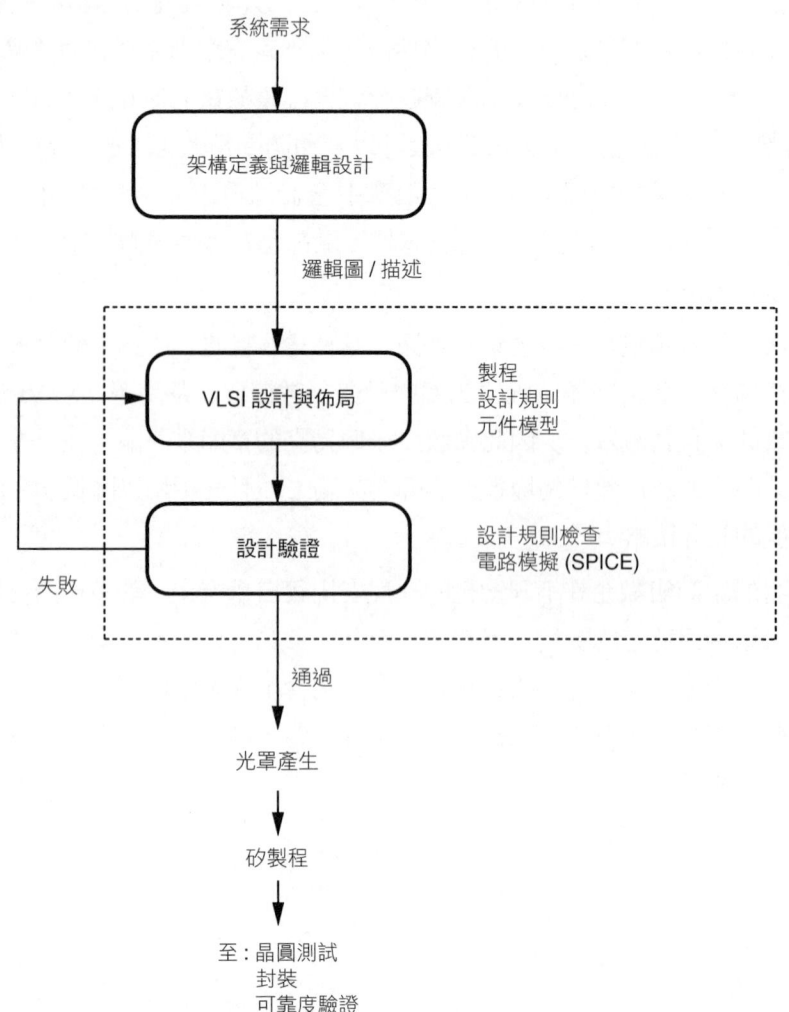

例題 1.1

在以下的範例中,我們將使用 45-nm 雙井 (twin-well) CMOS 技術,來設計 1 位元的二進位全加器 (full-adder) 電路。設計規格為

- sum 與 carry_out 的傳遞 (propagation) 延遲時間 < 220 ps (最壞情況)
- sum 與 carry_out 的轉態 (transition) 延遲時間 < 220 ps (最壞情況)
- 電路面積 < 10 μm^2
- 動態功率消耗(@V_{DD} = 1.1 V 與 f_{max} = 500 MHz)< 20 μW

我們首先考慮二進位加法器電路的布林描述來開始我們的設計。令 A 與 B 代表兩個輸入變數(加數位元),並令 C 代表 carry_in 位元。二進位全加器是一個滿足以下真值表的三輸入與雙輸出的組合電路。

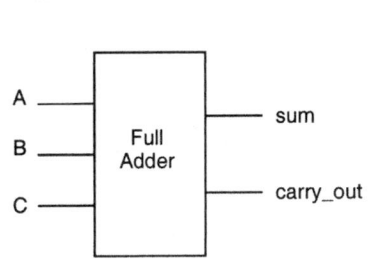

A	B	C	sum	carry_out
0	0	0	0	0
0	0	1	1	0
0	1	0	1	0
0	1	1	0	1
1	0	0	1	0
1	0	1	0	1
1	1	0	0	1
1	1	1	1	1

sum 與 carry_out 訊號可以求得,為以下兩個具有三個輸入變數 A、B 與 C 組合布林函數。

$$\text{sum} = A \oplus B \oplus C$$
$$= ABC + A\overline{B}\,\overline{C} + \overline{A}\,B\overline{C} + \overline{A}\,\overline{C}B$$
$$\text{carry\_out} = AB + AC + BC$$

這兩個函數的閘等級 (gate-level) 實現如圖 1.7 所示。須注意的是,與其獨立實現這兩個函數,我們使用 carry_out 訊號來產生 sum 輸出,因為輸出也可以被表示為

$$\text{sum} = ABC + (A + B + C)\overline{\text{carry\_out}}$$

這樣的實現最終降低了電路的複雜性,因此節省了晶片面積。此外,我們確認了兩組包含數個閘(虛線框)的獨立子網路,將可用在電晶體等級實現的全加器電路。

為了把閘等級設計轉成電晶體等級電路的描述,我們注意到 sum 與 carry_out 函數可以表示為圖 1.7 的巢狀 AND-OR-NOR 結構。每一個這樣的組合結構(複合邏輯閘)都可以在 CMOS 中實現,方式如下:透過 nMOS 電晶體串聯連

圖 1.7
1 位元全加器電路的閘等級電路圖。

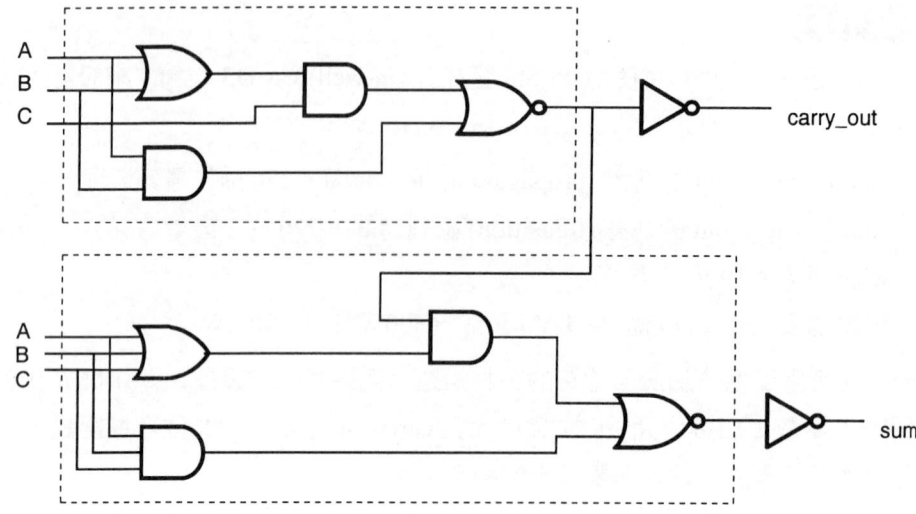

接來實現 AND 項，而透過 nMOS 電晶體並聯連接來實現 OR 項。輸入變數被施加至 nMOS（與互補 pMOS）電晶體的閘極。因此，nMOS 網路可以由在輸出節點與接地間的巢狀串聯 - 並聯 nMOS 電晶體所構成。一旦複合 CMOS 邏輯閘的 nMOS 部分實現了，則相對應連接在輸出節點與電源供應器之間的 pMOS 網路，可以由 nMOS 網路的對偶網路 (dual network) 獲得。所得到的 CMOS 全加器電路之電晶體等級設計顯示於圖 1.8。須注意的是，連同用於產生輸出的兩個 CMOS 反相器在內，此電路總共包含 14 顆 nMOS 與 14 顆 pMOS 電晶體。

本範例也可以證明，對於 sum 與 carry_out 這兩個函數而言，對偶 (pMOS) 網路等於 nMOS 網路，成為完全對稱 (symmetric) 的電路拓樸結構 (topology)。圖 1.9 顯示運用此對稱原理所獲得的替代電路圖。須注意的是，圖 1.8 與圖 1.9 中所示電路實現的布林函數是完全相同；但圖 1.9 的對稱電路結構明顯地簡化

圖 1.8
電晶體等級的 1 位元全加器電路圖。

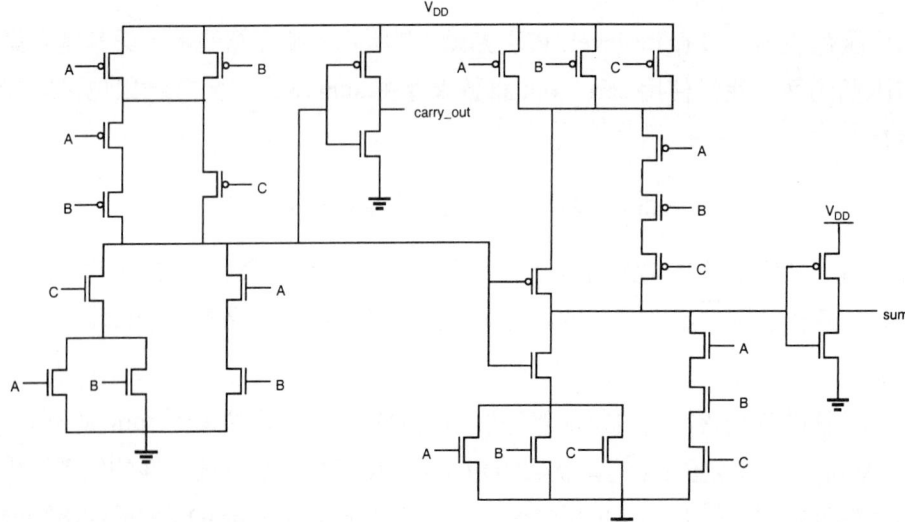

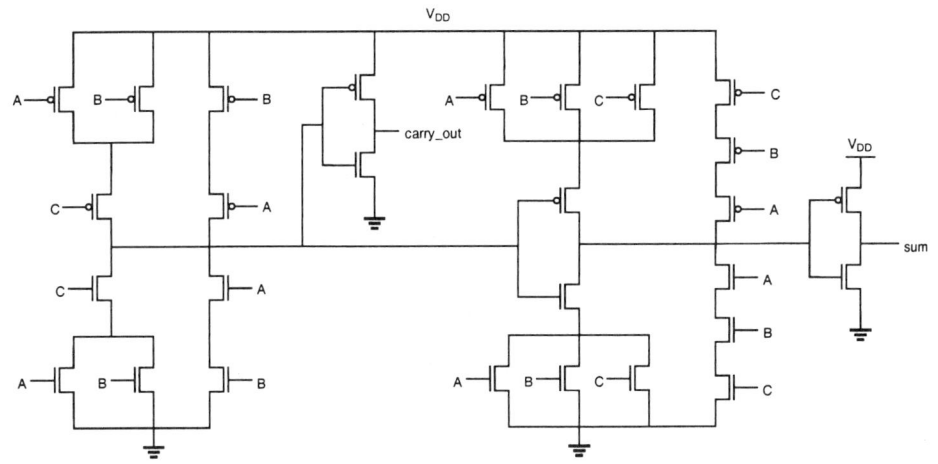

圖 1.9
1 位元全加器電路的替代電晶體等級電路圖（注意：nMOS 與 pMOS 網路完全對稱）。

了佈局。這些議題將在第 7 章中詳細討論。

我們一開始將用 (90 nm/50 nm) 的 (*W/L*) 比值來設計所有的 nMOS 與 pMOS 電晶體；這是在此特定製程技術下所允許的最小電晶體尺寸。這個尺寸調整顯然不是最佳解，可以稍後視加法器電路的性能來改變。在初期設計階段中，選擇最小尺寸的電晶體通常可以提供電路功能性的簡單初次 (first-cut) 驗證。

現在使用 SPICE 來模擬電路檔以決定其動態性能。選擇三個輸入波形（A、B 與 C），以便使所有八種可能的輸入組合連續施加至全加器電路。假設此加法器電路輸出可以驅動類似電路，則兩個輸出節點均加入電容作為負載，以代表全加器的典型輸入電容。圖 1.10 所示為模擬的輸入與輸出波形。不幸的

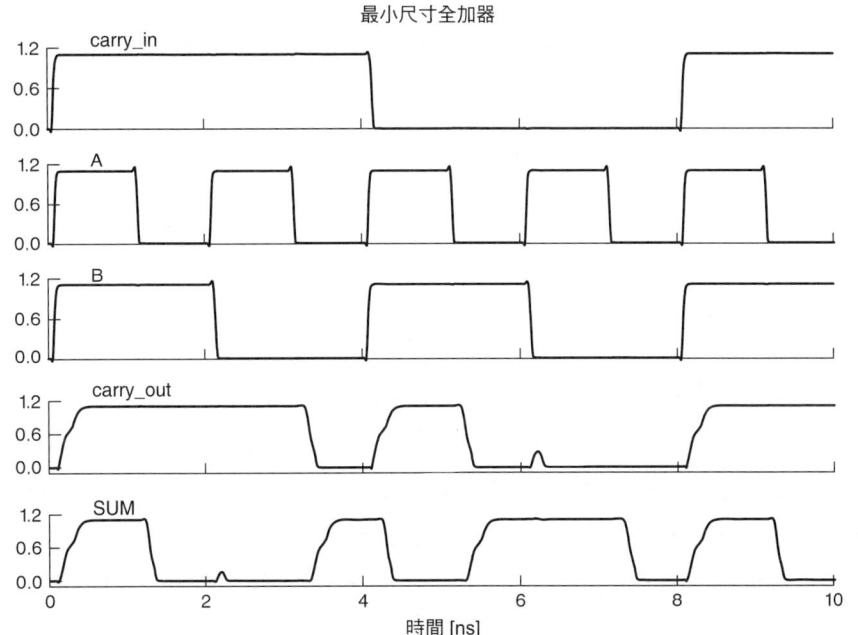

圖 1.10
全加器電路的模擬輸入與輸出波形。

圖 1.11

具有最小電晶體尺寸的全加器電路模擬輸出波形，顯示了在其中一個最壞情況下的轉態期間之訊號傳遞延遲。

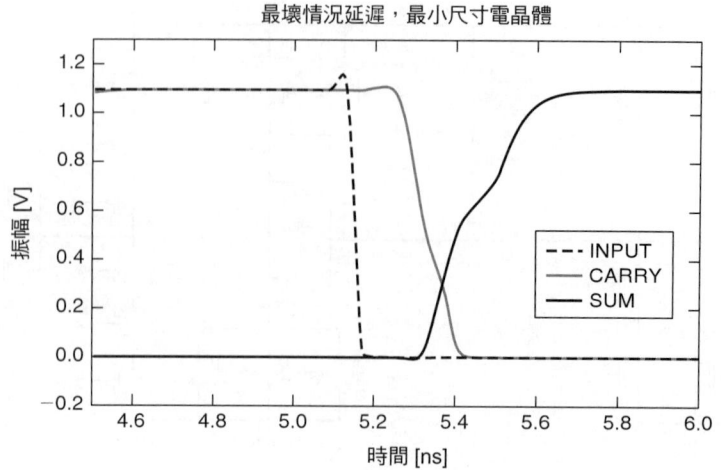

是，模擬結果顯示此電路並不符合所有的設計規格。

　　由於最小尺寸的電晶體無法正常驅動電容性的輸出負載，導致 sum 與 carry_out 訊號的傳遞延遲時間違反了時序限制 (timing constraint)。特別是最壞情況下的延遲大約是 250 ps，而時序要求規定最大延遲為 220 ps。圖 1.11 所示為在其中一種最壞情況下的輸入轉態期間，兩個輸入訊號傳遞延遲的細節。要修正這個問題必須修改設計。因此，電晶體寬度的大小需要重新調整。

　　要增加切換速度因而減少延遲時間的一種方法，就是增加電路中所有電晶體的 (W/L) 比值。然而，增加的電晶體 (W/L) 比值增加了閘極、源極與汲極的面積，因此也增加了邏輯閘所負載的寄生電容。因此，電晶體的尺寸調整完全是一種反覆模擬。因為 carry_out 訊號用於產生 sum 輸出，因此減少在 carry_out 級的延遲一般應該列為更高優先。此外，應該謹慎考慮所有可能的輸入轉態：只對特定輸入轉態進行傳遞延遲最佳化，可能會在其它轉態期間，導致傳遞延遲非預期性的增加。

　　調整了全加器電路中的 nMOS 與 pMOS 電晶體尺寸以滿足時序的要求之後，就可以產生佈局。在這裡，我們使用一種規律的閘矩陣佈局型式，以簡化整體幾何形狀與訊號繞線 (routing)。使用最佳尺寸的電晶體佈局示於圖 1.12。須注意的是，在此加法器元件佈局中，所有 nMOS 與 pMOS 電晶體置於兩個平行列，位於水平電源供應線與接地線（金屬）之間。所有多晶矽線採取垂直佈線。n 型與 p 型擴散區之間的區域用於當地金屬連接線（繞線）的走線。還有須注意的是，相鄰電晶體的擴散區域盡可能合併以節省晶片面積。在本範例中所使用的規律性矩陣佈局型式，也有著易於適用至電腦輔助設計 (CAD) 的先天優勢。我們還可以組織整體佈局以實現更緊密的放置 (placement)，以增加矽面積使用，並降低元件內的連接線寄生效應。此全加器的佈局所佔據的矽面積是

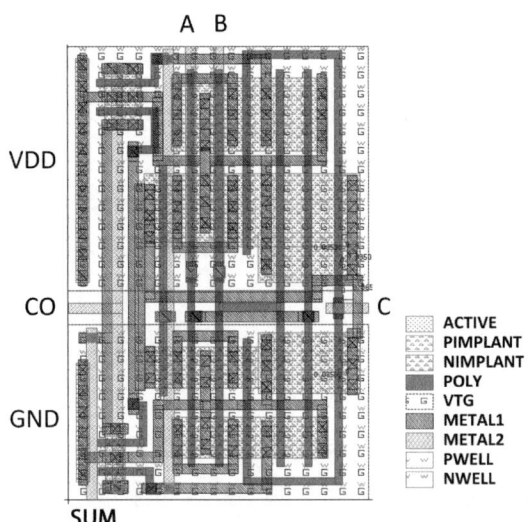

圖 **1.12**
具有最佳化電晶體尺寸的全加器電路佈局。

$(2.04 \ \mu m \times 3.01 \ \mu m) = 6.14 \ \mu m^2$，低於預先設定的 $10 \ \mu m^2$ 上限。

設計者必須使用自動**設計規則檢查 (design rule checker, DRC)** 工具，以確定此佈局沒有違反任何的實體 (physical) 佈局設計規則。這通常在佈局的圖形輸入時同時完成。下一步是從初始佈局萃取寄生電容與電阻，並使用精細的電路模擬工具（例如 SPICE）以估算加法電路的動態性能。也就是圖 1.6 所示設計流程圖中的設計驗證 (design verification) 階段。寄生值萃取工具讀取了實體佈局檔，接著分析各種光罩層以識別電晶體、連接線與接觸點 (contact)，再計算這些結構的寄生電容與寄生電阻，最後準備可以準確描述電路的 SPICE 輸入檔（見第 4 章）。

對於最佳化後的全加器電路，我們發現所有的傳遞與轉態（上升與下降）延遲時間現在都在指定限制內，即低於 220 ps。圖 1.13 顯示兩個輸入的訊號傳

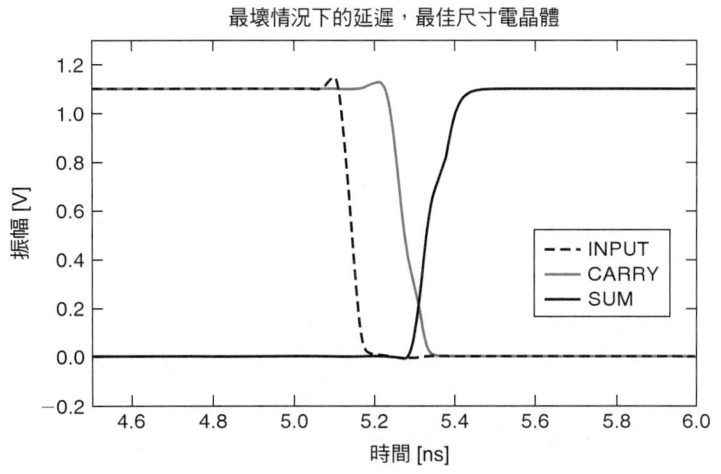

圖 **1.13**
具有最佳化電晶體尺寸的全加器電路模擬輸出波形，顯示在相同最壞情況下的轉態期間之訊號傳遞延遲。

圖 1.14
由全加器所構成的漣波進位加法器鏈之區塊圖。

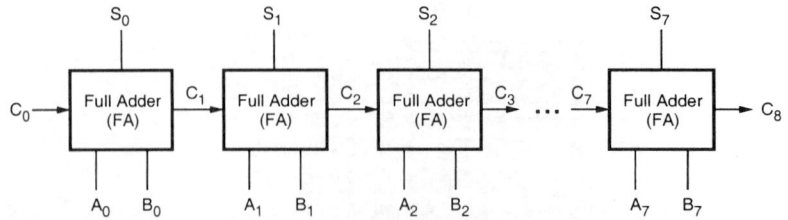

遞延遲，情況如同圖 1.11 所示的輸入轉態最壞情況。須注意的是，傳遞延遲大約為 200 ps，減少了 26%。此電路的動態功率消耗估計為 4.9 μW。因此，此電路現在滿足了初始給定的設計規格。

本範例所設計的全加器電路現在可以用來作為一個 8 位元二進位加法器的基本建構區塊，可接受兩個 8 位元二進位數作為輸入，並在輸出端產生二進位 sum 值。建構這類型加法器最簡單的方式是串接八個全加器，而每個加法器級執行 1 位元加法，產生相對應的 sum 位元，並傳送進位輸出至下一級。因此，這種串接連結加法器組態稱為**進位漣波 (carry ripple)** 加法器（圖 1.14）。進位漣波加法器的整體速度明顯受限於進位位元逐級通過進位鏈的延遲；因此，對於加法器鏈的整體性能而言，快速的 carry_out 反應很重要。

圖 1.15 所示為進位漣波加法電路 4 位元部分的光罩佈局，其設計為簡單地串接全加器元件以形成規律的陣列。須注意的是，輸入訊號 A_i 與 B_i 施加至沿陣列下方邊界的一排接腳 (pin)，而輸出訊號 S_i（sum 位元）則安排在沿陣列上方的邊界。藉由放置輸入匯流排於加法器陣列下方與輸出匯流排於加法器陣列上方，能簡化輸入與輸出接腳的訊號繞線配置。同樣須注意的是，進位訊號不需額外的繞線，因為連續全加器元件的 carry_in 與 carry_out 接腳位置排成直線彼此緊靠。這種結構經常用在需要大量算術運算的電路中，例如算術邏輯單元 (arithmetic logic unit, ALU) 與數位訊號處理 (digital signal processing, DSP) 電路。多位元加法器的整體性能可以藉由許多方法進一步提升，而其中的一些議

圖 1.15
4 位元進位漣波加法器陣列的光罩佈局。

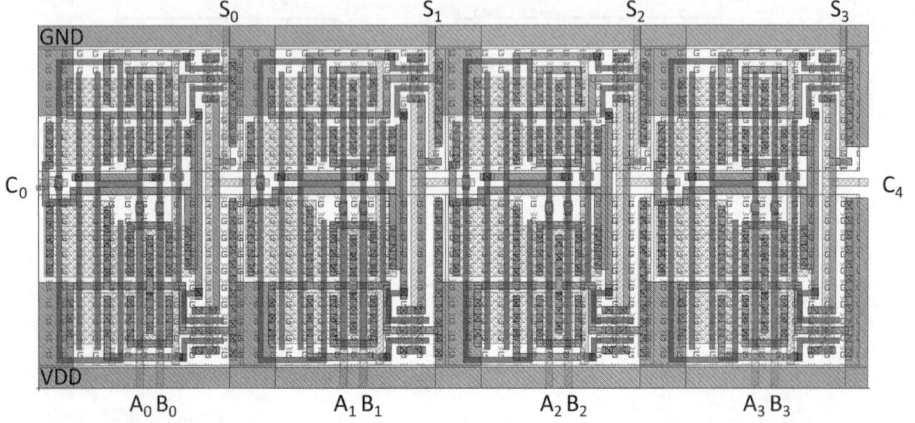

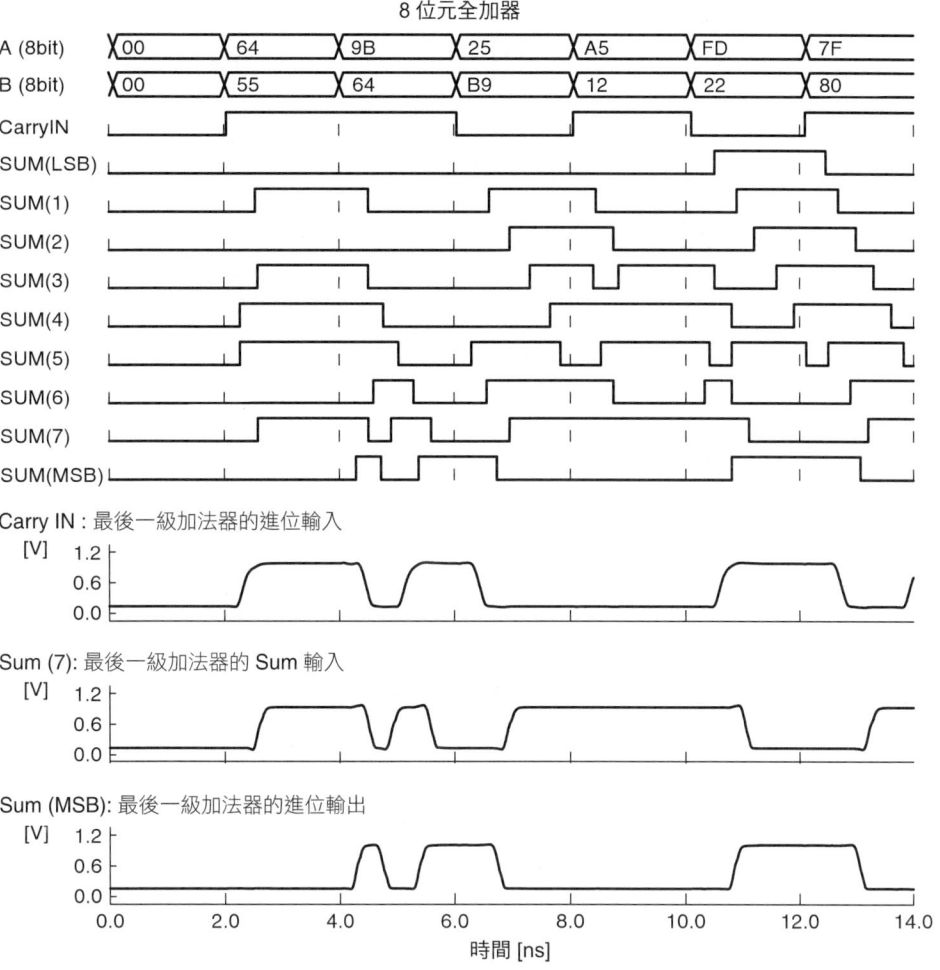

圖 1.16
使用萃取寄生值所模擬的 8 位元進位漣波加法器的輸入與輸出波形，顯示出最大訊號傳遞延遲約為 0.7 ns。

題將在後面的章節中討論。

依一連串的樣本輸入向量，使用萃取寄生值所模擬的 8 位元漣波進位加法器的輸入與輸出波形顯示於圖 1.16。由此可以看出，最後一級加法器的 sum 位元通常會最後產生，且整體延遲可能高達 0.7 ns。

這個範例告訴我們，CMOS 數位積體電路的設計會涉及到許多層面，由布林邏輯至閘等級設計、電晶體等級設計、實體佈局設計與寄生值萃取後的精細電路模擬供作設計調整與性能驗證。在本質上，積體電路設計的最終輸出是光罩資料，供實際電路製造用。因此，佈局設計很重要，由此得到的光罩組使製造出的積體電路能滿足測試規格並具有高良率。

為了達到此目標，設計者使用從佈局資料中萃取出的電腦模型來執行大量模擬並且反覆修正設計，直到模擬結果滿足規格且具有充足的邊界條件。在下面的章節中，於討論最基本的 CMOS 反相器電路之前，我們將使用一組光罩、佈局設計規則、MOS 電晶體的電氣性質與它們的電腦模型來討論 MOS 電晶體的製造。

1.4 VLSI 設計方法的概觀

正如我們已經指出的，數位積體電路的結構性複雜度（通常由每顆晶片的電晶體數量表示），在過去的 50 年來，已經以指數速率在增加。這種顯著的成長速度已經持續一段時間，主要是由於製造技術的穩定進步，以及將更多複雜功能整合於晶片上的需求仍持續增加。為了回應晶片複雜度迅速上升的需求，在許多領域中也創造出相當多的挑戰；典型 VLSI 產品的開發通常需要數以百計的團隊成員投入，包括製程技術的開發、電腦輔助設計 (CAD) 工具、晶片設計、製造、封裝、測試與可靠度驗證。在結構良好的系統設計方法下，有效率的組織這些努力對於及時開發有經濟效益的 VLSI 產品是必要的。在本章中，我們將檢視設計工作的整體流程、重要的設計觀念、各種 VLSI 設計型式、設計品質以及 CAD 技術。

一般說來，邏輯晶片，如微處理器晶片與數位訊號處理 (DSP) 晶片，不僅含有大量的記憶體 (SRAM/DRAM) 單元陣列，而且具有許多不同功能組件。因此，它們的設計複雜度被認為是比記憶體晶片要高出許多，儘管先進的記憶體晶片還包含一些複雜的邏輯功能。須注意的是，邏輯晶片的設計複雜度幾乎隨著整合的電晶體數量呈現指數型式增加。而此亦轉換成設計週期時間的增加，即為由晶片發展開始至光罩資料繳送的時間週期。這樣的設計週期時間多半是用在使晶片性能於可接受的成本內達到所要水準，這對任何具競爭性的商業產品於經濟上的成功都是必要的。在設計週期中，電路性能通常可以藉由改進設計來增加；而當使用特定的設計型式和技術時，一開始可以有快速的進展，接著到最後則會逐漸飽和。在一定的設計時間內可以達到的電路性能水準，強烈依賴於設計方法的效率以及設計型式。

圖 1.17 以兩種不同的 VLSI 設計型式運用在相同產品的設計上的比較，說明了這個觀點。使用全客戶 (full-custom) 設計型式（每顆電晶體的幾何形狀與放置可以個別最佳化）需要較長的時間，設計才可達到成熟；但在設計週期中，由於幾乎每一方面電路設計都可以調整，其先天的彈性允許更多的機會來改進電路的性能。最終產品通常具有較高水準的性能（例如高處理速度、低功率消耗），而且因為更好的面積利用率使得矽面積相對較小。但是，這麼做的代價是大量的設計時間成本。相對地，使用半客戶 (semi-custom) 設計型式（如

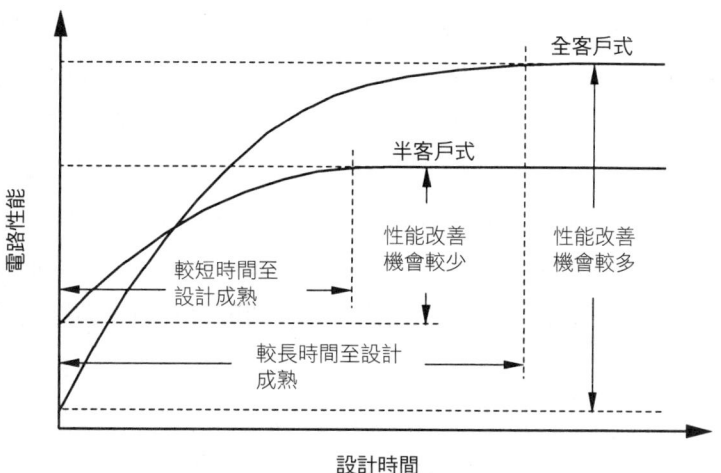

圖 1.17
不同 VLSI 設計型式對於設計週期與可達到的電路性能之影響。

標準元件設計或 FPGA）能縮短設計時間，直到設計可以達到成熟。在早期的設計階段，半客戶式設計的電路性能可能甚至比完整的全客戶式設計來得高，因為所使用的一些組件已經完成最佳化。但從長遠來看，半客戶設計型式提供較少的性能改進機會，且最終產品的整體性能難免會低於全客戶式設計。

VLSI 產品的設計型式選擇取決於性能需求、使用技術、產品預期壽命以及專案成本。在下面的幾節中，我們將討論不同 VLSI 設計型式的各種層面，並考慮其對電路性能與整體成本的影響。

除了正確選擇 VLSI 設計型式之外，我們也須考慮到 VLSI 製造技術持續演進的特性，而探討其它議題。新一代的技術大約每兩年就會發表，使元件尺寸更小，因而有更高的整合密度與性能。為了盡量利用目前的技術，晶片的開發時間要夠短，以允許使用晶片製造能成熟，並能適時地傳送產品給客戶。這也許會使得邏輯整合與晶片性能無法完全達到目前製程技術可及的水準，如圖 1.18 所示。

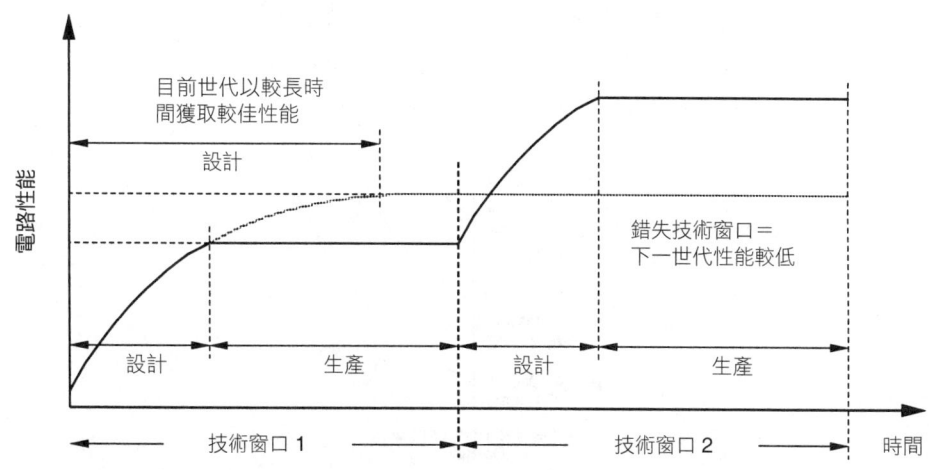

圖 1.18
隨著每次新世代製造技術得到的 VLSI 電路產品之漸進式性能改善。較短的設計週期時間對於經濟活力而言是絕對重要的。

一個成功的 VLSI 產品的設計週期時間要比發展最佳性能的晶片時間更短，以便在現有世代產品或「技術窗口」期間，留下足夠時間以進行晶片生產與銷售。當下一世代製造技術出現時，設計可以利用更高整合密度與更佳性能的優點做更新。另一方面，若特定產品的設計時間為了要達到可能的最高性能而在現有世代技術下維持過長，則有錯失下一個技術窗口的危險。更長的設計週期時間通常導致更好的整體性能，但這樣的產品必須在市場上維持一定的時間來回收開發成本。因此，由下一世代製造技術所帶來的優點無法實現時，則該產品會變得較無競爭力。

實際上，下一世代晶片的設計週期通常會與目前世代晶片的生產週期重疊，從而保證其連續性。採用尖端的 CAD 工具與設計方法也對降低設計週期時間以及管理與日俱增的設計複雜度是不可或缺的。

1.5　VLSI 設計流程

各種等級的設計過程通常是自然演化而成。一開始會先給定一組需求，而且初始設計會針對這些需求進行開發與測試。當需求無法滿足時，設計就必須改進。如果這樣的改進是不可能或是成本過高，則必須考慮修改需求與影響分析。圖 1.19 說明了大多數邏輯晶片的設計流程；所示的 Y 型圖（由 D. Gajski

圖 1.19
三種領域（Y 型圖表示）中的簡化 VLSI 設計流程。

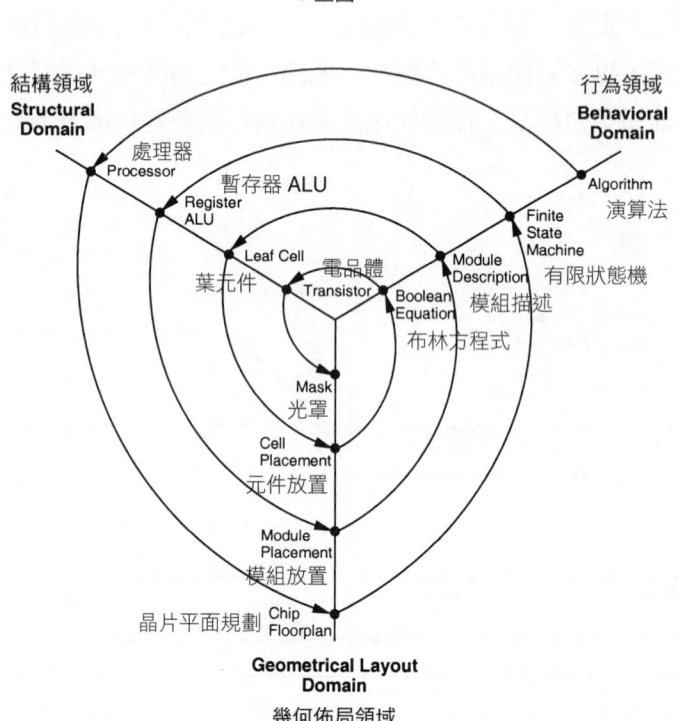

最先提出）使用分屬三種不同的參考軸線（領域）的設計工作，而此形狀類似於字母 Y。

Y 型圖包含三種領域的表示式，即 (1) 行為領域 (behavioral domain)、(2) 結構領域 (structural domain) 與 (3) 幾何佈局領域 (geometrical layout domain)。設計流程始於描述目標晶片行為的**演算法** (algorithm)，會先行定義對應的處理器架構，再透過**平面規劃 (floorplanning)** 來對映至晶片表面。行為領域的下一次設計演進定義了**有限狀態機 (finite state machine, FSM)**，其結構上實現係使用如暫存器與算術邏輯單元 (ALU) 之功能模組。然後，這些模組以幾何平面的方式放置於晶片表面，採用 CAD 工具以自動放置模組隨後再進行繞線，目標為最小化連線面積與訊號延遲。第三次演進則以行為的**模組描述 (module description)** 開始。接著，個別模組使用**葉元件 (leaf cells)** 實現。在此階段中，晶片描述是依據邏輯閘（葉元件），藉由使用元件放置與繞線 (cell placement and routing) 程式予以放置與連接。最後的演進涉及葉元件的詳細**布林描述 (Boolean description)**，接著為葉元件與**光罩產生 (mask generation)** 於電晶體等級的實現。在基於標準元件 (standard-cell-based) 設計型式裡，葉元件會（在電晶體等級）預先設計好，並儲存於邏輯實現的**元件庫 (library)**，有效地消除電晶體等級的設計需求。

圖 1.20 提供更簡化的 VLSI 設計流程圖，考慮到設計的各種表示或抽象化 (abstraction)：行為、邏輯、電路與光罩佈局。須注意的是，設計的**驗證 (verification)** 在此過程中的每一步都扮演著重要的角色。未能在設計早期階段正確地驗證設計，通常會導致在後期階段昂貴的重新設計，最終會增加「新產品從構思至實際推入市場所需時間」(time to market)。

雖然為了簡單起見，設計過程在此以直述方式描述，但實際上，其中有許多的反覆設計，特別是在任何兩個相鄰步驟之間，而且有時也會出現在遠端分隔的步驟之間。

雖然**由上至下 (top-down)** 設計流程提供了極佳的設計過程控制方式，但真正單向由上至下的設計流程實際上並不存在。為了設計成功，必須結合由上至下與**從下往上 (bottom-up)** 兩種方法。例如，若一位晶片設計者定義的架構並未正確地估計到相對應的晶片面積，則非常有可能產生晶片佈局超過可用製程技術的面積限制。此時，為了能將電路架構安排至允許的晶片面積內，可能必須移除某些功能，並重啟設計過程。這些改變可能需要對原始條件進行重大修改。因此，要盡可能早一點將低層等級資訊饋送至更高層等級（從下往上）。

在下面的幾小節裡，我們將討論設計方法，以及早已開發多年用於處理複雜硬體與軟體專案的結構化處理方法。不管專案的實際大小為何，結構化設計的

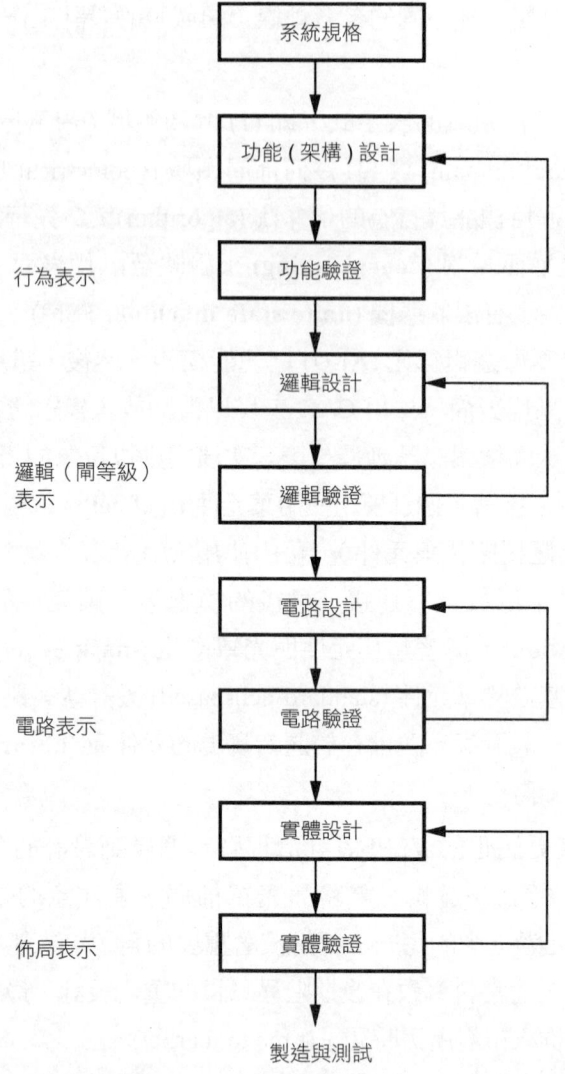

圖 1.20
更簡化的 VLSI 設計流程圖。

基本準則將增進成功的可能性。一些用於降低 IC 設計複雜度的經典技術是：層級化 (hierarchy)、一致化 (regularity)、模組化 (modularity) 與區域化 (locality)。

1.6 設計層級

　　層級化或稱為「各個擊破」的技術涉及將一個模組分成數個子模組，然後重複這種操作於子模組上，直至更小部分的複雜度變為可掌控為止。這種處理方法類似於軟體的開發，其中的大程式持續分割成較小的部分，直到可以寫成具有良好功能與介面的簡單子程式為止。在上一節中，我們看到 VLSI 晶片的設計可以表示於三種領域中。相對應地，層級結構可以在每種領域中分別描述。然而，不同領域的層級必須可以容易地於相互對映，才能簡化設計。

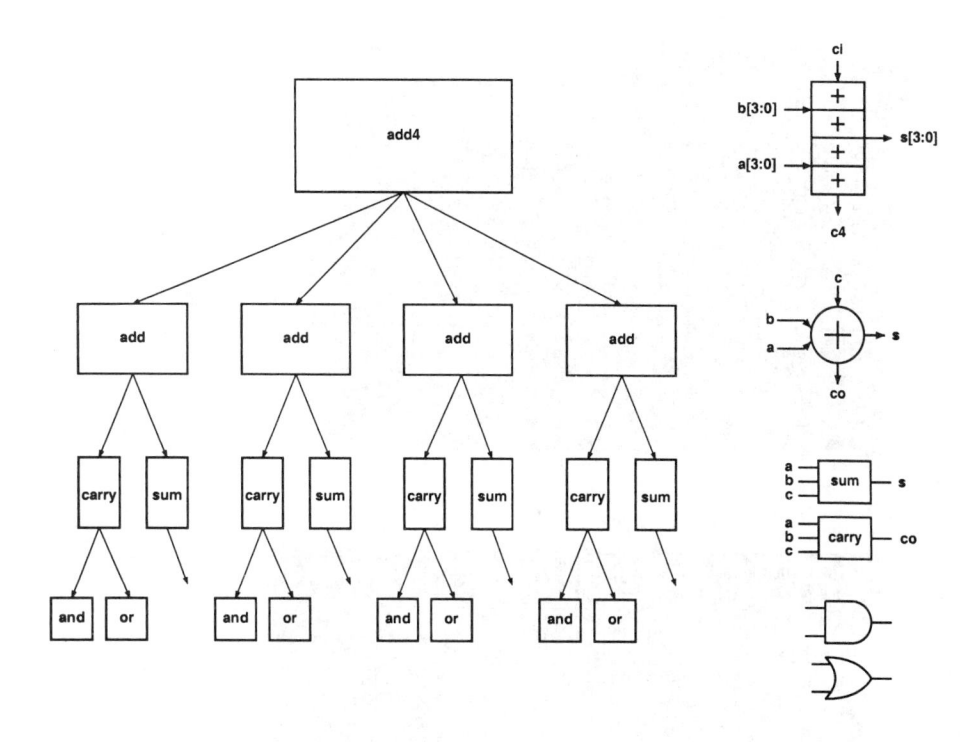

圖 1.21
4 位元加法器的結構分解，顯示出層級中的各等級電路。

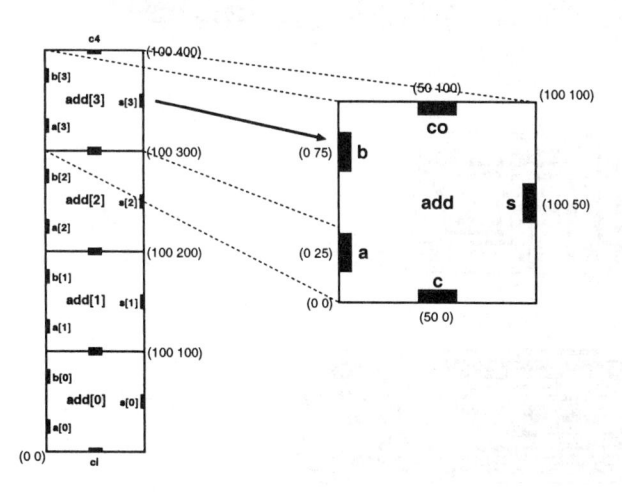

圖 1.22
4 位元加法器中的實體（幾何）領域分解。

以結構化層級為例子，圖 1.21 顯示 CMOS 4 位元加法器的結構分解至其組成部分。加法器可以逐步分解成 1 位元加法器、個別的 carry 與 sum 電路，以及最終成為個別的邏輯閘。在層級裡的較低等級中，設計一個可以實現明確定義的布林函數之簡單電路，遠比在層級裡的較高等級進行處理更容易。

在實體領域中，將複雜系統劃分成各種功能區塊，對於晶片上這些區塊的實際實現可提供有價值的引導。很顯然地，應該先估計每個子模組的近似形狀與尺寸（面積），以方便平面規劃。圖 1.22 顯示 4 位元加法器中於實體描述（幾何佈局）領域的層級分解，所造成的簡單平面規劃圖。這種實體觀點描述了加法器的外部幾何形狀、輸入與輸出接腳的位置，以及允許某些訊號（在本例中

圖 1.23
16 位元加法器的佈局與實體層級的組件。

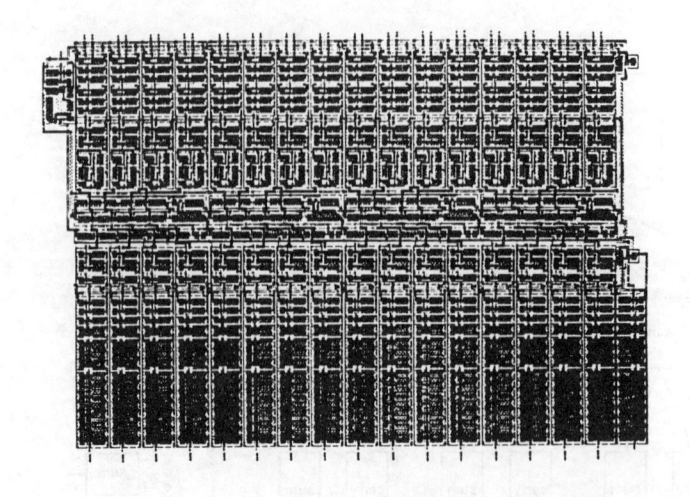

16 位元加法器完整佈局

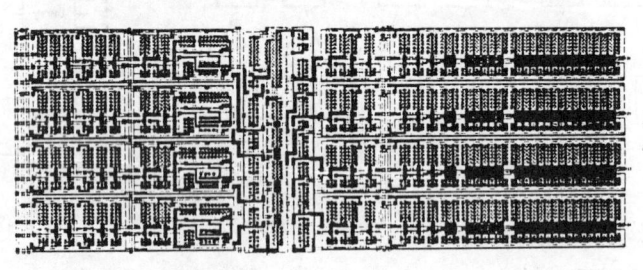

具有曼徹斯特進位的 4 位元加法器

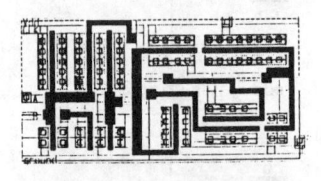

進位 / 傳遞電路佈局

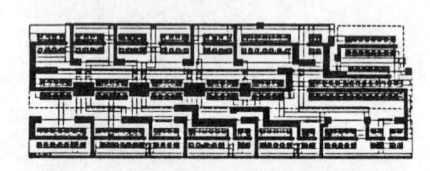

曼徹斯特進位電路佈局

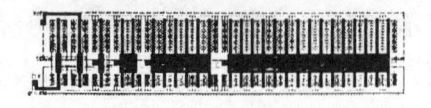

輸出緩衝器 / 閂鎖器電路佈局

為 carry 訊號）由子區塊移轉至其它子區塊毋須外部繞線的接腳位置。在實體層級的較低等級中，每個加法器元件的內部光罩佈局定義了每顆電晶體與導線的位置與連接。圖 1.23 所示為 16 位元動態 CMOS 加法器的全客戶式佈局，以及描述實體層級中較低等級的子模組。在此，16 位元加法器包含四個 4 位元加法器的串聯連結，且每個 4 位元加法器可以再次分解成功能區塊，如曼徹斯特

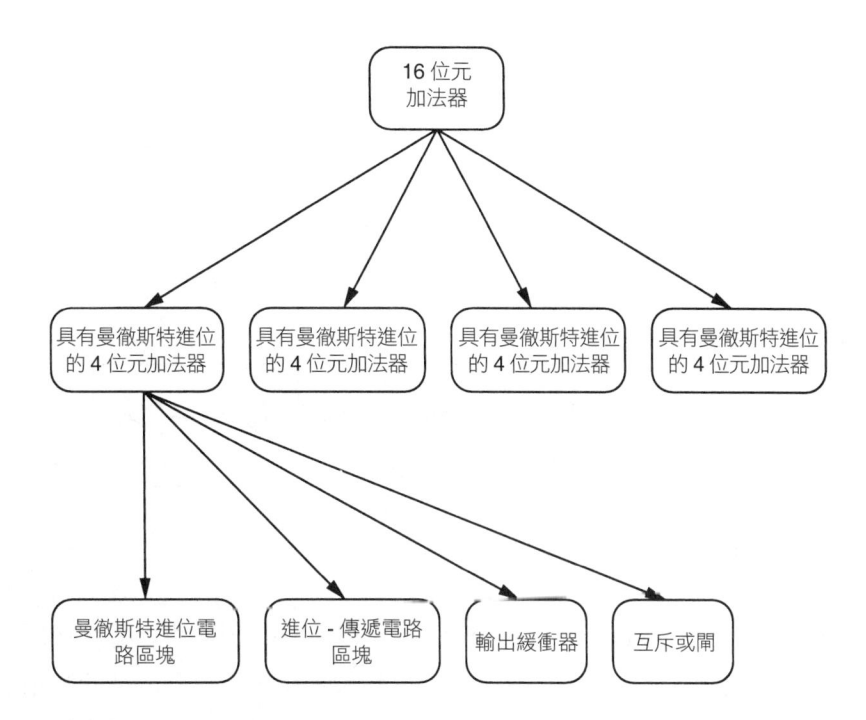

圖 1.24
16 位元加法器電路的結構化層級。

```
                    16 位元
                    加法器
         ┌────────┬────┴────┬────────┐
         ↓        ↓         ↓        ↓
    具有曼徹斯特進位  具有曼徹斯特進位  具有曼徹斯特進位  具有曼徹斯特進位
    的 4 位元加法器  的 4 位元加法器  的 4 位元加法器  的 4 位元加法器

    ┌────────┬────────┬────────┐
    ↓        ↓        ↓        ↓
 曼徹斯特進位  進位-傳遞電路  輸出緩衝器   互斥或閘
  電路區塊       區塊
```

(Manchester) 鏈、進位 / 傳遞電路與輸出緩衝器。最後，圖 1.24 顯示 16 位元加法器的結構化層級。須注意的是，結構化層級裡的每個模組都有對應的實體描述，即實體圖的組件緊密地匹配於此結構。

1.7 一致化、模組化與區域化的觀念

層級設計的處理方法藉由分解大型系統成為數個子模組，以降低設計的複雜度。通常，還需要其它的設計觀念與設計處理方法來簡化程序。一致化 (regularity) 指的是大系統的層級分解不僅應該要產生簡單的區塊，而且是相似的區塊。一致化的標準範例是由相同的元件組成的陣列結構設計，如平行乘法陣列。一致化可以存在於全部的抽象化等級中。舉例來說，在電晶體等級中，均勻尺寸的電晶體簡化了設計，而在邏輯等級 (logic level)，可以使用完全相同的閘結構。圖 1.25 顯示 2-1 多工器 (multiplexer, MUX) 與 D 型邊緣觸發正反器 (D-type edge-triggered flip-flop) 的一致化電路等級設計。須注意的是，這兩種電路設計僅使用反相器與三態緩衝器。如果設計者使用具有完整特性資料的小型基本建構區塊元件庫，可以藉由使用這項準則來建構許多不同功能的電路。在抽象化的各等級中，一致化通常可以減少需要設計與驗證的各種不同模組數量。

圖 1.25
使用反相器與三態緩衝器做為基本建構區塊的一致化設計 (a) 2-1 多工器與 (b) D型正反器。

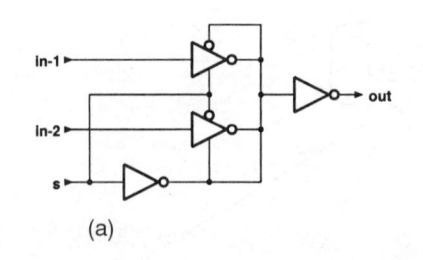

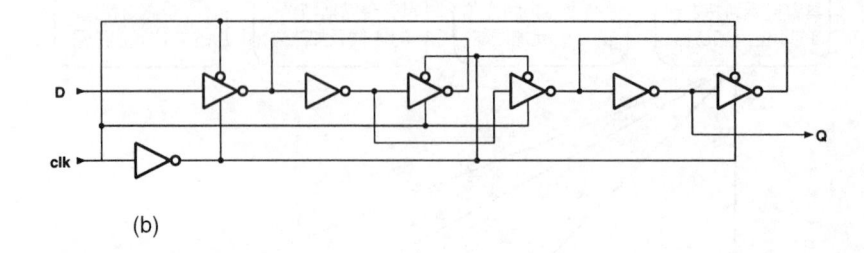

設計的模組化 (modularity) 是指構成更大型系統的各種功能區塊必須具有明確定義的功能與介面。模組化允許每個區塊或模組可以設計成彼此為相對獨立，因為這些區塊沒有模糊不清的功能與訊號介面。所有區塊在最後的設計過程可以輕而易舉地進行組合，以形成大型系統。模組化的觀念能使設計過程平行化。明確定義的功能與訊號介面也使通用模組能用於各種設計中。

藉由定義系統內每個模組的完整特性介面，我們可以有效地確保每個模組的內部電路相對於外部模組而言，將會變得無關緊要。內部的細節仍然維持在區域等級。區域化 (locality) 的觀念亦確保連結大多是在相鄰的模組之間，盡可能避免長距離連結。最後一點對於避免長時間的連接線延遲來說，是非常重要的。攸關時間的操作應該在本地執行，而毋需存取遠處模組或訊號。若有必要時，複製一些邏輯也許可以解決大型系統架構造成的這種問題。

1.8 VLSI 設計型式

晶片的特定演算法或邏輯功能可以用數種設計型式實現。每種設計型式各有自己的優缺點，因此設計者必須根據低成本與及時的要求，做出適當選擇以提供特定的功能。

現場可編程閘陣列

現場可編程閘陣列 (field programmable gate array, FPGA) 晶片含有數以千計或甚至更多的邏輯閘與可編程連接線，可提供使用者設計客製化硬體燒錄以實現所需功能。這種設計型式提供了快速雛型化 (fast prototyping) 與成本效

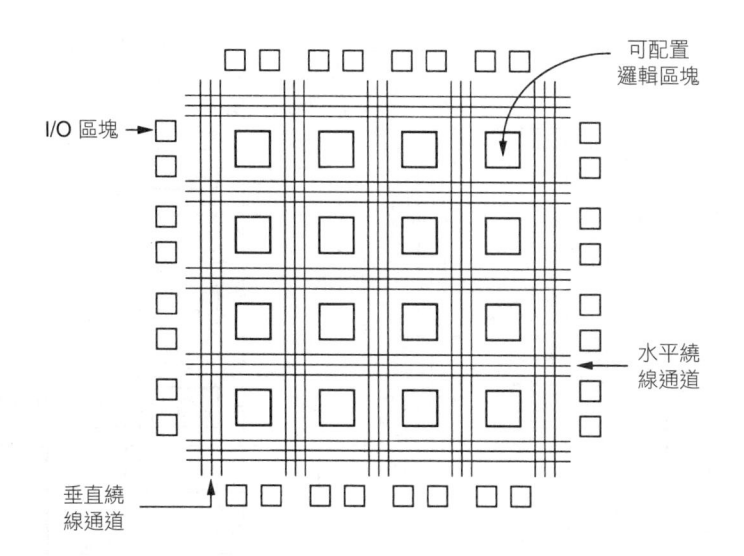

圖 1.26
Xilinx FPGA 的通用架構。

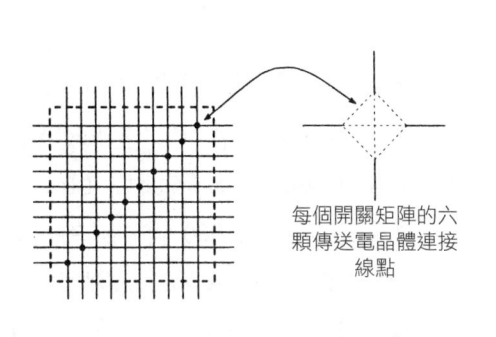

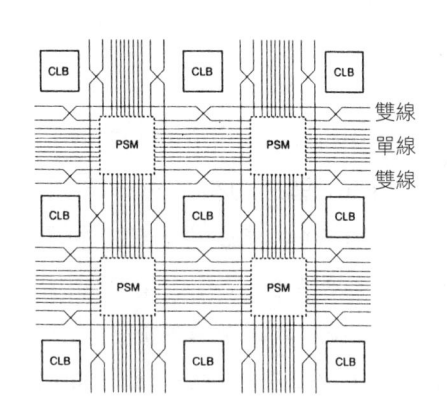

圖 1.27
在 CLB 之間的開關矩陣與連接線繞線之詳細圖。

益的晶片設計方法，特別是針對於小量應用。典型 FPGA 晶片是由輸入/輸出 (input/output, I/O) 緩衝器、可配置邏輯區塊 (configurable logic block, CLB) 陣列，以及可編程的連接線結構所組成。編排連接線是藉由編排輸出端點連接至 MOS 傳送電晶體閘極的 RAM 單元來完成的。因此，在 CLB 與 I/O 區塊間的訊號繞線是藉由設定可配置的相關開關矩陣來完成。由 Xilinx 公司提供的 FPGA 晶片的通用架構顯示於圖 1.26。圖 1.27 顯示用於互連繞線的開關矩陣位置的更詳細圖例。

CLB（Xilinx 公司的 XC4000 系列）的簡化區塊圖，如圖 1.28 所示。在此範例中，每個 CLB 包含兩組獨立的四輸入組合函數產生器、時脈訊號端點、使用者可編程的多工器，以及兩個正反器。函數產生器能夠實現四個輸入任意定義的布林函數，由記憶體查表方式實現。第三組函數產生器可以實現具有三個輸入的任何布林函數：F'、G' 以及位於 CLB 外部的第三個輸入。因此，CLB 提供了實現範圍廣泛的函數很大的彈性，其輸入變數可多達 9 個。在 CLB

圖 1.28
CLB（Xilinx 公司的 XC4000 系列）的簡化區塊圖。

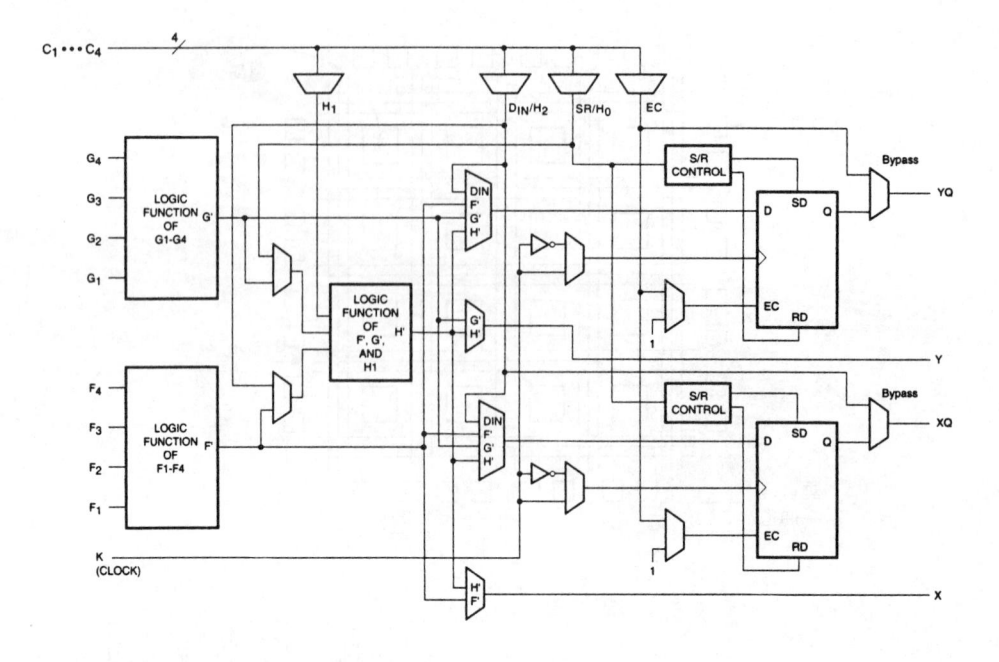

內的使用者可編程多工器控制了內部訊號的繞線，因而控制了區塊的功能性。

FPGA 晶片的複雜度一向是由所包含的 CLB 數量所決定。在 FPGA 的 Xilinx XC4000 家族裡，CLB 陣列的大小範圍可以從 8×8（64 個 CLB）到 32×32（1024 個 CLB），其中後者範例的閘數量接近於 25,000 個。另外也有具有等效約 20 萬個閘數量的更大型 FPGA 晶片。典型 FPGA 晶片能夠提供的系統時脈頻率在 10 MHz 與 800 MHz 之間。使用專門的 CAD 工具，閘使用率（gate utilization rate，在特定設計中所實際使用到的 FPGA 閘數之百分比）可以超過 90%。

FPGA 晶片的典型設計流程是從功能的行為描述開始，使用的是硬體描述語言 (hardware description language)，如 VHDL。然後，合成後得到的架構會做技術對映 (technology-mapped) 或分割 (partitioned) 成為電路或邏輯元件。在這個階段中，晶片設計描述完全依據可用的邏輯元件。接著，放置與繞線步驟會分配個別的邏輯單元到 FPGA 上 (CLB)，並根據電路檔 (netlist) 來決定元件間的繞線模式。繞線完成之後，在下載程式化 FPGA 晶片的設計之前，可以先模擬與驗證此設計在晶片上的性能。只要晶片有供電或是直到晶片被重新編排，晶片上的功能編排會一直保持有效。

基於 FPGA 的設計的最大好處是很短的**往返時間 (turnaround time)**，即從設計過程開始到可提供實用晶片所需的時間。由於客製化 FPGA 晶片不需要實體的製造步驟，因此幾乎在設計對映至特定技術的同時，就可以得到實用樣本。FPGA 晶片的價格通常比相同設計的其它替代品（例如閘陣列或標準元件型式的晶片）更高一些，但對於小量生產的 ASIC 晶片以及快速雛型化設計，FPGA 提供了一個有用的選擇。

閘陣列設計

就快速雛型製造的能力而言，**閘陣列 (gate array, GA)** 以需要數日的典型往返時間排名第二，僅次於 FPGA。使用者規劃是 FPGA 晶片設計實現的重心，而 GA 設計則是使用金屬光罩設計與處理。閘陣列實作需要兩道製造程序：第一階段是以通用（標準）光罩為基礎，在每顆 GA 晶片上產生一組未設定的電晶體陣列。這些未設定的晶片可以儲存供之後客製化使用，即藉由定義在陣列中的電晶體間之金屬連接線來完成（圖 1.29）。因為金屬連接線的圖樣是在晶片製造最後的過程完成，因此往返時間仍然可以短至幾天到幾個星期。圖 1.30 顯示 GA 晶片的一個角落，包含在其左側與底部邊緣的接合焊墊 (bonding pad)、保護 I/O 用的二極體、鄰近接合焊墊的輸出驅動器電路內的 nMOS 與 pMOS 電晶體、nMOS 與 pMOS 電晶體陣列、下層通路連線區段以及沿著接觸窗口的電源與接地匯流排。

圖 1.31 顯示具有金屬光罩設計的內部陣列之局部放大（金屬線用黑亮線顯示），以實現複雜的邏輯函數。典型的 GA 平台允許專用區域，稱為**通道 (channel)**，供 MOS 電晶體列或行之間的元件相互繞線用，如圖 1.30 與圖 1.31 所示。有了這些繞線通道，連接線設計可被簡化，甚至只使用一個金屬層。執行基本邏輯閘的連接線圖樣可以儲存於元件庫中，然後可根據電路檔用來客製化未設定的電晶體列。

雖然大多數的 GA 平台只包含由繞線通道所分隔的未設定電晶體列，但當記憶體的功能是必要時，有些其它平台還會提供專用記憶體 (RAM) 陣列，以

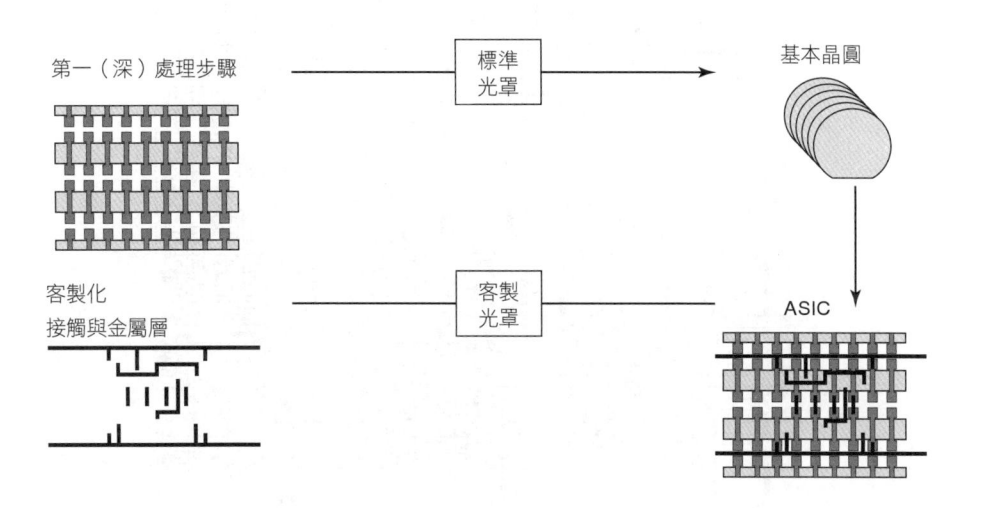

圖 1.29
GA 實作所需的基本處理步驟。

圖 1.30
典型 GA 晶片的一個角落。

(Copyright © 1987 Prentice Hall, Inc.)

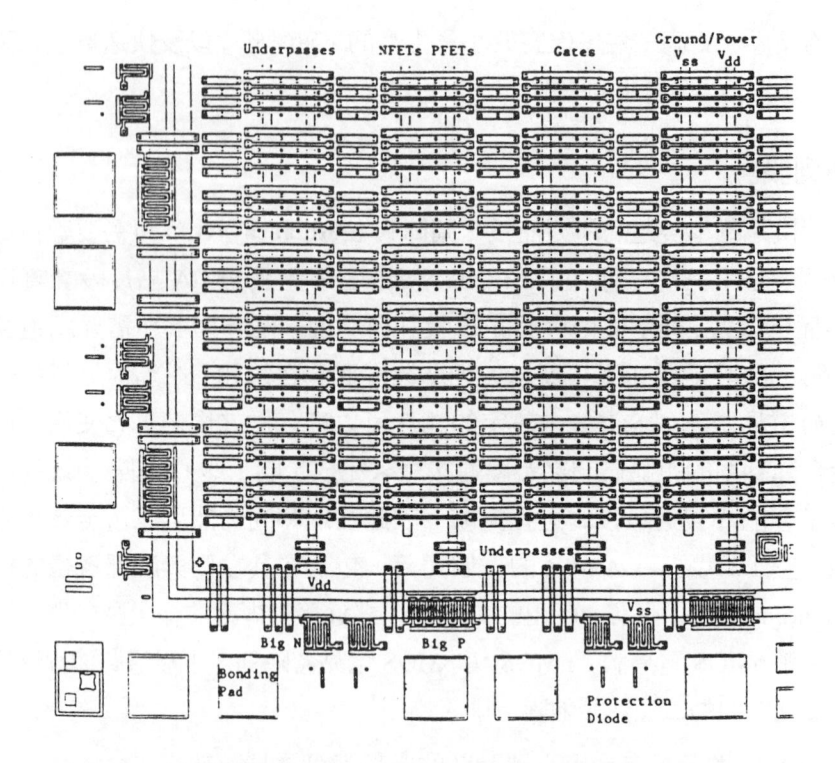

圖 1.31
在通道化的 GA 平台上實現複雜邏輯函數的金屬光罩設計。

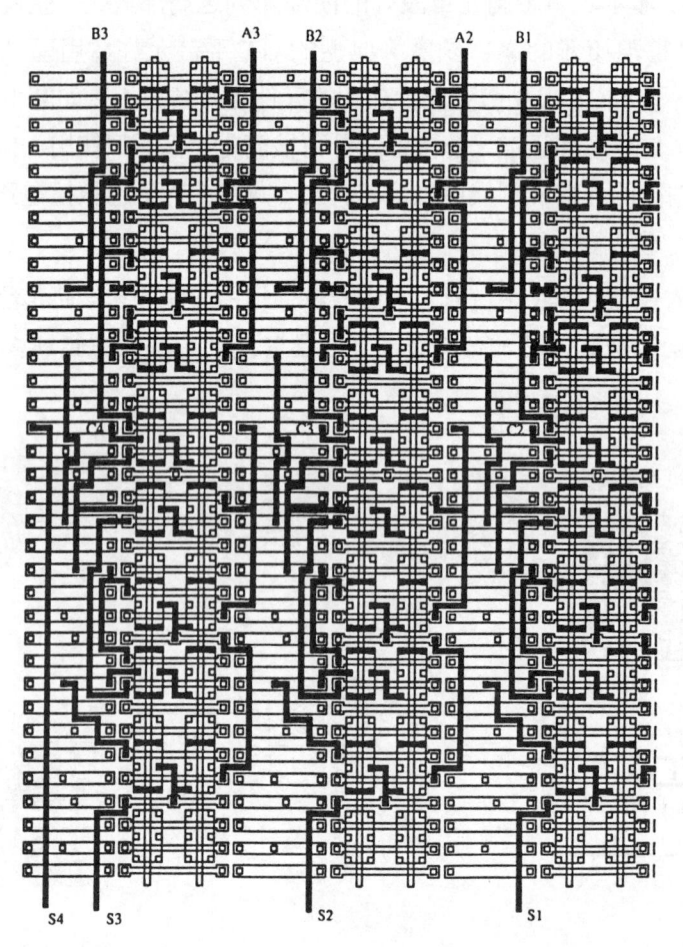

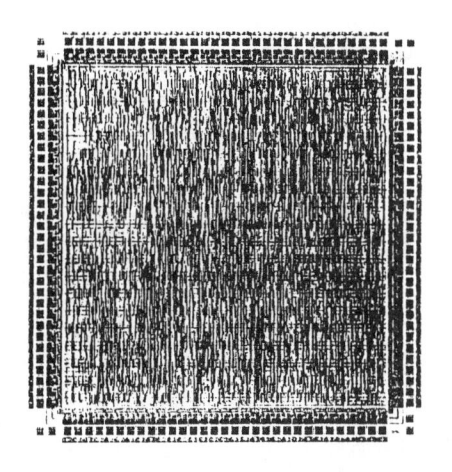

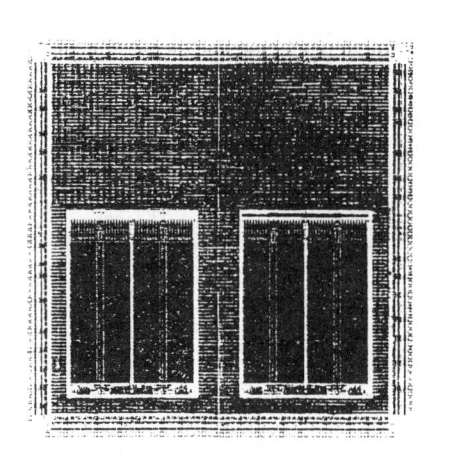

圖 **1.32**
傳統的 GA 晶片（左）與具有兩組嵌入式記憶體區塊的 GA（右）之佈局圖。

達到更高的整合密度。圖 1.32 顯示傳統 GA 以及具有兩組專用記憶體區塊的 GA 平台之佈局圖。

最新式的 GA 大多使用多組金屬層於通道繞線，而非單一金屬層。藉由使用多組連接線層，繞線也可以在主動元件區域上方達成；因而，繞線通道可以移除，就如在閘海型 (sea-of-gates, SOG) 晶片中。在這裡，整顆晶片表面覆蓋著未設定的 nMOS 與 pMOS 電晶體。如同在 GA 的情況，相鄰電晶體可以使用金屬光罩進行客製化設計，以形成基本邏輯閘。然而，為了元件相互繞線用途，必須犧牲一些未設定的電晶體。這種處理方法可使連接線具有更多彈性，並且通常密度更高。SOG 晶片的基本平台顯示於圖 1.33。圖 1.34 提供在具通道 (GA) 與無通道 (SOG) 處理方法之間的簡明比較。

一般而言，GA 晶片的使用係數是將已使用的晶片面積除以晶片總面積而

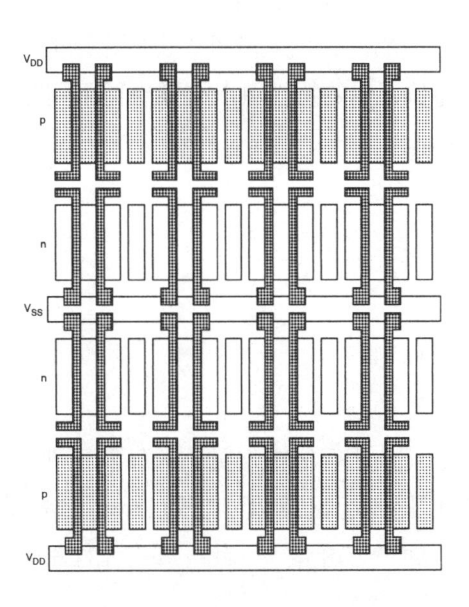

圖 **1.33**
SOG 晶片的典型平台。

圖 1.34
具通道 (GA) 與無通道 (SOG) 兩種設計之間的比較。

繞線問題較為簡單
可以僅使用一層金屬

具通道定義的彈性（位置與寬度）
元件上方繞線
更高的封裝密度
RAM- 相容
支援可變高度元件與巨集元件

得，會高於 FPGA，而 GA 晶片速度也較快，因為金屬光罩設計可以實現更多客製化設計。目前 GA 晶片可以實現多達數十萬邏輯閘。

基於標準元件設計

基於標準元件設計是最普遍的全客戶式設計型式之一，且需要開發全客戶式光罩組。標準元件亦稱為多元件 (polycell)。這種設計型式會對於所有常用邏輯單元進行開發、找出特性以及將其儲存在標準元件庫中。典型的元件庫可能包含數百種元件，包括反相器、反及 (NAND) 閘、反或 (NOR) 閘、複合式 AOI 與 OAI 閘，D 型閂鎖器與正反器。每種閘類型可以實作成數種版本，以針對不同的扇出 (fan-out) 提供足夠的驅動能力。例如，反相器閘可以是標準尺寸、雙倍尺寸與四倍尺寸，使得晶片設計人員可以選擇合適的尺寸，以達到很高的電路速度與佈局密度。每個元件的特性可以根據幾種不同類別來描述，包括

- 延遲時間 vs. 負載電容
- 電路模擬模型
- 時序模擬模型
- 錯誤模擬模型
- 放置與繞線用元件資料
- 光罩資料

為了單元件放置與元件相互繞線自動化，每個元件佈局均設計為具有固定高度，使得許多元件可以一起緊靠以形成**列 (row)**。電源與接地線軌 (rail) 走線通常平行於元件上方與下方邊界，因此，鄰近元件都可共用一組共同的電源

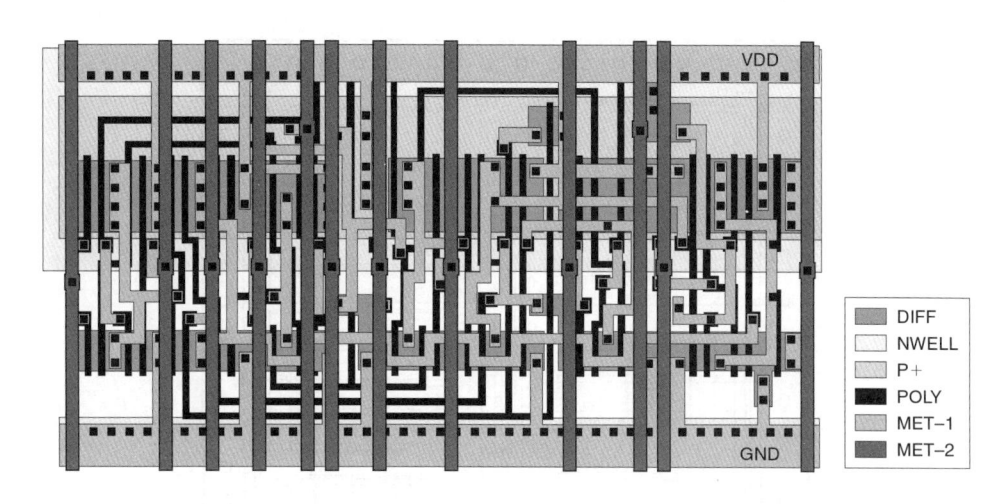

圖 **1.35**
標準元件佈局範例。

DIFF
NWELL
P+
POLY
MET–1
MET–2

與接地匯流排。輸入與輸出接腳位於元件的上方與下方邊界。圖 1.35 顯示一個典型的標準元件佈局。須注意的是，nMOS 電晶體位於靠近接地線軌處，而 pMOS 電晶體則放置於靠近電源線軌。

圖 1.36 顯示基於標準元件設計的平面規劃圖 (floor plan)。在保留給 I/O 元件使用的 I/O 邊框 (frame) 裡面，晶片區域包含標準元件的列或行。元件列與列間是專用的元件相互繞線通道。如同使用元件上方繞線的 SOG，倘若元件列能提供足夠的繞線空間，則通道區域可以減少或甚至移除。邏輯元件的實體設計與佈局確保當元件放置於列上時，高度可相互匹配，且鄰近元件可緊靠，如此能為在每一列中的電源線與接地線提供自動連結。每個元件的訊號延遲、雜訊邊界與功率消耗也應該使用電路模擬來調整電晶體的適合大小得以最佳化。

如果許多元件必須共享相同的輸入與/或輸出訊號，一組共同訊號匯流排

圖 **1.36**
基於標準元件設計的簡化平面規劃圖。

標準元件列
繞線通道
繞線通道
繞線通道

圖 1.37
基於標準元件設計的簡化平面規劃圖，包含兩個分開的區塊與一組共同訊號匯流排。

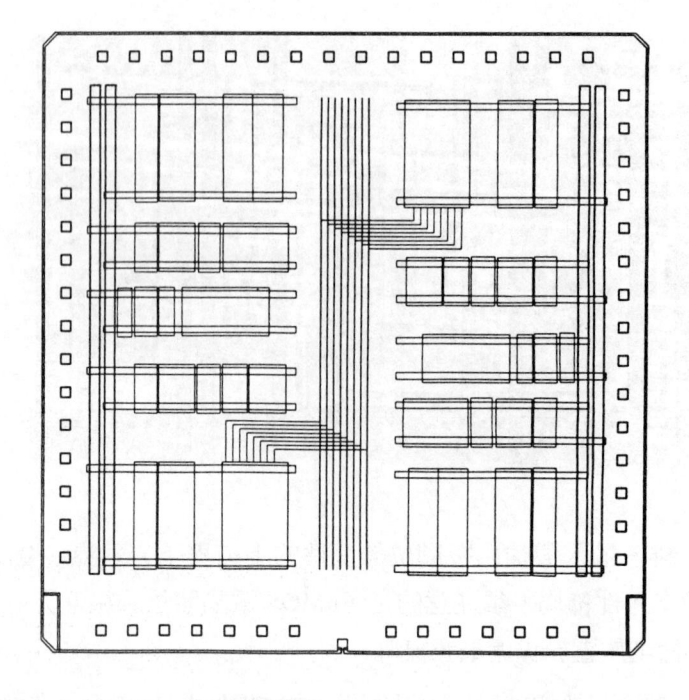

結構也可加入至基於標準元件的晶片佈局中。圖 1.37 顯示為簡化示意圖，顯示訊號匯流排已插入至標準元件列之間。須注意的是，在這種情況下，晶片包含兩個區塊，且電源/接地繞線必須從佈局區域的兩側來提供。基於標準元件的設計也許會包含數個這類的巨集區塊 (macro-block)，每個都對應於系統架構的特定單元，如時脈產生器、ALU 或控制邏輯。

使用元件庫的標準元件完成晶片的邏輯設計後，最具挑戰性的任務是放置個別元件進入列中並連接它們，且仍要滿足嚴格的設計目標，如電路速度、晶片面積與功率消耗。已有許多用於放置與繞線功能的先進 CAD 工具可用來達成這些目標。此外，可以從晶片佈局中萃取出包含連接線寄生值的電路模型，並用於時序模擬與分析，以確認**時序 - 關鍵路徑 (timing-critical path)**。對於時序 - 關鍵路徑，通常會調整適當的邏輯閘尺寸以滿足時序要求。在許多 VLSI 晶片中，如微處理器與數位訊號處理晶片，基於標準元件的設計會用於複雜的控制邏輯模組。一些全客戶式晶片也可以僅使用標準元件實現。

最後，圖 1.38 所示為一顆基於標準元件晶片的詳細光罩佈局圖，具有一組連續的元件列區塊，以及放置於晶片一邊三組記憶體區塊。須注意的是，在元件區塊內，相鄰列的間距取決於在元件列間的佈線通道之導線數量。如果可以在繞線通道中達成很高的連接線密度，標準元件列可以更靠近彼此，得到更小的晶片面積。專用記憶體區塊的可用性也降低了面積，因為使用標準元件來實現記憶體單元會佔據較大的面積。

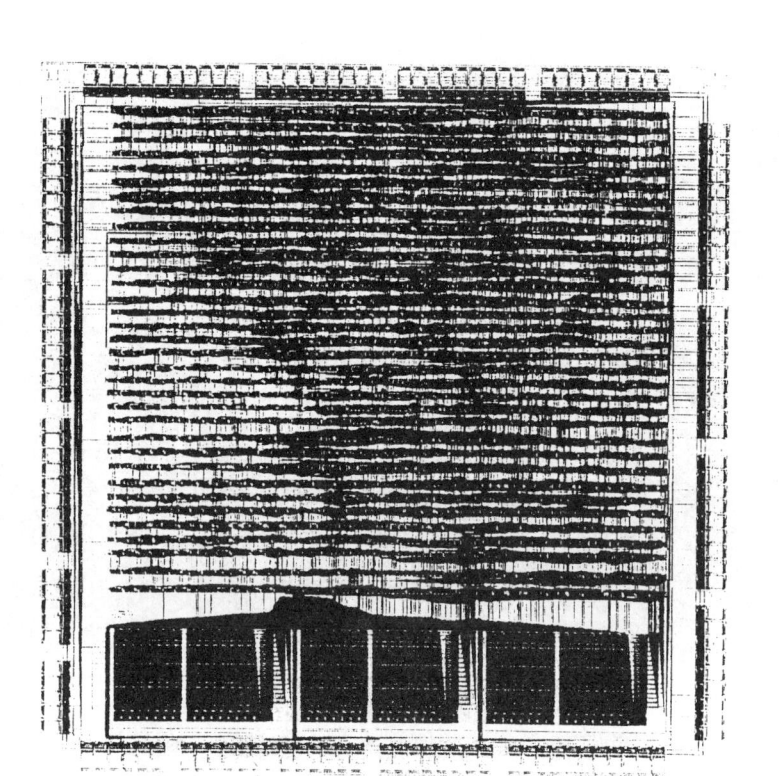

圖 1.38
基於標準元件的晶片之光罩佈局，具有一組元件區塊與三組記憶體區塊。

全客戶式設計

雖然基於標準元件的設計型式有時被稱為全客戶式設計 (full-custom design)，但嚴格來說，它是略低於完全客製化，因為元件已預先設計為綜合性用途，且相同的元件可運用於許多不同的晶片設計中。一個真正的全客戶式設計會重新完成整體光罩設計而不使用任何元件庫。然而，這樣的設計型式會使開發成本變得過高。因此，設計再利用 (design reuse) 的觀念變得越來越受歡迎，用以縮短設計週期與開發成本。最嚴密的全客戶式設計可以是一個記憶體元件設計，無論是靜態的或動態的。因為相同的佈局設計會被複製，就不會有任何高密度記憶體晶片設計的替代品。而對於邏輯晶片設計而言，可以藉由使用不同的設計型式於同一顆晶片上達成妥協，如標準元件、資料路徑 (data-path) 元件與可編程邏輯陣列 (programmable logic array, PLA) 等組合。在實際全客戶式佈局中，每顆電晶體的幾何形狀、定位與放置都是由設計者個別完成。設計生產率 (productivity) 通常非常低；每位設計者通常每天只能完成數十顆電晶體。

數位 CMOS VLSI 很少使用全客戶式設計，因為勞動成本很高。使用全客戶式設計的例外，包括大批量產品，如記憶體晶片、高性能微處理器與 FPGA。圖 1.39 是英特爾四核心 Nehalem 微處理器晶片的完整佈局，此為混合

圖 1.39
英特爾四核心 Nehalem 微處理器晶片的光罩佈局；此為全客戶式設計範例，晶片的高效能與高產量值得這種高規格的設計投入。

（Nehalem® 處理器，經英特爾公司允許所提供的圖片。）

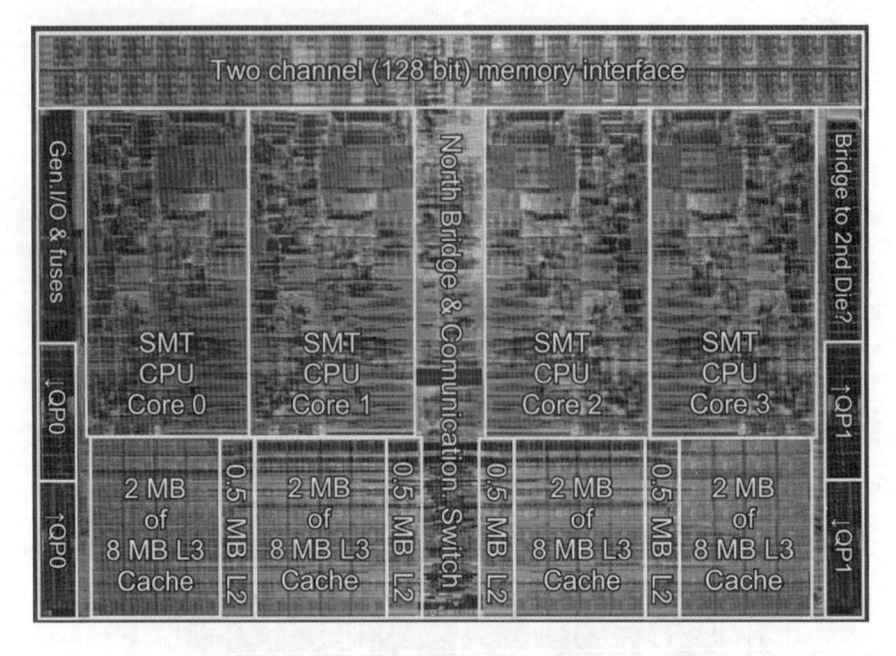

型全客戶式設計的良好範例。在此例中，可以發現在一顆晶片上具有四種不同的設計型式：記憶體區塊（快取記憶體）、由位元片 (bit-slice) 元件組成的資料路徑單元、主要由標準元件組成的控制電路與 PLA 區塊。

1.9 設計品質

藉由評量設計品質可改善晶片的設計。雖然沒有通用的評量方式，但下列是公認的重要準則：

- 可測試性
- 良率與可製造性
- 可靠度
- 技術更新能力

可測試性

開發出的晶片最終會放進印刷電路板或多晶片模組 (multi-chip module) 中，以供系統應用。系統的正確功能取決於所使用晶片的功能正確與否。因此，製造出的晶片應該是完全可測試的，以確保所有通過指定晶片測試的晶片可以放進系統中，無論是封裝過或是裸晶 (bare die) 型式，都不會引起故障。這樣的目標需要：

- 產生良好的測試向量
- 利用可靠的高速測試夾具 (test fixture)
- 設計可測試的晶片

事實上，一些晶片專案於晶片製造後，由於設計的可測試性不足而必須被摒棄。當晶片複雜性隨著單石整合度提高而增加時，晶片必須包含額外的電路以確保可以被完全測試。這代表晶片面積會增加，也會損失一些速度，但是這種折衷無法避免。可測試性設計(design-for-testability)議題將在第15章中討論。

良率與可製造性

假設測試程序毫無瑕疵，晶片良率 (yield) 計算方式為：將良好的通過測試晶片數量除以全部測試晶片總數。然而，這種計算可能無法正確反映設計或製程的品質。最嚴格的良率定義可以是把通過測試良好晶片數量除以在起始晶圓處理場所的全部晶片總數。然而，由於一些晶圓可能因為在生產線操作失誤或其它原因而廢棄，這種方式可能無法正確地反映出設計品質。另外，由於無法控制的製程變異與問題處理的緣故，晶圓中的晶片陣列設計不良可能會造成一些晶片例行性失敗。還有，晶片設計不良可能會引起製程問題，因而在製程中就被剔除。在這樣的情況下，第一種良率評量方式將會高估設計品質。晶片良率可以進一步分成子類型，分別為功能性 (functional) 良率與參數化 (parametric) 良率。

功能性良率可以由測試晶片功能性獲得，測試速度通常比所需要的晶片速度來得低。功能性測試清除短路、開路與漏電流等問題，並且能檢測邏輯與電路設計的錯誤。

參數化測試通常是對於通過功能性測試的晶片，以所要求的速度執行測試。所有的延遲測試都在此階段進行。無法控制的製程變異會導致晶片性能顯著變化；未考慮到此因素的不良設計可能會導致不佳的參數良率，成為嚴重的製造問題。為了達成高晶片良率，晶片設計者應藉由考量元件參數的實際變動可能造成的性能變動，來考慮晶片的可製造性。

可靠度

晶片的可靠度取決於設計與製程狀況。晶片問題的主要原因為：

- 靜電放電 (electrostatic discharge, ESD) 與電性過壓 (electrical overstress, EOS)
- 電遷移 (electromigration)
- CMOS I/O 與內部電路的閂鎖效應

- 熱載子引發元件老化現象
- 氧化層擊穿
- 單一事件擾動
- 電源與接地線彈跳 (bouncing) 現象
- 晶片上雜訊與串音干擾 (cross talk)

通常良率差的晶圓批次 (wafer lots) 也會導致可靠度問題。例如，特定的晶圓製程控制不良可能造成鋁金屬蝕刻過度，導致晶圓上許多晶片遭受到金屬連接線開路的困擾。一些嚴重地蝕刻過度但非完全開路的晶片，連接線有可能會通過測試。但是在電流加大的情況下，這類連接線會因為電遷移的問題而變成開路，導致實際工作中的晶片與系統故障。任何好的製造方法應該在加速的可靠度測試中清除這類潛在性故障。

然而，對於任何特定製程，可以改進晶片設計以克服這類製程相依的可靠度問題。例如，明知鋁金屬蝕刻過度可能發生，有警覺性的設計者可以選擇擴大金屬寬度超出最小允許值。同樣地，為了避免由於熱載子老化造成電晶體老化問題，設計者可以使用合適尺寸的電晶體，或藉由降低送入 nMOS 電晶體閘極訊號的上升時間來改善電路的可靠度。防止靜電損壞 (ESD) 與閂鎖現象的 I/O 保護電路則是另一個例子。第 13 章會繼續討論可靠的 I/O 電路設計。

技術更新能力

製程技術發展進步快速，因此，對任何技術世代，即使是次微米技術，其使用期限已幾乎是維持不變。然而，於更短時間內開發更為複雜晶片的時間壓力持續增強。在這種情況下，晶片產品經常必須進行技術更新至新型設計規則。即使不改變任何晶片功能，更新光罩至新型設計規則的工作仍屬艱鉅。藉由均勻縮放光罩尺寸方式的所謂「**愚蠢微縮法**」(dumb shrink method) 很少實行，原因是元件的特徵尺寸與製程參數並非理想縮放。因此，應該選擇的設計型式是，使得晶片的技術更新或可供設計再利用的功能模組，可以用最低成本迅速地予以實現。設計者可以開發與使用先進的 CAD 工具來自動產生實體佈局，即所謂的「**矽編譯**」(silicon compilation)，使用適當的邏輯閘尺寸或電晶體尺寸以滿足時序條件。

1.10 封裝技術

初學的設計者往往無法針對封裝技術給予足夠的考量，特別是在晶片開發的初期。然而，假若晶片設計者在設計中並未包含封裝限制與寄生效應所產生的各種效應，許多高性能 VLSI 晶片在封裝後可能無法通過嚴格的測試規格。

接地平面與電源平面以及接合焊墊數量大大地影響晶片上的電源與接地匯流排行為。此外，晶片與封裝間的接合導線 (bonding wire) 長度，以及封裝內的引線 (lead) 長度會左右輸出電路的電感性壓降。熱的問題也很重要。好的封裝應該提供低熱阻 (thermal resistance)，使得因功率消耗造成超出環境溫度的溫度上升有限。

選擇正確封裝技術對成功開發晶片具有關鍵性，因此晶片設計者應該在計畫一開始就與封裝設計者緊密合作，尤其是對於全客戶式設計而言。另外，由於封裝晶片的最終成本主要取決於封裝成本本身，對於低成本晶片的開發，設計者必須確保足夠的設計邊界，使得晶片在更多寄生效應與更低熱導率的低成本封裝內可以正常運行。一些重要的封裝考量是：

- 防止濕氣穿透的密封
- 熱傳導率
- 熱膨脹係數
- 接腳密度
- 寄生電感與電容
- α- 粒子防護

在過去幾十年間，接腳 (pin) 數量需求已急劇增加。接腳數量可以由稱為 Rent's 規則的經驗法則來描述，如式 (1.1) 所示：

$$T = t \cdot B^P \qquad (1.1)$$

其中 T 與 B 分別代表接腳與邏輯區塊的數目。此外，t 與 P 分別代表每個邏輯區塊的平均端點數量與 Rent's 指數。典型的 Rent's 指數值範圍由 0.5 至 0.75。圖 1.40 顯示，當邏輯區塊數量上升時，接腳數急劇上升。在現代 IC 設計中，

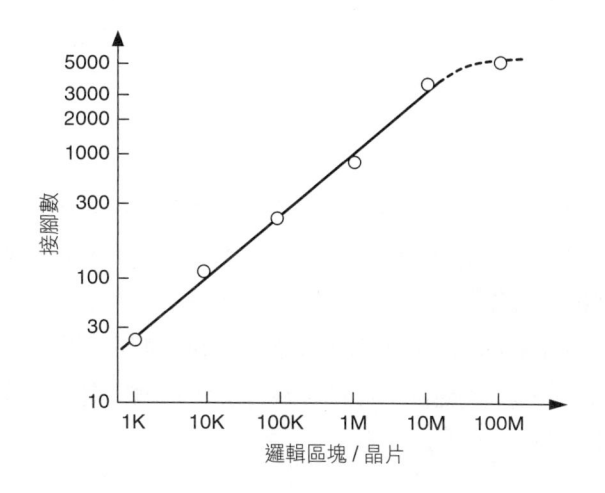

圖 1.40
接腳數與邏輯區塊數一起增加。

Rent's 規則表明晶片受到接腳限制。這種狀況在先進技術會更加惡化，因為電晶體數量在給定的裸晶面積內會增加。因此，在不久的將來，設計瓶頸可能是接腳數而並非裸晶面積。

適用於積體電路晶片的封裝類型有很多種。積體電路封裝一般會用焊接封裝至印刷電路板 (PCB) 的方法來分類。封裝接腳可以在 PCB 上的鑽孔伸出；這種方法被稱為**接腳通孔 (pin-through-hole, PTH)**。另外，封裝接腳可直接焊接在 PCB 上；這種方法稱為**表面黏著技術 (surface-mounted technology, SMT)**。

PTH 封裝需要每支接腳在 PCB 上鑽一個精確的孔，並不符合成本效益。此外，通常在鑽孔內表面需要金屬鍍層以確保導電性，而且缺乏適當的金屬鍍層可能導致良率與可靠度問題。它的優點是可以用相對便宜的焊接程序進行焊接。相比之下，SMT 封裝通常更具成本與空間效益，但是在 PCB 上焊接 SMT 封裝需要更昂貴的設備。

塑膠 (plastic) 成為 IC 封裝的主要材料已經多年，雖然它有容易滲透環境濕氣的缺點。陶瓷 (ceramic) 封裝會用在功率消耗、性能或環境需求相對較高，可容許較高成本時。今日的高接腳數、高頻操作、散熱與多晶片封裝的多重需求，帶動了封裝技術的發展。一些常見的 IC 封裝類型有：

雙列直插式封裝 (dual in-line package, DIP) 此類 PTH 封裝作為最主要的 IC 封裝類型已超過 20 年以上。DIP 封裝具有低成本的優點，但應用會受限於其體積，特別是對小型、可攜式產品。DIP 封裝亦具有很高的連接線電感特性，可能導致高頻應用中出現明顯的雜訊問題。DIP 封裝的最大接腳數一般限制為 64。

針柵陣列 (pin grid array, PGA) 封裝 相較於 DIP，這種 PTH 封裝類型可以提供更高的接腳數（通常為 100 至 400 支接腳）與更高的熱傳導率（因此，可得更好的功率消耗特性），特別是當包裝上附有被動或主動散熱裝置 (heat sink) 時。PGA 封裝需要大的 PCB 面積，且封裝成本高於 DIP，特別是陶瓷 PGA 封裝。

晶片載體封裝 (chip carrier package, CCP) 這種 SMT 封裝型式有兩種變型可使用，即無引線晶片載體 (leadless chip carrier) 與具引線晶片載體 (leaded chip carrier)。無引線晶片載體設計為直接固定於 PCB 上，並且可以支援高接腳數。其主要缺點是在於晶片載體與 PCB 之間熱係數的固有差異，可能在 PCB 表面導致機械應力產生。具引線晶片載體封裝可解決這個問題，因為增加的引線可以容納熱係數的差異所引起的小尺寸變化。

四方扁平封裝 (quad flat pack, QFP)　這種 SMT 封裝類型類似具引線晶片載體封裝，不同之處在於引線會向外延伸，並非在封裝主體下彎曲。具有非常高接腳數（多達 500 個）的陶瓷 QFP 與塑膠 QFP，已成為近幾年普遍使用的封裝類型。

球柵陣列 (ball grid array, BGA)　相較於 DIP 與 QFP，這種 SMT 封裝類型有較小的電感與電容，因為它提供電流一條短垂直路徑。另外，在裸晶下方的焊球 (solder ball) 會散逸半導體元件所產生的熱，比 QFP 的散熱能力更好。BGA 的接腳數類似於具引線晶片載體封裝，不同之處在於引線會向外延伸，而不是在封裝主體下彎曲。BGA 最高的接腳數可以達到 1800。

多晶片模組 (multi-chip module, MCM)　這種 IC 封裝選項可用在需要非常高性能的特殊應用中，其中多顆晶片組裝在單一封裝內的共用基底上。因此，晶片之間的多條關鍵連接線可以在封裝內進行。它的優點包括顯著的節省整體系統尺寸、減少封裝引線數量，以及更快的操作，這是因為晶片彼此可以就近放置。

系統級封裝 (system in package, SiP)　SiP 將多種功能與元件，如射頻 (radio frequency, RF)、類比 (analog)、記憶體與微機電系統 (micro-electromechanical system, MEMS) 等電路，整合於單一封裝中。SiP 可以明顯地減小晶片的尺寸、重量、成本與功率消耗。不僅如此，相較於 SoC，SiP 技術能達到更快的上市時間與更高的良率。近來，SiP 實作常使用 3D 堆疊 (stacking) 技術。3D 封裝的議題包括熱管理、晶圓至晶圓間的接合打線、矽通孔 (through silicon via, TSV) 製程、個別晶圓/裸晶測試、模擬工具與緊鄰介面技術。TSV 很可能是其中最有挑戰性的，而對於 TSV 而言，最重要的議題是如何降低製造成本，以及如何藉由不同供應商之間的標準化來連接不同尺寸的裸晶。

表 1.2 提供了常用封裝的特性資料。

表 1.2　64 至 68 接腳封裝若干特性。

參數	DIP（陶瓷）	DIP（塑膠）	PGA	無引線晶片載體	具引線晶片載體
最大引線 R (Ω)	1.1	0.1	0.2	0.2	0.1
最大引線 C (pF)	7	4	2	2	2
最大引線 L (nH)	22	36	7	7	7
熱阻 R (°C/W)	32	5	20	13	28
PCB 面積 (cm^2)	18.7	18.7	6.45	6.45	6.45

1.11 電腦輔助設計技術

電腦輔助設計 (CAD) 是及時開發積體電路的必要工具。雖然 CAD 工具不能取代創意與發明，但它能執行在設計過程中的主要費時與機械式的密集計算的部分。用在 VLSI 晶片設計的 CAD 技術的可分為以下幾種：

- 高階合成
- 邏輯合成
- 電路最佳化
- 佈局
- 模擬
- 設計規則檢查

合成工具

使用如 VHDL 或 Verilog 等硬體描述語言 (hardware description language, HDL) 的高階合成 (high-level synthesis) 工具會著手在設計階層中頂層等級的自動化設計層級工作。只要能掌握較低層等級設計特點的準確估算，如晶片面積與訊號延遲，它可以有效地決定晶片設計裡所包含的模組類型與數量。提供邏輯合成與最佳化用途的許多工具也已經開發，且已客製化供特定設計需求，尤其是對面積最小化、低功率、高速度，或是這些需求的加權組合。

佈局工具

電路最佳化工具著眼於調整電晶體尺寸，在可能的製程變異、雜訊與可靠度風險下得到最小延遲。佈局 CAD 工具包括平面規劃 (floorplanning)、放置與繞線 (place-and-route) 以及模組產生 (module generation)。先進的佈局工具為目標導向，並且包括一定程度的最佳化 (optimization) 功能。例如，時序導向的佈局工具傾向於產生滿足特定時序規格的佈局。

元件自動放置與繞線程式是實體設計自動化工具中的一個重要類型。在基於元件 (cell-based) 設計自動化中，一項最具挑戰性的工作是達成晶片上所有標準元件最佳或近似最佳的放置位置，從而使元件間的訊號繞線可以用最小的連接線面積與最低延遲來完成。由於若要用正規的幾何放置問題來求解幾千個標準元件的最佳放置通常成本太高，所以許多人會求助於各種啟發式 (heuristic) 方法（如最小切割 (min-cut) 演算法與模擬退火 (simulated annealing) 演算法），來找出近似最佳化的解。

一旦決定了設計中所有元件的實體位置，自動繞線工具會根據閘等級電路檔（正式的閘等級電路描述），建立在元件端點間的金屬連結。如同在自動放置工具的情況，許多啟發式處理方法也會被用來找出近似最佳繞線解，以盡可能降低計算負擔。

模擬與驗證工具

模擬工具類型是 VLSI CAD 中最為成熟的領域，範圍包括電路等級模擬（SPICE 或其衍生軟體，如 HSPICE）、時序等級 (timing-level) 模擬，邏輯等級模擬與行為模擬等許多工具。許多其它模擬工具也已經開發來用於元件等級 (device-level) 模擬與供製程技術開發用的製程模擬。所有 CAD 模擬工具的目標，是要在設計過程的所有階段中，確定所設計的電路是否都滿足要求的規格。

執行邏輯模擬主要用以驗證電路功能性，也就是確定所設計的電路是否真的具有所需的邏輯行為。電路結構的閘等級抽象化描述已足夠驗證邏輯功能；個別邏輯閘的詳細電性操作則不是邏輯模擬所關注的問題。於邏輯模擬期間，許多（輸入）測試向量施加至電路，然後輸出須與預期輸出結果進行比較。雖然有限的閘延遲資訊可以併入邏輯模擬工具，關鍵時域行為的詳細分析永遠是藉由電性模擬來完成。

電路等級或電性模擬工具常用來決定標稱 (nominal) 與最壞情況 (worst case) 下的閘延遲，以確定延遲關鍵的訊號路徑或元件，並預測寄生效應對電路行為的影響。為完成這一點，電路中每顆電晶體與每條連接線的電流 - 電壓行為是由詳細的實體模型來表示，且描述電路時間行為的耦合微分方程是在時域中進行求解。因此，電路等級模擬的計算成本比邏輯模擬要高出幾個數量級。所有來自於光罩佈局資料（佈局萃取）的寄生電容與電阻的認定，必須在電路等級模擬前執行，以獲得有關電路時域行為的可靠資料。

設計規則檢查的 CAD 類型包含用於佈局規則的檢查、電性規則檢查與可靠度規則檢查的工具。佈局規則檢查程式對於去除潛在良率問題與電路故障一直非常有效。

練習題

1.1 一組 ADD/SUBTRACT 邏輯電路示於圖 P1.1。當 P = 0 時，電路執行 ADD 操作；當 P = 1 時，則執行 SUBTRACT 操作。

　　a. 畫出等效 CMOS 邏輯圖。須注意除了傳輸閘與 XOR 之外，大多數 CMOS 閘是反向的。舉例來說，AND 閘是由 NAND 後面接一個反相器來實現。

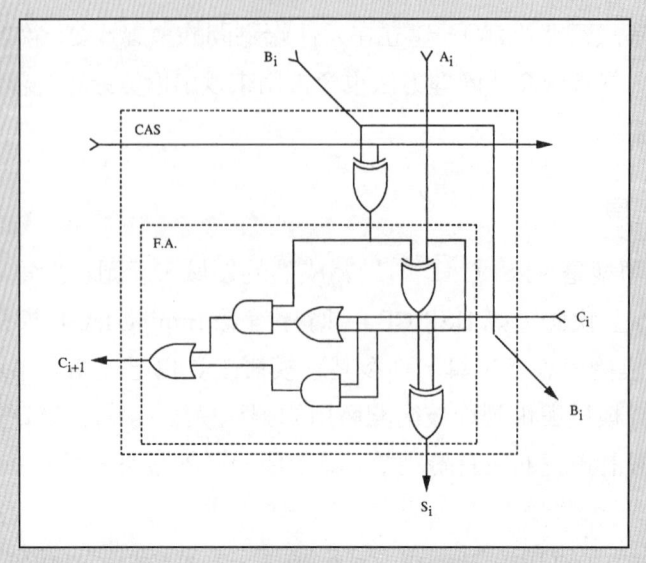

圖 P1.1

　　b. 使用圖 1.30 中給定的閘陣列平台,盡可能緊密地實現此 CMOS 電路,並使寬長比(aspect ratio)盡可能接近1。寬長比是垂直尺寸相對橫向尺寸的比值。

1.2 對於問題 1.1 的 CMOS 電路,

　　a. 首先開發一個小型 CMOS 元件庫。

　　b. 將元件放置成單一列,並依適當的順序來連接,使得總連接線長度為最小。

1.3 一種評量設計生產力的方法係根據設計實現型式來預測所需的工程師 - 月,如重複性電晶體 (RPT)、非重複性獨特電晶體 (UNQ)、PLA、RAM 與 ROM 電晶體,工程師的經驗水準 (yr),每年生產率的提高 (D),以及設計複雜度 (H)。由 Fey 所提出的公式為

$$\text{工程師} - \text{月}\,(EM) = (1 + D)^{-yr}[A + Bk^H]$$

其中數值 k 為設計中的等效電晶體數量,如下式所示

$$k = UNQ + C \cdot RPT + E \cdot PLA + F\sqrt{RAM} + G\sqrt{ROM}$$

在這個公式中,電晶體數量是以千為單位,係數 A、B、C、D、E、F、G 與 H 則是取決於設計者經驗以及 CAD 工具支持程度的模型參數。參數 (yr) 代表從模型參數萃取時間點算起的年份數目。一組這些參數的樣本值為 A = 0、B = 12、C = 0.13、D = 0.02、E = 0.37、F = 0.65、G = 0.08 與 H = 1.13。

　　a. 討論如何在設計結構內萃取出模型參數。

　　b. 一個 24 位元浮點處理器設計已經使用了 20,500 顆重複性電晶體、10,500 顆獨特電晶體、105,500 顆 RAM 電晶體與 150,200 顆 ROM 電晶體。假設經驗年值 yr = 3,計算出預期的工程師 − 月 (EM) 值。須注意的是,公式中的電晶體數量是以千為單位,例如,UNQ = 10.5,而不是 10,500。

1.4 非常大陣列的現場可編程邏輯閘陣列 (FPGA) 被用來生產大型、快速雛型化系統。

    a. 討論這種雛型系統的優點（特點）與缺點（弱點），以設計所花費的精力與所得的速度性能之觀點來證明設計觀念與驗證。

    b. 你要如何比較硬體雛型化方法與電腦模擬方法？

1.5 當設計複雜度隨著晶片上電晶體所增加的數量而增加時，晶片上雜訊已變得更加明顯。依接地與電源焊墊的數量與合適放置，以及接地平面與電源平面的數量之觀點，討論封裝對於抑制晶片上雜訊的影響。

1.6 於高速進行 VLSI 晶片測試已經變得越來越困難，因為測試環境中具有不想要的寄生效應。同時，高速測試機台成本非常高，因此，實際上對於較小的製造商而言，取得這樣的設備很難。討論對於系統商將僅於低速測試過的晶片拿來開發高速系統會導致哪些問題。在缺乏高速測試器下，有什麼其它替代方法可以用來減緩此問題？

1.7 草擬設計一顆以往返時間與開發成本作為函數之晶片的開發計畫。特別是當顧客要求晶片分別要在一個月、半年以及一年內交出，你會選擇什麼樣的設計型式？

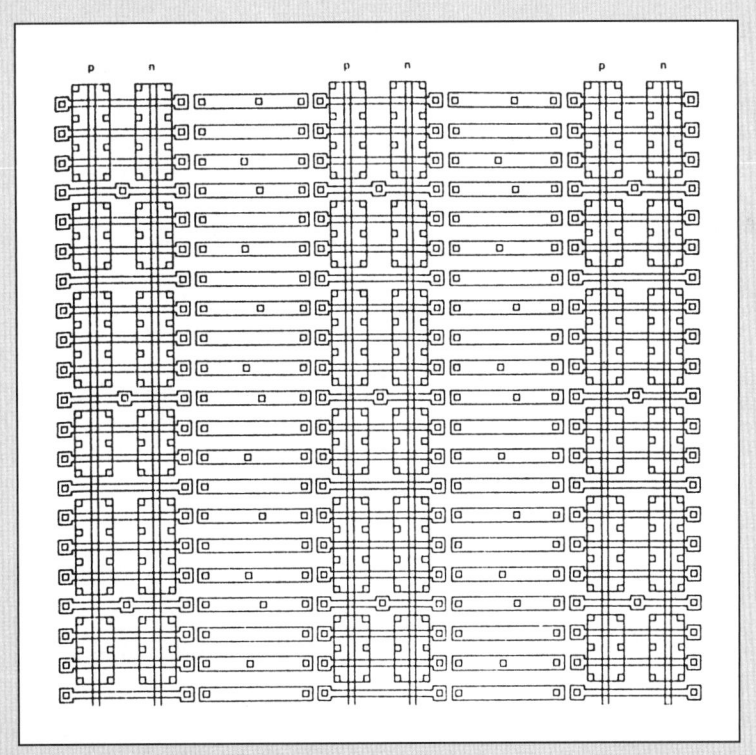

CMOS 閘陣列平台（用於問題 1.1 b）。

Chapter 2

MOSFET 的製造
Fabrication of MOSFETs

2.1 簡介

在本章中,我們將討論 MOS 晶片的製造原理與檢視製造流程的主要步驟。本章的目的並非要呈現矽製造技術的詳盡討論,這個主題值得以一門課程專供分開討論。更恰當些的說法,本章所強調的重點是放在製造流程的一般性概述,以及最終決定元件與電路性能特性的各種製程步驟間的相互作用。接下來的章節將顯示在製造過程、電路設計過程與所得晶片性能之間存在著很強的關連性。因此,電路設計者必須有晶片製造方面足夠的知識以創造出有效的設計,並且依照各種製程參數進行電路最佳化。此外,電路設計者必須清楚地了解各種製造過程中使用的光罩所扮演的角色,以及光罩如何用來定義晶片上元件的各種特徵。

下面的討論專注在成熟的 CMOS 製造技術,要求 n 通道 (nMOS) 與 p 通道 (pMOS) 電晶體建立在相同的晶片基底 (substrate) 上。為了同時容納 nMOS 和 pMOS 兩種元件,必須建立與基底類型相反的半導體類型之特殊區域。這些區域稱作**井區 (well)** 或**槽區 (tub)**。其中,p 型井 (p-well) 建立在 n 型基底上,而 n 型井 (n-well) 則是建立在 p 型基底上。在這裡所提出的簡單 n 型井 CMOS 製造技術中,nMOS 電晶體建立在 p 型基底上,且 pMOS 電晶體則建立在 p 型基底中的 n 型井裡。在雙槽式 (twin-tub) CMOS 技術中,也可建立與基底類型相同的額外槽區供元件最佳化用。

位於 p 型矽基底上的 CMOS 積體電路之簡化製程順序顯示於圖 2.1。製程啟始於建立供 pMOS 電晶體所使用的 n 型井區,藉由雜質佈植 (impurity implantation) 至基底中。然後,圍繞著 nMOS 與 pMOS **主動區 (active region)** 的區域生長出厚氧化層。接著,薄閘極氧化層 (thin gate oxide) 則是透過熱氧化 (thermal oxidation) 方式生長於表面上。這些步驟之後,接著是建立 n^+ 與 p^+ 區域(源極、汲極與通道停止 (channel-stop) 佈植),以及最後的金屬化 (metallization) 步驟(建立金屬連接線)。

圖 2.1 所示的製程流程順序,或許乍看之下過於抽象,因為詳細的製造步

圖 2.1
使用單多晶矽層的 n 型井 CMOS 積體電路之簡化製程順序，僅顯示出主要的製造步驟。

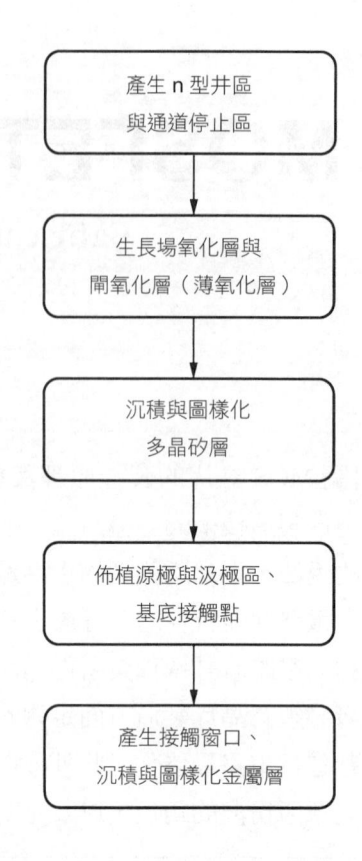

```
產生 n 型井區
與通道停止區
     ↓
生長場氧化層與
閘氧化層（薄氧化層）
     ↓
沉積與圖樣化
多晶矽層
     ↓
佈植源極與汲極區、
基底接觸點
     ↓
產生接觸窗口、
沉積與圖樣化金屬層
```

驟並未顯示出來。為了更進一步了解半導體製造過程中的相關議題，我們首先要更詳細地考慮一些基本步驟。

2.2 製造流程：基本步驟

須注意的是，每一個處理步驟都需要適當的**光罩 (mask)** 來定義在晶片上的特定區域。因此，積體電路可以視為是一組摻雜矽 (doped silicon)、多晶矽 (polysilicon)、金屬與絕緣二氧化矽的圖樣化 (patterned) 物質層。通常在下一層材料施加至晶片上方前，現有物質層必須先圖樣化。用於轉印圖樣至晶片上物質層的過程稱為**微影技術 (lithography)**。因為每一層都有自身不同的圖樣化要求，微影技術程序必須重複用在每一層，並且使用不同的光罩。

為了說明有關透過光學顯影來圖樣化二氧化矽層之製造步驟，讓我們首先檢視圖 2.2 的製程流程。此程序起始於矽表面的熱氧化，舉例來說，約 1 mm 厚的氧化物層會建立在基底上（圖 2.2(b)）。整個氧化層表面接著覆蓋一層**光阻**（**photoresist**，又稱光阻劑），它基本上是一個對光敏感、耐酸的有機聚合物，起初是不溶於顯影液 (developing solution)（圖 2.2(c)）。如果光阻材料暴露於紫外 (ultraviolet, UV) 光，則曝光區域就會變成可溶解的，使得它們無法再抗拒蝕刻溶劑。為了對光阻選擇性曝光，在曝光的期間，我們必須以光罩覆蓋表面的某些區域。因此，當上方有光罩的結構暴露至 UV 光時，則光罩上不透明圖案所覆蓋的區域會受到遮蔽。另一方面，在 UV 光可以穿透的區域，光阻會曝曬變成可溶解（圖 2.2(d)）。

起初是不可溶而在暴露於 UV 光後會變成可溶解的光阻劑類型，稱為**正光阻 (positive photoresist)**。圖 2.2 所示的製造程序使用正光阻。還有另一種類型，起初為可溶解而在暴露於 UV 光後變為不可溶（硬化類型的光阻劑，稱為**負光阻 (negative photoresist)**。用在光微影製程中，則沒有被不透明光罩圖案遮蔽 UV 光的區域會變成不可溶解，而遮蔽區域可以隨後藉著顯影液進行蝕刻除去。負光阻對光更敏感，但是其光微影解析度不如同正光阻高。因此，負光阻不常使用在高密度積體電路的製造中。

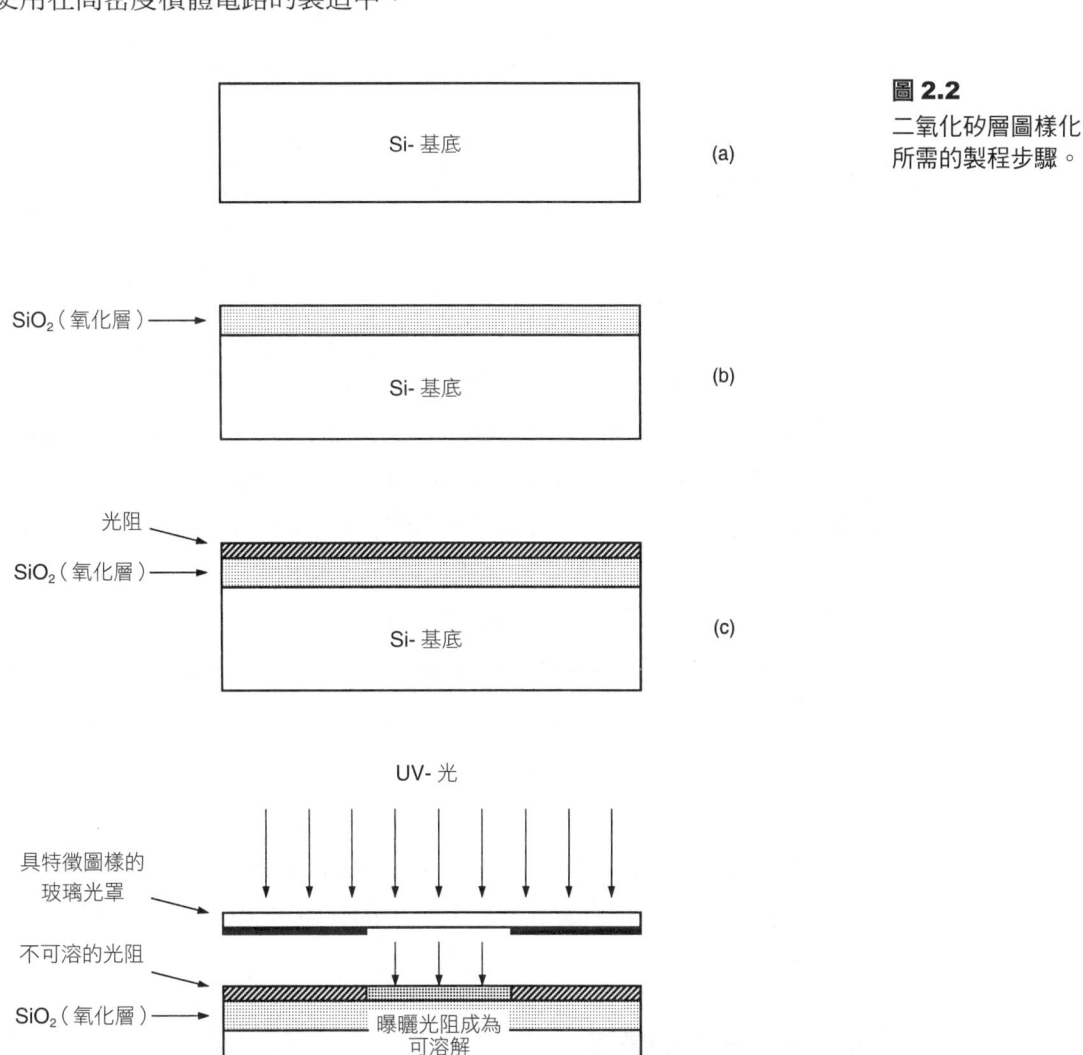

圖 2.2
二氧化矽層圖樣化所需的製程步驟。

圖 2.2（續）
二氧化矽層圖樣化所需的製程步驟。

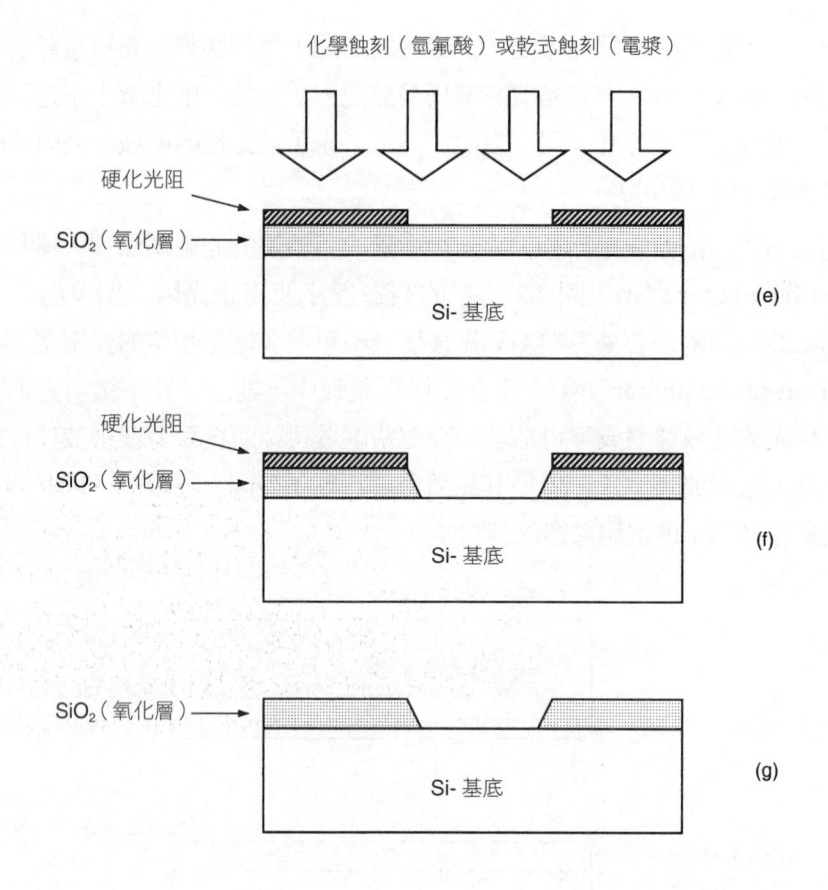

在 UV 光曝光程序之後，未曝光的光阻部分可以用溶劑移除。現在，未硬化光阻所覆蓋的二氧化矽區域可以使用化學溶劑（氫氟酸 (HF acid)）或使用乾式蝕刻 (dry etch)（如電漿蝕刻 (plasma etch)）製程（圖 2.2(e)）蝕刻除去。須注意的是，在這個步驟結束時，我們得到了向下直通至矽表面的氧化層窗口（圖 2.2(f)）。餘存在二氧化矽層表面的光阻現在可以使用另一種溶劑去除，留下矽表面上的二氧化矽圖案，如圖 2.2(g)。

圖 2.2 詳細說明的製程步驟實際上完成了單一圖樣至二氧化矽表面的轉印，如圖 2.3 所示。半導體元件的製造需要經過數次這類型的圖樣轉印，執行在二氧化矽層、多晶矽層與金屬層。然而，全部製造步驟中所使用的基本圖樣化過程，都非常近似於圖 2.2 所示。還須注意的是，為了準確產生次微米元件中所需的高密度圖樣，**電子束 (electron beam, E-beam)** 微影會取代光學微影。在下一節中，將檢視有關 p 型矽基底上的 n 通道 MOS 電晶體製造的主要製程步驟。

nMOS 電晶體的製造

製程起始於在矽基底的氧化作用（圖 2.4(a)），一個相對厚的二氧化矽層，

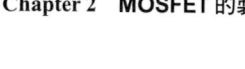

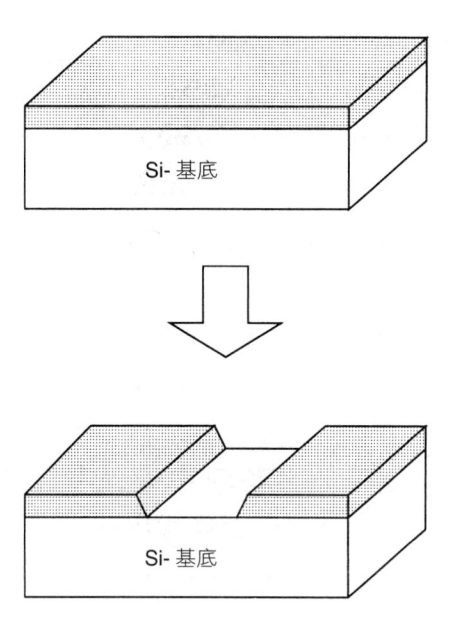

圖 2.3

在未顯示中間步驟情況下，所示為於二氧化矽層進行單一微影圖樣化程序的結果。無圖樣化結構（上方）以及圖樣化結構（下方），可分別與圖 2.2(b) 以及圖 2.2(g) 進行比較。

圖 2.4

位於 p 型矽（基底）上的 n 型 MOSFET 之製造流程。

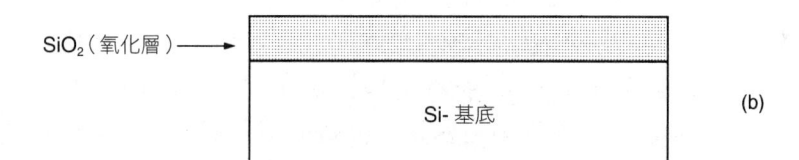

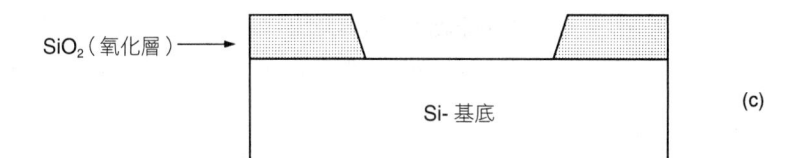

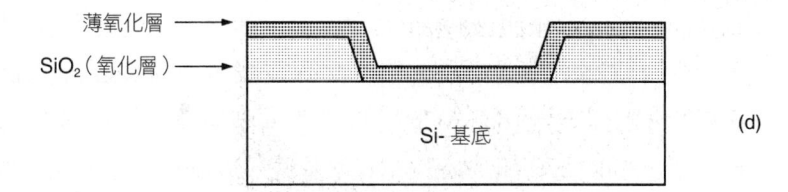

圖 2.4（續 1）
位於 p 型矽（基底）上的 n 型 MOSFET 之製造流程。

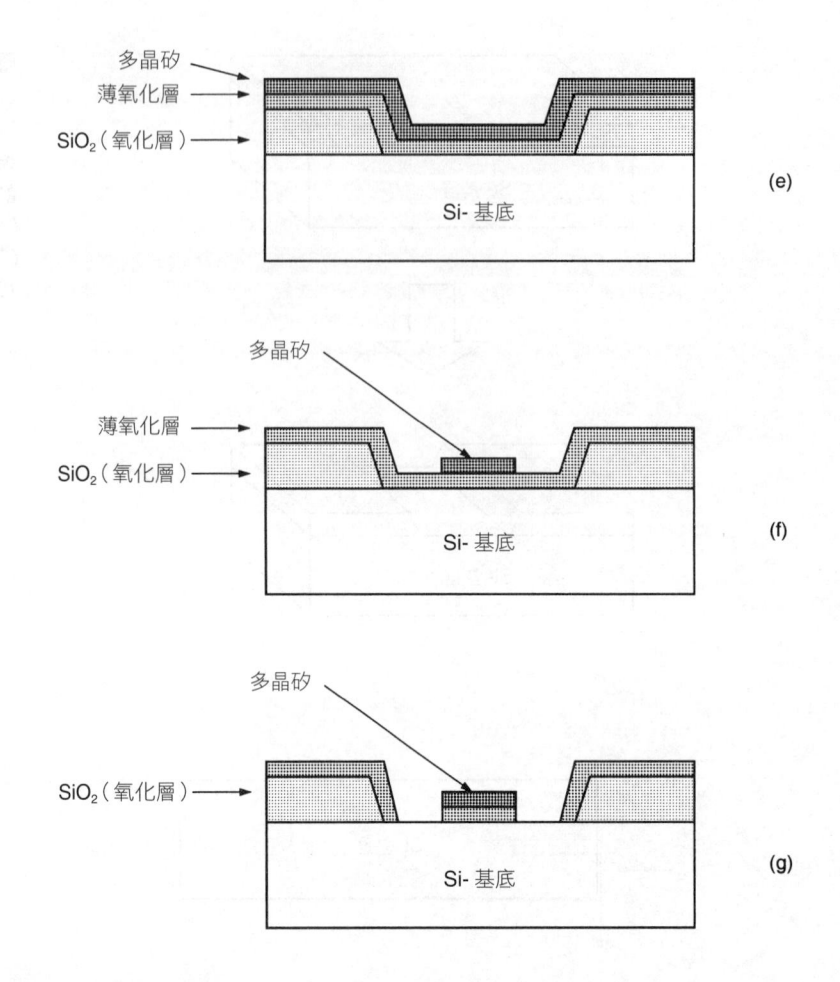

也稱為場氧化層 (field oxide)，建立於矽基底的表面上（圖 2.4(b)）。然後，對場氧化層進行選擇性蝕刻，以顯露出用於建立 MOS 電晶體的矽表面（圖 2.4(c)）。在此步驟之後，表面會由薄且高品質的氧化層所覆蓋，最終將形成 MOS 電晶體的閘極氧化層（圖 2.4(d)）。在薄氧化層的上方，會沉積 (deposit) 上一層多晶矽層 (polysilicon or polycrystalline silicon)（圖 2.4(e)）。多晶矽可用於 MOS 電晶體的閘極電極材料，也可以作為矽積體電路中的連接線媒介。未摻雜的多晶矽之電阻率較高。然而，摻雜雜質原子至多晶矽可以降低其電阻率。

在沉積程序之後，多晶矽層已圖樣化與蝕刻，形成連接線與 MOS 電晶體閘極（圖 2.4(f)）。未被多晶矽覆蓋的薄閘極氧化層也會被蝕刻除去，而顯露出的裸 (bare) 矽表面會形成源極與汲極接面（圖 2.4(g)）。然後，全部的矽表面會摻雜高濃度的雜質，無論是透過擴散 (diffusion) 或離子佈植 (ion implantation)（在這個例子中，會使用施體 (donor) 原子以產生 n 型摻雜）。圖 2.4(h) 顯示，摻雜會穿透矽表面上的顯露區域，最終在 p 型基底形成兩個 n 型區域（源極與

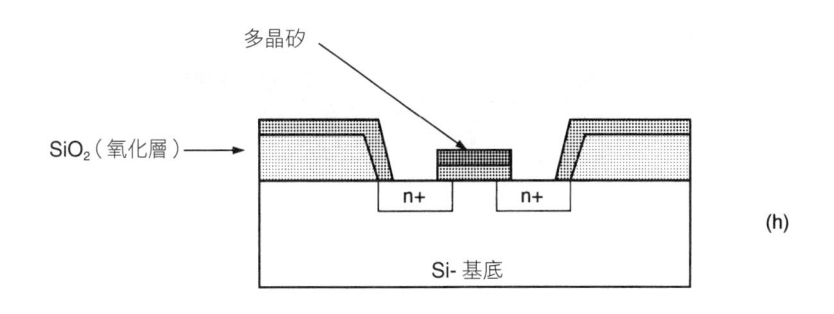

圖 2.4（續 2）
位於 p 型矽（基底）上的 n 型 MOSFET 之製造流程。

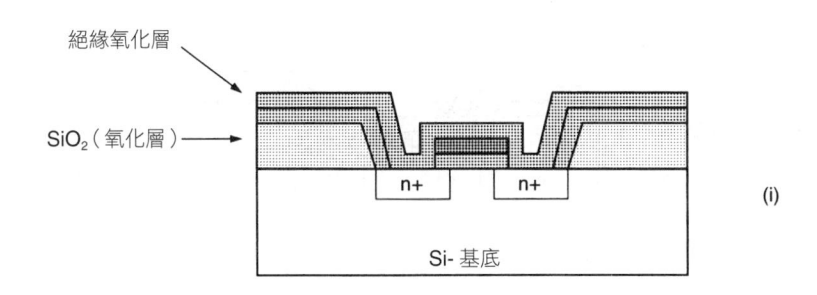

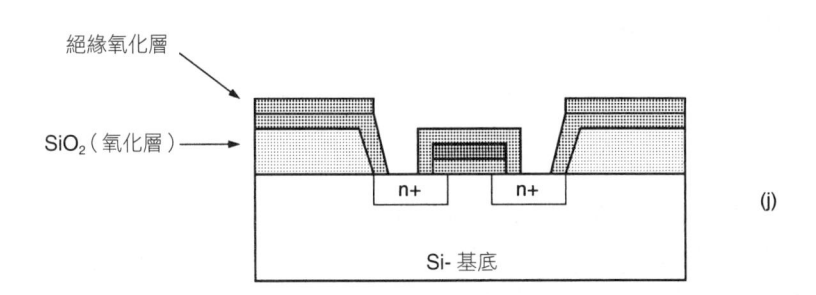

汲極接面）。雜質摻雜會穿透矽表面的多晶矽，降低其電阻率。須注意到多晶矽閘極已於摻雜前完成圖樣化，實際定義了通道區的精確位置，因而也定義了源極區與汲極區的位置。因為這個過程允許相對於閘極的兩個區域進行非常精確的定位，所以也稱為**自我校準 (self-aligned)** 製程。

　　一旦完成了源極區與汲極區，整個表面將再次由二氧化矽的絕緣層所覆蓋（圖 2.4(i)）。然後，絕緣氧化層進行圖樣化，以提供汲極接面與源極接面的接觸 (contact) 窗口（圖 2.4(j)）。表面會被蒸發的鋁金屬所覆蓋，形成連接線（圖 2.4(k)）。最後，金屬層亦被圖樣化與蝕刻，完成位在表面（圖 2.4(l)）的 MOS 電晶體之連接線。通常，藉由建立另一個絕緣氧化層、切割接觸孔（或稱為通孔 (via)）、沉積與圖樣化金屬，第二（與第三）層的金屬連接線也可以加在該結構的上方。製造 p 型矽基底上 nMOS 電晶體的主要製程步驟也顯示於本章最後的板 1 與板 2。圖例是使用 DIOS™ 多維製程模擬器所產生的。DIOS™ 為一

圖 2.4（續 3）
位於 p 型矽（基底）上的 n 型 MOSFET 之製造流程。

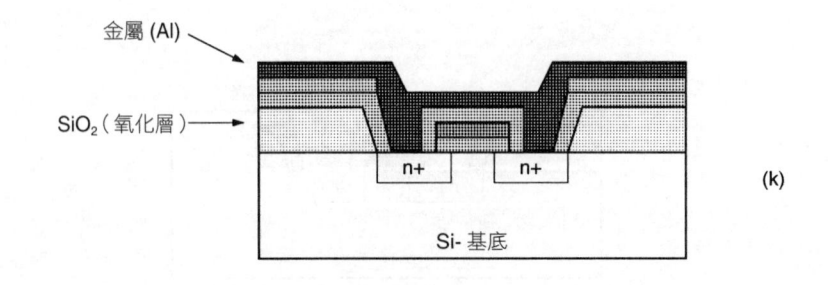

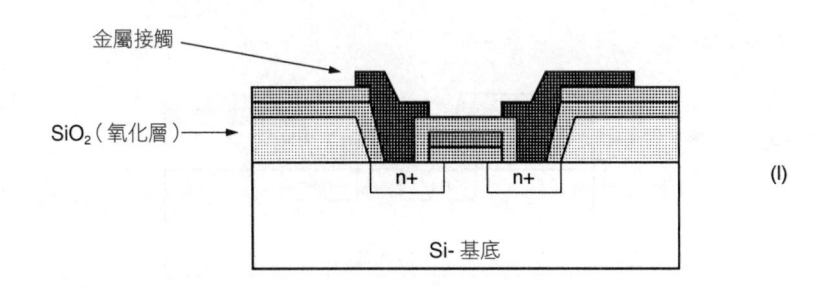

套製程模擬軟體，由 *ISE Integrated Systems Engineering AG*, Zurich, Switzerland 所開發。

元件隔離技術

在製造過程中，構成積體電路的 MOS 電晶體彼此在電性上必須隔離。隔離是為了阻擋元件之間不想要的導電路徑，避免在電晶體通道區域外建立反轉層，以及減少漏電流。為了使在晶片表面上相鄰電晶體之間的電性隔離度達到足夠的水準，元件一般建立在稱為**主動區 (active area)** 的專區，其中每個主動區會環繞著相對厚的氧化層屏障 (barrier)，稱為**場氧化層 (field oxide)**。

在矽表面上建立隔離主動區的一種技術，是在整個晶片表面上先長出厚場氧化層，然後選擇性的蝕刻掉此氧化層的某些區域以定義出主動區。這種製造技術稱為蝕刻場氧化層隔離 (etched field-oxide isolation)，已於圖 2.4(b) 與圖 2.4(c) 中說明。在這裡，場氧化層會被選擇性地蝕刻除去，以顯露出矽表面，也就是建立 MOS 電晶體之所在。儘管此技術相對簡單，它有一些缺點。最重要的缺點是，場氧化層的厚度會導致在主動區與隔離（場）區間邊界之氧化層的極大落差。當在隨後的製程步驟中，多晶矽層與金屬層沉積在這些邊界時，邊界的垂直高度差可能造成沉積層裂開，進而導致晶片損壞。為了防止這種情況發生，大多數製造商比較喜歡使用隔離技術，把部分場氧化物埋入到矽表面，從而產生更平坦的表面結構。

矽局部氧化

矽局部氧化 (local oxidation of silicon, LOCOS) 技術是基於在某些區域選擇性生長場氧化層的原理，而不是在氧化層生長完後，再選擇性蝕刻除去主動區上的氧化層。選擇性的氧化層生長是靠著在氧化過程中，使用氮化矽 (Si_3N_4) 來遮蔽主動區，進而有效地抑制氧化層。LOCOS 製程的基本步驟顯示於圖 2.5。

首先，薄墊氧化層（thin pad oxide，也稱為應力緩解 (stress-relief) 氧化層）會生長在矽表面上，接著對氮化矽層進行沉積與圖樣化以遮蓋（即定義出）主動區（圖 2.5(a)）。在氮化矽層下的薄墊氧化層是用來保護矽表面，以防止在隨後的製程步驟中由氮化矽所引起的的應力。矽表面的顯露區域最終將形成隔離區，以 p 型雜質進行摻雜，以建立環繞在電晶體周圍的通道停止佈植（圖 2.5(b)）。接著，厚場氧化層會生長在未覆蓋有氮化矽的區域，如圖 2.5(c) 所示。須注意的是，場氧化層有部分會凹入表面，因為熱氧化製程也會消耗一些

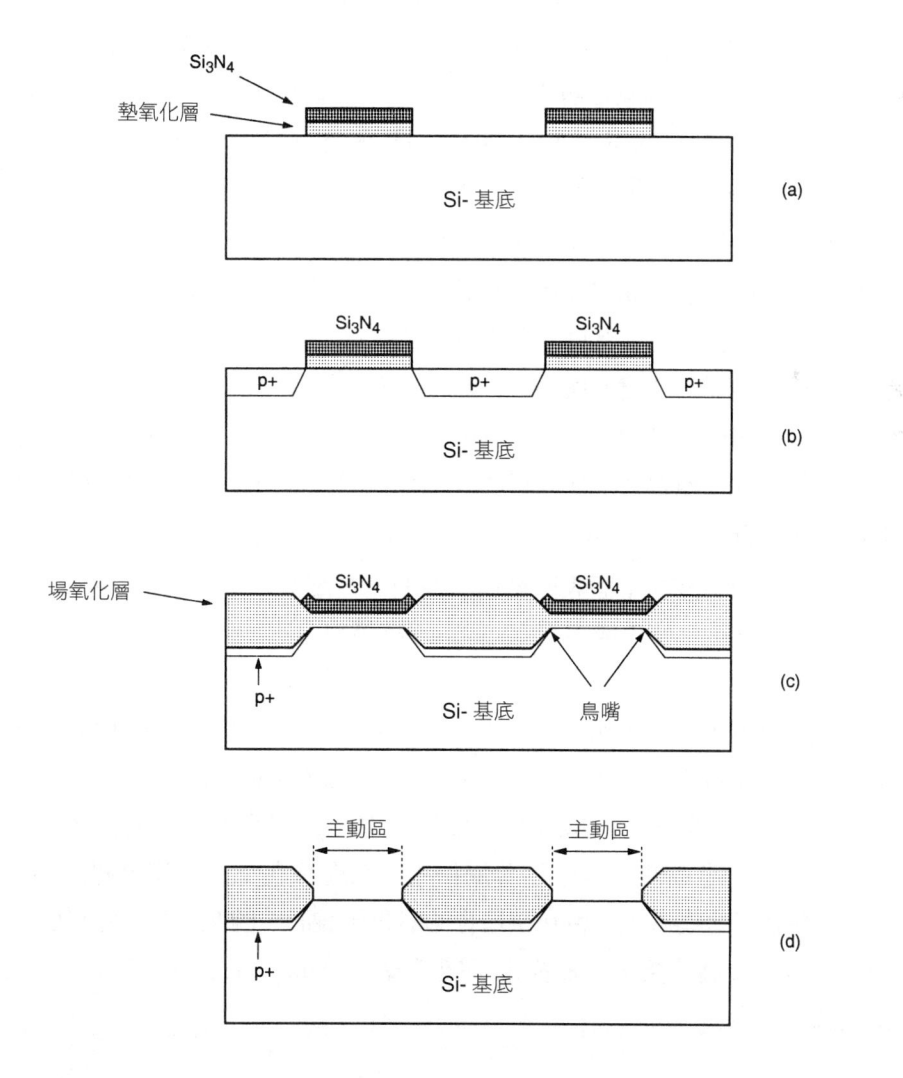

圖 2.5
LOCOS 製程的基本步驟，在主動區範圍建立氧化層隔離。

矽。此外，場氧化層會在氮化矽層下方形成橫向延伸，稱為**鳥嘴 (bird's beak)** 區域。此橫向侵入是主動區縮小的主要原因。氮化矽層與薄墊氧化層會在最後一個步驟時被蝕刻（圖 2.5(d)），導致主動區周圍環繞著部分埋入的場氧化層。

LOCOS 製程是一項用於獲得具有更平坦表面結構場氧化層隔離的普遍技術。多年來，一些附加方法已被開發來控制橫向鳥嘴侵入現象，因為這種侵入最終限制了 VLSI 電路中元件微縮與元件密度。

多層連接線與金屬化

在最先進的 CMOS 製程中，數個金屬層（通常四到八層）可用於建立電晶體間的連接線，以及晶片表面上的電源供應、訊號與時脈等導線之繞線。多組金屬層的可用性在於每一層藉由介電質（二氧化矽）與相鄰層進行電性上隔離，允許更高的整合密度以實現複雜結構，而且實際上增加了能夠非常有效使用在設計上（空間的）第三個維度。如前所述，層與層之間的電性連結是透過通孔 (via)，放置於任何需要接觸的地點。每個通孔的形成是藉由在新的金屬化步驟之前，於隔離氧化層中建立一個開口（窗口），並且使用特殊的金屬栓 (plug)，通常是鎢 (tungsten, W)，來填入這個氧化層開口。通孔建立之後，新的金屬沉積層與隨後的圖樣化形成了下一個金屬化層級。

然而，須注意的是，晶片表面非常不平整，這是由於先前建立電晶體的製程步驟所造成，包括 n 型井與 p 型井的形成、局部氧化與閘極形成。在這個不平坦的地形（表面）上沉積多組金屬連線，因為金屬沉積層可能會在不平坦的表面邊緣呈現局部性變薄與不連續現象。在非平面表面上進行光學微影不但困難，並且不精確。表面不均勻性問題在每次追加的金屬層會變得更加明顯，其中表面特徵的連續累積，如階梯落差現象，可能最終導致晶片表面上有著明顯的山丘與山谷。

為了避免有關非平面表面結構的問題，在每次新的金屬沉積步驟之前，通常會對表面進行平面化或平坦化。晶圓表面會先沉積相當厚的 SiO_2 層，以覆蓋全部現存的表面非均勻性。然後，此厚氧化層的表面上方會使用幾種技術的其中一種來進行平坦化，如玻璃回流法 (glass reflow)（熱處理 (heat treatment)）、深蝕刻法 (etch-back) 或化學-機械研磨法 (chemical-mechanical polishing, CMP)。最後一種方法 (CMP) 需要使用研磨性二氧化矽泥來實際拋光晶圓表面，近年來在半導體工業中已普遍採用。它允許在晶片上連續建立金屬連線層，而每個新金屬層須沉積在平坦化的氧化層表面。圖 2.6 顯示使用 CMP 技術製作的多層金屬連接線之掃描電子顯微鏡 (scanning electron microscope, SEM) 剖面圖。

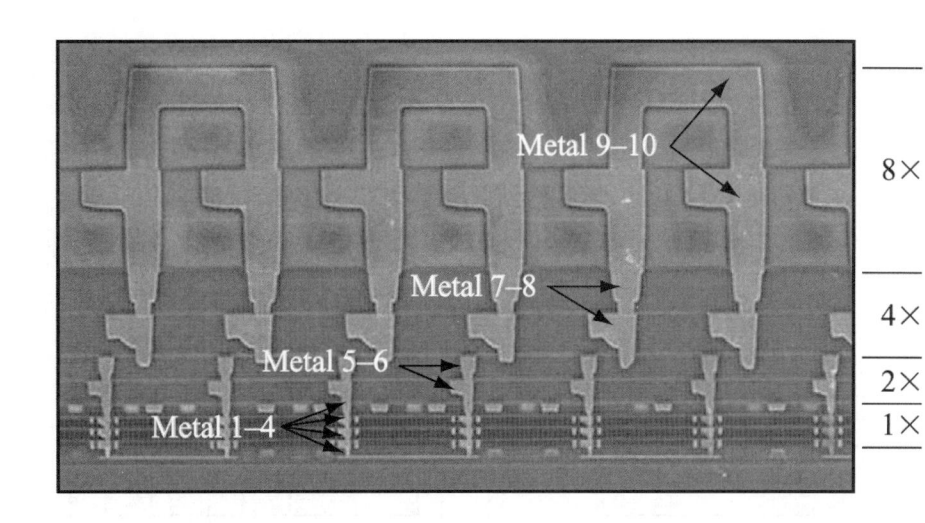

圖 2.6
現代的積體電路實際剖面圖。注意到矽表面上方供佈線用的多層金屬。(由 IBM 提供的 *Power6* 微處理器。)

2.3　CMOS n 型井製程

　　在已檢視透過微影進行圖樣轉印的基本製程步驟，與檢視過單一 nMOS 電晶體的製造程序之後，我們現在可以返回到 n 型井 CMOS 積體電路的廣義製造程序，如圖 2.1 所示。在下面的圖中，有關 CMOS 反相器製造的一些重要製程步驟，會顯示於微影用光罩的俯視圖 (top view) 與相關區域的剖面圖 (cross-sectional view)。

　　n 型井 CMOS 製程起始於適量摻雜（雜質濃度通常低於 10^{15} cm^{-3}）的 p 型矽基底。然後，初始氧化層生長於整個表面上。第一道微影光罩定義 n 型井區域。施體原子，通常是磷，透過氧化層的這個窗口進行佈植。

　　一旦 n 型井建立，就可以定義出 nMOS 與 pMOS 電晶體的主動區。圖 2.7 至圖 2.12 所示為發生在 CMOS 反相器製造過程中的重大事件。製造 CMOS 反相器的主要製程步驟亦繪製於本章末的板 3、板 4 與板 5。這裡所呈現的剖面圖是使用 DIOS™ 多維製程模擬器與 PROSIT™ 3D 結構模型軟體所產生，由位於瑞士蘇黎世的 *ISE Integrated Systems Engineering AG* 所開發。

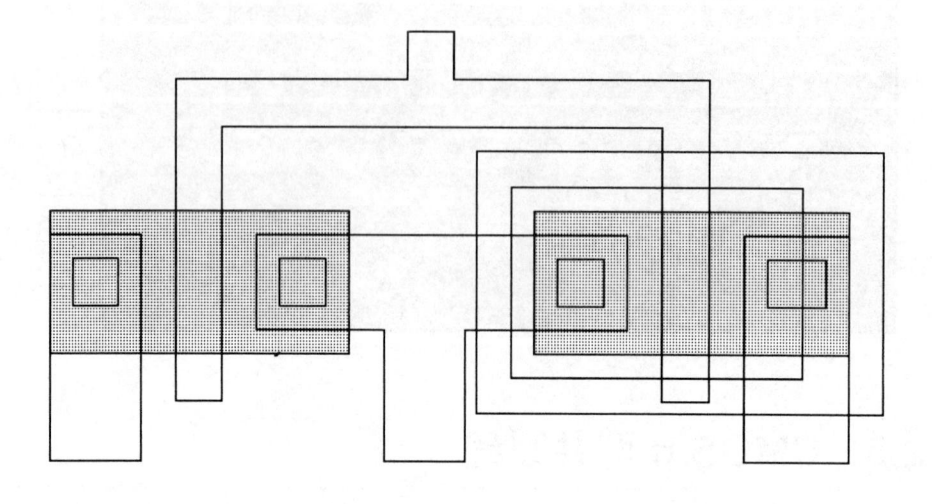

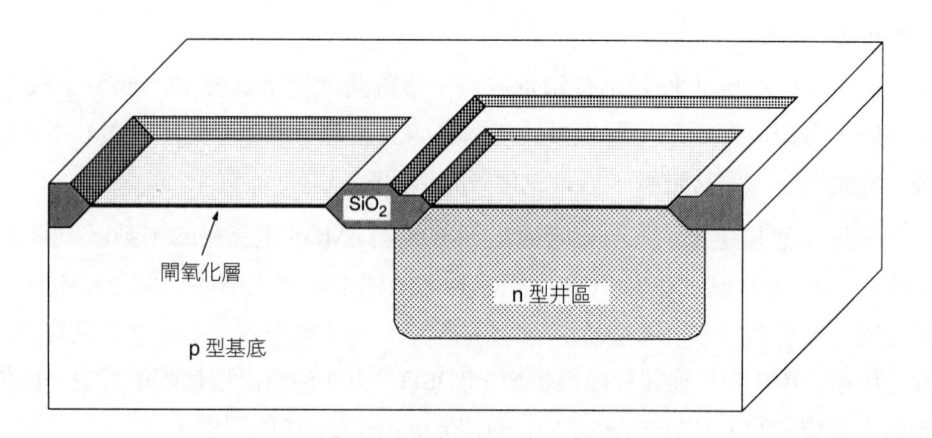

圖 2.7 在建立 n 型井區後，厚場氧化層生長於環繞電晶體主動區的周遭區域，而薄閘極氧化層生長於主動區的上方。閘極氧化層的厚度與品質是兩個最重要的製程參數，因為兩者強烈地影響 MOS 電晶體的操作特性與長期可靠度。

(*After* Atlas of IC Technologies, *by W. Maly [1].*)

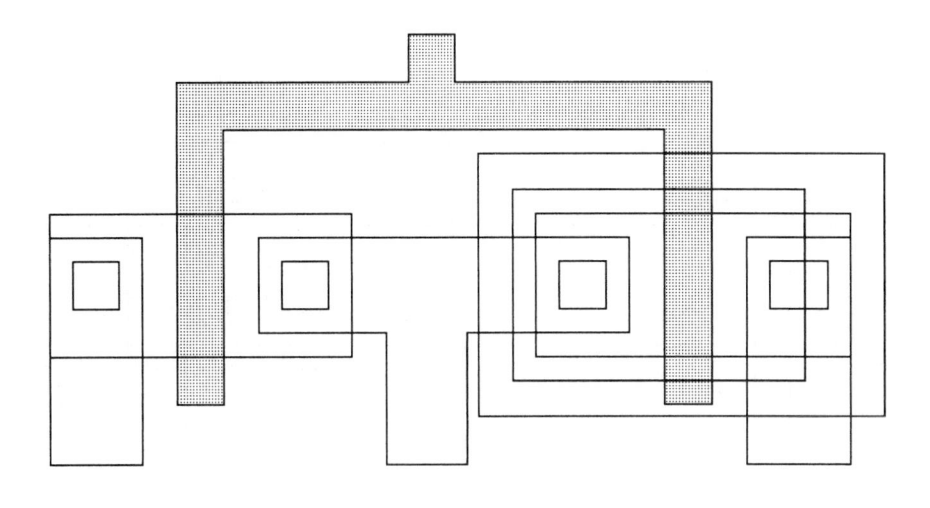

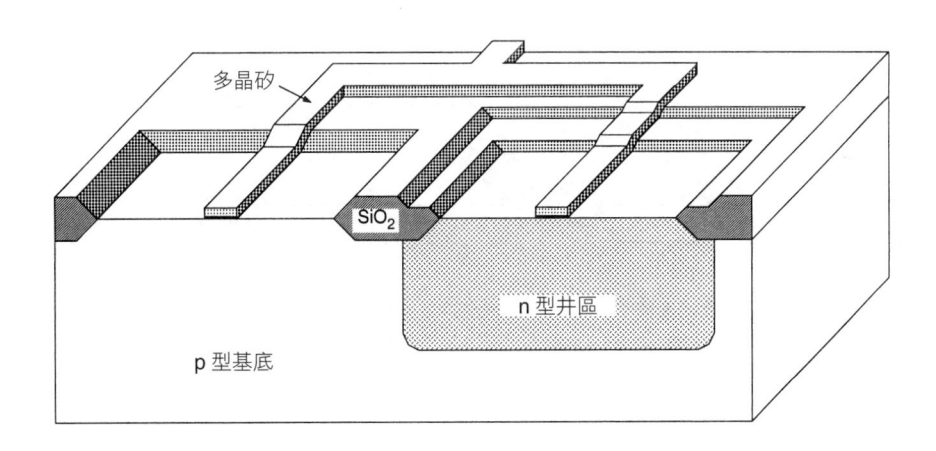

圖 2.8 多晶矽層是利用化學氣相沉積法 (chemical vapor deposition, CVD) 沉積而成，並由乾式（電漿）蝕刻法進行圖樣化。所建立的多晶矽導線將作為 nMOS 與 pMOS 電晶體的閘極電極以及兩者間的連接線。除此之外，多晶矽閘極可供作此步驟之後的源極與汲極佈植之自我校準光罩用。

(*After* Atlas of IC Technologies, *by W. Maly [1].*)

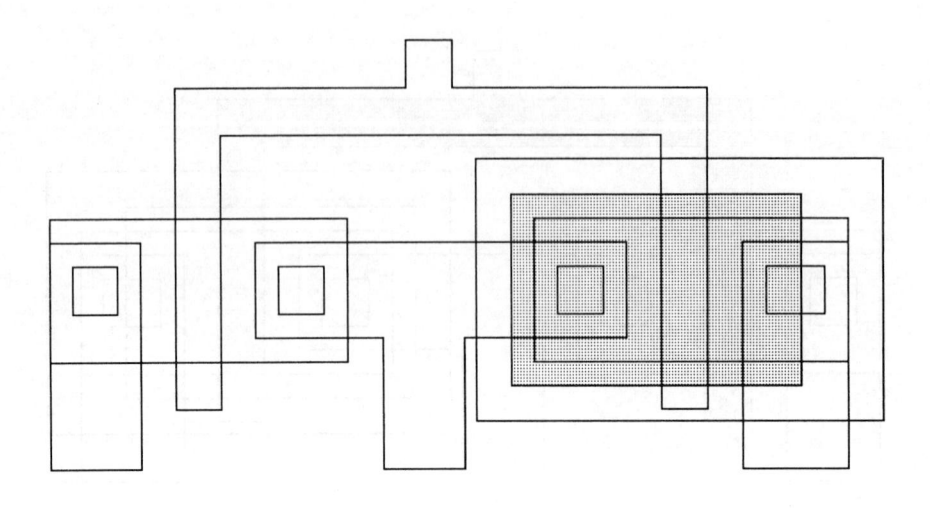

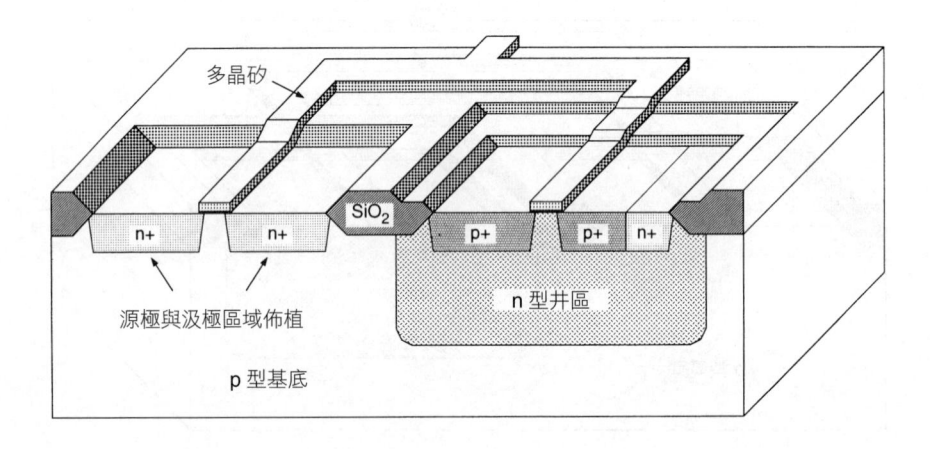

圖 2.9 使用一套共計兩組光罩，n⁺ 與 p⁺ 區域分別佈植進入基底與 n 型井中。同時，在此製程步驟中，至基底與 n 型井的歐姆接觸 (ohmic contact) 會一起進行佈植。

(*After* Atlas of IC Technologies, *by W. Maly [1].*)

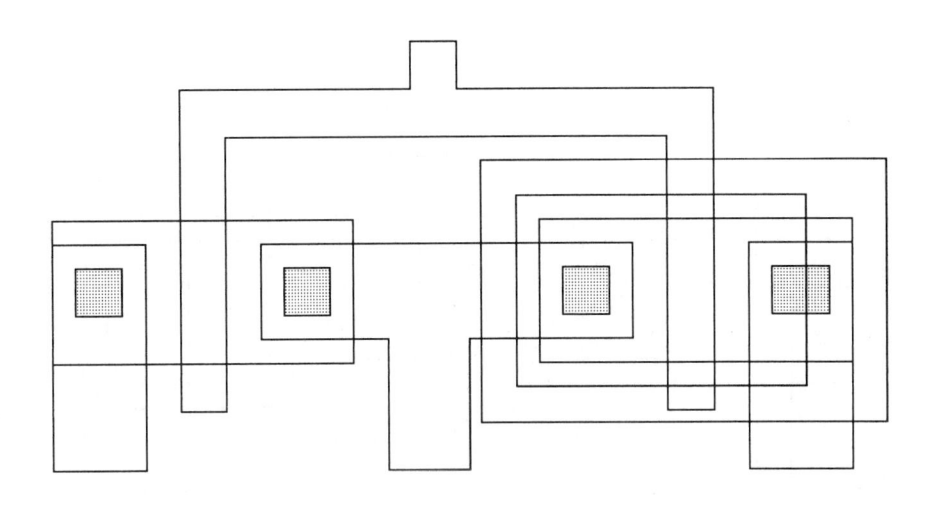

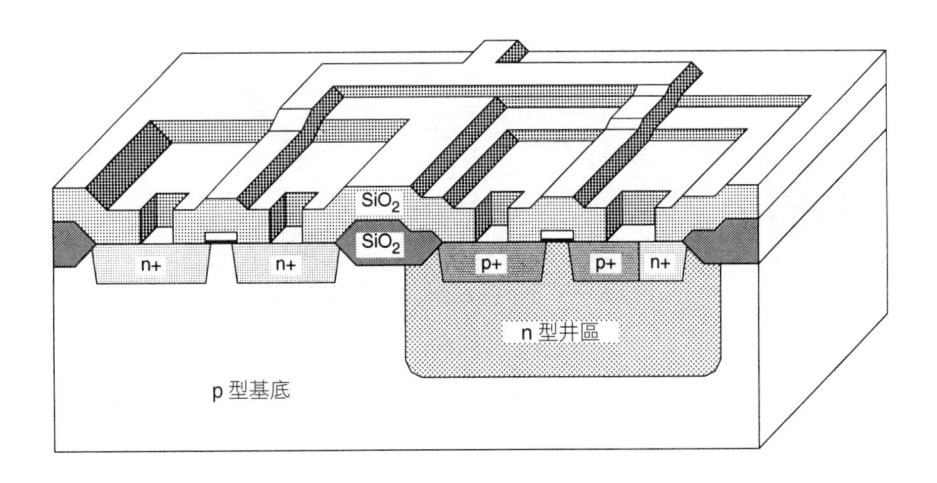

圖 2.10 使用 CVD 法，絕緣的二氧化矽層會沉積於整片晶圓上。然後，為了顯露出矽或多晶矽的接觸窗口，定義接觸點並以蝕刻除去。為了使用金屬層完成電路的連接，這些接觸窗口是必要的，其將在下一步驟中進行圖樣化。

(*After* Atlas of IC Technologies, *by W. Maly [1].*)

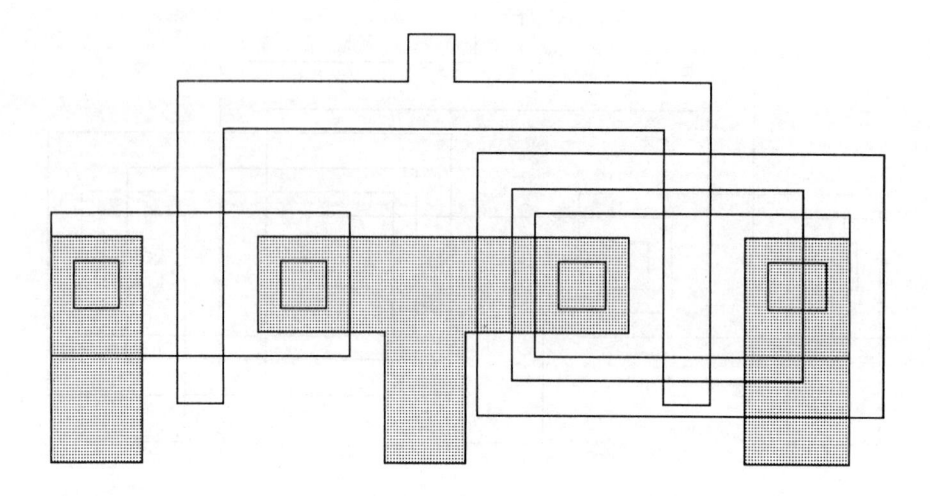

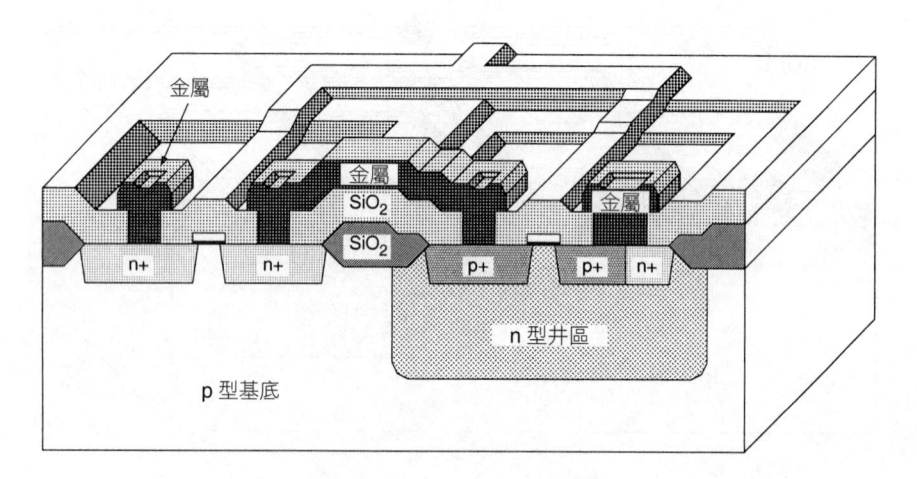

圖 2.11 使用金屬蒸鍍法，金屬（鋁）會沉積在整顆晶片表面，且金屬線圖樣化是透過蝕刻來達成。由於晶圓表面非平面，因而在此步驟中所建立的金屬線的品質與完整度，對於電路可靠度而言是非常關鍵且極端重要的。

(*After* Atlas of IC Technologies, *by W. Maly [1]*.)

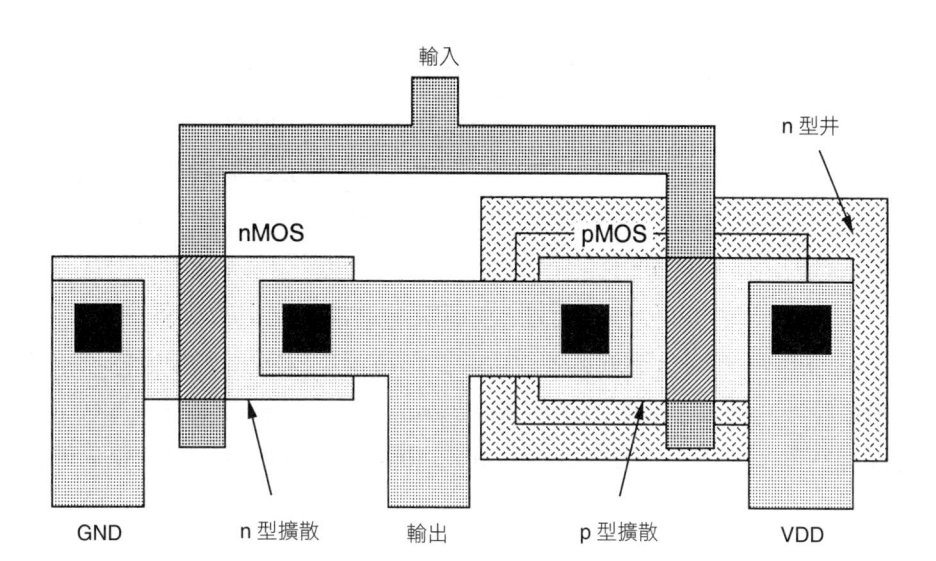

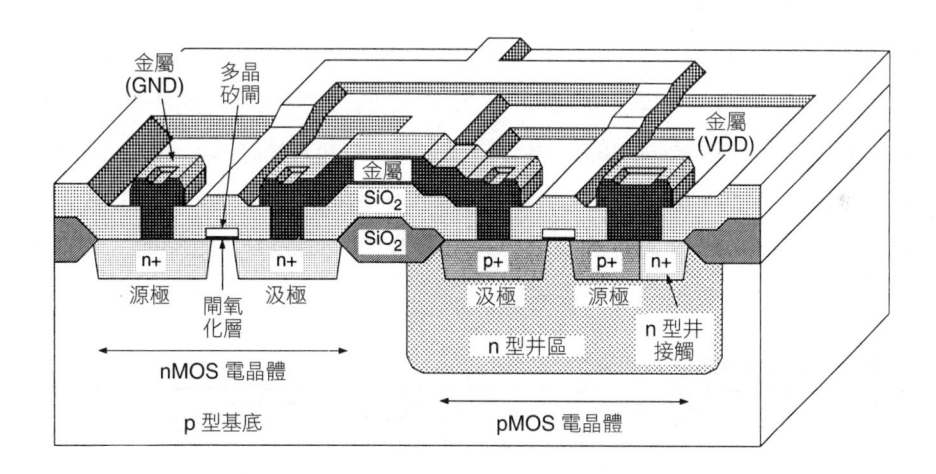

圖 2.12 合成的佈局與最終的晶片剖面圖顯示一顆 nMOS 與一顆 pMOS 電晶體（在 n 型井中），以及多晶矽與金屬連接線。最後的步驟是在晶片上方沉積出保護 (passivation) 層（供防護用），除了在導線接合焊墊 (wire-bonding pad) 區域上方之外。

(*After* Atlas of IC Technologies, *by W. Maly [1].*)

2.4 CMOS 技術的演進

過去二十年來，引進了許多新的 CMOS 技術節點，以提高元件的性能、更低的功率消耗與降低晶片尺寸，歸納整理於表 2.1。FEOL 和 BEOL 分別代表前段製程 (front-end-of-line) 與後段製程 (back-end-of-line) 的縮寫；前者為有關電晶體製程，而後者則是有關連接線製程。I 線 (i-line) 微影技術已經應用至 0.25-μm 製程。248-nm 波長的微影技術則是開發供 0.18-μm CMOS 製程技術使用。對於低於 100 nm 的元件，193-nm 波長則用於圖樣化。隨著特徵尺寸降低至 32-nm 製程技術，11 至 14 nm 波長範圍（電磁波頻譜中的極紫外線 (extreme ultraviolet, EUV) 區域）則是工業用新興微影技術。EUV 微影技術的成本非常高。晶片設計的不可回復性工程 (non-recurring engineering, NRE) 成本包含了一次性開發費用，如光罩生產與設計，在次 100-nm 元件應用中已用驚人的速度成長。

每個技術節點的關鍵技術創新列於表 2.1。對於 0.5-μm 的製程節點，採用了第 2.2 節所解釋的 LOCOS 與自我校準矽化物 (self-aligned-silicide, salicide)。自我校準製程的好處是，要形成位在閘極、源極與汲極等區域的矽化物接觸點時，不需再有微影圖樣化製程。0.35-μm 製程技術使用輕摻雜汲極 (lightly doped drain, LDD)，會降低汲極區的摻雜密度以控制汲極與基底間的崩潰機制以及減少漏電流，如圖 2.13 所示。藉由降低汲極與通道間的的摻雜梯度 (gradient)，汲極附近通道中的電場會降低。0.25-μm 製程技術則是利用淺溝槽隔離 (shallow trench isolation, STI) 與矽絕緣體 (silicon on insulator, SOI) 等技術。如圖 2.5 所示，LOCOS 製程的鳥嘴侵入了小幾何 (geometry) 元件的主動區域。

表 2.1 CMOS 技術演進的摘要。

技術節點	微影技術	~L_{Poly}	關鍵 FEOL 技術創新
0.5 μm	i-line	250 nm	LOCOS, salicide
0.35 μm	i-line	180 nm	Lightly doped drain (LDD):
0.25 μm	i-line	135 nm	LOCOS/STI, silicon on insulator (SOI):
0.18 μm	248 nm	90 nm	Rapid thermal nitric oxide (RTNO)
0.13 μm	248 nm	~65 nm	Offset spacers, Cu/Damascene (BEOL)
90 nm	193 nm	~45 nm	Strain engineering, oxide-nitride-oxide (ONO)
65 nm	193 nm	~35 nm	More aggressive stress engineering, end of oxide scaling
45 nm	193 nm	~25 nm	Device customization, metal/high-k gate stack
32 nm	193 nm	~18 nm	Physical scaling, additive scaling engineering
22 nm	EUV	~12 nm	Alternative channel or novel devices (planar or nonplanar)

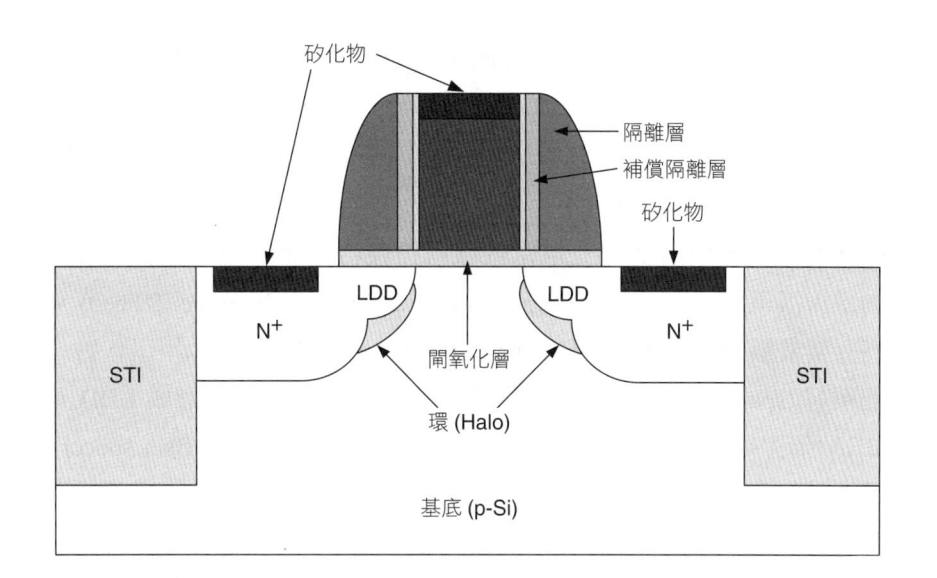

圖 2.13
具有 LDD 與 STI 的基底元件之剖面圖。

鳥嘴的尖點會導致高電場、晶格破壞與相鄰元件之間的漏電流。為了克服這些問題，發展 STI 技術以除去鳥嘴現象，如圖 2.13 所示。在 STI 製程期間，使用電漿乾蝕刻製程穿透半導體基底以對矽進行蝕刻，再沉積介電材料（二氧化矽）至溝槽中。如圖 2.13 所示，短通道元件使用口袋型或環型 (halo) 佈植來減少衝穿效應 (punch-through) 與臨界電壓的下降 (roll-off)。這將於第 3.5 節詳細進行說明。鄰近源極 / 汲極接面的摻雜濃度高於通道的中間，從而降低了短通道效應。

IBM 在 1998 年提出矽絕緣體 (SOI) 元件，將薄絕緣體放置於矽元件與矽基底之間。典型 SOI 元件的剖面圖顯示於圖 2.14。相較於傳統的基底元件，由於 SOI 元件與矽基底隔離，所以寄生電容較低，可降低功率消耗並提高性能。此外，完全隔離 n 型井與 p 型結構可消除閂鎖效應（詳細內容請參照第 13.6 節）。軟錯誤率在 SOI 中也降低了，因為由 α 粒子造成的基底電子 - 電洞對生成現象幾乎可以忽略。然而，SOI 元件具有所謂的歷史效應 (history effect)——元件的傳遞延遲是取決於前一個邏輯狀態。歷史效應的主要原因是 (1) 寄生電流 - 閘極穿隧 (gate tunneling)、二極體與寄生雙極性接面電晶體 (bipolar

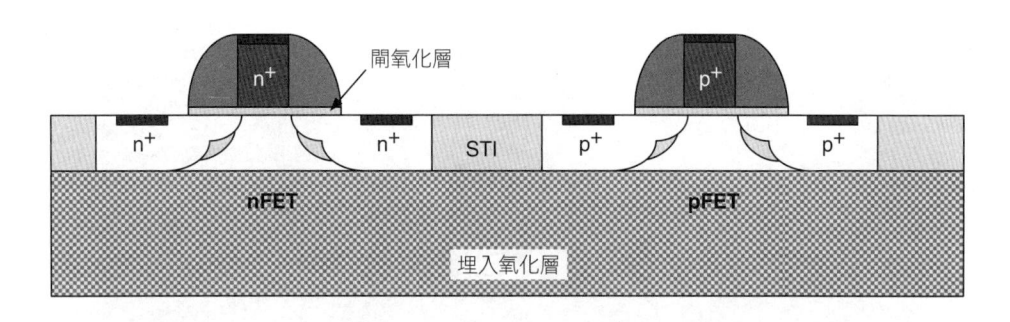

圖 2.14
SOI 元件的剖面圖。

junction transistor, BJT) 的電流；(2) 在閘極、基底、源極／汲極之間的電容網路；(3) 基體效應 (body effect)。為了克服這種效應，應該在 SOI 設計中加入一些時序邊界量。此外，由於 SOI 具有浮接基底，元件變異性會因而增加。使用 SOI 的另一瓶頸是較高的製造成本，主要是因為基底成本較高。

較薄的閘極需要較高的介電常數材料以保持元件的合理電容，這對於維持驅動電流很重要。快速熱氧化氮法 (rapid thermal nitric oxide, RTNO) 是用來獲得高介電常數材料，氮氧化矽薄膜 (silicon oxynitride film)，用以代替二氧化矽。隔離層 (spacer) 是一種氧化物側壁 (sidewall)，廣泛用於形成 LDD 元件，如圖 2.13 所示。在 0.13-μm 製程技術所採用的補償隔離層 (offset spacer) 也顯示於圖 2.13。LDD 元件的補償隔離層可用來控制有效通道長度。數種補償隔離層介電質已用於增加驅動電流，以及最小化汲極電流。閘極隔離層的寬度在決定元件的大小上很重要，因為側壁隔離層與通道的長度縮小程度是不相等的。

從 0.13-μm 製程技術，銅導線用於降低鋁連接線所增加的延遲，因為銅電阻率比鋁低約 40%。此外，電遷移 (electromigration) 的可靠度得以改善。電遷移發生於當驅動大電流密度經過連接線——電流可能會沿著連接線攜帶金屬離子，並且在連接線後端累積或留下不想要的空隙。由於銅有較重的原子質量，銅的電遷移免疫力比鋁好。鑲嵌製程 (damascene process) 開發適用於有效率地對銅進行圖樣化，包含連線圖樣化、溝槽金屬填充與化學 - 機械平坦化 (CMP)。在鑲嵌製程中，會在絕緣體中蝕刻出溝槽，然後藉由電鍍 (electroplating) 方式來填充金屬導體至溝槽中。在銅沉積之後，金屬與介電質的表面是用 CMP 拋光，而不是乾蝕刻。在 CMP 步驟後，金屬厚度會變的較低（侵蝕效應），且它的表面會顯示出半球狀（凹陷效應），如圖 2.15 所示，因為銅比介電質軟。為了減輕對寬連接線來說是嚴重的凹陷效應，寬連接線可以開槽或穿孔。較高的金屬密度會導致大的侵蝕效應，其可以透過填充仿製 (dummy) 金屬來減低此效應。在雙鑲嵌 (dual damascene) 製程裡，連接線與層接點被同時蝕刻進層間介電質 (inter-level dielectric, ILD) 層並沉積，從而降低了製程成本，如圖 2.16 所示。

圖 2.15
在 CMP 步驟中的凹陷 (dishing) 與侵蝕 (erosion) 現象。

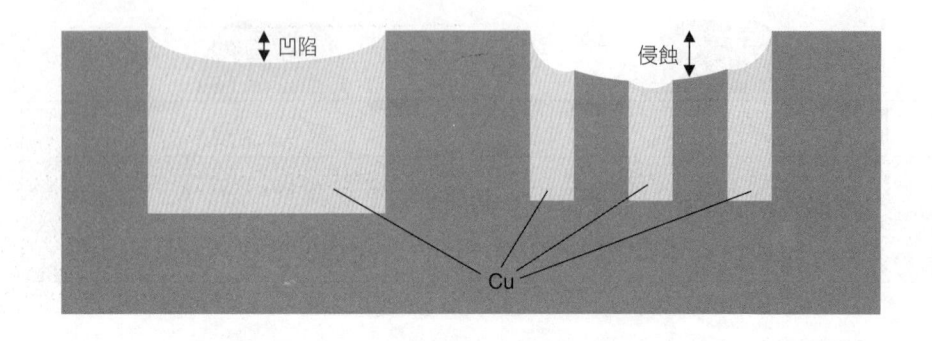

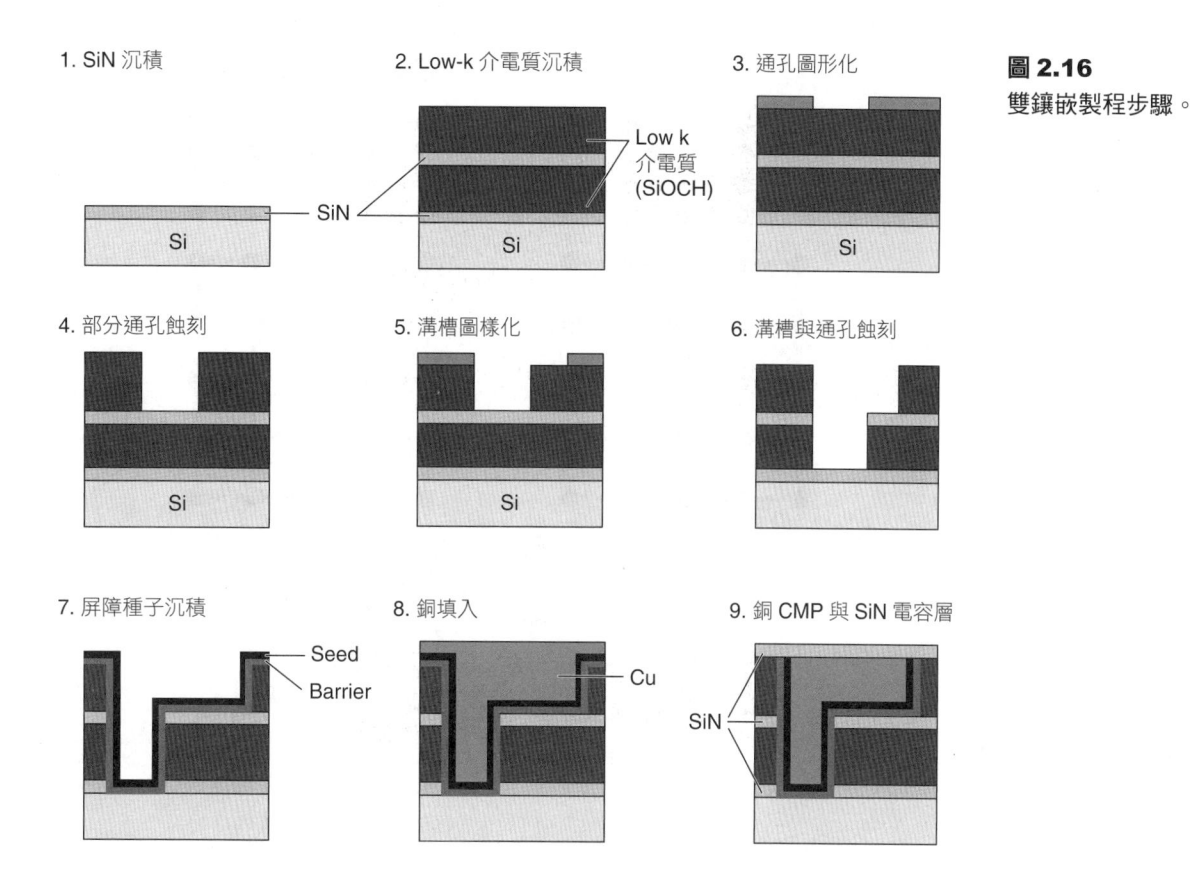

1. SiN 沉積
2. Low-k 介電質沉積
3. 通孔圖形化
4. 部分通孔蝕刻
5. 溝槽圖樣化
6. 溝槽與通孔蝕刻
7. 屏障種子沉積
8. 銅填入
9. 銅 CMP 與 SiN 電容層

圖 2.16 雙鑲嵌製程步驟。

　　縮小 MOS 電晶體的氧化層厚度與臨界電壓可以被降低以增加驅動電流，這會增加電容與產生漏電流。此外，減少閘極長度會增加場效應電晶體 (FET) 電流，但是這需要同時對氧化層厚度與接面深度進行尺寸調整 (scaling)，藉以控制漏電流。替代方案為提高電源供應電壓，而這會導致更高的運作功率。最有效的方法是提高在通道中的載子移動率 (carrier mobility)，因為增強移動率不會影響到為性能而進行 MOS 電晶體尺寸調整的其它方面。為了達成此目的，會使用一矽層稱為應變矽 (strained silicon)，其矽原子延伸超出其標稱 (nominal) 距離。為了獲得應變矽，將矽沉積在寬鬆材料的上方，如圖 2.17 中的 SiGe。然後，矽原子會與 SiGe 原子進行排列，藉由延展 Si 層以匹配晶格。這種變形會破壞矽能帶結構的對稱性，並導致能帶分裂。帶間 / 谷間散射 (inter-band/inter-valley scattering) 與有效質量會一同在應變矽中減少，這使得電子流動更快，因為通道電阻率降低。如圖 2.17 所示，nMOS 電晶體通道應該為伸展 (tensile) 應變，而 pMOS 電晶體則為壓縮 (compressive) 應變。單覆蓋 (liner) 製程在 nMOS 或 pMOS 電晶體中擇一改善──若其中一項性能得到改善，則另一項可能會降低性能。雙應力覆蓋 (dual stress liner, DSL) 製程同時改善了兩種電晶體性能。應變矽技術可以與 SOI 結合以提高性能：應變矽絕緣體 (strained Si

圖 2.17
應變矽。

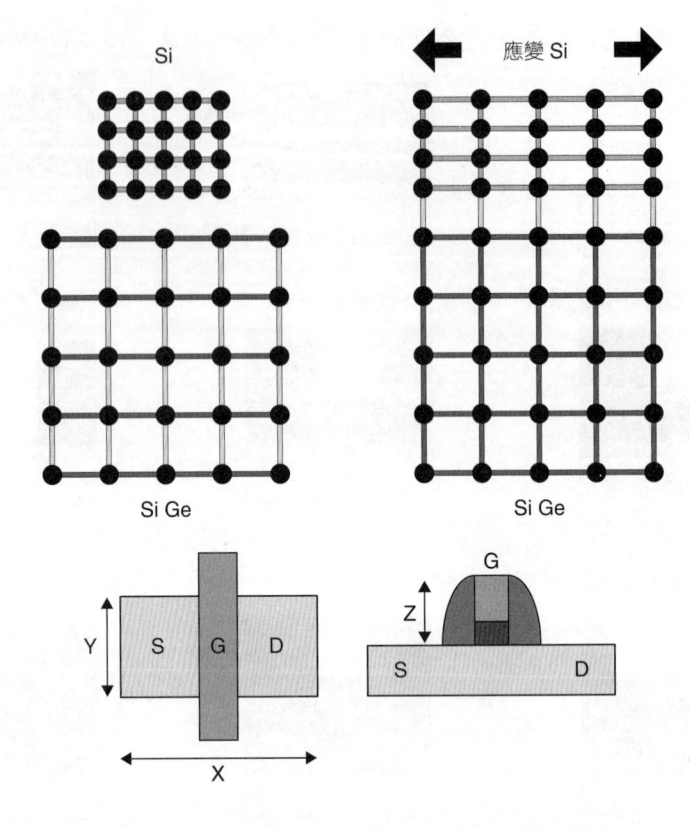

	Axis	NMOS	PMOS
縱向	X	伸展	壓縮
橫向	Y	伸展	伸展
Si 深度	Z	壓縮	伸展

on insulator, SSOI)、矽鍺絕緣體 (SiGe on insulator, SGOI)、超薄應變矽直絕緣體 (ultrathin strained Si directly on insulator, SSDOI)。

鰭式場效電晶體 (FinFET) 元件結構結合了氧化物 - 氮化物 - 氧化物 (oxide-nitride-oxide, ONO) 陷阱層作為閘極介電質，改進了記憶體元件於 50-nm 以下的閘極長度之調整能力。矽 - 氧化物 - 氮化物 - 氧化物 - 矽 (silicon-oxide-nitride-oxide-silicon, SONOS) 元件，就是在行動式應用中所使用的非揮發性快閃記憶體 (non-volatile flash memory) 元件。

稱為 high-k 材料的高介電常數材料，可以保持大量的電荷。代替二氧化矽作為介電材料，如二氧化鉿 (HfO_2)、二氧化鋯 (ZrO_2) 與二氧化鈦 (TiO_2) 等 high-k 材料可以用於 45-nm 或更先進的製程以降低漏電流。此外，high-k 材料增大了電晶體電容，因而提升了電晶體在開與關狀態之間的切換特性。而且,由於薄閘極氧化層造成的閘極漏電可顯著降低。然而,high-k 材料會使在 MOSFET 通道中的電子移動率衰退。

n+ 與 p+ 多晶矽已分別用於 nMOS 與 pMOS 元件。用多晶矽作為閘極電極的缺點是,多晶矽的半導體本質導致在其表面上形成輕微的電荷空乏現象,反過來降低 MOSFET 的電流驅動能力。金屬閘極會用來消除多晶矽空乏問題,且在給定的閘極驅動電壓下,可同時減少橫向電場以增加載子移動率。要整合金屬閘極電極至高溫 (>1000°C) 的 MOSFET 的前端製程中是很不容易的。在高溫下,有幾種金屬氮化物是穩定的,包括 TiSiN、TiSiN、TaN 與 TaCN。在退火 (annealing) 之後,這些金屬氮化物的功函數 (work function) 座落在 4.4 eV 至 4.7 eV 之間,並不適合於平面 CMOS,但適合多閘極 MOSFET。因為 high-k 介電質不相容於多晶矽閘極電極,所以開發出金屬閘極,而顯示於圖 2.18(b) 中的金屬 /high-k 閘極堆疊可克服 MOS 製程技術的縮小限制。

當傳統 MOS 元件結構達到其縮小極限時,需要更積極的應力工程與元件客製化(如多組隔離層 / 氧化層 / 臨界電壓與 nMOS 和 pMOS 不同的應力工程)。然而,傳統基底 MOS 元件尺寸似乎不可能縮小至 20 nm 以下。因此,替代性元件結構受到徹底研究,以增強閘極電極的控制電位分佈與通道區的電流之能力。當通道區控制不僅只受到閘極影響,而且也受到來自源極區與汲極區電場線的影響時,基底 CMOS 元件會受到短通道效應的影響。對於全空乏 SOI(fully depleted SOI, FDSOI) 元件,僅某些部分的電場線會到達通道區,因為它們大部分是經過埋入氧化層 (buried oxide, BOX) 進行傳遞,並且短通道效應會取決於矽薄膜厚度、BOX 厚度與摻雜濃度。雙閘極 (double-gate) 電晶體提供更高效能的元件結構,會使用底部閘極電極以阻斷來由源極至汲極的電場線,因而減少短通道效應。根據靜電完整度 (electrostatic integrity, EI) 因子,雙閘極元件看似等效的 FDSOI 電晶體厚度的兩倍。為了進一步增大驅動電流與更好的通道控制性,SOI 元件已經從平面發展到具有多閘極結構的三維

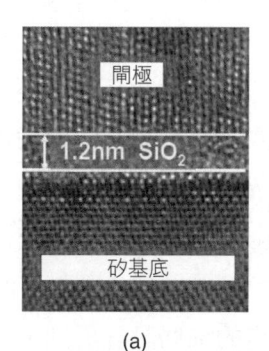

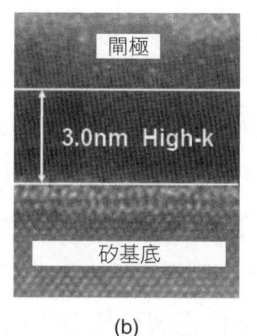

圖 2.18
(a) 多晶矽 / 二氧化矽閘極堆疊與 (b) 金屬 /high-k 閘極堆疊。

(*Provided courtesy of Intel Corporation.*)

圖 2.19
單一與多閘極的 SOI 元件簡化剖面圖。

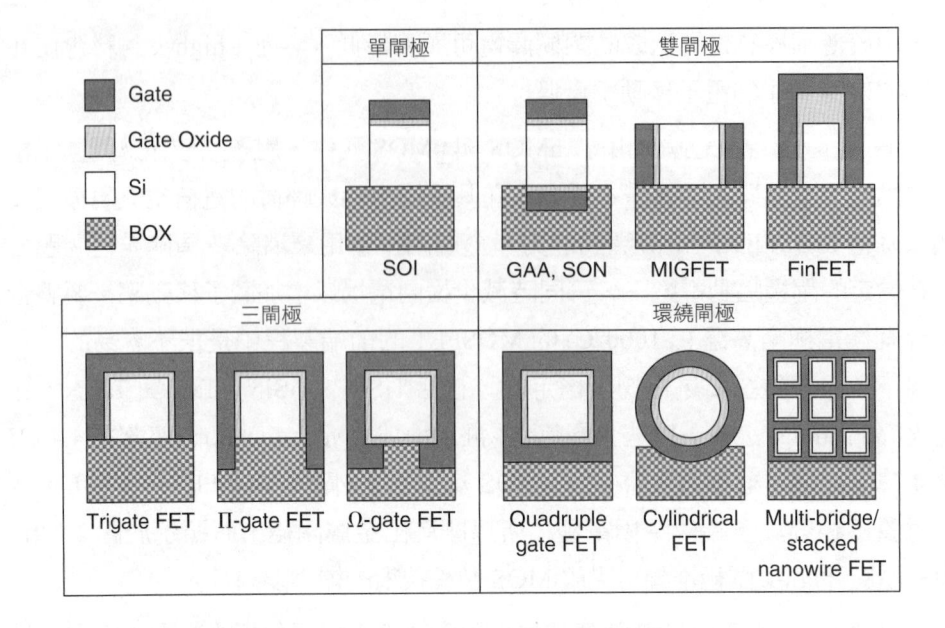

元件。多閘極電晶體可分為雙閘極、三閘極與四 / 環繞閘極 (surround-gate) 電晶體。環繞閘極 MOSFET 的控制通道區能力比其它多閘極結構更好。多環繞閘通道可堆疊以增加單位面積的電流驅動能力，如圖 2.19 所示。不像其它的多閘極 MOSFET 含有具單閘極電極的多個閘極，多個獨立的閘極 FET(multiple independent gate FET, MIGFET) 具有兩組單獨閘極電極偏壓在不同電位。

2.5 佈局設計規則

使用特定製程製造的任何電路之實體 (physical) 光罩佈局，必須符合一組幾何限制條件 (constraint) 或規則，通常稱為佈局的設計規則 (design rules)。這些規則通常會指定晶片上實際物體最小允許的線寬（這些物體如金屬與多晶矽連接線或擴散區域）、最小特徵尺寸以及兩種特徵之間允許的最小分離距離 (separation)。如果製作出的金屬線寬度太窄，可能的後果包括在製造過程中或之後，導線有可能會斷裂而導致開路。如果在佈局中兩條線彼此放置得太接近，在製造過程期間或之後，它們可能會藉由合併而形成不必要的短路。對於以特定製程製造的任何電路，設計規則的主要目標是：當使用最小的可能矽面積時，仍可以達到很高的整體良率與可靠度。

須注意的是，通常在較高的良率（透過保守幾何形狀來獲得）與較有效的面積使用率之間有一個折衷 (trade-off)（透過激進的、高密度的放置不同的特徵尺寸於晶片上）。特定製程技術所指定的佈局設計規則，一般代表在良率與密度考量下的合理最佳點。然而，必須強調的是，設計規則並非代表著用來區分「正確」設計與「不正確」設計的嚴格界限。違反某些指定設計規則的佈局可能仍然會導致運算電路仍具有不錯的良率，而另一個佈局係遵守全部指定設計規則卻可能會導致電路不能正常工作和/或有非常低的良率。總之，我們可以說，在一般情況下，遵守佈局設計規則會明顯地增加產品製造成功的機率以及高良率。

設計規則通常以兩種方式來描述：

1. 微米 (micron) 規則，其中如最小的特徵尺寸與最小可允許的特徵分離距離等佈局限制，是以絕對尺寸的微米 (micrometer) 單位來表示，或者，
2. Lambda 規則，使用單一參數 (λ) 來指定佈局限制，因而允許全部幾何限制使用線性與比例方式縮放。

基於 λ 的佈局設計規則起初的設計是為了簡化工業標準的基於微米的設計規則，並且允許各種製程具有比例縮放能力。然而，必須強調的是，大部分次微米 CMOS 製程的設計規則本身不能做簡單的線性比例縮放。因此，在次微米幾何結構下，使用基於 λ 的設計規則時必須謹慎處理。接下來，我們將呈現基於 λ 佈局設計規則的樣本組 (sample set)，由美國 MOSIS（MOS Implementation System，類似台灣 CIC 晶片系統設計中心）CMOS 製程所設計，並且以含兩顆電晶體的簡單佈局來說明這些規則的涵義（圖 2.20）。完整的 MOSIS CMOS 縮放式 (scalable) 設計規則組也於本章末的板 6 與板 7 中予以說明。

天線規則　當已開發出的先進製程具有次微米範圍內之有效通道長度時，閘極氧化層會變得非常薄。因此，單位面積閘極氧化層電容 (C_{ox}) 與 MOSFET 臨界電壓 (V_{th}) 會分別增加與減少。即使是微小的（電性）衝擊，薄閘極氧化層會很容易損壞。**天線效應 (antenna effect)** 是損壞閘極氧化層的現象之一。

圖 2.21 說明天線效應的原因。一旦晶片出晶圓廠 (fab-out) 如圖 2.18(a)，這種效應就不會發生。然而，在製造過程中，某些 MOSFET 閘極可能不會連接至任何擴散層，因為較低（金屬）層會先實現，如圖 2.21(b)。假若導體（金屬）層沒有遮蔽氧化層且只有連結至閘極氧化層，則此導體層會直接被暴露於電漿 (plasma) 中。因此，許多由電漿產生的電子會藉由 Fowler-Nordheim (F-N) 穿隧 (tunneling) 機制，透過薄閘極氧化層進行充電與放電。因此，薄閘極氧化層可能會損壞。這樣的閘極極氧化層的崩潰現象稱為天線效應。

佈局中的天線規則會驗證天線率 (antenna ratio, AR) 是否超過閘極氧化層的可容忍值。因為影響氧化層的電荷量正比於導體層的面積，因此 AR 定義為

$$AR = \frac{Q}{A_{gate}}$$

圖 2.20
典型的 MOSIS 佈局設計規則。

MOSIS Layout Design Rules (sample set)

Rule number	Description	λ-Rule
	Active area rules	
R1	Minimum active area width	3λ
R2	Minimum active area spacing	3λ
	Polysilicon rules	
R3	Minimum poly width	2λ
R4	Minimum poly spacing	2λ
R5	Minimum gate extension of poly over active	2λ
R6	Minimum poly-active edge spacing (poly outside active area)	1λ
R7	Minimum poly-active edge spacing (poly inside active area)	3λ
	Metal rules	
R8	Minimum metal width	3λ
R9	Minimum metal spacing	3λ
	Contact rules	
R10	Poly contact size	2λ
R11	Minimum poly contact spacing	2λ
R12	Minimum poly contact to poly edge spacing	1λ
R13	Minimum poly contact to metal edge spacing	1λ
R14	Minimum poly contact to active edge spacing	3λ
R15	Active contact size	2λ
R16	Minimum active contact spacing (on the same active region)	2λ
R17	Minimum active contact to active edge spacing	1λ
R18	Minimum active contact to metal edge spacing	1λ
R19	Minimum active contact to poly edge spacing	3λ
R20	Minimum active contact spacing (on different active regions)	6λ

其中 Q 是在蝕刻期間注入至閘極氧化層的總累積電荷，而 A_{gate} 代表閘極面積。

文獻上提出三種減輕天線效應的方法。一種是將訊號線分離，且經由通孔繞線至上方金屬層。然後，直接暴露於電漿的金屬都不要連接到閘極，一直到最後的金屬層蝕刻完成。另一種方法增加了仿製 (dummy) 電晶體。多出的閘極會接至真正使用的閘極節點來增加總閘極區域。因此，AR 會減小。最後的

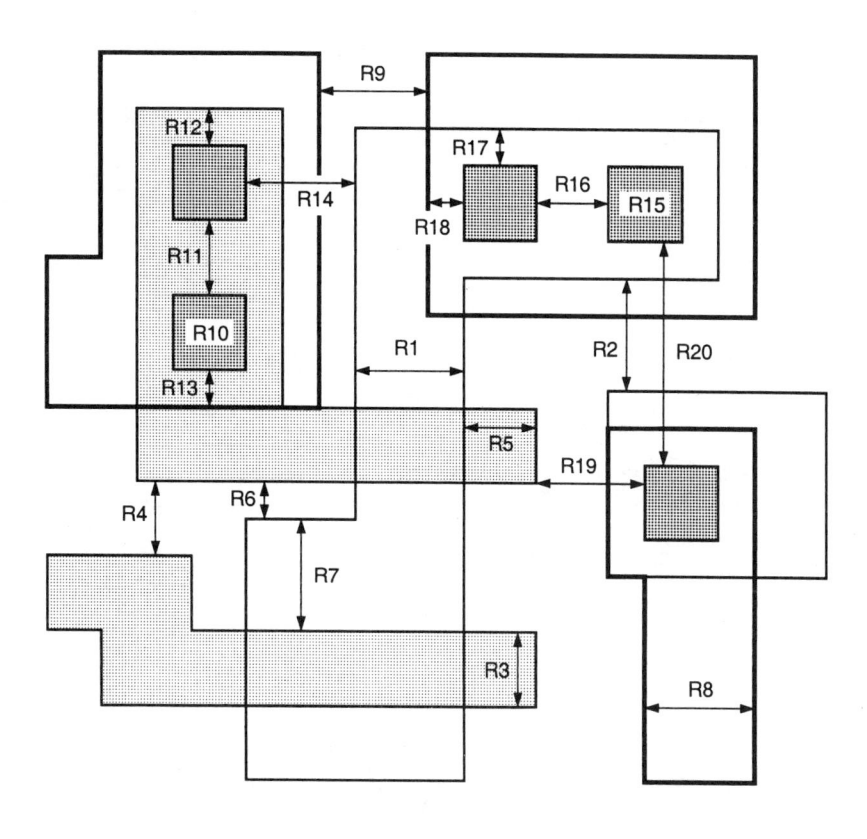

圖 2.20（續）
典型的 MOSIS 佈局設計規則。

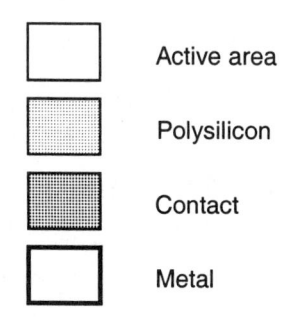

- Active area
- Polysilicon
- Contact
- Metal

解決方法是連接一個逆向偏壓的二極體至會導致氧化層崩潰的導體層。這樣可為電漿產生的電荷創造出另一條電流路徑。因此，保護閘極氧化層免於天線效應。

圖 2.21
(a) 出晶圓廠後：完成閘極與擴散層之間連結的簡單積體電路側視圖。
(b) 製造期間：天線效應的原因。

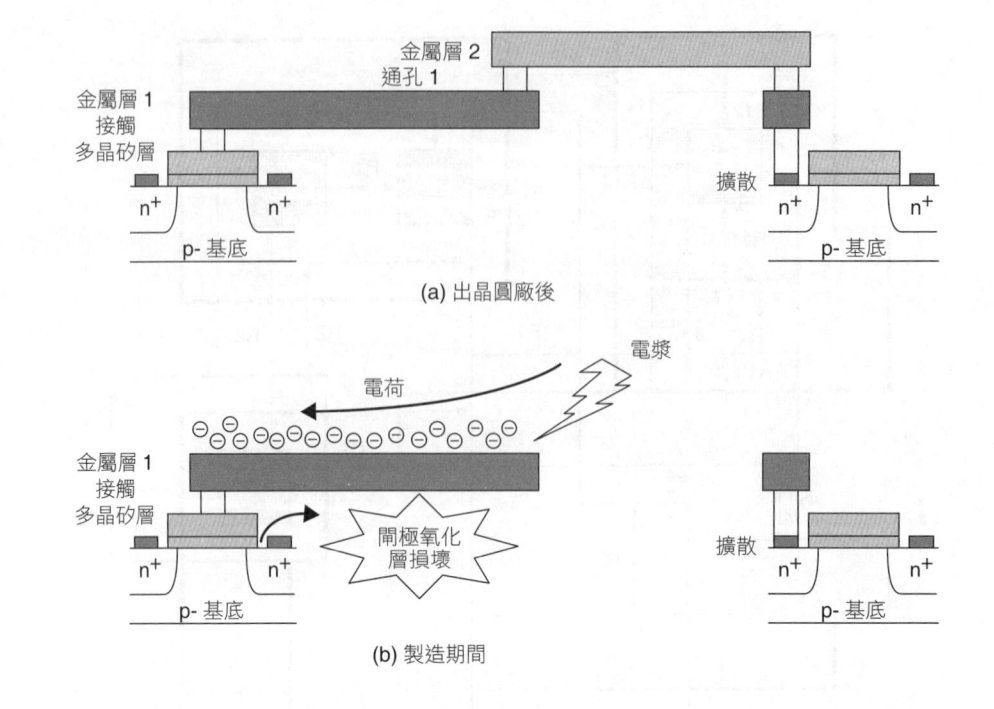

(a) 出晶圓廠後

(b) 製造期間

2.6 全客戶式光罩佈局設計

本節將會呈現 CMOS 反相器與邏輯閘電路的基本光罩佈局原則。實體佈局設計與整體電路性能（面積、速度與功率消耗）緊密相連，因為實體結構直接決定了電晶體轉導 (transconductance)、寄生電容與電阻以及矽面積，而後者顯然與使用某種功能有關。另一方面，邏輯閘的光罩佈局細節設計非常費時費力，所以只有在面積與/或電路性能必須在非常嚴格限制下最佳化的特殊情況時才值得做。因此，大部分的數位 VLSI 電路設計多半會用自動佈局產生（例如，使用標準元件庫、計算機輔助放置與繞線）。但是，為了判定實體限制與極限，VLSI 設計者也必須熟悉實體光罩佈局過程。

CMOS 邏輯閘的實體（光罩佈局）設計是一個反覆的過程，起始於電路拓樸結構（以實現所希望的邏輯功能），以及電晶體的初始尺寸調整（以實現所希望的性能規格）。此時，設計者只能估計在輸出節點的總寄生負載，基於扇出 (fan-out) 數，即元件數量，以及所預期的連接線長度。如果邏輯閘包含超過四到六個電晶體，則拓樸結構圖形表示法和尤拉路徑 (Euler-path) 法允許設計者來決定電晶體的最佳排列順序（參見第 7 章）。現在可以繪製出一個簡單的棒狀圖 (stick diagram) 佈局，顯示電晶體的位置、電晶體間的局部連接線以及接觸點的位置。

在找到可行的拓樸結構佈局後，光罩層會根據佈局設計規則 (layout design

rules) 來繪製（使用佈局編輯工具）。這個過程可能需要數次反覆修改來配合所有的設計規則，但是基本拓樸結構不應該有顯著地改變。接在最終設計規則檢查 (design rule check, DRC) 後，電路萃取 (circuit extraction) 程序會在所完成的佈局上進行以決定實際電晶體的大小，以及更重要的，每個節點上的寄生電容。萃取步驟的結果通常是一個詳細的 SPICE 輸入檔案，係由萃取工具自動產生。現在，SPICE 模擬可以使用萃取出的電路檔 (netlist) 來執行，以決定出電路的實際性能。如果模擬出的電路性能（例如，暫態響應時間與功率消耗）與所需規格不符時，則佈局必須進行修改，而且整個過程必須再重複執行。佈局修改通常會集中在電晶體 (W/L) 比值（電晶體尺寸的調整），因為電晶體寬度至長度的比值會決定元件轉導與在源極/汲極的寄生電容值。設計者也可以決定改變部分或全部的電路拓樸結構，以減少寄生效應。這種反覆程序的流程圖顯示於圖 2.22。

CMOS 反相器佈局設計

接下來，CMOS 反相器的光罩佈局設計將被一步一步地檢視，作為佈局設計規則應用的範例。首先，我們須要依照設計規則來建立單顆電晶體。假設我們嘗試去設計出具有最小尺寸電晶體的反相器。然後，主動區寬度決定於最小擴散接觸點的大小（這對於連結源極與汲極是必要的），以及從擴散接觸點到兩個主動區邊緣的最小分離距離。主動區上的多晶矽線（也就是電晶體閘極）寬度，通常選取最小的多晶矽寬度（圖 2.23）。然後，主動區的最小總長度由下列總和項決定：（最小多晶矽寬度）+ 2 ×（最小多晶矽到接觸點的間距）+ 2 ×（最小接觸點的尺寸）+ 2 ×（從接觸點到主動區邊緣的最小間距）。

pMOS 電晶體必須放置在 n 型井區裡，而 n 型井的最小尺寸則是決定於 pMOS 主動區與於 n 型井重疊於 n^+ 的最小區域。nMOS 與 pMOS 電晶體之間的距離是由 n^+ 主動區與 n 型井（圖 2.24）之間的最小分離距離來決定。nMOS 與 pMOS 電晶體的多晶矽閘極通常會對齊，因此兩者閘極連結可以用最短可能長度的單條多晶矽線來完成。要避免過長的多晶矽連結（一般佈局做法）的原因，是多晶矽線的大寄生電阻與大寄生電容可能會導致顯著的 RC 延遲。因此，即使本地訊號連結都最好盡可能以金屬線完成，一旦有必要時，金屬 - 多晶矽觸點會用於提供兩層之間的電性連接。

光罩佈局中的最後一個步驟是以金屬作為本地連接線，供輸出節點、VDD 與 GND 的接觸點（圖 2.25）使用。在光罩佈局中的金屬線尺寸，通常由最小金屬寬度與最小金屬分離距離（在同一層上的兩條相鄰線之間）所決定。須注意的是，為了要正確偏壓，n 型井區還必須有一個 VDD 接觸點。

圖 2.22
光罩佈局產出的典型設計流程。

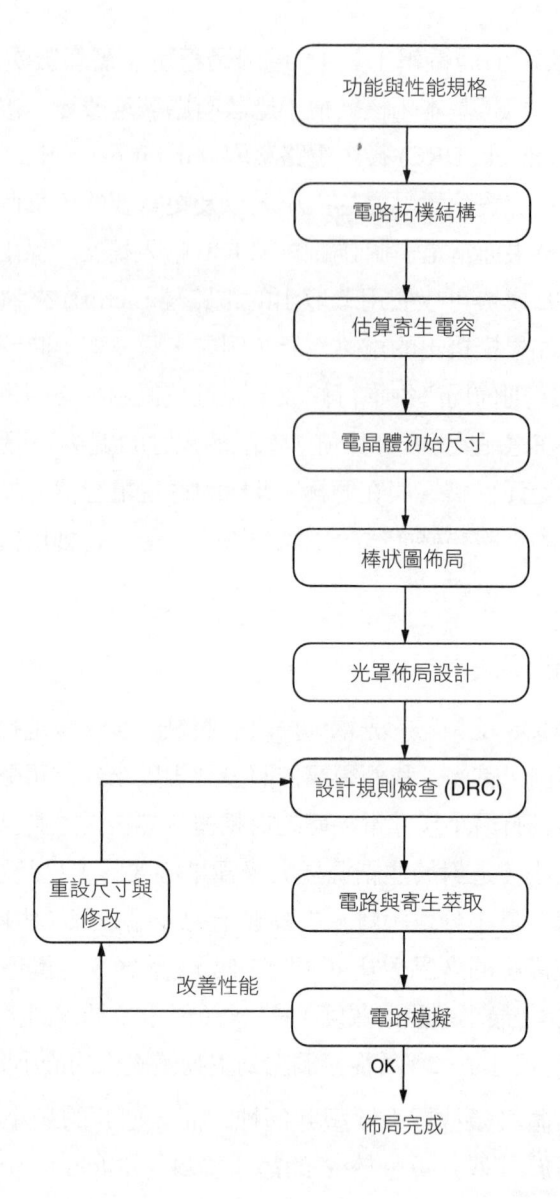

圖 2.23
決定最小尺寸電晶體的尺寸之設計規則。

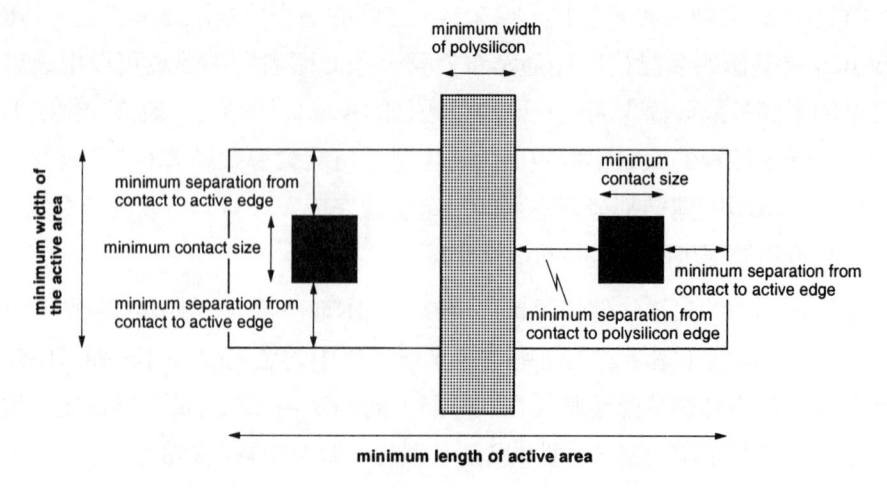

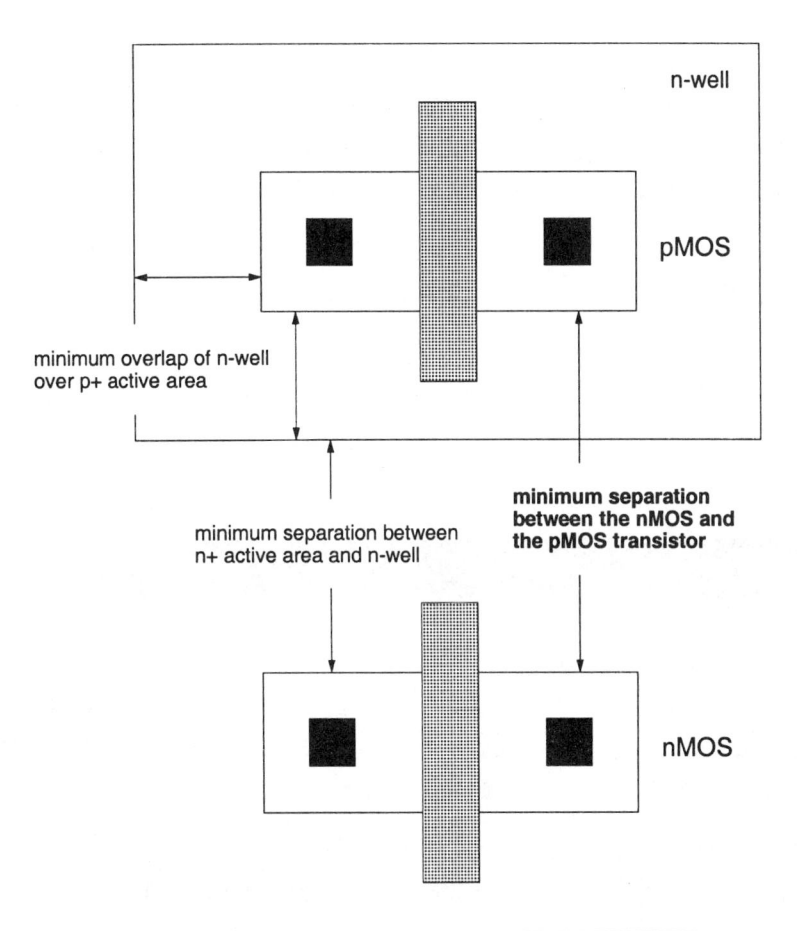

圖 2.24
設計規則用於決定 CMOS 反相器中的 nMOS 與 pMOS 電晶體之間的分離距離。

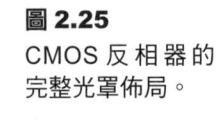

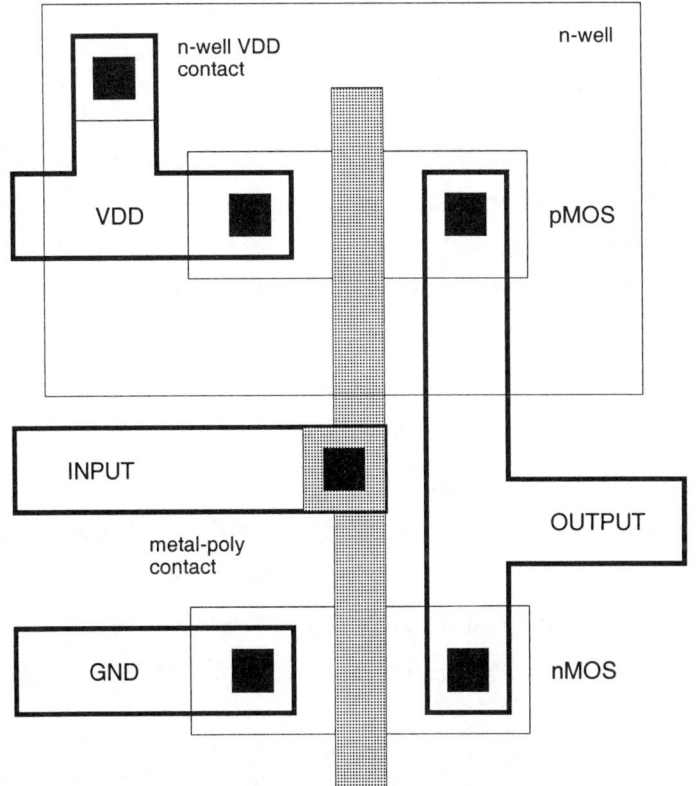

圖 2.25
CMOS 反相器的完整光罩佈局。

完成檢視典型 CMOS 反相器光罩佈局設計的主要步驟後，我們要強調的是，這個範例很明顯只是此電路佈局眾多可能性其中之一。佈局設計規則指定了一組光罩幾何形狀限制條件，但是全客戶佈局設計過程仍允許元件尺寸、個別元件位置以及元件之間連接線繞線的大量差異，即使對於僅包含兩顆電晶體的簡單電路而言亦然。取決於主導設計的標準與設計條件（整體矽面積最小化、延遲時間最小化、輸入／輸出腳位的位置等），可以在其它替代方案中，選擇一種特定的光罩佈局設計。CMOS 反相器與簡單邏輯閘的一些佈局例子也呈現於本章末的板 8。注意，許多佈局可能性也有著隨著電路複雜度而增加；也就是說，隨著設計中所涉及的電晶體數目而改變。

練習題

2.1 設計三層光罩供擴散層、窗口與金屬層以實現使用 n 型擴散與片 (sheet resistance) 電阻為 100 Ω／正方的 1-kΩ 電阻，以及引導金屬線。線寬與開窗 (window opening) 所允許的最小特徵尺寸為 1 μm。另外，金屬特徵與擴散特徵上的開窗必須為 0.5-μm 延展 (extension)。

2.2 討論問題 2.1 的光罩是否可以精確地實現電阻。開窗設計對電阻有什麼影響？討論至少製程中的兩種其它機制，可以使處理過的電阻偏離目標值，即使忽略開窗效應。

2.3 現在，讓我們假設電阻的變異僅受到精確線寬的特徵尺寸影響。討論寬度為最小線寬以及大於最小線寬時的利弊。

2.4 一種用於減少在多晶矽線連接線電阻的方法，係使用金屬矽化層 (silicide) 物質沉積在上方以形成多晶矽化物 (polycide)。這種製程可以使標稱 (nominal) 片電阻由 20 Ω 降至 2 Ω 或更小。為了相同的目的，矽化物材料也沉積在 MOS 電晶體的源極與汲極擴散區上方。因此，單一步驟的金屬矽化層沉積可以實現在 MOS 電晶體的多晶矽閘極以及其源極與汲極區。討論這樣的沉積該如何實現，而不會造成單顆電晶體的閘極與源極或汲極間電性短路。

2.5 在具有多層金屬連線的 VLSI 技術中，限制良率最多的製程之一是金屬線的圖樣化，特別是當金屬沉積前的表面特徵並非平坦時。為了實現平坦的表面，化學機械研磨 (CMP) 已被採用。討論 CMP 對於電路性能以及 CMP 之後製程步驟的副作用。

2.6 請討論在製作具有大變化窗口尺寸的窗口光罩時的困難度，即，其同時有非常大的矩形與最小尺寸的正方形。特別是，當製程控制是以監控最小窗口為基準時，你預期會有什麼問題？相反地，當製程控制是以監控最大窗口為基準時，情況又如何？

2.7 光微影已經成為處理大量低成本的 MOS 晶片背後的驅動力。儘管在光微影與光阻材料兩者有著顯著的改進，非常小的深次微米特徵尺寸已經越來越難處理。替代方案可能是 X 射線光微影或直接電子束寫入。討論這些替代方案的既有困難點。

2.8 請考慮使用十層光罩的晶片設計。假設每個光罩可以得到 98% 的良率。決定對於該組十層光罩的複合光罩良率。生產晶片的良率會比這種複合良率較低或較高？如果你的結果是無法確定的，說明理由。

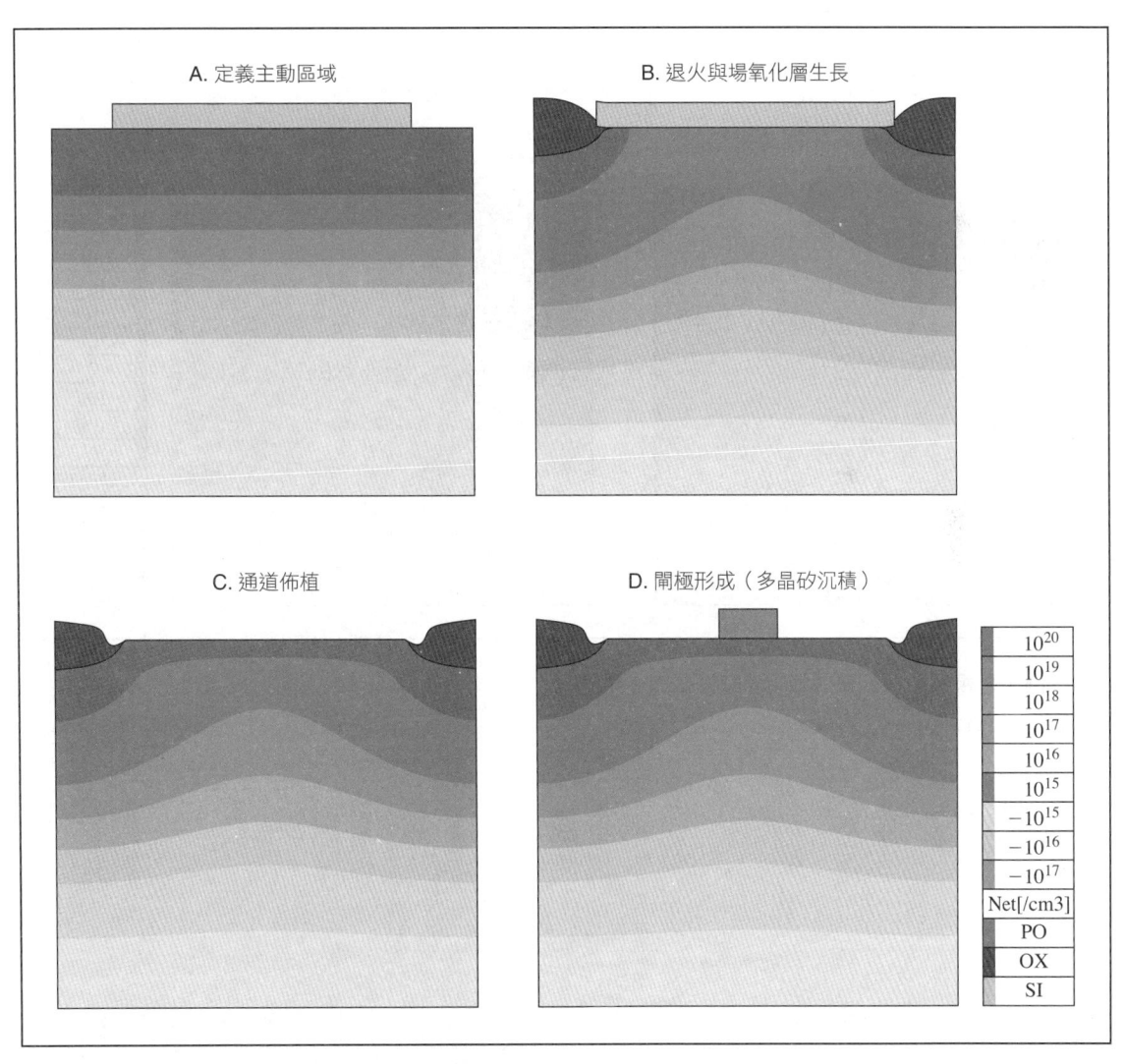

板 1 nMOS 電晶體在 p 型矽基底的製造步驟。

（本圖是使用 DIOS™ 多維製程模擬器產生，*courtesy of ISE Integrated Systems Engineering AG, CH-8005 Zurich, Switzerland.*）

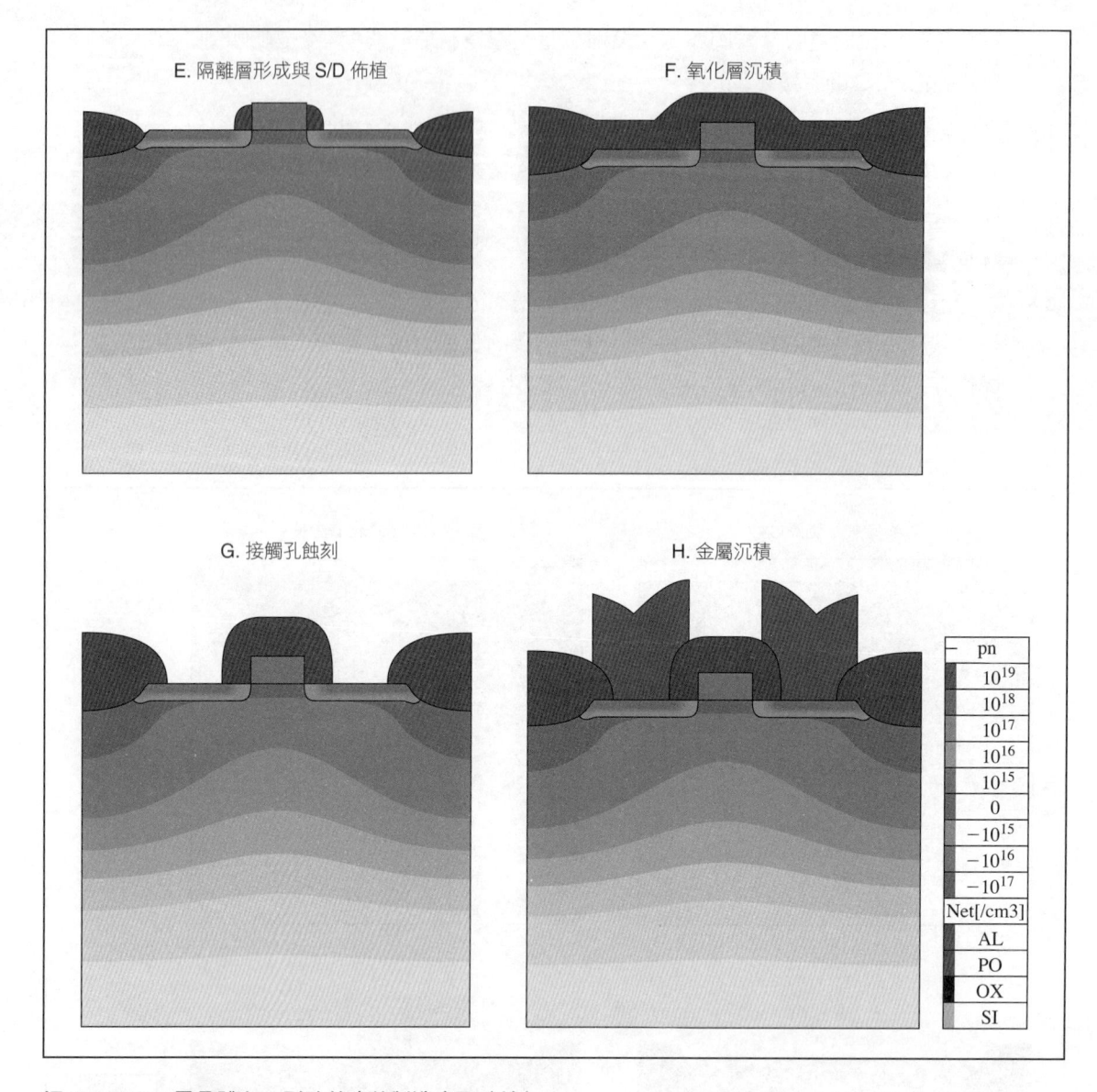

板 2 nMOS 電晶體在 p 型矽基底的製造步驟（續）。
(本圖是使用 DIOS™ 多維製程模擬器產生，*courtesy of ISE Integrated Systems Engineering AG, CH-8005 Zurich, Switzerland.*)

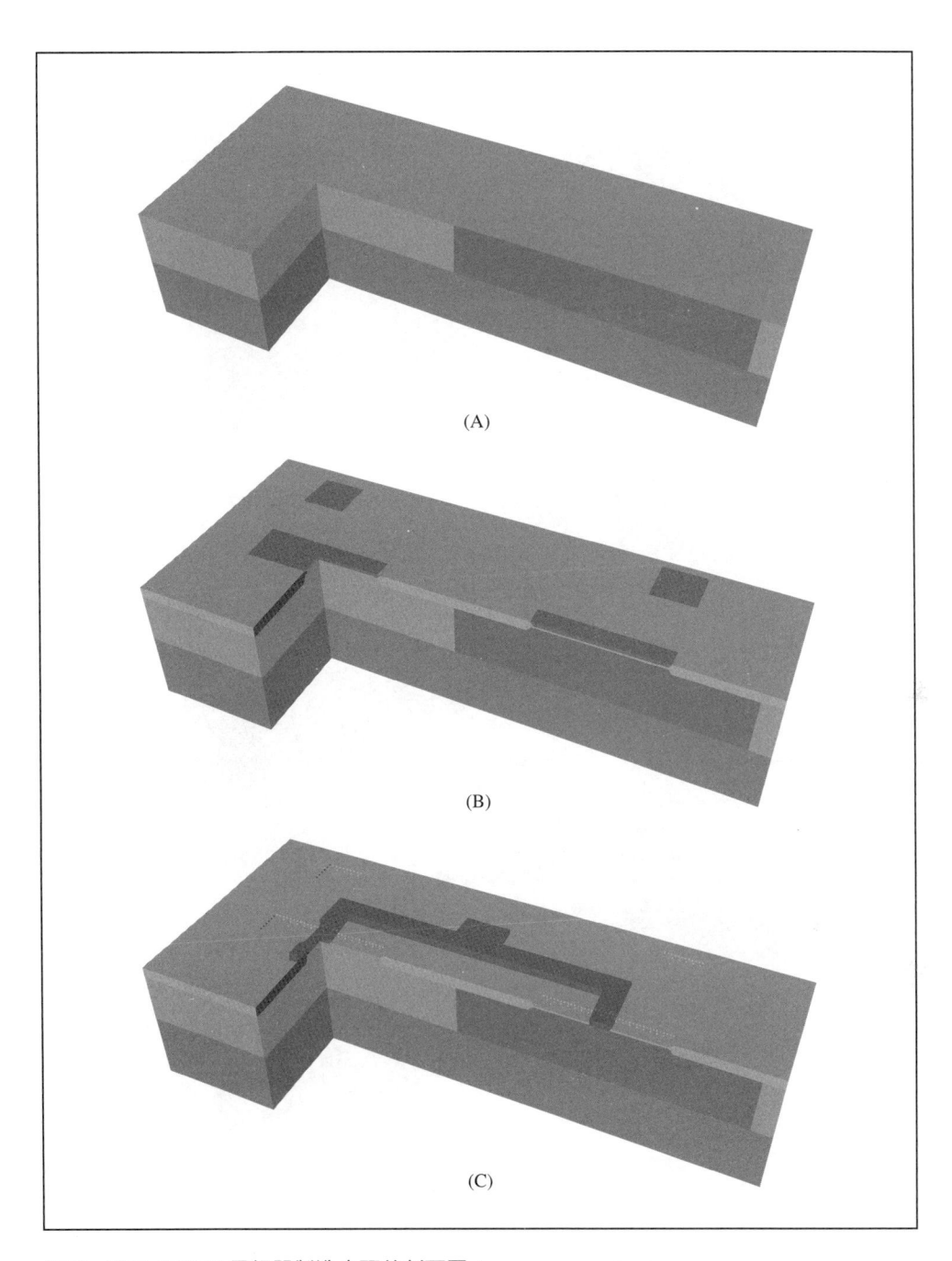

板 3 顯示 CMOS 反相器製造步驟的剖面圖：
(A) 建立 n 型井。
(B) 定義主動區與場氧化層 (FOX) 生長。
(C) 多晶矽沉積。

(本圖是使用 DIOS™ 多維製程模擬器與 PROSIT™3-D 結構模型工具產生，*courtesy of ISE Integrated Systems Engineering AG, CH-8005 Zurich, Switzerland.*)

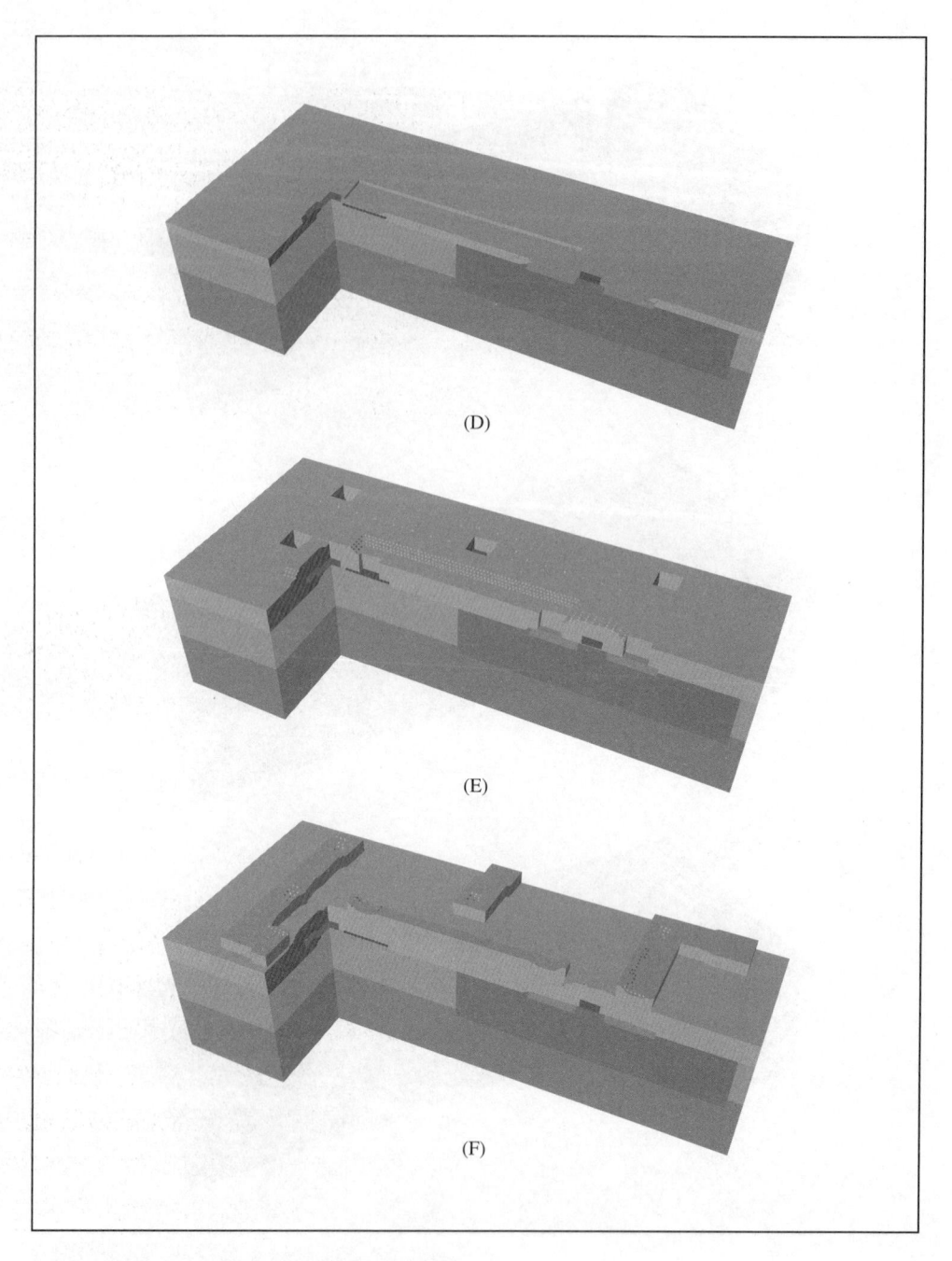

板 4 顯示 CMOS 反相器製造步驟的剖面圖（續）。
(D) 源極 / 汲極區佈植。
(E) 氧化層（二氧化矽）沉積與接觸孔蝕刻。
(F) 第一金屬層 (Metal-1) 沉積。

（本圖是使用 DIOS™ 多維製程模擬器與 PROSIT™3-D 結構模型工具產生，*courtesy of ISE Integrated Systems Engineering AG, CH-8005 Zurich, Switzerland.*）

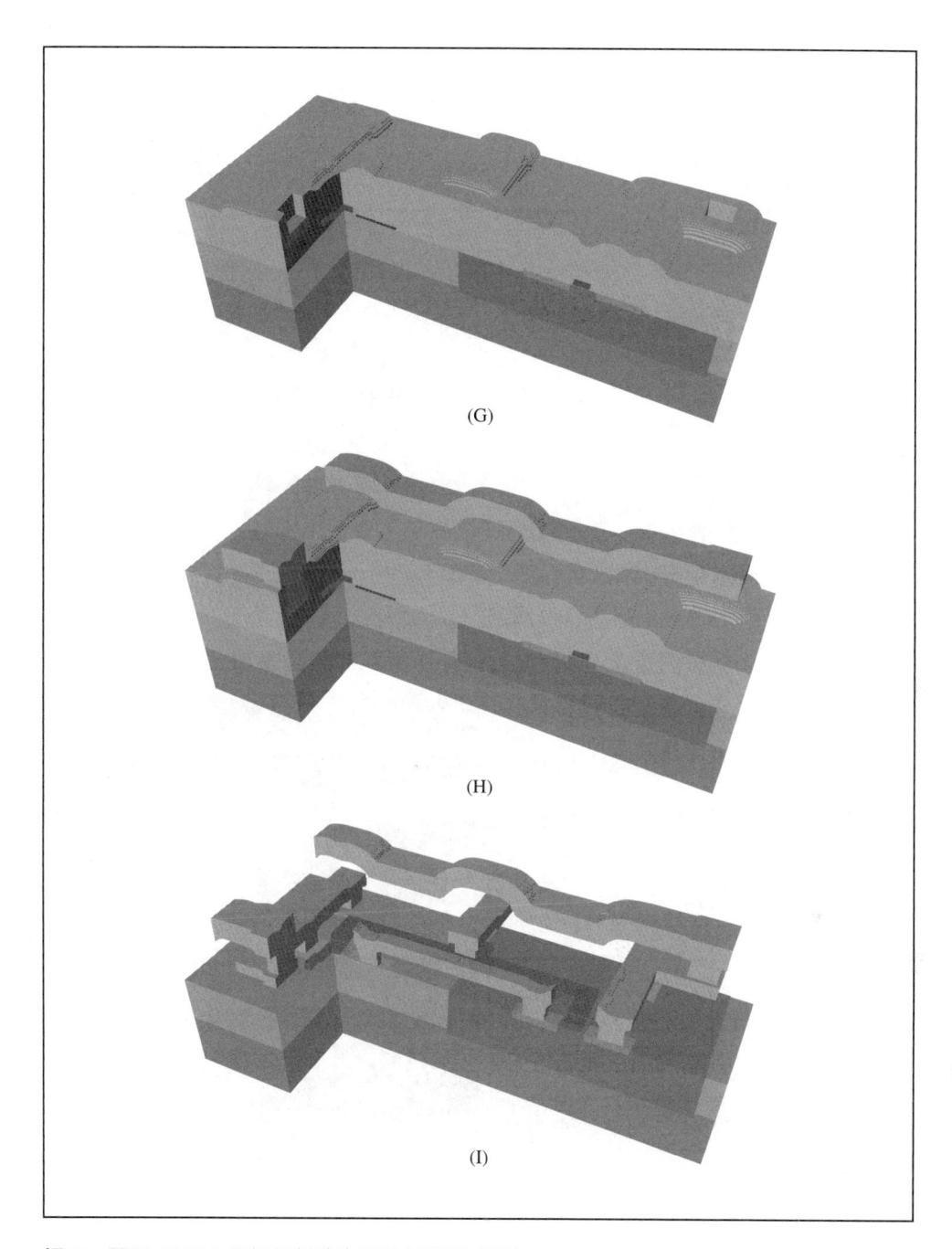

(G)

(H)

(I)

板 5 顯示 CMOS 反相器製造步驟的剖面圖（續）。
(G) 氧化層（二氧化矽）沉積與接觸孔的蝕刻。
(H) 第二金屬層 (Metal-2) 沉積。
(I) 完整的反相器結構，為了更好的可視性而未顯示氧化層。

(本圖是使用 DIOS™ 多維製程模擬器與 PROSIT™3-D 結構模型工具產生，*courtesy of ISE Integrated Systems Engineering AG, CH-8005 Zurich, Switzerland.*)

N-Well

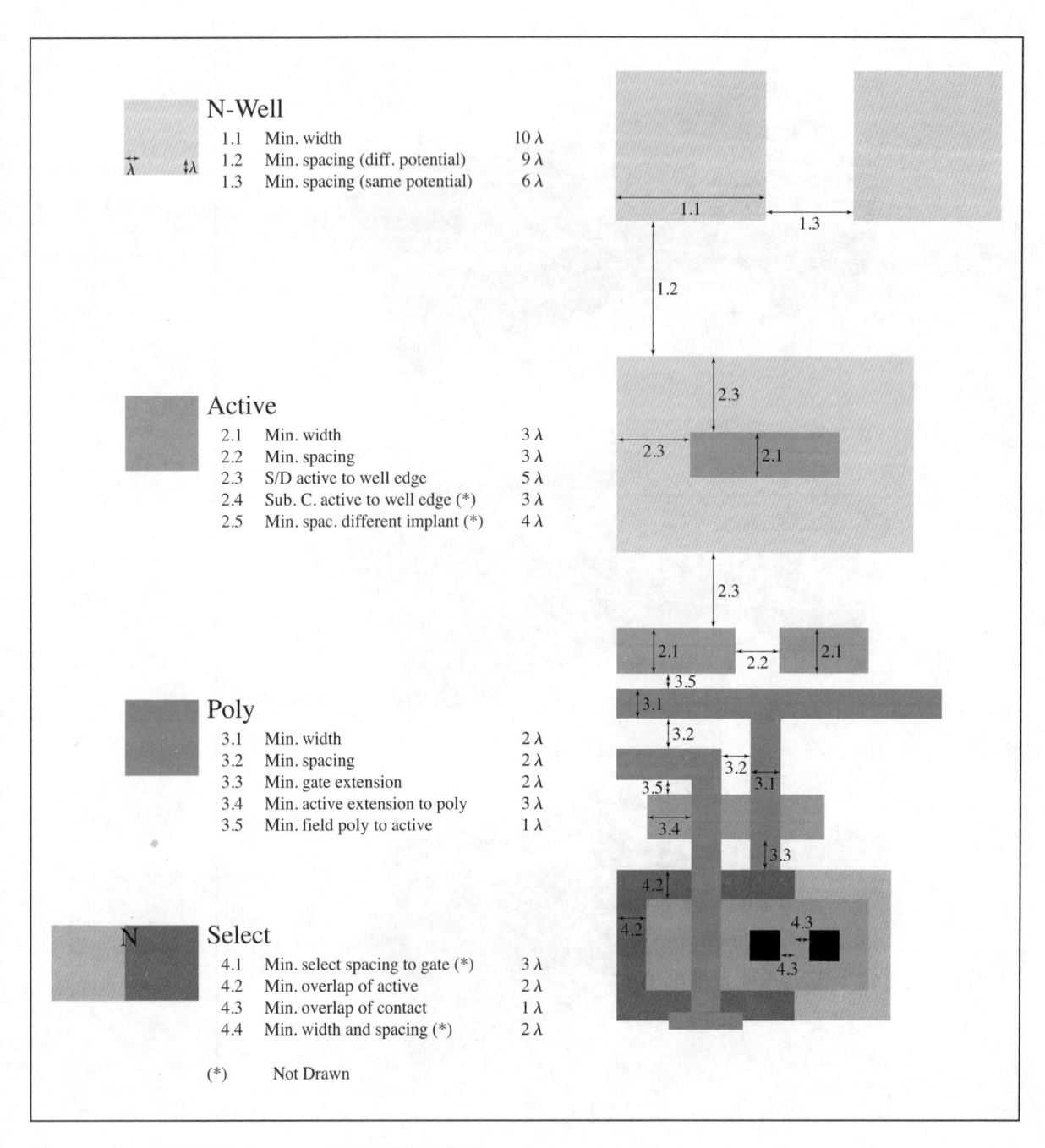

1.1	Min. width	10 λ
1.2	Min. spacing (diff. potential)	9 λ
1.3	Min. spacing (same potential)	6 λ

Active

2.1	Min. width	3 λ
2.2	Min. spacing	3 λ
2.3	S/D active to well edge	5 λ
2.4	Sub. C. active to well edge (*)	3 λ
2.5	Min. spac. different implant (*)	4 λ

Poly

3.1	Min. width	2 λ
3.2	Min. spacing	2 λ
3.3	Min. gate extension	2 λ
3.4	Min. active extension to poly	3 λ
3.5	Min. field poly to active	1 λ

Select

4.1	Min. select spacing to gate (*)	3 λ
4.2	Min. overlap of active	2 λ
4.3	Min. overlap of contact	1 λ
4.4	Min. width and spacing (*)	2 λ

(*) Not Drawn

板 6　MOSIS 比例縮放式 CMOS 設計規則（修訂版 7.2）。

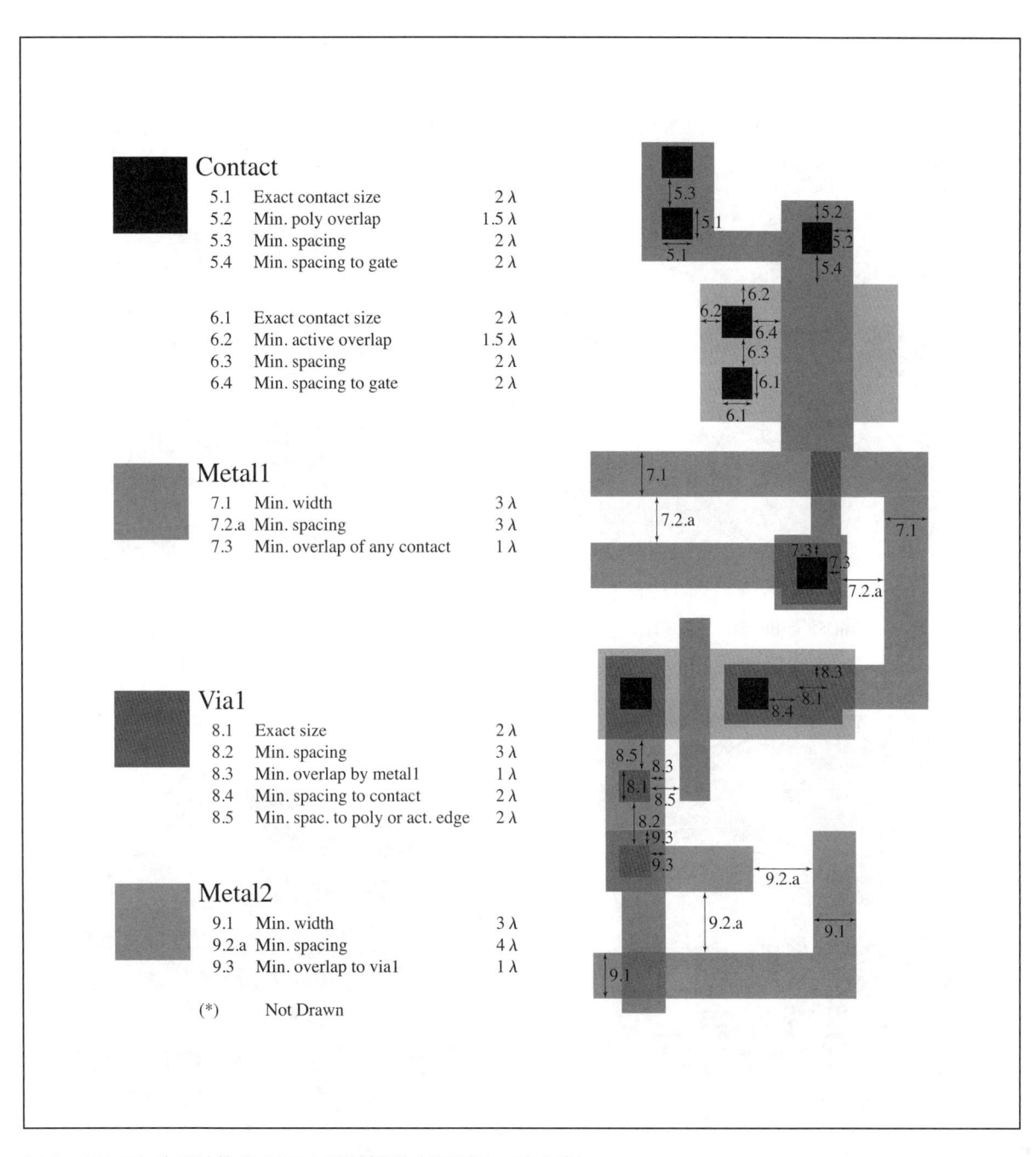

Contact

5.1	Exact contact size	2λ
5.2	Min. poly overlap	1.5λ
5.3	Min. spacing	2λ
5.4	Min. spacing to gate	2λ
6.1	Exact contact size	2λ
6.2	Min. active overlap	1.5λ
6.3	Min. spacing	2λ
6.4	Min. spacing to gate	2λ

Metal1

7.1	Min. width	3λ
7.2.a	Min. spacing	3λ
7.3	Min. overlap of any contact	1λ

Via1

8.1	Exact size	2λ
8.2	Min. spacing	3λ
8.3	Min. overlap by metal1	1λ
8.4	Min. spacing to contact	2λ
8.5	Min. spac. to poly or act. edge	2λ

Metal2

9.1	Min. width	3λ
9.2.a	Min. spacing	4λ
9.3	Min. overlap to via1	1λ
(*)	Not Drawn	

板 7 MOSIS 比例縮放式 CMOS 設計規則（修訂版 7.2）（續）。

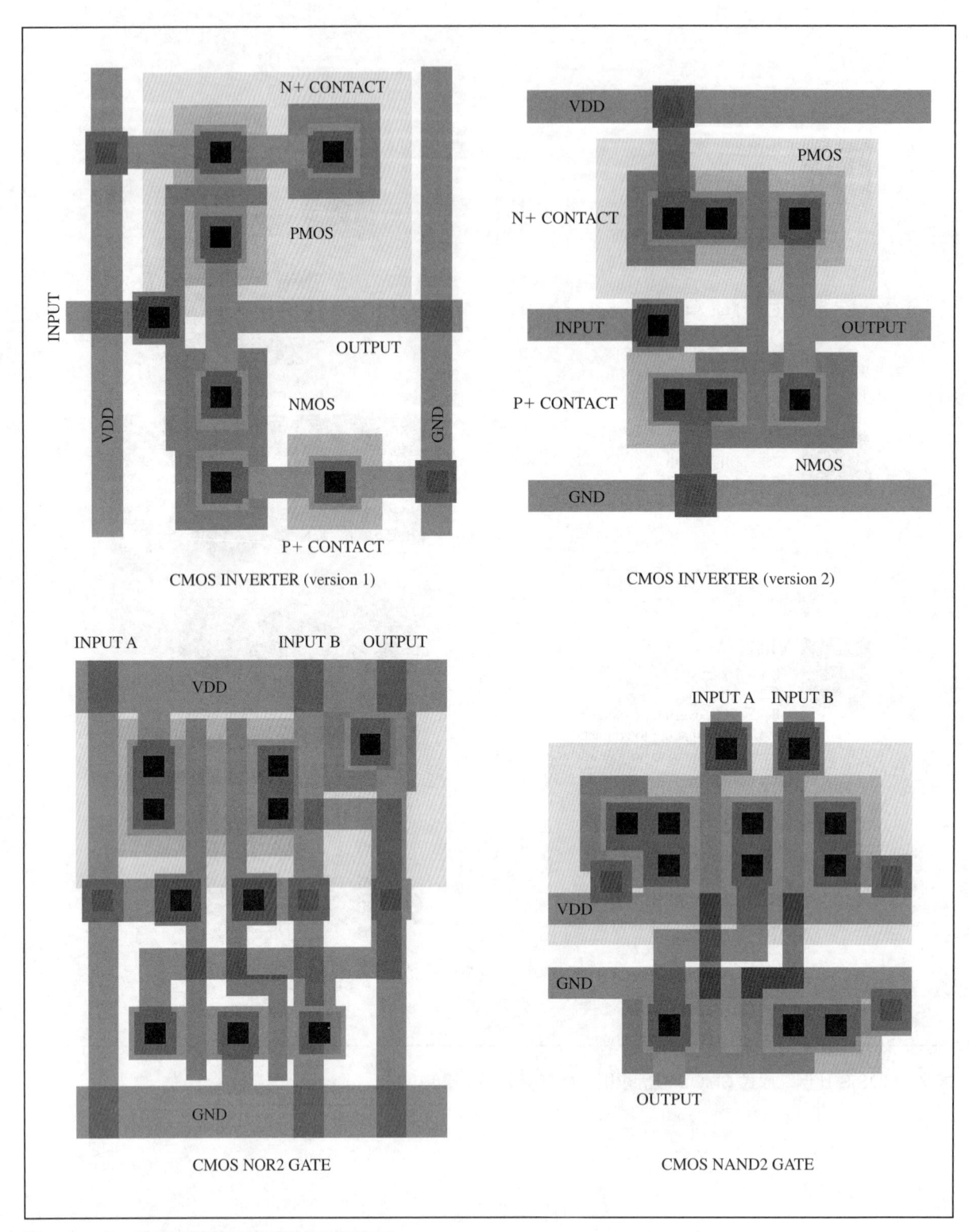

板 8 CMOS 反相器與簡單邏輯閘的佈局範例。

註：板 1 到板 8 的彩色版本收錄於本書教學資源，提供用書教師參考。

Chapter

MOS 電晶體

MOS Transistor

3

MOS 場效電晶體 (MOSFET) 是 MOS 與 CMOS 數位積體電路的基本建構區塊。相較於雙極性接面電晶體 (BJT)，MOS 電晶體佔有相對較小的矽面積，而且所需的製程步驟較少。這些技術優勢加上 MOSFET 操作相對簡單，有助於使 MOS 電晶體成為 LSI 與 VLSI 電路中最廣泛使用的開關元件。在本章中，我們將研究 nMOS（n 通道 MOS）以及 pMOS（p 通道 MOS）元件的基本結構與電性行為。在許多數位電路的應用中，nMOS 電晶體較適合作為開關元件；而在 CMOS 電路中，pMOS 電晶體大多與 nMOS 元件一起使用。然而，nMOS 與 pMOS 電晶體彼此的基本操作原理非常相似。

本章先詳細研究金屬氧化層半導體 (metal oxide semiconductor, MOS) 系統的基本電性與物理性質；這也是 MOSFET 結構的基礎。我們將考慮外部偏壓條件對於 MOS 系統上的電荷分佈與自由載子 (carrier) 傳導的效應。此將會證明，在場效元件中，電流是藉由從外部施加的電場 (electric field) 來控制，且該操作僅受到兩個元件端點間的多數載子流影響。接著，將對 MOS 電晶體的電流 - 電壓特性進行詳細檢視，包括小幾何形狀 (small-geometry) 造成的實體 (physical) 限制，以及 MOSFET 中觀察到的各種二階效應。須注意的是，這些考慮對於藉由使用小幾何形狀 MOSFET 元件所建立的大型數位電路之整體性能將非常重要。

3.1 金屬氧化層半導體 (MOS) 的結構

我們先從圖 3.1 中所示的簡單雙端點 MOS 結構之電性行為開始。注意，此結構包含三層：金屬**閘極電極 (gate electrode)**、絕緣氧化（二氧化矽 (SiO_2)）層，以及 p 型半導體 (Si)，稱為**基底 (substrate)**。這樣一來，MOS 結構形成了一顆電容，閘極與基底作為兩個端點（平板），而氧化層則作為介電質。在奈米元件中，二氧化矽層的厚度通常為 1.5 nm 至 3.5 nm。現在可以藉由施加至閘極與基底端點間的外部電壓，來控制半導體基底內的載子濃度與其局部分佈。對於建立基底中不同載子濃度的偏壓條件的基本理解，也將提供我們對於更複

圖 3.1
雙端點 MOS 結構。

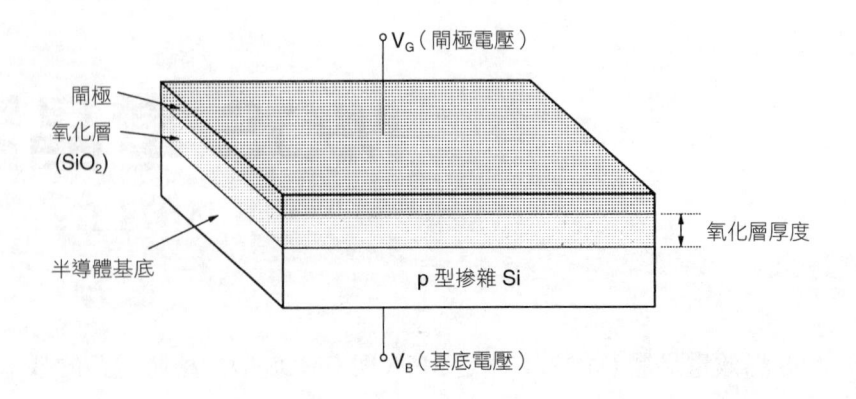

雜的 MOSFET 結構的操作條件有價值的見解。

首先考慮半導體 (Si) 基底的基本電性性質，其作用為類似 MOS 電容中的電極之一。半導體中可移動載子的平衡濃度始終遵守**質量作用定律 (Mass Action Law)**，即

$$n \cdot p = n_i^2 \tag{3.1}$$

n 與 p 分別表示電子與電洞的可移動載子濃度；且 n_i 表示矽的本質 (intrinsic) 載子濃度，其為溫度 T 的函數。在室溫下，即 $T = 300$ K，n_i 約等於 1.45×10^{10} cm^{-3}。假設基底是以濃度為 N_A 的受體 (acceptor)（例如，硼）均勻地摻雜，則 p 型基底中的平衡電子與電洞濃度趨近於

$$\begin{aligned} n_{po} &\cong \frac{n_i^2}{N_A} \\ p_{po} &\cong N_A \end{aligned} \tag{3.2}$$

摻雜濃度 N_A 的數量級通常是在 10^{15} 至 10^{16} cm^{-3}；因此，它比本質載子濃度 n_i 大得多。須注意的是，式 (3.2) 中所得到的基底電子與電洞濃度只在遠離**表面 (surface)** 的區域有效，而表面係指半導體基底與氧化層相遇之處。然而，表面的狀態對於 MOS 系統的電性行為與操作的影響更加明顯。我們將更詳細地討論這些狀態。

p 型基底的能帶圖 (energy band diagram) 顯示於圖 3.2。矽的**傳導帶 (conduction band)** 與**價電帶 (valence band)** 之間的帶隙 (band-gap) 大約是 1.1 eV。帶隙內的**平衡費米能階 (equilibrium Fermi level)** E_F 位置，是由摻雜類型與矽基底的載子濃度所決定。**費米電位 (Fermi potential)** ϕ_F 是溫度與摻雜濃度的函數，表示**本質費米能階 (intrinsic Fermi level)** E_i 與費米能階 E_F 之間的差值。

$$\phi_F = \frac{E_F - E_i}{q} \tag{3.3}$$

對於 p 型半導體而言，費米電位可以近似為

圖 3.2
p 型矽基底的能帶圖。

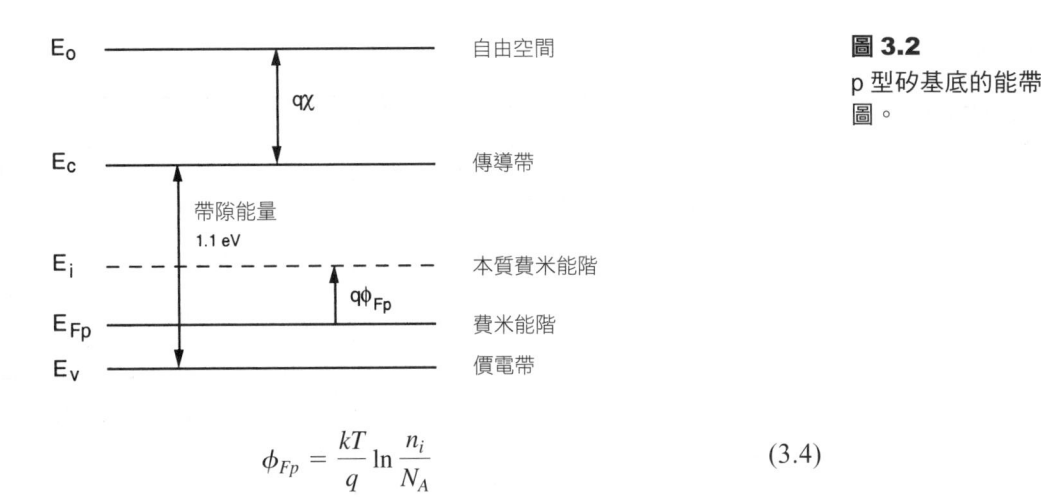

$$\phi_{Fp} = \frac{kT}{q} \ln \frac{n_i}{N_A} \tag{3.4}$$

而對於（以施體 (donor) 濃度 N_D 所摻雜的）n 型半導體來說，由下式可得費米電位

$$\phi_{Fn} = \frac{kT}{q} \ln \frac{N_D}{n_i} \tag{3.5}$$

k 為波茲曼常數 (Boltzmann constant)，q 則是單位（電子）電荷。須注意的是，依據式 (3.4) 與式 (3.5) 中所定義，可得到 n 型材料的費米電位為正，而對 p 型材料的費米電位則為負。本書將全部使用這個慣例。矽的**電子親和力 (electron affinity)** 是指傳導帶能階與真空能階（自由空間）之間的電位差，如圖 3.2 中以 $q\chi$ 表示。一顆電子從費米能階移動至自由空間所需能量則稱為**功函數 (work function)** $q\Phi_S$，由下式給定為

$$q\Phi_S = q\chi + (E_C - E_F) \tag{3.6}$$

在矽基底與閘極之間的絕緣二氧化矽層，具有約 9 eV 的大帶隙值以及約 0.95 eV 的電子親和力。另一方面，鋁閘極的功函數 $q\Phi_M$ 約為 4.1 eV。MOS 系統中的金屬、氧化層與半導體層的能帶圖，在圖 3.3 中以三種獨立的組成部分呈現。

現在考慮將此理想 MOS 系統的三種組成部分予以實體連接。所有三種材料的費米能階必須排成一直線，因為它們形成了圖 3.1 所示的 MOS 電容。因為金屬與半導體之間的功函數差值，所以橫跨 MOS 系統間會出現電壓降。此內建 (built-in) 電壓降的一部分會發生在橫跨絕緣氧化層。其餘部分的電壓降（電位差）則發生在矽表面接至矽 - 氧化層界面，迫使矽的能帶在此區域彎曲。所得到的 MOS 系統結合能帶圖顯示於圖 3.4。須注意的是，半導體 (Si) 基底與金屬閘極的平衡費米能階具有相同的電位。基底費米能階受到能帶彎曲的影響並不顯著，而表面費米能階則移近至本質費米（帶隙中間 (mid-gap)）能階。位於表面的費米電位，亦稱為**表面電位 (surface potential)** ϕ_S，其值會小於基底費米電位 ϕ_F。

圖 3.3
形成 MOS 系統各種組成部分之能帶圖。

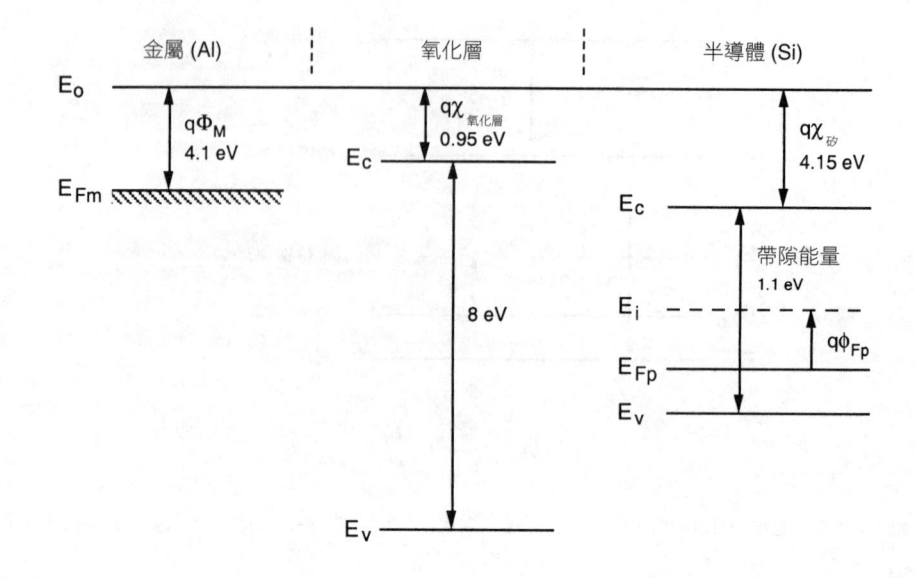

圖 3.4
結合後的 MOS 系統能帶圖。

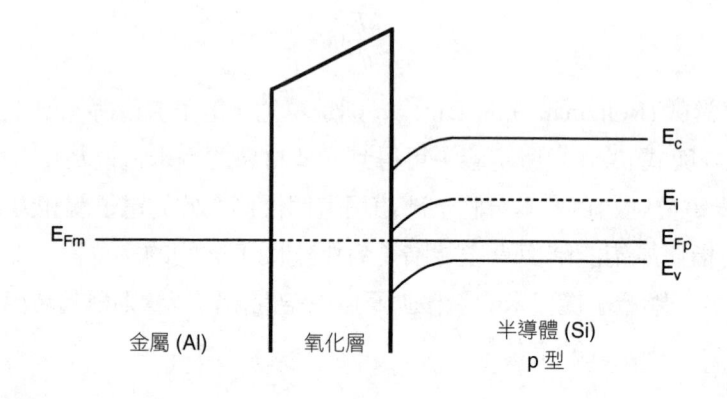

例題 3.1

考慮由 p 型摻雜矽基底、二氧化矽層以及金屬（鋁）閘極所構成的 MOS 結構。摻雜過的矽基底之平衡費米電位給定為 $q\phi_{F_p} = 0.2\text{eV}$。使用圖 3.3 所給予的矽電子親和力與鋁功函數，計算橫跨 MOS 系統的內建電位差。假設 MOS 系統在氧化層或在矽-氧化層界面上均不包含任何其它電荷。

首先，我們必須計算摻雜過的矽功函數，由式 (3.6) 所給定。由於矽電子親和力是 4.15 eV，所以功函數 $q\Phi_S$ 可以求得為

$$q\Phi_S = 4.15 \text{ eV} + 0.75 \text{ eV} = 4.9 \text{ eV}$$

現在計算出矽基底與鋁閘極之間的功函數差。須注意的是，鋁功函數於圖 3.3 中給定為 4.1 eV。因此，橫跨 MOS 系統的內建電位差是

$$q\Phi_M - q\Phi_S = 4.1 \text{ eV} - 4.9 \text{ eV} = -0.8 \text{ eV}$$

如果對應於該電位差的電壓由外部施加於閘極與基底之間時，表面附近的能帶彎曲可以得到補償，即能帶變成「平坦」(flat)。因此，此電壓定義為

$$V_{FB} = \Phi_M - \Phi_S$$

稱為**平帶 (flat-band) 電壓**。

3.2 外加偏壓下的 MOS 系統

現在我們將注意力轉移至外加偏壓下的 MOS 結構之電性行為。假定基底電壓設定為 $V_B = 0$，並讓閘極電壓成為控制參數。隨著 V_G 的極性與大小不同，可以觀察到 MOS 系統的三種不同操作區：**累積 (accumulation)**、**空乏 (depletion)** 與**反轉 (inversion)**。

如果施加負電壓 V_G 至閘極電極，則在 p 型基底的電洞會被吸引至半導體氧化層的接面。表面附近的多數載子濃度變成大於位於基底的平衡電洞濃度；因此，這種情況被稱為表面載子累積（圖 3.5）。須注意的是，在此情況下，氧化層電場朝向閘極電極。表面電位為負也會造成能帶在表面附近向上彎曲。當表面附近電洞密度由於施加負閘極偏壓而增加時，電子（少數載子）濃度會隨著帶負電荷的電子被推至基底更深處而減少。

現在考慮下一種情況，其中一個小的正閘極偏壓 V_G 施加至閘極電極。由於基底偏壓為零，所以在這種情況下，氧化層中的電場方向會朝向基底。表面電位為正導致能帶在表面附近向下彎曲的現象，如圖 3.6 所示。由於閘極偏壓為正，多數載子，即位在基底裡的電洞，將被排斥回到基底，且這些電洞將會留下帶負電荷的固定受體離子(ion)。因此，在表面附近產生了**空乏區 (depletion region)**。須注意的是，在此偏壓條件下，半導體-氧化層界面附近的區域幾乎

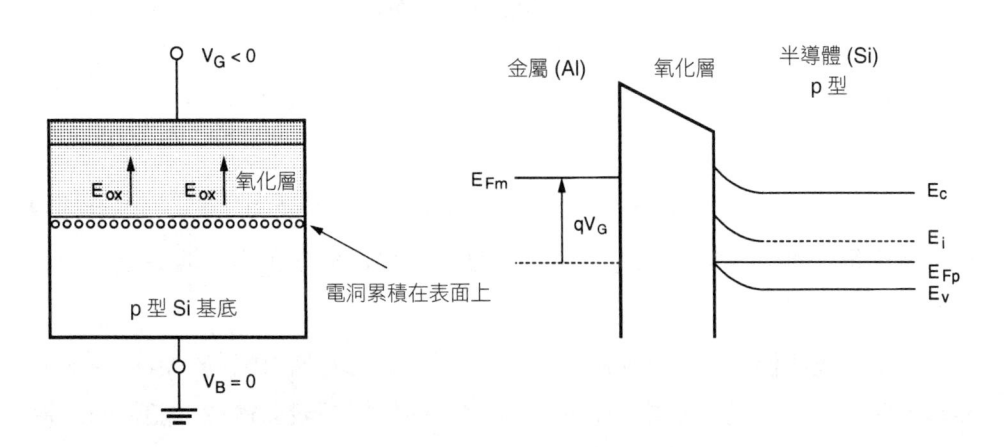

圖 3.5
MOS 結構操作在累積區的剖面圖與能帶圖。

圖 3.6
在小閘極偏壓時，MOS 結構操作在空乏區的剖面圖與能帶圖。

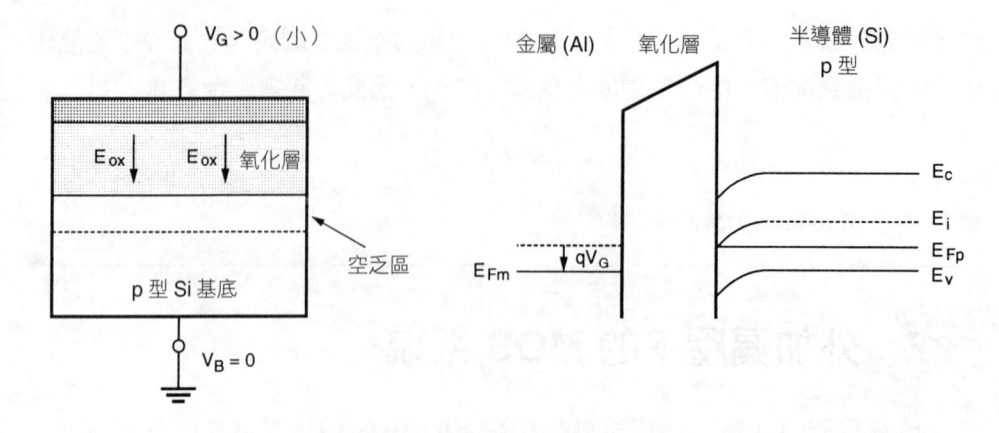

沒有可移動的載子。

可以很容易的發現，位於表面的空乏區之厚度 x_d 為表面電位 ϕ_S 的函數。假設在平行於表面的一個薄水平層裡的可移動電洞電荷為

$$dQ = -q \cdot N_A \cdot dx \tag{3.7}$$

移開此電荷薄層 dQ 以遠離表面距離 x_d 所需的表面電位變化，可以藉由使用帕松方程式 (Poisson Equation) 來求得。

$$d\phi_S = -x \cdot \frac{dQ}{\varepsilon_{Si}} = \frac{q \cdot N_A \cdot x}{\varepsilon_{Si}} dx \tag{3.8}$$

沿著垂直方向（垂直於表面）積分式 (3.7) 可得出

$$\int_{\phi_F}^{\phi_S} d\phi_S = \int_0^{x_d} \frac{q \cdot N_A \cdot x}{\varepsilon_{Si}} dx \tag{3.9}$$

$$\phi_S - \phi_F = \frac{q \cdot N_A \cdot x_d^2}{2\varepsilon_{Si}} \tag{3.10}$$

因此，空乏區的深度為

$$x_d = \sqrt{\frac{2\varepsilon_{Si} \cdot |\phi_S - \phi_F|}{q \cdot N_A}} \tag{3.11}$$

且空乏區的電荷密度，其係僅包含在此區域的固定受體離子，由以下表示式給定為

$$Q = -q \cdot N_A \cdot x_d = -\sqrt{2q \cdot N_A \cdot \varepsilon_{Si} \cdot |\phi_S - \phi_F|} \tag{3.12}$$

我們將會很快地討論到，此空乏區電荷量在臨界電壓分析中扮演著重要的角色。

為了完成我們對於不同偏壓條件的定性概觀，以及它們對於 MOS 系統的影響，接下來考慮進一步增加正閘極偏壓。由於提高表面電位，能帶向下彎

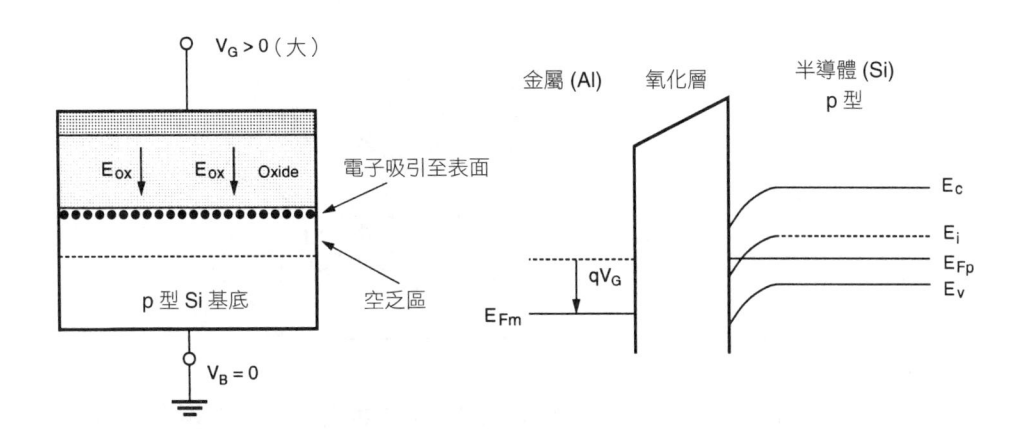

圖 3.7
在較大的閘極偏壓電壓時，MOS 結構操作在空乏區的剖面圖與能帶圖。

曲量也會增加。最後，帶隙中間 (mid-gap) 能階 E_i 變成小於表面上的費米能階 E_{Fp}，這表示在這個區域中的基底半導體變為 n 型。在此薄層中，電子密度大於多數（載子）電洞密度，因為正閘極電位會吸引來自於基底的額外少數載子（電子）至表面（圖 3.7）。由正閘極偏壓在表面附近所產生的 n 型區域稱為**反轉層 (inversion layer)**，而這種情況則稱為**表面反轉 (surface inversion)**。可以看出，在表面上的薄反轉層具有大量可移動的電子濃度，可以用於 MOS 電晶體兩端點之間的電流傳導。

作為一個實際的定義，當在表面上可移動的電子密度變成等於在（p 型）基底的電洞密度時，可以說表面被反轉了。這個情況要成立，表面電位與基底費米電位 ϕ_F 必須大小相同，但極性相反。一旦表面反轉，任何進一步增加閘極電壓將導致表面上可移動的電子濃度增加，並非增加空乏深度。因此，在表面反轉開始時達到的空乏區深度，也就會等於最大空乏深度，x_{dm}，在閘極電壓較高時仍會保持定值。利用反轉條件 $\phi_S = -\phi_F$，在表面反轉開始時的最大空乏區深度，可以從式 (3.11) 求得如下：

$$x_{dm} = \sqrt{\frac{2 \cdot \varepsilon_{Si} \cdot |2\phi_F|}{q \cdot N_A}} \tag{3.13}$$

對於 MOS 電晶體的電流傳導而言，透過外部施加的閘極偏壓來建立傳導表面反轉層是最重要的現象。以下章節將檢視 MOS 場效應電晶體 (MOS field effect transistor, MOSFET) 的結構與操作。

3.3 MOS 電晶體 (MOSFET) 的結構與操作

n 通道 MOSFET 的基本結構如圖 3.8 所示。此四端點元件由一個 p 型基底所組成，其中有兩個形成汲極與源極的 n⁺ 擴散區。汲極與源極之間的基底區

圖 3.8
n 通道增強型 MOSFET 的實體結構。

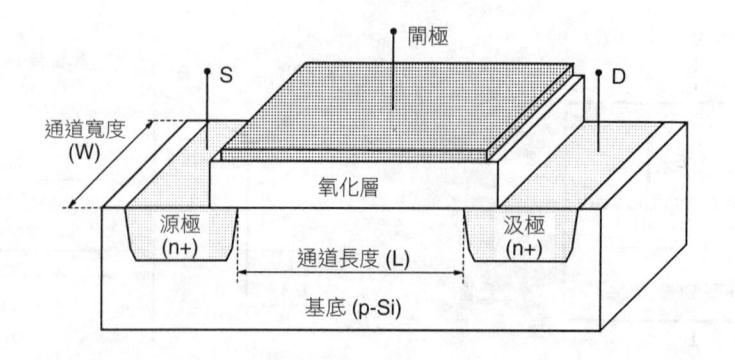

域表面覆蓋有薄氧化層，而金屬（或多晶矽）閘極則沉積於此閘極介電質的上方。該元件的中間部分可以很容易地被識別為基本的 MOS 結構，如前所述。兩個 n⁺ 區域將會是此元件的電流傳導端點。須注意的是，就汲極區與源極區而言，此元件結構完全對稱；這兩個區域所扮演的不同角色只會以所施加的端點電壓與電流流動方向一起來定義。

傳導**通道 (channel)** 最終會在汲極與源極擴散區間的元件區域，透過施加的閘極電壓而形成。汲極與源極擴散區之間的距離為**通道長度 (channel length)** L，而通道的橫向範圍（垂直於長度方向）則是**通道寬度 (channel width)** W。通道長度與通道寬度兩者均為重要參數，可以用於控制 MOSFET 的某些電性性質。覆蓋於通道區域的氧化層厚度，t_{ox}，也是一個重要參數。

MOS 電晶體在零閘極偏壓下而沒有導電通道區，稱為**增強型 (enhancement-type)** 或**增強模式 (enhancement-mode)** MOSFET。另一方面，若導電通道在零閘極偏壓時已經存在，則此元件稱為**空乏型 (depletion-type)** 或**空乏模式 (depletion-mode)** MOSFET。在具有 n⁺ 源極區與汲極區以及 p 型基底的 MOSFET 中，表面上形成的通道區為 n 型。因此，這樣具有 p 型基底的元件稱為 n 通道 MOSFET。另一方面，在具有 p⁺ 源極區與汲極區以及 n 型基底的 MOSFET 中，其通道為 p 型，且元件稱為 p 通道 MOSFET。

用於元件各端點的縮寫是：G 為閘極 (gate)，D 為汲極 (drain)，S 為源極 (source)，而 B 為基底（substrate 或基體 (body)）。在 n 通道 MOSFET 中，源極定義為 n⁺ 區，電位比其它 n⁺ 區（也就是汲極）更低。按照慣例，定義元件所有端點電壓都是相對於源極電位。因此，閘極至源極電壓表示為 V_{GS}，汲極至源極電壓表示為 V_{DS}，而基底至源極電壓則表示為 V_{BS}。n 通道與 p 通道增強型 MOSFET 電路符號如圖 3.9 所示。當四端點符號表示顯示了元件的所有外部端點，簡易的三端點符號表示亦將廣泛地使用。須注意的是，在簡單的 MOSFET 電路符號裡，小箭頭總是標出源極的端點。

首先來考慮圖 3.8 中所示的 n 通道增強型 MOSFET。此元件的簡單操作

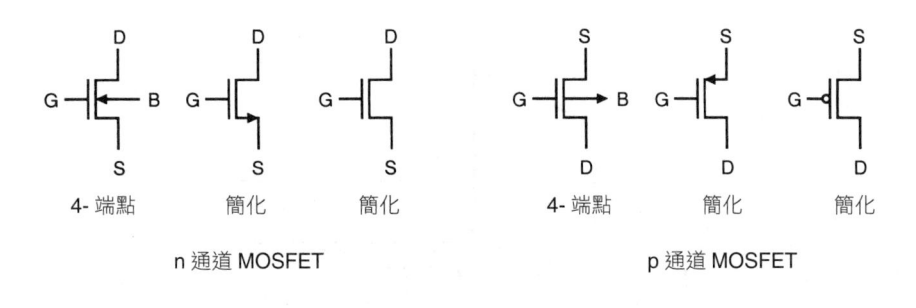

圖 3.9
n 通道與 p 通道增強型 MOSFET 的電路符號。

n 通道 MOSFET　　　　　p 通道 MOSFET
4-端點　簡化　簡化　　　4-端點　簡化　簡化

原理是：控制源極與汲極之間的電流傳導，利用外加閘極電壓所產生的電場作為控制變數。因為在通道中的電流也由汲極至源極電壓與基底電壓所控制，電流可以視為這些外部端點電壓的函數。我們將詳細地研究通道電流 (channel current)（也稱為汲極電流 (drain current)）與端點電壓之間的函數關係。然而，為了啟動源極區與汲極區之間的電流，必須先形成導電通道。

最簡單的偏壓條件可以應用至 n 通道增強型 MOSFET 中，如圖 3.10 所示。源極、汲極與基底端點都連接至地。然後，正閘極至源極電壓 V_{GS} 施加至閘極以產生閘極下方的導電通道。以這種偏壓安排方式，源極與汲極擴散區間的通道區之行為與我們於第 3.2 節中所檢視的簡單 MOS 結構完全一樣。對於小的閘極電壓準位，多數載子（電洞）被排斥回基底，而使得 p 型基底表面為空乏。因為表面缺乏任何可移動的載子，因此源極與汲極之間的電流不可能導通。

現在假設進一步增加閘極至源極電壓。一旦在通道區中的表面電位達到 $-\phi_{Fp}$，表面反轉就立刻建立，且導通的 n 型層將形成於源極與汲極擴散區（圖 3.11）之間。此通道現在提供兩個 n$^+$ 區域之間的電性連接，且只要在源極與汲極端點電壓（圖 3.12）之間存在著電位差，通道內將允許電流流動。因此，開始表面反轉與產生導電通道的偏壓條件，對 MOSFET 操作非常重要。

能夠引起表面反轉（產生導電通道）的閘極至源極電壓值 V_{GS}，稱為**臨界電壓 (threshold voltage)** V_{T0}。任何比 V_{T0} 小的閘極至源極電壓不足以建立反轉

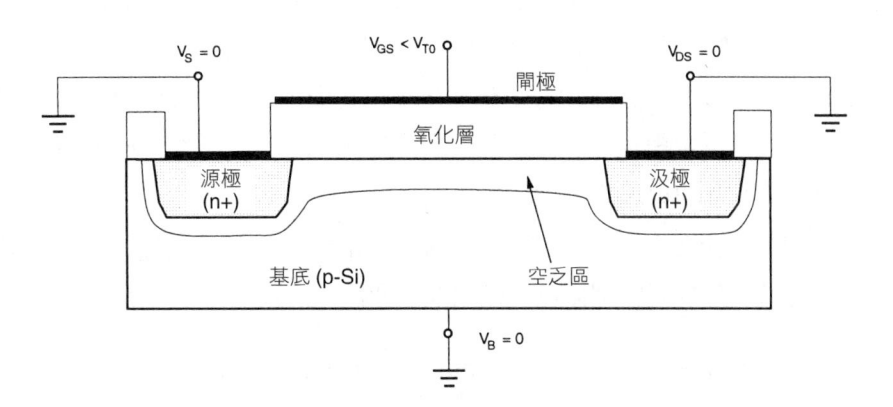

圖 3.10
n 通道增強型 MOSFET 空乏區的形成。

圖 3.11
在表面反轉時，閘極下方 MOS 結構的能帶圖。須注意的是，能帶在表面彎曲量為 $|2\phi_F|$。

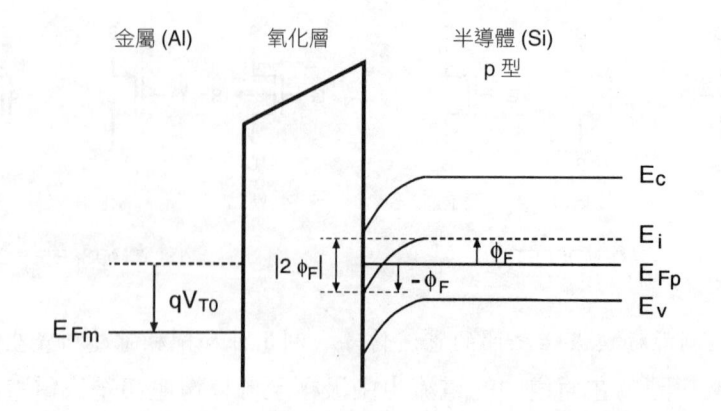

圖 3.12
n 通道增強型 MOSFET 反轉層的形成。

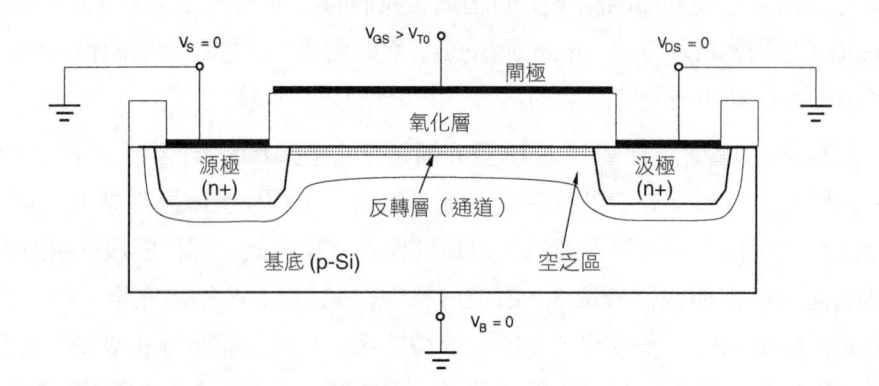

層。因此，除非 $V_{GS} > V_{T0}$，否則 MOSFET 的源極與汲極端點之間無法導通電流。另一方面，當閘極至源極電壓低於臨界電壓時，大量的少數載子（電子）被吸引到表面上，這最終有助於通道電流傳導。還須注意的是，當閘極至源極電壓增加至超出了臨界電壓時，將不再影響表面電位與空乏區深度。兩者數量將保持近乎定值，且等於在表面反轉開始時所達到的數值。

臨界電壓

接下來將考慮各種 V_{T0} 成分，來討論影響 MOS 結構臨界電壓的物理參數。實際上，我們能夠確認臨界電壓的物理成分有四種：(1) 閘極與通道之間的功函數差，(2) 用於改變表面電位的閘極電壓成分，(3) 用於抵消空乏區電荷的閘極電壓成分，以及 (4) 用於抵消位於閘極氧化層與矽 - 氧化層界面上的固定電荷之電壓成分。以上所進行的分析係針對 n 通道元件，但只須做些微修正後，結果亦可適用於 p 通道元件。

閘極與通道之間的功函數差 Φ_{GC} 反映了 MOS 系統的內建電位，其係由 p 型基底、薄二氧化矽層與閘極電極所組成。取決於閘極材料，功函數差為

$$\Phi_{GC} = \phi_F(substrate) - \phi_M \quad \text{對金屬閘極而言} \quad (3.14)$$

$$\Phi_{GC} = \phi_F(substrate) - \phi_F(gate) \quad \text{對多晶矽閘極而言} \tag{3.15}$$

臨界電壓的第一種成分說明了在 MOS 系統上的部分壓降為內建。現在，外部施加的閘極電壓必須改變以達到表面反轉，即改變表面電位至 $-2\phi_F$。這將是臨界電壓的第二種成分。

另一種施加至閘極電壓的成分必須用來抵消空乏區電荷，而這些電荷是由位在表面附近空乏區內的固定受體離子所造成。我們可以使用式 (3.12) 來計算在表面反轉層內 ($\phi_S = -\phi_F$) 的空乏區電荷密度。

$$Q_{B0} = -\sqrt{2q \cdot N_A \cdot \varepsilon_{Si} \cdot |-2\phi_F|} \tag{3.16}$$

須注意的是，如果基底（基體）與源極偏壓在不同的電壓準位，基底為接地（參考）電位，則空乏區電荷密度可以表示為源極至基底電壓 V_{SB} 的函數。

$$Q_B = -\sqrt{2q \cdot N_A \cdot \varepsilon_{Si} \cdot |-2\phi_F + V_{SB}|} \tag{3.17}$$

然後，抵消空乏區電荷成分等於 $-Q_B/C_{ox}$，其中 C_{ox} 為單位面積的閘極氧化層電容。

$$C_{ox} = \frac{\varepsilon_{ox}}{t_{ox}} \tag{3.18}$$

最後，我們必須考慮到目前為止都忽略的一種非理想物理現象的影響。由於界面有雜質和/或晶格缺陷，在閘極氧化層與矽基底的界面之間總是存在固定的正電荷密度 Q_{ox}。需要用於抵消位在界面的正電荷閘極電壓成分為 $-Q_{ox}/C_{ox}$。現在，我們可以結合所有這些電壓成分來求出臨界電壓。當基底偏壓為零時，臨界電壓 V_{T0} 表示如下：

$$V_{T0} = \Phi_{GC} - 2\phi_F - \frac{Q_{B0}}{C_{ox}} - \frac{Q_{ox}}{C_{ox}} \tag{3.19}$$

另一方面，對於非零基底偏壓，必須修改空乏電荷密度項以反映出 V_{SB} 對於電荷所造成的影響，導得以下廣義臨界電壓的表示式。

$$V_T = \Phi_{GC} - 2\phi_F - \frac{Q_B}{C_{ox}} - \frac{Q_{ox}}{C_{ox}} \tag{3.20}$$

臨界電壓的廣義型式也可以寫為

$$V_T = \Phi_{GC} - 2\phi_F - \frac{Q_{B0}}{C_{ox}} - \frac{Q_{ox}}{C_{ox}} - \frac{Q_B - Q_{B0}}{C_{ox}} = V_{T0} - \frac{Q_B - Q_{B0}}{C_{ox}} \tag{3.21}$$

注意，在這種情況下，臨界電壓與 V_{T0} 的差異僅為一個附加項。此基底偏壓項是材料常數與源極至基底電壓 V_{SB} 的簡單函數。

$$\frac{Q_B - Q_{B0}}{C_{ox}} = -\frac{\sqrt{2q \cdot N_A \cdot \varepsilon_{Si}}}{C_{ox}} \cdot \left(\sqrt{|-2\phi_F + V_{SB}|} - \sqrt{|2\phi_F|} \right) \tag{3.22}$$

因此，臨界電壓 V_T 最普遍的表示式可以得到如下：

$$V_T = V_{T0} + \gamma \cdot \left(\sqrt{|-2\phi_F + V_{SB}|} - \sqrt{|2\phi_F|}\right) \tag{3.23}$$

其中參數

$$\gamma = \frac{\sqrt{2q \cdot N_A \cdot \varepsilon_{Si}}}{C_{ox}} \tag{3.24}$$

為**基底偏壓係數 (substrate bias coefficient)** 或**基體效應係數 (body-effect coefficient)**。

式 (3.23) 所給定的臨界電壓表示式可以適用於 n 通道與 p 通道 MOS 電晶體。然而，由於此方程式中的某些項與係數，在 n 通道 (nMOS) 的情況以及 p 通道 (pMOS) 的情況下極性不同，所以必須小心。此極性不同的原因是，在 n 通道 MOSFET 中的基底半導體為 p 型，而在 p 通道 MOSFET 中則為 n 型。具體來說，

- 基底費米電位 ϕ_F 在 nMOS 中為負值，在 pMOS 中則為正值。
- 空乏區電荷密度 Q_{B0} 與 Q_B 在 nMOS 中為負值，在 pMOS 中則為正值。
- 基底偏壓係數 γ 在 nMOS 中為正值，在 pMOS 中則為負值。
- 基底偏壓電壓 V_{SB} 在 nMOS 中為正值，在 pMOS 中則為負值。

通常，增強型 n 通道 MOSFET 的臨界電壓為正的數量，而 p 通道 MOSFET 的臨界電壓則是負的。

例題 3.2

計算多晶矽閘極 n 通道 MOS 電晶體在 $V_{SB} = 0$ 時的臨界電壓 V_{T0}，參數如下：基底摻雜濃度 $N_A = 4 \times 10^{18}$ cm^{-3}，多晶矽閘極摻雜濃度 $N_D = 2 \times 10^{20}$ cm^{-3}，閘極氧化層厚度 $t_{ox} = 16$ Å，以及氧化層界面的固定電荷密度 $N_{ox} = 4 \times 10^{10}$ cm^{-2}。

首先，計算出 p 型基底與 n 型多晶矽閘極的費米電位：

$$\phi_F(substrate) = \frac{kT}{q} \ln\left(\frac{n_i}{N_A}\right) = 0.026 \text{ V} \cdot \ln\left(\frac{1.45 \cdot 10^{10}}{4 \times 10^{18}}\right) = -0.51 \text{ V}$$

由於多晶矽閘極的摻雜密度很高，重摻雜 n 型閘極材料有可能變質。因此，我們可以假設多晶矽閘極的費米電位約等於傳導帶電位，即 $\phi_F(gate) = 0.55$ V。現在計算出閘極與通道之間的功函數差：

$$\Phi_{GC} = \phi_F(substrate) - \phi_F(gate) = -0.51 \text{ V} - 0.55 \text{ V} = -1.06 \text{ V}$$

在 $V_{SB} = 0$ 時的空乏區電荷密度求得如下：

$$Q_{B0} = -\sqrt{2 \cdot q \cdot N_A \cdot \varepsilon_{Si} \cdot |-2\phi_F(substrate)|}$$
$$= -\sqrt{2 \cdot 1.6 \cdot 10^{-19} \cdot (4 \times 10^{18}) \cdot 11.7 \cdot 8.85 \cdot 10^{-14} \cdot |-2 \cdot 0.51|}$$
$$= -1.16 \cdot 10^{-6} \text{ C/cm}^2$$

氧化層界面電荷為：

$$Q_{ox} = q \cdot N_{ox} = 1.6 \times 10^{-19}\,C \times 4 \cdot 10^{10}\,cm^{-2} = 6.4 \cdot 10^{-9}\,C/cm^2$$

單位面積的閘極氧化層電容，可以使用二氧化矽的介電常數以及氧化層厚度 t_{ox} 算出。

$$C_{ox} = \frac{\varepsilon_{ox}}{t_{ox}} = \frac{3.97 \cdot 8.85 \cdot 10^{-14}\,F/cm}{1.6 \cdot 10^{-7}\,cm} = 2.2 \cdot 10^{-6}\,F/cm^2$$

現在，我們可以結合所有成分並計算出臨界電壓。

$$V_{T0} = \Phi_{GC} - 2\phi_F(substrate) - \frac{Q_{B0}}{C_{ox}} - \frac{Q_{ox}}{C_{ox}}$$
$$= -1.06 - (-1.02) - (-0.53) - (0.003) = 0.487\,V$$

在這個簡化的分析中，源極與汲極擴散區的摻雜濃度以及通道區的幾何結構（實體尺寸）對於臨界電壓 V_{T0} 沒有影響。

須注意的是，在大多數實際情況下，實際 MOS 電晶體的臨界電壓精確值無法使用式 (3.23) 來獲得，主要是因為摻雜濃度、氧化層厚度與固定氧化層界面電荷的不確定性和變化所致。任何 MOS 製程的臨界電壓標稱值與統計範圍，最終會由直接測量值來決定，這將在第 3.4 節中說明。在大多數的 MOS 製程中，可以藉由選擇性的雜質離子佈植進入 MOSFET 通道區來調整臨界電壓。對於 n 通道 MOSFET 而言，增加額外的 p 型雜質（受體離子）可以增加臨界電壓（變得更正）。相反地，在通道區域植入 n 型雜質（摻雜離子）則可以降低 n 通道 MOSFET 的臨界電壓（變得更負）。

額外的離子佈植所造成的臨界電壓變化量，可以如下近似。讓所佈植的雜質密度表示為 $N_I\,[cm^{-2}]$。假設所有佈植的離子均具有電性作用，也就是說，每顆離子都貢獻至空乏區電荷。接著，在零基底偏壓 ($V_{SB} = 0$) 下的臨界電壓 V_{T0} 將會偏移，偏移量為 qN_I/C_{ox}。這種近似明顯忽略了額外佈植所造成的基底費米能階 ϕ_F 變化，但它仍對於臨界電壓偏移的量提供了合理的估計。

習題 3.1

考慮以下的 p 通道 MOSFET 製程：

基底摻雜 $N_D = 2.4 \times 10^{18}\,cm^{-3}$，多晶矽閘極摻雜濃度 $N_D = 2 \times 10^{20}\,cm^{-3}$，閘極氧化層厚度 $t_{ox} = 18\,Å$，氧化層界面電荷密度 $N_{ox} = 4 \times 10^{10}\,cm^{-2}$。矽與二氧化矽的介電係數分別使用 $\varepsilon_{Si} = 11.7\varepsilon_0$ 與 $\varepsilon_{ox} = 3.97\varepsilon_0$。

(a) 計算 $V_{SB} = 0$ 的臨界電壓 V_{T0}。
(b) 為達到 $V_{T0} = -0.8\,V$ 的臨界電壓，決定所需的通道離子佈植類型與數量。

圖 3.13
n 通道空乏型 MOSFET 的電路符號。

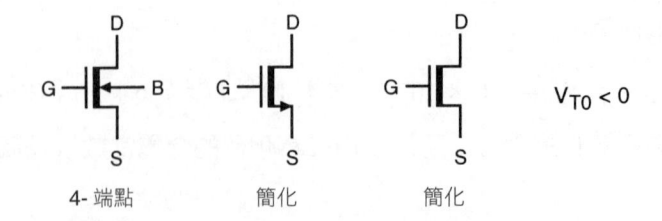

$V_{T0} < 0$

4-端點　　簡化　　簡化

注意，使用選擇性的離子佈植至通道中時，n 通道 MOSFET 的臨界電壓也可以成為負值。這意味著在 $V_{GS} = 0$ 時，所得到的 nMOS 電晶體將具有導電通道，使得只要 V_{GS} 大於負的臨界電壓時，源極與汲極端點間就有電流流動。這樣的元件被稱為空乏型（或常態導通）n 通道 MOSFET。除了它的負臨界電壓外，空乏型 n 通道 MOSFET 表現出與增強型 n 通道 MOSFET 相同的電性行為。圖 3.13 所示為用於空乏型 n 通道 MOSFET 的傳統電路符號。

例題 3.3

考慮例題 3.2 中的 n 通道 MOSFET 製程。一些數位電路應用無法保證所有電晶體的條件均為 $V_{SB} = 0$。我們將在本例題中討論非零的源極至基底電壓 V_{SB} 如何影響到 MOS 電晶體的臨界電壓。假設 MOS 電晶體具有長通道。

首先，我們必須使用例題 3.2 中的製程參數，計算出基底偏壓係數 γ。

$$\gamma = \frac{\sqrt{2 \cdot q \cdot N_A \cdot \varepsilon_{Si}}}{C_{ox}} = \frac{\sqrt{2 \cdot 1.6 \cdot 10^{-19} \cdot 4 \cdot 10^{18} \cdot 11.7 \cdot 8.85 \cdot 10^{-14}}}{2.20 \cdot 10^{-6}}$$
$$= 0.52 \text{ V}^{\frac{1}{2}}$$

現在我們計算並繪出臨界電壓 V_T，作為源極至基底電壓 V_{SB} 的函數。假設電壓 V_{SB} 在 0 與 1 V 之間變化.

$$V_T = V_{T0} + \gamma\left(\sqrt{|-2\phi_F + V_{SB}|} - \sqrt{|2\phi_F|}\right)$$
$$= 0.48 + 0.52 \cdot \left(\sqrt{1.01 + V_{SB}} - \sqrt{1.01}\right)$$

可以看出，臨界電壓在此範圍內的變化約 0.3V，如果忽略此電壓變化，則可能產生嚴重的設計問題。我們將在下面的章節看到，在大部分的數位電路中，基底偏壓效應是不可避免的，而電路設計者通常必須採取適當的措施，以考慮與/或補償臨界電壓的變化。

臨界電壓的變化作為源極至基底電壓的函數。

MOSFET 操作：定性的觀點

n 通道 MOS(nMOS) 電晶體的基本結構建立於 p 型基底上，如圖 3.8 所示。MOSFET 包含一顆有著兩組緊鄰著通道區的 p-n 接面 MOS 電容，而此通道區係由 MOS 閘極所控制。載子，即 nMOS 電晶體中的電子，穿過源極接觸點 (S) 進入至結構中，通過汲極 (D) 離開，並受到閘極 (G) 電壓的控制。為了確保初始時兩組 p-n 接面為逆向偏壓，基底電位須保持比其它三個端點電位還低。

我們已經看到，當 $0 < V_{GS} < V_{T0}$ 時，源極與汲極之間的閘控區域是空乏的；通道中無法觀察到載子流。然而，當閘極電壓增大到超過臨界電壓 ($V_{GS} > V_{T0}$)，在表面的帶隙中間 (mid-gap) 的能階會拉至低於費米能階，從而導致表面電位 ϕ_S 轉為正值並且造成表面反轉（見圖 3.12）。一旦反轉層建立於表面上，n 型導電通道會形成於源極與汲極之間，其係能夠承載汲極電流。

接著將檢視當 nMOS 電晶體的 $V_{GS} > V_{T0}$ 時，汲極至源極偏壓 V_{DS} 的影響與不同模式的汲極電流。在 $V_{DS} = 0$ 時，熱平衡存在於反轉通道區內，且汲極電流 I_D 等於零（圖 3.14(a)）。如果施加小量汲極電壓 $V_{DS} > 0$，則正比於 V_{DS} 的汲極電流將透過導電通道從源極流至汲極。反轉層，也就是通道，形成從源極至汲極的連續電流路徑。這種操作模式稱為**線性模式 (linear mode)** 或**線性區 (linear region)**。因此，在線性區的操作中，通道區表現如同電壓控制電阻。在這種情況下，通道中的電子速度通常遠低於漂移速度 (drift velocity) 極限。須注意的是，當汲極電壓增加時，在汲極末端的反轉層電荷與通道深度會開始減小。最終，當 $V_{DS} = V_{DSAT}$ 時，汲極的反轉電荷會降至零，稱為**夾止 (pinch-off)** 點（圖 3.14(b)）。

圖 3.14
n 通道 (nMOS) 電晶體的剖面圖，(a) 操作於線性區，(b) 操作於飽和區邊緣，以及 (c) 操作於飽和區以外。

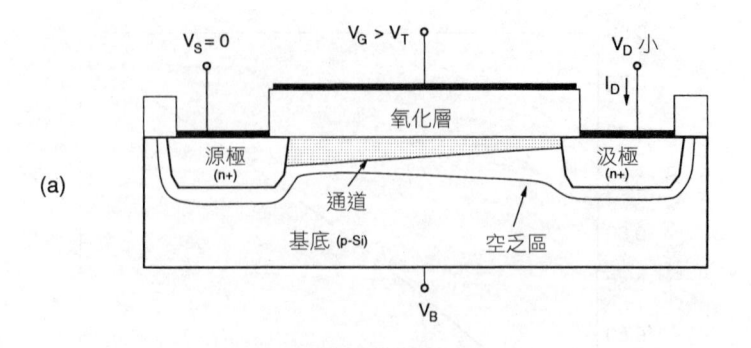

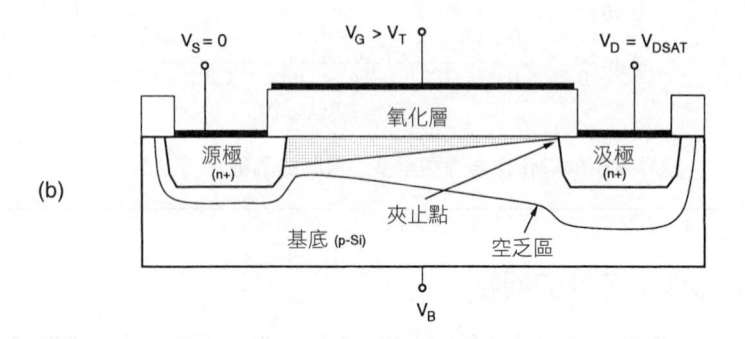

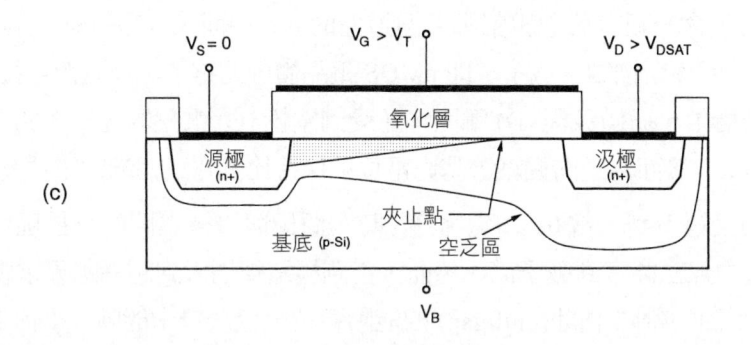

當超過夾止點時，即 $V_{DS} > V_{DSAT}$ 時，空乏表面區會在鄰近汲極形成；且隨著汲極電壓的增加，此空乏區會朝向源極成長。這種 MOSFET 的操作模式稱為**飽和模式 (saturation mode)** 或**飽和區 (saturation region)**。對於操作在飽和區的 MOSFET 而言，當汲極附近的反轉層消失時，其有效通道長度會減小，而通道末端電壓基本上會保持定值並等於 V_{DSAT}（圖 3.14(c)）。須注意的是，當通道的夾止（空乏）區吸收了大部分的過量電壓降 ($V_{DS} - V_{DSAT}$) 時，通道末端與汲極邊界之間會形成高電場區域。從源極抵達通道末端的電子會注入至汲極空乏區，並在該高電場中加速向汲極端移動，通常會到達到漂移速度極限。夾止情況，或汲極偏壓很高情況下使連續通道中斷，為飽和模式操作下的 MOSFET 之特性。

這些操作條件對於 MOS 電晶體的外部（端點）電流 - 電壓特性的影響，

將在下一節中進行檢視。清楚的了解這些關係與其中所牽涉的因素，對於 MOS 數位電路的設計與分析是不可或缺的。

3.4　MOSFET 的電流 - 電壓特性

在各種偏壓情況下，MOSFET 電流 - 電壓關係的分析推導，需要進行一些近似以簡化問題。若沒有這些簡化的假設，實際的三維 MOS 系統分析會成為一項複雜的任務，且將會阻礙到封閉型式的電流 - 電壓方程式之推導。接下來，我們將使用**漸進通道近似法 (gradual channel approximation, GCA)**，來建立 MOSFET 電流 - 電壓關係式；這將有效地使分析簡化成為一維的電流流動問題。這可讓我們設計出與實驗結果相當吻合的簡單電流方程式。然而，如同每一種近似方法，GCA 亦有其自身限制，特別是對於小幾何形狀的 MOSFET 而言。我們將研究最重要的限制並檢視可能的補救措施。

漸進通道近似法

從電流流動的分析開始討論，考慮操作在線性模式下的 n 通道 MOSFET 截面圖，如圖 3.15 所示。在這裡，源極與基底端點連接到地，即 $V_S = V_B = 0$。閘極至源極電壓 (V_{GS}) 與汲極至源極電壓 (V_{DS}) 為控制汲極（通道）電流 I_D 的外部參數。閘極至源極電壓被設定為大於臨界電壓 V_{T0}，以便在源極與汲極間建立導電反轉層。我們定義此結構的座標系統，使得 x 方向為垂直於表面，朝下進入基底，而 y 方向則平行於表面。y 座標原點 ($y = 0$) 是在通道的源極末端。相對於源極的通道電壓 (channel voltage) 將表示為 $V_c(y)$。現在假設沿著整個通道，在 $y = 0$ 與 $y = L$ 之間，臨界電壓 V_{T0} 均為定值。而實際上，臨界電壓會沿著通道而變化，因為通道電壓並非定值。接下來，相較於沿著 x 座標的電場成分 E_x 而言，假設沿著 y 座標的電場成分 E_y ($=V_{DS}/L$) 佔主導地位。這種假設允

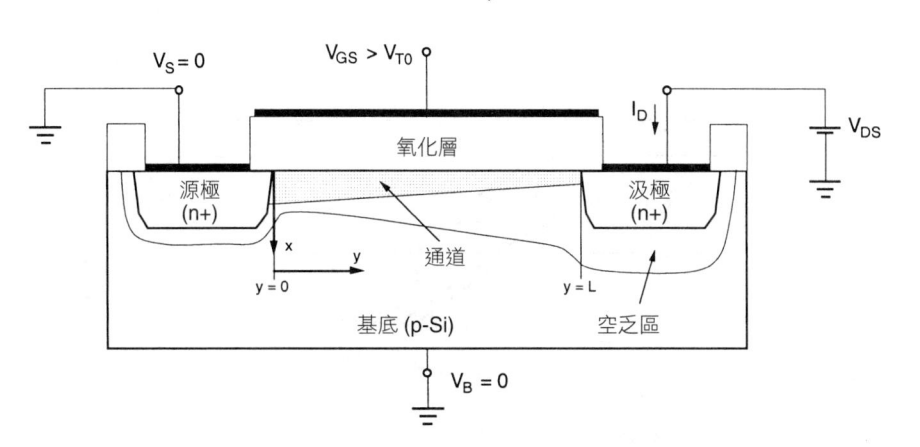

圖 3.15
操作於線性區中的 n 通道電晶體截面圖。

許我們將通道的電流問題簡化至僅限於 y 維度。須要須注意的是，通道電壓 V_c 的邊界條件為

$$V_c(y = 0) = V_S = 0$$
$$V_c(y = L) = V_{DS}$$
(3.25)

此外，假設在源極與汲極之間的整個通道區已經反轉，即

$$V_{GS} \geq V_{T0}$$
$$V_{GD} = V_{GS} - V_{DS} \geq V_{T0}$$
(3.26)

通道電流（汲極電流）I_D 形成，是因為在通道區域中的電子受到橫向電場成分 E_y 的影響，而從源極流至汲極。由於在通道中的電流主要是受表面反轉層中的可移動電子電荷的橫向漂移所控制，所以我們將更詳細地考慮此反轉層的總量與偏壓電壓的依賴性。

讓 $Q_I(y)$ 為在表面反轉層中全部可移動的電子電荷。此電荷可以表示為閘極至源極電壓 V_{GS} 與通道電壓 $V_c(y)$ 的函數，如下所示：

$$Q_I(y) = -C_{ox} \cdot [V_{GS} - V_c(y) - V_{T0}]$$
(3.27)

圖 3.16 顯示了表面反轉層的空間幾何圖形，並標示出其重要的尺寸。須注意的是，當我們從源極移動至汲極時，反轉層的厚度會逐漸減少，因為造成表面反轉的閘極至通道電壓在汲極末端較小。

現在考慮圖 3.16 中的微分通道區段漸增電阻 dR。假設在反轉層中全部可移動電子所具有的**表面移動率 (surface mobility)** μ_n 為定值，則漸增電阻可以表示如下。須注意的是，負號是由於反轉層電荷 Q_I 的負極性緣故。

$$dR = -\frac{dy}{W \cdot \mu_n \cdot Q_I(y)}$$
(3.28)

式 (3.28) 中所使用的**電子表面移動率 (electron surface mobility)** μ_n 取決於通道區的摻雜濃度，且其大小通常約為基底移動率的一半。我們將假設整個區段的

圖 3.16
表面反轉層（通道區）的簡化幾何圖形。

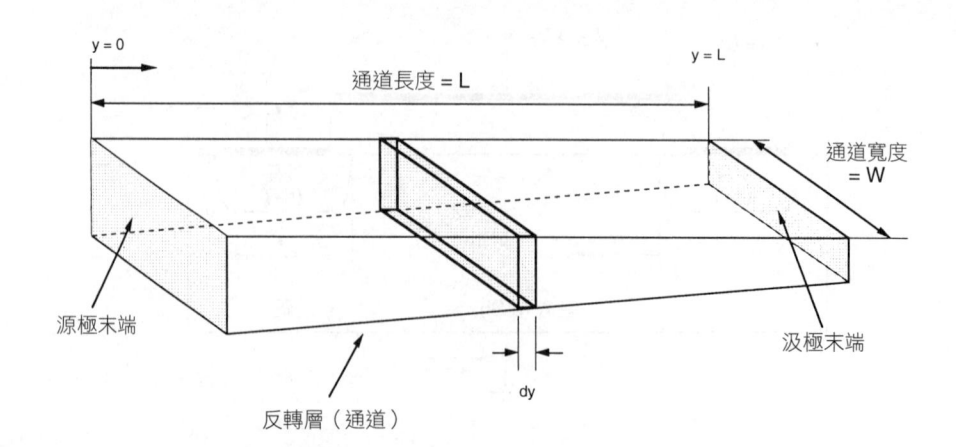

通道電流密度是均勻的。根據我們的一維模型，通道（汲極）電流 I_D 在 y 座標方向的源極與汲極區之間流動。於此區段使用歐姆定律 (Ohm's law) 可得到在 y 方向上，沿著漸增區段 dy 的電壓降。

$$dV_c = I_D \cdot dR = -\frac{I_D}{W \cdot \mu_n \cdot Q_I(y)} \cdot dy \tag{3.29}$$

現在可以沿著通道來積分此方程式，即從 $y = 0$ 至 $y = L$，使用式 (3.25) 的邊界條件。

$$\int_0^L I_D \cdot dy = -W \cdot \mu_n \int_0^{V_{DS}} Q_I(y) \cdot dV_c \tag{3.30}$$

此方程式的左側就等於 LI_D。右側積分可以用式 (3.27) 來替換 $Q_I(y)$ 而得。因此，

$$I_D \cdot L = W \cdot \mu_n \cdot C_{ox} \int_0^{V_{DS}} (V_{GS} - V_c - V_{T0}) \cdot dV_c \tag{3.31}$$

假設通道電壓 V_c 是式 (3.31) 中唯一受到 y 位置影響的變數，則汲極電流可求得如下。

$$I_D = \frac{\mu_n \cdot C_{ox}}{2} \cdot \frac{W}{L} \cdot \left[2 \cdot (V_{GS} - V_{T0})V_{DS} - V_{DS}^2 \right] \tag{3.32}$$

式 (3.32) 代表汲極電流 I_D 為兩個外部電壓 V_{GS} 與 V_{DS} 的簡單二階函數。此電流方程式也可以改寫為

$$I_D = \frac{k'}{2} \cdot \frac{W}{L} \cdot \left[2 \cdot (V_{GS} - V_{T0})V_{DS} - V_{DS}^2 \right] \tag{3.33}$$

或

$$I_D = \frac{k}{2} \cdot \left[2 \cdot (V_{GS} - V_{T0})V_{DS} - V_{DS}^2 \right] \tag{3.34}$$

其中參數 k 與 k' 定義為

$$k' = \mu_n \cdot C_{ox} \tag{3.35}$$

與

$$k = k' \cdot \frac{W}{L} \tag{3.36}$$

式 (3.33) 的汲極電流方程式為 MOSFET 電流-電壓關係的最簡單的解析近似式。注意，除了製程相關常數 k' 與 V_{T0} 以外，電流-電壓關係亦受到元件尺寸 W 與 L 的影響。事實上，我們將看到 W/L 比值是 MOS 數位電路設計中最重要的設計參數之一。現在，我們必須決定此方程式的**有效區域 (region of validity)**，以及方程式實際使用上的意義。

例題 3.4

n 通道 MOS 電晶體具有 $\mu_n = 76.3 \text{ cm}^2/\text{V} \cdot s$，$C_{ox} = 2.2 \cdot 10^{-2} \text{ F/m}^2$，$W = 20 \text{ }\mu\text{m}$，$L = 2 \text{ }\mu\text{m}$ 以及 $V_{T0} = 0.48$ V。討論汲極電流與端點電壓之間的關係。

首先，計算參數 k：

$$k = \mu_n \cdot C_{ox} \cdot \frac{W}{L} = 76.3 \text{ cm}^2/\text{V} \cdot s \times 2.2 \cdot 10^{-6} \text{ F/cm}^2 \times \frac{20 \text{ }\mu\text{m}}{2 \text{ }\mu\text{m}} = 1.68 \text{ mA/V}^2$$

現在，電流 - 電壓方程式 (3.34) 可以寫成如下所示：

$$I_D = 0.84 \text{ mA/V}^2 \left[2 \cdot (V_{GS} - 0.48) \cdot V_{DS} - V_{DS}^2 \right]$$

為了檢視閘極至源極電壓與汲極至源極電壓對於汲極電流的影響，我們繪製 I_D 為 V_{DS} 函數的圖形，在不同的 V_{GS}（常數）值條件下。可以很容易地看出，以上所得到的二階電流 - 電壓方程式對於每個 V_{GS} 定值會產生一組倒轉拋物線。

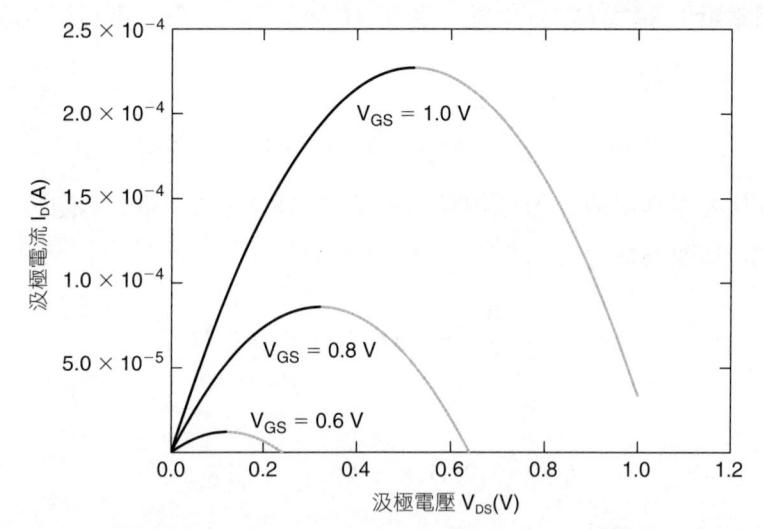

以上所示的汲極電流 - 汲極電壓曲線，於 $V_{DS} = V_{GS} - V_{T0}$ 時，會到達其峰值。超過這個最大值，每條曲線呈現負微分電導，而這在實際的 MOSFET 電流 - 電壓量測上（由虛線所示部分）是無法觀察到的。我們必須記住，汲極電流方程式 (3.32) 的推導是依據以下的電壓假設，

$$V_{GS} \geq V_{T0}$$
$$V_{GD} = V_{GS} - V_{DS} \geq V_{T0}$$

這保證了在源極與汲極之間的整個通道區為反轉。這項條件對應於 MOSFET 的線性操作模式，在第 3.4 節中已定性地檢視過。因此，電流方程式 (3.32) 是僅適用於線性模式操作。一旦超出線性區的邊界，即當 V_{DS} 值高於 $V_{GS} - V_{T0}$，則 MOS 電晶體會設定為處於飽和狀態。對於操作在此區的 MOSFET，不同的電流 - 電壓表示式是有必要的。

例題 3.4 表示當超出線性區 / 飽和區邊界時，即對於

$$V_{DS} \geq V_{DSAT} = V_{GS} - V_{T0} \tag{3.37}$$

電流方程式 (3.32) 是無效的。此外，V_{GS} 為定值時的汲極電流之測量結果顯示出，當超出飽和邊界時，電流 I_D 不會作為汲極電壓 V_{DS} 的函數般表現出很大的變化，而是近乎維持當 $V_{DS} = V_{DSAT}$ 時所到達峰值的定值。此飽和汲極電流準位可以僅將式 (3.32) 中的 V_{DS} 代入式 (3.37) 而得。

$$\begin{aligned}I_D(sat) &= \frac{\mu_n \cdot C_{ox}}{2} \cdot \frac{W}{L} \cdot \left[2 \cdot (V_{GS} - V_{T0}) \cdot (V_{GS} - V_{T0}) - (V_{GS} - V_{T0})^2\right] \\ &= \frac{\mu_n \cdot C_{ox}}{2} \cdot \frac{W}{L} \cdot (V_{GS} - V_{T0})^2 \end{aligned} \tag{3.38}$$

因此，當超出飽和邊界時，汲極電流 I_D 變成只是閘極至源極電壓 V_{GS} 的函數。須注意的是，此定值飽和電流的近似實際上並非很準確，且飽和區的汲極電流持續會受到汲極電壓的影響。然而，對於簡單的手動計算而言，式 (3.38) 提供了 MOSFET 汲極（通道）飽和電流夠精確的近似值。

圖 3.17 顯示典型汲極電流與 n 通道 MOSFET 的汲極電壓特性，如同電流方程式 (3.32) 與式 (3.38) 中所描述。在線性區與飽和區之間的拋物線邊界在此以虛線顯示。藉由繪製作為閘極電壓函數的汲極電流，也可以觀察到 MOS 電晶體的電流 - 電壓特性，如圖 3.18 所示。在飽和模式 ($V_{DS} > V_{DSAT}$) 下的 $I_D - V_{GS}$ 轉移特性是閘極至源極電壓的二階函數（參見式 (3.38)），提供了汲極電流增加的一種簡單觀點。很顯然地，對於任何低於臨界電壓 V_{T0} 的閘極電壓而言，此電流等於零。

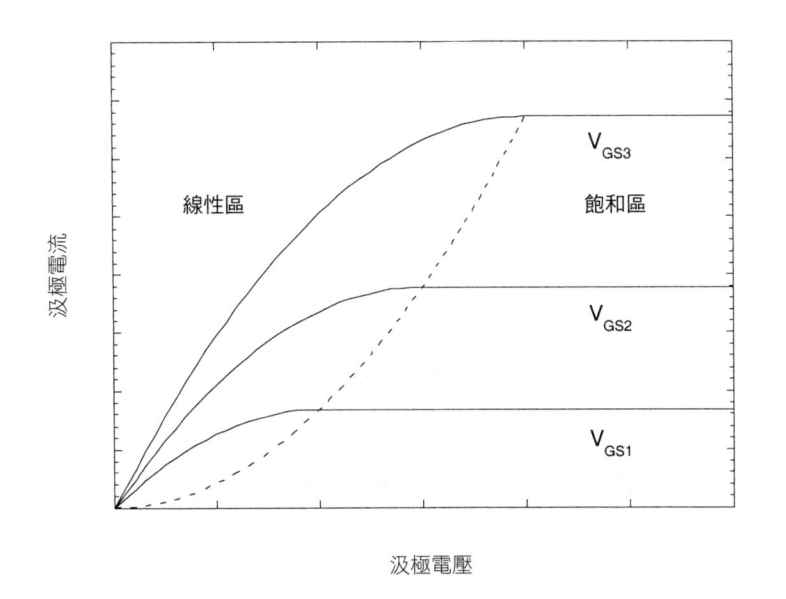

圖 3.17
n 通道 MOS 電晶體的基本電流 - 電壓特性。

圖 3.18
n 通道 MOS 電晶體的汲極電流作為閘極至源極電壓 V_{GS} 的函數，當 $V_{DS} > V_{DSAT}$ 時（電晶體在飽和狀態）。

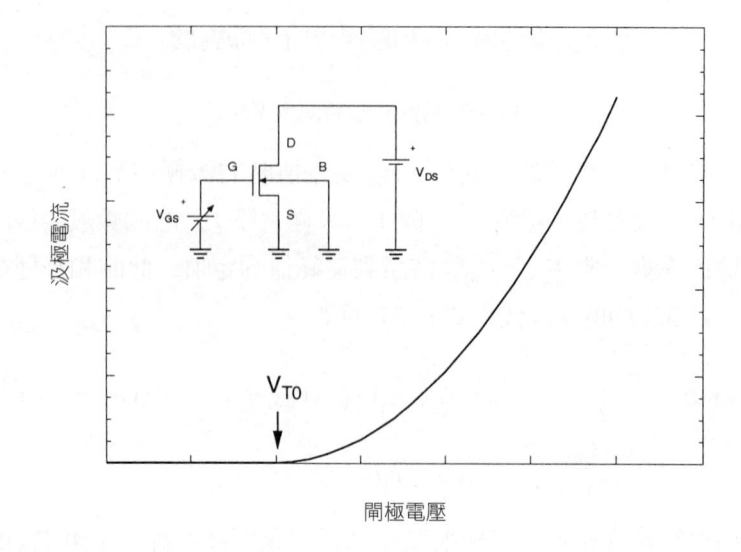

通道長度調變

接著，我們將更詳細地檢視於飽和模式下的通道夾止與電流機制。考慮由式 (3.27) 給出的反轉層電荷 Q_I，代表表面上全部可移動的電子電荷。在通道源極末端的反轉層電荷為

$$Q_I(y = 0) = -C_{ox} \cdot (V_{GS} - V_{T0}) \tag{3.39}$$

且在通道汲極末端的反轉層電荷是

$$Q_I(y = L) = -C_{ox} \cdot (V_{GS} - V_{T0} - V_{DS}) \tag{3.40}$$

須注意的是，在飽和邊緣時，即當汲極至源極電壓達到 V_{DSAT} 時，

$$V_{DS} = V_{DSAT} = V_{GS} - V_{T0} \tag{3.41}$$

根據式 (3.40)，在汲極末端的反轉層電荷會變為零。實際上，通道電荷不會完全變零（記住，GCA 只是通道實際情況的簡單近似），但它確實變得非常小。

$$Q_I(y = L) \approx 0 \tag{3.42}$$

因此我們可以說，在式 (3.41) 的偏壓條件下，位在汲極末端的通道是夾止的，即 $y = L$ 時。當夾止情況發生時，代表 MOSFET 進入飽和模式的操作。如果汲極至源電壓 V_{DS} 增大到更進一步超過飽和邊緣，使得 $V_{DS} > V_{DSAT}$，則更大一部分通道變為夾止狀態。

因此，**有效通道長度 (effective channel length)**，即 GCA 仍然適用的反轉層長度，則縮減為

$$L' = L - \Delta L \tag{3.43}$$

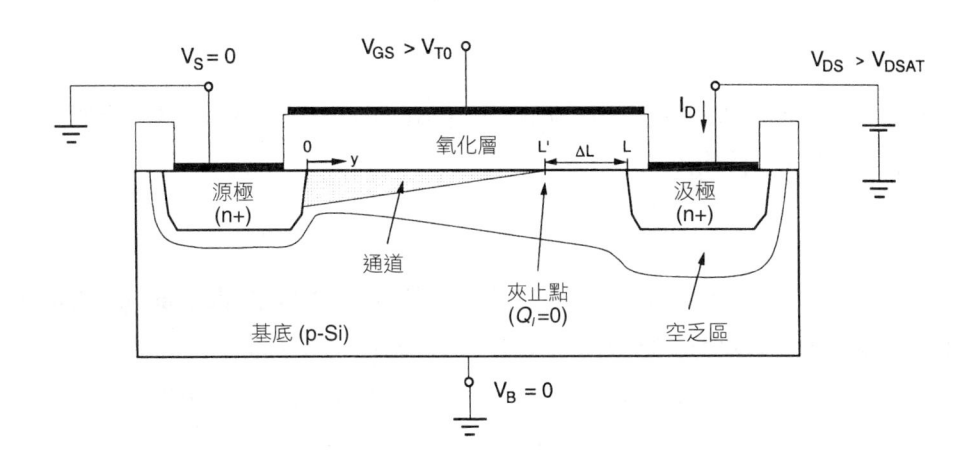

圖 3.19
n 通道 MOSFET 操作於飽和模式時的通道長度調變。

其中，ΔL 是 $Q_I = 0$ 時的通道區段長度（圖 3.19）。因此，隨著汲極至源極電壓的增加，夾止點會從通道的汲極末端朝向源極移動。在夾止點與汲極之間的其餘通道部分將處在空乏模式。因為當 $L' < y < L$ 時，$Q_I(y) = 0$，在夾止點的通道電壓維持等於 V_{DSAT}，即

$$V_c(y = L') = V_{DSAT} \tag{3.44}$$

從源極朝向汲極行進的電子穿越長度為 L' 的反轉層通道，然後將它們注入長度為 ΔL 的空乏區，此空乏區將汲極邊緣與夾止點分隔開。正如圖 3.19 所示，我們可以透過藉由縮短的通道來表示表面反轉的部分，其中通道末端電壓為 V_{DSAT}。漸進通道近似在此區域仍有效；因此，通道電流可使用式 (3.38) 求得。

$$I_D(sat) = \frac{\mu_n \cdot C_{ox}}{2} \cdot \frac{W}{L'} \cdot (V_{GS} - V_{T0})^2 \tag{3.45}$$

須注意的是，此電流方程式相當於操作在飽和區且具有效通道長度 L' 的 MOSFET。因此，式 (3.45) 說明了通道的實際縮減，亦稱為**通道長度調變 (channel length modulation, CLM)**。因為 $L' < L$，於相同的偏壓條件下，使用式 (3.45) 計算出的飽和電流將大於使用式 (3.38) 所求得的電流。當 L' 隨 V_{DS} 增大而減少時，飽和模式的電流 $I_D(sat)$ 也將隨著 V_{DS} 增加。藉由將有效通道長度 $L' - \Delta L$ 近似為汲極偏壓電壓的函數，我們可以修改式 (3.45) 來反映出此汲極電壓的相關性。首先，重寫飽和電流公式如下：

$$I_D(sat) = \left(\frac{1}{1 - \frac{\Delta L}{L}}\right) \cdot \frac{\mu_n \cdot C_{ox}}{2} \cdot \frac{W}{L} \cdot (V_{GS} - V_{T0})^2 \tag{3.46}$$

此飽和電流表示式的第一項說明了通道調變效應，而此表示式的其餘部分則是與式 (3.38) 完全相同。可以證明通道長度的縮減量 ΔL，實際上是正比於 $(V_{DS} - V_{DSAT})$ 的平方根。

$$\Delta L \propto \sqrt{V_{DS} - V_{DSAT}} \tag{3.47}$$

為了進一步簡化分析，我們將使用以下在 ΔL 與汲極至源極電壓之間的經驗 (empirical) 關係來替代：

$$1 - \frac{\Delta L}{L} \approx 1 - \lambda \cdot V_{DS} \tag{3.48}$$

在這裡，λ 為經驗模型參數，且稱為**通道長度調變係數 (channel length modulation coefficient)**。它會隨著由 V_{GS} 決定的電場而變化，但為簡單起見，在本書中假設為不變。假設 $\lambda V_{DS} \ll 1$，則式 (3.45) 的飽和電流現在可以寫成

$$I_D(sat) = \frac{\mu_n \cdot C_{ox}}{2} \cdot \frac{W}{L} \cdot (V_{GS} - V_{T0})^2 \cdot (1 + \lambda \cdot V_{DS}) \tag{3.49}$$

這個簡化的電流方程式指明了 MOS 電晶體的飽和電流與汲極偏壓間的線性相關性，可由經驗參數 λ 來決定。縱使這種粗略的近似無法準確反映出通道長度縮短 ΔL 與汲極偏壓之間的物理關係，但對於大部分一階手動計算而言，式 (3.49) 仍具有足夠的信賴度。n 通道 MOSFET 的汲極電流與汲極至源極電壓的特性，在線性區可使用式 (3.49) 來求得，在飽和區則可使用式 (3.32)，如圖 3.20 所示。飽和模式電流會隨 V_{DS} 線性增加，而非保持定值。飽和區電流-電壓曲線的斜率是由通道長度調變係數 λ 所決定。

基底偏壓效應

須注意的是，在先前提到線性模式與飽和模式的電流-電壓特性之推導，是在假設基底電位等於源極電位的情況下完成，即 $V_{SB} = 0$。因此，零基底偏壓

圖 3.20
n 通道 MOS 電晶體的電流-電壓特性，包含通道長度調變效應。

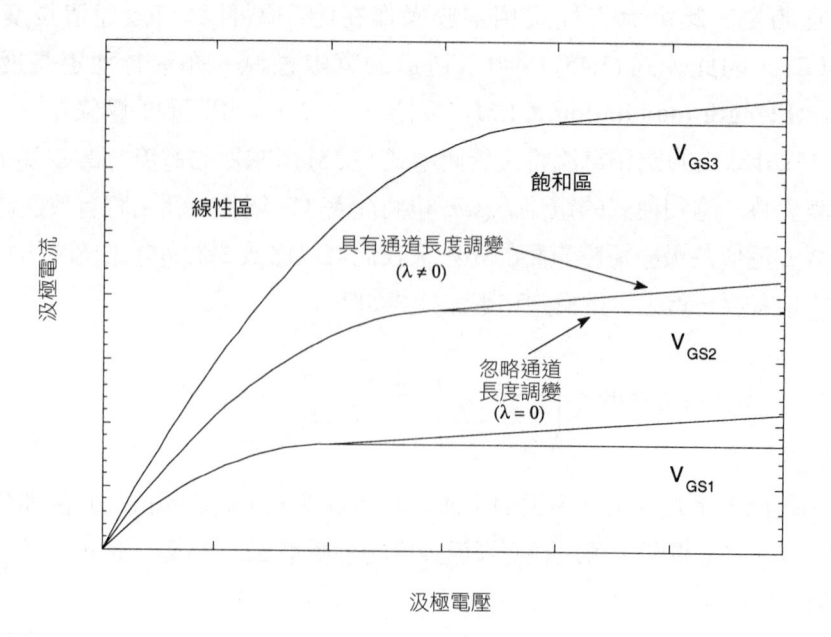

的臨界電壓 V_{T0} 已用於電流方程式中。另一方面，在許多數位電路的應用中，nMOS 電晶體的源極電位可以比基底電位高，導致源極至基底電壓為正，即 $V_{SB} > 0$。在這種情況下，必須考慮非零 V_{SB} 對電流特性的影響。記得臨界電壓 V_T 的一般表示式 (3.23) 已經包含基底偏壓項；因此，它反映非零源極至基底電壓對於元件特性的影響。

$$V_T(V_{SB}) = V_{T0} + \gamma \cdot \left(\sqrt{|2\phi_F| + V_{SB}} - \sqrt{|2\phi_F|}\right) \tag{3.50}$$

我們可以簡單地使用更為一般項的 $V_T(V_{SB})$，來代換在線性模式與飽和模式電流方程式中的臨界電壓項。

$$I_D(lin) = \frac{\mu_n \cdot C_{ox}}{2} \cdot \frac{W}{L} \cdot \left[2 \cdot (V_{GS} - V_T(V_{SB}))V_{DS} - V_{DS}^2\right] \tag{3.51}$$

$$I_D(sat) = \frac{\mu_n \cdot C_{ox}}{2} \cdot \frac{W}{L} \cdot (V_{GS} - V_T(V_{SB}))^2 \cdot (1 + \lambda \cdot V_{DS}) \tag{3.52}$$

通常，我們將僅使用 V_T 項來替代 $V_T(V_{SB})$ 以表示一般（基底偏壓相關）的臨界電壓。正如已於例題 3.3 中所示範的，基底偏壓效應可以顯著地改變臨界電壓值，因而改變 MOSFET 的電流驅動能力。藉由此修正，我們最終得到完整的一階汲極（通道）電流特性為端點電壓的非線性函數。

$$I_D = f(V_{GS}, V_{DS}, V_{BS}) \tag{3.53}$$

接下來，我們將根據一階漸進通道近似 (GCA)，為 n 通道與 p 通道兩種 MOS 電晶體重做電流-電壓方程式推導。圖 3.21 顯示施加端點電壓的極性與汲極電流的方向。須注意的是，pMOS 電晶體的臨界電壓 V_T 與端點電壓 V_{GS}、V_{DS}、V_{SB} 均為負值。參數 μ_p 代表 pMOSFET 的表面電洞移動率。

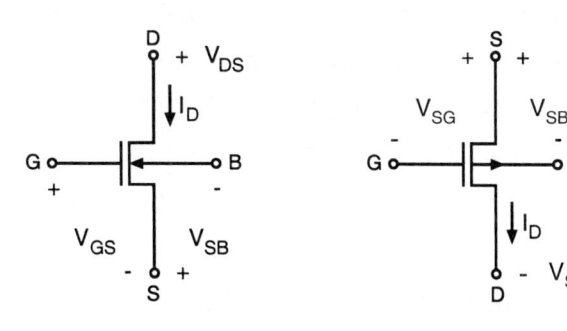

圖 3.21
nMOS 與 pMOS 電晶體的端點電壓與電流。

長通道 nMOS 電晶體的電流 - 電壓方程式：

$$I_D = 0, \quad \text{當} \quad V_{GS} < V_T \tag{3.54}$$

$$I_D(lin) = \frac{\mu_n \cdot C_{ox}}{2} \cdot \frac{W}{L} \cdot \left[2 \cdot (V_{GS} - V_T)V_{DS} - V_{DS}^2 \right] \quad \text{當} \quad V_{GS} \geq V_T$$
$$\text{與} \quad V_{DS} < V_{GS} - V_T \tag{3.55}$$

$$I_D(sat) = \frac{\mu_n \cdot C_{ox}}{2} \cdot \frac{W}{L} \cdot (V_{GS} - V_T)^2 \cdot (1 + \lambda \cdot V_{DS}) \quad \text{當} \quad V_{GS} \geq V_T$$
$$\text{與} \quad V_{DS} \geq V_{GS} - V_T \tag{3.56}$$

長通道 pMOS 電晶體的電流 - 電壓方程式：

$$I_D = 0, \quad \text{當} \quad V_{SG} < |V_T| \tag{3.57}$$

$$I_D(lin) = \frac{\mu_n \cdot C_{ox}}{2} \cdot \frac{W}{L} \cdot \left[2 \cdot (V_{SG} - |V_T|)V_{SD} - V_{SD}^2 \right] \quad \text{當} \quad V_{SG} \geq |V_T|$$
$$\text{與} \quad V_{SD} < V_{SG} - |V_T| \tag{3.58}$$

$$I_D(sat) = \frac{\mu_p \cdot C_{ox}}{2} \cdot \frac{W}{L} \cdot (V_{SG} - |V_T|)^2 \cdot (1 + |\lambda|V_{SD}) \quad \text{當} \quad V_{SG} \geq |V_T|$$
$$\text{與} \quad V_{SD} > V_{SG} - |V_T| \tag{3.59}$$

3.5 MOSFET 的尺寸縮小與小幾何形狀效應

在 MOS 超大型積體電路 (very-large-scale integration, VLSI) 技術中，設計高密度晶片需要電路所使用的 MOSFET 封裝密度盡可能的高；因此，該電晶體的尺寸須盡可能的小。降低尺寸，即為降低 MOSFET 的維度 (dimensions)，通常稱為**尺寸縮小 (scaling)**。可以預期的是，MOS 電晶體的操作特性將隨著它的尺寸減小而改變。此外，一些實體限制終究會限制實際可達到的尺寸縮小範圍。縮小尺寸的基本策略有兩種類型：**整體尺寸縮小 (full scaling)**，又稱為定電場尺寸縮小 (constant-field scaling)，以及**定電壓尺寸縮小 (constant-voltage scaling)**。兩種尺寸縮小方法都將被證明對於 MOS 電晶體的操作特性有獨特的影響。接下來，將詳細地檢視尺寸縮小策略與它們的效果，而且也考慮到對於已縮小 MOSFET 的一些實體限制與小幾何形狀效應。

縮小 MOS 電晶體是有關允許系統性降低整體元件尺寸的可用技術，同時保留較大的元件中的幾何比例。電路中所有元件按比例縮小當然會導致電路所佔據的全部矽面積減少，因而增加了晶片的整體功能性密度。為了描述元件縮

表 3.1 多年來，典型 CMOS 閘陣列製程降低最小特徵尺寸（能夠在晶片上定義與製造的最小尺寸）。

年	1985	1987	1989	1991	1993	1995	1997
特徵尺寸 (μm)	2.5	1.7	1.2	1.0	0.8	0.5	0.35
年	1999	2001	2003	2005	2007	2009	2011
特徵尺寸 (nm)	250	180	130	90	65	45	32

小的效應，我們引入一個固定的**縮小因子 (scaling factor)** $S > 1$。然後，所有大尺寸電晶體的水平與垂直尺寸除以此縮小因子，藉以獲得縮小後的元件。可達成的尺寸縮小範圍顯然是由製程技術來決定；更具體來說，是由最小特徵尺寸所決定。表 3.1 列出典型 CMOS 閘陣列製程降低特徵尺寸的近代發展過程。可以看出，新世代製程技術約每兩或三年就會取代舊有的技術，且從某世代至其下一世代的最小特徵尺寸縮小因子 S 約為 1.2 至 1.5。

我們以相同的縮小因子 S 考慮三個維度的比例縮放。圖 3.22 顯示了降低典型 MOSFET 的關鍵維度（尺寸），連同對應增加摻雜濃度的情形。

圖 3.22 中的上標逗號表示縮放的尺寸與摻雜密度。顯而易見的，透過因子 $S > 1$ 來縮小所有的尺寸，導致電晶體所佔據的面積減少的因子為 S^2 倍。為了更加的理解尺寸縮小對於 MOSFET 電流-電壓特性的影響，我們將檢視兩種不同的尺寸縮小選項。

整體尺寸縮小（定電場尺寸縮小）

整體（定電場）尺寸縮小選項嘗試維持 MOSFET 內部電場的大小，而尺寸則縮小 S 倍。為了達成此目標，所有電位必須以相同的縮小因子進行等比例縮小。須注意的是，此電位縮放也會影響到臨界電壓 V_{T0}。最後，描述電荷密度與電場間關係的帕松方程式決定，電荷密度必須增加 S 倍以維持電場條件不變。表 3.2 列出 MOS 電晶體所有重要尺寸、電位與摻雜密度的縮小因子。

現在考慮在此所描述的整體尺寸縮小，對於 MOS 電晶體電流-電壓特性

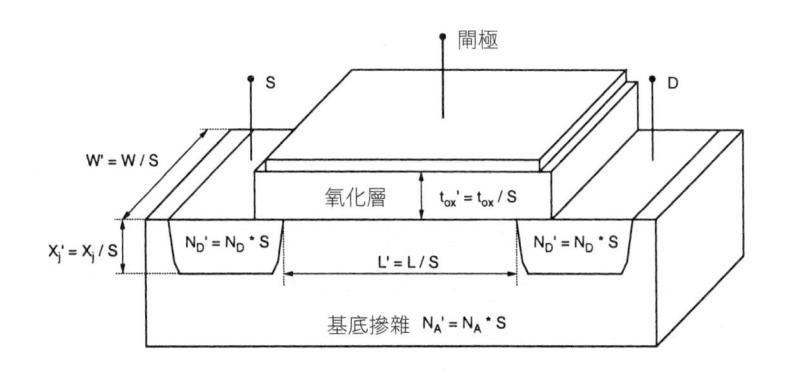

圖 3.22 依縮小因子 S 來縮小典型 MOSFET。

表 3.2 MOSFET 尺寸、電位、摻雜密度的整體尺寸縮小。

量	縮小前	縮小後
通道長度	L	$L' = L/S$
通道寬度	W	$W' = W/S$
閘極氧化層厚度	t_{ox}	$t'_{ox} = t_{ox}/S$
接面深度	x_j	$x'_j = x_j/S$
電源供應電壓	V_{DD}	$V'_{DD} = V_{DD}/S$
臨界電壓	V_{T0}	$V'_{T0} = V_{T0}/S$
摻雜密度	N_A	$N'_A = S \times N_A$
	N_D	$N'_D = S \times N_D$

的影響。假設表面移動率 μ_n 受到縮放後的摻雜密度影響並不明顯。另一方面，單位面積的閘極氧化層電容改變如下：

$$C'_{ox} = \frac{\varepsilon_{ox}}{t'_{ox}} = S \cdot \frac{\varepsilon_{ox}}{t_{ox}} = S \cdot C_{ox} \tag{3.60}$$

在尺寸縮小的情況下，MOSFET 的 W/L 比值將維持不變。因此，轉導參數 k_n 也將放大 S 倍。由於所有的端點電壓都縮小 S 倍，縮小後的 MOSFET 在線性模式下的汲極電流現在可以求得為

$$I'_D(lin) = \frac{k'_n}{2} \cdot \left[2 \cdot (V'_{GS} - V'_T) \cdot V'_{DS} - V'^2_{DS} \right]$$

$$= \frac{S \cdot k_n}{2} \cdot \frac{1}{S^2} \cdot \left[2 \cdot (V_{GS} - V_T) \cdot V_{DS} - V^2_{DS} \right] = \frac{I_D(lin)}{S} \tag{3.61}$$

同樣地，飽和模式下的汲極電流也由相同的縮小因子降低了。

$$I'_D(sat) = \frac{k'_n}{2} \cdot (V'_{GS} - V'_T)^2 = \frac{S \cdot k_n}{2} \cdot \frac{1}{S^2} \cdot (V_{GS} - V_T)^2 = \frac{I_D(sat)}{S} \tag{3.62}$$

現在考慮 MOSFET 的功率消耗。由於汲極電流是流動於源極與汲極兩端點之間，所以元件的瞬時功率消耗（縮小前）可以求得為

$$P = I_D \cdot V_{DS} \tag{3.63}$$

須注意的是，整體尺寸縮小也使得汲極電流與汲極至源極源電壓降低了 S 倍；因此，電晶體的功率消耗將會降低 S^2 倍。

$$P' = I'_D \cdot V'_{DS} = \frac{1}{S^2} \cdot I_D \cdot V_{DS} = \frac{P}{S^2} \tag{3.64}$$

此功率消耗顯著的降低是整體尺寸縮小最吸引人的特點之一。須注意的是，如前所述，元件面積降低為 S^2 倍，因此對於縮放後的元件而言，我們可以發現單位面積的**功率密度 (power density)** 實際上維持不變。

表 3.3 整體尺寸縮小對於關鍵元件特性的影響。

量	縮小前	縮小後
氧化層電容	C_{ox}	$C'_{ox} = S \cdot C_{ox}$
汲極電流	I_D	$I'_D = I_D/S$
功率消耗	P	$P' = P/S^2$
功率密度	$P/Area$	$P'/Area' = P/Area$

最後，考慮閘極氧化層電容定義為 $C_g = WLC_{ox}$。第 3.6 節將說明此電容的充電與放電，在 MOSFET 的暫態操作中扮演著重要的角色。由於閘極氧化層電容 C_g 縮小了 S 倍，可以預測出元件縮小後的暫態 (transient) 特性（即充電與放電時間）將因而得到改善。此外，晶片上所有尺寸依比例減少也將使各種寄生電容與電阻降低，有助於整體性能的提升。表 3.3 總結了整體尺寸（定電場）縮小所造成的關鍵元件特性變化。

定電壓尺寸縮小

整體尺寸縮小策略指定電源供應電壓與所有端點電壓均依元件尺寸比例而縮小；但在許多情況下，電壓縮小可能不切實際。特別是，周邊與界面電路可能會要求所有輸入與輸出電壓為特定的電壓準位，這依序將需要多組電源供應電壓與複雜的準位移動器 (level-shifter) 安排。由於這些原因，定電壓尺寸縮小通常較整體尺寸縮小受歡迎。

在定電壓尺寸縮小中，MOSFET 的所有尺寸減少了 S 倍，如同整體尺寸縮小方式。另一方面，電源供應電壓與端點電壓則維持不變。摻雜密度必須增加 S^2 倍，以維持電荷與電場的關係。表 3.4 所示為關鍵尺寸、電壓與密度的定電壓尺寸縮小方式。於定電壓尺寸縮小方式中，元件特性的改變明顯不同於整體尺寸縮小方式，以下我們將示範。單位面積的閘極氧化層電容 C_{ox} 增加了 S 倍，這意味著轉導參數也增加為 S 倍。因為端點電壓維持不變，縮小的 MOSFET 的線性模式汲極電流可以寫為

$$\begin{aligned} I'_D(lin) &= \frac{k'_n}{2} \cdot \left[2 \cdot (V'_{GS} - V'_T) \cdot V'_{DS} - V'^2_{DS} \right] \\ &= \frac{S \cdot k_n}{2} \cdot \left[2 \cdot (V_{GS} - V_T) \cdot V_{DS} - V^2_{DS} \right] = S \cdot I_D(lin) \end{aligned} \quad (3.65)$$

表 3.4 定電壓尺寸縮小後的 MOSFET 尺寸、電位與摻雜密度。

量	縮小前	縮小後
維度	W, L, t_{ox}, x_j	降低 S 倍 ($W' = W/S, \ldots$)
電壓	V_{DD}, V_T	維持不變
摻雜密度	N_A, N_D	增加 S^2 倍 ($N'_A = S^2 \times N_A, \ldots$)

表 3.5　定電壓尺寸縮小對於關鍵元件特性的影響。

量	縮小前	縮小後
氧化層電容	C_{ox}	$C'_{ox} = S \cdot C_{ox}$
汲極電流	I_D	$I'_D = S \cdot I_D$
功率消耗	P	$P' = S \cdot P$
功率密度	$P/Area$	$P'/Area' = S^3 \cdot (P/Area)$

此外，在經過定電壓尺寸縮小後，飽和模式汲極電流也將增加 S 倍。這意味著汲極電流密度（單位面積的電流）增大了 S^3 倍，可能會導致嚴重的 MOS 電晶體可靠度 (reliability) 問題。

$$I'_D(sat) = \frac{k'_n}{2} \cdot (V_{GS} - V'_T)^2 = \frac{S \cdot k_n}{2} \cdot (V_{GS} - V_T)^2 = S \cdot I_D(sat) \tag{3.66}$$

接下來考慮功率消耗。因為汲極電流增加 S 倍，而汲極至源極電壓維持不變，MOSFET 的功率消耗則增加了 S 倍。

$$P' = I'_D \cdot V'_{DS} = (S \cdot I_D) \cdot V_{DS} = S \cdot P \tag{3.67}$$

最後，在經過定電壓尺寸縮小後，可以發現功率密度（單位面積的功率消耗）增加了 S^3 倍，對於元件可靠度（表 3.5）可能產生不良的影響。

　　總而言之，在許多實際情況下，因為外部電壓準位的限制，定電壓尺寸縮放會比整體尺寸（定電場）縮放受歡迎。但是必須認知的是，定電壓尺寸縮小方式使得汲極電流密度與功率密度增大了 S^3 倍。此大量增加的電流與功率密度，最終可能會導致縮小後的電晶體的嚴重可靠度問題，如電遷移 (electromigration)、熱載子退化 (hot-carrier degradation)、氧化層崩潰 (oxide breakdown) 與電性過壓 (electrical over-stress) 等。

　　當元件尺寸透過整體尺寸縮小或定電壓尺寸縮小予以系統性降低，各種實體限制將變得越來越顯著，最終會限制了某些元件尺寸可縮小的量。因此，在許多實際情況下，僅能針對 MOSFET 尺寸的某些部分進行縮小。另外，用於推導電流-電壓關係的簡易漸進通道近似 (GCA) 無法準確反映出小尺寸電晶體的縮小效應。電流方程式也必須相對修改。接下來，我們將簡要地研究一些小幾何形狀效應。

短通道元件的電流-電壓方程式

　　一般會定義，若通道長度和源極與汲極接面的空乏區厚度是在同一數量級大小，則該 MOS 電晶體稱為短通道 (short channel) 元件。換個方式說，若有效通道長度 L_{eff} 大約等於源極與汲極接面深度 x_j，則 MOSFET 可定義為短通道元件。在這種情況所出現的短通道效應,可歸因於兩種物理現象:(1) 通道中電子漂移特性所加諸的限制,以及 (2) 由於縮短通道長度而使得臨界電壓改變,這將在以下說明。

在短通道的 MOS 電晶體裡,通道中的載子速度是正交(垂直)電場成分 E_x 的函數。由於垂直電場會影響表面區域中載子的散射(載子所遭受到的碰撞),因此相對於基底移動率而言,表面移動率是降低。表面電子移動率與垂直電場的相依性,可以由以下的實驗公式表示:

$$\mu_n(eff) = \frac{\mu_{no}}{1 + \Theta \cdot E_x} = \frac{\mu_{no}}{1 + \dfrac{\Theta \varepsilon_{ox}}{t_{ox}\varepsilon_{Si}} \cdot (V_{GS} - V_c(y))} \tag{3.68}$$

其中 μ_{no} 是低電場的表面電子移動率,而 Θ 則是經驗因子。對於電場相關的移動率下降的簡單估算,式 (3.68) 可以近似為

$$\mu_n(eff) = \frac{\mu_{no}}{1 + \eta \cdot (V_{GS} - V_T)} \tag{3.69}$$

其中 η 也是一個經驗係數。如果我們令 $\eta = 1.2$,$V_{GS} = 1.2$ V 與 $V_T = 0.52$ V,作為 65-nm 技術的合理數值,則有效移動率將減少 45%。

須注意的是,當有效通道長度減小時,橫向電場 E_y 會沿著通道而增加。對於低電場數值而言,通道中的電子漂移速度 v_d 正比於電場;但在高通道電場時,此漂移速率會趨於飽和。當通道電場為 $E_y = E_{c,n} = 10^5$ V/cm 以及更高時,通道中的電子漂移速率會達到約為 $v_{sat} = 10^7$ cm/s,如圖 3.23 所示。此速度飽和 (velocity saturation) 對於短通道 MOSFET 的電流-電壓特性有顯著的影響。漂移速度的最簡單定義為(分段)線性模型(模型 1),如下所示。

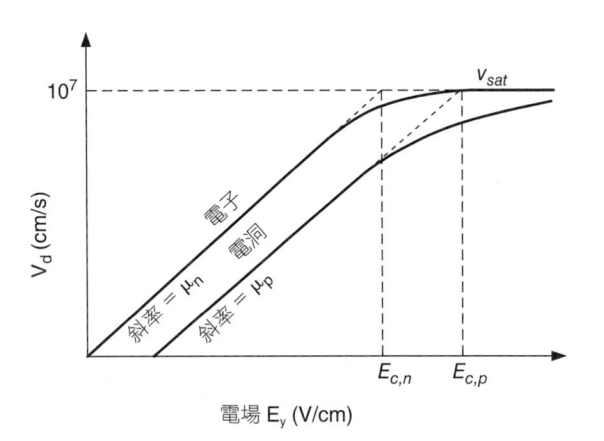

$$\begin{aligned} v_d &= \mu_n(eff) \cdot E_y & \text{當 } E_y < E_c \\ v_d &= v_{sat} & \text{當 } E_y \geq E_c \end{aligned} \tag{3.70}$$

圖 3.23
電子與電洞的載子漂移速率。

雖然這種簡單模型所描述的是物理現象主要的情況,但在 $E_y = E_c$ 時有不連續的導數,這可能嚴重影響此模型的準確性。

為了克服這個問題,可以藉由分別考慮電子與電洞移動率的差異來導出一個連續模型(模型 2)。

$$v_d = v_{sat} \cdot \frac{E_y/E_c}{\left[1 + \left(\frac{E_y}{E_c}\right)^\alpha\right]^{\frac{1}{\alpha}}} = \mu_n(eff) \frac{E_y}{\left[1 + \left(\frac{E_y}{E_c}\right)^\alpha\right]^{\frac{1}{\alpha}}} \qquad (3.71)$$

其中 α 參數對於電子為 2,而電洞則是 1。為了簡單起見,α = 1 可同時使用於電子與電洞。這種模型的限制是,汲極端需要有無限大的電場以達到速度飽和。為了克服這個缺點,另一種考慮漂移速率的模型(模型 3)由下式給出

$$v_d = \mu_n(eff) \frac{E_y}{1 + \left(\frac{E_y}{2E_c}\right)} \qquad \text{當 } E_y < 2E_c$$

$$v_d = v_{sat} \qquad \text{當 } E_y \geq 2E_c \qquad (3.72)$$

這種模型並不需要無限大的電場來達到速度飽和,因為根據定義,速度飽和發生在 $E_y = 2E_c$ 時。對三種模型進行繪圖與比較,如圖 3.24 所示。須注意的是,當式 (3.72) 與式 (3.71) 使用 α = 2 時,兩式在形狀上相似。為了簡化,此處式 (3.71) 中 α = 1,將作為本書其餘部分的漂移速率。

$$v_d = \mu_n(eff) \frac{E_y}{1 + \left(\frac{E_y}{E_c}\right)} \qquad \text{當 } E_y < E_c \qquad (3.73)$$

圖 3.24
三種漂移速率模型的比較。

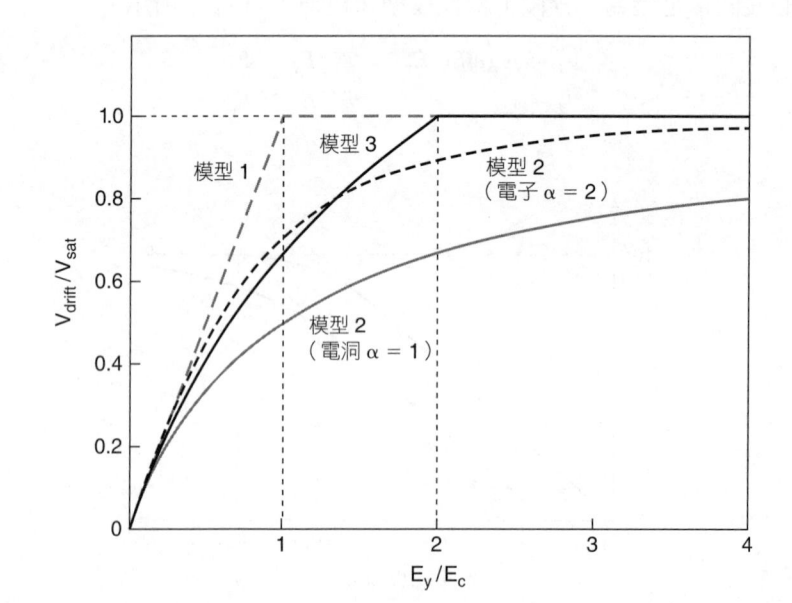

$$v_d = v_{sat} \qquad \text{當 } E_y \geq E_c \qquad (3.74)$$

為了滿足 E_c 在邊界的連續性要求，$E_y = E_c$ 與 $v_d = v_{sat}$ 置入式 (3.73) 中，可以得到 $E_c = (2v_{sat})/\mu_n(eff)$。這種種模型適合手動分析。

關於此速度飽和，電流方程式 (3.55)、式 (3.56)、式 (3.58) 與式 (3.59) 應該做相對應的修正。考慮包含漂移速度公式 (3.73) 的線性汲極電流。有效通道長度 L_{eff} 將因通道長度縮短而降低。

$$I_D(lin) = W \cdot v_d \cdot \int_0^{L_{eff}} q \cdot n(x) \cdot dx = W \cdot v_d \cdot |Q_I| \qquad (3.75)$$

$$I_D(lin) = W \cdot \mu_n \frac{E_y}{1 + \left(\dfrac{E_y}{E_c}\right)} \cdot C_{ox}(V_{GS} - V_c(y) - V_T) \qquad (3.76)$$

因為 $E_y = dV(y)/dy$，可以對式 (3.76) 兩邊積分來改寫如下。

$$\int_0^L I_D(lin) \cdot y = W \cdot \mu_n \cdot \int_0^{V_{DS}} \left[C_{ox}(V_{GS} - V_c(y) - V_T) - \frac{I_D(lin)}{W \cdot \mu_n \cdot E_c} \right] dV(y) \qquad (3.77)$$

最後，我們推導出在高電場條件下結合移動率變化的電流方程式。

$$I_D(lin) = \frac{\mu_n \cdot C_{ox}}{2} \cdot \frac{W}{L} \cdot \frac{1}{1 + \left(\dfrac{V_{DS}}{E_c L}\right)} \cdot \left[2 \cdot (V_{GS} - V_T) \cdot V_{DS} - V_{DS}^2 \right] \qquad (3.78)$$

除了因為移動率降低而增加的除數項以外，此方程式與式 (3.55) 非常相似。如果 $V_{DS} \ll E_c L$，此除數項可以忽略；而在此情況下，式 (3.78) 變為完全相同於式 (3.55)。

現在，假設通道中的載子速度已經達到了極限值，考慮飽和模式汲極電流。

$$I_D(sat) = W \cdot v_{sat} \cdot \int_0^{L_{eff}} q \cdot n(x) \cdot dx = W \cdot v_{sat} \cdot |Q_I| \qquad (3.79)$$

因為通道末端的電壓等於 V_{DSAT}，飽和電流可以求得如下為

$$I_D(sat) = W \cdot v_{sat} \cdot C_{ox} \cdot (V_{GS} - V_T - V_{DSAT}) \qquad (3.80)$$

實際上，載子速度飽和會使飽和模式電流下降到低於由傳統長通道電流方程式所預測的電流值。電流不再是閘極至源極電壓 V_{GS} 的二次函數，且實際上是獨立於通道長度。還須注意的是，在這些條件下，當通道中的載子速度接近至約 90% 的極限值時，元件是定義為處在飽和狀態。

在飽和區與線性區的邊界時，MOS 電晶體的汲極至源極電壓為 V_{DSAT}，並且 $I_D(lin) = I_D(sat)$。因此，V_{DSAT} 可以得到

$$V_{DSAT} = \frac{(V_{GS} - V_T) \cdot E_c L}{(V_{GS} - V_T) + E_c L} \tag{3.81}$$

式 (3.41) 與式 (3.81) 之間的差異為：式 (3.81) 中有個小於 1 的乘數，$E_c L/[(V_{GS} - V_T) + E_c L]$。因此，式 (3.81) 中的 V_{DSAT} 由於速度飽和而減小，進而降低飽和電流。此外，藉由將式 (3.81) 置入式 (3.80) 中，飽和電流方程式可以改寫為

$$I_D(sat) = W \cdot v_{sat} \cdot C_{ox} \cdot \frac{(V_{GS} - V_T)^2}{(V_{GS} - V_T) + E_c L} \tag{3.82}$$

$$= \frac{\mu_n C_{ox}}{2} \cdot \frac{W}{L} \cdot \frac{E_c L \cdot (V_{GS} - V_T)^2}{(V_{GS} - V_T) + E_c L} \tag{3.83}$$

相較於式 (3.38) 而言，新的飽和電流表示式包含式 (3.81) 中的相同的乘數，$E_c L/[(V_{GS} - V_T) + E_c L]$。假若 $V_{GS} - V_T \ll E_c L$，則此乘數可以忽略；在這種情況下，式 (3.83) 變成與式 (3.38) 完全相同。

總而言之，我們將重複推導 n 通道與 p 通道兩種 MOS 電晶體於速度飽和時的電流 - 電壓方程式。對於小幾何形狀元件而言，當 $V_{GS} < V_T$ 時，仍有不可忽略的漏電流；而此現象的原因將於第 11.2 節中詳細說明。CLM 效應可以加至速度飽和的電流方程式中。

短通道 nMOS 電晶體的電流 - 電壓方程式：

$$I_D = I_{leakage} \cong 0, \qquad 當 \quad V_{GS} < V_T \tag{3.84}$$

$$I_D(lin) = \frac{\mu_n \cdot C_{ox}}{2} \cdot \frac{W}{L} \cdot \frac{1}{1 + \left(\frac{V_{DS}}{E_c L}\right)} \cdot \left[2 \cdot (V_{GS} - V_T) \cdot V_{DS} - V_{DS}^2\right]$$

$$當 \quad V_{GS} \geq V_T$$
$$且當 \quad V_{DS} < \frac{(V_{GS} - V_T) \cdot E_c L}{(V_{GS} - V_T) + E_c L} \tag{3.85}$$

$$I_D(sat) = W \cdot v_{sat,n} \cdot C_{ox} \cdot \frac{(V_{GS} - V_T)^2}{(V_{GS} - V_T) + E_c L} \cdot (1 + \lambda \cdot V_{DS})$$

$$當 \quad V_{GS} \geq V_T$$
$$且當 \quad V_{DS} \geq \frac{(V_{GS} - V_T) \cdot E_c L}{(V_{GS} - V_T) + E_c L} \tag{3.86}$$

短通道 pMOS 電晶體的電流 - 電壓方程式：

$$I_D = I_{leakage} \cong 0, \quad \text{當} \quad V_{SG} < |V_T| \tag{3.87}$$

$$I_D(lin) = \frac{\mu_p \cdot C_{ox}}{2} \cdot \frac{W}{L} \cdot \frac{1}{1 + \left(\frac{V_{SD}}{E_c L}\right)} \cdot \left[2 \cdot (V_{SG} - |V_T|) \cdot V_{SD} - V_{SD}^2\right]$$

$$\text{當} \quad V_{SG} \geq |V_T|$$

$$\text{且當} \quad V_{SD} < \frac{(V_{SG} - |V_T|) \cdot E_c L}{(V_{SG} - |V_T|) + E_c L} \tag{3.88}$$

$$I_D(sat) = W \cdot v_{sat,p} \cdot C_{ox} \cdot \frac{(V_{SG} - |V_T|)^2}{(V_{SG} - |V_T|) + E_c L} \cdot (1 + |\lambda| \cdot V_{SD})$$

$$\text{當} \quad V_{SG} \geq |V_T|$$

$$\text{且當} \quad V_{SD} \geq \frac{(V_{SG} - |V_T|) \cdot E_c L}{(V_{SG} - |V_T|) + E_c L} \tag{3.89}$$

在 65-nm CMOS 製程中，長通道與短通道元件汲極電流的典型變化顯示於圖 3.25。相較於長通道 nMOS 電晶體 (L = 600 nm)，由於載子速度飽和因素，具有大偏壓 V_{GS} 的短通道 nMOS 電晶體 (L = 60 nm) 電流明顯地降低。短通道元件電流不再是 V_{GS} 的二次函數，而是近似於 V_{GS} 的線性函數。須注意的是，短通道元件的 CLM 效應比長通道元件大。短通道 pMOS 電晶體的電流比 nMOS 電晶體下降的少。長通道元件的汲極電流比值 ($I_{DS,n}/I_{DS,p}$) 為 2.83，但短通道元件則為 1.86。因此，短通道 pMOS 電晶體的驅動能力與短通道的 nMOS 電晶體的驅動能力差不多。

參數測量

式 (3.84) 至式 (3.89) 的 MOSFET 電流 - 電壓方程式，加上一般的臨界電壓表示式 (3.50)，在 nMOS 與 pMOS 電晶體的電流與電壓之簡單一階計算上非常有用。然而，這些電流 - 電壓方程式的精確度很有限，因為其推導過程中包含一些簡化與近似。為了充分利用方程式的簡便性及最大化計算精確度，出現在電流方程中的參數必須透過實驗測量以謹慎地決定。式 (3.50) 與式 (3.84) 至式 (3.89) 中所使用的模型參數是零偏壓臨界電壓 V_{T0}、基底偏壓係數 γ、通道長度調變係數 λ，與以下的轉導參數：

$$k_n = \mu_n \cdot C_{ox} \cdot \frac{W}{L} \tag{3.90}$$

$$k_p = \mu_p \cdot C_{ox} \cdot \frac{W}{L} \tag{3.91}$$

圖 3.25
針對 (a) nMOS 電晶體與 (b) pMOS 電晶體的汲極電流圖。

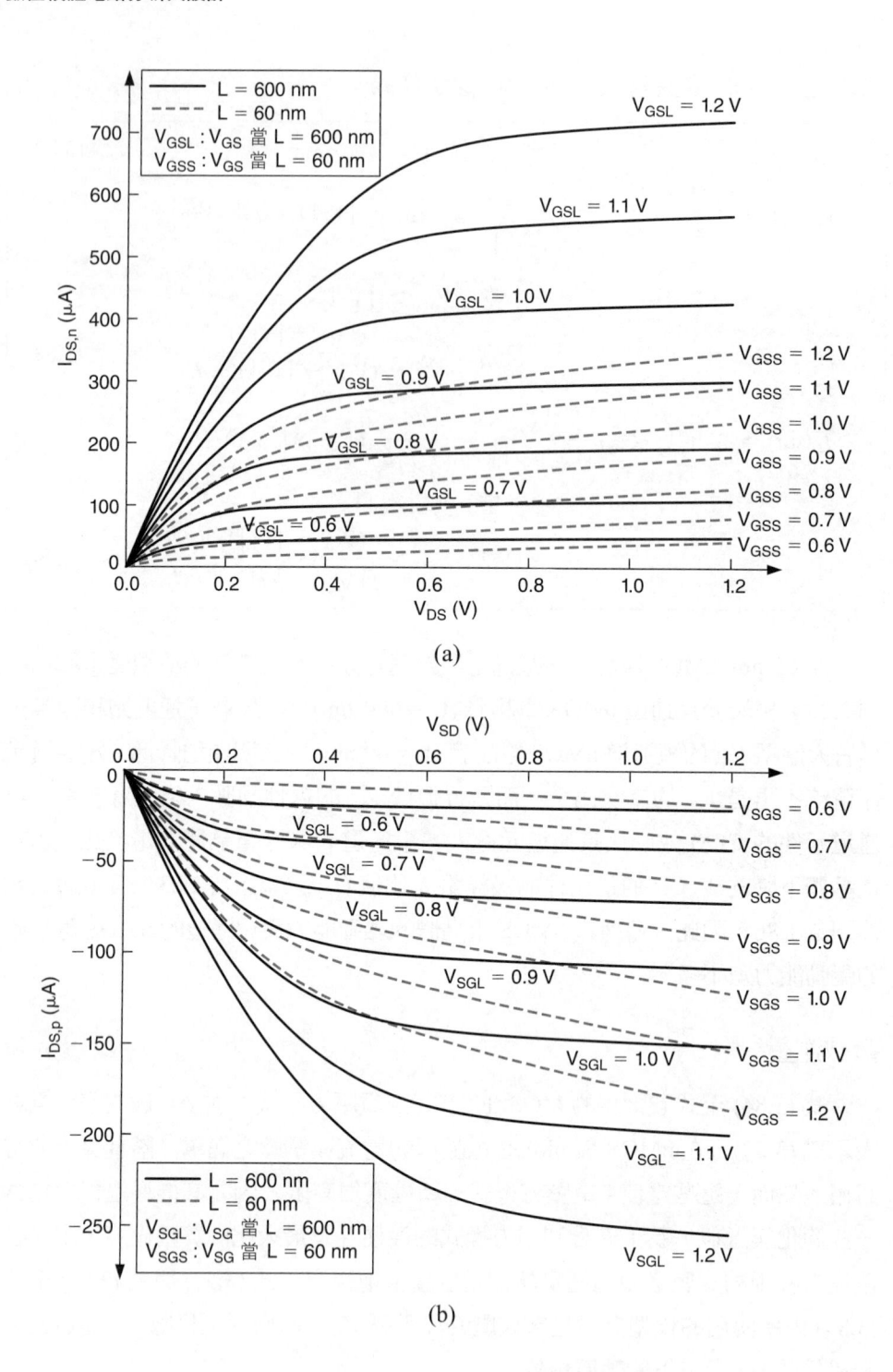

以下描述用來決定增強型 n 通道 MOSFET 這些參數的一些簡單測量。首先，考慮圖 3.26(a) 所示的測試電路設置。源極至基底電壓 V_{SB} 設定為定值，且汲極電流是在閘極至源極電壓 V_{GS} 不同的數值時進行測量。因為電晶體的汲極與閘極都處於相同的電位，$V_{DS} = V_{GS}$。因此，飽和條件 $V_{DS} > V_{GS} - V_T$ 總是能夠

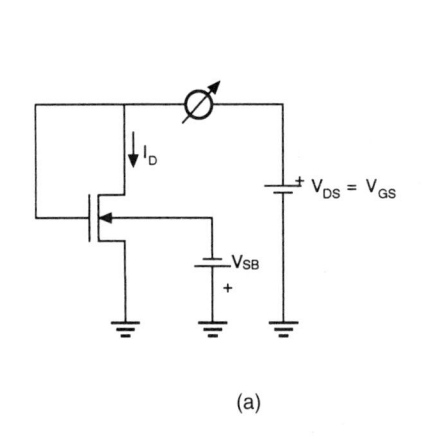

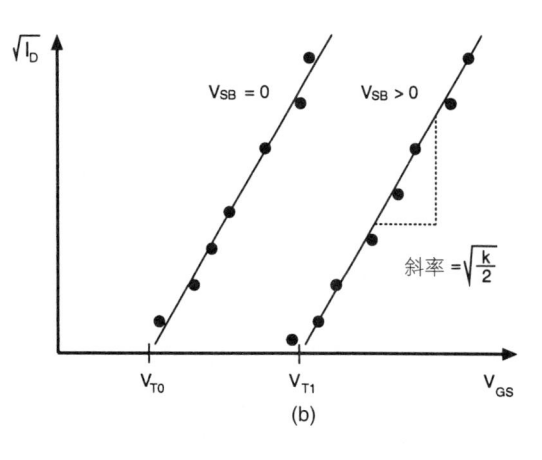

圖 3.26
(a) 測試電路設置與 (b) 量測數據供實驗性決定參數 k_n、V_{T0} 與 γ。

滿足，即圖 3.26(a) 中所示的 nMOS 電晶體是操作在飽和模式。為簡化而忽略通道長度調變效應，汲極電流可描述為

$$I_{D(sat)} = W \cdot v_{sat} \cdot C_{ox} \cdot \frac{(V_{GS} - V_{T0})^2}{(V_{GS} - V_{T0}) + E_C L} = \frac{k_n}{2} \cdot \frac{E_C L \cdot (V_{GS} - V_{T0})^2}{2(V_{GS} - V_{T0}) + E_c L} \quad (3.92)$$

現在，汲極電流的平方根可以寫成閘極至源極電壓的線性函數。

$$\sqrt{I_D} = \sqrt{\frac{k_n}{2}} \cdot (V_{GS} - V_{T0}) \quad (3.93)$$

如果將汲極電流量測值的平方根與閘極至源極電壓繪製成圖，則所得曲線的斜率與電壓軸交點可以決定出參數 k_n、V_{T0} 與 γ。圖 3.26(b) 顯示在不同基底偏壓值條件下，所獲得的汲極電流量測值與閘極電壓曲線。藉由外插曲線至零汲極電流（電壓軸交點），我們可以找出對應於每個 V_{SB} 值的臨界電壓 V_T。當 $V_{SB} = 0$ 時，電壓軸交點為零偏壓臨界電壓 V_{T0}。須注意的是，在特定的非零汲極電流條件下，這些外插臨界電壓值並不會與一般在生產環境中的臨界電壓量測值完全匹配。它們可以被視為電流 - 電壓方程式的配適 (fitting) 參數。各曲線的斜率等於 (k_n/2) 的平方根。因此，轉導參數 k_n 可以簡單地由此斜率算出。

接著，在非零基底偏壓條件下，考慮由電壓軸交點所獲得的外插臨界電壓值。使用任一可用 V_{SB} 值，則基底偏壓係數 γ 可以從下式獲得

$$\gamma = \frac{V_T(V_{SB}) - V_{T0}}{\sqrt{|2\phi_F| + V_{SB}} - \sqrt{|2\phi_F|}} \quad (3.94)$$

通道長度調變係數 λ 的實驗測量需要不同的測試電路設置，如圖 3.27(a) 中所示。閘極至源極電壓 V_{GS} 設定為 $V_{T0} + 1$。選擇夠大的汲極至源極電壓 ($V_{DS} > V_{GS} - V_{T0}$)，使得電晶體操作在飽和模式。然後測量在兩組不同汲極電壓值 V_{DS1} 與 V_{DS2} 條件下的飽和汲極電流。須注意的是，飽和模式的汲極電流可得為

$$I_{D(sat)} = \frac{k_n}{2} \cdot \frac{E_C L \cdot (V_{GS} - V_{T0})^2}{(V_{GS} - V_{T0}) + E_C L} \cdot (1 + \lambda \cdot V_{DS}) \quad (3.95)$$

圖 3.27
(a) 測試電路設置與 (b) 供實驗性決定通道長度調變係數 λ 的量測數據。

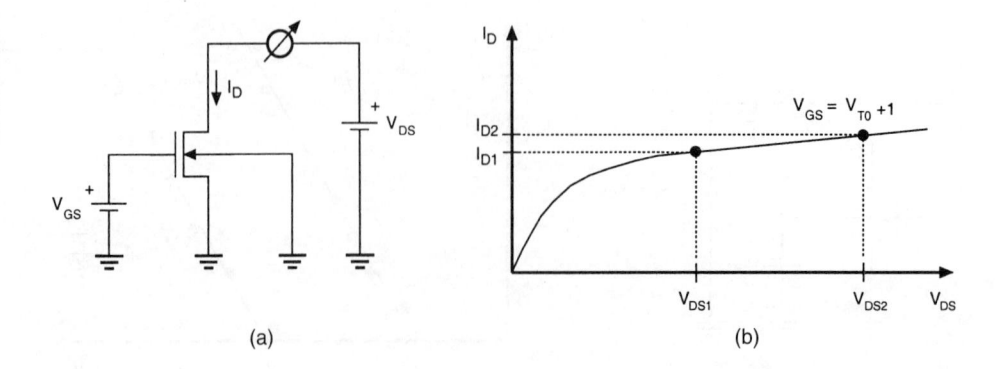

因為 $V_{GS} = V_{T0} + 1$，汲極電流測量值 I_{D1} 與 I_{D2} 的比值為

$$\frac{I_{D2}}{I_{D1}} = \frac{1 + \lambda \cdot V_{DS2}}{1 + \lambda \cdot V_{DS1}} \tag{3.96}$$

這可以用於計算通道長度調變係數 λ。這實際上是等同於計算在飽和區中的汲極電流與汲極電壓曲線斜率，如圖 3.27(b) 所示。具體來說，斜率為 $(\lambda \cdot k_n /2)$。

例題 3.5

MOSFET 電壓與電流的量測數據列於下表。決定元件的類型，並計算參數 k_n、V_{T0}、V_T、γ 與 λ。假設 $\phi_F = -0.505$ V。

V_{GS} (V)	V_{DS} (V)	V_{SB} (V)	I_D (μA)
0.6	0.6	0	6
0.6	1.2	0	6.4
0.65	0.6	0	12
0.65	1.2	0.3	5
0.9	1.2	0.3	60
1.2	1.2	0.3	199

首先，當 $V_{GS} > 0$ 與 $V_{DS} > 0$ 時，MOS 電晶體為導通 ($I_D > 0$)。因此，電晶體必須是 n 通道 MOSFET。假設電晶體是增強型的，因此，操作在飽和模式下。

$$I_D = W \cdot v_{sat} \cdot C_{ox} \cdot \frac{(V_{GS} - V_T)^2}{(V_{GS} - V_T) + E_c L}(1 + \lambda V_{DS})$$

當 V_{GS} 與 V_T 是接近時，速度飽和項可以忽略。讓 (V_{GS1}, I_{D1}) 與 (V_{GS2}, I_{D2}) 是從表中獲得的任意兩組電流-電壓對。接著，可以計算出 V_{T0}。

$$\frac{I_{D1}}{I_{D2}} = \frac{(V_{GS1} - V_{T0})^2}{(V_{GS2} - V_{T0})^2} => V_{T0} = \frac{\sqrt{\frac{6\mu A}{12\mu A}} \times 0.65 \text{ V} - 0.6 \text{ V}}{\sqrt{\frac{6\mu A}{12\mu A}} - 1} = 0.48 \text{ V}$$

$$I_D = \frac{k_n}{2} \cdot (V_{GS} - V_T)^2 \Leftrightarrow \sqrt{I_D} = \sqrt{\frac{k_n}{2}} \cdot (V_{GS} - V_T)$$

然後，就可以計算出轉導參數 k_n 的平方根。

$$\sqrt{\frac{k_n}{2}} = \frac{\sqrt{I_{D1}} - \sqrt{I_{D2}}}{V_{GS1} - V_{GS2}} = \frac{\sqrt{12\mu A} - \sqrt{6\mu A}}{0.65\ V - 0.6\ V} = 20 \times 10^{-3}\ A^{1/2}/V$$

因此，此 n 通道 MOSFET 的轉導參數是

$$k_n = 2 \cdot (20 \times 10^{-3})^2 = 8 \times 10^{-4}\ A/V^2 = 0.8\ mA/V^2$$

為了找出基底偏壓效應係數 γ，我們必須先決定在源極至基底電壓為 0.3 V 時的臨界電壓 V_T。使用一組對應於 V_{SB} = 0.3 V 時的電流 - 電壓數據對，V_T 可以計算出為

$$V_T(V_{SB} = 0.3\ V) = V_{GS} - \sqrt{\frac{2 \cdot I_D}{k_n}} = 0.65\ V - \sqrt{\frac{2 \cdot 5\mu A}{0.8\ mA/V^2}} = 0.54\ V$$

基底偏壓係數可求得為

$$\gamma = \frac{V_T(V_{SB} = 0.3\ V) - V_{T0}}{\sqrt{|2\phi_F| + V_{SB}} - \sqrt{|2\phi_F|}} \cdot \frac{0.54\ V - 0.48\ V}{\sqrt{1.01\ V + 0.3\ V} - \sqrt{1.01\ V}} = 0.43\ V^{1/2}$$

最後，基底偏壓係數可求得為

$$\frac{1 + \lambda V_{DS1}}{1 + \lambda V_{DS2}} = \frac{I_{D1}}{I_{D2}}$$

$$\lambda = \frac{I_{D1} - I_{D2}}{V_{DS1} \times I_{D2} - V_{DS2} \times I_{D1}} = \frac{6.4\mu A - 6\mu A}{1.2\ V \times 6\mu A - 0.6\ V \times 6.4\mu A} = 0.119$$

∎

小幾何形狀元件的臨界電壓

接下來，我們將考慮小幾何形狀元件中的臨界電壓修正。臨界電壓表示式 (3.23) 是根據定量通道摻雜的長通道及大寬度 MOSFET 推導而得。有幾種導致臨界電壓偏移的效應：非均勻的垂直與側向摻雜濃度、短通道、窄寬度與汲極感應能障降低。已經發展出各種定義與模型，可以精確地描述臨界電壓的行為。如果元件具有非均勻的垂直摻雜濃度，則在式 (3.23) 中的 γ 項應該被修正，因為 γ 會受到從表面算起的深度與基底偏壓的影響。通道摻雜密度遠高於基底摻雜密度。有幾種方法可以建立這種非均勻的摻雜濃度的模型。兩個不同的基底偏壓係數，γ_1 與 γ_2，分別具有不同的摻雜濃度 N_{ch} 與 N_{sub}，可以推導為

$$\gamma_1 = \frac{\sqrt{2q \cdot N_{ch} \cdot \varepsilon_{Si}}}{C_{ox}} \tag{3.97}$$

$$\gamma_2 = \frac{\sqrt{2q \cdot N_{sub} \cdot \varepsilon_{Si}}}{C_{ox}} \tag{3.98}$$

其中的 N_{ch} 與 N_{sub} 分別代表通道與基底區域的摻雜濃度。使用這兩項，新基底

偏壓係數 $K1$ 與 $K2$ 可定義為

$$K1 = \gamma_2 - 2 \cdot K2 \cdot \sqrt{|2\phi_F| - V_{BS,max}} \quad (3.99)$$

$$K2 = \frac{(\gamma_1 - \gamma_2)\left(\sqrt{|2\phi_F| - V_{BS}} - \sqrt{|2\phi_F|}\right)}{2\sqrt{|2\phi_F|}\left(\sqrt{|2\phi_F| - V_{BS,max}} - \sqrt{|2\phi_F|}\right) + V_{BS,max}} \quad (3.100)$$

使用式 (3.99) 與式 (3.100)，則包含非均勻垂直摻雜濃度效應的臨界電壓可以寫成

$$V_T = V_{T0} + K1\left(\sqrt{|-2\phi_F + V_{SB}|} - \sqrt{|2\phi_F|}\right) + K2 \cdot V_{SB} \quad (3.101)$$

在式 (3.23) 中，假設通道空乏區僅藉由施加的閘極電壓建立，並且忽略與汲極和源極 p-n 接面相關的空乏區。此閘極感應出的基底（通道）空乏區形狀假設為從源極延伸至汲極的矩形。然而，在短通道的 MOS 電晶體中，於 p 型基底的 n⁺ 汲極與源極擴散區會感應出大量的空乏電荷；因此，先前所導出的長通道臨界電壓表示式高估了受閘極電壓支持的空乏電荷。所以，使用式 (3.23) 所得到的臨界電壓值會比短通道 MOSFET 的實際臨界電壓大。

　　圖 3.28(a) 顯示在短通道 MOS 電晶體中，閘極感應基底空乏區與 p-n 接面空乏區的簡化幾何形狀。須注意的是，基底空乏區是假設為不對稱的梯形，而非矩形，用以精確地表示閘極感應電荷。汲極空乏區預期會大於源極空乏區，因為汲極至源極電壓為正會使得汲極-基底接面為逆向偏壓。我們認知到位於閘極下方的全部空乏區電荷，其絕大部分實際上是來自於源極與汲極接面空乏現象所造成，並非由閘極電壓所感應出的基底空乏現象。由於短通道元件中的基底空乏電荷小於預期，必須修改臨界電壓表示式，以考慮這種減少的情況。隨著基底電荷項修改後，短通道 MOSFET 的臨界電壓可以寫為

$$V_{T0}(\text{short channel}) = V_{T0} - \Delta V_{T0} \quad (3.102)$$

其中 V_{T0} 為使用傳統長通道公式 (3.23) 計算出的零偏壓臨界電壓，而 ΔV_{T0} 則是短通道效應所導致的臨界電壓偏移（降低）。此偏移項真實地表示了矩形空乏區與梯形空乏區之間的電荷差異量。

　　令 ΔL_S 和 ΔL_D 分別代表源極接面與汲極接面相關的空乏區橫向範圍。因此，包含在梯形區域內的基底空乏區電荷為

$$Q_{B0} = -\left(1 - \frac{\Delta L_S + \Delta L_D}{2L}\right) \cdot \sqrt{2 \cdot q \cdot \varepsilon_{Si} \cdot N_A \cdot |2\phi_F|} \quad (3.103)$$

為了計算 ΔL_S 和 ΔL_D，我們將使用圖 3.28(b) 中所示的簡化幾何形狀。在此，x_{dS} 與 x_{dD} 分別表示源極與汲極相關的 p-n 接面空乏區深度。源極與汲極擴散區

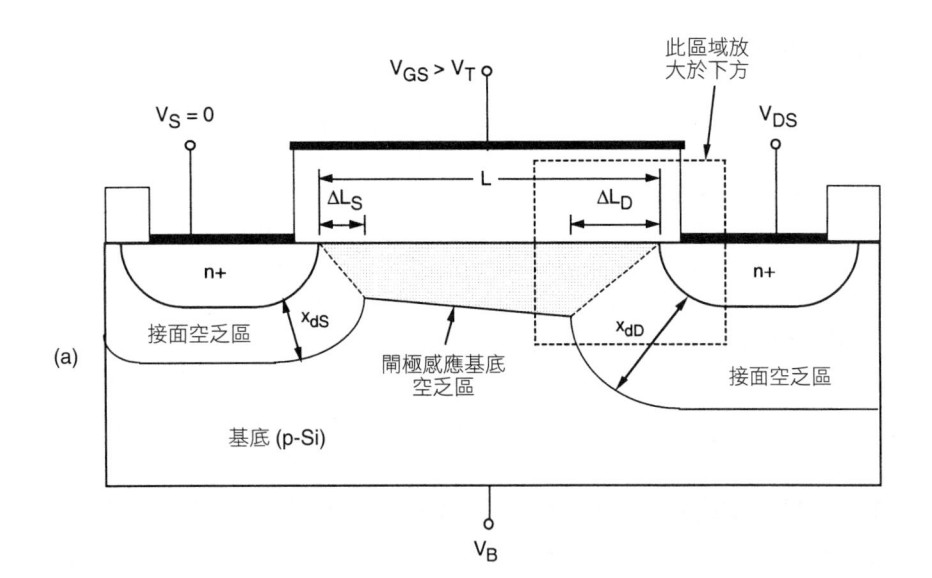

圖 3.28
(a) MOSFET 通道區的簡化幾何形狀，包含閘極感應的基底空乏區與 p-n 接面空乏區。
(b) 汲極擴散區邊緣的放大圖。

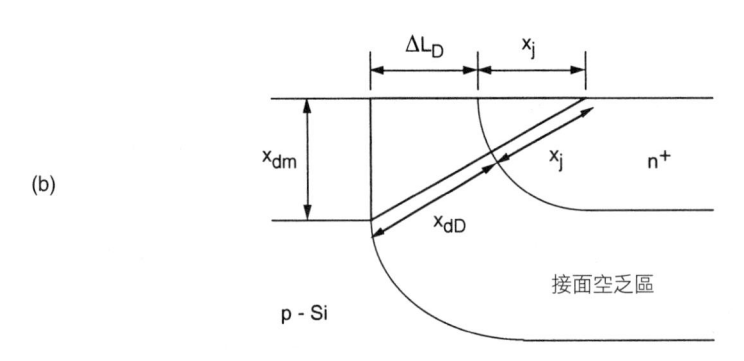

的邊緣是藉由四分之一圓弧來表示，每一圓弧的半徑等於接面深度 x_j。基底空乏區深入基底的垂直範圍由 x_{dm} 來表示。接面空乏區深度可以近似為

$$x_{dS} = \sqrt{\frac{2 \cdot \varepsilon_{Si}}{q \cdot N_A} \cdot \phi_0} \tag{3.104}$$

$$x_{dD} = \sqrt{\frac{2 \cdot \varepsilon_{Si}}{q \cdot N_A} \cdot (\phi_0 + V_{DS})} \tag{3.105}$$

與接面內建電壓

$$\phi_0 = \frac{kT}{q} \cdot \ln\left(\frac{N_D \cdot N_A}{n_i^2}\right) \tag{3.106}$$

從圖 3.28(b) 中，我們找出以下 ΔL_D 與空乏區深度間的關係。

$$(x_j + x_{dD})^2 = x_{dm}^2 + (x_j + \Delta L_D)^2 \tag{3.107}$$

$$\Delta L_D^2 + 2 \cdot x_j \cdot \Delta L_D + x_{dm}^2 - x_{dD}^2 - 2 \cdot x_j \cdot x_{dD} = 0 \tag{3.108}$$

求解 ΔL_D，我們得到

$$\Delta L_D = -x_j + \sqrt{x_j^2 - (x_{dm}^2 - x_{dD}^2) + 2x_j x_{dD}} \cong x_j \cdot \left(\sqrt{1 + \frac{2x_{dD}}{x_j}} - 1\right) \quad (3.109)$$

同樣地，長度 ΔL_S 也可以求得為

$$\Delta L_S \cong x_j \cdot \left(\sqrt{1 + \frac{2x_{dS}}{x_j}} - 1\right) \quad (3.110)$$

現在，短通道效應造成臨界電壓 ΔV_{T0} 減少量可以求得為

$$\Delta V_{T0,SCE} = \frac{1}{C_{ox}} \cdot \sqrt{2q\varepsilon_{Si}N_A|2\phi_F|} \cdot \frac{x_j}{2L} \cdot \left[\left(\sqrt{1 + \frac{2x_{dS}}{x_j}} - 1\right) + \left(\sqrt{1 + \frac{2x_{dD}}{x_j}} - 1\right)\right] \quad (3.111)$$

臨界電壓偏移項正比於 (x_j/L)。因此，此偏移項對於具有較短通道長度的 MOS 電晶體的影響更為重要；而對長通道 MOSFET 而言，此偏移項會接近零，其中 $L \gg x_j$。下面的例題說明了臨界電壓變化為短通道元件通道長度的函數。

例題 3.6

考慮具有以下參數的 n 通道 MOS 製程：基底摻雜濃度 $N_A = 4 \times 10^{18}$ cm^{-3}，多晶矽閘極摻雜濃度 N_D（閘極）$= 2 \times 10^{20}$ cm^{-3}，閘極氧化層厚度的 $t_{ox} = 1.6$ nm，氧化層界面之固定電荷密度 $N_{ox} = 4 \times 10^{10}$ cm^{-2}，以及源極與汲極擴散區摻雜密度 $N_D = 10^{17}$ cm^{-3}。此外，通道區使用 p 型雜質進行佈植（雜質濃度 $N_I = 2 \times 10^{11}$ cm^{-2}）以調整臨界電壓。源極與汲極擴散區的接面深度 $x_j = 32$ nm。

畫出零偏壓臨界電壓 V_{T0} 變化作為通道長度函數的圖形（假設 $V_{DS} = V_{SB} = 0$），包括短通道效應。此外，求出 V_{T0}，當 $L = 60$ nm，$V_{DS} = 1$ V，與 $V_{SB} = 0$。

首先，我們必須使用傳統公式 (3.23) 求出零偏壓臨界電壓。在例題 3.2 中已使用相同製程參數計算得到無通道佈植的臨界電壓，結果為 $V_{T0} = 0.48$ V。額外的 p 型通道佈植將使臨界電壓增加量為 qN_I/C_{ox}。因此，我們可以求出此製程的長通道零偏壓臨界電壓為

$$V_{T0} = 0.487 \text{ V} + \frac{q \cdot N_I}{C_{ox}} = 0.487 \text{ V} + \frac{1.6 \times 10^{-19} \cdot 2 \times 10^{17}}{2.2 \times 10^{-6}} = 0.501 \text{ V}$$

接著，短通道效應導致的臨界電壓下降量必須使用式 (3.111) 來計算。源極與汲極接面的內建電壓為

$$\phi_0 = \frac{kT}{q} \cdot \ln\left(\frac{N_D \cdot N_A}{n_i^2}\right) = 0.026 \text{ V} \cdot \ln\left(\frac{10^{17} \cdot 4 \times 10^{18}}{2.1 \times 10^{20}}\right) = 0.91 \text{ V}$$

在零汲極偏壓條件下，源極與汲極接面空乏區深度求得為

$$x_{dS} = x_{dD} = \sqrt{\frac{2 \cdot \varepsilon_{Si}}{q \cdot N_A} \cdot \phi_0} = \sqrt{\frac{2 \cdot 11.7 \cdot 8.85 \cdot 10^{-14}}{1.6 \times 10^{-19} \cdot 4 \times 10^{18}} \cdot 0.91}$$

$$= 1.72 \times 10^{-6} \text{ cm} = 17.2 \text{ nm}$$

現在,短通道效應導致的臨界電壓偏移 ΔV_{T0},可以視為閘極(通道)長度 L 的函數來計算。

$$\Delta V_{T0} = \frac{1}{C_{0x}} \cdot \sqrt{2q\varepsilon_{Si}N_A|2\phi_F|} \cdot \frac{x_j}{2L} \cdot \left[\left(\sqrt{1+\frac{2x_{dS}}{x_j}}-1\right)+\left(\sqrt{1+\frac{2x_{dD}}{x_j}}-1\right)\right]$$

$$= \frac{1.2 \times 10^{-6} \text{ C/cm}^2}{2.2 \times 10^{-6} \text{ F/cm}^2} \cdot \frac{32 \text{ nm}}{L} \cdot \left(\sqrt{1+\frac{2 \cdot 17.2 \text{ nm}}{32 \text{ nm}}}-1\right)$$

最後,零偏壓臨界電壓可求得為

$$V_{T0} \text{ (short channel)} = 0.501 \text{ V} - 0.24 \text{ V} \cdot \frac{32}{L[\text{nm}]}$$

下面的圖顯示了隨通道長度的臨界電壓變化。在次微米範圍內的通道長度,臨界電壓下降高達 50%,而對於較大的通道長度而言,其值接近 0.53 V。

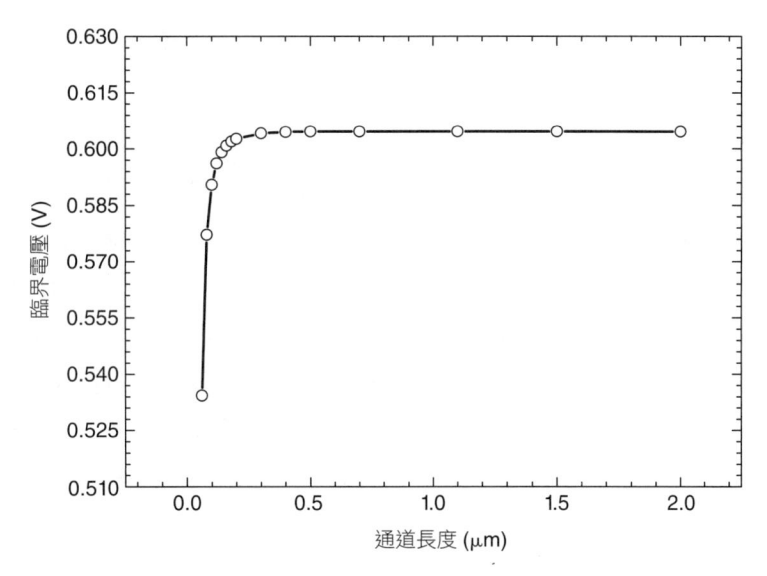

因為傳統的臨界電壓表示式 (3.23) 無法考慮在較小通道長度下急劇減少的 V_{T0},其對於短通道 MOSFET 的應用必須小心地予以限制。

現在,考慮隨著所施加的汲極至源極電壓所造成的臨界電壓變化。式 (3.105) 顯示,汲極接面空乏區的深度會隨電壓 V_{DS} 增加。當汲極至源極電壓 $V_{DS} = 1$ V 時,汲極空乏區深度可求得為

$$x_{dD} = \sqrt{\frac{2 \cdot \varepsilon_{Si}}{q \cdot N_A}(\phi_0 + V_{DS})}$$

$$= \sqrt{\frac{2 \cdot 11.7 \cdot 8.85 \cdot 10^{-14}}{1.6 \times 10^{-19} \cdot 4 \times 10^{18}} \cdot (0.91 + 1.0)} = 24.8 \text{ nm}$$

所造成的臨界電壓偏移可以藉由代入 x_{dD} 至式 (3.111) 而算出。

$$\Delta V_{T0} = \frac{1}{C_{ox}} \cdot \sqrt{2q\varepsilon_{Si}N_A|2\phi_F|} \cdot \frac{x_j}{2L} \cdot \left[\left(\sqrt{1 + \frac{2x_{dS}}{x_j}} - 1\right) + \left(\sqrt{1 + \frac{2x_{dD}}{x_j}} - 1\right)\right]$$

$$= \frac{1.2 \times 10^{-6}}{2.2 \times 10^{-6}} \cdot \frac{32}{2.60} \cdot \left[\left(\sqrt{1 + \frac{2 \cdot 17.2}{32}} - 1\right) + \left(\sqrt{1 + \frac{2 \cdot 24.8}{32}} - 1\right)\right]$$

$$= 0.15 \text{ V}$$

此短通道 MOS 電晶體的臨界電壓可計算為

$$V_{T0} = 0.494 \text{ V} - 0.15 \text{ V} = 0.344 \text{ V}$$

此結果明顯低於傳統長通道公式 (3.23) 所預測的臨界電壓值。

窄寬度效應

MOS 電晶體所具有的通道寬度 W 與最大空乏區厚度 x_{dm} 為相同數量級，定義為窄通道 (narrow-channel)（窄寬度 (narrow-width)）元件。類似於前面所討論的短通道效應，窄寬度的 MOSFET 也存在著無法由傳統 GCA 分析所考慮到的典型特性。最重要的窄寬度效應是，這種元件的實際臨界電壓大於由傳統的臨界電壓公式 (3.23) 的預測值。接下來，我們將簡要地檢視造成這種差異的實際原因。圖 3.29 顯示窄寬度元件的典型剖面圖。通道區的氧化層厚度為 t_{ox}，而通道周圍區域覆蓋有厚的場氧化層 (FOX)。如圖 3.29 所示，因為閘極電極也與場氧化層有所重疊，在這 FOX- 重疊區域下方也會形成相對較淺的空乏區。因此，閘極電壓也必須支持此額外的空乏區電荷以建立導電通道。在較寬的元件中，此邊緣空乏區的電荷分佈對於整體通道空乏區的電荷而言是可忽略不計

圖 3.29
窄通道 MOSFET 的剖面圖（跨越通道）。須注意的是，Q_{NC} 代表由於窄通道效應所造成的額外空乏區電荷。

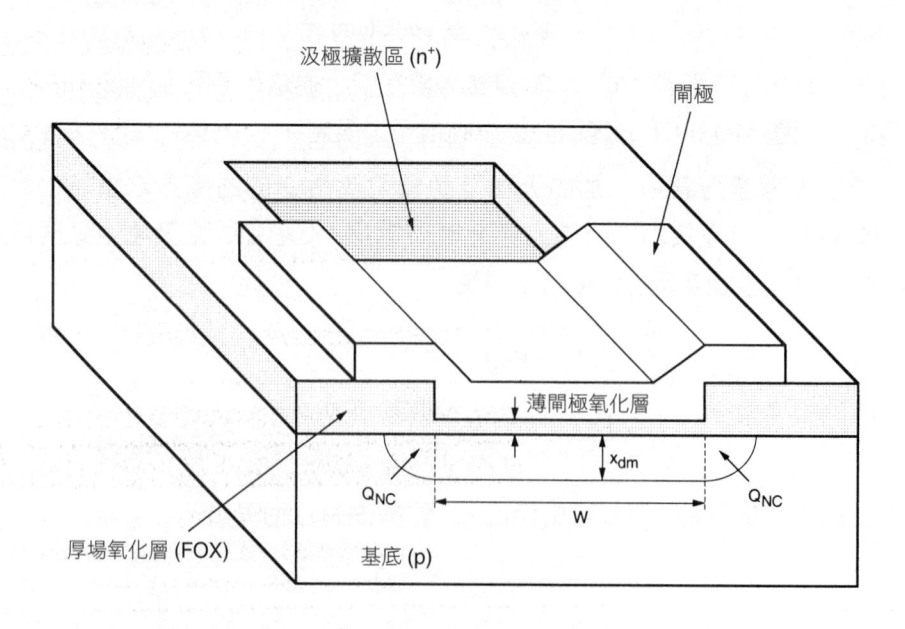

的。然而，對於小通道寬度的 MOSFET 而言，實際的臨界電壓增加為此額外的空乏區電荷所造成的結果。

$$V_{T0}(narrow\ width) = V_{T0} + \Delta V_{T0} \tag{3.112}$$

由於窄寬度效應造成對臨界電壓的額外貢獻可以模型化為

$$\Delta V_{T0,NWE} = \frac{1}{C_{ox}} \cdot \sqrt{2q\varepsilon_{Si}N_A|2\phi_F|} \cdot \frac{\kappa \cdot x_{dm}}{W} \tag{3.113}$$

其中 κ 是會受到邊緣空乏區形狀影響的經驗參數。假設空乏區邊緣模型化為四分之一圓弧，舉例來說，參數 κ 可以求得為

$$\kappa = \frac{\pi}{2} \tag{3.114}$$

式 (3.113) 的簡單公式可以針對各種元件幾何形狀與製造過程進行修正，如 LOCOS、全凹式 (fully recessed) LOCOS、STI 與厚場氧化層 MOSFET 製程。在所有情況下，我們認知到 V_{T0} 的額外的貢獻與 (x_{dm}/W) 成正比。臨界電壓的升高量只有在通道寬度 W 與 x_{dm} 為相同數量級的元件中才會變得顯著。在 65-nm 技術中，由於窄寬度效應所造成的臨界電壓爬升 (roll-up) 現象示於圖 3.30。當 MOSFET 的寬度由 5.0μm 降至 0.6μm 時，臨界電壓會增加 14 mV。最後，須注意的是，由於最小幾何形狀的 MOSFET 的通道長度與通道寬度都小，因此短且窄的通道效應所造成的臨界電壓的變化可能會彼此抵消。

小幾何形狀元件所引起的其它限制

在小幾何形狀的 MOSFET 中，源極與汲極之間通道的電流特性可以視為受控於二維電場向量。簡單的一維漸進通道近似 (GCA) 法假設平行與垂直於

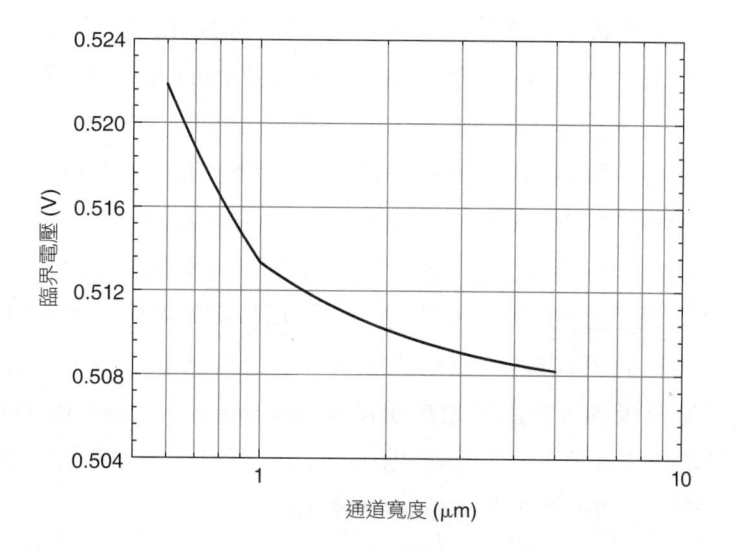

圖 3.30
由於窄寬度效應所造成的臨界電壓爬升現象。

表面的電場分量算是有效地降低了耦合,因此,無法完全說明某些觀察到的元件特性。然而,這些小幾何形狀元件的特性可能會嚴重地限制電晶體的操作條件,進而限制元件的實際效用。精確識別與描述這些小幾何形狀效應的特性相當重要,尤其是對於次微米的 MOSFET 而言。

由於通道電流的二維特性緣故,一種典型的情況是小幾何形狀 MOS 電晶體的**次臨界導通 (subthreshold conduction)**。如同之前的討論,通道中的電流取決於表面反轉層的產生與維持。如果閘極偏壓不足以反轉表面,即 $V_{GS} < V_{T0}$,則通道中的載子(電子)將面臨阻止流動的**電位障 (potential barrier)**。增加閘極電壓會降低此電位障,且在通道電場的影響下,最終會允許載子流動。這個簡單的描述在小幾何形狀 MOSFET 中會變為更複雜,因為電位障是由閘極至源極電壓 V_{GS} 與汲極到源極電壓 V_{DS} 所控制的。如果汲極電壓上升,則在通道的電位障將會減小,而導致**汲極感應能障降低 (drain-induced barrier lowering, DIBL)**。電位障的減少導致元件臨界電壓降低了 $\Delta V_{T,DIBL}$,且最終允許源極與汲極之間的電子流,即使閘極至源極電壓比臨界電壓還低。在這些條件 ($V_{GS} < V_{T0}$) 下所流動的通道電流稱為**次臨界電流 (subthreshold current)**。須注意的是,當 $V_{GS} < V_{T0}$ 時,GCA 無法說明任何非零汲極電流 I_D。小幾何形狀 MOSFET 的二維分析可以得到以下的次臨界電流近似表示式:

$$I_D(subthreshold) \cong \frac{qD_n W x_c n_0}{L_B} \cdot e^{\frac{q\phi_r}{kT}} \cdot e^{\frac{q}{kT}(A \cdot V_{GS} + B \cdot V_{DS})} \tag{3.115}$$

其中,x_c 為次臨界通道深度,D_n 為電子擴散係數,L_B 是在通道中的能障區域長度,而 ϕ_r 為參考電位。須注意的是,次臨界電流對於閘極電壓與汲極電壓均為指數關係。確認次臨界導通現象對於電路應用非常重要,其中少量的電流可能會明顯地干擾電路操作。

在非均勻的垂直摻雜濃度以外,非均勻側面摻雜濃度也應該予以考慮。在很短通道的元件中,臨界電壓下滑已解釋於式 (3.111),此現象會引起漏電流顯著地增加。為了減少臨界電壓的下滑與穿透現象,使用圖 2.13 所示的環型 (halo) 佈植。這導致源極/汲極接面附近的摻雜濃度會比通道中間還高,進而減少了空乏區尺寸並造成臨界電壓爬升,因為平均通道摻雜濃度有增加。對於較短的通道元件而言,此平均摻雜濃度會更高,因而臨界電壓會面臨爬升量為 $\Delta V_{T,RSCE}$。當通道長度增加,中間通道主導環型摻雜區域,並且臨界電壓下降,稱為**反轉短通道效應 (reverse short-channel effect, RSCE)**。環型佈植所導致的其它效應為**汲極感應臨界電壓偏移 (drain-induced threshold shift, DITS)** $\Delta V_{T,DITS}$,以及長通道元件中的低輸出阻抗。DIBL 與 DITS 兩者均為汲極偏壓的函數,且分別與短通道元件與長通道元件有關。

小幾何形狀元件的整體臨界電壓偏移可以表示為

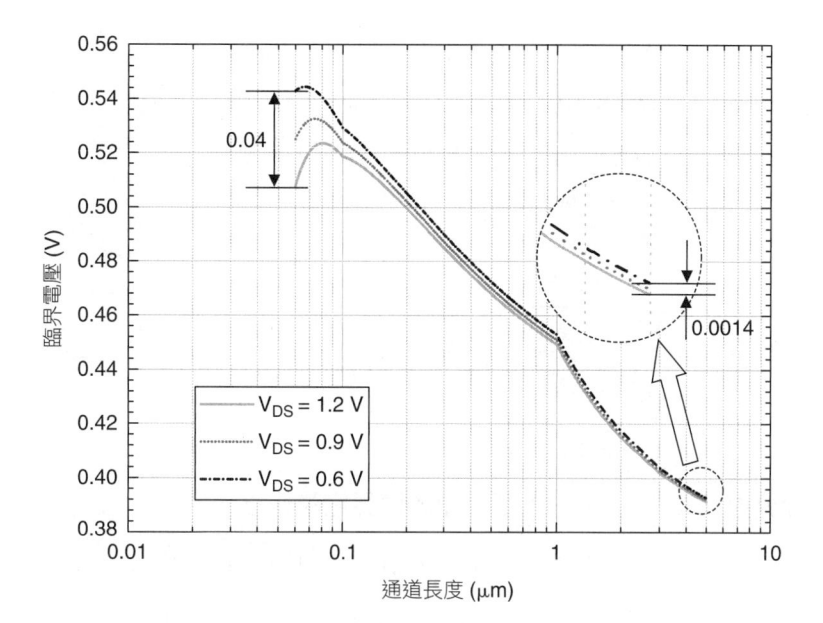

圖 3.31
臨界電壓變化量作為通道長度與汲極至源極電壓的函數。

$$V_T + V_{T0} + K1\left(\sqrt{|-2\phi_F + V_{SB}|} - \sqrt{|2\phi_F|}\right) + K2 \cdot V_{SB} \\ - \Delta_{T,SCE} + \Delta V_{T,NWE} - \Delta V_{T,DIBL} + \Delta V_{T,RSCE} - \Delta V_{T,DITS} \tag{3.116}$$

須注意的是，每一項的符號表示臨界電壓是否爬升或下滑。65-nm nMOS 電晶體的整體臨界電壓偏移繪製於圖 3.31。當通道長度由 5 μm 減少至 60 nm，而 V_{DS} =1.2 V，臨界電壓增加了大約 150 mV。在汲極源極電壓為 1.2 V 時，閘極長度為 60 nm 的 nMOS 元件由於 DIBL 呈現的臨界電壓比 0.6 V 的汲極源極電壓少了 40 mV。

例題 3.7

讓我們重新考慮例題 3.2 的 n 通道 MOSFET 製程。我們將檢視非均勻摻雜如何影響 MOS 電晶體的臨界電壓。

首先，我們必須計算空乏寬度 X_{dep} 與特徵長度 l_t，使用預測技術模型 (predictive technology model, PTM) 參數與例題 3.2 所給的製程參數。假設 V_{DS} 為 1.2 V 與 V_{SB} 為 0 V。

$$\begin{aligned}X_{dep} &= \sqrt{\frac{2\varepsilon_{si}(|2\phi_F| + V_{SB})}{q \cdot N_A}} = \sqrt{\frac{2 \cdot 1.04 \times 10^{-10}(1.02 + V_{SB})}{0.640 \times 10^6}} \\ &= 1.80 \times 10^{-8} \cdot \sqrt{(1.02 + V_{SB})}\end{aligned}$$

$$\begin{aligned}l_t &= \sqrt{\frac{\varepsilon_{si} \cdot t_{ox} \cdot X_{dep}}{\varepsilon_{ox}}} \cdot (1 - DV_{T2} \cdot V_{SB}) \\ &= \sqrt{\frac{1.04 \times 10^{-10} \cdot 1.6 \times 10^{-9} \cdot X_{dep}}{3.9}} \cdot (1 - (-0.032) \cdot V_{SB})\end{aligned}$$

$$= 2.07 \times 10^{-10} \cdot \sqrt{X_{dep}} \cdot (1 + 0.032 \cdot V_{SB})$$

$$= 2.78 \times 10^{-14} \cdot \sqrt[4]{(1.02 + V_{SB})} \cdot (1 + 0.032 \cdot V_{SB})$$

$$X_{dep0} = \sqrt{\frac{2\varepsilon_{si}|2\phi_F|}{q \cdot N_A}} = \sqrt{\frac{2 \cdot 1.04 \times 10^{-10} \cdot 1.02}{0.64 \times 10^6}}$$

$$= 1.82 \times 10^{-8} \text{ m}$$

$$l_{t0} = \sqrt{\frac{\varepsilon_{si} \cdot t_{ox} \cdot X_{dep0}}{\varepsilon_{ox}}}$$

$$= \sqrt{\frac{1.04 \times 10^{-10} \cdot 1.6 \times 10^{-9} \cdot 1.82 \times 10^{-8}}{3.9}}$$

$$= 2.79 \times 10^{-14} \text{ m}$$

現在，計算由式 (3.101) 每一項所貢獻的臨界電壓偏移。

$$V_T = V_{T0} + K_1\left(\sqrt{|-2\phi_F + V_{SB}|} - \sqrt{|2\phi_F|}\right) + K_2 V_{SB}$$

$$= 0.53 + 0.673 \cdot \left(\sqrt{1.02 + V_{SB}} - \sqrt{1.02}\right) + 0.01 \cdot V_{SB}$$

當 $V_{DS} = 1.2$ V 與 $V_{SB} = 0.1$ V 時，

$$V_T = 0.53 + 0.673 \cdot \left(\sqrt{1.02 + V_{SB}} - \sqrt{1.02}\right) + 0.01 \cdot V_{SB}$$

$$= 0.53 + 0.673 \cdot \left(\sqrt{1.02 + 0.1} - \sqrt{1.02}\right) + 0.01 \cdot 0.1$$

= 長通道模型 + 非均勻側面摻雜輪廓分佈 (profile)

$$= 0.571 + 0.001 = 0.572 \text{ V}$$

當 $V_{DS} = 0.6$ V 與 $V_{SB} = 0.6$ V 時，

$$V_T = 0.53 + 0.673 \cdot \left(\sqrt{1.02 + V_{SB}} - \sqrt{1.02}\right) + 0.01 \cdot V_{SB}$$

$$= 0.53 + 0.673 \cdot \left(\sqrt{1.02 + 0.3} - \sqrt{1.02}\right) + 0.01 \cdot 0.3$$

= 長通道模型 + 非均勻側面摻雜輪廓分佈

$$= 0.624 + 0.003 = 0.627 \text{ V}$$

記得在先前分析裡，小幾何形狀 MOSFET 中的通道長度是和源極與汲極空乏區的厚度為相同大小的數量級。對於大的汲極偏壓，圍繞著汲極的空乏區可以進一步向源極延伸，且兩個空乏區能最終合併在一起。這種情況稱為**衝穿 (punch-through)**。閘極電壓失去其對汲極電流控制能力；一旦穿透發生，電流會急遽上升。由於材料的局部熔化可能導致電晶體的永久性損壞，衝穿顯然不受歡迎，並且在正常的電路操作中應予以防止。

在每個新世代中，某些元件維度（尺寸）會按比例縮小，如通道長度，但我們發現某些維度會因實際限制而無法任意縮小。閘極氧化層厚度 t_{ox} 就是一種像這樣的維度。依縮小因子 S 來降低 t_{ox}，像是用 $t'_{ox} = t_{ox}/S$ 來製作 MOSFET，會因為要長出非常薄且均勻的二氧化矽層而受限於製程上的困難度。氧化層生長不均勻的局部場所，稱為**針孔 (pinhole)**，可能會導致閘極電極與基底之間的電性短路。另一種對於 t_{ox} 縮小的限制是**氧化層崩潰 (oxide breakdown)** 的可能性。如果垂直於表面的氧化層電場大於某個**崩潰電場 (breakdown field)**，則二氧化矽層可能會在操作期間遭受永久性損壞，導致元件失效。

最後，我們將考慮由元件內部的高電場所引起的另一個可靠度問題。我們已經了解到，VLSI 製程技術的進步主要是基於元件尺寸的縮小，如通道長度、接面深度與閘極氧化層厚度，並不是電源供應電壓等比例縮小（定電壓尺寸縮小）。關鍵元件尺寸減少至次微米範圍，伴隨增加基底摻雜密度，將導致通道區中的水平方向與垂直方向電場顯著地增加。然而，在電場中獲得高動能的電子與電洞（熱載子）可能注入至閘極氧化層，並導致氧化層界面電荷分佈的永久性改變，從而衰退了 MOSFET 的電流 - 電壓特性（圖 3.32）。由於熱載子 (hot carrier) 引起的衰退可能性會隨著縮小元件尺寸而增加，這個問題被認為是會嚴重限制 VLSI 電路中最高可達成元件密度的重要因素之一。

通道熱電子 (channel hot-electron, CHE) 效應是由流經源極至汲極通道區中的電子所造成的。這種效應在汲極至源極電壓很大時會更為明顯；在此電壓下，位在通道末端的汲極之橫向電場會加速電子。到達 Si-SiO$_2$ 界面且具有足夠動能可以越過表面電位障的電子會被注入氧化層。由衝撞游離化 (impact ionization) 所產生的電子與電洞亦貢獻電荷注入。須注意的是，通道中的熱電子流與隨後在閘極氧化層的損壞，是侷限在靠近汲極接面處（圖 3.32）。

在 nMOS 電晶體中，熱載子引起的損壞被發現會導致載子不是陷入氧化層的缺陷 (defect) 區域中，就是在矽 - 氧化層界面建立界面狀態，或是兩者都有。由熱載子注入導致的損壞會影響電晶體特性，造成轉導下降、臨界電壓偏移，以及汲極電流驅動能力的整體性下降（圖 3.33）。元件的性能下降將導致電路性能隨時間惡化。因此，基於更小元件尺寸的新型 MOSFET 技術必須仔細考慮熱載子效應，並且也須保證元件能可靠地長期性操作。在奈米等級的 CMOS 元件中，由於元件中所增加的電場，使得時間相依介電質崩潰 (time-dependent

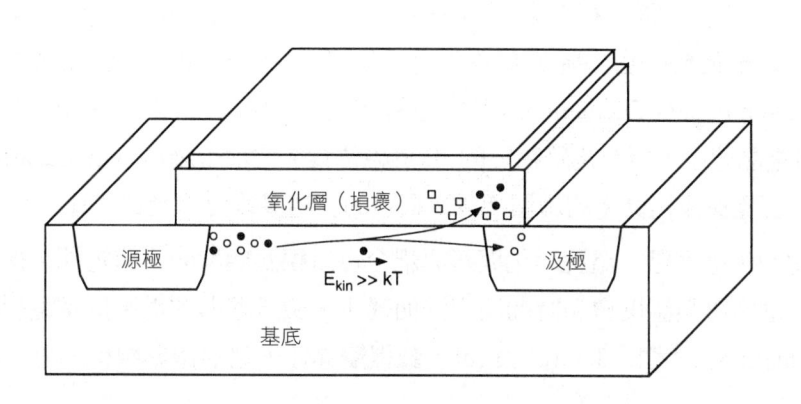

圖 3.32
熱載子注入至閘極氧化層並造成氧化層損壞。

圖 3.33
n 通道 MOS 電晶體的典型汲極電流與汲極電壓特性，在受到熱載子引起的氧化層損壞之前與之後的情形。

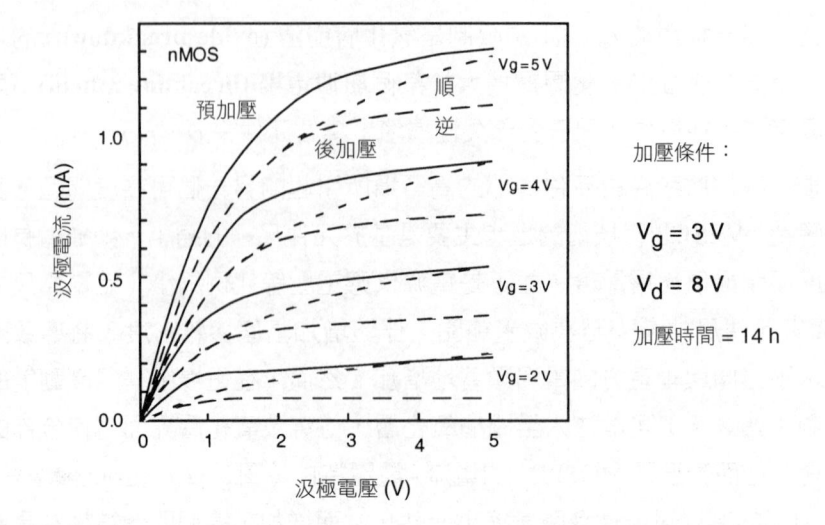

dielectric breakdown, TDDB) 與偏壓溫度不穩定性 (bias temperature instability, BTI) 已變得更為明顯。

小幾何形狀元件的其它可靠度考量，包括透過電遷移 (electromigration) 造成的連接線損壞、靜電放電 (electrostatic discharge, ESD) 與電性過壓 (electrical over-stress, EOS)。

奈米等級技術的變異性

CMOS 製程縮至 65 nm 甚至更小，可促成更高度積體化與更低廉的電晶體成本。然而，積體電路設計者正面臨變異性 (variability) 與老化 (aging) 的新挑戰。當製程技術不斷的縮小，製程的可控制性並沒有隨元件縮小而相對增加。因此，電晶體的變異性已經成為奈米等級積體電路的最困難挑戰之一。

此電晶體變異性係來自於物理限制、環境的不確定性，以及製程變異。物理限制包括光波長，以及摻雜原子數量與位置。舉例來說，在 0.5-μm 的 CMOS 製程中，通道裡有數千顆摻雜原子；而在 45-nm CMOS 製程中，這個數目降至低於一百。降低雜質數量無法避免隨機變異，且這種隨機摻雜擾動 (random dopant fluctuation, RDF) 主導了元件的行為。圖 3.34 顯示在 50-nm nMOS 電晶體中，所有摻雜物質的 3D 透視位置之蒙地卡羅 (Monte Carlo) 模擬。相較於源極與汲極緊密的施體摻雜，通道的受體摻雜更易受到統計上的變異。

電源供應電壓、溫度變化與雜訊耦合可以視為環境的不確定性。裸晶上的電源供應電壓與溫度會隨時間與空間而變化。微處理器的電源供應電壓與溫度變化細節，可參考圖 3.35(a) 與 (b)。製程變異性，包括微影製程誤差、閘極介

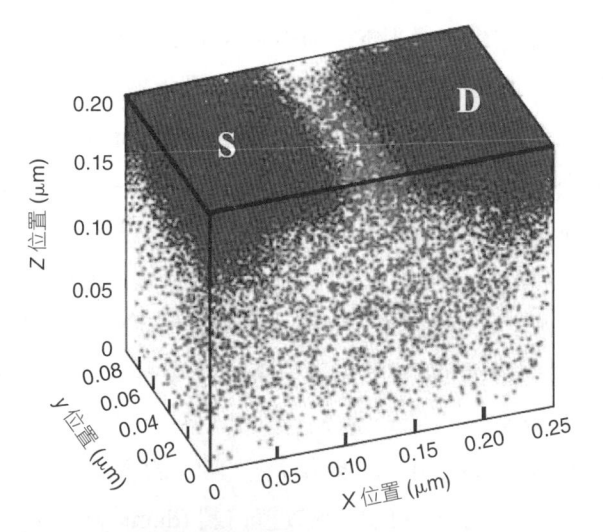

圖 3.34 在 50-nm nMOS 電晶體中,摻雜原子的隨機位置。

(資料來源:Fig. 4, Bernstein, K., Frank, D.J., Gattiker, A.E., Haensch, W., Ji, B.L., Nassif, S.R., Nowak, E.J., Pearson, D.J., and Rohrer, N.J., "High-performance CMOS variability in the 65-nm regime and beyond," *IBM J. Res. & Dev.* vol. 50, no. 4, July 2006.)

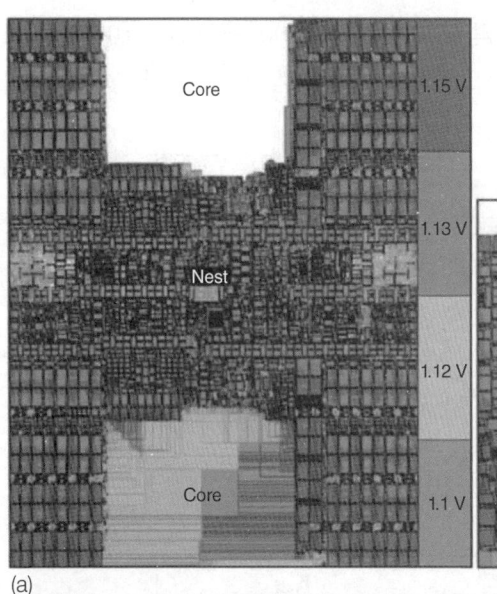

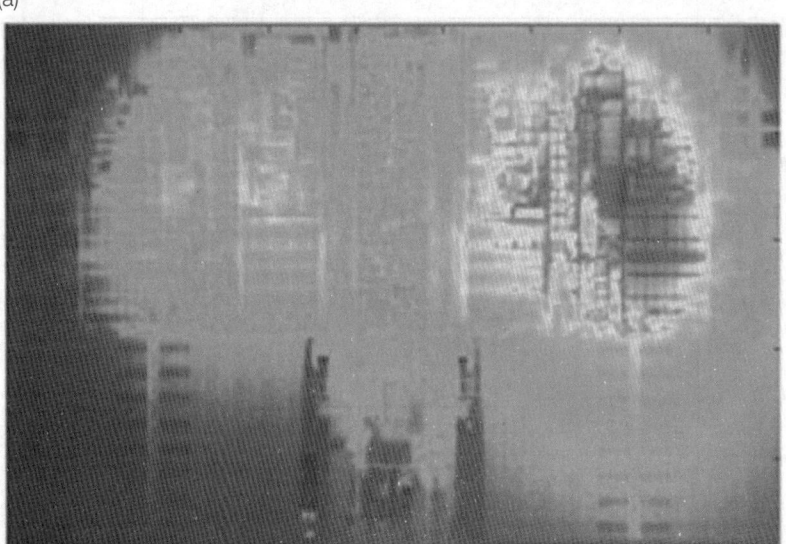

圖 3.35
(a) IBM Power6 的巢狀(或非核心)與核心區域電壓等高線圖,以及 (b) 雙核心 AMD Athlon II 240 處理器的溫度等高線圖。

電質變異與不規則的化學機械研磨 (CMP) 所導致的電晶體長度變異、移動率變異與臨界電壓變異。微影製程變異來自於光學鄰近效應修正 (optical proximity correction, OPC) 的錯誤、光罩製程誤差、步進器 (stepper) 誤差、佈局不規則性與光阻不規則性。圖 3.36 所示的線邊緣粗糙度 (line-edge roughness, LER) 與線寬粗糙度 (line-width roughness, LWR)，是發生於多晶矽閘的圖樣化，這是因為光阻不規則性的緣故。這些粗糙度增加了次臨界電流並惡化了臨界電壓的特性。氧化層厚度變異與界面陷阱 (interface trap) 可能會引起閘極介電質變異。CMP 步驟已用於拋光淺溝槽隔離 (STI)、金屬連接線、介電質與金屬閘極。不規則的材料密度導致不同的拋光速率。例如，不均勻的金屬連接線可能導致凹陷 (dishing) 與侵蝕 (erosion)，結果為上至 10% 的金屬電阻變化。為了減輕在 CMP 引起的變異，可在稀疏的區域放置仿製 (dummy) 金屬方塊。位在製程角落 (corner) 條件下的 200 顆 nMOS 與 pMOS（W = 200 nm，L = 100 nm）電晶體，其臨界電壓變異示於圖 3.37。即使角落結構仍然可見──小幾何形狀電

圖 3.36
線邊緣粗糙度 (LER) 與線寬粗糙度 (LWR) 的定義。

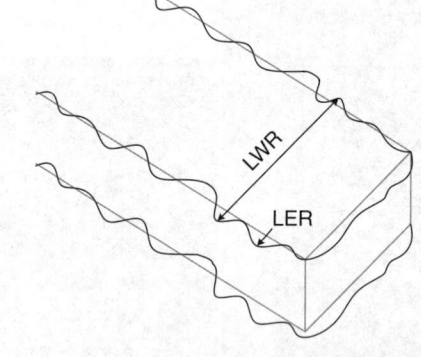

圖 3.37
在 90-nm 技術中，MOSFET 電晶體的臨界電壓變異。

（資料來源：Courtesy of Dr. Marcel Pelgrom）

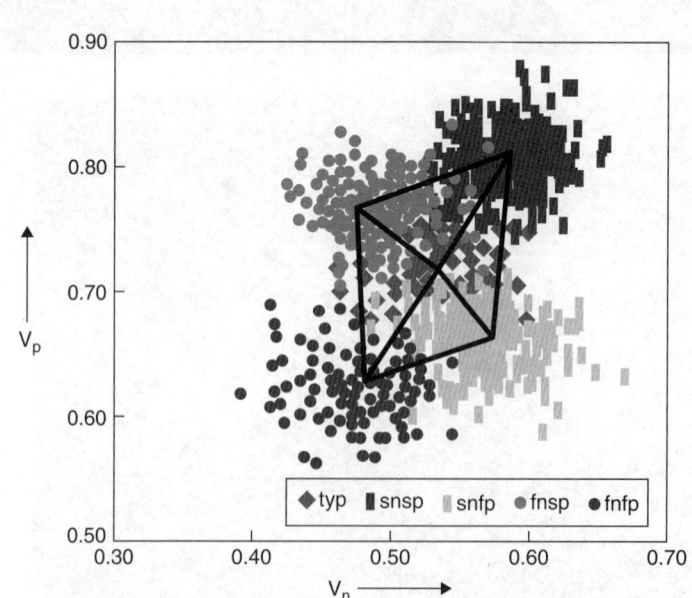

晶體的尺寸差異類似製程角落的變異情形。數位積體電路的變異性會衝擊到良率、速度與功率消耗。

這些電晶體的變異能夠以規模來分類：

- 裸晶內 (within die, WID) 變異：整顆裸晶的變異。由製程所引起的，隨機的，與電源供應、溫度變化及佈局相關。
- 裸晶至裸晶 (die-to-die, D2D) 變異：整片晶圓的變異，系統性的。
- 晶圓至晶圓 (wafer-to-wafer, W2W) 變異：晶圓之間的變異。
- 批至批 (lot-to-lot) 變異：不同批之間的變異。

在這些變異中，設計者所最關注的是 WID 變異，因為很難對於隨機性的變異進行補償。D2D 變化是系統性的，相對容易進行補償。

由於電晶體尺寸的持續縮小，元件隨著老化而衰退的現象已普遍化，可能導致電路性能的顯著下降。負偏壓溫度不穩定性 (negative bias temperature instability, NBTI) 與熱載子注入 (hot-carrier injection, HCI) 是電晶體老化的兩種原因。

電遷移會導致連接線老化。在更精微的技術節點上，這些老化的機制可能會更糟糕。相較於 nMOS 因 HCI 引起的退化現象，在 90 nm 甚至更小的製程中，pMOS 因 NBTI 引起的臨界電壓變異是一個主要的壽命限制因素。NBTI 導因於 pMOS 電晶體中，位在 $Si-SiO_2$ 界面上所產生的界面陷阱。元件操作期間可能發生沿著氧化層界面的 Si-H 鍵的崩解 (disintegration)，導致 H 原子擴散至閘極氧化層，而斷裂鍵則形成陷阱。如果負電壓施加至 pMOS 閘極，如圖 3.38 所示，則臨界電壓將會偏移且經過通道的電流會因陷阱而減少。在整個氧化層區域處於高溫與高電場情況下，NBTI 會在較薄的閘極氧化層中加速出現。臨

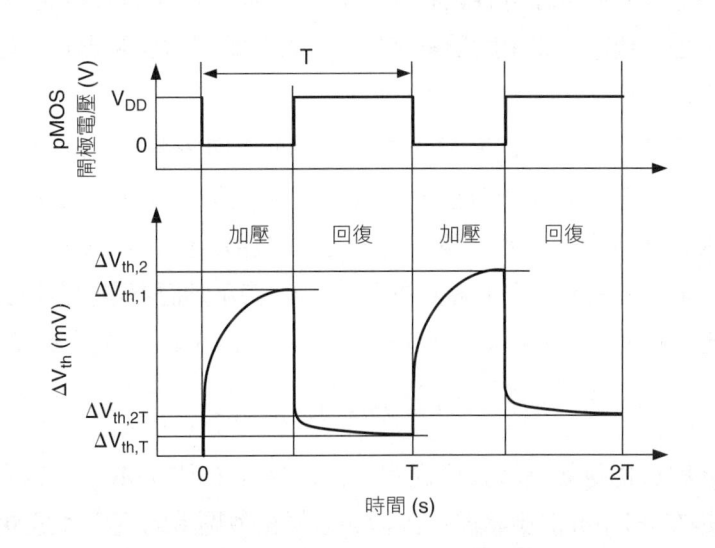

圖 3.38
NBTI 引起的臨界電壓變化。

界電壓的增加降低了數位電路的雜訊邊界與操作速度。在 pMOS 閘極電壓為高態且壓力移除的恢復階段中，閘極氧化層中的 H 原子擴散回 Si-SiO$_2$ 界面，並且 Si-H 鍵的復合降低了 pMOS 的臨界電壓。

在上述的變異性中，供應電壓、溫度、NBTI、熱載子注入與電遷移是與時間相關的。其它如移動率、臨界電壓與長度，以及雜訊耦合則是與空間相關的。

為了克服變異的問題並設計出可靠的晶片，會在材料、元件、設備以及電路設計等級上採用許多方法。例如，運算式微影技術會用來減緩 LER 與 LWR 的問題。就電路設計而言，變異容忍 / 老化容忍的設計技術已相當普遍，將會在第 14 章討論。

3.6 MOSFET 電容

本章所涵蓋的大部分主題都與 MOS 電晶體的穩態行為有關。這裡所討論的電流 - 電壓特性可以用來研究各種操作條件下的 MOS 電路直流響應。另一方面，為了檢視 MOSFET 與由 MOSFET 所構成的數位電路的暫態（交流）響應，我們須要找出與 MOS 電晶體相關的寄生電容之性質與數量。

在 MOS 電路中的晶片電容通常是佈局幾何與製造過程的複雜函數。這些電容大部分並非集總式 (lumped)，而是分佈式 (distributed)，且它們的精確計算通常需要複雜的三維非線性電荷 - 電壓模型。接下來，我們將對晶片上的 MOSFET 電容值發展簡單的近似法，可用於大部分的手動計算。這些電容模型足夠精確來代表 MOSFET 電荷 - 電壓行為的重要特性，且這些方程式都是以基本的半導體元件理論為基礎，而這應該是大部分讀者所熟悉的。我們還強調了元件相關的電容與連接線電容之間的區別。各種元件之間的金屬連接線對於電容性貢獻，是在數位電路中所觀察到的所有寄生電容的重要成分。此連接線電容的估計將在第 6 章處理。

圖 3.39 所示為典型 n 通道 MOSFET 的剖面圖與俯視圖（光罩圖）。到目前為止，我們都專注於元件的剖面圖，因為我們主要關心的是在 MOSFET 內的載子流動。我們在研究寄生元件電容時，必須更加熟悉 MOSFET 的俯視圖。在這張圖中，閘極的光罩長度（繪製長度）以 L_M 表示，而實際的通道長度則用 L 表示，閘極 - 源極與閘極 - 汲極重疊的範圍都是 L_D；因此，通道長度可得為

$$L = L_M - 2 \cdot L_D \tag{3.117}$$

注意，源極與汲極重疊區域長度通常是彼此相等，因為 MOSFET 結構對稱。通常，L_D 是在 0.1 μm 的數量級。源極與汲極擴散區域的寬度都是 W。典型的

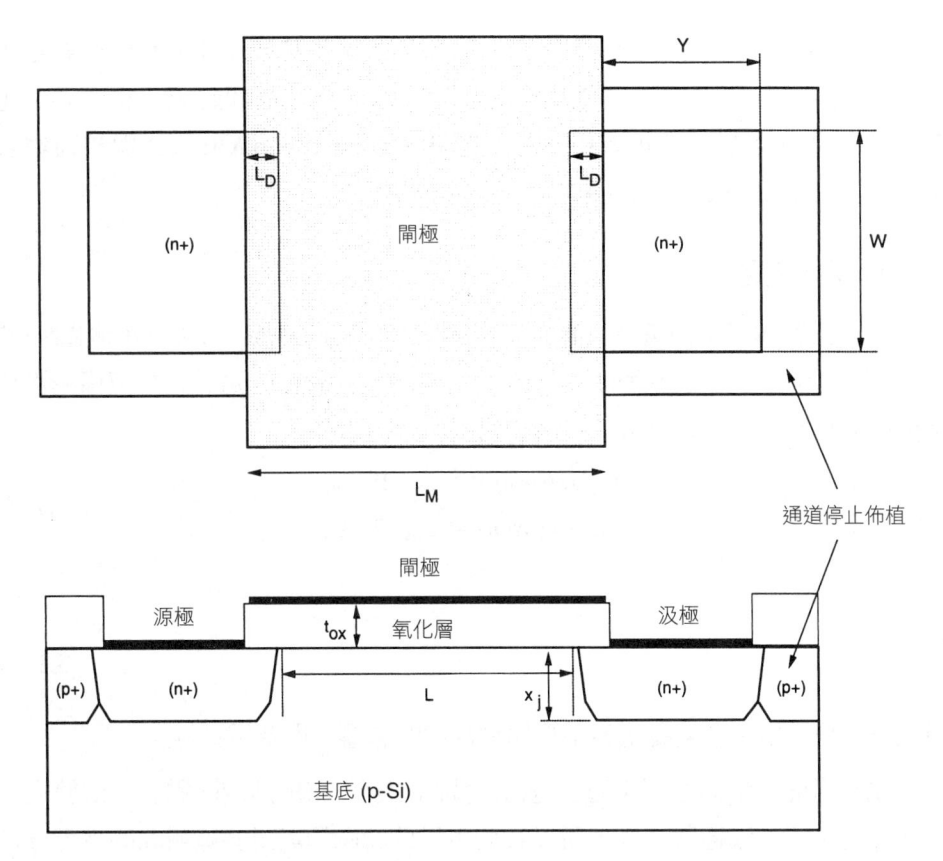

圖 3.39 典型 n 通道 MOSFET 的剖面圖與俯視圖（光罩圖）。

擴散區長度則表示為 Y。須注意的是，源極擴散區與汲極擴散區是由 p^+ 摻雜區所環繞，亦稱為通道停止 (channel-stop) 佈植。顧名思義，這個額外 p^+ 區域的目的是為了防止兩個相鄰 n^+ 擴散區之間形成任何不想要的（寄生）通道，以確保兩個這種區域間的表面無法反轉。因此，p^+ 通道停止佈植會對建立在同一基底上的相鄰元件進行電性隔離。

我們將把與此典型 MOSFET 結構相關的寄生電容視為在元件端點間所觀察到的集總等效電容（圖 3.40），因為這樣的集總表示可以容易地用於分析元

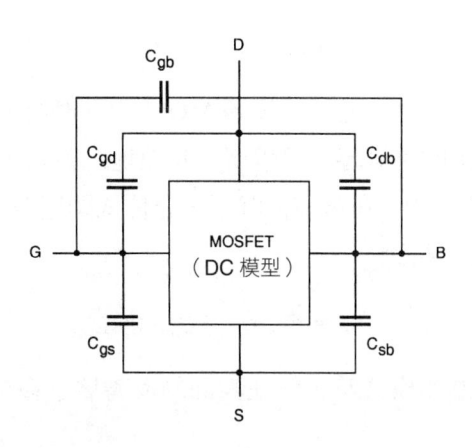

圖 3.40 寄生電容 MOSFET 的集總表示。

件的動態暫態行為。然而，讀者必須記住，現實中大部分寄生元件電容是來自於元件結構中三維分佈的電荷 - 電壓關係。根據其物理起源，寄生元件電容可以分為兩大類：**氧化層相關電容 (oxide-related capacitance)** 與 **接面電容 (junction capacitance)**。首先考慮氧化層相關電容。

氧化層相關電容

先前已說明了閘極電極重疊於源極區與汲極區的邊緣。這種結構配置所造成的兩顆重疊電容，分別稱為 C_{GD} (overlap) 與 C_{GS} (overlap)。假設源極與汲極擴散區都具有相同的寬度 W 時，重疊電容可以求得為

$$C_{GS}(overlap) = C_{ox} \cdot W \cdot L_D$$
$$C_{GD}(overlap) = C_{ox} \cdot W \cdot L_D \tag{3.118}$$

其中

$$C_{ox} = \frac{\varepsilon_{ox}}{t_{ox}} \tag{3.119}$$

須注意的是，這兩顆重疊電容不受偏壓條件的影響，即為電壓無關。

現在考慮由閘極電壓與通道電荷之間的相互作用所造成的電容。由於通道區連接至源極、汲極與基底，所以我們可以確認閘極與這些區域間的電容分別為 C_{gs}、C_{gd} 與 C_{gb}。注意到現實中，閘極至通道電容是分佈式的且電壓相依。然後，閘極至源極電容 C_{gs} 實際上是在閘極與源極端點之間所看到的閘極至通道電容；閘極至汲極電容 C_{gd} 實際上則是在閘極與汲極端點之間所看到的閘極至通道電容。藉由觀察通道區於截止模式、線性模式與飽和模式的情況，可以獲得這些電容偏壓相依性的簡化觀點。

在截止模式（圖 3.41(a)）下，表面不會發生反轉。因此，連接表面至源極與汲極的導電通道並不存在。所以，閘極至源極電容與閘極至汲極電容都等於零：$C_{gs} = C_{gd} = 0$。閘極至基底電容可以近似為

$$C_{gb} = C_{ox} \cdot W \cdot L \tag{3.120}$$

在線性模式操作時，反轉通道延伸橫跨 MOSFET，位在源極與汲極之間（圖 3.41(b)）。位在表面上的這個導電反轉層，有效地遮蔽 (shield) 了基底免於閘極電場影響；因此，$C_{gb} = 0$。在這種情況下，分佈式閘極至通道電容可以視為由源極與汲極之間均分，得到

$$C_{gs} \cong C_{gd} \cong \frac{1}{2} \cdot C_{ox} \cdot W \cdot L \tag{3.121}$$

當 MOSFET 操作於飽和模式時，位在表面的反轉層不會延伸到汲極，但它是

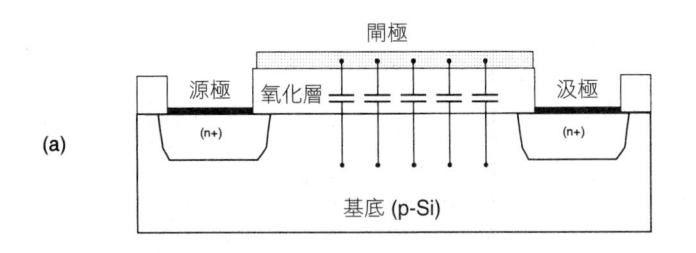

圖 3.41
MOSFET 氧化層電容的圖形表示式，於 (a) 截止模式，(b) 線性模式，以及 (c) 飽和模式。

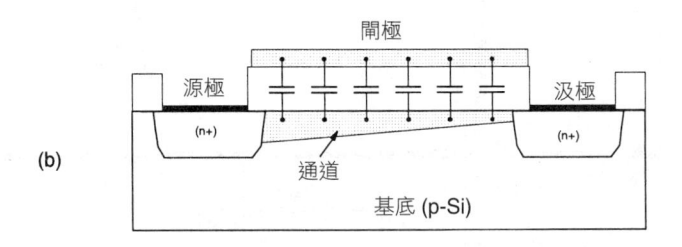

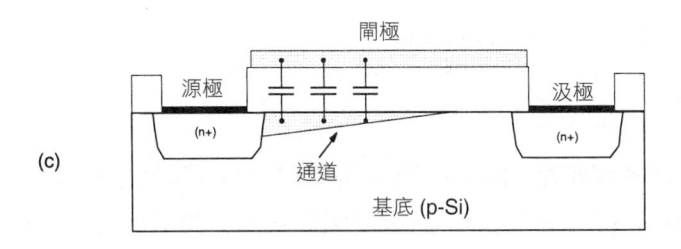

夾止的（圖 3.41(c)）。因此，閘極至汲極電容成分等於零 ($C_{gd} = 0$)。因為源極仍然與導電通道相連，因此遮蔽效應 (shielding effect) 也會迫使閘極至基底電容為零，$C_{gb} = 0$。最後，閘極至通道的分佈式電容如同在閘極與源極之間所看到一樣，可以近似為

$$C_{gs} \cong \frac{2}{3} \cdot C_{ox} \cdot W \cdot L \tag{3.122}$$

表 3.6 列出 MOS 電晶體於三種不同操作模式下的近似氧化層電容值總結。分佈式寄生氧化層電容的變化為閘極至源極電壓 V_{GS} 的函數，也顯示於圖 3.42。

很明顯地，我們必須把在這裡得到的分佈式 C_{gs} 與 C_{gd} 值，與相關的重疊電容值結合，以計算外部元件端點之間的總電容。同樣值得一提的是，所有這三顆電壓相依（分佈式）閘極氧化層電容的總和 ($C_{gb} + C_{gs} + C_{gd}$)，最小值為 0.66 $C_{ox}WL$（於飽和模式），最大值為 $C_{ox}WL$（於截止與線性模式）。為了方便手動

電容值	截止	線性	飽和
C_{gb} (total)	$C_{ox}WL$	0	0
C_{gd} (total)	$C_{ox}WL_D$	$\frac{1}{2}C_{ox}WL + C_{ox}WL_D$	$C_{ox}WL_D$
C_{gs} (total)	$C_{ox}WL_D$	$\frac{1}{2}C_{ox}WL + C_{ox}WL_D$	$\frac{2}{3}C_{ox}WL + C_{ox}WL_D$

表 3.6
MOS 電晶體於三種操作模式下的近似氧化層電容值。

圖 3.42
分佈式（閘極至通道）氧化層電容變化作為閘極至源極電壓 V_{GS} 的函數。

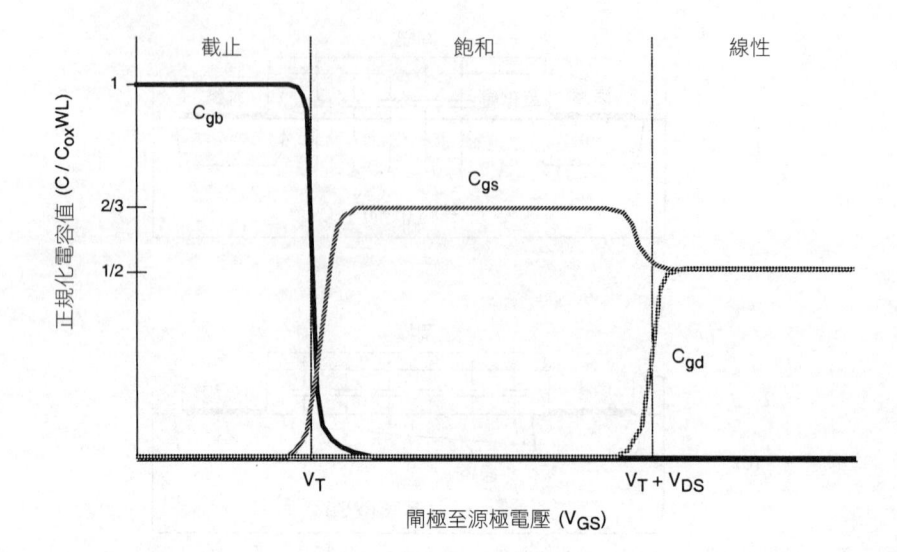

計算，在將三顆電容都視為並聯的情況下，最糟的定值 $C_{ox}\,W\,(L+2L_D)$ 可以作為 MOSFET 閘極氧化層電容的總和。

接面電容

現在我們考慮電壓相依的源極 - 基底與汲極 - 基底接面電容，分別為 C_{sb} 與 C_{db}。這兩顆電容都是由於空乏電荷圍繞在內嵌於基底上的源極或汲極擴散區所造成的。由於形成源極 - 基底與汲極 - 基底接面的擴散區為三維形狀，相關接面電容的計算很複雜。須注意的是，在 MOSFET 正常操作條件下，這兩個接面為逆向偏壓，而接面電容量為所施加於端點電壓的函數。圖 3.43 顯示典型 n 通道增強型 MOSFET 的簡化與局部幾何形狀，聚焦於 p 型基底內的 n 型擴散區。以下所要進行的分析將也可應用於 n 通道與 p 通道 MOS 電晶體。

圖 3.43
在 p 型基底內的 n⁺ 型擴散區三維（立體）圖。

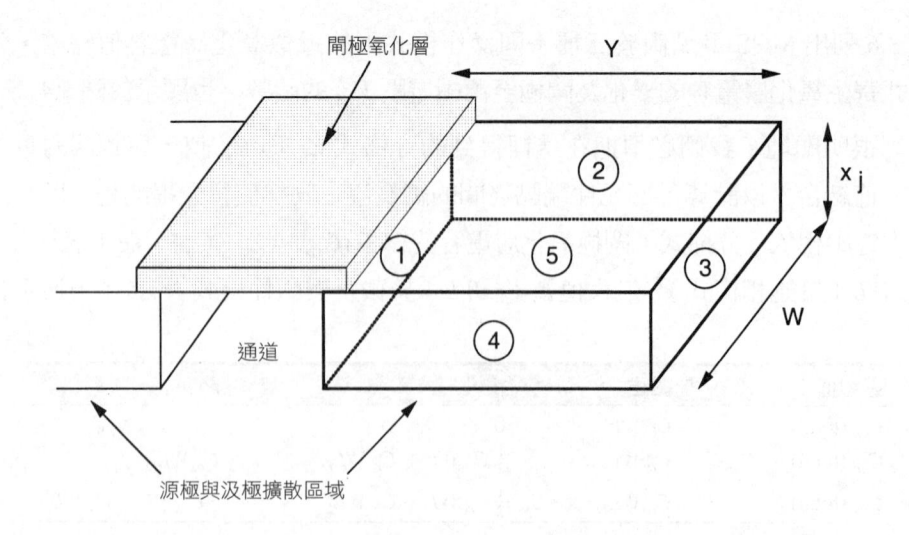

表 3.7 在圖 3.43 中所示的 p-n 接面的類型與區域。

接面	區域	類型
1	$W \cdot x_j$	n^+/p
2	$Y \cdot x_j$	n^+/p^+
3	$W \cdot x_j$	n^+/p^+
4	$Y \cdot x_j$	n^+/p^+
5	$W \cdot Y$	n^+/p

正如圖 3.43 所示，n^+ 型擴散區在環繞的 p 型基底之間形成了許多平面 p-n 接面，在這裡用 1 至 5 來表示。W、Y 與 x_j 是代表擴散區的矩形盒尺寸。為了簡化起見，所有的接面都假設為陡峭 (abrupt) 或稱為步階 (step) p-n 接面輪廓分佈。此外，將此立體圖與圖 3.39 進行比較，我們認知到這裡所顯示的五個平面接面中的其中三個（2、3 及 4）實際上是被 p^+ 通道停止佈植所包圍。標記為 (1) 的接面係面對通道，而底部接面 (5) 則是面對具有摻雜密度 N_A 的 p 型基底。因為 p^+ 通道停止佈植密度通常約為 $10 N_A$，與這些**側壁 (sidewall)** 相關的接面電容會不同於其它的接面電容（表 3.7）。注意，在一般情況下，擴散區的實際形狀及摻雜輪廓分佈更加複雜。然而，這種簡化的分析提供了對於接面相關電容一階估計的足夠見解。

為了計算逆向偏壓的陡峭 p-n 接面空乏區電容，首先考慮求出空乏區厚度 x_d。假設 n 型與 p 型摻雜密度分別為 N_D 與 N_A，且逆向偏壓為 V（負），則該空乏區厚度可以求得為

$$x_d = \sqrt{\frac{2 \cdot \varepsilon_{Si}}{q} \cdot \frac{N_A + N_D}{N_A \cdot N_D} \cdot (\phi_0 - V)} \qquad (3.123)$$

其中內建的接面電位可計算出為

$$\phi_0 = \frac{kT}{q} \cdot \ln\left(\frac{N_A \cdot N_D}{n_1^2}\right) \qquad (3.124)$$

須注意的是，當偏壓 V 為正時，接面是順向偏壓；而偏壓為負時，則是逆向偏壓。儲存在此區域的空乏區電荷，可以根據空乏區厚度 x_d 寫成

$$Q_j = A \cdot q \cdot \left(\frac{N_A \cdot N_D}{N_A + N_D}\right) \cdot x_d = A \sqrt{2 \cdot \varepsilon_{Si} \cdot q \cdot \left(\frac{N_A \cdot N_D}{N_A + N_D}\right) \cdot (\phi_0 - V)} \qquad (3.125)$$

在這裡，A 代表接面面積。與空乏區相關的接面電容定義為

$$C_j = \left|\frac{dQ_j}{dV}\right| \qquad (3.126)$$

藉由式 (3.125) 針對偏壓 V 進行微分，我們現在可以得到接面電容表示式為

$$C_j(V) = A \cdot \sqrt{\frac{\varepsilon_{Si} \cdot q}{2} \cdot \left(\frac{N_A \cdot N_D}{N_A + N_D}\right)} \cdot \frac{1}{\sqrt{(\phi_0 - V)}} \tag{3.127}$$

此表示式可以為接面分級 (grading) 重寫成更為一般的形式。

$$C_j(V) = \frac{A \cdot C_{jo}}{\left(1 - \dfrac{V}{\phi_0}\right)^m} \tag{3.128}$$

式 (3.128) 中的參數 m 稱為**分級係數 (grading coefficient)**。其值在陡峭接面輪廓分佈等於 1/2，而在線性分級接面輪廓則為 1/3。顯然地，對於陡峭接面輪廓而言，即當 $m = 1/2$ 時，式 (3.127) 和式 (3.128) 會變成完全相同。單位面積的零偏壓接面電容 C_{j0} 定義為

$$C_{j0} = \sqrt{\frac{\varepsilon_{Si} \cdot q}{2} \cdot \left(\frac{N_A \cdot N_D}{N_A + N_D}\right) \cdot \frac{1}{\phi_0}} \tag{3.129}$$

須注意的是，式 (3.128) 中的接面電容 C_j 數值，最終取決於橫跨於 p-n 接面所施加的外部偏壓。因為 MOSFET 的端點電壓在動態操作過程中會改變，在暫態情況下要精確估計接面電容是相當複雜的；所有的接面電容瞬間值也將會相對應地變化。如果我們計算出大訊號平均（線性）接面電容來代替，於改變偏壓條件下估算電容值的問題是可以簡化的；由定義可知，此電容無關於偏壓電位。此等效大訊號電容可定義為

$$C_{eq} = \frac{\Delta Q}{\Delta V} = \frac{Q_j(V_2) - Q_j(V_1)}{V_2 - V_1} = \frac{1}{V_2 - V_1} \cdot \int_{V_1}^{V_2} C_j(V) dV \tag{3.130}$$

在這裡，假設跨越 p-n 接面上的逆向偏壓係由 V_1 變到 V_2。因此，每次兩個已知電壓準位之間的轉態都會計算等效電容 C_{eq}。藉由將式 (3.128) 代入式 (3.130)，我們得到

$$C_{eq} = -\frac{A \cdot C_{j0} \cdot \phi_0}{(V_2 - V_1) \cdot (1 - m)} \cdot \left[\left(1 - \frac{V_2}{\phi_0}\right)^{1-m} - \left(1 - \frac{V_1}{\phi_0}\right)^{1-m}\right] \tag{3.131}$$

對於陡峭 p-n 接面的特殊情況，式 (3.131) 會變成

$$C_{eq} = -\frac{2 \cdot A \cdot C_{j0} \cdot \phi_0}{(V_2 - V_1)} \cdot \left[\sqrt{1 - \frac{V_2}{\phi_0}} - \sqrt{1 - \frac{V_1}{\phi_0}}\right] \tag{3.132}$$

藉由定義無單位係數 K_{eq}，此方程可以改寫成更簡單的形式為

$$C_{eq} = A \cdot C_{j0} \cdot K_{eq} \tag{3.133}$$

$$K_{eq} = -\frac{2\sqrt{\phi_0}}{V_2 - V_1} \cdot \left(\sqrt{\phi_0 - V_2} - \sqrt{\phi_0 - V_1}\right) \tag{3.134}$$

其中 K_{eq} 為**電壓等效因子 (voltage equivalence factor)**（注意到 $0 < K_{eq} < 1$）。

因此,係數 K_{eq} 允許我們考慮接面電容的電壓相依性變化。使用式 (3.133) 與式 (3.134) 所求得的大訊號等效接面電容 C_{eq} 精確度,通常能滿足大部分的一階手動計算。這裡所討論的電容計算方法,其實際應用將在下列例題中說明。

例題 3.8

考慮具逆向偏壓 V_{bias} 的簡單陡峭 p-n 接面。n 型區域的摻雜密度為 $N_D = 2.2 \times 10^{18} \text{ cm}^{-3}$,p 型區域的摻雜密度則為 $N_A = 1.6 \times 10^{18} \text{ cm}^{-3}$。接面面積為 A = 10 $\mu m \times 10 \mu m$。

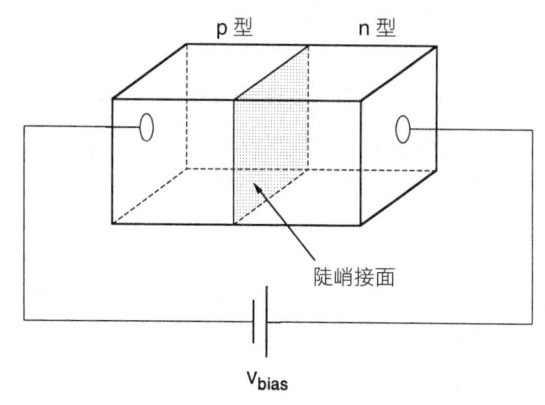

首先,我們計算這個結構的單位面積零偏壓接面電容 C_{j0}。內建接面電位求得為

$$\phi_0 = \frac{kT}{q} \cdot \ln\left(\frac{N_A \cdot N_D}{n_i^2}\right) = 0.026 \text{ V} \cdot \ln\left(\frac{1.6 \cdot 10^{18} \times 2.2 \cdot 10^{18}}{2.1 \times 10^{20}}\right) = 0.97 \text{ V}$$

使用式 (3.129),我們可以計算出零偏壓接面電容。

$$C_{j0} = \sqrt{\frac{\varepsilon_{Si} \cdot q}{2} \cdot \left(\frac{N_A \cdot N_D}{N_A + N_D}\right) \cdot \frac{1}{\phi_0}}$$

$$= \sqrt{\frac{11.7 \cdot 8.85 \times 10^{-14} \text{F/cm} \cdot 1.6 \times 10^{-19} C}{2} \cdot \left(\frac{1.6 \cdot 10^{18} \times 2.2 \cdot 10^{18}}{1.6 \cdot 10^{18} + 2.2 \cdot 10^{18}}\right) \cdot \frac{1}{0.97 \text{ V}}}$$

$$= 2.81 \times 10^{-7} \text{ F/cm}^2$$

接著,找出等效大訊號接面電容。假設逆向偏壓從 $V_1 = 0$ 變化至 $V_2 = -1$ V。這個轉態的電壓等效因子可以求得為

$$K_{eq} = -\frac{2\sqrt{\phi_0}}{V_2 - V_1} \cdot \left(\sqrt{\phi_0 - V_2} - \sqrt{\phi_0 - V_1}\right)$$

$$= -\frac{2\sqrt{0.97}}{-1} \cdot \left(\sqrt{0.97 - (-1)} - \sqrt{0.97}\right) = 0.82$$

然後,只要使用式 (3.133) 就可以得到平均接面電容。

$$C_{eq} = A \cdot C_{j0} \cdot K_{eq} = 100 \times 10^{-8} \text{ cm}^2 \cdot 2.81 \times 10^{-7} \text{ F/cm}^2 \cdot 0.82 = 230 \text{ fF}$$

圖 3.39 與圖 3.43 顯示出典型 MOSFET 源極或汲極擴散區的側壁，是由 p 通道停止佈植所包圍，其摻雜濃度比基底摻雜濃度 N_A 更高。因此，側壁零偏壓電容 C_{j0sw} 以及側壁電壓等效因子 $K_{eq}(sw)$，將不同於底面接面的 C_{j0} 與 K_{eq}。假設側壁摻雜密度為 $N_A(sw)$，單位面積零偏壓電容可以求得為

$$C_{j0sw} = \sqrt{\frac{\varepsilon_{Si} \cdot q}{2} \cdot \left(\frac{N_A(sw) \cdot N_D}{N_A(sw) + N_D}\right) \cdot \frac{1}{\phi_{0sw}}} \tag{3.135}$$

其中 ϕ_{0sw} 是側壁接面的內建電位。因為在典型的擴散結構中所有側壁具有與 x_j 近乎相同的深度，我們可以定義單位長度零偏壓側壁接面電容為

$$C_{jsw} = C_{j0sw} \cdot x_j \tag{3.136}$$

電壓擺幅在 V_1 與 V_2 之間的側壁電壓等效因子 $K_{eq}(sw)$ 定義如下：

$$K_{eq}(sw) = -\frac{2\sqrt{\phi_{0sw}}}{V_2 - V_1} \cdot \left(\sqrt{\phi_{0sw} - V_2} - \sqrt{\phi_{0sw} - V_1}\right) \tag{3.137}$$

結合式 (3.135) 至式 (3.137)，對於側壁具有長度（周長 (perimeter)）P 的等效大訊號接面電容 $C_{eq}(sw)$ 可以計算為

$$C_{eq}(sw) = P \cdot C_{jsw} \cdot K_{eq}(sw) \tag{3.138}$$

例題 3.9

考慮所示的 n 通道增強型 MOSFET。製程參數如下：

基底摻雜	$N_A = 4 \times 10^{18} \text{ cm}^{-3}$
源極／汲極摻雜	$N_D = 2 \times 10^{20} \text{ cm}^{-3}$
側壁 (p^+) 摻雜	$N_A(sw) = 8 \times 10^{19} \text{ cm}^{-3}$
閘極氧化層厚度	$t_{ox} = 1.6 \text{ nm}$
接面深度	$x_j = 32 \text{ nm}$

須注意的是，源極與汲極擴散區是由 p^+ 通道停止擴散所包圍。基底偏壓在 0 V。假設汲極電壓從 0.1 V 變化到 1.0 V 時，求出平均汲極-基底接面電容 C_{db}。

首先，我們認知到矩形汲極擴散結構的三組側壁與 p^+ 通道停止佈植形成了 n^+/p^+ 接面，而底部區域與面對通道的側壁形成了 n^+/p 接面。一開始先計算這兩種接面的內建電位。

$$\phi_0 = \frac{kT}{q} \cdot \ln\left(\frac{N_A \cdot N_D}{n_i^2}\right) = 0.026 \text{ V} \cdot \ln\left(\frac{4 \times 10^{18} \cdot 2 \times 10^{20}}{2.1 \times 10^{20}}\right) = 1.11 \text{ V}$$

$$\phi_{0sw} = \frac{kT}{q} \cdot \ln\left(\frac{N_A(sw) \cdot N_D}{n_i^2}\right) = 0.026 \text{ V} \cdot \ln\left(\frac{8 \times 10^{19} \cdot 2 \times 10^{20}}{2.1 \times 10^{20}}\right) = 1.19 \text{ V}$$

接下來，我們計算單位面積零偏壓接面電容。

$$\begin{aligned}
C_{j0} &= \sqrt{\frac{\varepsilon_{Si} \cdot q}{2} \cdot \left(\frac{N_A \cdot N_D}{N_A + N_D}\right) \cdot \frac{1}{\phi_0}} \\
&= \sqrt{\frac{11.7 \cdot 8.85 \cdot 10^{-14} \text{ F/cm} \cdot 1.6 \times 10^{-19}}{2} \cdot \left(\frac{4 \times 10^{18} \cdot 2 \times 10^{20}}{4 \times 10^{18} + 2 \times 10^{20}}\right) \cdot \frac{1}{1.11 \text{ V}}} \\
&= 54.1 \times 10^{-8} \text{ F/cm}^2
\end{aligned}$$

$$\begin{aligned}
C_{j0sw} &= \sqrt{\frac{\varepsilon_{Si} \cdot q}{2} \cdot \left(\frac{N_A \cdot N_D}{N_A + N_D}\right) \cdot \frac{1}{\phi_{0sw}}} \\
&= \sqrt{\frac{11.7 \cdot 8.85 \cdot 10^{-14} \text{ F/cm} \cdot 1.6 \times 10^{-19}}{2} \cdot \left(\frac{8 \times 10^{19} \cdot 2 \times 10^{20}}{8 \times 10^{19} + 2 \times 10^{20}}\right) \cdot \frac{1}{1.19 \text{ V}}} \\
&= 199.4 \times 10^{-8} \text{ F/cm}^2
\end{aligned}$$

單位長度零偏壓側壁接面電容也可以求得為

$$C_{jsw} = C_{j0sw} \cdot x_j = 199.4 \times 10^{-8} \text{F/cm}^2 \cdot 32 \times 10^{-7} \text{cm} = 6.38 \text{ pF/cm}$$

為了把汲極電壓的變化列入考慮，我們現在必須計算這兩種接面的電壓等效因子，K_{eq} 與 $K_{eq}(sw)$，這允許我們能夠找到平均大訊號電容值。

$$K_{eq} = -\frac{2\sqrt{1.11}}{-1-(-0.1)} \cdot \left(\sqrt{1.11+1} - \sqrt{1.11+0.1}\right) = 0.675$$

$$K_{eq}(sw) = -\frac{2\sqrt{1.19}}{-1-(-0.1)} \cdot \left(\sqrt{1.19+1} - \sqrt{1.19+0.1}\right) = 0.682 \cong K_{eq}$$

n^+/p 接面的總面積可以利用底面積與面向通道區的側壁面積總和進行計算。

$$A = (0.3 \times 0.15)\mu\text{m}^2 + (0.15 \times 0.032)\mu\text{m}^2 = 0.05 \text{ }\mu\text{m}^2$$

另一方面，n^+/p^+ 接面周長的總長度等於汲極擴散區域的三個邊長總和。因此，合併後的等效（平均）汲極 - 基底接面電容可以求得為

$$\begin{aligned}
\langle C_{db} \rangle &= A \cdot C_{j0} \cdot K_{eq} + P \cdot C_{jsw} \cdot K_{eq}(sw) \\
&= 0.05 \times 10^{-8} \text{cm}^2 \cdot 54.1 \times 10^{-8} \text{ F/cm}^2 \cdot 0.675 \\
&\quad + 0.75 \times 10^{-4} \text{cm} \cdot 6.38 \times 10^{-12} \text{ F/cm} \cdot 0.682 = 0.509 \times 10^{-15} \text{ F} = 0.509 \text{ fF}
\end{aligned}$$

練習題

3.1 考慮具有以下參數的 MOS 系統：

$t_{ox} = 1.6$ nm

$\phi_{GC} = -1.04$ V

$N_A = 2.8 \times 10^{18}$ cm^{-3}

$Q_{ox} = q4.10^{10}$ C/cm^2

a. 決定在室溫下 ($T = 300°$ K) 的零偏壓臨界電壓 V_{T0}。須注意的是，$\varepsilon_{ox} = 3.97\varepsilon_0$ 與 $\varepsilon_{si} = 11.7\varepsilon_0$。

b. 決定改變臨界電壓至 0.6 V 所需的通道佈植 (N_I/cm^2) 的類型（p 型或 n 型）與數量。

3.2 考慮一擴散區具有尺寸為 $0.4\ \mu m \times 0.2\ \mu m$，以及陡峭接面深度為 32 nm。其 n 型雜質的摻雜濃度是 $N_D = 2 \times 10^{20}$ cm^{-3}，以及周圍的 p 型基底摻雜濃度為 $N_A = 2 \times 10^{20}$ cm^{-3}。當擴散區偏壓在 1.2 V 而基底偏壓在 0 V 時，請決定出電容值。在這個問題中，假設沒有通道停止佈植。

3.3 請描述光罩通道長度 L_M 與電性通道長度 L 之間的關係。它們是相同的嗎？如果不是，你如何根據 L_M 與其它參數來表達 L？

3.4 元件的接面溫度是如何受到晶片功率消耗與其封裝的影響？你能描述元件接面溫度、環境溫度、晶片功率消耗與包裝品質之間的關係嗎？

3.5 請描述負載電容 C_{load} 的三個成分。其中邏輯閘會驅動著其它扇出閘。

3.6 考慮圖 P3.6 所示的 nMOS 電晶體佈局。製程參數如下

$N_D = 2 \times 10^{20}$ cm^{-3}　　　　$L_D = 10$ nm

$N_A = 2 \times 10^{20}$ cm^{-3}　　　　$t_{ox} = 1.6$ nm

$X_j = 32$ nm　　　　　　　　$V_{T0} = 0.53$ V

通道停止摻雜 $= 16.0 \times$（p 型基底摻雜）

當汲極節點電壓從 1.2 V 變為 0.6 V 時，請求出有效汲極寄生電容。

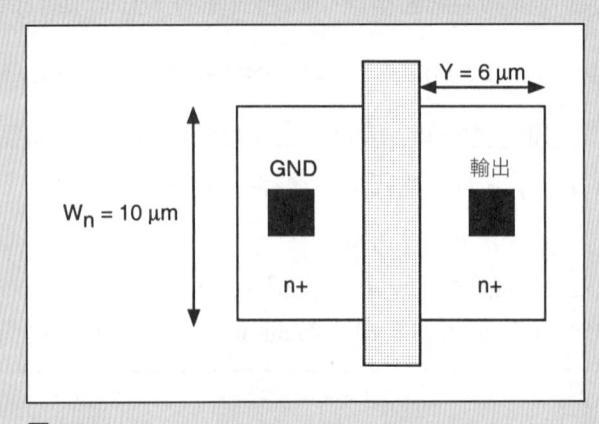

圖 P3.6

3.7 一組 nMOS 電晶體在室溫下於不同偏壓條件下的 *I-V* 特性示於下方。圖 P3.7 顯示了測量設置。使用以下數據,請求出 (a) 臨界電壓 V_{T0} 與 (b) 飽和速度 v_{sat}。部分參數為 $W = 0.6~\mu m$,$E_c L = 0.4$ V,$\lambda = 0.05$,$t_{ox} = 16$ Å,$|2\phi_F| = 1.1$ V。

V_{GS} (V)	V_{DS} (V)	V_{SB} (V)	I_D (μA)
0.6	0.6	0.0	6
0.65	0.6	0.0	12
0.9	1.2	0.3	44
1.2	1.2	0.3	156

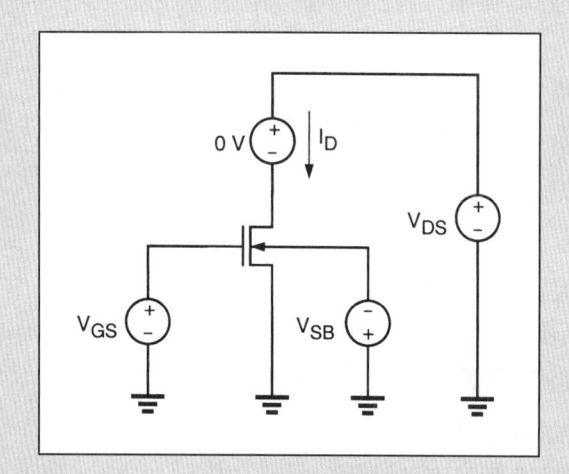

圖 P3.7

3.8 比較兩種製程縮小方法,(1) 定電場尺寸縮小,與 (2) 定電源供應電壓尺寸縮小。特別是,藉由使用方程式解析方式,說明延遲時間、功率消耗與功率密度會如何受到縮小因子 *S* 的影響。更具體來說,如果設計規則改變了,比如說,從 1 μm 變到 1/S μm ($S > 1$),會發生什麼情形?

3.9 pMOS 電晶體製作於 n 型基底上,具有基底摻雜密度 $N_D = 2 \times 10^{16}$ cm^{-3},閘極摻雜密度(n 型多晶矽)$N_D = 10^{20}$ cm^{-3},$Q_{ox}/q = 4 \times 10^{10}$ cm^{-2},以及閘極氧化層厚度 $t_{ox} = 1.6$ nm。計算在室溫下 $V_{SB} = 0$ 的臨界電壓。使用 $\varepsilon_{si} = 11.7\varepsilon_0$。

3.10 使用給定的參數,計算出通過兩顆串聯 nMOS 電晶體的電流(見圖 P3.10),其中頂部電晶體的汲極連接至 V_{DD},底部電晶體的源極則連接至 $V_{SS} = 0$,以及它們的閘極都連接至 V_{DD}。而基底也連接至 $V_{SS} = 0$ V。假設兩顆電晶體的 *W/L* = 10 與 $L = 4~\mu m$。

$k' = 168~\mu A/V^2$

$V_{T0} = 0.48$ V

$\gamma = 0.52$ V$^{1/2}$

$|2\phi_F| = 1.01$ V

提示:解題需要做幾次的疊代,且必須考慮臨界電壓的基體效應。請先從 KCL 方程式著手。

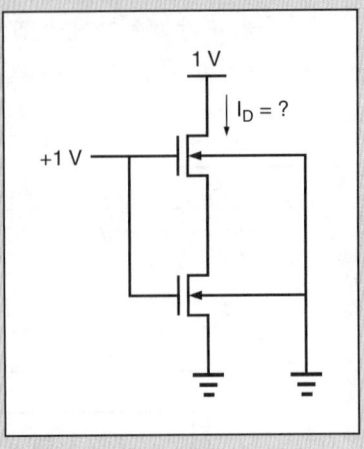

圖 P3.10

3.11 以下參數係供 nMOS 製程：

$t_{ox} = 16$ Å

基底摻雜 $N_A = 4 \times 10^{18}$ cm^{-3}

多晶矽閘極摻雜 $N_D = 2 \times 10^{20}$ cm^{-3}

氧化層界面固定電荷密度 $N_{ox} = 2 \times 10^{10}$ cm^{-3}

a. 計算未佈植電晶體的 V_T。

b. 何種雜質類型與濃度必須用於佈植，以達到 $V_T = 0.6$ V 與 $V_T = -0.6$ V？

3.12 使用給定的測量數據，決定元件的參數 V_{T0}、k、γ 與 λ，假設 $2\phi_F = -1.1$V 以及 $L = 4$ μm。

V_{GS} (V)	V_{DS} (V)	V_{SB} (V)	I_D (μA)
0.6	0.8	0	8
0.8	0.8	0	59
0.8	0.8	-0.3	37
0.8	1.0	0	60

3.13 使用第 2 章指定的設計規則，在方格紙上畫出 nMOS 電晶體的簡單佈局。使用最小特徵尺寸為 60 nm。忽略基底的連接。在完成佈局後，計算出 C_g、C_{sb} 與 C_{db} 的近似值。以下為給定之參數。

基底摻雜 $N_A = 4 \times 10^{18}$ cm^{-3}

接面深度 = 32 nm

汲極/源極摻雜 $N_D = 2 \times 10^{20}$ cm^{-3}

側壁摻雜 = 4×10^9 cm^{-3}

$W = 300$ nm

汲極偏壓 = 0 V

$L = 60$ nm

$t_{ox} = 1.6$ nm

3.14 增強型 nMOS 電晶體具有以下參數：

$V_{T0} = 0.48$ V

$\gamma = 0.52$ V$^{1/2}$

$\lambda = 0.05$ V^{-1}

$|2\phi_F| = 1.01$ V

$k' = 168$ μA/V^2

a. 當電晶體偏壓於 $V_G = 0.6$ V，$V_D = 0.22$ V，$V_S = 0.2$ V 與 $V_B = 0$ V 時，汲極電流為 $I_D = 24$ μA。請決定 W/L。

b. 當 $V_G = 1$ V，$V_D = 0.8$ V，$V_S = 0.4$ V 與 $V_B = 0$ V，請計算 I_D。

c. 假如 $\mu_n = 76.3$ cm^2/V·s 與 $C_g = C_{ox} \cdot W \cdot L = 1.0 \times 10^{-15}$ F，請求出 W 與 L。

3.15 nMOS 電晶體使用以下實體參數進行製造：

$N_D = 2.4 \times 10^{18}$ cm^{-3}

N_A (substrate) $= 2.4 \times 10^{18}$ cm^{-3}

N_A (chan. stop) $= 10^{19}$ cm^{-3}

$W = 400$ nm

$Y = 175$ nm

$L = 60$ nm

$L_D = 0.01$ μm

$X_j = 32$ nm

a. 當 $V_{DB} = 1.2$ V 與 0.6 V 時，決定汲極擴散電容。

b. 當氧化層厚度為 $t_{ox} = 18$ Å 時，請計算閘極與汲極之間的重疊電容。

Chapter 4

使用 SPICE 的 MOS 電晶體模型化

Modeling of MOS Transistors Using SPICE

　　SPICE（Simulation Program with Integrated Circuit Emphasis，以積體電路為主的模擬程式）是在微電子工業與教育機構中所廣泛使用的通用電路模擬器，是電路設計時不可或缺的電腦輔助設計 (computer-aided design, CAD) 工具。在全世界通用近四十年後，SPICE 可視為電路模擬上的一種公認標準。為了獲得與實驗數據相吻合的模擬輸出結果，大多數使用 SPICE 的工程師與電路設計者都認知到電晶體輸入模型 (model) 的重要性。在快速進步的 VLSI 設計領域裡，為了執行詳細的電路模擬與進行設計最佳化，完全了解用來描述電晶體行為的實體模型與各種元件參數是絕對重要的。本章描述在 SPICE 中所使用的各種 MOSFET 模型的實體觀點，並討論模型的方程式以及模型參數。除此之外，也提供了適用於 SPICE 的不同 MOSFET 模型之間的實際比較，可以幫助用戶依給定的模擬工作來選擇最合適的元件模型。讀者應該已了解 SPICE 的基本操作、電路輸入檔的結構，並且會使用 .MODEL 描述語法。

4.1 簡介

　　最早由加州大學柏克萊分校 (UC Berkeley) 在 1970 年代末期所公佈的 SPICE 軟體具有三種內建的 MOSFET 模型：Level 1 (MOS1) 是以平方定律的電流-電壓特性進行描述，Level 2 (MOS2) 則是精細的解析式 MOSFET 模型，以及 Level 3 (MOS3) 為半經驗 (semi-empirical) 模型。MOS2 與 MOS3 兩種模型都包含二階效應，如短通道的臨界電壓、次臨界導通、散射限制的速度飽和與電荷控制電容。最近，BSIM3（柏克萊短通道絕緣閘場效電晶體模型 (Berkeley Short-Channel IGFET Model)）版本也已加入公開發行的可用模型清單中，對次微米 MOSFET 特性能做更精確的描述。SPICE 的商業發行版本（如 PSPICE 與 HSPICE）通常包含了更多完善的元件模型以供選擇。使用於特定模擬工作中的 MOSFET 模型等級 (level)（類型）是宣告在 .MODEL 語法中。另外，使用者也能夠在這個語法中描述大量的模型參數。有關特定元件的幾何形狀資訊，如通道長度、通道寬度、源極與汲極面積等,通常是出現在該元件的成分描述行 (element description line) 中。一些典型的 MOSFET 成分描述行與 .MODEL 語法給定如下。

```
           M1      3   1   0   0   NMOD   L=1U     W=10U    AD=120P   PD=42U
           MDEV32  14  9   12  5   PMOD   L=1.2U   W=20U
.MODEL   NMOD   NMOS   (LEVEL=1   VTO=1.4   KP=4.5E-5   CBD=5PF   CBS=2PF)
.MODEL   PMOD   PMOS   (VTO=-2    KP=3.0E-5  LAMBDA=0.02  GAMMA=0.4
+               CBD=4PF   CBS=2PF   RD=5   RS=3   CGDO=1PF
+               CGSO=1PF  CGBO=1PF)
```

4.2 基本概念

本節將檢視各種模型的方程式,以及內建 MOSFET 模型相關的模型參數,也將討論參數值通常(正常)的範圍與已併入至 SPICE 中的模型參數預設值。所有 MOSFET 模型參數(Levels 1 至 3)的清單如表 4.1。

nMOS Level 1 模型的等效電路結構為 SPICE 預設的 MOSFET 模型,顯示於圖 4.1。這種基本結構常見於 Level 2 與 Level 3 模型。須注意的是,電壓控制電流源 I_D 決定元件的穩態電流-電壓行為,而連接在端點間的電壓控制(非線性)電容則代表寄生氧化層相關的電容與接面電容。在此等效電路中,正常操作條件下為逆偏的源極-基底與汲極-基底接面是用理想的二極體來表示。最後,寄生源極與汲極電阻則是分別由連接在汲極電流源與各端點間的電阻 R_D 和 R_S 來表示。

MOS 電晶體的基本幾何形狀是由通道(閘極)的標稱 (nominal) 長度 L 與通道寬度 W 來描述;兩者都顯示在成分描述行上。根據定義,通道寬度 W 為由薄閘極氧化層所涵蓋區域的寬度。須注意的是,有效通道長度 L_{eff} 定義為兩個(源極與汲極)擴散區間表面的距離。因此,為了找出有效通道長度,必須由元件描述行上所給定的(光罩)閘極標稱長度減去閘極-源極的重疊距離與閘極-汲極的重疊距離。閘極重疊於源極與汲極的量,可以藉由使用 SPICE 中的**橫向擴散 (lateral diffusion)** 係數 L_D 來指定。

模型化 p 通道 MOS 電晶體時,相依電流源方向、端點電壓極性以及代表源極-基底接面與汲極-基底接面的兩顆二極體方向必須相反。除此之外,下面章節所呈現的方程式亦可適用於 p 通道 MOSFET。

表 4.1 MOS 電晶體模型參數。

Symbol	SPICE keyword	LEVEL	Parameter description	Default value	Typical value	Units
\multicolumn{7}{c}{Parameters of the MOST}
V_{T0}	VTO	1–3	Zero-bias threshold voltage	1.0	1.0	V
KP	KP	1–3	Transconductance parameter	2×10^{-5}	3×10^{-5}	A/V^2
γ	GAMMA	1–3	Body-effect parameter	0.0	0.35	V$^{1/2}$
$2\phi_F$	PHI	1–3	Surface inversion potential	0.6	0.65	V
λ	LAMBDA	1, 2	Channel-length modulation	0.0	0.02	V^{-1}
t_{ox}	TOX	1–3	Thin oxide thickness	1×10^{-7}	1×10^{-7}	m
N_b	NSUB	1–3	Substrate doping	0.0	1×10^{15}	cm^{-3}
N_{SS}	NSS	2, 3	Surface state density	0.0	1×10^{10}	cm^{-2}
N_{FS}	NFS	2, 3	Surface-fast state density	0.0	1×10^{10}	cm^{-2}
N_{eff}	NEFF	2	Total channel charge coefficient	1	5	
X_j	XJ	2, 3	Metallurgical junction depth	0.0	1×10^{-6}	m
X_{jl}	LD	1–3	Lateral diffusion	0.0	0.8×10^{-6}	m
T_{PG}	TPG	2, 3	Type of gate material	1	1	
μ_0	UO	1–3	Surface mobility	600	700	cm^2/(V·s)
U_c	UCRIT	2	Critical electric field for mobility	1×10^4	1×10^4	V/cm
U_e	UEXP	2	Exponential coefficient for mobility	0.0	0.1	
U_t	UTRA	2	Transverse field coefficient	0.0	0.5	
v_{max}	VMAX	2, 3	Maximum drift velocity of carriers	0.0	5×10^4	m/sec
	XQC	2, 3	Coefficient of channel charge share	0.0	0.4	
δ	DELTA	2, 3	Width effect on threshold voltage	0.0	1.0	
η	ETA	3	Static feedback on threshold voltage	0.0	1.0	
θ	THETA	3	Mobility modulation	0.0	0.05	V^{-1}
A_F	AF	1–3	Flicker-noise exponent	1.0	1.2	
K_F	KF	1–3	Flicker-noise coefficient	0.0	1×10^{-26}	
\multicolumn{7}{c}{Parameters of parasitic effects}
I_s	IS	1–3	Bulk-junction saturation current	1×10^{-14}	1×10^{-15}	A
J_s	JS	1–3	Bulk-junction saturation current per square meter	0.0	1×10^{-8}	A
ϕ_j	PB	1–3	Bulk-junction potential	0.80	0.75	V
C_j	CJ	1–3	Zero-bias bulk capacitance per square meter	0.0	2×10^{-4}	F/m^2
M_j	MJ	1–3	Bulk-junction grading coefficient	0.5	0.5	
$C_j sw$	CJSW	1–3	Zero-bias perimeter capacitance per meter	0.0	1×10^{-9}	F/m
$M_j sw$	MJSW	1–3	Perimeter capacitance grading coefficient	0.33	0.33	
	FC	1–3	Bulk-junction forward-bias coefficient	0.5	0.5	
C_{GBO}	CGBO	1–3	Gate-bulk overlap capacitance per meter	0.0	2×10^{-10}	F/m
C_{GDO}	CGDO	1–3	Gate-drain overlap capacitance per meter	0.0	4×10^{-11}	F/m
C_{GSO}	CGSO	1–3	Gate-source overlap capacitance per meter	0.0	4×10^{-11}	F/m
R_D	RD	1–3	Drain ohmic resistance	0.0	10.	Ω
R_S	RS	1–3	Source ohmic resistance	0.0	10.	Ω
R_{sh}	RSH	1–3	Source and drain sheet resistance	0.0	30.	Ω

圖 4.1
SPICE 中 Level 1 MOSFET 模型的等效電路結構。

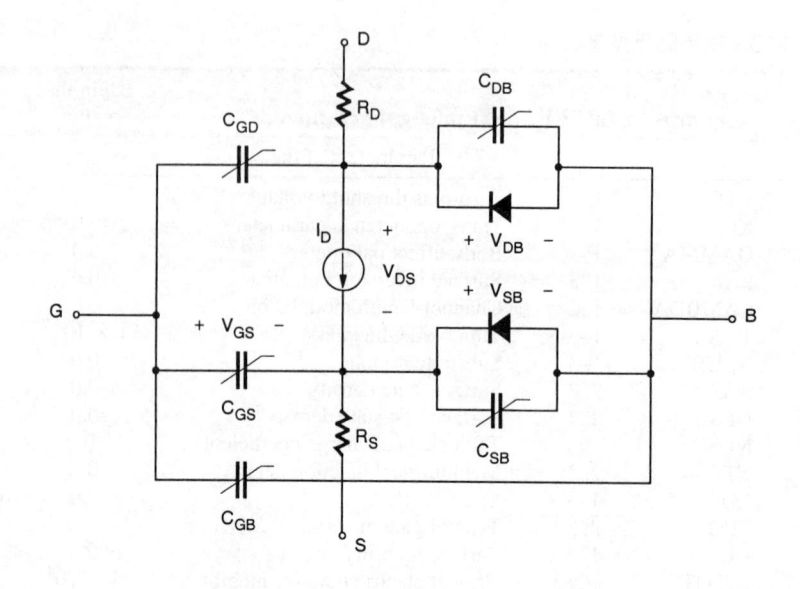

4.3　Level 1 模型方程式

　　Level 1 模型是最簡單的 MOSFET 電流 - 電壓描述，本質上是基於最初係由 Sah 於 1960 年代早期所提出而後來由 Shichman 與 Hodges 所開發的 GCA 二次模型。用於 SPICE 中的 Level 1 n 通道 MOSFET 模型方程式如下：

線性區

$$I_D = \frac{k'}{2} \cdot \frac{W}{L_{eff}} \cdot \left[2 \cdot (V_{GS} - V_T)V_{DS} - V_{DS}^2 \right] \cdot (1 + \lambda V_{DS}) \quad \text{當} \quad V_{GS} \geq V_T$$
$$\text{且} \quad V_{DS} < V_{GS} - V_T \quad (4.1)$$

飽和區

$$I_D = \frac{k'}{2} \cdot \frac{W}{L_{eff}} \cdot (V_{GS} - V_T)^2 \cdot (1 + \lambda \cdot V_{DS}) \quad \text{當} \quad V_{GS} \geq V_T$$
$$\text{且} \quad V_{DS} \geq V_{GS} - V_T \quad (4.2)$$

其中臨界電壓 V_T 的計算為

$$V_T = V_{T0} + \gamma \cdot \left(\sqrt{|2\phi_F| + V_{SB}} - \sqrt{|2\phi_F|} \right) \quad (4.3)$$

在這些公式中，所使用的有效通道長度的 L_{eff} 可以求得為

$$L_{eff} = L - 2 \cdot L_D \quad (4.4)$$

雖然實體通道長度縮短效應僅能在飽和區觀察到，但經驗上的通道長度調變項 $(1 + \lambda V_{DS})$ 會同時出現在線性區與飽和區方程式中。該項成為線性區方程式一部分，以確保線性 - 飽和區邊界的一階導數連續性。

五種電性參數可以完整地描述此模型特性：k'、V_{T0}、γ、$|2\phi_F|$ 與 λ。這些參數（分別為 KP、VTO、GAMMA、PHI 與 LAMBDA）可以直接指定在 .MODEL 宣告中，或其中一些可以由實體參數計算出，如下所示：

$$k' = \mu \cdot C_{ox}, \quad \text{其中} \quad C_{ox} = \frac{\varepsilon_{ox}}{t_{ox}} \tag{4.5}$$

$$\gamma = \frac{\sqrt{2 \cdot \varepsilon_{Si} \cdot q \cdot N_A}}{C_{ox}} \tag{4.6}$$

$$2\phi_F = 2\frac{kT}{q} \cdot \ln\left(\frac{n_i}{N_A}\right) \tag{4.7}$$

因此，也可以在 .MODEL 宣告中指定實體參數 μ、t_{ox} 與 N_A 來替代電性參數，或是指定這兩種類型參數的組合。如果發生牴觸（例如，如果電子移動率 μ 與電性參數 k' 兩者均在 .MODEL 宣告中指定），則給定的電性參數值（在本例為 k'）會使實體參數無效。汲極電流對於重要的電性模型參數 KP、VTO、GAMMA 與 LAMBDA 的代表性變異情形，分別顯示於圖 4.2 至圖 4.6 中。在模擬中使用的標稱參數值為

$k' = 98.2\ \mu\text{A/V}^2$　　　　KP　　 = 98.2 U
$V_{T0} = 0.53$ V　　　　　　　VTO　　= 0.53
$\gamma = 0.574$ V$^{1/2}$　　　　　　GAMMA = 0.574
$2\phi_F = -1.02$　　　　　　　PHI　　= 1.02
$\lambda = 0$　　　　　　　　　LAMBDA = 0

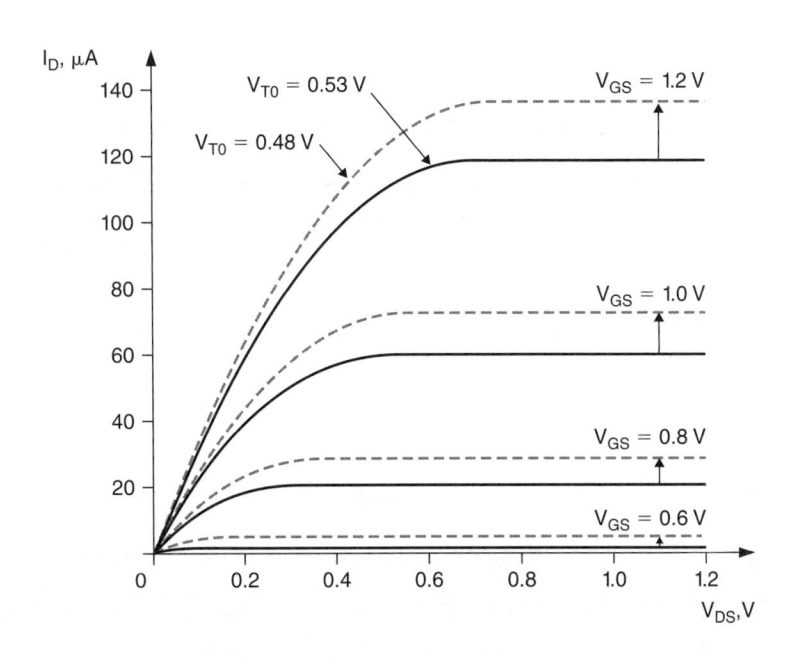

圖 4.2
在 Level 1 模型中，模型參數 VTO 對於汲極電流變化情形。

圖 4.3
在 Level 1 模型中，模型參數 KP 對於汲極電流變化情形。

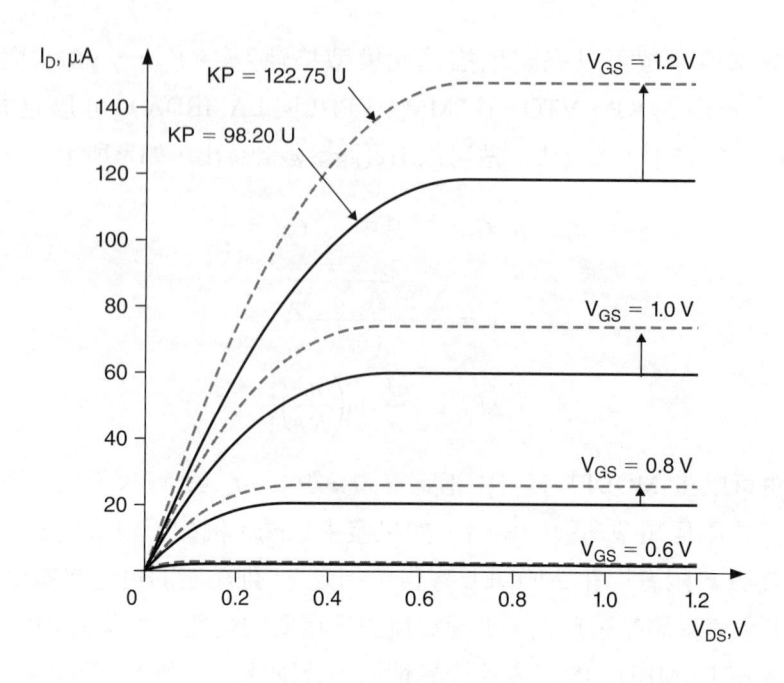

圖 4.4
在 Level 1 模型中，模型參數 TOX 對於汲極電流變化情形。

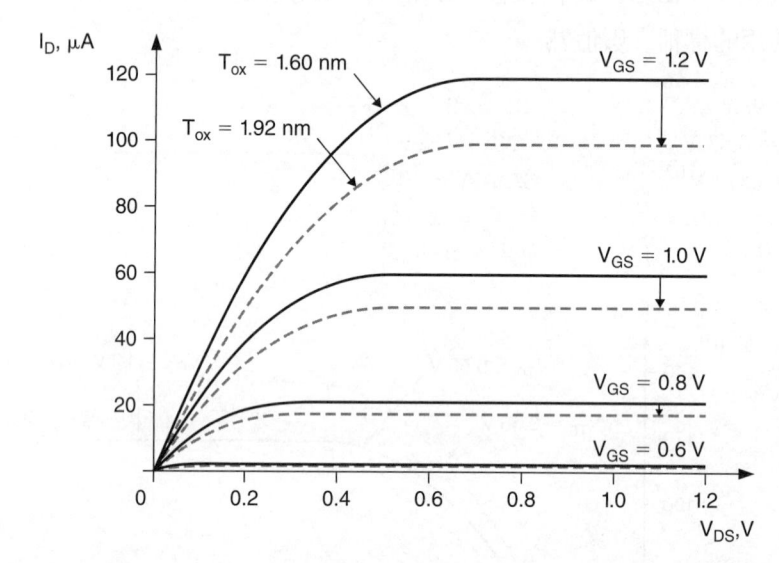

相對應的實體參數值（可能因前面所列的電性參數而無效）為

$\mu_n = 44.7 \text{ cm}^2/\text{V} \cdot \text{s}$　　UO = 44.7
$t_{ox} = 1.6 \text{ nm}$　　　　　　TOX = 1.60E-9
$N_A = 4.80 \times 10^{18} \text{ cm}^{-3}$　NSUB = 4.80E18
$L_D = 10 \text{ nm}$　　　　　　　LD = 1.00E-8

綜上所述，對於簡單的模擬問題，Level 1 模型提供了對電路性能有幫助的預測，而毋需使用大量的元件模型參數。接下來的兩節將介紹 Level 2 與 Level 3 的基本方程式，雖然其與 SPICE 實作版本並非完全相同。

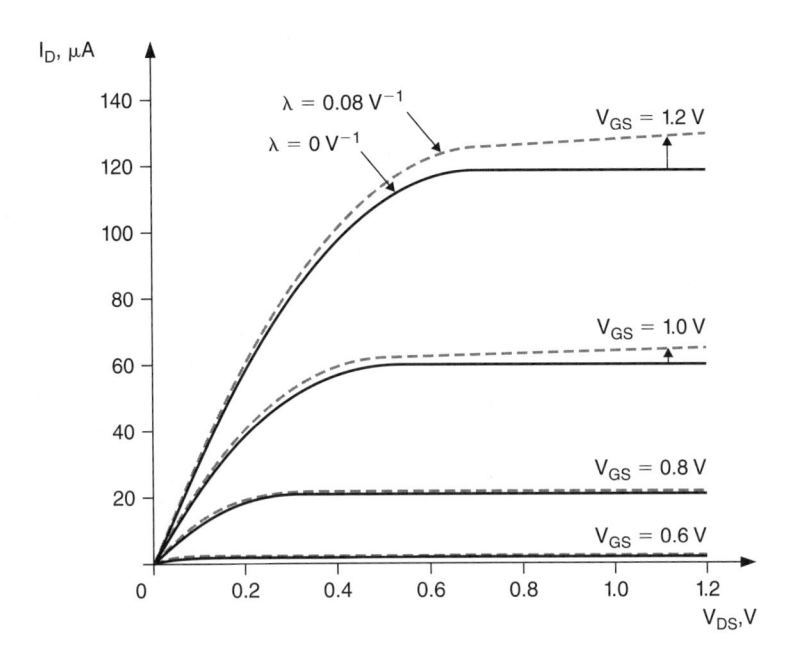

圖 4.5
在 Level 1 模型中，模型參數 LAMBDA 對於汲極電流變化情形。

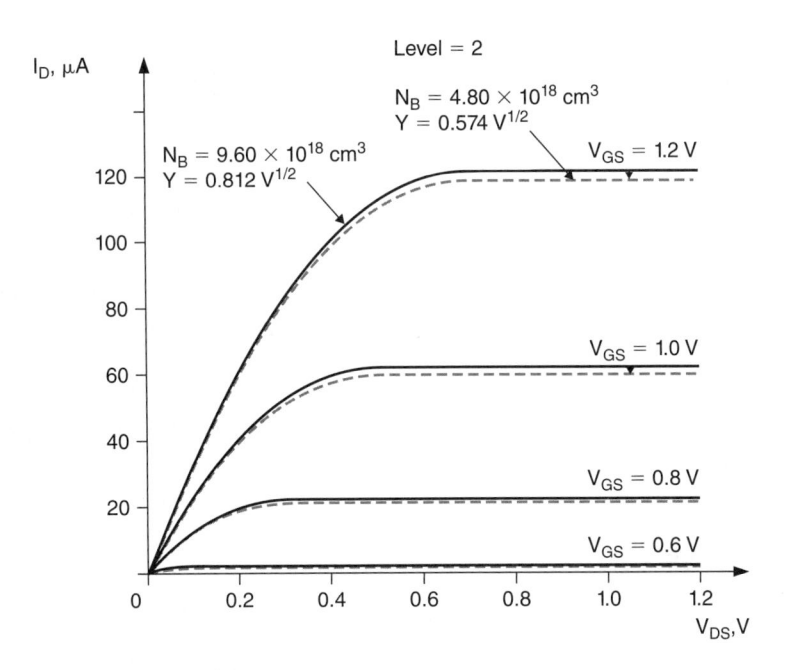

圖 4.6
在 Level 2 模型中，模型參數 GAMMA 對於汲極電流變化情形。

4.4 Level 2 模型方程式

為了獲得汲極電流的更精確模型，在原始漸進通道近似 (GCA) 分析中所作出的某些簡化假設必須被排除，而且需要在其對通道電壓相依性的考量下，計算出基底空乏區電荷。使用電壓相依的基底電荷項來求解汲極電流方程式，可得以下的電流 - 電壓特性：

$$I_D = \frac{k'}{(1 - \lambda \cdot V_{DS})} \cdot \frac{W}{L_{eff}} \cdot \left\{ \left(V_{GS} - V_{FB} - |2\phi_F| - \frac{V_{DS}}{2} \right) \cdot V_{DS} \right.$$
$$\left. - \frac{2}{3} \cdot \gamma \cdot \left[(V_{DS} - V_{BS} + |2\phi_F|)^{3/2} - (-V_{BS} + |2\phi_F|)^{3/2} \right] \right\} \quad (4.8)$$

在此，V_{FB} 表示 MOSFET 的**平帶 (flat-band)** 電壓。須注意的是，通道長度調變的修正項出現在該電流方程式的分母。模型方程式 (4.8) 也包括了使用參數 γ 時的汲極電流變化情形，即使基底至源極電壓 V_{BS} 等於零。當汲極末端的通道（反轉）電荷變為零時，則達到飽和狀態。由此定義，飽和電壓 V_{DSAT} 可以計算出為

$$V_{DSAT} = V_{GS} - V_{FB} - |2\phi_F| + \gamma^2 \cdot \left(1 - \sqrt{1 + \frac{2}{\gamma^2} \cdot (V_{GS} - V_{FB})} \right) \quad (4.9)$$

飽和模式下的電流為

$$I_D = I_{Dsat} \cdot \frac{1}{(1 - \lambda \cdot V_{DS})} \quad (4.10)$$

其中 I_{Dsat} 可由式 (4.9) 並使用 $V_{DS} = V_{DSAT}$ 來計算出。對應 Level 2 模型的零偏壓臨界電壓 V_{T0} 可以從式 (4.8) 計算出為

$$V_{T0} = \Phi_{GC} - \frac{q \cdot N_{SS}}{C_{ox}} + |2\phi_F| + \gamma \cdot \sqrt{|2\phi_F|} \quad (4.11)$$

其中，Φ_{GC} 代表閘極至通道的功函數差異，而 N_{SS} 表示固定表面（界面）電荷密度。Level 2 模型得到比簡單的 Level 1 模型更精確的結果，但仍然不足以達到與實驗數據有良好的一致性，特別是對短通道與窄通道 MOSFET。因此，一些半經驗性修正已加入至基本方程式中，以提高其精確度。其中一些改進將在下文討論。

移動率隨電場變化

在所呈現的電流方程式中，表面載子的移動率被假設為常數，且其隨所施加的端點電壓之變化可被忽略。這種近似簡化了汲極電流積分的計算，但在實際上，表面移動率會隨著增加閘極電壓而減少。為了模擬此主要由通道中載子散射所造成的移動率變化，參數 k' 修改為

$$k'(new) = k' \cdot \left(\frac{\varepsilon_{Si}}{\varepsilon_{ox}} \cdot \frac{t_{oc} \cdot U_c}{(V_{GS} - V_T - U_t \cdot V_{DS})} \right)^{U_e} \quad (4.12)$$

在這裡，參數 U_c 代表閘極至通道的臨界電場 (critical field)，參數 U_t 代表汲極電壓對於閘極至通道電場的貢獻，而 U_e 則是指數型式的配適 (fitting) 參數。U_t

通常選擇於 0 至 0.5 之間。對於長通道 MOSFET 而言，這個公式使 SPICE 模擬結果與實驗數據之間，具有良好的一致性。

飽和模式下的通道長度變化

Level 1 與 Level 2 兩種模型方程式使用經驗參數 λ，以說明飽和區域中的通道長度調變效應。Level 2 模型還提供了使用實體表示式的可能性，以計算飽和模式下的通道長度。

$$L'_{eff} = L_{eff} - \Delta L \tag{4.13}$$

其中

$$\Delta L = \sqrt{\frac{2 \cdot \varepsilon_{Si}}{q \cdot N_A}} \cdot \left[\frac{V_{DS} - V_{DSAT}}{4} + \sqrt{1 + \left(\frac{V_{DS} - V_{DSAT}}{4}\right)^2} \right] \tag{4.14}$$

因此，如果經驗通道長度縮短（調變）係數 λ 未在 .MODEL 宣告中指定，其值可以求得為

$$\lambda = \frac{\Delta L}{L_{eff} \cdot V_{DS}} \tag{4.15}$$

飽和區的 I_D-V_{DS} 曲線斜率可以藉由改變基底摻雜參數 N_A 來調整至吻合實驗數據。然而，在這種情況下，其它與 N_A 相依的電性參數，如 $2\phi_F$ 與 γ 就必須分別指定於 .MODEL 宣告中，因為 N_A 係用作為飽和模式斜率的配適參數。

載子速度飽和

在式 (4.9) 中飽和電壓 V_{DSAT} 的計算方式，是基於假設元件進入飽和區，以及汲極附近的通道電荷變為零。這個假設實際上是不正確的，因為存在於通道的最小電荷濃度必須大於零，才能有維持飽和電流的載子。此最小濃度取決於載子的速度。再者，通道內載子通常會達到最大速度極限；也就是說，在通道電荷接近零之前，載子速度會趨近飽和。通道內最大的載子速度表示為 v_{max}。在通道末端的反轉層電荷（當 $V_{DS} = V_{DSAT}$ 時）算出為

$$Q_{inv} = \frac{I_{Dsat}}{W \cdot v_{max}} \tag{4.16}$$

飽和電壓 V_{DSAT} 值亦可由此表示式求得。如果參數是在 .MODEL 宣告中指定，則飽和狀態下的通道長度縮短 (ΔL) 量可以由下式計算出，而不是由式 (4.14)：

$$\Delta L = X_D \cdot \sqrt{\left(\frac{X_D \cdot v_{max}}{2 \cdot \mu}\right)^2 + V_{DS} - V_{DSAT}} - \frac{X_D^2 \cdot v_{max}}{2 \cdot \mu} \tag{4.17}$$

其中

$$X_D = \sqrt{\frac{2 \cdot \varepsilon_{Si}}{q \cdot N_A \cdot N_{eff}}} \quad (4.18)$$

在這裡，參數 N_{eff} 用作配適參數。對於具有長通道長度的 MOSFET 而言，此模型提供了與實驗數據良好的一致性。不過，它的實現是複雜的，因為在飽和區邊界的一次導數並不連續。此難題有時會引起 Newton-Raphson 演算法的收斂性問題。

次臨界導通

當表面電位等於或高於 $2\phi_F$ 時，也就是在強表面反轉時，SPICE 中所實現的基本模型會計算在通道中的漂移電流。實際上，如已在第 3 章所說明，當 $V_{GS} < V_T$ 時，在表面附近會出現明顯的電子濃度；因此，即使表面並非強反轉 (strong inversion)，仍會有通道電流。此電流稱為**次臨界電流 (subthreshold current)**，主要來自於源極與通道間的擴散層。SPICE 中實作的模型會在**弱反轉區 (weak inversion region)** 中引入指數型、與 V_{GS} 相關的半經驗汲極電流。電壓 V_{on} 定義為弱與強反轉區之間的邊界（圖 4.7）。

$$I_D(\text{weak inversion}) = I_{on} \cdot e^{(V_{GS} - V_{on}) \cdot \left(\frac{q}{nkT}\right)} \quad (4.19)$$

在這裡，當 $V_{GS} = V_{on}$ 時，I_{on} 是強反轉電流，且電壓 V_{on} 可求得為

圖 4.7
在 Level 2 模型中，在不同 N_{FS} 參數值的情況下，弱反轉區中的汲極電流變化，以閘極電壓函數表示。
(Copyright © 1988 by McGraw-Hill, Inc.)

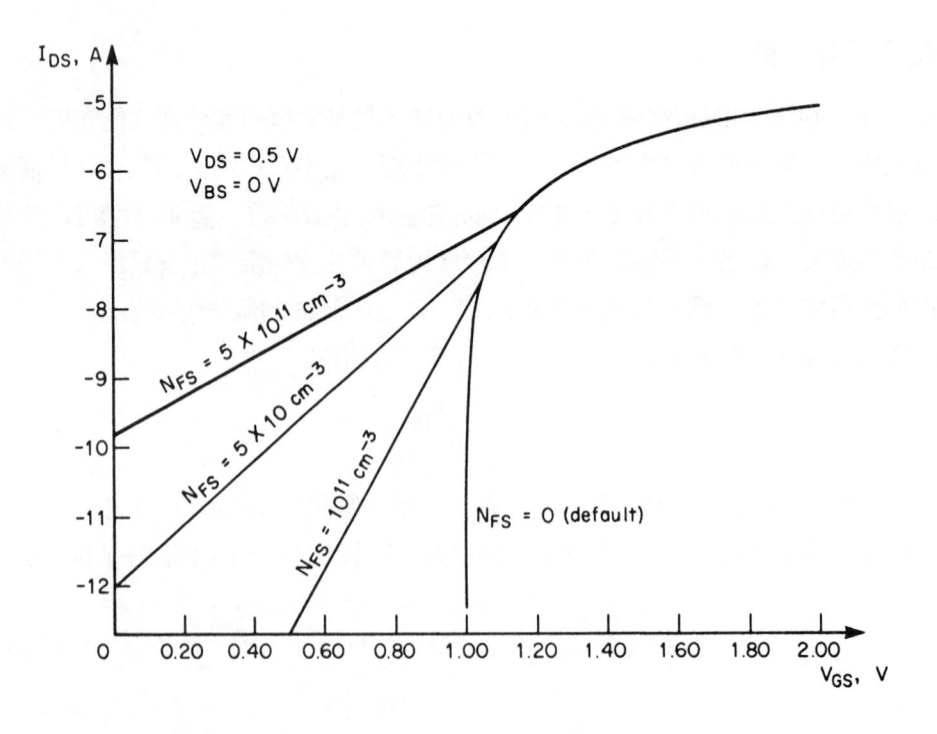

$$V_{on} = V_T + \frac{nkT}{q} \tag{4.20}$$

其中

$$n = 1 + \frac{q \cdot N_{FS}}{C_{ox}} + \frac{C_d}{C_{ox}} \tag{4.21}$$

參數 N_{FS} 定義為表面狀態 (superficial state) 的數目，用來作為決定次臨界電流 - 電壓特性斜率的配適參數。C_d 是與空乏區相關的電容。很顯然地，此模型在 $V_{GS} = V_{on}$ 會產生不連續性；因此，在弱與強反轉區之間的轉態區域進行模擬不會很精確。

其它小幾何形狀修正

式 (4.8) 至式 (4.10) 電流 - 電壓方程式並未考慮二維與小幾何形狀效應。因此，這些方程式中並不包含臨界電壓和通道尺寸 W 與 L 之間的連結。然而，如同已在第 3 章所討論，在小幾何形狀 MOSFET 中，臨界電壓為兩個元件尺寸的函數。

在用於 SPICE (Level 2) 的模型中，對於短通道和窄通道效應而言，本質上是採用與第 3 章中同樣的方程式。模型參數 x_j 與 N_A 可以作為短通道效應的配適參數，但在大範圍的通道長度下，要獲得令人滿意的結果很難。此外，此模型並無法充分解釋 V_T 對於汲極電壓的相依性。對於窄通道效應，經驗參數 δ 用於配適實驗數據。窄通道臨界電壓變化的計算可以藉由 .MODEL 宣告中指定 δ = 0 來取消。

4.5 Level 3 模型方程式

Level 3 模型已經開發用來模擬短通道 MOS 電晶體；在通道長度降至 2 μm 時，此模型能夠相當精確地表示 MOSFET 的特性。電流 - 電壓方程式公式化的方法與 Level 2 模型相同。然而，線性區電流方程式已使用泰勒級數展開 (Taylor series expansion) 式 (4.8) 來簡化。相較於 Level 2 模型，這種近似能發展更易處理的基本電流方程式。臨界電壓與移動率的計算將短通道和其它小幾何形狀效應納入考量。

大多數 Level 3 模型方程式是依據經驗所得。用經驗方程式代替分析模型的目的是為了改善模型的精確度，以及限制計算的複雜度，也就是改善所需的模擬時間。線性區汲極電流可由下列等式得到：

$$I_D = \mu_s \cdot C_{ox} \cdot \frac{W}{L_{eff}} \cdot \left(V_{GS} - V_T - \frac{1 + F_B}{2} \cdot V_{DS} \right) \cdot V_{DS} \tag{4.22}$$

其中

$$F_B = \frac{\gamma \cdot F_S}{4 \cdot \sqrt{|2\phi_F| + V_{SB}}} + F_n \tag{4.23}$$

經驗參數 F_B 呈現基底空乏區電荷對於 MOSFET 三維幾何形狀的相依性。在此，參數 V_T、F_s 與 μ_s 受到短通道效應所影響，而參數 F_n 則是受到窄通道效應影響。表面移動率對於閘極電場的相依性可模擬為

$$\mu_s = \frac{\mu}{1 + \theta \cdot (V_{GS} - V_T)} \tag{4.24}$$

Level 3 的模型還包含簡單的等式，說明平均橫向電場造成有效移動率下降的現象。

$$\mu_{eff} = \frac{\mu_s}{1 + \mu_s \cdot \dfrac{V_{DS}}{v_{max} \cdot L_{eff}}} \tag{4.25}$$

其中 μ_s 是由式 (4.24) 所計算出的表面移動率。弱反轉區模型與 Level 2 模型中相同。

4.6 最先進的 MOSFET 模型

BSIM- 柏克萊短通道絕緣閘場效電晶體 (IGFET) 模型

Level 4（柏克萊短通道絕緣閘場效電晶體 (IGFET) 模型，或 BSIM）模型在分析上並不複雜，且是建立於從實驗數據中所萃取的少量參數。此模型的精確度與效能使其成為目前最受歡迎的 SPICE MOSFET 模型，特別是在微電子工業。目前，BSIM4 版本已經被許多公司與晶圓代工廠廣泛使用於對深次微米 MOSFET 的電性行為精確模型化；而深次微米 MOSFET 係指由 0.13-μm CMOS 與更先進的製程技術所製造的電晶體。相較於 BSIM3 模型，為了 I-V 的模型化，BSIM4 版本明確地考慮了數種小幾何形狀的物理效應，包括閘極穿隧 (gate tunneling) 電流、GIDL 與環型佈植 (halo implantation)。此外，為了 C-V 模型化，也引入電荷厚度電容模型 (charge thickness capacitance model)。

所有先前檢視的基於臨界電壓之 MOSFET 模型（BSIM3、BSIM4）均把操作的強反轉區與弱反轉區分開考量；弱反轉區主要負責電晶體的次臨界特性。事實上，這兩個區域由分離方程組予以模型化；然而，在涉及到深次微米的 CMOS 技術的許多情況下，像是電晶體模型操作於非常低電壓時，會導致嚴重問題。由 Enz、Krummenacher 與 Vittoz 所提出的新型 MOSFET 模型（EKV 模型）試圖解決此問題；它使用電晶體操作區的整合觀點，而且避免在強與弱反轉區使用分離方程式。因此，一般對於類比電路與操作在臨界電壓附近的數

位電路（常見於低電源供應電壓或動態電壓縮減 (dynamic voltage scaling)）而言，EKV 模型會得到更準確的模擬結果。如 EKV 模型，BSIM5 模型同樣也是以電荷為基礎的模型，並直接由帕松方程式(Poisson equation)的解所推導得到。

4.7 電容模型

MOSFET 的 SPICE 模型在截止、線性模式與飽和模式時，使用個別方程組來說明寄生元件電容。氧化層電容與空乏電容是以偏壓的非線性函數來計算，利用使用者提供的基本寄生電容資訊（如零偏壓電容值）與元件的幾何形狀（如接面面積與周長）。

閘極氧化層電容

SPICE 使用簡單的閘極氧化層電容模型；此模型代表三顆非線性雙端點電容的電荷儲存效應：C_{GB}、C_{GS} 與 C_{GD}。這些電容（參見 Meyer 電容模型）的電壓相依性與第 3 章的圖 3.42 非常相似。計算閘極氧化層電容所需的幾何形狀資訊為閘極氧化層厚度 TOX、通道寬度 W、通道長度 L 與橫向擴散 LD，須由使用者在個別元件的描述行中提供。在 .MODEL 宣告中指定的電容 CGBO、CGSO 與 CGDO，是閘極與通道區外其它端點之間的重疊電容。

如果在 .MODEL 宣告中指定參數 XQC，則 SPICE 使用由 Ward 所提出的電荷控制電容模型 (charge-controlled capacitance model) 之簡化版本，而不是使用 Meyer 的模型。Ward 的模型解析式地計算出在閘極與基底上的電荷。雖然這種模型避免網路中某些節點無法改變電荷所造成的模擬誤差，但在模擬過程中，可能偶爾會引起收斂問題。根據 Ward 的模型，氧化層電容變化做為閘極電壓函數表示於圖 4.8。

接面電容

SPICE 使用簡單的 p-n 接面模型來模擬源極與汲極擴散區的寄生電容。由於源極與汲極擴散區由 p^+ 摻雜側壁 (sidewall)（通道停止佈植）包圍，兩種個別的模型分別用於底部區域空乏電容與側壁區域空乏電容。

$$C_{SB} = \frac{C_j \cdot AS}{\left(1 - \dfrac{V_{BS}}{\phi_0}\right)^{M_j}} + \frac{C_{jsw} \cdot PS}{\left(1 - \dfrac{V_{BS}}{\phi_0}\right)^{M_{jsw}}} \quad (4.26)$$

$$C_{DB} = \frac{C_j \cdot AD}{\left(1 - \dfrac{V_{BD}}{\phi_0}\right)^{M_j}} + \frac{C_{jsw} \cdot PD}{\left(1 - \dfrac{V_{BD}}{\phi_0}\right)^{M_{jsw}}} \quad (4.27)$$

圖 4.8
依據 Ward 的電容模型所得的氧化層電容為閘極至基底電壓函數。
(Copyright © 1988 by McGraw-Hill, Inc.)

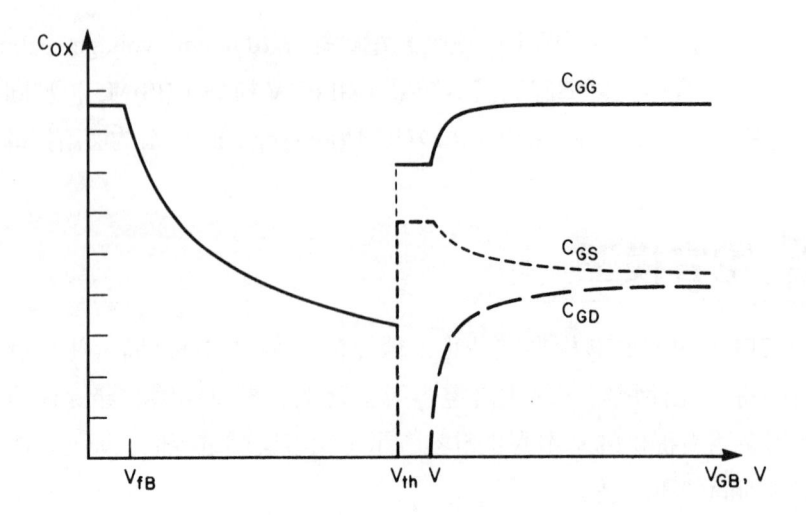

在這裡，C_j 為汲極或源極擴散區底部接面的單位面積零偏壓空乏電容，而 C_{jsw} 則是在側壁接面的單位長度零偏壓空乏電容。典型的側壁摻雜約為基底摻雜濃度 10 倍大左右，C_{jsw} 可由下式近似為

$$C_{jsw} \cong \sqrt{10} \cdot C_j \cdot x_j \tag{4.28}$$

AS 與 AD 為源極與汲極的面積；PS 與 PD 則分別是源極與汲極的周長。（這種幾何形狀必須在相對應的元件描述行中指明。）須注意的是，雖然實際上矩形擴散區僅有三邊會被 p⁺ 通道停止佈植圍繞，全部的源極與汲極周長通常仍指定為 PS 與 PD。這往往會過於高估總擴散電容，但差異不大。另外，內建接面電位 ϕ_0 實際上是摻雜密度的函數，在底部接面與側壁接面會被視為相等。

最後，參數 M_j 與 M_{jsw} 分別代表底部接面與側壁接面的接面分級係數 (grading coefficient)。預設值是 $M_j = 0.5$（假設底部區域為陡峭 (abrupt) 接面輪廓分佈）以及 $M_{jsw} = 0.33$（假設側壁為線性漸變 (linearly graded) 接面輪廓分佈）。

例題 4.1

一顆 n 通道 MOSFET 的俯視圖如下方所示。元件的製程參數為

$N_A = 4.80 \times 10^{18}$ cm^{-3}
$N_A \text{(sidewall)} = 1.51 \times 10^{15}$ cm^{-3}
$N_D = 4.80 \times 10^{18}$ cm^{-3}
$x_j = 0.032$ μm
$t_{ox} = 16$ Å
$L_D = 10$ nm

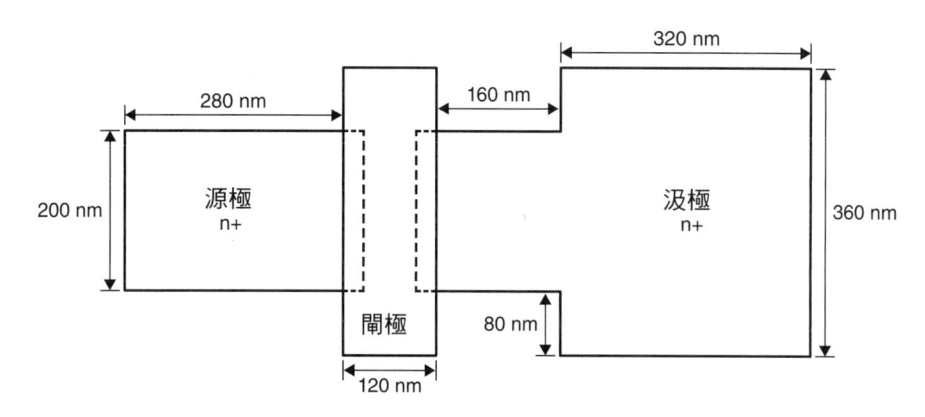

零偏壓臨界電壓量測結果為 0.53 V，而 k' 找出為 98.2 μA/V^2。通道長度調變係數是 λ = 0.08。元件的源極、汲極、閘極與基底節點分別標記為節點數字 4、6、12 與 7。準備好元件描述行與 .MODEL 行以執行 SPICE 模擬。使用 Level 1 模型，並避免相互牴觸的參數定義。

閘極氧化層單位面積電容為

$$C_{ox} = \frac{\varepsilon_{ox}}{t_{ox}} = \frac{3.51 \times 10^{-13}}{1.60 \times 10^{-7}} = 2.19 \times 10^{-6} \text{ F/cm}^2$$

基底偏壓係數 (GAMMA) 與表面反轉電位 (PHI) 求得為

$$\gamma = \frac{\sqrt{2 \cdot q \cdot N_A \cdot \varepsilon_{Si}}}{C_{ox}} = \frac{\sqrt{2 \cdot 1.6 \times 10^{-19} \cdot 4.80 \times 10^{18} \cdot 1.04 \times 10^{-12}}}{2.19 \times 10^{-6}} = 0.577 \text{ V}^{\frac{1}{2}}$$

$$|2 \cdot \phi_F(substrate)| = \left| 2 \cdot \frac{kT}{q} \ln\left(\frac{n_i}{N_A}\right) \right|$$

$$= \left| 2 \cdot 0.026 \text{ V} \cdot \ln\left(\frac{1.45 \times 10^{10}}{4.80 \times 10^{18}}\right) \right| = 1.02 \text{ V}$$

現在我們開始計算描述寄生電容所需的參數。底部擴散區的內建接面電位 (PB) 為

$$\phi_0 = \frac{kT}{q} \cdot \ln\left(\frac{N_A \cdot N_D}{n_i^2}\right) = 0.026 \text{ V} \cdot \ln\left(\frac{4.80 \times 10^{18} \cdot 4.80 \times 10^{18}}{2.10 \times 10^{20}}\right) = 1.02 \text{ V}$$

須注意的是，用此接面電位計算所有的接面電容，導致側壁接面電容被高估 (overestimation)。底部接面零偏壓空乏電容 (CJ) 與側壁接面零偏壓空乏電容 (CJSW) 求出為

$$C_{j0} = \sqrt{\frac{\varepsilon_{Si} \cdot q}{2} \cdot \left(\frac{N_A \cdot N_D}{N_A + N_D}\right) \cdot \frac{1}{\phi_0}}$$

$$= \sqrt{\frac{1.04 \times 10^{-12} \text{ F/cm} \cdot 1.6 \times 10^{-19} \text{ C}}{2} \cdot \left(\frac{4.80 \times 10^{18} \cdot 4.80 \times 10^{18}}{4.80 \times 10^{18} + 4.80 \times 10^{18}}\right) \cdot \frac{1}{1.02}}$$

$$= 4.42 \times 10^{-7} \text{ F/cm}^2$$

$$C_{j0sw}$$
$$= x_j \cdot \sqrt{\frac{\varepsilon_{Si} \cdot q}{2} \cdot \left(\frac{N_A(sw) \cdot N_D}{N_A(sw) + N_D}\right) \cdot \frac{1}{\phi_0}}$$
$$= 3.20 \times 10^{-6} \cdot \sqrt{\frac{1.04 \times 10^{-12}\,\text{F/cm} \cdot 1.6 \times 10^{-19}\,\text{C}}{2} \cdot \left(\frac{2.99 \times 10^{15} \cdot 4.80 \times 10^{18}}{2.99 \times 10^{15} + 4.80 \times 10^{18}}\right) \cdot \frac{1}{1.02}}$$
$$= 5.00 \times 10^{-14}\,\text{F/cm}^2$$

我們將假設底部接面與側壁接面均為不連續接面輪廓分佈，因此，MJ = 0.5 以及 MJSW = 0.33。閘極單位長度重疊電容（CGSO 與 CGDO）計算出為

$$C_{GSO} = C_{GDO} = C_{ox} \cdot L_D = 2.19 \times 10^{-6} \cdot 10 \times 10^{-7} = 2.19\,\text{pF/cm}$$

最後，我們計算源極與汲極擴散區域的面積與周長（單位分別為 m^2 與 m）。現在，我們可以寫出相對應於此元件的描述行與 .MODEL 行，如下所示：

```
M1    6    12    4    7    NM1  W=200N L=120N LD=10N AS=0.058P PS=0.98U
                                 AD=0.1492P   PD=1.7U
.MODEL    NM1    NMOS    (VTO=0.53    KP=98.2U    LAMBDA=0.08    GAMMA=0.577
+                        PHI=1.02    PB=1.02    CJ=4.42E-3    CJSW=5.00E-10
+                        CGSO=2.19E-10    CGDO=2.19E-10    MJ=0.5
                         MJSW=0.33)
```

注意此處 PS 與 PD 的計算，已將包括面向閘極（通道）邊界的個別擴散區域之全部周長考量在內。同樣地，AS 與 AD 僅為各自擴散區的底部面積。此方法與第 3 章中所給的精確電容計算公式稍微不同，會些微高估實際接面電容值。然而，由於計算光罩佈局中所定義的多邊形（即源極與汲極區域）面積與周長相對簡單，這種方法可以很容易地應用至自動佈局寄生萃取。

接面電容是重要的，不僅針對電路的正確描述，而且因為 SPICE 中所使用的可變時程 (time-step) 積分演算法之收斂性，也會隨著接面電容的存在而可實際改善。因此，即使在 SPICE 的電路描述檔裡的實際面積與周長必須在完成佈局後進行更新，在設計過程初期就定義源極與汲極擴散區的面積仍然是有幫助的。

4.8 SPICE MOSFET 模型的比較

現在，我們可以簡要地重新檢視本章所介紹 MOSFET 模型間的主要差異，以便為給定的電路模擬工作選擇最合適的模型。

Level 1 模型通常不是很精確，因為推導模型方程式所使用的 GCA 有太多近似，配適參數的數量也太少。Level 1 模型適用於不需要高準確度電路性能的

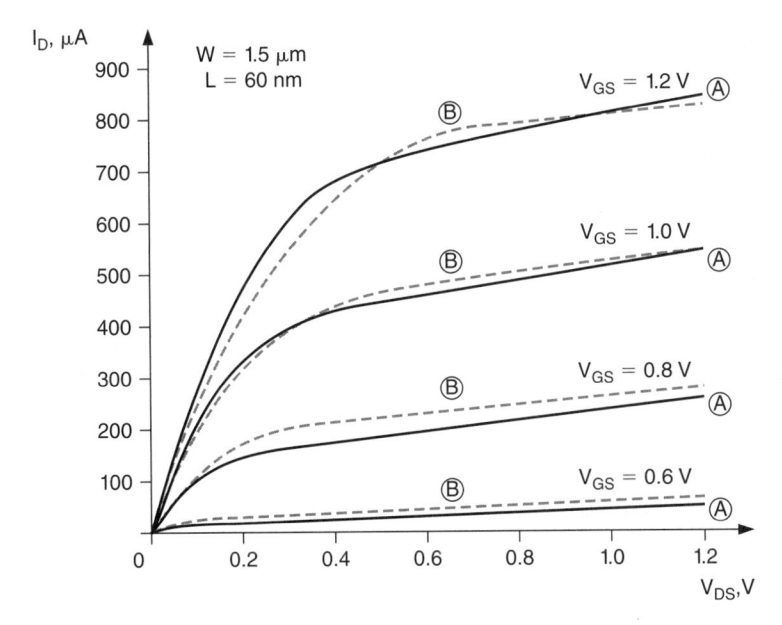

圖 4.9

n 通道 MOSFET 的汲極電流與汲極電壓特性，使用 (A) Level 2 模型與 (B) Level 3 模型計算。

兩組模型共通的參數為 VTO = 0.53, XJ = 3.20E-8, LD = 1.0E-8。

Level 2 模型的參數是 UO = 44.7, UCRIT = 2.0E7。

Level 3 模型的參數是 UO = 47.5, THETA = 0.17。

快速粗估。

藉由增加與 Level 2 模型相關支援各種效應的參數，Level 2 模型可用於不同的複雜度。然而，如果所有模型參數是由使用者來指定的，即要達到最高級複雜度，則這種模型需要大量的 CPU 計算時間。而且，Level 2 模型可能偶爾會導致在 SPICE 中使用 Newton-Raphson 演算法時的收斂問題。

Level 2 與 Level 3 模型之間的比較頗令人關注（圖 4.9）。Level 3 模型通常可達到與 Level 2 同等級的精確度，但是模型評估所需要的 CPU 時間較少，並且 Level 3 模型的疊代次數明顯來得少。因此，Level 3 模型的唯一缺點是計算自身某些參數的複雜度。

使用 Level 1 作為配適模型

過分簡化的 Level 1 模型之準確度不適用於表現短通道 MOS 電晶體的精確電性行為；然而，簡單的模型方程式仍然使其適用於手動計算。為了在手動計算與實際元件/電路性能之間達到合理的一致性，一種可能的方法是使用經驗（非實體）性 Level 1 參數。例如，使用實體描述式 (4.5) 來計算 KP 值通常會導致高估汲極電流。所以應該從數據中萃取出所有的參數值，即模型方程式應純粹作為配適模型。由於模型方程式相當簡單，總是不能與量測數據達到良好的一致性。然而，可以證明，將最佳化 Level 1 模型參數（例如，$V_{GS} = V_{DD}$, $V_{DS} > V_{DD} - V_T$）用於配適飽和區數據，在估計電路暫態（切換）行為的能力方面尚可。這是為何要用簡單的 Level 1 方程式於後面章節中，來分析各種數位電路範例的原因之一。

附錄

典型的 SPICE 模型參數

典型 0.8-μm CMOS 製程的 SPICE Level 2 模型參數。

```
.MODEL MODN NMOS LEVEL=2
+NLEV=0
+CGSO=0.350e-09    CGDO=0.350e-09    CGBO=0.150e-09
+CJ=0.300e-03      MJ=0.450e+00      CJSW=0.250e-09
+MJSW=0.330e+00    IS=0.000e+00      N=1.000e+00
+NDS=1.000e+12     VNDS=0.000e+00
+JS=0.010e-03      PB=0.850e+00      RSH=25.00e+00
+TOX=15.50e-09     XJ=0.080e-06
+VTO=0.850e+00     NFS=0.835e+12     NSUB=64.00e+15
+NEFF=10.00e+00    UTRA=0.000e+00
+UO=460.0e+00      UCRIT=38.00e+04   UEXP=0.325e+00
+VMAX=62.00e+03    DELTA=0.250e+00   KF=0.275e-25
+LD=0.000e-06      WD=0.600e-06      AF=1.500e+00
+BEX=-1.80e+00     TLEV=1.000e+00    TCV=1.400e-03

.MODEL MODP PMOS LEVEL=2
+NLEV=0
+CGSO=0.350e-09    CGDO=0.350e-09    CGBO=0.150e-09
+CJ=0.500e-03      MJ=0.470e+00      CJSW=0.210e-09
+MJSW=0.290e+00    IS=0.000e+00      N=1.000e+00
+NDS=1.000e+12     VNDS=0.000e+00
+JS=0.040e-03      PB=0.800e+00      RSH=47.00e+00
+TOX=15.00e-09     XJ=0.090e-06
+VTO=-.725e+00     NFS=0.500e+12     NSUB=32.80e+15
+NEFF=2.600e+00    UTRA=0.000e+00
+UO=160.0e+00      UCRIT=30.80e+04   UEXP=0.350e+00
+VMAX=61.00e+03    DELTA=0.950e+00   KF=0.470e-26
+LD=-.075e-06      WD=0.350e-06      AF=1.600e+00
+BEX=-1.50e+00     TLEV=1.000e+00    TCV=-1.80e-03
```

TSMC 0.18-μm CMOS 製程的 BSIM3 模型參數。

```
.MODEL CMOSN NMOS (                                       LEVEL   = 49
+VERSION = 3.1              TNOM    = 27                  TOX     = 4.2E-9
+XJ      = 1E-7             NCH     = 2.3549E17           VTH0    = 0.3680296
+K1      = 0.5911252        K2      = 2.288938E-3         K3      = 1E-3
+K3B     = 1.9516573        W0      = 1E-7                NLX     = 1.686788E-7
+DVT0W   = 0                DVT1W   = 0                   DVT2W   = 0
+DVT0    = 1.7464037        DVT1    = 0.4568438           DVT2    = -0.0181191
+U0      = 263.836679       UA      = -1.178099E-9        UB      = 1.749553E-18
+UC      = -9.76209E-12     VSAT    = 8.994393E4          A0      = 1.8288772
+AGS     = 0.3397201        B0      = -2.675178E-8        B1      = -1E-7
+KETA    = -3.47067E-3      A1      = 7.995817E-4         A2      = 1
+RDSW    = 108.6492521      PRWG    = 0.5                 PRWB    = -0.2
+WR      = 1                WINT    = 2.64543E-10         LINT    = 1.338295E-9
+XL      = -2E-8            XW      = -1E-8               DWG     = 6.346367E-9
+DWB     = 2.756527E-9      VOFF    = -0.0790381          NFACTOR = 2.3051491
+CIT     = 0                CDSC    = 2.4E-4              CDSCD   = 0
+CDSCB   = 0                ETA0    = 1.034575E-4         ETAB    = -4.486535E-3
+DSUB    = 0.0116456        PCLM    = 1.1328276           PDIBLC1 = 0.2376928
+PDIBLC2 = 6.786697E-3      PDIBLCB = 0.1                 DROUT   = 0.677486
+PSCBE1  = 6.738022E10      PSCBE2  = 6.832776E-8         PVAG    = 0.1870951
+DELTA   = 0.01             RSH     = 6.7                 MOBMOD  = 1
+PRT     = 0                UTE     = -1.5                KT1     = -0.11
+KT1L    = 0                KT2     = 0.022               UA1     = 4.31E-9
+UB1     = -7.61E-18        UC1     = -5.6E-11            AT      = 3.3E4
+WL      = 0                WLN     = 1                   WW      = 0
+WWN     = 1                WWL     = 0                   LL      = 0
+LLN     = 1                LW      = 0                   LWN     = 1
+LWL     = 0                CAPMOD  = 2                   XPART   = 0.5
+CGDO    = 7.58E-10         CGSO    = 7.58E-10            CGBO    = 1E-12
+CJ      = 9.906354E-4      PB      = 0.730091            MJ      = 0.3599246
+CJSW    = 2.273142E-10     PBSW    = 0.6198535           MJSW    = 0.1268548
+CJSWG   = 3.3E-10          PBSWG   = 0.6198535           MJSWG   = 0.1268548
+CF      = 0                PVTH0   = -3.683048E-3        PRDSW   = -1.4166565
+PK2     = 2.066895E-3      WKETA   = 2.06959E-3          LKETA   = 0.0251872
+PU0     = -1.4215545       PUA     = -3.53899E-11        PUB     = 6.764061E-25
+PVSAT   = 1.864733E3       PETA0   = 1E-4                PKETA   = -1.41807E-3
)
*
```

```
.MODEL CMOSP PMOS (                                          LEVEL    = 49
+VERSION  = 3.1              TNOM    = 27                    TOX      = 4.2E-9
+XJ       = 1E-7             NCH     = 4.1589E17             VTH0     = -0.4349298
+K1       = 0.6076257        K2      = 0.0240727             K3       = 0
+K3B      = 10.1162091       W0      = 1E-6                  NLX      = 8.008684E-8
+DVT0W    = 0                DVT1W   = 0                     DVT2W    = 0
+DVT0     = 0.4263447        DVT1    = 0.2825945             DVT2     = 0.1
+U0       = 118.2923681      UA      = 1.595982E-9           UB       = 1.109698E-21
+UC       = -1E-10           VSAT    = 1.682653E5            A0       = 1.6728458
+AGS      = 0.4152711        B0      = 1.855408E-6           B1       = 5E-6
+KETA     = 0.0180992        A1      = 0.5086627             A2       = 0.3747271
+RDSW     = 296.9038493      PRWG    = 0.5                   PRWB     = -0.3874288
+WR       = 1                WINT    = 0                     LINT     = 1.914706E-8
+XL       = -2E-8            XW      = -1E-8                 DWG      = -2.400357E-8
+DWB      = 1.079858E-8      VOFF    = -0.097118             NFACTOR  = 1.8520072
+CIT      = 0                CDSC    = 2.4E-4                CDSCD    = 0
+CDSCB    = 0                ETA0    = 0.0163774             ETAB     = -0.1095661
+DSUB     = 0.7737497        PCLM    = 2.3031926             PDIBLC1  = 1.921807E-4
+PDIBLC2  = 0.0174673        PDIBLCB = -9.975699E-4          DROUT    = 0
+PSCBE1   = 2.054597E9       PSCBE2  = 5.934159E-10          PVAG     = 15
+DELTA    = 0.01             RSH     = 7.5                   MOBMOD   = 1
+PRT      = 0                UTE     = -1.5                  KT1      = -0.11
+KT1L     = 0                KT2     = 0.022                 UA1      = 4.31E-9
+UB1      = -7.61E-18        UC1     = -5.6E-11              AT       = 3.3E4
+WL       = 0                WLN     = 1                     WW       = 0
+WWN      = 1                WWL     = 0                     LL       = 0
+LLN      = 1                LW      = 0                     LWN      = 1
+LWL      = 0                CAPMOD  = 2                     XPART    = 0.5
+CGDO     = 6.74E-10         CGSO    = 6.74E-10              CGBO     = 1E-12
+CJ       = 1.124859E-3      PB      = 0.8637387             MJ       = 0.4237235
+CJSW     = 1.889062E-10     PBSW    = 0.6187797             MJSW     = 0.2845939
+CJSWG    = 4.22E-10         PBSWG   = 0.6187797             MJSWG    = 0.2845939
+CF       = 0                PVTH0   = 1.8347E-3             PRDSW    = 15.2709708
+PK2      = 2.005769E-3      WKETA   = 2.478814E-3           LKETA    = 1.457236E-3
+PU0      = -2.0661953       PUA     = -8.44317E-11          PUB      = 1E-21
+PVSAT    = -5.8202946       PETA0   = 1E-4                  PKETA    = 2.75599E-3
)
```

由 MOSIS (www.mosis.org) 萃取的 BSIM3 參數。

預測技術模型 (PTM) 65-nm CMOS 製程的 BSIM4 模型參數。

```
*Customized PTM 65-nm NMOS
.model   nmos   nmos   level = 54

+version = 4.0       binunit  = 1       paramchk = 1       mobmod   = 0
+capmod  = 2         igcmod   = 1       igbmod   = 1       geomod   = 1
+diomod  = 1         rdsmod   = 0       rbodymod = 1       rgatemod = 1
+permod  = 1         acnqsmod = 0       trnqsmod = 0

*Parameters related to the technology node

+tnom  = 27          epsrox  = 3.9
+eta0  = 0.0058      nfactor = 1.9         wint = 5e-09
+cgso  = 1.5e-10     cgdo    = 1.5e-10     xl   = -3e-08

*Parameters customized by the user
+toxe = 2.25e-09     toxp = 1.6e-09      toxm = 2.25e-09     toxref = 2.25e-09
+dtox = 6.5e-10      lint = -2.5e-09
+vth0 = 0.613        k1   = 0.673        u0   = 0.035288     vsat   = 124340
+rdsw = 150          ndep = 3.22e+18     xj   = 3.2e-08

*Secondary parameters
+ll       = 0           wl       = 0           lln      = 1         wln     = 1
+lw       = 0           ww       = 0           lwn      = 1         wwn     = 1
+lwl      = 0           wwl      = 0           xpart    = 0
+k2       = 0.01        k3       = 0
+k3b      = 0           w0       = 2.5e-006    dvt0     = 1         dvt1    = 2
+dvt2     = -0.032      dvt0w    = 0           dvt1w    = 0         dvt2w   = 0
+dsub     = 0.1         minv     = 0.05        voffl    = 0         dvtp0   = 1.0e-009
+dvtp1    = 0.1         lpe0     = 0           lpeb     = 0
+ngate    = 2e+020      nsd      = 2e+020      phin     = 0
+cdsc     = 0.000       cdscb    = 0           cdscd    = 0         cit     = 0
+voff     = -0.13       etab     = 0
+vfb      = -0.55       ua       = 6e-010      ub       = 1.2e-018
+uc       = 0           a0       = 1.0         ags      = 1e-020
+a1       = 0           a2       = 1.0         b0       = 0         b1      = 0
+keta     = 0.04        dwg      = 0           dwb      = 0         pclm    = 0.04
+pdiblc1  = 0.001       pdiblc2  = 0.001       pdiblcb  = -0.005    drout   = 0.5
+pvag     = 1e-020      delta    = 0.01        pscbe1   = 8.14e+008 pscbe2  = 1e-007
+fprout   = 0.2         pdits    = 0.08        pditsd   = 0.23      pditsl  = 2.3e+006
+rsh      = 5           rsw      = 85          rdw      = 85
+rdswmin  = 0           rdwmin   = 0           rswmin   = 0         prwg    = 0
+prwb     = 6.8e-011    wr       = 1           alpha0   = 0.074     alpha1  = 0.005
+beta0    = 30          agidl    = 0.0002      bgidl    = 2.1e+009  cgidl   = 0.0002
+egidl    = 0.8
```

```
+aigbacc   = 0.012       bigbacc   = 0.0028      cigbacc  = 0.002
+nigbacc   = 1           aigbinv   = 0.014       bigbinv  = 0.004      cigbinv  = 0.004
+eigbinv   = 1.1         nigbinv   = 3           aigc     = 0.012      bigc     = 0.0028
+cigc      = 0.002       aigsd     = 0.012       bigsd    = 0.0028     cigsd    = 0.002
+nigc      = 1           poxedge   = 1           pigcd    = 1          ntox     = 1

+xrcrg1    = 12          xrcrg2    = 5
+cgbo      = 2.56e-011   cgdl      = 2.653e-10
+cgsl      = 2.653e-10   ckappas   = 0.03        ckappad  = 0.03       acde     = 1
+moin      = 15          noff      = 0.9         voffcv   = 0.02

+kt1       = -0.11       kt1l      = 0           kt2      = 0.022      ute      = -1.5
+ua1       = 4.31e-009   ub1       = 7.61e-018   uc1      = -5.6e-011  prt      = 0
+at        = 33000

+fnoimod   = 1           tnoimod   = 0

+jss       = 0.0001      jsws      = 1e-011      jswgs    = 1e-010     njs      = 1
+ijthsfwd  = 0.01        ijthsrev  = 0.001       bvs      = 10         xjbvs    = 1
+jsd       = 0.0001      jswd      = 1e-011      jswgd    = 1e-010     njd      = 1
+ijthdfwd  = 0.01        ijthdrev  = 0.001       bvd      = 10         xjbvd    = 1
+pbs       = 1           cjs       = 0.0005      mjs      = 0.5        pbsws    = 1
+cjsws     = 5e-010      mjsws     = 0.33        pbswgs   = 1          cjswgs   = 3e-010
+mjswgs    = 0.33        pbd       = 1           cjd      = 0.0005     mjd      = 0.5
+pbswd     = 1           cjswd     = 5e-010      mjswd    = 0.33       pbswgd   = 1
+cjswgd    = 5e-010      mjswgd    = 0.33        tpb      = 0.005      tcj      = 0.001
+tpbsw     = 0.005       tcjsw     = 0.001       tpbswg   = 0.005      tcjswg   = 0.001
+xtis      = 3           xtid      = 3

+dmcg      = 0e-006      dmci      = 0e-006      dmdg     = 0e-006     dmcgt    = 0e-007

+dwj       = 0.0e-008    xgw       = 0e-007      xgl      = 0e-008

+rshg      = 0.4         gbmin     = 1e-010      rbpb     = 5          rbpd     = 15

+rbps      = 15          rbdb      = 15          rbsb     = 15         ngcon    = 1
```

*Customized PTM 65-nm PMOS

.model   pmos   pmos   level = 54

```
+version = 4.0       binunit   = 1       paramchk = 1      mobmod    = 0
+capmod  = 2         igcmod    = 1       igbmod   = 1      geomod    = 1
+diomod  = 1         rdsmod    = 0       rbodymod = 1      rgatemod  = 1
+permod  = 1         acnqsmod  = 0       trnqsmod = 0
```

*Parameters related to the technology node

```
+tnom = 27           epsrox = 3.9
+eta0 = 0.0058       nfactor = 1.9         wint = 5e-09
+cgso = 1.5e-10      cgdo   = 1.5e-10      xl   = -3e-08
```

```
*Parameters customized by the user
+toxe  = 2.55e-09      toxp   = 1.8e-09       toxm    = 2.55e-09     toxref  = 2.55e-09
+dtox  = 7.5e-10       lint   = -2.5e-09
+vth0  = -0.613        k1     = 0.683         u0      = 0.014875     vsat    = 70000
+rdsw  = 150           ndep   = 2.58e+18      xj      = 3.2e-08

*Secondary parameters
+ll       = 0              wl       = 0              lln      = 1              wln      = 1
+lw       = 0              ww       = 0              lwn      = 1              wwn      = 1
+lwl      = 0              wwl      = 0              xpart    = 0
+k2       = -0.01          k3       = 0
+k3b      = 0              w0       = 2.5e-006       dvt0     = 1              dvt1     = 2
+dvt2     = -0.032         dvt0w    = 0              dvt1w    = 0              dvt2w    = 0
+dsub     = 0.1            minv     = 0.05           voffl    = 0              dvtp0    = 1e-009
+dvtp1    = 0.05           lpe0     = 0              lpeb     = 0
+ngate    = 2e+020         nsd      = 2e+020         phin     = 0
+cdsc     = 0.000          cdscb    = 0              cdscd    = 0              cit      = 0
+voff     = -0.126         etab     = 0
+vfb      = 0.55           ua       = 2.0e-009       ub       = 0.5e-018
+uc       = 0              a0       = 1.0            ags      = 1e-020
+a1       = 0              a2       = 1              b0       = -1e-020        b1       = 0
+keta     = -0.047         dwg      = 0              dwb      = 0              pclm     = 0.12
+pdiblc1  = 0.001          pdiblc2  = 0.001          pdiblcb  = 3.4e-008       drout    = 0.56
+pvag     = 1e-020         delta    = 0.01           pscbe1   = 8.14e+008      pscbe2   = 9.58e-007
+fprout   = 0.2            pdits    = 0.08           pditsd   = 0.23           pditsl   = 2.3e+006
+rsh      = 5              rsw      = 85             rdw      = 85
+rdswmin  = 0              rdwmin   = 0              rswmin   = 0              prwg     = 3.22e-008
+prwb     = 6.8e-011       wr       = 1              alpha0   = 0.074          alpha1   = 0.005
+beta0    = 30             agidl    = 0.0002         bgidl    = 2.1e+009       cgidl    = 0.0002
+egidl    = 0.8

+aigbacc  = 0.012          bigbacc  = 0.0028         cigbacc  = 0.002
+nigbacc  = 1              aigbinv  = 0.014          bigbinv  = 0.004          cigbinv  = 0.004
+eigbinv  = 1.1            nigbinv  = 3              aigc     = 0.69           bigc     = 0.0012
+cigc     = 0.0008         aigsd    = 0.0087         bigsd    = 0.0012         cigsd    = 0.0008
+nigc     = 1              poxedge  = 1              pigcd    = 1              ntox     = 1

+xrcrg1   = 12             xrcrg2   = 5
+cgbo     = 2.56e-011      cgdl     = 2.653e-10
+cgsl     = 2.653e-10      ckappas  = 0.03           ckappad  = 0.03           acde     = 1
+moin     = 15             noff     = 0.9            voffcv   = 0.02

+kt1      = -0.11          kt1l     = 0              kt2      = 0.022          ute      = -1.5
+ua1      = 4.31e-009      ub1      = 7.61e-018      uc1      = -5.6e-011      prt      = 0
+at       = 33000
```

```
+fnoimod    = 1              tnoimod    = 0
+jss        = 0.0001         jsws       = 1e-011    jswgs   = 1e-010   njs    = 1
+ijthsfwd   = 0.01           ijthsrev   = 0.001     bvs     = 10       xjbvs  = 1
+jsd        = 0.0001         jswd       = 1e-011    jswgd   = 1e-010   njd    = 1
+ijthdfwd   = 0.01           ijthdrev   = 0.001     bvd     = 10       xjbvd  = 1
+pbs        = 1              cjs        = 0.0005    mjs     = 0.5      pbsws  = 1
+cjsws      = 5e-010         mjsws      = 0.33      pbswgs  = 1        cjswgs = 3e-010
+mjswgs     = 0.33           pbd        = 1         cjd     = 0.0005   mjd    = 0.5
+pbswd      = 1              cjswd      = 5e-010    mjswd   = 0.33     pbswgd = 1
+cjswgd     = 5e-010         mjswgd     = 0.33      tpb     = 0.005    tcj    = 0.001
+tpbsw      = 0.005          tcjsw      = 0.001     tpbswg  = 0.005    tcjswg = 0.001
+xtis       = 3              xtid       = 3

+dmcg       = 0e-006         dmci       = 0e-006    dmdg    = 0e-006   dmcgt  = 0e-007
+dwj        = 0.0e-008       xgw        = 0e-007    xgl     = 0e-008

+rshg       = 0.4            gbmin      = 1e-010    rbpb    = 5        rbpd   = 15
+rbps       = 15             rbdb       = 15        rbsb    = 15       ngcon  = 1
```

由 www.eas.asu.edu/~ptm/ 萃取的 BSIM4 參數。在一般情況下，奈米元件中的長通道元件臨界電壓低於短通道元件臨界電壓，如在第 3.5 節的說明。然而，在 PTM 模型中，長通道元件臨界電壓則是高於短通道元件臨界電壓。

練習題

4.1 對於漸變 (graded) 接面，使用以下參數來改寫例題 4.1 中 nMOS 模型的 SPICE 碼：

- $N_A = 9.60 \times 10^{18}$ cm^{-3}
- N_A (sidewall) $= 7.46 \times 10^{15}$ cm^{-3}
- $N_D = 4.80 \times 10^{17}$ cm^{-3}
- $x_j = 0.02\ \mu$m
- $t_{ox} = 6$ Å
- $L_D = 4$ nm

4.2 NAND2 閘中的 nMOS 電晶體佈局顯示於圖 P4.2。寫出對應於佈局的 SPICE 描述。在兩組多晶矽閘極之間的擴散區可以在兩顆電晶體之間等量分隔。

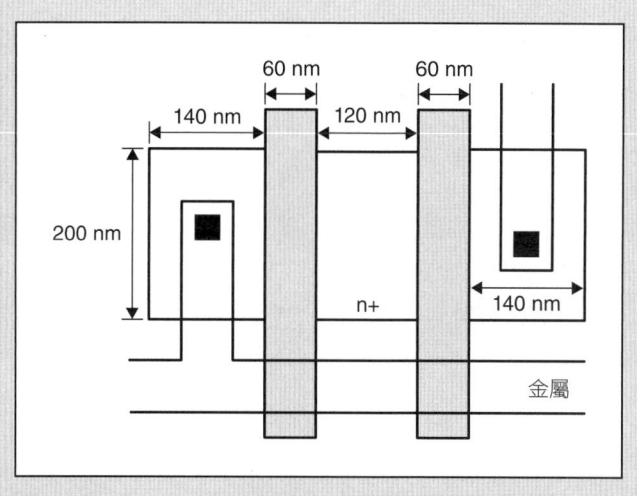

圖 P4.2

4.3 使用 SPICE Level 1 MOSFET 模型方程式，推導出汲極電流 I_D 相對於溫度的靈敏度 (sensitivity) 表示式。藉由使用例題 4.1 中的數值，計算在室溫 $T = 300$ K 時的靈敏度。假設 n_i 與溫度無關。此外，計算在 310 K 時的 I_D，然後求出 $\Delta I_D/\Delta T$，並以數值方式驗證。

4.4 解釋為何 nMOS 電晶體模型與 pMOS 電晶體模型的數種版本可以共存，儘管有些模型比其它更為準確。

Chapter 5

MOS 反相器：靜態特性
MOS Inverters: Static Characteristics

反相器是執行單輸入變數布林運算最基礎的邏輯閘。在這一章裡，我們將檢視多種不同型式 MOS 反相器電路的直流（靜態）特性。之後，我們將看到許多適用 MOS 反相器設計與分析的基本原理，且可以直接地應用到更複雜的邏輯電路，如反及 (NAND) 閘與反或 (NOR) 閘。反相器設計為數位電路設計的重要基礎，所以，MOS 反相器的直流分析就必須精確且詳細地執行。雖然本章所呈現的大部分內容為分析技術，但亦著墨於軟體進行電路模擬所獲得的數值比較，因為電腦輔助技術是數位電路分析與設計過程裡不可或缺的構成要素。

5.1 簡介

理想的反相器邏輯符號 (logic symbol) 與真值表 (truth table) 如圖 5.1 所示。對於 MOS 反相器，輸入變數 A 與輸出變數 B 兩者都是用節點電壓表示，其係參考接地電位。當採用**正邏輯表示法 (positive logic convention)**，布林（或邏輯）數值 "1" 可以用高電壓 V_{DD} 來表示，而布林（或邏輯）數值 "0" 則可以用低電壓 0 來表示。理想反相器電路的直流電壓轉移特性 (voltage transfer characteristic, VTC) 如圖 5.2 所示。電壓 V_{th} 稱為**反相器的臨界電壓 (inverter threshold voltage)**。可以注意到，對於任何介於 0 與 $V_{th} = V_{DD}/2$ 間的輸入電壓，輸出電壓等於 V_{DD}（邏輯 "1"）。當輸入等於 V_{th} 時，輸出會由 V_{DD} 切換至 0。而對於任何介於 V_{th} 與 V_{DD} 之間的輸入電壓，輸出電壓則肯定為 0 值（邏輯 "0"）。因此，輸入電壓在範圍 $0 < V_{in} < V_{th}$ 會被此理想反相器認定是邏輯 "0"，而同時輸入電壓在範圍 $V_{th} < V_{in} < V_{DD}$ 則會被認定是邏輯 "1"。實際反相器電路的直

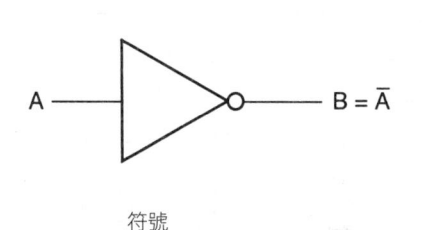

圖 5.1
反相器的邏輯符號與真值表。

A	B
0	1
1	0

符號　　　真值表

圖 5.2
理想反相器的電壓轉移特性 (VTC)。

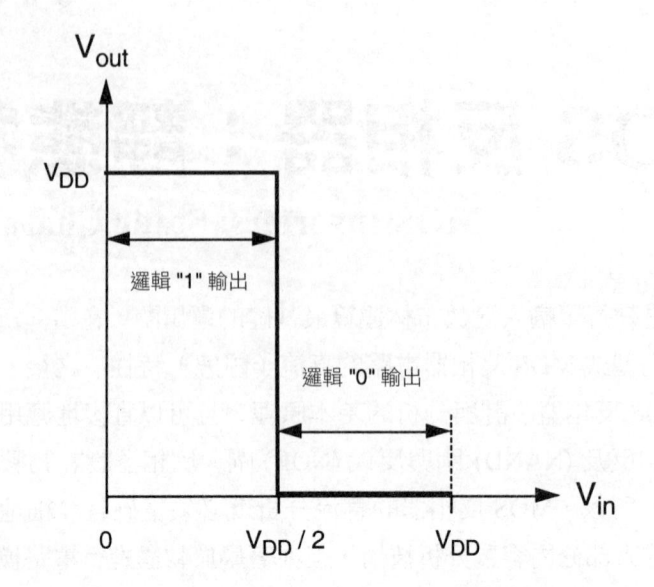

流特性將與圖 5.2 所示的理想特性很明顯地在多樣程度上有所區別。針對各類型反相器的 VTC 曲線作準確的估計與運用，是設計過程中很實際且重要的部分。

圖 5.3 所示為 nMOS 反相器的一般性電路結構。反相器的輸入電壓，也就是 nMOS 電晶體的閘極至源極電壓 ($V_{in} = V_{GS}$)，而電路的輸出電壓，則等於汲極至源極電壓 ($V_{out} = V_{DS}$)。nMOS 電晶體，又稱為驅動器 (driver) 電晶體，它的源極與基底端是連接至地電位；因此，源極至基底電壓為 $V_{SB} = 0$。在這個一般表示法裡，負載 (load) 裝置是以具有端點電流 I_L 與端點電壓 $V_L(I_L)$ 的兩端點電路元件來表示。負載裝置其中一端連接至 n 通道 MOSFET 的汲極，而同時另一端則連接至電源供應 (power supply) 電壓 V_{DD}。我們將很快地看到，反相器電

圖 5.3
nMOS 反相器的一般性電路結構。

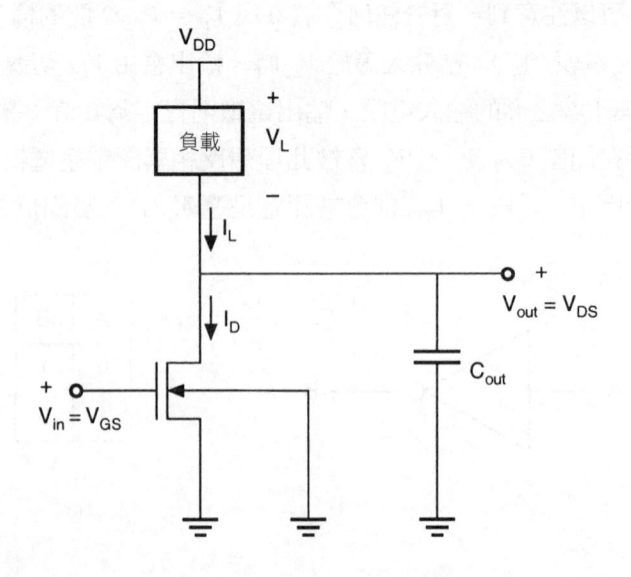

路特性實際上會強烈地受到負載裝置型式與特性的影響。圖 5.3 中的反相器輸出端是連接至另一顆 MOS 反相器的輸入。因此,由輸出端所看到的下一級電路可以表示為一個集總電容 (C_{out})。因為在許多實際用途裡,MOS 電晶體直流閘極電流是被忽略的,因此反相器在直流穩態下,將無電流會流入或流出輸出與輸入端。

電壓轉移特性 (VTC)

應用克希荷夫電流定律 (Kirchhoff's Current Law, KCL) 至這個簡單的電路,我們可以看到,負載電流總是等於 nMOS 的汲極電流

$$I_D(V_{in}, V_{out}) = I_L(V_L) \tag{5.1}$$

可以在不同的輸入電壓值,藉由解析方式求解式 (5.1) 而得電壓轉移特性,其即在直流狀態下將 V_{out} 描述為 V_{in} 的函數。一個實際 nMOS 反相器的典型 VTC 如圖 5.4 所示。經過仔細檢視,我們可以發現許多直流轉移特性的重要性質。

在圖 5.4 中,VTC 的一般形狀是定性的,相似於圖 5.2 的理想反相器轉移特性形狀。不過,有幾項值得特別注意的顯著差異如下。對於非常低的輸入電壓準位,輸出電壓 V_{out} 等於 V_{OH}(輸出高態電壓 (output high voltage))的高態值。在這個情況下,作為驅動器的 nMOS 電晶體處於截止狀態,沒有任何導通電流。因此,負載裝置上的電壓降大小非常小,且輸出電壓準位為高態。當輸入電壓 V_{in} 增加,驅動器電晶體開始導通一定的汲極電流,且最後輸出電壓會開始減少。須注意的是,輸出電壓準位的下降並非突然發生,如同理想反相器 VTC 所呈現的垂直下降,而是以有限斜率逐漸下降。我們在這條轉移曲線

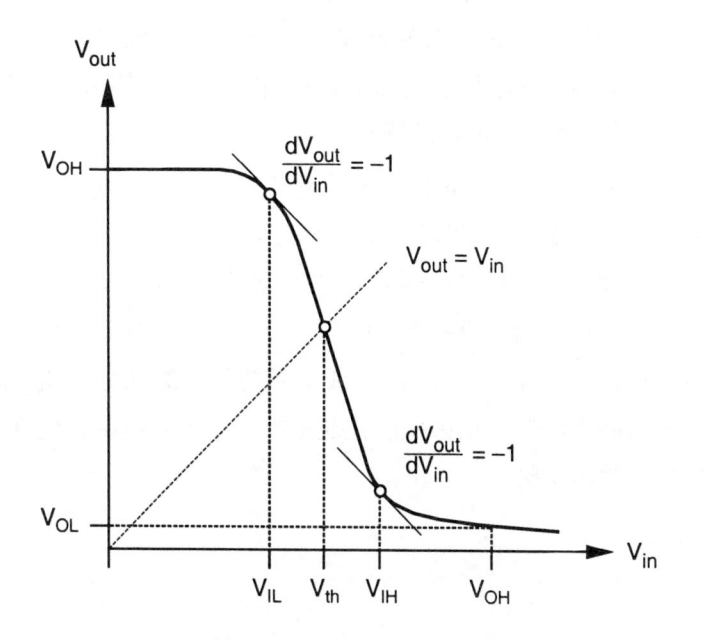

圖 5.4
實際 nMOS 反相器的典型電壓轉移特性 (VTC)。

標示了兩個關鍵電壓點 (critical voltage points)，這兩點的 $V_{out}(V_{in})$ 特性斜率等於 -1，也就是

$$\frac{dV_{out}}{dV_{in}} = -1 \tag{5.2}$$

滿足這個條件的較小輸入電壓稱為輸入低態電壓 (input low voltage)V_{IL}，而較大的輸入電壓則稱為輸入高態電壓 (input high voltage) V_{IH}。這兩個電壓扮演著決定反相器雜訊邊界的重要角色，就像我們接著要討論的內容。選擇這些電壓點的實際理由，也將在考慮雜訊抗擾性 (noise immunity) 情況下進行檢測。

輸入電壓等於 V_{OH} 時，當輸入電壓進一步上升，輸出電壓持續下降且達到一個值 V_{OL}（輸出低態電壓 (output low voltage)）。反相器的臨界電壓 V_{th} 被認為是轉態電壓 (transition voltage)，定義為在 VTC 圖型中 $V_{in} = V_{out}$ 的轉折點。因此，這五個關鍵電壓 V_{OL}、V_{OH}、V_{IL}、V_{IH} 與 V_{th}，描述反相器電路的直流輸出-輸入電壓行為特性。對前四個關鍵電壓功能上的定義如下：

V_{OH}：當輸出準位為邏輯 "1" 時的最大輸出電壓

V_{OL}：當輸出準位為邏輯 "0" 時的最小輸出電壓

V_{IL}：可以被認定為邏輯 "0" 的最大輸入電壓

V_{IH}：可以被認定為邏輯 "1" 的最小輸入電壓

這些定義明顯地意味著在數位電路中的邏輯準位，並非以一個量化的值來表示，而是藉由對應於這些邏輯準位的電壓範圍而定。根據定義，任何介於系統內最低可用電壓（通常為地電位）與 V_{IL} 的輸入電壓準位，都被認為是邏輯 "0" 的輸入，而任何介於系統內最高可用電壓（通常為電源供應電壓）與 V_{IH} 的輸入電壓準位，則都被認定是邏輯 "1" 的輸入。任何介於系統內最低可用電壓與 V_{OL} 的輸出電壓準位，都被認定是邏輯 "0" 的輸出，而任何介於系統內最高可用電壓與 V_{OH} 的輸出電壓準位，則都被認為是邏輯 "1" 的輸出。這些電壓範圍亦顯示在圖 5.4 的反相器電壓轉移特性。

反相器能認定在一個電壓範圍內的輸入訊號到底是邏輯 "0" 或邏輯 "1" 的能力，使得數位電路操作對於外部訊號擾動 (perturbation) 有一定的容忍度 (tolerance)。這個對訊號準位變化的容忍度在電路雜訊 (circuit noise) 會明顯污染訊號的環境裡特別有用。這裡所謂的電路雜訊代表的是不想要的訊號。這些訊號與鄰近的線路（通常是連接線），或是系統外部的部分電路，產生電容性或電感耦合。這個干擾的結果會造成在連接線一端的訊號準位也許會與另一端的訊號準位有著明顯差異。

雜訊抗擾性與雜訊邊界

為了描述雜訊對電路可靠度的影響，我們將考慮由 3 級反相器串接而成的電路，如圖 5.5 所示。假設所有的反相器完全相同，且第一級反相器的輸入電壓等於 V_{OH}，即邏輯 "1"。根據定義，第一級反相器的輸出電壓將等於 V_{OL}，對應到邏輯 "0" 準位。現在，此輸出訊號透過連接線傳至下一級反相器的輸入，而兩級閘之間的連接線可能是金屬或多晶矽。由於晶片上的連接線通常容易有訊號雜訊，第一級反相器的輸出訊號於傳輸期間將會受到干擾。因此，第二級反相器的輸入電壓準位，將會是比 V_{OL} 大或是小。假如第二級反相器的輸入電壓比 V_{OL} 小，這個訊號會被第二級反相器正確認定是邏輯 "0"。從另一個角度來看，假如雜訊導致輸入電壓變成比 V_{IL} 大，則反相器或許無法正確認定輸入電壓。因此，我們推斷 V_{IL} 是第二級反相器輸入的最大可用電壓，且必須夠低，以確保輸出邏輯 "1"。

現在，考慮從第二級反相器的輸出到第三級反相器輸入的訊號傳輸，假設第二級反相器產生一個輸出準位為 V_{OH} 的電壓。如同前面的情況，輸出訊號將會受到雜訊干擾而擾動，而且第三級反相器的輸入電壓準位亦將會與 V_{OH} 不同。假如第三級反相器的輸入電壓比 V_{OH} 更大，這個訊號將被第三級反相器正確認定是邏輯 "1" 輸入。但如果雜訊導致電壓位準下降低於 V_{IH}，輸入就不能被認為是邏輯 "1"。因此，V_{IH} 是第三級反相器輸入的最小可用電壓必須夠高以確保邏輯 "0" 的輸出。

這些觀察引導我們來定義數位電路對雜訊的容忍度，稱為**雜訊邊界 (noise margin)**，簡寫表示為 *NM*。電路對雜訊的抗擾性隨 *NM* 而增加。兩項雜訊邊界將被定義為：低訊號準位的雜訊邊界 (*NM_L*) 與高訊號準位的雜訊邊界 (*NM_H*)。

$$NM_L = V_{IL} - V_{OL} \tag{5.3}$$

$$NM_H = V_{OH} - V_{IH} \tag{5.4}$$

圖 5.6 為雜訊邊界的圖例說明。在這裡，圖中的陰影部分表示輸入與輸出電壓的可用區域，而雜訊邊界表示為當訊號從一個閘的輸出傳輸至下一個閘的輸入所允許的訊號準位變化量。

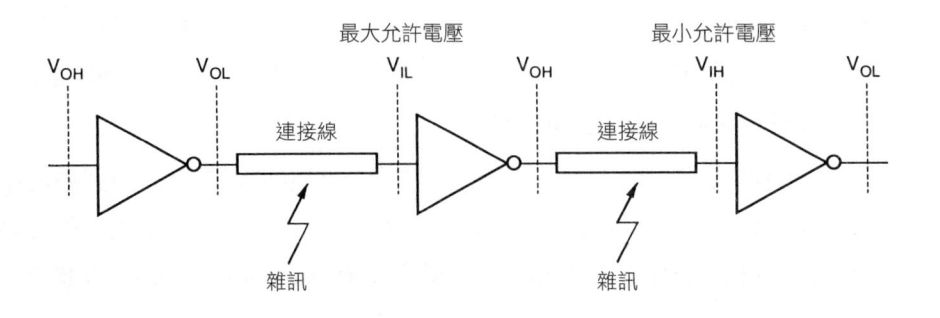

圖 5.5 在雜訊影響下的數位訊號傳遞。

圖 5.6
雜訊邊界 NM_L 與 NM_H 的定義。注意，陰影區域表示輸入與輸出訊號的有效高低準位。

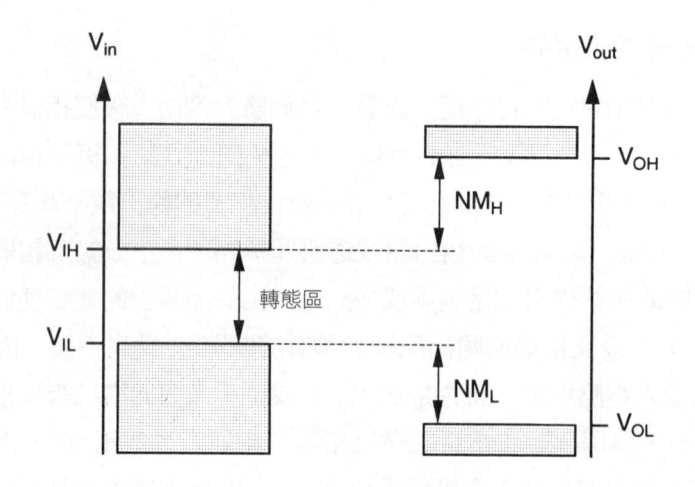

考量到雜訊，使用斜率條件式 (5.2) 來選擇 V_{IL} 與 V_{IH} 這兩個關鍵電壓點現在可予以合理解釋。我們知道反相器的輸出電壓 V_{out} 在無雜訊、穩態條件下是輸入電壓 V_{in} 的非線性函數。這個函數的曲線可以用電壓轉移特性 (VTC) 描述。

$$V_{out} = f(V_{in}) \tag{5.5}$$

假如因為外部的影響（如雜訊）使得輸入訊號在標稱值 (nominal value) 上擾動，則輸出電壓也將偏離標稱值。在此，ΔV_{noise} 代表假設會影響到反相器輸入電壓的電壓擾動

$$V'_{out} = f(V_{in} + \Delta V_{noise}) \tag{5.6}$$

使用簡單的一階泰勒級數展開且忽略高階項，我們能把被擾動的輸出電壓 V'_{out} 表示為

$$V'_{out} = f(V_{in}) + \frac{dV_{out}}{dV_{in}} \cdot \Delta V_{noise} + \text{高階項（忽略）} \tag{5.7}$$

在這裡須注意，$f(V_{in})$ 表示標稱（未受擾動）輸出電壓訊號，且此項代表反相器於標稱輸入電壓值 V_{in} 時的電壓增益。因此，式 (5.7) 也能表示如

$$\text{擾動輸出} = \text{標稱輸出} + \text{增益} \times \text{外部擾動} \tag{5.8}$$

假如於標稱輸入電壓 V_{in} 時的增益大小低於 1，則輸入擾動不會被放大，因而輸出擾動會保持相對的小。否則，在電壓增益高於 1 時，輸入電壓準位的小擾動將導致輸出電壓有相當大的擾動。因此，我們定義反相器電壓增益大小為 1 的電壓點，做為有效輸入電壓區域的邊界。

最後，注意到在 V_{IL} 與 V_{IH}（圖 5.6）之間有一個電壓範圍，其所對應的輸入電壓值可能無法被反相器正確處理為邏輯 "0" 輸入或邏輯 "1" 輸入。這個區域稱為**不確定區 (uncertain region)**，或是**轉態區 (transition region)**。理想上，

電壓轉移特性的斜率在 V_{IL} 與 V_{IH} 間應該非常大，因為狹窄不確定（轉態）區明顯地會有較大的雜訊邊界。我們將可看到，減少不確定區的寬度是最重要的設計目標之一。

前面有關反相器靜態（直流）特性的討論顯示，一般的 VTC 圖形以及雜訊抗擾性性質，是決定設計優先順序特別重要的準則。對任何反相器電路而言，五個關鍵電壓點（V_{OL}、V_{OH}、V_{IL}、V_{IH} 與 V_{th}）完全決定了直流輸出-輸入電壓行為、雜訊邊界以及轉態區的寬度與位置。針對不同類型的反相器設計，這些關鍵電壓點的準確估算將會是這一整章的重要任務。

功率與面積的考量

除了前述考量外，我們能指出在反相器設計裡扮演著重要角色的另外兩個議題：反相器電路的**功率消耗** (power consumption) 與**晶片面積** (chip area)。大約1萬個邏輯閘可以容納在一顆使用 0.5-μm MOS 技術的超大型積體電路 (VLSI) 晶片中；而未來世代晶片的電路密度預期會更進一步增加。由於在晶片上的每個閘都會消耗功率且產生熱，使得去除這些熱能（意即晶片的冷卻）成為一個必要且通常是昂貴的任務。須注意的是，接面溫度給定為 $T_j = T_a + \theta P$，其中 T_a 是環境溫度 (ambient temperature)，θ 是熱阻 (thermal resistance)，而 P 是功率消耗量。除此之外，大部分的可攜式系統，如蜂巢式通訊裝備、筆記型電腦與掌上型電腦，都操作在有限的電源供應情況下，而延長電池電力的操作時間是一項重要的設計目標。因此，減少電路在直流與動態操作的功率消耗量成為重要的課題。

反相器電路的直流功率消耗計算方式為：在穩態 (steady state) 期間的電源供應電壓乘以由電源供應抽取的電流。

$$P_{DC} = V_{DD} \cdot I_{DC} \tag{5.9}$$

須注意的是，被反相器電路所抽取的直流電流，也許會受到輸入與輸出電壓準位的影響而改變。假設在 50% 操作時間的輸入電壓準位是邏輯 "0"，而其餘 50% 操作時間為邏輯 "1"，則電路的全部直流功率消耗可以被估算為

$$P_{DC} = \frac{V_{DD}}{2} \cdot [I_{DC}(V_{in} = \text{low}) + I_{DC}(V_{in} = \text{high})] \tag{5.10}$$

在接下來的章節，我們將了解到不同的反相器設計間的直流功率消耗變異非常大，而這些差異性可能會成為在選擇特定電路型態時的重要因素，如在被給定的設計任務下，要在 CMOS 與虛擬 nMOS 間取捨。

為了減少反相器所佔據的晶片面積，在電路裡的 MOS 電晶體面積必須減少。當實際計量時，我們會使用 MOS 電晶體的閘極面積，即 W 與 L 的乘積。

因此,在特定製程技術的限制內,當閘極(通道)維度(長寬)盡可能地製作到最小,MOS 電晶體就會有最小的面積。這使得閘極寬度與閘極長度的比值 (W/L) 也應該盡可能接近一,以達到最小電晶體面積。然而,這樣的需求通常會與其它的設計準則 (design criteria) 相互矛盾,如雜訊邊界、輸出電流驅動能力與動態切換速度。在接下來的章節,我們將觀察到反相器電路設計牽涉到這些準則的詳細考量與折衷 (trade-off)。

我們將從電阻性負載型 MOS 反相器開始檢視不同的 MOS 反相器結構。這個簡單電路的分析,將有助於說明一些在反相器設計中遇到的基本觀點。我們會簡要地來檢視虛擬 nMOS 反相器,藉以探討主動式負載 (active-load) 型數位電路的基本特性;然後我們會將大部分的注意力放在本章剩餘的 CMOS 反相器的部分。

5.2 電阻性負載型反相器

電阻性負載 (resistive-load) 型反相器電路的基本結構顯示於圖 5.7。如同圖 5.3 檢視過的一般反相器電路,驅動器裝置是一顆增強型 nMOS 電晶體。負載是一顆簡單的線性電阻 R_L。該電路的電源供應電壓為 V_{DD}。由於以下分析集中在電路的靜態行為,輸出負載電容不會顯示在這張圖裡。

第 5.1 節已經提過,在直流穩態操作下,作為驅動器的 MOSFET 之汲極電流 I_D 等於負載電流 I_R。為了簡化計算,接下來將忽略通道長度調變效應,即 $\lambda = 0$。除此之外,注意到驅動器電晶體的源極與基底端點都連接至地;因此,$V_{SB} = 0$。所以驅動器電晶體的臨界電壓一直等於 V_{T0}。我們在穩態條件下,藉由確認驅動器電晶體的各種操作區域,來開始進行電路分析。

對於輸入電壓小於臨界電壓 V_{T0},電晶體處於截止而且不會導通任何汲

圖 5.7
電阻性負載型反相器電路。

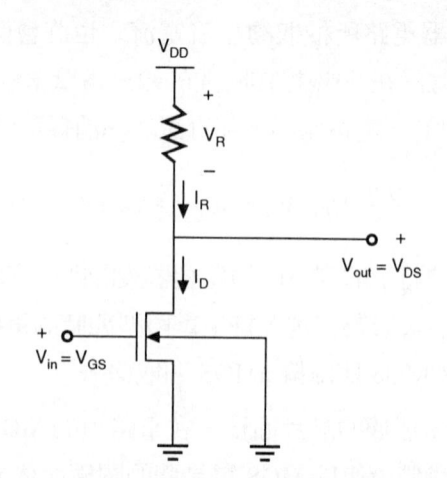

極電流。由於通過負載電阻的壓降為零，輸出電壓也必須等於電源供應電壓 V_{DD}。當輸入電壓增加至超過 V_{T0}，驅動器電晶體開始導通一個非零的汲極電流。須注意的是，MOSFET 一開始是操作在飽和區，因為汲極至源極電壓 (V_{DS} = V_{out}) 比在式 (3.81) 的 V_{DSAT} 更大。因此，

$$I_R = W \cdot v_{sat} \cdot C_{ox} \cdot \frac{(V_{in} - V_{T0})^2}{(V_{in} - V_{T0}) + E_C L} \tag{5.11}$$

隨著輸入電壓增加，驅動器的汲極電流也會增加，且輸出電壓 V_{out} 開始下降。最終，輸入電壓大於 $V_{out} + V_{T0}$ 時，驅動器電晶體進入線性操作區。輸入電壓較大時，電晶體維持在線性模式，而輸出電壓持續減少。

$$I_R = \frac{k_n}{2} \frac{1}{\left(1 + \dfrac{V_{out}}{E_C L_n}\right)} \left[2 \cdot (V_{in} - V_{T0}) \cdot V_{out} - V_{out}^2\right] \tag{5.12}$$

驅動器電晶體在不同操作區域與對應的輸出 - 輸入條件列於表 5.1。

圖 5.8 為典型的電阻性負載型反相器電路之電壓轉移特性，圖中指出了驅動器電晶體的操作模式與 VTC 上的關鍵電壓點。現在，我們從決定反相器穩態輸入 - 輸出行為的五個關鍵電壓點計算方式開始討論。

表 5.1 電阻性負載型反相器的驅動器電晶體操作區域。

輸入電壓範圍	操作模式
$V_{in} < V_{T0}$	截止
$V_{T0} \leq V_{in} < V_{out} + V_{T0}$	飽和
$V_{in} \geq V_{out} + V_{T0}$	線性

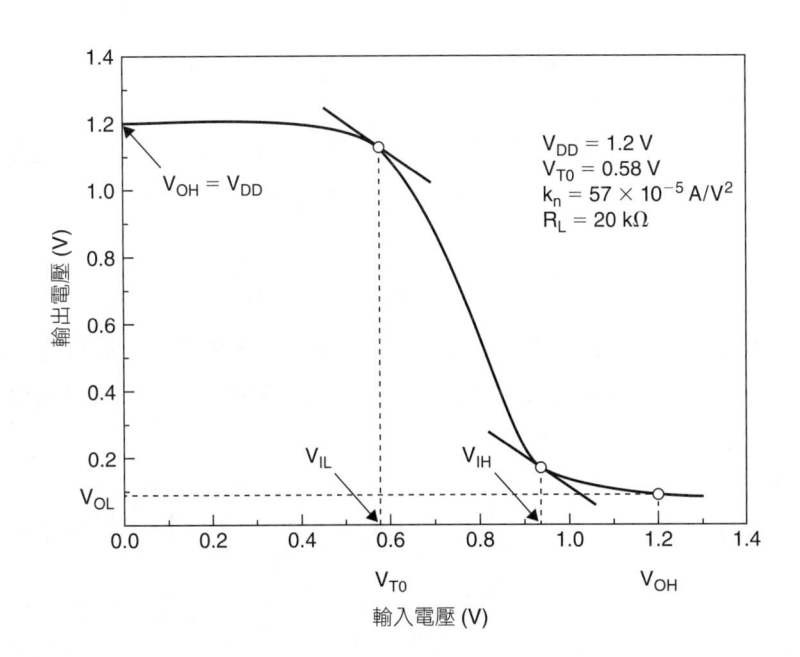

圖 5.8
電阻性負載型反相器電路的典型電壓轉移特性 (VTC)。該電路的重要設計參數示於圖中。

V_{DD} = 1.2 V
V_{T0} = 0.58 V
k_n = 57 × 10^{-5} A/V^2
R_L = 20 kΩ

V_{OH} 的計算方式

首先,我們注意到輸出電壓 V_{out} 給定為

$$V_{out} = V_{DD} - R_L \cdot I_R \tag{5.13}$$

當輸入電壓 V_{in} 為低態時,也就是小於驅動器 MOSFET 的臨界電壓,此驅動器電晶體處於截止狀態。由於驅動器電晶體的汲極電流等於負載電流 $I_R = I_D = 0$,由此可見,在這些條件下的反相器輸出電壓必然是

$$V_{OH} = V_{DD} \tag{5.14}$$

V_{OL} 的計算方式

為了計算輸出低電壓 V_{OL},我們假設輸入電壓等於 V_{OH},即 $V_{in} = V_{OH} = V_{DD}$。由於在這個例子中 $V_{DSAT} > V_{out}$,驅動器電晶體會操作在線性區。還要注意,負載電流 I_R 是

$$I_R = \frac{V_{DD} - V_{out}}{R_L} \tag{5.15}$$

在輸出節點上使用克希荷夫電流定律 (KCL),即 $I_R = I_D$,我們可以寫出下列方程式:

$$\frac{V_{DD} - V_{OL}}{R_L} = \frac{k_n}{2} \frac{1}{\left(1 + \frac{V_{OL}}{E_C L_n}\right)} \left[2 \cdot (V_{DD} - V_{T0}) \cdot V_{OL} - V_{OL}^2\right] \tag{5.16}$$

在這個方程式中,由於 V_{OL} 很小,使用手算分析可以將分母中的第二項 $V_{OL}/E_C L_n$ 予以忽略不計。

$$\frac{V_{DD} - V_{OL}}{R_L} \cong \frac{k_n}{2} \left[2 \cdot (V_{DD} - V_{T0}) \cdot V_{OL} - V_{OL}^2\right] \tag{5.17}$$

此簡化的方程式可以精確到一階計算,且可得到簡單的 V_{OL} 二次方程式,無須透過疊代 (iteration) 計算的方式即可求解找出輸出低態電壓值

$$V_{OL}^2 - 2 \cdot \left(V_{DD} - V_{T0} + \frac{1}{k_n R_L}\right) \cdot V_{OL} + \frac{2}{k_n R_L} \cdot V_{DD} = 0 \tag{5.18}$$

注意在式 (5.18) 兩個可能的解中,我們必須選擇一個實際上正確的值,即該輸出低態電壓必須介於 0 與 V_{DD} 之間。式 (5.18) 的解如下所示。可以看到 $(k_n R_L)$ 乘積是決定 V_{OL} 值的重要設計參數之一。

$$V_{OL} = V_{DD} - V_{T0} + \frac{1}{k_n R_L} - \sqrt{\left(V_{DD} - V_{T0} + \frac{1}{k_n R_L}\right)^2 - \frac{2V_{DD}}{k_n R_L}} \tag{5.19}$$

V_{IL} 的計算方式

依據定義，V_{IL} 是兩個使 VTC 斜率成為 (-1) 之輸入電壓中的較小值，即 $dV_{out}/dV_{in} = -1$。簡單的檢視圖 5.8，顯示當輸入等於 V_{IL} 時，輸出電壓 (V_{out}) 僅比 V_{OH} 略小。因此可得 $V_{out} > V_{in} - V_{T0}$，驅動器電晶體操作在飽和區。我們從寫出輸出節點的 KCL 方程式開始分析。

$$\frac{V_{DD} - V_{out}}{R_L} = W \cdot v_{sat} \cdot C_{ox} \cdot \frac{(V_{in} - V_{T0})^2}{(V_{in} - V_{T0}) + E_C L} \tag{5.20}$$

在方程式右邊的分子第一項可以忽略，因為 V_{in} 略高於 V_{T0}。因此，這個方程式可被簡化如下式，記得 $v_{sat} = \mu_n(eff) \cdot E_c/2$。

$$\frac{V_{DD} - V_{out}}{R_L} \cong \frac{k_n}{2} \cdot (V_{in} - V_{T0})^2 \tag{5.21}$$

為了滿足導數條件，式 (5.21) 兩邊同時對 V_{in} 微分，這會產生下列方程式：

$$-\frac{1}{R_L} \cdot \frac{dV_{out}}{dV_{in}} = k_n \cdot (V_{in} - V_{T0}) \tag{5.22}$$

由於輸出電壓對輸入電壓的導數在點 V_{IL} 等於 (-1)，我們可以代入 $dV_{out}/dV_{in} = -1$ 至式 (5.22)。

$$-\frac{1}{R_L} \cdot (-1) = k_n \cdot (V_{IL} - V_{T0}) \tag{5.23}$$

解出式 (5.23) 的 V_{IL}，我們可以得到

$$V_{IL} = V_{T0} + \frac{1}{k_n R_L} \tag{5.24}$$

將式 (5.24) 代入式 (5.20)，可以找到輸入等於 V_{IL} 時的輸出電壓值，如下所示

$$V_{out}(V_{in} = V_{IL}) \cong V_{DD} - W \cdot v_{sat} \cdot C_{ox} \cdot \frac{\left(\frac{1}{k_n R_L}\right)^2}{E_C L} \cdot R_L$$

$$= V_{DD} - \frac{1}{2k_n R_L} \tag{5.25}$$

V_{IH} 的計算方式

V_{IH} 為兩個使 VTC 的斜率等於 (-1) 的輸入電壓中的較大值。於圖 5.8 能看出，當輸入電壓等於 V_{IH} 時，輸出電壓 V_{out} 僅稍微比輸出低態電壓 V_{OL} 大一點。因此，$V_{out} < V_{in} - V_{T0}$，並且驅動器電晶體操作於線性區。輸出節點的 KCL 方程式為

$$\frac{V_{DD} - V_{out}}{R_L} = \frac{k_n}{2} \frac{1}{\left(1 + \dfrac{V_{out}}{E_C L_n}\right)} \left[2 \cdot (V_{in} - V_{T0}) \cdot V_{out} - V_{out}^2\right] \quad (5.26)$$

在這個方程式中，由於 V_{out} 很小，使用手算分析可以將分母中的第二項 $V_{out}/E_C L_n$ 予以忽略不計。

$$\frac{V_{DD} - V_{out}}{R_L} \cong \frac{k_n}{2} \left[2 \cdot (V_{in} - V_{T0}) \cdot V_{out} - V_{out}^2\right] \quad (5.27)$$

式 (5.27) 兩邊對 V_{in} 進行微分，我們可以得到

$$-\frac{1}{R_L} \cdot \frac{dV_{out}}{dV_{in}} = \frac{k_n}{2} \cdot \left[2 \cdot (V_{in} - V_{T0}) \cdot \frac{dV_{out}}{dV_{in}} + 2V_{out} - 2V_{out} \cdot \frac{dV_{out}}{dV_{in}}\right] \quad (5.28)$$

接著，我們能將 $dV_{out}/dV_{in} = -1$ 代入式 (5.28)，因為 VTC 在 $V_{in} = V_{IH}$ 的斜率也等於 (-1)。

$$-\frac{1}{R_L} \cdot (-1) = k_n \cdot [(V_{IH} - V_{T0}) \cdot (-1) + 2V_{out}] \quad (5.29)$$

解式 (5.29) 可得 V_{IH} 與以下的表示式

$$V_{IH} = V_{T0} + 2V_{out} - \frac{1}{k_n R_L} \quad (5.30)$$

因此，我們得到了兩個代數方程式，式 (5.27) 與式 (5.30)，可解出兩個未知電壓 V_{IH} 與 V_{out}。為了決定所述未知變數，我們把式 (5.30) 代入電流方程式 (5.27)。

$$\frac{V_{DD} - V_{out}}{R_L} = \frac{k_n}{2} \cdot \left[2 \cdot \left(V_{T0} + 2V_{out} - \frac{1}{k_n R_L} - V_{T0}\right) \cdot V_{out} - V_{out}^2\right] \quad (5.31)$$

當輸入等於 V_{IH} 時，此二階方程式的正數解即為輸出電壓 V_{out}。

$$V_{out}(V_{in} = V_{IH}) = \sqrt{\frac{2}{3} \cdot \frac{V_{DD}}{k_n R_L}} \quad (5.32)$$

最後，將式 (5.32) 代入式 (5.30) 可解得 V_{IH}，如下式所示

$$V_{IH} = V_{T0} + \sqrt{\frac{8}{3} \cdot \frac{V_{DD}}{k_n R_L}} - \frac{1}{k_n R_L} \quad (5.33)$$

這四個關鍵電壓點 V_{OL}、V_{OH}、V_{IL}、V_{IH} 可以用來決定電阻性負載型反相器電路的雜訊邊界（NM_L 與 NM_H）。除了這些可以代表靜態輸入-輸出行為的電壓點外，反相器的臨界電壓 V_{th} 也可以很直接地計算出。注意於此點時，驅動器電晶體操作於飽和區。因此，反相器的臨界電壓可以僅藉由 $V_{in} = V_{out} = V_{th}$ 代入式 (5.20) 所得二次方程式來解出 V_{th}。

我們從前面的討論可以看到，此 $(k_n R_L)$ 項扮演著決定電壓轉移特性形狀的

重要角色,而且也是出現在 V_{OL}(式 (5.19))、V_{IL}(式 (5.24))與 V_{IH}(式 (5.33))表示式中的關鍵參數。假設如電源供應電壓 V_{DD} 與作為驅動器的 MOSFET 的臨界電壓 V_{T0} 等參數,是由系統與處理相關的限制條件所決定的,此 (k_nR_L) 項仍然會是唯一的設計參數,可以由電路設計者進行調整,藉以達到確切的設計目標。

輸出高態電壓 V_{OH} 主要由電源供應電壓 V_{DD} 決定。在其它的三個關鍵電壓點中,調整 V_{OL} 通常最受重視,而 V_{IL} 與 V_{IH} 則為次要設計變數。圖 5.9 顯示一個電阻性負載型反相器於不同 (k_nR_L) 值下的電壓轉移特性。注意,對於較大的 (k_nR_L) 值,輸出低態電壓 V_{OL} 變得更小,並且 VTC 的形狀接近於理想的反相器,具有非常大的轉態斜率。不過,為了於設計中達到較大的 (k_nR_L) 值,可能會牽涉到電路在其它面積與功率消耗間的折衷。

功率消耗與晶片面積

電阻性負載型反相器電路的平均直流功率消耗,可透過考慮兩個情況得到,如 $V_{in} = V_{OL}$(低態)與 $V_{in} = V_{OH}$(高態)。當輸入電壓等於 V_{OL} 時,驅動器電晶體是截止的。因此,電路並不存在穩態電流 ($I_D = I_R = 0$),並且 DC 功率消耗等於零。另一方面,當輸入電壓等於 V_{OH},驅動器的 MOSFET 與負載電阻兩者的導通電流不會為零。因為輸出電壓在這種情況下等於 V_{OL},由電源供應抽取的電流為

$$I_D = I_R = \frac{V_{DD} - V_{OL}}{R_L} \tag{5.34}$$

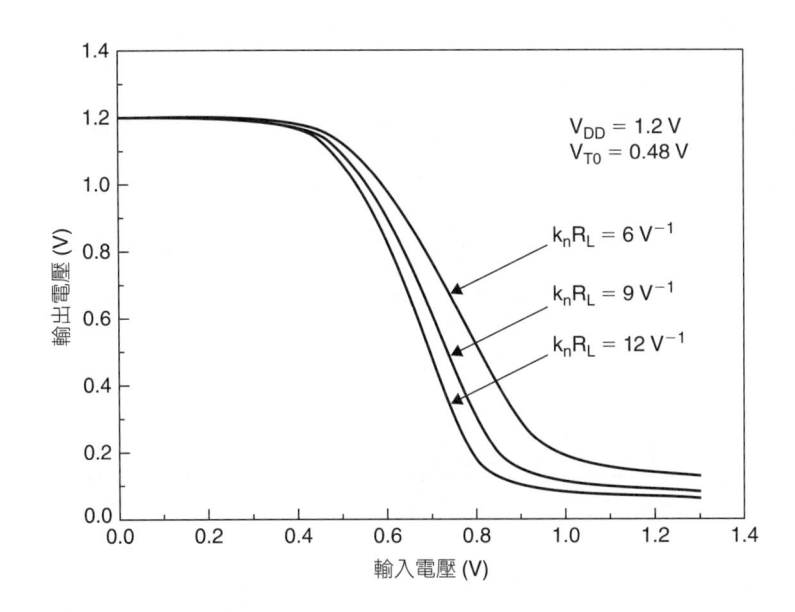

圖 5.9
電阻性負載型反相器對於不同參數值 (k_nR_L) 的電壓轉移特性。

假設在 50% 的操作時間裡，輸入電壓是「低態」，而剩餘的 50% 時間裡為「高態」，反相器的平均直流功率消耗可被估計為

$$P_{DC}(average) = \frac{V_{DD}}{2} \cdot \frac{V_{DD} - V_{OL}}{R_L} \tag{5.35}$$

例題 5.1

考量以下反相器設計問題：給定 V_{DD}=1.2 V，k'_n = 98.2 μA/V^2，E_cL = 0.45 V，以及 V_{T0} = 0.53 V，設計一個電阻性負載型反相器電路，其 V_{OL} = 80 mV。找出可達到所要求的 V_{OL} 的驅動器電晶體 (W/L) 比值與負載電阻 R_L。

為了滿足對輸出低態電壓 V_{OL} 的設計規格，我們先寫出相關的電流方程式來開始設計。須注意的是，當輸出電壓等於 V_{OL} 且輸入電壓等於 $V_{OH} = V_{DD}$ 時，驅動器電晶體是操作在線性區域中。

$$\frac{V_{DD} - V_{OL}}{R_L} = \frac{k'_n}{2} \cdot \left(\frac{W}{L}\right) \cdot \frac{1}{\left(1 + \frac{V_{OL}}{E_cL_n}\right)} \cdot \left[2 \cdot (V_{DD} - V_{T0}) \cdot V_{OL} - V_{OL}^2\right]$$

假設 V_{OL} = 80 mV 且使用給定的電源供應電壓、驅動器電晶體的臨界電壓與轉導值 k'_n，我們可以得到以下的方程式

$$\frac{1.2 - 0.08}{R_L} = \frac{98.2 \times 10^{-6}}{2} \cdot \frac{W}{L} \cdot \frac{1}{1 + \frac{0.08}{0.45}} \cdot (2 \cdot 0.67 \cdot 0.08 - 0.08^2)$$

這個方程式可以重寫成

$$\frac{W}{L} \cdot R_L = 2.63 \times 10^5 \, \Omega$$

在這點上，我們認知到設計者有不同 (W/L) 與 R_L 值的選擇，而所有這些都滿足給定的設計規格，V_{OL} = 80 mV。因此對 (W/L) 與 R_L 配對值的最後選擇，最終會受到其它考量因素的影響，例如在電路的功率消耗與矽晶片面積。下表列出了一些設計的可能性，也包含了依據每個設計所估算的平均直流功率消耗。

$\left(\dfrac{W}{L}\right)$ – 比值	負載電阻 $R_L[\text{k}\Omega]$	直流功率消耗 $P_{DC,average}[\mu\text{W}]$
1	263.0	2.56
2	131.5	5.11
3	87.7	7.67
4	65.8	10.2
5	52.6	12.8
6	43.8	15.3

我們可以看到，當負載電阻 R_L 值減少且 (W/L) 比值增加時，功率消耗顯著地增加。如果降低直流功率消耗是最重要的考量，我們可以選擇一個小的 (W/L) 比值與大負載電阻。另一方面，如果製造大負載電阻需要大的矽面積，就很明顯地需要在直流功率消耗與由反相器電路佔據的面積之間做出折衷。

由電阻性負載型反相器電路所佔用的晶片面積會受到兩項參數的影響，驅動器電晶體的 (W/L) 比值與電阻 R_L 值。驅動器電晶體的面積可以透過閘極面積 (W × L) 來近似。假設閘極長度 L 在給定的製程技術下盡可能保持在最小值，閘極面積將正比於電晶體 (W/L) 比值。另一方面，電阻面積會強烈地受到該晶片上用來製造電阻的製程技術影響。

我們將簡要地考量兩種使用標準 MOS 製程可能製作出的電阻：擴散電阻與多晶矽（未摻雜）電阻。擴散電阻的製造方式，正如其名，是於隔離的 n 型（或 p 型）擴散區域兩端各打上一個接觸點。電阻值依擴散區域的摻雜密度與尺寸決定，即該電阻長度與寬度的比值。實際擴散區域的片電阻率 (sheet resistivity) 值範圍在 20 Ω/正方 (Ω/square) 與 100 Ω/正方之間。因此，為了達到數量級為幾十到幾百 kΩ 的電阻值，會需要非常大的長寬比 (length-to-width ratio)。

這些電阻結構通常以彎曲緊密形狀的放置於晶片上，其需求面積明顯地多於驅動器 MOSFET，如圖 5.10(a) 所示。因此，在 VLSI 應用中，具有大擴散負載電阻的電阻性反相器並非實用的組件。

另一種節省矽晶片面積的方法是使用未摻雜的多晶矽來製作負載電阻。在傳統多晶矽閘極 MOS 技術中，用來形成的電晶體閘極與連接線的多晶矽結構是採用重摻雜以降低電阻率。具摻雜的多晶矽連接線與閘極，其片電阻率大約為 20 Ω/正方至 40 Ω/正方。但是，如果多晶矽的部分區域遮蔽掉此摻雜步驟，所得的未摻雜多晶矽層會具有非常高的片電阻率，為 10 MΩ/正方的數量級。因此，非常緊密與非常高阻值的電阻可以使用未摻雜的多晶矽層來製作（圖 5.10(b)）。這種方法的一個缺點是，電阻值不能被精確地控制，會使得 VTC 的變化很大。因此，使用未摻雜多晶矽電阻的電阻性負載型反相器，通常不會用在邏輯閘電路，因為須符合特定設計條件，如雜訊邊界等。使用大且未摻雜的多晶矽負載電阻的簡單反相器結構，主要用於**低功率 (low-power)** 靜態隨機存取記憶體 (static random access memory, SRAM) 單元，其電路強調的是減少穩態（直流）功率消耗，並且記憶體電路的操作並不會明顯地受到電壓轉移特性變化的影響。第 10 章會進一步詳細討論這個議題。

圖 5.10
電阻性負載型反相器電路之實例佈局，使用 (a) 擴散電阻與 (b) 未摻雜多晶矽電阻。

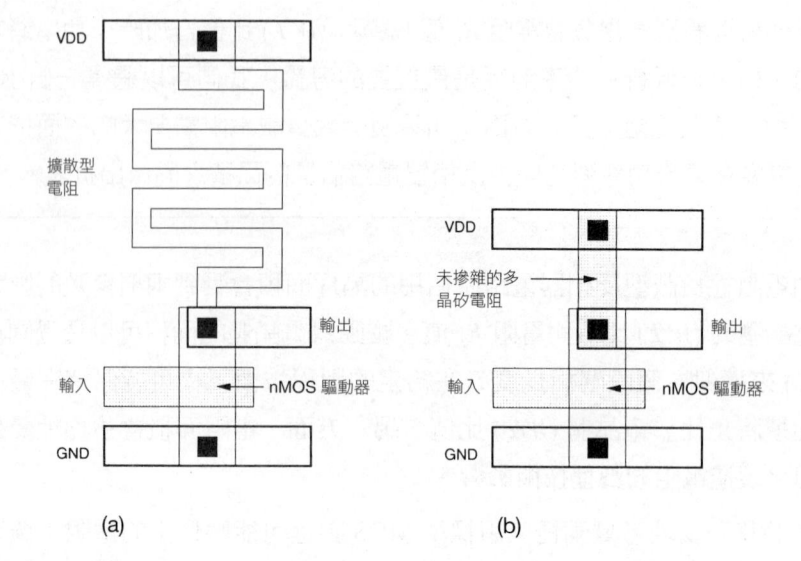

(a)　　(b)

例題 5.2

考慮一個電阻性負載型反相器電路，其 $V_{DD} = 1.2$ V，$k'_n = 102$ $\mu A/V^2$，$V_{T0} = 0.48$ V，$R_L = 20$ kΩ，以及 $W/L = 4$。計算 VTC 的上關鍵電壓（V_{OL}、V_{OH}、V_{IL} 與 V_{IH}）並找出電路的雜訊邊界。

當輸入電壓為低態時，即當作為驅動器的 nMOS 電晶體處於截止時，輸出高態電壓為

$$V_{OH} = V_{DD} = 1.2 \text{ V}$$

須注意在此電阻性負載型反相器的範例中，驅動器電晶體的轉導為 $k_n = k'_n(W/L) = 408$ $\mu A/V^2$，因此，$(k_n R_L) = 8.16$ V^{-1}。

輸出低態電壓 V_{OL} 的計算採用式 (5.18)：

$$V_{OL} = V_{DD} - V_{T0} + \frac{1}{k_n R_L} - \sqrt{\left(V_{DD} - V_{T0} + \frac{1}{k_n R_L}\right)^2 - \frac{2V_{DD}}{k_n R_L}}$$

$$= 1.2 - 0.48 + \frac{1}{8.16} - \sqrt{\left(1.2 - 0.48 + \frac{1}{8.16}\right)^2 - \frac{2 \cdot 1.2}{8.16}}$$

$$= 0.198 \text{ V}$$

關鍵電壓 V_{IL} 可以用式 (5.22) 求出，如下所示：

$$V_{IL} = V_{T0} + \frac{1}{k_n R_L} = 0.48 + \frac{1}{8.16} = 0.603 \text{ V}$$

最後，關鍵電壓 V_{IH} 可以用式 (5.30) 計算為

$$V_{IH} = V_{T0} + \sqrt{\frac{8}{3} \cdot \frac{V_{DD}}{k_n R_L}} - \frac{1}{k_n R_L} = 0.48 + \sqrt{\frac{8}{3} \cdot \frac{1.2}{8.16}} - \frac{1}{8.16} = 0.984 \text{ V}$$

現在，依據式 (5.3) 與式 (5.4) 即可求得雜訊邊界

$$NM_L = V_{IL} - V_{OL} = 0.603 - 0.198 = 0.405 \text{ V}$$
$$NM_H = V_{OH} - V_{IH} = 1.2 - 0.984 = 0.216 \text{ V}$$

此時，我們可以評價這個特定反相器設計在直流操作的品質。須注意這裡求得的雜訊邊界 NM_H 相當低，最終有可能導致輸入訊號準位的誤判。為了有更好的雜訊抗擾性，「高態」訊號雜訊邊界應當至少是電源供應電壓 V_{DD} 的 25%，也就是約 0.3 V。

5.3 MOSFET 負載型反相器

前一節中檢視的簡單電阻性負載型反相器電路並不適合用於大部分數位 VLSI 系統應用，主要是因為負載電阻佔用了大面積。這一節會介紹使用 nMOS 或 pMOS 電晶體作為主動性負載元件的反相器電路，而非使用線性負載電阻。使用 MOSFET 作為負載裝置的主要優點是，電晶體所佔用的晶片面積通常比阻值相當的電阻性負載小。此外，主動性負載型反相器電路可被設計成比被動性負載 (passive-load) 型反相器具有更好的整體性能。按時間先後順序來看，使用增強型 MOSFET 負載的反相器的發展先於其它主動性負載型反相器，因為其製程較早完備。

增強型負載 nMOS 反相器

圖 5.11 所示為兩種使用增強型負載的反相器電路組態。根據施加至閘極端點的偏壓，負載電晶體可以操作在飽和區或線性區。從電路設計的觀點來看，這兩種類型的反相器具有一些獨特的優點與缺點。在圖 5.11(a) 所示的飽和增強

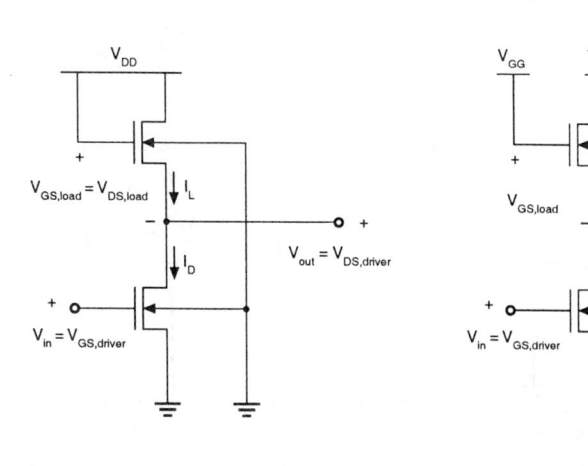

圖 5.11
(a) 使用飽和增強型 nMOS 負載的反相器電路，(b) 使用線性增強型負載的反相器電路。

型負載反相器,需要單電壓源與相對簡單的製程,然而 V_{OH} 準位是限制在 V_{DD} − $V_{T,load}$。另一方面,在圖 5.11(b) 所示的反相器電路之負載裝置則總是偏壓於線性區。因此,相較於飽和增強型負載的反相器,其 V_{OH} 準位等於 V_{DD},導致雜訊邊界更高。這種組態的最顯著缺點是使用兩組獨立的電源供應電壓。此外,圖 5.11 的這兩種類型反相器電路,受到相對較高的待機(直流)功率消耗困擾;因此,所有大型數位應用都未使用增強型負載 nMOS 的反相器。

虛擬 nMOS 反相器

使用 pMOS 電晶體作為負載裝置,稱為虛擬 nMOS (pseudo-nMOS) 反相器,可以減輕以增強型 nMOS 為負載的反相器中的幾個問題。空乏型 nMOS 電晶體能被用來代替 pMOS 負載,但是現今由於製程中需要額外的程序步驟,因此空乏型電晶體已不被使用。當閘極連接到地時,pMOS 電晶體總是導通。圖 5.11(b) 中的 nMOS 負載電晶體,也總是會導通且被替換為在虛擬 nMOS 反相器裡的 pMOS 電晶體。虛擬 nMOS 的名稱即源於此。虛擬 nMOS 電路組態的優點為:(1) 陡峭的 VTC 轉態區與較好的雜訊邊界,(2) 單一電源供應,與 (3) 較小的整體佈局面積。

虛擬 nMOS 反相器電路的電路圖顯示於圖 5.12(a),由非線性負載電阻與一個非理想開關(驅動器)所構成的電路簡化圖則顯示於圖 5.12(b)。所述的驅動器元件是一顆 nMOS 電晶體,其 $V_{T0,n} > 0$,而負載則是一顆 pMOS 電晶體,其 $V_{T0,p} < 0$。負載電晶體的閘極連接到地,因此,$V_{SG,p}$ 始終等於 V_{DD}。

pMOS 電晶體的操作模式是由輸出電壓準位決定。當輸出電壓小,也就

圖 5.12
(a) 虛擬 nMOS 反相器電路。(b) 由非線性負載電阻與受輸入控制的非理想開關構成的簡化等效電路。

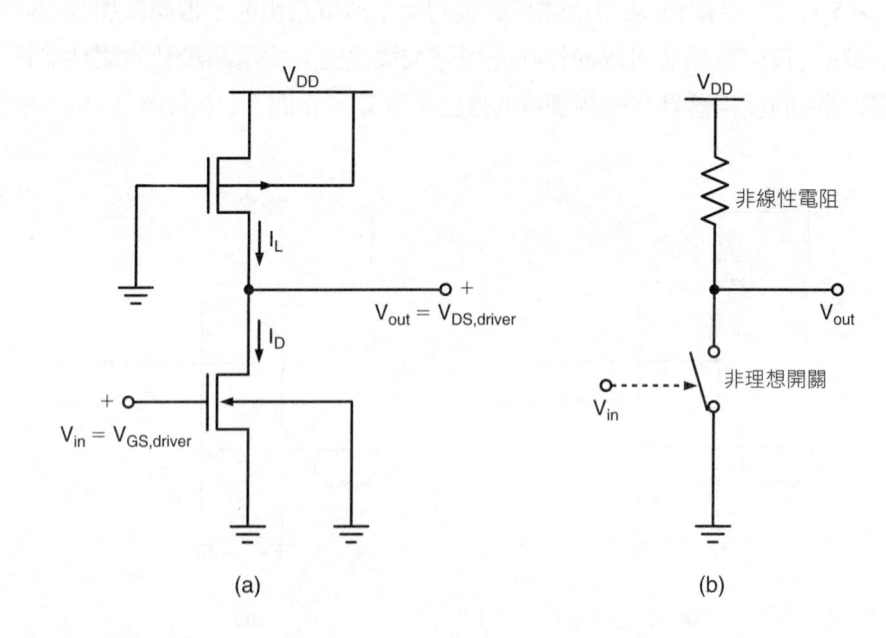

是 $V_{out} < |V_{T0,p}|$，則負載電晶體處於飽和狀態。注意，這個條件相當於 $V_{SD,p} \geq |V_{DSAT,p}|$。然後，負載電流如下列方程式：

$$I_{D,p} = W \cdot v_{sat} \cdot C_{ox} \cdot \frac{(V_{SG,p} - |V_{T0,p}|)^2}{(V_{SG,p} - |V_{T0,p}|) + E_{C,p}L_p}$$

$$= W \cdot v_{sat} \cdot C_{ox} \cdot \frac{(V_{DD} - |V_{T0,p}|)^2}{(V_{DD} - |V_{T0,p}|) + E_{C,p}L_p} \quad (5.36)$$

對於較大的輸出電壓準位，即 $V_{DD} - V_{out} < (V_{SG} - |V_{T,Load}|)E_C L/(V_{SS} - |V_{T,Load}|) + E_C L)$，虛擬 nMOS 負載電晶體操作在線性區。在這個情況下，負載電流為

$$I_{D,p} = \frac{k_p}{2} \frac{1}{\left(1 + \frac{V_{DD} - V_{out}}{E_{C,p}L_p}\right)} \left[2 \cdot (V_{DD} - |V_{T0,p}|) \cdot (V_{DD} - V_{out}) - (V_{DD} - V_{out})^2\right] \quad (5.37)$$

建構此反相器的電壓轉移特性 (VTC)，可以藉由設定 $I_{D,n} = I_{D,p}$、$V_{GS,n} = V_{in}$ 與 $V_{DS,n} = V_{out}$，且解出相對應的 $V_{out} = f(V_{in})$ 電流方程式而得。圖 5.13 顯示一個典型的虛擬 nMOS 反相器的 VTC。

接下來，我們討論這個反相器電路的關鍵電壓點 V_{OH}、V_{OL}、V_{IL} 與 V_{IH}。驅動器與負載電晶體在這些關鍵點的電壓準位與操作區域則會在下面列出。

V_{OH} 的計算方式

當輸入電壓 V_{in} 比驅動器的臨界電壓 V_{T0} 小時，驅動器電晶體被截止，而且

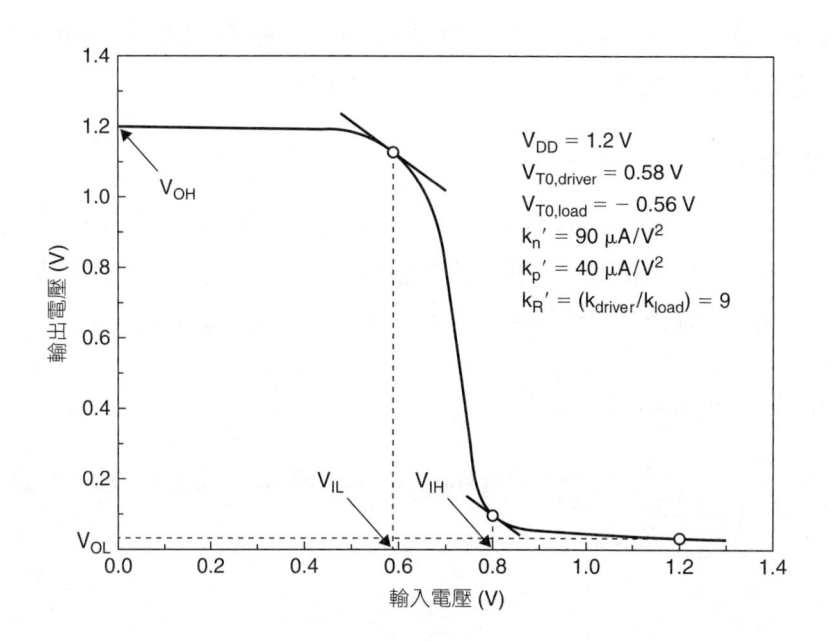

圖 5.13
虛擬 nMOS 反相器的典型 VTC。

$V_{DD} = 1.2$ V
$V_{T0,driver} = 0.58$ V
$V_{T0,load} = -0.56$ V
$k_n' = 90\ \mu A/V^2$
$k_p' = 40\ \mu A/V^2$
$k_R' = (k_{driver}/k_{load}) = 9$

不導通任何汲極電流。因此，操作於線性區的負載裝置，亦具有零汲極電流。在式 (5.37) 中，以 V_{OH} 取代 V_{out}，且讓負載電流 $I_{D,load} = 0$，可以得到

$$I_{D,p} = \frac{k_p}{2} \frac{1}{\left(1 + \frac{V_{DD} - V_{OH}}{E_C L_p}\right)} \left[2 \cdot (V_{DD} - |V_{T0,p}|) \cdot (V_{DD} - V_{OH}) - (V_{DD} - V_{OH})^2\right] \tag{5.38}$$

在線性區中唯一的有效解為 $V_{OH} = V_{DD}$。

V_{OL} 的計算方式

為了計算輸出低態電壓 V_{OL}，我們假設反相器的輸入電壓 V_{in} 等於 $V_{OH} = V_{DD}$。注意，在這種情況下，驅動器電晶體操作於線性區，而 pMOS 負載處於飽和狀態。

$$\frac{k_n}{2} \frac{1}{\left(1 + \frac{V_{OL}}{E_{C,n} L_n}\right)} \left[2 \cdot (V_{OH} - V_{T0,n}) \cdot V_{OL} - V_{OL}^2\right]$$

$$= W \cdot v_{sat} \cdot C_{ox} \cdot \frac{(V_{DD} - |V_{T0,p}|)^2}{(V_{DD} - |V_{T0,p}|) + E_{C,p} L_p} \tag{5.39}$$

由於 V_{OL} 值很小，忽略 $V_{OL}/E_{C,n}L_n$，V_{OL} 的簡化二階方程式可以解得如下：

$$V_{OL} = V_{OH} - V_{T0,n} - \sqrt{(V_{OH} - V_{T0,n})^2 - \left(\frac{k_p}{k_n}\right) \cdot E_{C,p} \cdot L_p \cdot \frac{(V_{DD} - |V_{T0,p}|)^2}{(V_{DD} - |V_{T0,p}|) + E_{C,p} L_p}} \tag{5.40}$$

從這個方程式中，我們可以看到，相較於 pMOS 電晶體，較大的 nMOS 電晶體降低了輸出低態電壓值 V_{OL}，此亦擴大了雜訊邊界。

V_{IL} 的計算方式

依據定義，VTC 的斜率等於 (-1)，即當輸入電壓為 $V_{in} = V_{IL}$ 時，$dV_{out}/dV_{in} = -1$。注意，在這種情況下，驅動器電晶體操作在飽和區，而負載電晶體則工作在線性區。對輸出節點使用 KCL，我們獲得以下的電流方程式：

$$W_n \cdot v_{sat} \cdot C_{ox} \cdot \frac{(V_{in} - V_{T0,n})^2}{(V_{in} - V_{T0,n}) + E_{C,n} L_n}$$

$$= \frac{k_p}{2} \cdot \frac{1}{\left(1 + \frac{V_{DD} - V_{out}}{E_{C,p} L_p}\right)} \cdot \left[2 \cdot (V_{DD} - |V_{T0,p}|) \cdot (V_{DD} - V_{out}) - (V_{DD} - V_{out})^2\right] \tag{5.41}$$

為了簡化方程式以適合手算，在分母左手邊的第一項與分母右手邊的第二項可以被忽略，因為在輸入低態電壓 V_{IL} 時，兩者都很小 ($V_{in} - V_{T0,n} \ll E_{C,n}L_n$, $V_{DD} - V_{out}/E_{C,p}L_p \ll 1$)。因此，

$$W_n \cdot v_{sat} \cdot C_{ox} \cdot \frac{(V_{in} - V_{T0,n})^2}{E_{C,n}L_n}$$
$$\cong \frac{k_p}{2} \cdot \left[2(V_{DD} - |V_{T0,p}|) \cdot (V_{DD} - V_{out}) - (V_{DD} - V_{out})^2 \right] \quad (5.42)$$

為了滿足在 V_{IL} 時的導數條件，我們將式 (5.42) 兩邊同時對 V_{in} 微分，

$$k_n \cdot (V_{in} - V_{T0,n}) = k_p \cdot \left[(V_{DD} - |V_{T0,p}|) \cdot (-1) \cdot \left(\frac{dV_{out}}{dV_{in}}\right) + (V_{DD} - V_{out}) \cdot \left(\frac{dV_{out}}{dV_{in}}\right) \right] \quad (5.43)$$

以 V_{IL} 取代 V_{in}，並且令 $dV_{out}/dV_{in} = -1$，我們得到 V_{IL} 為輸出電壓 V_{out} 的函數。

$$V_{IL} = V_{T0,n} + \frac{k_p}{k_n} \cdot \left(V_{out} - |V_{T0,p}| \right) \quad (5.44)$$

此方程必須連同 KCL 方程式 (5.41) 一起求解，方可得到 V_{IL} 的數值與相對應的輸出電壓 V_{out}。須注意此解法是相當直接的，並不需要數值疊代。

V_{IH} 的計算方式

V_{IH} 是 VTC 兩個斜率為 (−1) 的電壓點中較大的那一個。因為對應於該工作點的輸出電壓相對較小，驅動器電晶體是在線性區且負載晶體處於飽和狀態。

$$\frac{k_n}{2} \frac{1}{\left(1 + \frac{V_{out}}{E_{C,n}L_n}\right)} \left[2 \cdot (V_{in} - V_{T0,n}) \cdot V_{out} - V_{out}^2 \right]$$
$$= W \cdot v_{sat} \cdot C_{ox} \cdot \frac{(V_{DD} - |V_{T0,p}|)^2}{(V_{DD} - |V_{T0,p}|) + E_{C,p}L_p} \quad (5.45)$$

再一次，為了簡化方程式以用於手算，在左手邊分母的第二項可以被忽略，因為具有高輸入電壓 V_{IH} 時，$V_{out}/E_{C,n}L_n \ll 1$。同樣地，在右手邊分母的第一項可以被忽略，因為 $V_{DD} - |V_{T0,p}| \ll E_{C,n}L_p$。因此，我們可以得到以下方程式：

$$\frac{k_n}{2} \left[2 \cdot (V_{in} - V_{T0,n}) \cdot V_{out} - V_{out}^2 \right] \cong \frac{k_p}{2} \cdot \left(V_{DD} - |V_{T0,p}| \right)^2 \quad (5.46)$$

將式 (5.46) 兩邊對 V_{in} 作微分，我們可以得到

$$k_n \cdot \left[(V_{in} - V_{T0,n}) \cdot \left(\frac{dV_{out}}{dV_{in}}\right) + V_{out} - V_{out} \cdot \left(\frac{dV_{out}}{dV_{in}}\right)\right] = 0 \quad (5.47)$$

現在,把 $dV_{out}/dV_{in} = -1$ 代入式 (5.47),並求解 $V_{in} = V_{IH}$。

$$V_{IH} = V_{T0,n} + 2V_{out} \quad (5.48)$$

V_{IH} 的實際值與相對應的輸出電壓 V_{out},是由式 (5.48) 連同電流方程式 (5.45) 解得。

我們從這個討論可以得知,關鍵電壓點、反相器 VTC 的一般形狀與最終所求得的雜訊邊界,是由驅動器、負載元件的臨界電壓與驅動器對負載比值 (driver-to-load ratio)(k_n/k_p) 所決定。由於臨界電壓通常是在製造過程中設定,因此可調整主要設計參數,也就是驅動器對負載的比值,以達到期望的 VTC 形狀。須注意在 $k'_n = k'_p$ 時,驅動器對負載的比值僅由驅動器與負載電晶體的 (W/L) 比值來決定,即該元件的幾何形狀。圖 5.14 顯示虛擬 NMOS 反相器電路使用不同的驅動器對負載的比值 $k_R = (k_n/k_p)$ 之 VTC。

一個重要的觀察結果是,不同於 nMOS 負載型反相器的情況,用相對小的驅動器對負載比即可得到陡峭的 VTC 轉態特性,以及較大的雜訊邊界。因此,具有可接受電路性能的虛擬 nMOS 反相器電路所佔的總面積,預計會比在相似的電阻性負載型或 nMOS 負載型反相器所佔據的面積要小得多。

虛擬 nMOS 反相器的設計

根據上一節中的 VTC 分析,我們現在可以設計虛擬 nMOS 反相器以滿足

圖 5.14
使用不同驅動器對負載比的虛擬 nMOS 反相器之電壓轉移特性。

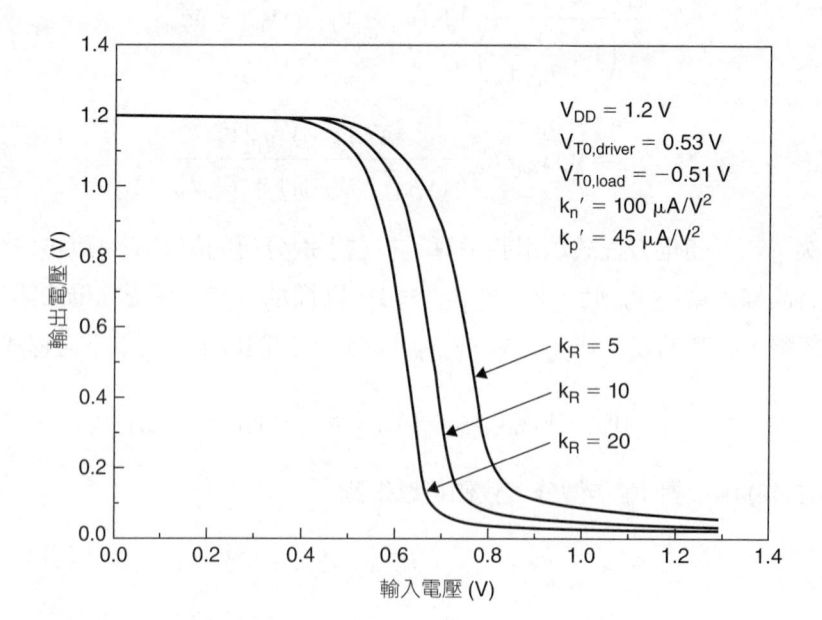

$V_{DD} = 1.2$ V
$V_{T0,driver} = 0.53$ V
$V_{T0,load} = -0.51$ V
$k_n' = 100$ μA/V^2
$k_p' = 45$ μA/V^2

$k_R = 5$
$k_R = 10$
$k_R = 20$

特定的直流性能標準。最廣義來看，反相器電路的可設計參數是：(1) 電源供應電壓 V_{DD}，(2) 驅動器與負載電晶體的臨界電壓，以及 (3) 驅動器與負載電晶體的 (W/L) 比值。不過，在大多數實際情況下，電源供應電壓與元件的臨界電壓，會受到其它外部限制與製程影響；因此，對於個別的反相器電路，這些參數不能被調整來滿足性能要求。這使得電晶體的 (W/L) 比值，或更具體來說，驅動器對負載的比值 kR，成為最主要的設計參數。

注意，反相器電路的電源供應電壓 V_{DD} 也決定了輸出高態電壓 V_{OH} 的準位，因為 $V_{OH} = V_{DD}$。於 VTC 中剩下的三個關鍵電壓，輸出低態電壓 V_{OL} 通常是最重要的設計限制。設計反相器以達到一定的 V_{OL} 值，也將會自動設定另外兩個關鍵電壓 V_{IL} 與 V_{IH}。假設經由先前獨立設計與製程限制，已設定電源供應電壓與臨界電壓值，那麼方程式 (5.39) 的簡化版本可以被重新安排成一階方程式，用以計算可實現目標 V_{OL} 值的驅動器對負載的比值。

$$k_R = \frac{k_n}{k_p} \cong \frac{(V_{DD} - |V_{T0,p}|)^2}{2 \cdot (V_{OH} - V_{T0,n}) \cdot V_{OL} - V_{OL}^2} \tag{5.49}$$

在這裡，驅動器對負載的比值由下式給定

$$k_R = \frac{k_n}{k_p} = \frac{k_n' \cdot \left(\frac{W}{L}\right)_n}{k_p' \cdot \left(\frac{W}{L}\right)_p} \tag{5.50}$$

由於通道摻雜濃度的緣故，使得 nMOS 電晶體的通道電子移動率與 pMOS 電晶體的通道電洞移動率並不相等，因此一般來說，我們應可預期 $k_n' \neq k_p'$。

最後注意，至此討論的設計步驟決定驅動器與負載間的轉導比值，但不是每顆電晶體的特定 (W/L) 比值。因此，我們可以提出許多不同 (W/L) 比值來設計驅動器（與負載）元件，其中每個都能滿足已提過的驅動器對負載比值的條件。驅動器與負載電晶體的實際尺寸，通常是由其它設計限制所決定，如電流驅動能力、穩態功率消耗與暫態切換速度。

功率與面積的考量

虛擬 nMOS 反相器電路的穩態直流功率消耗，可以藉由計算在輸入低態與輸入高態期間，從電源供應所抽取出的電流量而得。當輸入電壓為低態時，即當驅動器電晶體處於截止且 $V_{out} = V_{OH} = V_{DD}$ 時，沒有顯著的電流會流過驅動器與負載電晶體。在此情形下，反相器不消耗直流功率。另一方面，當輸入處於高態 $V_{in} \approx V_{DD}$，而且 $V_{out} = V_{OL}$，驅動器與負載電晶體兩者導通著相當多的電流，給定如下

$$I_{DC}(V_{in} = V_{DD}) = W \cdot v_{sat} \cdot C_{ox} \cdot \frac{\left(V_{DD} - |V_{T0,p}|\right)^2}{\left(V_{DD} - |V_{T0,p}|\right) + E_{C,p}L_p}$$

$$= \frac{k_n}{2} \frac{1}{\left(1 + \frac{V_{OL}}{E_{C,n}L_n}\right)} \left[2 \cdot (V_{OH} - V_{T0,n}) \cdot V_{OL} - V_{OL}^2\right] \quad (5.51)$$

假設輸入電壓準位在操作時間的 50% 為低準位，且其它的 50% 為高準位，該電路的整體平均直流功率消耗可被估計為

$$P_{DC} = \frac{V_{DD}}{2} \cdot W \cdot v_{sat} \cdot C_{ox} \cdot \frac{\left(V_{DD} - |V_{T0,p}|\right)^2}{\left(V_{DD} - |V_{T0,p}|\right) + E_{C,p}L_p} \quad (5.52)$$

圖 5.15 為虛擬 nMOS 反相器電路的簡化佈局。須注意的是，增強型驅動器的汲極與虛擬 nMOS 負載電晶體同享一個共用的 n⁺ 擴散區，比兩個分開的擴散區更能節省晶片面積。驅動器電晶體的寬長比看起來比負載的寬長比還大，這將產生約四倍的驅動器對負載的比值。總體來說，這類反相器的電路組態比較緊密，且在近似的性能下，比電阻性負載型反相器所佔據的面積明顯地更小。

圖 5.15
虛擬 nMOS 負載型反相器電路實例佈局。

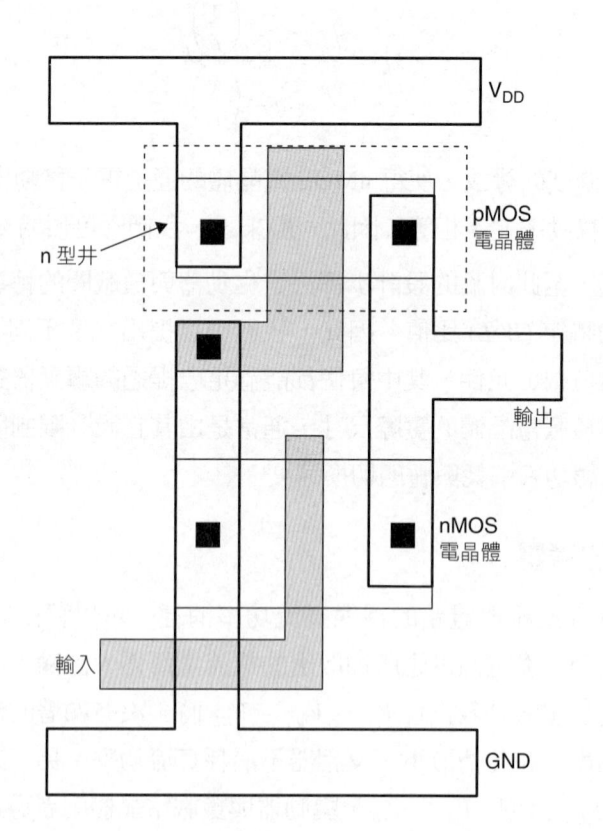

例題 5.3

計算關鍵電壓（V_{OL}、V_{OH}、V_{IL}、V_{IH}），並找出以下虛擬 nMOS 反相器電路的雜訊邊界：

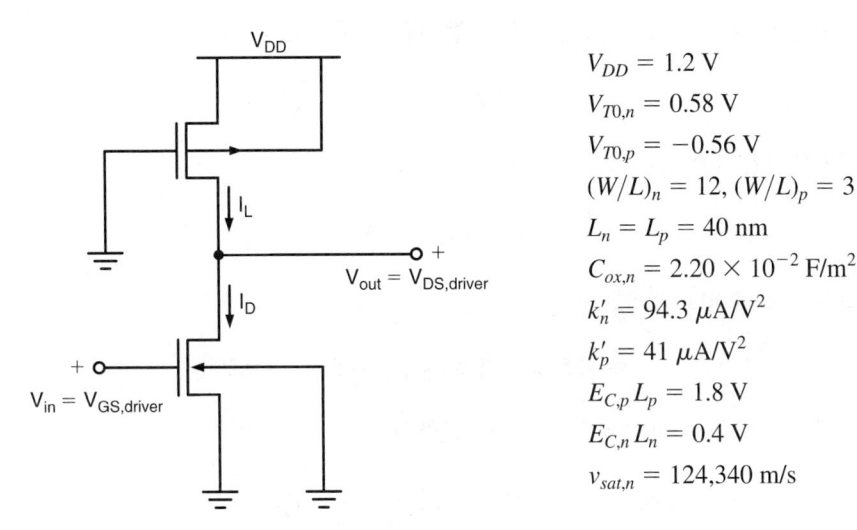

$V_{DD} = 1.2$ V
$V_{T0,n} = 0.58$ V
$V_{T0,p} = -0.56$ V
$(W/L)_n = 12$, $(W/L)_p = 3$
$L_n = L_p = 40$ nm
$C_{ox,n} = 2.20 \times 10^{-2}$ F/m^2
$k'_n = 94.3$ μA/V^2
$k'_p = 41$ μA/V^2
$E_{C,p} L_p = 1.8$ V
$E_{C,n} L_n = 0.4$ V
$v_{sat,n} = 124{,}340$ m/s

首先，根據式 (5.38)，輸出高態電壓被簡單地找出為 $V_{OH} = V_{DD} = 1.2$ V。

為了計算輸出低態電壓 V_{OL}，我們需要對式 (5.40) 求解。

$$V_{OL} = V_{OH} - V_{T0,n} - \sqrt{(V_{OH} - V_{T0,n})^2 - \left(\frac{k_p}{k_n}\right) \cdot E_{C,p} \cdot L_p \cdot \frac{(V_{DD} - |V_{T0,p}|)^2}{(V_{DD} - |V_{T0,p}|) + E_{C,p} L_p}}$$

$$= 1.2 - 0.58 - \sqrt{(1.2 - 0.58)^2 - \frac{0.12}{1.13} \cdot 1.8 \cdot \frac{(1.2 - 0.56)^2}{(1.2 - 0.56) + 1.8}} = 0.026 \text{ V}$$

輸入低態電壓 V_{IL} 可以使用式 (5.41) 與式 (5.44) 計算而得。

$$V_{IL} = V_{T0,n} + \frac{k_p}{k_n} \cdot (V_{out} - |V_{T0,p}|)$$

$$= 0.521 + 0.106 V_{out}$$

這個表示式可以重新整理為

$$V_{out} = 9.43 V_{IL} - 4.92$$

現在，把這個式子代入 KCL 方程式 (5.41)，得到以下 V_{IL} 的二次方程式：

$$W_n \cdot v_{sat} \cdot C_{ox} \cdot \frac{(V_{in} - V_{T0,n})^2}{E_{C,n} L_n} \cong \frac{k_p}{2} \cdot \left[2(V_{DD} - |V_{T0,p}|) \cdot (V_{DD} - V_{out}) - (V_{DD} - V_{out})^2\right]$$

$$3.28 \cdot 10^{-3} \cdot (V_{in} - 0.58)^2 = 6 \cdot 10^{-5} \cdot [2(1.2 - 0.56) \cdot (1.2 - 9.43 V_{IL} + 4.92)$$
$$- (1.2 - 9.43 V_{IL} + 4.92)^2]$$

這個二階方程式的解會產生兩個可能的 V_{IL} 值。

$$V_{IL} = \begin{cases} 0.634 \text{ V} \\ \underline{0.527 \text{ V}} \end{cases}$$

須注意的是，V_{IL} 必須高於驅動器電晶體的臨界電壓 V_{T0}；因此，$V_{IL} = 0.644$ V 是實際的正確解。在這一點的輸出電壓準位也可被找到為

$$V_{out} = 9.43 \cdot 0.634 - 4.92 = 1.059 \text{ V}$$

V_{IH} 可以用式 (5.48) 算出為

$$V_{IH} = V_{T0,n} + 2V_{out}$$

這個表示式被重新整理為

$$V_{out} = 0.5 V_{IH} - 0.5 V_{T0,n} = 0.5 V_{IH} - 0.29$$

接著，把 V_{out} 代入 KCL 方程式 (5.45) 以便得到

$$\frac{k_n}{2}\big[2\cdot(V_{in} - V_{T0,n})\cdot V_{out} - V_{out}^2\big] \cong \frac{k_p}{2}\cdot\big(V_{DD} - |V_{T0,p}|\big)^2$$

$$5.65\cdot 10^{-4}\cdot[2\cdot(V_{IH} - 0.58)\cdot(0.5V_{IH} - 0.29) - (0.5V_{IH} - 0.29)^2]$$

$$= 6\cdot 10^{-5}\cdot(1.2 - 0.56)^2$$

這個簡單二次方程的解得到了兩組 V_{IH} 值。

$$V_{IH} = \begin{cases} 0.821 \text{ V} \\ \underline{0.339 \text{ V}} \end{cases}$$

其中 $V_{IH} = 0.821$ V 是正確的解。在這一點上的輸出電壓準位被求得為

$$V_{out} = 0.5 \cdot 0.821 - 0.29 = 0.121$$

最後，高訊號準位及低訊號準位的雜訊邊界可以被求得為

$$NM_M = V_{OH} - V_{IH} = 1.2 - 0.821 = 0.379 \text{ V}$$
$$NM_L = V_{IL} - V_{OL} = 0.634 - 0.026 = 0.608 \text{ V}$$

■

5.4 CMOS 反相器

到目前為止，所考慮的全部反相器電路都具有圖 5.3 所示的一般性電路結構，包含 nMOS 驅動器電晶體與可以是電阻、nMOS 電晶體或虛擬 nMOS 電晶體作為非線性電阻器所構成的負載元件。在此一般組態中，輸入訊號總是施加至驅動器電晶體閘極，且反相器的操作主要是藉由切換驅動器予以控

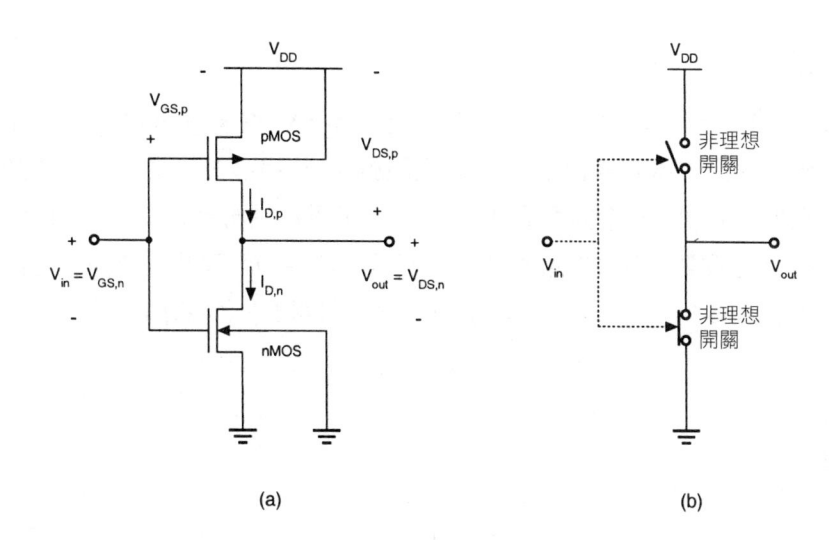

圖 5.16
(a) CMOS 反相器電路。(b) CMOS 反相器電路的簡化圖，由兩個互補的非理想開關構成。

制。現在，我們將注意力轉向一個完全不同的反相器結構，是由一顆 nMOS 電晶體與一顆 pMOS 電晶體操作在互補模式（圖 5.16）。這種組態稱為互補式 MOS (complementary MOS, CMOS)。在意義上，此電路架構是互補的推拉方式 (push-pull)，對於高態輸入時，nMOS 電晶體驅動（下拉 (pull down)）輸出點，而 pMOS 電晶體則作為負載；反之，對於低態輸入時，pMOS 電晶體驅動（上拉 (pull up)）輸出點，nMOS 電晶體則作為負載。因此，這兩個元件對電路操作特性的貢獻相同。

相較於其它反相器組態，CMOS 反相器有兩項重要的優點。第一項且也許是最重要的優點是，CMOS 反相器電路的穩態功率消耗幾乎可以忽略不計，除了由於漏電流造成小功率消耗之外。到目前為止，當驅動器電晶體導通時，所檢視的全部其它反相器結構仍會從電源抽取一個非零的穩態電流，導致了顯著的直流功率消耗。CMOS 組態的另一項優點是，電壓轉移特性 (VTC) 呈現出在 0 V 與 V_{DD} 間的全輸出電壓擺幅，且 VTC 轉態區通常是非常陡峭。因此，CMOS 反相器的 VTC 類似於理想反相器的 VTC。

由於 nMOS 與 pMOS 電晶體必須肩並肩地一起製造於相同的晶片上，因此 CMOS 製程比僅有 nMOS 的標準製程更為複雜。特別是，CMOS 製程必須為 pMOS 電晶體提供 n 型基底，並且也為 nMOS 電晶體提供 p 型基底。這可以藉由在 p 型晶圓上建構 n 型槽區 (tub)（井區 (well)）或由 n 型晶圓上建構 p 型槽區（參見第 2 章）來實現。此外，由於 nMOS 與 pMOS 電晶體緊密的鄰近性，可能導致形成兩顆寄生雙極性電晶體，而導致**閂鎖效應 (latch-up)** 的狀況發生。為了防範這種不想要的效應，必須在 nMOS 與 pMOS 電晶體的周圍同樣地建構額外的**保護環 (guard rings)**（參見第 13 章）。CMOS 製作所增加的製程複雜度，可以被認為是改進功率消耗與雜訊邊界所付出的代價。

電路操作

於圖 5.16 中，須注意到輸入電壓是連接至 nMOS 與 pMOS 兩顆電晶體的閘極端點。因此，兩顆電晶體是由輸入訊號 V_{in} 直接驅動。nMOS 電晶體的基底連接至地，而 pMOS 電晶體的基底則連接至電源供應電壓 V_{DD}，以便將源極與汲極接面逆偏壓。由於對這兩顆元件而言，$V_{SB} = 0$，因此沒有任一元件有基底偏壓效應 (substrate bias effect)。這可以從電路圖 5.16 中看出

$$V_{GS,n} = V_{in}$$
$$V_{DS,n} = V_{out} \quad (5.53)$$

且可得

$$V_{SG,p} = V_{DD} - V_{in}$$
$$V_{SD,p} = V_{DD} - V_{out} \quad (5.54)$$

我們將藉由考慮兩種簡單的情況來開始分析。當輸入電壓低於 nMOS 的臨界電壓時，即當 $V_{in} < V_{T0,n}$，nMOS 電晶體處於截止狀態。同時，pMOS 電晶體導通而操作在線性區。因為兩顆電晶體的汲極電流接近零（除了小的漏電流），即

$$I_{D,n} = I_{D,p} = 0 \quad (5.55)$$

該 pMOS 電晶體的汲極至源極電壓也為零，並且輸出電壓 V_{OH} 等於電源供應電壓。

$$V_{out} = V_{OH} = V_{DD} \quad (5.56)$$

另一方面，當輸入電壓超過 $(V_{DD} - |V_{T0,p}|)$，pMOS 電晶體是截止的。在此情況下，nMOS 電晶體操作於線性區，但它的汲極至源極電壓等於零，因為滿足條件式 (5.55)。因此，電路的輸出電壓為

$$V_{out} = V_{OL} = 0 \quad (5.57)$$

接著，我們來以輸入與輸出電壓的函數查看 nMOS 與 pMOS 電晶體的操作模式。假如 $V_{in} > V_{T0,n}$，且若滿足下列條件，nMOS 電晶體將會操作在飽和狀態。

$$V_{DS,n} \geq \frac{(V_{GS,n} - V_{T0,n})E_{C,n}L_n}{(V_{GS,n} - V_{T0,n}) + E_{C,n}L_n} = V_{DSAT,n} \Leftrightarrow V_{out} \geq V_{DSAT,n} \quad (5.58)$$

如果 $V_{in} < (V_{DD} - |V_{T0,p}|)$，而且假如

$$V_{SD,p} \geq \frac{(V_{SG,p} - |V_{T0,p}|)E_{C,p}L_p}{(V_{SG,p} - |V_{T0,p}|) + E_{C,p}L_p} = V_{DSAT,p} \Leftrightarrow V_{DD} - V_{out} \geq V_{DSAT,p} \quad (5.59)$$

pMOS 電晶體工作在飽和狀態。圖 5.17 中 $V_{out} - V_{in}$ 平面的陰影區域表示為使這兩顆元件飽和的條件。典型的 CMOS 反相器電壓轉移特性亦疊於圖中，以方

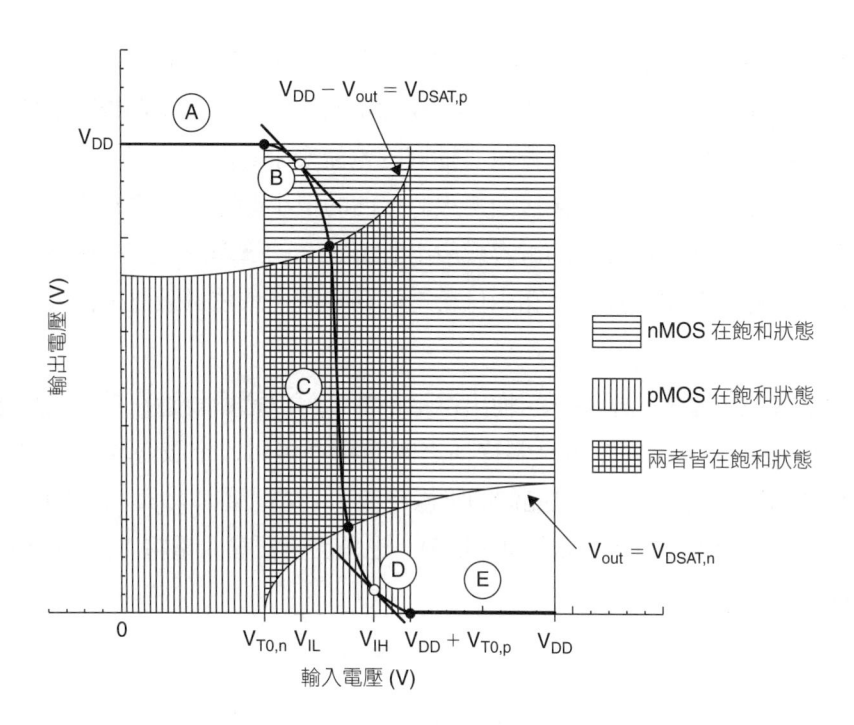

圖 5.17
nMOS 與 pMOS 電晶體操作區域。

表 5.2 操作區域與對應的數據。

區域	V_{in}	V_{out}	nMOS	pMOS
A	$< V_{T0,n}$	V_{OH}	截止	線性
B	V_{IL}	High $\approx V_{OH}$	飽和	線性
C	V_{th}	V_{th}	飽和	飽和
D	V_{IH}	Low $\approx V_{OL}$	線性	飽和
E	$> (V_{DD} - |V_{T0,p}|)$	V_{OL}	線性	截止

便參考。在這裡，我們標示出五個 A 到 E 的不同區域，每一個區域對應到一組不同的操作條件。表 5.2 列出了這些區域和相對應的關鍵輸入與輸出電壓準位。

在區域 A，其中 $V_{in} < V_{T0,n}$，nMOS 電晶體處於截止狀態且輸出電壓等於 $V_{OH} = V_{DD}$。當輸入電壓增加超過 $V_{T0,n}$（進入區域 B）時，nMOS 電晶體處在飽和模式開始導通，且輸出電壓開始下降。還須注意到對應於 $(dV_{out}/dV_{in}) = -1$ 的關鍵電壓 V_{IL} 位於區域 B 中。當輸出電壓進一步降低時，pMOS 電晶體在區域 C 的邊界進入飽和狀態。我們可以從圖 5.17 看到當 $V_{in} = V_{out}$ 時，反相器的臨界電壓位於區域 C。當輸出電壓 V_{out} 下降到低於 $V_{DSAT,n}$ 時，nMOS 電晶體開始操作於線性模式。這對應於圖 5.17 中的區域 D，其中具 $(dV_{out}/dV_{in}) = -1$ 的關鍵點電壓 V_{IH} 也位於此區域。最後，在區域 E，當輸入電壓 $V_{in} > (V_{DD} - |V_{T0,p}|)$，pMOS 電晶體處於截止狀態，且輸出電壓為 $V_{OL} = 0$。

以一個簡化的類推來說明，nMOS 與 pMOS 電晶體可以被看作是受到輸入電壓控制且近乎理想的開關，會視輸入電壓準位而將輸出節點連接至電源供應電壓或接地電位。圖 5.17 所示與剛討論過之電路操作的定性概述，也凸顯了 CMOS 反相器的互補天性。此電路最顯著的特點是，在這兩個穩態工作點上（即在區域 A 與區域 E），從電源供應抽取的電流幾乎等於零。在任一情況下流入的僅有電流，是逆偏壓源極接面與汲極接面的很小漏電流。CMOS 反相器可以驅動任何負載，如連接線的電容或扇出 (fan-out) 的邏輯閘。這些負載都連接至反相器的輸出節點，無論是藉由供給電流到負載，或透過吸收來自於負載的電流。

CMOS 反相器的穩態輸入 - 輸出電壓特性，可以透過討論在電流電壓空間中，個別 nMOS 與 pMOS 電晶體特性之間的相互作用，來取得較佳的觀察方式。我們已經知道，nMOS 電晶體的汲極電流 $I_{D,n}$ 是電壓 $V_{GS,n}$ 與 $V_{DS,n}$ 的函數。因此，nMOS 的汲極電流，根據式 (5.53)，也是反相器輸入電壓 V_{in} 與輸出電壓 V_{out} 的函數。

$$I_{D,n} = f(V_{in}, V_{out})$$

這兩個變數的函數，實質上是由電流方程式 (3.84) 至式 (3.86) 描述，可以表示為在三維電流 - 電壓空間的曲面 (surface)。圖 5.18 顯示 nMOS 電晶體的 $I_{D,n}$ (V_{in}, V_{out}) 曲面。

同樣地，pMOS 電晶體的汲極電流 $I_{D,p}$，根據式 (5.54)，也是反相器輸入電壓 V_{in} 與輸出電壓 V_{out} 的函數。

$$I_{D,p} = f(V_{in}, V_{out})$$

這個由電流方程式 (3.87) 至式 (3.89) 所描述的雙變數函數，可以表示為在三維電流 - 電壓空間的另一曲面。圖 5.19 顯示 pMOS 電晶體對應的 $I_{D,p}$ (V_{in}, V_{out}) 曲面。

請記住 CMOS 反相器在穩態操作時，根據 KCL，nMOS 電晶體的汲極電流，總是會等於 pMOS 電晶體的汲極電流。

$$I_{D,n} = I_{D,p}$$

因此，顯示於在圖 5.18 與圖 5.19 中的兩個電流 - 電壓曲面的交集 (intersection)，將會決定 CMOS 反相器電路的三維電流 - 電壓空間的操作曲線。這兩個特徵曲面的交集表示於圖 5.20。圖 5.21 所示為不同的視角所看到的相交曲面，其中交集曲線以粗線來強調。

很明顯地，交集曲線在 $V_{in} - V_{out}$ 平面上的垂直投影，產生了典型的 CMOS 反相器的電壓轉移特性，如圖 5.17 所示。同樣地，交集曲線在 $I_D - V_{in}$ 平面的水平投影，供給了由反相器從電源供應電壓抽取的穩態電流，其為輸入電壓的函數。接下來，透過計算 VTC 上的關鍵電壓點，我們將提出一個 CMOS 反相

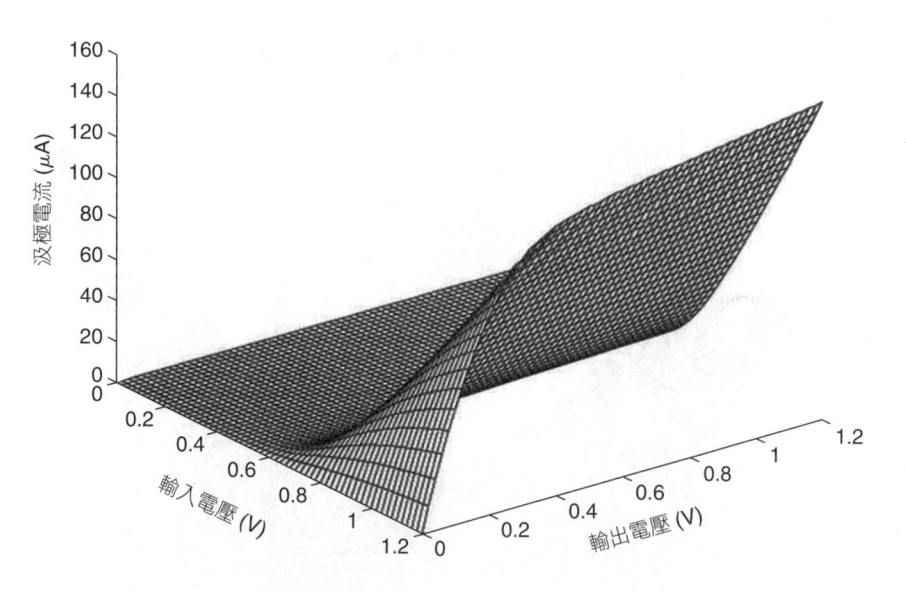

圖 5.18
代表 nMOS 電晶體特性的電流 - 電壓曲面圖。

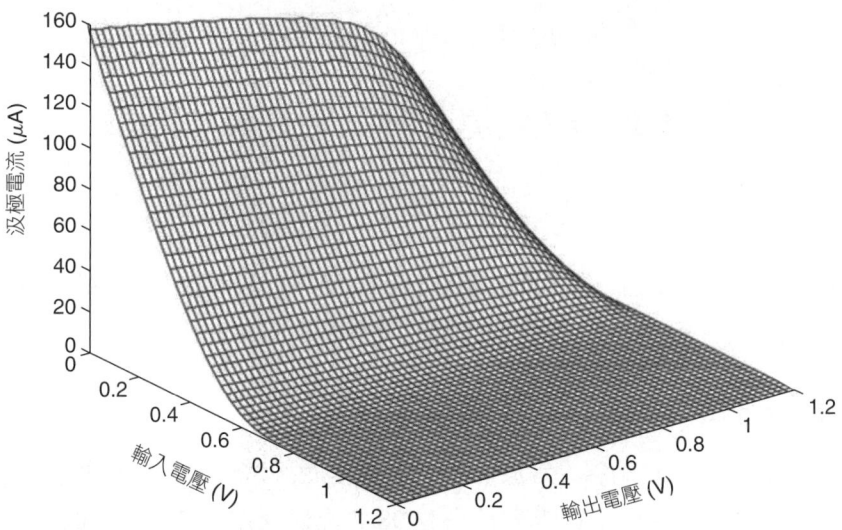

圖 5.19
代表 pMOS 電晶體特性的電流 - 電壓曲面圖。

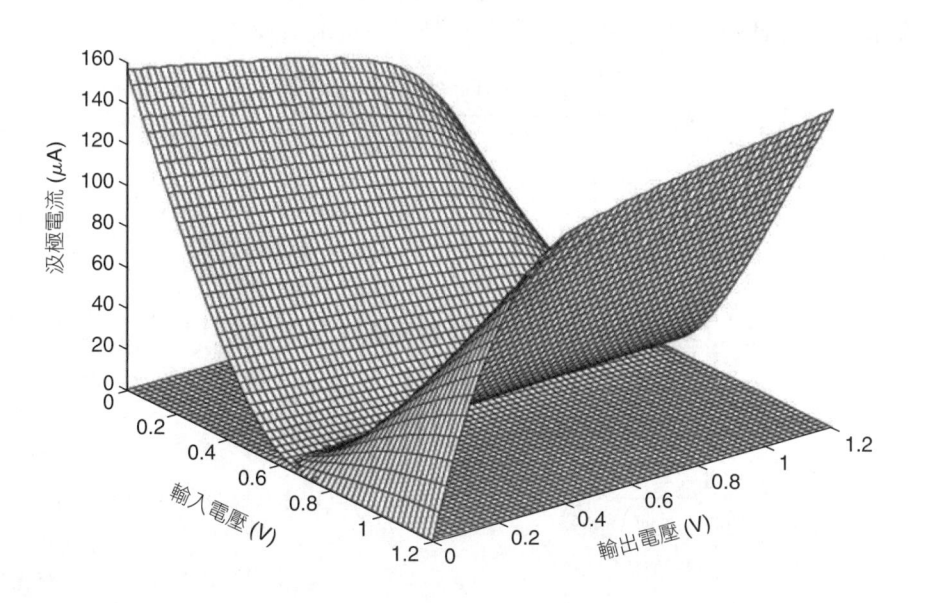

圖 5.20
在圖 5.18 與圖 5.19 中電流 - 電壓曲面的交集。

圖 5.21
從不同的視角顯示的電流-電壓相交曲面。須注意的是在電壓平面的交集曲線的投影得到 VTC。

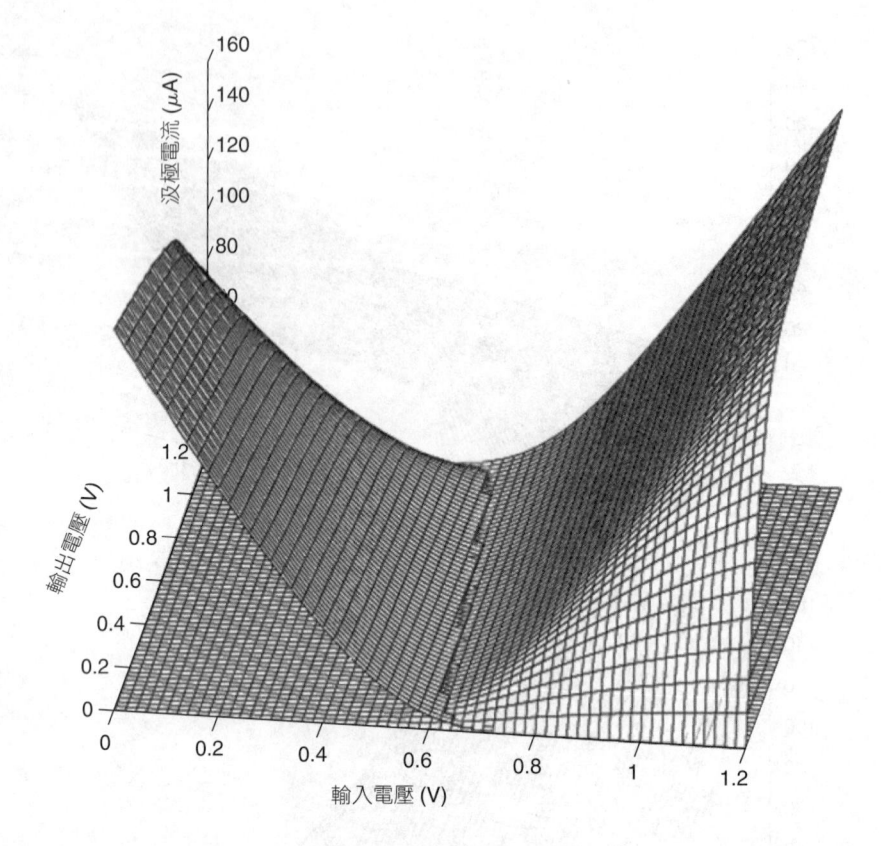

器靜態特性的深入分析。已知此反相器的 $V_{OH} = V_{DD}$ 與 $V_{OL} = 0$，因此，我們將主要關注在 V_{IL}、V_{IH} 與反相器切換的臨界電壓 V_{th}。

V_{IL} 的計算方式

由定義得知 VTC 的斜率等於 (-1)，也就是說，當輸入電壓為 $V_{in} = V_{IL}$ 時，$dV_{out}/dV_{in} = -1$。須注意在此情況下，nMOS 電晶體操作在飽和區，而 pMOS 電晶體操作在線性區。從 $I_{D,n} = I_{D,p}$，我們得到以下電流方程式：

$$W_n \cdot v_{sat} \cdot C_{ox} \cdot \frac{(V_{GS,n} - |V_{T0,n}|)^2}{(V_{GS,n} - |V_{T0,n}|) + E_{C,n}L_n}$$

$$= \frac{k_p}{2} \cdot \frac{1}{\left(1 + \frac{V_{SD,p}}{E_{C,p}L_p}\right)} \cdot \left[2(V_{SG,p} - |V_{T0,p}|) \cdot V_{SD,p} - (V_{SD,p})^2\right] \quad (5.60)$$

使用式 (5.53) 與式 (5.54)，此表示式可以改寫為

$$W_n \cdot v_{sat} \cdot C_{ox} \cdot \frac{(V_{in} - V_{T0,n})^2}{(V_{in} - V_{T0,n}) + E_{C,n}L_n}$$

$$= \frac{k_p}{2} \cdot \frac{1}{\left(1 + \frac{V_{DD} - V_{out}}{E_{C,p}L_p}\right)} \cdot \left[2(V_{DD} - V_{in} - |V_{T0,p}|) \cdot (V_{DD} - V_{out}) - (V_{DD} - V_{out})^2\right]$$

$$(5.61)$$

為了易於手算，我們可以忽略左手邊分母的第一項與右手邊分母的第二項，因為在低態輸入電壓 V_{IL} 時，兩者都很小 ($V_{in} - V_{T0,n} \ll E_{C,nL_n}$, $V_{DD} - V_{out}/E_{C,p}L_p \ll 1$)。因此，我們可以得到

$$\frac{k_n}{2} \cdot (V_{in} - V_{T0,n})^2 \cong \frac{k_p}{2} \cdot \left[2(V_{DD} - V_{in} - |V_{T0,p}|) \cdot (V_{DD} - V_{out}) - (V_{DD} - V_{out})^2 \right] \tag{5.62}$$

為了滿足在 V_{IL} 的導數條件，我們將式 (5.62) 兩邊對輸入電壓 V_{in} 進行微分。

$$k_n \cdot (V_{in} - V_{T0,n}) = k_p \cdot \left[(V_{in} - V_{DD} - V_{T0,p}) \cdot \left(\frac{dV_{out}}{dV_{in}} \right) + (V_{out} - V_{DD}) \right.$$
$$\left. - (V_{out} - V_{DD}) \cdot \left(\frac{dV_{out}}{dV_{in}} \right) \right] \tag{5.63}$$

將 $V_{in} = V_{IL}$ 與 $(dV_{out}/dV_{in}) = -1$ 代入至式 (5.63)，我們得到

$$k_n \cdot (V_{IL} - V_{T0,n}) = k_p \cdot (2V_{out} - V_{IL} + V_{T0,p} - V_{DD}) \tag{5.64}$$

現在可以發現關鍵電壓 V_{IL} 為輸出電壓 V_{out} 的函數，如下所示：

$$V_{IL} = \frac{2V_{out} + V_{T0,p} - V_{DD} + k_R V_{T0,n}}{1 + k_R} \tag{5.65}$$

其中 k_R 定義為

$$k_R = \frac{k_n}{k_p}$$

此方程式必須連同 KCL 方程式 (5.62) 一起求解，藉以得到 V_{IL} 的數值與相對應的輸出電壓 V_{out}。注意，該解法是相當直接的。

V_{IH} 的計算方式

當輸入電壓等於 V_{IH} 時，nMOS 電晶體操作在線性區域，並且 pMOS 電晶體操作在飽和模式。使用 KCL 至輸出節點，可得到

$$\frac{k_n}{2} \cdot \frac{1}{\left(1 + \frac{V_{out}}{E_{C,n}L_n} \right)} \cdot \left[2 \cdot (V_{GS,n} - V_{T0,n}) \cdot V_{DS,n} - V_{DS,n}^2 \right]$$
$$= W \cdot v_{sat} \cdot C_{ox} \cdot \frac{(V_{SG,p} - |V_{T0,p}|)^2}{(V_{SG,p} - |V_{T0,p}|) + E_{C,p}L_p} \tag{5.66}$$

使用式 (5.51) 與式 (5.52)，此表示式可以改寫為

$$\frac{k_n}{2} \cdot \frac{1}{\left(1 + \dfrac{V_{out}}{E_{C,n}L_n}\right)} \cdot \left[2 \cdot (V_{in} - V_{T0,n}) \cdot V_{out} - V_{out}^2\right]$$

$$= W \cdot v_{sat} \cdot C_{ox} \cdot \frac{(V_{DD} - V_{in} - |V_{T0,p}|)^2}{(V_{DD} - V_{in} - |V_{T0,p}|) + E_{C,p}L_p} \tag{5.67}$$

在高態輸入電壓 V_{IH}，在左手邊分母的第二項可以忽略不計，因為 $V_{out}/E_{C,n}L_n \ll 1$。同樣地，在右手邊分母的第一項也可以忽略不計，因為 $V_{DD} - V_{in} - |V_{T0,p}| \ll E_{C,p}L_n$。因此，

$$\frac{k_n}{2} \cdot \left[2 \cdot (V_{in} - V_{T0,n}) \cdot V_{out} - V_{out}^2\right] = \frac{k_p}{2} \cdot \left(V_{DD} - V_{in} - |V_{T0,p}|\right)^2 \tag{5.68}$$

現在將式 (5.68) 兩邊對輸入電壓 V_{in} 作微分。

$$k_n \cdot \left[(V_{in} - V_{T0,n}) \cdot \left(\frac{dV_{out}}{dV_{in}}\right) + V_{out} - V_{out} \cdot \left(\frac{dV_{out}}{dV_{in}}\right)\right] = -k_p \cdot \left(V_{DD} - V_{in} - |V_{T0,p}|\right) \tag{5.69}$$

把 $V_{in} = V_{IH}$ 與 $(dV_{out}/dV_{in}) = -1$ 代入式 (5.69)，我們得到

$$k_n \cdot (-V_{IH} + V_{T0,n} + 2V_{out}) = k_p \cdot (V_{IH} - V_{DD} - V_{T0,p}) \tag{5.70}$$

現在可以發現關鍵電壓 V_{IH} 為輸出電壓 V_{out} 的函數，如下所示：

$$V_{IH} = \frac{V_{DD} + V_{T0,p} + k_R \cdot (2V_{out} + V_{T0,n})}{1 + k_R} \tag{5.71}$$

再次，此方程式必須連同 KCL 方程式 (5.68) 一起求解，藉以得到 V_{IH} 與 V_{out} 的相對應數值。

V_{th} 的計算方式

反相器的臨界電壓定義為 $V_{th} = V_{in} = V_{out}$。由於 CMOS 反相器呈現出大的雜訊邊界與非常陡峭的 VTC 轉態區，反相器的臨界電壓成為一項可呈現出反相器直流性能的重要參數。因為反相器的邏輯臨界電壓為反相器設計的一項重要參數，我們將在本節中推導出兩種解法，一種是基於精確度，而另一種適用於長通道元件。首先，讓我們從更準確的分析開始。對於 $V_{in} = V_{out}$，兩顆電晶體預計將在飽和模式。因此，我們可以寫出下面的 KCL 方程式：

$$W_n \cdot C_{ox} \cdot (V_{GS,n} - V_{T0,n} - V_{DS,sat,n}) \cdot v_{sat,n} = W_p \cdot C_{ox} \cdot \left(V_{SG,p} - |V_{T0,p}| - V_{SD,sat,p}\right) \cdot v_{sat,p} \tag{5.72}$$

根據式 (5.53) 與式 (5.54)，替換式 (5.72) 中的 $V_{GS,n}$ 與 $V_{SG,p}$，我們得到

$$W_n \cdot C_{ox} \cdot (V_{in} - V_{T0,n} - V_{DS,sat,n}) \cdot v_{sat,n} = W_p \cdot C_{ox} \cdot (V_{DD} - V_{in} - |V_{T0,p}| - V_{SD,sat,p}) \cdot v_{sat,p}$$
(5.73)

此方程式對 V_{in} 的正確解為,

$$V_{in} \cdot (1 + \zeta) = V_{T0,n} + V_{DS,sat,n} + \zeta \cdot (V_{DD} - |V_{T0,p}| - V_{SD,sat,p})$$

其中

$$\zeta = \beta \cdot \frac{v_{sat,p}}{v_{sat,n}} = \frac{k_p \cdot E_{C,p}}{k_n \cdot E_{C,n}} = \frac{1}{k_R} \cdot \frac{E_{C,p}}{E_{C,n}}, \quad \beta = \frac{W_p}{W_n} \qquad (5.74)$$

最後,可以得到反相器的臨界(切換臨界)電壓 V_{th} 如下

$$V_{th} = \frac{V_{T0,n} + V_{DS,sat,n} + \frac{1}{k_R} \cdot \frac{E_{C,p}}{E_{C,n}} \cdot (V_{DD} - |V_{T0,p}| - V_{SD,sat,p})}{\left(1 + \frac{1}{k_R} \cdot \frac{E_{C,p}}{E_{C,n}}\right)} \qquad (5.75)$$

其中

$$V_{DS,sat,n} = \frac{(V_{th} - V_{T0,n}) \cdot E_{C,n} \cdot L_n}{(V_{th} - V_{T0,n}) + E_{C,n} \cdot L_n} \quad \text{and} \quad V_{SD,sat,p} = \frac{(V_{DD} - V_{th} - |V_{T0,p}|) \cdot E_{C,p} \cdot L_p}{(V_{DD} - V_{th} - |V_{T0,p}|) + E_{C,p} \cdot L_p}$$

要得到反相器的邏輯臨界電壓解,需要使用疊代法。對於 $V_{DS,sat,n}$ 與 $V_{SD,sat,p}$ 相對準確的一階估算,可以藉由假設邏輯臨界電壓約等於 V_{DD} 的一半得到。疊代法收斂迅速,因為臨界電壓的實際值接近 $V_{dd}/2$。

接下來,為了易於手算分析,我們可以改寫方程式 (5.72) 成另一種形式。

$$W_n \cdot v_{sat,n} \cdot C_{ox} \cdot \frac{(V_{in} - V_{T0,n})^2}{(V_{in} - V_{T0,n}) + E_{C,n}L_n}$$
$$= W_p \cdot v_{sat,p} \cdot C_{ox} \cdot \frac{(V_{DD} - V_{in} - |V_{T0,p}|)^2}{(V_{DD} - V_{in} - |V_{T0,p}|) + E_{C,p}L_p} \qquad (5.76)$$

在此方程式中,我們知道輸入電壓為大約為 V_{DD} 的一半,這使得我們能夠忽略在各邊分母的第一項。簡化後的方程式為

$$W_n \cdot \frac{(V_{in} - V_{T0,n})^2}{E_{C,n}L_n} \cong W_p \cdot \frac{(V_{DD} - V_{in} - |V_{T0,p}|)^2}{E_{C,p}L_p} \qquad (5.77)$$

該方程式對 V_{in} 的正確解為

$$V_{in} \cdot (1 + \sqrt{\kappa}) = V_{T0,n} + \sqrt{\kappa} \cdot (V_{DD} - |V_{T0,p}|)$$

$$\text{其中} \quad \kappa = \frac{W_p}{W_n} \cdot \frac{E_{C,n} \cdot L_n}{E_{C,p} \cdot L_p} = \frac{W_p \cdot E_{C,n}}{W_n \cdot E_{C,p}} \qquad (5.78)$$

最後,可以得到反相器臨界(切換臨界)電壓 V_{th} 如下

$$V_{th} = \frac{V_{T0,n} + \sqrt{\kappa} \cdot (V_{DD} - |V_{T0,p}|)}{1 + \sqrt{\kappa}} \tag{5.79}$$

對於長通道元件,我們可以不須考慮通道長度調變效應而使用式 (3.86) 與式 (3.89),來推導反相器的臨界電壓 V_{th} 如下。

$$V_{th} = \frac{V_{T0,n} + \sqrt{\frac{1}{k_R}} \cdot (V_{DD} - |V_{T0,p}|)}{\left(1 + \sqrt{\frac{1}{k_R}}\right)} \tag{5.80}$$

此方程式非常相似於式 (5.79)。

須注意的是,反相器的臨界電壓定義為 $V_{th} = V_{in} = V_{out}$。不過,當輸入電壓等於 V_{th} 時,我們發現輸出電壓實際可達到在 $(V_{th} - V_{T0,n})$ 與 $(V_{th} + |V_{T0,p}|)$ 之間的任意值,而不會違反該電壓在此分析中使用的條件。這是由於假若通道長度調變效應可以忽略,即 $\lambda = 0$,圖 5.17 中 VTC 對應於區域 C 的線段會變得完全垂直。在更實際的情況下,當 $\lambda > 0$,在 C 區域的 VTC 線段呈現出有限但非常大的斜率。圖 5.22 顯示在固定的 V_{DD}、$V_{T0,n}$ 與 $V_{T0,p}$ 值時,反轉(切換)臨界電壓 V_{th} 的變化為轉導比值 k_R 的函數。

我們已經知道,當輸入電壓比 $V_{T0,n}$ 小或大於 $(V_{DD} - |V_{T0,p}|)$ 時,CMOS 反相器沒有抽取來自電源任何明顯的電流,除少量的漏電流與次臨界電流。另一方面,在從低態至高態與高態至低態的轉態期間,也就是在區域 B、區域 C 與區域 D,nMOS 與 pMOS 電晶體將導通非零電流。在 $V_{in} = V_{th}$ 時,從電源抽取

圖 5.22
k_R 函數的反轉臨界電壓變化。

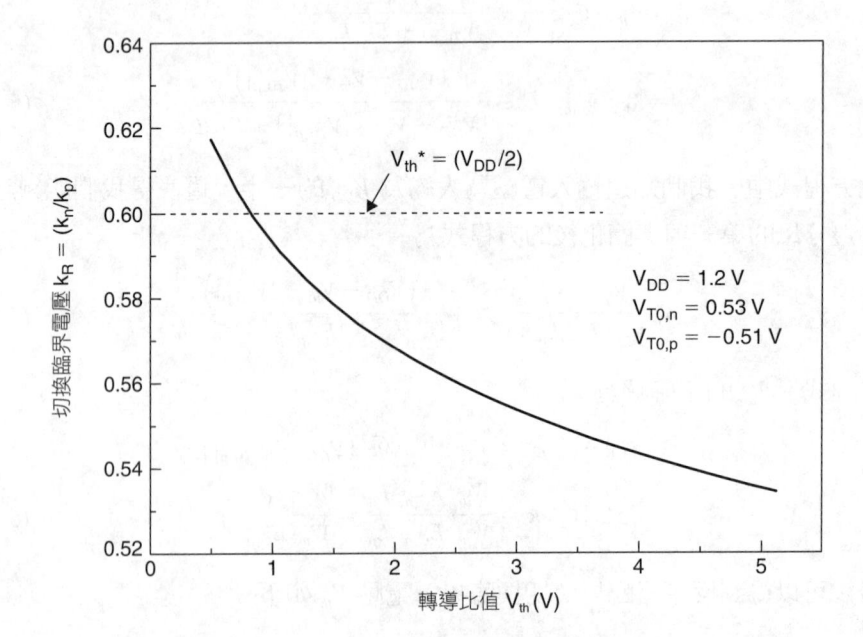

$V_{th}^* = (V_{DD}/2)$

$V_{DD} = 1.2\ V$
$V_{T0,n} = 0.53\ V$
$V_{T0,p} = -0.51\ V$

轉導比值 V_{th} (V)

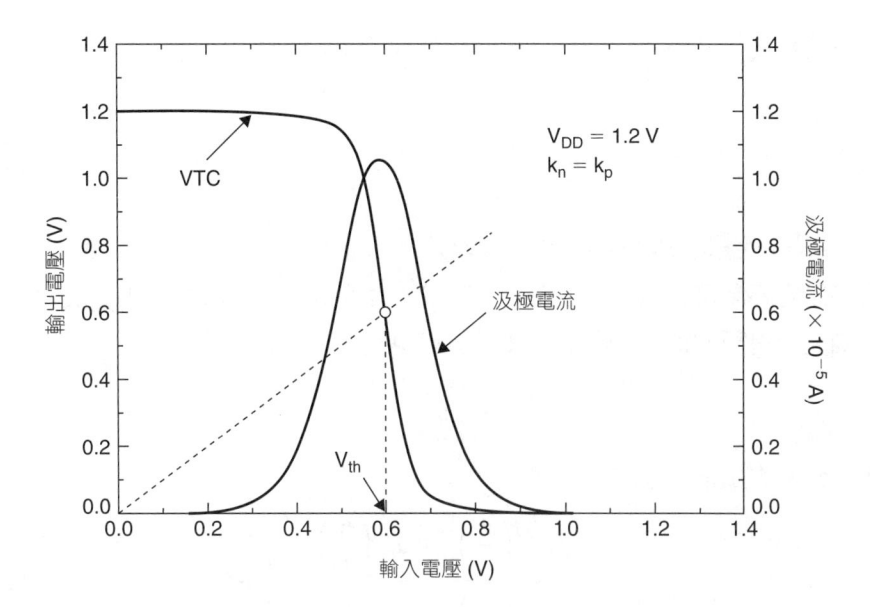

圖 5.23
CMOS 反相器電路的典型 VTC 與電源供應電流。

的電流會在轉態期間達到峰值。換言之，最大的抽取電流出現在當兩顆電晶體都操作在飽和模式時。圖 5.23 顯示一個典型的 CMOS 反相器電路電壓轉移特性，以及為輸入電壓函數的電源供應電流。

CMOS 反相器的設計

反相器的臨界電壓 V_{th}，被認為是象徵 CMOS 反相器電路的穩態輸入 - 輸出行為最重要的參數之一。CMOS 反相器憑藉其互補推拉工作模式的優點，能提供 0 與 V_{DD} 間完整的輸出電壓擺幅，所以雜訊邊界相對較寬。因此，設計一個 CMOS 反相器的問題，可以簡化到只要設定反相器的臨界電壓至所希望的電壓值即可。

給定電源供應電壓 V_{DD}、nMOS 和 pMOS 電晶體的臨界電壓與所希望的反相器的臨界電壓 V_{th}，相對應 k_R 比值可以求得如下。重組式 (5.75)，可得

$$V_{th} + V_{T0,n} + V_{DS,sat,n} = \beta \cdot \left(V_{DD} - |V_{T0,p}| - V_{SD,sat,p} - V_{th} \right)$$

$$\beta = \frac{V_{th} - V_{T0,n} - V_{DS,sat,n}}{V_{DD} - |V_{T0,p}| - V_{SD,sat,p} - V_{th}} = \frac{1}{k_R} \cdot \frac{E_{C,p}}{E_{C,n}} \tag{5.81}$$

現在，為了達成給定的 V_{th} 時之需求，解得 k_R。

$$\frac{k_n}{k_p} = \left(\frac{V_{DD} - |V_{T0,p}| - V_{SD,sat,p} - V_{th}}{V_{th} - V_{T0,n} - V_{DS,sat,n}} \right) \cdot \left(\frac{E_{C,p}}{E_{C,n}} \right) \tag{5.82}$$

回想之前理想反相器的切換臨界電壓被定義為

$$V_{th,ideal} = \frac{1}{2} \cdot V_{DD} \tag{5.83}$$

將式 (5.83) 代入式 (5.82)，對於滿足條件式 (5.83) 的近乎理想 CMOS VTC，得到

$$\left(\frac{k_n}{k_p}\right)_{ideal} = \left(\frac{0.5V_{DD} - |V_{T0,p}| - V_{SD,sat,p}}{0.5V_{DD} - V_{T0,n} - V_{DS,sat,n}}\right) \cdot \left(\frac{E_{C,p}}{E_{C,n}}\right) \tag{5.84}$$

由於 CMOS 反相器裡的 nMOS 與 pMOS 電晶體的操作完全互補，所以我們可以透過設定臨界電壓為 $V_{T0} = V_{T0,n} = |V_{T0,p}|$，與汲極至源極電壓為 $V_{DS,sat,n} = V_{SD,sat,p}$ 來達到完全對稱的輸入 - 輸出特性。這可以簡化式 (5.84) 成為

$$\left(\frac{k_n}{k_p}\right)_{\substack{symmetric \\ inverter}} = \frac{E_{C,p}}{E_{C,n}} \tag{5.85}$$

須注意到 k_R 的比值定義為

$$\frac{k_n}{k_p} = \frac{\mu_n C_{ox} \cdot \left(\frac{W}{L}\right)_n}{\mu_p C_{ox} \cdot \left(\frac{W}{L}\right)_p} = \frac{\mu_n \cdot \left(\frac{W}{L}\right)_n}{\mu_p \cdot \left(\frac{W}{L}\right)_p} = \frac{E_{C,p}}{E_{C,n}} \tag{5.86}$$

假設閘極氧化層厚度 t_{ox} 相同，因而 nMOS 與 pMOS 電晶體具有相同的閘極氧化層電容值 C_{ox}。對於理想對稱反相器而言，比值為 1 的條件式 (5.85) 要求為

$$\frac{\left(\frac{W}{L}\right)_n}{\left(\frac{W}{L}\right)_p} = \frac{\mu_p \cdot E_{C,p}}{\mu_n \cdot E_{C,n}} \tag{5.87}$$

因此，

$$\left(\frac{W}{L}\right)_p = \frac{\mu_n \cdot E_{C,n}}{\mu_p \cdot E_{C,p}} \left(\frac{W}{L}\right)_n \tag{5.88}$$

應當注意的是，在式 (5.87) 中使用的電子與電洞的移動率數值為典型 (typical) 值，並且精確的 μ_n 與 μ_p 值將隨基底與槽區的表面摻雜濃度而有所變化。具不同 k_R 比值的三組 CMOS 反相器電路 VTC 示於圖 5.24。我們可以清楚地看到，反相器的臨界電壓 V_{th} 隨 k_R 比值的增加偏移至較低的值。

對於 $V_{T0,n} = |V_{T0,p}|$ 與 $k_R = 1$ 的對稱 (symmetric) 型 CMOS 反相器，關鍵電壓 V_{IL} 可以使用式 (5.65) 找到，如下所示：

$$V_{IL} = \frac{1}{8} \cdot (3V_{DD} + 2V_{T0,n}) \tag{5.89}$$

同樣地，關鍵電壓 V_{IH} 如下式

$$V_{IH} = \frac{1}{8} \cdot (5V_{DD} - 2V_{T0,n}) \tag{5.90}$$

須注意在對稱型反相器裡，V_{IL} 與 V_{IH} 的總和始終等於 V_{DD}。

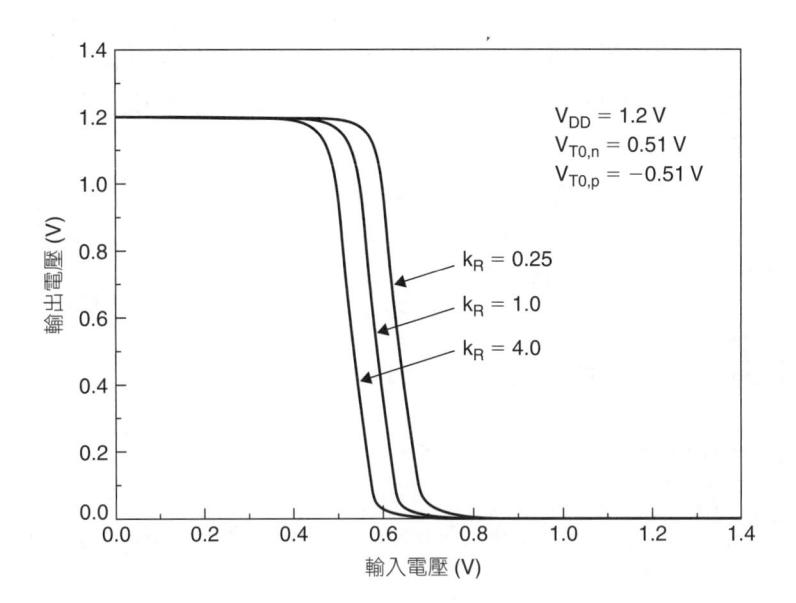

圖 5.24
三組 CMOS 反相器的電壓轉移特性，具有不同的 nMOS 對 pMOS 的比值。

$$V_{IL} + V_{IH} = V_{DD} \tag{5.91}$$

現在，使用式 (5.3) 與式 (5.4) 來計算對稱 CMOS 反相器的雜訊邊界 NM_L 與 NM_H。

$$\begin{aligned} NM_L &= V_{IL} - V_{OL} = V_{IL} \\ NM_H &= V_{OH} - V_{IH} = V_{DD} - V_{IH} \end{aligned} \tag{5.92}$$

兩者是彼此相等的，並且等於 V_{IL}。

$$NM_L = NM_H = V_{IL} \tag{5.93}$$

例題 5.4

一個 CMOS 反相器電路具有下列參數：

$V_{DD} = 1.2$ V

$V_{T0,n} = 0.48$ V

$V_{T0,p} = -0.46$ V

$k_n = 982\ \mu A/V^2$

$k_p = 653\ \mu A/V^2$

$v_{sat,n} = 124{,}340$ m/s

$E_{C,n}L_n = 0.4$ V

$E_{C,p}L_p = 1.8$ V

計算電路的雜訊邊界。請注意，此處的 CMOS 反相器，其 $k_R = 1.503$ 且 $V_{T0,n} \neq |V_{T0,p}|$；因此，它不是一個對稱型反相器。

首先，可以使用式 (5.56) 與式 (5.57) 得到輸出低態電壓 V_{OL} 與輸出高態電壓 V_{OH}，其值為 $V_{OL} = 0$ 與 $V_{OH} = 1.2$ V。為了依據輸出電壓來計算 V_{IL}，我們利用式 (5.65)。

$$V_{IL} = \frac{2V_{out} + V_{T0,p} - V_{DD} + k_R V_{T0,n}}{1 + k_R}$$

$$= \frac{2V_{out} - 0.46 - 1.2 + 1.503 \cdot 0.48}{1 + 1.503} = 0.799 V_{out} - 0.375$$

現在把這個表示式代入 KCL 方程式 (5.61)。

$$\frac{9.82 \cdot 10^{-4}}{2} \cdot (0.799 V_{out} - 0.375 - 0.48)^2$$

$$\cong \frac{6.53 \cdot 10^{-4}}{2} \cdot \left[2(1.2 - 0.799 V_{out} + 0.375 - 0.46) \cdot (1.2 - V_{out}) - (1.2 - V_{out})^2 \right]$$

此表示式產生的 V_{out} 二階多項式，如下所示：

$$0.362 V_{out}^2 - 0.306 V_{out} - 0.137 = 0$$

對於 V_{out} 來說，這個二次方程式只有一個根對應於到實際上正確的解（即 $V_{out} > 0$）。

$$V_{out} = \begin{cases} -0.322 \text{ V} \\ \underline{1.171 \text{ V}} \end{cases}$$

透過這個值，我們就可以計算出關鍵電壓 V_{IL} 為

$$V_{IL} = 0.799 \cdot 1.171 - 0.375 = \underline{0.560 \text{ V}}$$

根據輸出電壓來計算 V_{IH}，使用式 (5.71)。

$$V_{IH} = \frac{V_{DD} + V_{T0,p} + k_R \cdot (2V_{out} + V_{T0,n})}{1 + k_R}$$

$$= \frac{1.2 - 0.46 + 1.503(2V_{out} + 0.48)}{1 + 1.503} = 1.201 V_{out} + 0.584$$

接下來，把這個表示式代入 KCL 方程式 (5.68)，藉以獲得 V_{out} 的二階多項式。

$$1.5 \cdot \left[2 \cdot (1.201 V_{out} + 0.584 - 0.48) \cdot V_{out} - V_{out}^2 \right] = (1.2 - 1.201 V_{out} - 0.584 - 0.46)^2$$

$$0.665 V_{out}^2 + 0.687 V_{out} - 0.024 = 0$$

同樣地，在這個工作點上，即當 $V_{in} = V_{IH}$ 時，這個二次方程式只有一個根對應於實際上正確的 V_{out} 解。

$$V_{out} = \begin{cases} -1.068 \text{ V} \\ \underline{0.034 \text{ V}} \end{cases}$$

透過這個值,就可以計算出關鍵電壓 V_{IH} 為

$$V_{IH} = 1.201 \cdot 0.034 + 0.584 = \underline{0.625 \text{ V}}$$

最後,使用式 (5.3) 與式 (5.4),我們得到了低電壓準位與高電壓準位的雜訊邊界。

$$NM_L = V_{IL} - V_{OL} = 0.560 \text{ V}$$
$$NM_H = V_{OH} - V_{IH} = 0.575 \text{ V}$$

CMOS 反相器的供應電壓縮減

在這裡,我們簡短地來檢視供應電壓縮減 (scaling),即降低 V_{DD},對於 CMOS 反相器靜態電壓轉移特性的影響。任何數位電路的總功率消耗為供應電壓 V_{DD} 的強烈相關函數。隨著減少功率消耗趨勢的持續成長,大型積體系統,特別是在可攜式應用中,降低(或縮減)供應電壓成為低功率設計中最廣泛採用的措施之一。雖然這種減少通常很有效,有幾項重要的議題也必須被考量以免犧牲系統性能。在這種情況下,探索供應電壓縮減對於簡單的 CMOS 反相器 VTC 的影響是相當必要的。

我們在本節確實已經發展出對 V_{IL}、V_{IH} 與 V_{th} 的表示式,並說明了 CMOS 反相器的靜態特性,允許供應電壓顯著的變化,而不影響基本反相器的功能。最小供應電壓可以降低到熱電壓 (thermal voltage) 的二至四倍如式 (5.94)。在這樣低的電壓,前面推導出的 V_{IL}、V_{IH}、V_{OL} 與 V_{OH} 已不再有效。

$$V_{DD,min} > 4\frac{kT}{q} \tag{5.94}$$

圖 5.25 顯示為 CMOS 反相器在不同供應電壓準位下的電壓轉移特性。極限值附近的確切 VTC 形狀基本上是由 nMOS 與 pMOS 電晶體的次臨界導通特性所決定;但是,電路的操作顯然像一個在大範圍供應電壓準位上的反相器。

功率與面積的考量

由於 CMOS 反相器在其兩個穩態工作點上($V_{out}=V_{OH}$ 與 $V_{out}=V_{OL}$),不會從電源抽取顯著的電流,因而此電路的靜態功率消耗相對小於其動態功率消耗。這兩種情況下流過 nMOS 與 pMOS 電晶體的汲極電流,基本上受限於源極與汲極 p-n 接面的逆向漏電流,以及在短通道 MOSFET 中的次臨界與閘極漏電流。CMOS 反相器的這種獨特性質已經被認為是這種組態的最重要優點之一。在許多需要低總功率消耗的應用中,CMOS 為此原因相較其它替代電路而更受

圖 5.25
在不同的電源供應電壓準位所得到的 CMOS 反相器電壓轉移特性。

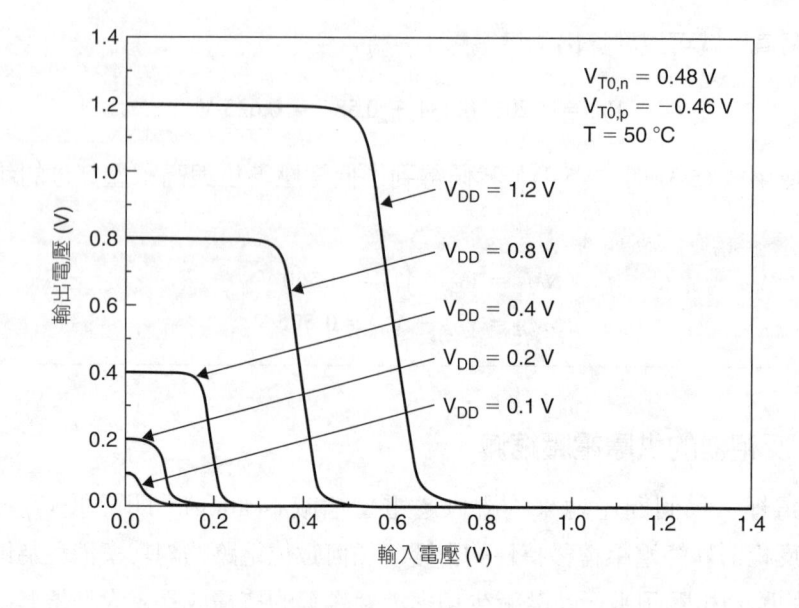

$V_{T0,n} = 0.48$ V
$V_{T0,p} = -0.46$ V
$T = 50\ °C$

$V_{DD} = 1.2$ V
$V_{DD} = 0.8$ V
$V_{DD} = 0.4$ V
$V_{DD} = 0.2$ V
$V_{DD} = 0.1$ V

到喜愛。但必須注意的是，CMOS 反相器在切換時，即當輸出電壓由低態改變至高態，或從高態改變至低態時，確實會導通明顯的電流量。此動態功率消耗 (dynamic power dissipation) 的詳細計算將在第 6 章與第 11 章中進行檢視。

圖 5.26 顯示兩種簡單 CMOS 反相器電路佈局的範例。這兩種情況均假設該電路建構在供作 nMOS 電晶體基底的 p 型晶圓上。另一方面，pMOS 電晶體必須放置在 n 型井（虛線）中，成為此元件的基底。亦須注意的是，在圖 5.26 中 pMOS 電晶體的通道寬度大於 nMOS 電晶體的通道寬度。這是典型的對稱反相器組態，其中 k_R 比值設定約等於 1。

與前面章節的其它反相器的佈局相比，圖 5.26 中的 CMOS 反相器並沒有明顯佔據更多的面積。所增加的製程複雜度（產生 n 型井擴散區、獨立的 p 型

圖 5.26
CMOS 反相器電路的兩種實例佈局（對 p 型基底而言）

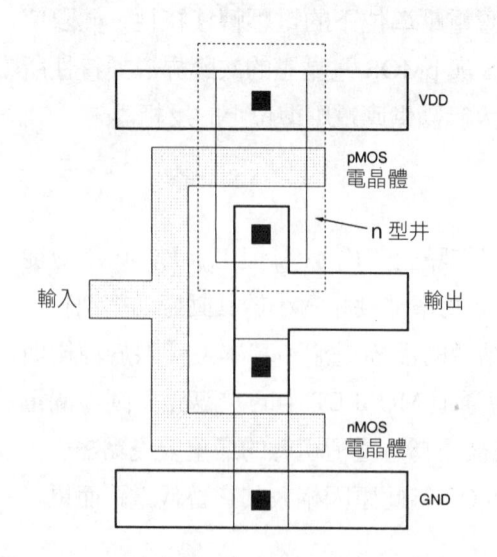

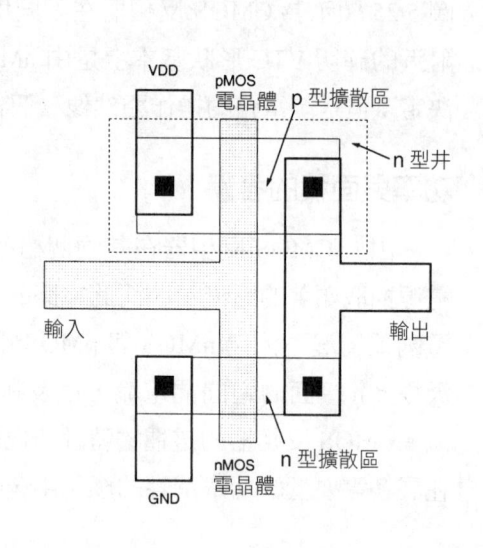

和 n 型的源極與汲極擴散區……等等），似乎是此反相器範例的唯一缺點。然而，因為該電路組態的互補天性，對於產生同樣的功能，CMOS 任意邏輯電路需要的電晶體數顯然比其它類型 nMOS 反相器來得多。因此，CMOS 邏輯電路往往佔據比同等的 nMOS 邏輯電路面積更大，這顯然會影響純 CMOS 邏輯的積體化密度。另一方面，nMOS 邏輯的實際積體化密度會受制於功率消耗與發熱問題。

附錄

具有小幾何形狀元件之 CMOS 反相器的尺寸調整趨勢

在第 5.4 節中，我們檢視了理想對稱的 CMOS 反相器如何調整 nMOS 與 pMOS 電晶體尺寸。在小幾何形狀元件，由於應變矽製程，相對於 nMOS 電晶體來說，pMOS 電晶體的電流驅動能力增加較多。這意味著，在應變矽元件裡，電洞移動率增加量高於電子移動率增加量。因此，pMOS 對 nMOS 元件的電晶體寬度的比值已逐漸降低，如圖 A.1 所示。

CMOS 反相器的尺寸調整會受到設計目標的影響，如一半 V_{DD} 的邏輯臨界電壓、最小傳遞延遲、相等的上升與下降時間或相等的雜訊邊界。根據設計目標，電晶體的尺寸應進行最佳化以滿足特定規格。在一個給定的製程技術下，調整 CMOS 反相器中電晶體寬度的一種簡單方法是，以不同組的電晶體尺寸來模擬反相器。圖 A.2 顯示於典型的 65-nm CMOS 製程下，對於不同需求時的各種不同電晶體寬度比值。在該模擬中，四個反相器做為負載（FO4 設計）。x 軸代表 β 比值，也就是 pMOS 對 nMOS 電晶體的尺寸比值，此比值範圍為 1.0 至 4.0。邏輯臨界電壓對不同的電晶體尺寸相依性之模擬結果示於圖 A.1(a)。當 β 增大時，邏輯臨界電壓類似於圖 5.24 般的增加。為了擁有一半 V_{DD} (0.6V) 的邏輯臨界電壓，CMOS 反相器的 β 在這個模擬裡應該要為 2.58。請注意，即使 β

圖 A.1

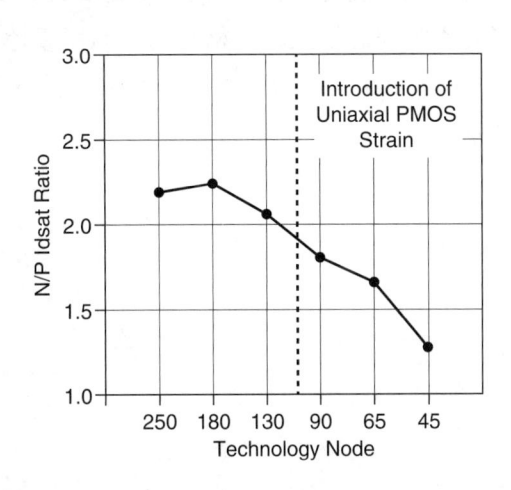

於幾種製程技術下電晶體寬度的比值趨勢。

（資料來源：*IEEE Electron Device Meeting 2007 Short Course by Paul Packan, Intel Corporation.*）

圖 A.2
CMOS 反相器的尺寸受 (a) 邏輯臨界電壓，與 (b) 雜訊邊界的影響。

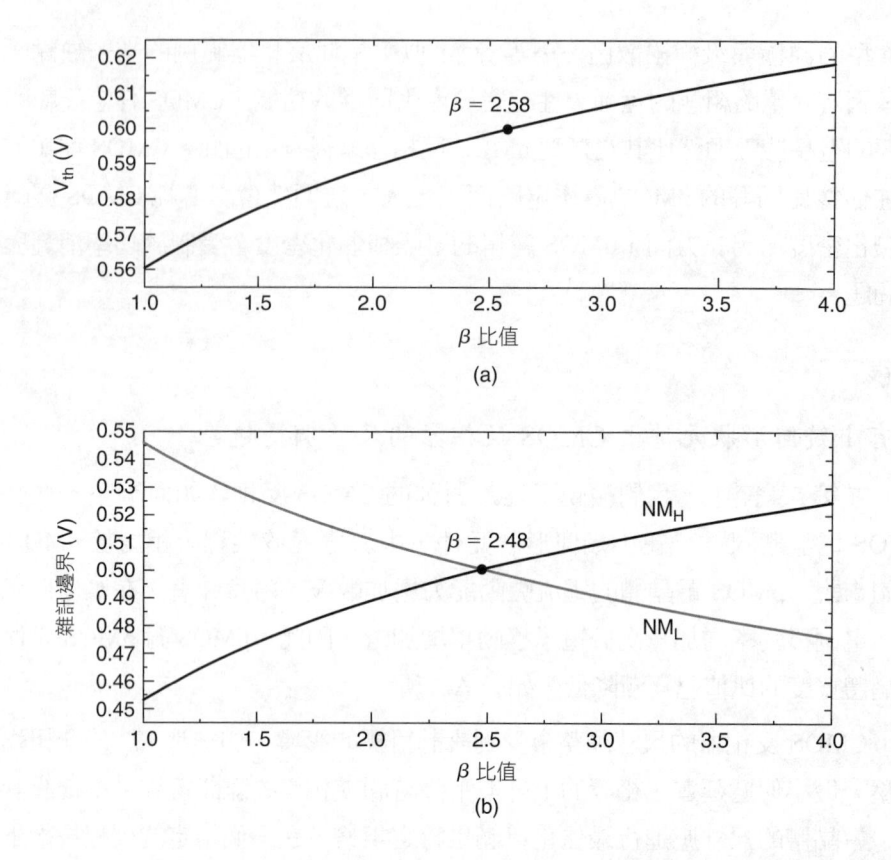

比值變化了四倍（由 1.0 至 4.0），邏輯臨界電壓的變化還是非常小（由 0.560 至 0.619）。因此，溫和的改變寬度比值很難使邏輯臨界電壓移離供應電壓值的一半。其主要原因是在小幾何形狀的元件裡，臨界電壓對供應電壓相對大的比值使得 VTC 具有寬的 V_{OH} 和 V_{OL} 區域與狹窄的轉態區域。因此，在小幾何形狀元件裡，邏輯臨界電壓範圍會在供應電壓值一半的附近。

雜訊邊界也根據 β 比值變化，如圖 A.2(b) 所示。當 β 比值增加時，NM_H 會增加，然而 NM_L 降低。對稱雜訊邊界可使用 β 為 2.48 的比值來達成。如圖 A.2 所示，電晶體寬度應選擇滿足設計規格且需要有所妥協。β 比值對傳遞延遲與上升/下降時間的影響將在第 6 章的附錄中解釋。第 6 章的附錄也將涵蓋到對元件尺寸調整的進一步分析。

練習題

5.1 設計一個具有 $R = 2$ kΩ 的電阻性負載型反相器，使得 $V_{OL} = 0.05$ V。增強型 nMOS 驅動器電晶體的參數如下：

$V_{DD} = 1.1$ V
$V_{T0} = 0.52$ V
$\gamma = 0$ V$^{1/2}$
$\lambda = 0$
$\mu_n C_{ox} = 216$ μA/V^2

a. 決定所需的寬長比，W/L。

b. 決定 V_{IL} 與 V_{IH}。

c. 決定雜訊邊界 NM_L 與 NM_H。

5.2 電阻性負載型反相器的佈局：

a. 繪出問題 5.1 所設計的電阻性負載型反相器佈局，使用多晶矽電阻，其中片電阻為 25 Ω/ 正方與最小特徵尺寸為 2 μm。但應注意，L 代表可用通道長度，這是關係到光罩通道長度為 $L = L_M + d - 2L_D$，在這裡我們假設 d（製程錯誤）= 0 與 $L_D = 0.25$ μm。為了節省晶片面積，W 與 L 使用最小尺寸。另外，可以藉由使用折疊（蛇行圖案）佈局的電阻來減少電路面積。

b. 由佈局執行電路萃取，以得到 SPICE 輸入電路檔。

c. 執行電路的 SPICE 模擬來得到直流電壓轉移特性 (VTC) 曲線。畫出 VTC 並檢查問題 5.1 所計算出的數值是否與 SPICE 的模擬結果相符。

5.3 參考第 2 章所述的 CMOS 製造過程。沿著直線 $A - A'$ 和 $B - B'$，繪出下面元件的剖面圖。

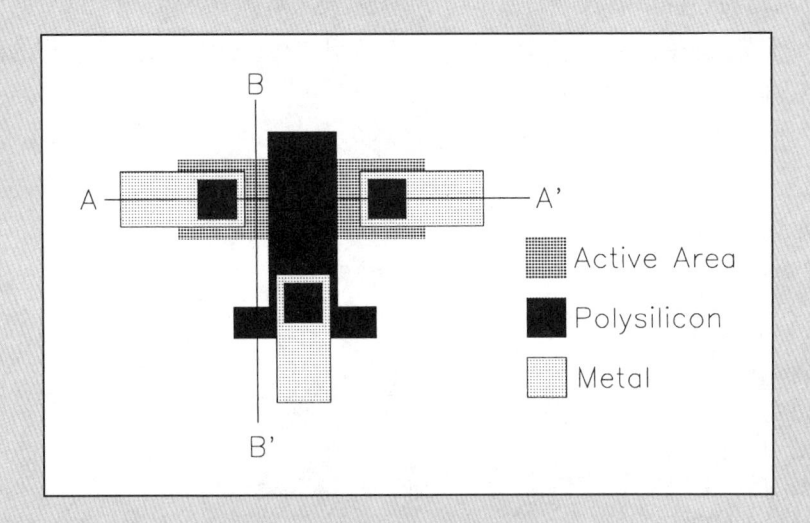

5.4 下圖中由兩顆增強型 nMOS 電晶體所構成的 nMOS 反相器電路之參數如下：

$V_{T0} = 0.48$ V
$\mu_n C_{ox} = 102$ μA/V^2
$(W/L)_{\text{load}} = 3$
$(W/L)_{\text{driver}} = 9$
$\gamma = 0$ V$^{1/2}$
$|2\Phi_F| = 1.011$ V
$\lambda = 0$
$V_{DD} = 1.2$ V
$E_c L_n = 0.45$ V

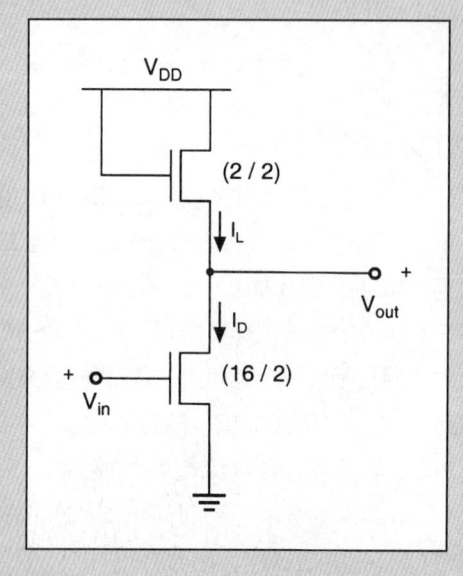

a. 計算 V_{OH} 與 V_{OL} 值
b. 以雜訊邊界與靜態（直流）功率消耗觀點來解釋結果。
c. 當輸入為邏輯 "1" 時，即當 $V_{in} = V_{OH}$，計算從直流電源供應器抽出的穩態電流。

5.5 設計一個虛擬 nMOS 反相器

$\mu_n C_{ox} = 102$ μA/V^2
$\mu_p C_{ox} = 51.6$ μA/V^2
$V_{T0,p} = -0.46$ V
$V_{T0,n} = 0.48$ V
$\gamma = 0$ V$^{1/2}$
$|2\Phi_F|_{,n} = 1.011$ V
$|2\Phi_F|_{,p} = 0.972$ V
$E_{C,n} L_n = 0.45$ V
$E_{C,p} L_p = 1.8$ V
$V_{DD} = 1.2$ V
$v_{sat,p} = 70{,}000$

a. 決定兩顆電晶體 (W/L) 比值使得

   (i) 當 $V_{in} = V_{OH}$，靜態（直流）功率消耗為 1 mW。

   (ii) $V_{OL} = 0.1$ V。

b. 計算 V_{IL} 與 V_{IH} 值，並求雜訊邊界。

c. 畫出反相器電路的 VTC。

5.6 某 CMOS 反相器有以下參數：

   nMOS $V_{T0,n} = 0.48$ V $\mu_n C_{ox} = 102$ μA/V^2 $(W/L)_n = 10$
   pMOS $V_{T0,p} = -0.46$ V $\mu_p C_{ox} = 51.6$ μA/V^2 $(W/L)_p = 19$

   計算出此電路的雜訊邊界與切換臨界電壓 (V_{th})。電源供應電壓為 $V_{DD} = 1.2$ V。

5.7 使用與問題 5.6 相同的參數，來設計一個 CMOS 反相器。電源供應電壓為 V_{DD} = 1.2 V。兩顆電晶體的通道長度為 $L_n = L_p = 60$ nm。

a. 決定 (W_n/W_p) 比值，使得電路的切換（反轉）臨界電壓為 $V_{th} = 0.5$ V。

   nMOS $V_{T0,n} = 0.48$ V $\mu_n C_{ox} = 102$ μA/V^2 $E_{C,n} L_n = 0.4$ V
   pMOS $V_{T0,p} = -0.46$ V $\mu_p C_{ox} = 51.6$ μA/V^2 $E_{C,p} L_p = 1.8$ V

b. 用於製造此反相器的 CMOS 製程，允許 $V_{T0,n}$ 的漂移為其標稱值的 ±15%，$V_{T0,p}$ 的漂移為其標稱值的 ±20%。假設所有其它參數（如 μ_n、μ_p、C_{ox}、W_n、W_p）始終維持其標稱值，找出此電路切換臨界電壓 (V_{th}) 的上限與下限。

   nMOS $V_{T0,n} = 0.48$ V $\mu_n C_{ox} = 102$ μA/V^2 $(W/L)_n = 10$
   pMOS $V_{T0,p} = -0.46$ V $\mu_p C_{ox} = 51.6$ μA/V^2 $(W/L)_p = 19$

5.8 下方的電路組態，使用了問題 5.7 所設計的 CMOS 反相器電路。

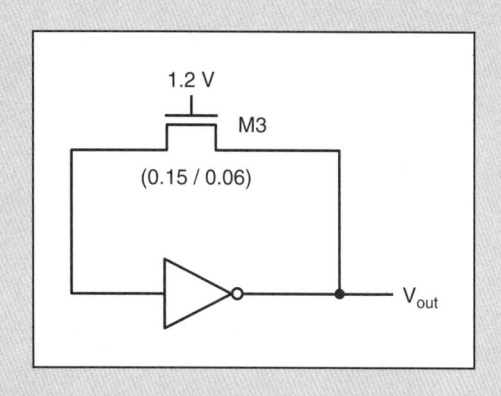

a. 計算輸出電壓準位 V_{out}。

b. M3 的 $V_{T0,n}$ 的製程相關變異，對輸出電壓 V_{out} 是否有影響。

c. 計算從電源供應器抽取的總電流，並且決定肇因於製程相關的臨界電壓變異所造成的電流變異。

5.9 某 CMOS 反相器具有以下元件參數：

nMOS　　$V_{T0,n} = 0.53$ V　　$\mu_n C_{ox} = 98.2\ \mu A/V^2$　　$E_{C,n}L_n = 0.4$ V
pMOS　　$V_{T0,p} = -0.51$ V　　$\mu_p C_{ox} = 46.0\ \mu A/V^2$　　$E_{C,p}L_p = 1.8$ V

此外：$V_{DD} = 1.2$ V
　　　$\lambda = 0$

a. 決定 nMOS 與 pMOS 電晶體 (W/L) 的比值，使得電路的切換臨界電壓為 $V_{th} = 0.6$ V。

b. 使用 SPICE 畫出 CMOS 反相器的 VTC。

c. 決定在 $\lambda = 0.05\ V^{-1}$ 與 $\lambda = 0.1\ V^{-1}$ 時的 VTC。

d. 討論雜訊邊界是如何受到非零 λ 值影響。注意，通道長度（以次微米設計規則製造）非常短的電晶體傾向於具有比長通道電晶體更大的 λ 值。

5.10 使用 $\lambda = 0.1\ V^{-1}$ 來考慮問題 5.9 所設計的 CMOS 反相器。現在考慮四個相同的反相器的串接型式。

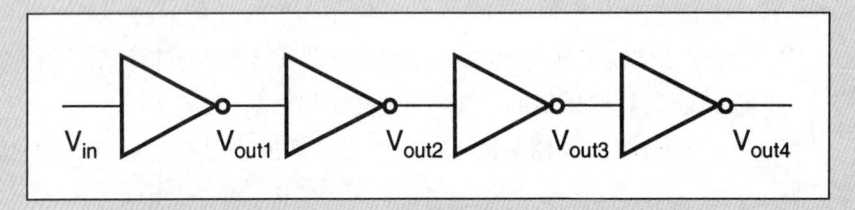

a. 假如輸入電壓 $V_{in} = 0.598$ V，找出 V_{out1}、V_{out2}、V_{out3} 與 V_{out4}。
（注意，這需要使用非零值來解出次一級的 KCL 方程式。）

b. 需要多少級才能回復至邏輯輸出準位為真 (true)？

c. 使用 SPICE 來驗證你的結果。

Chapter 6

MOS 反相器：切換特性與連接線效應

MOS Inverters: Switching Characteristics and Interconnect Effects

在本章中，我們將研究反相器電路的動態（時域 (time-domain)）行為。數位積體電路，特別是反相器電路，其切換特性在本質上決定了數位系統的整體操作速度。正如已在第 1 章中介紹的設計例題，數位系統對於暫態 (transient) 性能需求通常是電路設計者必須滿足的最重要設計規格之一。因此，電路的切換速度必須早在設計階段就進行估算與最佳化。

在脈波 (pulse) 激發的假設下，對於集總式 (lumped) 負載電容進行推導閉合型式 (closed-form) 的延遲表示式。而精確的電路模擬 (SPICE) 通常提供了複雜電路時域特性的最準確估算，這裡呈現的延遲表示式也可以用於許多情況，以提供快速與精確的切換特性之近似值。以下對 CMOS 反相器的切換行為也會特別說明。

6.1 簡介

圖 6.1 顯示兩顆 CMOS 反相器串接 (cascade) 電路。與每顆 MOSFET 相關的寄生 (parasitic) 電容均分別標出。在這裡，電容 C_{gd} 與 C_{gs} 主要是由於閘極與

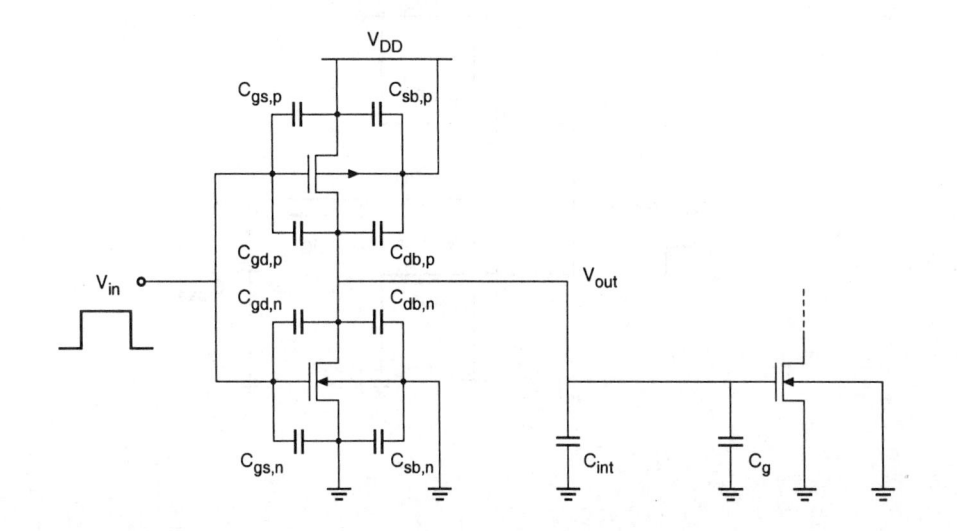

圖 **6.1**
串接的 CMOS 反相器電路。

擴散區重疊所致，而 C_{db} 與 C_{sb} 則是電壓相依的接面電容，如第 3 章中討論過的。電容成分 C_g 是閘極區域上方的薄氧化層電容。此外，我們也考慮了集總式連接線電容 C_{int}，其代表兩顆反相器之間的金屬或多晶矽連線所貢獻的寄生電容。假設脈波波形施加至第一級反相器的輸入端，我們想要分析第一級輸出 V_{out} 的時域特性。

即使對於這種相當簡單的電路，分析輸出電壓波形的問題還是相當複雜，因為一些非線性的電壓相依電容也參與其中。為了簡化問題，我們首先合併圖 6.1 中連接在反相器輸出節點與接地之間的電容成等效集總式線性電容。此位在輸出節點的合併電容稱為負載電容，C_{load}。

$$C_{load} = C_{gd,n} + C_{gd,p} + C_{db,n} + C_{db,p} + C_{int} + C_g \tag{6.1}$$

須注意的是，圖 6.1 中某些寄生電容成分沒有出現在此集總電容的表示式裡。其中 $C_{sb,n}$ 與 $C_{sb,p}$ 對電路的暫態行為並無影響，因為這兩顆電晶體的源極至基底電壓總是等於零。電容 $C_{gs,n}$ 與 $C_{gs,p}$ 也沒有包括在式 (6.1) 中，因為它們連接在輸入節點與接地（或電源供應）之間。式 (6.1) 中的電容項 $C_{db,n}$ 與 $C_{db,p}$ 是等效接面電容，是根據式 (3.133) 與式 (3.138) 以某一特定輸出電壓轉態 (transition) 情況來計算所得。請參考第 3 章有關寄生接面電容計算的細節。

圖 6.2 所示為具有單一集總輸出負載電容 C_{load} 的第一級 CMOS 反相器。現在，處理此分析切換行為的問題可以更容易地進行。事實上，反相器暫態響應的問題已經簡化成為找出單一電容經由一顆電晶體的充電與放電時間。使用 C_{load} 計算出的延遲時間可能會稍微高估實際的反相器延遲；但是，就一階近似而言，這不被認為是顯著缺陷。

圖 6.2
具有集總式輸出負載電容的第一級 CMOS 反相器。

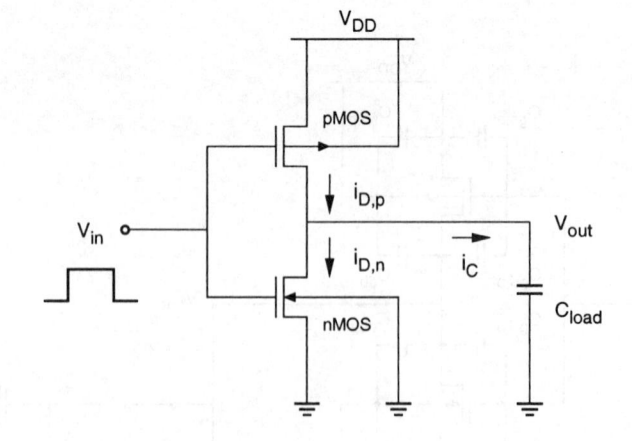

6.2 延遲時間定義

在開始推導延遲表示式之前，我們將介紹一些常用的延遲時間定義。典型反相器電路的輸入與輸出電壓波形如圖 6.3 所示。在輸出高至低 (high-to-low) 與低至高 (low-to-high) 的轉態期間，傳遞延遲時間 (propagation delay time) τ_{PHL} 與 τ_{PLH}，分別決定了輸入至輸出的訊號延遲。根據定義，τ_{PHL} 是介於輸入電壓上升至 $V_{50\%}$ 轉態點與輸出電壓下降至 $V_{50\%}$ 轉態點之間的時間延遲。同樣地，τ_{PLH} 是介於輸入電壓下降至 $V_{50\%}$ 轉態點與輸出電壓上升至 $V_{50\%}$ 轉態點之間的時間延遲。

為了簡化延遲表示式的分析與推導，通常將輸入電壓波形假設為理想的步階脈波 (step pulse) 且具有零上升時間 (rise time) 與下降時間 (fall time)。在這種假設下，τ_{PHL} 成為輸出電壓由 V_{OH} 下降至 $V_{50\%}$ 準位時所需的時間，而 τ_{PLH} 則成為輸出電壓由 V_{OL} 下降至 $V_{50\%}$ 準位時所需的時間。電壓點 $V_{50\%}$ 的定義如下：

$$V_{50\%} = V_{OL} + \frac{1}{2}(V_{OH} - V_{OL}) = \frac{1}{2}(V_{OL} + V_{OH}) \tag{6.2}$$

因此，可以由圖 6.3 得到傳遞延遲時間 τ_{PHL} 與 τ_{PLH} 為

$$\begin{aligned}\tau_{PHL} &= t_1 - t_0 \\ \tau_{PLH} &= t_3 - t_2\end{aligned} \tag{6.3}$$

反相器的平均傳遞延遲 τ_P，象徵輸入訊號通過反相器所需的平均時間。

$$\tau_P = \frac{\tau_{PHL} + \tau_{PLH}}{2} \tag{6.4}$$

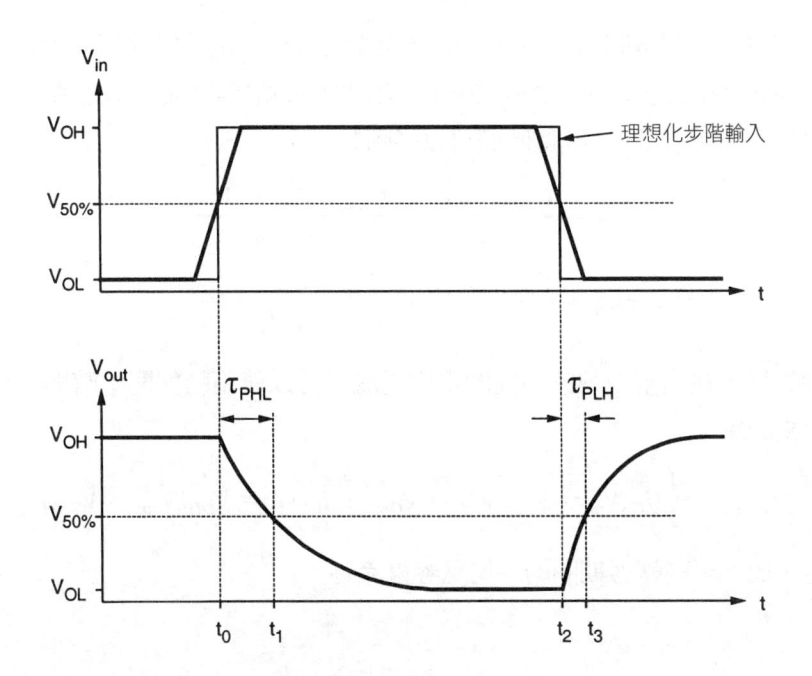

圖 6.3
典型反相器的輸入與輸出電壓波形，以及傳遞延遲時間的定義。為了簡單起見，輸入電壓波形理想化為步階脈波。

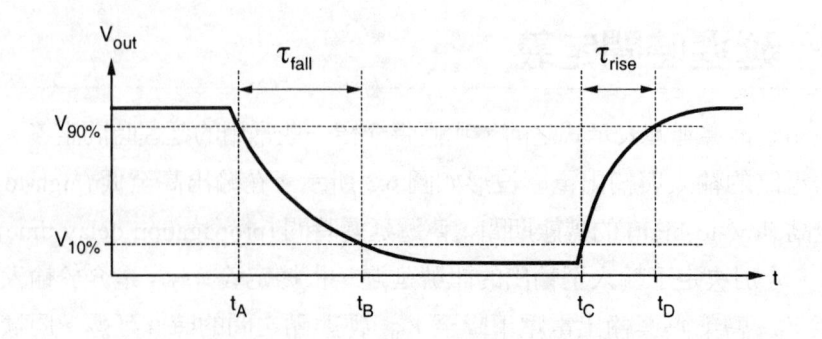

圖 6.4
輸出電壓的上升時間與下降時間。

我們將參考圖 6.4 來定義輸出電壓的上升時間與下降時間。上升時間 τ_{rise} 於此處定義為，輸出電壓從 $V_{10\%}$ 準位上升至 $V_{90\%}$ 準位所需的時間。同樣地，下降時間 τ_{fall} 於此處定義為，輸出電壓從 $V_{90\%}$ 準位下降至 $V_{10\%}$ 準位所需的時間。電壓準位 $V_{10\%}$ 與 $V_{90\%}$ 的定義如下

$$V_{10\%} = V_{OL} + 0.1 \cdot (V_{OH} - V_{OL}) \tag{6.5}$$

$$V_{90\%} = V_{OL} + 0.9 \cdot (V_{OH} - V_{OL}) \tag{6.6}$$

因此，輸出的上升時間與下降時間可以由圖 6.4 得到

$$\begin{aligned}\tau_{fall} &= t_B - t_A \\ \tau_{rise} &= t_D - t_C\end{aligned} \tag{6.7}$$

須注意的是，也有其它延遲時間定義是採用 20% 與 80% 電壓準位。

6.3 延遲時間計算

計算傳遞延遲時間 τ_{PHL} 與 τ_{PLH} 的最簡單的方法，是透過估算分別在充電與放電期間的平均電容電流。如果在輸出轉態期間的電容電流是由定值 (constant) 平均電流 I_{avg} 來近似時，延遲時間可以得到為

$$\tau_{PHL} = \frac{C_{load} \cdot \Delta V_{HL}}{I_{avg,HL}} = \frac{C_{load} \cdot (V_{OH} - V_{50\%})}{I_{avg,HL}} \tag{6.8}$$

$$\tau_{PLH} = \frac{C_{load} \cdot \Delta V_{LH}}{I_{avg,LH}} = \frac{C_{load} \cdot (V_{50\%} - V_{OL})}{I_{avg,LH}} \tag{6.9}$$

須注意的是，在高至低轉態期間的平均電流，可以使用轉態開始時與結束時的電流值來計算。

$$I_{avg,HL} = \frac{1}{2}[i_C(V_{in} = V_{OH}, V_{out} = V_{OH}) + i_C(V_{in} = V_{OH}, V_{out} = V_{50\%})] \tag{6.10}$$

同樣地，於低至高轉態期間的平均電容電流為

$$I_{avg,LH} = \frac{1}{2}[i_C(V_{in} = V_{OL}, V_{out} = V_{50\%}) + i_C(V_{in} = V_{OL}, V_{out} = V_{OL})] \quad (6.11)$$

雖然平均電流法相對簡單且需要最少的計算，此方法忽略了在轉態開始點與結束點之間的電容電流變異。因此，我們不期望平均電流法能精確估算延遲時間。儘管如此，這種方法可以提供粗略的一階充電與放電延遲時間估算。

藉由求解輸出節點的時域狀態方程式，可以更精確地找到傳遞延遲時間。接下來，會提供與輸出節點相關的微分方程式。注意，電容電流也是輸出電壓的函數。

$$C_{load} \frac{dV_{out}}{dt} = i_C = i_{D,p} - i_{D,n} \quad (6.12)$$

首先，我們考慮 CMOS 反相器的上升 - 輸入情況。最初，輸出電壓假設等於 V_{OH}。當輸入電壓由低態 (V_{OL}) 切換至高態 (V_{OH})，nMOS 電晶體導通，並開始對負載電容放電。同時，pMOS 電晶體被關閉（截止）；因此，

$$i_{D,p} \approx 0 \quad (6.13)$$

在圖 6.2 中的電路，現在可以被簡化成單一 nMOS 電晶體與一顆電容器，如圖 6.5 所示。描述此放電過程微分方程式則為

$$C_{load} \frac{dV_{out}}{dt} = -i_{D,n} \quad (6.14)$$

須注意的是，在其它類型如電阻性負載型反相器或空乏型負載反相器（或虛擬 nMOS 反相器）的反相器電路，當輸入由低態切換為高態時，負載元件會持續導通非零電流。然而，與驅動電流相比，負載電流通常可以忽略不計。因此，式 (6.14) 不僅可以用來計算 CMOS 反相器的放電時間，也幾乎可以用來計算所有常見類型的反相器電路放電時間。

在此高至低轉態期間的輸入與輸出電壓波形，如圖 6.6 所示。當 nMOS 電晶體開始導通時，其初始操作在飽和區。當輸出電壓下降低於 $(V_{DD} - V_{T,n})$ 時，nMOS 電晶體會開始導通於線性區。這兩個操作區域也呈現於圖 6.6。

首先，考慮將 nMOS 電晶體操作在飽和區。

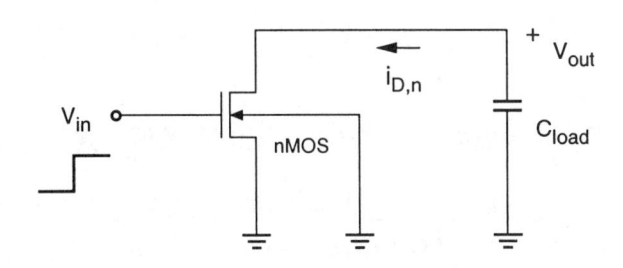

圖 6.5
在高至低輸出轉態期間的 CMOS 反相器等效電路。

圖 6.6
在高至低轉態期間的輸入與輸出電壓波形。

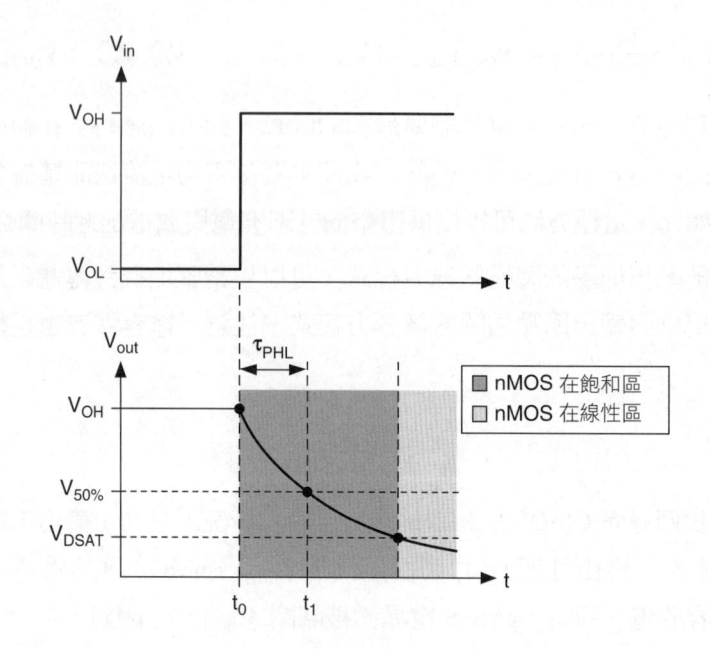

$$i_{D,n} = W \cdot v_{sat} \cdot C_{ox} \cdot \frac{(V_{in} - V_{T,n})^2}{(V_{in} - V_{T,n}) + E_C L}$$

$$= W \cdot v_{sat} \cdot C_{ox} \cdot \frac{(V_{OH} - V_{T,n})^2}{(V_{OH} - V_{T,n}) + E_C L} \quad for \quad V_{DSAT} < V_{out} \leq V_{OH} \quad (6.15)$$

由於飽和電流實際上與輸出電壓無關（忽略通道長度調變），可以得到式 (6.14) 在 t_0 與 t_1 之間的解為

$$\int_{t=t_0}^{t=t_1} dt = -C_{load} \int_{V_{out}=V_{OH}}^{V_{out}=V_{OH}-V_{50\%}} \left(\frac{1}{i_{D,n}}\right) dV_{out}$$

$$= -\frac{[(V_{OH} - V_{T,n}) + E_C L] C_{load}}{W v_{sat} C_{ox} (V_{OH} - V_{T,n})^2} \int_{V_{out}=V_{OH}}^{V_{out}=V_{OH}-V_{50\%}} dV_{out} \quad (6.16)$$

計算此簡單的積分式會得到

$$t_1 - t_0 = \frac{[(V_{OH} - V_{T,n}) + E_C L] C_{load} V_{50\%}}{W v_{sat} C_{ox} (V_{OH} - V_{T,n})^2} \quad (6.17)$$

然後，從式 (6.17) 可以得到高至低輸出轉態 (τ_{PHL}) 的傳遞延遲時間。

$$\tau_{PHL} = \frac{C_{load}}{k_n} \cdot \frac{2}{E_{C,n} L_n} \cdot \frac{V_{50\%}[(V_{OH} - V_{T,n}) + E_{C,n} L_n]}{(V_{OH} - V_{T,n})^2} \quad (6.18a)$$

當 $V_{OH} = V_{DD}$ 與 $V_{OL} = 0$，就如同在 CMOS 反相器的情況，式 (6.18a) 變成

$$\tau_{PHL} = \frac{C_{load}}{k_n} \cdot \frac{2}{E_{C,n} L_n} \cdot \frac{V_{50\%}[(V_{DD} - V_{T,n}) + E_{C,n} L_n]}{(V_{DD} - V_{T,n})^2} \quad (6.18b)$$

例題 6.1

假設圖 6.2 的 CMOS 反相器電路使用 $V_{DD} = 1.2$ V，$E_{c,n}L_n = 0.45$ V 與 $V_T = 0.53$ V。nMOS 電晶體的 I-V 特性給定如下：當 $V_{GS} = 1.2$ V 時，汲極電流達到其飽和準位 $I_{sat} = 2$ mA，在 $V_{DS} \geq 0.27$ V。假設施加至閘極的輸入訊號是從 0 切換至 1.2 V 的步階脈波。使用給定的數據，計算輸出從 1.2 V 的初始值下降至 0.6 V 的延遲時間，假設輸出的負載電容為 30 fF。

要求解，先看示於圖 6.5 中的簡化下拉電路。第一步是使用式 (3.81) 來判斷此 nMOS 電晶體是操作在飽和區或線性區。當 $t \geq 0$ 時，電壓 V_{GS} 等於 1.2 V。

$$V_{DSAT} = \frac{(V_{GS} - V_T) \cdot E_c L}{(V_{GS} - V_T) + E_c L} = \frac{(1.2 - 0.53) \cdot 0.45}{(1.2 - 0.53) + 0.45} = 0.269 \text{ V}$$

計算出的 V_{DSAT} 小於 0.6 V。因此，在時間 $t = 0$ 至 $t = t_1$ 之間，nMOS 電晶體操作在飽和狀態。飽和區電流方程式可以寫為

$$C \frac{dV_{out}}{dt} = -I_D = -I_{sat} = -W \cdot v_{sat} \cdot C_{ox} \cdot \frac{(V_{OH} - V_{T,n})^2}{(V_{OH} - V_{T,n}) + E_C L_n}$$

藉由積分此方程式，我們可以計算出 nMOS 電晶體操作在飽和區時的時間量 (t_{sat})。

$$\int_{t=0}^{t=t_{sat}} dt = -\int_{V_{out}=1.2}^{V_{out}=0.6} \frac{C}{I_D} dV_{out}$$

$$t_{sat} = \frac{V_{T,n} C}{I_{sat}} = \frac{0.6 \text{ V} \times 30 \text{ fF}}{2 \text{ mA}} = 9 \text{ [ps]}$$

因此，延遲時間求得為

$$t_{delay} = 9 \text{ [ps]}$$

須注意的是，t_{delay} 與下降輸出的傳遞延遲時間 τ_{PHL} 相呼應。

在本節前面描述的平均電流法，除了可以用在估算反相器電路的傳遞延遲時間外，也可以用來估算上升與下降時間。此簡單的方法可以在某些情況下產生相當精確的一階結果，如以下範例所呈現。

例題 6.2

圖 6.2 中的 CMOS 反相器，其電源供應電壓為 $V_{DD} = 1.2$ V。找出下降時間 τ_{fall}。τ_{fall} 定義為在時間點 $V_{out} = V_{90\%} = 1.08$ V 與 $V_{out} = V_{10\%} = 0.12$ V 之間所經過的時間。使用平均電流法與微分方程法來計算 τ_{fall}。輸出負載電容為 30 fF。nMOS 電晶體參數給定為

$\mu_n C_{ox} = 0.983$ mA/V^2

$(W/L)_n = 10$

$V_{T,n} = 0.53$ V

$E_{c,n} L_n = 0.45$ V

使用簡單且類似式 (6.10) 的表示式，我們可以決定如前所述在放電過程期間的平均電容電流。

$$I_{avg} = \frac{1}{2}[I(V_{in} = 1.2\text{ V}, V_{out} = 1.08\text{ V}) + I(V_{in} = 1.2\text{ V}, V_{out} = 0.12\text{ V})]$$

$$= \frac{1}{2}\left\{W \cdot v_{sat} \cdot C_{ox} \cdot \frac{(V_{in} - V_{T,n})^2}{(V_{in} - V_{T,n}) + E_C L} + \frac{k_n}{2}\frac{1}{\left(1 + \frac{V_{out}}{E_C L_n}\right)}\right.$$

$$\left. \times \left[2 \cdot (V_{in} - V_{T,n}) \cdot V_{out} - V_{out}^2\right]\right\}$$

$$= \frac{1}{2}\left\{\frac{0.983 \times 10^{-3} \times 0.45 \times 10}{2} \cdot \frac{(1.2 - 0.53)^2}{(1.2 - 0.53) + 0.45}\right.$$

$$\left. + \frac{0.983 \times 10^{-3} \times 10}{2}\frac{1}{\left(1 + \frac{0.12}{0.45}\right)}[2 \times (1.2 - 0.53) \times 0.12 - 0.12^2]\right\}$$

$$= 0.73 \text{ [mA]}$$

下降時間求得為

$$\tau_{fall} = \frac{C \cdot \Delta V}{I_{avg}} = \frac{30 \times 10^{-15} \times 0.96}{0.73 \times 10^{-3}} = 39.5 \text{ [ps]}$$

現在，我們將用微分方程法來重新計算下降時間。當 $0.27\text{ V} \leq V_{out} \leq 1.08\text{ V}$，nMOS 電晶體操作在飽和區。寫下飽和區電流方程式，我們得到

$$C\frac{dV_{out}}{dt} = -W \cdot v_{sat} \cdot C_{ox} \cdot \frac{(V_{in} - V_{T,n})^2}{(V_{in} - V_{T,n}) + E_c L}$$

$$\frac{dV_{out}}{dt} = -\frac{0.983 \times 10^{-3} \times 0.45 \times 10}{2 \times 30 \times 10^{-15}} \cdot \frac{(1.2 - 0.53)^2}{(1.2 - 0.53) + 0.45} = -2.95 \times 10^{10}$$

積分此簡單的表示式，得到此 nMOS 電晶體操作在飽和狀態的時間。

$$\int_{t=0}^{t=t_{sat}} dt = -\frac{1}{2.95 \times 10^{10}} \int_{V_{out}=1.08}^{V_{out}=0.27} dV_{out}$$

$$t_{sat} = \frac{0.81}{2.95 \times 10^{10}} = 27.5 \text{ [ps]}$$

當 $0.12 \text{ V} \le V_{out} \le 0.27 \text{ V}$ 時，nMOS 電晶體操作在線性區。此操作區域的電流方程式可以寫為

$$C\frac{dV_{out}}{dt} = -\frac{k_n}{2} \frac{1}{\left(1 + \frac{V_{out}}{E_C L_n}\right)} \left[2 \cdot (V_{in} - V_{T,n}) \cdot V_{out} - V_{out}^2\right]$$

積分此方程式，我們得到了 nMOS 電晶體操作在線性區的延遲時間。

$$\int_{t=t_{sat}}^{t=t_{delay}} dt = -2C_{load} \int_{V_{out}=0.27}^{V_{out}=0.12} \left\{ \frac{1 + \frac{1}{E_C L} V_{out}}{k_n \left[2(V_{OH} - V_{T,n})V_{out} - V_{out}^2\right]} \right\} dV_{out}$$

$$\tau_{fall} - t_{sat} = \frac{30 \times 10^{-15}}{9.863 \times 10^{-3}} \left[\frac{1}{(1.2 - 0.53)} \ln\left(\frac{4(2(1.2 - 0.53) - 0.12)}{2(1.2 - 0.53) - 0.27}\right) \right.$$
$$\left. + \frac{2}{0.45} \ln\left(\frac{2(1.2 - 0.5) - 0.12}{2(1.2 - 0.5) - 0.27}\right) \right]$$

$$= 8.7 \text{ [ps]}$$

因此，CMOS 反相器的下降時間可得到為

$$\tau_{fall} = 27.5 + 8.7 = 36.2 \text{ [ps]}$$

■

在 CMOS 反相器裡，對輸出負載電容在下降輸入轉態時的充電過程，完全類似於上升輸入時的放電過程。當輸入電壓由高態 (V_{OH}) 切換至低態 (V_{OL}) 時，nMOS 電晶體為截止，而負載電容透過 pMOS 電晶體充電。使用類似的推導程序，延遲時間 τ_{PLH} 可以求得為

$$\tau_{PLH} = \frac{C_{load}}{k_p} \cdot \frac{2}{E_{C,p} L_p} \cdot \frac{V_{50\%}(V_{OH} - V_{OL} - |V_{T,p}| + E_{C,p} L_p)}{(V_{OH} - V_{OL} - |V_{T,p}|)^2} \quad (6.19a)$$

當 $V_{OH} = V_{DD}$ 與 $V_{OL} = 0$，式 (6.19a) 會成為

$$\tau_{PLH} = \frac{C_{load}}{k_p} \cdot \frac{2}{E_{C,p} L_p} \cdot \frac{V_{50\%}(V_{DD} - |V_{T,p}| + E_{C,p} L_p)}{(V_{DD} - |V_{T,p}|)^2} \quad (6.19b)$$

比較延遲表示式 (6.19b) 與式 (6.18b)，我們可以看到在 CMOS 反相器具有平衡 (balanced) 傳遞延遲，也就是當 $\tau_{PHL} = \tau_{PLH}$ 時，其充分條件則為

$$V_{T,n} = |V_{T,p}| \quad \text{與} \quad k_n = k_p \,(\text{或}\, W_p/W_n = \mu_p/\mu_n)$$

在不同類型反相器裡，τ_{PLH} 的計算受負載元件與其操作的影響，但分析過程非常類似於 CMOS 反相器。我們將考慮 nMOS 空乏型負載反相器作為以下的例子。當輸入電壓由高態切換至低態時，增強型 nMOS 驅動器電晶體會關閉。然後輸出負載電容透過空乏型負載電晶體來充電。微分方程式描述這個情況為

$$C_{load} \frac{dV_{out}}{dt} = i_{D,load}(V_{out}) \tag{6.20}$$

注意，負載元件最初處於飽和狀態，當輸出電壓上升到 $(V_{DD} + V_{T,load})$ 之上時便進入線性區，其中 $V_{T,load} < 0$。

$$i_{D,load} = \frac{k_{n,load}}{2}(|V_{T,load}|)^2, \quad \text{當}\ V_{out} \le V_{DD} - |V_{T,load}|\ \text{時} \tag{6.21}$$

$$i_{D,load} = \frac{k_{n,load}}{2}[2|V_{T,load}|(V_{DD} - V_{out}) - (V_{DD} - V_{out})^2]$$

$$\text{當}\ V_{out} > V_{DD} - |V_{T,load}|\ \text{時} \tag{6.22}$$

延遲時間 τ_{PLH} 可以得到如下

$$\tau_{PLH} = C_{load}\left[\int_{V_{out}=V_{OL}}^{V_{out}=V_{DD}-|V_{T,load}|}\left(\frac{dV_{out}}{i_{D,load}(sat)}\right) + \int_{V_{out}=V_{DD}-|V_{T,load}|}^{V_{out}=V_{50\%}}\left(\frac{dV_{out}}{i_{D,load}(linear)}\right)\right] \tag{6.23}$$

$$\tau_{PLH} = \frac{C_{load}}{k_{n,load}|V_{T,load}|}\left[\frac{2(V_{DD} - |V_{T,load}| - V_{OL})}{|V_{T,load}|}\right.$$

$$\left. + \ln\left(\frac{2|V_{T,load}| - (V_{DD} - V_{50\%})}{V_{DD} - V_{50\%}}\right)\right] \tag{6.24}$$

本節所有延遲時間的推導取得是在簡化的假設下，即輸入訊號波形為具有零上升時間與下降時間的步階脈波。現在，我們考慮輸入電壓波形不是理想的（步階）脈波波形，而是有限上升與下降時間（τ_r 與 τ_f）的情況。輸出電壓延遲時間的準確計算在這種更實際的假設下更為複雜，因為在充電與放電過程期間，兩顆 nMOS 與 pMOS 電晶體都會導通電流。為了簡化實際傳遞延遲的估算，我們可以利用於步階輸入的假設下所計算出的傳遞延遲時間，使用下列經驗公式：

$$\tau_{PHL}\,(\text{實際}) = \sqrt{\tau_{PHL}^2\,(\text{步階輸入}) + \left(\frac{\tau_r}{2}\right)^2} \tag{6.25}$$

$$\tau_{PLH}\,(\text{實際}) = \sqrt{\tau_{PLH}^2\,(\text{步階輸入}) + \left(\frac{\tau_f}{2}\right)^2} \tag{6.26}$$

在這裡，τ_{PHL}（步階輸入）與 τ_{PLH}（步階輸入），代表假設在輸入端有一步階脈波輸入波形時，即使用式(6.18b)與式(6.19b)，所算出的傳遞延遲時間值。雖然這裡給出的表示式純屬經驗所得，它們提供了當上升時間與下降時間為非零輸入時，傳遞延遲會增加多少的簡單估算方法。

另一個在這裡要考慮的重要議題是，在先前的頁面使用簡單的電流 - 電壓關係所推導出的延遲表示式，原本是為長通道電晶體而開發的。如在第 3 章所說明的，這些基於漸進通道近似 (gradual channel approximation) 的電流表示式仍然能夠用於具有適當參數調整的次微米 MOS 電晶體上。因此，在本節所介紹的延遲分析在很大程度上對小幾何形狀元件依然有效。還應當注意的是，由於通道速度飽和，次微米電晶體的電流驅動能力顯著地減小；小幾何形狀電晶體無法被期待與具有相同 (W/L) 比值的長通道電晶體一樣，有相同的最大充電／放電電流。

特別是，深次微米 nMOS 電晶體的飽和電流，不再是 $(V_{GS} - V_T)$ 的二次函數，而是被描述為

$$I_{sat} = \xi W_n (V_{GS} - V_T) \tag{6.27}$$

其中，ξ 是載子飽和速度、通道長度與在通道中的速度飽和程度之函數。假設在 $V_{out} = V_{DD}$ 與 $V_{out} = V_{50\%}$ 之間的 nMOS 電晶體的放電電流可以藉由它的飽和電流來近似（在大多數情況下，這種粗略的假設可以用來產出傳遞延遲時間的一階估算，其誤差約為 10%），並且使用平均電流法，我們可以得到

$$\tau_{PHL} \approx \frac{C_{load} V_{50\%}}{I_{sat}} = \frac{C_{load}(V_{DD}/2)}{\xi W_n (V_{DD} - V_T)} \tag{6.28}$$

須注意的是在這種情況下，傳遞延遲對於電源供應電壓僅有微弱的相依關係。更好的傳遞延遲估算，可以藉由精確的短通道 MOSFET 模型（如 Sakurai-Newton 電流模型）來計算充電／放電電流，並使用平均電流法來獲得。

6.4 具延遲條件的反相器設計

依據時序 (timing)（延遲）規格的 CMOS 反相器設計，或更廣義來說，CMOS 邏輯電路設計，是數位電路設計裡最基本的議題之一，最終可決定複雜系統的整體性能。在大多數情況下，延遲條件應連同其它設計條件，如雜訊邊界、邏輯（反轉）臨界值、晶片面積與功率消耗等一起進行考量。因此，設計過程通常涉及在大部分都相互衝突的需求之間來取得平衡，以獲得最佳整體性能。接下來的章節，我們會考慮一些基於時序條件的 CMOS 反相器設計之基本

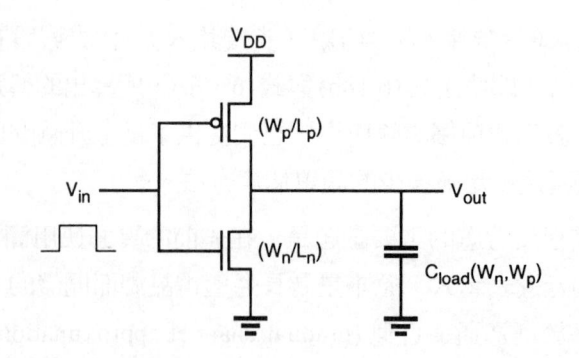

圖 6.7
反相器設計問題中所考慮的一般電路結構。

觀點。

在上一節中所推導出的延遲表示式，成為我們設計方法的基本原理。我們的目標是要決定滿足特定時序要求的 nMOS 與 pMOS 電晶體的通道尺寸 (W_n, W_p) 大小。在最普遍的情況下，我們必須考慮到反相器的合併負載電容也是電晶體尺寸的一個函數（圖 6.7）。在式 (6.1) 的負載電容 C_{load}，是由本質 (intrinsic) 成分（取決於電晶體尺寸的寄生汲極電容）和異質 (extrinsic) 成分（連接線/繞線電容與扇出的電容，通常獨立於須考量的反相器電晶體尺寸）所構成的。

假如 C_{load} 主要由異質成分所構成，並且若整體的負載電容可以在無關於電晶體的尺寸下準確估算出，則反相器的設計問題可以被簡化至直接運用第 6.3 節中推導出的延遲方程式即可。給定所要求的（目標 (target)）延遲值 τ^*_{PHL}，nMOS 電晶體的 (W/L) 比值，可以求得為

$$\left(\frac{W_n}{L_n}\right) = \frac{C_{load}}{\tau^*_{PHL}\mu_n C_{ox}} \cdot \frac{2}{E_C L_n} \cdot \frac{V_{50\%}[(V_{OH} - V_{T,n}) + E_C L_n]}{(V_{OH} - V_{T,n})^2} \tag{6.29}$$

同樣地，可以滿足給定目標值 τ^*_{PLH} 的 pMOS 電晶體 (W/L) 比值，可以計算為

$$\left(\frac{W_p}{L_p}\right) = \frac{C_{load}}{\tau^*_{PLH}\mu_p C_{ox}} \cdot \frac{2}{E_C L_p} \cdot \frac{V_{50\%}(V_{OH} - V_{OL} - |V_{T,p}| + E_C L_p)}{(V_{OH} - V_{OL} - |V_{T,p}|)^2} \tag{6.30}$$

為了滿足其它時序限制條件 (timing constraint)（例如：上升時間與下降時間）的電晶體尺寸，可以用類似的方法來決定。在大多數情況下，由延遲需求找出的電晶體大小也必須滿足其它設計標準，例如：雜訊邊界與邏輯反轉臨界值。在所有的情況下，選擇電晶體的尺寸應該使所有的延遲時間維持低於所要求的目標值。該設計方法將示範於以下的例題。

例題 6.3

一家在美國伊利諾州厄巴納市 (Urbana, Illinois) 名為 Prairie 科技的公司，取得某一 CMOS 製程元件參數如下：

$\mu_n C_{ox} = 184 \ \mu\text{A/V}^2$
$\mu_p C_{ox} = 46 \ \mu\text{A/V}^2$
$L = 40$ nm 對 nMOS 與 pMOS 元件均相同
$V_{T0,n} = 0.5$ V
$V_{T0,p} = -0.48$ V
$E_{c,n} L_n = 0.3$ V
$E_{c,p} L_p = 1.2$ V
$W_{min} = 300$ nm

藉由決定 nMOS 和 pMOS 電晶體的通道寬度 W_n 與 W_p，設計可以滿足以下性能規格的 CMOS 反相器：

- 當 $V_{DD} = 1.2$ V 時，$V_{th} = 0.6$ V。
- 傳遞延遲時間 $\tau^*_{PHL} \leq 20$ ps 與 $\tau^*_{PLH} \leq 15$ ps。
- 假設合併輸出負載電容為 10 fF 與理想的步階輸入，當輸出由 0.8 V 轉態至 0.2 V 時，下降延遲為 35 ps。

我們透過滿足時間延遲限制條件來開始設計。首先，使用式 (6.29) 與式 (6.30) 可以找到藉由傳遞延遲條件所決定的 nMOS 與 pMOS 電晶體最小 (minimum) (W/L) 比值，如下所示：

$$\left(\frac{W_n}{L_n}\right) = \frac{C_{load}}{\tau^*_{PHL} \mu_n C_{ox}} \cdot \frac{2}{E_C L_n} \cdot \frac{V_{50\%}[(V_{OH} - V_{T,n}) + E_C L_n]}{(V_{OH} - V_{T,n})^2}$$

$$= \frac{10 \times 10^{-15}}{20 \times 10^{-12} \times 184 \times 10^{-6}} \cdot \frac{2}{0.3} \cdot \frac{0.6(1.2 - 0.5 + 0.3)}{(1.2 - 0.5)^2}$$

$$= 22.18$$

$$\left(\frac{W_p}{L_p}\right) = \frac{C_{load}}{\tau^*_{PLH} \mu_p C_{ox}} \cdot \frac{2}{E_C L_p} \cdot \frac{V_{50\%}(V_{OH} - V_{OL} - |V_{T,p}| + E_C L_p)}{(V_{OH} - V_{OL} - |V_{T,p}|)^2}$$

$$= \frac{10 \times 10^{-15}}{15 \times 10^{-12} \times 46 \times 10^{-6}} \cdot \frac{2}{1.2} \cdot \frac{0.69(1.2 - 0.48 + 1.2)}{(1.2 - 0.48)^2}$$

$$= 53.4$$

如之前所描述的，在下降輸出轉態（由 0.8 V 至 0.2 V）期間，CMOS 反相器中的 nMOS 電晶體將完全操作於線性區。在這個操作區域中，nMOS 電晶體的電流方程式為

$$C_{load} \frac{dV_{out}}{dt} = -\frac{k_n}{2} \frac{1}{\left(1 + \dfrac{V_{out}}{E_C L_n}\right)} \left[2 \cdot (V_{in} - V_{T,n}) \cdot V_{out} - V_{out}^2\right]$$

藉由積分此表示式，我們得到以下的關係式：

$$t_{delay} = 35 \times 10^{-12}$$

$$= -2C_{load} \int_{V_{out}=0.8}^{V_{out}=0.2} \left\{ \frac{1 + \frac{1}{E_C L} V_{out}}{\mu_n C_{ox} \left(\frac{W_n}{L_n}\right) \left[2(V_{OH} - V_{T,n})V_{out} - V_{out}^2\right]} \right\} dV_{out}$$

$$t_{delay} = \frac{C_{load}}{k_n} \left[\frac{1}{(1.2 - 0.53)} \ln\left(\frac{4(2(1.2 - 0.53) - 0.2)}{2(1.2 - 0.53) - 0.8}\right) \right.$$
$$\left. + \frac{2}{0.45} \ln\left(\frac{2(1.2 - 0.53) - 0.2}{2(1.2 - 0.53) - 0.8}\right) \right]$$

$$35 \times 10^{-12} = \frac{10 \times 10^{-15}}{184 \times 10^{-6} \left(\frac{W_n}{L_n}\right)} [3.14 + 4.62]$$

現在我們求解該方程式以得到 nMOS 電晶體的 (W/L) 比值。

$$\left(\frac{W_n}{L_n}\right) = 12.05$$

須注意的是，此比值小於從傳遞延遲限制條件找到的 (W/L) 比值。因此，我們採取較大的比值，可同時滿足這兩個時序限制條件，然後在給定 L_n = 40 nm，W_n = 880 nm 時，找出 nMOS 電晶體的尺寸。接下來，臨界電壓的邏輯臨界條件 V_{th} = 0.6 V 將有助於決定 pMOS 電晶體的尺寸。使用第 5 章中的式 (5.79) 作為 CMOS 反相器的邏輯臨界電壓，

$$V_{th} = \frac{V_{T0,n} + \sqrt{\kappa} \cdot (V_{DD} - |V_{T0,p}|)}{1 + \sqrt{\kappa}} = 0.6$$

$$\kappa = \frac{W_p}{W_n} \cdot \frac{E_{C,n} \cdot L_n}{E_{C,p} \cdot L_p}$$

我們得到了滿足此設計條件的比值 κ 等於 0.694。此值現在可以被用來計算 pMOS 電晶體 (W/L) 的比值，如下所示：

$$\kappa = \frac{\left(\frac{W_p}{L_p}\right)}{\left(\frac{W_n}{L_n}\right)} \cdot \frac{E_{C,n}}{E_{C,p}} = \frac{\left(\frac{W_p}{L_p}\right) \times 0.3}{22.0 \times 1.2} = 0.694$$

$$\left(\frac{W_p}{L_p}\right) = 61.1$$

注意到此比值大於先前由傳遞延遲條件所找到的比值。由於較大的比值將同時滿足時序限制條件與 V_{th} 限制條件，給定 L_p = 40 nm，我們決定 pMOS 電晶體的尺寸為 W_p = 2.44 μm。

在此討論中,我們已經假設合併的輸出負載電容 C_{load} 主要是由其異質成分所主導,因此,它對元件的尺寸並不會很敏感。這種假設使我們能夠把 C_{load} 視為定值的設計參數。然而,在大多數情況下,我們必須考慮到的是,C_{load} 的本質成分是元件尺寸(W_n 與 W_p)的遞增 (increasing) 函數。其表示式 (6.1) 所描述的輸出負載電容成分成為

$$\begin{aligned} C_{load} &= C_{gd,n}(W_n) + C_{gd,p}(W_p) \\ &\quad + C_{db,n}(W_n) + C_{db,p}(W_p) \\ &\quad + C_{int} + C_g \\ &= f(W_n, W_p) \end{aligned} \quad (6.31)$$

須注意的是,扇出 (fan-out) 電容 C_g 也是下一級邏輯閘尺寸的函數。在下面的討論中,扇出電容 C_g 將被視為定值參數,與驅動器邏輯閘尺寸無關。由式 (6.31) 明顯可知,為了滿足延遲條件而決定的元件尺寸,並非使用先前所建議的式 (6.29) 與式 (6.30) 就可以直接得到。任何要增加 nMOS 與 pMOS 電晶體通道寬度以減少延遲的努力,不可避免地會增加負載電容的本質成分。

在有延遲限制條件下,為了更深入了解電晶體尺寸調整問題,與分析各種設計參數間的相互作用,我們將考慮一個如圖 6.8 的 CMOS 反相器之簡化光罩佈局圖。在這裡,nMOS 與 pMOS 電晶體的擴散區域是簡單的矩形,且假設兩顆元件的汲極區域長度 D_{drain} 相同。相對較小的閘極至汲極電容 $C_{gd,n}$ 與 $C_{gd,p}$,在以下的分析中可被忽略。

圖 6.8 突顯了 nMOS 與 pMOS 電晶體的汲極區域(斜線)。使用第 3 章導出的接面電容表示式 (3.133) 與式 (3.138),汲極寄生電容可以求得為

$$C_{db,n} = W_n D_{drain} C_{j0,n} K_{eq,n} + 2(W_n + D_{drain}) C_{jsw,n} K_{eq,n} \quad (6.32)$$

$$C_{db,p} = W_p D_{drain} C_{j0,p} K_{eq,p} + 2(W_p + D_{drain}) C_{jsw,p} K_{eq,p} \quad (6.33)$$

其中 $C_{j0,n}$ 與 $C_{j0,p}$ 為 n 型與 p 型擴散區的零偏壓接面電容,$C_{josw,n}$ 與 $C_{josw,p}$ 為零偏壓側壁 (sidewall) 接面電容,以及 $K_{eq,n}$ 與 $K_{eq,p}$ 為電壓等效係數。合併的輸出負載電容則成為

$$\begin{aligned} C_{load} &= (W_n C_{j0,n} K_{eq,n} + W_p C_{j0,p} K_{eq,p}) D_{drain} \\ &\quad + 2(W_n + D_{drain}) C_{jsw,n} K_{eq,n} \\ &\quad + 2(W_p + D_{drain}) C_{jsw,p} K_{eq,p} \\ &\quad + C_{int} + C_g \end{aligned} \quad (6.34)$$

因此,反相器的總電容負載現在可以表示為

$$C_{load} = \alpha_0 + \alpha_n W_n + \alpha_p W_p \quad (6.35)$$

圖 6.8
作為延遲分析用的 CMOS 反相器之簡化光罩佈局。

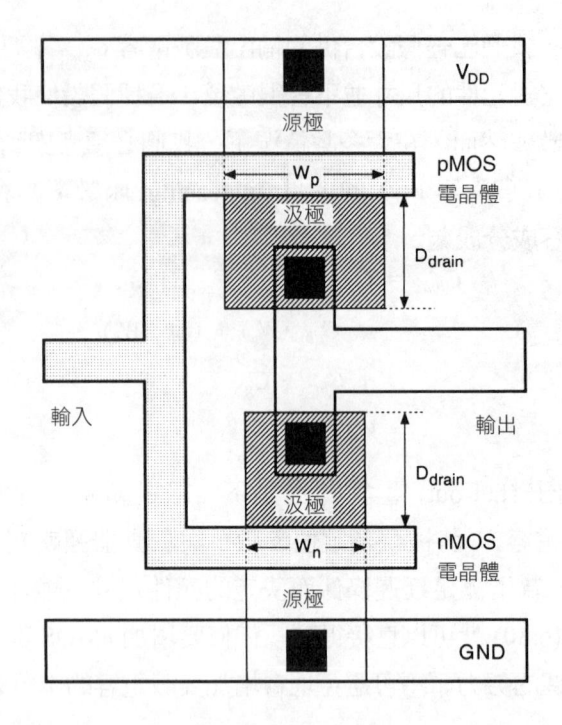

其中

$$\alpha_0 = 2D_{drain}(C_{jsw,n}K_{eq,n} + C_{jsw,p}K_{eq,p}) + C_{int} + C_g \tag{6.36}$$

$$\alpha_n = K_{eq,n}(C_{j0,n}D_{drain} + 2C_{jsw,n}) \tag{6.37}$$

$$\alpha_p = K_{eq,p}(C_{j0,p}D_{drain} + 2C_{jsw,p}) \tag{6.38}$$

使用式 (6.35),下降與上升輸出轉態的傳遞延遲表示式 (6.18b) 和式 (6.19b) 可改寫為

$$\tau_{PHL} = \left(\frac{\alpha_0 + \alpha_n W_n + \alpha_p W_p}{W_n}\right) \cdot \left(\frac{L_n}{\mu_n C_{ox}}\right) \cdot \frac{2}{E_{C,n}L_n} \cdot \frac{V_{50\%}[(V_{DD} - V_{T,n}) + E_{C,n}L_n]}{(V_{DD} - V_{T,n})^2} \tag{6.39}$$

$$\tau_{PLH} = \left(\frac{\alpha_0 + \alpha_n W_n + \alpha_p W_p}{W_p}\right) \cdot \left(\frac{L_p}{\mu_p C_{ox}}\right) \cdot \frac{2}{E_{C,p}L_p} \cdot \frac{V_{50\%}(V_{DD} - |V_{T,p}| + E_{C,p}L_p)}{(V_{DD} - |V_{T,p}|)^2} \tag{6.40}$$

注意,通道長度 L_n 與 L_p 通常是固定且彼此相等。此外,通道寬度 W_n 與 W_p 之間的比值通常是由其它的設計條件決定,如雜訊邊界與邏輯反轉的臨界值。將此電晶體的寬度比 (aspect ratio) 定義為

$$R \equiv \left(\frac{W_p}{W_n}\right) \tag{6.41}$$

現在,下降輸出轉態的傳遞延遲 τ_{PHL} 可以表示為單一設計參數 W_n 的函數,而 τ_{PLH} 可以表示為單一設計參數 W_p 的函數。

$$\tau_{PHL} = \Gamma_n \left(\frac{\alpha_0 + (\alpha_n + R\alpha_p)W_n}{W_n} \right) \quad (6.42a)$$

$$\tau_{PLH} = \Gamma_p \left(\frac{\alpha_0 + \left(\frac{\alpha_n}{R} + \alpha_p\right)W_p}{W_p} \right) \quad (6.42b)$$

其中 Γ_n 與 Γ_p 定義為

$$\Gamma_n = \left(\frac{L_n}{\mu_n C_{ox}} \right) \cdot \frac{2}{E_{C,n}L_n} \cdot \frac{V_{50\%}[(V_{DD} - V_{T,n}) + E_{C,n}L_n]}{(V_{DD} - V_{T,n})^2} \quad (6.43a)$$

$$\Gamma_p = \left(\frac{L_p}{\mu_p C_{ox}} \right) \cdot \frac{2}{E_{C,p}L_p} \cdot \frac{V_{50\%}(V_{DD} - |V_{T,p}| + E_{C,p}L_p)}{(V_{DD} - |V_{T,p}|)^2} \quad (6.43b)$$

給定目標延遲值 τ^*_{PHL} 與 τ^*_{PLH}，可滿足這些延遲限制條件的 nMOS 電晶體與 pMOS 電晶體最小通道寬度可以使用式 (6.42a) 和式 (6.42b)，分別解出 W_n 與 W_p 而得。

由式 (6.42a) 和式 (6.42b) 可得出的重要結論是，CMOS 反相器切換速度存在一種由於汲極寄生電容所造成的固有限制。我們可以看到，藉由增加 W_n 與 W_p 以減少傳遞延遲時間，在超過一定的數值後，對於延遲時間影響遞減，而且對於大的 W_n 與 W_p 值，延遲值將漸進地接近一極限值。從式 (6.42a) 和式 (6.42b)，極限延遲值可以得到為

$$\tau^{limit}_{PHL} = \Gamma_n(\alpha_n + R\alpha_p) \quad (6.44a)$$

$$\tau^{limit}_{PLH} = \Gamma_p\left(\frac{\alpha_n}{R} + \alpha_p\right) \quad (6.44b)$$

CMOS 反相器的傳遞延遲時間無法減少至低於這些極限值。這些極限值決定於製程技術相關的參數，如掺雜濃度、最小通道長度與最小佈局的設計規則（例如：D_{drain}）。還需要注意的是，傳遞延遲極限值無關於異質電容成分，C_{int} 與 C_g。於特定的情況下，多快可以到達這個漸進的極限值，須取決於電容 C_{load} 中的本質與異質成分的比例。如果異質成分主導了總負載電容，則可藉由 W_n 與 W_p 的大範圍調整來達成降低延遲。另一方面，假如是本質電容成分主導，那麼在較小的 W_n 與 W_p 值就會到達速度的極限值。

例題 6.4

為了說明一些本節中的討論基本議題，我們來看第 4 章中，使用 65-nm 製程參數的 CMOS 反相器設計。電源供應電壓為 $V_{DD} = 1.2$ V；負載的異質電容成分（由連接線電容與下一級扇入電容構成）是 30 fF。nMOS 與 pMOS 電晶體通道

長度為 $L_n = L_p = 60$ nm。電晶體尺寸比例選擇為 $R = (W_p/W_n) = 2$。

在本例中，設計了多組使用不同電晶體寬度的 CMOS 反相器電路，用來驅動相同大小的異質電容。每組反相器的實際光罩佈局畫好後，就可以由佈局圖來計算出寄生電容（寄生萃取 (parasitic extraction)），並且使用 SPICE 來模擬所萃取的電路檔以決定其暫態響應，以及每組反相器的傳遞延遲。這五組不同反相器設計的模擬輸出電壓波形示於下圖。

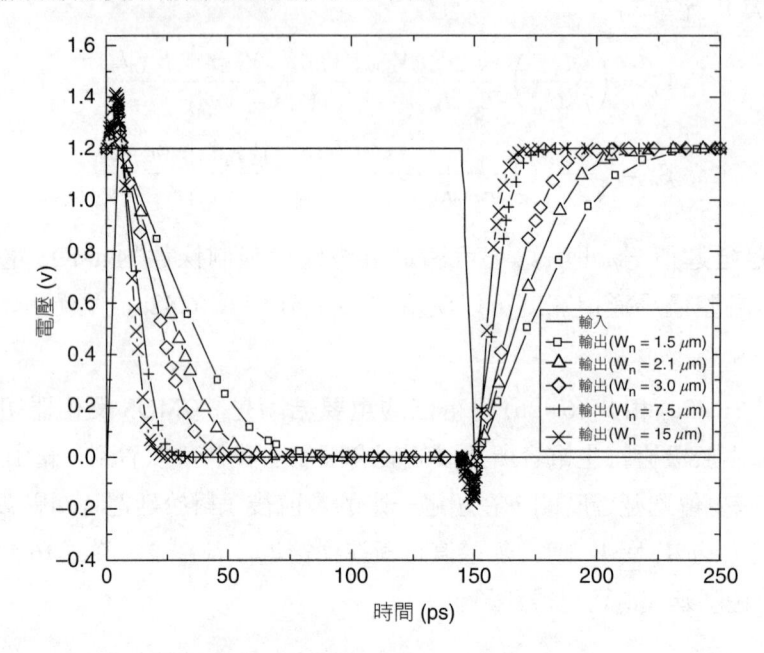

正如所預期的，使用最小電晶體尺寸 (W_n =1.5 μm, W_p = 3 μm) 的反相器電路，傳遞延遲最大。增加 nMOS 與 pMOS 元件的通道寬度可以減少延遲。最初，延遲減少量可能相當顯著；例如，當電晶體寬度增加至 W_n = 3 μm 與 W_p = 6 μm，傳遞延遲 τ_{PHL} 減少了約 50%。然而，當進一步增加電晶體寬度時，延遲減少的速率會逐漸減弱，且延遲量會趨近於由式 (6.44) 所描述的極限值。例如，將寬度由 W_n = 15 μm 增加 100% 至 W_n = 30 μm 的影響幾乎可被忽略，這是由於這兩顆電晶體汲極寄生電容增加緣故，如前面的討論中所解釋的。

下圖顯示，下降輸出傳遞延遲 τ_{PHL}（從 SPICE 模擬獲得）是 nMOS 通道寬度的函數。延遲逐漸接近約 16 ps 的極限值，這主要取決於製程特定參數，與異質電容成分無關。

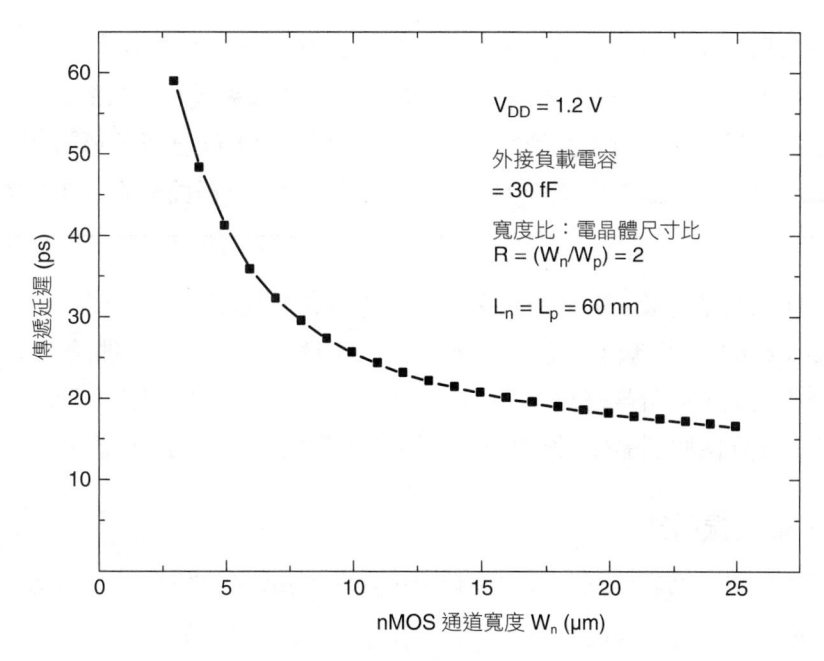

[圖:傳遞延遲 vs nMOS 通道寬度 W_n，$V_{DD} = 1.2$ V，外接負載電容 = 30 fF，寬度比:電晶體尺寸比 $R = (W_n/W_p) = 2$，$L_n = L_p = 60$ nm]

除了元件尺寸調整對傳遞延遲的影響是受本身寄生電容限制的因素外，整個電路所佔用的晶片面積也應予以考量。事實上，增加晶片面積與減少延遲時間，是設計上的折衷 (trade-off)；因為要提升電路操作速度，通常須以增加電晶體的尺寸為代價。在我們的例子中，電路面積正比於 W_n 與 W_p，因為電晶體的尺寸維持不變，而通道寬度增加以減少延遲。根據給定的模擬結果，顯示出當 W_n 增加超過約 15 μm 至 25 μm，會造成寶貴的晶片面積浪費，因為超過此點後，可獲得的延遲減少量非常小。

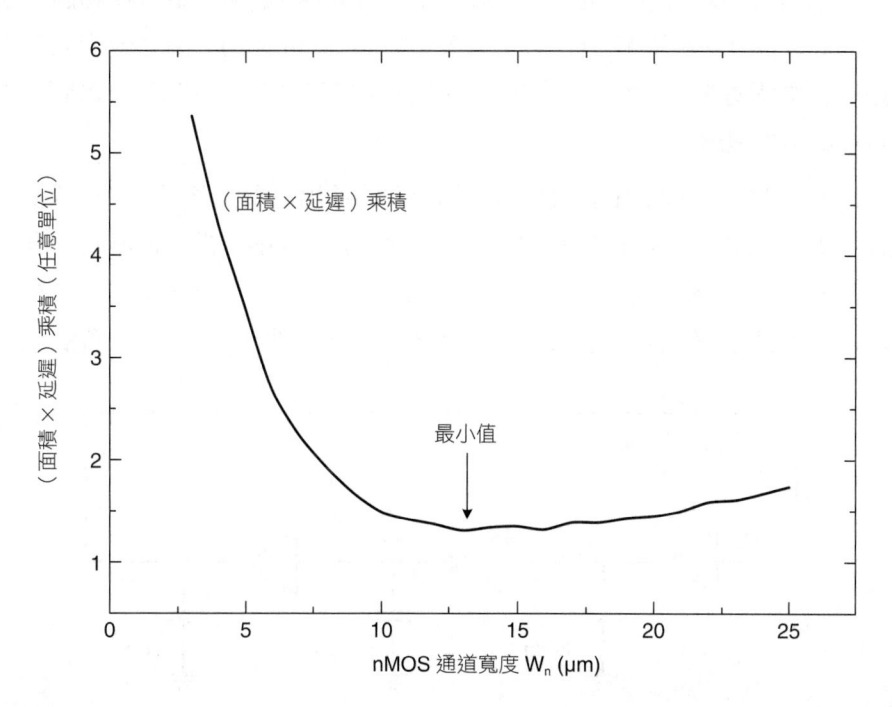

[圖:（面積 × 延遲）乘積 vs nMOS 通道寬度 W_n，標示最小值]

一項用來量化設計品質 (design quality) 的實際測試方法為（面積 × 延遲）的乘積，它將為了減少延遲時間而調整電晶體尺寸以將晶片面積的成本納入考量。當傳遞延遲為了增加通道寬度而逐漸趨近極限值，（面積 × 延遲）乘積清楚的顯示最小值約出現在 $W_n = 13\ \mu\text{m}$，指出了速度與整體面積的最佳選擇。

須注意的是，最先進的超深次微米反相器之本質延遲通常可以在幾十微微秒 (picosecond) 的等級，仍然允許非常高的切換速度（至少在理論上）。事實上，現代次微米邏輯電路的速度限制主要來自於連接線之寄生效應所加諸的條件造成，並非由個別邏輯閘的本質延遲。此議題將在下面的章節說明。

CMOS 環型振盪器

下面的電路範例說明一些與反相器切換特性相關的基本概念，在前面的章節已介紹過。同時，這個範例提供了數位電路的非穩態行為之簡單示範。

圖 6.9 為三個完全相同 (identical) 的 CMOS 反相器串接組態，其中第三級反相器的輸出節點被連接至第一級反相器的輸入節點。因此，三個反相器形成了電壓回授迴路。稍微檢視後即可發現這個系統沒有穩定的操作點。唯一的直流操作點（在此所有反相器的輸入與輸出電壓都等於邏輯臨界值 V_{th}）原本就不穩定，因在節點電壓上的任何干擾都會使電路偏移離開直流操作點。事實上，任何奇數的反相器所構成之閉迴路 (closed-loop) 串接將顯示非穩態行為，即，一旦反相器的輸入或輸出電壓從不穩定的操作點 V_{th} 偏移，這個電路將會振盪 (oscillate)。因此，此電路稱為環型振盪器 (ring oscillator)。由完全相同的反相器所構成的閉迴路串接電路之詳細分析會呈現於第 8 章。在此，我們將尋求系統行為的定性理解。

圖 6.10 顯示三個反相器於振盪時的典型的輸出電壓波形。當第一級反相器的輸出電壓 V_1 由 V_{OL} 上升至 V_{OH} 時，會觸發 (trigger) 第二級反相器的輸出 V_2，由 V_{OH} 下降至 V_{OL}。請注意，V_1 與 V_2 在 $V_{50\%}$ 交會時間的差異，就是第二級反相器的訊號傳遞延遲 τ_{PHL2}。當第二級反相器的輸出電壓 V_2 下降時，會觸發第三

圖 6.9
由完全相同的反相器所構成之三級環型振盪器電路。

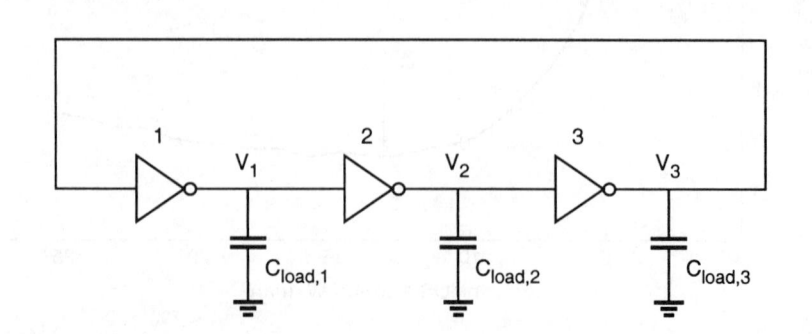

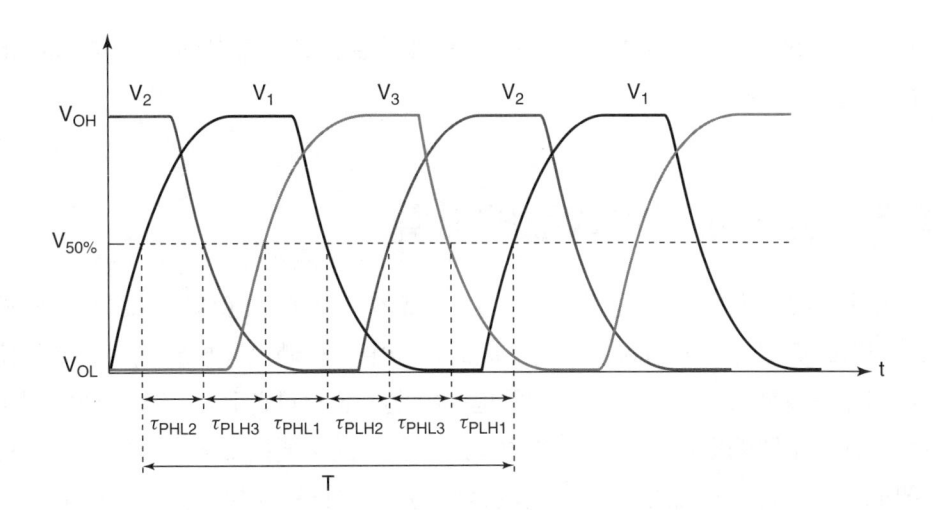

圖 6.10
圖 6.9 中所示的三個反相器之典型電壓波形。

級反相器的輸出 V_3，由 V_{OL} 上升至 V_{OH}。再一次，V_2 與 V_3 在 $V_{50\%}$ 的交會時間的差異，就是第三級反相器的訊號傳遞延遲 τ_{PLH3}。從圖 6.10 可以看出，每級反相器觸發串接組態的下一級反相器，且最後一級反相器再次觸發第一級，從而維持振盪。

在這三級電路中，任何反相器輸出電壓的振盪週期 T 可表示為六個傳遞延遲時間（圖 6.10）的總和。因為在閉迴路串接組態中，這三個反相器都假設是完全相同的，又因為輸出負載電容是彼此相等的 ($C_{load1} = C_{load2} = C_{load3}$)，我們可以依據平均傳遞延遲 τ_P 來表示振盪週期 T，如下所示：

$$T = \tau_{PHL1} + \tau_{PLH1} + \tau_{PHL2} + \tau_{PLH2} + \tau_{PHL3} + \tau_{PLH3}$$
$$= 2\tau_P + 2\tau_P + 2\tau_P$$
$$= 3 \cdot 2\tau_P = 6\tau_P \tag{6.45}$$

我們可以歸納任意奇數 (n) 級串接組態的反相器的關係式為

$$f = \frac{1}{T} = \frac{1}{2 \cdot n \cdot \tau_P} \tag{6.46}$$

因此，可得振盪頻率 (oscillation frequency) (f) 為單級反相器平均傳遞延遲的極簡函數。只要製造出 n 級完全相同的反相器所構成之環型振盪器電路，並準確地決定它的振盪頻率，這個關係式也可以用來量測具有最小電容性負載的典型反相器之平均傳遞延遲。從式 (6.46)，我們得到

$$\tau_P = \frac{1}{2 \cdot n \cdot f} \tag{6.47}$$

一般來說，級數 n 會設定比 3 或 5 大得多，以維持電路的振盪頻率落在易於量測的範圍內。環型振盪器頻率的量測往往被用來描述特殊設計與／或新製程的特性。另外，環型振盪器電路可作為一種非常簡單的脈波產生器 (pulse generator)，其中該輸出波形被用在晶片上產生單純的主時脈訊號。然而，要得

到更高準確度與穩定性的振盪頻率，一般還是偏好使用晶片外部 (off-chip) 的晶體振盪器 (crystal oscillator)。

6.5 連接線寄生效應的計算

傳統求得邏輯閘切換速度的方法，基本上會假設負載主要為電容性 (capacitive) 與集總性 (lumped)。在前面的章節中，我們已經檢視相對簡單的使用輸出節點為純電容性負載之反相器延遲模型，而一旦負載確定後，此模型可以用於估算電路的暫態行為。傳統的延遲估算方法主要把輸出負載歸類為三種主要成分，且每一種都被假設是純電容性的，如 (1) 電晶體的內部寄生電容，(2) 連接線電容，與 (3) 扇出邏輯閘的輸入電容。在三種成分中，連接線所加諸的負載狀況呈現了嚴重的問題，尤其在次微米電路裡。

圖 6.11 顯示一種簡單的情況，一個反相器驅動其它三個反相器，藉由不同長度與幾何形狀的連接線予以連結。如果來自每條連線的負載可以由集總電容來近似，則由主反相器看到的總負載僅為所有前述的電容性成分之加總結果。然而，在大多數情況下，連接線所加諸的負載狀況遠非如此簡單。該連線本身是金屬和 / 或多晶矽的三維結構，除了本身電容外通常具有不可忽略的電阻。導線 (wire) 的（長度 / 寬度）比例通常決定了這些參數是分散式 (distributed)，使得連接線成為實際的傳輸線。此外，連接線很難不受其它因素影響。在現實狀況裡，連接線多為相互靠近，無論是在相同或不同層的連線。為了精確估算延遲時間，相鄰連線間的電容性 / 電感性 (inductive) 耦合與訊號的干擾也應被列入考量。

圖 6.11
一個反相器於連接線上驅動其它三個反相器。

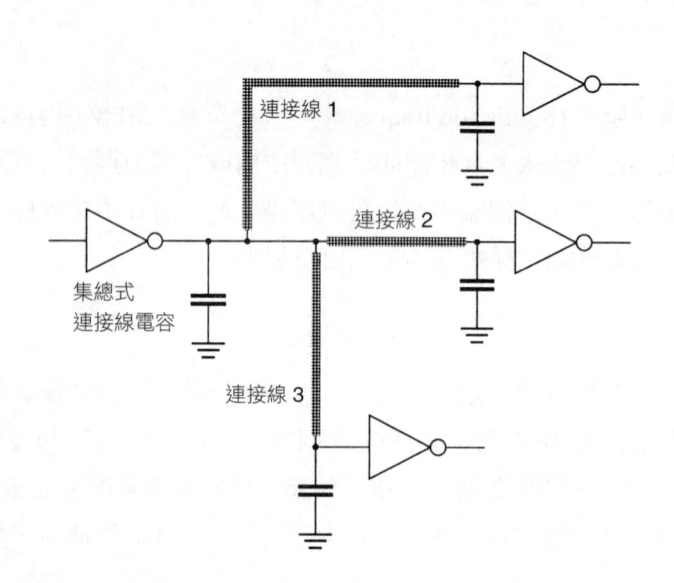

在一般情況下，如果電磁波飛跨連接線的時間（如由光速決定）短於訊號的上升時間／下降時間，則導線可以被模擬成為一個電容性負載，或是做為集總式 RC 網路或分散式 RC 網路。如果連接線長度足夠，以及訊號波形的上升時間與電磁波飛跨連接線的時間相當，則電感也變得很重要，而且連接線必須被為模擬成傳輸線 (transmission line)。下面的簡單規則可以用來決定何時要使用傳輸線模型：

$$\begin{aligned}
\tau_{rise}(\tau_{fall}) < 2.5 \times \left(\frac{l}{v}\right) & \quad \Rightarrow \quad \{\text{傳輸線模型化}\} \\
2.5 \times \left(\frac{l}{v}\right) < \tau_{rise}(\tau_{fall}) < 5 \times \left(\frac{l}{v}\right) & \quad \Rightarrow \quad \left\{\begin{array}{l}\text{傳輸線或集總式}\\\text{模型化擇一}\end{array}\right\} \\
\tau_{rise}(\tau_{fall}) > 5 \times \left(\frac{l}{v}\right) & \quad \Rightarrow \quad \{\text{集總式模型化}\}
\end{aligned} \quad (6.48)$$

在這裡，l 是連接線的長度，而 v 為傳遞速度。請注意，傳輸線分析總是求得正確的結果，而與上升時間／下降時間與連接線長度無關；但在上升時間／下降時間夠長的時候，透過集總式近似的結果可以獲得一樣的準確性。例如，超大型積體電路晶片上最長的線也許為約 2 cm 長度。假設 $\varepsilon_r = 4$，訊號飛越此導線的時間大概為 133 ps，這比所有典型晶片上訊號的上升時間／下降時間短。因此，無論是電容性或 RC 模型均適合導線使用。另一方面，在多晶片模組 (multi-chip module, MCM) 內的氧化鋁基板上，10 cm 連接線的飛越時間大約是 1 ns，這等級已與一些驅動器產生的訊號之上升時間數量級相同。在這種情況下，應該用如圖 6.12 所示的 RLCG（電阻、電感、電容與電導）寄生效應來建立連接線模型。須注意的是，訊號完整性 (signal integrity) 會明顯地降低，特別是當驅動器的輸出阻抗是明顯大於所述傳輸線的特徵阻抗。

CMOS VLSI 晶片的傳輸線效應直到近期才被嚴重關切，因為在大多數情況下，電容性負載成分所造成的邏輯閘延遲主導了連線延遲。然而，當製造技術進步到更精細的次微米設計規則，邏輯閘本質延遲往往會明顯下降。相較之下，整體晶片尺寸與最壞情況的晶片導線長度往往會增加，主要是由於晶片複雜性增長；因此，在次微米技術裡，連接線延遲的重要性增加了。另外，當金屬線的寬度縮小，傳輸線效應與鄰近導線間訊號耦合變得更明顯。

這實際情況顯示於圖 6.13，依不同製程技術定性地繪製出相對閘延遲與多種連接線延遲。可以看出，在小幾何形狀的技術上，連接線延遲主導了閘延遲。為了處理可能的影響，並對系統速度進行最佳化，晶片設計人員必須有可靠與有效的方法，以便能 (1) 估算在大型晶片上的連接線寄生效應與 (2) 模擬暫態效應。

圖 6.12
(a) RLCG 連接樹狀圖。(b) 在節點 A 與 B 的典型訊號波形，圖中也標示了訊號延遲與不同延遲成分。

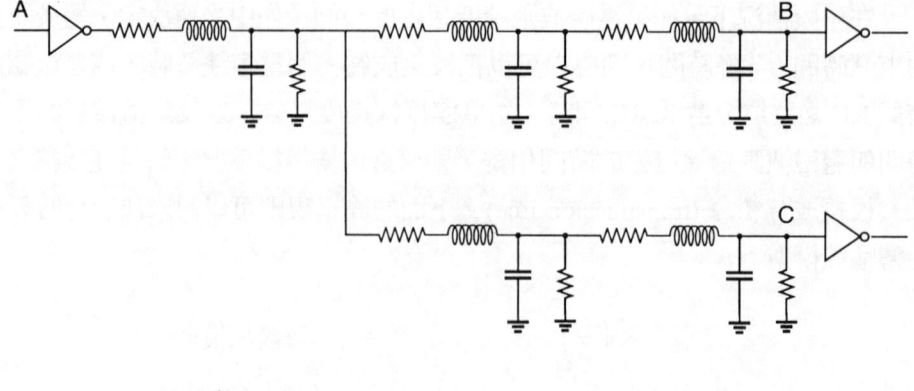

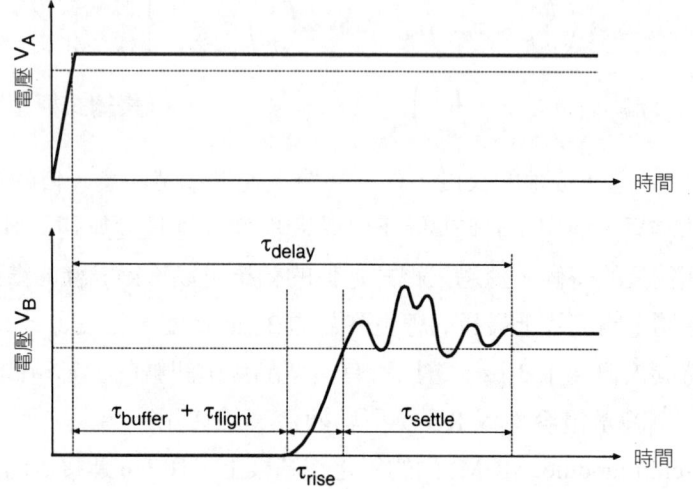

圖 6.13
小幾何形狀 CMOS 技術的連線延遲 vs. 閘延遲。

(*Source: ITRS 2005*)

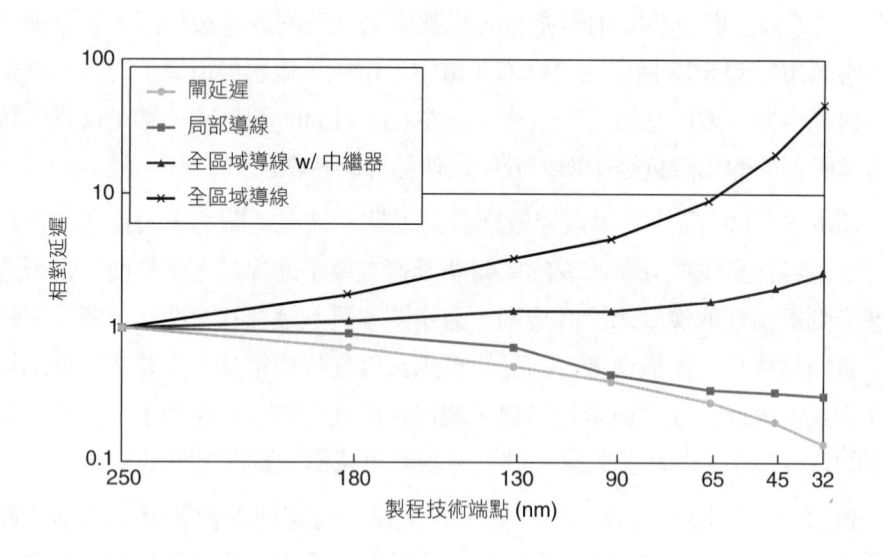

在見證了連接線延遲成為次微米 VLSI 晶片的主要因素後，我們需要知道大型晶片上的哪些連接線也許會導致嚴重的延遲問題。大部分 VLSI 設計的階層結構在這個問題上提供了一些見解。在含有數個功能模組的晶片中，每個模組在功能區塊、邏輯閘與電晶體間涵蓋了相當大量的局部 (local) 連結。由於這

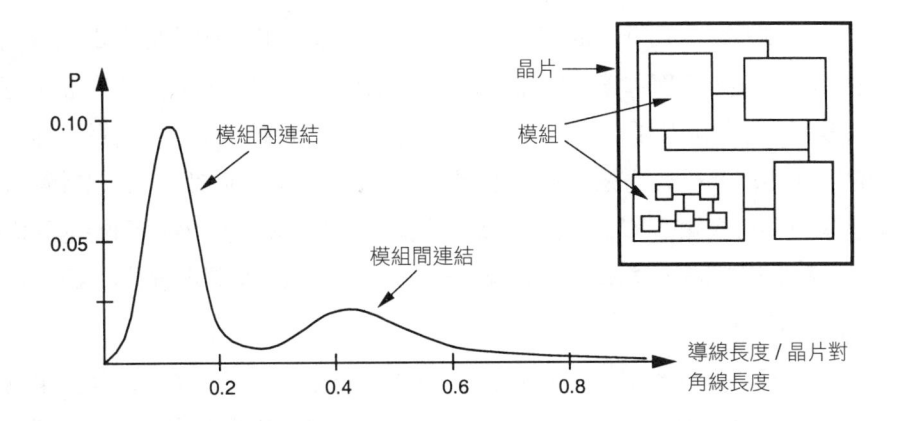

圖 6.14
典型晶片上的連接線長度統計分佈。

些模組內 (intra-module) 的連結距離通常很短，它們對速度的影響可以容易地用傳統模型模擬。然而，晶片上的模組間也有相當大量的長導線連接，所謂的模組間 (inter-module) 連結。通常應該在初期設計階段時，就要仔細檢查這些模組間連結可能的時序問題。圖 6.14 顯示晶片上導線長度典型的統計分佈，已使用晶片的對角線長度進行正規化。該分佈圖清楚地呈現出兩組不同的峰值，一組是相對較短的模組內連接，而另一組則為較長的模組間連接。還要注意的是少數連接線可能會很長，一般會超出晶片的對角線長度。這些連線通常用在全域訊號匯流排連接與時脈分佈網路。雖然它們的數目相對較少，但這些長連接線也最容易出問題。

連接線電容的估算

在大型積體電路中，寄生連接線電容是最難準確估算的參數之一。每條連接線（導線）為金屬和 / 或多晶矽的三維結構，只是在形體、厚度與接地平面（基底）間垂直距離有顯著的不同。另外，每個連接線通常是由多條其它線路所環繞，無論是在同一層或不同層。圖 6.15 為位在三個不同層上的六條連線的簡化圖，彼此走線非常緊密靠近。要精確估算這些導線相對於接地面與彼此間的寄生電容是一項複雜的任務。

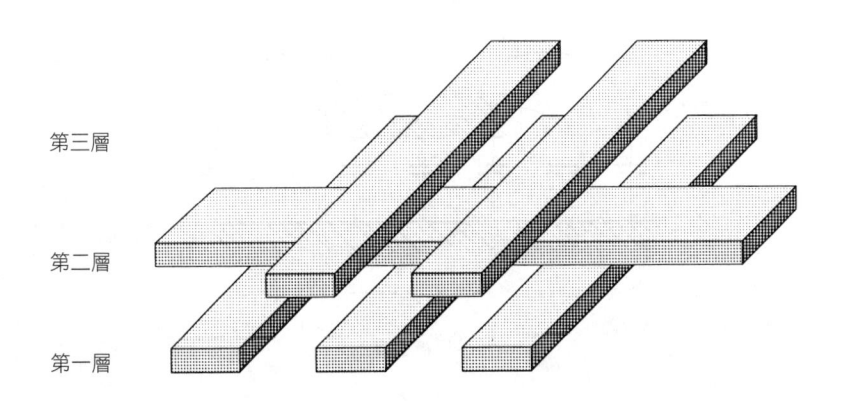

圖 6.15
六條連接線位在三個不同層的範例。

首先，參考圖 6.16 所示的單一連接線部分。假設此導線區段在電流方向具有長度 (l)、寬度 (w) 與厚度 (t)。我們進一步假設連接線區段與晶片表面平行，並被高度 (h) 的介電質（氧化物）層與接地面相互隔離。現在，相對接地寄生電容的正確估算為重要的議題。使用圖 6.16 中的基本幾何形狀，可以計算該連接線區段的平行板電容 C_{pp}。然而，當連接線裡的導線厚度 (t) 與到接地平面的距離 (h) 大小相當時，邊緣電場 (fringing electric field) 顯著地提高了寄生電容總量（圖 6.17）。

圖 6.18 顯示邊緣電場因子 (fringing-field factor) $FF = C_{total}/C_{pp}$ 的變化作為 (t/h)、(w/h) 與 (W/L) 函數。我們可以看到，邊緣電場的影響隨著 (w/h) 比例的下降而增加，且該邊緣電場電容可能比平行板電容大了多達 10 到 20 倍。前面提到的次微米製造技術允許金屬線的寬度顯著地減小，但金屬線的厚度必須保留以確保結構完整性。這種需要具有相當垂直厚度的窄小金屬線的情況，使得這些連接線特別容易受到邊緣電場效應的影響。

由 Yuan 與 Trick 在 1980 年代初期所發展一組簡單公式，可以用來估算連接線結構中的電容，其中邊緣電場使寄生電容計算變得很複雜。下面的兩種情況考量了兩組不同的線寬 (w) 範圍。

圖 6.16
連接線區段平行地行走於表面，用於估算寄生電阻與電容。

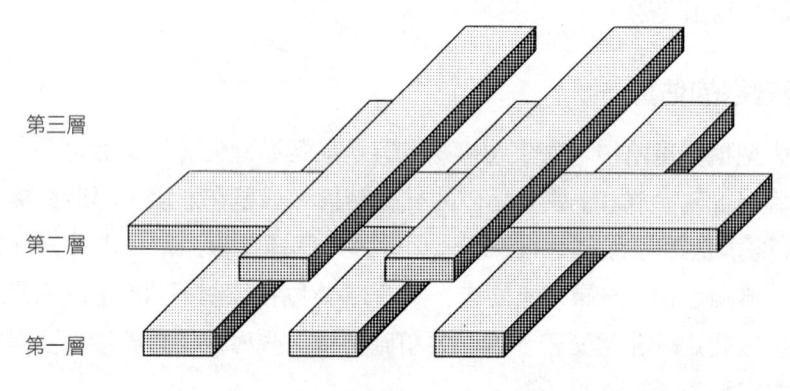

圖 6.17
邊緣電場對於寄生導線電容的影響。

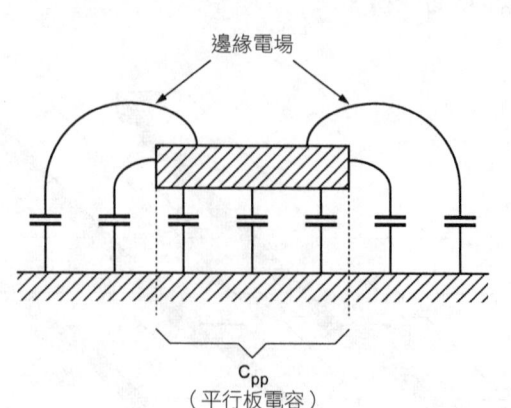

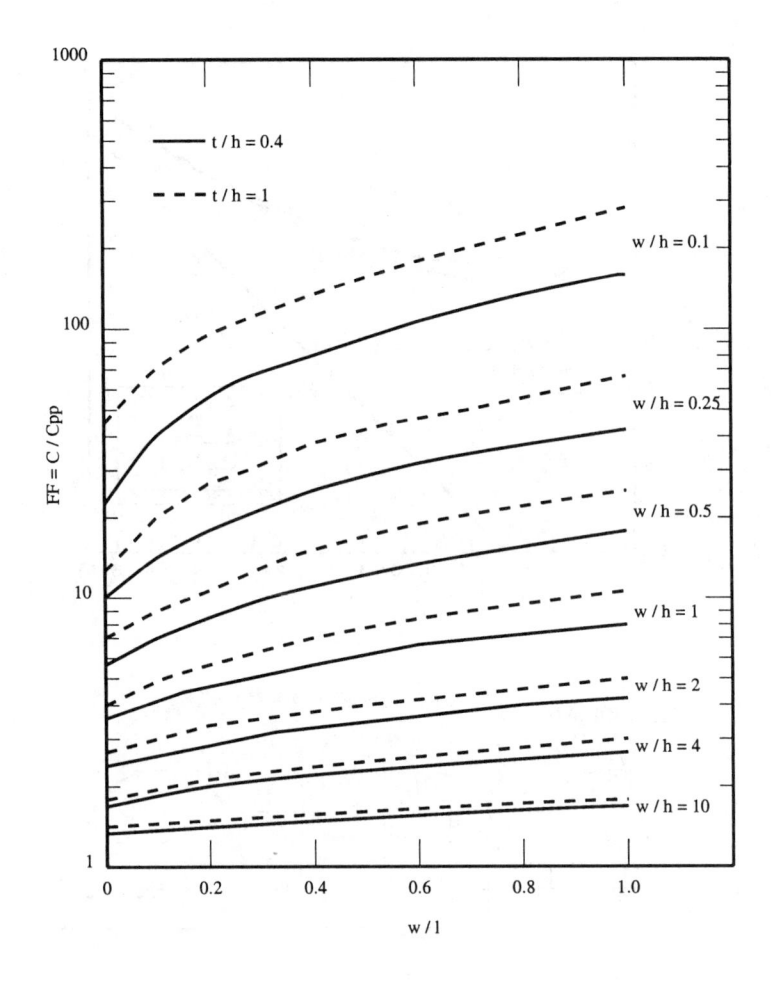

圖 6.18
邊緣電場因子隨連接線幾何形狀的變化。

$$C = \varepsilon \left[\frac{\left(w - \frac{t}{2}\right)}{h} + \frac{2\pi}{\ln\left(1 + \frac{2h}{t} + \sqrt{\frac{2h}{t}\left(\frac{2h}{t} + 2\right)}\right)} \right] \quad \text{當 } w \geq \frac{t}{2} \quad (6.49)$$

$$C = \varepsilon \left[\frac{w}{h} + \frac{\pi\left(1 - 0.0543 \cdot \frac{t}{2h}\right)}{\ln\left(1 + \frac{2h}{t} + \sqrt{\frac{2h}{t}\left(\frac{2h}{t} + 2\right)}\right)} + 1.47 \right] \quad \text{當 } w < \frac{t}{2} \quad (6.50)$$

這些公式允許寄生電容值準確地近似在 10% 的誤差，即使是非常小的 (t/h) 數值。圖 6.19 顯示連線電容作為 (w/h) 與 (t/h) 的函數的不同觀點。在此圖中的虛 - 點線代表相對應的平行板電容值，而其它兩條曲線則代表考慮邊緣電場效果的實際電容值。我們可以看到實際導線電容隨著寬度相對厚度比降低而減小；然而，當導線寬度大約等於絕緣體厚度時，電容值準位降為 1 pF/cm。

現在考慮更現實的情況：該連接線未完全與周圍結構隔離，而是與其它平行線耦合。在這種情況下，導線的總寄生電容不僅因邊緣電場效應而增加，且

圖 6.19
作為 (w/h) 與 (t/h) 函數的單一連接線電容值。

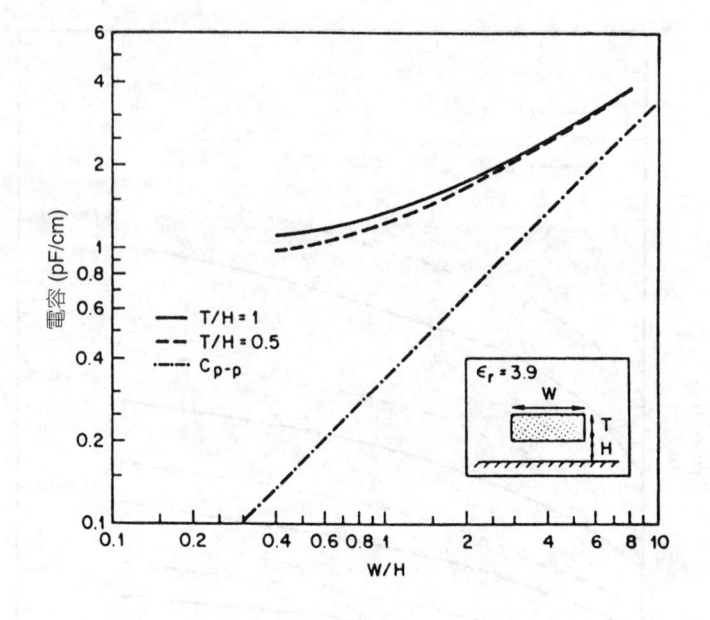

圖 6.20
電容性耦合成分 (a) 位在同層的兩條平行線與 (b) 位在不同層的三條平行線。

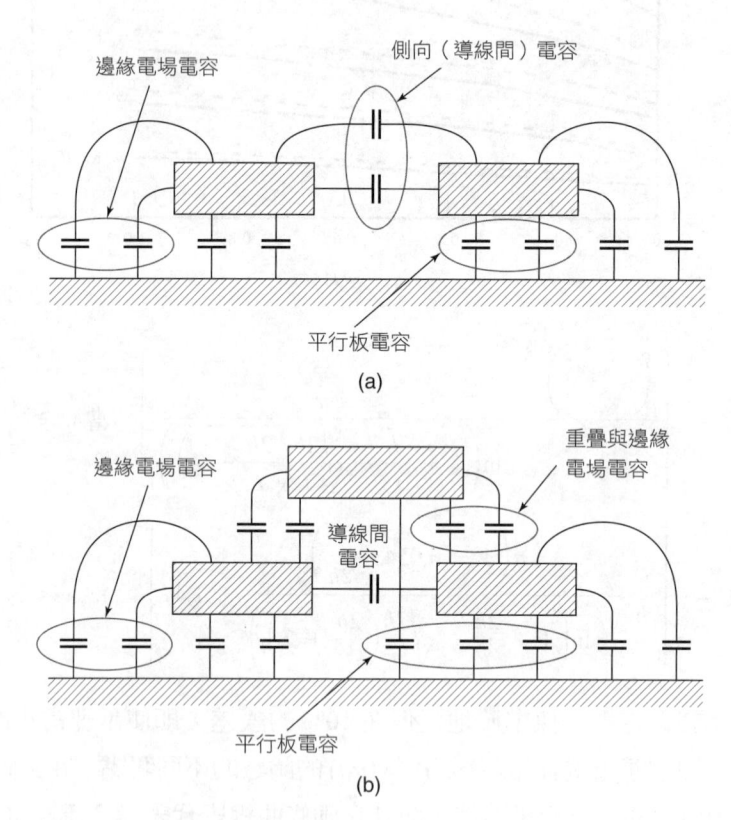

亦透過線路間的電容性耦合而增加。（兩種不同組態）平行連線相關的電容成分描繪於圖 6.20。注意，當線的厚度約等於其寬度時，相鄰線之間的電容性耦合會增加。這個連接線間的耦合主要來自**訊號串音干擾 (signal crosstalk)**，即一條線裡訊號的轉態可能導致其它條線的雜訊。圖 6.21 顯示一條線的電容值；

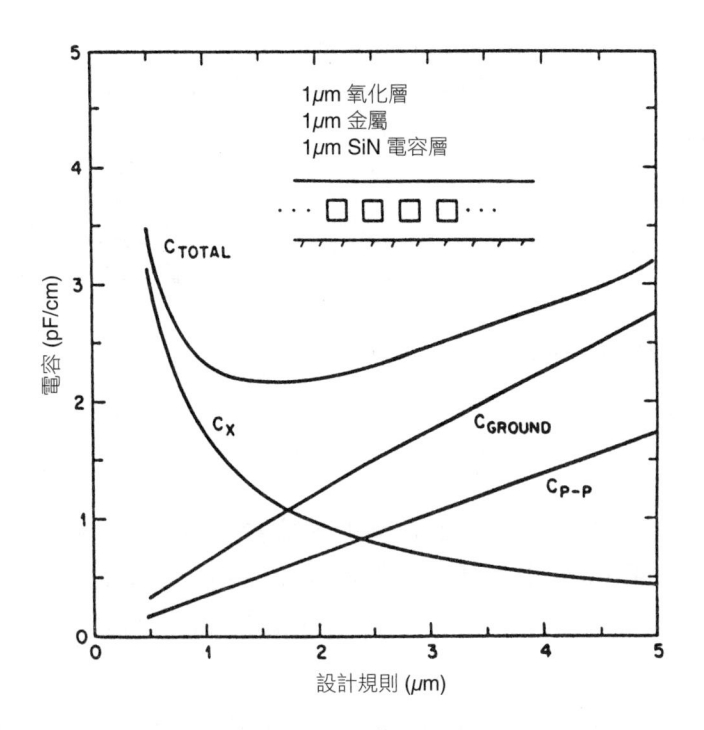

圖 6.21
作為導線間最小距離的兩側相互平行線耦合連接線之電容值函數。C_{TOTAL} 為導線的合併電容，其中 C_{GROUND} 和 C_X 分別為相對接地平面的電容與側向（導線間）電容。純平行板電容亦呈現出以作為參考。

該線與被最小設計規則隔開於兩側（在相同層）的其它接線耦合。特別是當兩條相鄰的連線被偏壓在接地電位，則中間連接線（相對於地）的總寄生電容可能大於簡單的平行板電容之 20 倍。

圖 6.22 顯示一個雙層金屬 CMOS 結構的剖面圖，其中層與層間的個別寄生電容亦被表明。剖面並沒有顯示 MOSFET，而只是一些金屬線可能會通過的擴散區域。在第二金屬層 (Metal-2) 與第一金屬層 (Metal-1)、第一金屬層與多晶矽以及第二金屬層與多晶矽的層間 (inter-layer) 電容分別被標記為 C_{m2m1}、C_{m1p}

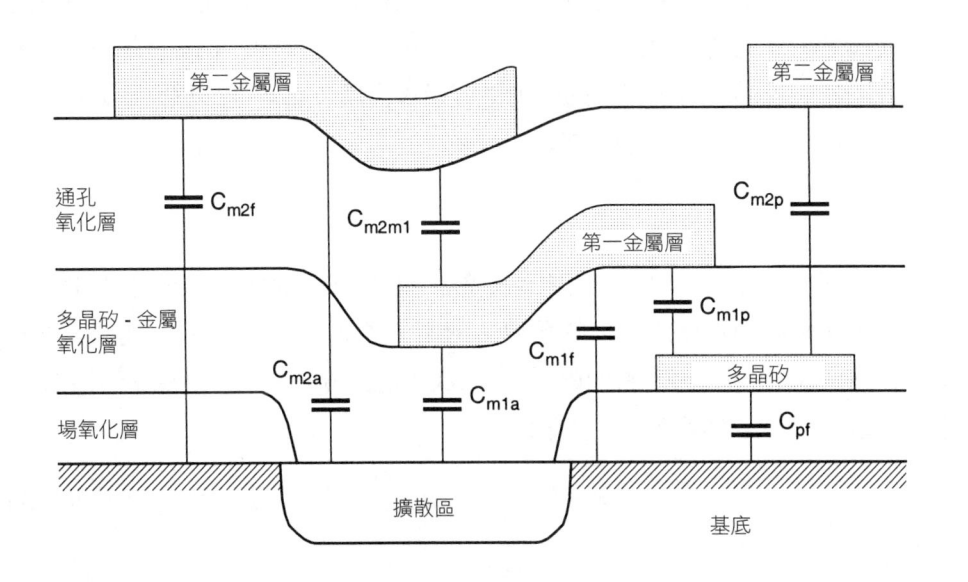

圖 6.22
雙金屬層 CMOS 結構的剖面圖，顯示不同層間的電容。

表 6.1 於典型的 65-nm CMOS 製程中不同層的厚度值。

場氧化層厚度	3 μm	
閘氧化層厚度	2.6 nm	
多晶矽厚度	1 μm	（最小寬度 0.06 μm）
多晶矽 - 金屬氧化層厚度	1.1 μm	
第一金屬厚度	1.8 μm	（最小寬度 0.09 μm）
第二到七層金屬厚度	2.2 μm	（最小寬度 0.1 μm）
第八到九層金屬厚度	9 μm	（最小寬度 0.4 μm）
通孔氧化層厚度 (PO-M1)	1.75 μm	
通孔氧化層厚度 (M1-M6)	2.2 μm	
通孔氧化層厚度 (M6-M9)	9 μm	
n$^+$ 接面深度	23 nm	
p$^+$ 接面深度	28 nm	
n 型井接面深度	3 μm	

與 C_{m2p}。其它寄生電容成分是相對於基底來定義。如果金屬線通過主動區，其下方的氧化層的厚度較小（因為是主動區窗口），因此其電容較大。這些特殊情況被標記為 C_{m1a} 與 C_{m2a}。否則，厚氧化層會導致較小的電容值。

典型 65-nm CMOS 技術在不同層的垂直厚度值，列於表 6.1 中以作為範例。注意，特別是對第二金屬層，最低 (w/t) 比可低至 1.6，這將導致邊緣電場的電容成分顯著的增加。此外，第一金屬層的比值 (t/h) 約等於 1。表 6.2 包含在圖 6.22 中所示的不同層之間的電容值，於相同的 65-nm CMOS 製程。周長的值用來計算邊緣電場的電容。

為了估算複雜三維結構的連接線電容，必須考慮金屬導線每一部分的精確幾何形狀。然而，即使是使用簡單的公式來計算電容，在一個大型的電路裡都需要龐大的計算量。通常，晶片製造商會提供在每一層的面積電容（平行板電容）與周邊電容（邊緣電場電容）數值，得自於電容測試結構的測量。這些數值可用於由光罩佈局來萃取寄生電容。它往往是謹慎地包括在晶片上的測試結構，使設計者能夠獨立地進行校準製程至一組設計工具中。在某些情況下，整個晶片的性能是由一特定導線的寄生電容或耦合所影響，連接線寄生效應的精確三維模擬是唯一可靠的解決方案。

連接線電阻的估算

金屬或多晶矽連線的寄生電阻也會對該連線上的訊號傳遞延遲有顯著的影響。連線電阻取決於所用材料的類型（例如：多晶矽、鋁或金）、連線尺寸與最後在該導線上的接觸點數量和位置。再次考慮圖 6.16 中所示的連接線。圖上所示的電流方向上的總電阻可以得到為

$$R_{wire} = \rho \cdot \frac{l}{w \cdot t} = R_{sheet} \left(\frac{l}{w} \right) \tag{6.51}$$

表 6.2 於典型具有九層金屬的 65-nm CMOS 製程中，不同層之間的寄生電容。

多晶矽位於場氧化層上方	C_{pf}	面積	0.066 fF/μm^2
		周長	0.046 fF/μm
第一金屬層位於場氧化層上方	C_{m1f}	面積	0.030 fF/μm^2
		周長	0.044 fF/μm
第二金屬層位於場氧化層上方	C_{m2f}	面積	0.016 fF/μm^2
		周長	0.042 fF/μm
第一金屬層位於多晶矽上方	C_{m1p}	面積	0.053 fF/μm^2
		周長	0.051 fF/μm
第二金屬層位於多晶矽上方	C_{m2p}	面積	0.021 fF/μm^2
		周長	0.045 fF/μm
第二金屬層位於第一層金屬上方	C_{m2m1}	面積	0.035 fF/μm^2
		周長	0.051 fF/μm

(a) 面積電容：aF/mm

	FOX	PO	M1	M2	M3	M4	M5	M6	M7	M8	M9
FOX	–	6.37	5.14	2.98	1.99	1.49	1.20	0.99	0.85	3.23	2.45
PO	6.37	–	16.6	5.13	1.99	1.49	1.44	1.16	0.97	3.57	2.64
M1	5.14	16.6	–	15.1	4.28	2.50	1.76	1.36	1.11	3.96	2.85
M2	2.98	5.13	15.1	–	15.1	4.28	2.50	1.76	1.36	4.61	3.17
M3	1.99	1.99	4.28	15.1	–	15.1	4.28	2.50	1.76	5.51	3.57
M4	1.49	1.49	2.50	4.28	15.1	–	15.1	4.28	2.50	6.85	4.09
M5	1.20	1.44	1.76	2.50	4.28	15.1	–	15.1	4.28	9.05	4.79
M6	0.99	1.16	1.36	1.76	2.50	4.28	15.1	–	15.1	13.3	5.77
M7	0.85	0.97	1.11	1.36	1.76	2.50	4.28	15.1	–	25.3	7.26
M8	3.23	3.57	3.96	4.61	5.51	6.85	9.05	13.3	25.3	–	25.3
M9	2.45	2.64	2.85	3.17	3.57	4.09	4.79	5.77	7.26	25.3	–

(b) 邊緣電容：aF/mm

	FOX	PO	M1	M2	M3	M4	M5	M6	M7	M8	M9
FOX	–	23.4	15.1	13.2	11.5	10.7	10.2	10.4	10.5	12.3	11.2
PO	23.4	–	27.6	15.6	12.6	11.4	10.4	10.4	10.9	12.7	11.2
M1	15.1	27.6	–	26.4	14.5	12.3	11.3	10.8	11.3	13.2	11.8
M2	13.2	15.6	26.4	–	26.4	14.6	12.4	11.6	11.9	13.9	12.3
M3	11.5	12.6	14.5	26.4	–	26.4	14.7	12.7	12.7	14.9	12.8
M4	10.7	11.4	12.3	14.6	26.4	–	26.4	14.9	13.9	16.4	13.5
M5	10.2	10.4	11.3	12.4	14.7	26.4	–	26.8	16.4	18.6	14.3
M6	10.4	10.4	10.8	11.6	12.7	14.9	26.8	–	28.6	22.6	15.3
M7	10.5	10.9	11.3	11.9	12.7	13.9	16.4	28.6	–	33.0	16.7
M8	12.3	12.7	13.2	13.9	14.9	16.4	18.6	22.6	33.0	–	32.4
M9	11.2	11.2	11.8	12.3	12.8	13.5	14.3	15.3	16.7	32.4	–

FOX：場氧化層，PO：多晶矽，M1＝第一金屬層

其中 (ρ) 表連接線材質的特徵電阻率 (characteristic resistivity)，而 R_{sheet} 代表導線的片電阻率 (sheet resistivity)，單位為（Ω/正方）。

$$R_{sheet} = \left(\frac{\rho}{t}\right) \quad (6.52)$$

對典型的多晶矽層,片電阻率在 20 Ω/正方至 40 Ω/正方之間,而矽化 (silicided) 多晶矽(多晶矽化物, polycide)的片電阻率約在 2 Ω/正方至 4 Ω/正方。銅的片電阻通常要小很多,大約 0.1 Ω/正方。典型金屬 - 多晶矽與金屬 - 擴散層接觸電阻值是在 20 歐姆和 30 歐姆之間,同時穿孔 (via) 典型電阻為約 0.3 歐姆。

利用式 (6.51),我們可以根據導線區段的幾何形狀估算總寄生電阻。在最短距離的鋁與多晶矽連接線的寄生導線電阻量,通常是可以忽略的。另一方面,也要考慮到較長的導線區段的寄生電阻效應。用一階近似的模擬,可以假設導線上的全部集總電阻與全部集總電容串聯在一起。然而,在大多數情況下,估算連接線延遲需要更精確的方法,下一節我們將有詳細說明。

6.6 連接線延遲的計算

RC 延遲模型

如在上一節中已經討論過的,如果電磁波飛跨連接線時間是顯著地短於訊號的上升時間 / 下降時間,連接線可被視為集總 RC 網路的模型。這通常會發生在大多數晶片上連接線;因此,接下來的討論中,我們將主要集中在 RC 網路延遲的計算。

可用於表示連接線的電阻與電容的寄生效應之最簡單模型,包括一顆集總電阻與一顆集總電容(圖 6.23(a))。假設一開始電容已放電完成,並且假設輸入訊號是在時間 $t = 0$ 上升的步階脈波,此簡單 RC 電路的輸出電壓波形為

$$V_{out}(t) = V_{DD}\left(1 - exp\left(-\frac{t}{RC}\right)\right) \quad (6.53)$$

在 $t = \tau_{PLH}$ 時,上升的輸出電壓達到 50% 點,我們有

$$V_{50\%} = V_{DD}\left(1 - exp\left(-\frac{\tau_{PLH}}{RC}\right)\right) \quad (6.54)$$

且此簡單集總式 RC 網路的傳遞延遲可得到為

$$\tau_{PLH} \approx 0.69\, RC \quad (6.55)$$

不幸的是,此簡單集總式 RC 網路模型只能非常粗略提供連接線實際轉態行為的估算。簡單集總式 RC 模型的準確度,可以透過將所有連線電阻分成兩個相等的部分(T 模型)得到顯著地改善,如圖 6.23(b),或透過將所有連線電容分

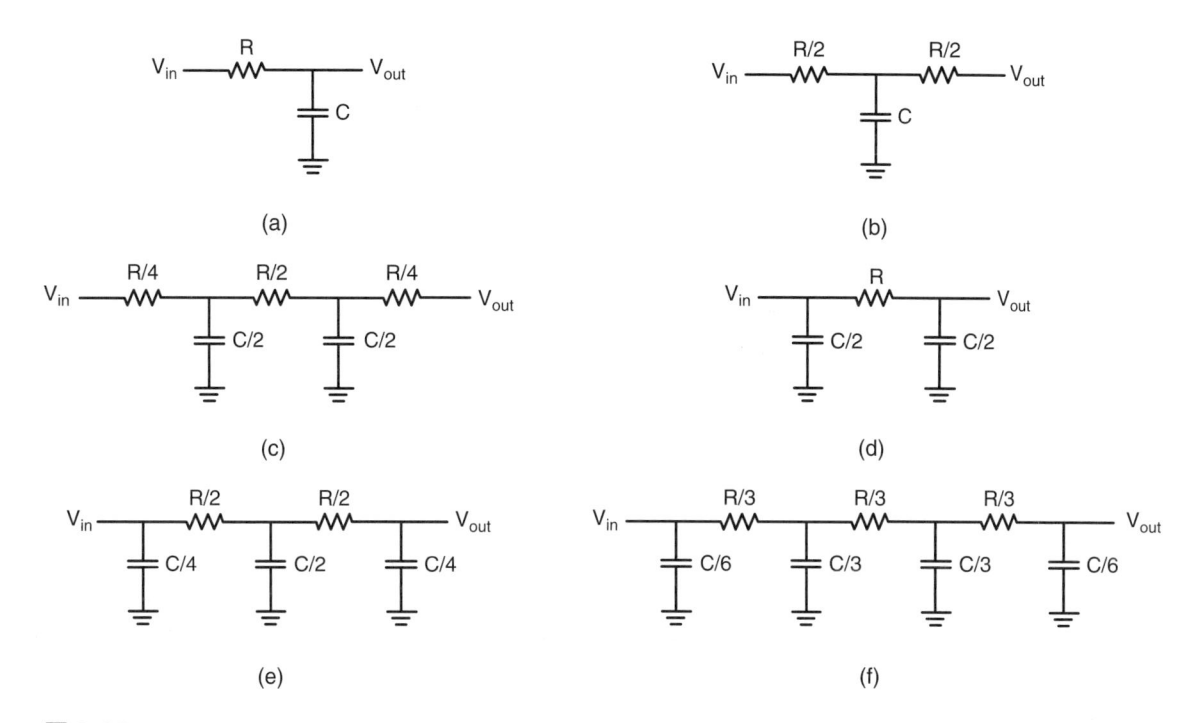

圖 6.23
(a) 連接線的簡單集總式 RC 模型，其中 R 和 C 分別代表全部連線的電阻和電容。相同連線的 (b) T 模型與 (c) T2 模型。相同連線的 (d) π 模型，(e) π2 模型，以及 (f) π3 模型。

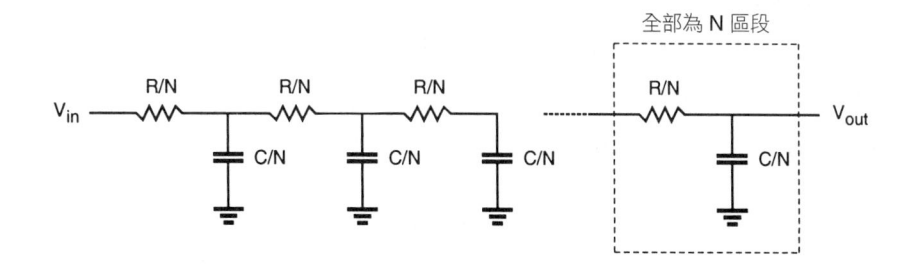

圖 6.24 包含 N 個等同區段的分散式 RC 梯型網路模型。

成兩個相等的部分（π 模型），如圖 6.23(d) 所示。透過將電阻與電容分解成如圖 6.23(c)、(e) 與 (f) 所示，T 模型和 π 模型可以進一步被改善。

連接線的暫態行為可以使用 RC 梯形 (ladder) 網路來更準確地呈現，如圖 6.24。在這裡，每個 RC 區段包含串接電阻 (R/N) 與連接在節點和地之間的電容 (C/N)。可以預期的是，該模型的準確度隨 N 增加而增加，其中對於非常大的 N 值，暫態行為接近於一個分散式 RC 連線。然而，這種較高複雜度 RC 網路的延遲分析需要全面使用 SPICE 模擬，或其它延遲計算方法，如艾莫爾 (Elmore) 延遲公式。

艾莫爾延遲

圖 6.25 顯示一組非特定的 RC 樹狀網路。須注意的是 (1) 此電路中沒有電

圖 6.25
包括數個分支的非特定 RC 樹狀網路。

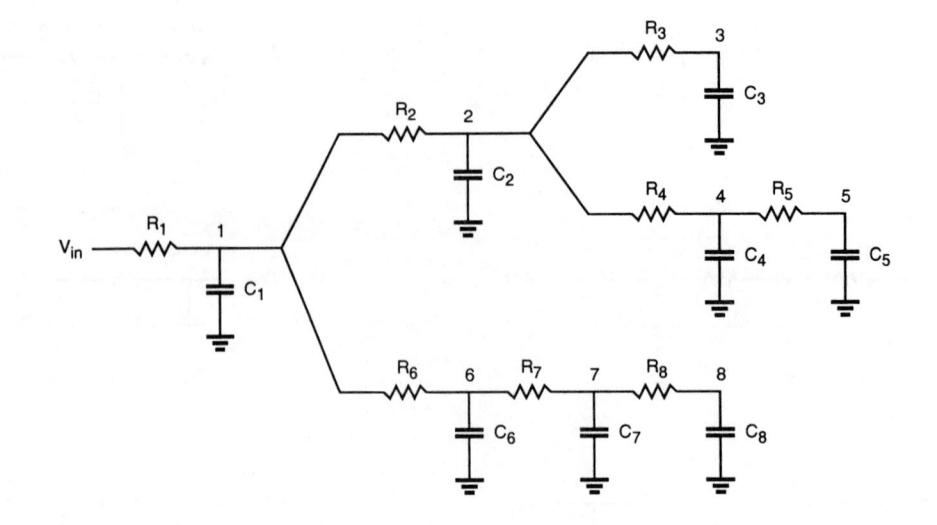

阻迴路，(2) 所有在 RC 樹狀的電容是串聯在節點與接地之間，以及 (3) 電路中只有一個輸入節點。也請注意到，從輸入節點到電路中的任何其它節點具有獨特的電阻路徑。

檢視此 RC 樹狀網路的一般拓樸結構 (topology)，我們可以做出以下路徑的定義：

- 令 P_i 表示從輸入節點到節點 i 的獨特 (unique) 路徑，$i = 1, 2, 3, \ldots, N$。
- 令 $P_{ij} = P_i \cap P_j$ 表示輸入與節點 i 之間的路徑部分，是與輸入和節點 j 之間的路徑共用 (common)。

假設輸入訊號是在時間 $t = 0$ 的步階脈波，則在此 RC 樹狀節點 i 的艾莫爾延遲可得如下式：

$$\tau_{Di} = \sum_{j=1}^{N} C_j \sum_{\substack{\text{for all} \\ k \in P_{ij}}} R_k \tag{6.56}$$

要計算艾莫爾延遲，等同於導出該電路的一階時間常數（脈衝響應 (impulse response) 的第一瞬間）。須注意的是，雖然該延遲是一個從輸入節點到節點 i 的實際訊號傳遞延遲近似值 (approximation)，它仍提供了相對簡單與準確的預測 RC 連線行為方法。計算電路中任何一個節點延遲時間的步驟是很直接的。例如，根據式 (6.56) 可求出在節點 7 的艾莫爾延遲為

$$\begin{aligned}\tau_{D7} = &\ R_1 C_1 + R_1 C_2 + R_1 C_3 + R_1 C_4 + R_1 C_5 + (R_1 + R_6) C_6 \\ &+ (R_1 + R_6 + R_7) C_7 + (R_1 + R_6 + R_7) C_8\end{aligned} \tag{6.57}$$

同樣地，節點 5 的艾莫爾延遲可被計算出為

$$\begin{aligned}\tau_{D5} = &\ R_1 C_1 + (R_1 + R_2) C_2 + (R_1 + R_2) C_3 + (R_1 + R_2 + R_4) C_4 \\ &+ (R_1 + R_2 + R_4 + R_5) C_5 + R_1 C_6 + R_1 C_7 + R_1 C_8\end{aligned} \tag{6.58}$$

圖 6.26 中的簡單 RC 梯形網路可被視為一般 RC 樹狀網路的一個特例。在

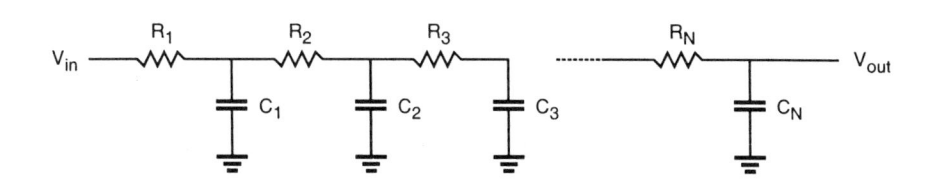

圖 6.26
包含一個分支的簡單 RC 梯形網路。

這裡，整個網路由單一分支構成，而根據式 (6.56) 可得到由輸入至輸出（節點 N）的艾莫爾延遲為

$$\tau_{DN} = \sum_{j=1}^{N} C_j \sum_{k=1}^{j} R_k \tag{6.59}$$

如果我們進一步假設為均勻的 (uniform) RC 梯形網路，包含完全相同的元件 (R/N) 與 (C/N)，如圖 6.24 所示，則艾莫爾延遲由輸入至輸出節點成為

$$\tau_{DN} = \sum_{j=1}^{N} \left(\frac{C}{N}\right) \sum_{k=1}^{j} \left(\frac{R}{N}\right)$$

$$= \left(\frac{C}{N}\right)\left(\frac{R}{N}\right)\left(\frac{N(N+1)}{2}\right) = RC\left(\frac{N+1}{2N}\right) \tag{6.60}$$

對於非常大的 N（分散式 RC 連線行為），此延遲表示式簡化為

$$\tau_{DN} = \frac{RC}{2} \quad \text{當} \ N \to \infty \tag{6.61}$$

因此，我們看到了分散式 RC 連線的傳遞延遲會比在集總式 RC 網路所顯示的式 (6.55) 小得多。

如果連接線夠長，並且訊號波形的上升時間/下降時間與電磁波飛跨連接線的時間相當，則連接線必須根據式 (6.48) 來運用傳輸線模型。雖然無法獲得傳輸線方程式的簡單封閉型式解，還是可以用很多如 SPICE 的電路模擬器支援無損 (lossless) 傳輸線模型來估算該連接線的時域行為。另一選擇是，我們可以為傳輸線的時域特性找出假設簡化的近似解。

例題 6.5

在這個例題中，我們檢視通過一條很長的多晶矽連接線之訊號傳遞延遲，且我們比較數種可以用來代表連接線暫態行為的模擬用模型。首先，考慮一個長度 1000 μm 與寬度 1 μm 的均勻多晶矽線。假設片電阻值為 15 Ω/正方，該連線的全部集總電阻可以使用式 (6.51) 得到，如

$$R_{集總} = R_{sheet} \times (\text{正方數量})$$

$$= 15\,(\Omega/\text{正方}) \times \left(\frac{1000\ \mu m}{1\ \mu m}\right) = 15\ k\Omega$$

為了計算此連接線相關的總電容，我們必須同時考慮平行板電容成分與邊緣電場成分。使用表 6.2 所給的單位電容值，我們得到

$$C_{平行板} = （單位面積電容值）\times（面積）$$
$$= 0.106 \text{ fF}/\mu m^2 \times (1000 \ \mu m \times 1 \ \mu m) = 106 \text{ fF}$$
$$C_{邊緣電場} = （單位長度電容值）\times（周長）$$
$$= 0.043 \text{ fF}/\mu m \times (1000 \ \mu m + 1000 \ \mu m + 1 \ \mu m + 1 \ \mu m) = 86 \text{ fF}$$
$$C_{集總\_總和} = C_{平行板} + C_{邊緣電場} = 192 \text{ fF}$$

可用於表示連接線的電阻與電容寄生效應的最簡單模型，為圖 6.23(a) 中所示的集總式 RC 網路模型。假設輸入步階脈波，則集總式 RC 網路的傳遞延遲時間可以透過式 (6.55) 找到，即 $\tau_{PLH} = \tau_{PHL} = 2.0$ ns。為了提高延遲時間估算的準確性，我們也將利用圖 6.23(b) 中的 T 模型，將全部的集總電阻分成兩等分就可以得到。須注意的是，在 T 模型的單一電容成分等於求得的全部集總電容值。最後，我們將考慮採用由 10 個區段組成的分散式 RC 階梯網路，以更精確地代表連接線。在這種情況下，RC 網路（圖 6.24）中的每個區段將具有 1.5 kΩ 電阻與 19.2 fF 電容。(透過使用集總式 RC 網路模型與 SPICE 模擬的分散式 RC 梯形網路模型得到的) 模擬輸出電壓波形如下所示。

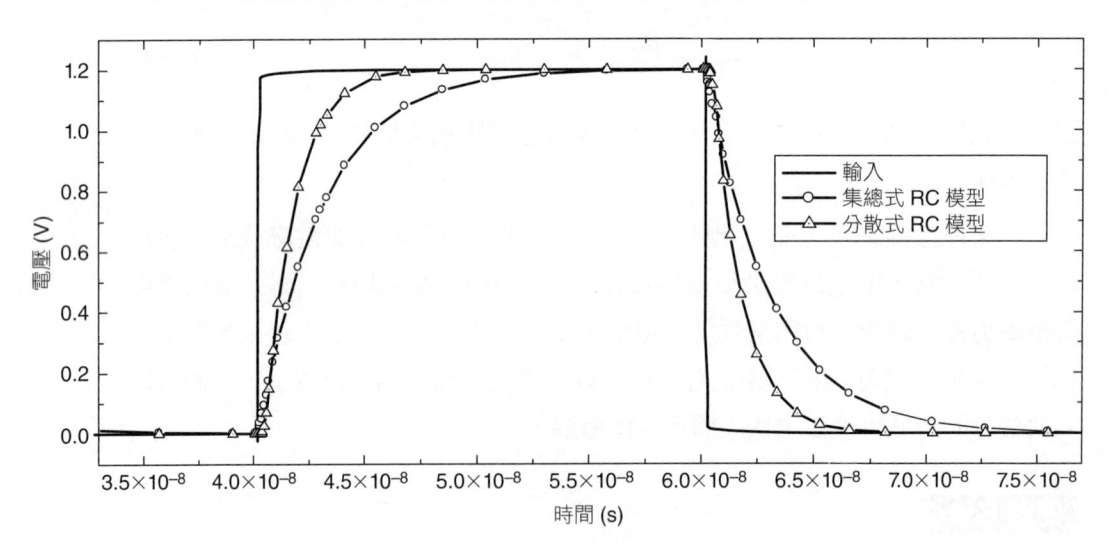

注意，過度簡化的集總式模型之暫態響應特性與更真實的分散式 RC 梯形網路模型之間，有顯著的差異。連接線的集總式 RC 表示式會導致傳遞延遲時間的過度估算 (overestimation)。

模擬輸出電壓波形（位在訊號的上升緣），接下來會有更詳細的圖。我們可以看到，在集總式 RC 網路的傳遞延遲約為 2.04 ns，而 10 區段的 RC 梯形網路的傳遞延遲則約為 1.22 ns。同時注意，相對簡單的 T 模型僅包含一顆集總電

容與兩顆集總電阻，得出比集總式 RC 網路模型更準確的暫態響應。因此，當需要簡單的暫態估算時，顯然應該選擇 T 模型，特別是在模擬時間條件可能會限制使用更為複雜的多級 RC 梯形網路來代表連接線的精確的暫態行為。將在下一個例子中，藉由考慮一個非均勻多晶矽連線的行為來加強這個觀察結果。

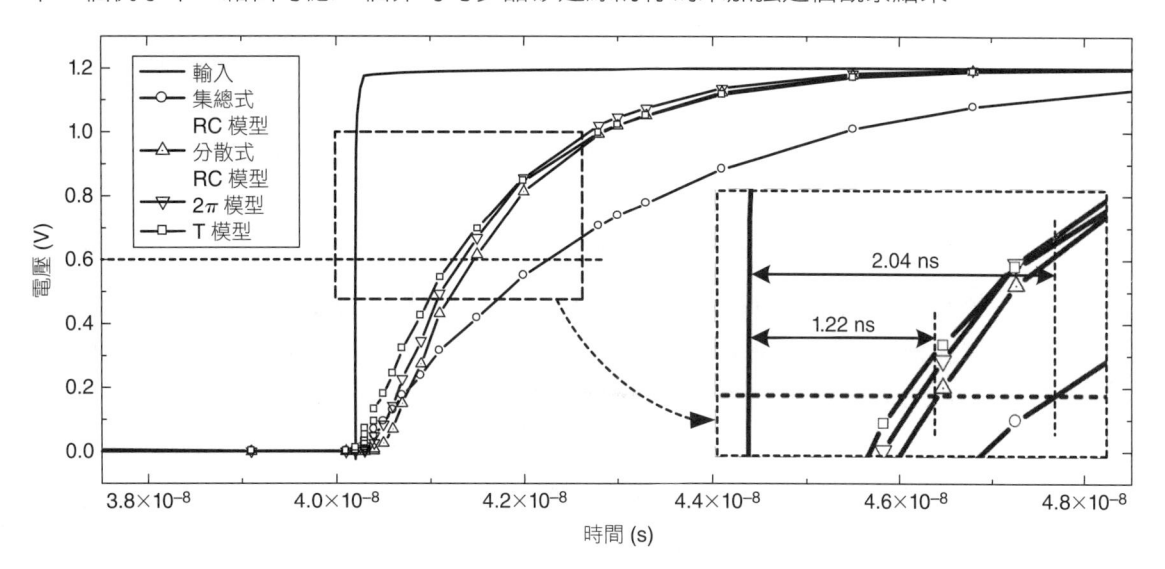

現在我們將考慮包括兩區段的多晶矽連線，長度均為 500 μm，如下圖所示。其中一區段具有 0.5 μm 的寬度，而另一區段則具有 1.5 μm 的寬度。連線兩端點分別被標記為 A 與 B。

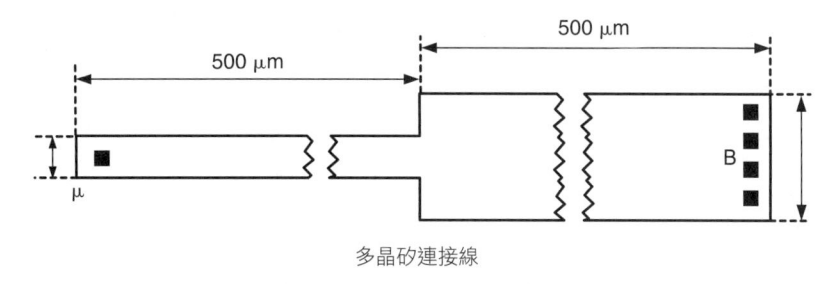

多晶矽連接線

每一區段的電阻，如同整條連接線的全部集總電阻，均可使用式 (6.51) 求得如下：

$$R_{集總\_1} = 15\,(\Omega/\text{正方}) \times \left(\frac{500\,\mu\text{m}}{0.5\,\mu\text{m}}\right) = 15\,\text{k}\Omega$$

$$R_{集總\_2} = 15\,(\Omega/\text{正方}) \times \left(\frac{500\,\mu\text{m}}{1.5\,\mu\text{m}}\right) = 5\,\text{k}\Omega$$

$$R_{集總\_全部} = R_{集總\_1} + R_{集總\_2} = 20\,\text{k}\Omega$$

與該連路相關的寄生電容可以計算出為

$C_{\text{平行板}\_1} = 0.106 \text{ fF}/\mu m^2 \times (500 \ \mu m \times 0.5 \ \mu m) = 26.5 \text{ fF}$

$C_{\text{平行板}\_2} = 0.106 \text{ fF}/\mu m^2 \times (500 \ \mu m \times 1.5 \ \mu m) = 79.5 \text{ fF}$

$C_{\text{邊緣電場}\_1} \approx C_{\text{邊緣電場}\_2} = 46 \text{ fF}$

$C_{\text{集總}\_\text{全部}} = C_{\text{平行板}\_1} + C_{\text{平行板}\_2} + C_{\text{邊緣電場}\_1} + C_{\text{邊緣電場}\_2} = 192 \text{ fF}$

請注意，此非均勻連接線的集總電阻與電容值，相當類似於之前檢視的均勻連接線區段；實際上，全部集總電容值完全相同。然而，由於這條連線的幾何形狀並非均勻，對它的暫態行為有顯著的影響，尤其是當考慮從訊號傳輸從 A 至 B，與從 B 至 A。

為了表示該連線的非均勻幾何形狀，供 SPICE 模擬使用的 10 區段 RC 梯形網路模型是由兩部分所組成，各自包含五個相同的 RC 區段。對應到導線較窄部分的五組 RC 區段具有 3 kΩ 電阻與 13.9 fF 電容，而另外五組對應到導線較寬部分的 RC 區段具有 1 kΩ 電阻與 24.5 fF 電容。(透過使用集總式 RC 網路模型與分散式 RC 梯形網路模型得到的) 模擬輸出電壓波形圖如下所示。在 RC 梯形網路中，暫態行為模擬了從 A 至 B 的訊號傳輸與從 B 至 A 的訊號傳輸。

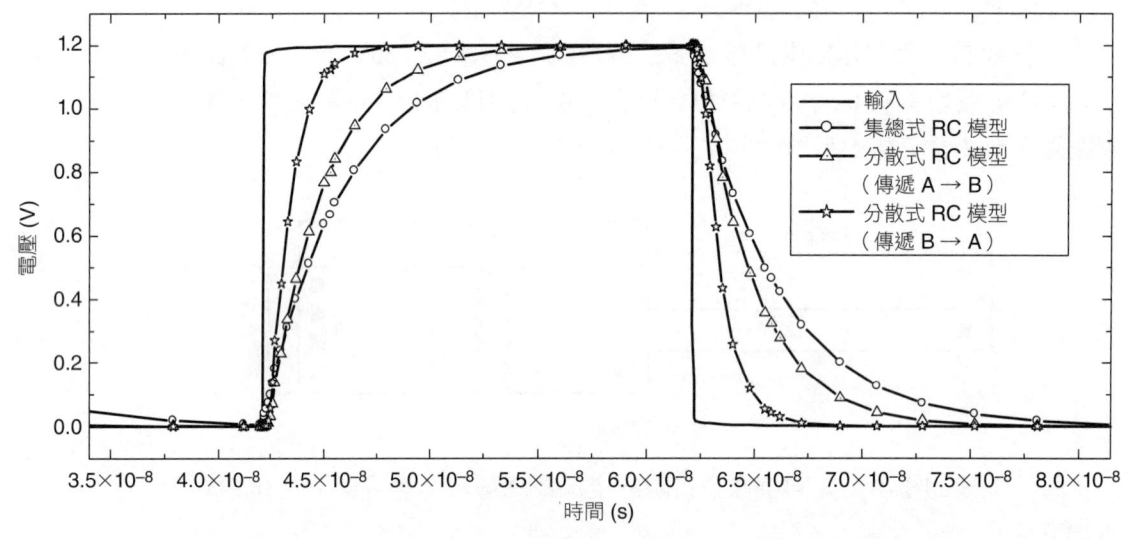

模擬輸出電壓波形顯示，相較於分佈式 RC 梯形網路表示方式，集總式 RC 模型連線再次造成了傳遞延遲時間的過度估算。此外，梯形網路的暫態行為現在要依訊號的流動的方向來決定，且從 A 至 B 與從 B 至 A 的傳遞延遲時間有顯著的差異。這種傳遞延遲時間方向性相依性無法在簡單的集總式 RC 模型被觀察到。模擬輸出電壓波形 (上升緣的訊號，訊號傳遞從 B 至 A) 在下面有更詳細的圖。

我們可以看到，在集總式 RC 網路的傳遞延遲約為 2.68 ns (無關訊號的流動方向)，而 10 區段的 RC 階梯網路的傳遞延遲約為 1.08 ns (訊號流向為從 B 至 A)。在這種情況下，由於寄生效應的非均勻分佈，傳遞延遲時間的差異更

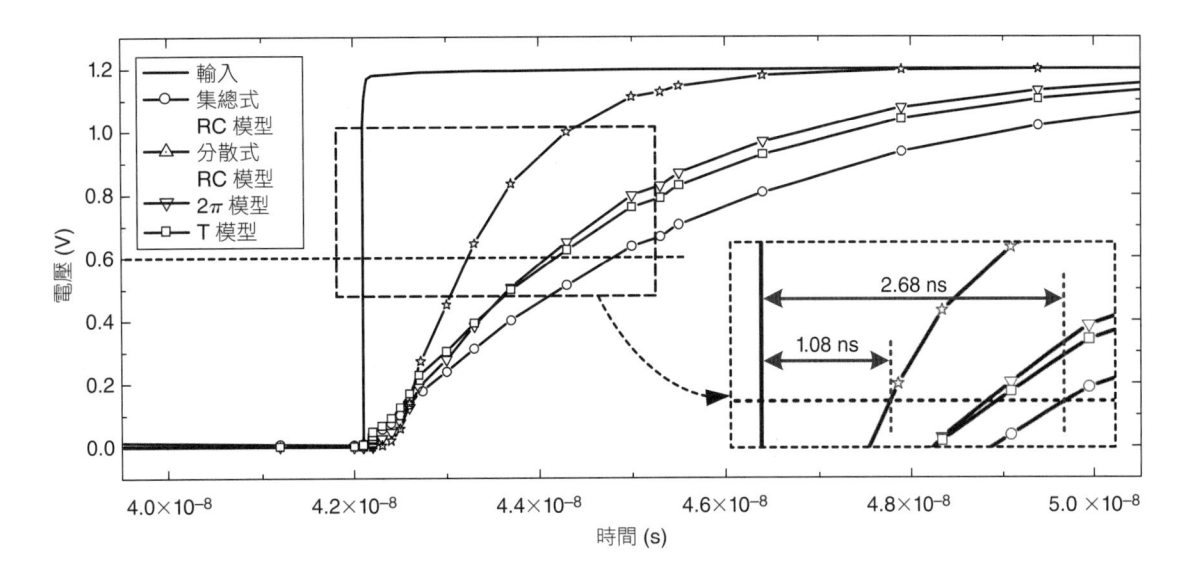

加顯著。如前面的範例，我們也為此非均勻連線建構了簡單的 T 模型，包含一顆集總電容 (192 fF) 與兩顆集總電阻（5 kΩ 與 15 kΩ）。T 模型再次得到了明顯更精確的暫態響應，並且正確地表達了由於非均勻導線造成的傳遞延遲時間之方向相依性。

6.7 CMOS 反相器的切換功率消耗

在第 5 章中，我們看到 CMOS 反相器的靜態功率消耗是相當微小的。在切換期間，輸出負載電容交替地充電和放電，但此期間，CMOS 反相器會不可避免地消耗功率。在本節，我們將推導的 CMOS 反相器動態功率消耗的表示式。

圖 6.27 顯示一簡單 CMOS 反相器電路。假設輸入電壓是具有可忽略的上升與下降時間之理想步階波形。典型的輸入和輸出電壓波形與預期的負載電容電流波形示於圖 6.28。當輸入電壓由低態切換至高態時，電路中的 pMOS 電晶

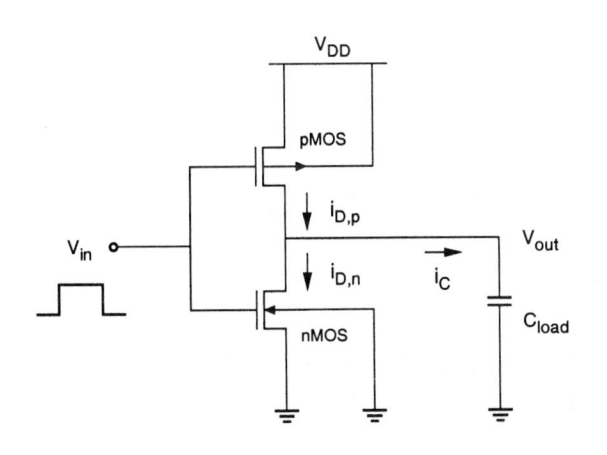

圖 6.27
用於動態功率消耗分析的 CMOS 反相器。

圖 6.28
在 CMOS 反相器切換過程中，典型的輸入和輸出電壓波形與電容器電流波形。

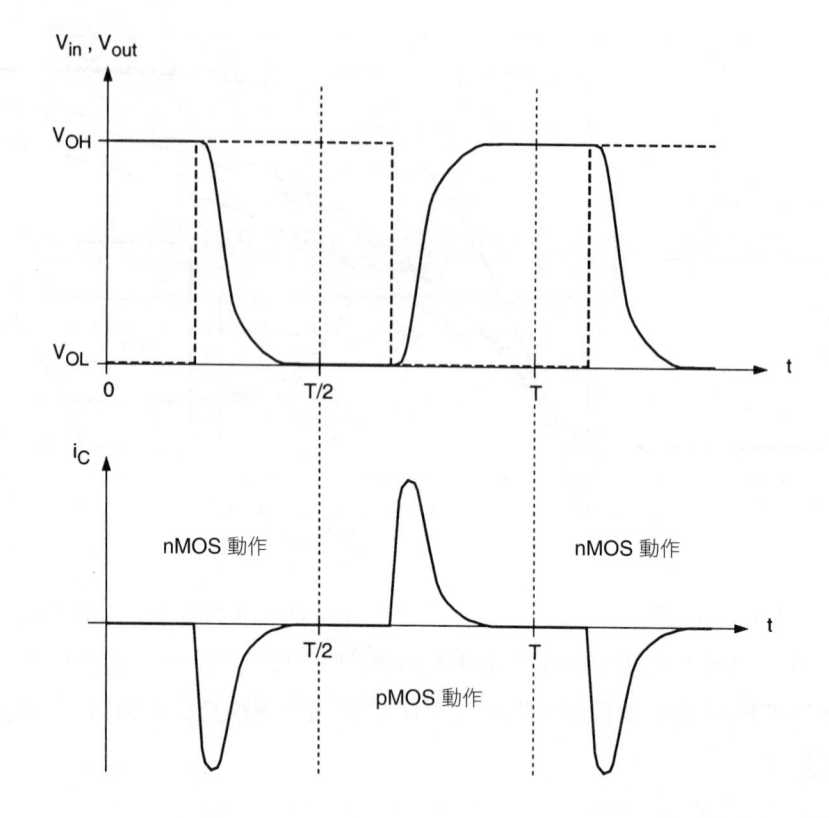

體被關掉，而 nMOS 電晶體開始導通。在這個階段，輸出負載電容 C_{load} 經由 nMOS 電晶體放電。因此，電容器電流等於 nMOS 電晶體的瞬時 (instantaneous) 汲極電流。當輸入電壓由高態切換至低態時，電路中的 nMOS 電晶體被關掉，而 pMOS 晶體開始導通。在這個階段，輸出負載電容 C_{load} 透過 pMOS 電晶體充電；因此，電容器電流等於 pMOS 電晶體的瞬時汲極電流。

假設週期性的輸入和輸出波形，於一個週期內之任何元件所消耗的平均功率都可以被找到，如下所示：

$$P_{avg} = \frac{1}{T}\int_0^T v(t) \cdot i(t)\, dt \tag{6.62}$$

因為在切換期間，CMOS 反相器中的 nMOS 電晶體與 pMOS 電晶體各自導通半個週期的電流，CMOS 反相器的平均功率消耗可計算出為輸出負載電容充電與放電所需之功率。

$$P_{avg} = \frac{1}{T}\left[\int_0^{T/2} V_{out}\left(-C_{load}\frac{dV_{out}}{dt}\right)dt + \int_{T/2}^{T}(V_{DD} - V_{out})\left(C_{load}\frac{dV_{out}}{dt}\right)dt\right] \tag{6.63}$$

計算式 (6.63) 的積分式，我們得到

$$P_{avg} = \frac{1}{T}\left[\left(-C_{load}\frac{V_{out}^2}{2}\right)\bigg|_{V_{DD}}^0 + \left(V_{DD}\cdot V_{out}\cdot C_{load} - \frac{1}{2}C_{load}V_{out}^2\right)\bigg|_0^{V_{DD}}\right] \tag{6.64}$$

$$P_{avg} = \frac{1}{T} C_{load} V_{DD}^2 \tag{6.65}$$

須注意的是 $f = 1/T$，此表示式也可以寫成

$$P_{avg} = C_{load} \cdot V_{DD}^2 \cdot f \tag{6.66}$$

CMOS 反相器的平均功率消耗很顯然地正比於切換頻率 f。因此，CMOS 電路的低功率優點在高速操作時變得不是那麼重要，因為切換頻率很高。還要注意的是，平均功率消耗與所有電晶體的特性和尺寸無關。因此，在切換期間的切換延遲時間與消耗功率量沒有相關性。這是因為切換功率純粹消耗在對輸出電容由 V_{OL} 充電至 V_{OH}；反之亦然，即由 V_{OH} 放電至 V_{OL}。

因此，由 CMOS 反相器推導出的切換功率表示式，也適用於所有一般的 CMOS 電路，如圖 6.29 所示。一般的 CMOS 邏輯電路包含在輸出節點與接地間的 nMOS 邏輯區塊，以及在輸出與 V_{DD} 間的 pMOS 邏輯區塊。如同在簡單的 CMOS 反相器情況，pMOS 區塊與 nMOS 區塊的導通與否要根據輸入電壓的組合而定，但兩者不能在同一時間導通。因此，切換功率再次僅消耗於對輸出電容的充電與放電。

總之，如果電路全部的寄生電容可以集總於輸出節點並具有合理的精確度，如果輸出電壓擺幅介於 0 和 V_{DD} 之間，以及如果輸入電壓波形是假設為理想的步階輸入時，平均切換功率表示式 (6.66) 將適用於任何 CMOS 邏輯電路。

須注意的是，在實際狀況下，例如，當輸入電壓波形偏離理想的步階輸入並具有非零的上升時間與下降時間，nMOS 與 pMOS 電晶體兩者將於切換期間同時導通某些量的電流。這就是所謂的短路電流 (short-circuit current)，因為在

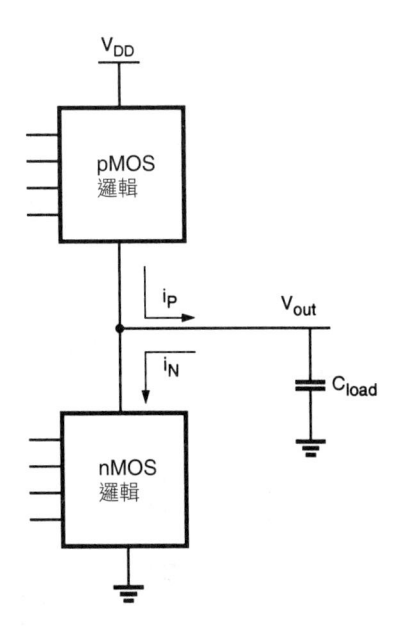

圖 6.29
廣義的 CMOS 邏輯電路。

這種情況下，兩顆電晶體暫時形成了在 V_{DD} 與接地端間的導電路徑。短路電流造成的額外功率消耗是不能由功率消耗式 (6.66) 所預測的，因為短路電流無法用於對輸出負載電容充電或放電。我們必須意識到這個額外的功率消耗項，在一些非理想狀況下可能會相當明顯。另一方面，如果負載電容增加，相較於電容充電/放電所造成的功率消耗，短路消耗項通常可忽略。

功率計模擬

我們在這裡提出可以在實際操作情形下，用來估算任意電路（包括短路與漏電流的影響）平均功率消耗的簡單電路模擬方法。根據式 (6.62)，用週期性輸入波形驅動任何元件或電路的平均功率消耗，可以透過週期內的瞬時端點電壓與瞬時端點電流乘積進行積分而求得。如果我們必須決定在一個週期內從電源供應汲取的 P_{avg} 量，此問題會簡化為僅須找出電源供應電流的時間平均值，因為電源供應電壓是不變的。

用一個簡單的模擬模型稱為**功率計 (power meter)**，而藉由暫態電路模擬，我們可以估算用週期輸入訊號驅動的任何元件或電路之平均功率消耗。考慮在圖 6.30 中所示的電路架構，一個零伏特的獨立電壓源串接至問題中元件或電路的電源供應電壓 V_{DD}。因此，電路抽取的瞬時電源供應電流 $i_{DD}(t)$ 也將通過零伏特電壓源，$i_s(t) = i_{DD}(t)$。

功率計電路由三部分組成：線性電流控制電流源 (current-controlled current source, CCCS)、電容與電阻，全部採並聯連接方式。功率計電路的共同節點電流方程式為可以寫成如下：

$$C_y \frac{dV_y}{dt} = \beta i_s - \frac{V_y}{R_y} \tag{6.67}$$

圖 6.30
用來模擬任何元件或電路的平均動態功率消耗之功率計電路。

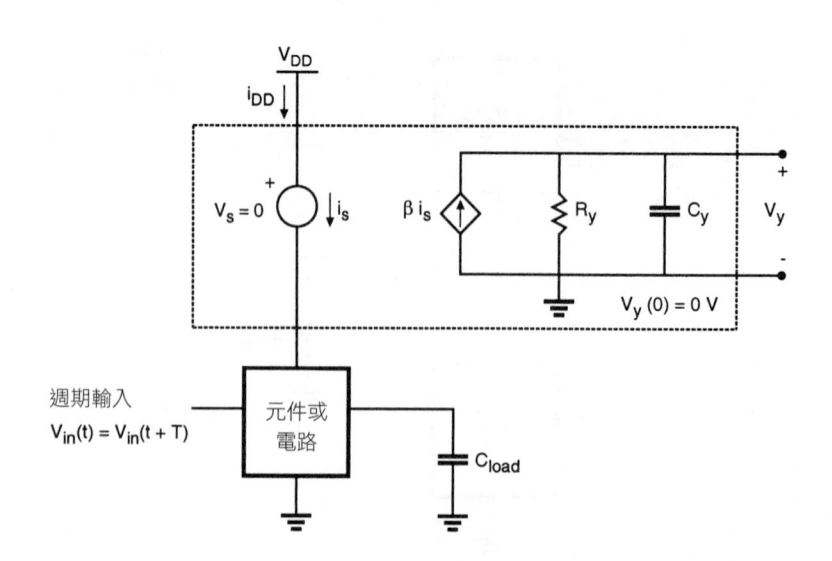

節點電壓 V_y 的初始條件被設定為 $V_y(0) = 0$ V。然後，$V_y(t)$ 的時域解可以透過積分式 (6.67) 而得。

$$V_y(t) = \frac{\beta}{C_y} \int_0^t exp\left(-\frac{t-\tau}{R_y C_y}\right) i_{DD}(\tau) d\tau \qquad (6.68)$$

假設 $R_y C_y \gg T$，在週期結束時的電壓值 $V_y(T)$ 可以近似為

$$V_y(T) \approx \frac{\beta}{C_y} \int_0^T i_{DD}(\tau) d\tau \qquad (6.69)$$

如果電流控制電流源的常數係數值設定為

$$\beta = V_{DD} \frac{C_y}{T} \qquad (6.70)$$

在週期結束時的電壓值 $V_y(T)$ 將藉由暫態模擬求得為

$$V_y(T) = V_{DD} \cdot \frac{1}{T} \int_0^T i_{DD}(\tau) d\tau \qquad (6.71)$$

須注意的是，式 (6.71) 右手邊等同於在一個週期內從電源供應源抽取的平均功率。因此，節點電壓值 V_y 在 $t = T$ 時可得到平均功率消耗。

圖 6.30 所示的功率計電路可使用如 SPICE 的傳統電路模擬程式輕易地進行模擬，並且能使我們精確地估算任何具有任意複雜度電路的平均功率消耗。還要注意的是，由於短路電流可能因為非理想的輸入條件而上升，因此功率計電路本身已考慮了由於短路電流造成的額外功率消耗。在下面的例子中，我們呈現了一個功率計的 SPICE 模擬例子來估算 CMOS 反相器電路的動態功率消耗。

例題 6.6

圖 6.27 顯示一簡單 CMOS 反相器電路。假設該電路由一個週期 $T = 600$ ps 的方波輸入訊號所驅動，而全部輸出負載電容等於 10 fF。電源供應電壓是 1.2 V。使用先前推導的平均動態功率消耗公式 (6.66)，我們可以計算出預期的功率消耗是 $P_{avg} = 0.25$ mW。

現在，附加功率計的電路將使用 SPICE 來進行模擬。相對應的電路輸入檔在這裡列出以供參考。受控電流源係數根據式 (6.70) 可計算得到 0.025。選擇電阻與電容值 R_y 和 C_y 為 100 kΩ 和 100 pF 以滿足條件 $R_y C_y \gg T$。

```
*  Example 6.6: Power meter simulation *
**   Variables   **
.param  supply=1.2
.temp=50
```

```
.param wn=5
.param wp='wn*2'
**   Options    **
.option post accurate nomod brief
.option scale = 60n
.op
**   Source description    ***
VDD  VDD GND supply
VGND  GND GND 0
vtstp  VDD 4  0
vin  in  gnd  pulse (0 supply 0 10p 10p 280p 600p)
**   Netlist    **
.global  vdd  gnd
mm0 3  in  GND GND nmos   W=wn   L=1
mm1 3  in  4  VDD pmos   W=wp   L=1
cl  3  GND 10f
fp  GND 9  vtstp  0.025
rp  9  GND 100k
cp  9  GND 100p
**   Analysis   **
.tran 2ps 3ns uic
.print tran v(3) v(2)
.print tran i(vtstp)
.print tran v(9)
** Customized PTM 65nm library **
.include "../library/nmos_tt.l"
.include "../library/pmos_tt.l"
.end
```

模擬結果繪製如下頁。由此可以看出，只有在輸出電容的充電期間，從電壓源 V_{DD} 抽取電源供應電流才會比較明顯。在第一個週期結束時，功率計輸出電壓恰好為所預期的 3.33 μW。

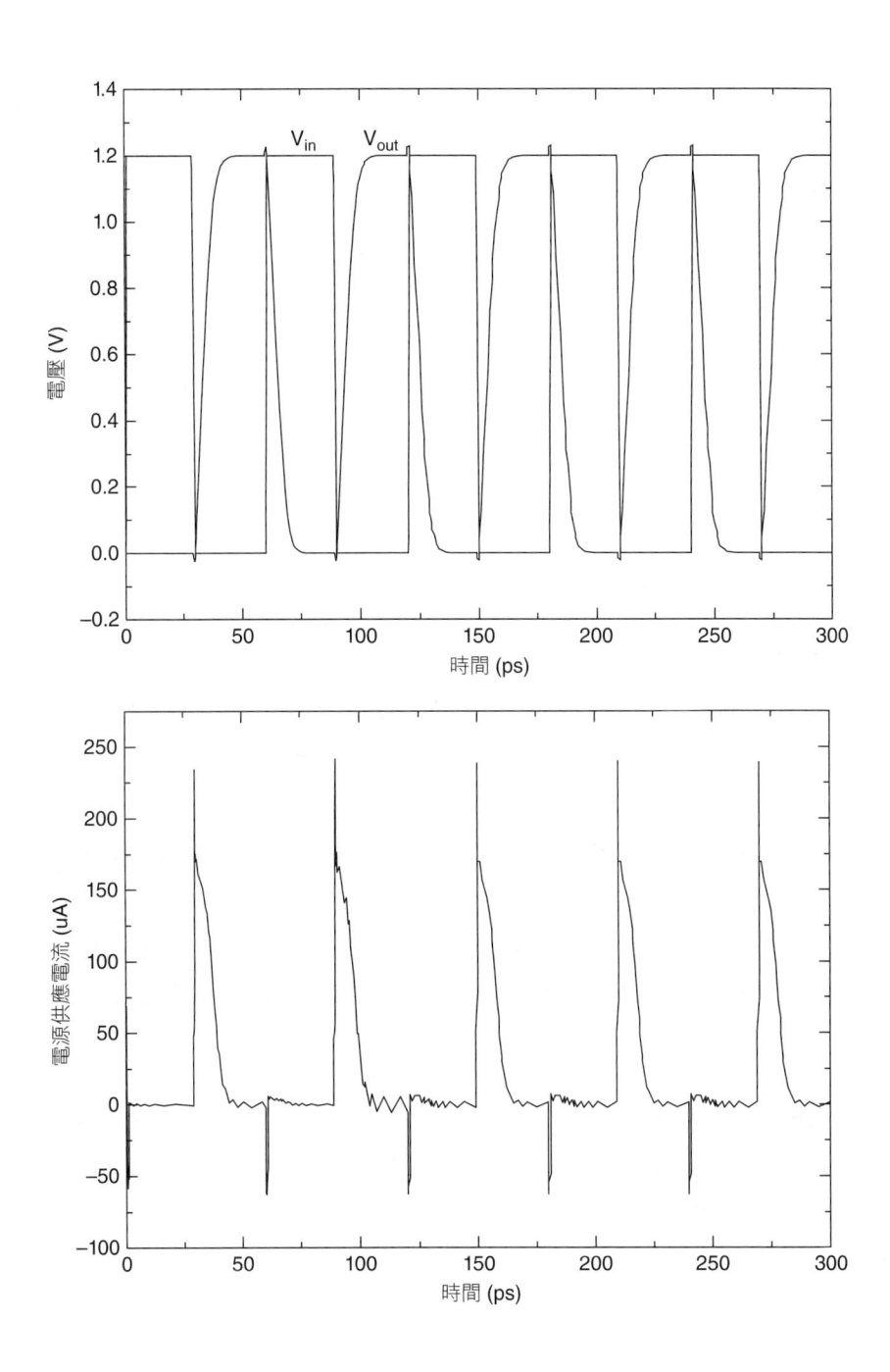

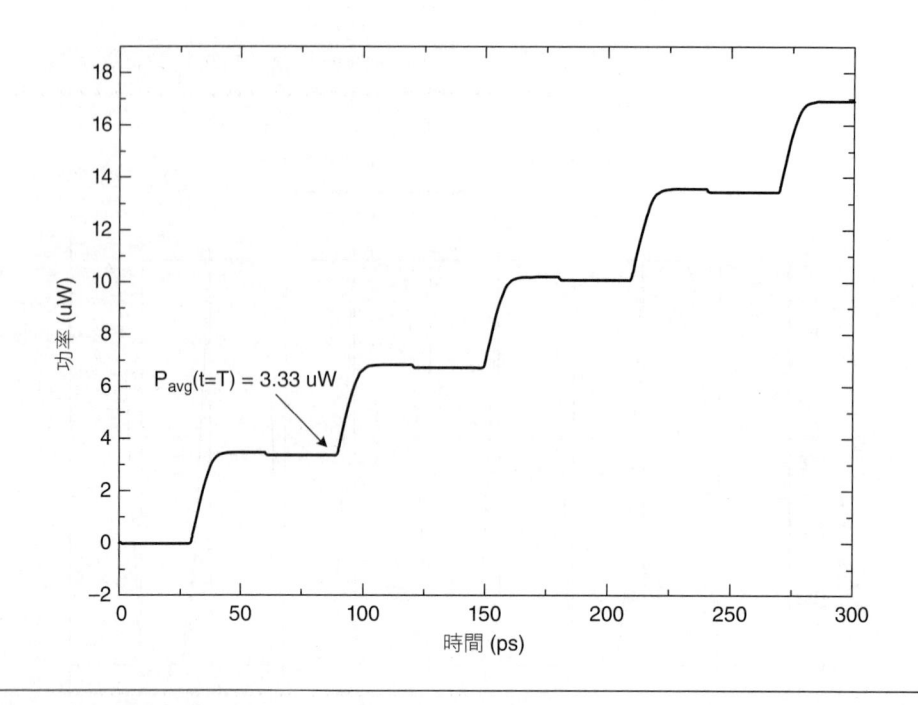

功率 - 延遲乘積

功率 - 延遲乘積 (power-delay product, PDP) 是一種常用於測量 CMOS 製程與邏輯閘設計品質和性能的基本參數。作為一個實體量，PDP 可以解釋為邏輯閘輸出電壓由低態切換至高態與從高態到低態所需的平均能量 (energy)。我們已經看到，在 CMOS 邏輯閘中，能量消耗在 (1) pMOS 網路，而輸出的負載電容 C_{load} 從 0 充電到 V_{DD}，和 (2) nMOS 網路，而輸出負載電容 C_{load} 從 V_{DD} 放電到 0。依據類似於推導 CMOS 邏輯閘平均動態功率消耗式 (6.65) 的簡單分析步驟，並且忽略短路電流與漏電流，可以得到切換輸出所需的能量總量為

$$PDP = C_{load}V_{DD}^2 \tag{6.72}$$

當切換期間 nMOS 與 pMOS 電晶體導通電流時，由式 (6.72) 所描述的能量主要轉為熱能而散逸掉。因此，從設計的角度來看，減少功率 - 延遲乘積是必要的。因為 PDP 是輸出負載電容與電源供應電壓的函數，設計者在設計 CMOS 邏輯閘時，應盡可能保持 C_{load} 與 V_{DD} 兩者為最小值。功率 - 延遲乘積也定義為

$$PDP = 2P_{avg}^{*}\tau_P \tag{6.73}$$

其中 P_{avg}^{*} 是處於最高 (maximum) 操作頻率時的平均切換功率消耗，而 τ_P 則是定義在式 (6.4) 的平均傳遞延遲。式 (6.73) 中的係數 2 是因為輸出轉態了兩次，

由低態至高態與從高態到低態。使用式 (6.65) 與式 (6.4)，此表示式可以改寫為

$$PDP = 2\left(C_{load}V_{DD}^2 f_{max}\right)\tau_P$$

$$= 2\left[C_{load}V_{DD}^2\left(\frac{1}{\tau_{PHL} + \tau_{PLH}}\right)\right]\left(\frac{\tau_{PHL} + \tau_{PLH}}{2}\right)$$

$$= C_{load}V_{DD}^2 \qquad (6.74)$$

結果與式 (6.72) 完全相同。注意，使用既有定義的 P_{avg} 式 (6.66) 來計算 PDP 可能造成誤導解釋，即每次切換所需的能量是操作頻率的函數。因此，設計工程師經常使用能量 - 延遲乘積 (energy-delay product, EDP) 作為性能比較。

能量 - 延遲乘積

在許多高速操作較為優先的應用中，PDP 可能並非是公平的衡量標準。例如，我們假設兩家公司 A 與 B 開發兩組 64 位元加法器，ADD_a 與 ADD_b 的功率消耗分別為 40 mW 與 30 mW。ADD_a 與 ADD_b 的最壞情況延遲分別是 180 ps 與 240 ps。在速度方面，ADD_a 比 ADD_b 更快。但是，ADD_b 消耗的功率較少。若我們比較這兩組加法器的能量消耗，由下表可以看到它們在每次執行加法消耗相同的 7.2 pJ 能量。

	延遲 (ps)	功率消耗 (mW)	PDP (pJ)	EDP (10^{-21} J·s)
ADD_a	180	40	7.2	1.296
ADD_b	240	30	7.2	1.728

如果我們假設兩組在所有其它方面都相同，則哪一個比較好？雖然這兩組加法器在每次執行加法消耗均相同的能量，ADD_a 會比 ADD_b 60 ps 更早獲得輸出結果。因此，在使用相同能量下，ADD_a 完成工作的速度快上 33%。因此，從這個例子中明顯地看出，當考慮到能量和性能兩者，我們需要另一種衡量標準來進行比較──能量 - 延遲乘積 (EDP)。因為 EDP 正比於延遲的平方，設計人員應首先考慮降低延遲時間，然後再來考慮降低功率消耗，以降低整體 EDP。根據式 (6.74) 並忽略短路與漏電流，每次切換的能量延遲乘積可定義為

$$EDP = PDP \times \tau_p$$

$$= C_{load}V_{DD}^2\tau_p$$

$$= 2P_{avg}^*\tau_p^2 \qquad (6.75)$$

其中所有的參數與 PDP 相同。為了強調性能勝於能量，能量 - 延遲乘積會用於一些應用中。

附錄
超級緩衝器設計

超級緩衝器 (super buffer) 這個名詞用來描述一組反相器鏈 (chain)，其設計為了能夠驅動大電容負載並具有最小訊號傳遞延遲時間。為了減少延遲時間，有必要為緩衝器電路提供大量的快速上拉電流或下拉電流，藉以對負載電容進行充電或放電。一種看似顯而易見的方法，是使用大尺寸 pMOS 與 nMOS 電晶體反相器來驅動負載電容。然而，如此大的緩衝器輸入電容也很大，這對前一級而言又是一個大的負載電容。反應快的設計者此時會建議增大前級電晶體的尺寸。如果是這樣，那麼前級的再前級電路之電晶體大小該如何調整？因此，大負載效應能夠被傳遞到末級驅動器之前的許多邏輯閘，而如此微調 (fine-tune) 電晶體尺寸在客戶式設計 (custom design) 裡確實可行。另一種處理大電容性負載的方法，是在面對大負載的邏輯閘與負載本身之間使用超級緩衝器，如圖 A.1 所示。

這時候，超級緩衝器設計的主要目標就成為：

給定邏輯閘所面對的負載電容，設計一組成比例型 (scaled) N 級反相器鏈，使得邏輯閘與負載電容端點間的延遲時間能最小化。

為了解決這個問題，讓我們首先採用一個等效於反相器的邏輯閘（在這個例子為 NAND 邏輯閘）。為了簡化起見，假設驅動完全相同的反相器之第一級反相器，具有相同的上拉延遲與下拉延遲 τ_0。下一個設計任務是決定 (1) 級數 N 與 (2) 最佳比例因子 α。

為了決定這些數值，可以觀察圖 A.2 所示的超級緩衝器，反相器由其中一級至下一級均為 α 倍比例。

對於超級緩衝器的觀察結果如下：

圖 A.1
使用超級緩衝器電路來驅動大電容性負載。

圖 A.2
比例型超級緩衝器電路由 N 級反相器所組成。

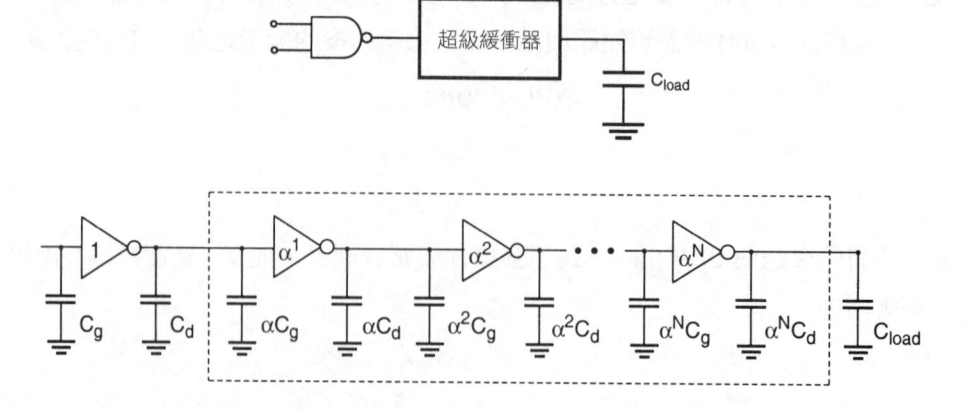

- C_g 表示第一級反相器的輸入電容
- C_d 表示第一級反相器的汲極電容
- 在鏈中的反相器每級以 α 倍數放大
- $C_{load} = \alpha^{N+1} C_g$ (A.1)
- 所有的反相器具有相同的延遲 $\tau_0(C_d + \alpha C_g)/(C_d + C_g)$ (A.2)

其中 τ_0 代表環型振盪器電路中每個邏輯閘的延遲，每級均具有負載電容 ($C_d + C_g$)。因此從輸入端到負載電容節點的全部延遲時間變為

$$\tau_{total} = (N+1)\tau_0 \left(\frac{C_d + \alpha C_g}{C_d + C_g}\right) \quad (A.3)$$

此方程式有兩個未知數。為了解得這些未知數，可以考慮 α 與 N 之間的關係式 (A.1)，即

$$(N+1) = \frac{\ln\left(\frac{C_{load}}{C_g}\right)}{\ln \alpha} \quad (A.4)$$

合併式 (A.3) 與式 (A.4)，可以推導出以下的延遲關係：

$$\tau_{total} = \frac{\ln\left(\frac{C_{load}}{C_g}\right)}{\ln \alpha} \tau_0 \left(\frac{C_d + \alpha C_g}{C_d + C_g}\right) \quad (A.5)$$

為了最小化延遲，我們將式 (A.5) 對 α 的導數設定為零，並且解出 α。

$$\frac{\partial \tau_{total}}{\partial \alpha} = \tau_0 \ln\left(\frac{C_{load}}{C_g}\right) \left[-\frac{\frac{1}{\alpha}}{(\ln \alpha)^2}\left(\frac{C_d + \alpha C_g}{C_d + C_g}\right) + \frac{1}{\ln \alpha}\left(\frac{C_g}{C_d + C_g}\right)\right] = 0 \quad (A.6)$$

解出式 (A.6) 中的 α，我們得到了以下最佳比例因子的條件：

$$\alpha(\ln \alpha - 1) = \frac{C_d}{C_g} \quad (A.7)$$

當汲極電容被忽略時，此方程式會有一個特殊情況產生，即 $C_d = 0$。在這種情況下，最佳的比例因子成為自然數 $e = 2.718$。然而，在實際上，汲極的寄生效應無法忽略，因此，應改為考慮式 (A.6)。

依據切換特性調整具小幾何形狀元件的 CMOS 反相器尺寸

在第 5 章的附錄中，當 nMOS 與 pMOS 電晶體的尺寸為了 CMOS 反相器的邏輯臨界電壓值與雜訊邊界而調整時，我們檢視了 β 比值的相依性。在這裡，我們將研究如何根據 SPICE 的模擬結果來調整 CMOS 反相器的尺寸大

圖 A.3
CMOS 反相器的尺寸調整取決於 (a) 傳遞延遲與 (b) 上升時間和下降時間。

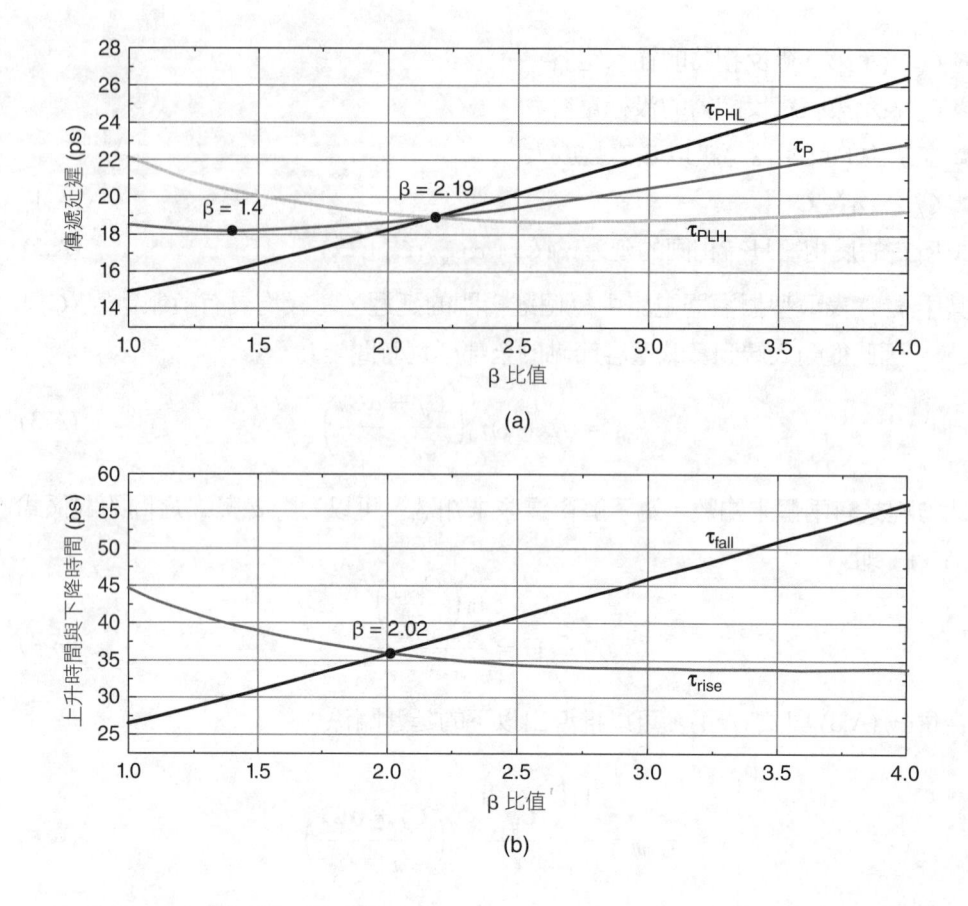

小，使其具有最佳的傳遞延遲或相等的上升時間與下降時間。圖 A.3 列出了各種電晶體在典型 65-nm CMOS 製程下不同需求的寬度比。在此模擬中，四個反相器已用來當作負載（FO4 設計）。x 軸代表 β 比值，也就是 pMOS 相對 nMOS 電晶體的尺寸比，其變化範圍由 1.0 至 4.0。各種電晶體尺寸的傳遞延遲的相依性模擬結果呈現於圖 A.3(a)。當 β 的比值增加時，傳遞延遲 τ_{PHL} 減小，而傳遞延遲 τ_{PLH} 卻增加。為具有相同的 τ_{PHL} 與 τ_{PLH}，β 比值可以從模擬結果選定為 2.19。對於最小平均傳遞延遲，可以選擇 β 比值為 1.4。圖 A.3(b) 顯示依據 β 比值變異的上升時間與下降時間。當 pMOS 電晶體的寬度增大時，下降時間 τ_{fall} 增加，而上升時間 τ_{rise} 降低。平衡的上升時間與下降時間可使用 β 為 2.02 的比值來達成。如本章圖 A.3 與第 5 章的圖 A.2 所示，電晶體寬度的選擇應滿足設計規格且需要有所折衷。例如，如果我們選擇 β 為 1.4 的比值以最小化傳遞延遲，NM_H 隨著邏輯臨界電壓降低而降低，且上升時間與下降時間將變得不對稱。

練習題

6.1 具有較低 V_{OL} 的反相器，總是具有較短的高至低切換時間嗎？證明你的答案。

6.2 考慮具有 10 fF 負載電容的 10 kΩ 電阻性負載型反相器電路的切換延遲，其中

$\mu_n C_{ox} = 98.3 \ \mu A/V^2$
$(W/L)_n = 10$
$V_{T,n} = 0.53 \ V$
$E_{c,n}L_n = 0.4 \ V$

a. 利用平均電流法找出 τ_{PHL}（50% 高至低轉態延遲）。假設輸入訊號是理想的矩形脈波，切換於 0 V 與 1.2 V 之間，且上升 / 下降時間為零。你必須計算出 V_{OL} 來解這個問題。

b. 透過使用適當的微分方程式與橫跨電容（當輸入電壓是 V_{OH}）的適當初始電壓，該電壓是 V_{OL} 而非 0 V，計算 τ_{PLH}。使用與 (a) 相同的輸入電壓。

6.3 圖 6.9 顯示一組由奇數 (n) 個相同的反相器連接而成的 CMOS 環型振盪器。環型振盪器的佈局使得內部連接線（繞線）的寄生效應可以假設為零。因此，每級的延遲是相同的，而且平均邏輯閘延遲被稱為本質延遲 (τ_P)，只要使用完全相同的邏輯閘。環型振盪器電路通常使用其頻率 (f) 來代表特定技術的電路速度。

a. 利用級數 n 以導出本質延遲 (τ_P) 的表示式。

b. 證明 τ_P 與電晶體尺寸無關，即當所有的邏輯閘都均勻地放大或縮小時，它仍然是相同的。

6.4 假設問題 6.2 討論的電阻性負載型反相器連接到 10 fF 的負載電容，其初始時已先放電。nMOS 電晶體的閘極是由矩形脈波所驅動，在 $t = 0$ 時，電壓由高態變化至低態。因此，nMOS 電晶體就開始對電容充電。透過使用微分方程式而非用平均電流法，解下列兩個部分。

$R = 20 \ k\Omega$
$\mu_n C_{ox} = 98.2 \ \mu A/V^2$
$(W/L)_n = 15$
$V_{T,n} = 0.53 \ V$
$E_{c,n}L_n = 0.4 \ V$

a. 求 50% 的低至高延遲時間，其定義為輸出波形由低態切換至高態時，在 50% 的輸入與輸出波形點之時間差。

b. 求 50% 的高至低延遲時間，其定義為輸出波形從高態切換至低態時，其輸入與輸出波形在 50% 的點時間差，而在初始時電容器充電至 1.2 V。

6.5 R_L 等於 50 kΩ 的電阻性負載型反相器,具有下列元件參數:

$\mu_n = 4.47$ m^2/Vs
$C_{ox} = 22$ F/m^2
$W = 600$ nm 與 $L = 60$ nm
$V_{T,n} (V_{SB} = 0) = 0.53$ V
$E_{c,n} L_n = 0.4$ V
$\gamma = 0.574$ V$^{1/2}$

環型振盪器的形成是藉由連接 9 個相同的反相器所構成的閉迴路。我們感興趣的是找出其所造成的振盪頻率。

a. 對於一個理想的步階脈波(輸入),其電壓擺幅是在 V_{OL} 與 V_{OH} 之間,找出反相器的延遲時間,也就是 τ_{PHL} 與 τ_{PLH}。但應當注意的是,每一個反相器的負載電容,確實是來自於下一級的汲極寄生電容與閘極電容。為了簡單起見,忽略汲極寄生電容,並假設 C_{load} 等於閘極電容。

b. 上升時間與下降時間定義為全電壓擺幅的 10% 與 90% 之間。但為了簡單起見,我們將假設 $\tau_{fall} = 2 \cdot \tau_{PHL}$ 與 $\tau_{rise} = 2 \cdot \tau_{PLH}$。估算實際傳遞延遲 τ_{PHL} 與 τ_{PLH},藉由 (a) 中所找到的反相器的上升時間與下降時間,以及理想延遲。

c. 由 (b) 的資訊求振盪頻率。

6.6 CMOS 反相器的佈局顯示於圖 P6.6。此反相器持續驅動另一個反相器,其與這裡(佈局圖)所示完全相同,除了電晶體寬度為驅動器的三倍大。計算 τ_{PLH} 和 τ_{PHL}。假設連接線電容是可以忽略不計。其它參數給定為

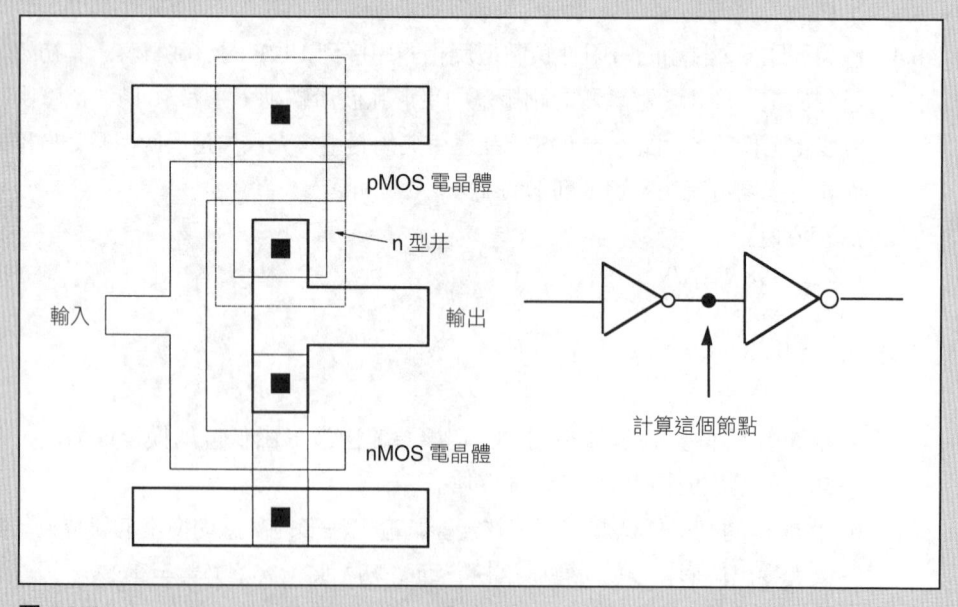

圖 P6.6

$V_{TP} = -0.51$ V $\qquad$ $V_{TN} = 0.53$ V
$k'_n = 98.2\ \mu\text{A/V}^2$ $\qquad$ $k'_p = 46.0\ \mu\text{A/V}^2$
$C_{ox,n} = 22.0\ \text{mF/m}^2$ $\qquad$ $C_{ox,p} = 19.5\ \text{mF/m}^2$
$C_{jsw} = 300$ pF/m $\qquad$ $C_{j0} = 300\ \mu\text{F/m}^2$
$\phi_0 = 1.002$ V
$L_D = 10$ nm $\qquad$ $L_{mask} = 60$ nm
$E_{c,n}L_n = 0.4$ V $\qquad$ $E_{c,p}L_p = 1.8$ V

源極區與汲極區的長度為 $Y = 720$ nm，且兩顆電晶體的通道寬度均為 $W = 600$ nm。

6.7 對於虛擬 nMOS 反相器電路，計算傳遞延遲時間 τ_{PLH} 與 τ_{PHL}，假設

- 反相器驅動完全相同的邏輯閘（扇出 = 1）
- 連接線電容忽略不計
- 兩顆電晶體的側邊擴散區為 $L_D = 8$ nm
- pMOS 的 $L_{mask} = 65$ nm，$W_{mask} = 147$ nm，$Y = 175$ nm
- nMOS 的 $L_{mask} = 65$ nm，$W_{mask} = 490$ nm，$Y = 175$ nm

使用例題 5.3 中的元件參數與以下資料來計算接面電容

$x_{j,N,P} = 0.032\ \mu\text{m}$
$\Phi_{0,N,P} = 1.002$ V
$N_A = 4.8 * 10^{18}\ \text{cm}^{-3}$
$N_D = 2.0 * 10^{20}\ \text{cm}^{-3}$
$N_A(sw) = 10^{17}\ \text{cm}^{-3}$

6.8 某 CMOS 反相器具有以下元件參數：

nMOS $\qquad$ $V_{T0,n} = 0.5$ V $\qquad$ $\mu_n C_{ox} = 98\ \mu\text{A/V}^2$ $\qquad$ $E_{C,n}L_n = 0.4$ V
pMOS $\qquad$ $V_{T0,p} = -0.48$ V $\qquad$ $\mu_p C_{ox} = 46\ \mu\text{A/V}^2$ $\qquad$ $E_{C,p}L_p = 1.8$ V

電源供應電壓為 $V_{DD} = 1.2$ V。兩顆電晶體具有 $L_n = L_p = 40$ nm 的通道長度。該電路的總輸出負載電容 $C_{out} = 200$ fF，且與電晶體尺寸無關。

a. 求 nMOS 與 pMOS 電晶體的通道寬度，使得其切換臨界電壓等於 0.59 V，且輸出上升時間為 $\tau_{rise} = 100$ ps。

b. 計算 (a) 中所設計的電路之平均傳遞延遲時間 τ_P。

c. 如果電源供應電壓從由 1.2 V 下降至 1.0 V，切換臨界電壓 V_{th} 與延遲時間如何改變？請提供結果的解釋。

6.9 考慮一組與問題 6.8 有相同製程參數的 CMOS 反相器。經設計的切換臨界值等於 0.58 V。總輸出負載電容的簡化表示式由下式給出：

$C_{out} = 5\ \text{fF} + C_{db,n} + C_{db,p}$

此外，我們知道 nMOS 電晶體與 pMOS 電晶體的汲極至基底寄生電容是通道寬度的函數。一組簡化的電容表示式為

$C_{db,n} = 0.16$ fF $+ 1.7\,W_n$

$C_{db,p} = 0.13$ fF $+ 1.4\,W_p$

其中 W_n 與 W_p 是以 μm 來表示。

a. 求兩顆電晶體的通道寬度，使得傳遞延遲 τ_{PHL} 小於 35 ps。

b. 現在假設 CMOS 反相器已設計為 $(W/L)_n = 10$ 與 $(W/L)_p = 15$，以及全部輸出負載電容是 5 fF。

c. 使用平均電流法來計算輸出上升時間與下降時間。

6.10 考慮一個 CMOS 反相器使用以下參數：

$V_{T0,n} = 0.5$ V　　　$\mu_n C_{ox} = 98\,\mu$A/V^2　　　$(W/L)_n = 20$

$V_{T0,p} = -0.48$ V　　$\mu_p C_{ox} = 46\,\mu$A/V^2　　$(W/L)_p = 30$

電源供應電壓為 1.2 V，輸出負載電容是 10 fF。

a. 使用精確（微分方程式）法與平均電流法，計算上升時間與下降時間。

b. 求週期性方波輸入訊號的最高頻率，使得輸出電壓仍可以在每個週期中表現出由 0 至 1.2 V 的全邏輯擺幅。

c. 計算在這個頻率的動態功率消耗。

d. 假設輸出負載電容主要由固定的扇出成分所主導（無關於 W_n 與 W_p）。我們要重新設計反相器，使得傳遞延遲時間減少 25%。求 nMOS 與 pMOS 電晶體所需的通道尺寸。請問這個重新設計的電路對於切換（反轉）臨界電壓的影響？

Chapter 7

組合 MOS 邏輯電路
Combinational MOS Logic Circuits

7.1 簡介

　　組合 (combinational) 邏輯電路或邏輯閘，係用於執行多輸入變數的布林運算與決定其輸出的布林函數輸出，為所有數位系統的基本建構區塊。本章將檢視各種組合 MOS 邏輯電路的靜態與動態特性。我們會看到在第 5 章與第 6 章中的 MOS 反相器設計和分析的許多基本原理，也可以直接應用到組合邏輯電路。

　　本章所要介紹的第一類主要組合邏輯電路是虛擬 nMOS(pseudo-nMOS) 邏輯閘。我們在此之所以包含虛擬 nMOS 邏輯電路，主要是為了教學用，藉以強調**負載 (load)** 的概念，因為此概念仍然被廣泛用於數位電路設計的許多領域中。我們也將討論簡單的電路組態，如雙輸入反及 (NAND) 閘與反或 (NOR) 閘，然後將分析推廣到更為一般多輸入電路結構的實例。接著，CMOS 邏輯電路將以類似的方式來呈現。我們強調虛擬 nMOS 邏輯和 CMOS 邏輯電路之間的相似與差異之處，並用例子來說明 CMOS 邏輯電路的優點。能實現多變數的複合 (complex) 布林函數的複合邏輯閘設計也將被詳細檢視。最後，我們在最後一節會討論 CMOS 傳輸閘 (TG) 與傳輸閘邏輯電路。

　　在最一般的型式中，執行布林函數的組合邏輯電路可以表示為多輸入單輸出系統，如圖 7.1 所示。所有輸入變數皆用節點電壓表示，參考至接地電位。使用**正邏輯表示法 (positive logic convention)**，布林值（或邏輯）"1" 可由一個

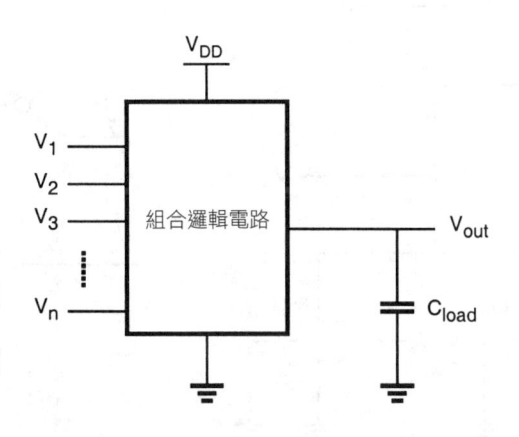

圖 7.1
一般組合邏輯電路。

高態電壓 V_{DD} 來表示,而布林值(或邏輯)"0" 則可由一個低態電壓 0 來表示。輸出節點上有一個負載電容 C_L,它表示電路中的合併寄生元件電容與由輸出節點看到的連接線電容成分。此輸出負載電容在邏輯閘的動態操作中,扮演著非常重要的角色。

如同在簡單反相器的範例,組合邏輯閘電路的電壓轉移特性 (VTC) 提供了電路在直流操作性能上的重要資訊。對組合邏輯電路而言,關鍵電壓點如 V_{OL} 或 V_{th},被認為是重要的設計參數。其它設計參數與關注要點,包括電路的動態(暫態)響應特性、電路佔用的矽晶面積以及靜態和動態功率消耗量。

7.2 使用虛擬 nMOS(pMOS) 負載的 MOS 邏輯電路

雙輸入 NOR 閘

本節討論的第一個電路是雙輸入反或 (NOR) 閘。邏輯閘的電路圖、邏輯符號與對應的真值表如圖 7.2 所示。布林或 (OR) 運算是由兩顆 nMOS 驅動器電晶體並聯所執行。如果輸入電壓 V_A 或輸入電壓 V_B 等於邏輯高態準位 (logic-high level),相對應的驅動器電晶體導通,並且提供輸出節點與接地之間的導電路徑。因此,輸出電壓變成低態。在這種情況下,相對於此電路的靜態行為而言,其操作如同一組虛擬 nMOS 反相器。當 V_A 與 V_B 均為高態準位時會達到相似的結果,而此時,在輸出節點與接地之間將產生兩條平行的導電路徑。另外,如果 V_A 與 V_B 均為低態準位,則兩顆驅動器電晶體保持截止。輸出節點電壓透過 pMOS 負載電晶體拉至邏輯高態準位。

可以透過考慮此電路與簡單的虛擬 nMOS 反相器之間的結構相似性,有效

圖 7.2
雙輸入虛擬 nMOS 反或閘、邏輯符號與對應真值表。

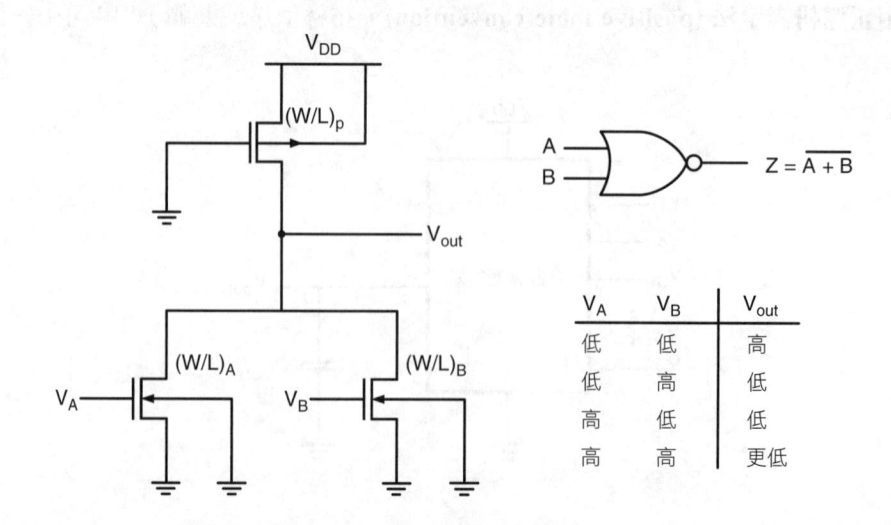

V_A	V_B	V_{out}
低	低	高
低	高	低
高	低	低
高	高	更低

$Z = \overline{A+B}$

地簡化此電路的直流分析。接下來將說明輸出低態電壓與輸出高態電壓的計算過程。

V_{OH} 的計算方式

當兩組輸入電壓 V_A 與 V_B 比對應的驅動器臨界電壓低時，驅動器電晶體為截止，且沒有導通汲極電流。因此，操作於線性區的負載元件也沒有汲極電流。特別是，其線性區的電流方程式變為

$$I_{D,p} = \frac{k_p}{2} \frac{1}{\left(1 + \frac{V_{DD} - V_{OH}}{E_C L_p}\right)} [2 \cdot (V_{DD} - |V_{T0,p}|) \cdot (V_{DD} - V_{OH}) - (V_{DD} - V_{OH})^2] = 0 \quad (7.1)$$

此方程式解為 $V_{OH} = V_{DD}$。

V_{OL} 的計算方式

為了計算輸出低態電壓 V_{OL}，我們必須考慮三種不同的情況，即三種不同輸入電壓的組合，這些組合產生從輸出節點至接地的導通路徑。這些情況如下

1. $V_A = V_{OH}$ $V_B = V_{OL}$
2. $V_A = V_{OL}$ $V_B = V_{OH}$
3. $V_A = V_{OH}$ $V_B = V_{OH}$

對於情況 1 與情況 2，NOR 電路簡化為一個簡單的虛擬 nMOS 反相器。假設兩顆 nMOS 驅動器電晶體的臨界電壓完全相同 ($V_{T0,A} = V_{T0,B} = V_{T0}$)，其對應反相器的驅動器對負載比值 (driver-to-load ratio) 可以得到如下。在情況 1 中，驅動器電晶體 A 是導通的，此比值為

$$k_R = \frac{k_n}{k_p} = \frac{k'_n \left(\frac{W}{L}\right)_A}{k'_p \left(\frac{W}{L}\right)_p} \quad (7.2)$$

在情況 2 中，驅動器電晶體 B 是導通的，此比值為

$$k_R = \frac{k_n}{k_p} = \frac{k'_n \left(\frac{W}{L}\right)_B}{k'_p \left(\frac{W}{L}\right)_p} \quad (7.3)$$

在這兩種情況下，輸出低態電壓準位 V_{OL} 是透過使用式 (5.40) 得到，如下所示：

$$V_{OL} = V_{OH} - V_{T0,n} - \sqrt{(V_{OH} - V_{T0,n})^2 - \left(\frac{k_p}{k_n}\right) \cdot \frac{E_{C,p} \cdot L_p \cdot (V_{DD} - |V_{T0,p}|)^2}{(V_{DD} - |V_{T0,p}|) + E_{C,p} L_p}} \quad (7.4)$$

須注意的是，如果兩個驅動器的 (W/L) 比值完全相同，即 $(W/L)_A = (W/L)_B$，則

於情況 1 與情況 2 計算出的輸出低態電壓 (V_{OL}) 值將是完全相同。

在情況 3，當兩顆驅動器電晶體導通時，pMOS 負載電流是兩顆線性模式驅動器電流的總和。

$$I_{D,p} = I_{D,nA} + I_{D,nB} \tag{7.5}$$

$$\frac{k_p}{2} \cdot \frac{E_{C,p}L_p \cdot (V_{DD} - |V_{T0,p}|)^2}{(V_{DD} - |V_{T0,p}|) + E_{C,p}L_p} = \frac{k_{n,A}}{2} \frac{1}{\left(1 + \dfrac{V_{OL}}{E_{C,n}L_n}\right)} [2 \cdot (V_A - V_{T0,n}) \cdot V_{OL} - V_{OL}^2]$$

$$+ \frac{k_{n,B}}{2} \frac{1}{\left(1 + \dfrac{V_{OL}}{E_{C,n}L_n}\right)} [2 \cdot (V_B - V_{T0,n}) \cdot V_{OL} - V_{OL}^2]$$

$$\tag{7.6}$$

由於兩顆驅動器電晶體的閘極電壓相等 ($V_A = V_B = V_{OH}$)，我們可以針對 NOR 結構導出等效的 (equivalent) 驅動器對負載比值。

$$k_R = \frac{k_{n,A} + k_{n,B}}{k_p} = \frac{k'_n\left[\left(\dfrac{W}{L}\right)_A + \left(\dfrac{W}{L}\right)_B\right]}{k'_p\left(\dfrac{W}{L}\right)_p} \tag{7.7}$$

因此，兩個輸入端均接至邏輯高態電壓的 NOR 閘被替換為一個虛擬 nMOS 反相器電路，其驅動器對負載比值為式 (7.7)。在這種情況下，輸出電壓準位是

$$V_{OL} = V_{OH} - V_{T0,n} - \sqrt{(V_{OH} - V_{T0,n})^2 - \left(\frac{k_p}{k_{n,A} + k_{n,B}}\right) \cdot \frac{E_{C,p} \cdot L_p \cdot (V_{DD} - |V_{T0,p}|)^2}{(V_{DD} - |V_{T0,p}|) + E_{C,p}L_p}} \tag{7.8}$$

注意到，當只有一個輸入為邏輯高態時，由式 (7.8) 求出的 V_{OL} 值比情況 1 與情況 2 所計算出的 V_{OL} 值更低。從靜態操作觀點，我們可以總結出在最差情況下，即在情況 1 或情況 2 下觀察到的最高可能 V_{OL} 值。

這結果也提出了一個對於 NOR 閘的簡單設計策略。通常在最壞情況 (worst case) 下，也就是當只有一個輸入為高準位時，V_{OL} 須要達到特定的最大值。因此，我們假設一個輸入端（任 V_A 或 V_B）為邏輯高態，並使用式 (7.4) 決定所得反相器的驅動器對負載比。然後，設定

$$k_{n,A} = k_{n,B} = k_R k_p \tag{7.9}$$

這種設計選擇產生了兩顆完全相同的驅動器電晶體，並保證在最差情況下所需要的 V_{OL} 值。當兩個輸入都是邏輯高態時，輸出電壓甚至低於所需的最大 V_{OL}，因而可滿足設計限制條件。

練習 7.1

考慮在圖 7.2 所示的虛擬 nMOS 雙輸入 NOR2 閘，使用以下參數：$\mu_n C_{ox} = 98.2\ \mu A/V^2$、$\mu_p C_{ox} = 46.0\ \mu A/V^2$、$V_{T0,n} = 0.53$ V、$V_{T0,p} = -0.51$ V、$E_{C,n}L_n = 0.4$ V 與 $E_{C,p}L_p = 1.7$ V。電晶體尺寸為 $(W/L)_A = 4$、$(W/L)_B = 8$，以及 $(W/L)_p = 3$。電源供應電壓為 $V_{DD} = 1.2$ V。

計算全部四組有效輸入電壓組合的輸出電壓準位。

具有多輸入的廣義 NOR 結構

在此，我們可以延伸分析至廣義的 n 輸入 NOR 閘，係由 n 顆並聯的驅動器電晶體所構成，如圖 7.3 所示。注意到，此電路的合併電流 I_D 是由導通狀態的驅動器電晶體供應，即電晶體閘極電壓須高於臨界電壓 V_{T0}。

合併的下拉電流可以表示如下：

$$I_D = \sum_{k(on)} I_{D,k} = \begin{cases} \sum_{k(on)} \dfrac{\mu_n C_{ox}}{2}\left(\dfrac{W}{L}\right)_k \left(\dfrac{1}{1+\dfrac{V_{DS}}{E_C L_{n,k}}}\right)\left[2(V_{GS,k}-V_{T0})V_{out}-V_{out}^2\right] & \text{線性} \\ \sum_{k(on)} \dfrac{\mu_n C_{ox}}{2}\left(\dfrac{W}{L}\right)_k \dfrac{E_C L_{n,k}(V_{GS,k}-V_{T0})^2}{(V_{GS,k}-V_{T0})+E_C L_{n,k}} & \text{飽和} \end{cases}$$

(7.10)

假設所有驅動器電晶體具有完全相同的輸入電壓與閘極長度。

$$V_{GS,k} = V_{GS} \quad \text{當} \quad k = 1, 2, \ldots, n \tag{7.11}$$

$$L_{n,k} = L_n \quad \text{當} \quad k = 1, 2, \ldots, n \tag{7.12}$$

下拉電流表示式可以改寫為

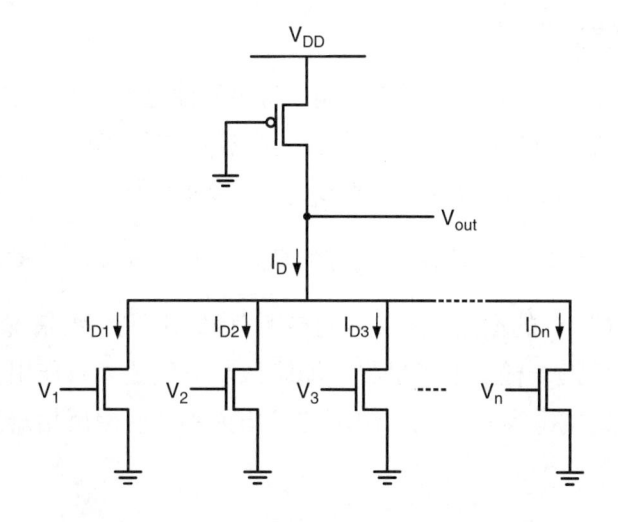

圖 7.3
廣義的 n 輸入 NOR 閘。

圖 7.4
n 輸入 NOR 閘的等效反相器電路。

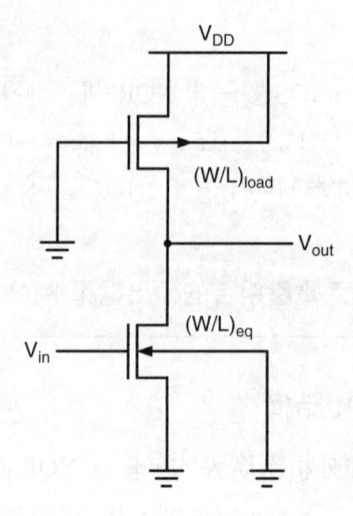

$$I_D = \begin{cases} \dfrac{\mu_n C_{ox}}{2}\left(\displaystyle\sum_{k(on)}\left(\dfrac{W}{L}\right)_k\right)\left(\dfrac{1}{1+\dfrac{V_{DS}}{E_C L_n}}\right)\left[2(V_{GS}-V_{T0})V_{out}-V_{out}^2\right] & \text{線性} \\[2ex] \dfrac{\mu_n C_{ox}}{2}\left(\displaystyle\sum_{k(on)}\left(\dfrac{W}{L}\right)_k\right)\dfrac{E_C L_n (V_{GS}-V_{T0})^2}{(V_{GS}-V_{T0})+E_C L_n} & \text{飽和} \end{cases}$$

(7.13)

因此，多輸入 NOR 閘也可以簡化成等效的反相器供靜態分析用，如圖 7.4 中所示。驅動器電晶體的 (W/L) 比值在此為

$$\left(\dfrac{W}{L}\right)_{equivalent} = \sum_{k(on)}\left(\dfrac{W}{L}\right)_k \tag{7.14}$$

注意到，在 NOR 閘中，所有 nMOS 驅動器電晶體的源極端均被連接至地。因此，驅動器不會遇到任何基底偏壓效應。

NOR 閘的暫態分析

圖 7.5 顯示 NOR2 閘與其所有相關的寄生元件電容。如同在反相器的範例中，我們可以結合圖 7.5 中可觀察到的電容成為一顆集總電容，連接於輸出節點與接地之間。此合併的負載電容值 C_{load}，可以求得為

$$C_{load} = C_{gd,A} + C_{gd,B} + C_{gd,p} + C_{db,A} + C_{db,B} + C_{db,p} + C_{wire} \tag{7.15}$$

注意到，在式 (7.15) 的輸出負載電容對於所有輸入同時切換情況是有效的，如同對單輸入的切換一樣；也就是說，即使只有一個輸入有作用，而所有其它輸入是低態，負載電容 C_{load} 仍會出現在輸出節點。使用反相器等效電路進行

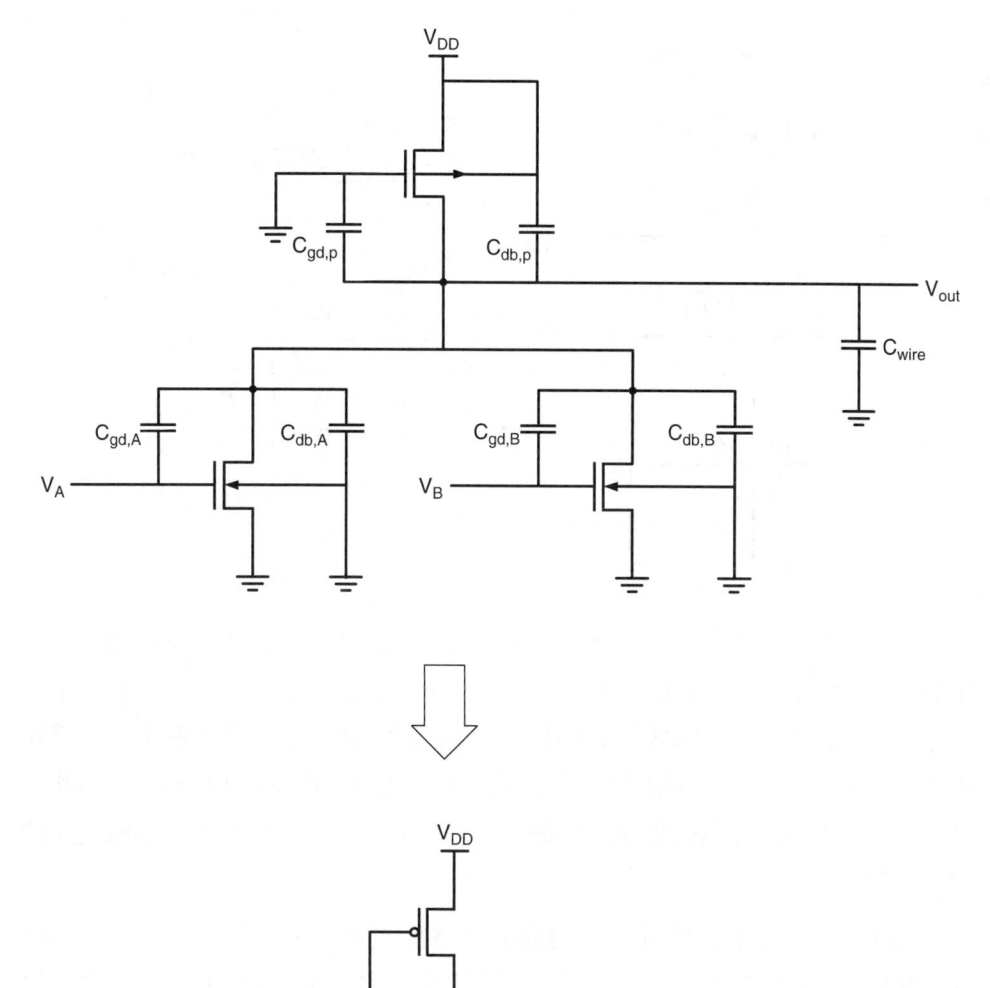

圖 7.5
在 NOR2 閘的寄生元件電容與其集總等效負載電容。驅動器電晶體的閘極至源極電容包含在前級驅動輸入 A 與 B 的負載中。

NOR 閘計算時，以上事實必須列入考量。對應於 NOR 閘的等效反相器，其輸出節點上的負載電容，總是比具有相同尺寸的實際反相器的全部集總負載電容來得大。因此，在這種情況下，當 NOR 閘與反相器的靜態（直流）是實質上等效時，NOR 閘的實際暫態響應會比反相器來得慢。

雙輸入 NAND 閘

接下來，我們討論雙輸入反及 (NAND) 閘。圖 7.6 顯示邏輯閘的電路圖、

圖 7.6
雙輸入虛擬 nMOS NAND 閘、邏輯符號與對應真值表。須注意輸入 A 對應的 nMOS 電晶體有基底偏壓效應。

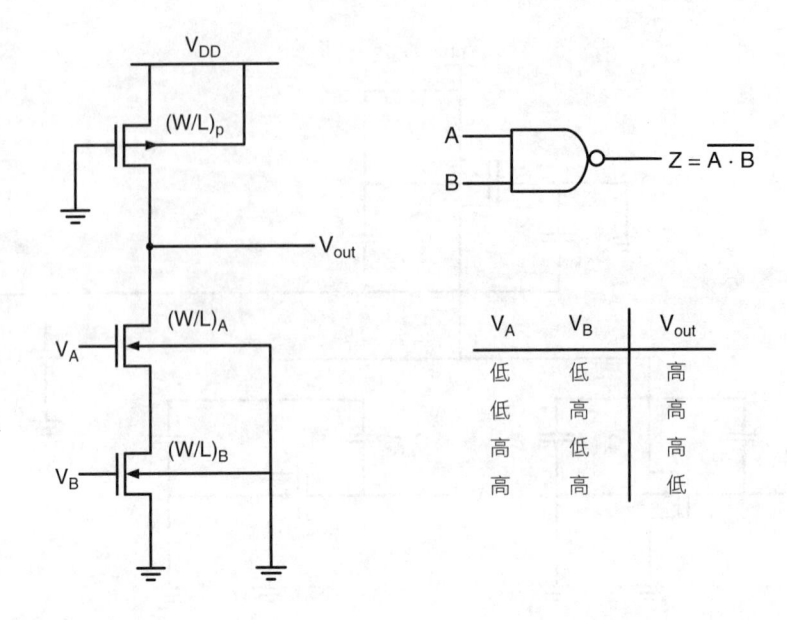

V_A	V_B	V_{out}
低	低	高
低	高	高
高	低	高
高	高	低

邏輯符號與對應的真值表。布林及 (AND) 運算是由兩顆 nMOS 驅動器電晶體串聯所執行。只有當輸入電壓 V_A 及輸入電壓 V_B 等於邏輯高態時，也就是僅發生在這兩顆串聯的驅動器為導通時，輸出節點與接地之間才會有一條導通路徑。在這種情況下，輸出電壓將是低態，為 AND 運算的互補結果。除此之外，任意一顆或兩顆驅動器電晶體截止，然後輸出電壓將被 pMOS 負載電晶體拉至邏輯高態準位。

圖 7.6 顯示除了最接近接地的 nMOS 電晶體外，另一顆 nMOS 電晶體會受基底偏壓效應的控制，因為它的源極電壓大於零。在詳細計算時，我們必須考慮這項因素。對於所有產生邏輯高態輸出電壓的三種輸入組合，其相對應的 V_{OH} 值可以很容易地得到為 $V_{OH} = V_{DD}$。另一方面，邏輯低態電壓 V_{OL} 的計算，需要更嚴密的探討。

考慮輸入均等於 V_{OH} 的 NAND2 閘，如圖 7.7 所示。可以很容易地看出，在此電路中的所有電晶體汲極電流彼此相等。

$$I_{D,p} = I_{D,nA} = I_{D,nB} \tag{7.16}$$

$$W \cdot v_{sat} \cdot C_{ox} \cdot \frac{(V_{DD} - |V_{T0,p}|)^2}{(V_{DD} - |V_{T0,p}|) + E_{C,p}L_p}$$

$$= \frac{k_{n,A}}{2} \frac{1}{\left(1 + \dfrac{V_{DS,A}}{E_{C,n}L_n}\right)} \left[2 \cdot (V_{GS,A} - V_{T,A}) \cdot V_{DS,A} - V_{DS,A}^2\right]$$

$$= \frac{k_{n,B}}{2} \frac{1}{\left(1 + \dfrac{V_{DS,B}}{E_{C,n}L_n}\right)} \left[2 \cdot (V_{GS,B} - V_{T,B}) \cdot V_{DS,B} - V_{DS,B}^2\right] \tag{7.17}$$

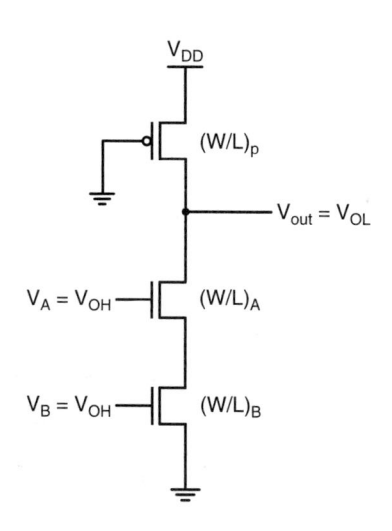

圖 7.7
兩個輸入皆為邏輯高態準位的 NAND2 閘。

兩顆驅動器電晶體的閘極至源極電壓可以假設為近似等於 V_{OH}。同時為了簡單起見，我們忽略驅動器電晶體 A 的基底偏壓效應，並假設 $V_{T,A} = V_{T,B} = V_{T0}$，因為驅動器電晶體 A 的源極至基底電壓相對較低。同樣地，右側分母的第二項可以忽略，因為輸出電壓很小 ($V_{DS,A}/E_{C,n}L_n \ll 1$, $V_{DS,B}/E_{C,n}L_n \ll 1$)。然後，式 (7.17) 可以簡化為

$$\frac{k_p}{2} \cdot \frac{E_{C,p} \cdot L_p (V_{DD} - |V_{T0,p}|)^2}{(V_{DD} - |V_{T0,p}|) + E_{C,p}L_p} = \frac{k_{n,A}}{2} \cdot \left[2 \cdot (V_{GS,A} - V_{T,A}) \cdot V_{DS,A} - V_{DS,A}^2 \right]$$

$$= \frac{k_{n,B}}{2} \cdot \left[2 \cdot (V_{GS,B} - V_{T,B}) \cdot V_{DS,B} - V_{DS,B}^2 \right] \tag{7.18}$$

則兩顆驅動器電晶體的汲極至源極電壓可以由式 (7.18) 解出為

$$V_{DS,A} = V_{OH} - V_{T0} - \sqrt{(V_{OH} - V_{T0})^2 - \left(\frac{k_p}{k_{n,A}}\right) \cdot \frac{E_{C,p}L_p \cdot (V_{DD} - |V_{T0,p}|)^2}{(V_{DD} - |V_{T0,p}|) + E_{C,p}L_p}} \tag{7.19}$$

$$V_{DS,B} = V_{OH} - V_{T0} - \sqrt{(V_{OH} - V_{T0})^2 - \left(\frac{k_p}{k_{n,B}}\right) \cdot \frac{E_{C,p}L_p \cdot (V_{DD} - |V_{T0,p}|)^2}{(V_{DD} - |V_{T0,p}|) + E_{C,p}L_p}} \tag{7.20}$$

假設兩顆驅動器電晶體是完全相同的，即 $k_{driver,A} = k_{driver,B} = k_{driver}$。注意到，輸出電壓 V_{OL} 等於兩顆驅動器的汲極至源極電壓總和，我們得到

$$V_{OL} \approx 2 \left(V_{OH} - V_{T0} - \sqrt{(V_{OH} - V_{T0})^2 - \left(\frac{k_p}{k_n}\right) \cdot \frac{E_{C,p}L_p \cdot (V_{DD} - |V_{T0,p}|)^2}{(V_{DD} - |V_{T0,p}|) + E_{C,p}L_p}} \right) \tag{7.21}$$

下面的分析給了兩顆串接 (series-connected) 驅動器電晶體更好與更精確的操作觀點。考慮兩顆完全相同且閘極端相連的 nMOS 電晶體。在此，唯一的簡

化假設將會是 $V_{T,A} = V_{T,B} = V_{T0}$。當兩顆驅動器電晶體處於線性區時，汲極電流可以寫為

$$I_{D,A} = \frac{k_n}{2} \frac{1}{\left(1 + \dfrac{V_{DS,A}}{E_{C,n}L_n}\right)} \left[2 \cdot (V_{GS,A} - V_{T0}) \cdot V_{DS,A} - V_{DS,A}^2\right] \quad (7.22)$$

$$I_{D,B} = \frac{k_n}{2} \frac{1}{\left(1 + \dfrac{V_{DS,B}}{E_{C,n}L_n}\right)} \left[2 \cdot (V_{GS,B} - V_{T0}) \cdot V_{DS,B} - V_{DS,B}^2\right] \quad (7.23)$$

因為 $I_{D,A} = I_{D,B}$，此電流也可以表示為

$$I_D = I_{D,A} = I_{D,B} = \frac{I_{D,A} + I_{D,B}}{2} \quad (7.24)$$

利用 $V_{GS,A} = V_{GS,B} - V_{DS,B}$ 與式 (7.24) 得到

$$I_D = \frac{k_{driver}}{4}\left[2(V_{GS,B} - V_{T0})(V_{DS,A} + V_{DS,B}) - (V_{DS,A} + V_{DS,B})^2\right] \quad (7.25)$$

現在讓 $V_{GS} = V_{GS,B}$ 與 $V_{DS} = V_{DS,A} + V_{DS,B}$。汲極電流表示式可以寫成如下：

$$I_D = \frac{k_{driver}}{4}\left[2(V_{GS} - V_{T0})V_{DS} - V_{DS}^2\right] \quad (7.26)$$

因此，串聯且具有相同閘極電壓的兩顆 nMOS 電晶體，表現如同一顆 nMOS 電晶體，其 $k_{eq} = 0.5\, k_{driver}$。

多輸入的廣義 NAND 結構

此時，我們可以延伸分析到廣義的 n 輸入 NAND 閘，其由 n 顆串聯的驅動器電晶體所構成，如圖 7.8 所示。忽略基底偏壓效應，並假設所有電晶體的臨界電壓等於 V_{T0}，在線性區中的驅動器電流 I_D 可以導得如式 (7.27)，然而在飽和狀態的 I_D 作為延伸。

$$I_D = \frac{\mu_n C_{ox}}{2}\left(\frac{1}{\displaystyle\sum_{k(on)}\dfrac{1}{\left(\dfrac{W}{L}\right)_k}}\right) \cdot \begin{cases} \left(\dfrac{1}{1 + \dfrac{V_{DS}}{E_C L_{n,k}}}\right)\left[2(V_{in} - V_{T0})V_{out} - V_{out}^2\right] & \text{線性} \\[2ex] \dfrac{E_C L_{n,k}(V_{GS,k} - V_{T0})^2}{(V_{GS,k} - V_{T0}) + E_C L_{n,k}} & \text{飽和} \end{cases}$$

(7.27)

因此，等效的驅動器電晶體的 (W/L) 比值為

$$\left(\frac{W}{L}\right)_{equivalent} = \frac{1}{\displaystyle\sum_{k(on)}\dfrac{1}{\left(\dfrac{W}{L}\right)_k}} \quad (7.28)$$

圖 7.8
廣義的 NAND 結構與其反相器等效電路。

如果串接的電晶體是完全相同的，即 $(W/L)_1 = (W/L)_2 = \cdots = (W/L)$，等效電晶體的寬度對長度比值 (width-to-length ratio) 成為

$$\left(\frac{W}{L}\right)_{equivalent} = \frac{1}{n}\left(\frac{W}{L}\right) \tag{7.29}$$

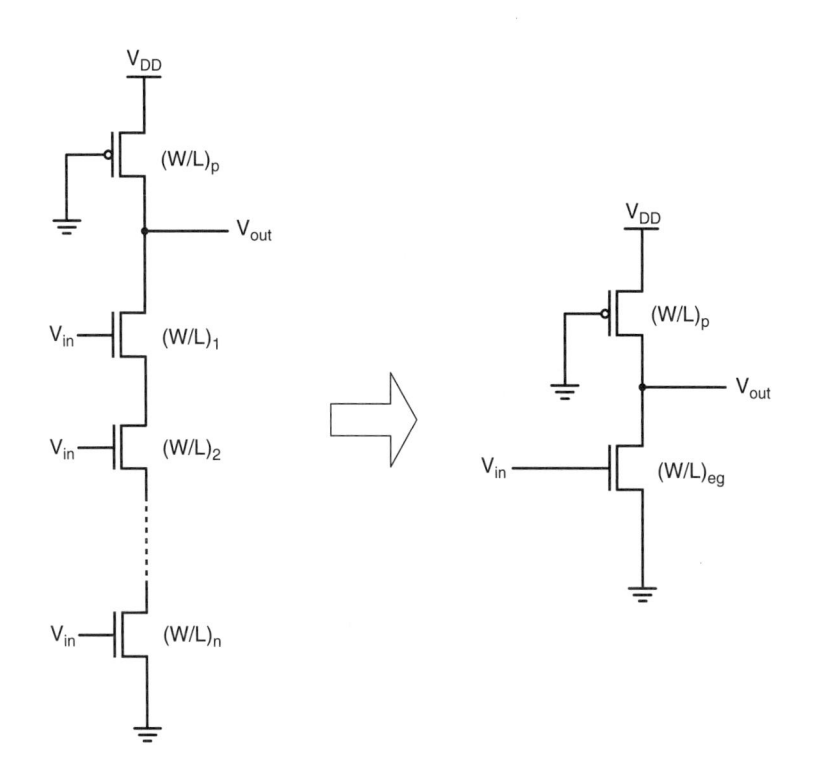

從這個分析顯現的 NAND 設計策略可以總結如下，適用於 n 輸入 NAND 閘。首先，我們決定滿足所需 V_{OL} 值的等效反相器之 (W/L) 比值。這給了我們驅動器電晶體的比值 $(W/L)_{driver}$ 與負載電晶體的比值 $(W/L)_{load}$。然後，我們設定所有 NAND 驅動器電晶體的 (W/L) 比值為 $(W/L)_1 = (W/L)_2 = \cdots = n\,(W/L)_{driver}$。這保證了當所有輸入都是邏輯高態時，包含 n 顆驅動器電晶體的串聯結構會使等效的 (W/L) 比值為 $(W/L)_{driver}$。

對於雙輸入 NAND 閘而言，這意味著每顆驅動器電晶體都必須具有 (W/L) 比值，且大小為兩倍於等效反相器驅動器的 (W/L) 比值。如果 pMOS 負載電晶體所佔用的面積可以忽略不計，所得的 NAND2 結構將佔據之面積約為等效反相器所佔據面積的四倍，兩者才會具有相同的靜態特性。

NAND 閘的暫態分析

圖 7.9 顯示 NAND2 與其所有寄生元件電容。如同在反相器的例子，我們可以合併圖 7.9 中看到的電容成為單顆集總電容，其係連接在輸出節點與接地

圖 7.9
NAND2 閘寄生元件電容。

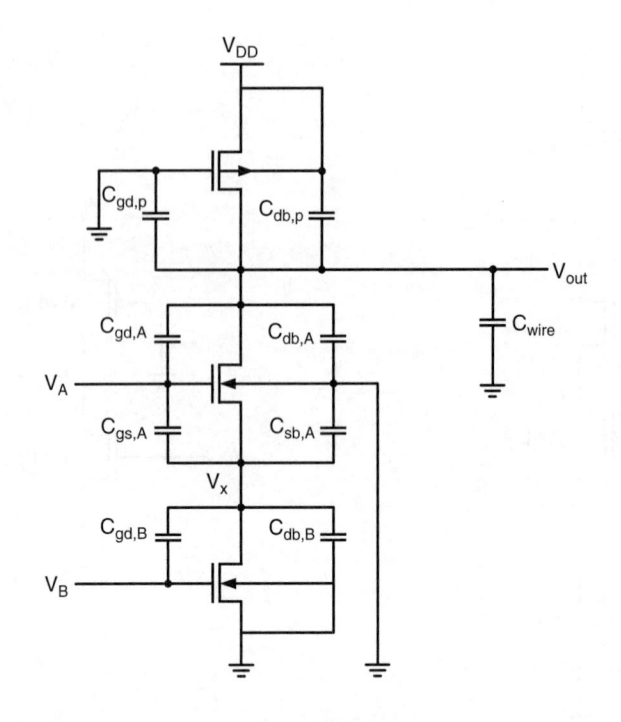

之間。然而，集總電容 C_{load} 值取決於輸入電壓的條件。

舉例來說，假設輸入 V_A 等於 V_{OH} 且另一輸入 V_B 從 V_{OH} 切換至 V_{OL}。在這種情況下，輸出電壓 V_{out} 與內部節點電壓 V_x 都將會上升，可導得

$$C_{load} = C_{gd,p} + C_{gd,A} + C_{gd,B} + C_{gs,A} + C_{db,A} \\ + C_{db,B} + C_{sb,A} + C_{db,p} + C_{wire} \quad (7.30)$$

注意到，此值是相當保守的，且完全將內部節點電容反映至集總輸出電容 C_{load}。實際上，僅有一小部分的內部節點電容反映至 C_{load}。

現在考慮另一種情況，V_B 等於 V_{OH}，且 V_A 由 V_{OH} 切換至 V_{OL}。在這種情況下，輸出電壓 V_{out} 將會上升，但內部節點電壓 V_x 將會維持低態，因為底部驅動器電晶體為導通。因此，集總輸出電容為

$$C_{load} = C_{gd,p} + C_{gd,A} + C_{db,A} + C_{db,p} + C_{wire} \quad (7.31)$$

應當注意的是，在這種情況下，負載電容會小於在前面情況中所得到的負載電容。因此可以預期到，連接到底部電晶體的訊號 B 由高態至低態之切換延遲會大於連接至頂部電晶體的訊號 A 由高態至低態之切換延遲。

例題 7.1

對於上述兩種不同輸入切換條件，使用 SPICE 模擬虛擬 nMOS NAND2 閘。電路的 SPICE 輸入檔列於下方。注意到，中間節點 X 與接地間總電容被假設為

出現在輸出節點與接地間總電容的一半。

```
NAND2 circuit delay analysis
.option scale=60n
m1 3 1 0 0 nmos w=8 l=4
m2 4 2 3 0 nmos w=8 l=4
m3 5 0 4 5 pmos w=3 l=4
cl 4 0 0.1p
cp 3 0 0.05p
vdd 5 0 dc 1.2
* case 1 (upper input switching from high to low)
vin1 2 0 dc pulse (1.2 0.0 1ns 1ns 2ns 40ns 50ns)
vin2 1 0 dc 1.2
* case 2 (lower input switching from high to low)
* vin1 2 0 dc 1.2
* vin2 1 0 dc pulse (1.2 0.0 1ns 1ns 2ns 40ns 50ns)
.inc nmos_tt.l
.inc pmos_tt.l
.tran 0.1ns 40ns
.print tran v(1) v(2) v(4)
.end
```

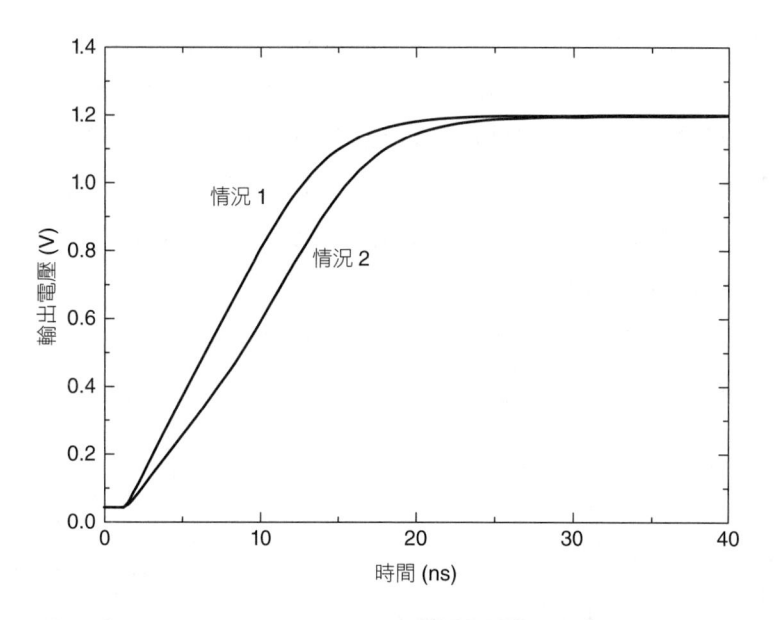

圖中 NAND2 閘於兩種情況下所模擬的暫態響應是以時間來繪製。這兩種情況之間的時間延遲差異是明顯可見。事實上，情況 2 的傳遞延遲時間比情況 1 大了約 18%，這證明了輸入的切換次序對於速度是有顯著的影響。

7.3 CMOS 邏輯電路

CMOS NOR2（雙輸入 NOR）閘

CMOS 組合邏輯電路的設計與分析，能夠基於在前一節中為虛擬 nMOS 邏輯電路所發展出的基本原則。圖 7.10 顯示雙輸入 CMOS NOR 閘的電路圖。注意到，該電路由並聯連接 (parallel-connected) 的 n 型網路與串聯連接的互補式 (complementary) p 型網路所組成。輸入電壓 V_A 與 V_B 各自施加於各一顆 nMOS 和一顆 pMOS 電晶體的閘極。

此操作的互補性質可以總結如下：當任何一個輸入或兩個輸入均為高態時，即當 n 型網路創造了輸出節點與接地之間的導通路徑時，p 型網路為截止。另一方面，如果這兩個輸入電壓是低態，即 n 型網路為截止，則 p 型網路創造了輸出節點與電源供應電壓 V_{DD} 之間的導通路徑。因此，對於任何給定的輸入組合，此對偶 (dual) 或互補式電路結構允許輸出透過一條低電阻路徑任意接至 V_{DD} 或是接地。對於任何輸入的組合，在 V_{DD} 與接地之間無法建立直流電流路徑。這導致相同於先前已經檢視過的簡單 CMOS 反相器電路之完全互補操作模式。

CMOS NOR2 閘的輸出電壓將會達到邏輯低態電壓 $V_{OL} = 0$ 與邏輯高態電壓 $V_{OH} = V_{DD}$。對於電路設計目的而言，CMOS 閘的的切換臨界電壓 V_{th} 成為一項重要的設計標準。藉由假設兩個輸入電壓同時進行切換，即 $V_A = V_B$，我們來開始切換臨界電壓的分析。進一步來說，假設在每個區塊的元件大小完全相同，$(W/L)_{n,A} = (W/L)_{n,B}$ 與 $(W/L)_{p,A} = (W/L)_{p,B}$，且為了簡化起見，pMOS 電晶體的基底偏壓效應可被忽略。

圖 7.10
CMOS NOR2 閘與其互補操作：nMOS 網路導通且 pMOS 網路截止，或是 pMOS 網路導通且 nMOS 網路截止。

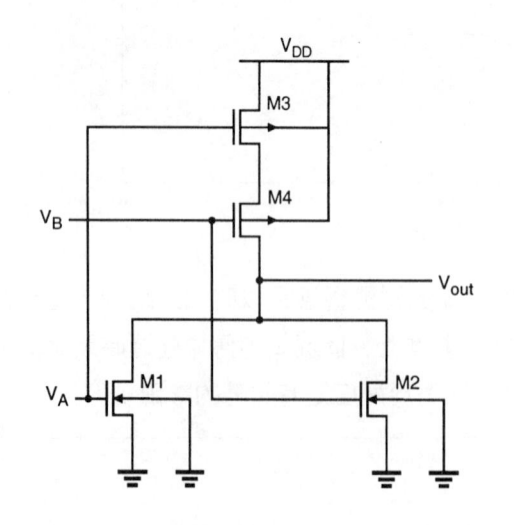

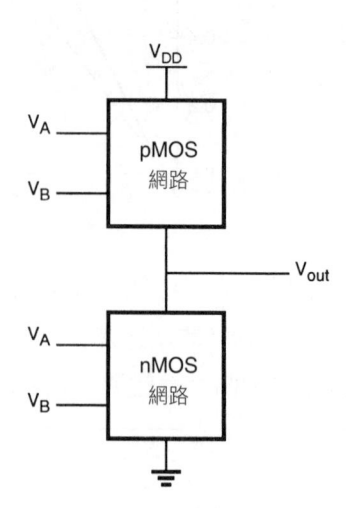

根據定義，輸出電壓等於在切換臨界點的輸入電壓。

$$V_A = V_B = V_{out} = V_{th} \tag{7.32}$$

很明顯地，這兩顆並聯 nMOS 電晶體在此點上為飽和，因為 $V_{DS} > V_{Dsat}$。這兩顆 nMOS 電晶體的合併汲極電流為

$$I_D = W_n \cdot v_{sat} \cdot C_{ox} \cdot \frac{(V_{th} - V_{T,n})^2}{(V_{th} - V_{T,n}) + E_{C,n}L_n}$$

$$I_D = W_n \cdot C_{ox} \cdot (V_{th} - V_{T0,n} - V_{DS,sat,n}) \cdot v_{sat,n} \tag{7.33}$$

因此，我們得到切換臨界電壓 V_{th} 的第一個方程式。

$$V_{th} = V_{T0,n} + V_{DS,sat,n} + \frac{I_D}{W_n \cdot C_{ox} \cdot v_{sat,n}} \tag{7.34}$$

檢視圖 7.10 中 p 型網路，顯示出 pMOS 電晶體 M3 操作於線性區，而另一顆 pMOS 電晶體，M4 則是在飽和狀態，因為 $V_{in} = V_{out}$。因此，

$$I_{D3} = \frac{k_p}{2} \cdot \frac{1}{\left(1 + \frac{V_{SD3}}{E_{C,p}L_p}\right)} \cdot \left[2(V_{DD} - V_{th} - |V_{T0,p}|) \cdot V_{SD3} - V_{SD3}^2\right] \tag{7.35}$$

$$I_{D4} = W_p \cdot v_{sat} \cdot C_{ox} \cdot \frac{(V_{DD} - V_{SD3} - V_{th} - |V_{T0,p}|)^2}{(V_{DD} - V_{SD3} - V_{th} - |V_{T0,p}|) + E_{C,p}L_p}$$

$$= \frac{k_p}{2} \cdot \frac{E_{C,p}L_p \cdot (V_{DD} - V_{SD3} - V_{th} - |V_{T0,p}|)^2}{(V_{DD} - V_{SD3} - V_{th} - |V_{T0,p}|) + E_{C,p}L_p} \tag{7.36}$$

這兩顆 pMOS 電晶體的汲極電流完全相同，即 $I_{D3} = I_{D4} = I_D$。為了簡化方程式以利於手算，以 V_{th} 為輸入電壓時，在式 (7.35) 右側分母的第二項與在式 (7.36) 右側分母的第一項可以被忽略，因為這兩項都很小 ($V_{SD3}/E_{C,p}L_p \ll 1$, $V_{DD} - V_{SD3} - V_{th} - |V_{T0,p}| \ll E_{C,p}L_p$)。因此，

$$V_{DD} - V_{th} - |V_{T,p}| = 2\sqrt{\frac{I_D}{k_p}} \tag{7.37}$$

這得出切換臨界電壓 V_{th} 的第二個方程式。結合式 (7.34) 與式 (7.37)，我們得到

$$V_{th}(\text{NOR2}) = \frac{V_{T,n} + \frac{1}{2}\sqrt{\frac{k_p}{k_n}}(V_{DD} - |V_{T,p}|)}{1 + \frac{1}{2}\sqrt{\frac{k_p}{k_n}}} \tag{7.38}$$

現在比較此表示式與第 5 章所推導出的 CMOS 反相器的切換臨界電壓。

$$V_{th}(\text{INR}) = \frac{V_{T,n} + \sqrt{\frac{k_p}{k_n}}(V_{DD} - |V_{T,p}|)}{1 + \sqrt{\frac{k_p}{k_n}}} \tag{7.39}$$

如果 $k_n = k_p$ 與 $V_{T,n} = |V_{T,p}|$，CMOS 反相器的切換臨界值等於 $V_{DD}/2$。使用相同的參數，NOR2 閘的切換臨界值是

$$V_{th}(\text{NOR2}) = \frac{V_{DD} + V_{T,n}}{3} \tag{7.40}$$

其值並不會等於 $V_{DD}/2$。舉例來說，當 $V_{DD} = 1.2$ V 且 $V_{T,n} = |V_{T,p}| = 0.5$ V 時，NOR2 閘與反相器的切換臨界電壓分別為

$$V_{th}(\text{NOR2}) = 0.57 \text{ V}$$

$$V_{th}(\text{INR}) = 0.6 \text{ V}$$

透過使用等效反相器的方法，也能得到 NOR2 閘的切換臨界電壓。當兩個輸入都完全相同時，並聯連接的 nMOS 電晶體能夠藉由具有 $2k_n$ 的單顆 nMOS 電晶體來代替。同樣地，串聯連接的 pMOS 電晶體能夠藉由具有 $k_p/2$ 的單顆 pMOS 電晶體來代替。所得的等效 CMOS 反相器顯示於圖 7.11。

使用等效反相器電路的反相器切換臨界表示式 (7.39)，我們得到

$$V_{th}(\text{NOR2}) = \frac{V_{T,n} + \sqrt{\frac{k_p}{4k_n}}(V_{DD} - |V_{T,p}|)}{1 + \sqrt{\frac{k_p}{4k_n}}} \tag{7.41}$$

結果與式 (7.38) 相同。

圖 7.11
CMOS NOR2 閘與其反相器等效電路。

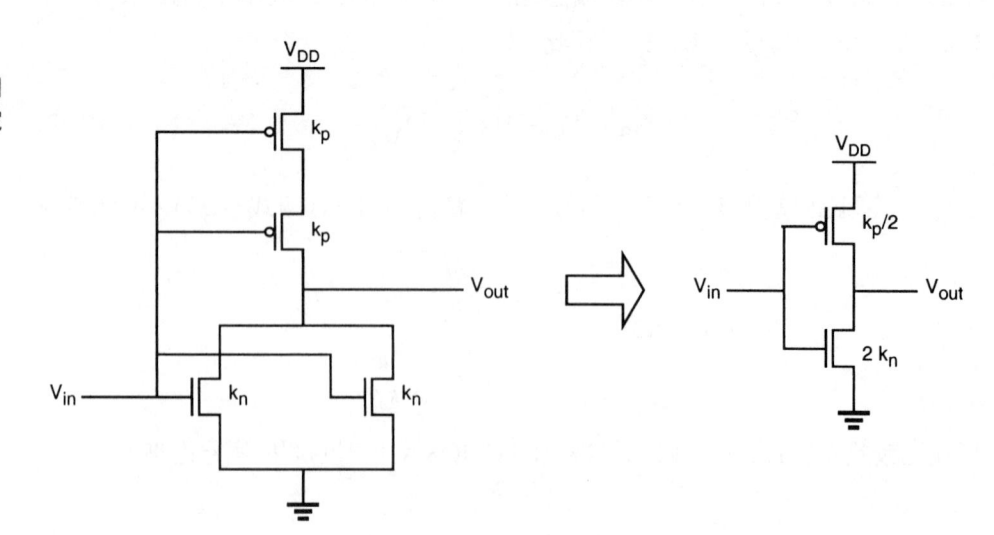

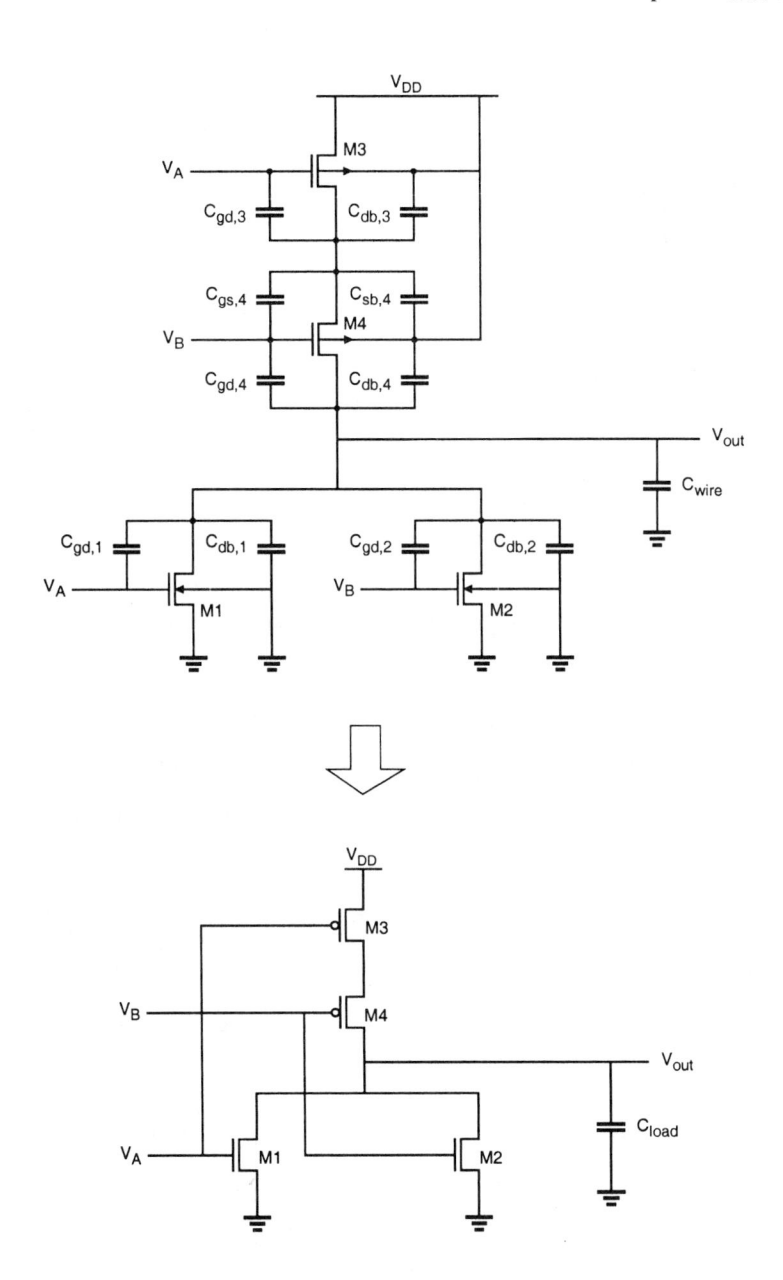

圖 7.12
CMOS NOR2 電路的寄生元件電容與使用集總輸出負載電容的簡化等效電路。

　　由式 (7.41)，我們可以很容易導出 NOR2 閘的簡單設計準則。舉例來說，為了達到同時切換時的切換臨界電壓 $V_{DD}/2$，我們必須設定 $V_{T,n}=|V_{T,p}|$ 與 $k_p = 4k_n$。

　　圖 7.12 顯示 CMOS NOR2 閘與其寄生元件電容、反相器等效電路以及對應的集總輸出負載電容。在最差的情況下，全部集總負載電容假設為等於圖 7.12 中所見到的全部內部寄生元件電容總和。

CMOS NAND2（雙輸入 NAND）閘

　　圖 7.13 顯示雙輸入 CMOS NAND (NAND2) 閘。此電路的操作原理與先前

圖 7.13
CMOS NAND2 閘和其反相器等效電路。

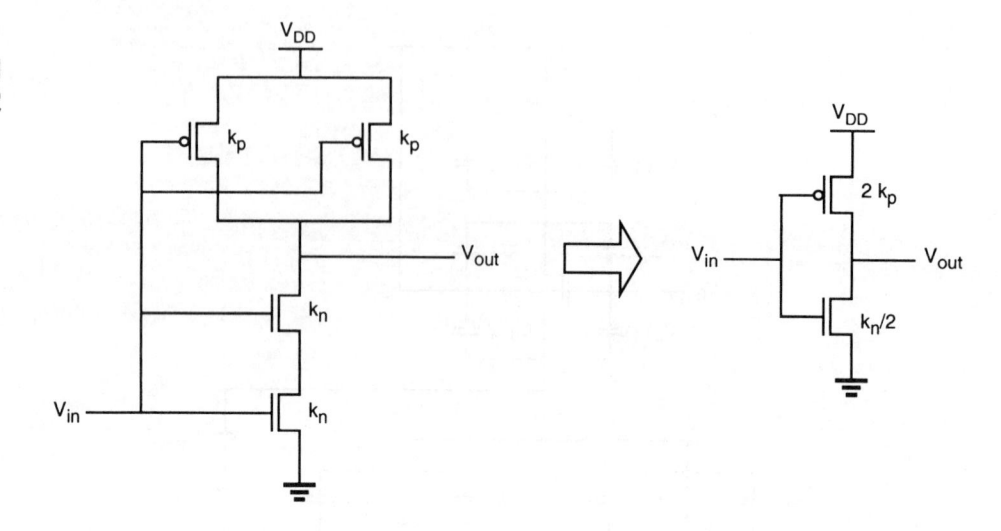

檢視過的 CMOS NOR2 閘操作為完全對偶。只有當兩個輸入電壓是邏輯高態，即皆等於 V_{OH} 時，由兩顆串聯連接的 nMOS 電晶體構成的 n 型網路才會在輸出節點與接地之間創造一條導電路徑。在這種情況下，p 型網路內的兩顆並聯連接 pMOS 電晶體將會截止。對於所有其它的輸入組合，任一顆或兩顆 pMOS 電晶體都將被導通，然而 n 型網路均為截止，因此在輸出節點與電源供應電壓之間創造出一條電流路徑。

使用類似於 NOR2 閘所發展的分析方法，我們可以很容易地計算出 CMOS NAND2 閘的切換臨界值。再一次，我們將假設每個區塊中的元件尺寸完全相同，即 $(W/L)_{n,A} = (W/L)_{n,B}$ 與 $(W/L)_{p,A} = (W/L)_{p,B}$。此邏輯閘的切換臨界值接下來得到為

$$V_{th}(\text{NAND2}) = \frac{V_{T,n} + 2\sqrt{\frac{k_p}{k_n}}(V_{DD} - |V_{T,p}|)}{1 + 2\sqrt{\frac{k_p}{k_n}}} \tag{7.42}$$

我們從式 (7.42) 可以看到，(同時切換時的) 切換臨界電壓值 $V_{DD}/2$，可透過設定 NAND2 的 $V_{T,n} = |V_{T,p}|$ 與 $k_n = 4\, k_p$ 來實現。

在此，我們能夠敘述以下關於 CMOS 組合邏輯閘對於面積需求的觀察。在與等效的虛擬 nMOS 邏輯比較後，CMOS 閘的電晶體總數大約是前者電晶體數的兩倍（$2n$ vs. $(n+1)$，對 n 個輸入而言）。然而，CMOS 閘所佔用的晶片面積並不一定是虛擬 nMOS 閘所佔面積的兩倍，因為在這兩種情況下，大部分的矽面積必須被保留以用於訊號的繞線 (routing) 與連接。因此，CMOS 邏輯面積實際上的不利條件，可能比單純根據電晶體數量所預期的小。

簡單 CMOS 邏輯閘佈局

接下來，我們將討論 CMOS NOR2 與 NAND2 閘簡化的佈局範例。圖 7.14 為 CMOS NOR2 閘的實例佈局，使用單層金屬與單層多晶矽。

在這個範例中，pMOS 電晶體的 p 型擴散區與 nMOS 電晶體的 n 型擴散區是平行對齊，以允許閘極訊號使用藉由兩條平行多晶矽導線垂直延伸的簡單繞線方式。圖 7.15 所示為 CMOS NAND2 閘佈局，使用與 NOR2 佈局範例相同的基本佈局原則。

最後，圖 7.16 所示為圖 7.14 所得的 CMOS NOR2 閘佈局簡化（棒狀圖 (stick-diagram)）圖。在這裡，擴散區域由矩形所描繪，金屬接線與接觸點則分

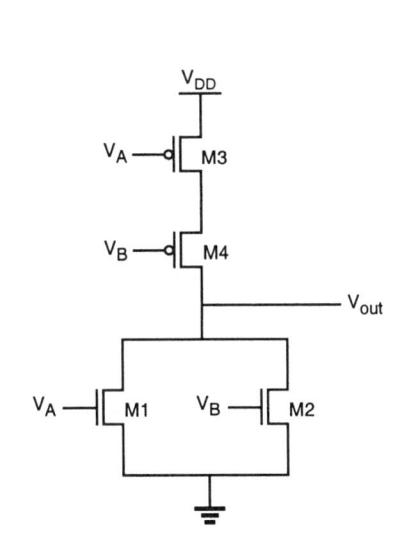

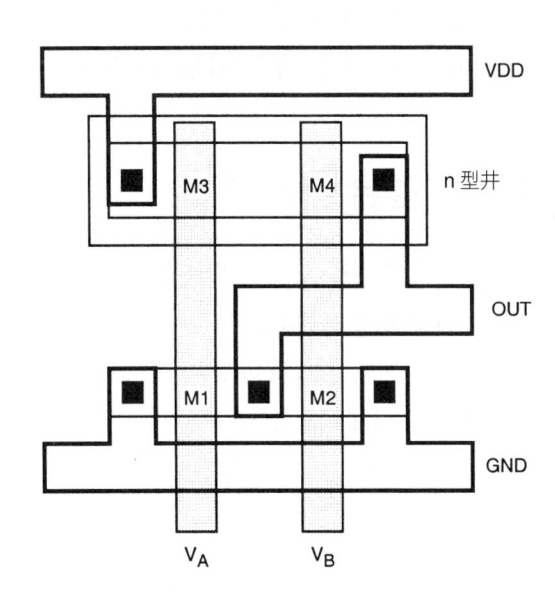

圖 7.14
CMOS NOR2 閘的實例佈局。

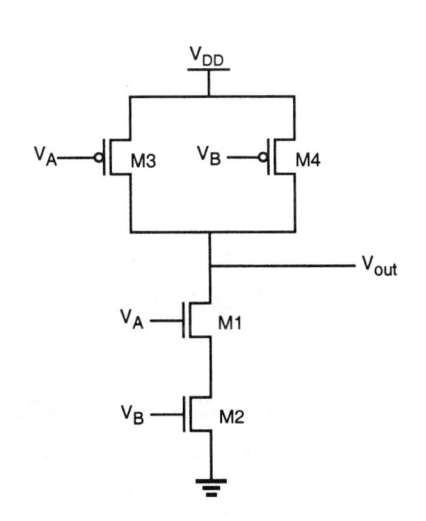

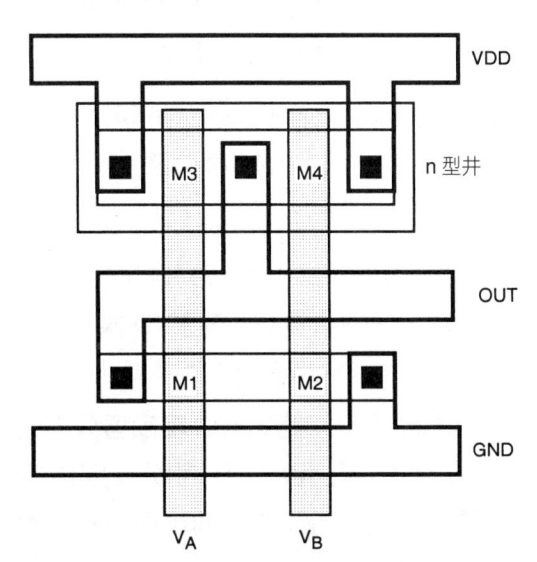

圖 7.15
CMOS NAND2 閘的實例佈局。

圖 7.16
CMOS NOR2 閘的棒狀圖佈局。

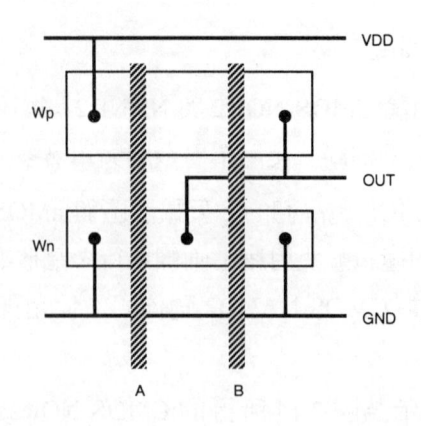

別由實線與圓圈來表示,而多晶矽縱列則由交叉陰影線條來表示。棒狀圖佈局不帶有各自特徵 (feature) 之實際幾何關係的任何資訊,但它傳達了在電晶體及其內部連接線相對位置上有價值的資訊。

7.4 複合邏輯電路

為了實現多輸入變數的任意布林函數,在前面章節中所發展的簡單 NOR 與 NAND 閘基本電路結構和設計原理,能夠很容易地擴展至複合 (complex) 邏輯閘。使用少量電晶體以實現複合邏輯函數的能力,是 nMOS 與 CMOS 邏輯電路最吸引人的特點之一。

考慮以下的布林函數作為範例。

$$Z = \overline{A(D + E) + BC} \tag{7.43}$$

用來實現此函數的虛擬 nMOS 複合邏輯閘,表示於圖 7.17。檢視電路拓樸結構可看出下拉網路的簡單設計原則。

- OR 操作是由並聯連接的驅動器所執行。
- AND 操作是由串聯連接的驅動器所執行。
- MOS 電路操作特性提供了反相。

這裡所提到有關個別輸入與對應驅動器電晶體的設計原則,也可以擴展至電路的子區塊,使得布林 OR 與 AND 操作可以在巢狀的電路結構中執行。因此,我們得到一種包括串聯連接與並聯連接分支的電路拓樸結構。

圖 7.17 中,左側 nMOS 驅動器分支包含三顆驅動器電晶體,是用於執行 A(D + E) 的邏輯函數,而右側分支則執行函數 BC。藉由連結兩個分支並聯,並放置一顆負載電晶體於輸出節點與電源供應電壓 V_{DD} 之間,我們獲得在式

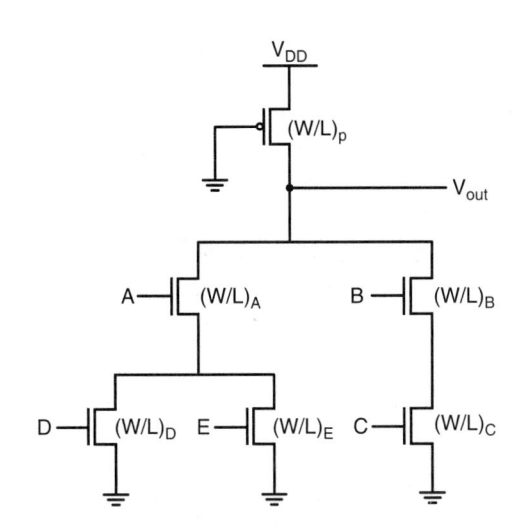

圖 **7.17**
nMOS 複合邏輯閘實現式 (7.43) 給出的布林函數。

(7.43) 所給予的複合函數。每個輸入變數僅被指定給一個驅動器。

對於複合邏輯閘電路的分析與設計，我們可以運用已使用於更簡單的 NOR 與 NAND 閘上的等效反相器方法。從圖 7.17 的電路可以看到，如果所有的輸入變數是邏輯高態時，由五顆 nMOS 電晶體所組成的下拉網路，其等效驅動器 (W/L) 比值為

$$\left(\frac{W}{L}\right)_{equivalent} = \frac{1}{\frac{1}{\left(\frac{W}{L}\right)_B} + \frac{1}{\left(\frac{W}{L}\right)_C}} + \frac{1}{\frac{1}{\left(\frac{W}{L}\right)_A} + \frac{1}{\left(\frac{W}{L}\right)_D} + \left(\frac{W}{L}\right)_E} \quad (7.44)$$

為了計算邏輯低態電壓 V_{OL}，我們須要考慮各種情況，因為 V_{OL} 值在每種情況下依實際導通 nMOS 電晶體數量與組態而定。所有可能的連接組態都列在這裡。每種組態都被指定至某分級數字，反映出由 V_{out} 節點至接地電流路徑上的總電阻。

A-D	第 1 級
A-E	第 1 級
B-C	第 1 級
A-D-E	第 2 級
A-D-B-C	第 3 級
A-E-B-C	第 3 級
A-D-E-B-C	第 4 級

假設所有驅動器電晶體都具有相同的 (W/L) 比值，第 1 級的路徑如 (B-C) 具有最高的串聯電阻，接著第 2 級、第 3 級，依此類推。因此，對應至每級的邏輯低態電壓準位具有以下的順序，其中每個下標的數字代表級數：

$$V_{OL1} > V_{OL2} > V_{OL3} > V_{OL4} \quad (7.45)$$

複合邏輯閘電路設計是以 NOR 與 NAND 閘設計相同的概念作為基礎。我們通常透過指定最大的 V_{OL} 值開始著手。設計目標是為了決定驅動器與負載電晶體的尺寸，使得即便在最差的情況下，複合邏輯閘仍可以達到指定的 V_{OL} 值。首先，給定的 V_{OL} 值允許我們找到等效反相器 $(W/L)_{load}$ 與 $(W/L)_{driver}$ 的比值。接下來，我們必須確定所有在電路中的最差情況（第 1 級）的路徑，並決定在這些最差情況路徑下的電晶體尺寸，使得每個第一級的路徑具有等效驅動器比值 $(W/L)_{driver}$。

在此範例中，該設計策略得到以下在三種最差情況路徑的比值：

$$\left(\frac{W}{L}\right)_A = \left(\frac{W}{L}\right)_D = 2\left(\frac{W}{L}\right)_{driver}$$
$$\left(\frac{W}{L}\right)_A = \left(\frac{W}{L}\right)_E = 2\left(\frac{W}{L}\right)_{driver} \qquad (7.46)$$
$$\left(\frac{W}{L}\right)_B = \left(\frac{W}{L}\right)_C = 2\left(\frac{W}{L}\right)_{driver}$$

所找出的電晶體尺寸可以保證，對於所有的其它輸入組合的邏輯低態輸出電壓準位將會低於該指定的 V_{OL} 值。

複合 CMOS 邏輯閘

n 型網路或下拉網路的實現，是基於先前檢視過的相同基本設計原則。另一方面，pMOS 上拉網路必須是 n 型網路的對偶網路。這意味著，在 nMOS 下拉網路的所有並聯連結將對應於 pMOS 上拉網路的一組串聯連結，並且在下拉網路的串聯連結對應於在上拉網路的並聯連結。

圖 7.18 顯示對偶的 p 型（上拉）網路接線圖的簡單結構，其係來自於 n 型

圖 7.18
藉由下拉接線圖所建構的對偶上拉接線圖，其係利用對偶圖形概念。

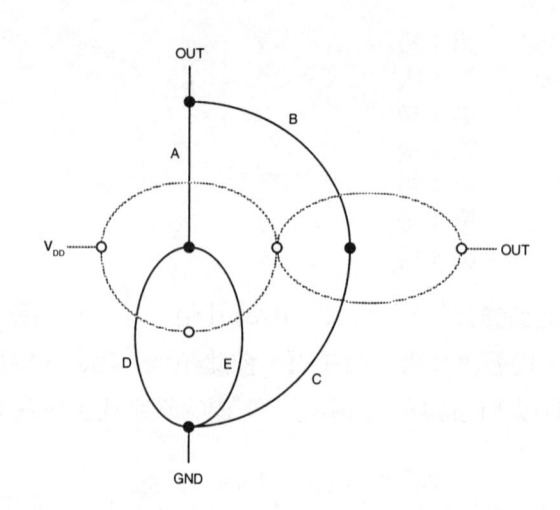

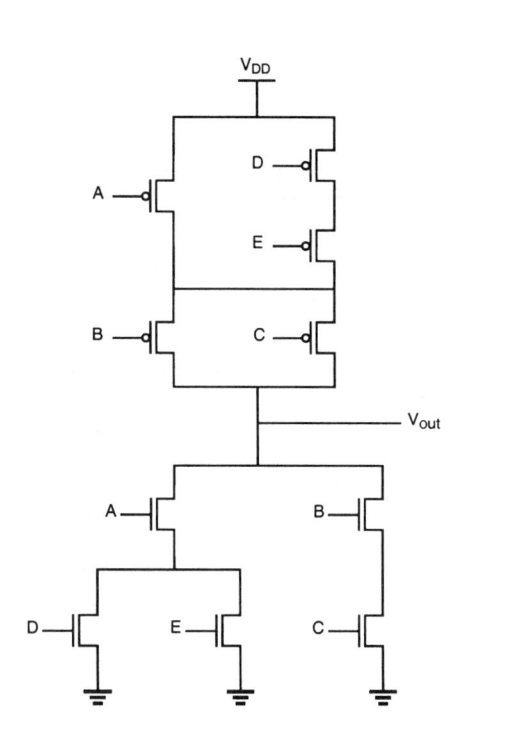

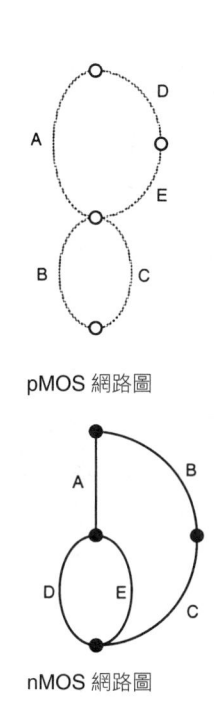

圖 **7.19**
實現布林函數式 (7.43) 的複合 CMOS 邏輯閘。

（下拉）網路接線圖。下拉網路中的每顆驅動器電晶體係由一條邊線 (edge) 來表示，以及每個節點則由下拉接線圖中的頂點 (vertex) 表示。接下來，新的頂點建立於下拉接線圖的每組限制區域中，而相鄰的新頂點間連結，則是透過在下拉接線圖裡，只有交叉於每條原邊線（實線）一次的新邊線（虛線）。這組新的接線圖代表上拉網路。所導得的 CMOS 複合邏輯閘電路顯示於圖 7.19。

複合 CMOS 邏輯閘的佈局

現在，我們將研究如何為複合 CMOS 邏輯閘建構最小面積佈局的問題。圖 7.20 顯示「第一次嘗試」的棒狀圖佈局，使用的是任意順序的多晶矽閘縱列。注意在這種情況下，多晶矽縱列之間的間距必須允許一組擴散區至擴散區的間距，與存在兩顆位於金屬至擴散區其中的接觸點。這當然會消耗相當多的額外矽面積。

如果我們能夠將位在 nMOS 與 pMOS 電晶體中擴散區域的分離 (break) 數量予以最小化，則在多晶矽閘縱列之間的間距可以做得更小，使得整體水平尺寸減少，因而降低電路的佈局面積。擴散區的分離數量可以藉由改變多晶矽縱列的順序來予以最小化。

一種找出最佳閘順序排列的簡單方法為尤拉路徑 (Euler-path) 法則：找出下拉接線圖中的尤拉路徑與具有完全相同順序輸入標示的上拉接線圖之尤拉路徑，即為找出兩組接線圖中的共通尤拉路徑。尤拉路徑定義為：經過接線圖中

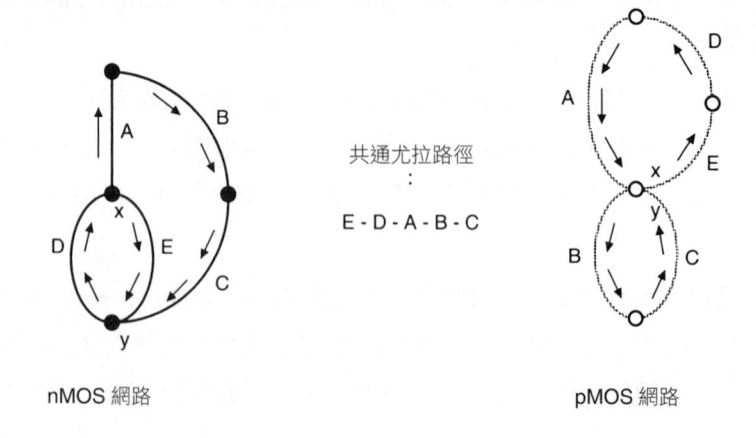

圖 7.20
複合 CMOS 邏輯閘的棒狀圖佈局，使用了任意順序之多晶矽閘縱列。

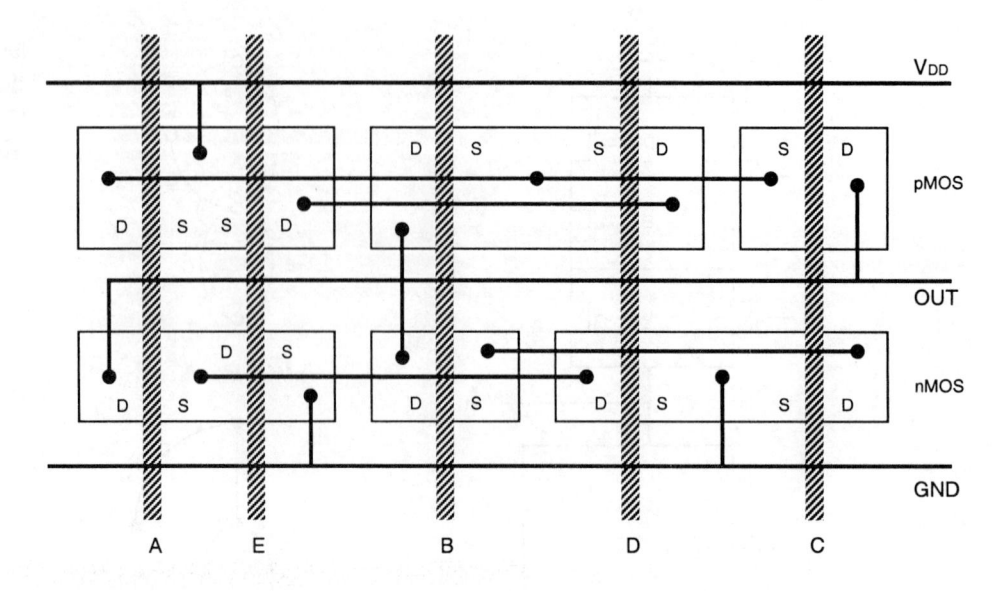

每條邊線（分支）恰好一次的不間斷路徑。圖 7.21 顯示我們的範例中，建構兩組接線圖的共通尤拉路徑。

我們可以看到，在這兩組接線圖中有一組共同的序列 (E-D-A-B-C)，即為尤拉路徑。多晶矽閘縱列可以根據此序列進行排列，以形成不間斷的 p 型與 n 型擴散區域。新佈局的棒狀圖如圖 7.22 所示。在這個情況下，在多晶矽縱列的間距僅須允許存在一顆金屬至擴散區的接觸點。此新佈局的優點為更緊湊的（較小的）佈局區域，訊號更容易繞線，因而可得到更小的寄生電容。

作為另一個複合 CMOS 閘的範例，圖 7.23 顯示由全 CMOS 實現的互斥或 (exclusive-OR, XOR) 函數。注意，要獲得兩個輸入變數（A 與 B）的反相運算還需要兩組額外的反相器。加上這些反相器後，圖 7.23 中的 CMOS XOR 電路總共需要總數為 12 顆的電晶體。稍後將檢視其它可以用更少電晶體來實現的 CMOS XOR 閘。

圖 7.21
找出在 n 型網路與 p 型網路兩組接線圖中的共通尤拉路徑，以提供將擴散區的分離數量減到最少的閘極順序；因此，邏輯閘佈局面積將減到最小。在這兩種情況下，尤拉路徑開始於 (x) 並結束於 (y)。

共通尤拉路徑：
E-D-A-B-C

nMOS 網路   pMOS 網路

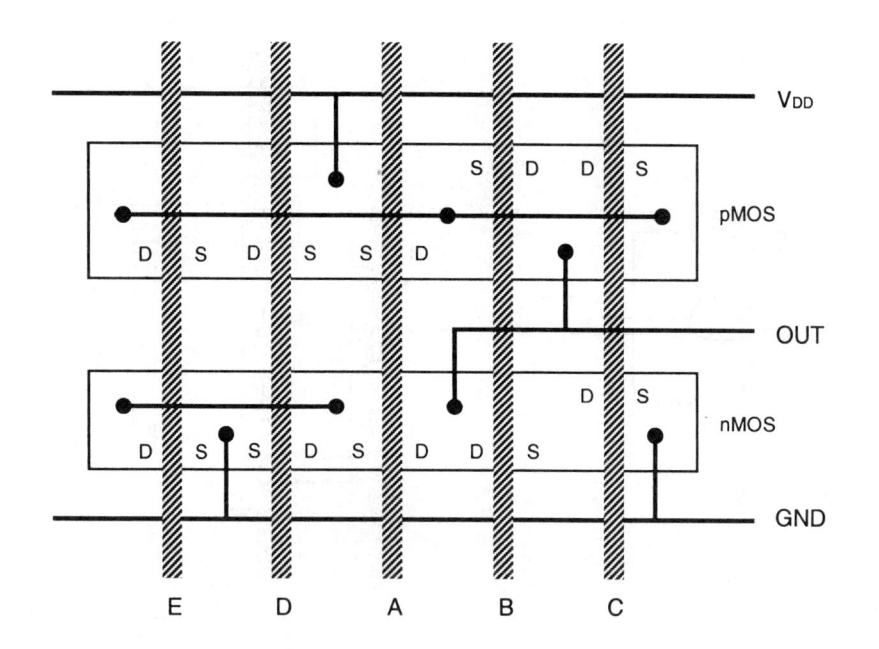

圖 7.22
複合 CMOS 邏輯閘的最佳化棒狀圖佈局。

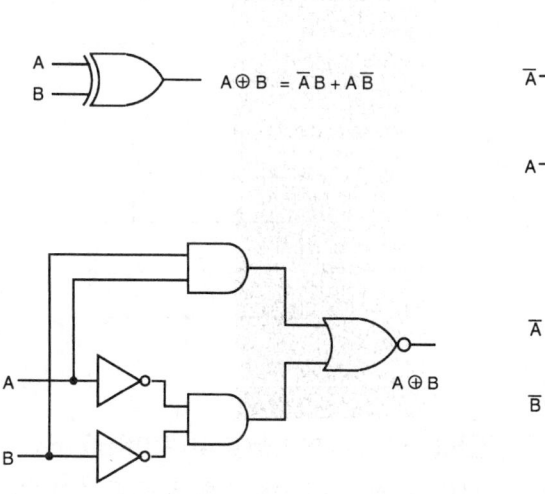

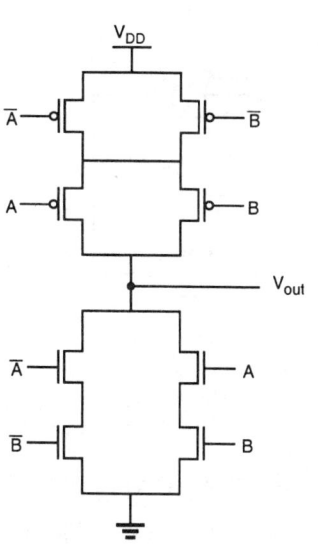

圖 7.23
XOR 函數的全 CMOS 電路實現。

$$A \oplus B = \overline{A}B + A\overline{B}$$

AOI 與 OAI 閘

儘管理論上來說，一組複合 CMOS 邏輯閘的下拉網路與相對應的上拉網路之拓樸結構沒有嚴格限制，我們可以公認兩種重要的電路類別作為通用的複合 CMOS 閘拓樸結構子集。這兩種電路為及或反 (AND-OR-INVERT, AOI) 閘與或及反 (OR-AND-INVERT, OAI) 閘。AOI 閘，顧名思義，允許在單一邏輯階層的布林函數實現乘積總和 (sum-of-products)（圖 7.24）。AOI 閘的下拉網路是由串聯連接 nMOS 驅動器電晶體的並聯分支所構成。相對應的 p 型上拉網路可以利用對偶接線圖概念很容易地找到。

圖 7.24
及或反 (AND-OR-INVERT, AOI) 閘與其對應下拉網路。

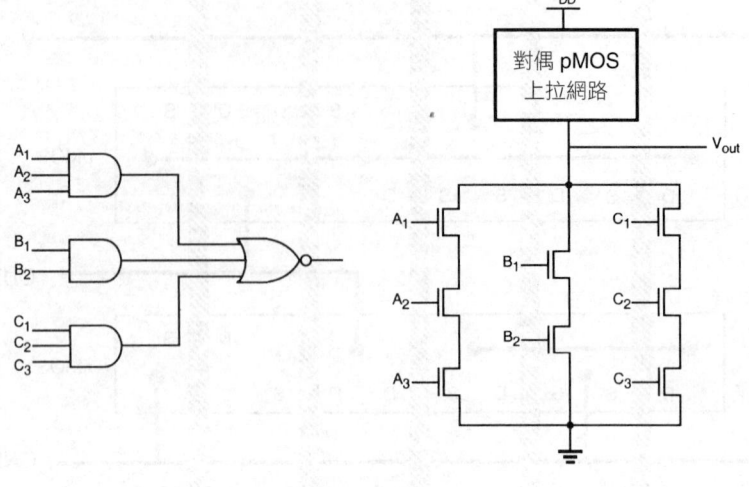

圖 7.25
或及反 (OR-AND-INVERT, OAI) 閘與其對應下拉網路。

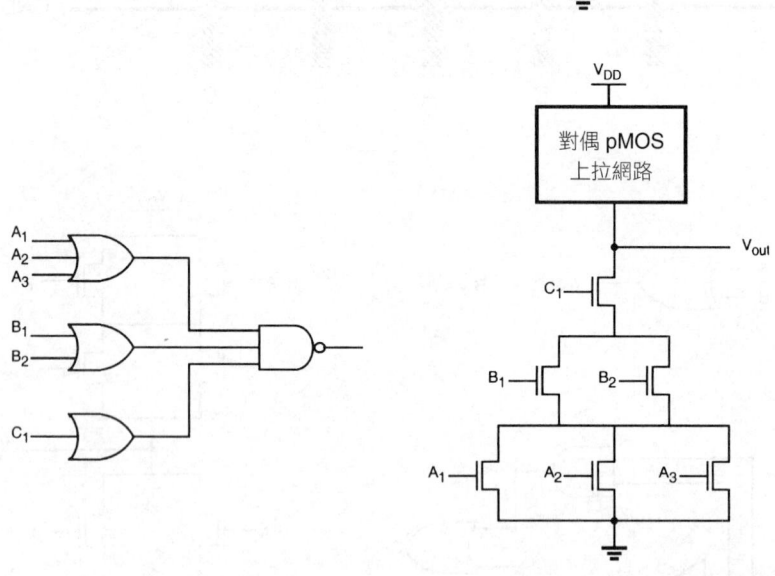

另一方面，OAI 閘允許單一邏輯階層的布林函數實現總和乘積 (product-of-sums)（圖 7.25）。OAI 閘的下拉網路由並聯連接 nMOS 驅動器電晶體的串聯分支所構成，而相應的 p 型上拉網路則可以利用對偶接線圖找出。

虛擬 nMOS 的複合邏輯閘

複合 CMOS 閘電路的大面積需求在高密度設計時出現問題，因為每一個輸入都需要兩顆互補電晶體，一顆為 nMOS 與另一顆 pMOS。一種降低電晶體數量的方法，係利用單顆 pMOS 電晶體，其閘極連接至地端以作為負載裝置（圖 7.26）。使用這種簡單的上拉安排方式，複合閘可以用更少的電晶體來實現。虛擬 nMOS 閘與空乏型負載 nMOS 邏輯閘的相似性是顯而易見的。

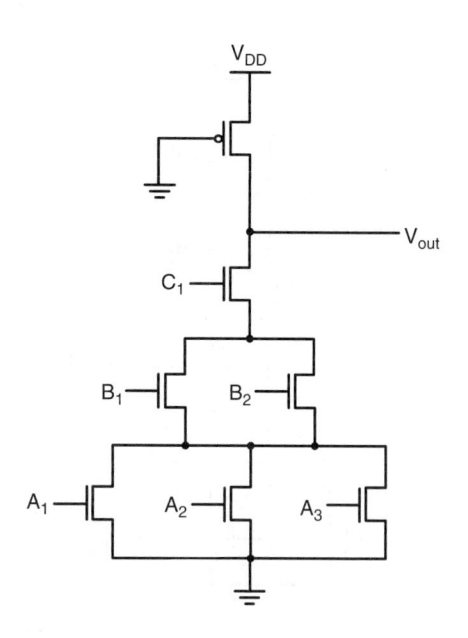

圖 7.26
圖 7.25 中 OAI 閘的虛擬 nMOS 實現。

使用虛擬 nMOS 閘來取代全 CMOS 閘，最顯著的缺點是非零的靜態功率消耗，因為當輸出電壓低於 V_{DD} 時，始終導通的 pMOS 負載裝置會導通穩態電流。除此之外，V_{OL} 值與雜訊邊界現在改由 pMOS 負載轉導對下拉（或驅動器）轉導的比值來決定。

例題 7.2

複合 CMOS 邏輯電路的簡化佈局如下所示。畫出相應的電路圖，並找出當所有輸入同時切換時的等效 CMOS 反相器電路，假設所有 pMOS 電晶體的 $(W/L)_p = 15$ 與所有的 nMOS 電晶體的 $(W/L)_n = 10$。

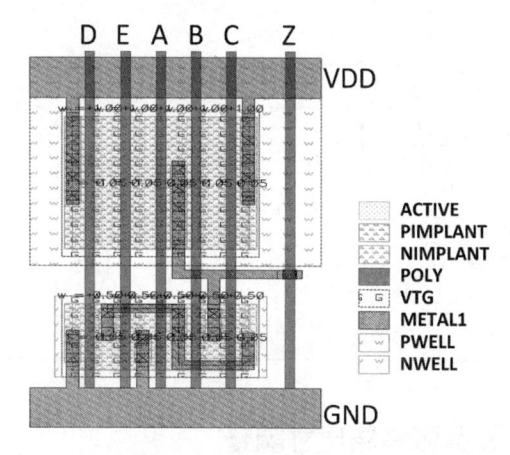

透過檢視佈局圖，可以得到電路圖：

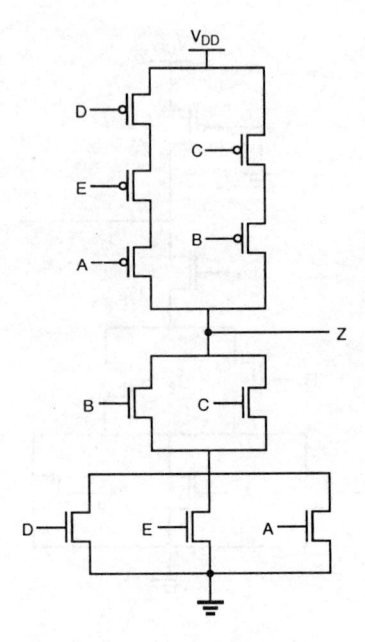

由此電路實現的布林函數為

$$Z = \overline{(D + E + A)(B + C)}$$

nMOS 網路與 pMOS 網路的等效 (W/L) 比值，係透過利用本章前面所討論的串聯-並聯等效規則所決定，如下所示：

$$\left(\frac{W}{L}\right)_{n,eq} = \cfrac{1}{\cfrac{1}{\left(\frac{W}{L}\right)_D + \left(\frac{W}{L}\right)_E + \left(\frac{W}{L}\right)_A} + \cfrac{1}{\left(\frac{W}{L}\right)_B + \left(\frac{W}{L}\right)_C}}$$

$$= \cfrac{1}{\cfrac{1}{30} + \cfrac{1}{20}} = 12$$

$$\left(\frac{W}{L}\right)_{p,eq} = \cfrac{1}{\cfrac{1}{\left(\frac{W}{L}\right)_D} + \cfrac{1}{\left(\frac{W}{L}\right)_E} + \cfrac{1}{\left(\frac{W}{L}\right)_A}} + \cfrac{1}{\cfrac{1}{\left(\frac{W}{L}\right)_B} + \cfrac{1}{\left(\frac{W}{L}\right)_C}}$$

$$= \cfrac{1}{\cfrac{1}{15} + \cfrac{1}{15} + \cfrac{1}{15}} + \cfrac{1}{\cfrac{1}{15} + \cfrac{1}{15}} = 12.5$$

奈米技術的 CMOS 邏輯電路尺寸調整

在第 7.3 節中，我們說明了如何調整 CMOS NAND 閘與 NOR 閘尺寸。速度飽和元件的尺寸調整不同於在第 7.2 節中所介紹的調整方法。此法示範於圖

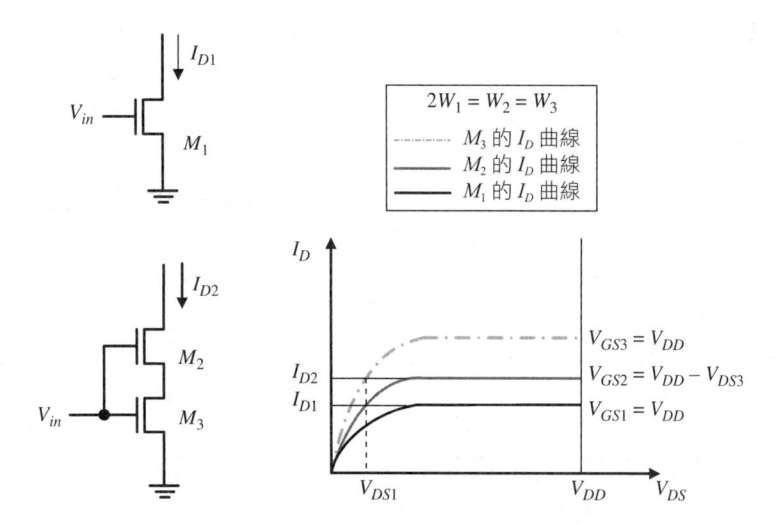

圖 7.27
速度飽和時的疊接電晶體尺寸調整。

7.27，且在此不考慮通道長度效應。讓我們來探究單顆電晶體 M_1 的 I_D 曲線，使用由「低態」至「高態」的步階輸入 V_{in}。然後，M_1 的閘極至源極電壓為 V_{DD}，並將流著定量電流 I_{D1}，如圖 7.27 所示。現在讓我們利用步階輸入 V_{in} 來考慮疊接 (stacked) 電晶體 M_2 與 M_3。如先前在第 7.2 節中所說明，M_2 是在飽和區而 M_3 是在線性區。M_3 的閘極至源極電壓為 V_{DD}，如同 M_1。如果 M_2 與 M_3 的電晶體寬度都比 M_1 的寬度大兩倍，則 M_3 在飽和模式下的電流將比 M_1 的電流大兩倍，因為閘極至源極電壓相同。電晶體 M_2 是在飽和區，且 M_2 的閘極至源極電壓為 $V_{DD} - V_{DS3}$，比 V_{DD} 還小。此閘極至源極電壓的降低將導致電流 I_D 減少，如圖 7.27 所示。長通道元件的 I_D 的下降量比速度飽和元件的 I_D 下降量大得多，因為在長通道元件的汲極電流正比於閘極至源極電壓的平方，而對於速度飽和元件而言，其下降量幾乎是線性正比於閘極至源極電壓。因此，寬度為 $2W_1$ 時的 I_{D2} 比寬度為 W_1 時的 I_{D1} 大了約 20% 至 30%。總結來說，速度飽和元件的疊接電晶體尺寸不須如同在長通道情況下增加那麼多。

在第 5 章與第 6 章的附錄中，我們檢視了如何調整 CMOS 反相器的 nMOS 與 pMOS 電晶體尺寸，依據設計目標來進行模擬。類似的方法可以根據設計目標適用於 CMOS 組合邏輯電路。圖 7.28(a) 與 (b) 顯示典型的 65nm CMOS 製程中，在不同條件下的各種 NAND 閘電晶體寬度比。此模擬使用四組反相器來作為負載（FO4 設計）。x 軸表示 β 比值，即為 pMOS 至 nMOS 電晶體尺寸的比值，而比值範圍從 0.2 到 4.0。邏輯臨界電壓對不同電晶體尺寸相關性的模擬結果繪製於圖 7.28(a)。當 β 值增加，所有三個 NAND 閘的邏輯臨界電壓也會增加。為了得到邏輯臨界電壓為一半 V_{DD} (0.6 V)，雙輸入與三輸入 CMOS NAND 閘所需的 β 值，在該模擬中應該分別是 0.72 與 0.3。請注意即使 β 比值為 0.2 時，一個四輸入 CMOS NAND 閘的邏輯臨界電壓還是高於一半 V_{DD}。

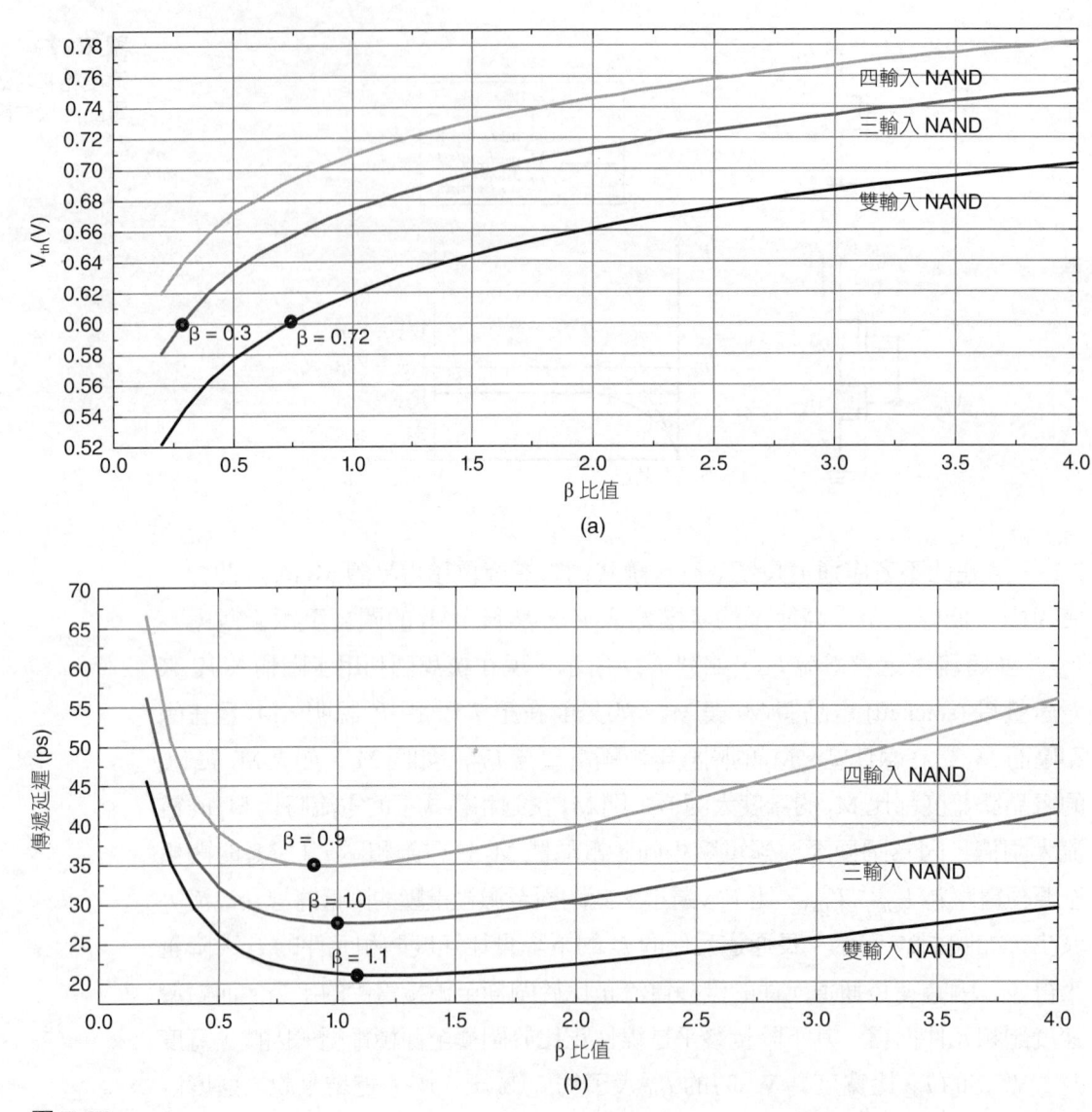

圖 7.28
NAND 電路的最佳 β 比值 (a) V_{th} vs. β 與 (b) 傳遞延遲 vs. β。

當 NAND 閘的扇入 (fan-in) 數量增加時，β 比值將降至邏輯臨界電壓為一半 V_{DD}。類似於 CMOS 反相器，很難藉由緩慢地改變寬度比來改變 NAND 閘的邏輯臨界電壓，也就是一半的電源供應電壓。β 比值對傳遞延遲的影響顯示於圖 7.28(b)。當 β 比值增加時，傳遞延遲 τ_{PHL} 將會減小，然而傳遞延遲 τ_{PLH} 卻因而增加。為了具有最低的平均傳遞延遲，可以選擇 1.1、1.0 與 0.9 的 β 比值，分別供雙輸入、三輸入與四輸入的 CMOS NAND 閘使用。

類似的方法可以應用到 CMOS NOR 閘，如圖 7.29 所示。不同於 CMOS NAND 閘，CMOS NOR 閘所考量的最大扇入數是 3，因為四顆疊接 pMOS 電

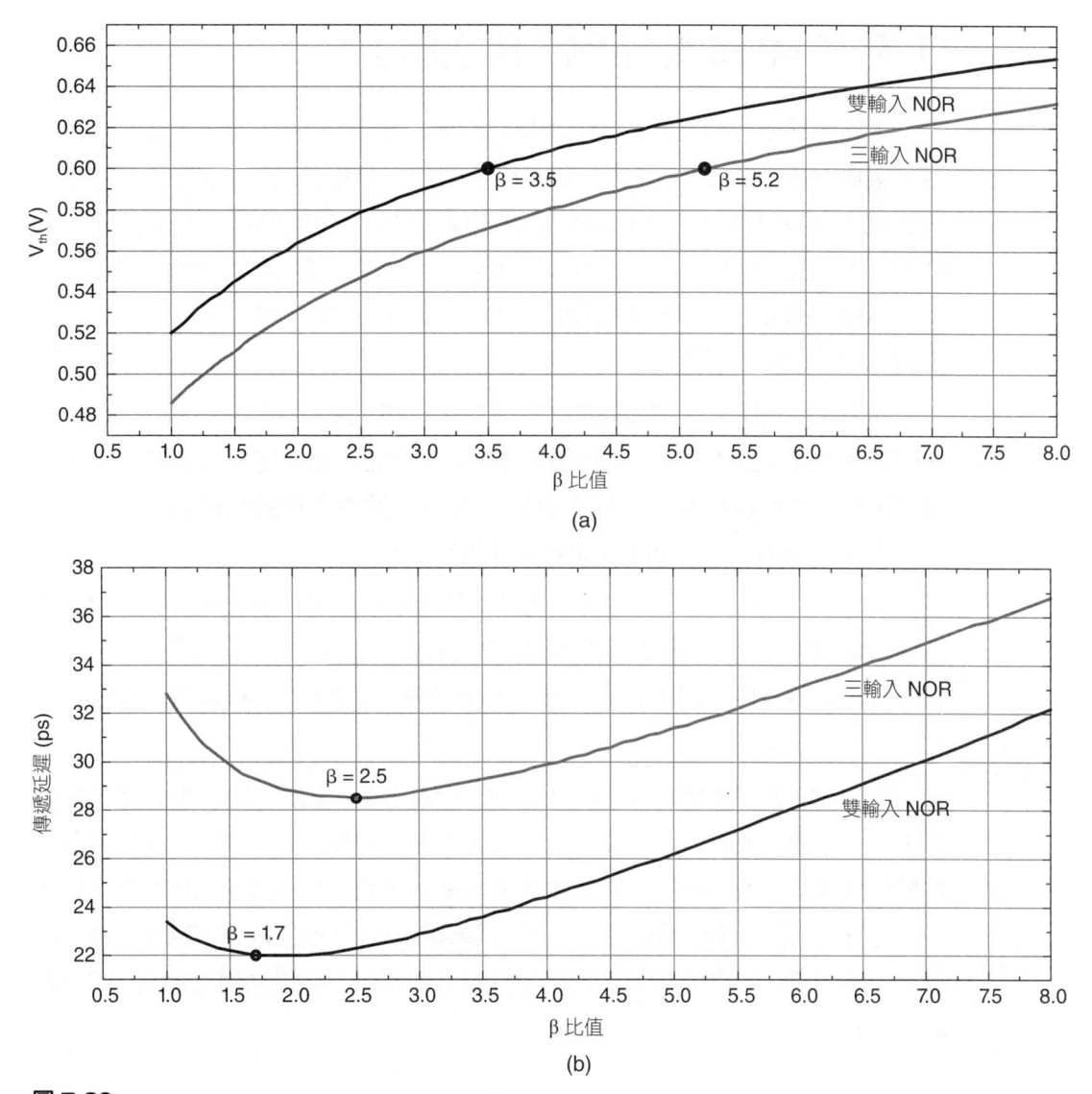

圖 7.29
最佳 β 值的 NOR 電路 (a) V_{th} vs. 與 (b) 傳遞延遲 vs. β。

晶體可能會相對地大大降低性能。在模擬中，四組反相器用來作為負載（FO4 設計）且 β 比值範圍從 1 到 8。邏輯臨界電壓對不同電晶體尺寸的相關性模擬結果示於圖 7.29(a)。當 β 增大，兩個 NOR 閘的邏輯臨界電壓也會增加。為了具有一半 V_{DD} (0.6 V) 的邏輯臨界電壓，在該模擬中，雙輸入與三輸入 CMOS NOR 閘的 β 值應該分別是 3.5 與 5.2。當 NOR 閘的扇入數增加時，β 比值將增加至具有一半 V_{DD} 的邏輯臨界電壓。β 比值對傳遞延遲的影響示於圖 7.29(b)。對於最低化平均傳遞延遲，可以選擇 1.7 與 2.5 的 β 值，分別供雙輸入與三輸入的 CMOS NOR 閘使用。

7.5 CMOS 傳輸閘（傳送閘）

本節將檢視一種稱為 CMOS 傳輸閘 (transmission gate, TG) 的簡單開關電路，或稱為傳送閘 (pass gate)，並提出新型的邏輯電路使用 TG 作為其基本建構區塊。如圖 7.30 所示，CMOS 傳輸閘組成包含一顆 nMOS 電晶體與一顆 pMOS 電晶體，以並聯方式連接。施加至這兩顆電晶體的閘極電壓也被設定為互補訊號。因此，CMOS 傳輸閘的操作，像是在節點 A 與節點 B 之間的雙向開關，且受訊號 C 控制。

如果控制訊號 C 是邏輯高態，即等於 V_{DD} 時，這兩顆電晶體導通，並提供在節點 A 與 B 之間的低電阻電流路徑。另一方面，如果控制訊號 C 為低態，則這兩顆電晶體將被截止，且在節點 A 與 B 之間的路徑將是形成開路。這種情況也被稱為高阻抗 (high-impedance) 狀態。

須注意到，nMOS 電晶體的基底端是連接至接地端，而 pMOS 電晶體的基底端則是連接至 V_{DD}。因此，我們必須考慮到兩顆電晶體的基底偏壓效應，其係取決於偏壓條件。圖 7.30 也顯示 CMOS 傳輸閘的其它三種常用的符號表示式。

對於 CMOS 傳輸閘的詳細直流分析，我們將考慮以下的偏壓條件，如圖 7.31 所示。輸入節點 (A) 連接至定值的高態邏輯電壓，$V_{in} = V_{DD}$。該控制訊號也是邏輯高態，因此可確保這兩顆電晶體都會導通。輸出節點 (B) 可以連接至一顆電容，代表藉由傳輸閘驅動的後續邏輯階層的電容性負載。現在，我們將研究 CMOS 傳輸閘輸入 - 輸出間的電流 - 電壓關係，並以輸出電壓 V_{out} 的函數來表示。

圖 7.30
CMOS 傳輸閘 (TG) 的四種不同表示方式。

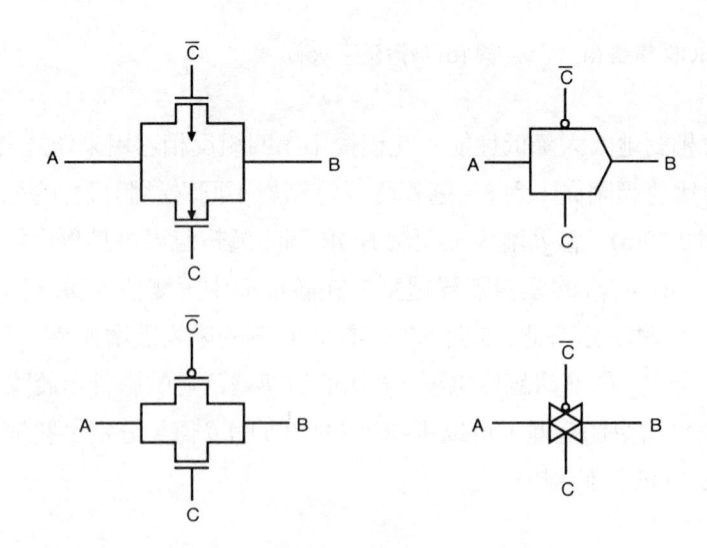

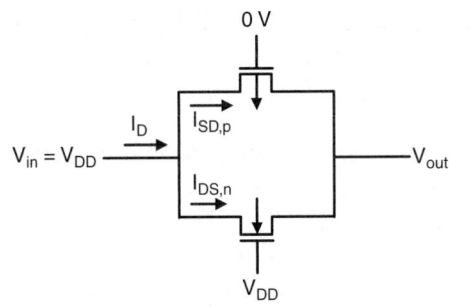

圖 7.31
CMOS 傳輸閘的偏壓情況與操作區域，其係以輸出電壓的函數來表示。

從圖 7.31 中可以看出，nMOS 電晶體的汲極至源極電壓與閘極至源極電壓為

$$V_{DS,n} = V_{DD} - V_{out}$$
$$V_{GS,n} = V_{DD} - V_{out} \tag{7.47}$$

因此，當 $V_{out} > V_{DD} - V_{T,n}$ 時，nMOS 電晶體將截止；而當 $V_{out} < V_{DD} - V_{T,n}$ 時，則將會操作在飽和模式。pMOS 電晶體 V_{DS} 與 V_{GS} 電壓為

$$V_{SD,p} = V_{DD} - V_{out}$$
$$V_{SG,p} = +V_{DD} \tag{7.48}$$

如果滿足以下的條件，pMOS 電晶體將維持在速度飽和：

$$V_{SD,p} \geq \frac{(V_{SG} - |V_{T,p}|) \cdot E_{c,p} \cdot L_p}{(V_{SG} - |V_{T,p}|) + E_{c,p} \cdot L_p}$$

使用式 (7.48)，我們可以推導出

$$V_{DD} - V_{out} \geq \frac{(V_{DD} - |V_{T,p}|) \cdot E_{c,p} \cdot L_p}{(V_{DD} - |V_{T,p}|) + E_{c,p} \cdot L_p}$$

$$V_{out} \leq V_{DD} - \frac{(V_{DD} - |V_{T,p}|) \cdot E_{c,p} \cdot L_p}{(V_{DD} - |V_{T,p}|) + E_{c,p} \cdot L_p} = V_x$$

因此，當 $V_{out} < V_x$ 時，pMOS 電晶體處於飽和區；而當 $V_{out} > |V_{T,p}|$ 時，pMOS 電晶體則操作於線性區。須注意的是，不同於 nMOS 電晶體，不管輸出電壓 V_{out} 的準位為何，pMOS 電晶體皆維持導通。

這項分析已經證明：依據不同的輸出電壓準位，我們可以分辨出 CMOS 傳輸閘的三種操作區域。這些操作區域以輸出電壓 V_{out} 的函數方式描繪在圖

7.31。流過傳輸閘的總電流為 nMOS 汲極電流與 pMOS 汲極電流之總和。

$$I_D = I_{DS,n} + I_{SD,p} \tag{7.49}$$

在此，我們可以導出在此結構中每一顆電晶體的等效電阻，如下所示：

$$R_{eq,n} = \frac{V_{DD} - V_{out}}{I_{DS,n}}$$

$$R_{eq,p} = \frac{V_{DD} - V_{out}}{I_{SD,p}} \tag{7.50}$$

然後，CMOS 傳輸閘的總等效電阻將是這兩顆電阻 $R_{eq,n}$ 與 $R_{eq,p}$ 的並聯等效。現在，我們將計算出傳輸閘在三種操作區域中的等效電阻值。

區域 1

在兩顆電晶體導通並傳送電荷至輸出節點後，輸出電壓開始增加。一開始，兩顆電晶體均處於飽和狀態。根據圖 7.31，只要輸出電壓小於 V_x，即 $V_{out} < V_x$，pMOS 電晶體維持在速度飽和。我們得到兩個元件的等效電阻為

$$R_{eq,n} = \frac{2(V_{DD} - V_{out}) \cdot [(V_{DD} - V_{out} - V_{T,n}) + E_{c,n} \cdot L_n]}{k_n \cdot E_{c,n} \cdot L_n \cdot (V_{DD} - V_{out} - V_{T,n})^2} \tag{7.51}$$

$$R_{eq,p} = \frac{2(V_{DD} - V_{out}) \cdot [(V_{DD} - |V_{T,p}|) + E_{c,p} \cdot L_p]}{k_p \cdot E_{c,p} \cdot L_p \cdot (V_{DD} - |V_{T,p}|)^2} \tag{7.52}$$

注意，nMOS 電晶體的源極至基極電壓等於輸出電壓 V_{out}，而 pMOS 電晶體的源極至基極電壓則等於零。因此，我們在計算中必須考慮到 nMOS 電晶體的基底偏壓效應。

區域 2

在這個區域中，$V_x < V_{out} < (V_{DD} - V_{T,n})$。因此，pMOS 電晶體現在操作於線性區，而 nMOS 電晶體則持續操作於飽和狀態。

$$R_{eq,n} = \frac{2(V_{DD} - V_{out}) \cdot [(V_{DD} - V_{out} - V_{T,n}) + E_{c,n} \cdot L_n]}{k_n \cdot E_{c,n} \cdot L_n \cdot (V_{DD} - V_{out} - V_{T,n})^2} \tag{7.53}$$

$$R_{eq,p} = \frac{2(V_{DD} - V_{out}) \cdot \left(1 + \dfrac{V_{DD} - V_{out}}{E_{c,p} \cdot L_p}\right)}{k_p \cdot \left[2(V_{DD} - |V_{T,p}|) \cdot (V_{DD} - V_{out}) - (V_{DD} - V_{out})^2\right]}$$

$$= \frac{2\left(1 + \dfrac{V_{DD} - V_{out}}{E_{c,p} \cdot L_p}\right)}{k_p \cdot [2(V_{DD} - |V_{T,p}|) - (V_{DD} - V_{out})]} \tag{7.54}$$

區域 3

在這裡，輸出電壓為 $V_{out} > (V_{DD} - V_{T,n})$。因此，nMOS 電晶體將會截止，導致開路等效。pMOS 電晶體將持續操作在線性區。

$$R_{eq,p} = \frac{2}{k_p[2(V_{DD} - |V_{T,p}|) - (V_{DD} - V_{out})]} \quad (7.55)$$

結合在這三個操作區域中找到的等效電阻值，我們現在可以繪製 CMOS 傳輸閘的總電阻值，以輸出電壓 V_{out} 的函數呈現，如圖 7.32 所示。

可以看出，傳輸閘的總等效電阻保持相對定值，即其值是幾乎獨立於輸出電壓，而 nMOS 與 pMOS 電晶體的個別等效電阻值則強烈受到 V_{out} 的影響。CMOS 傳輸閘的這項性質當然相當令人滿意。經由一個邏輯高態控制訊號而導通的 CMOS 傳輸閘，可以透過其簡單的等效電阻來替代，供動態分析使用，如圖 7.33 所示。

在邏輯電路設計裡，以 CMOS 傳輸閘來實現，通常會得到簡潔的電路結構，所需要的電晶體數量可能還少於對應的標準 CMOS 結構所需。注意到，在傳輸閘的應用裡，必須可以同時獲得控制訊號與其互補（反相）訊號。圖 7.34 顯示由兩顆 CMOS 傳輸閘所構成的雙輸入多工器電路。此多工器的操作可以很容易地理解：如果控制輸入端 S 為邏輯高態，則底部的傳輸閘導通，並且使輸出等於輸入 B。如果控制訊號為低態時，底部的傳輸閘將截止，並且頂部傳輸閘將連接輸入 A 至輸出節點。

圖 7.35 顯示使用八顆電晶體所實現的 XOR 函數，使用兩個傳輸閘與兩組 CMOS 反相器。同樣的功能也可以僅使用六顆電晶體來實現，如圖 7.36 所示。

利用廣義的多工器法則，每種布林函數都可用傳輸閘邏輯電路來實現。舉

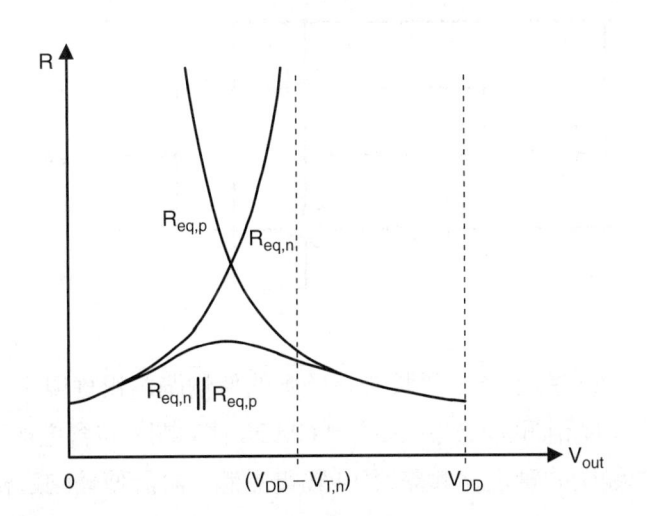

圖 7.32
以輸出電壓函數繪製的 CMOS 傳輸閘等效電阻。

圖 7.33
CMOS 傳輸閘以其電阻等效替代供作暫態分析之用。

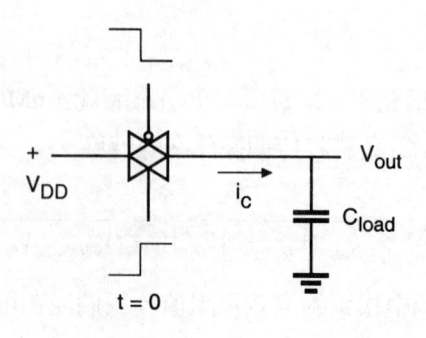

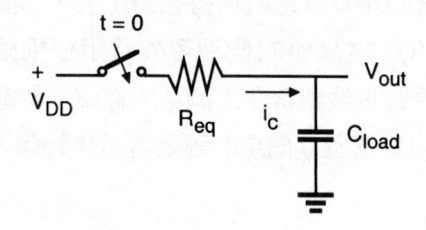

圖 7.34
使用兩顆 CMOS 傳輸閘所實現的雙輸入多工器電路。

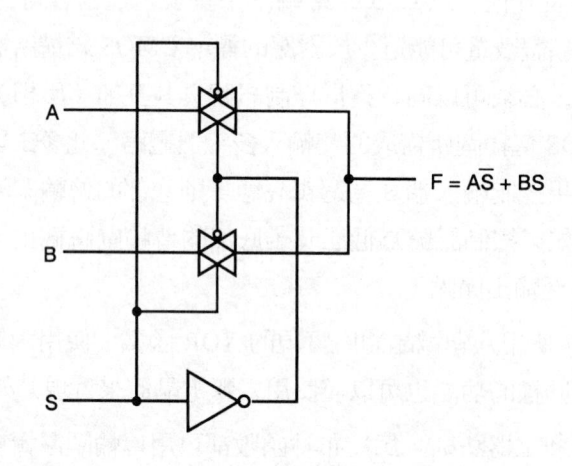

$$F = A\overline{S} + BS$$

圖 7.35
使用八顆電晶體之 CMOS 傳輸閘所實現的XOR函數。

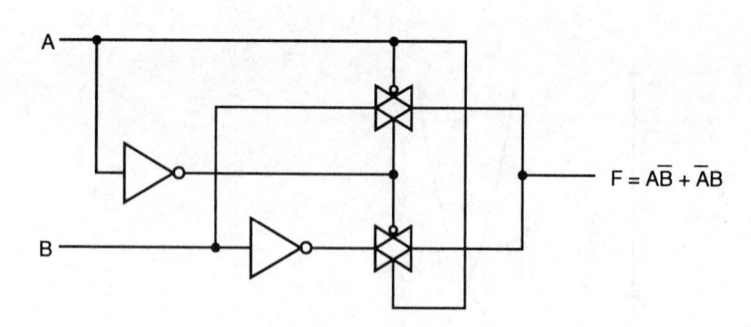

$$F = A\overline{B} + \overline{A}B$$

例來看，圖 7.37(a) 所示為三變數布林函數的傳輸閘邏輯實現。注意到，這三個輸入變數與其反相訊號必須用來控制 CMOS 傳輸閘。包含這裡沒有顯示的三個反相器，傳輸閘的實現總共需要 14 顆電晶體。設計傳輸閘邏輯很重要的一

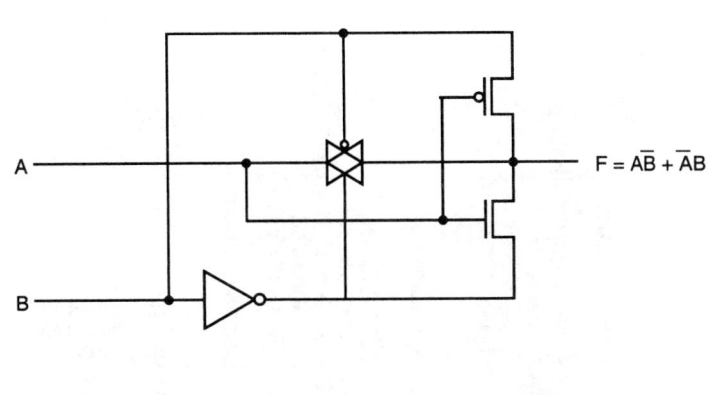

圖 7.36
使用六顆電晶體之 CMOS 傳輸閘所實現的 XOR 函數。

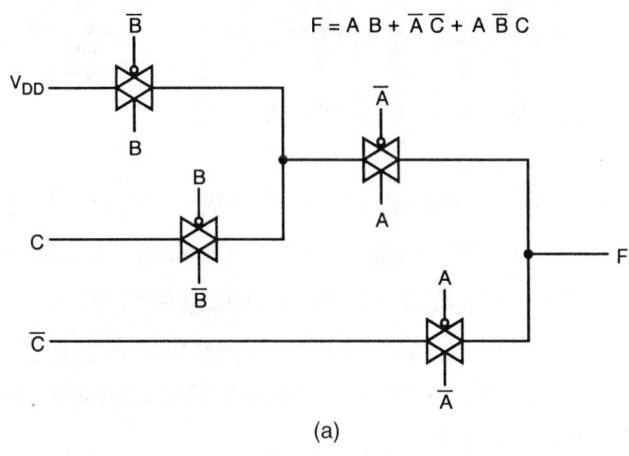

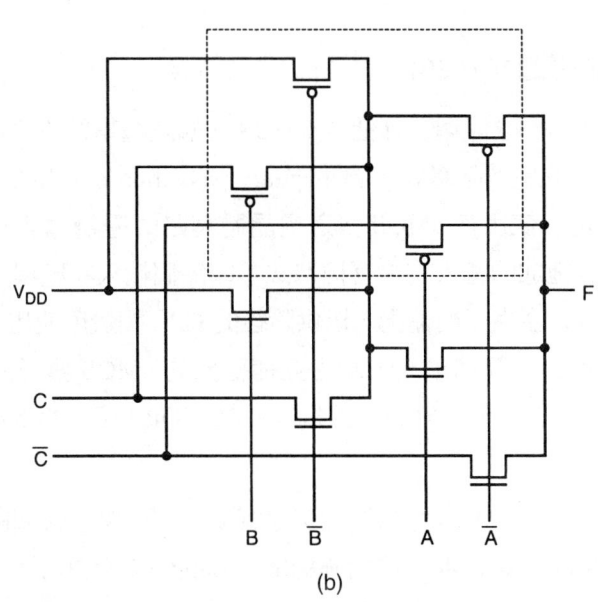

圖 7.37
(a) 三變數布林函數的 CMOS 傳輸閘實現。(b) 所有 pMOS 電晶體可以放置於單一 n 型井中，以節省面積。

點是，對於所有可能的輸入組合而言，在輸出節點與其中一個輸入之間，應該總是要能提供一種導通的傳輸閘網路（低阻抗路徑）。這是為了確保具電容性負載的輸出節點絕不會留在高阻抗狀態。

圖 7.38
圖 7.37 中 CMOS 傳輸閘電路的光罩佈局。

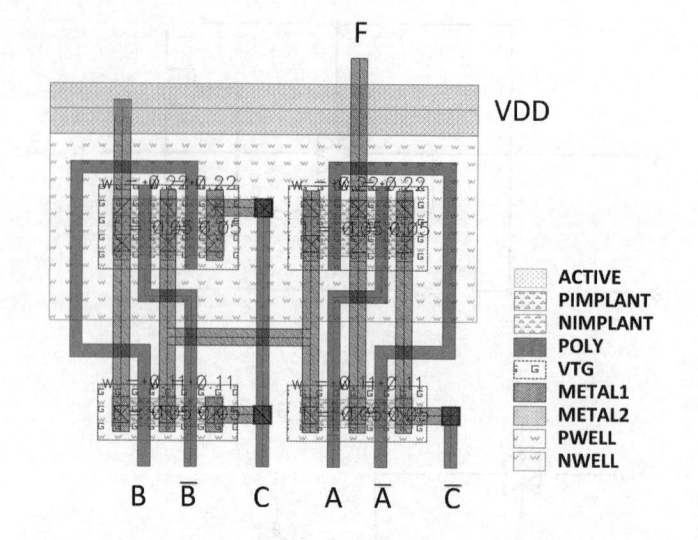

如果在傳輸閘邏輯電路的每個 CMOS 傳輸閘，需要以完整的 nMOS-pMOS 對來實現，則 pMOS 電晶體的分離式 n 型井 (n-well) 結構與擴散接觸點可能導致整體面積顯著地增加。在試圖減少由傳輸閘電路佔用的矽面積時，傳輸閘可以佈局為分離的 nMOS-pMOS 對，並把所有 pMOS 電晶體放置在單一的 n 型井，如圖 7.37(b) 所示。然而，連接 p 型擴散區至輸入訊號所需的繞線面積必須仔細考量。傳輸閘電路佈局如圖 7.38 所示。

互補式傳送電晶體邏輯 (CPL)

採用另一種電路概念能顯著降低全 CMOS 傳輸閘邏輯電路的複雜度，此概念稱為互補式傳送電晶體邏輯 (complementary pass-transistor logic, CPL)。CPL 背後的主要想法是，使用純 nMOS 傳送電晶體網路的邏輯運算來代替 CMOS 傳輸閘網路。所有施加的輸入均採互補型式，即每個輸入訊號與其反相訊號都必須提供；該電路亦產生互補輸出，以供隨後的 CPL 閘級所使用。因此，CPL 電路本質上組成包含了互補輸入、產生互補輸出的 nMOS 傳送電晶體邏輯網路，以及回復輸出信號用的 CMOS 反相器。CPL NOR2 與 CPL NAND2 的電路圖如圖 7.39 所示。

從傳輸閘網路除去 pMOS 電晶體顯著地減少了在電路中每個節點相關的寄生電容；因此，相較於全 CMOS 的對應結構，其操作速度通常較高。但暫態特性獲得改善的代價，則是製程複雜度的增加。在 CPL 電路中，傳輸閘網路裡的 nMOS 電晶體的臨界電壓必須降低到約 0 V，透過離子佈植來調整臨界電壓，以消除臨界電壓造成的壓降。另一方面，這會降低整體的雜訊抗擾性 (noise immunity)，使電晶體在截止狀態時更易受次臨界 (subthreshold) 導通的影響。

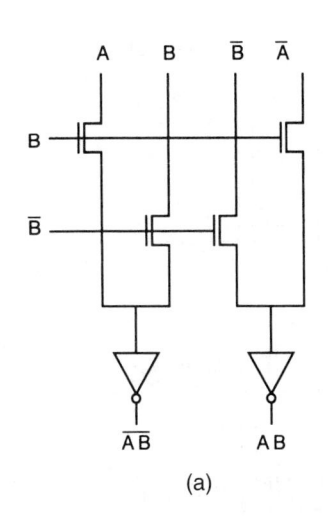

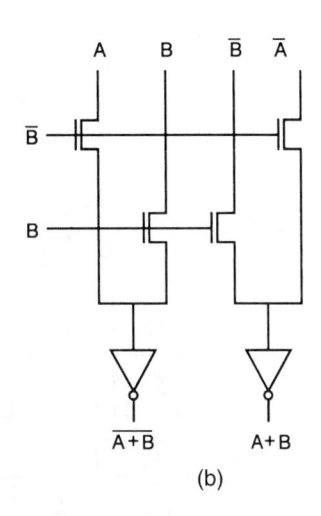

圖 7.39
電路圖：(a) CPL NAND2 閘；(b) CPL NOR2 閘。

還要注意的是，CPL 的設計風格是高度模組化的，而且大部分的函數都可以使用相同的基本傳送電晶體結構來實現。

關於電晶體數量方面，CPL 電路並非每次都明顯優於傳統 CMOS 電路。圖 7.39 所示的 NAND2 與 NOR2 電路皆由八顆電晶體構成。相較於傳統 CMOS 實現的函數，以 CPL 實現的 XOR 與 XNOR 函數具有相近的複雜度（即電晶體數量）。對於以 CPL 實現的全加法器而言，同樣的觀察亦成立。圖 7.40 顯示以 CPL 為基礎的 XOR 閘電路圖。在這裡，交叉耦合的 pMOS 上拉電晶體係用於加速輸出響應。電晶體的寬度以 λ 為單位。圖 7.41 顯示由 32 顆電晶體所構成的 CPL 全加器電路的電路圖。此 CPL 電路的光罩佈局則為圖 7.42。

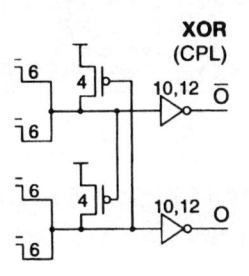

圖 7.40
以 CPL 為基礎的 XOR 閘電路圖。

圖 7.41
CPL 全加器的電路圖。

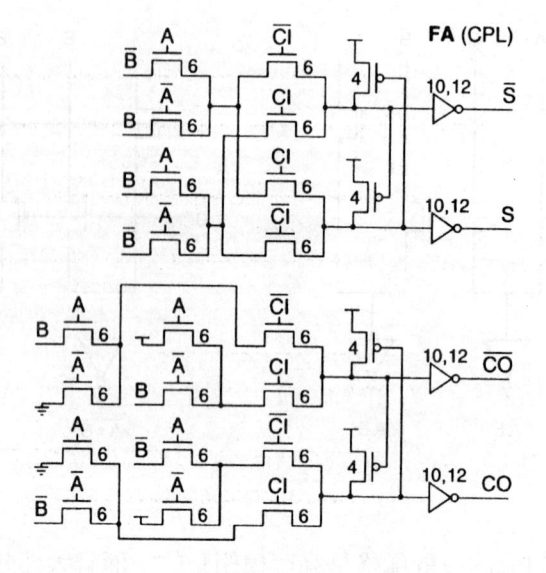

圖 7.42
圖 7.41 中互補式傳送電晶體邏輯 (CPL) 全加器的光罩佈局。

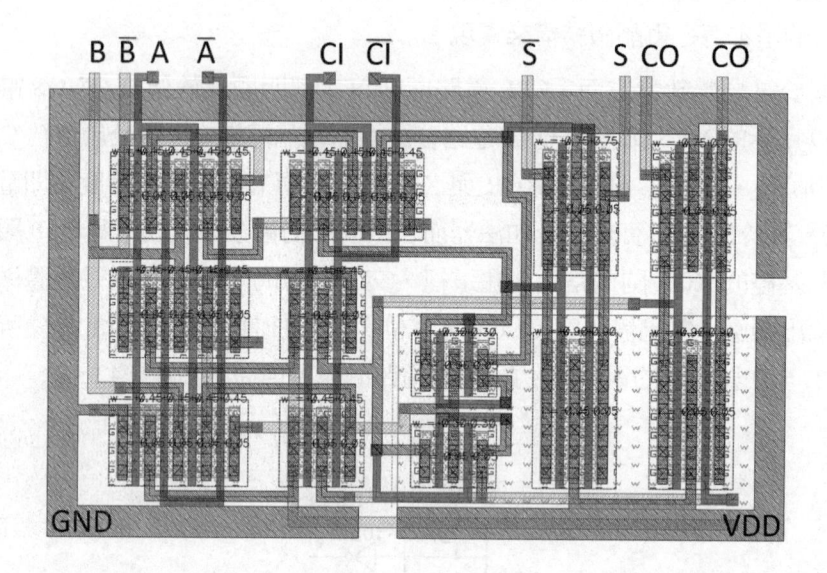

練習題

7.1 使用 XYZ 公司的 3-μm 設計規則為基礎,所設計出的 CMOS 電路如圖 P7.1 所示,其 $W_N = 1.2\ \mu m$ 與 $W_P = 2.4\ \mu m$。

a. 決定電路的組態並畫出電路圖。

b. 為了易於手算分析,做以下假設:
　i) 繞線的寄生電容與電阻可忽略不計。
　ii) 元件參數為

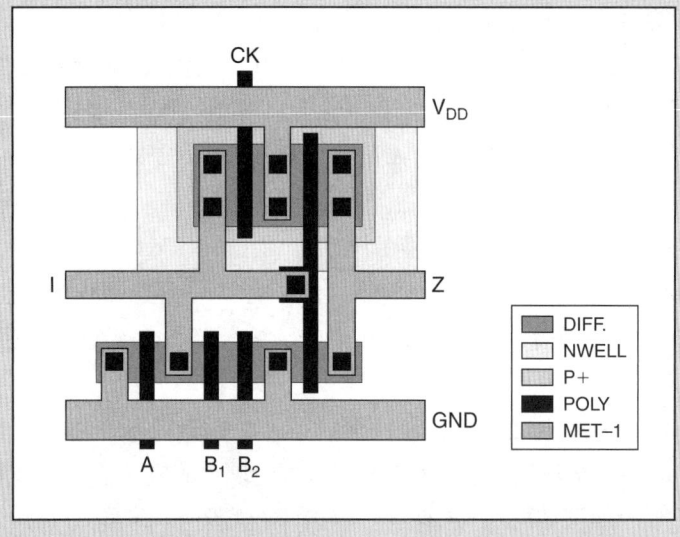

圖 P7.1

	nMOS	pMOS
V_{T0}	0.53 V	-0.51 V
t_{ox}	16 Å	18 Å
k'	98.2 $\mu A/V^2$	46 $\mu A/V^2$
X_j	32 nm	32 nm
L_D	10 nm	10 nm
$E_C L$	0.4 V	1.8 V

iii) 節點 I 的總電容為 0.1 pF。

iv) 一個理想的步階脈波訊號施加至 CK 端點，使得

$$V_{CK} = 1.2 \text{ V} \quad t < 0$$
$$V_{CK} = 0 \text{ V} \quad 0 \leq t < T_w$$
$$V_{CK} = 1.2 \text{ V} \quad t \geq T_w$$
$$V_{DD} = 1.2 \text{ V}$$

v) 在 $t = 0$ 時，在節點 I 的電壓 V_I 為零。

vi) 在 $A_1 \cdot B_1$ 與 B_2 的輸入電壓 V_I 為零，當 $0 \leq t \leq T_W$。

找出允許 V_I 達到 0.6 V 的最小 T_W。

7.2 計算兩顆串聯連接 nMOS 電晶體的等效 W/L，兩顆電晶體寬長比為 W_1/L 與 W_2/L。為了簡化起見，忽略基底效應，即個別電晶體臨界電壓是定值，且不受源極電壓所影響。雖然這在現實中不成立，對於簡化分析以得到合理的良好近似而言，這樣的假設是必要的。

7.3 CMOS NOR2 閘的 V_{th}（邏輯臨界）解析表示式，已經在本章推導過。現在考慮 CMOS NAND2 閘，在下列情況下，並使用 $k_p = k_n = 100 \ \mu A/V^2$：

- 2 個輸入同時切換

- 當底部 nMOS 閘極連接至 V_{DD}，頂部的 nMOS 切換
- 頂部 nMOS 閘極連接至 V_{DD}，而底部 nMOS 閘極輸入持續改變

a. 推導對應於第一種情況的 V_{th} 解析表示式。對於 $V_{DD} = 1.2$ V，亦請找出第一種情況的 V_{th} 值，當臨界電壓的大小是 $V_{Tn} = 0.53$ V，$V_{Tp} = -0.51$ V，以及 $\gamma = 0$。

b. 使用 SPICE 來決定所有三種情況下的 V_{th}。

c. 假設 C_{load} 包含了所有的內部寄生電容，當一個理想脈波訊號輸入至這三種情況的每一種時，對於 $C_{load} = 0.2$ pF，請計算 50% 延遲（低態至高態與高態至低態的傳遞延遲）。使用 SPICE 來驗證結果。

7.4 寫出 SPICE 輸入描述，有關電晶體連接、源極與汲極寄生，根據例題 7.2 中所示的佈局面積與周長。忽略在多晶矽與金屬上的繞線電容。pMOS 與 nMOS 使用的預設模型名稱為 MODP 與 MODN。假設所有電晶體的 $L = 60$ nm 與 $W = 175$ nm。

7.5 對於圖 P7.5 中的邏輯閘，
- 上拉電晶體比例為 5/5
- 下拉電晶體比例為 100/5
- $V_{Tn} = 0.53$ V
- $V_{Tp} = -0.51$ V
- $\gamma = 0.574$ V$^{1/2}$
- $|2\Phi_F| = 1.020$ V
- $E_{C_n}L_p = 1.8$ V

a. 指出 V_{OL} 為最壞情況下的輸入組合。

b. 計算最壞情況下的 V_{OL} 值。（假設所有的下拉電晶體都具有相同的基底偏壓，且初始時 $V_{OL} \approx 5\% \ V_{DD}$。）

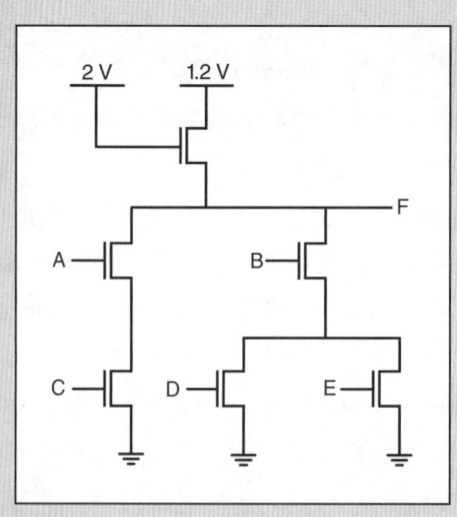

圖 P7.5

7.6 一個儲存器包含一個特殊暫存器與三個普通暫存器。它的儲存原則是：該特殊暫存器僅當兩個或更多的其它暫存器都在工作時才會打開。假設布林變數 A、B 與 C 反應了各個普通暫存器的狀態（1：忙碌，0：閒置）。請設計一邏輯電路，使用 A、B 與 C 作為輸入，而 F 作為輸出，使其能自動通知管理員（藉由設定 $F = 1$）來打開特殊暫存器。請提出兩種解決方案，第一種只能使用 NAND，第二種只能使用 NOR 閘。

7.7 對於以 CMOS 技術製造的雙輸入 NOR 閘，計算其 V_{OL}、V_{OH}、V_{IL}、V_{IH}、NM_L 與 NM_H。

$(W/L)_p = 4$
$(W/L)_n = 1$
$V_{Tn} = 0.53$ V
$V_{Tp} = -0.51$ V
$\mu_n C_{ox} = 98.2\ \mu A/V^2$
$\mu_p C_{ox} = 46\ \mu A/V^2$
$V_{DD} = 1.2$ V

將你的答案與 SPICE 模擬結果做比較。

7.8 使用佈局編輯器（如：Magic）來設計一個雙輸入 CMOS NAND 閘。所有元件都是 $W = 10\ \mu m$。n 通道電晶體 $L_{eff} = 1\ \mu m$，以及 p 通道電晶體 $L_{eff} = 2\ \mu m$。藉由假設 $L_D = 0.25\ \mu m$ 來計算所畫出來的通道長度。使用設計規則檢查，以避免違反規則。最後，使用佈局編輯器進行寄生電容萃取。

7.9 假設在問題 7.8 的雙輸入 NAND 閘驅動著 0.01 pF 的負載。用手算的方式來估計 τ_{PLH} 與 τ_{PHL}。別忘了加入從你的佈局中所萃取出的寄生電容！請以 SPICE 來檢查你的答案。利用：

$k'_n = 98.2\ \mu A/V^2$
$k'_p = 46.0\ \mu A/V^2$
$V_{Tn} = 0.53$ V
$V_{Tp} = -0.51$ V
$E_{C,n} L_n = 0.4$ V
$E_{C,p} L_p = 1.8$ V
$V_{DD} = 1.2$ V

7.10 考慮圖 P7.10 中所示的邏輯電路，其中 $\mu_n C_{ox} = 98.2\ \mu A/V^2$，$\mu_p C_{ox} = 46.0\ \mu A/V^2$，$V_{T0,n} = 0.53$ V，$V_{T0,p} = -0.51$ V，$E_{C,n} L_n = 0.4$ V，$E_{C,p} L_p = 1.7$ V 與 $\gamma = 0$。電源供應電壓為 $V_{DD} = 1.2$ V。

a. 決定邏輯函數 F。

b. 計算 W_L/L_L，使得 V_{OL} 不會超過 0.4 V。

c. 定性上來看，如果在達到與 (b) 相同的條件，但 $\gamma_N = 0.524\ V^{1/2}$，則 W_L/L_L 將會增加或減少？

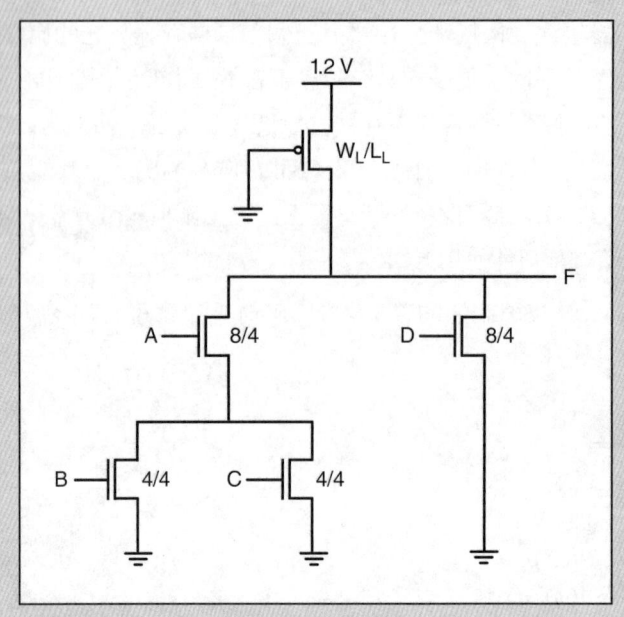

圖 P7.10

7.11 考慮圖 P7.11 所示的電路。

a. 決定邏輯函數 F。

b. 設計一組電路來實現相同的邏輯函數，但使用 NOR 閘。畫出電晶體等級的電路圖，並且使用虛擬 nMOS 技術。

c. 設計一組電路來實現相同的邏輯函數，但使用一顆 AOI(AND-OR-INVERT) 閘。畫出電晶體等級的電路圖，並且使用 CMOS 技術。

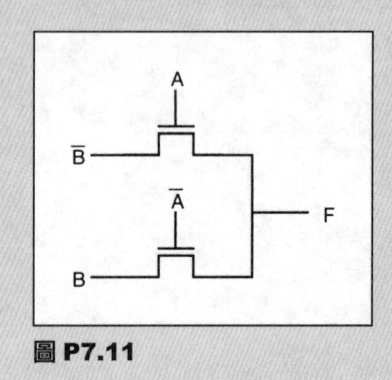

圖 P7.11

7.12 增強型 MOS 電晶體具有下列參數：

$V_{DD} = 1.2$ V

$V_{T0,n} = 0.53$ V

$V_{T0,p} = -0.51$ V

$\lambda = 0.0$ V^{-1}

$\mu_p C_{ox} = 46.0$ μA/V^2

$\mu_n C_{ox} = 98.2\ \mu A/V^2$

$E_{C,n}L_n = 0.4\ V$

$E_{C,p}L_p = 1.7\ V$

對於 CMOS 複合閘 OAI432，其中 $(W/L)_p = 30$ 與 $(W/L)_n = 40$，

a. 計算具有最弱下拉與上拉能力的等效反相器 W/L 尺寸大小。這樣的反相器可以用來計算最壞情況的上拉與下拉延遲，將內部節點的寄生電容適度加至總負載電容。在這個問題中，藉由忽略掉寄生電容，只須計算 p 通道與 n 通道 MOSFET 的 $(W/L)_{最壞情況}$。

b. 以最少的擴散區分離數量來佈局 OAI432，藉以減少多晶矽縱列間距的數量。對多晶矽縱列予以適當排序，擴散區分離數量可以達到最小化。實現這樣目的的一種方法是，使用接線圖模型來找出 p 通道與 n 通道網路的共通尤拉路徑。一種顯示源極與汲極連接的符號式 (symbolic) 佈局，可以充分地回答這個問題。

7.13 考慮一個完全互補的 CMOS 傳輸閘，其輸入端連接至接地 (0 V)，而其它的非閘極端點則連接至初始就已充電至 1.2 V 的 1 pF 負載電容上。使用問題 7.12 的數值。當 $t = 0$ 時，兩顆電晶體都藉由時脈訊號而完全導通，以啟動電容的放電行為。

a. 以電容電壓的函數來繪製此傳輸閘的有效電阻，當 $(W/L)_p = 50$ 與 $(W/L)_n = 40$ 時。從圖中找出電阻的平均值。然後計算電容電壓由 1.2 V 變化至 0.6 V 的 RC 延遲。這結果可藉由求解 RC 電路的微分方程而得到。

b. 利用 SPICE 模擬來驗證在 (a) 求得的答案。源極 / 汲極的寄生電容可予以忽略。

板 9
（上）CMOS 全加法器 (FA) 的電路佈局。（下）4 位元漣波 - 進位加法器的電路佈局，其中包括 4 個全加法器單元。

Chapter 8

循序 MOS 邏輯電路
Sequential MOS Logic Circuits

8.1 簡介

在第 7 章討論的所有組合邏輯電路中,如果忽略傳遞延遲時間,則在任何給定的時間點之輸出準位是由該時間所施加的輸入變數之布林函數直接決定。因此,組合電路缺乏儲存任何先前事件或顯示輸出行為的能力,這與先前所施加的輸入有關。此類型電路也被歸類為非再生 (non-regenerative) 電路,因為輸出與輸入間並無回授關係。

邏輯電路的另一主要類型稱為循序 (sequential) 電路,其輸出係由目前的輸入以及先前施加的輸入變數予以決定。圖 8.1(a) 所示為循序電路,組成包含組合電路與回授迴路中的記憶區塊。在大多數情況下,循序電路的再生行為源自於在輸出與輸入之間的任意直接或間接回授連結。在特定的條件下,再生操作也可以被認定為一種簡單的記憶功能。循序系統的關鍵組件是基本的再生 (regenerative) 電路,可以被分類成三種主要的類別:雙穩態 (bistable) 電路、單穩態 (monostable) 電路與非穩態 (astable) 電路。非再生與再生邏輯電路的一般分類顯示於圖 8.1。

雙穩態電路具有兩種穩定狀態或操作模式,每一種都可以在特定的輸入與輸出條件下達到。另一方面,單穩態電路僅具有一個穩定的操作點(狀態)。即使電路經歷到外部擾動,在經過特定的時間週期後,其輸出最終會返回到單穩定的狀態。最後,非穩態電路不具有可以維持一段特定時間週期的穩定操作點或狀態。因此,非穩態電路的輸出必須振盪,而無法落入穩定的操作模式。第 6 章所檢視的環型振盪器電路為一種非穩態再生電路的典型範例。

在這三種主要的再生電路類別中,雙穩態電路是使用最廣泛與最重要的類型。數位系統使用的所有的基本閂鎖器 (latch) 與正反器 (flip-flop) 電路、暫存器 (register) 以及記憶元件,都屬於此一類型。本章首先檢視簡單雙穩態元件的電性行為,然後再介紹它的一些有用的相關應用。

圖 8.1
(a) 由組合邏輯與在回授迴路中的記憶區塊所構成之循序電路。(b) 根據時間行為所做的邏輯電路分類圖。

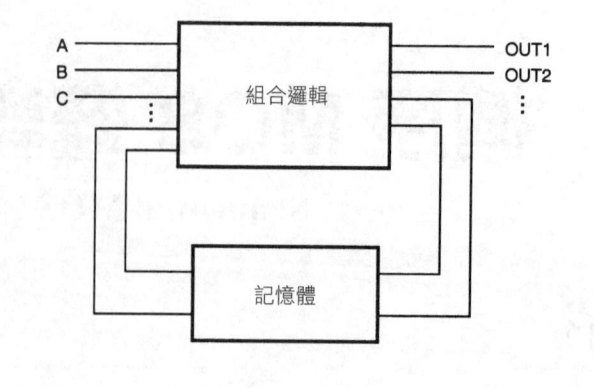

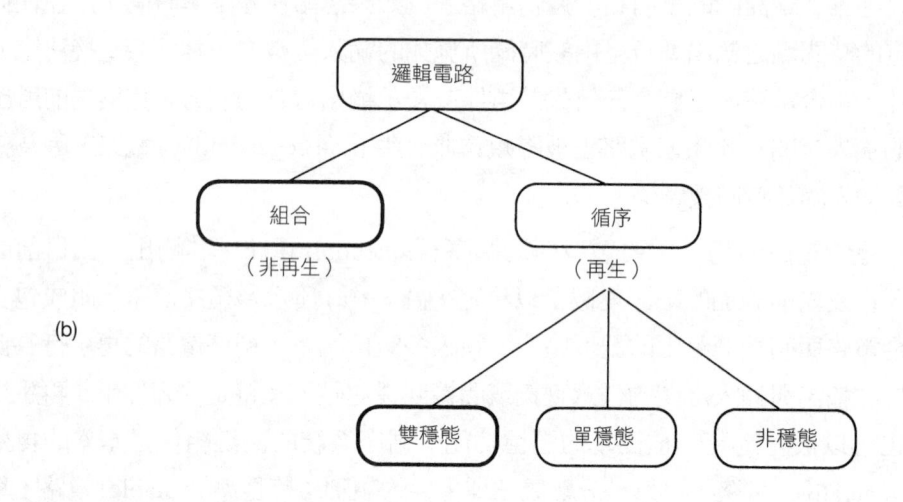

(a)

(b)

8.2 雙穩態元件行為

　　本節所檢視的基本雙穩態元件的組成為兩個完全相同的交叉耦合 (cross-coupled) 反相器電路，如圖 8.2(a) 所示。在這裡，反相器 1 的輸出電壓等同於反相器 2 的輸入電壓，即 $v_{o1} = v_{i2}$，且反相器 2 的輸出電壓則等於反相器 1 的輸入電壓，即 $v_{o2} = v_{i1}$。為了研究這兩個反相器的靜態輸入-輸出特性，一開始先畫出反相器 1 的電壓轉移特性圖，以 $v_{o1} - v_{i1}$ 為座標軸對。須注意的是，反相器 2 的輸入與輸出電壓分別對應至反相器 1 的輸出與輸入電壓。因此，反相器 2 的電壓轉移特性也可以使用相同的座標軸對來繪製出，如圖 8.2(b) 所示。

　　圖中顯示，這兩組電壓轉移特性相交於三點。我們可以簡單推斷出其中的兩個操作點為穩定，如圖 8.2(b) 所示。如果電路初始操作在這兩個穩定點的其中之一，則它會保持此狀態，除非外部強迫它改變操作點。須注意的是，每組反相器電路在這兩個穩定操作點上的增益，即個別電壓轉移曲線之斜率，會比 1 來得小。因此，藉由把操作點從一個穩定點移動至其它點來改變狀態時，必

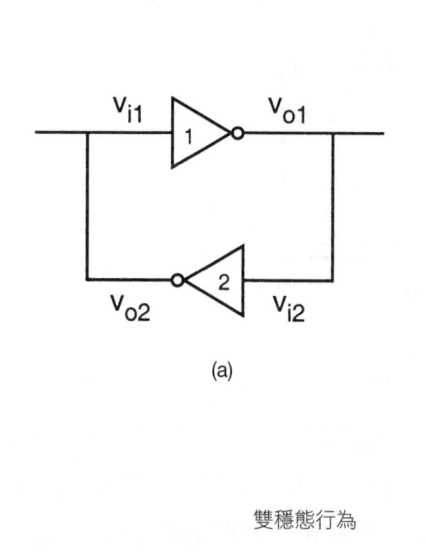

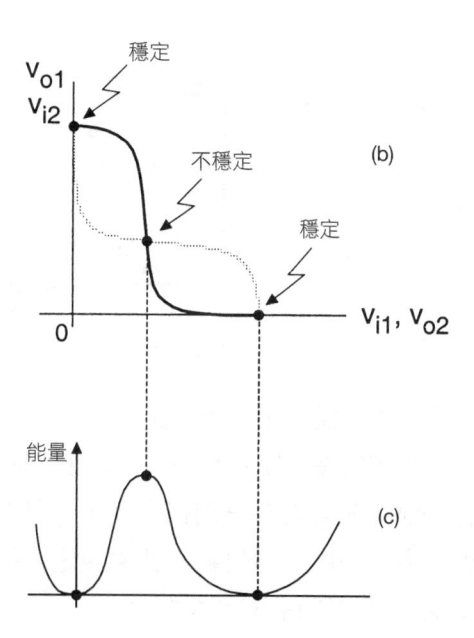

圖 8.2
使用雙反相器的基本雙穩態元件之靜態行為：(a) 電路圖。(b) 交叉兩組反相器電壓轉移曲線，顯示出三個可能的操作點。(c) 對應於三個操作點位能準位的定性觀點。

須施加足夠大的外部電壓擾動，使得反相器迴路的電壓增益變得大於 1。

另一方面，兩個反相器在第三個操作點上的電壓增益大於 1。因此，即使該電路一開始偏壓在該點，在任何一個反相器輸入端的一個小電壓擾動將被放大，並使得操作點移動至其中一個穩定的操作點。由此可推斷第三個操作點並不穩定 (unstable)。該電路具有兩個穩定的操作點，因此稱為雙穩態。

藉由檢視這三個可能的操作點中（圖 8.2(c)）的每一點總位能準位，也可定性地觀測出交叉耦合反相器電路的雙穩態特性。因為這兩個反相器的電壓增益都等於零，所以三個操作點其中兩點的位能為最小值。相對地，在兩個反相器之電壓增益為最大時的操作點，能量會達到最大。因此，此電路具有兩個穩定的操作點對應至能量最小值，以及一個不穩定的操作點對應至位能最大值。

圖 8.3(a) 所示為使用 CMOS 雙反相器之雙穩態元件的電路圖。須注意的是，在這組電路的不穩定操作點上，所有四顆電晶體均處於飽和，導致電路具

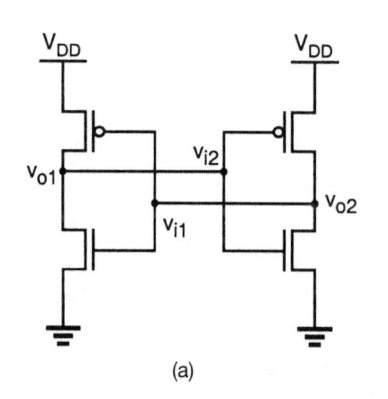

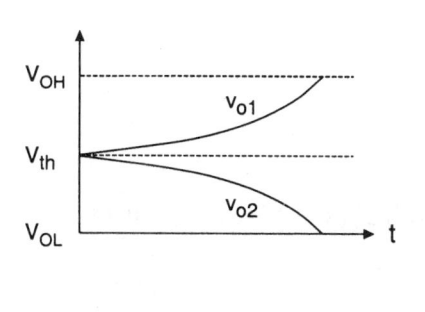

圖 8.3
(a) CMOS 雙穩態元件的電路圖。
(b) 一種輸出電壓的預期時域行為的可能性，如果電路初始設定在不穩定的操作點上。

圖 8.4
反相器的小訊號輸入與輸出電流。

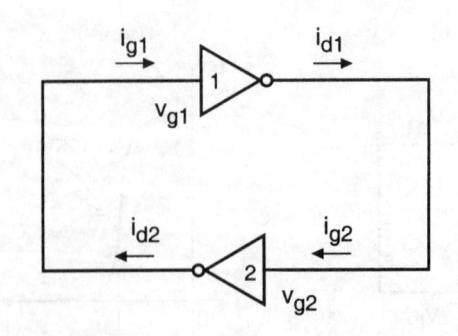

有最大迴路增益。如果初始操作條件設定在這點上,則任何小的電壓擾動將會導致電晶體的操作模式有顯著的變化。因此,我們預期這兩個反相器的輸出電壓會分離,並且最終分別穩定在 V_{OH} 與 V_{OL},如圖 8.3(b) 所示。每組輸出電壓分離的方向係由初始擾動極性來決定。接下來要利用小訊號分析 (small-signal analysis) 方法來詳細檢視這種情形。

考慮在圖 8.4 中所示的雙穩態電路,其初始操作在 $v_{o1} = v_{o2} = V_{th}$,即在不穩定的操作點。在此分析中,我們將假設每個反相器的輸入(閘極)電容 C_g 大於它的輸出(汲極)電容 C_d 甚多,即 $C_g \gg C_d$。

每個反相器(1 與 2)提供的小訊號汲極電流,可以用反相器的小訊號閘極電壓觀點來表示,如下所示。請注意,每個反相器的汲極電流也等於另一個反相器的閘極電流。

$$i_{g1} = i_{d2} = g_m v_{g2}$$
$$i_{g2} = i_{d1} = g_m v_{g1}$$
(8.1)

在這裡,g_m 代表反相器的小訊號轉導 (transconductance)。兩組反相器的閘極電壓呈現可以利用閘極電荷,q_1 與 q_2。

$$v_{g1} = \frac{q_1}{C_g} \quad v_{g2} = \frac{q_2}{C_g}$$
(8.2)

請注意,每個反相器的小訊號閘極電流,可以寫成為其小訊號閘極電壓的時間導數函數,如下所示:

$$i_{g1} = C_g \frac{dv_{g1}}{dt}$$
$$i_{g2} = C_g \frac{dv_{g2}}{dt}$$
(8.3)

結合式 (8.1) 和式 (8.3),可得

$$g_m v_{g2} = C_g \frac{dv_{g1}}{dt}$$
(8.4)

$$g_m v_{g1} = C_g \frac{dv_{g2}}{dt} \tag{8.5}$$

以閘極電荷來表示閘極電壓，這兩個微分方程式也可寫為

$$\frac{g_m}{C_g} q_2 = \frac{dq_1}{dt} \tag{8.6}$$

$$\frac{g_m}{C_g} q_1 = \frac{dq_2}{dt} \tag{8.7}$$

式 (8.6) 與式 (8.7) 所得的兩個微分方程式現在可以合併產生一個描述閘極電荷 q_1 的時間行為之二階微分方程式。

$$\frac{g_m}{C_g} q_1 = \frac{C_g}{g_m} \frac{d^2 q_1}{dt^2} \Rightarrow \frac{d^2 q_1}{dt^2} = \left(\frac{g_m}{C_g}\right)^2 q_1 \tag{8.8}$$

此方程式亦可藉由使用轉態時間常數 (transit time constant) τ_0 更簡化。

$$\frac{d^2 q_1}{dt^2} = \frac{1}{\tau_0^2} q_1 \quad \text{其中} \quad \tau_0 = \frac{C_g}{g_m} \tag{8.9}$$

對於 q_1 而言，式 (8.9) 的時域解為

$$q_1(t) = \frac{q_1(0) - \tau_0 q_1'(0)}{2} e^{-\frac{t}{\tau_0}} + \frac{q_1(0) + \tau_0 q_1'(0)}{2} e^{+\frac{t}{\tau_0}} \tag{8.10}$$

其中的初始條件被給定為

$$q_1(0) = C_g \cdot v_{g1}(0) \tag{8.11}$$

須注意的是，$v_{g1} = v_{o2}$ 與 $v_{g2} = v_{o1}$。以相對應的輸出電壓變數來取代兩個反相器的閘極電荷，可得

$$v_{o2}(t) = \frac{1}{2}(v_{o2}(0) - \tau_0 v_{o2}'(0))e^{-\frac{t}{\tau_0}} + \frac{1}{2}(v_{o2}(0) + \tau_0 v_{o2}'(0))e^{+\frac{t}{\tau_0}} \tag{8.12}$$

$$v_{o1}(t) = \frac{1}{2}(v_{o1}(0) - \tau_0 v_{o1}'(0))e^{-\frac{t}{\tau_0}} + \frac{1}{2}(v_{o1}(0) + \tau_0 v_{o1}'(0))e^{+\frac{t}{\tau_0}} \tag{8.13}$$

對於 t 值很大時，時域表示式 (8.12) 與式 (8.13) 可以簡化為

$$v_{o1}(t) \approx \frac{1}{2}(v_{o1}(0) + \tau_0 v_{o1}'(0))e^{+\frac{t}{\tau_0}}$$
$$v_{o2}(t) \approx \frac{1}{2}(v_{o2}(0) + \tau_0 v_{o2}'(0))e^{+\frac{t}{\tau_0}} \tag{8.14}$$

須注意的是，兩個輸出電壓的大小隨時間呈現指數型式 (exponentially) 增加。根據初始小擾動 $dv_{o1}(0)$ 與 $dv_{o2}(0)$ 的極性，這兩個反相器的輸出電壓將由其初始值 V_{th} 偏離至 V_{OL} 或是 V_{OH}。實際上，因為電荷守恆 (charge-conservation) 原理，輸出電壓擾動 $dv_{o1}(0)$ 的極性，必須始終與 $dv_{o2}(0)$ 相反。因此，兩個輸

圖 8.5
雙穩態電路行為的相位-平面表示。

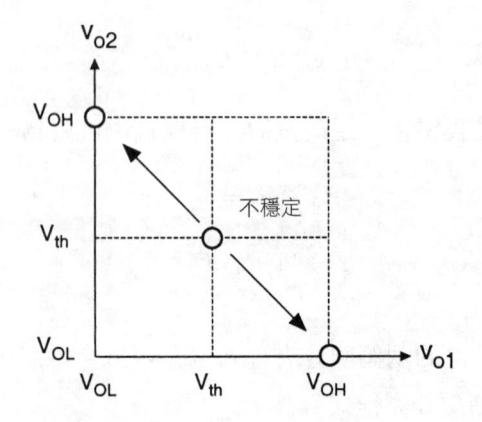

出電壓總是如預期分離至相反的方向。

$$v_{o1}: \quad V_{th} \rightarrow V_{OH} \text{ 或 } V_{OL}$$
$$v_{o2}: \quad V_{th} \rightarrow V_{OL} \text{ 或 } V_{OH} \quad (8.15)$$

此情況的相位-平面 (phase-plane) 表示描繪於圖 8.5 中，顯示出操作點 ($v_{o1} = V_{th}$, $v_{o2} = V_{th}$) 並不穩定。如在相對應的操作點上使用小訊號模型，可以證明在兩個操作點 ($v_{o1} = V_{OL}$, $v_{o2} = V_{OH}$) 與 ($v_{o1} = V_{OH}$, $v_{o2} = V_{OL}$) 是穩定的。

除了這裡介紹的時域分析，另外在雙反相器的雙穩態元件方面也有個有趣的觀察：當雙穩態電路由不穩定操作點安定至其中一個穩定的操作點時，我們可以想像一個訊號繞行於由兩個串接 (cascaded) 反相器所組成的迴路數次（圖 8.6）。輸出電壓 v_{o1} 的時域行為，在這段期間近似為

$$\frac{v_{o1}(t)}{v_{o1}(0)} = e^{+\frac{t}{\tau_0}} \quad (8.16)$$

如果在時間間隔 T 的期間內，訊號繞行迴路 n 次，則這等效於相同訊號傳遞於 $2n$ 個反相器所構成的串接反相器鏈中。以 A 來表示迴路增益（結合兩個串接反相器的電壓增益），我們得到

$$A^n = e^{+\frac{T}{\tau_0}} \quad (8.17)$$

此表示式描述分離過程的時域行為，直到抵達穩定點為止，如圖 8.6 所示。

8.3 SR 閂鎖器電路

由兩個交叉耦合反相器（參見圖 8.2）構成的的雙穩態元件，具有兩種穩定的工作模式，或稱為狀態。只要供給電源供應電壓，此電路可保留 (preserve) 其狀態（兩種可能模式其中之一）；因此，此電路可以執行保持 (hold) 其狀態

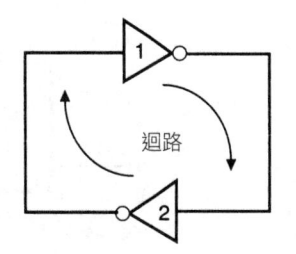

圖 8.6
雙反相器迴路於到達安定期間的暫態訊號傳遞。

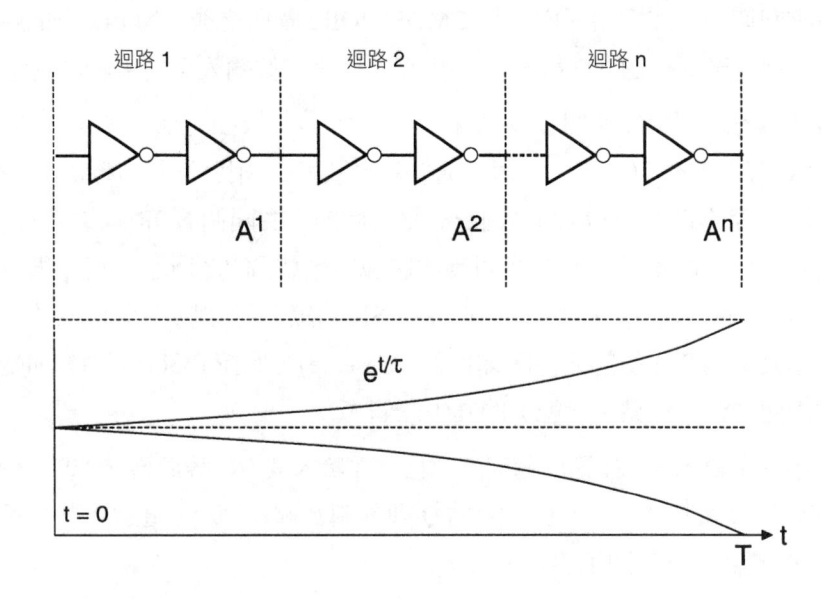

的簡單記憶功能。然而，先前檢視的簡單雙反相器電路並無法允許由外部從穩定的操作模式改變其狀態至其它模式。為了允許這種狀態變化，雙穩態元件中必須加入簡單開關，用以強制或觸發電路從某一個操作點至另一個操作點。圖 8.7 顯示簡單的 CMOS SR 閂鎖器，有兩個這樣的觸發輸入：S（set，設定）與 R（reset，重置）。在文獻中，SR 閂鎖器也被稱為 SR 正反器，因為兩種穩定狀

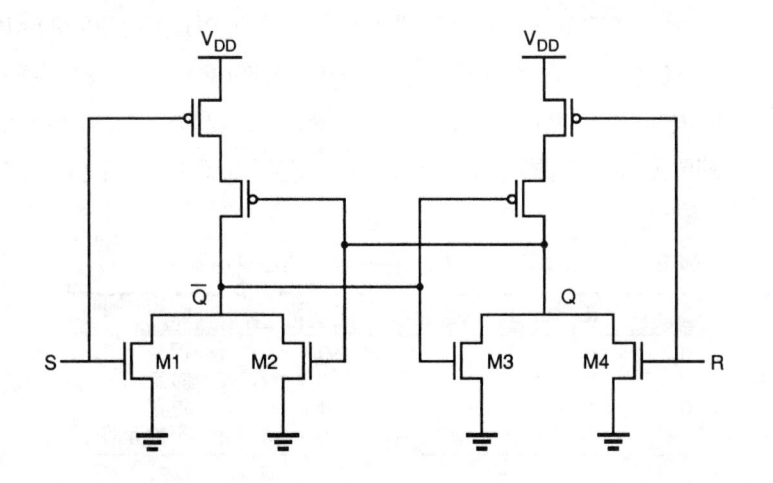

圖 8.7
基於 NOR2 閘的 CMOS SR 閂鎖器電路。

圖 8.8
基於NOR閘的SR門鎖器之閘等級電路圖與區塊圖。

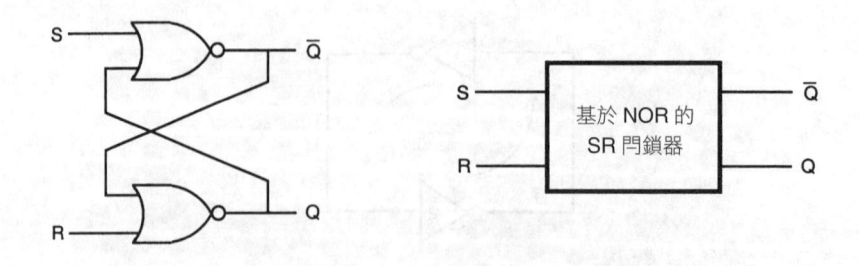

態可以來回切換。該電路係由兩個 CMOS NOR2 閘所構成。NOR2 閘的輸入端用於交叉耦合至另一個 NOR2 閘的輸出端，而第二個輸入可用來觸發電路。

SR 門鎖器電路有兩個互補式輸出，Q 與 $\overline{Q}$。根據定義，當 Q 等於邏輯 "1"，且 $\overline{Q}$ 等於邏輯 "0" 時，門鎖器處於設定狀態。相反地，當輸出 Q 等於邏輯 "0" 且 $\overline{Q}$ 等於 "1" 時，門鎖器則處於重置狀態。由兩個 NOR 閘構成的 SR 門鎖器之閘等級電路圖，以及其相對應的區塊圖，如圖 8.8 所示。可以很容易地看出，當兩個輸入訊號等於邏輯 "0" 時，SR 門鎖器操作將完全相似於先前討論的簡單交叉耦合雙穩態元件，即保留 (preserve)（保持 (hold)）由先前輸入所決定的兩個穩定操作點（狀態）的其中一個。

如果設定輸入端 (S) 等於邏輯 "1" 且重置輸入端 (R) 等於邏輯 "0"，輸出節點 Q 將強制為邏輯 "1"，而輸出節點 $\overline{Q}$ 則強制為邏輯 "0"。這意味著，不管其先前的狀態為何，SR 門鎖器將被設定。

同樣地，如果 S 等於 "0" 且 R 等於 "1"，則輸出節點 Q 將強制為 "0"，而 $\overline{Q}$ 則強制為 "1"。因此，藉此輸入的組合，門鎖器可以被重置，而不管其先前保持的狀態。最後，考慮兩個輸入 S 與 R 都等於邏輯 "1" 的情況。在這種情況中，兩個輸出節點都將被強制為邏輯 "0"，會與 Q 與 $\overline{Q}$ 須為互補性質相衝突。因此，在正常操作下，此輸入組合不會被許可，而且會被認定為是**不被允許 (not-allowed)** 的條件。基於 NOR 閘的 SR 門鎖器之真值表，總結於表 8.1。

圖 8.7 中所示的 CMOS SR 門鎖器電路的操作，可以透過四顆 nMOS 電晶體，M1、M2、M3 與 M4 的操作模式，予以更詳細的檢視。如果設定輸入端 (S) 等於 V_{OH}，且重置輸入 (R) 等於 V_{OL}，則並聯連結電晶體 M1 與 M2 都將會導通。因此，節點 $\overline{Q}$ 的電壓將呈現為 $V_{OL} = 0$ 的邏輯低態準位。同時，M3 與 M4

表 8.1 基於 NOR 閘的 SR 門鎖器電路之真值表。

S	R	Q_{n+1}	$\overline{Q_{n+1}}$	操作
0	0	Q_n	$\overline{Q_n}$	保持
1	0	1	0	設定
0	1	0	1	重置
1	1	0	0	不被允許

表 8.2 基於 NOR 閘的 CMOS SR 閂鎖器電路中之電晶體操作模式。

S	R	Q_{n+1}	$\overline{Q_{n+1}}$	操作
V_{OH}	V_{OL}	V_{OH}	V_{OL}	M1 與 M2 導通，M3 與 M4 截止
V_{OL}	V_{OH}	V_{OL}	V_{OH}	M1 與 M2 截止，M3 與 M4 導通
V_{OL}	V_{OL}	V_{OH}	V_{OL}	M1 與 M4 截止，M2 導通，或是
V_{OL}	V_{OL}	V_{OL}	V_{OH}	M1 與 M4 截止，M3 導通

被截止，從而導致在節點 Q 的電壓為邏輯高態 V_{OH}。如果重置輸入端 (R) 等於 V_{OH}，且設定輸入端 (S) 等於 V_{OL}，則這種情況將顛倒過來（M1 與 M2 截止，M3 與 M4 導通）。

另一方面，當兩個輸入電壓都等於 V_{OL} 時，會有兩種可能。根據 SR 閂鎖器的先前狀態，M2 或 M3 將會擇一導通，而兩顆做為觸發電晶體的 M1 與 M4 都是截止的。這將會在一個輸出節點產生 $V_{OL} = 0$ 的邏輯低態，而互補輸出節點則為 V_{OH}。基於 NOR 閘的 CMOS SR 閂鎖器電路之靜態操作模式與電壓準位則總結於表 8.2。為了簡化起見，互補 pMOS 電晶體的操作模式沒有明確地列出。

對於 SR 閂鎖器電路的暫態分析，要考慮的是導致狀態改變的情況。也就是說，施加設定訊號於初始已重置的閂鎖器以便重新設定，或者施加重置訊號於初始已設定的閂鎖器以便重置，以上兩者擇一的情況。不論何種情況，須注意的是，這兩個輸出節點會同時經歷電壓轉變。而當輸出由邏輯低態準位上升至邏輯高態時，其它輸出節點會由其初始邏輯高態準位一直下降至邏輯低態。因此，當兩個輸出節點同時切換時，要估計所需的時間會是有趣的問題。由於有兩個輸出節點，此問題的精確解答顯然需要兩個耦合微分方程式的聯立解。然而，如果我們假設這上述兩種情況是依順序而非同時發生，即可簡化此問題。這種假設會造成切換時間的高估。

為了計算出兩個輸出節點的切換時間，我們首先必須找出與每個節點有關的全部寄生電容。簡單檢視電路後可以發現，在每個輸出節點的所有集總電容，可以近似如下：

$$C_Q = C_{gb,2} + C_{gb,5} + C_{db,3} + C_{db,4} + C_{db,7} + C_{sb,7} + C_{db,8}$$
$$C_{\overline{Q}} = C_{gb,3} + C_{gb,7} + C_{db,1} + C_{db,2} + C_{db,5} + C_{sb,5} + C_{db,6} \tag{8.18}$$

SR 閂鎖器的電路圖連同節點 Q 與 $\overline{Q}$ 的集總負載電容，如圖 8.9 所示。假設閂鎖器初始為重置，且藉由施加 S="1" 與 R="0" 來正在執行設定的操作，則與節點 Q 相關聯的上升時間可以被估算為

$$\tau_{rise,Q}(SR-latch) = \tau_{rise,Q}(\text{NOR2}) + \tau_{fall,\overline{Q}}(\text{NOR2}) \tag{8.19}$$

圖 8.9
CMOS SR 閂鎖器的電路圖，顯示兩個輸出節點的集總負載電容。

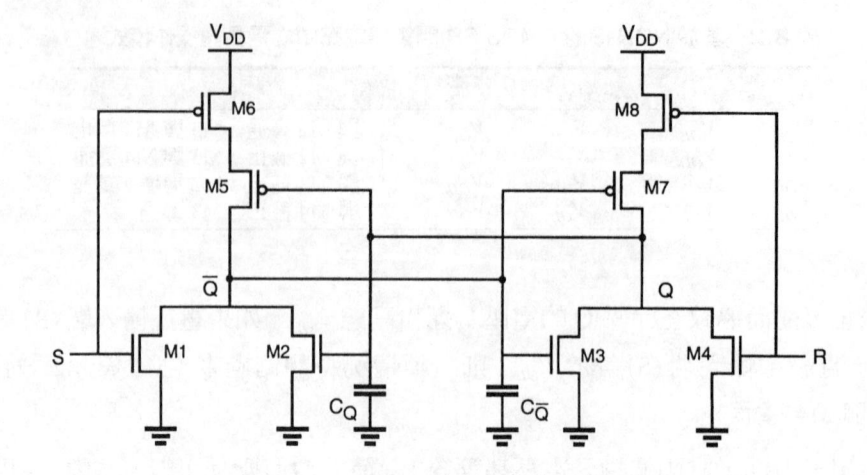

須注意的是，計算切換時間 $\tau_{rise,Q}$ 需要分別計算 NOR2 閘的上升時間與下降時間。很明顯地，若這兩種情況是分開考慮，也就是說，首先由於 M1 的導通，輸出節點 ($\overline{Q}$) 的電壓從高態下降至低態；接著，由於 M3 的截止，另一節點的電壓 (Q) 由低態上升至高態，我們必然會高估 SR 閂鎖器的實際切換時間。在此過程中，M2 與 M4 都可以被假設為截止狀態；縱使在 Q 上升時，M2 可以導通，因而實際上縮短節點 $\overline{Q}$ 的下降時間。然而，這種做法對於時間延遲會導出更簡單的一階預測結果，而非兩個耦合的微分方程式之聯立解。

基於 NOR 的 SR 閂鎖器也可以藉由使用兩個交叉耦合的虛擬 nMOS NOR2 閘來實現，如圖 8.10 所示。從邏輯的觀點來看，基於 NOR2 閘的虛擬 nMOS SR 閂鎖器電路之操作原理與 CMOS SR 閂鎖器是相同的。然而，以功率消耗與雜訊邊界的觀點來看，CMOS 電路的實現提供了更好的選擇，因為兩個 CMOS NOR2 閘在保持狀態時，實際上幾乎沒有消耗靜態功率，而且輸出電壓也可以表現出 0 與 V_{DD} 間的全擺幅。

現在考慮建構基本 SR 閂鎖器電路的不同方式。我們可以使用兩個 NAND2 閘來替換兩個 NOR2 閘，如圖 8.11 所示。在這裡，每個 NAND 閘中的一個輸入端被交叉耦合至另一個 NAND 閘的輸出端，而第二輸入則啟動外部觸發。

圖 8.10
以 NOR2 閘為基礎的虛擬 nMOS SR 閂鎖器電路。

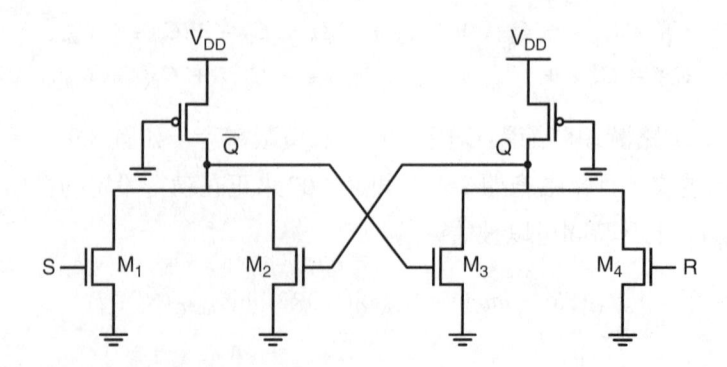

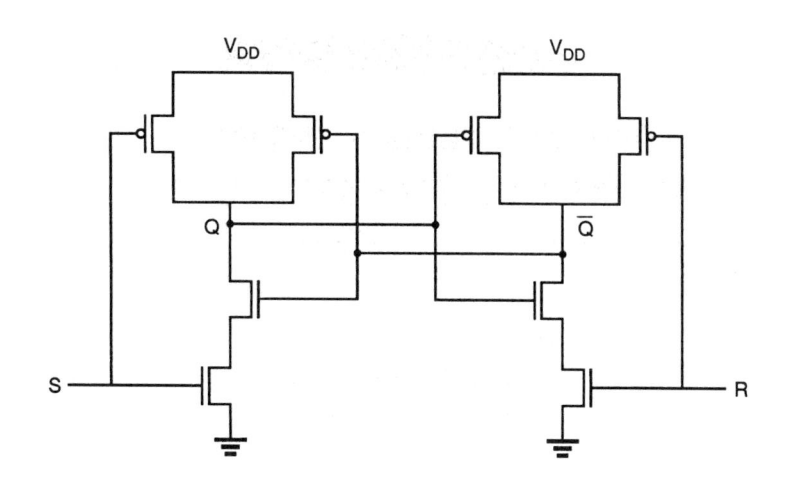

圖 8.11
以 NAND2 閘為基礎的 CMOS SR 閂鎖器電路。

仔細檢視基於 NAND 的 SR 閂鎖器電路可以發現，為了保持（保留）狀態，兩個外部觸發輸入都必須等於邏輯 "1"。電路的操作點或狀態只能藉由設定輸入拉至邏輯 0 或者藉由重置輸入拉至 0 而改變。我們可以觀察到，如果 S 等於 "0" 與 R 等於 "1"，則輸出 Q 達到邏輯 "1" 的值以及互補輸出成為邏輯 "0"。因此，為了要設定 NAND SR 閂鎖器，設定 (S) 輸入必須為邏輯 "0"。同樣地，為了要重置閂鎖器，重置 (R) 輸入必須為邏輯 "0"。結論就是，基於 NAND 閘的 SR 閂鎖器會對**低態作用 (active low)** 的輸入訊號做出反應；而基於 NOR 閘的 SR 閂鎖器，則是對**高態作用 (active high)** 輸入做出反應。須注意的是，如果兩個輸入訊號都等於邏輯 "0"，則兩個輸出節點都呈現為邏輯高態準位，而這是不被允許的，因為它違反了兩個輸出的互補性。

基於 NAND 閘的 SR 閂鎖器電路之閘等級電路圖與相對應區塊圖，如圖 8.12 所示。在 S 與 R 輸入端點的小圓圈係表示此電路反應於低態作用的輸入訊

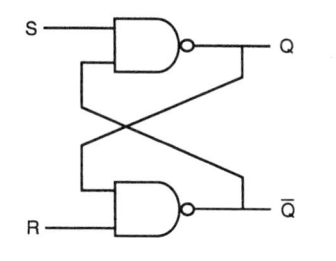

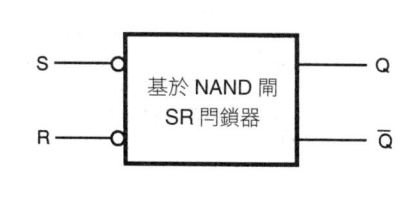

圖 8.12
基於 NAND 閘的 SR 閂鎖器之閘等級電路圖與區塊圖。

S	R	Q_{n+1}	$\overline{Q_{n+1}}$	操作
0	0	1	1	不允許
0	1	1	0	設定
1	0	0	1	重置
1	1	Q_n	$\overline{Q_n}$	保持

圖 8.13
基於虛擬 nMOS NAND 閘的 SR 閂鎖器電路。

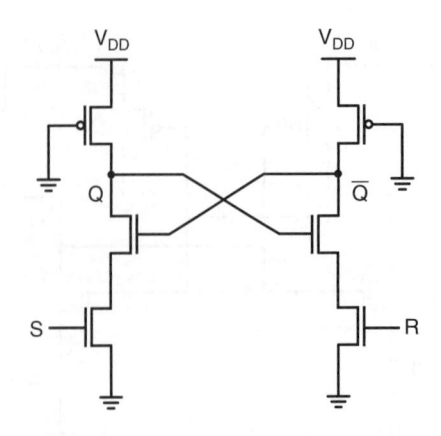

號。圖中也顯示 NAND 型 SR 閂鎖器的真值表。使用在基於 NOR 閘的 SR 閂鎖器之時序分析方法，同樣地也可以應用在基於 NAND 閘的 SR 閂鎖器。

基於 NAND 閘的 SR 閂鎖器，也可以藉由使用兩個交叉耦合的虛擬 nMOS NAND2 閘予以實現，如圖 8.13 所示。雖然就邏輯觀點而言，它的操作原理完全相同於 CMOS NAND 型 SR 閂鎖器（參見圖 8.11）時，但就靜態功率消耗與雜訊邊界方面來看，CMOS 電路實現仍是更佳選擇。

8.4 時脈控制閂鎖器與正反器電路

時脈控制 SR 閂鎖器

在前一節中討論的所有的 SR 閂鎖器電路，本質上都是非同步 (asynchronous) 循序電路，在操作過程中，會在電路延遲相依 (circuit-delay-dependent) 的時間點上，於輸入訊號發生改變時逕行反應。為了有助於同步 (synchronous) 操作，只要增加閘控 (gating) 訊號至電路即可控制電路響應，使得輸出對輸入準位僅在時脈脈波的作用期間內才會做出反應。為了方便參考，時脈脈波將假設為週期性方波，會同時施加至系統中所有時脈控制 (clocked) 邏輯閘。

基於 NOR 閘的時脈控制 SR 閂鎖器的閘等級電路圖顯示於圖 8.14。我們可

圖 8.14
基於 NOR 閘的時脈控制 SR 閂鎖器之閘等級電路圖。

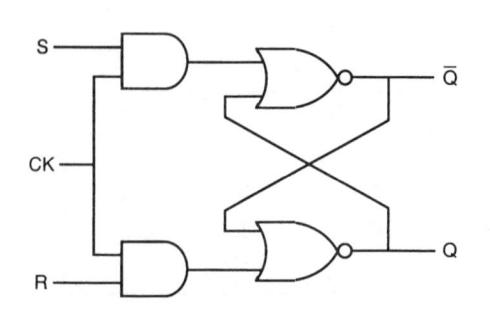

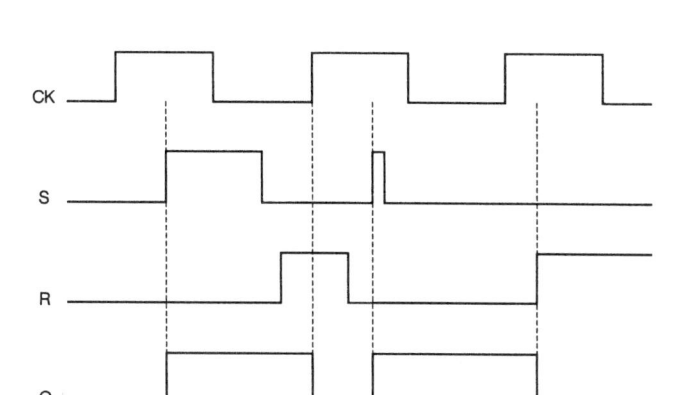

圖 8.15
輸入與輸出的實例波形，說明了基於 NOR 閘的時脈控制 SR 閂鎖器操作。

以看到，如果時脈 (CK) 訊號等於邏輯 "0"，輸入訊號不會影響電路響應。不管 S 與 R 的輸入訊號為何，兩個 AND 閘的輸出將維持在邏輯 "0"，迫使 SR 閂鎖器保持其當前狀態。當時脈輸入端變為邏輯 "1" 時，施加至 S 與 R 輸入的邏輯準位會被允許送至 SR 閂鎖器，並有可能改變其狀態。須注意的是，如同在非時脈控制 SR 閂鎖器一樣，在時脈控制 SR 閂鎖器裡，輸入組合 S = R = "1" 是不被允許的。當兩個輸入 S 與 R 為邏輯 "1" 時，時脈脈波的出現會使兩個輸出瞬間變為零。當時脈脈波被去除，即變成 "0" 時，閂鎖器狀態是無法確定的。依據輸出訊號間的微小延遲差異，它最終可以穩定到兩種狀態的其中之一。

為了說明時脈控制 SR 閂鎖器的操作方式，CK、S 和 R 輸入訊號波形與對應的 Q 輸出波形之序列實例，如圖 8.15 所示。注意在時脈的作用期間，該電路完全是**準位敏感 (level-sensitive)**，即當 CK 準位等於 "1" 時，在 S 與 R 輸入電壓發生的任何變化，將反映至電路輸出。因此，在時脈的作用期間，只要迴路延遲短於脈波寬度，即使是窄的尖波 (spike) 或突波 (glitch) 都可以設定或重置閂鎖器。

圖 8.16 為以 CMOS 實現的基於 NOR 閘之時脈控制 SR 閂鎖器電路，使用了兩個簡單的 AOI 閘。可觀察到，相較於由兩個 AND2 閘與兩個 NOR2 閘所構成的另一種電路實現方式，基於 AOI 閘實現的電路所需之電晶體數量非常少。

基於 NAND 閘的 SR 閂鎖器也可以使用閘控時脈輸入方式來實現，如圖 8.17 所示。但必須指出的是，在這種情況下，這兩個輸入訊號 S 和 R 以及時脈訊號 CK 是低態作用。這表示當時脈等於邏輯 "1" 時，輸入訊號準位的變化將被忽略，且僅當時脈作用（即 CK = "0"）時，輸入才會影響輸出。此基於 NAND 閘的時脈控制 SR 閂鎖器可以用簡單的 OAI 結構進行電路實作，其本質上是類似於以基於 AOI 閘所實現的時脈控制 NOR 閘之 SR 閂鎖器電路。

時脈控制 NAND 閘的 SR 閂鎖器電路之不同實作方式，顯示於圖 8.18。在

圖 8.16
使用基於 AOI 閘實現方式的基於 NOR 閘時脈控制 SR 閂鎖器電路。

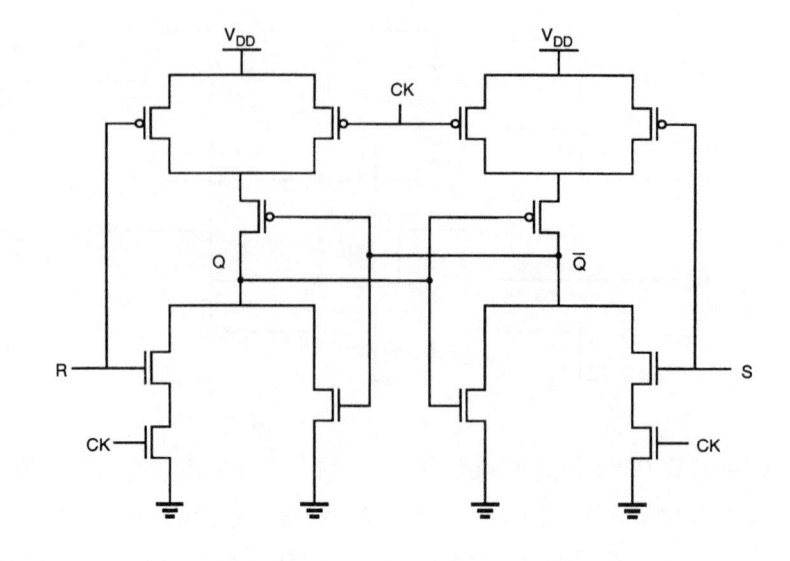

圖 8.17
基於 NAND 閘的時脈控制 SR 閂鎖器之閘等級電路圖，具有低態作用輸入。

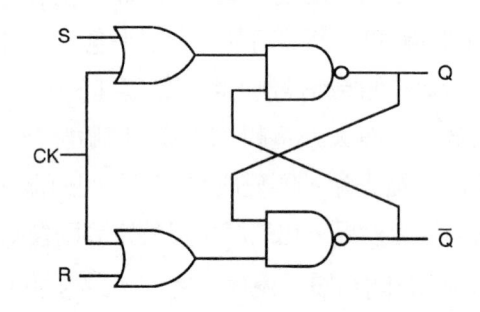

圖 8.18
(a) 基於 NAND 閘的時脈控制 SR 閂鎖器電路之閘等級電路圖，具有高態動作輸入。(b) 相同電路的局部區塊圖表示方式。

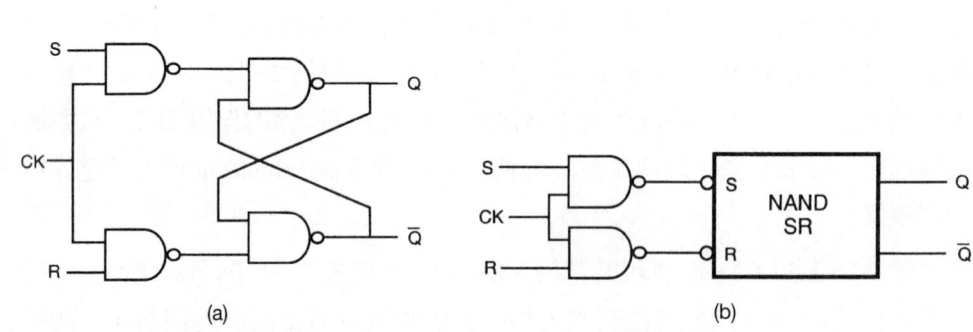

這裡，輸入訊號與 CK 訊號兩者都是高態作用，即當 CK = "1"、S = "1" 與 R = "0" 時，閂鎖器輸出 Q 將設定為 1。同樣地，當 CK = "1"、S = "0" 與 R = "1" 時，閂鎖器將重置為 0。只要時脈訊號是不作用的 (inactive)，即當 CK="0" 時，閂鎖器將會保持其狀態。此實作方式的缺點在於，電晶體數量高於圖 8.17 中所示的低態作用版本。

時脈控制 JK 閂鎖器

到目前為止，所有檢視過的簡單與時脈控制 SR 閂鎖器電路，都有不被允許的輸入組合之問題，即當兩個輸入端 S 與 R 都在同時間被啟動 (activate) 時，

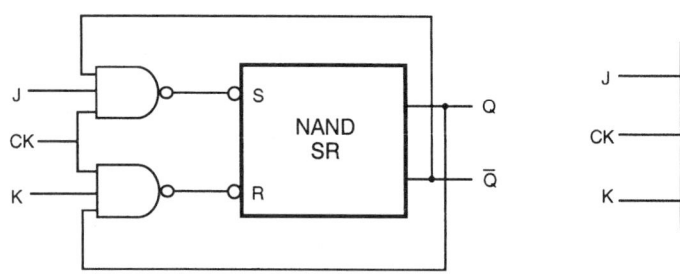

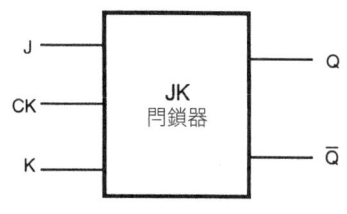

圖 8.19
基於 NAND 閘的時脈控制 JK 閂鎖器電路之閘等級電路圖。

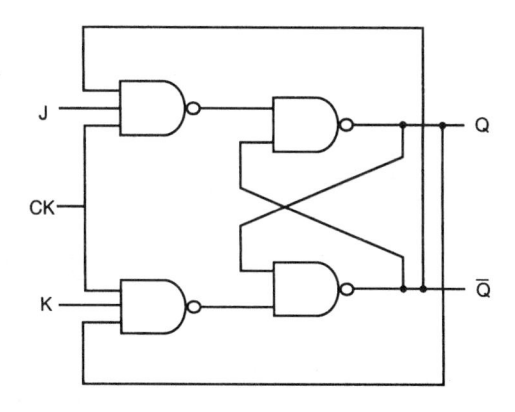

圖 8.20
全 NAND 閘實作的時脈控制 JK 電路。

閂鎖器狀態會變得不確定。增加兩條從輸出至輸入的回授線就可以克服這個問題，如圖 8.19 所示。由此產生的電路稱為 JK 閂鎖器。圖 8.20 為具有高態作用輸入的全 NAND 閘實作之 JK 閂鎖器，以及相對應的區塊圖。JK 閂鎖器通稱為 JK 正反器。

此電路中的 J 與 K 輸入端對應至基本 SR 閂鎖器的設定與重置輸入。當時脈作用時，閂鎖器可以利用輸入組合 (J = "1"，K = "0") 進行設定，以及利用輸入組合（J = "0"，K = "1"）進行重置。如果兩個輸入都等於邏輯 "0" 時，閂鎖器保持目前狀態。另一方面，如果在時脈作用期間，兩個輸入都等於 "1"，則閂鎖器會因為回授而切換狀態。換句話說，JK 閂鎖器沒有不允許的輸入組合。與其它時脈控制閂鎖器電路相同，當時脈不作用 (inactive) 時 (CK = "0")，JK 閂鎖器將保持其目前狀態。時脈控制 JK 閂鎖器的操作總結於真值表（表 8.3）。

表 8.3 JK 閂鎖器電路的詳細真值表。

J	K	Q_n	$\overline{Q_n}$	S	R	Q_{n+1}	$\overline{Q_{n+1}}$	操作
0	0	0	1	1	1	0	1	保持
		1	0	1	1	1	0	
0	1	0	1	1	1	0	1	重置
		1	0	1	0	0	1	
1	0	0	1	0	1	1	0	設定
		1	0	1	1	1	0	
1	1	0	1	0	1	1	0	雙態觸變
		1	0	1	0	0	1	

圖 8.21
(a) 基於 NOR 閘的時脈控制 JK 閂鎖器電路閘等級之電路圖。
(b) 以 CMOS AOI 閘實現的 JK 閂鎖器。

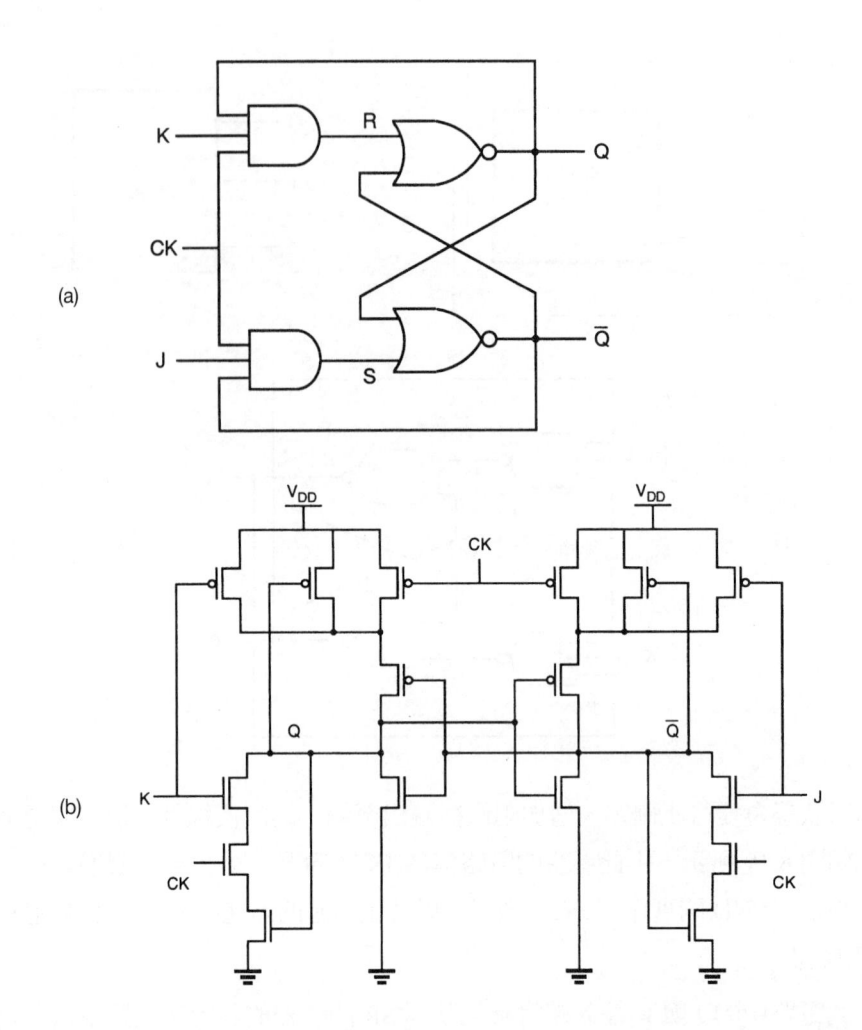

圖 8.21 顯示一種替代選擇，基於 NOR 閘實作的時脈控制 JK 閂鎖器，以及此電路的 CMOS 實現方式。須注意的是，基於 AOI 閘的電路結構導致所需的電晶體數量相對較少；因此，相較於圖 8.20 中由全 NAND 閘實現方式，會是更簡潔的電路。

雖然 JK 閂鎖器沒有不允許的輸入組合，但仍有潛在的問題。如果在時脈脈波的作用期間，兩個輸入等於邏輯 "1"，電路輸出將會持續振盪（雙態觸變 (toggle)），直到時脈成為不作用（變為零），或者其中一個輸入訊號變為零。為了防止這種不想要的時序問題，時脈脈波寬度必須小於 JK 閂鎖器電路的輸入至輸出的傳遞延遲。這個限制使得時脈訊號必須在輸出準位有機會再轉換之前變為低態，以防止無法控制之輸出訊號振盪現象。但是，這種時脈限制難以實現在大部分實際應用中。

假設上述的時序限制可以滿足，若兩個輸入都等於邏輯 "1"（圖 8.22），則對於每個時脈脈波，JK 閂鎖器的輸出將只會切換（改變其狀態）一次。專門操作在這種模式下的電路稱為**雙態觸變開關 (toggle switch)**。

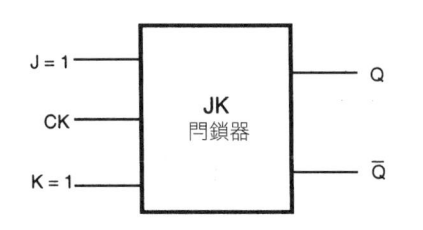

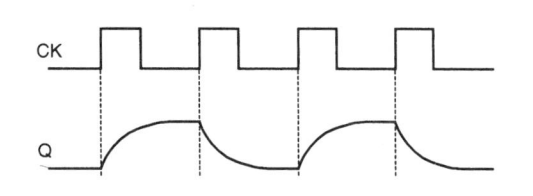

圖 8.22
JK 閂鎖器作為雙態觸變開關的操作。

主僕式正反器

在前面檢視的時脈控制閂鎖器電路中所遭遇到的大部分時序限制，可以透過使用串接組態的兩級閂鎖器予以防止。藉由相反的時脈相位來啟動兩個串接級是關鍵操作原理。這種組態稱為**主僕式正反器 (master-slave flip-flop)**。雖然在文獻中兩者大多可以互換地使用，我們對於正反器的定義是設計來與前面所討論的閂鎖器有所區別。

在圖 8.23 中的輸入閂鎖器，稱為「主 (master)」，當時脈脈波為高態時會被啟動。在此階段，輸入端 J 與 K 允許資料進入正反器，且第一級輸出是依據主要輸入所設定。當時脈脈波變為零，主閂鎖器變為不作用，且第二級閂鎖器，稱為「僕 (slave)」，則轉為可動作。正反器電路輸出會基於先前階段所設定的主級輸出，於第二階段期間決定。

由於利用相反的時脈控制機制，讓主級與僕級彼此可以有效隔離，因此該電路是無法穿透的 (transparent)，即在主要輸入端發生的變化，不會直接反映至輸出。這個重要的性質，顯然將主僕式的正反器與本節先前所檢視過的閂鎖器電路做出區隔。圖 8.24 所示為一組 JK 主僕式正反器的輸入與輸出波形範例，可以幫助讀者來研究其基本操作原理。

因為主級與僕級彼此隔離，所以當 J = K = 為 "1" 時，此電路可允許切換，但它消除了不受控制的振盪之可能性，因為在任何給定的時間下，只有一級會動作。基於 NOR 閘的主僕式正反器電路之替代實現如圖 8.25 所示。

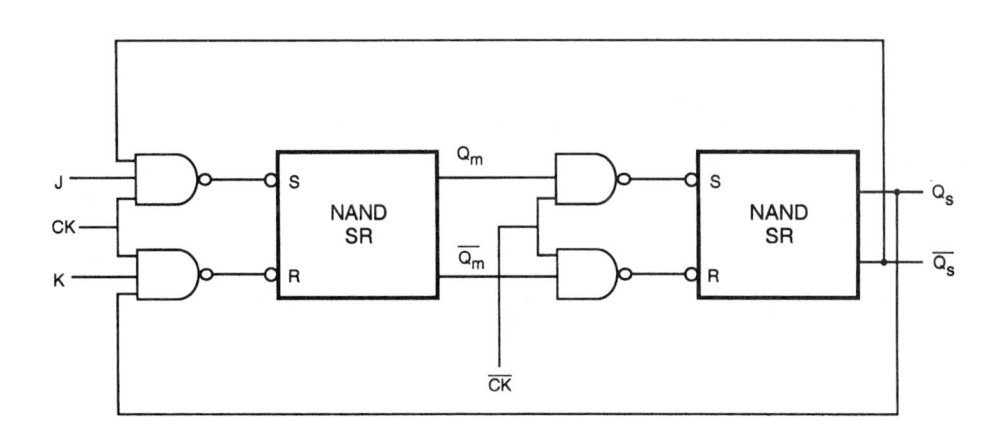

圖 8.23
由基於 NAND 閘的 JK 閂鎖器所組成之主僕式正反器。

圖 8.24
主僕式正反器電路的輸入與輸出波形實例。

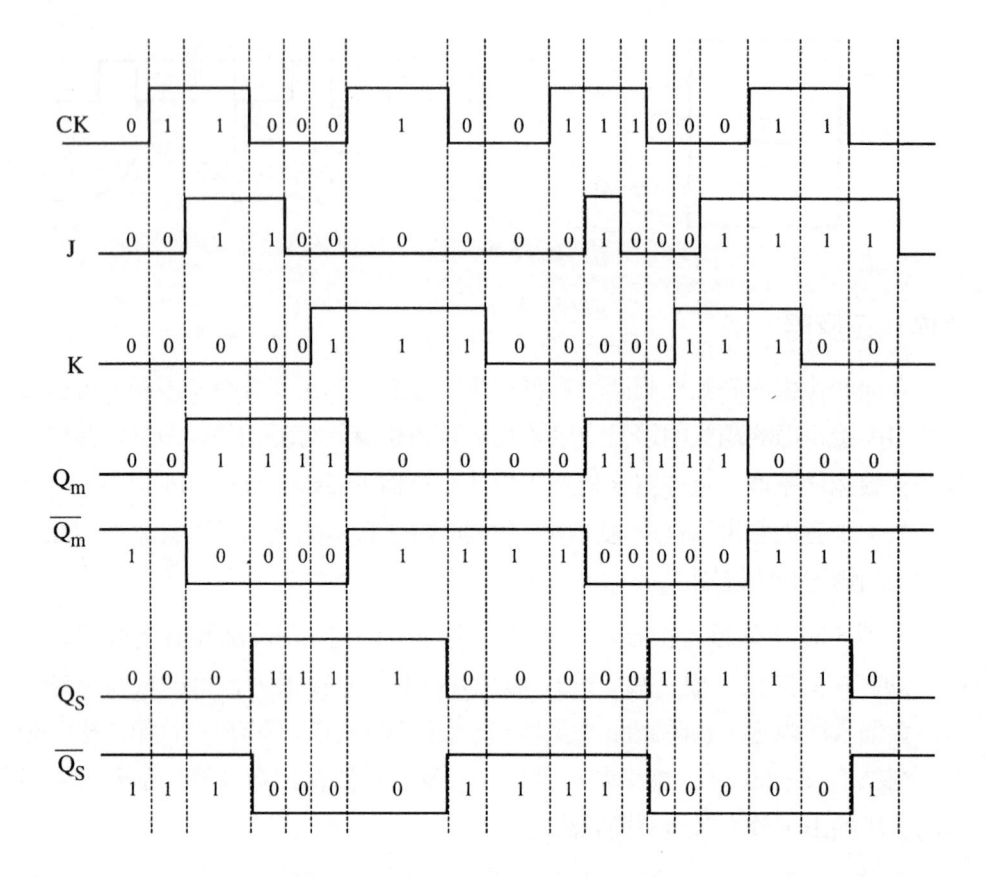

圖 8.25
基於 NOR 閘 的 JK 主僕式正反器之實現。

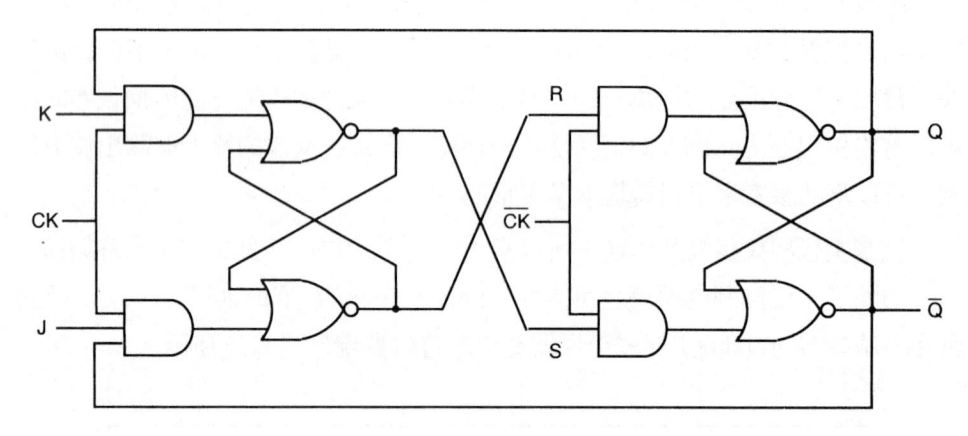

圖 8.24 也顯示，在此討論的主僕式正反器電路有「1 的捕捉 (one's catching)」的潛在問題。當時脈脈波為高態時，在輸入的一個窄尖波或突波，例如在 J 線（或 K 線）上的一個小突波，可能會設定（或重置）主閂鎖器，因而導致不想要的狀態轉換；在下一階段，這將接著被傳遞至僕級。建立邊緣觸發主僕式正反器 (edge-triggered master-slave flip-flop) 可以大幅消除這個問題。下一節會檢視。

8.5 時脈控制儲存元件的時序相關參數

下一節將介紹具有時脈輸入的 D 型閂鎖器 (D-latch) 與 D 型正反器 (D-FF)。首先，本節要討論時序相關參數。對於時脈控制儲存元件 (clocked storage elements, CSE)，包括閂鎖器與正反器，時脈訊號與資料之間時序關係的正確操作極為關鍵。功率消耗、面積、CK-Q 延遲、D-Q 延遲時間與設定時間 (setup time) 和保持時間 (hold time)，是用來評估不同的 CSE 性能的重要設計參數。CSE 的功率消耗討論將涵蓋在第 8.10 節。

首先，我們解釋幾個與正反器相關的時序參數。正緣觸發正反器的簡單時序圖如圖 8.26 所示。輸出延遲有兩種，時脈至 Q 的延遲 t_{CQ}，以及資料至 Q 的延遲 t_{DQ}。t_{CQ} 與 t_{DQ} 分別為從時脈觸發邊緣至輸出所量測到的延遲時間，以及資料抵達邊緣至輸出所量測到的延遲時間。兩者對於「高」至「低」轉態與「低」至「高」轉態都有不同的延遲。

如果在時域上，觸發時脈與資料轉態的發生時間彼此非常接近，則輸出會因為**介穩態 (metastability)** 的問題而可能無效，從而導致看似混亂的暫態行為，並在轉態週期之後，造成無法預測的狀態。為了避免介穩態問題，兩種時序限制的要求——設定時間與保持時間——應該要小心滿足。也就是說，資料應該在設定時間 (t_{setup}) 前到達，且在保持時間 (t_{hold}) 之後是穩定的。當資料遠離時脈邊緣時，從測量到的 t_{CQ} 增加 t_{CQ} 一些量（例如 5%），可用來定義設定時間與保持時間。圖 8.27 顯示，如果性能並非重點，設定時間也能夠以最小的 t_{DQ} 來定義。兩種設定時間的定義都可以根據不同的應用、CAD 軟體工具與設計者的喜好來使用。如果在測試晶片後發現設定時間違反 (violation) 的情況，加寬時脈週期或許可以克服這個問題，代價則是操作頻率下降。然而，若在製作的晶片中，有保持時間違反的情況，則並沒有方法可以克服這個問題。因此，要

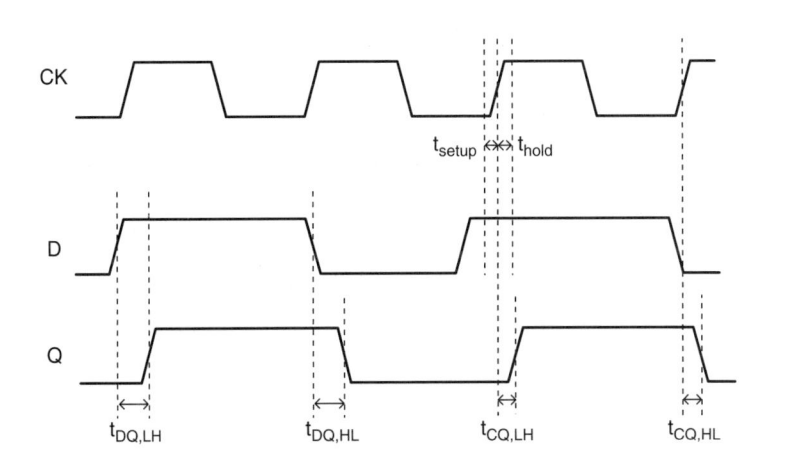

圖 8.26
正緣觸發正反器時序圖。

圖 8.27
設定時間與保持時間的行為作為輸出延遲函數。

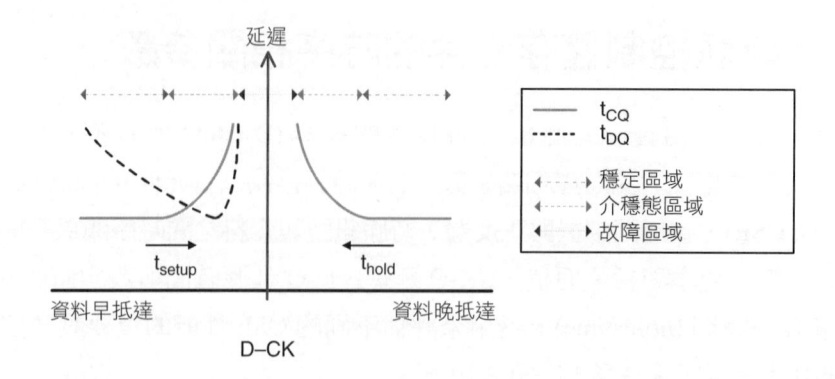

解決保持時間違反，應該在短路徑上補上緩衝器。另外請注意，所有四種時序相關的參數會隨著製程、電壓與溫度的變動而變化。

閂鎖器的時序相關參數與正反器不同，描繪於圖 8.28。假設時脈為「高態」時，閂鎖器是可穿透的，而在時脈「低態」時，保存其資料。在閂鎖器的設計裡，設定時間與保持時間是定義在時脈訊號的後緣。當資料比時脈訊號的上升緣更早到達時，時脈至 Q 延遲的定義如圖 8.28 左側所示。若資料到達時，閂鎖器是可穿透的，則資料至 Q 延遲的定義如圖 8.28 中間所示。

須注意的是，縱使基於閂鎖器設計具有時間借用 (time borrowing) 的優勢，由於正反器的時序驗證較為容易，使其成為業界設計者的優先選擇。舉例來說，如果在基於正反器設計有設定時間違反的情況，找出並修正問題原因所需花費的心力較少。除非每個循環週期時間並沒有為了提高系統的性能做調整，只有單一管線 (pipeline) 級會與時序誤差有關。然而，在以閂鎖器為基礎的設計中，要找出並修正問題並不容易，因為它可能是在許多個週期前所引起的。

圖 8.28
閂鎖器時序圖。

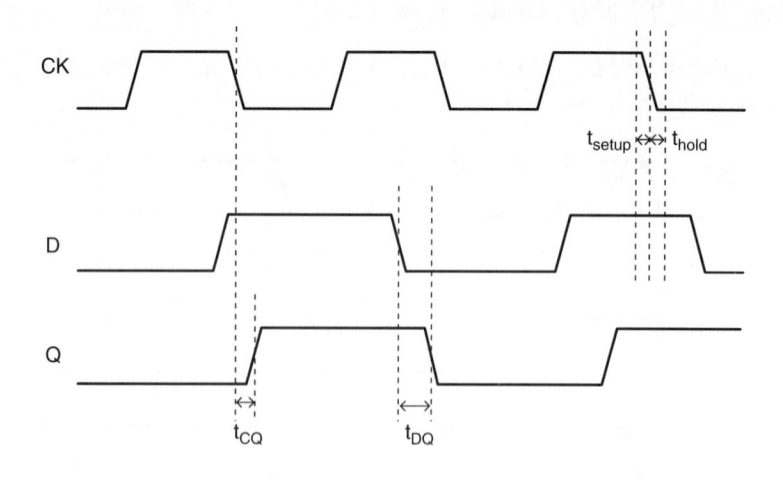

8.6 CMOS D 型閂鎖器與邊緣觸發正反器

隨著在數位積體電路設計中 CMOS 電路技術的廣泛使用，各式各樣以 CMOS 為基礎的循序電路也獲得普及與受到重視，特別是在 VLSI 的設計上。本章已討論過許多例子，幾乎所有的閂鎖器與正反器電路都可使用 CMOS 閘來實現，而且設計簡明易懂。然而，直接以 CMOS 實作的傳統電路，如時脈控制 JK 閂鎖器或 JK 主僕式正反器，往往需要大量的電晶體。

本節將說明，某些主要以 CMOS 傳輸閘所建立的循序電路一般都較為簡單，而且需要的電晶體少於以傳統結構設計的電路。針對這個議題，讓我們先從圖 8.29 所示的簡單 D 型閂鎖器電路開始討論。簡單修改基於 NOR 閘的時脈控制 SR 閂鎖器電路就可以得到 D 型閂鎖器的閘等級呈現。在這裡，電路具有單一輸入端 D，會直接連接至此閂鎖器的 S 輸入端。輸入變數 D 亦被反向連接至此閂鎖器的 R 輸入端。從閘等級電路圖可看到，當時脈作用時，即 CK = "1"，輸出 Q 呈現為輸入 D 值。當時脈訊號變為零時，則輸出將保持原狀態。因此，CK 輸入可做為致能 (enable) 訊號，允許資料被接收至 D 型閂鎖器。

D 型閂鎖器在數位電路設計的應用很多，主要用於資料暫存或做為延遲元件。接下來討論的是 D 型閂鎖器之簡單 CMOS 實作。圖 8.30 顯示基本的雙反

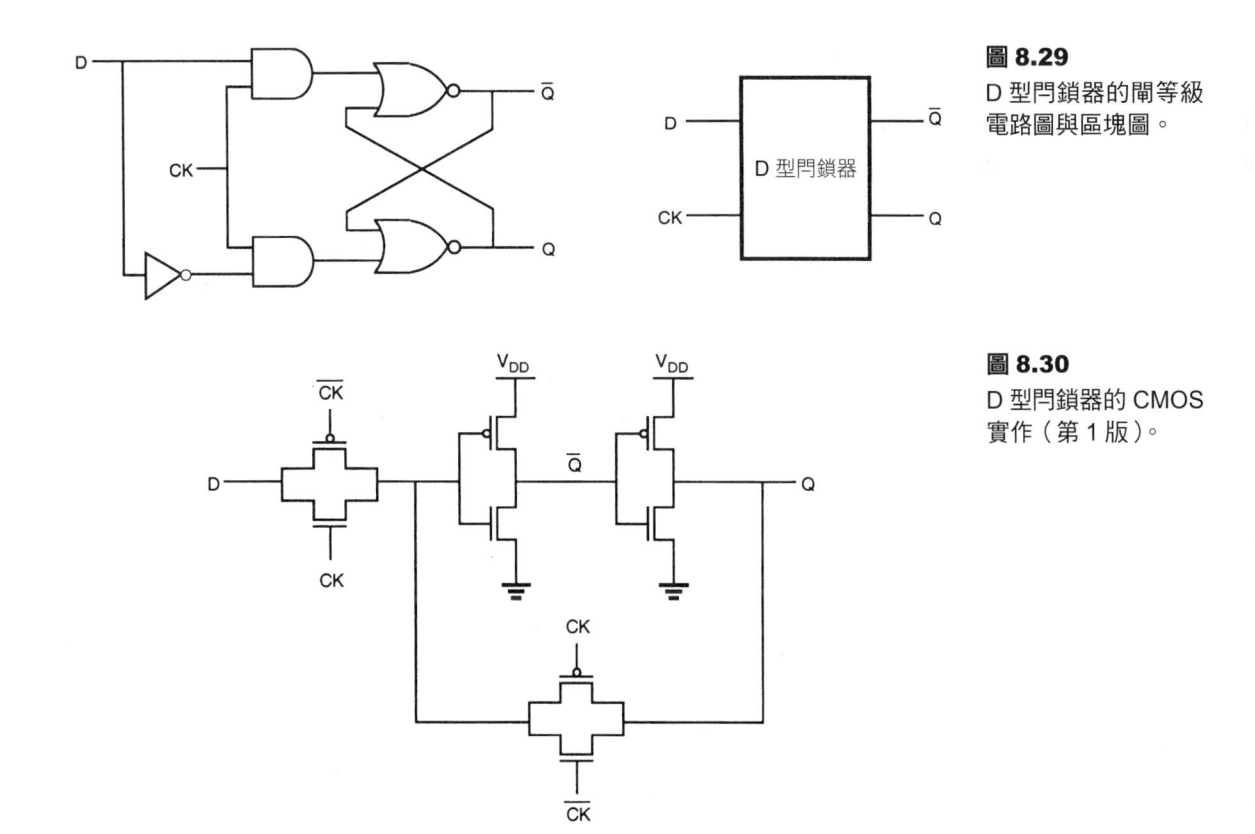

圖 8.29
D 型閂鎖器的閘等級電路圖與區塊圖。

圖 8.30
D 型閂鎖器的 CMOS 實作（第 1 版）。

相器迴路與兩個 CMOS 傳輸閘 (TG) 開關的電路圖。

輸入端的 TG 由 CK 訊號啟動，而在反相器迴路中的 TG 則是由 CK 反相訊號 $\overline{CK}$ 啟動。因此，當時脈為高態時，輸入訊號接收（鎖定）至電路中；當時脈為低態時，這個資訊將保留為反相器迴路的狀態。以簡單的開關來代替 CMOS 傳輸閘，可以更直接看出 CMOS D 型閂鎖器電路的操作，如圖 8.31 所示。此圖底部的時序圖顯示了輸入與輸出訊號應當是有效（無陰影）的時間間隔。

須注意的是，有效的 D 輸入必須在負時脈轉態之前（設定時間，t_{setup}）與之後（保持時間，t_{hold}）一段很短時間內穩定；在這段時間內，輸入端 CK 開關打開 (open)，且迴路開關閉合 (close)。一旦閉合迴路開關而形成反相器迴路，輸出將會維持其有效準位。在 D 型閂鎖器設計中，設定時間與保持時間的需求條件必須仔細地被滿足。圖 8.30 所示的 D 型閂鎖器並非邊緣觸發的儲存元件，因為其輸出是依據輸入而改變，即當時脈是高態時，閂鎖器是可穿透的。可穿透性質使得這種 D 型閂鎖器不適合應用於計數器與某些資料儲存。

圖 8.31
CMOS D 型閂鎖器電路的簡化的電路圖與相對應時序圖，顯示設定時間與保持時間。

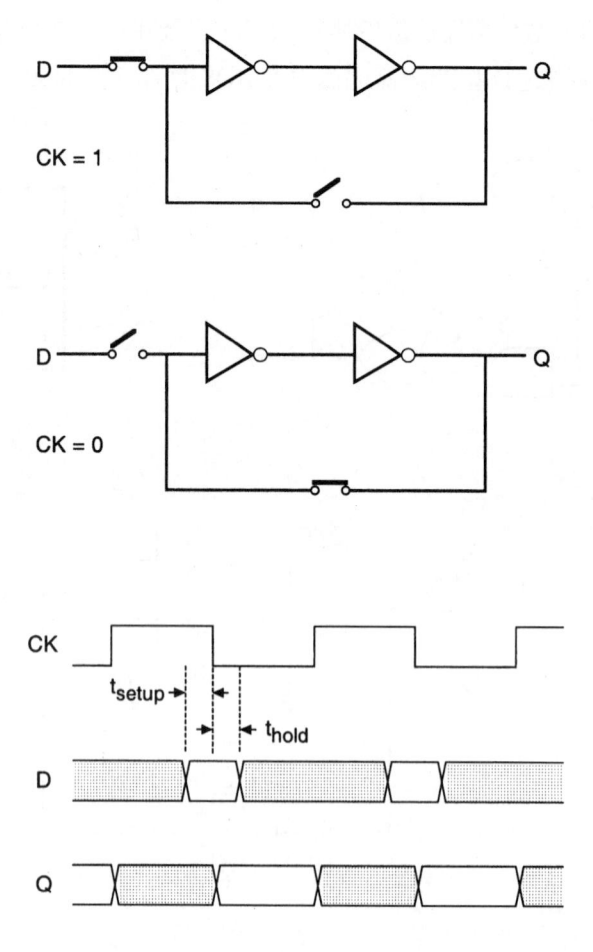

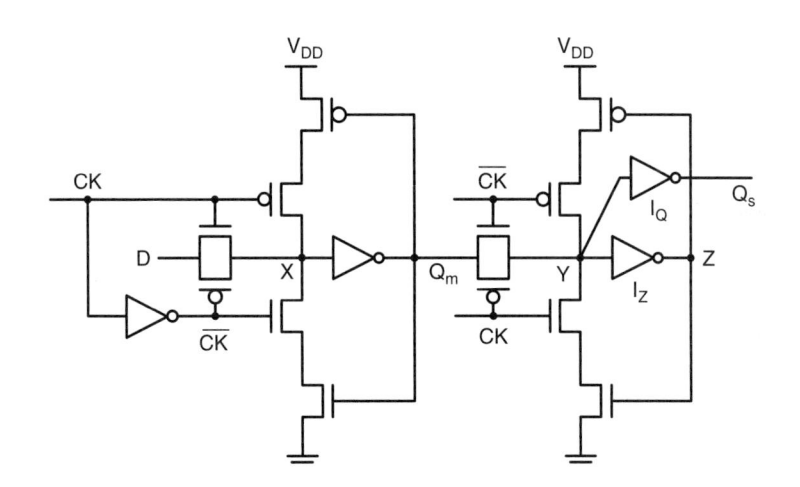

圖 8.32
CMOS 主僕式 D 型閂鎖器（第 2 版）。

　　圖 8.32 為兩級主僕式 CMOS D 型閂鎖器，由兩組 D 型閂鎖器電路簡單串接所構成。第一級（主）由時脈訊號驅動，而第二級（僕）則是由反相時脈訊號驅動。因此，主級是正準位敏感的，而僕級則是負準位敏感的。

　　當時脈為高態時，主級跟隨著 D 輸入，而僕級則保持之前的值。當時脈從邏輯 "1" 改變至邏輯 "0" 時，主閂鎖器停止對輸入取樣，並在時脈切換時，儲存 D 值。同時，僕級閂鎖器成為可穿透的，並將所儲存的主級值 Q_m 傳遞至僕級輸出 Q_s。輸入無法影響輸出，因為主級與 D 輸入端已斷開。當時脈再次從邏輯 "0" 改變為 "1" 時，僕級閂鎖器會鎖住主閂鎖器的輸出，且主級會再次開始對輸入取樣。因此，此電路行為如同負緣觸發的 D 型正反器，因為在時脈脈衝下降緣會對輸入取樣。

　　一組反相器可加至輸入以得到緩衝器的輸入訊號；在這種情況下，輸出會變為 $\overline{Q}$，而另一組反相器再加至輸出藉以反轉 $\overline{Q}$。當傳輸閘截止時，由於沒有了這兩組時脈控制反相器，內部節點 X 和 Y 中的資料可能會因為漏電流、耦合雜訊、α 粒子與宇宙射線的緣故而改變。如果沒有反相器 I_Q，節點 Z 可以當作 Q_s。然而，輸出節點 Q_s（或 Z）會被耦合雜訊所破壞，可能會影響到節點 Y 的電壓。為了防止這種情況，I_Q 和 I_Z 都是必需的，特別是若輸出端連接至很長的內部連線，而這是易受耦合雜訊影響的。兩組時脈控制反相器與 I_Z 的電晶體尺寸不需要很大，因為其目的是為了防止節點 X 和 Y 浮接。當兩組傳輸閘同時導通時，輸入時脈訊號 CK 與 $\overline{CK}$ 之間的時間偏斜 (skew) 可能導致競跑 (race) 問題。圖 8.32 所示的主僕式 D 型閂鎖器用於 IBM 的 PowerPC603 微處理器，被稱為最節能的通用型時脈控制儲存元件之一。

　　圖 8.33 所示為主僕式 D 型閂鎖器的模擬輸入與輸出波形。當時脈訊號為 "1" 時，主級輸出閂鎖住所施加的輸入 (D)；當時脈訊號掉到 "0" 時，僕級的輸

圖 8.33
在圖 8.33 中的主僕式 D 型閂鎖器電路之模擬輸入與輸出波形。

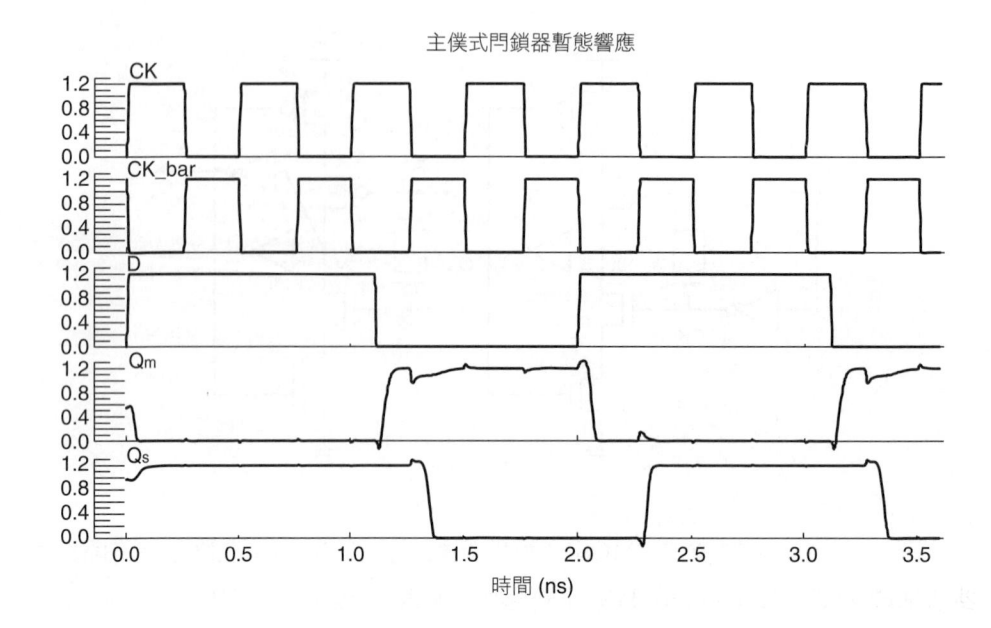

主僕式閂鎖器暫態響應

出成為有效。因此，在每次時脈脈衝下降緣時，主僕式 D 型閂鎖器基本上會對輸入取樣。

但是應當強調的是，如果主級發生設定時間違反的情況，主僕式 D 型閂鎖器電路的操作會受到嚴重影響。這種情況顯示於圖 8.34，在時脈發生轉態之前（設定時間違反），輸入 D 立即從 "1" 切換到 "0"。其結果是，主級無法閂鎖住正確的值，並且僕級產生錯誤的輸出。輸入與時脈訊號的相對時序須小心同

圖 8.34
主僕式 D 閂鎖器電路的模擬波形，顯示在 0.25 ns 時主級輸入為設定時間違反。此時，主級的輸出無法穩定在正確的準位。

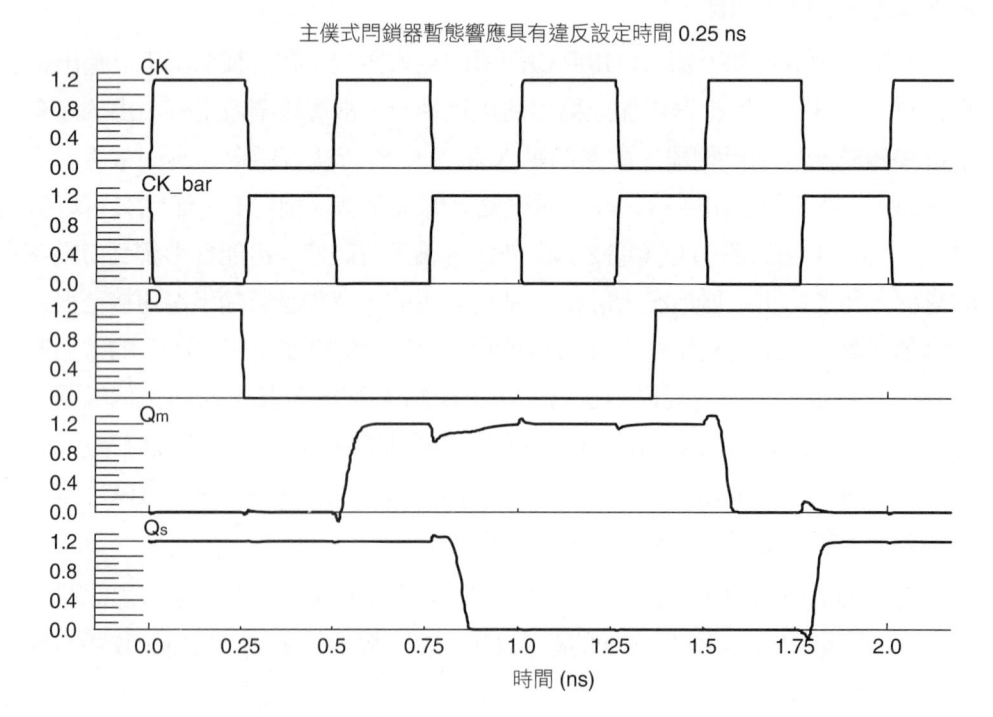

主僕式閂鎖器暫態響應具有違反設定時間 0.25 ns

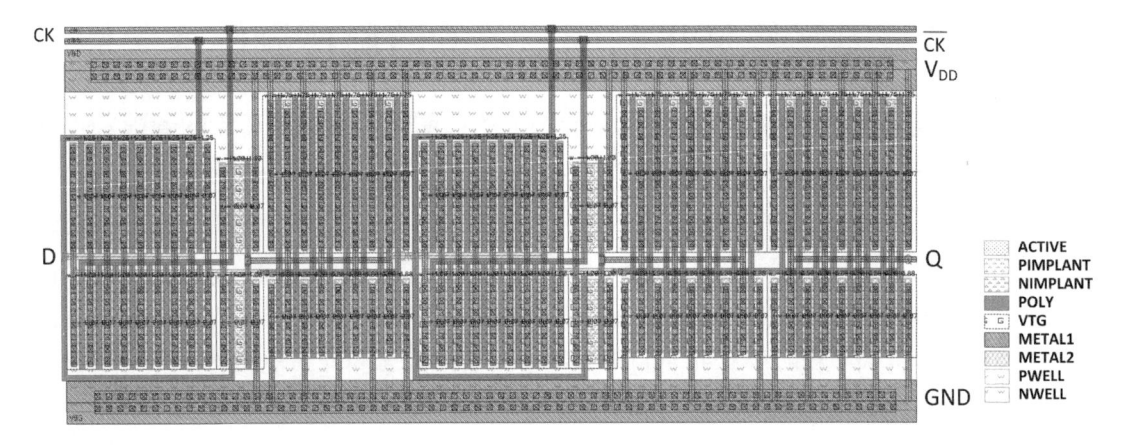

圖 8.35
在圖 8.32 中所示的主僕式 D 型閂鎖器之佈局。

步,以避免這種情況。主僕式 D 型閂鎖器電路佈局如圖 8.35 所示。

最後來看 CMOS 主僕式 D 型閂鎖器的時脈控制版本,即 C^2MOS 主僕式 D 型閂鎖器,如圖 8.36 中所示。該電路包括四個三態反相器 (tristate inverter),由時脈訊號與其反相訊號所驅動。此電路的基本操作與主僕式 D 型閂鎖器類似。第一個三態反相器作為輸入開關,當時脈訊號為高態時,會接受輸入訊號。在這個時候,第二個三態反相器處於高阻抗狀態,且輸出 Q 會跟隨著輸入訊號。當時脈變成低態時,輸入緩衝器成為無作用,且第二個三態反相器形成了雙反相器迴路,會保存現在狀態,直到下一個時脈脈波來臨。為了預防有浮接的節點,成對的靜態反相器與時脈控制反相器被加至節點 X 和 Q。在 C^2MOS 主僕式 D 型閂鎖器裡的內部時脈緩衝器會使其對時脈斜率變異不敏感。然而,由於第一級與輸出驅動級的疊接 (stacked) 電晶體之故,C^2MOS 主僕式 D 型閂鎖器速度慢於圖 8.32 中之主僕式 D 型閂鎖器。

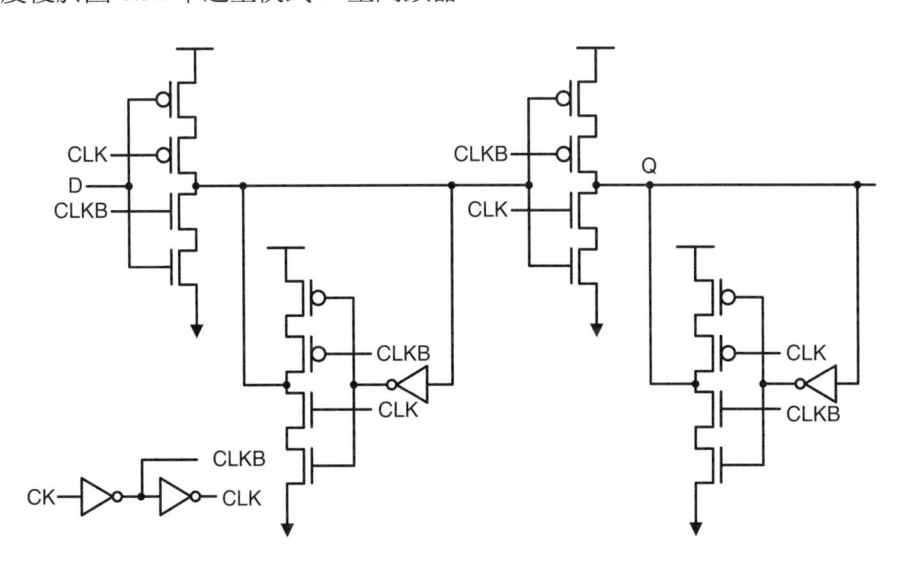

圖 8.36
C^2MOS 主僕式 D 型閂鎖器(第 3 版)。

8.7 基於脈波控制門鎖器的時脈控制儲存元件

隨著時脈頻率變高，且在每個週期的邏輯閘數目隨著更深的管線式設計而減少，時脈控制儲存元件 (CSE) 的置入負荷 (insertion overhead) 顯著上升。因此，高速 IC 電路設計需要高性能的 CSE 設計以將 CSE 的置入負荷縮到最小。圖 8.37(a) 顯示由 H. Partovi 設計的混合閂鎖器型正反器 (hybrid-latch flip-flop, HLFF)，圖 8.38 顯示由 F. Klass 所設計的半動態正反器 (semi-dynamic flip-flop, SDFF)。相較於其先前的相對應電路，這兩者的性能都顯著提升。兩者都是基於短脈波觸發閂鎖器設計方式，並且包括內部的短脈波產生器 (short-pulse generator)。例如，HLFF 的前端為脈波產生器，而後端則是用來截取前端所產生脈波的閂鎖器。圖 8.37(b) 所示為 HLFF 中的短脈波產生方式。在 CK 訊號上升緣時，CKbd 是在「高態」狀態，並在三個反相器延遲 (t_p) 之後，進入「低態」。因此，虛擬的短脈波，即圖 8.37(b) 中的 PC 訊號，施加至 HLFF 的前端。在此短暫時間 t_p 期間，如果 D 是「高態」，前端的三顆疊接 nMOS 電晶體會導通；如果 D 是「低態」，則後端的三顆疊接 nMOS 電晶體會導通。HLFF 的小

圖 8.37
(a) 混合閂鎖器型正反器電路與 (b) 其短脈波產生方式。

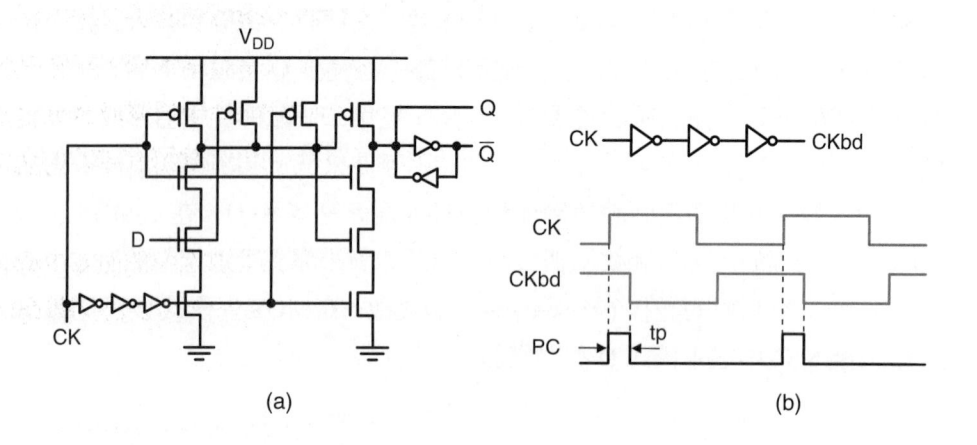

圖 8.38
半動態正反器電路。

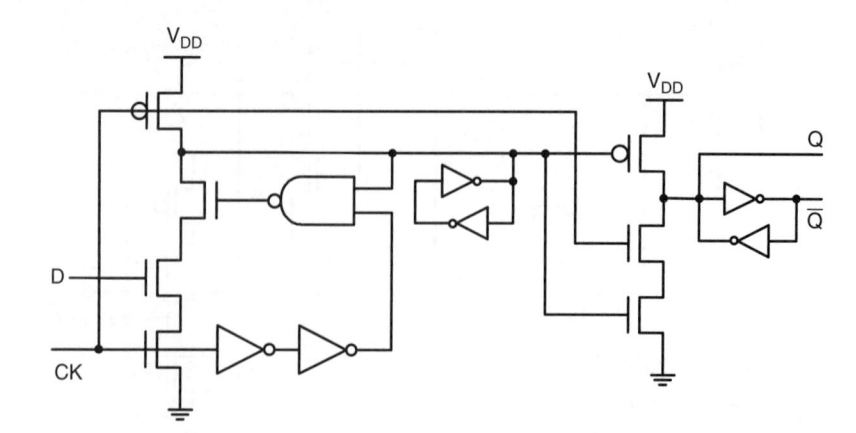

穿透窗口與其保持時間密切相關。因此，應保證在正反器間的最小延遲（三個反相器延遲）以避免違反保持時間。HLFF 有數個優點：低 D-Q 延遲、負設定時間與以小量性能損失的邏輯內嵌 (logic embedding)。

SDFF 具有相似的特性。在內部節點插入背對背的反相器以確保穩健的操作。後端的閂鎖器僅具有兩顆疊接 nMOS 電晶體，使得 SDFF 能夠操作得比 HLFF 更快。NAND 閘用於條件性的關閉，比用於無條件性的關閉更能穩健處理取樣窗口的變異。SDFF 具有負設定時間與小的邏輯嵌入負荷，將在第 8.9 節予以解釋。幾種改良型的 SDFF 已提出，且在實際應用上的潛力業已呈現可見。α 粒子強化 SDFF(Alpha particle hardened SDFF) 是用於防範在 SPARC V9 的 64 位元微處理器中，正反器的敏感節點受到高能的 α 粒子之影響。為了運算速度更快且具有更少元件數，簡化後的 SDFF 被用於 MAJC5200 微處理器 (SUN Microsystems) 設計中。HLFF 與 SDFF 的缺點是，內部節點多餘的轉態會消耗大量的功率。此外，正反器內部的短脈波產生器總是雙態觸變與消耗功率。

圖 8.39 顯示基於單一閂鎖器 ep-SFF，使用的是脈波控制 (pulsed) 時脈產生器。當 dck 為「高態」而 dckb 為「低態」，ep-SFF 的傳輸閘導通一段短週期時間，且 ep-SFF 把資料從輸入傳送至輸出。因此，除非考慮到刻意的時間借用，ep-SFF 的行為就如同邊緣觸發正反器。因為 ep-SFF 使用由脈波時脈產生器所產生的短脈波，具有較大的負設定時間，ep-SFF 受益於大量的時間借用，但需要較多的保持時間。此外，相較於正反器，ep-SFF 的輸出延遲較短，因為它是由單一閂鎖器所構成。ep-SFF 的簡單電路拓樸結構使其更加節能與節省面積。脈波時脈產生器可以由整群 ep-SFFs 共享（例如，64 位元），以減少功率消耗與面積。在這種情況下，所產生的脈波寬度應該要夠寬，以免消失在 64 位元暫存器的末端。基於脈波控制閂鎖器的 CSE 之共同缺點為較長的保持時間，代表在短路徑上這需要更多填充 (padding)。

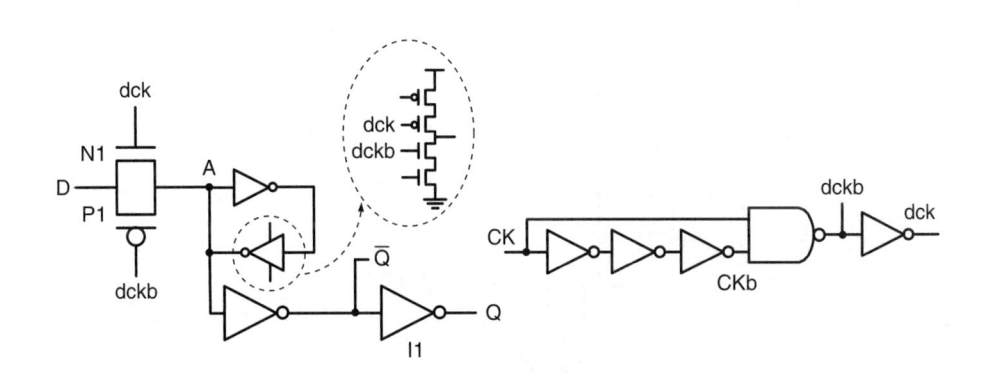

圖 8.39
ep-SFF 電路與脈波時脈產生器。

8.8 基於感測放大器之正反器

目前已提出的幾種基於感測放大器之正反器 (sense-amplifier-based flip-flop, SAFF) 類型，需要差動輸入訊號與輸出訊號。SAFF 的電路圖顯示於圖 8.40，使用於 StrongARM 110 微處理器中。它由脈波產生級接 SR 閂鎖器所構成，而這兩者是以預充電的感測放大器與兩組交叉耦合的 NAND 閘分別實現。如果時脈 (CK) 輸入處於邏輯 "0"，則 SAFF 是在預充電階段 (precharge phase)。感測放大器的輸出，$\overline{S}$ 與 $\overline{R}$，是邏輯 "1" 且偏壓電晶體 M_B 為截止。SR 閂鎖器保持先前 Q 與 $\overline{Q}$ 所儲存的邏輯值。

在時脈輸入的上升緣時，感測放大器會偵測差動輸入，D 與 $\overline{D}$，且放大器的輸出 $\overline{S}$ 與 $\overline{R}$ 饋入 SR 閂鎖器。差動輸入可以是小訊號或全擺幅訊號。在評估階段 (evaluation phase) 期間，如果在以第一次評估後，輸入訊號切換，在無傳送電晶體 M_P 的條件下，其中一個內部節點將會浮接。因此，加入這顆弱驅動能力 nMOS 電路晶體可穩定內部節點。

SAFF 的速度瓶頸是兩個交叉耦合 NAND 閘，因為由於正迴授的緣故，感測放大器級操作速度很快。為了克服這個穿越 SR 閂鎖器的大傳遞延遲，圖 8.41 顯示一種改良過的基於感測放大器之正反器電路圖。兩個交叉耦合 NAND 閘替換為一個更快的 SR 閂鎖器，同時產生 Q 和 $\overline{Q}$。當已預充電的 $\overline{S}$ 或 $\overline{R}$ 變為邏輯 "0"，透過 pMOS 電晶體，Q 或 $\overline{Q}$ 立即拉升至邏輯 "1"。在評估階段期間，在輸出端使用高偏斜 (Hi-skewed) 電路可改善這種低至高的轉態速度。在預充電階段期間，位於中間的兩組背對背反相器（共計 8 顆電晶體）可以保持 SR 閂鎖器的狀態。

圖 8.40
基於感測放大器之正反器電路。

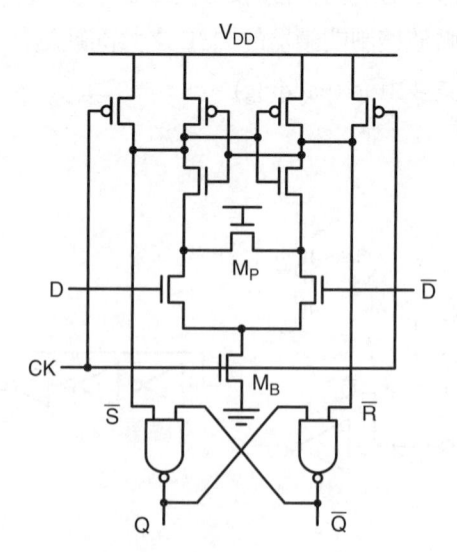

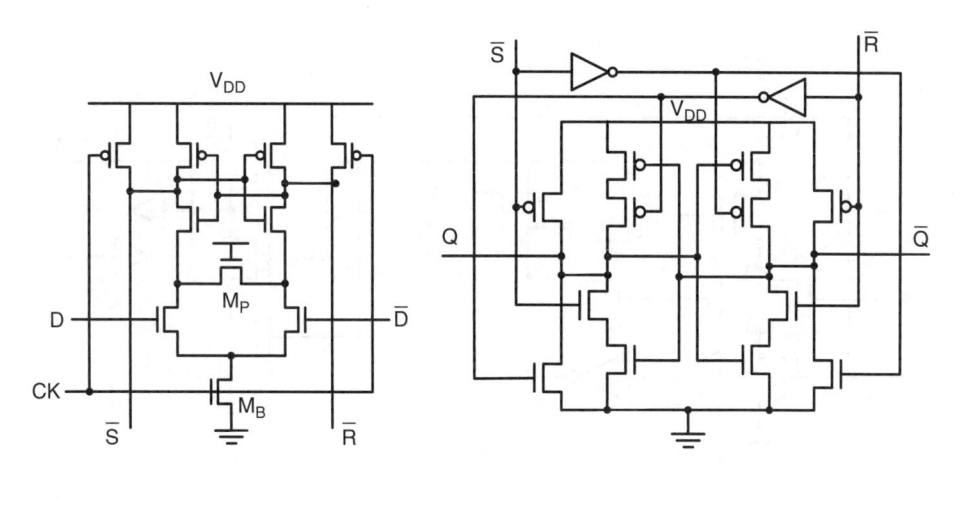

圖 8.41
改良型的基於感測放大器之正反器電路。

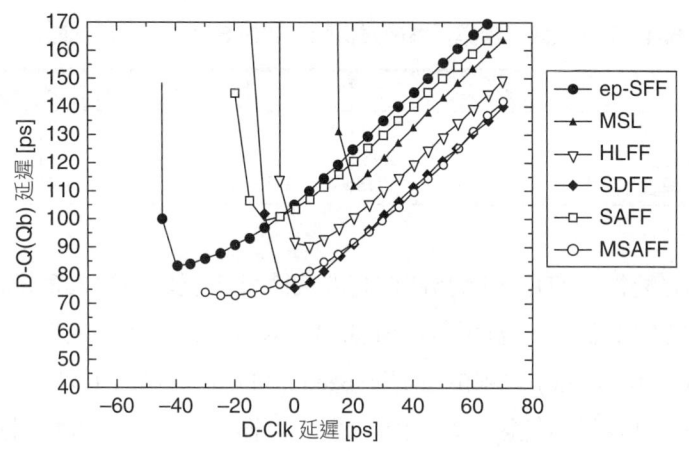

圖 8.42
最先進的時脈控制儲存元件之延遲比較。

在 0.13-μm CMOS 製程技術裡，使用 1.2 V 的電源電壓的幾種最先進 CSE 之 D-Q 延遲比較，如圖 8.42 所示。CK-Q 延遲的比較不適合作為相關性能參數，因為它們沒有考慮設定時間，以及因而得到的由時脈週期取出之有效時間。因此，最小的 D-Q 延遲被用來作為 CSE 的延遲參數。ep-SFF 具有最大的負設定時間，且在此模擬中，改良型基於感測放大器之正反器具有最小的 D-Q 延遲。D-Q 延遲趨勢可能會受到負載電容、電源電壓與製程技術的影響而變化。

8.9 時脈儲存元件中的邏輯內嵌方式

把簡單的邏輯元件內嵌入一些 CSE 中，能夠透過管線級減少整體的延遲。利用在 SDFF 裡的內嵌式邏輯 (embedded logic)，整體電路性能可以藉由關鍵路徑減少一個邏輯閘而得到最佳化。以功率消耗與性能而論，正反器內的內嵌式

圖 8.43
邏輯內嵌式之半動態正反器電路（在本範例中，雙輸入 NOR 閘為嵌入式）。

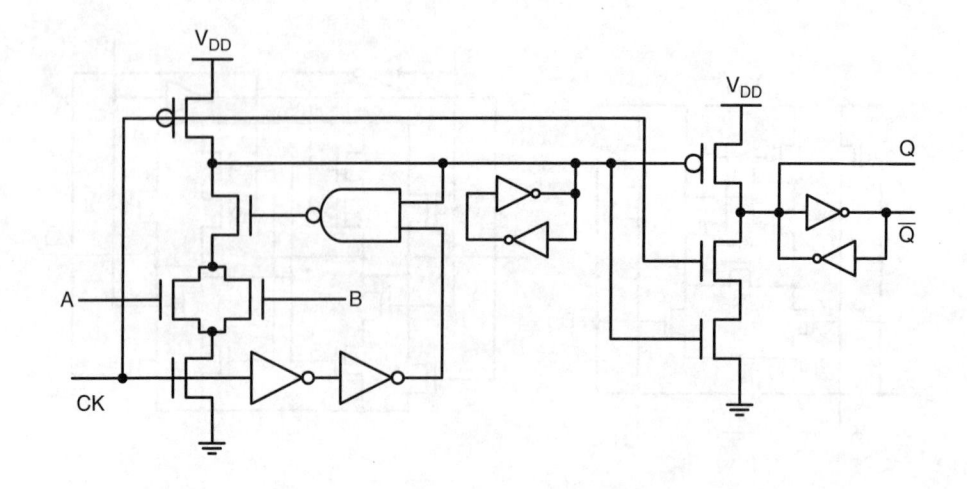

表 8.4 具內嵌式邏輯與具離散式邏輯電路的 SDFF 之速度比較。

	D	$A \cdot B$	$A + B$	$A \cdot B + C \cdot D$
內嵌式	199 ps	219 ps	229 ps	246 ps
離散式	199 ps	298 ps	305 ps	367 ps
加速式	**1.0**	**1.36**	**1.33**	**1.49**

邏輯之特點將變得更有用，因為週期時間與降低正反器的插入負擔都會減少。邏輯內嵌式 SDFF 的電路圖顯示於圖 8.43。表 8.4 顯示在 SDFF 裡，內嵌式邏輯超越離散式 (discrete) 邏輯的加速 (speedup) 因子範圍為 1.33～1.49。SDFF 可以比 HLFF 更容易地把邏輯功能包含進正反器裡，因為輸入資料只有送進 D 型正反器的一顆 nMOS 之閘極，如圖 8.38 所示。因此，內嵌式邏輯 SDFF 可以大大地提高整體的操作速度。

8.10 時脈控制系統的功率消耗與節能方法

在許多 VLSI 晶片中，包含時脈分佈網路與時脈儲存元件的時脈控制系統之功率消耗，通常佔據了晶片總功率消耗的最大部分，如圖 8.44 所示。這是由於時脈訊號的活動率 (activity ratio) 是 1，以及時脈樹 (clock tree) 的連接線長度顯著地增加。在圖 8.44 中，直條代表時脈分佈網路（時脈樹與時脈緩衝器）的功率消耗，而暗色條表示時脈網路與 CSE 的功率消耗。使用更多的管線級數以達到高工作量的設計趨勢，增加了晶片中的正反器數量。使用更深管線式的設計，時脈控制系統的功率消耗可能佔全晶片的 50% 以上，並且還會隨著時脈頻率增加而增加。如文獻中所報導，微處理器的時脈頻率每二至三年會增加一倍。在近期的高頻微處理器裡，時脈控制系統消耗了晶片總功率的 70%。因

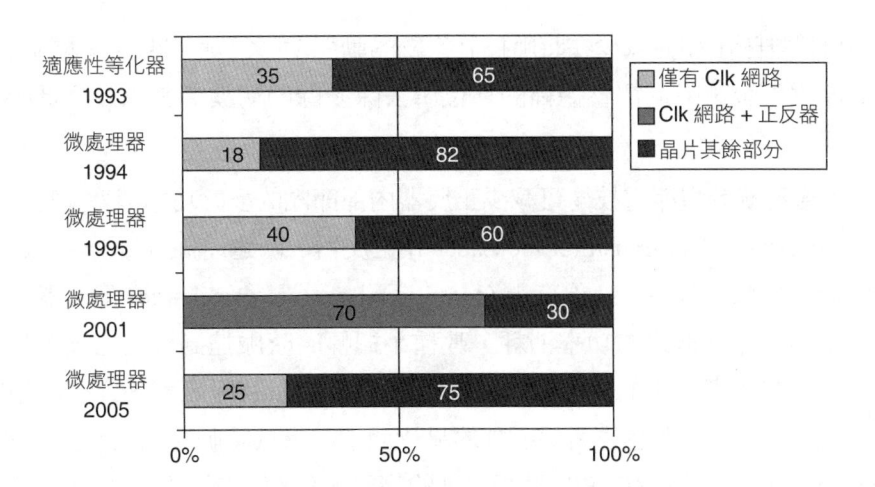

圖 8.44

在多種 VLSI 晶片裡時脈電源的分配。

此，減少在時脈樹與 CSE 的功率消耗非常重要。

特定時脈控制機制的功率消耗可以表示為

$$P_{ck\text{-}scheme} = P_{ck\text{-}network} + P_{FF} \tag{8.20}$$

其中 $P_{ck\text{-}network}$ 與 P_{FF} 分別代表時脈網路的功率消耗與正反器或閂鎖器的功率消耗。在本節中，為了簡化起見，方程式裡只使用了正反器，但實際上則代表正反器與閂鎖器兩者。$P_{ck\text{-}network}$ 由動態功率消耗所支配，並且可以表示為式(8.21)，

$$P_{ck\text{-}network} = f_{CLK} \cdot \{(C_{line} + C_{rep} + C_{ck\text{-}tr}) \cdot V_{ck\text{-}swing}^2\} + V_{DD} \cdot I_{leak,rep} \tag{8.21}$$

其中 f_{CLK}、C_{line}、C_{rep}、$C_{ck\text{-}tr}$、$V_{ck\text{-}swing}$ 與 $I_{leak,rep}$，分別代表時脈頻率、連線電容、中繼器 (repeater) 電容、正反器內時脈控制電晶體電容、時脈擺幅電壓準位與中繼器漏電流。正反器的功率消耗可表示如下：

$$P_{FF} = \sum P_{ff} \tag{8.22}$$

$$\begin{aligned} P_{ff} = &\{[(\alpha_i C_i + \alpha_o C_o) \cdot \beta + C_{local\text{-}buf} \cdot \gamma] \cdot V_{DD}^2\} \\ &\times f_{CLK} + V_{DD} \cdot (I_{leak,local\text{-}buf} + I_{leak,FF}) \end{aligned} \tag{8.23}$$

其中 P_{ff} 代表一個單獨正反器的功率消耗。C_i、C_o、α_i、α_o、$C_{local\text{-}buf}$、γ、$I_{leak,local\text{-}buf}$ 與 $I_{leak,FF}$，分別代表正反器的內部節點電容、正反器的輸出節點電容、內部節點轉態活動率、輸出節點轉態活動率、本地時脈緩衝器電容、本地時脈緩衝器的漏電流與正反器漏電流。此外，對於雙邊緣觸發正反器而言，β 是 2，而對於單邊緣觸發正反器而言，β 則是 1，因為相較於單邊緣觸發正反器，雙邊緣觸發正反器的 f_{CLK} 降低了一半。如果每組正反器都有本地時脈緩衝器或是正反器裡有短脈波產生器，則 γ 為 1；如果 k 個正反器共用本地時脈緩衝器或短脈波產生器，則為 1/k。否則，γ 為 0。從式 (8.21) 與式 (8.23) 的各項來看，

我們可以推斷出如何減少在時脈控制系統的動態功率消耗。四種基本的方法是降低節點電容、降低電壓擺幅的準位、去除多餘的切換活動以及降低時脈頻率。

有幾種統計型節電技術可減少正反器內部節點的多餘功率消耗，特別是，資料轉態預看 (data transition look-ahead) 正反器、隨選時脈 (clock-on-demand) 正反器，與條件性擷取 / 預充電 (conditional capture/ precharge) 正反器。為了減少在時脈分佈網路的功率消耗，數種小擺幅的時脈控制機制已經被提出，並已證明在實際應用的潛力。半擺幅機制需要四組時脈訊號，會有四組時脈訊號偏斜的問題，而且也需要額外的晶片面積。降低時脈擺幅正反器 (reduced clock-swing flip-flop, RCSFF) 需要額外的高電源供應電壓，以減少漏電流。半擺幅時脈控制的單時脈正反器不需要高電源供應電壓，但會有很長的時脈延遲 (latency)。雙邊緣觸發正反器 (double edge-triggered flip-flop, DETFF) 已經發展成為減少時脈網路功率消耗的另一種方式。DETFF 可以降低時脈網路功率消耗達 50% 以上。兩種對於時脈網路的節能技術合併後，發展出低擺幅時脈之雙邊緣觸發正反器。

附錄

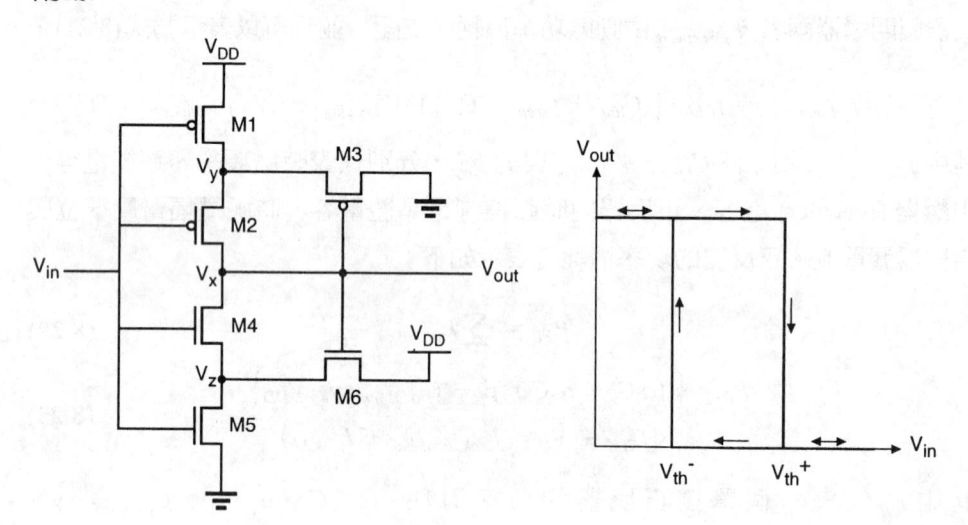

```
CMOS Schmitt Trigger DC analysis
vdd 1 2 0 dc 1.2V
vin 1 0 dc 1v
m5 2 1 0 0 mn l=60n w=1.8u
m4 3 1 2 0 mn l=60n w=1.2u
m6 5 3 2 0 mn l=60n w=180n
m1 4 1 5 5 mp l=60n w=1.8u
m2 3 1 4 5 mp l=60n w=720n
```

```
m3 0 3 4 5 mp l=60n w=180n
.model mn nmos v_to=0.48 gamma=0.524 kp=1.02e-4 2φ_f=-1.011 E_cL_n=0.4
.model mp pmos v_to=-0.46 gamma=0.406 kp=5.16e-5 2φ_f=0.972 E_cL_p=1.8
.dc vin 0 1.2 0.01
.print dc v(0.8)
.end
```

我們開始循序漸進的分析，首先考慮正輸入掃描，也就是假設輸入電壓從 0 增加至 V_{DD}。

當 $V_{in} = 0$ V：M1 與 M2 導通，則

$$V_x = V_y = V_{DD} = 1.2 \text{ V}$$

同時，M4 與 M5 為截止。M3 是截止；M6 為導通並操作在飽和區。假設在 $2\phi_f = -1.011$ V，M6 的臨界電壓為 0.62 V。

$$V_z = V_{DD} - V_{T,6} = 0.58 \text{ V}$$

當 $V_{in} = V_{T0,n} = 0.48$ V：M5 開始導通，M4 仍然截止。

$$V_x = 1.2 \text{ V}$$

當 $V_{in} = 0.6$ V：假定 M4 為截止，而 M5 與 M6 兩者均操作在飽和區。此外，令 $E_cL_n = 0.4$ V。

$$\frac{k'_n}{2}\left(\frac{W}{L}\right)_5 \cdot \frac{E_C L_n \cdot (V_{in} - V_{T0,n})^2}{(V_{in} - V_{T0,n}) + E_C L_n} = \frac{k'_n}{2}\left(\frac{W}{L}\right)_6 \cdot \frac{E_C L_n \cdot (V_{DD} - V_z - V_{T,6})^2}{(V_{DD} - V_z - V_{T,6}) + E_C L_n}$$

$$\frac{0.4 \cdot (0.6 - 0.48)^2}{(0.6 - 0.48) + 0.4}$$

$$= \left(\frac{1}{10}\right) \cdot \frac{0.4 \cdot \left\{1.2 - V_z - \left[0.48 + 0.524\left(\sqrt{1.011 + V_z} - \sqrt{1.011}\right)\right]\right\}^2}{\left\{1.2 - V_z - \left[0.48 + 0.524\left(\sqrt{1.011 + V_z} - \sqrt{1.011}\right)\right]\right\} + 0.4}$$

解此方程式以求得 V_z 後發現，只有一個實際上合理的根。

$$V_z = 0.18 \text{ V}$$

現在要檢查上述的假設，也就是說，M4 的確為截止。

$$V_{GS,4} = 0.6 - 0.18 = 0.42 < V_{T0,n} = 0.48$$

當 $V_{in} = 0.62$ V：V_z 繼續降低。假設 M5 在線性區與 M6 在飽和狀態，得出以下的電流方程式：

$$\frac{k_n'}{2} \cdot \left(\frac{W}{L}\right)_5 \cdot \frac{1}{\left(1 + \frac{V_z}{E_C L_n}\right)} \cdot \left[2 \cdot (V_{in} - V_{T0,n}) \cdot V_z - V_z^2\right]$$

$$= \frac{k_n'}{2} \cdot \left(\frac{W}{L}\right)_6 \cdot \frac{E_C L_n \cdot (V_{DD} - V_z - V_{T,6})^2}{(V_{DD} - V_z - V_{T,6}) + E_C L_n}$$

$$\frac{1}{\left(1 + \frac{V_z}{0.4}\right)} \cdot \left[2(0.62 - 0.48) \cdot V_z - V_z^2\right]$$

$$= \left(\frac{1}{10}\right) \cdot \frac{0.4 \cdot \left\{1.2 - V_z - \left[0.48 + 0.524\left(\sqrt{1.011 + V_z} - \sqrt{1.011}\right)\right]\right\}^2}{\left\{1.2 - V_z - \left[0.48 + 0.524\left(\sqrt{1.011 + V_z} - \sqrt{1.011}\right)\right]\right\} + 0.4}$$

解此方程式求 V_z，得到，$V_z = 0.1$。現在決定 M4 的閘極至源極電壓為

$$V_{GS,4} = 0.62 - 0.1 = 0.52 \text{ V} > V_{T,n4} = 0.51$$

可以看出在此時，M4 是已經處於導通狀態。因此，前面分析係基於 M4 不導通的假設將不再有效。在此輸入電壓下，節點 x 正在下拉趨向 "0"。此亦可以清楚地由模擬結果看出。所以我們得出一個結論，上邏輯臨界電壓 V_{th+} 約等於 0.62 V。

接著考慮負輸入掃描，也就是說，假設輸入電壓由 V_{DD} 降至 0。當 $V_{in} = 1.2$ V：M4 與 M5 導通，進而使得輸出電壓為 $V_x = 0$ V。pMOS 電晶體 M1 與 M2 都截止，而 M3 處於飽和狀態，因此，

$$\frac{k_p'}{2} \cdot \left(\frac{W}{L}\right)_3 \cdot \frac{E_C L_p \cdot (0 - V_y - V_{T,3})^2}{(0 - V_y - V_{T,3}) + E_C L_p} = 0$$

$$V_y = -V_{T,3} = -\left[V_{T0,p} - 0.406\left(\sqrt{0.972 + V_{DD} - V_y} - \sqrt{0.972}\right)\right]$$

$$V_y = 0.573 \text{ V}$$

當 $V_{in} = 0.74$ V：M1 是在導通的邊緣，M2 為截止，M3 處於飽和狀態。輸出電壓仍保持不變。

當 $V_{in} = 0.6$ V：M1 導通，且在飽和區。M3 也是在飽和區，因此，

$$\frac{k_p'}{2} \cdot \left(\frac{W}{L}\right)_1 \cdot \frac{E_C L_p \cdot (V_{in} - V_{DD} - V_{T0,p})^2}{(V_{in} - V_{DD} - V_{T0,p}) + E_C L_p} = \frac{k_p'}{2} \cdot \left(\frac{W}{L}\right)_3 \cdot \frac{E_C L_p \cdot (0 - V_y - V_{T,3})^2}{(0 - V_y - V_{T,3}) + E_C L_p}$$

$$\frac{1.8 \cdot [0.6 - 1.2 - (-0.46)]^2}{[0.6 - 1.2 - (-0.46)] + 1.8}$$

$$= \left(\frac{1}{10}\right) \cdot \frac{1.8 \cdot \left\{0 - V_y - \left[-0.46 - 0.406\left(\sqrt{0.972 + 1.2 - V_y} - \sqrt{0.972}\right)\right]\right\}^2}{\left\{0 - V_y - \left[-0.46 - 0.406\left(\sqrt{0.972 + 1.2 - V_y} - \sqrt{0.972}\right)\right]\right\} + 1.8}$$

此方程式解為
$$V_y = 0.92 \text{ V}$$

現在決定 M2 的閘極至源極電壓為
$$V_{GS,2} = 0.6 - 0.92 = -0.32 > V_{T0,p} = -0.46$$

這表明此時 M2 仍處於截止狀態。

當 $V_{in} = 0.52$ V：如果 M2 仍然截止，則 M1 是處於線性區且 M3 在飽和區：

$$\frac{k'_p}{2} \cdot \left(\frac{W}{L}\right)_1 \cdot \frac{1}{\left(1 + \frac{V_y}{E_C L_p}\right)} \cdot \left[2 \cdot (V_{in} - V_{DD} - V_{T0,p}) - (V_y - V_{DD}) - (V_y - V_{DD})^2\right]$$

$$= \frac{k'_p}{2} \cdot \left(\frac{W}{L}\right)_3 \cdot \frac{E_C L_p \cdot (0 - V_y - V_{T,3})^2}{(0 - V_y - V_{T,3}) + E_C L_p}$$

$$\frac{1}{1 + \left(\frac{V_y}{1.8}\right)} \cdot \left[2 \cdot (0.52 - 1.2 - (-0.46)) \cdot (V_y - 1.2) - (V_y - 1.2)^2\right]$$

$$= \left(\frac{1}{10}\right) \cdot \frac{1.8 \cdot \left\{0 - V_y - \left[-0.46 - 0.406\left(\sqrt{0.972 + 1.2 - V_y} - \sqrt{0.972}\right)\right]\right\}}{\left\{0 - V_y - \left[-0.46 - 0.406\left(\sqrt{0.972 + 1.2 - V_y} - \sqrt{0.972}\right)\right]\right\} + 1.8}$$

求解此二次方程得到
$$V_y = 0.98 \text{ V}$$

這可以證明在這一點時，pMOS 電晶體 M2 已經導通了。因此，輸出電壓被拉升至 V_{DD}。我們可以得出結論，下邏輯臨界電壓 V_{th-} 約等於 0.52 V。

增加與減少輸入電壓的 SPICE 模擬結果繪於圖 A.1。由模擬結果可清楚地看出預期的遲滯 (hysteresis) 行為與兩個切換臨界值。

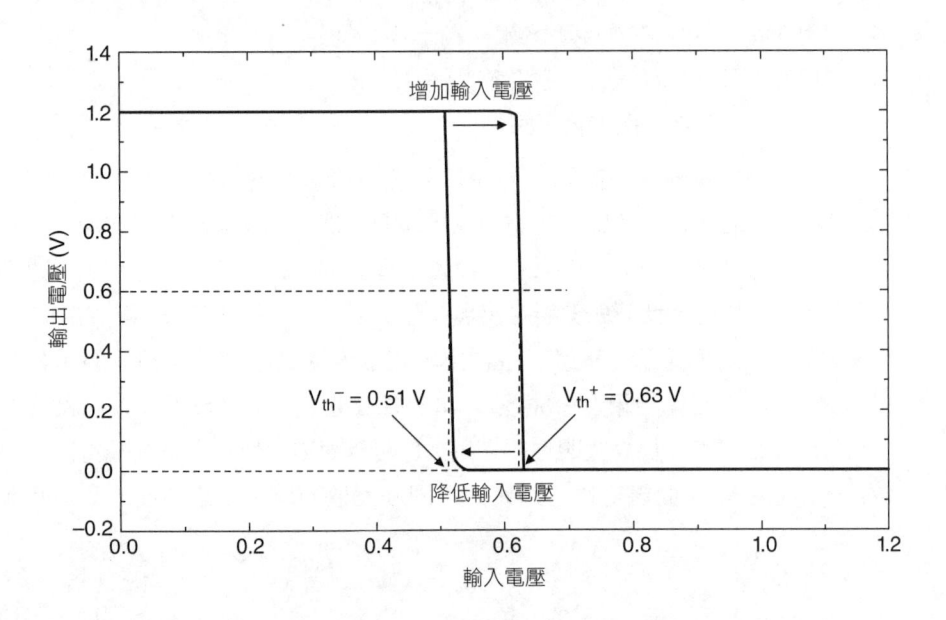

圖 A.1
CMOS 史密特觸發器 (Schmitt trigger) 電路在增加與減少輸入電壓時的模擬輸出電壓波形。

練習題

8.1 圖 P8.1 所示的電路圖為正邊緣觸發 D 型正反器。使用佈局編輯器（如 Magic）來設計電路佈局。利用 CMOS 技術，並假設使用 n 型基底。在佈局的列印輸出上，清楚地指出圖中每個邏輯閘位置。此外，計算佈局的寄生電容。

$W_n = 4\ \mu m$ 與 $W_p = 8\ \mu m$ 對於全部邏輯閘
$L_M = 2\ \mu m$
$L_D = 0.25\ \mu m$
$V_{T0,n} = 1\ V$
$V_{T0,p} = -1\ V$
$k'_n = 40\ \mu A/V^2$
$k'_p = 25\ \mu A/V^2$
$t_{ox} = 20\ nm$

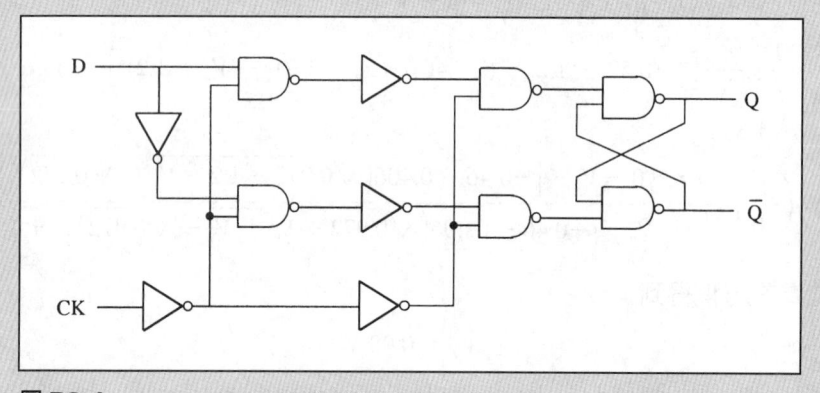

圖 P8.1

8.2 由問題 8.1 的佈局，找出正反器的最小的設定時間（t_{setup}）與保持時間（t_{hold}），使用 SPICE 來模擬。這將需要求得四幅模擬圖。

a. 使用最小設定時間 t_{setup} 的模擬圖
b. 使用 $0.8t_{setup}$ 設定時間的模擬圖
c. 使用最小保持時間 t_{hold} 的模擬圖
d. 使用 $0.8t_{hold}$ 保持時間的模擬圖

8.3 我們已在第 8 章附錄中討論了 CMOS 史密特觸發器的特性，也指出在接收器電路設計的一種有效應用為濾掉輸出雜訊。然而，在速度性能方面，這延遲了切換活動。單獨以速度來看，反轉切換方向會比較有用。特別是，我們希望有負向（高至低轉態）邊緣出現在輸入端電壓小於典型反相器的飽和電壓，亦有正向（低至高轉態）邊緣出現在輸入端電壓大於反相器的飽和電壓。對於以下元件的組合，完成圖 P8.3 中的電路連結以實現此電路區塊。使用 SPICE 電路分析來證明你的答案。你可以使用近似技術來模擬電路。例如，不同的 VTC 曲線可以透過使用不同 β 比值的反相器來模擬。更具體地說，對於較大的飽和電壓，可以使用具有強力上拉電晶體的反相器，而對於較小的飽和電壓，則使用具有強力下拉電晶體的反相器。

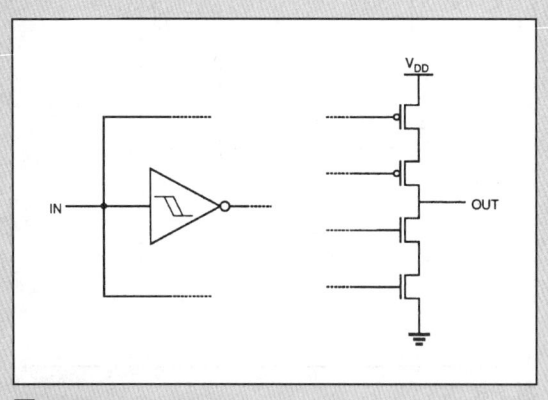

圖 P8.3

8.4 考慮在圖 P8.4 中的單穩態多振動器 (multi-vibrator) 電路。計算輸出脈波寬度。

$V_T(\text{dep}) = -1$ V
$V_T(\text{enh}) = 0.48$ V
$k' = 102\ \mu\text{A/V}^2$
$\gamma = 0$

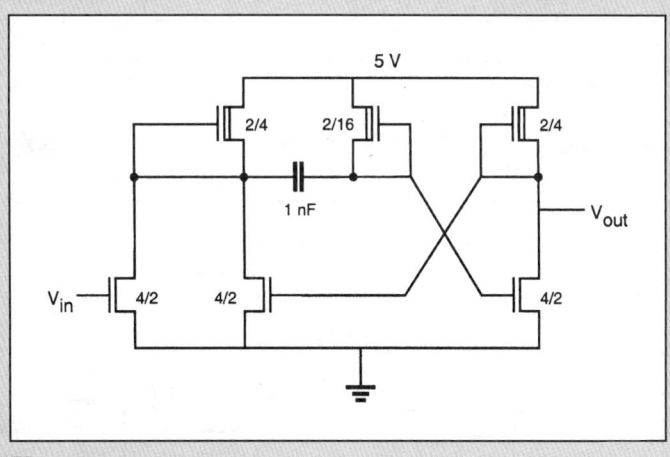

圖 P8.4

8.5 圖 P8.5 為 nMOS 史密特觸發器。畫出電壓轉移特性曲線。包括在圖上所有重要點的數值。使用問題 8.4 與 λ=0。電晶體的 W/L 比值給定如下。

	M1	M2	M3	M4
W/L	2	0.5	12	1

圖 P8.5

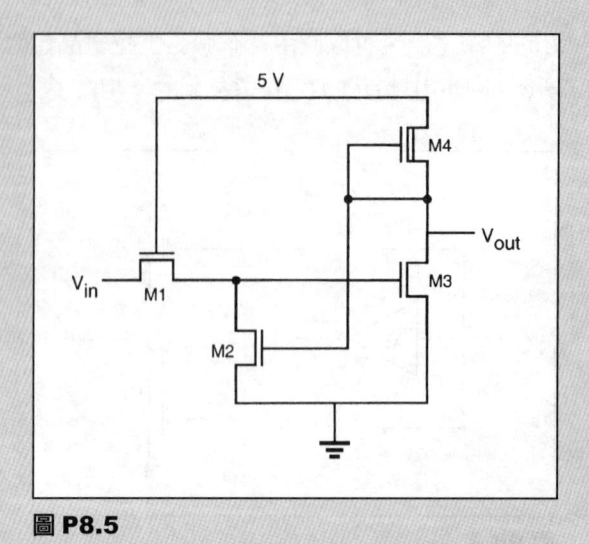

8.6 設計電路來實作圖 P8.6 中所示的真值表。至閘等級設計即可。

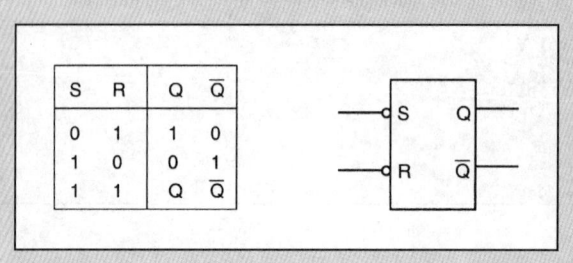

圖 P8.6

8.7 於問題 8.6 所設計的電路被嵌入圖 P8.7 中所示的大電路。完成輸出的時序圖。

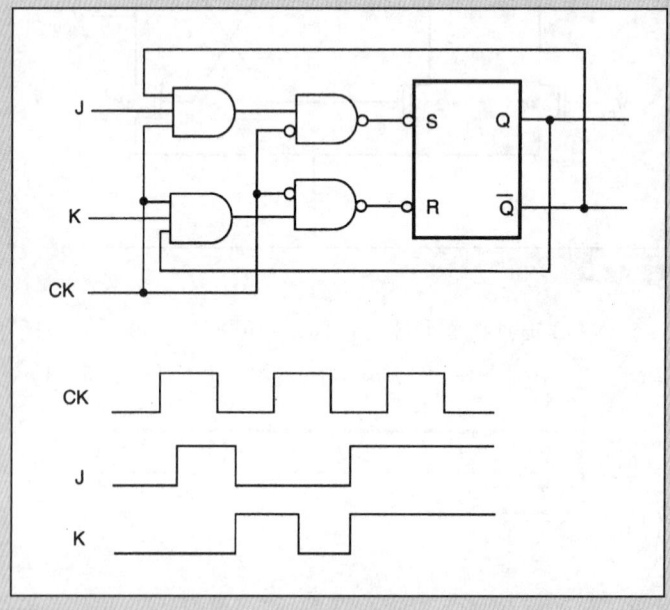

圖 P8.7

8.8 在圖 P8.8 所示的電壓波形，施加至圖 8.23 所示的 nMOS JK 主僕式正反器。正反器初始為重置，畫出在節點 Q_m 產生的波形（主-正反器輸出）與 Q_s（僕-正反器輸出）。

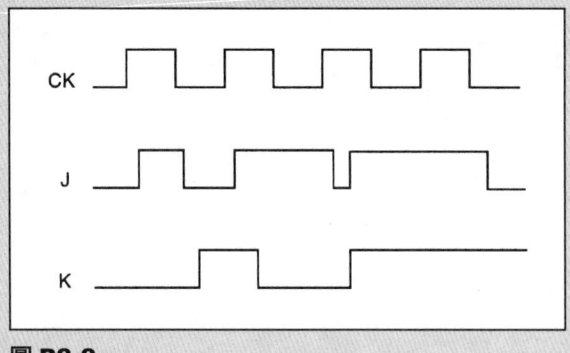

圖 P8.8

Chapter 9

動態邏輯電路
Dynamic Logic Circuits

9.1 簡介

前幾章介紹了各式各樣的靜態組合與循序邏輯電路。靜態邏輯電路允許基於簡單的 nMOS 或 CMOS 結構之靜態或穩態行為，來實現多種功能的邏輯函數。換句話說，在靜態閘中，所有有效輸出準位皆與所討論電路的穩態操作點有關。因此，典型靜態邏輯閘會依據所施加的輸入電壓，在一定的延遲時間後產生其輸出，並且只要維持電源供應，邏輯閘可以保持其輸出準位（或狀態）。然而，這種方法可能需要大量電晶體來實作一項功能，並可能導致相當長的時間延遲。

減少電路延遲與矽面積為高密度、高性能數位實作的主要目標，而動態邏輯電路比靜態邏輯電路多了數種顯著的優點。所有動態邏輯閘操作取決於暫時（暫態）儲存於節點寄生電容之電荷，而不是依賴穩態電路行為。此操作性質必須週期性的更新內部節點的電壓準位，因為在電容器中儲存的電荷不能無限期地維持不變。因此，動態邏輯電路需要週期性時脈訊號以控制電荷更新動作。暫時儲存狀態的能力，即在電容性節點上的一個電壓準位，使我們能夠實現簡單具有記憶功能的循序電路。還有，在整個系統中使用共通的時脈訊號，使我們能夠同步 (synchronize) 各種電路區塊的操作。因此，動態電路技術本身很適合來做同步邏輯設計 (synchronous logic design)。最後，以動態邏輯來實現複合函數，所需的晶片面積通常小於以靜態邏輯實現方式。由於功率消耗係隨著寄生電容增大而增加；而以較小面積實現的動態電路，在某些情況下，儘管使用了時脈訊號，所消耗的功率會比靜態電路實作方式更小。

下例將介紹由兩個反相器串接 (cascade) 而成的動態 D 型閂鎖器電路的操作。這個簡單的電路可說明大部分涉及到動態電路設計的基本操作概念。

例題 9.1

考慮這裡所顯示的動態 D 型閂鎖器電路。該電路包含兩個串接的反相器與一顆用於驅動主級 (primary) 反相器輸入端的 nMOS 傳送 (pass) 電晶體。

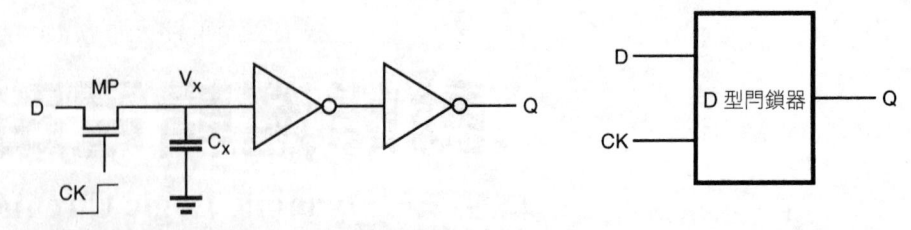

我們將看到，主級反相器的寄生輸入電容 C_x 在此電路動態操作中，扮演著重要的角色。輸入傳送電晶體係透過外部週期性時脈訊號來驅動，如下所述：

- 當時脈訊號為高態 (CK = 1) 時，傳送電晶體導通。根據輸入 (D) 的電壓準位，電容 C_x 透過傳送電晶體 MP 充電或放電。輸出 (Q) 認定與輸入具有相同的邏輯準位。
- 當時脈為低態 (CK = 0) 時，傳送電晶體 MP 截止，電容器 C_x 與輸入 D 隔離。因為沒有由中間節點 (intermediate node) X 至 V_{DD} 或接地的電流路徑，因此在前一週期期間儲存在 C_x 的電荷量會決定輸出電壓準位 Q。

可以很容易地看出，此電路執行了簡單 D 型閂鎖器的功能。實際上，如果閂鎖器可以使用反相輸出，則電晶體數量可藉由移除後級反相器來降低。此選項將在第 9.2 節詳細說明。在不作用 (inactive) 時脈週期裡的「保持 (hold)」操作，可藉由在寄生電容 C_x 暫時儲存電荷完成。電路正確操作的關鍵取決於輸出狀態因為電荷漏失而變化前，在節點 X 上的足夠的電荷量可以維持多長時間。因此，電容性中間節點 X 亦稱為**軟節點 (soft node)**。軟節點的性質使動態電路更容易受損於所謂的單事件翻轉 (single-event upset, SEU)，此係肇因於在積體電路中受到 α 粒子或宇宙射線撞擊。

接下來將更詳細地討論電路操作。假設動態 D 型閂鎖器電路操作在 V_{DD}=1.2 V 的電源供應電壓下，兩組反相器的 VTC 完全相同，且

$$V_{OL} = 0 \text{ V}$$
$$V_{IL} = 0.54 \text{ V}$$
$$V_{IH} = 0.66 \text{ V}$$
$$V_{OH} = 1.2 \text{ V}$$

此外，傳送電晶體 MP 的臨界電壓給定為 $V_{T,n}$ = 0.48 V。在作用時脈階段 (CK = 1) 期間，假設輸入等於邏輯 "1"，即輸入電壓 $V_{in} = V_{OH}$ = 1.2 V。傳送電晶體 MP 在這個階段是導通的，中間節點的寄生電容 C_x 充電至邏輯高態準位。還記得 nMOS 傳送電晶體在邏輯 "1" 時為不良導體，且它的輸出電壓 V_x 將比 V_{OH} 低一個臨界電壓值：V_x = 1.2 − 0.48 = 0.72 V。儘管如此，此電壓明顯比第

一級反相器的 V_{IH} 高，因此，第一級反相器的輸出電壓將非常接近 $V_{OL} = 0$ V，導致次級反相器的輸出準位 Q 變為邏輯 "1"，$V_Q = V_{DD}$。

接著，時脈訊號變為零，且傳送電晶體截止。最初，在節點 X 的邏輯高態準位是透過儲存於 C_x 中的電荷來保存。所以，輸出準位 Q 也維持在邏輯 "1"。然而，電壓 V_x 最終會因為軟節點的電荷漏失而由原始準位 0.72 V 開始下降。可以很容易地看出，為了保持輸出節點 Q 為邏輯 "1"，中間節點 X 的電壓準位不允許下降至低於 $V_{IH} = 0.66$ V（一旦 V_x 值下降至低於此準位時，第一級反相器輸入無法認定為邏輯 "1"）。因此，時脈訊號為零的不作用時脈階段，最多能長至因電荷漏失而造成中間電壓 V_x 由 0.72 V 降至 0.66 V 的時間。為了避免錯誤的輸出，在 V_x 到達 0.66 V 前，儲存於 C_x 的電荷必須恢復 (restore) 或更新 (refresh) 至原來的準位。

例題 9.1 顯示，假設負責抽取電容 C_x 的漏電流相對地小，在不作用的時脈期間，D 型閂鎖器電路所採用的簡單動態電荷儲存原理非常適用於保存的輸出狀態。以下章節將更加詳細地來檢視軟節點電容 C_x 的充電與放電情況。

9.2 傳送電晶體電路的基本原理

nMOS 動態邏輯電路的基本建構區塊包含一顆 nMOS 傳送電晶體，用以驅動另一顆 nMOS 電晶體閘極，顯示於圖 9.1。如同已於例題 9.1 中所討論的，傳送電晶體 MP 是由週期性時脈訊號所驅動，且其作用如同存取開關一樣，依據輸入訊號 V_{in} 對寄生電容 C_x 充電或放電。因此，當時脈訊號作用時 (CK=1)，兩種可能的操作為邏輯 "1" 轉移（對電容 C_x 充電至邏輯高態準位）與邏輯 "0" 轉移（對電容 C_x 放電至邏輯低態準位）。在任一情況下，視電壓 V_x 而定，虛擬 nMOS 反相器輸出明顯地呈現邏輯低態或邏輯高態準位。

須注意的是，該傳送電晶體 MP 提供唯一至中間節點電容（軟節點）X 的

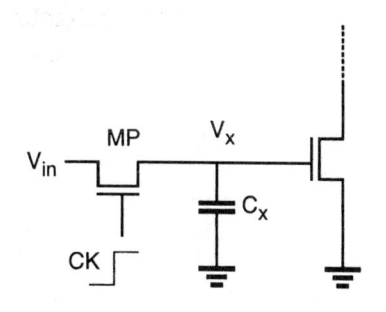

圖 9.1
nMOS 動態邏輯的基本建構區塊，包含一顆 nMOS 傳送電晶體用以驅動另一顆 nMOS 電晶體閘極。

電流路徑。當時脈訊號變為不作用 (CK = 0) 時，傳送電晶體停止導通，儲存在寄生電容上的電荷 C_x 繼續決定反相器的輸出準位。接著先檢視充電的情況。

邏輯 "1" 轉移

假設初始時軟節點電壓等於 0，也就是說 $V_x(t=0) = 0$ V。邏輯 "1" 準位施加至輸入端，相當於 $V_{in} = V_{OH} = V_{DD}$。此刻在 $t = 0$ 時，傳送電晶體閘極的時脈訊號從 0 變為 V_{DD}。可以看出，當時脈訊號變為作用時，傳送電晶體 MP 立刻開始導通，且在整個週期裡，MP 都將操作在飽和狀態，因為 $V_{DS} = V_{GS} > V_{DSAT}$。用以分析邏輯 "1" 轉移情況的電路，可以簡化成如圖 9.2 所示的等效電路。

操作在飽和區的傳送電晶體 MP 開始對電容 C_x 充電，因此，

$$C_x \frac{dV_x}{dt} = W_n \cdot v_{sat} \cdot C_{ox} \cdot \frac{(V_{DD} - V_x - V_{T,n})^2}{(V_{DD} - V_x - V_{T,n}) + E_{C,n}L_n} \tag{9.1}$$

須注意的是，傳送電晶體的臨界電壓實際上會受基底偏壓效應的影響，因此，會視 V_x 的電壓準位而定。為了簡化分析，基底偏壓效應在此先忽略。積分式 (9.1)，可得

$$\int_0^t dt = \frac{C_x}{W_n \cdot v_{sat} \cdot C_{ox}} \int_0^{V_x} \frac{(V_{DD} - V_x - V_{T,n}) + E_{C,n}L_n}{(V_{DD} - V_x - V_{T,n})^2} dV_x$$

$$= \frac{C_x}{W_n \cdot v_{sat} \cdot C_{ox}} \cdot \left[-\ln\left(\frac{1}{V_{DD} - V_x - V_{T,n}}\right)\Big|_0^{V_x} + \left(\frac{E_{C,n} \cdot L_n}{V_{DD} - V_x - V_{T,n}}\right)\Big|_0^{V_x} \right] \tag{9.2}$$

$$t = \frac{C_x}{W_n \cdot v_{sat} \cdot C_{ox}} \cdot \left[\ln\left(\frac{V_{DD} - V_{T,n}}{V_{DD} - V_x - V_{T,n}}\right) + E_{C,n} \cdot L_n \cdot \left(\frac{1}{V_{DD} - V_x - V_{T,n}} - \frac{1}{V_{DD} - V_{T,n}}\right) \right] \tag{9.3}$$

此方程可解出 $V_x(t)$，如下所示：

$$V_x(t) = (V_{DD} - V_{T,n}) \frac{\left(\frac{k_n(V_{DD} - V_{T,n})}{2C_x}\right)t}{1 + \left(\frac{k_n(V_{DD} - V_{T,n})}{2C_x}\right)t} \tag{9.4}$$

圖 9.2
邏輯 "1" 轉移情況下的等效電路。

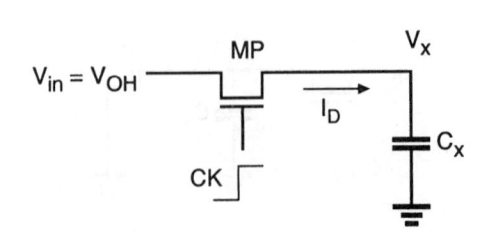

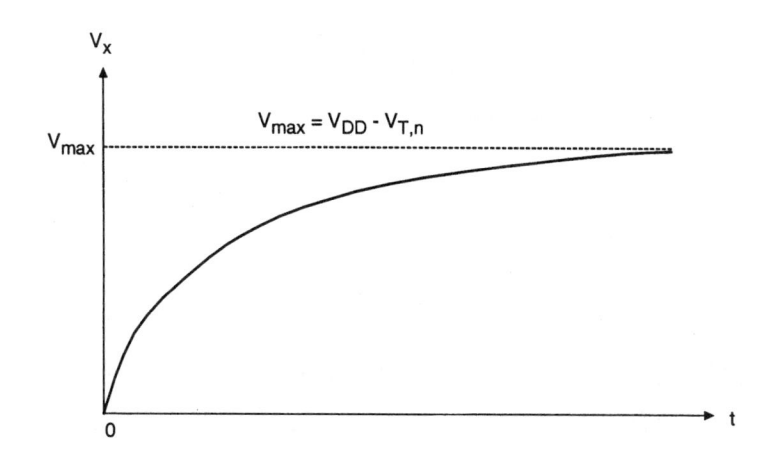

圖 9.3
邏輯 "1" 轉移期間，V_x 變化以時間函數呈現。

根據式 (9.4) 所得到的節點電壓 V_x 之變化，以時間函數形式繪製於圖 9.3。電壓從初始值 0 V 開始上升，且當 t 很大時會趨近於極限值，但不能超過 $V_{max} = (V_{DD} - V_{T,n})$。當 $V_x = V_{max}$ 時，傳送電晶體將會截止，因為在這一點上，它的閘極至源極的電壓將等於臨界電壓。因此，在邏輯 "1" 轉移期間，在節點 X 上的電壓絕不可能到達全電源供應電壓準位 V_{DD}。節點 X 處的最大可能電壓 V_{max} 的實際值，可藉由考慮 MP 的基底偏壓效應使用式 (3.116) 找到。

$$\begin{aligned} V_{max} &= V_x|_{t\to\infty} = V_{DD} - V_{T,n} \\ &= V_{DD} - V_{T0,n} - K1\left(\sqrt{|-2\phi_F + V_{SB}|} - \sqrt{|2\phi_F|}\right) - K2 \cdot V_{SB} \\ &\quad + \Delta V_{T,SCE} - \Delta V_{T,NWE} + \Delta V_{T,DIBL} - \Delta V_{T,RSCE} + \Delta V_{T,DITS} \end{aligned} \quad (9.5)$$

因此，隨著邏輯 "1" 的轉移，在節點 X 求得的電壓 V_x 可能比 V_{DD} 要低得多。還須注意的是，如果在式 (9.3) 中使用零偏壓臨界電壓 V_{T0}，則電壓 V_x 的上升時間將被低估 (underestimated)。在那種情況下，實際充電時間將比式 (9.3) 所預測的更長，因為基底偏壓效應造成 nMOS 電晶體的汲極電流減少。

節點電壓 V_x 具有上限 $V_{max} = (V_{DD} - V_{T,n})$，這點對電路設計來說很重要。舉下例說明。輸入節點 ($V_{in} = V_{DD}$) 的邏輯 "1" 正透過串接的傳送電晶體鏈（圖9.4）進行轉移。為了簡化分析，假設所有的內部節點電壓，由 V_1 至 V_4，初始時均為零。第一顆傳送電晶體 M1 操作在飽和狀態，條件為 $V_{DS1} > V_{GS1} - V_{T,n1}$。因此，節點 1 的電壓不能超過極限值 $V_{max1} = (V_{DD} - V_{T,n1})$。此刻，假設此電路中的傳送電晶體完全相同，第二顆傳送電晶體 M2 操作在**飽和邊界 (saturation boundary)**。因此，在節點 2 上的電壓將等於 $V_{max2} = (V_{DD} - V_{T,n2})$。可以很容易

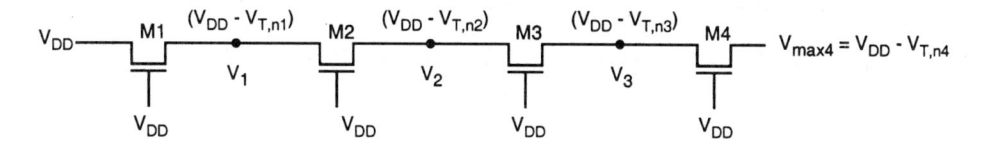

圖 9.4
邏輯 "1" 轉移過程中，傳送電晶體鏈中的節點電壓。

圖 9.5
在邏輯 "1" 轉移期間，當各顆傳送電晶體正驅動另一顆傳送電晶體時的節點電壓。

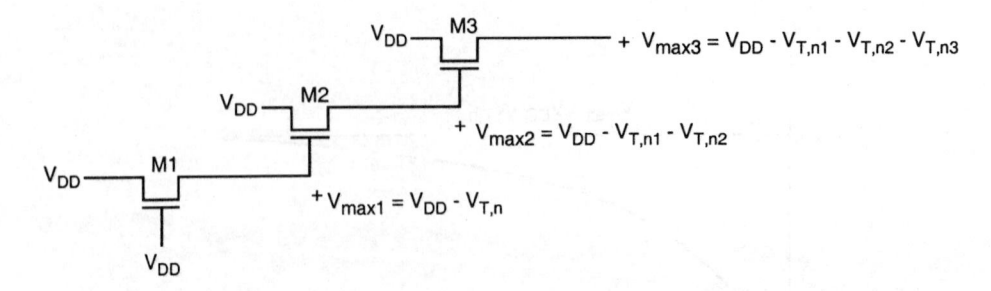

$+ V_{max3} = V_{DD} - V_{T,n1} - V_{T,n2} - V_{T,n3}$

$+ V_{max2} = V_{DD} - V_{T,n1} - V_{T,n2}$

$+ V_{max1} = V_{DD} - V_{T,n}$

地看出，由於 $V_{T,n1} = V_{T,n2} = V_{T,n3} = \cdots\cdots$，在傳送電晶體鏈末端的節點電壓將變為比 V_{DD} 還低一個臨界電壓，不論在鏈中傳送電晶體的數量多寡。亦可以觀察到，電路中穩態的內部節點電壓總是低於 V_{DD} 一個臨界電壓，不管初始電壓為何。

現在考慮不同的情況。每一顆傳送電晶體的輸出驅動著另一顆傳送電晶體的閘極，如圖 9.5 所示。

在此，第一顆傳送電晶體 M1 的輸出可以達到極限 $V_{max1} = (V_{DD} - V_{T,n1})$。此電壓驅動第二顆亦工作於飽和區的傳送電晶體。其閘極至源極電壓不能超過 $V_{T,n2}$，因此，V_2 的上限求得為 $V_{max2} = V_{DD} - V_{T,n1} - V_{T,n2}$。可以看出，在該情況下，每一級都造成電壓準位顯著的損失。考量到相對應的基底偏壓效應，可以更真實地近似每一級電壓下降量，而此效應在每一級表現都不同。

$$V_{T,n1} = V_{T0,n} + K1\left(\sqrt{|-2\phi_F + V_{max1}|} - \sqrt{|2\phi_F|}\right) + K2 \cdot V_{max1} + \Delta V_{T,1}$$

$$V_{T,n2} = V_{T0,n} + K1\left(\sqrt{|-2\phi_F + V_{max2}|} - \sqrt{|2\phi_F|}\right) + K2 \cdot V_{max2} + \Delta V_{T,2}$$

$$\text{where } \Delta V_T = -\Delta V_{T,SCE} + \Delta V_{T,NWE} - \Delta V_{T,DIBL} + \Delta V_{T,RSCE} - \Delta V_{T,DITS}$$

(9.6)

前面的分析幫助我們檢視邏輯 "1" 轉移情況下的重要特性。接著要討論放電的情況，亦稱為邏輯 "0" 的轉移。

邏輯 "0" 轉移

假設初始時軟節點電壓等於邏輯 "1" 準位，也就是 $V_x(t=0) = V_{max} = (V_{DD} - V_{T,n})$。邏輯 "0" 準位施加至輸入端，相當於 $V_{in} = 0$ V。在 $t = 0$ 時，傳送電晶體閘極的時脈訊號從 0 變為 V_{DD}。當時脈訊號一變為作用，傳送電晶體 MP 便開始導通，且流經 MP 的汲極電流方向將與充電（邏輯 "1" 轉移）情況相反。這意思是說，中間節點 X 現在將對應至 MP 的汲極端點，且輸入節點將對應到它的源極端點。當 $V_{GS} = V_{DD}$ 與 $V_{DS} = V_{max}$ 時，可以看出，傳送電晶體都操作在飽

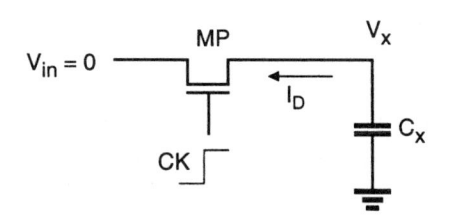

圖 **9.6**
等效電路為邏輯 "0" 轉移情況。

和區,直到 V_x 變化至比 V_{DSAT} 低,然後,因為 $V_{DS} < V_{DSAT}$,所以整個週期的其餘部分操作於線性區。

用以分析邏輯 "0" 轉移情況的電路,可以簡化成如圖 9.6 所示的等效電路。如同在邏輯 "1" 轉移情況,虛擬 nMOS 反相器不會影響此情況。

在開始時,傳送電晶體 MP 操作在飽和區,直到 V_x 到達 V_{DSAT},且對寄生電容 C_x 放電,如下式:

$$-C_x \frac{dV_x}{dt} = W_n \cdot v_{sat} \cdot C_{ox} \cdot \frac{(V_{DD} - V_{T0,n})^2}{(V_{DD} - V_{T0,n}) + E_{C,n}L_n} \quad (9.7)$$

$$dt = -\frac{C_x}{W_n \cdot v_{sat} \cdot C_{ox}} \frac{(V_{DD} - V_{T0,n}) + E_{C,n}L_n}{(V_{DD} - V_{T0,n})^2} dV_x \quad (9.8)$$

須注意的是,在此情況期間,nMOS 傳送電晶體的源極電壓等於為 0 V;因此,MP($V_{T,n} = V_{T0,n}$) 沒有基底偏壓效應。但是,初始條件 $V_x(t=0) = (V_{DD} - V_{T,n})$ 包含了具有基底偏壓效應的臨界電壓,因為在前面邏輯 "1" 轉移情況期間,電壓 V_x 已被設定。對式 (9.8) 的兩邊積分可得

$$\int_0^t dt = -\frac{C_x}{W_n \cdot v_{sat} \cdot C_{ox}} \int_{V_{DD}-V_{T,n}}^{V_x} \frac{(V_{DD} - V_{T0,n}) + E_{C,n}L_n}{(V_{DD} - V_{T0,n})^2} dV_x \quad (9.9)$$

$$t_{sat} = \frac{C_x}{W_n \cdot v_{sat} \cdot C_{ox}} \cdot \frac{(V_{DD} - V_{T0,n}) + E_{C,n}L_n}{(V_{DD} - V_{T0,n})^2} \cdot (-V_x + V_{DD} - V_{T,n}) \quad (9.10)$$

如果 V_x 降至比 V_{DSAT} 還低,則傳送電晶體 MP 開始操作在線性區,並且對寄生電容 C_x 放電,如下:

$$-C_x \frac{dV_x}{dt} = \frac{k_n}{2} \cdot \left(\frac{1}{1 + \frac{V_x}{E_{C,n}L_n}} \right) \cdot \left[2(V_{DD} - V_{T0,n})V_x - V_x^2 \right] \quad (9.11)$$

$$dt = -\frac{2C_x}{k_n} \cdot \left(1 + \frac{V_x}{E_{C,n}L_n} \right) \cdot \frac{dV_x}{2(V_{DD} - V_{T0,n})V_x - V_x^2} \quad (9.12)$$

對式 (9.12) 的兩邊積分得到

$$\int_0^t dt = -\frac{2C_x}{k_n} \cdot \int_{V_{DSAT}}^{V_x} \frac{1 + \frac{V_x}{E_{C,n} \cdot L_n}}{2(V_{DD} - V_{T0,n}) \cdot V_x - V_x^2} dV_x \tag{9.13}$$

$$= -\frac{2C_x}{k_n} \cdot \left[\frac{1}{2(V_{DD} - V_{T0,n})} \cdot \ln\left(\frac{V_x}{2(V_{DD} - V_{T0,n}) - V_x}\right) \right]\Bigg|_{V_{DSAT}}^{V_x}$$

$$-\frac{1}{E_{C,n}L_n} \cdot \ln(2(V_{DD} - V_{T0,n}) - V_x)\Bigg|_{V_{DSAT}}^{V_x} \tag{9.14}$$

節點電壓 V_x 在線性區中的下降時間表示式可以得到為

$$t_{lin} = \frac{C_x}{k_n} \cdot \left[\frac{1}{(V_{DD} - V_{T,n})} \cdot \ln\left(\frac{V_{DSAT}}{V_x} \cdot \frac{2(V_{DD} - V_{T0,n}) - V_x}{2(V_{DD} - V_{T0,n}) - V_{DSAT}}\right) \right.$$

$$\left. + \frac{2}{E_{C,n}L_n} \cdot \ln\left(\frac{2(V_{DD} - V_{T0,n}) - V_x}{2(V_{DD} - V_{T0,n}) - V_{DSAT}}\right) \right] \tag{9.15}$$

最後，節點電壓 V_x 的總下降時間表示式可得為

$$t_{total} = \begin{cases} t_{sat}, & V_x \geq V_{DSAT} \\ t_{sat} + t_{lin}, & V_x < V_{DSAT} \end{cases} \tag{9.16}$$

根據式 (9.16) 所得到的節點電壓 V_x 之變化，以時間函數型式繪製於圖 9.7。可以看出，電壓由邏輯高態準位 V_{max} 下降至 0 V。因此，不同於充電情況，在此情況期間，所施加的輸入電壓準位（邏輯 0）可以傳送至軟節點而無任何的修改。

軟節點電壓 V_x 的下降時間 (τ_{fall}) 為可以由式 (9.16) 計算出，如下所示。首先，定義的兩個時間點 $\tau_{90\%}$ 與 $\tau_{10\%}$ 代表節點電壓分別等於 0.9 V_{max} 與 0.1 V_{max} 的時間。這兩個時間點可以很容易地藉由使用式 (9.16) 求得。

圖 9.7
邏輯 "0" 轉移期間，V_x 變化以時間函數呈現。

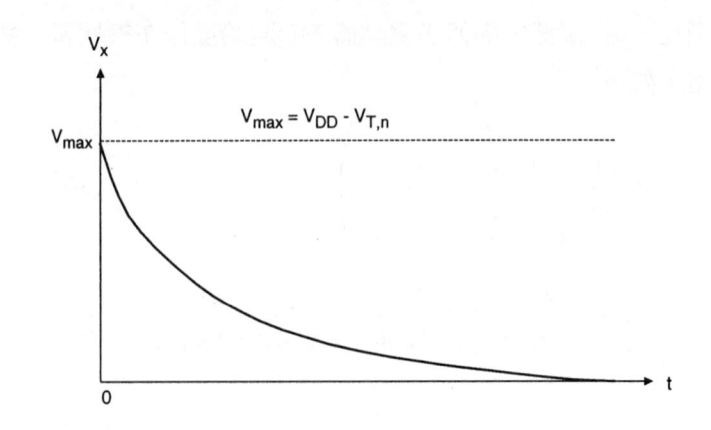

$$t_{90\%} = t_{sat}|_{V_x = 0.9(V_{DD} - V_{T,n})} = \frac{C_x}{W_n \cdot v_{sat} \cdot C_{ox}} \cdot \frac{(V_{DD} - V_{T0,n}) + E_{C,n}L_n}{(V_{DD} - V_{T0,n})^2} \cdot 0.1(V_{DD} - V_{T,n})$$

$$\cong \frac{0.1 C_x}{W_n \cdot v_{sat} \cdot C_{ox}} \cdot \frac{(V_{DD} - V_{T0,n}) + E_{C,n}L_n}{(V_{DD} - V_{T0,n})} \quad (9.17)$$

$$t_{10\%} = t_{sat}|_{V_x = V_{DSAT}} + t_{lin}|_{V_x = V_{10\%}}$$

$$= \frac{C_x}{W_n \cdot v_{sat} \cdot C_{ox}} \times \frac{(V_{DD} - V_{T0,n}) + E_{C,n}L_n}{(V_{DD} - V_{T0,n})^2} \cdot (-V_{DSAT} + V_{DD} - V_{T,n})$$

$$+ \frac{C_x}{k_n} \cdot \left[\frac{1}{(V_{DD} - V_{T,n})} \cdot \ln\left(\frac{V_{DSAT}}{V_x} \cdot \frac{1.9(V_{DD} - V_{T0,n})}{2(V_{DD} - V_{T0,n}) - V_{DSAT}} \right) \right.$$

$$\left. + \frac{2}{E_{C,n}L_n} \cdot \ln\left(\frac{1.9(V_{DD} - V_{T0,n})}{2(V_{DD} - V_{T0,n}) - V_{DSAT}} \right) \right] \quad (9.18)$$

軟節點電壓 V_x 的下降時間為所定義的 $\tau_{90\%}$ 與 $\tau_{10\%}$ 之時間差，可求得為

$$\tau_{fall} = t_{10\%} - t_{90\%}$$

$$= \frac{C_x}{W_n \cdot v_{sat} \cdot C_{ox}} \cdot \frac{(V_{DD} - V_{T0,n}) + E_{C,n}L_n}{(V_{DD} - V_{T0,n})^2} \cdot (-V_{DSAT} + 0.9V_{DD} - 0.9V_{T,n})$$

$$+ \frac{C_x}{k_n} \cdot \left[\frac{1}{(V_{DD} - V_{T,n})} \cdot \ln\left(\frac{V_{DSAT}}{V_x} \cdot \frac{1.9(V_{DD} - V_{T0,n})}{2(V_{DD} - V_{T0,n}) - V_{DSAT}} \right) \right.$$

$$\left. + \frac{2}{E_{C,n}L_n} \cdot \ln\left(\frac{1.9(V_{DD} - V_{T0,n})}{2(V_{DD} - V_{T0,n}) - V_{DSAT}} \right) \right] \quad (9.19)$$

至此，我們已經討論了在作用時脈階段期間，即當 CK=1 時，因邏輯 "1" 轉移與邏輯 "0" 轉移所造成的暫態充電與放電情況。

現在要看的是在無作用時脈週期期間，即 CK=0 時，軟節點 X 上的邏輯準位儲存。

電荷儲存與電荷漏失

前面章節已討論過，儘管有漏電流存在，在無作用時脈階段期間，保持在軟節點的正確邏輯準位有賴於保存足夠量的電荷於 C_x 內。為了更詳細地分析於非作用時脈階段期間的情況，考慮圖 9.8 中所示的情形。假設在作用時脈階段期間，邏輯高態電壓準位已經轉移至軟節點，且現在的輸入電壓 V_{in} 與時脈兩者均等於 0 V。儲存在 C_x 的電荷會逐漸漏失，主要是由於與傳送電晶體相關的漏電流。反相器驅動器電晶體的閘極電流在此可以忽略。

圖 9.9 顯示為 nMOS 傳送電晶體連同集總節點電容 C_x 的簡化截面圖。我們可以看到，隨著時間而造成軟節點電容電荷流失的漏電流有兩項主要成分，即次臨界通道電流 (subthreshold channel current) 與汲極至基底接面的逆向導通電流 (reverse conduction current)。

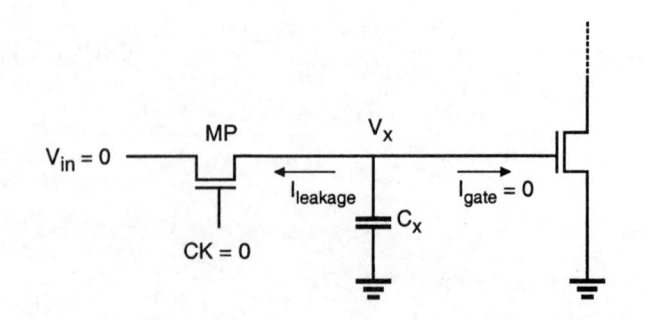

圖 9.8
來自於軟節點的電荷漏失。

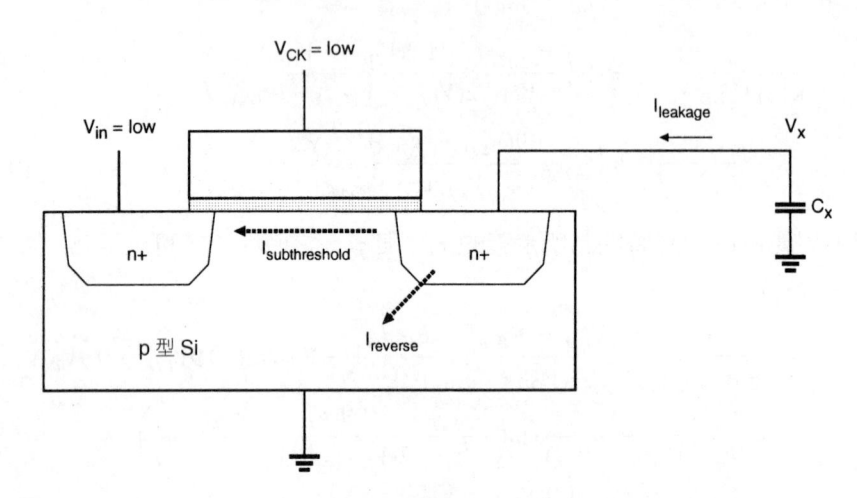

圖 9.9
nMOS 電晶體的簡化剖面圖，顯示負責汲取軟節點電容 C_x 的漏電流成分。

$$I_{leakage} = I_{subthreshold\,(MP)} + I_{reverse\,(MP)} \tag{9.20}$$

須注意的是，全部軟節點電容 C_x 中的一部分是來自於逆偏壓的汲極至基底接面，也是軟節點電壓 V_x 的函數。C_x 的其它成分主要來自於氧化層相關的寄生效應，可以視為是常數。在我們的分析中，這些常數電容成分可以用 C_{in} 來表示（圖 9.10）。因此，儲存在軟節點的全部電荷須表示為兩種主要成分的總和，如下所示：

$$\begin{gathered} Q = Q_j(V_x) + Q_{in} \qquad 其中 \qquad Q_{in} = C_{in} \cdot V_x \\ C_{in} = C_{gb} + C_{poly} + C_{metal} \end{gathered} \tag{9.21}$$

全部漏電流可以表示為全部軟節點電荷 Q 的時間導數。

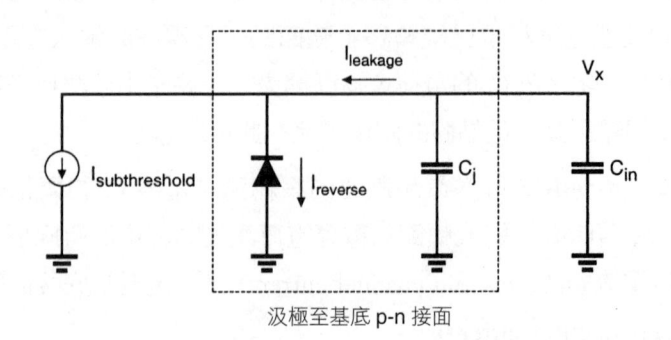

圖 9.10
用於分析電荷漏失過程的等效電路。

$$I_{leakage} = \frac{dQ}{dt}$$
$$= \frac{dQ_j(V_x)}{dt} + \frac{dQ_{in}}{dt}$$
$$= \frac{dQ_j(V_x)}{dV_x}\frac{dV_x}{dt} + C_{in}\frac{dV_x}{dt} \tag{9.22}$$

其中

$$\frac{dQ_j(V_x)}{dV_x} = C_j(V_x) = \frac{A \cdot C_{j0}}{\sqrt{1 + \frac{V_x}{\phi_0}}} = A \cdot \sqrt{\frac{q\varepsilon_{Si}N_A}{2(\phi_0 + V_x)}} \tag{9.23}$$

根據式 (3.128) 且

$$\phi_0 = \frac{kT}{q}\ln\left(\frac{N_D \cdot N_A}{n_i^2}\right) \tag{9.24}$$

$$C_{j0} = \sqrt{\frac{q\varepsilon_{Si}N_A N_D}{2(N_A + N_D)\phi_0}} \approx \sqrt{\frac{q\varepsilon_{Si}N_A}{2\phi_0}} \tag{9.25}$$

還須注意的是，深次微米電晶體的次臨界電流能夠顯著地超過逆向導通電流，特別當 $V_{DS} = V_{DD}$ 時。在長通道電晶體裡，次臨界電流的大小與逆向漏電流相當。逆向導通電流依序具有兩個主要成分，恆定的逆向飽和電流 (reverse saturation current) I_0 與產生電流 (generation current) I_{gen}；I_{gen} 源自於空乏區，為施加偏壓 V_x 的函數。為了從軟節點估算實際的電荷漏失，我們必須解出式 (9.22) 的微分方程式，並考量到與電壓相依電容元件與非線性漏電流。另一方面，為了快速估算最壞情況下的漏電行為，問題可以更簡化。

假設最小的合併軟節點電容如下式

$$C_{x,min} = C_{gb} + C_{poly} + C_{metal} + C_{db,min} \tag{9.26}$$

其中 $C_{db,min}$ 代表在偏壓條件 $V_x = V_{max}$ 下獲得的最小接面電容。現在我們定義最壞情況下的保持時間 (t_{hold})，是由於漏電緣故而使軟節點電壓由其初始邏輯高態值下降至邏輯臨界電壓所需的最短時間。一旦軟節點電壓達到邏輯臨界時，由此節點驅動的邏輯級會失去其先前保持的狀態。

$$t_{hold} = \frac{\Delta Q_{critical,min}}{I_{leakage,max}} \tag{9.27}$$

其中

$$\Delta Q_{critical,min} = C_{x,min}\left(V_{max} - \frac{V_{DD}}{2}\right) \tag{9.28}$$

最壞情況下的漏電時間計算可以利用此近似式予以簡化，如例題 9.2 中所示。

例題 9.2

此軟節點結構包含傳送電晶體的汲極（或源極，依電流方向而定）端點，透過金屬連接線連結至 nMOS 驅動器電晶體的多晶矽閘極。

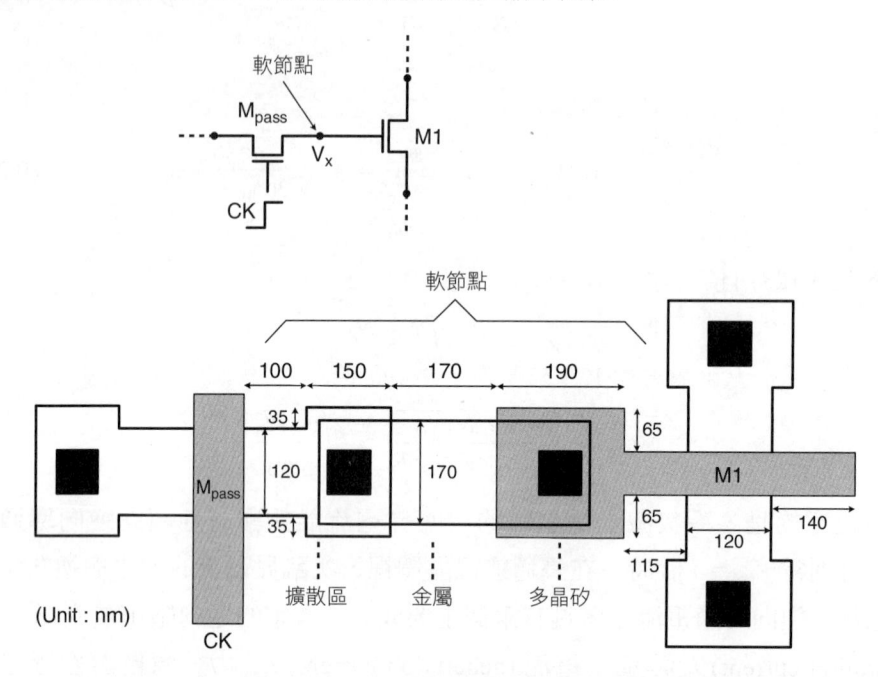

假設在此電路中使用的電源供應電壓為 $V_{DD} = 1.2$ V，而且軟節點初始充電至其最大電壓 V_{max}。為了估算最壞情況下的保持時間，必須先計算全部軟節點電容。該結構簡化的光罩佈局如下所示。所有尺寸以微米計。使用於本例題的關鍵材料參數如下所列。在這個例子中，為了簡單起見，由於小尺寸效應所造成的所有臨界電壓偏移，如第 3 章所解釋的，被合併為一項，假設為 ΔV_T。

$$V_{T0} = 0.43 \text{ V}$$
$$\Delta V_T = 0.08 \text{ V}$$
$$\gamma = 0.612 \text{ V}^{1/2}$$
$$|2\phi_F| = 0.997 \text{ V}$$
$$C_{ox} = 13 \text{ fF}/\mu\text{m}^2$$
$$C'_{metal} = 0.0573 \text{ fF}/\mu\text{m}^2$$
$$C'_{poly} = 0.1059 \text{ fF}/\mu\text{m}^2$$
$$C_{j0} = 1.21 \text{ fF}/\mu\text{m}^2$$
$$C_{j0sw} = 0.084 \text{ fF}/\mu\text{m}$$

首先計算與軟節點有關的氧化層相關的（常數）寄生電容成分。

$$\begin{aligned} C_{gb} &= C_{ox} \cdot W \cdot L_{mask} \\ &= 13 \text{ fF}/\mu\text{m}^2 \cdot (0.120 \ \mu\text{m} \times 0.060 \ \mu\text{m}) \\ &= 0.0936 \text{ fF} \end{aligned}$$

$$C_{metal} = 0.0573 \text{ fF}/\mu m^2 \cdot (0.170 \ \mu m \times 0.170 \ \mu m)$$
$$= 0.001656 \text{ fF}$$
$$C_{poly} = 0.1059 \text{ fF}/\mu m^2 \cdot (0.0361 \ \mu m^2 + 0.0153 \ \mu m^2)$$
$$= 0.005443 \text{ fF}$$

此刻，我們必須計算與傳送電晶體閘極至基底 p-n 接面有關的寄生接面電容。使用這裡所給的零偏壓單位電容值可得

$$C_{db,max} = C_{bottom} + C_{sidewall}$$
$$= A_{bottom} \cdot C_{j0} + P_{sidewall} \cdot C_{j0sw}$$
$$= (0.0285 \ \mu m^2 + 0.012 \ \mu m^2) \cdot 1.22 \text{ fF}/\mu m^2 + 0.88 \ \mu m \cdot 0.084 \text{ fF}/\mu m$$
$$= 0.0494 \text{ fF} + 0.0739 \text{ fF}$$
$$= 0.1233 \text{ fF}$$

當接面以其最大可能電壓 V_{max} 來偏壓（逆偏）時，可以達到汲極接面電容的最小值。要計算最小電容值需要先使用式 (9.5) 來找出 V_{max}。然而，為了簡單起見，我們假設小幾何形狀元件的臨界電壓偏移值為 80 mV，並使用式 (3.23) 來計算 V_{max} 如下：

$$V_{max} = 1.2 - 0.43 - 0.612\left(\sqrt{0.997 + V_{max}} - \sqrt{0.997}\right) - 0.08$$
$$\Rightarrow V_{max} = 0.541 \text{ V}$$

現在，汲極接面電容的最小值可以計算出來。

$$C_{db,min} = \frac{C_{bottom}}{\sqrt{1 + \frac{V_{x,max}}{\Phi_0}}} + \frac{C_{sidewall}}{\sqrt{1 + \frac{V_{x,max}}{\Phi_{0sw}}}}$$
$$= \frac{0.0494 \text{ fF}}{\sqrt{1 + \frac{0.612}{1.11}}} + \frac{0.0739 \text{ fF}}{\sqrt{1 + \frac{0.612}{1.19}}} = 0.0998 \text{ fF}$$

全部軟節點電容的最小值可以使用式 (9.26) 找到。

$$C_{x,min} = C_{gb} + C_{metal} + C_{poly} + C_{db,min}$$
$$= 0.0936 \text{ fF} + 0.001656 \text{ fF} + 0.005443 \text{ fF} + 0.0998 \text{ fF}$$
$$= 0.201 \text{ fF}$$

在軟節點上，最終將導致邏輯狀態改變的關鍵電荷下降量為

$$\Delta Q_{critical} = C_{x,min} \cdot (V_{x,max} - 0.5)$$
$$= 0.201 \text{ fF} \cdot (0.541 \text{ V} - 0.5 \text{ V})$$
$$= 0.008241 \text{ fC}$$

假設下一個邏輯閘的邏輯臨界電壓是 0.5 V。在這個範例中，得自 MOS 特性（參見第 3 章式 (3.115)）與接面二極體特性，負責使電荷空乏的最大漏電流為

$$I_{leakage} = I_{subthreshold} + I_{reverse} = 29 \text{ pA}$$

最後，式 (9.27) 可以用來計算出軟節點最壞情況下（最小）的保持時間。

$$t_{hold,min} = \frac{\Delta Q_{critical}}{I_{leakage,max}}$$

$$= \frac{0.008241 \text{ fC}}{29 \text{ pA}} = \underline{0.284 \ \mu s}$$

引起關注而須注意的是，即使有像 0.201 fF 非常小的軟節點電容，此結構在最壞情況下的保持時間相對較長，特別是與 nMOS 或 CMOS 邏輯閘中遇到的訊號傳遞延遲進行比較。這個範例證明了動態電荷儲存概念的可行性，並說明了邏輯狀態可以安全地保存在軟節點上很長的期間。

9.3 電壓靴帶

本節會簡要地討論在數位電路中，用來克服臨界電壓下降非常有用的動態電路技術，稱為**電壓靴帶 (voltage bootstrapping)**。我們已經知道，在幾種電路結構中，輸出電壓準位可能會遭受臨界電壓壓降的問題，如傳送電晶體閘或增強型負載反相器與邏輯閘。

動態電壓靴帶技術提供一種簡單而有效的方法，用以克服發生在多數情況下的臨界電壓壓降問題。考慮在圖 9.11 中所示的電路，其中電壓 V_x 等於或小於電源供應電壓，$V_x \leq V_{DD}$。因此，增強型 nMOS 電晶體 M2 將操作在飽和狀態。

當輸入電壓 V_{in} 為低態時，其輸出電壓可達到的最大值被限制為

$$V_{out}(max) = V_x - V_{T2}(V_{out}) \tag{9.29}$$

為了克服臨界電壓壓降並在輸出節點得到完整的邏輯高態準位 (V_{DD})，電壓 V_x 必須增加。現在考慮在圖 9.12 中所示，加入第三顆電晶體 M3 至電路中。電路圖中的兩顆電容器 C_S 和 C_{boot} 分別代表將電壓 V_x 動態地耦合至接地端與輸出端

圖 9.11
輸出節點為弱驅動的增強型電路。

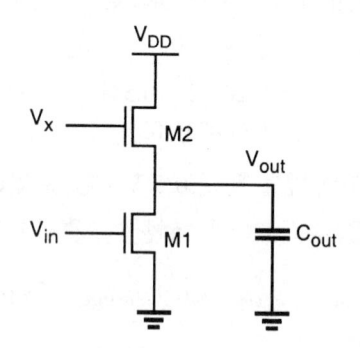

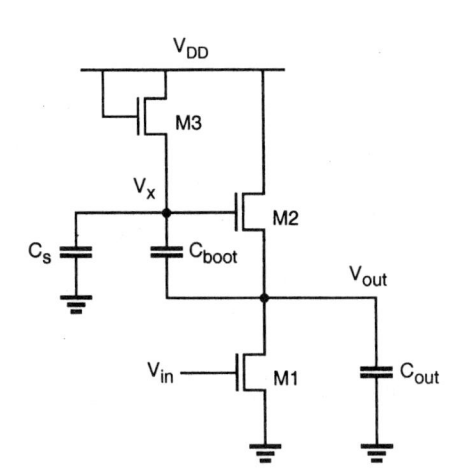

圖 9.12
切換過程中以動態靴帶配置以提高 V_x。

的電容。我們將看到在此電路中，於切換期間可產生高電壓 V_x，從而克服輸出節點的臨界電壓壓降問題。

$$V_x \geq V_{DD} + V_{T2}(V_{out}) \tag{9.30}$$

初始時，先假設輸入電壓 V_{in} 為邏輯高態，使得 M1 與 M2 具有非零的汲極電流，並且輸出電壓為低態。此時，M1 處於線性區，而 M2 是在飽和狀態。因為 $I_{D3} = 0$，電壓 V_x 的初始條件可以得到為

$$V_x = V_{DD} - V_{T3}(V_x) \tag{9.31}$$

現在，假設在 $t = 0$ 時，輸入從其邏輯高態準位切換至 0 V。結果是，驅動器電晶體 M1 將截止，且輸出電壓 V_{out} 將開始上升。這種輸出電壓準位的改變，現在將透過靴帶電容 C_{boot} 耦合至 V_x。讓 i_{Cboot} 代表在充電情況期間流過 C_{boot} 的暫態電流，且令 i_{Cs} 為通過 C_S 的電流。假設兩種電流成分大致相等，可得

$$i_{Cs} \approx i_{Cboot} \Leftrightarrow C_S \frac{dV_x}{dt} \approx C_{boot} \frac{d(V_{out} - V_x)}{dt} \tag{9.32}$$

重組式 (9.32) 得到以下的方程式：

$$(C_S + C_{boot}) \frac{dV_x}{dt} \approx C_{boot} \frac{dV_{out}}{dt} \tag{9.33}$$

$$\frac{dV_x}{dt} \approx \frac{C_{boot}}{(C_S + C_{boot})} \cdot \frac{dV_{out}}{dt} \tag{9.34}$$

從式 (9.34) 可以得知，在此切換情況期間，增加輸出電壓 V_{out} 將會造成電壓準位 V_x 依比例增加。對式 (9.34) 兩邊進行積分可得

$$\int_{V_{DD} - V_{T3}}^{V_x} dV_x = \frac{C_{boot}}{(C_S + C_{boot})} \cdot \int_{V_{OL}}^{V_{DD}} dV_{out} \tag{9.35}$$

$$V_x = (V_{DD} - V_{T3}) + \frac{C_{boot}}{(C_S + C_{boot})}(V_{DD} - V_{OL}) \quad (9.36)$$

如果電容 C_{boot} 甚大於 C_S ($C_{boot} \gg C_S$)，則 V_x 最大值可以近似為

$$V_x(max) = 2V_{DD} - V_{T3} - V_{OL} \quad (9.37)$$

這證明電壓靴帶效應能顯著提升電壓準位 V_x。還記得，為了克服輸出臨界電壓壓降，所需的最小電壓準位 V_x 為

$$V_x(min) = V_{DD} + V_{T2}|_{V_{out}=V_{DD}}$$
$$= (V_{DD} - V_{T3}(V_x)) + \frac{C_{boot}}{(C_S + C_{boot})}(V_{DD} - V_{OL}) \quad (9.38)$$

這個方程式可以重新排列以得到所需的電容比值，如下所示：

$$\frac{C_{boot}}{(C_S + C_{boot})} = \frac{V_{T2}|_{V_{out}=V_{DD}} + V_{T3}|_{V_x}}{(V_{DD} - V_{OL})} \quad (9.39)$$

$$\frac{C_{boot}}{C_S} = \frac{V_{T2}|_{V_{out}=V_{DD}} + V_{T3}|_{V_x}}{V_{DD} - V_{OL} - V_{T2}|_{V_{out}=V_{DD}} - V_{T3}|_{V_x}} \quad (9.40)$$

須注意的是，C_S 實際上為 M3 的寄生源極至基底電容與 M2 的閘極至基底電容之總和。相較於 C_S，為了獲得為夠大的靴帶電容 C_{boot}，電路中通常會加入一個額外的「仿製 (dummy)」電晶體，如圖 9.13 所示。

因為汲極與源極連接在一起，仿製電晶體僅作為介於 V_x 與 V_{out} 間的 MOS 電容。雖然此電路配置包含兩顆額外的電晶體來實現電壓靴帶功能，但以額外矽面積來實現電壓靴帶裝置所得到的電路性能改善通常非常值得。

圖 9.13
實現的靴帶電容與仿製 MOS 裝置。

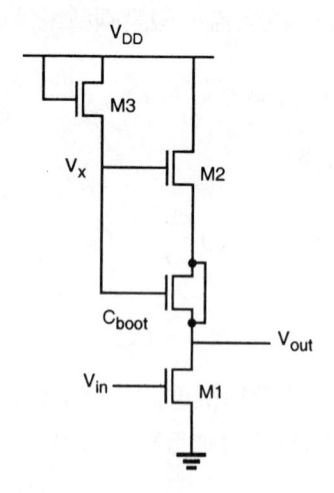

例題 9.3

圖 9.13 所示的簡單靴帶電路之暫態操作，以 SPICE 模擬如下。為了提供所需的靴帶電容，使用仿製 nMOS 元件具有通道長度 $L = 60$ nm 與通道寬度 $W = 3$ μm。電晶體 M1 的 (W/L) 比值為 10，而 M2 與 M3 的 (W/L) 比值為 5。

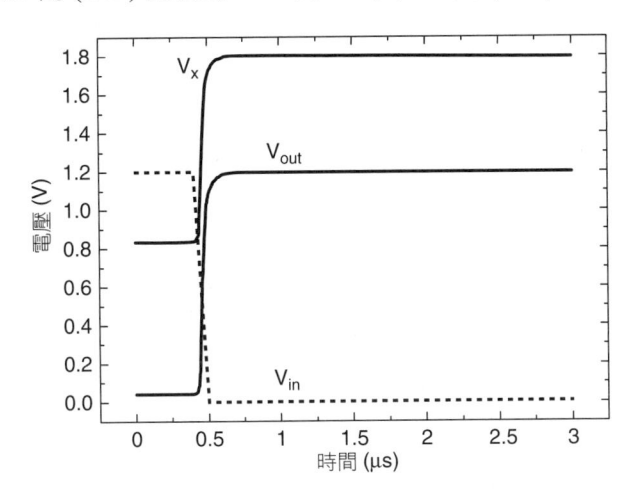

如果使用具有短下降時間的 V_{in} 進行模擬，可以發現 V_{out} 尚未達到 V_{DD}，因為式 (9.37) 中的 V_x 在 65-nm 製程技術下，無法達到式 (9.30) 中所需的電壓，這是由於臨界電壓對電源的比值增加所致。

■

9.4 同步動態電路技術

檢視了在電容性電路節點暫時儲存邏輯準位相關的基本概念後，我們現在把注意力轉至利用此簡單但有效原理的數位電路設計技術。接下來要研究使用虛擬 nMOS、增強型負載 nMOS 與 CMOS 建構區塊，實現同步動態電路的幾種例子。

動態傳送電晶體電路

考慮在圖 9.14 中所示的多級同步電路的廣義圖。該電路由串接組合邏輯級構成，這是透過 nMOS 傳送電晶體互相連接而成的。每個組合邏輯區塊的所有輸入都藉由單一時脈訊號來驅動。為了簡化起見，圖中並未顯示個別輸入電容，但寄生輸入電容上的暫存電荷顯然會影響電路的操作。

為了驅動此系統中的傳送電晶體，使用兩組無重疊 (non-overlapping) 的時脈訊號，ϕ_1 與 ϕ_2。兩組時脈訊號的無重疊特性保證了在任何給定的時間點上，兩組時脈訊號中僅有一組是可以作用的，如圖 9.15 所示。當時脈 ϕ_1 作用時，

圖 9.14
由兩組無重疊時脈所驅動的多級傳送電晶體邏輯。

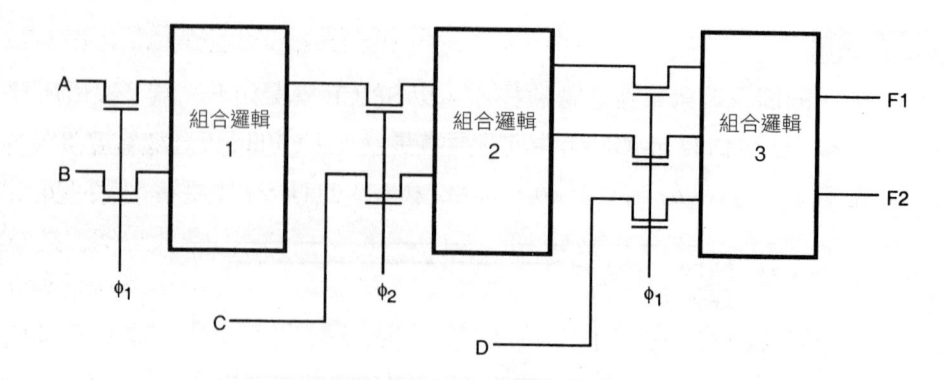

圖 9.15
用於雙相位同步操作的無重疊時脈訊號。

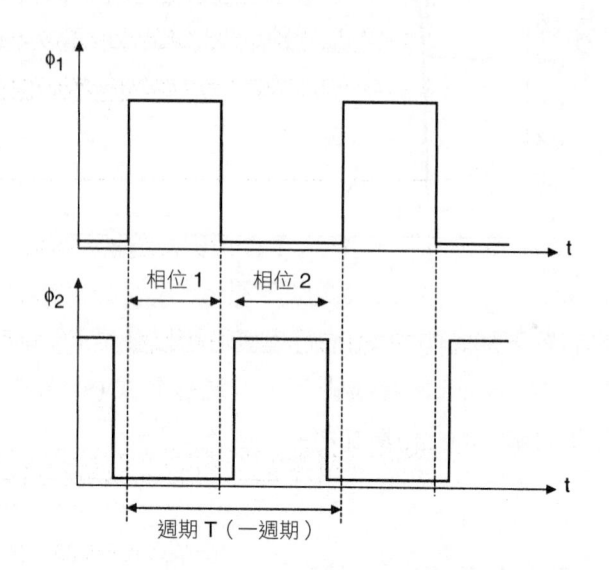

第一級（與第三級）的輸入準位係透過傳送電晶體施加，而第二級的輸入電容則保持其先前設定的邏輯準位。在下一階段，當時脈 ϕ_2 是作用的，第二級的輸入準位將透過傳送電晶體來施加，而第一級與第三級的輸入電容則保持其邏輯準位。這允許我們在每一級輸入加入簡單的動態記憶體功能，且同時透過使用兩組週期性的時脈訊號來控制電路中的訊號流向，以促進同步操作。這種訊號時序方法亦稱為**雙相位時脈控制 (two-phase clocking)**，也是最廣泛使用的時序控制策略之一。

此雙相位時脈控制方法並沒有對組合邏輯級的內部結構做任何特定的假設。可以看出，虛擬 nMOS、增強型負載 nMOS 或 CMOS 邏輯電路可以用來實現組合邏輯。圖 9.16 所示為虛擬 nMOS 的動態移位暫存器 (shift register) 電路，其中輸入資料在每個時脈相位期間，被反相一次並傳送或移位至下一級。

移位暫存器電路的操作如下所述。在 ϕ_1 作用的相位期間，輸入電壓準位 V_{in} 傳送至輸入電容 C_{in1}。因此，第一級的有效輸出電壓準位在這個週期內決定

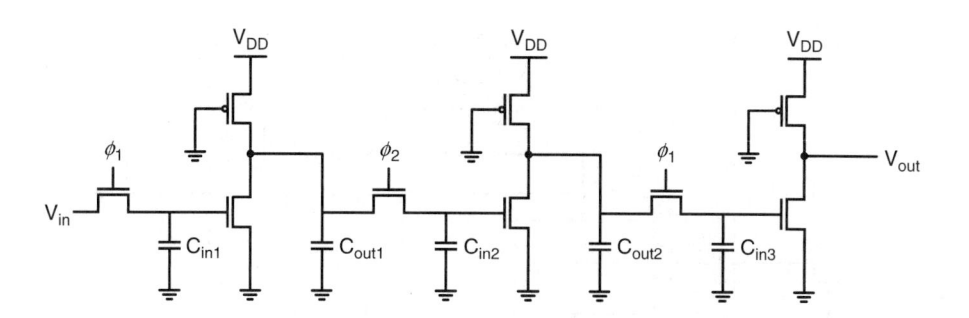

圖 9.16
由雙相位時脈所驅動的三級虛擬 nMOS 之動態移位暫存器電路。

為目前輸入的反相。當下一個相位 ϕ_2 變為作用時，第一級輸出電壓準位轉移至第二級的輸入電容 C_{in2}，並且決定了第二級的有效輸出電壓準位。在 ϕ_2 作用的相位期間，第一級的輸入電容透過所儲存的電荷而持續保有其原來的準位。當 ϕ_1 再次變為作用時，於前一週期期間寫入暫存器內的原始資料位元會轉移至第三級，且此刻第一級可以接受下一個資料位元。

在此電路中，最高時脈頻率 (maximum clock frequency) 是由通過一個反相器級的訊號傳遞延遲來確定。時脈訊號的半週期必須夠長，能允許輸入電容 C_{in} 充電或放電，且邏輯準位可藉由對 C_{out} 充電傳遞至輸出端。另外注意，此電路中每個反相器級的邏輯高態輸入準位比電源供應電壓準位低一個臨界電壓值。

簡單移位暫存器電路所使用的相同操作原理可以容易地延伸至同步複合邏輯。圖 9.17 與圖 9.18 顯示了使用虛擬 nMOS 複合邏輯閘電路所實現的兩級電路範例。

圖 9.18 中所示的複合邏輯電路中，每一級訊號的傳遞延遲可能不同。因此，為了保證在每個作用的時脈週期內可以正確地傳遞邏輯準位，時脈訊號的半週期長度必須長於電路中最大的單級訊號傳遞延遲。

現在考慮簡單移位暫存器電路的另一種實現方式，採用的是增強型負載 nMOS 反相器。一個重要的區別在於，我們也施加時脈訊號接至負載電晶體的閘極，取代以定值閘極電壓來偏壓負載電晶體的方式。使用此動態（時脈控

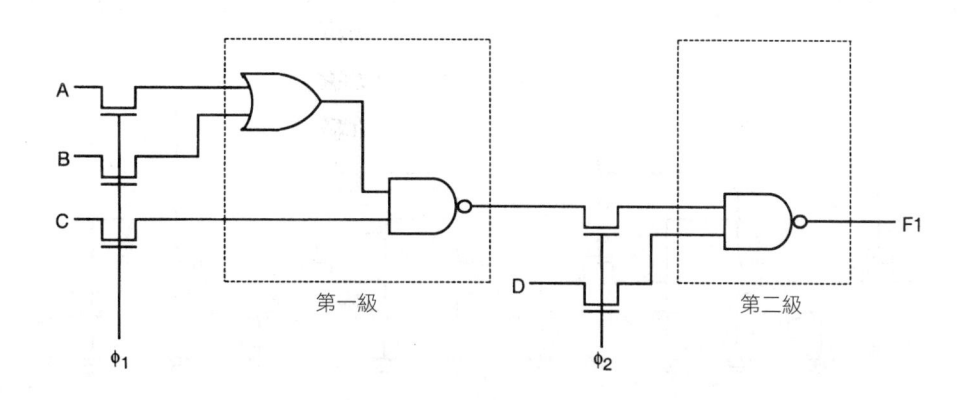

圖 9.17
兩級同步複合邏輯電路範例。

圖 9.18
同步複合邏輯的虛擬 nMOS 實作

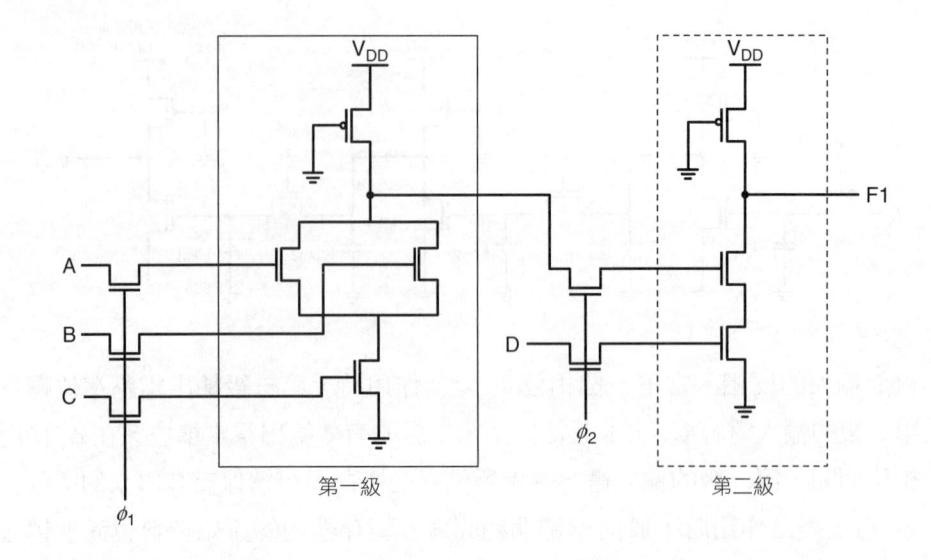

制）負載方法可顯著降低功率消耗與晶片面積。接下來將討論動態增強型負載移位暫存器的兩個變化型，這兩者都是由兩個無重疊時脈訊號所驅動。圖 9.19 所示為第一種實作方式，其中在每一級的輸入傳送電晶體及負載電晶體都是由互為相反 (opposite) 的時脈相位 ϕ_1 與 ϕ_2 所驅動。

當 ϕ_1 為作用時，輸入電壓 V_{in} 的準位透過傳送電晶體轉移至第一級輸入電容 C_{in1}。在這個相位中，第一級反相器的增強型 nMOS 負載電晶體尚未作用。在下一個相位（ϕ_2 作用）期間，負載電晶體導通。由於輸入邏輯準位仍然保存在 C_{in1}，所以第一級反相器級的輸出達到其有效的邏輯準位。同時，第二級輸入傳送電晶體也導通，允許此新決定的輸出準位轉移至第二級輸入電容 C_{in2}。當時脈 ϕ_1 再次變成作用時，橫跨 C_{out2} 的有效輸出準位可被決定並轉移至 C_{in3}。此外，新輸入準位在此相位期間可送（管線化）至 C_{in1}。

在此電路中，因為輸出傳送電晶體（下一級的輸入傳送電晶體）與負載電晶體同時導通，每一級的有效低態輸出電壓準位 V_{OL} 是完全由驅動器至負載比例所決定。因此，這種電路配置也稱為**比例式動態邏輯 (ratioed dynamic logic)**。基本操作原理顯然可以延伸至任意的複合邏輯，如圖 9.20 所示。因為只有

圖 9.19
增強型負載動態移位暫存器（比例式邏輯）。

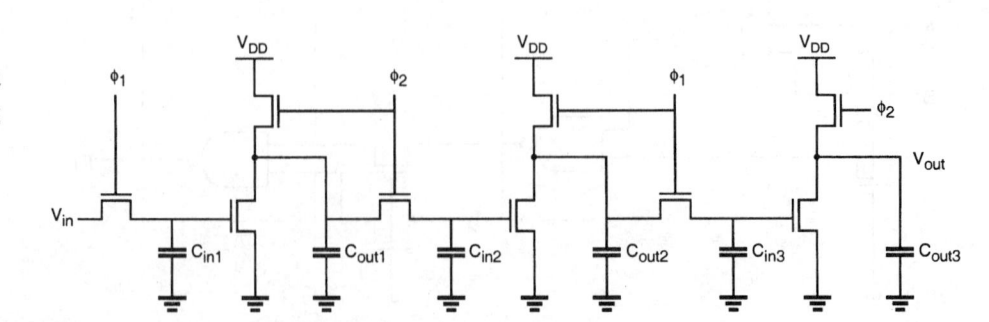

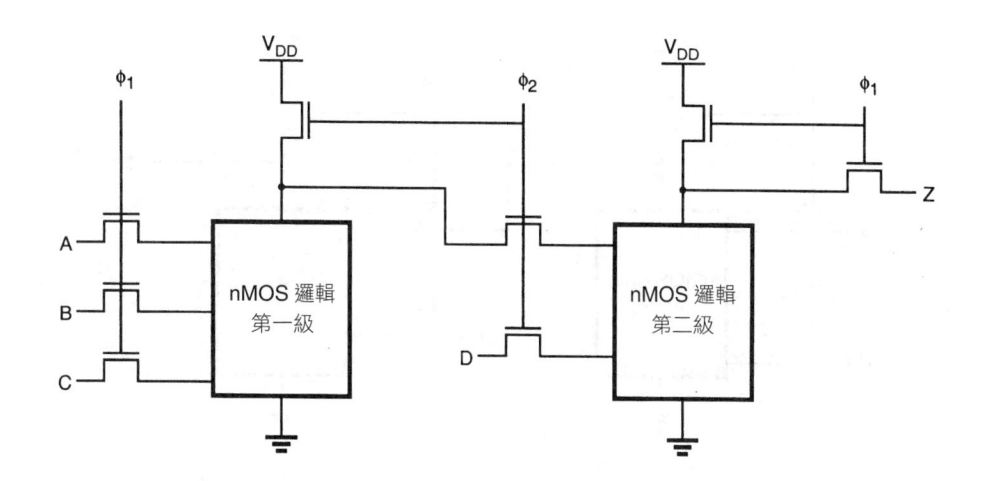

圖 9.20
比例式同步動態邏輯的一般性電路結構。

當時脈訊號啟動負載裝置時才會流出電源供應電流，此動態增強型負載邏輯的整體功率消耗一般比虛擬 nMOS 邏輯還低。

接下來，考慮第二種動態增強型負載移位暫存器的實現，其中在每一級的輸入傳送電晶體與負載電晶體均由相同的時脈相位所驅動（圖 9.21）。

當 ϕ_1 作用時，輸入電壓準位 V_{in} 透過傳送電晶體轉移至第一級輸入電容 C_{in1}。須注意的是在同一時間裡，第一級反相器的增強型 nMOS 負載電晶體是有作用的。因此，第一級反相器輸出達到其有效的邏輯準位。在下一個相位（ϕ_2 作用）期間，下一級輸入傳送電晶體會導通，且邏輯準位轉移至下一級。在這裡，我們必須考慮如下兩種情況。

如果橫跨 C_{out1} 的輸出準位在 ϕ_1 作用的相位結束時為邏輯高態，此電壓準位在 ϕ_2 作用的相位期間，透過**電荷分享 (charge sharing)** 越過傳送電晶體而轉移至 C_{in2}。須注意的是，輸出節點的邏輯高態準位容易遭受臨界電壓壓降影響；也就是說，它比電源供應電壓低一個臨界電壓。為了在電荷分享後還能正確地轉移邏輯高態準位，在電路設計時，電容 (C_{out}/C_{in}) 的比例必須設計得夠大。

另一方面，如果 ϕ_1 作用相位結束時，第一級輸出準位為邏輯低態，則當 ϕ_1 關閉時，輸出電容 C_{out1} 將被完全汲乾至電壓 V_{OL} = 0 V。這是可以達成的，

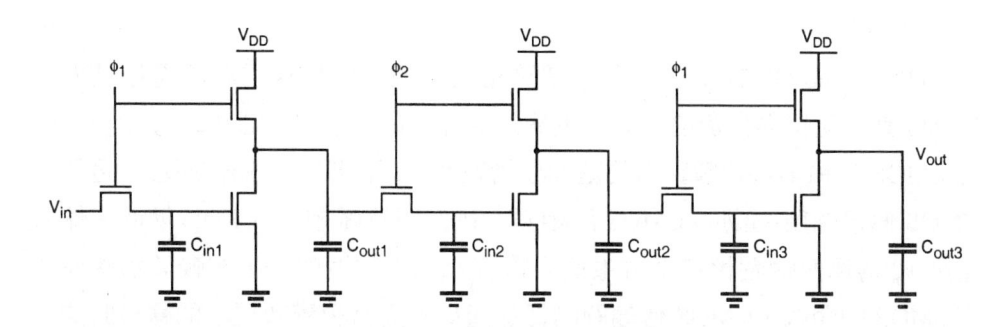

圖 9.21
增強型負載動態移位暫存器（無比例式邏輯）。

圖 9.22
無比例式同步動態邏輯的一般性電路結構。

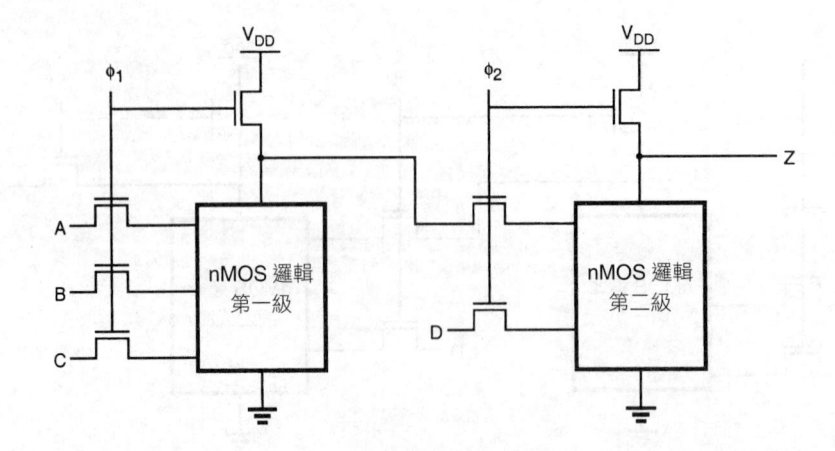

因為在這種情況下，邏輯高態準位儲存於輸入電容 C_{in1}，迫使驅動器電晶體維持導通狀態。顯然地，在 ϕ_2 作用的相位期間，邏輯低態準位 $V_{OL} = 0$ V 亦透過傳送電晶體轉移至下一級。

當時脈 ϕ_1 再次成為作用時，會決定橫跨 C_{out2} 的有效輸出準位出並轉移至 C_{in3}。此外，在此相位期間，新的輸入準位可送至 C_{in1}。因為毋須考慮驅動器對負載比例就可以達成有效邏輯低態準位 $V_{OL} = 0$ V，此電路配置稱為**無比例式動態邏輯 (ratioless dynamic logic)**。基本操作原理可以延伸至任意的複合邏輯，如圖 9.22 所示。

9.5 動態 CMOS 電路技術

CMOS 傳輸閘邏輯

透過時脈控制開關串接個別邏輯區塊的這種基本雙相位同步邏輯電路原理，亦可容易地適用於 CMOS 的架構中。在這裡，靜態 CMOS 閘用於實現邏輯區塊，而 CMOS 傳輸閘則用於轉移某一級輸出準位至下一級的輸入端（圖9.23）。須注意的是，每個傳輸閘實際上是由時脈訊號與其反相訊號所控制。因此，CMOS 傳輸閘邏輯的雙相位時脈控制總共需要產生四組時脈訊號並繞線遍及整個電路。

如同以 nMOS 為基礎的動態電路結構一般，於無作用時脈週期期間，CMOS 動態邏輯操作依儲存於寄生輸入電容之電荷而定。圖 9.24 顯示一組動態 CMOS 傳輸閘移位暫存器的基本建構區塊，以說明基本操作原理。這個由 CMOS 傳輸閘所驅動的 CMOS 反相器，在作用時脈相位 (CK=1) 期間，輸入電壓 V_{in} 透過傳輸閘轉移至寄生輸入電容 C_x。須注意的是，相較於那些僅使用 nMOS 的開關，CMOS 傳輸閘的低導通電阻通常會導致更小的轉移時間。

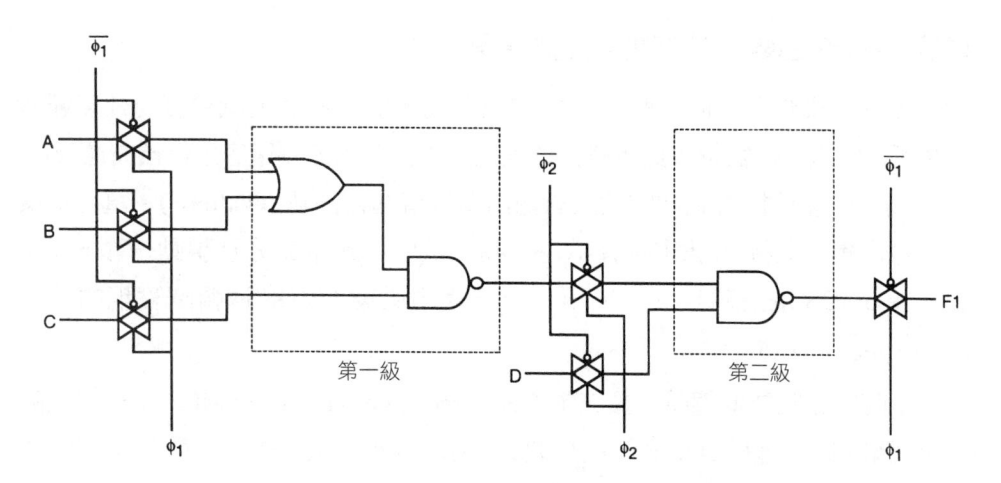

圖 9.23
動態 CMOS 傳輸閘邏輯的典型範例。

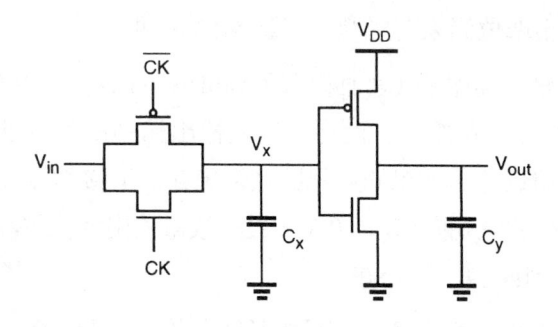

圖 9.24
CMOS 傳輸閘動態移位暫存器之基本建構區塊。

還有，橫跨 CMOS 傳輸閘不會有臨界電壓壓降。當時脈訊號成為無作用時，CMOS 傳輸閘截止且橫跨 C_x 的電壓準位可以被保存至下一週期。

圖 9.25 為單相 CMOS 移位暫存器，係由圖 9.24 中完全相同的單元串接所建構成，利用時脈與其互補訊號輪流驅動每一級。

理想上，奇數級傳輸閘會在作用的時脈相位期間導通（當 CK=1 時），偶數級傳輸閘則會截止，使得在鏈中的串接反相器會交替地隔離。這將確保輸入會在交替的半週期內被允許。然而，實際上時脈與其互補訊號無法構成準確的無重疊訊號對，因為時脈電壓波形的上升時間與下降時間有限。此外，CK 與 $\overline{CK}$ 之間的時脈誤差可能是無法避免，因為其中一個訊號是藉由另一個訊號反相所產生。因此，在動態 CMOS 傳輸閘邏輯中，真正具有兩個無重疊時脈訊號（ϕ_1 與 ϕ_2）與其互補訊號的雙相位時脈控制通常較單相位時脈控制受歡迎。

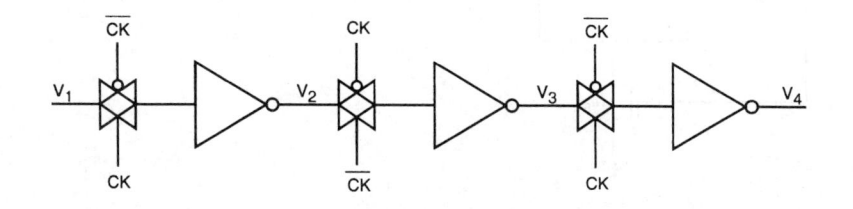

圖 9.25
單相位 CMOS 傳輸閘動態移位暫存器。

動態 CMOS 邏輯（預充電 - 評估邏輯）

接下來將介紹一種動態 CMOS 電路技術，能夠顯著地減少實現任意邏輯函數所需的電晶體數量。此電路操作是基於先對輸出節點電容進行**預充電 (precharge)**，隨後根據所施加的輸入對輸出準位值進行**評估 (evaluate)**。這兩項操作都是由單一時脈訊號來排程；在各動態級中，此訊號分別驅動一顆 nMOS 與一顆 pMOS 電晶體。圖 9.26 所示為一組由動態 CMOS 邏輯閘實現的函數 $F = \overline{(A_1 A_2 A_3 + B_1 B_2)}$。

當時脈訊號為低態時（預充電階段 (precharge phase)），pMOS 預充電電晶體 M_p 為導通，而互補 nMOS 電晶體 M_e 則為截止。電路的寄生輸出電容會透過導通的 pMOS 電晶體充電至邏輯高態準位 $V_{out} = V_{DD}$。輸入電壓也是施加於此階段間，但對輸出準位尚未有影響，因為 M_e 為截止。

當時脈訊號變為高態時（評估階段 (evaluate phase)），預充電電晶體 M_p 截止而 M_e 導通。視輸入電壓準位而定，現在輸出節點電壓可以保持在邏輯高態準位或下降至邏輯低態。如果輸入訊號在輸出節點與接地端間創造出一條導通路徑，輸出電容會放電朝向 $V_{OL} = 0$ V。最終放電輸出準位依評估階段的時間延伸 (span) 而定。否則，V_{out} 維持在 V_{DD}。

單級動態 CMOS 邏輯閘的操作是相當簡單的。然而，對於實際的多級應用而言，動態 CMOS 閘電路有一個明顯的問題。為了檢視此基本限制，考慮圖 9.27 中所示的兩級串接結構。在這裡，第一個動態 CMOS 級的輸出驅動第二個動態 CMOS 級的一個輸入；為了簡化起見，假設第二級為一個雙輸入 NAND 閘。

圖 9.26
以動態 CMOS 邏輯閘實現複合布林函數。

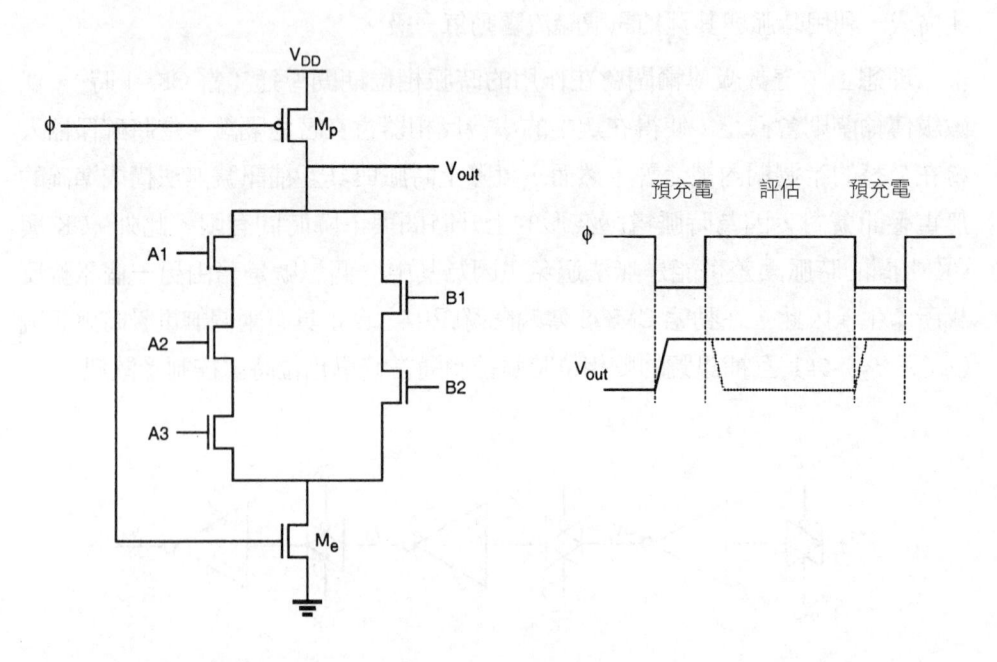

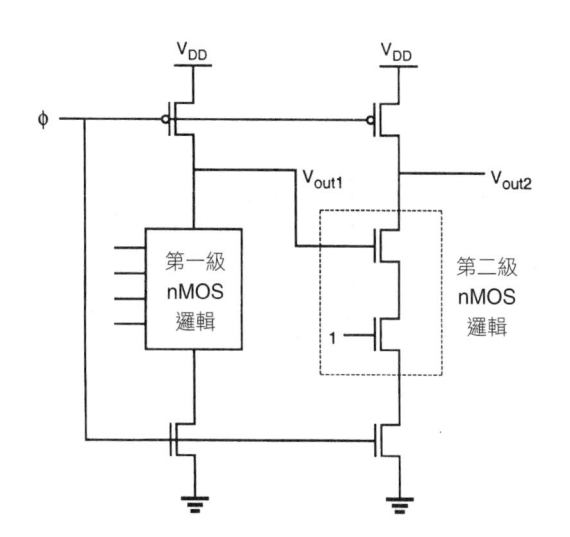

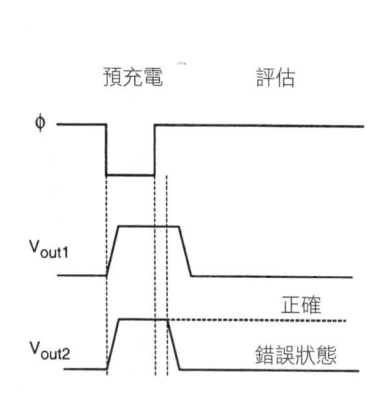

圖 9.27
動態 CMOS 邏輯串接問題實例說明。

在預充電階段期間，兩個輸出電壓 V_{out1} 與 V_{out2} 都藉由各自的 pMOS 預充電裝置進行上拉。另外，在此階段期間施加外部輸入。第一級的輸入變數設定為輸出 V_{out1} 在評估階段期間，將會下降至邏輯 "0"。另一方面，第二級 NAND2 閘的外部輸入設定為邏輯 "1"，如圖 9.27 所示。當評估階段開始時，兩個輸出電壓 V_{out1} 與 V_{out2} 均為邏輯高態準位。在一定的時間延遲後，第一級的輸出 (V_{out1}) 最終會下降至其正確的邏輯準位。然而，因為在第二級的求值是同時進行的，而在評估階段初期係使用 V_{out1} 高態值開始動作，在求值階段結束時，輸出電壓 V_{out2} 將會是錯誤的低態。儘管最後所儲存的電荷汲乾後，第一級輸出隨後呈現正確的輸出值，但不可能修正第二級輸出。

這個例子說明了，使用相同時脈訊號驅動的動態 CMOS 邏輯級無法直接串接。這個嚴重的限制似乎破壞了動態 CMOS 邏輯全部其它優點。此問題必須靠開發替代的時脈控制方法與電路結構來克服。事實上，為了研究可行的電路替代方案，大量的高性能動態 CMOS 電路技術也因此產生，其中一些將在下節討論。

9.6 高性能動態 CMOS 電路

這裡介紹的電路是基本動態 CMOS 邏輯閘電路結構的變型。它們被設計來充分利用動態操作的優點，並同時允許不受限制的多級串接組態。最終的目標是，盡可能使用最不複雜的時脈控制方法，以實現可靠、高速與簡潔的電路。

骨牌式 CMOS 邏輯

考慮圖 9.28 中所示的骨牌式 (domino) CMOS 邏輯閘電路的廣義電路圖。

圖 9.28
骨牌式 CMOS 邏輯閘的廣義電路圖。

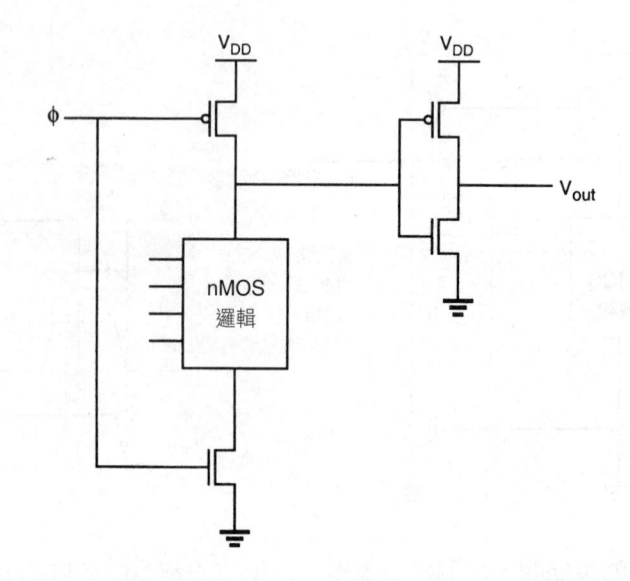

動態 CMOS 邏輯級,其中一種如圖 9.26 中所示,與靜態 CMOS 反相器級串接。增加反相器可讓許多這樣的結構以串接型式進行操作,如以下說明。在預充電階段(當 CK = 0)期間,動態 CMOS 級的輸出節點預充電至邏輯高態準位,而 CMOS 反相器(緩衝器)的輸出變為低態準位。當時脈訊號在評估階段初期上升時,有兩種可能性:動態 CMOS 級的輸出節點不是透過 nMOS 電路放電至低態準位(1 至 0 的轉態),就是維持在高態。因此,在評估階段期間,反相器輸出電壓最多也只能造成一次由 0 至 1 的轉態。不管施加至動態 CMOS 級輸入電壓為何,在評估階段期間,不可能使緩衝器輸出造成 1 至 0 的轉態。

還記得,當某一級的一個或多個輸入在評估階段期間進行 1 至 0 的轉態時,串接傳統動態 CMOS 級會發生問題,如圖 9.29 所示。另一方面,如果系統電路是由串接骨牌式 CMOS 邏輯閘電路來建立,如圖 9.29 所示,則在隨後

圖 9.29
串接的骨牌式 CMOS 邏輯閘。

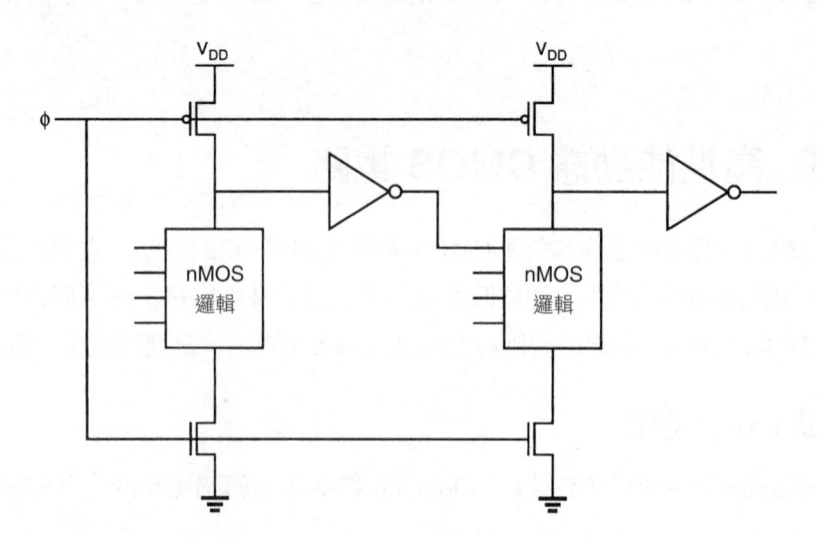

的邏輯區塊中，所有輸入電晶體將在預充電階段期間截止，因為所有緩衝器的輸出都等於 0。在評估階段期間，每個緩衝器輸出最多只可以進行一次轉態（從 0 到 1），因此，所有隨後的邏輯級的每個輸入最多也只能進行一次（0 至 1）轉態。在包含數個此類型電路級的串接結構中，每級的評估會連鎖反應至下一級的評估，類似於骨牌效應。此結構因而稱為骨牌式 CMOS 邏輯。

骨牌式邏輯優於傳統 CMOS 邏輯的特點是操作速度更快。傳統靜態 CMOS 電路本性為速度慢，因為每個邏輯閘須驅動 nMOS 與 pMOS 電晶體。然而，骨牌式邏輯電路僅需驅動 nMOS 電晶體，因而降低了輸出負載與傳遞延遲。此外，傳統 CMOS 邏輯電路的輸出具有由高至低與由低至高的兩種轉態，這使得要同時減少 τ_{PHL} 和 τ_{PLH} 變得很困難。在骨牌式邏輯電路中，減少輸出延遲 (τ_{PLH}) 可以藉由增加動態電路中的 nMOS 電晶體尺寸與 CMOS 反相器的 pMOS 電晶體尺寸，這是因為骨牌式電路的輸出為單調性 (monotonic) 轉態。由於具有小的傳遞延遲，骨牌式邏輯電路已經廣泛地應用於高性能微處理器與其它邏輯晶片。

骨牌式 CMOS 邏輯閘電路可以顯著地減少實現任意複合布林函數所需的電晶體數目。具有八輸入的布林函數 $Z = AB + (C + D)(C + D) + GH$ 的實現，顯示於圖 9.30；它使用標準 CMOS 與骨牌式 CMOS，其電路複雜度明顯降低。系統中的時脈訊號分佈是相當簡單，因為單一時脈就可以用來預充電與評估任何數目的串接級，只要訊號由第一級至最後一級的傳遞延遲不超過評估階段的時間間隔。此外，傳統靜態 CMOS 邏輯閘可以與骨牌式 CMOS 閘電路於串接組態中（圖 9.31）一同使用。它的限制是，在串接結構中的反相靜態邏輯級數目必須為偶數，以使得在評估期間，下一個骨牌式 CMOS 級的輸入只會經歷 "0" 至 "1" 的轉態。

另外還有與骨牌式 CMOS 邏輯閘相關的其它限制。首先，只有非反相結構才可以使用骨牌式 CMOS 來實現。若有必要，反向必須使用傳統的 CMOS 邏輯來實現。其次，骨牌式 CMOS 邏輯電路的低態訊號雜訊邊界 (NM_L) 偏低，因為當輸入電壓上升至 nMOS 電晶體的 V_T 時，位於下拉路徑上的 nMOS 電晶體會導通。在次 100-nm 的技術裡，可藉由增加元件臨界電壓對供應電壓的比值來減輕這個問題。然而，在次 100-nm 的技術裡，透過下拉路徑造成的漏電流可能會導致運算錯誤。因此，具有高臨界電壓的元件可用於抑制漏電流，但會降低骨牌式邏輯電路的性能。在一般情況下，在評估階段期間，動態級輸出節點與 nMOS 邏輯區塊中間節點間的電荷分享，可能會造成錯誤輸出，如以下的說明。

圖 9.30
(a) 具有八輸入的複合邏輯閘，使用傳統 CMOS 邏輯與 (b) 骨牌式 CMOS 邏輯所實現。

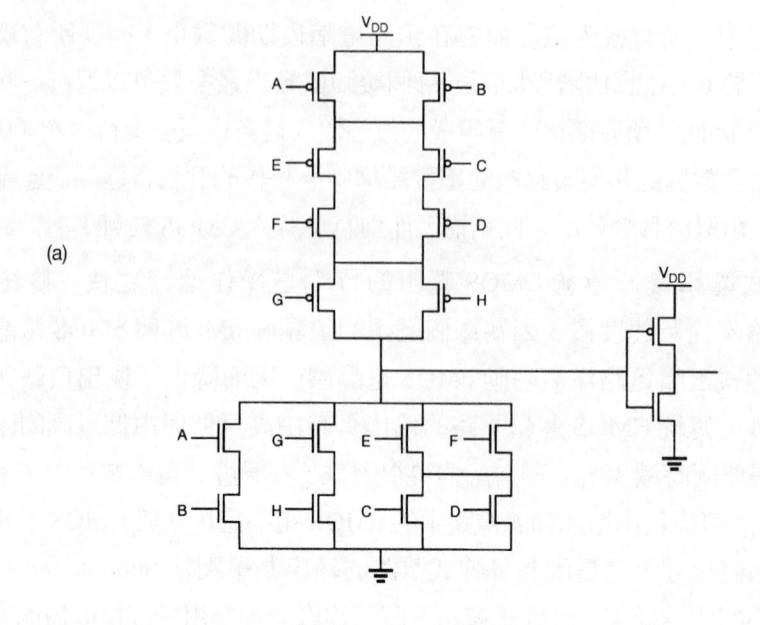

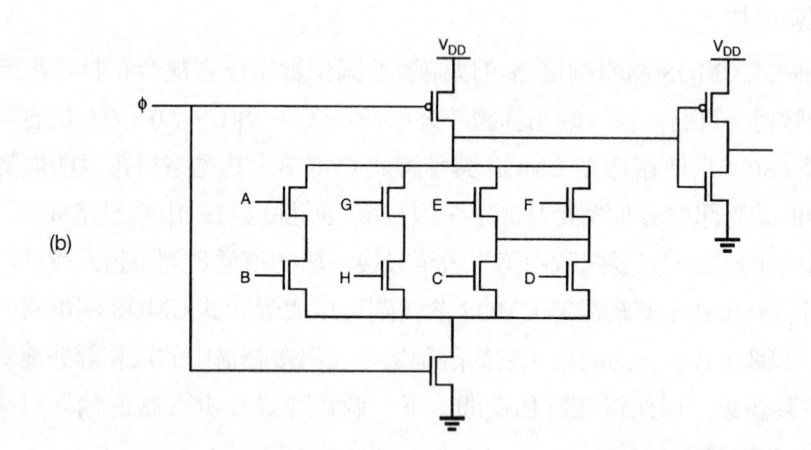

圖 9.31
使用靜態 CMOS 邏輯閘以串接骨牌式 CMOS 邏輯閘電路。

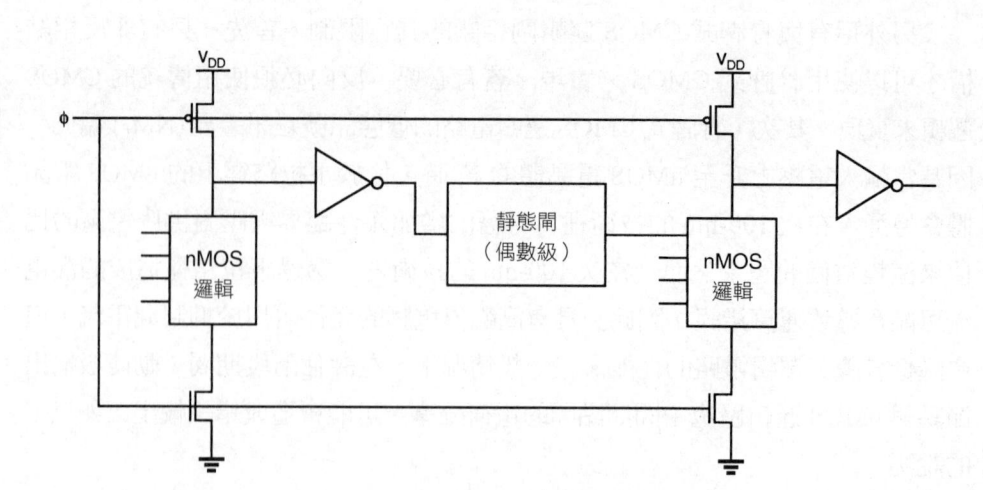

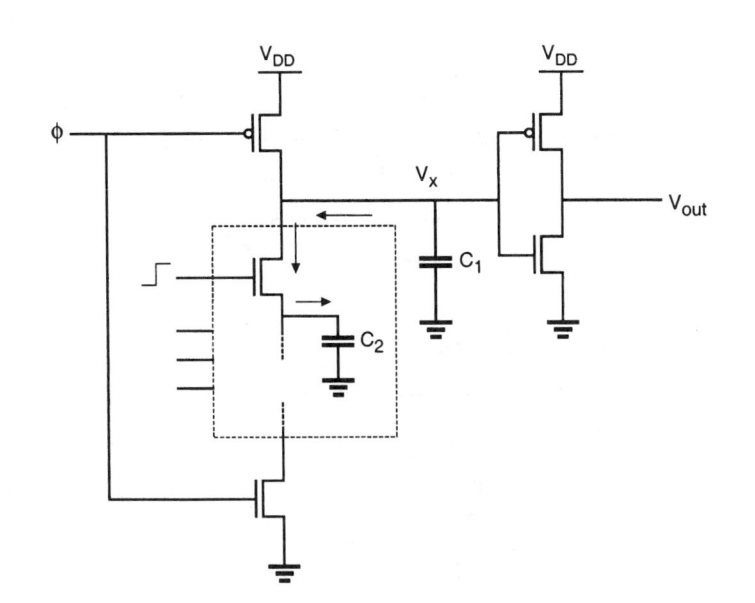

圖 9.32
在評估週期期間，輸出電容 C_1 與中間節點電容 C_2 間的電荷分享會降低輸出電壓準位。

考慮在圖 9.32 中所示的骨牌式 CMOS 邏輯閘電路，其中間節點電容 C_2 的大小與輸出節點電容 C_1 相當。假設初始時所有輸入均為低態準位，而且橫跨 C_2 的中間節點電壓初始值為 0 V。在預充電階段期間，輸出節點電容 C_1 透過 pMOS 電晶體充電至邏輯高態準位 V_{DD}。在下一階段中，時脈訊號變為高態且評估開始。如果在此評估階段期間，最上層 nMOS 電晶體的輸入訊號由低態切換至高態，如圖 9.32 所示，則初始儲存於輸出電容 C_1 中的電荷此刻將與 C_2 分享，導致所謂的電荷分享現象。經過電荷分享後，輸出節點的電壓變為 $V_{DD}/(1+C_1/C_2)$。例如，若 $C_1 = C_2$，則在評估階段期間，輸出電壓變為 $V_{DD}/2$。除非其邏輯臨界電壓低於 $V_{DD}/2$，否則接著的反相器輸出電壓將會不經意的轉成高態，形成邏輯錯誤。因此，使 C_2 甚小於 C_1 很重要。

有幾種措施可用來以防止骨牌式 CMOS 閘中的電荷分享所造成的錯誤輸出準位。一種簡單的解決辦法是增加一個弱 pMOS 上拉元件（具有小的 (W/L) 比值）至動態 CMOS 級輸出，這實質上迫使輸出準位為高態，除非在輸出與接地（圖 9.33）間有很強的下拉路徑。可以觀察到，此弱 pMOS 電晶體只有當預充電節點電壓保持高態準位才會導通。否則，當 V_{out} 變為高態時，它會截止。

另一個解決方案是使用分開的 pMOS 電晶體對 nMOS 下拉樹中所有的中間節點預充電，而這將產生大寄生電容。對電路中所有大電容節點進行預充電，可有效消除評估過程中所有潛在的電荷分享問題。然而，由於 nMOS 邏輯樹現在必須汲取較多量電荷才能下拉節點電壓 V_x，所以可能導致額外的延遲時間。防止由於電荷分享造成邏輯錯誤的另一種方法，是使反相器的邏輯臨界電壓變得更小，讓最後一級輸出不會受到 V_x 因電荷分享而降低的影響。應當注意

圖 9.33
在回授迴路裡的弱 pMOS 的上拉元件可以用來防止由於電荷分享所造成的輸出電壓準位損失。

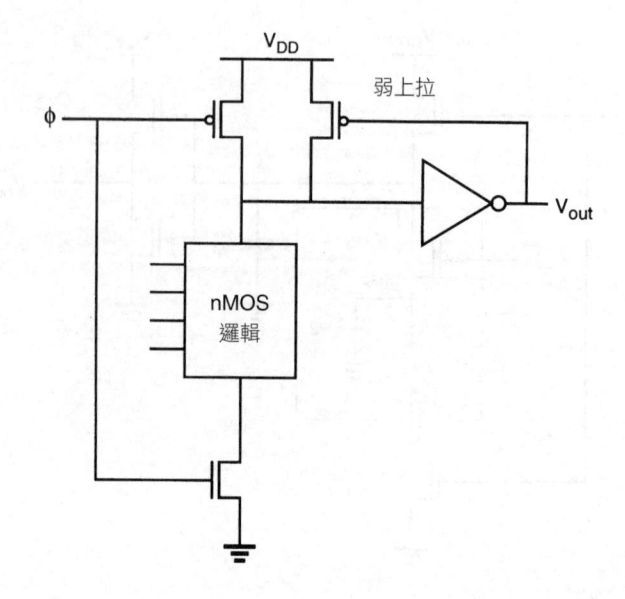

的是，這種設計方法在處理電荷分享問題方面，會在較低的靈敏度與上拉升速度（弱 pMOS 電晶體）之間取得平衡。

使用多顆預充電電晶體也讓我們能夠使用已預充電的中間節點作為附加的輸出資源。因此，附加的邏輯函數可以藉由分接 (tap) 動態 CMOS 級的內部節點予以實現，如圖 9.34 所示為兩個串聯連接的邏輯區塊。所得到的多輸出骨牌

圖 9.34
對內部節點預充電以防止電荷分享，亦允許實現多輸出的骨牌式 CMOS 結構。

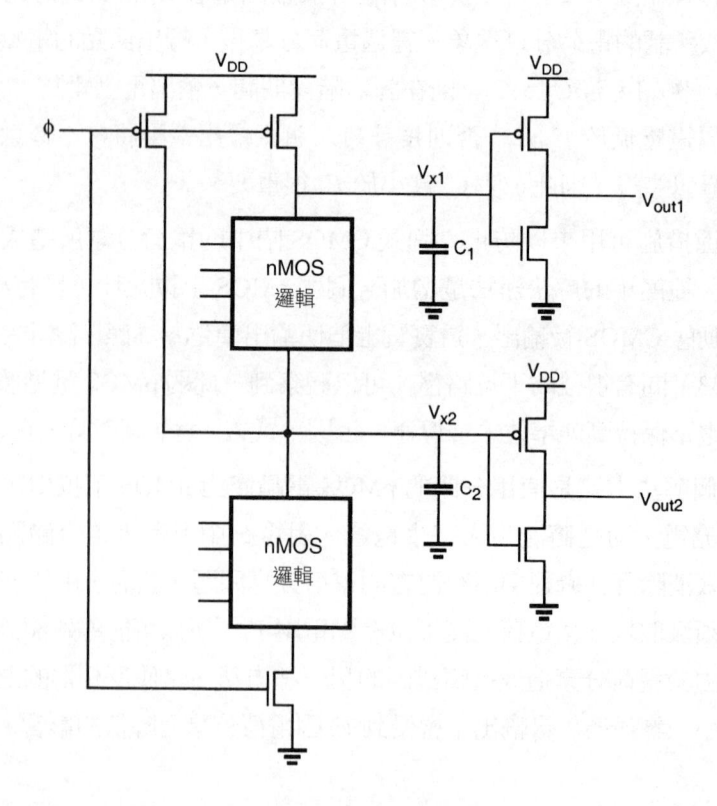

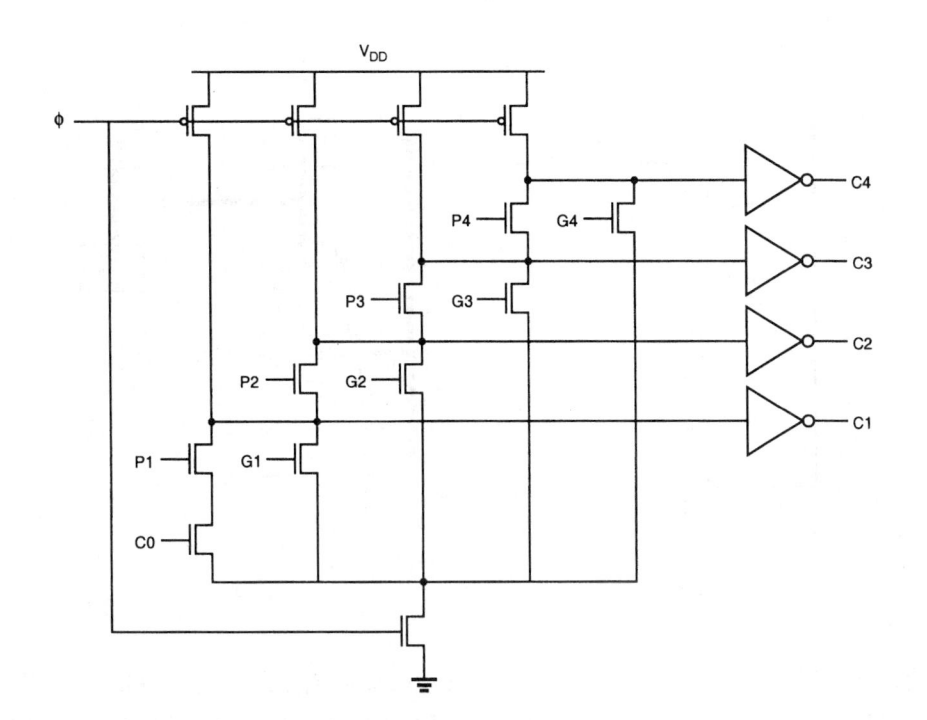

圖 9.35
多輸出骨牌式 CMOS 閘實現四種函數的範例。

式 CMOS 邏輯閘允許我們使用少量電晶體而同時實現數個複合函數。圖 9.35 所示為實現具有九個變數的四種布林函數，使用單一的骨牌式 CMOS 邏輯閘電路。實現這四種函數如下所示：

$$C_1 = G_1 + P_1 C_0$$
$$C_2 = G_2 + P_2 G_1 + P_2 P_1 C_0$$
$$C_3 = G_3 + P_3 G_2 + P_3 P_2 G_1 + P_3 P_2 P_1 C_0$$
$$C_4 = G_4 + P_4 G_3 + P_4 P_3 G_2 + P_4 P_3 P_2 G_1 + P_4 P_3 P_2 P_1 C_0$$

C_1 至 C_4 的函數是使用於四級進位預看加法器 (carry-lookahead adder) 的四個進位項，其中變數 G_i 和 P_i 定義為

$$Gi = Ai \cdot Bi$$
$$Pi = Ai \oplus Bi$$

且 A_i 和 B_i 是與第 i 級相關的輸入位元。因此，此電路亦稱為曼徹斯特進位鏈 (Manchester carry chain)。另一方面，使用四組獨立的標準 CMOS 邏輯閘或四個獨立的單輸出骨牌式 CMOS 電路來產生四個進位項，將需要大量的電晶體，因而更大的矽面積。圖 9.35 中所示的多輸出動態 CMOS 電路的變型，廣泛地應用於高性能加法器的結構中。

以減少放電時間為目標，調整下拉路徑上的 nMOS 電晶體尺寸可改善骨牌式 CMOS 邏輯閘電路的暫態性能。Shoji 已經證明，採用分級尺寸的 nMOS 電

圖 9.36
(a) 四輸入骨牌式 CMOS NAND 閘與 (b) 為改進暫態性能而對 nMOS 電晶體尺寸做分級放大的對應棒狀圖佈局。

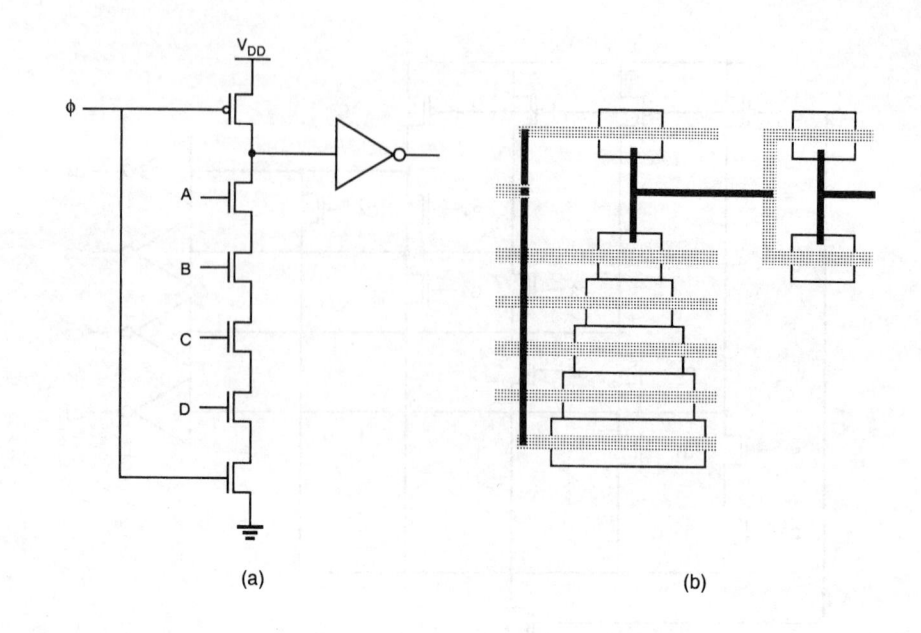

晶體串聯結構，可以得到最佳的性能，其中最接近輸出節點的 nMOS 電晶體也具有最小的 (W/L) 比值。骨牌式 CMOS 電路圖與最佳化實例的對應棒狀圖佈局顯示於圖 9.36。由底部至頂端分級減少電晶體尺寸，最終導致更好的暫態性能的方法，可能似乎與直覺相反。但是，藉由觀察串聯連接 nMOS 電晶體構成的合併下拉路徑之 RC 延遲，可以說明這種效應。

考慮最接近輸出節點的第一顆 nMOS 電晶體。如果這顆電晶體的 (W/L) 比值由於某種因素降低，兩種效應會發生。首先，電流驅動能力將降低，即 nMOS 電晶體的等效電阻會增加。其次，與這顆電晶體相關的寄生汲極電容將降低。如果 nMOS 鏈的長度夠長的話，則電阻增加對於合併的 RC 延遲時間影響很小，而電容減少則顯著地降低延遲。

實際上，於串聯連接的 nMOS 結構上使用艾莫爾 RC 延遲公式（參見第 6 章），便可以確定減少 nMOS 電晶體的尺寸是否會改善暫態性能。讓 C_L 代表骨牌式 CMOS 閘電路預充電節點上的負載電容，並讓 C_1 代表最接近預充電節點的 nMOS 電晶體上之寄生汲極電容。假設反相器電晶體尺寸是固定的，並且下拉鏈包含了 N 顆串聯連接的 nMOS 電晶體。Shoji 已經證明，如果下列條件：

$$C_L < (N-1)\frac{C_1}{2} \qquad (9.41)$$

能夠滿足，則減少最接近輸出節點的 nMOS 電晶體尺寸可達成降低整體延遲時間。這個結果可以重複應用至在下拉鏈中的其它電晶體，導致所有 nMOS 元件的分級尺寸調整。另一方面，若反相器閘的電晶體允許隨著串聯連接的電晶體進行最佳化，則甚至更短的延遲可以與更小的晶片面積一同達到。

例題 9.4

考慮所示的骨牌式 CMOS AND2 閘，其中 $C_1 = 10$ fF 與 $C_2 = 20$ fF。首先檢視僅有單顆 pMOS 預充電電晶體的電路操作。由於兩顆電容 C_1 與 C_2 假設為相等，所以我們預期，電荷分享現象會導致如先前所解釋的錯誤的輸出值，除非採用特殊的措施來防止此現象發生。

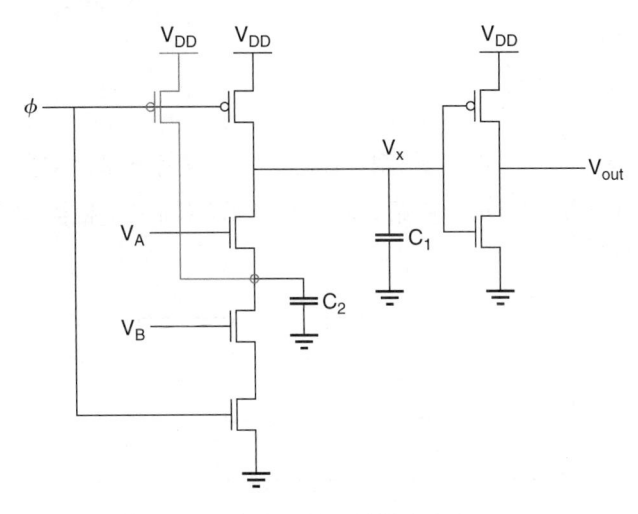

骨牌式 CMOS AND2 閘的 SPICE 電路輸入檔列於此。

```
*   Example 9.4   *
**   Variables   **
.temp=50
**   Options   **
.option post accurate nomod brief
.option scale = 30n
.op
**   Source   ***
vdd   vdd   gnd   1.2V
vgnd  gnd   gnd   0V
vclk  clk   gnd   pulse(0V 1.2V 5ns 40ps 40ps 3.96ns 8ns)
vA    A     gnd   pulse(0V 1.2V 5ns 40ps 40ps 4.2ns 8ns)
vB    B     gnd   pulse(0V 1.2V 13ns 40ps 40ps 4.2ns 8ns)
**   Netlist   **
.global   vdd   gnd
CC0 net23 gnd 10.00f $[CP]
CC1 net19 gnd 20.00f $[CP]
MM4 out net23 gnd gnd nmos W=8 L=2
MM3 net15 clk gnd gnd nmos W=30 L=2
MM2 net19 B net15 gnd nmos W=30 L=2
MM1 net23 A net19 gnd nmos W=30 L=2
```

```
MM5 out net23 vdd vdd pmos W=80 L=2
MM0 net23 clk vdd vdd pmos W=5 L=2
CC2 out gnd 25.00f $[CP]
.ENDS
**   Analysis   **
.tran 1p 20n
** Customized PTM 65nm NMOS
.inc './nmos_tt.l'
.inc './pmos_tt.l'
.end
```

此電路的暫態模擬顯示,在評估階段期間,由於電荷分享使得預充電節點電壓 V_x 下降至大約 0.6 V。因此,在第一次評估階段期間,反相器輸出電壓錯誤地切換至邏輯高態準位。

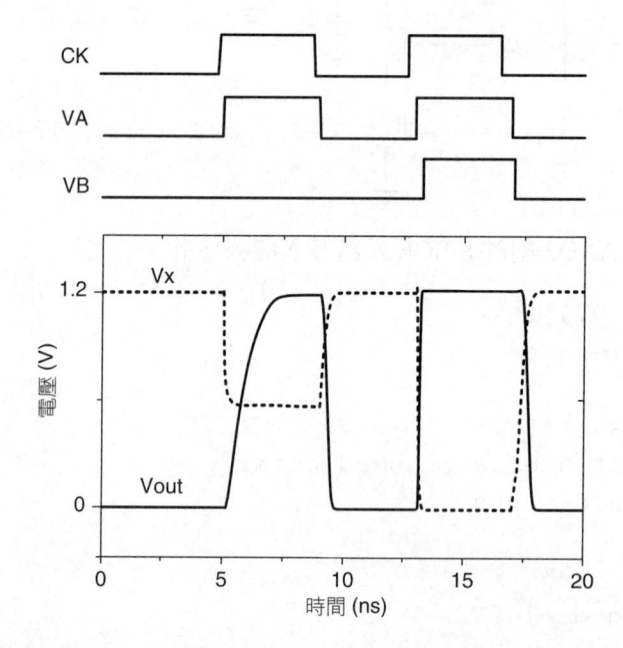

現在考慮以下情況。附加的 pMOS 預充電電晶體連接在電源供應電壓 V_{DD} 與中間節點之間,如第 399 頁的電路圖所示。在預充電階段期間,兩顆 pMOS 電晶體導通,且節點電容充電至相同的電壓準位。因此,電荷分享不再導致輸出節點的邏輯錯誤。具有附加 pMOS 預充電電晶體的模擬結果繪製如下,顯示出只有當兩個輸入都是等於邏輯 "1" 時,輸出節點的電壓才會上拉至邏輯 "1"。

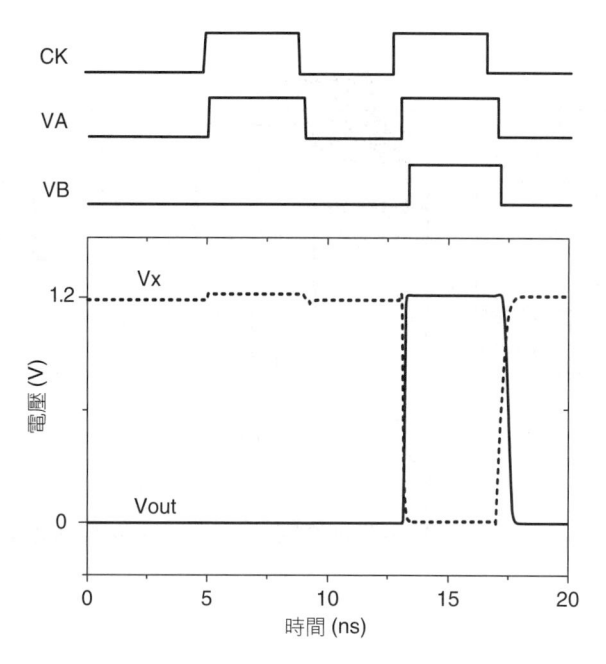

但必須強調的是，在電路中增加一顆額外的 pMOS 預充電電晶體，將會有速度上的損失。模擬結果指出，節點電壓 V_x 的下拉延遲實際上增加了 0.1 ns（約 15%），這是由於預充電裝置附加的寄生電容所造成。

∎

NORA CMOS 邏輯（NP- 骨牌式邏輯）

在骨牌式 CMOS 邏輯閘電路中，執行所有的邏輯操作是藉由 nMOS 電晶體作為下拉網路，而 pMOS 電晶體作用則限制在對於動態節點預充電。作為基於 nMOS 骨牌式 CMOS 邏輯的替代與互補電路，pMOS 電晶體也可用來建構動態邏輯級。考慮圖 9.37 中所示的電路，其中 nMOS 與 pMOS 的邏輯級交替出現。

注意，nMOS 邏輯級的預充電與評估時序是由時脈訊號 ϕ 所完成的，而 pMOS 邏輯級則是由反相時脈訊號 $\overline{\phi}$ 進行控制。NORA CMOS 電路的操作如下：當時脈訊號為低態時，nMOS 邏輯區塊的輸出節點將透過 pMOS 預充電電晶體預充電至 V_{DD}，而 pMOS 邏輯區塊的輸出節點則透過由 $\overline{\phi}$ 驅動的 nMOS 放電電晶體預放電至 0 V。當時脈訊號出現由低至高的轉態（須注意的是，反相時脈訊號 $\overline{\phi}$ 由高至低的轉態是同時進行的），所有串接的 nMOS 與 pMOS 邏輯級會一級接著一級進行評估，就如同先前討論的骨牌式 CMOS 邏輯。一組簡單的 NORA CMOS 電路範例顯示於圖 9.38。

圖 9.37
NORA CMOS 邏輯包含交替的 nMOS 與 pMOS 級，以及預充電／評估階段的排程。

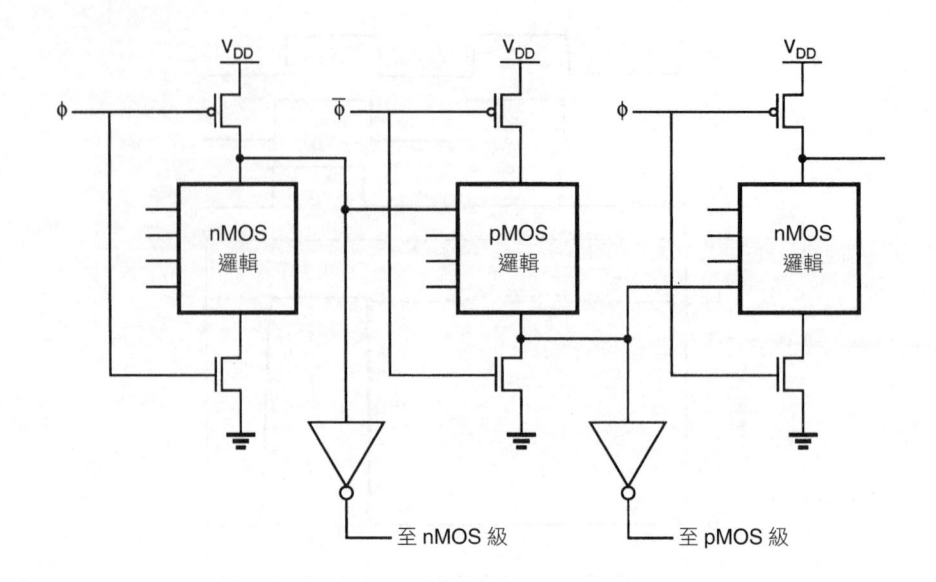

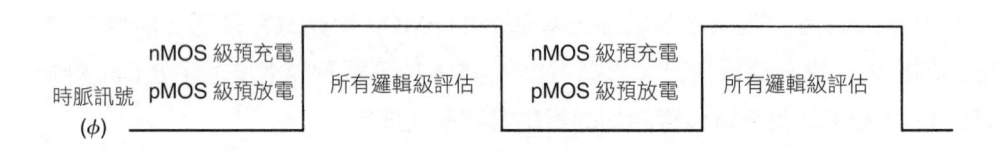

NORA CMOS 邏輯的優點是，在每個動態邏輯級的輸出端不再需要靜態 CMOS 反相器。相反地，交替 nMOS 與 pMOS 邏輯區塊的直接耦合型式是可行的。NORA 邏輯亦可相容於骨牌式 CMOS 邏輯。NORA nMOS 邏輯區塊的輸出可以反相，然後施加至由時脈訊號 $\overline{\phi}$ 驅動的骨牌式 CMOS 區塊輸入。同樣地，骨牌式 CMOS 級的緩衝輸出，可以直接施加至 NORA nMOS 級輸入。

NORA CMOS 邏輯的第二個重要優點是，它允許管線式系統架構。考慮圖 9.39(a) 中所示的電路，其組成為類似圖 9.37 中所示的 nMOS-pMOS 的邏輯序

圖 9.38
NORA CMOS 邏輯電路範例。

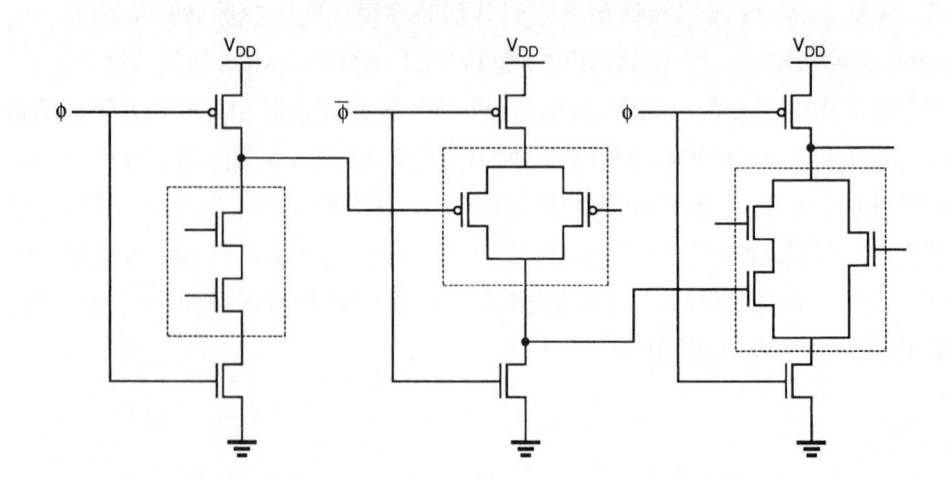

列，以及時脈控制的 CMOS (C^{2}MOS) 輸出緩衝器。我們可以很容易地看出，當時脈為低態準位時，此電路中各級均會執行預充電 - 放電操作，而當時脈訊號為高態時，電路中各級則會評估得輸出準位。因此，我們將稱此電路為 ϕ 階層 (ϕ-section)，意思為評估動作發生在 ϕ 作用時。

現在考慮圖 9.39(b) 所示的電路，其本質上與圖 9.39(a) 中所示的電路相同，差別僅在於訊號 ϕ 與 $\overline{\phi}$ 已經互換。在此電路中，當時脈訊號為高態時，所有邏輯級均執行預充電 - 放電操作，而當時脈為低態時，所有邏輯級則評估得輸出準位。因此，我們將稱此電路為 $\overline{\phi}$ 階層，意指評估動作發生在 $\overline{\phi}$ 作用時。

僅藉由串接交替的 ϕ 階層和 $\overline{\phi}$ 階層即可建構管線式系統，如圖 9.39(c) 所示。須注意的是，每個階層可以由數個邏輯級組成，且在單一階層中的所有邏

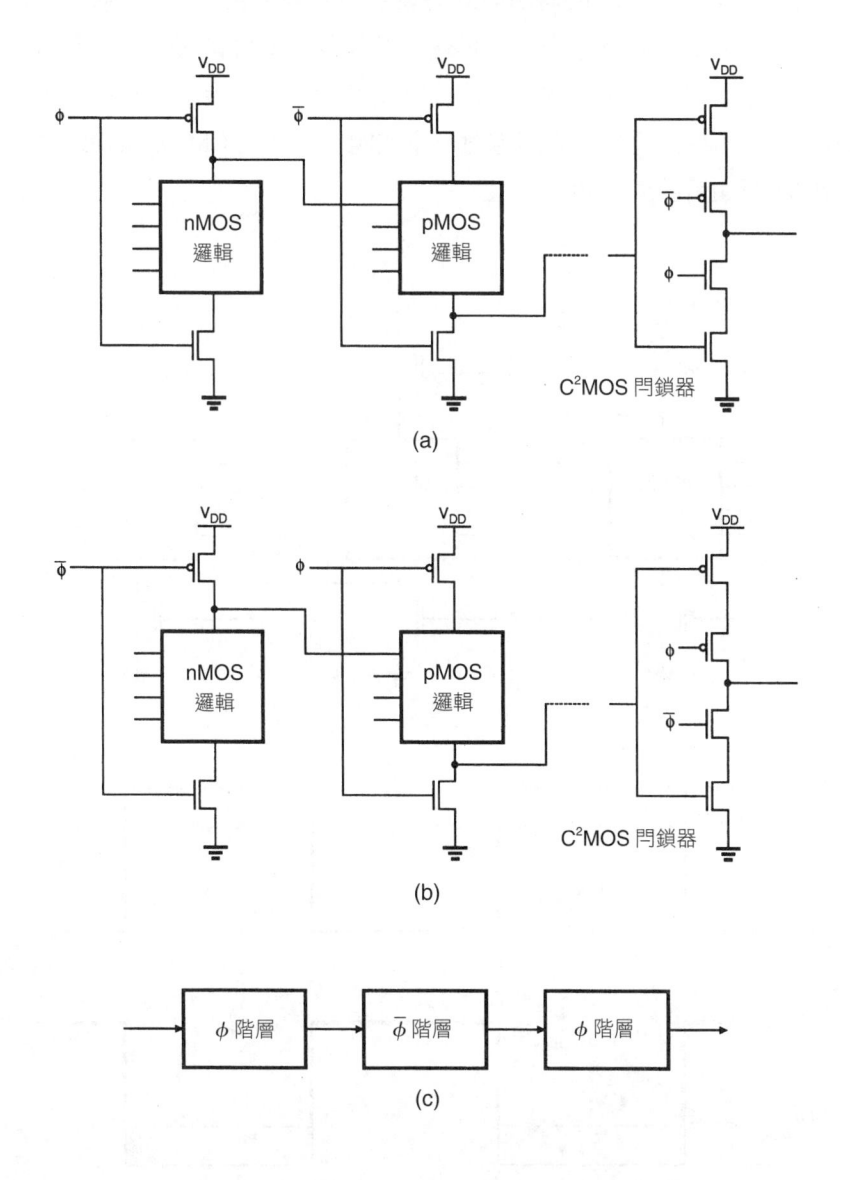

圖 9.39
(a) NORA CMOS ϕ 階層；評估發生在 ϕ = 1 期間。(b) NORA CMOS $\overline{\phi}$ 階層；評估發生在 ϕ = 0 期間。(c) 管線式 NORA CMOS 系統。

輯級都在相同的時脈週期內進行評估。當時脈為低態準位時，在管線式系統中的 ϕ 階層會進行預充電週期，而 $\overline{\phi}$ 階層則會進行評估。當時脈訊號由低態改變至高態時，ϕ 階層會開始評估週期，而 $\overline{\phi}$ 階層則會進行預充電。因此，連續多組的輸入資料可以在管線式系統的交替階層中進行處理。

正如所有的動態 CMOS 結構，NORA CMOS 邏輯閘亦蒙受電荷分享與漏電問題困擾。被稱為拉鍊式 (Zipper) CMOS 電路的技術可用來克服在 NORA CMOS 結構中的動態電荷分享與軟節點漏電問題。

拉鍊式 CMOS 電路

除了時脈訊號外，拉鍊式 CMOS 的基本電路架構本質上與 NORA CMOS 完全相同。拉鍊式 CMOS 的時脈方式需要為預充電（放電）電晶體與下拉（上拉）電晶體產生出稍微不同的時脈訊號。尤其是，驅動 pMOS 預充電電晶體與 nMOS 放電電晶體的時脈訊號允許這些電晶體在評估階段期間維持在弱導通或接近截止，從而補償電荷漏失與電荷分享問題。拉鍊式 CMOS 架構的廣義電路圖與時脈訊號顯示於圖 9.40。

圖 9.40
拉鍊式 CMOS 的一般性電路結構與時脈訊號。

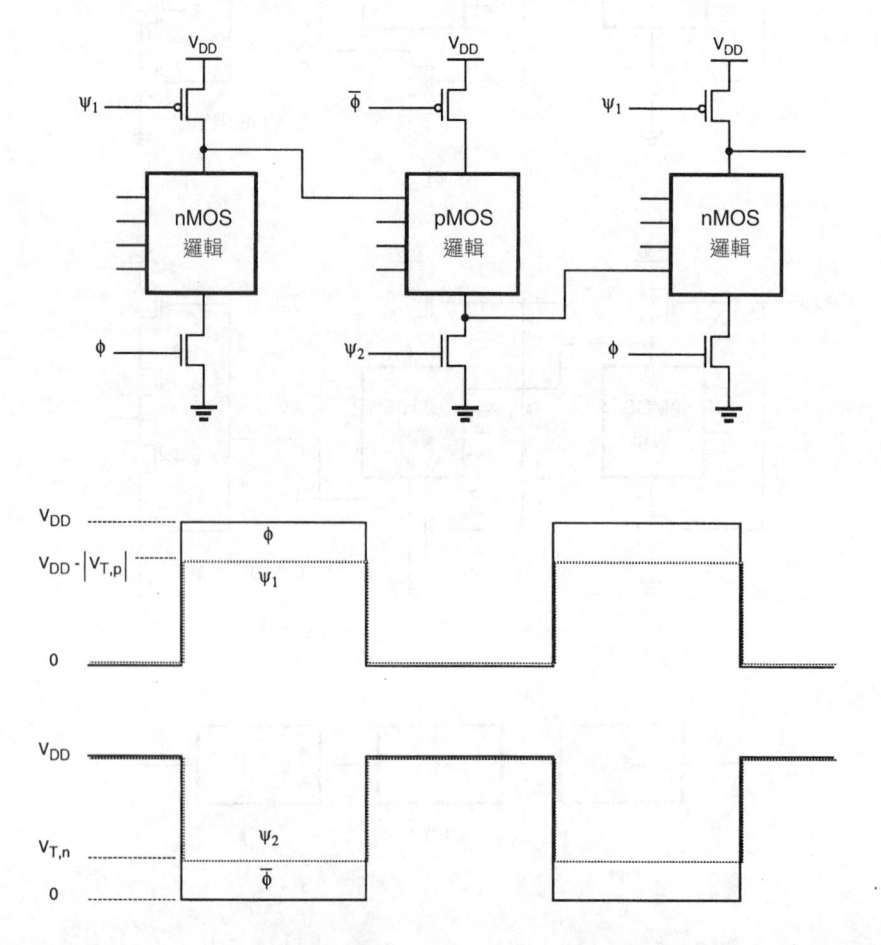

真實單相時脈動態 CMOS

接下來要討論的動態電路技術明顯不同於 NORA CMOS 電路架構，其僅使用單一時脈訊號，且毋須反相。因為系統中任何部分均不使用反相時脈訊號，所以不存在時脈偏斜的問題。因此，對於動態管線式操作可達到更高的時脈頻率。

考慮在圖 9.41 中所示的電路圖。電路由稱為 n 區塊與 p 區塊的交替級所組成，並且每個區塊係由相同的時脈訊號 ϕ 所驅動。n 區塊藉由串接動態 nMOS 級與動態閂鎖器建構而成，而 p 區塊則是藉由串接動態 pMOS 級與動態閂鎖器建構而成。

當時脈訊號為低態時，n 區塊的輸出節點由 pMOS 預充電電晶體預充電至 V_{DD}。當時脈訊號由低態轉到高態時，邏輯級的輸出被評估且輸出閂鎖器產生有效的輸出準位。另一方面，透過觀察可知，當時脈為高態時，p 區塊會進行預放電，而當時脈為低態時，p 區塊則會進行評估。這意思是說，如圖 9.41 所示的串接連結的交替 n 區塊與 p 區塊電路，將允許使用單一時脈訊號進行管線式操作。相較於 NORA CMOS，每級都需要兩顆額外的電晶體；但由系統設計觀點來看，能夠運用**真實單相時脈訊號 (true single-phase clock, TSPC)** 進行操作非常有吸引力。

圖 9.42 所示為上升緣觸發 D 型正反器 (DFF) 電路圖，其係以 TSPC 原理所建構。電路由 11 顆分佈於四級中的電晶體組成。當時脈訊號為低態時，第一級動作如同可穿透的閂鎖器以接收輸入訊號，而第二級的輸出節點則同時進行預充電。在這個週期中，第三級與第四級僅僅維持著先前的輸出狀態。當時脈訊號由低態切換至高態時，第一級終止可穿透的狀態，而第二級開始進行評估。同時間，第三級變為可穿透且傳送取樣值至輸出端。須注意的是，最後一

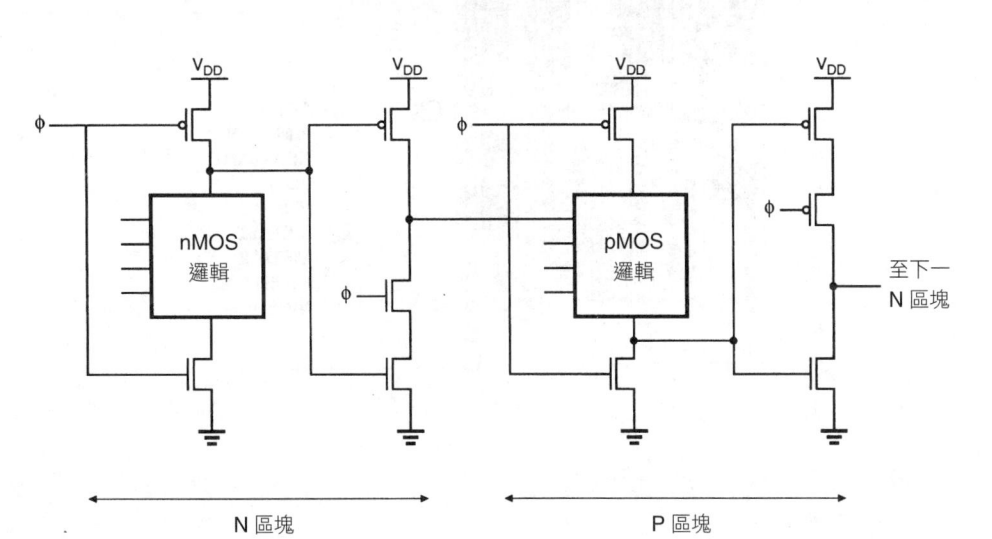

圖 9.41
管線式真實單相時脈 CMOS 系統。

圖 9.42
基於 TSPC 的上升緣觸發 D 型正反器電路圖。

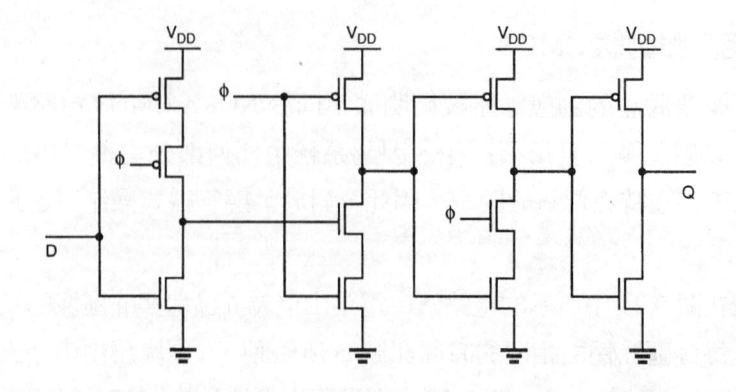

級（反相器）僅用於獲得非反相輸出準位。

此電路（使用 65 nm CMOS 製程設計規則）的光罩佈局顯示於圖 9.43。元件尺寸為 nMOS 電晶體 $(W/L)_n = $（600 nm/65 nm 或 300 nm/65 nm）與 pMOS 電晶體 $(W/L)_p = $（1.41 μm/65 nm 或 0.75 μm/65 nm）。透過電路萃取來決定佈局寄生效應，且利用所萃取的電路檔進行 SPICE 模擬以決定其性能。基於 TSPC 的 D 型正反器之模擬輸入與輸出波形示於圖 9.44。我們可以看到，此電路能在 5 GHz 的時脈頻率下操作。由於設計相對簡單、電晶體個數少以及高速，基於 TSPC 電路提供了優於傳統 CMOS 電路的選擇，特別是在高性能設計上。

圖 9.43
基於 TSPC 的 D 型正反器電路光罩佈局。

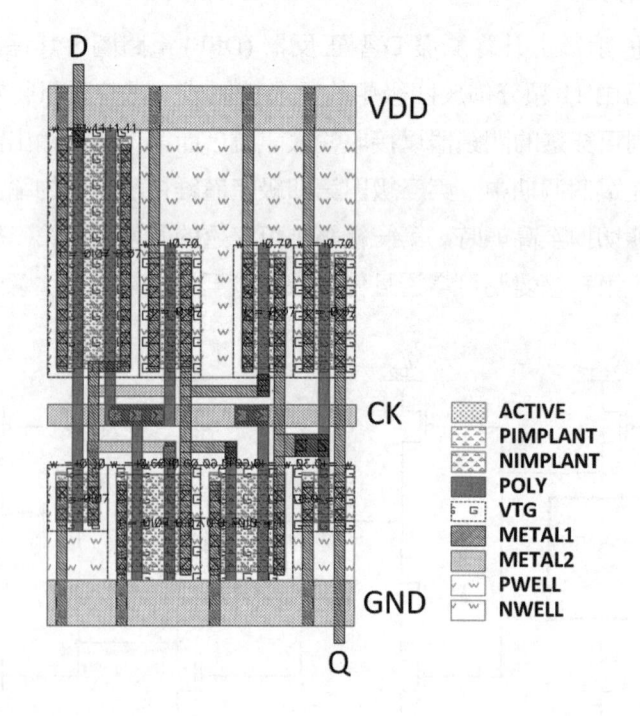

TSPC D 型正反器暫態響應

圖 9.44
模擬結果顯示基於 TSPC 的 D 型正反器電路操作，使用 5 GHz 的時脈頻率。

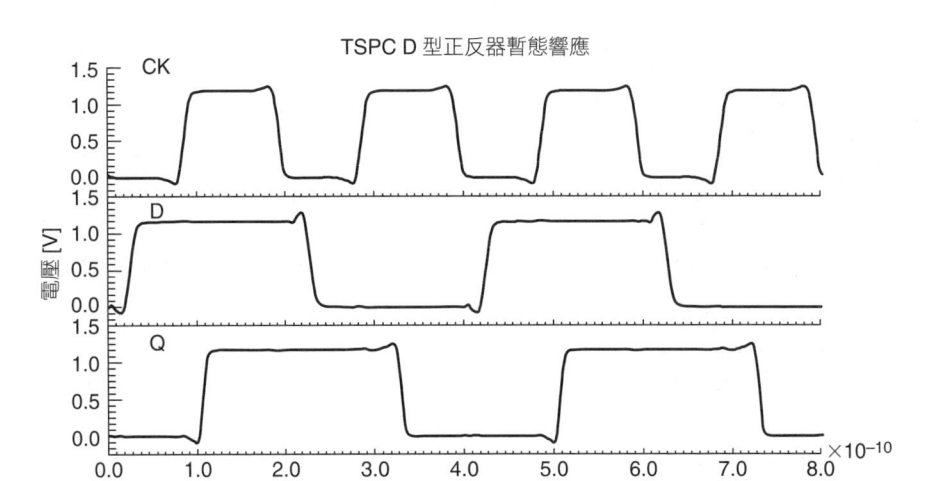

練習題

9.1 考慮圖 P9.1 中所示的 CMOS 電路，其係設計用來推動 C_L = 30 fF 的總電容負載。對於 n 通道元件，假設零偏壓臨界電壓為 V_{T0} = 0.48 V，轉導為 k'_n =102 μA/V^2 與 $E_{c,n}L_n$ = 0.4 V。對於 p 通道元件，假設 V_{T0} = −0.46 V，k'_p = 51.6 μA/V^2 與 $E_{c,p}L_p$ = 1.8 V。使用圖中所示的每顆元件 W/L 比值。負載電容器 (C_L) 的初始跨壓為 0 V。輸入 E 的波形在所有時間點都是完全相同的 0 V。時脈 CK 與其餘輸入的波形亦顯示於圖中。繪製橫跨負載電容 C_L 上的電壓波形，並且沿時間軸以奈秒(ns)為單位，提供上升與下降轉態在 50% 交叉點的明確標示。提示：n 通道電晶體群組可以藉由單一等效 n 通道電晶體來近似，並且可用平均電流法或狀態方程法來計算所需的延遲時間。

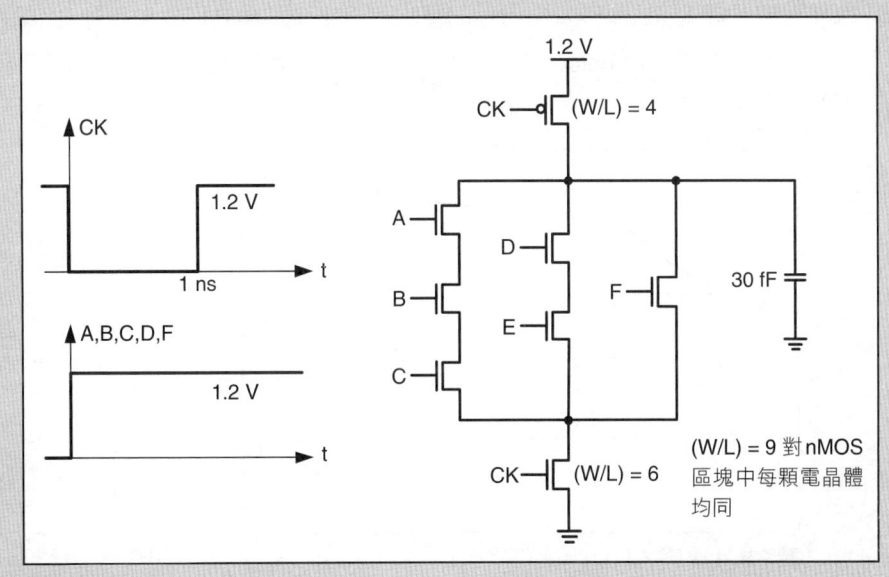

圖 P9.1

9.2 在邏輯設計中，複合閘如 AOI 或 OAI 閘經常用來將數個閘函數組合成單一邏輯閘，從而降低晶片面積與電路的寄生效應。讓我們考慮 OAI432，其邏輯函數為 $Z = \overline{(A + B + C + D)(E + F + G)(H + I)}$。假設僅有 A、E、H 輸入為高態，而其它輸入是低態。元件參數是：

$C_{ox} = 22 \text{ mF/m}^2$
$k'_n = 102 \text{ }\mu\text{A/V}^2$
$k'_p = 51.6 \text{ }\mu\text{A/V}^2$
$V_{Tn,0} = 0.48 \text{ V}$
$V_{Tp,0} = -0.46 \text{ V}$
$E_{c,n}L_n = 0.4 \text{ V}$
$E_{c,p}L_p = 1.8 \text{ V}$

a. 畫出 OAI432 的完整 CMOS 電路圖。
b. 畫出實現 Z 的骨牌式 CMOS 電路圖。
c. 使用等效電晶體尺寸為 $W/L = 1/0.065$（nMOS 與 pMOS 相同），繪製這種情況下的等效電路。
d. 假設在預充電節點與輸出節點上的總寄生電容為 30 fF，請計算出由預充電（時脈訊號為矩形脈波）結束至輸出電壓達到 0.6 V 時的延遲時間。為了簡化分析，忽略基底效應。為了得到此問題的近似解，首先計算預充電節點下降至 0.6 V 的延遲時間。然後，使用矩形脈波在 1.2 V 降至 0 V 的時間點來計算反相器閘的延遲。總延遲可以藉由兩個延遲成分相加而求得。（更精確的方法，是藉由下降斜坡 (falling ramp) 函數來近似預充電節點的電壓。）

9.3 討論 VLSI 電路中的電荷分享問題。解釋骨牌式 CMOS 電路中用於解決電荷分享問題的各種電路技術。盡可能敘述你所知道的。

9.4 靴帶電路用於提高電晶體的閘極電壓，使得汲極節點的電壓可被拉高（儘管臨界電壓下降）。在圖 P9.4 中所示的電路可以用於這樣的目的，並且可以確實地提高節點 X 的電壓遠超出 $V_{DD} = 1.2$。使用以下參數來決定節點 X 電壓可達到的最大值：

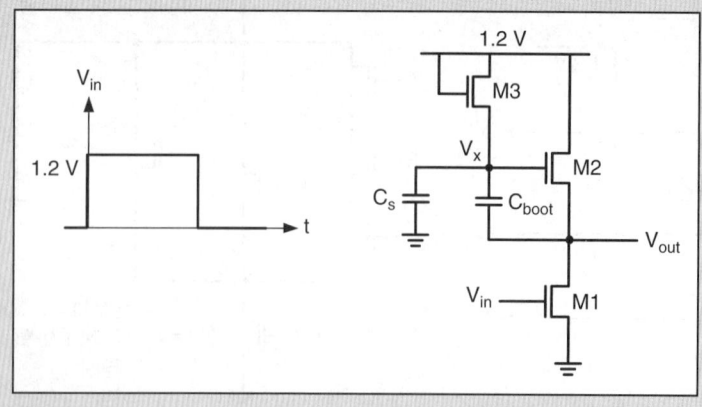

圖 P9.4

$V_{T0} = 0.48$ V
$\gamma = 0.524$ V$^{1/2}$
$|2\phi_F| = 1.011$ V
$V_{OL} = 0.05$ V
$C_{sub} = 3$ fF
$C_{boot} = 5$ fF

9.5 CMOS 電路顯示於圖 P9.5。假設選擇預充電電晶體使得節點 X 保證充電至 V_{DD}。所有的 nMOS 電晶體 $W/L = 20$。當輸入電壓在 A、B、D 為 1.2 V 且在 C 中的輸入電壓為零，在時脈訊號脈波變到高態後（具有零上升時間）而 X 節點電壓降至 $0.8\, V_{DD}$ 時，決定需要多長時間。假設以下參數值：

- $\gamma = 0.0$ V$^{1/2}$
- $V_{T0} = 0.48$ V
- $k'_n = 102\ \mu$A/V^2
- $E_{c,n}L_n = 0.4$ V

提示：節點與接地間的 nMOS 電晶體樹，可以藉由等效電晶體的有效 W/L 值來近似。

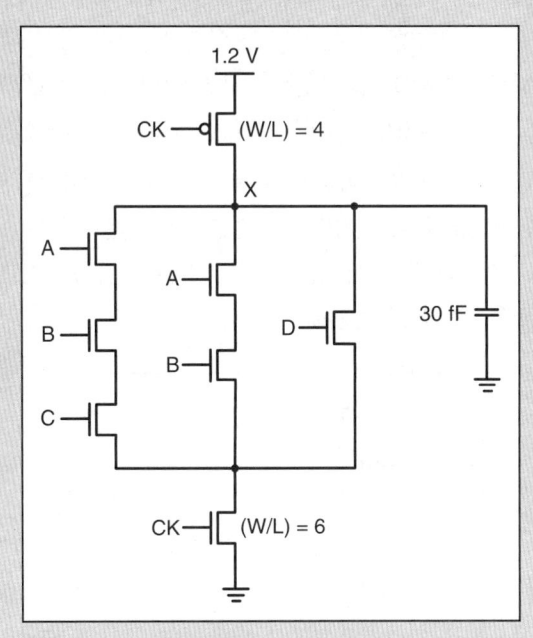

圖 P9.5

9.6 在預充電階段 (ϕ = LO) 期間，送至骨牌式邏輯閘的輸入總是為 LO，而在評估階段 (ϕ = HI) 期間，可能會經歷的 LO 至 HI 的轉態。考慮圖 P9.6 所示的骨牌式三輸入 AND 閘。如果在評估階段期間，A = HI、B = LO 與 C = LO，則電荷分享將導致在反相器輸入的電壓下降。給定反相器的切換臨界為 0.7 V，計算所需最大比率 C_P/C_L，以確保電荷分享不會破壞給定情況下的 F 值。

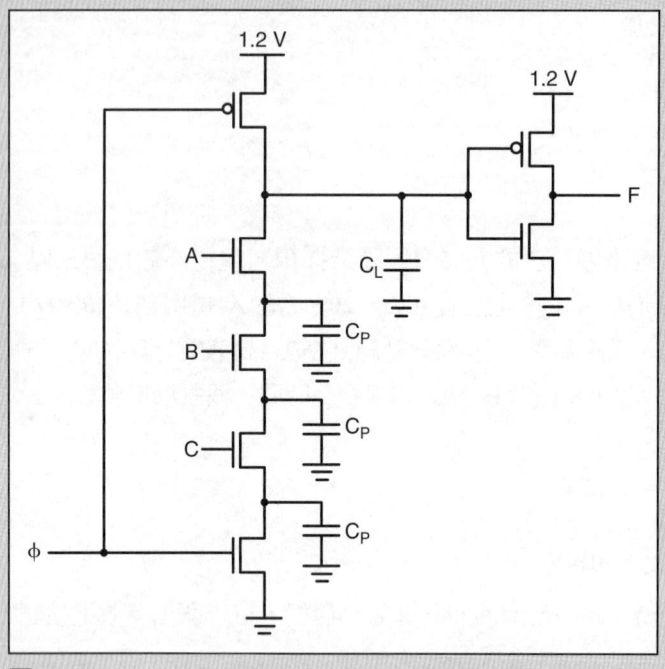

圖 P9.6

9.7 考慮圖 P9.7 所示的 CMOS 邏輯電路，此為簡單的骨牌式電路。節點 X 連接至 CMOS 反相器，以使反相器的輸出可以直接饋送至骨牌式電路的下一級。

a. 在預充電至 1.2 V 之後，解釋節點 X 的電壓準位如何能受到節點 X 與節點 Y 之間電荷分享的影響，如果它們的節點電容是相同時。電晶體 M2 閘極端固定在 0 V 時，隨著完整預充電操作，以電荷分享完成時的節點 Y 初始電壓來表示節點 X 的最終電壓值。

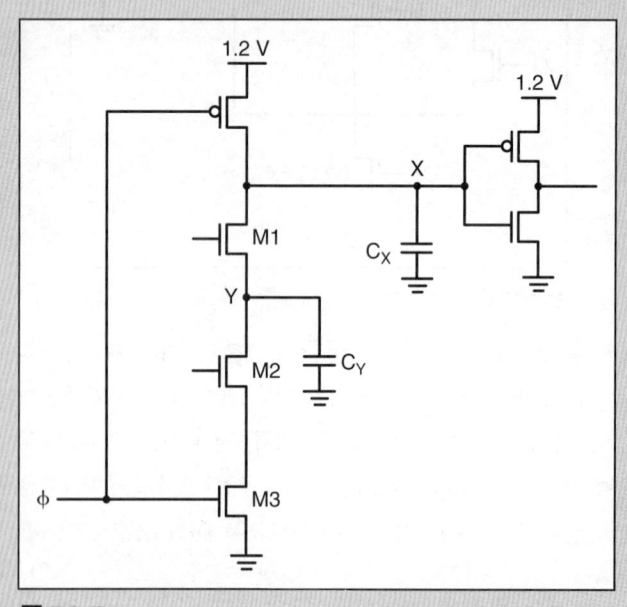

圖 P9.7

b. 決定反相器元件轉導參數 k_p 與 k_n 之間的比例，藉以防止在所有情況下，因節點 X 與 Y 間的電荷分享所造成的任何邏輯錯誤。假設反相器的臨界電壓的大小等於 0.45 V。使用第一級的電晶體電流方程式是可行的。

9.8 考慮圖 P9.6 所示的骨牌式 CMOS 電路。使用圖 P9.8 所示的輸入電壓波形來決定輸出電壓波形。

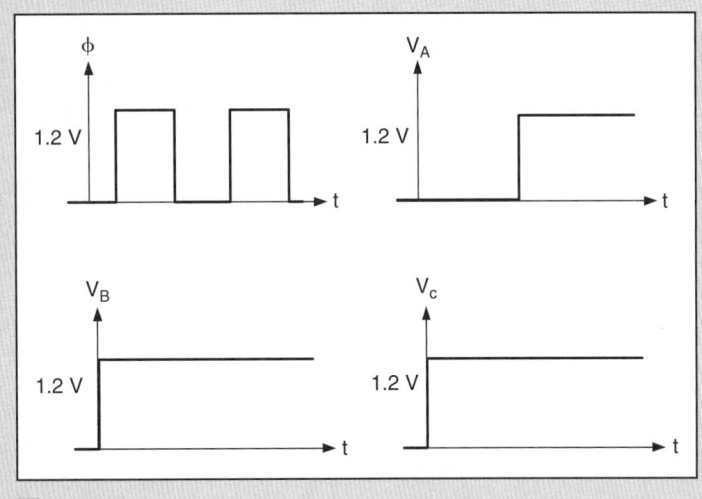

圖 P9.8

Chapter 10

半導體記憶體
Semiconductor Memories

10.1 簡介

　　能夠儲存大量數位資訊的半導體記憶體陣列，對於所有數位系統都是不可或缺的。在特定系統中所需的記憶體量取決於應用類型；但是在一般情況下，用於資訊（資料）儲存 (storage) 功能的電晶體數量遠比用於邏輯運算與其它用途的電晶體數量要大得多。市場對更大的資料儲存容量與更高的資料頻寬 (bandwidth) 之需求持續增加，已驅使製造技術與記憶體朝向更緊密的設計規則發展，不斷尋求更高的資料儲存密度與新型更高的頻寬記憶體介面。因此，大約每兩年，單一晶片半導體記憶體陣列的最大可實現資料儲存容量就會增加一倍，而記憶體頻寬也會增長 100 倍以上。在許多 VLSI 電路裡，晶片上記憶體陣列已成為廣泛使用的子系統；而在 20-nm 技術節點時，商用單一晶片的讀 / 寫記憶體容量已達到 64-G 位元。例如，64-G 位元反及閘快閃記憶體 (NAND flash memory) 與 3.2-GHz 的 DDR4 DRAM 是兩項這類最先進的記憶體範例。尋求更高記憶體密度、大儲存容量與更高資料頻寬的趨勢，將持續推動尖端技術與數位系統設計。超越了傳統記憶體的新型記憶體像是鐵電記憶體 (ferroelectric RAM, FRAM)、磁阻式記憶體 (magnetoresistive RAM, MRAM)、電阻式記憶體 (resistive RAM, RRAM)、相變化記憶體 (phase-change RAM, PCRAM) 與自旋力矩轉移記憶體 (spin torque transfer RAM, STT RAM) 等，改善了許多特點與功能，特別是在隨機存取速度、非揮發性、成本與可靠度方面。

　　記憶體陣列的面積效率，即單位面積所儲存的資料位元數，為關鍵設計準則之一，用以決定整體儲存容量，因而決定記憶體的每位元成本 (cost per bit)。另一個重要的議題是記憶體的存取時間 (access time)，即在記憶體陣列中儲存和 / 或取回特定資料位元所需的時間。存取時間決定了記憶體的速度，這是記憶體陣列的一項重要性能準則。但對於提高與處理器以及其它邏輯晶片間的資料交換率，更重要的性能計量方式則是記憶體頻寬。最後，記憶體陣列的靜態與動態功率消耗是須考慮的重要設計因素，因為低功率應用的重要性與日俱增。低功率記憶體 (low-power RAM, LPRAM)，也稱為行動 (mobile) 記憶體，廣泛應用於行動裝置，如智慧型手機、電子書、平板電腦等。接下來，我們將研究不同類型的 MOS 記憶體陣列，並詳細地討論它們的操作以及關於面積、速度和功率消耗的設計議題。

過去半導體記憶體會根據資料儲存與資料存取類型分類：**隨機存取記憶體 (random access memory, RAM)** 與**唯讀記憶體 (read-only memory, ROM)**。然而，如今通常是根據其揮發性 (volatility) 予以分類。當揮發性記憶體 (volatile memory) 的電源供應電壓關閉時，所儲存的資料會消失掉。而當非揮發性記憶體 (non-volatile memory) 的電源供應電壓關閉時，所儲存的資料不會消失，並且不需要更新 (refresh) 的動作。可讀／寫 (R/W) 記憶體必須允許儲存在記憶體陣列中的資料位元，可以依需要進行修改（寫入）以及取出（讀取）。可讀／寫記憶體被稱為 RAM 有其歷史緣由。不同於如磁帶的循序存取記憶體，任何單元 (cell) 都可以用幾乎相等的存取時間來進行存取。RAM 所儲存的資料是揮發性的。根據個別資料儲存單元的操作類型，隨機存取記憶體可分為兩大類型：**動態隨機存取記憶體 (dynamic RAM, DRAM)** 與**靜態隨機存取記憶體 (static RAM, SRAM)**。DRAM 單元包含一顆用來儲存二進位資訊與 1（高電壓）或 0（低電壓）的電容，以及一顆用來存取電容的電晶體。單元資料（電壓）會惡化，主要是由於儲存節點的接面漏電流的緣故。因此，即使記憶體陣列並未存取，單元資料仍須定期讀取並重新寫入（更新操作）。另一方面，SRAM 單元是由一個閂鎖器構成，因此只要電源啟動，單元資料就可以一直保持著，所以並不需要更新操作。由於擁有低成本與高密度的優點，DRAM 廣泛地作為個人電腦與大型電腦的主記憶體。SRAM 主要作為微處理器、大型電腦的快取 (cache) 記憶體，以及作為手持設備的記憶體，因其具有高速與低功率消耗。由於 SRAM 單元的六顆電晶體單元結構具有大單元面積的缺點，使用具有 SRAM 介面與操作的 DRAM 單元的虛擬 SRAM (pseudo-SRAM) 已經廣泛地用於低階與低成本的行動裝置。

顧名思義，ROM 在正常操作期間只允許取回先前儲存的資料，且不允許對原儲存的資料內容進行修改。ROM 是非揮發性記憶體。根據資料儲存（資料寫入）方法的類型，ROM 可以分為**光罩式唯讀記憶體 (mask ROM)** 與**可程式化唯讀記憶體 (programmable ROM, PROM)**。前者的資料是在晶片製造過程中使用光罩方式寫入；後者的資料則是在晶片製造完成後，以電性方式寫入。根據資料抹除的特性，PROM 可進一步分為**可抹除可程式化唯讀記憶體 (erasable PROM, EPROM)** 與**電子式可抹除可程式化唯讀記憶體 (electrically erasable PROM, EEPROM)**。在熔絲式唯讀記憶體 (fuse ROM) 中，藉由電性方式燒斷熔絲所寫入的資料無法抹除與修改。在 EPROM 與 EEPROM 中的資料可重新寫入，但重寫操作的次數限制在 10^4 至 10^5 次。在 EPROM 中，可以穿透封裝中石英玻璃 (crystal glass) 的紫外線同時被用來抹除晶片中的全部資料，而高電壓則是用來抹除在 EEPROM 中以每 8 位元為單位的資料。快閃記憶體類似於 EEPROM，可以使用高電壓抹除在區塊裡的資料。EEPROM 的缺點是寫入速度較慢，約在微秒等級。相較於 RAM，ROM 具有非揮發性，通常會作為永久性（查詢）記憶體，用於印表機、傳真機、遊戲機與識別卡上。

目前，具有浮動閘極 (floating gate, FG) 結構單元的快閃記憶體是最廣泛使用的非揮發性記憶體，可供大量資料儲存用。由於單元結構簡單，快閃記憶體一直引領著記憶體的縮減技術，以得到最小的晶片與最低的位元成本。此外，由於多準位單元 (multi-level cell, MLC) 技術可以在單一單元裡儲存 2 位元或更多位元，明顯地增加記憶體密度，因此快閃記憶體維持其在固態儲存設備的領導地位。

每一種類型的記憶體都具有其本身區別的特性。例如，DRAM 具有高密度與速度快的特點，可做為主記憶體使用。NAND 快閃記憶體則用於資料儲存，因為其具有非揮發性與高密度。NOR 快閃記憶體則是用於程式碼儲存，因為其具有非揮發性與快速的隨機存取速度。使用具有高密度、非揮發性、隨機存取以及高讀/寫速度等特性的新記憶體技術，市場不斷努力試圖創造出理想記憶體。例如，鐵電記憶體利用鐵電電容的磁滯 (hysteresis) 特性來克服其它 EEPROM 寫入操作過慢的問題。圖 10.1 與表 10.1 分別顯示了不同的記憶體類型與其分類的概觀與特性總結。

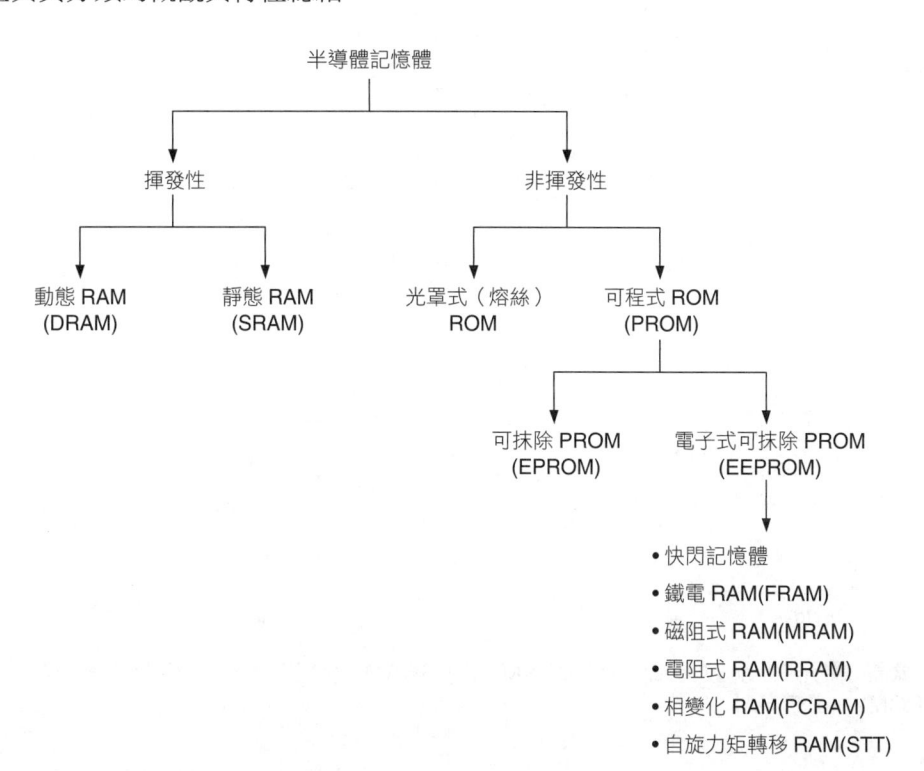

圖 10.1 半導體記憶體類型概觀。

表 10.1 記憶體元件的特性總結。

	記憶體型式					
	DRAM	SRAM	UV EPROM	EEPROM	Flash	FRAM
資料揮發性	是	是	否	否	否	否
資料更新操作	需要	否	否	否	否	否
單元結構	1 T–1 C	6 T	1 T	2 T	1 T	1 T–1 C
單元大小 (F2)	6~8	80~100			4~5 (NAND) 9~10 (NOR)	F：最小特徵尺寸
單元密度	高	低	高	低	高	高
功率消耗	高	高 / 低	低	低	低	高
讀取速度（延時）	~50 ns	~10/70 ns	~50 ns	~50 ns	~50 ns	~100 ns
寫入速度	~40 ns	~5/40 ns	~10 μs	~5 ms	~(10 μs→1 ms)	~100 ns
耐久性	高	高	高	低	高	高
成本	低	高	低	高	低	低
系統中可寫入性	是	是	否	是	是	是
電源供應	單組	單組	單組	多組	單組	單組
應用範例	主記憶體	快取記憶體/PDA	遊戲機	身分識別（ID 卡）	記憶卡、固態硬碟	智慧卡、數位相機

圖 10.2 所示為記憶體單元的等效電路。DRAM 單元由一顆電容與一顆開關電晶體組成。資料以存在與缺乏足夠的電荷方式儲存於電容中：電容存在足夠的電荷時被認定為資料 "1"，缺乏足夠的電荷時則視為資料 "0"。由於漏電流使得已儲存的電荷會逐漸衰減，因而需要有更新操作。SRAM 單元具有六顆電

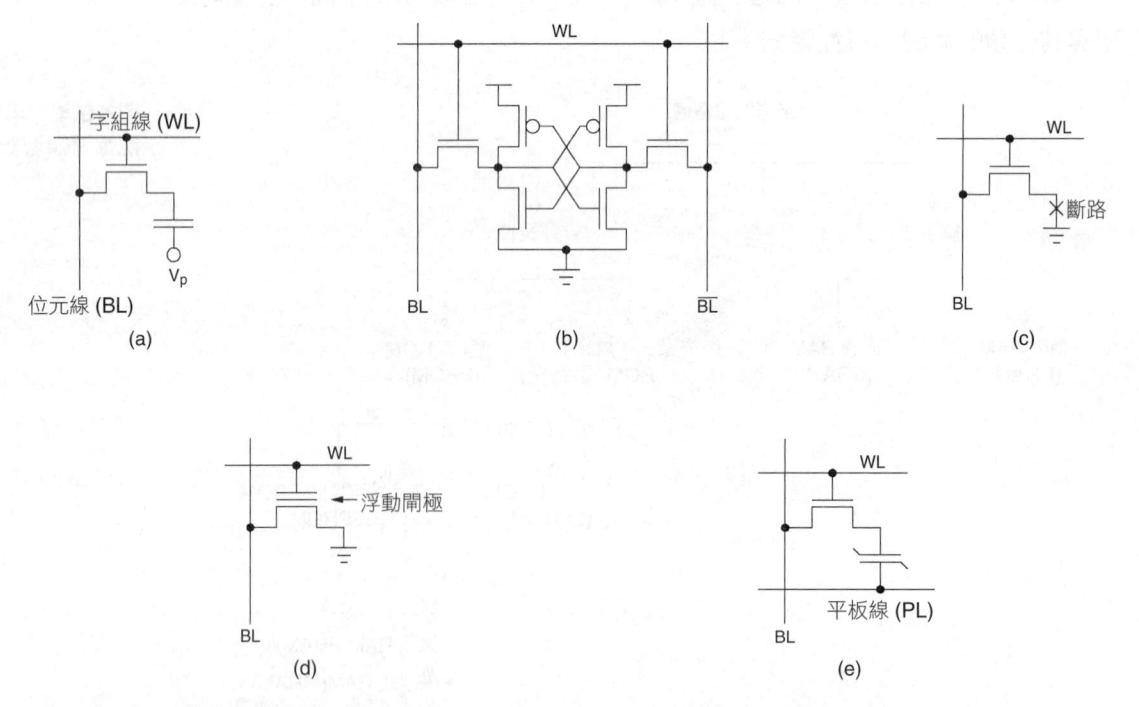

圖 10.2 記憶體單元的等效電路。(a) DRAM。(b) SRAM。(c) 光罩式（熔絲）ROM。(d) EPROM(EEPROM)。(e) FRAM。

晶體的閂鎖器結構以維持單元節點的狀態。由於只要電源仍有供應，單元資料可以無限期維持在雙穩態閂鎖器的兩種可能狀態中其一，所以 SRAM 並不需要更新操作。

光罩式（熔絲）ROM 中的資料是由光罩圖樣 (pattern) 所程式化（燒斷位於每個單元中的熔絲，從而切斷對應元件的電性連接）。程式化操作只允許一次。在 EPROM 與 EEPROM 中，資料分別藉由使用紫外線與穿隧 (tunnel) 電流重複寫入單元。

FRAM 單元具有類似於 DRAM 的結構，除了鐵電電容外，其中單元資料修改是藉由改變鐵電材料的極性。

一組概念性的記憶體陣列結構示於圖 10.3。資料儲存結構或核心 (core)，由排列成水平列 (row) 與垂直行 (column) 陣列中的個別記憶體單元所組成。每個單元能夠儲存一位元的二進位資料。此外，每個記憶體單元與在相同列上的其它單元共用一組連線，並與在相同行上的其它單元共用另一組連線。這種結構具有 2^N 列，也稱為**字組線 (word line)**，以及 2^M 行，亦稱為**位元線 (bit line)**。因此，此陣列中的記憶體單元總數為 $2^N \times 2^M$。

為了存取一個特定的記憶體單元，即在此陣列中的特定資料位元，對應的字組線與對應的位元線必須根據記憶體陣列所接收到的位址同時啟動（被選中）。此位址是由記憶體控制器或處理器所發送。由於記憶體陣列內部與外部的訊號電壓準位通常不同，因此會使用到電壓轉換電路。例如，對於記憶體電路板上的電晶體-電晶體邏輯 (transistor-transistor logic, TTL) 訊號與記憶體晶片中 CMOS 訊號兩者的介面，位址的電壓準位是透過記憶體晶片介面進行轉換，稱為**輸入位址緩衝器 (input address buffer)**。列與行的選擇操作分別由列解碼器 (row decoder) 與行解碼器 (column decoder) 來完成。列解碼器電路根據 N 位元列位址來選出 2^N 字組線的其中一條，而行解碼器電路則是根據 M 位元行位址來選出 2^M 位元線的其中一條。一旦記憶體單元或一組記憶體單元以這樣的方式選中時，在特定列中所選定的單一或多位元可以執行「資料讀取」或「寫入操作」。行位址負責兩項職責，其一是選擇特定行，其二則是透過稱為**資料輸出緩衝器 (data out buffer)** 的記憶體晶片介面，將已選定列中的對應資料內容傳送至目標輸出節點。

一般情況下，資料輸出緩衝器需要使用大顆電晶體，在電路板上驅動相當大的電流。晶片介面電路的性能決定了整體記憶體速度的主要部分，特別是在高性能的 SRAM 中。其它晶片控制訊號，例如，**晶片選擇 (chip select, $\overline{CS}$)**、**寫入致能 (write enable, $\overline{WE}$)**，亦被用來啟動電路板上記憶體群組 (cluster) 中特定記憶體晶片讀或寫的操作。

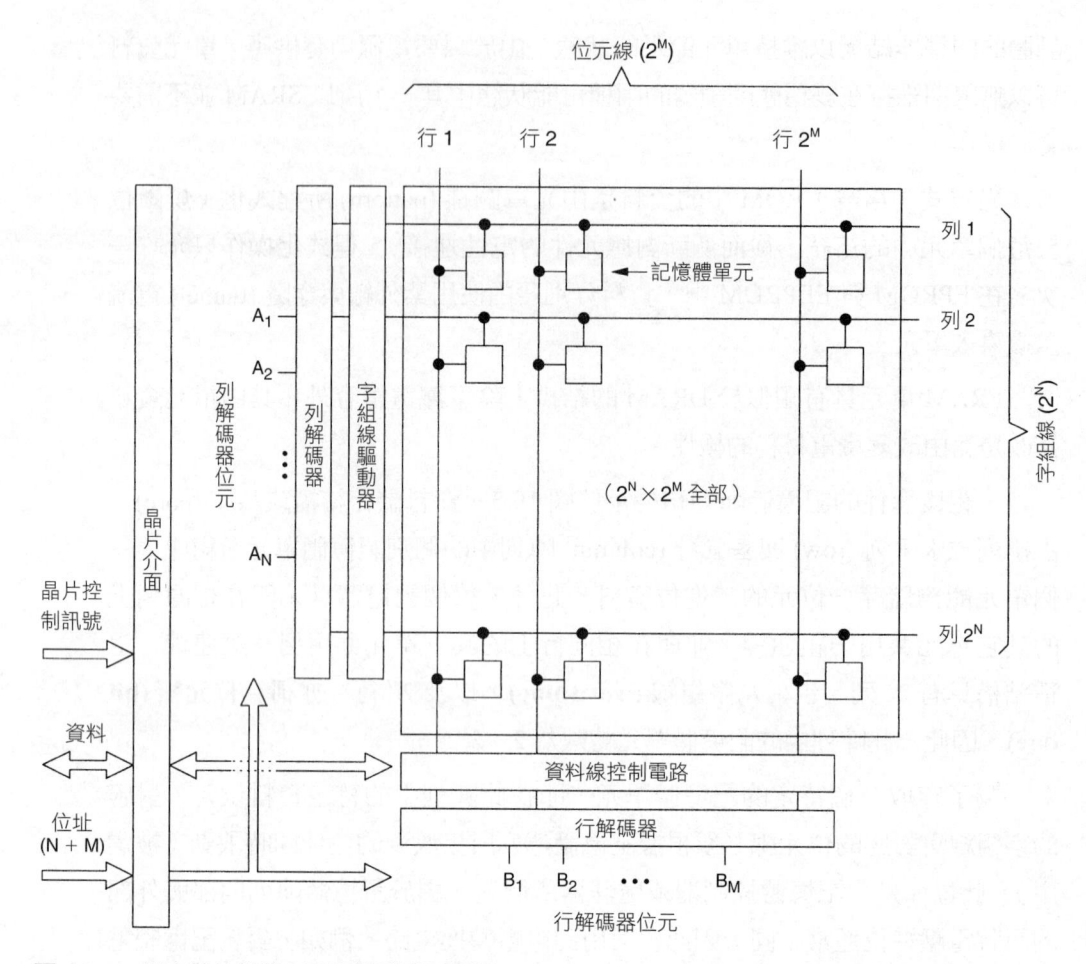

圖 10.3 概念性的隨機存取記憶體陣列結構。

個別記憶體單元能以任意順序存取，進行資料讀取或寫入操作，與它們在記憶體陣列中的實際位置無關。因此，圖 10.3 中的陣列結構可用於隨機存取記憶體 (RAM)。須注意的是，這種結構可以用於讀／寫記憶體陣列與唯讀記憶體陣列。然而，在以下章節，我們將使用縮寫 RAM 來專門代表讀／寫記憶體，因為對於這種特殊類型記憶體陣列而言，它是已普遍接受的縮寫。

10.2 動態隨機存取記憶體 (DRAM)

DRAM 結構

圖 10.4 顯示 DRAM 元件的典型結構。控制 DRAM 操作（即為讀、寫與更新）與記憶體晶片介面（即為輸入與輸出緩衝器）的周邊電路並非放置於晶片的外圍，而是在記憶體區塊之間的邊界區域，這是為了在實體設計中易於佈局

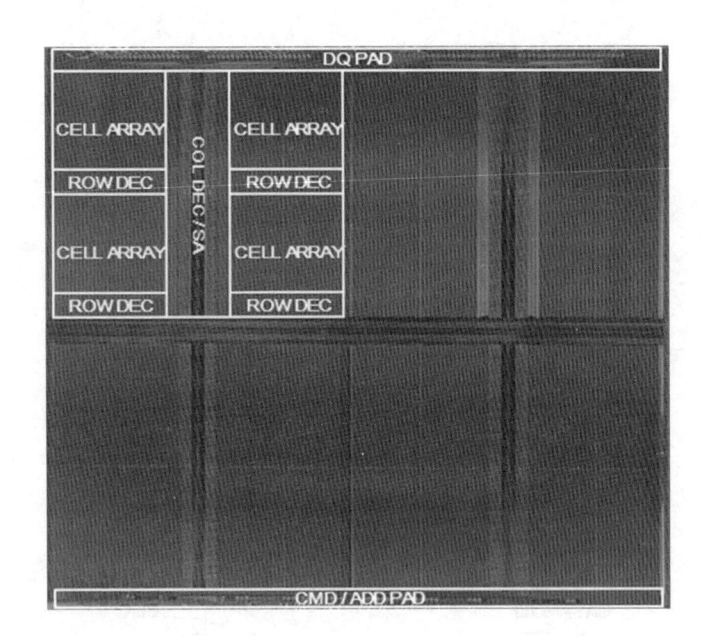

圖 10.4 DRAM 晶片具有 8 個記憶體庫 (bank) 的典型結構。

(1.2 V 1.6 Gbps 30 nm 4 Gb LPDDR3 SDRAM, provided courtesy of Samsung Electronics Co.)

與繞線，以及達到最小的訊號偏移 (skew)。整體記憶體區域分成多個區塊，其中的列解碼器 (row decoder, RDEC) 與行解碼器 (column decoder, CDEC) 是由相鄰區塊所共用。每個記憶體區塊再切成子區塊，每個子區塊各有自己的資料線控制電路。每字組的單元數目與位元線數目是由晶片尺寸與速度性能之間的最佳折衷 (trade-off) 所決定。如果更多的單元可以共用相同的字組線與位元線，晶片尺寸通常變得更小。然而，相對應的性能會下降，因為行與列位址解碼器必須驅動較大的負載。

圖 10.5 與表 10.2 分別顯示 256-M 位元 DRAM 元件的接腳配置 (pin assignment) 與接腳功能。*CLK* 與 *CKE* 接腳是做為操作與資料通訊的時間參考。$\overline{CS}$、$\overline{RAS}$、$\overline{CAS}$ 與 $\overline{WE}$ 接腳控制 DRAM 的操作。位址接腳用於選擇一個特定記憶體單元的位置。位址接腳使用名為**位址多工 (address multiplexing)** 的方法用於「行」與「列」位址，以減少封裝尺寸。行與列的位址是由 $\overline{RAS}$ 與 $\overline{CAS}$ 訊號取得。

DRAM 單元的歷史演進

隨著高密度記憶體偏好使用更小的記憶體單元尺寸的趨勢持續，結構簡單的動態 DRAM 單元已經成為普遍的選擇，其中二進位資料是以電荷儲存於電容中，而儲存電荷的存在或缺乏可決定所儲存的位元值。須注意的是，以電荷儲存於電容中的資料無法無限期保持，因為漏電流最終會汲出或更改所儲存的資料。因此，全部的 DRAM 單元都需要週期性更新所儲存的資料，以便確實地阻止由於漏電流所造成的非必要資料更改。

圖 **10.5** 256-M 位元的同步 DRAM 接腳配置。（＃符號表示訊號為「低態」作用 (active "low")。）

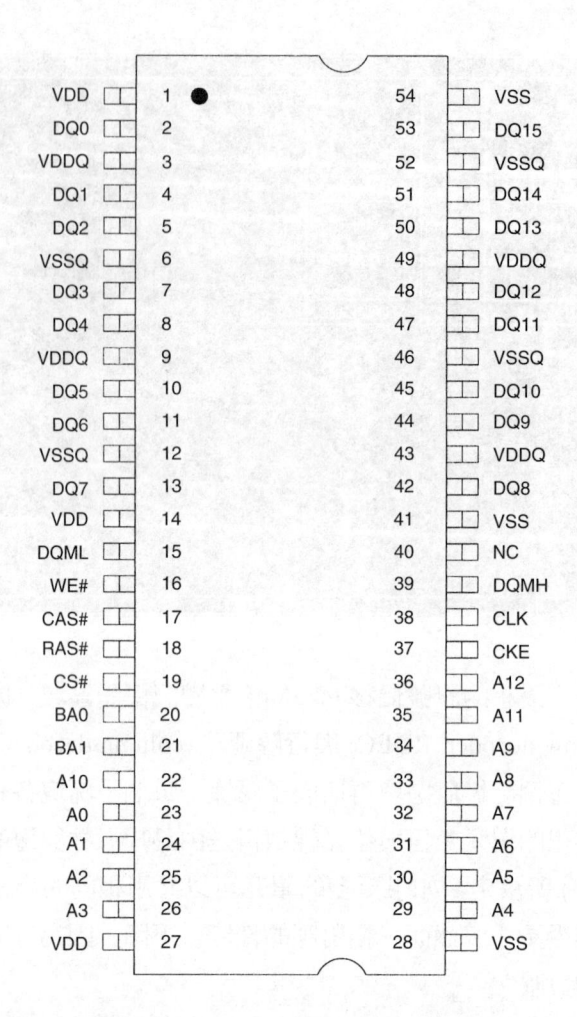

```
         VDD   ─┤ 1  • 54 ├─   VSS
         DQ0   ─┤ 2    53 ├─   DQ15
         VDDQ  ─┤ 3    52 ├─   VSSQ
         DQ1   ─┤ 4    51 ├─   DQ14
         DQ2   ─┤ 5    50 ├─   DQ13
         VSSQ  ─┤ 6    49 ├─   VDDQ
         DQ3   ─┤ 7    48 ├─   DQ12
         DQ4   ─┤ 8    47 ├─   DQ11
         VDDQ  ─┤ 9    46 ├─   VSSQ
         DQ5   ─┤10    45 ├─   DQ10
         DQ6   ─┤11    44 ├─   DQ9
         VSSQ  ─┤12    43 ├─   VDDQ
         DQ7   ─┤13    42 ├─   DQ8
         VDD   ─┤14    41 ├─   VSS
         DQML  ─┤15    40 ├─   NC
         WE#   ─┤16    39 ├─   DQMH
         CAS#  ─┤17    38 ├─   CLK
         RAS#  ─┤18    37 ├─   CKE
         CS#   ─┤19    36 ├─   A12
         BA0   ─┤20    35 ├─   A11
         BA1   ─┤21    34 ├─   A9
         A10   ─┤22    33 ├─   A8
         A0    ─┤23    32 ├─   A7
         A1    ─┤24    31 ├─   A6
         A2    ─┤25    30 ├─   A5
         A3    ─┤26    29 ├─   A4
         VDD   ─┤27    28 ├─   VSS
```

表 **10.2** DRAM 接腳的定義與功能（256-Mb 同步 DRAM）。

接腳名稱	定義	功能
CLK	時脈輸入	系統參考時脈供操作與資料通訊用
CKE	時脈致能 (clock enable)	控制時脈輸入
$\overline{CS}$	晶片選擇 (chip select)	由記憶體群組啟動 DRAM 元件
$\overline{RAS}$	列位址選通 (row address strobe)	閂鎖住列位址並啟始資料通訊
$\overline{CAS}$	行位址選通 (column address strobe)	閂鎖住行位址並啟始資料通訊
$\overline{WE}$	寫入致能 (write enable)	啟動寫入操作
A0–A14	位址輸入	選擇資料位元
DQ0–DQ15	資料輸入與輸出	與外部裝置進行資料通訊
DQMU/DQML	DQ 遮罩上半（下半）位元組	由操作中遮罩位元資料
V_{DD}/V_{SS}	電源接腳	DRAM 核心與周邊電路電源
$V_{DD}Q/V_{SS}Q$	無連接	DQ 電路電源
NC		

相較於典型的 SRAM 單元，利用一顆電容作為主要儲存元件通常實現了矽面積小很多的 DRAM 單元。

圖 10.6 所示為 DRAM 單元的歷史演進。圖 10.6(a) 中所示的四顆電晶體單元是從 1970 年代起最早期的動態單元之一。它的「寫入」與「讀取」操作相似於 SRAM 單元操作。在「寫入」操作時，字組線為致能，並且由一對位元線寫入互補資料。電荷儲存在寄生電容與節點連接至高電壓位元線的閘極電容。由於沒有電流路徑提供給儲存節點以恢復因漏電而損失的電量，單元必須週期性更新。在「讀取」操作中，位元線的電壓會透過電晶體放電到地，其中電晶體的閘極節點是以高電壓來驅動。讀取操作是非破壞性的，因為儲存於節點的電壓在讀取操作期間會維持不變。

圖 10.6(b) 中所示的三顆電晶體 DRAM 單元也是用於 1970 年代初期。它利用單顆電晶體 (M3) 作為儲存元件（其中此電晶體為導通或截止，取決於儲存在其閘極電容的電荷而定），並且各由一顆電晶體來作為「讀取」與「寫入」的存取開關。在「寫入」操作時，「寫入」的字組線被致能，並且「寫入」的位元線電壓會透過電晶體 M1 傳遞至儲存元件的閘極。在「讀取」操作中，當儲存元件的閘極電壓為高態時，「讀取」位元線的電壓會透過 M2 與 M3 兩顆電晶體放電到地。三顆電晶體 DRAM 單元的讀取操作也是非破壞性且速度相對較快，但這四條線，即兩條位元線和兩條字組線，其額外的接觸點 (contact) 會增加單元的面積。

雙顆電晶體與單顆電晶體的 DRAM 單元，如圖 10.6(c) 與 (d) 所示，分別

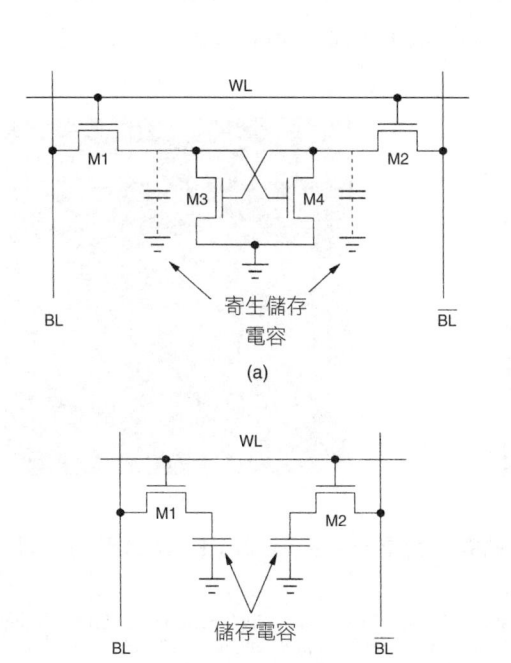

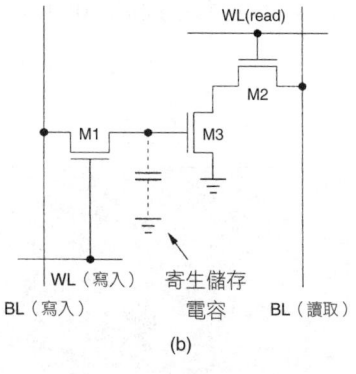

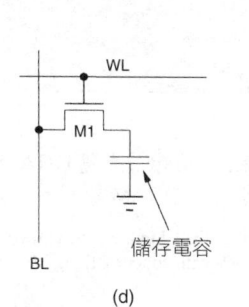

圖 10.6 動態 RAM 單元的各種結構。(a) 具有兩個儲存節點的四顆電晶體 DRAM 單元。(b) 具有兩條位元線與兩條字組線的三顆電晶體 DRAM 單元。(c) 具有兩條位元線和一條字組線的雙顆電晶體 DRAM 單元。(d) 具有單條位元線與單條字組線的單顆電晶體 DRAM 單元。

具有實際的儲存電容。這意味著，必須為每個儲存單元製造出單獨的電容，而非倚賴電晶閘極與擴散電容來進行資料儲存。自 1970 年代中期開始，單顆電晶體 DRAM 單元已成為高密度 DRAM 陣列中的工業標準動態 RAM 單元。這兩種單元的「讀取」與「寫入」操作幾乎相同。對於「寫入」操作而言，於字組線致能之後，資料會透過 M1（或 M2）電晶體寫入單元內，並儲存於儲存電容裡。其「讀取」操作是破壞性的。當儲存於儲存單元中的電荷與位元線分享時，單元中的電荷會顯著地改變（破壞）。另外，由於位元線電容比儲存單元電容大了約 10 倍，在位元線上僅會產生很小的電壓差，其大小係依據儲存單元的電壓準位（資料）而定。因此，成功的「讀取」操作需要一個能用於感測訊號差異與重寫資料至單元內（電荷恢復 (charge restoring) 操作）的放大器。

DRAM 單元類型

僅使用一顆電晶體與一顆電容，DRAM 單元在所有動態記憶單元中具有最小的矽面積。然而，由於它的「讀取」操作是破壞性的，必須有大單元電容用以提高在位元線上的訊號情況（電壓差），因為當晶片操作電壓準位隨著製程技術縮小而降低時，電壓差限制了整體讀取的動作。由於電壓差是依工作電壓的組合以及位元線電容與單元電容 (C_S/C_{BL}) 的比值所決定，DRAM 製造商已致力於發展製程技術，於最小可能的矽面積來實現大電容單元。

記憶體單元電容已藉由使用先進的單元結構與高介電常數 (high-permittivity) (ϵ) 的介電材料（如 Ta_2O_5）來進行改善。DRAM 單元一般可分為堆疊 (stack) 單元或溝槽 (trench) 單元。具有圓柱形 (cylindrical) 堆疊電容的 DRAM 單元顯示於圖 10.7(a) 中。所謂的 COB（capacitor over bit line，位於位

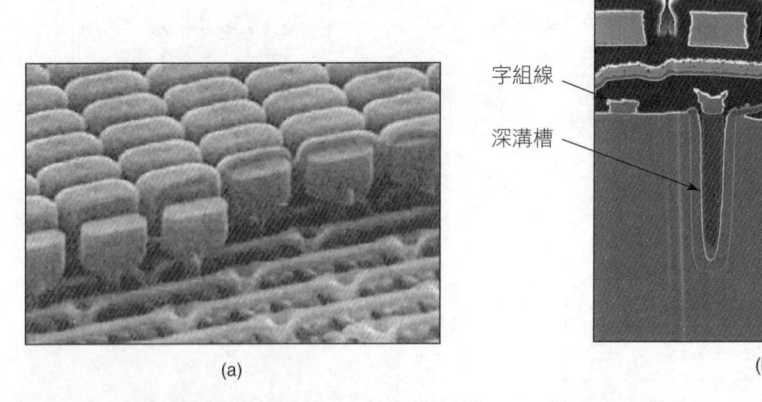

圖 10.7 單顆電晶體 DRAM 單元的各種結構。(a) 具有堆疊電容的 DRAM 單元。(b) 具有溝槽電容的 DRAM 單元。

（資料來源 (b)：Figure 1, S. Crowder et al., "Integration of trench DRAM into a high-performance 0.18 mm logic technology with copper BEOL," *IEDM (International Electron Devices Meeting)* 1998, pp. 1017–1020, 1998.）

元線上的電容）結構是形成於位元線上的電容，用來增加有效電容面積。具有溝槽電容的 DRAM 單元則顯示於圖 10.7(b) 中。因為存取電晶體製造是在電容形成之後，使得這種結構具有表面平坦化以及更好的電晶體特性優點。具有一顆存取電晶體與一顆儲存電容的典型 DRAM 單元的尺寸為 8 F^2（F 定義為最小特徵尺寸或最小設計規則）。近來已推出一些使用垂直電晶體與電容組合的先進單元結構，可以縮小 DRAM 單元尺寸至 6-F^2 或 4-F^2。

三顆電晶體 DRAM 單元的操作

典型的三顆電晶體 (3-T) 動態 RAM 單元的電路，以及行上拉（預充電）電晶體與行讀/寫電路圖顯示於圖 10.8。在這裡，二進位資料是以電荷型式儲存於寄生節點電容 C_1 上。

儲存電晶體 M2 被導通或截止取決於儲存在 C_1 上的電荷，而傳送電晶體 M1 與 M3 則是做為資料讀取與寫入操作用的存取開關。此單元具有兩條分開的字組線用於「讀取資料」與「寫入資料」，而兩條分開的位元線則用以控制存取電晶體。

三顆電晶體 DRAM 單元與其周邊電路的操作是基於一組雙相位非重疊時

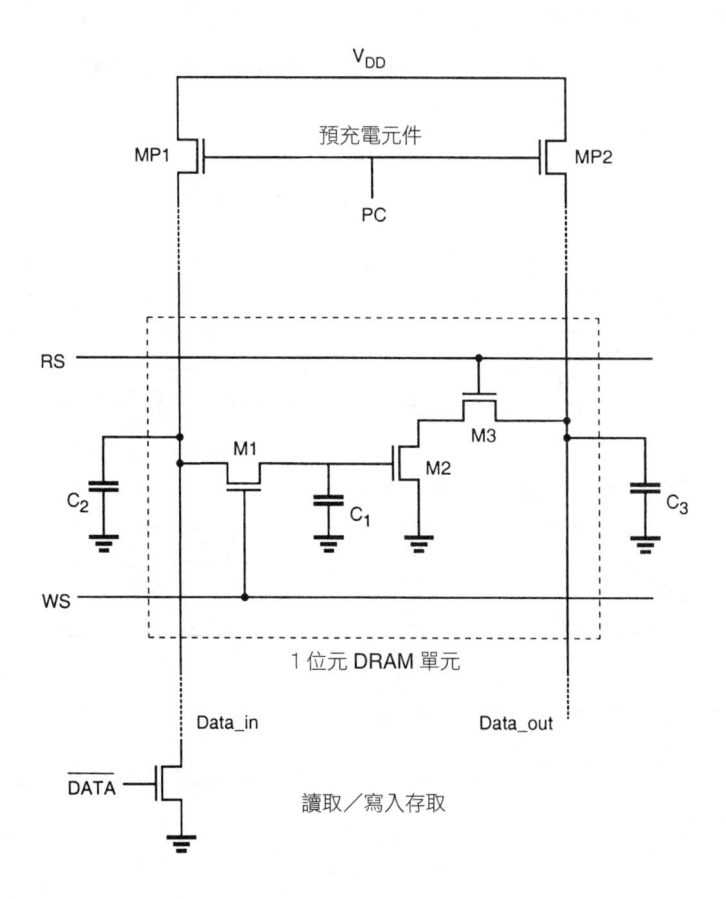

圖 10.8 具有上拉與讀/寫電路的三顆電晶體 DRAM 單元。

脈方式。預充電事件由 ϕ_1 來驅動，而「讀取」與「寫入」事件由 ϕ_2 來驅動。每一次「讀取資料」與「寫入資料」的操作之前都會有預充電週期，起始於預充電訊號 PC 轉至高態時。在預充電週期中，啟動行上拉電晶體，相對應的行電容 C_2 與 C_3 則充電至高態邏輯準位。在這裡的說明中，具有典型增強型 nMOS 的上拉電晶體 ($V_{T0} \approx 1.0$ V) 與 5 V 的電源供應電壓，在預充電後的兩組行電壓準位約等於 3.5 V。

所有的「讀取資料」與「寫入資料」操作都是在 ϕ_2 相位作用期間執行，即當 PC 為低態時。圖 10.9 所示為在四個連續的操作順序期間，相關於 3-T DRAM 單元的典型電壓波形：包含寫入 "1"、讀取 "1"、寫入 "0" 與讀取 "0"。

圖 10.9 中所示的四個預充電週期分別編號為 1、3、5 與 7。圖 10.10 顯示在預充電週期時，暫態電流對兩組行（D_{in} 與 D_{out}）充電。當兩組電容電壓達到其穩態值時，預充電週期算是有效地完成。須注意的是，這兩顆行電容 C_2 與 C_3 的大小，至少須比內部儲存容量 C_1 大上一個數量級。

對於寫入 "1" 的操作，反相 (inverse) 資料輸入處於邏輯低態準位，因為要寫入至 DRAM 單元的資料為邏輯 "1"。因此，「寫入資料」電晶體 MD 會截止，而在行 D_{in} 的電壓準位則維持高態。現在，「寫入選擇 (write select)」訊號 WS 會在 ϕ_2 相位動作期間拉高。所以，寫入存取電晶體 M1 會導通。由於 M1 導通，在 C_2 中的電荷現在會與 C_1（圖 10.11）分享。因為電容 C_2 相對於 C_1 大

圖 10.9 在四個連續的操作順序期間，相關於 3-T DRAM 單元的典型電壓波形：包含寫入 "1"、讀取 "1"、寫入 "0" 與讀取 "0"。

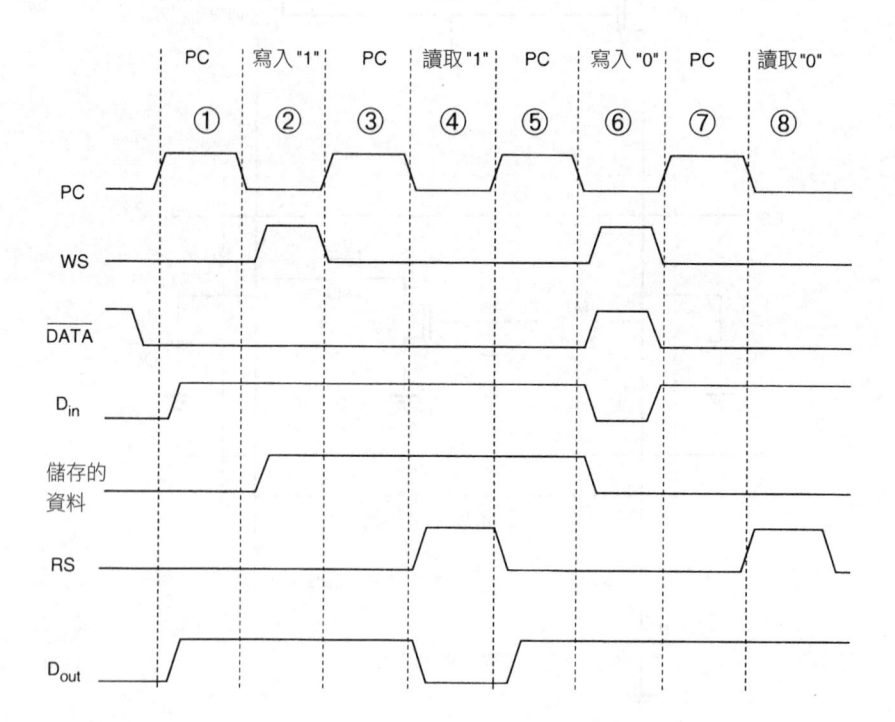

圖 10.10 在預充電週期時，行電容 C_2 與 C_3 透過 MP1 與 MP2 進行充電。

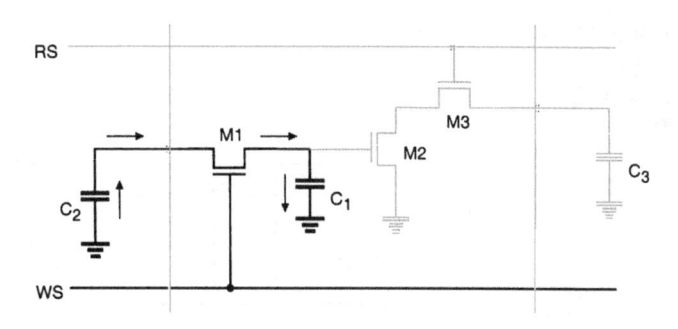

圖 10.11 在寫入 "1" 的過程中，C_2 與 C_1 之間的電荷分享。

非常多，所以在電荷分享過程結束時，儲存節點電容 C_1 會達到大致與行電容 C_2 相同的邏輯高態準位。

寫入 "1" 的操作完成後，寫入存取電晶體 M1 會截止。由於儲存電容 C_1 充電至高態邏輯準位，電晶體 M2 現在導通。為了讀取此已儲存的 "1"，在 ϕ_2 相位作用期間接續預充電週期之後，「讀取選擇 (read select)」訊號 RS 必須拉至高態。當讀取存取電晶體 M3 導通時，M2 與 M3 會在「資料讀取 (data read)」行電容 C_3 與接地之間建立一條導電路徑。電容 C_3 透過 M2 與 M3 進行放電，而下降的行電壓由「資料讀取」電路解讀為儲存邏輯 "1"。

DRAM 單元在讀取 "1" 週期中的作用部分顯示於圖 10.12。須注意的是，3-T DRAM 單元可以用這種方式進行重複讀取，而不會干擾儲存在 C_1 中的電荷。

對於寫入 "0" 的操作，反相資料輸入處於邏輯高準位，因為寫入到至 DRAM 單元的資料為邏輯 "0"。因此，資料寫入電晶體會導通，且在行 D_{in} 的電壓準位則拉至邏輯 "0"。現在，「寫入選擇 (write select)」訊號 WS 於 ϕ_2 作用期間拉至高態。因此，寫入存取電晶體 M1 會導通。C_2 上的電壓準位，以及儲存節點 C_1 上的電壓準位，會透過 M1 與資料寫入電晶體下拉至邏輯 "0"，如圖 10.13 所示。因此，在寫入 "0" 的程序結束時，儲存電容 C_1 所包含的電荷量會

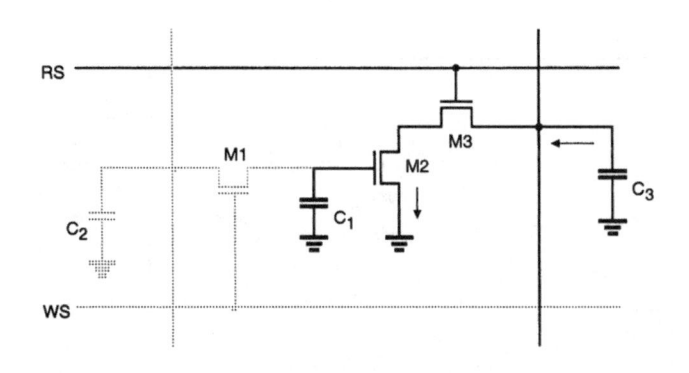

圖 10.12 行電容 C_3 在讀取 "1" 的操作過程中，透過電晶體 M2 與 M3 來放電。

圖 10.13 在寫入 "0" 程序時，C_1 與 C_2 經由 M1 與資料寫入電晶體進行放電。

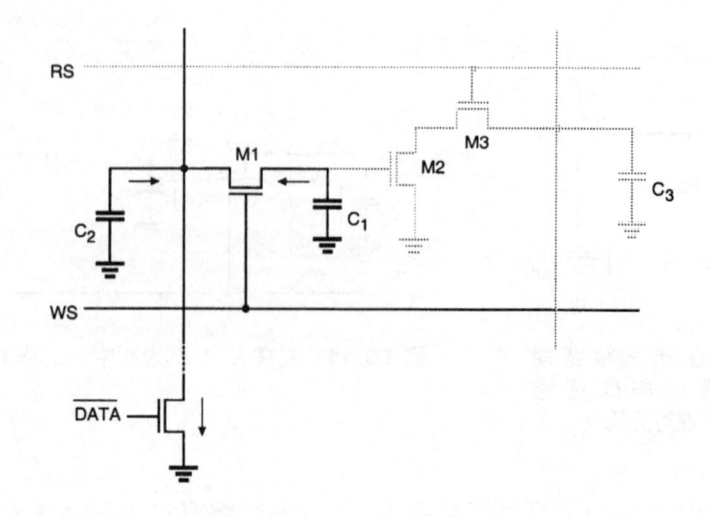

非常低，而電晶體 M2 則會因為閘極電壓約等於零而截止。

為了讀取此已儲存的 "0"，在 ϕ_2 相位作用期間接續預充電週期之後，「讀取選擇」訊號 RS 必須拉至高態。讀取存取電晶體 M3 導通，但是由於 M2 為截止，使得在行電容 C_3 與接地（圖 10.14）之間沒有導通路徑。因此，C_3 不會放電，且在 D_{out} 行上的邏輯高態準位由資料讀取電路解讀為儲存 "0"。

如同已在本節開始所指出的，即使「資料讀取」操作並無明顯干擾所儲存的電荷，儲存於 C_1 中的電荷仍無法一直維持。寫入存取電晶體 M1 的汲極接面漏電流是 C_1 上的儲存電荷逐漸消失主因。為了要在 DRAM 單元因為漏電而改變之前更新儲存的資料，資料必須進行週期性讀取、反相（因為資料輸出準位為所儲存資料的反相），然後寫回至同樣的單元位置。所有 DRAM 陣列中的儲存單元都必須在每 2 ms 至 4 ms 須執行此更新操作。須注意的是，在單一列中的所有位元可以一次更新完畢，明顯地簡化了此程序。

我們可以看到，在這裡檢視的三顆電晶體 DRAM 單元於資料儲存時並不會消耗任何靜態功率，因為電路中沒有連續電流。此外，使用週期性預充電週期而非靜態的上拉充電方式可以進一步降低動態功率消耗。安排非重疊控制訊

圖 10.14 在讀取 "0" 週期時，行電容 C_3 無法放電。

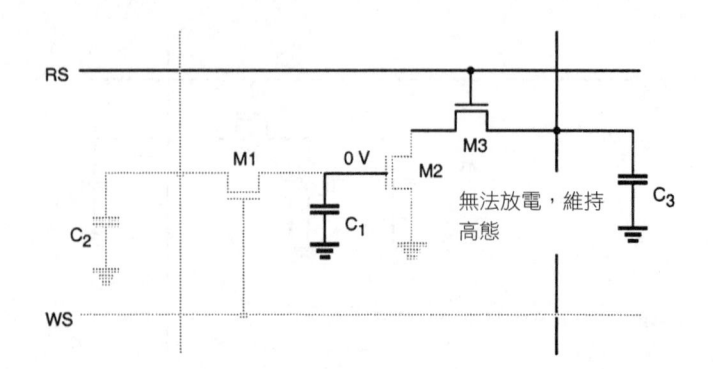

號與更新週期所需的額外周邊電路不會明顯地蓋過這些優點。

單顆電晶體 DRAM 單元的操作

當前,單顆電晶體單元為 DRAM 產業裡最廣泛使用的儲存結構。單顆電晶體 (1-T) 的 DRAM 單元包含一顆實際的儲存電容器與一顆存取電晶體,其電路圖顯示於圖 10.15(a)。

由單顆電晶體 DRAM 單元陣列與控制電路所組成的一種典型記憶體結構圖顯示於圖 10.15(b)。近期的 DRAM 架構中,位元線為折疊 (folded) 並預充電至 $\frac{1}{2}V_{DD}$,以提高雜訊抗擾性以及降低功率消耗。除此之外,用以感測與放大於位元線上變動訊號的位元線感測放大器 (sense amplifier) 會與相鄰區塊分享。

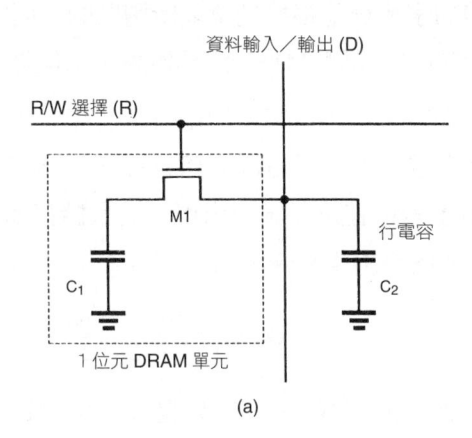

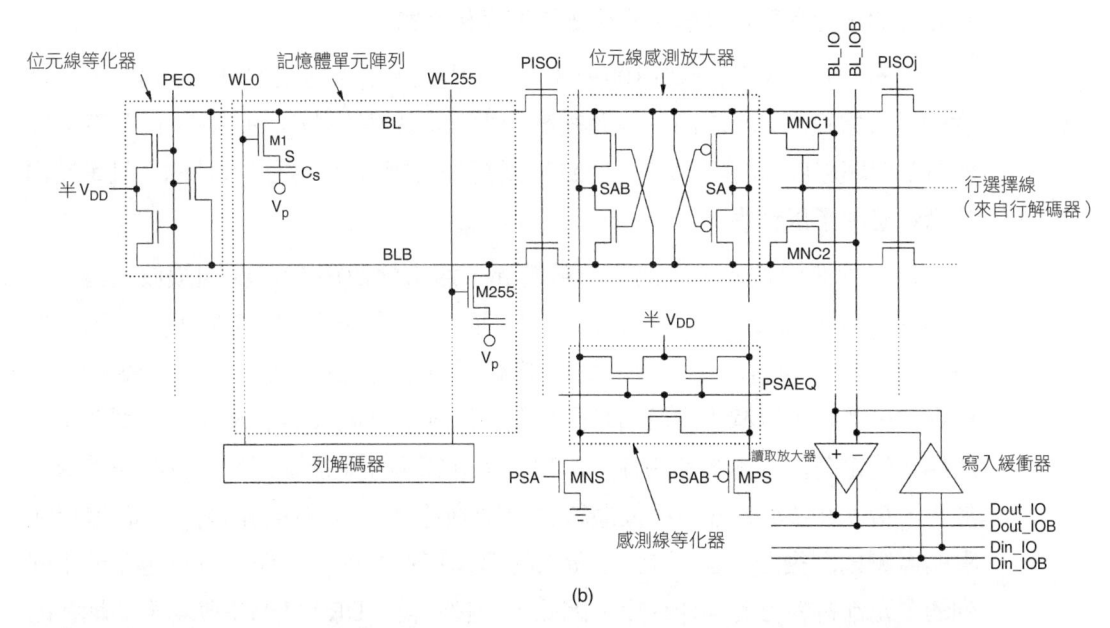

圖 10.15 (a) 典型的單顆電晶體 (1-T)DRAM 單元與其存取線路。(b) 單顆電晶體 DRAM 單元陣列的記憶體結構,包含了半 V_{DD} 感測、折疊位元線與分享感測放大器架構等控制電路。

記憶體單元的一個極板 (plate) 偏壓在 $\frac{1}{2}V_{DD}(V_P)$，以減少橫跨電容兩端的電場強度。單顆電晶體 DRAM 單元的操作為「讀取」、「寫入」與「更新」。在所有操作之前，位元線（BL 和 BLB）與感測節點（SA 和 SAB）分別透過位元線與感測線等化器 (equalizer)，被設定至預充電準位，也就是 V_{DD} 的一半。

DRAM 資料 "1" 讀取操作的時序圖，如圖 10.16(a) 所示。在讀取操作前，用於預充電位元線（PEQ）與位元線感測放大器（$PSAEQ$）的訊號先被除能 (disabled)。位元線放大器是由兩組相鄰記憶體陣列塊所分享，以減少晶片尺寸。因此，記憶體陣列選擇訊號 ($PISOi$) 設定至已提升的電壓 (V_{PP})。V_{PP} 是一個晶片上的升壓電壓 (boosted voltage)。由於 nMOS 電晶體被用作開關，V_{PP} 的準位須高於操作電壓(V_{DD})加上 nMOS 電晶體的臨界電壓，以使電荷完全恢復。記憶體陣列區塊的字組線是根據列位址所選取的。而字組線的準位也須高於工作電壓加上單元存取電晶體(M1)的臨界電壓，以使電荷完全恢復至儲存單元。

當字組線致能時，單元電容中的電荷（例如，C_S）會與位元線電容分享。由於位元線被預充電至 V_{DD}，以及儲存節點預充電至 V_{DD}（資料 "1"）或 V_{SS}（資料 "0"），小的電壓差會在位元線上出現，並且儲存節點 (S) 電壓變成與位元線電壓相同。所造成的電壓變動表示為

$$\Delta V = \frac{C_S}{C_{BL} + C_S} \frac{V_{DD}}{2} \tag{10.1}$$

其中，C_S 是儲存元件的電容，而 C_{BL} 則是位元線的有效電容，包括連接至相同位元線的單元存取電晶體之寄生線電容與接面電容。

一般而言，ΔV 大約為 100~200 mV，因為 C_{BL} 大約是 C_S 的 10 倍大。須注意的是，當資料為 "1" 時，單元電壓會從 V_{DD} 改變至 $\frac{1}{2}V_{DD} + \Delta V$；而當資料為 "0" 時，則從 V_{SS} 改變至 $\frac{1}{2}V_{DD} - \Delta V$。這意味著讀取操作是破壞性的，且單元內的資料必須予以恢復。

為了感測出位元線上的小訊號差異，通常會使用 CMOS 閂鎖放大器。感測節點（SA 和 SAB）連接於相同區塊，而來源電晶體（MNS 和 MPS）則置於每個記憶體陣列區段（例如，每 64 條位元線）。控制訊號（PSA 和 $PSAB$）一般會依序啟動，以減少由於同時啟動在位元線感測放大器中的 N 和 P 型閂鎖器所導致的電荷注入與短路電流。所以，BLB 節點開始放電到地，且訊號差會被放大。BLB 和 BL 節點的準位最終會分別到達地 (V_{SS}) 與電源 (V_{DD})，而儲存節點的電壓則回復至 V_{DD}。這就是所謂的單元資料的恢復操作。所有連接至相同列的單元都會執行此操作程序。因此，一般而言，DRAM 的主動功率消耗會因為此恢復操作而比其它記憶體元件來得大，並且會隨著更高的記憶體密度而增加。

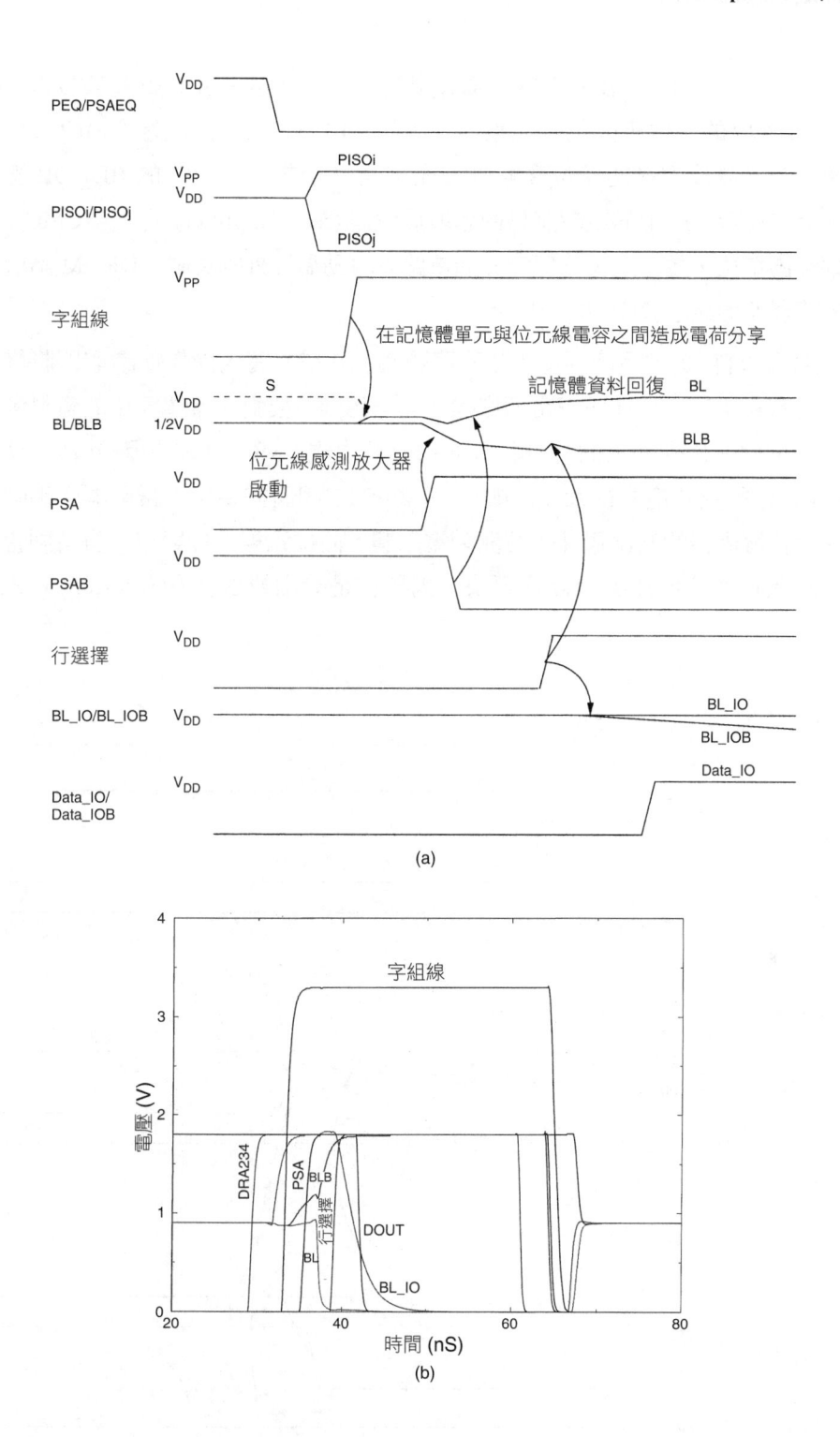

圖 10.16 DRAM 讀取操作。(a) 時序圖。(b) 資料為 "0" 時的模擬波形。

在位元線上的資料是藉由轉移電壓準位至第二條資料線（*BL_IO* 和 *BL_IOB*）來讀取。放大位元線上的電壓差之後，行開關電晶體則會藉由行解碼器啟動行選擇線予以致能。一般而言，*BL_IO* 和 *BL_IOB* 線會預充電至 V_{DD}

或 $V_{DD} - V_{tn}$，其中 V_{tn} 為 nMOS 負載電晶體的臨界電壓。因為 BLB 會放電至接地，BL_IOB 的準位會因為其大電容（例如，10 倍的 C_{BL}）而透過 MNC2 慢慢放電。BLB 於放電後的準位會略受預充電至 V_{DD} 或 $V_{DD} - V_{tn}$ 的 BL_IOB 線影響。第二條資料線上的電壓差是由讀取放大器 (read amplifier) 放大至 CMOS 全擺幅輸出準位，並傳送至記憶體介面電路以驅動晶片外的負載。DRAM 讀取操作的模擬波形顯示於圖 10.16(b)。

寫入資料 "0" 至單元中的時序圖示於圖 10.17。寫入操作從讀取即將修改的單元資料開始，程序與正常讀取操作完全相同。要寫入至單元中的資料會透過在記憶體晶片介面上的資料輸入緩衝器轉換成 CMOS 準位。因為 BL_IO 和 BL_IOB 線的負載電容很大（例如，1～2 pF），因而需要寫入緩衝器來驅動這些線。行解碼器的輸出選擇了行開關電晶體，而位元線準位與單元資料則會改變。寫入操作速度比讀取操作更快，因為它是藉由軌對軌 (rail-to-rail) CMOS

圖 10.17 當資料為 "0" 時的 DRAM 寫入操作。

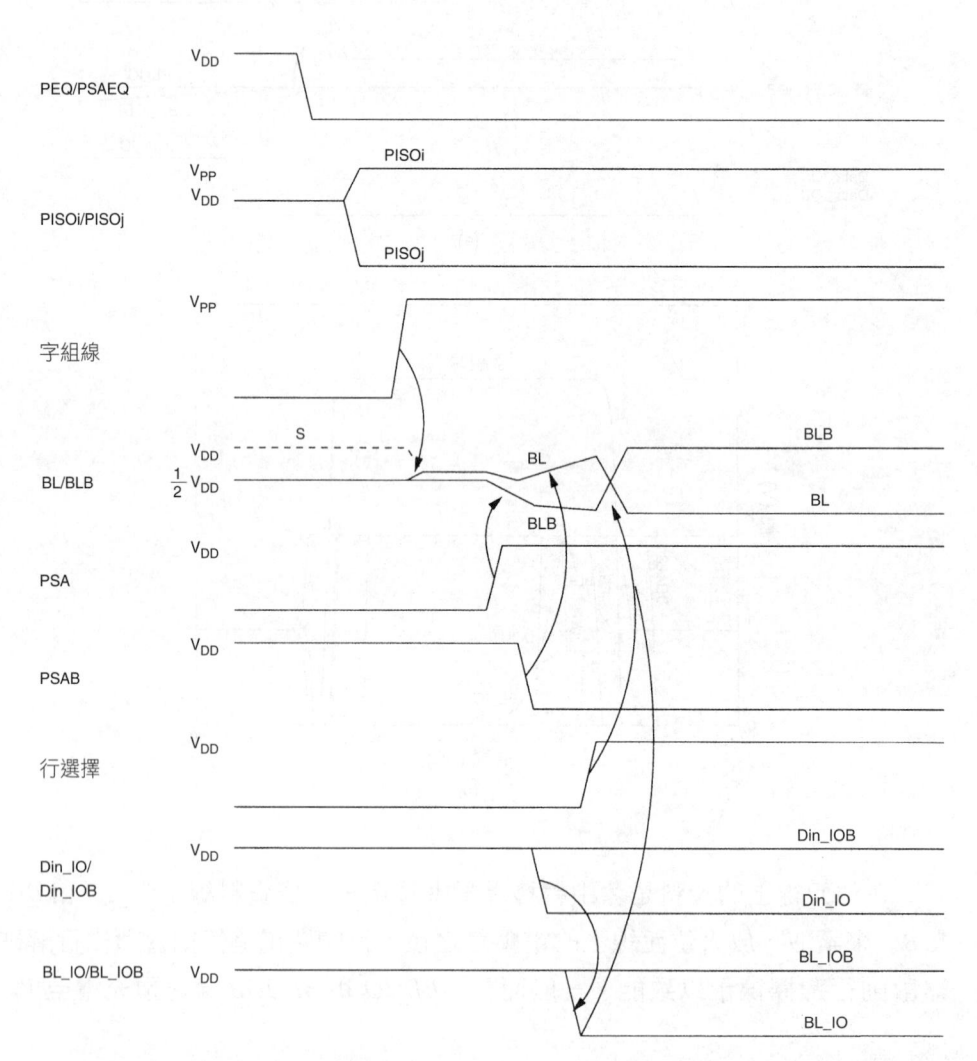

準位的強寫入驅動器（緩衝器）所執行的。

DRAM 操作模式

DRAM 的操作模式可以分為兩類，**非同步 (asynchronous)** 與**同步 (synchronous)** 模式，其取決於所使用的系統時脈。在非同步模式中，晶片控制與資料讀取是藉由晶片控制訊號所完成，如在表 10.2 中的 $\overline{RAS}$ 與 $\overline{CAS}$ 訊號；而在同步模式時，這些操作則是參考系統時脈。

當 $\overline{RAS}$ 拉低時，DRAM 開始操作。當 $\overline{RAS}$ 變為低態時，DRAM 晶片啟動列電路，如列位址緩衝器、列解碼器、字組線驅動器、位元線感測放大器等。DRAM 操作的特點是採用位址多工機制。也就是說，透過控制訊號 $\overline{RAS}$ 和 $\overline{CAS}$，位址可被用作行或列位址。在 $\overline{RAS}$ 和 $\overline{CAS}$ 下降緣捕獲的位址分別變為行和列位址。位址多工的優點是可降低晶片封裝尺寸，因為封裝尺寸主要由接腳數目所決定。在一般的系統中，DRAM 晶片是作為主記憶體來使用，且 DRAM 晶片數量會隨大型、高性能與先進的系統而增加。因此，DRAM 晶片佔用了系統電路板的大部分面積，而小的封裝尺寸有其高度需求。

在更新週期中，每次只選擇一條字組線（在晶片中實際上有多條字組線），所以需要一些時間來更新單元資料。字組線的長度（即連接至字組線的單元數）是由更新週期的限制所決定的。舉例來說，如果在一顆 256-Mb 的 DRAM 中，更新週期指定為每 256 ms 要有 16 K 個週期數，這意味著所有的 DRAM 單元必須在 256 ms 內藉由 16-K 次列操作以完成更新。因此，16-K 個單元 (256 Mb/16 K) 可藉由一次列操作來進行存取與更新。

在 $\overline{CAS}$ 下降緣時所捕獲的行位址會選擇來自於相同字組線的部分資料。行位址會產生**行選擇線 (column select line, CSL)**，並且連接一些位元線至公用資料線（BL_IO 和 BL_IOB）。經過一段時間延遲後，DRAM 晶片會將資料送至外部元件。在新資料存取前，每次 $\overline{RAS}$ 和 $\overline{CAS}$ 操作需要預充電時間（高準位）以重置行與列電路。從 $\overline{RAS}$ 下降緣至讀取單元資料的時間稱為 t_{RAC}，或記憶體的讀取（週期）延遲 (latency)。圖 10.18(a) 顯示出在非同步操作時的單一位元存取，由不同的行與列位址所指定。一般情況下，工作頻率約為 20 MHz 至 30 MHz。

僅藉由改變行位址，但維持列位址為作用中，相同列的單元資料可以用更快的速度進行讀取，約為 40 MHz 至 60 MHz。行位址再度啟動不同的 CSL，然後可以快速地讀取資料，直到相同的字組線（頁）的末端單元為止。這稱為**整頁存取模式 (page access mode)**，如圖 10.18(b) 所示。

整頁存取模式需要預充電時間來重置行電路以捕獲新的行位址,並保證資料保持時間可供其它外部系統安全地取得資料。藉由修改 DRAM 晶片輸出介面的 DRAM 電路,可以進一步提高讀取頻率。與其在 $\overline{CAS}$ 下降緣捕獲行位址,新的行位址於 $\overline{CAS}$ 上升緣時捕獲,且在預充電時間內維持讀取的資料。這稱為**延伸資料輸出 (extended data-out, EDO)** 存取模式。由於提前設定行位址,讀取頻率可以達到 80 MHz。

相對地,在同步存取模式中,可以使用系統時脈編排操作程序而大為改善資料讀取頻率。所有的 DRAM 的操作是由控制訊號與系統時脈 (CLK) 的組合所進行,如圖 10.19 所示。

在 CLK 的下降緣時,控制訊號與位址會變成作用中。內部晶片操作完全相同,但**管線化 (pipelined)** 會基於系統時脈以提高資料處理量 (throughput),

圖 10.18 各種非同步 DRAM 讀取模式。(a) 單一位元讀取。(b) 整頁模式讀取。(c) 延伸資料輸出 (EDO) 方式讀取。

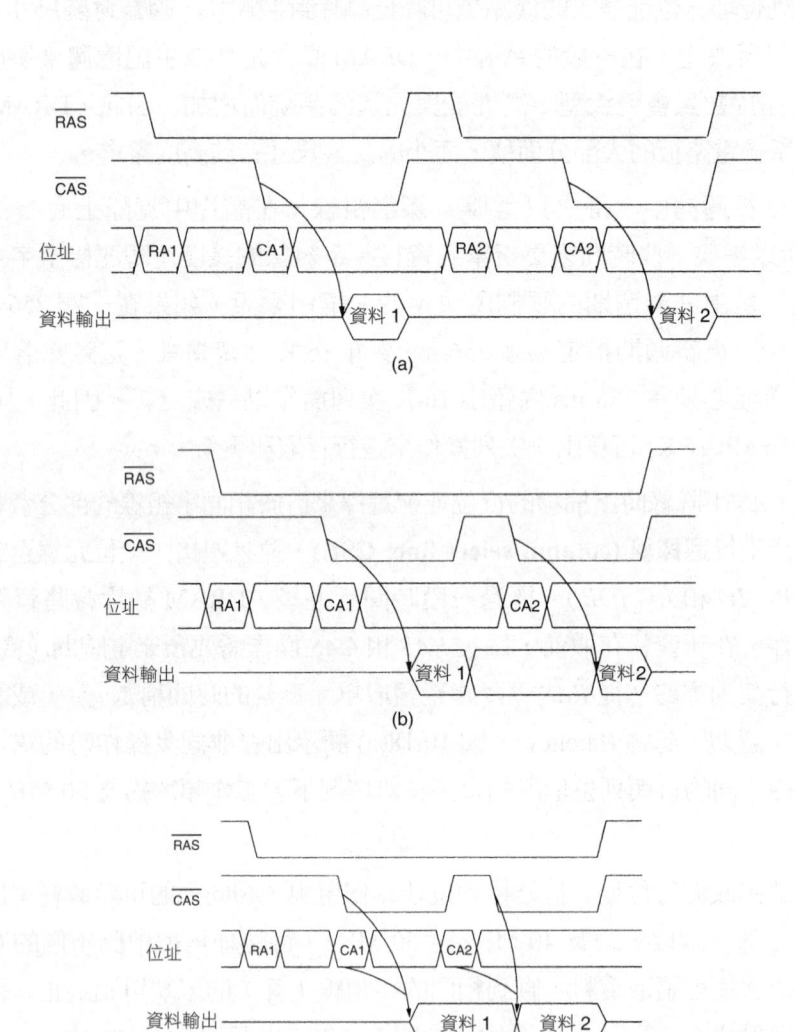

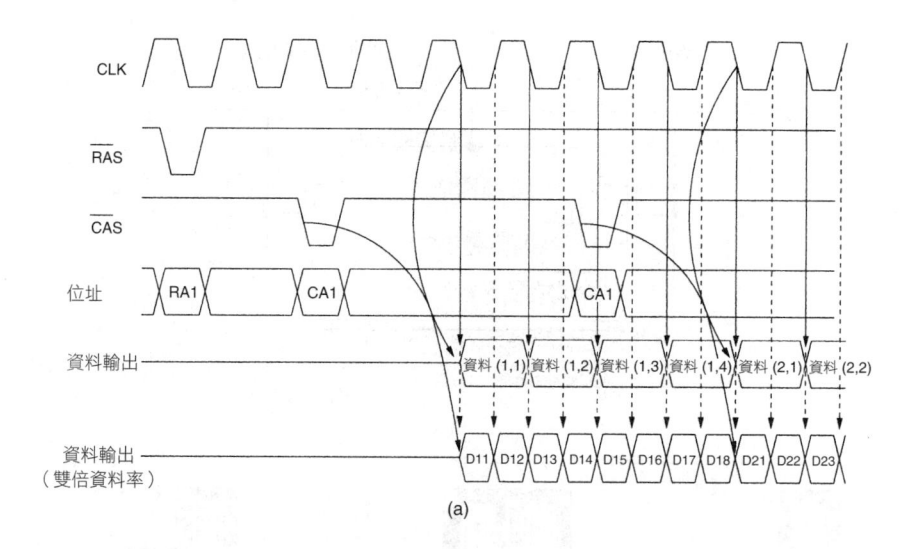

圖 10.19 同步 DRAM 讀取模式。(a) 同步模式讀取（4 位元突發讀取）。(b) 序列模式讀取。

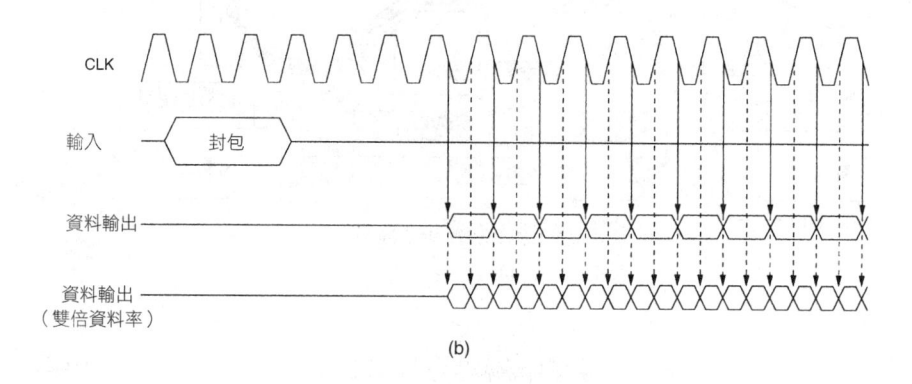

如圖 10.19(a) 所示。通常為二或三的讀取週期延遲，其定義為在 CAS 控制訊號出現後，直到第一筆資料出現時的系統時脈週期數。因為資料會隨著系統時脈送出，傳統同步模式的讀取頻率可以是 150 MHz 至 200 MHz。近來，為了改善頻寬，在系統時脈的兩個邊緣都會送出資料，導致有效頻寬增加兩倍，稱為 **DDR**（**dual data rate**，**雙倍資料率**）操作。

藉由使用改良的晶片介面，讀取頻率可以提高至超過 2 GHz（DDR 模式）。具有小訊號擺幅的晶片介面與時脈回復機制被用於最大化讀取頻率。控制 DRAM 晶片的輸入訊號是由特定設計的記憶體控制器以封包方式發送，且資料是以連續型式來送出，如圖 10.19(b) 所示。

DRAM 單元的漏電流與更新操作

圖 10.20 顯示 DRAM 單元的等效電路圖與剖面圖。為了高密度，連接至單元存取電晶體的接觸點與位元線是由兩個相鄰單元共用。不同的漏電機制造成單元中電荷衰減，而總漏電流可以表示為

圖 10.20 DRAM 單元的漏電流。(a) 電路圖。(b) 剖面圖。

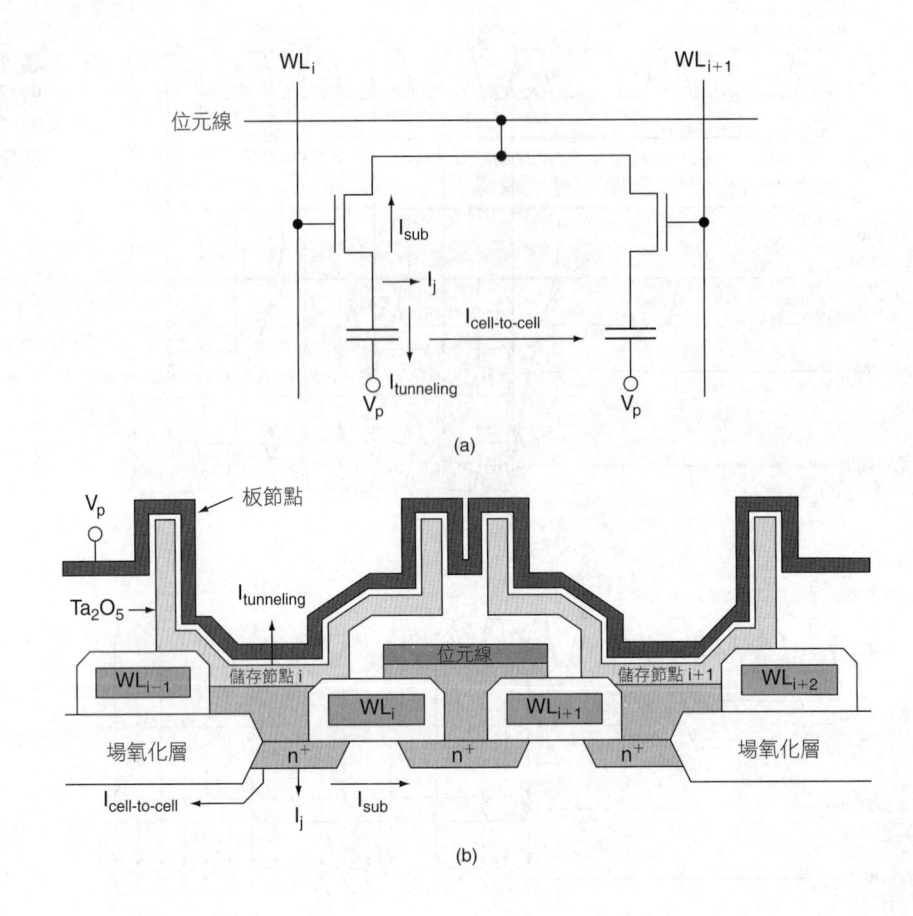

$$I_{leakage} = I_{sub} + I_{tunneling} + I_j + I_{cell\text{-}to\text{-}cell} \tag{10.2}$$

其中，I_{sub} 為通過單元存取電晶體的漏電流，$I_{tunneling}$ 是通過薄介電材料如 Ta_2O_5 的穿隧電流，I_J 為儲存節點的接面漏電流，而 $I_{cell\text{-}to\text{-}cell}$ 則是橫跨場氧化層的漏電流。

當最小特徵尺寸縮小，I_j 會傾向佔更少的總漏電流，而由於如溝槽隔離 (trench isolation) 製程技術中的厚場氧化層，$I_{cell\text{-}to\text{-}cell}$ 通常可以忽略不計。增加存取電晶體的 V_{SB} 是降低這種漏電成分的有效且實際之方法，因為 I_{sub} 是臨界電壓的強函數。為了這個目的，DRAM 晶片中廣泛地應用一種晶片上負電壓產生器，稱為 V_{BB}。然而，為了要增加單元電容，介電材料的厚度因而減少，使得穿隧漏電流 ($I_{tunneling}$) 成為了嚴重的問題。如已於前面章節中所提到的，週期性的更新操作一直有其必要，以補償從儲存節點穩定漏失的電荷，並確保在 DRAM 單元中的資料保存。

對單元電容重新充電的更新操作，可用不同於一般讀/寫操作的控制訊號來達成讀取與恢復動作。所有更新操作的一項特點為 DRAM 晶片不會將單元資料發送至外部元件。圖 10.21 顯示更新操作的典型時序圖，稱為 ROR($\overline{RAS}$-

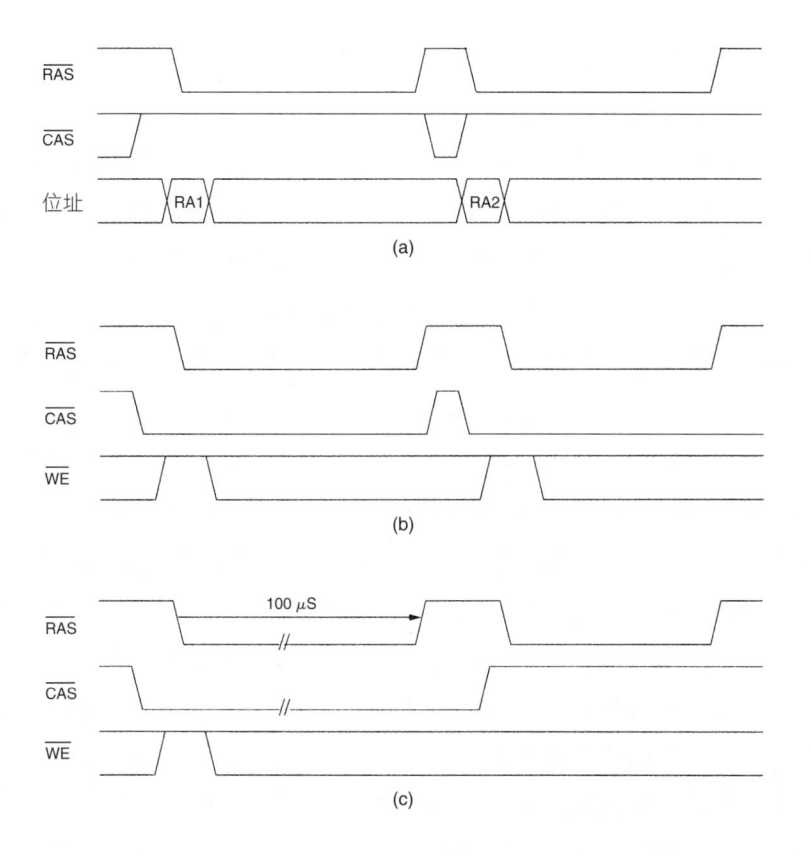

圖 **10.21** 各種 DRAM 更新操作模式的時序圖。(a)ROR 更新。(b) CBR 更新。(c) 自主更新。

only refresh) 更新、CBR($\overline{CAS}$-before-$\overline{RAS}$) 更新與自主更新 (self-refresh)。

在 ROR 更新模式時，更新的位址（列位址）是由外部裝置所提供。讀取與恢復的操作執行類似一般讀取操作，但資料不會送至輸出緩衝器。CBR 更新模式啟始於將 $\overline{CAS}$ 比 $\overline{RAS}$ 更早降低電位。寫入控制訊號 ($\overline{WE}$) 必須為高態。在 CBR 更新模式時，執行更新操作是基於晶片上的計數器所產生的更新（列）位址，且計數器為遞增。最小更新週期取決於環境參數，如溫度、操作電壓等。因此，更新週期可以依據操作條件進行不同的設定。藉由長時間（例如 100 μs）保持 CBR 更新時序，可啟始自主更新模式。自主更新模式的目的是大量節省在閒置模式 (idle mode) 下的功率消耗，因此只會保持單元資料狀態，而不進行讀取與寫入操作。藉由盡可能控制與延長更新間隔而不失去單元資料，功率消耗可以最小化。不僅是列位址，還有用以啟動列操作的控制訊號也是由內部電路所產生，而且更新間隔是靠記憶體單元對於溫度與操作電壓的資料保持特性所決定。因為在自主更新模式中的功率消耗是低功率 DRAM（即行動裝置用 DRAM）的關鍵性能參數，各種電路技術，如溫度補償自主更新 (temperature-compensated self-refresh, TCSR) 與部分陣列自主更新 (partial array self-refresh, PASR)，分別會被用來最佳化對溫度的功率消耗，以及最佳化對更新操作的記憶體面積。

DRAM 輸入 / 輸出電路

由於記憶體系統電路板的邏輯準位（例如，TTL：0.8 V ⟷ 2.0 V）與記憶體晶片的邏輯準位（例如，CMOS）不同，記憶體介面電路必須轉換邏輯準位。這些電路稱為輸入與輸出緩衝器，且依不同邏輯介面而各有不同。圖 10.22 與圖 10.23 為使用於記憶體晶片的典型輸入與輸出緩衝器。

在反相器類型的輸入緩衝器裡，邏輯臨界電壓是由 pMOS 與 nMOS 電晶體尺寸的比值所決定，而在其它閂鎖與差動放大器類型的緩衝器裡，則需要使用參考電壓。反相器類型具有最簡單的結構，但其對製程、溫度與操作電壓的敏感度高於其它類型。閂鎖類型的速度最快且功率消耗最低，但它需要額外的訊號 (PACT) 來致能緩衝器。表 10.3 比較了三種典型輸入緩衝器的特性。

輸出緩衝器會送出已讀取資料至外部裝置，如記憶體控制器或處理器。不像輸入緩衝器，輸出緩衝器將 CMOS 準位資料轉換至系統邏輯準位（例如，TTL），且它也需要驅動大電容性負載。因為數顆 DRAM 晶片的輸出通常會連接至電路板上相同的資料匯流排，任何 DRAM 晶片的輸出緩衝器必須在晶片未選中時仍能夠保持高阻抗 (Hi-Z) 狀態，以防止從不同 DRAM 晶片的干擾輸出。輸出緩衝器是由上拉與下拉驅動器所組成。上拉驅動器可以藉由使用 pMOS 電晶體或 nMOS 電晶體來建構，分別如圖 10.23(a) 和 (b) 所示。在 POE（輸出緩衝器致能訊號）為低態時，上拉與下拉驅動器會關閉且輸出緩衝器將處於三態（Hi-Z 狀態）。當 POE 變為高態時，輸出緩衝器根據讀取資料 (D) 開始驅動外部資料線。

當位址使用多工機制時，需要 N/2 個位址以便從 2^N 個記憶體陣列中選出一個單元。由於具有電晶體串接的 NAND 型解碼器在有許多位址位元時，就性能與佈局而論並不切實際，所以記憶體位址解碼機制通常是由預解碼器 (predecoder) 與主解碼器 (main decoder) 所組成，如圖 10.24 所示。

列位址解碼與字組線選擇的時序圖顯示於圖 10.25。位址位元以 2 或 3 位元進行分組，且在預解碼器級中先行解碼（PRA01、PRA234、PRA567 與 PRA89）。在字組線需要高態電壓 (V_{PP}) 以完整恢復資料時，會使用準位移動器 (level shifter) 來將預解碼器 (PRA01) 的輸出準位進行升壓。主解碼器使用預解碼輸出以產生字組選擇訊號，且自主靴帶升壓驅動器 (self-bootstrapped driver) 會被用來轉移升壓後的電壓至高電容性的字組線，而不會使訊號衰減。當選擇了主解碼器時，節點 A 會放電並變為低態。

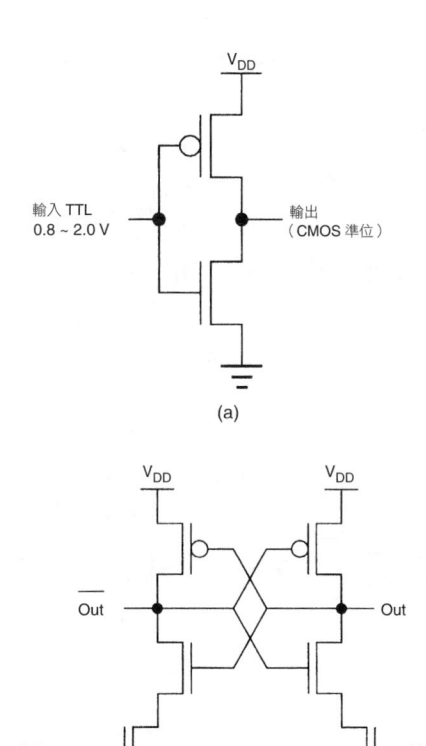

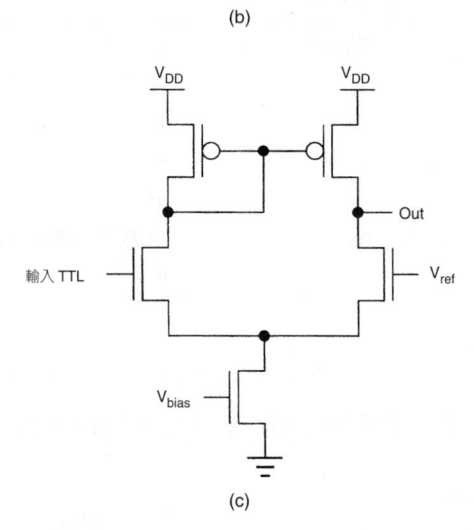

圖 10.22 記憶體輸入緩衝器。(a) 反相器類型。
(b) 閂鎖類型。(c) 差動放大器類型。

圖 10.23 記憶體輸出緩衝器。(a) pMOS 上拉與 nMOS 下拉結構。(b) nMOS 上拉與 nMOS 下拉結構。

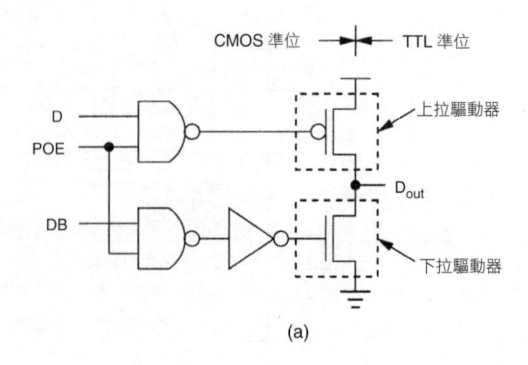

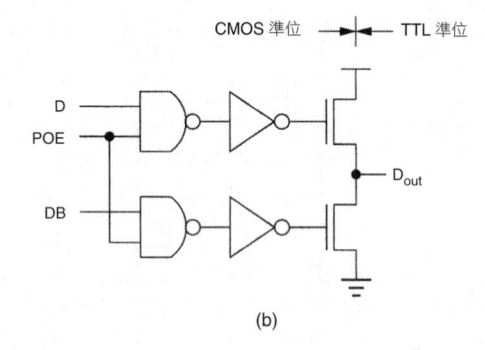

表 10.3 輸入緩衝器特性比較。

	緩衝器類型		
	反相器	閂鎖	差動
邏輯臨界決定（V_{IH} 與 V_{IL}）	根據 W_P/W_N 比例	根據 V_{ref}	根據 V_{ref}
速度	慢	最快	快
待機電流	小	最小	大
對 V_{DD} 與溫度的靈敏度	大	小	小
雜訊抗擾性	差	好	好
限制條件	無	需要預充電與啟動訊號	無

節點 C 設定至 $V_{DD} - V_{TN}$。在升壓訊號 (*BPRA*01) 抵達 MN2 的汲極時，節點 C 耦合至更高的準位，而升壓訊號移轉至字組線時不會有電壓降。節點 C 的電壓可表示為

$$V_C = V_{PP} + \Delta V = V_{DD} - V_{TN} + \frac{C_{MN2}}{C_{MN2} + C_{Cparasitic}} V_{PP} \qquad (10.3)$$

其中 C_{MN2} 是 MN2 的全部有效閘極電容與寄生電容，$C_{Cparasitic}$ 則是在節點 C 的寄生電容，V_{TN} 為 MN1 的臨界電壓。

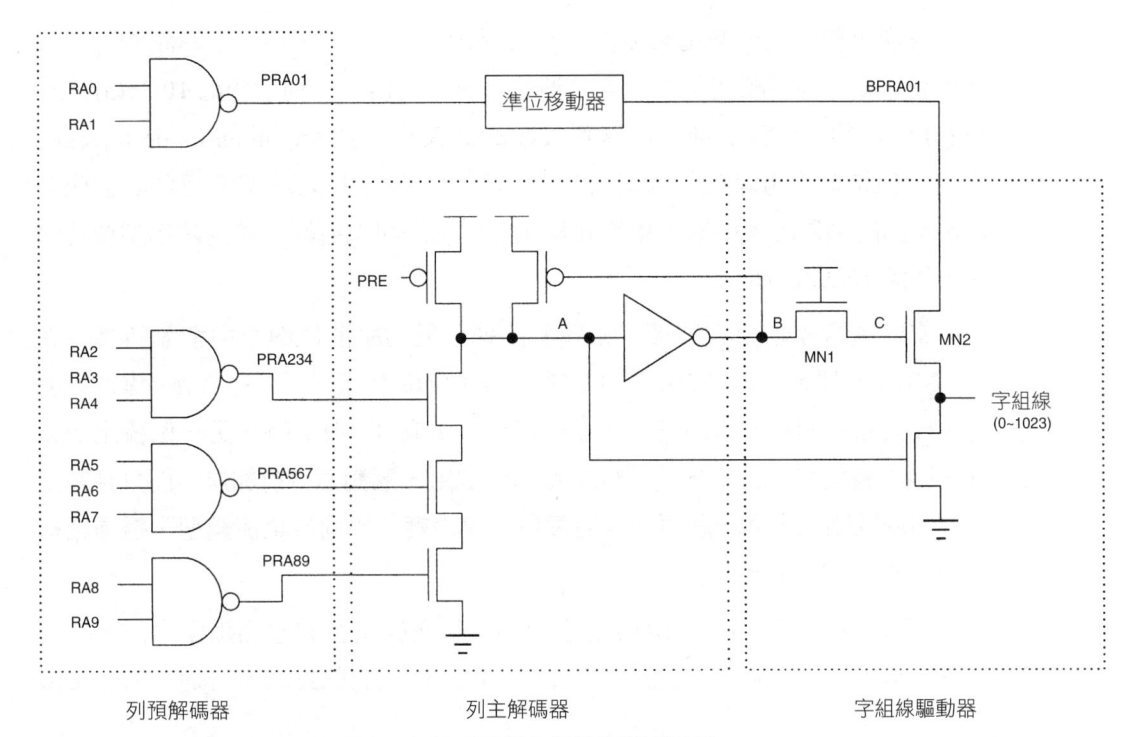

Chapter 10 半導體記憶體 439

圖 10.24 DRAM 的列預解碼器、主解碼器與字組線驅動器電路。

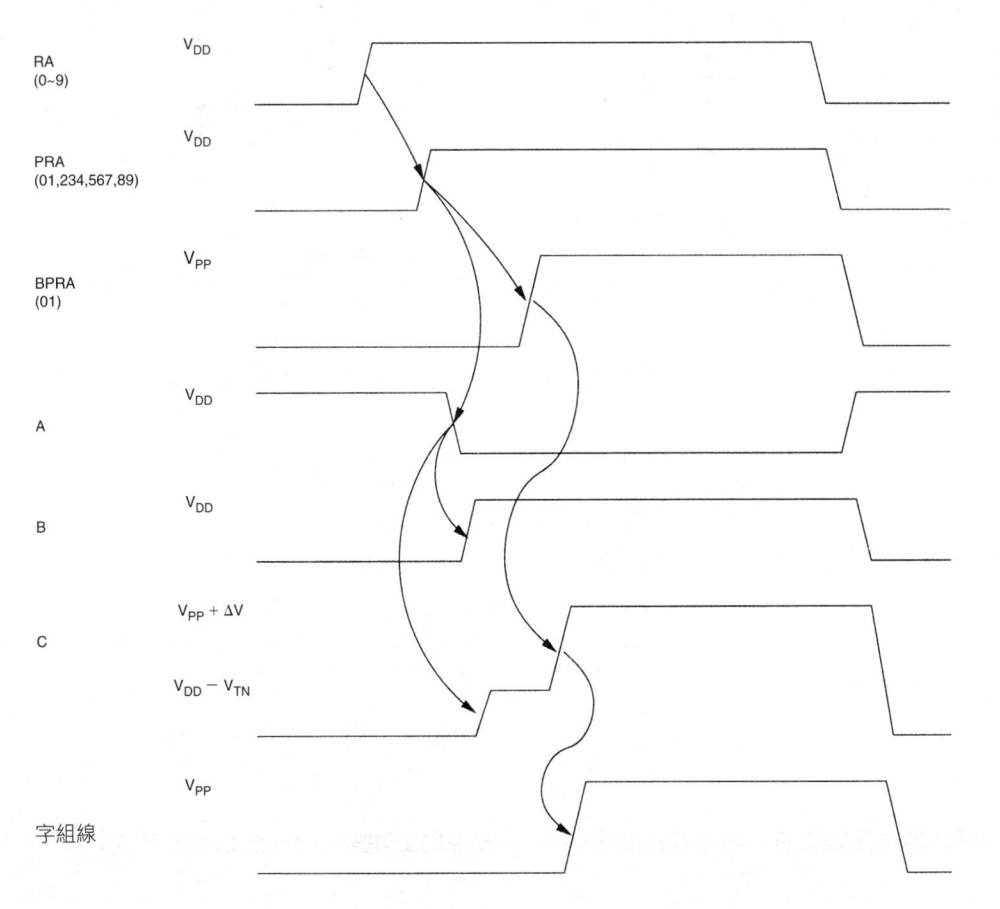

圖 10.25 DRAM 行預解碼器、主解碼器與字組線驅動器電路的操作時序圖。

各種感測放大器被用來偵測資料線（BL_IO 和 BL_IOB）上的訊號差異。電流鏡差動、半閂鎖與全閂鎖等類型的感測放大器，分別示於圖 10.26(a)、(b) 和 (c)。電流鏡型很常見，且具有良好的共模拒斥比 (common-mode rejection ratio)。但是輸入電晶體的大轉導需要相對大面積，且大功率消耗可能會成為這個電路的限制因素。為了提高在輸出節點上的訊號擺幅，差動輸出型會比較好，如圖 10.26(c) 所示。

交叉耦合差動放大器被用來達到高速、低功率消耗與小面積等特性。在全 CMOS 型裡，$PSAE$ 被用來預充電 OUT 與 $OUTB$ 至 V_{SS}。當 $PSAE$ 變為高態時，放大器會開始放大訊號差。當一節點（A 或 B）放電時，另一個輸出節點（B 或 A）會與其它輸入訊號（INB 或 IN）隔離，感測速度會加快，而且耗電量小。由於感測完成之後就再也沒有靜態功率消耗，不同於電流鏡型，這種結構通常用於低功率應用。

然而，預充電訊號 ($PSAE$) 是必要的，且在開始新的感測操作之前，輸出節點必須正確的預充電。在感測操作開始前，因為它的操作不可逆，所以必須

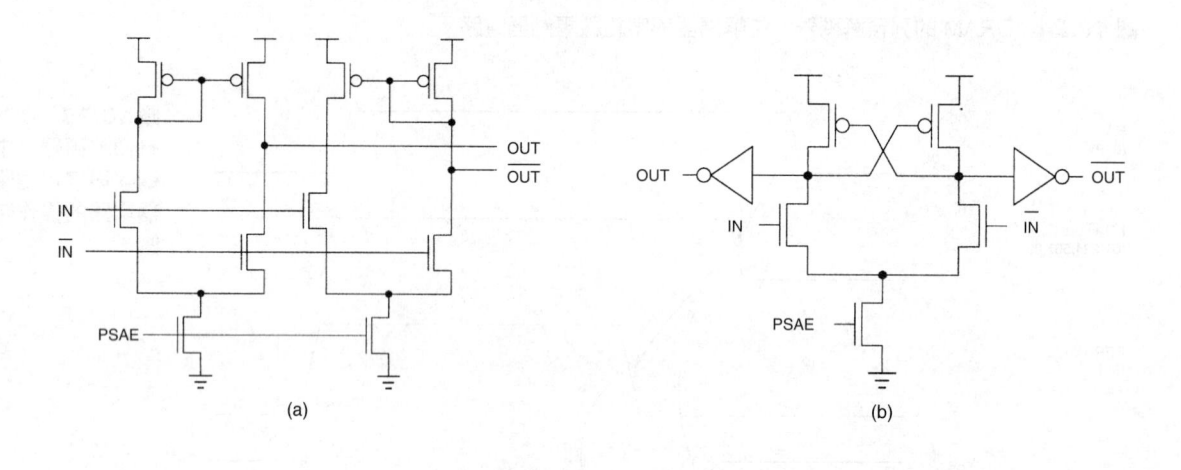

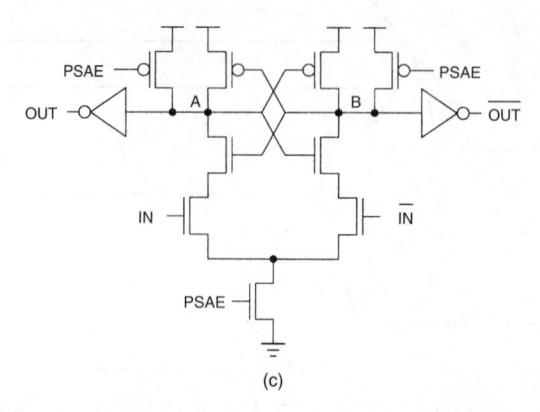

圖 10.26 各種電壓感測放大器。(a) 差動輸出電流鏡型。(b)pMOS 閂鎖型。(c) 全 CMOS 閂鎖型。

保證為有效的訊號差異;也就是說,一旦訊號閂鎖住直到下一個預充電訊號到達前,輸出節點狀態無法進行重設。

半閂鎖型感測放大器的效能是介於電流鏡與全 CMOS 閂鎖型之間。因無效訊號差異所得到的資料可以被修正,但要犧牲速度,不同於 CMOS 閂鎖型。

DRAM 晶片上的電壓產生器

DRAM 記憶體元件使用數個晶片上的電壓產生器,例如內部電壓產生器 (V_{INT})、半產生器 (V_{BL} 和 V_P)、基底偏壓產生器 (V_{BB}) 與升壓產生器 (V_{PP})。這些晶片上的電壓使用目的為減少操作電流 (V_{INT})、穩定操作 (V_{BL} 和 V_{BB})、消除可靠度問題 (V_P) 與改善性能,以及程式化單元資料 (V_{PP})。

降低操作電壓是減少 DRAM 功率消耗最有效的技術。但是系統電源供應電壓並未如同 DRAM 電源供應電壓下降量一樣多(例如,一些記憶體系統的供應電壓仍為 3.3 V,而 1-Gb DRAM 的電源供應電壓已降至 1.5 V)。因此,在這樣具有不同的電源供應電壓準位的系統中,一種替代方法為僅對記憶體晶片使用穩壓電壓。圖 10.27 所示為準位比較器與驅動器所構成的電壓調整器 (voltage regulator) 電路。參考電壓 (V_{REF_INT}) 是用於設定內部電壓準位 (V_{INT})。當內部準位比參考準位低時,節點 A 的電壓會升高,且導通驅動器電晶體以提供更多電流。

大部分 DRAM 晶片採用折疊位元線結構,並使用半 V_{DD} 感測機制,以改善雜訊免疫力與降低功率消耗。也就是,在同一陣列區塊的位元線對(BL 和 BLB)被用來偵測單元,而資料與這些線預充電至 V_{DD} 一半的準位,如圖 10.15 所示。因為在每個 DRAM 操作週期中,有數萬個單元被讀取(或更新),降低位元線的電壓擺幅可有效地降低 DRAM 的主動功率消耗。此外,半 V_{DD} 施加

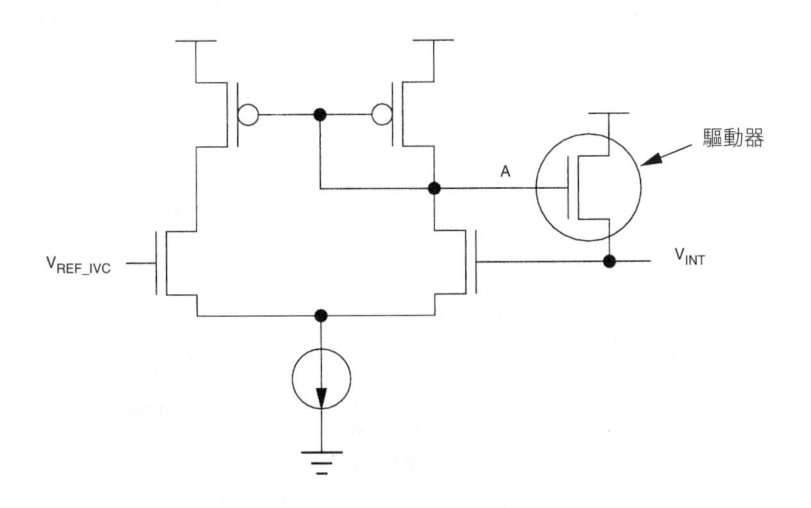

圖 10.27 內部電壓調整器電路。

至單元極板節點 (V_P) 上，以減少橫跨作為單元電容的薄介電材料上之電場。

圖 10.28(a) 所示為產生半 V_{DD} 電壓的電路。它通常由偏壓電路與驅動器所組成。偏壓電路中的電晶體尺寸被調整至可將節點 B 電壓設定為 $V_{DD}/2$。因此，節點 A 與 C 的電壓分別為 $V_{DD}/2 + V_{TN}$ 與 $V_{DD}/2 - |V_{TP}|$，而驅動器的輸出電壓則會穩定在 $V_{DD}/2$。因為驅動器電晶體是微弱導通，所以靜態電流非常小（例如，幾十 μA）。具有大電晶體的推拉 (push-pull) 驅動器可藉由強力導通 nMOS 或 pMOS 電晶體，以快速抑制在輸出節點上的任何非預期變化。半 V_{DD} 產生器的模擬波形示於圖 10.28(b)。

圖 10.28 半 V_{DD} 電壓產生器。(a) 電路圖。(b) 電源供應電壓 (V_{DD}) 於 100 μs 內，從 0 上升至 2.5 V 時的模擬輸出波形。

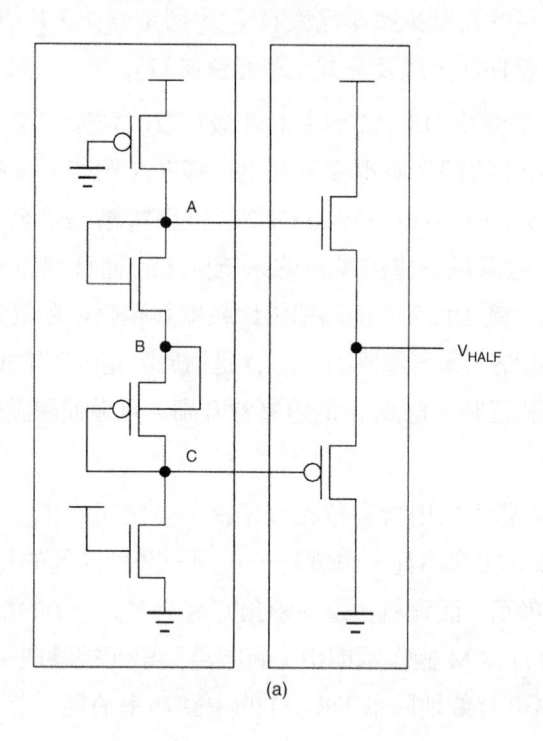

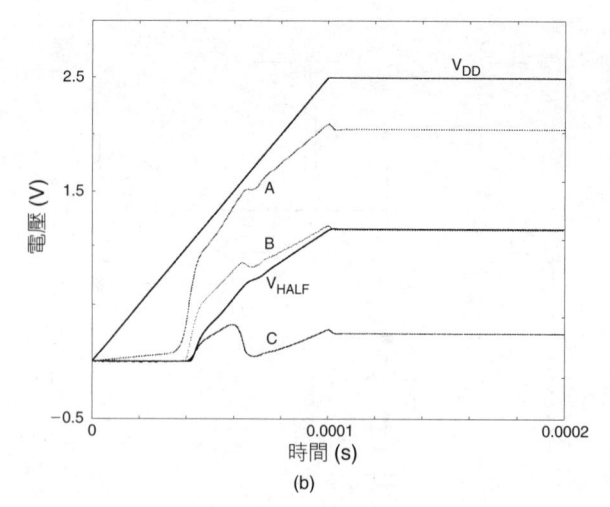

新式的 DRAM 單元具有一顆存取電晶體與一顆儲存電容。儲存在電容中的電荷（通常小於 100 fC）會因漏電流而隨時間衰減。因此，在單元電壓準位變得無法偵測之前，必須恢復單元內的電荷。單元特性在 DRAM 設計與製程中佔有重要的地位，因為它決定了更新週期（DRAM 通常不能在更新期間進行存取）。而不同的單元結構已經開發以期延長單元內資料的保持時間。流經存取電晶體的次臨界漏電流是儲存節點上電荷衰減的主要來源；它對於基底電壓的變化非常敏感。由於儲存於單元中的電荷非常少，所以存取電晶體的源極與基底電壓之間的變化所造成的臨界電壓偏移，可能會明顯影響記憶體單元的次臨界漏電流特性，而且記憶體單元的次臨界漏電流為指數型增加，使得記憶體的更新特性大量地惡化。為了減輕問題，基底（p 型）會偏壓至負電壓準位，並非 V_{SS}。臨界電壓對於基底偏壓的變化如圖 10.29(a) 所示，表示為

$$\frac{\Delta V_T}{\Delta V_{SB}} \propto \sqrt{V_{SB}} \qquad (10.4)$$

其中 V_{SB} 是電晶體的源極與基底電壓之間的差值。

負基底偏壓有助於減少位元線的有效負載電容。因為位元線總電容是位元線上的線電容與連接至位元線的存取電晶體接面電容之和，藉由增加接面空乏區面積來降低接面電容，可以使得位元線有效電容更小。然而，負基底偏壓造成存取電晶體的臨界電壓增加，也會降低單元恢復性能。

基底偏壓產生器是由環型振盪器 (ring oscillator)、充電泵（或稱為電荷泵）(charge pump) 與準位偵測器 (level detector) 所組成，如圖 10.29(b) 所示。電洞是藉由充電泵從基底抽取出來，以達成基底的負電位。圖 10.29(c) 顯示了訊號節點的行為。當節點 A 為高態時，節點 B 電壓會變為 V_{TN1}，其中 V_{TN1} 是 MOS 二極體 MN1 的臨界電壓。

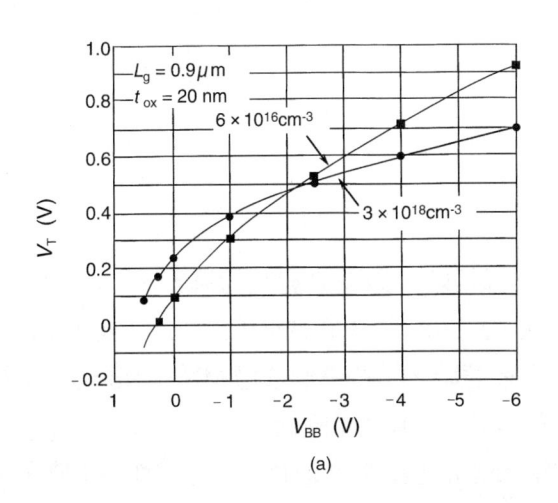

圖 10.29 負基底偏壓 (V_{BB}) 產生器。(a) 臨界電壓對於基底偏壓的相依性。

圖 10.29（續） 負基底偏壓 (V_{BB}) 產生器。(b) 電路圖。(c) 時序圖。(d) 模擬波形。

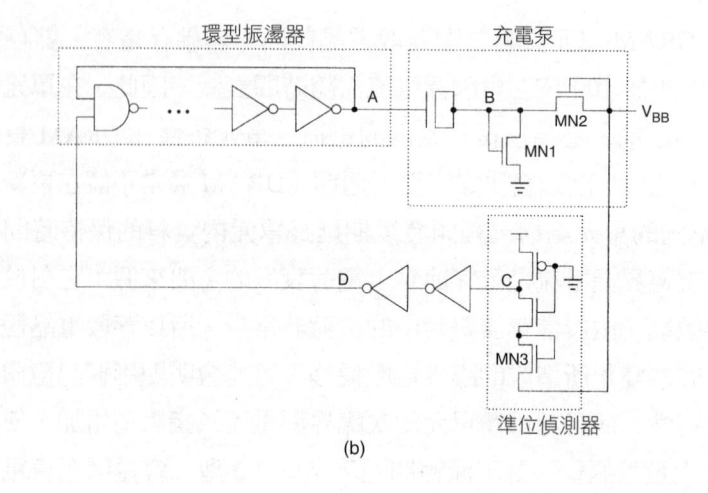

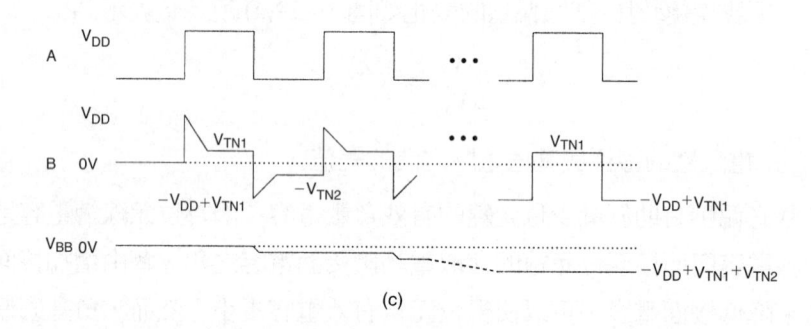

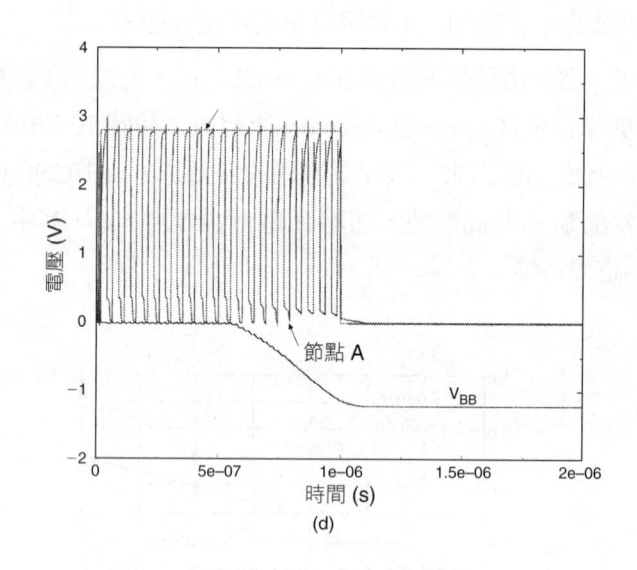

在節點 A 的下降緣時，節點 B 會耦合降至 $-V_{DD} + V_{TN1}$，且 MN2 會藉由抽取的電洞而導通，直到節點 B 的電壓達到 V_{TN2}，其中 V_{TN2} 是 MN2 的臨界電壓。當節點 A 變為高態時，這些電洞透過 MN1 放電至接地，而節點 B 電壓變為 V_{TN1}。重複此操作可使基底電壓降低至 $-V_{DD} + V_{TN1} + V_{TN2}$。由於下降的基底偏壓可能會藉由增加臨界電壓導致 nMOS 電晶體性能下降，因此基底準位會設定在某一點，讓恢復操作與漏電流下降之間可以達成合適的性能折衷。基底偏壓是藉由調整在準位偵測器裡的電晶體大小所設定的。當基底偏壓比目標值低時，MN3 會更加強烈地導通，節點 C 會下拉，而節點 D 則變低，這將導致環型振盪器失效，如圖 10.29(d) 所示。

相對於負偏壓產生器，晶片上的升壓可以藉由在大電容（通常為幾 nF 的大小）供應與保留電荷來產生。除了充電泵電路外，兩者基本操作幾乎相同。電路實現如圖 10.68 所示。

10.3 靜態隨機存取記憶體 (SRAM)

如在第 10.1 節已經解釋過的，讀／寫 (R/W) 記憶體電路設計允許修改（寫入）儲存於記憶體陣列中的資料位元，以及隨選檢索（讀取）。如果所儲存的資料可以無限期保留住（只要提供充足的電源供應電壓），且不需要任何的週期性更新操作，這種記憶體電路被視為靜態。我們將檢視電路結構與 SRAM 單元的操作，以及用於讀取與寫入資料的周邊電路。

資料儲存單元，即在靜態 RAM 陣列中的 1 位元記憶體單元，始終是由具有兩組穩定工作點（狀態）的簡單閂鎖器電路所組成。根據雙反相器閂鎖器電路所保持的狀態，保存於記憶體單元中的資料將認定為邏輯 "0" 或邏輯 "1"。為了經由位元線進行存取（讀取與寫入）記憶體單元中所包含的資料，我們至少需要一組開關，經由對應字組線進行控制，即列位址選擇訊號（圖 10.30(a)）。一般情況下，兩組由 nMOS 傳送電晶體組成的互補式存取開關實現用於連接 1 位元的 SRAM 單元至互補的位元線（行）。這類似於以左右手在互補的方向上轉動汽車方向盤。

圖 10.30(b) 所示為 MOS 靜態 RAM 單元的一般結構，由兩顆交叉耦合反相器與兩顆存取電晶體組成。負載元件可以是多晶矽電阻器、空乏型 nMOS 電晶體或 pMOS 電晶體，依記憶體單元類型而定。作為資料存取開關的傳送閘為增強型 nMOS 電晶體。

相較於其它方式，使用未摻雜多晶矽電阻的電阻性負載反相器於閂鎖結構中（圖 10.30(c)），通常會得到更緊密的單元尺寸。這是事實，因為電阻可以堆疊在記憶體單元上方（使用雙多晶矽技術），從而降低了單元尺寸至四顆電晶體，而非六顆電晶體單元結構。如果有多組多晶矽層可以用，一層可作為增強型 nMOS 電晶體的閘極，而另一層則可用於負載電阻與連接線。

為了使電阻性負載反相器達到可接受的雜訊邊界與輸出上拉時間，負載

圖 10.30 靜態 RAM 單元的各種組態。(a) 具有存取開關的雙反相器閂鎖電路之符號表示。(b) MOS 靜態 RAM 單元的一般電路架構。(c) 電阻性負載 SRAM 單元。(d) 空乏型負載 nMOS SRAM 單元。(e) 全 CMOS SRAM 單元。

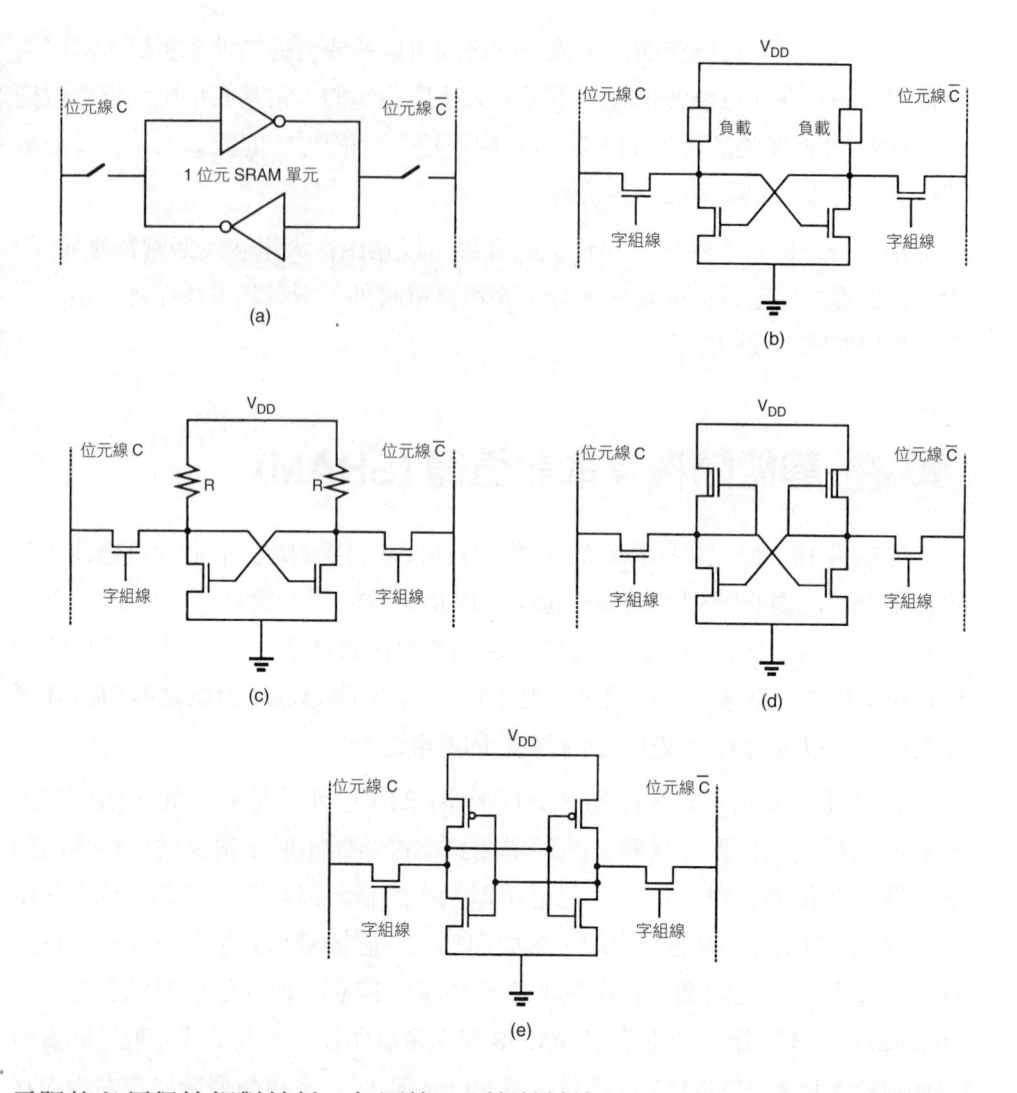

電阻值必須保持相對較低，如同第 5.2 節所討論。另一方面，為了降低每個記憶體單元所抽取的待機 (standby) 電流量，負載電阻須為高阻值。因此，折衷存在於低功率消耗對於高阻值的需求，以及提供更寬的雜訊邊界與高速的需求之間。功率消耗議題將在之後進行更詳細地討論。在圖 10.30(d) 中所示的六顆電晶體空乏型負載 nMOS SRAM 單元，可以很容易地以一組多晶矽與一組金屬層來實現，且單元尺寸往往相對較小，特別是使用了埋入式金屬 - 擴散層接觸點。這種記憶體單元的靜態特性與雜訊邊界通常優於電阻性負載的單元。然而，空乏型負載 SRAM 單元的靜態功率消耗，使得它不適合作為高密度 SRAM 陣列的選擇。

圖 10.30(e) 所示的全 CMOS SRAM 單元是目前最為普遍的，因為在各種電路組態中，其具有最低的靜態功率消耗，並且相容於目前的邏輯製程。此外，CMOS 單元提供更好的雜訊邊界與切換速度。靜態 RAM 單元的比較性優點與缺點，將在本節後段進行深入地探討。

全 CMOS SRAM 單元

低功率 SRAM 單元可以僅藉由使用交叉耦合 CMOS 反相器進行設計。在這種情況下，記憶體單元的待機功率消耗將限制在兩個 CMOS 反相器的相對小漏電流。另一方面，採用 CMOS SRAM 單元可能的缺點為單元面積會比圖 10.30 中所示的其它的替代電路稍微大一點，因為要容納 pMOS 電晶體的 n 型井與多晶矽接觸點。

完整的 CMOS 靜態 RAM 單元電路結構顯示於圖 10.31，伴隨著互補位元線上的 pMOS 行上拉電晶體。記憶體單元由一個簡單的 CMOS 閂鎖器（兩個背對背連接的反相器），以及兩顆互補存取電晶體（M3 與 M4）所構成。只要有電源供應，記憶體單元將會維持在兩種可能的穩定狀態中之一。每當字組線（列）啟動來進行讀取或寫入操作時，存取電晶體會導通，並連接記憶體單元至互補位元線行上。

此電路架構最重要的優點是靜態功率消耗非常小；基本上，僅限於 pMOS 與 nMOS 電晶體處於截止狀態的漏電流。因此，CMOS 記憶體單元僅會在開關轉態期間，由電源供應抽取電流。低待機功率消耗儼然是驅動日益受到重視的高密度 CMOS SRAM 的力量。

CMOS SRAM 單元的其它優點，包括：因為雜訊邊界較大而有的高雜訊抗擾性，以及可操作在比電阻性負載 SRAM 單元更低的電源供應電壓之能力。CMOS 記憶體的主要缺點為單元尺寸較大、CMOS 製程增加較為複雜，以及易於呈現出「閂鎖 (latch-up)」現象。然而，隨著多層多晶矽與多層金屬製程的廣泛使用，CMOS SRAM 單元面積大的缺點近年來已明顯改善。考慮到 CMOS

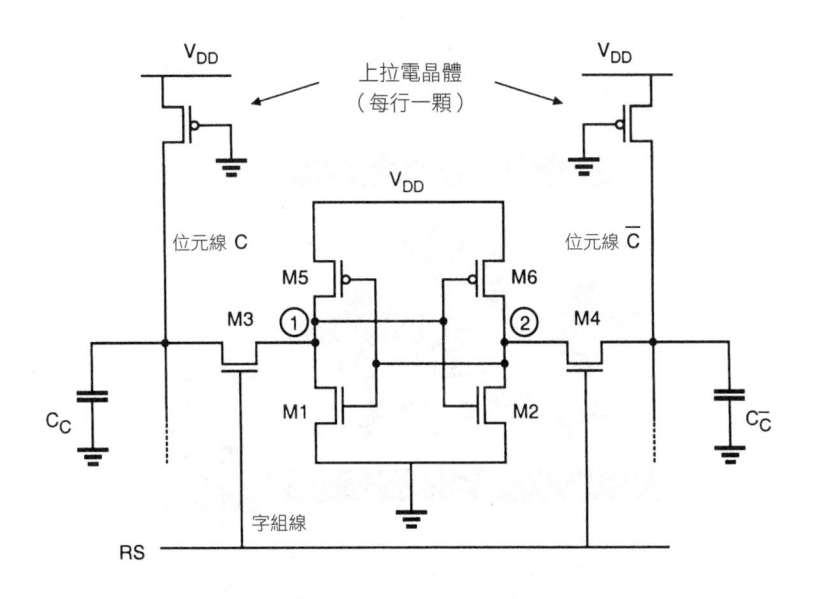

圖 **10.31** CMOS SRAM 單元的電路架構。

在低功率消耗與低電壓操作下不爭的優勢，所增加的製程複雜度與必要的閂鎖效應預防措施，對於實現高密度 SRAM 陣列中的 CMOS 單元並不構成重要的障礙。圖 10.32 比較了四顆電晶體型電阻性負載 SRAM 單元與六顆電晶體型全 CMOS SRAM 單元的典型佈局。

須注意的是，不同於用在電阻性負載 SRAM 上的 nMOS 行上拉元件，圖 10.31 中所示的 pMOS 行上拉電晶體允許行電壓達到全擺幅準位。為了進一步降低功率消耗，這些電晶體也可以被週期性預充電訊號所驅動；這些訊號啟動上拉元件以對行電容進行充電。

CMOS SRAM 單元設計策略

為了決定圖 10.31 所示的典型 CMOS SRAM 單元中的電晶體 (W/L) 比值，必須考慮一些設計準則。決定 (W/L) 比值的兩種基本要求為：(1) 資料讀取操作不應破壞 SRAM 單元中所儲存的資訊；(2) 在資料寫入階段，單元應該允許所

圖 **10.32** (a) 電阻性負載 SRAM 單元的佈局。(b) CMOS SRAM 單元的佈局。

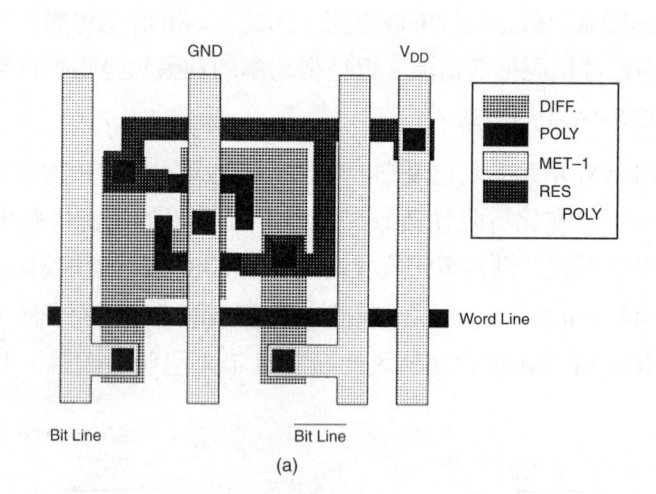

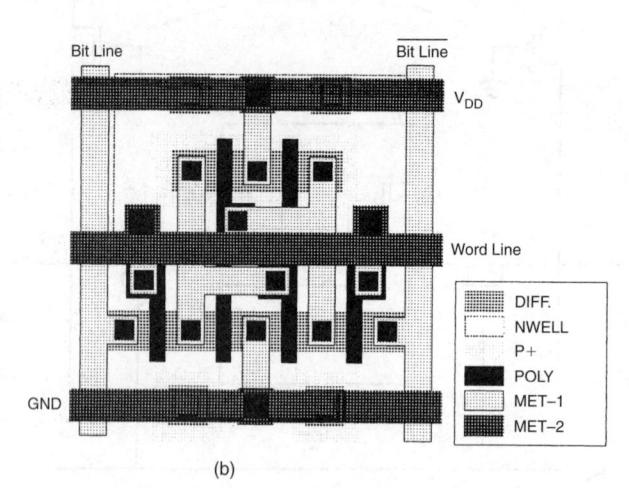

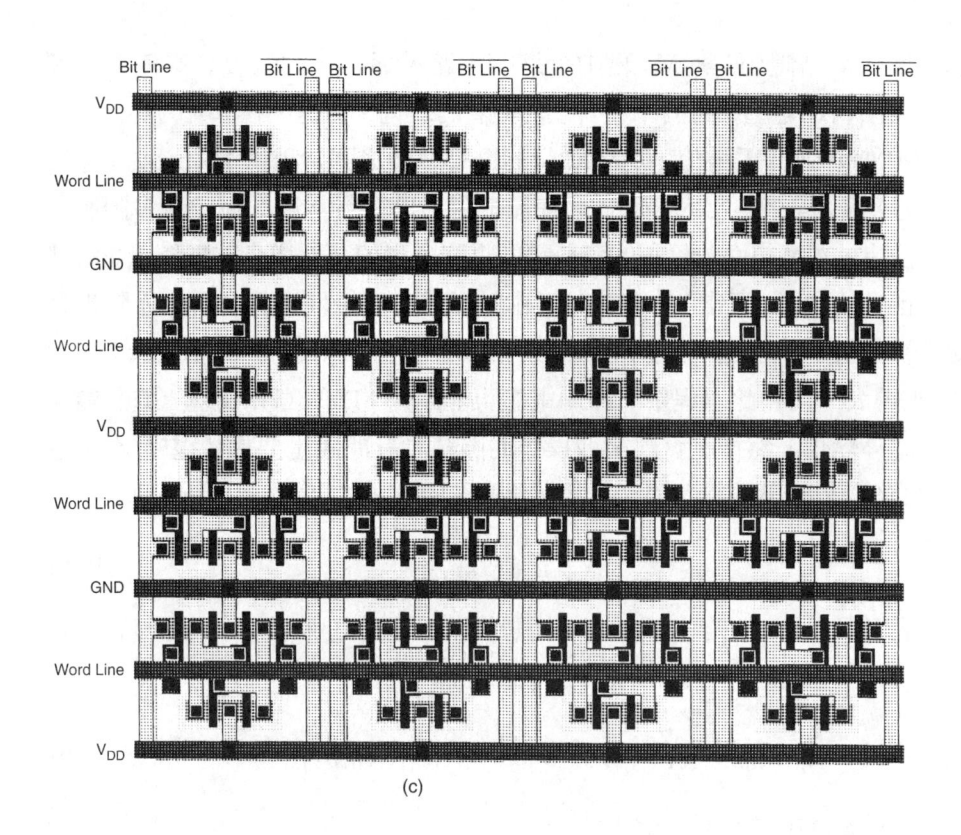

圖 10.32（續） (c) 4 位元 ×4 位元 SRAM 陣列的佈局，由 16 個 CMOS SRAM 單元所組成。

儲存的資訊被修改。

首先考慮資料讀取操作，假設單元中儲存邏輯 "0"。在「讀取」操作開始時，CMOS SRAM 單元中的電壓準位描繪於圖 10.33。在這裡，電晶體 M2 與 M5 截止，而電晶體 M1 與 M6 則操作在線性模式下。因此，在單元存取（或傳送）電晶體 M3 與 M4 導通之前，內部節點電壓 $V_1 = 0$ 與 $V_2 = 0$。在資料讀取操作開始時，作用中的電晶體於圖 10.33 中以黑線強調。

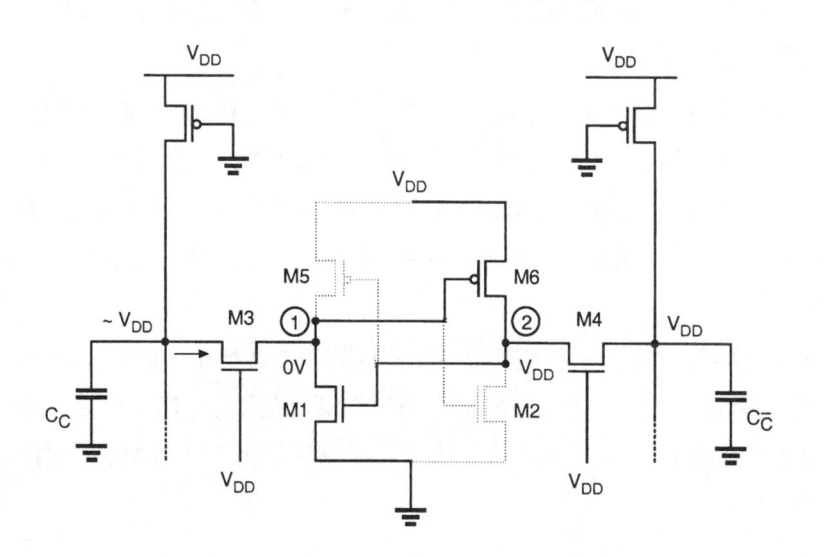

圖 10.33 在「讀取」操作開始時，SRAM 單元中的電壓準位。

在傳送電晶體 M3 與 M4 藉由行選擇電路導通後，因為沒有電流會流經 M4，所以 C 行的電壓準位將不會有任何顯著的變化。但是，在單元的另一半，M3 與 M1 將導通非零電流，而且 C 行的電壓準位將開始稍微下降。須注意的是，行電容 C_C 向來非常大，因此，在讀取階段時，行電壓的減少量會限制在數百毫伏特。本章後面將檢視的資料讀取電路負責偵測此微小電壓降，並將其放大為儲存的 "0"。而當 M1 與 M3 正在對行電容慢慢地進行放電，節點電壓將從其初始值 0 V 增加。特別是，如果存取電晶體 M3 的 (W/L) 相較於 M1 的 (W/L) 來得大，則在此過程中，節點電壓可能超過 M2 的臨界電壓，迫使儲存狀態的意外變化。然後，資料讀取操作的關鍵設計問題是要保證電壓 V_1 不會超過 M2 的臨界電壓，從而使電晶體在讀取階段時，M2 會維持截止，即

$$V_{1,max} \leq V_{T,2} \tag{10.5}$$

我們可以假設，在存取電晶體導通之後，行電壓 V_C 會維持約等於 V_{DD}。因此，M3 操作在飽和區，而 M1 則操作於線性區。

$$\frac{k_{n,3}}{2}(V_{DD} - V_1 - V_{T,n})^2 = \frac{k_{n,1}}{2}\left(2(V_{DD} - V_{T,n})V_1 - V_1^2\right) \tag{10.6}$$

結合此方程式與式 (10.3) 可得到：

$$\frac{k_{n,3}}{k_{n,1}} = \frac{\left(\frac{W}{L}\right)_3}{\left(\frac{W}{L}\right)_1} < \frac{2(V_{DD} - 1.5_{T,n})V_{T,n}}{(V_{DD} - 2V_{T,n})^2} \tag{10.7}$$

寬長比 (aspect ratio) 上限實際上較為保守，因為 M3 的一部分汲極電流也將被用來對節點①的寄生電容充電。總而言之，如果滿足式 (10.5) 的條件，在讀取 "0" 的操作期間，電晶體 M2 將維持在截止模式。對稱性的條件也決定了 M2 與 M4 的寬長比。

現在考慮在寫入 "0" 的操作，假設 SRAM 單元中最初儲存邏輯 "1"。圖 10.34 顯示在資料寫入操作開始時，CMOS SRAM 單元中的電壓準位。電晶體 M1 與 M6 為截止，而電晶體 M2 與 M5 則操作在線性模式下。因此，在記憶體單元存取（或傳送）電晶體 M3 與 M4 導通之前，內部節點電壓 $V_1 = V_{DD}$ 與 $V_2 = 0$ V。

藉由資料寫入電路，行電壓 V_C 強制為邏輯 "0" 準位；因此，我們可以假設 V_C 近似等於 0 V。一旦傳送電晶體 M3 與 M4 藉由行選擇電路為導通時，我們預期節點電壓 V_2 會維持低於 M1 的臨界電壓，因為 M2 與 M4 是根據條件式 (10.5) 所設計。

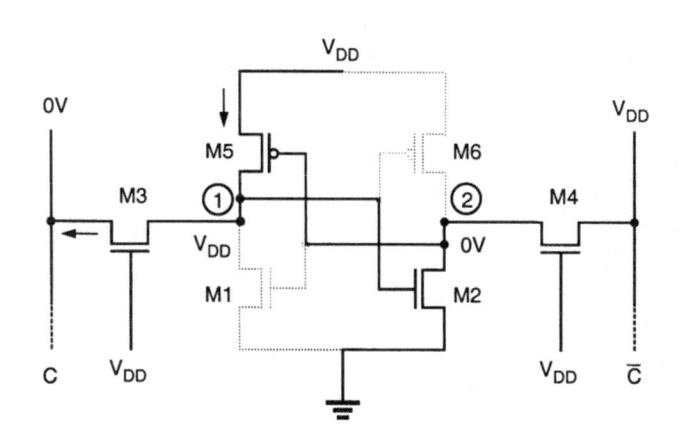

圖 10.34 在「寫入」操作開始時，SRAM 單元中的電壓準位。

因此，節點②的電壓準位將不足以導通 M1。為了改變所儲存的資料，即為了迫使 V_1 變為 0 V 與 V_2 變為 V_{DD}，節點電壓 V_1 必須降至低於 M2 的臨界電壓，使 M2 先行截止（實際上，在大部分的情形下，這種條件可能會放寬；當 V_1 降至低於反轉臨界電壓時，M2 將會截止）。當 $V_1 = V_{T,n}$ 時，電晶體 M3 操作於線性區，而 M5 則操作在飽和狀態。

$$\frac{k_{p,5}}{2}(0 - V_{DD} - V_{T,p})^2 = \frac{k_{n,3}}{2}\left(2(V_{DD} - V_{T,n})V_{T,n} - V_{T,n}^2\right) \quad (10.8)$$

重新排列此情況可得到

$$\frac{k_{p,5}}{k_{n,3}} < \frac{2(V_{DD} - 1.5_{T,n})V_{T,n}}{(V_{DD} + V_{T,p})^2}$$

$$\frac{\left(\dfrac{W}{L}\right)_5}{\left(\dfrac{W}{L}\right)_3} < \frac{\mu_n}{\mu_p} \cdot \frac{2(V_{DD} - 1.5_{T,n})V_{T,n}}{(V_{DD} + V_{T,p})^2} \quad (10.9)$$

總之，如果條件式 (10.7) 滿足，則在寫入 "0" 操作期間，電晶體 M2 會被迫進入截止模式。這將保證 M1 會隨後導通，改變所儲存的資料。須注意的是，對稱的條件也決定了 M6 與 M4 的寬長比。

SRAM 的操作

圖 10.35 與圖 10.36 分別顯示為 SRAM 單元陣列的記憶體結構，以及讀取與寫入的操作時序圖。

在圖 10.36 中所示的讀取操作中，是藉由行位址來選取一條字組線。一般而言，字組線的電壓為 V_{DD}，並非像在 DRAM 的升壓電壓 (V_{PP})。在 DRAM 的讀取操作中，記憶體單元電容與位元線電容之間的電荷分享會在位元線上出現小電壓差，使單元儲存節點的電壓與已出現過的位元線電壓變為相等。因此，

圖 10.35 具有讀取與寫入電路的 SRAM 記憶體結構。

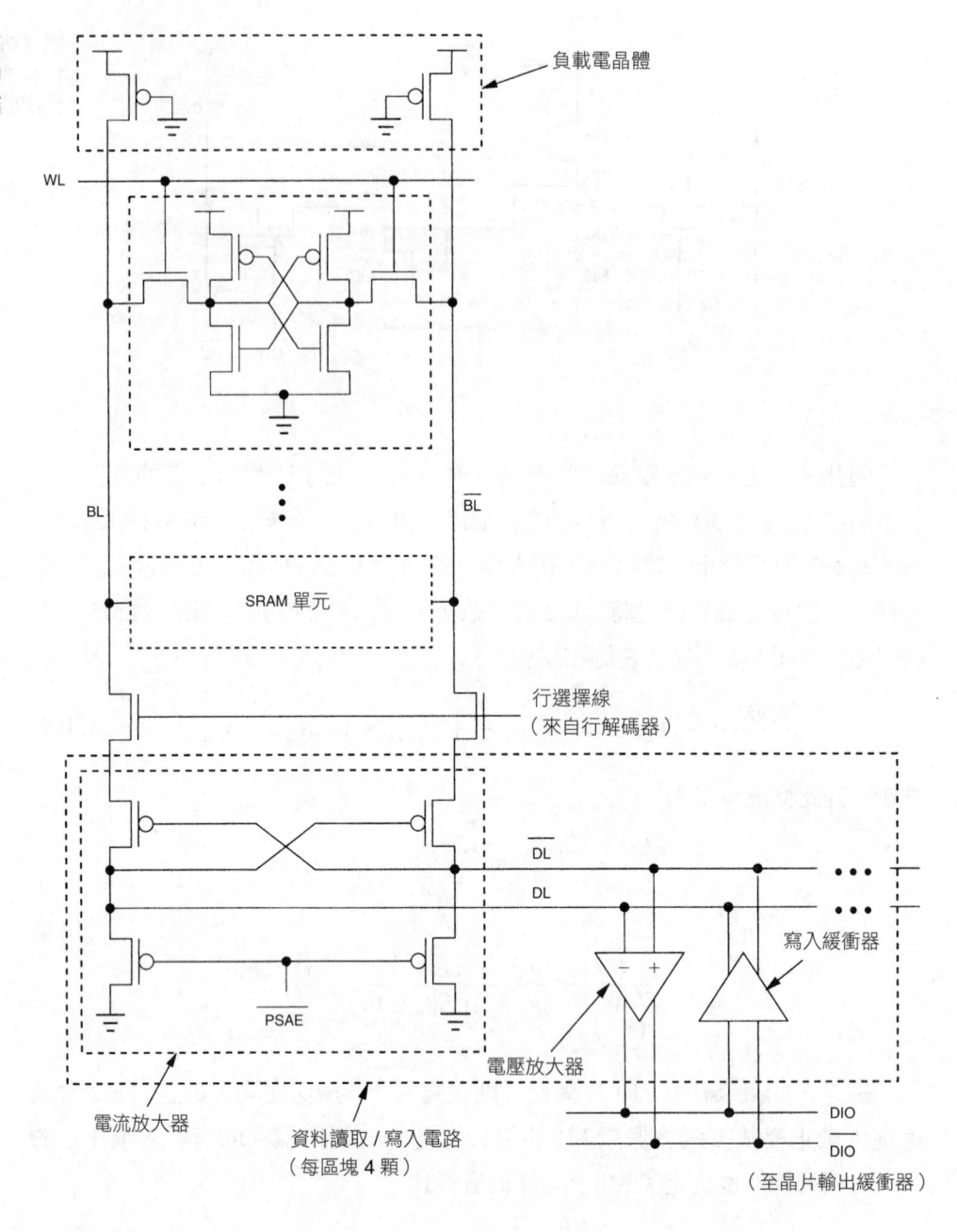

單元資料受到破壞,而恢復操作應該在每次讀取操作後執行。然而,SRAM 單元具有閂鎖結構,且在讀取操作期間,單元資料會保持住而不會受損。因此,升壓對於透過 nMOS 存取電晶體恢復單元資料是不必要的。SRAM 元件的另一個特徵是,不使用所謂的位址多工機制;即列與行位址由外部控制裝置同時提供。不需要單元資料感測的位址非多工機制,是 SRAM 的隨機存取時間快於 DRAM 的原因之一。快速 SRAM 的典型存取時間為數個奈秒 (nanosecond),而 DRAM 則是數十奈秒。在讀取操作之前,對於 pMOS 與 nMOS 負載電晶體,

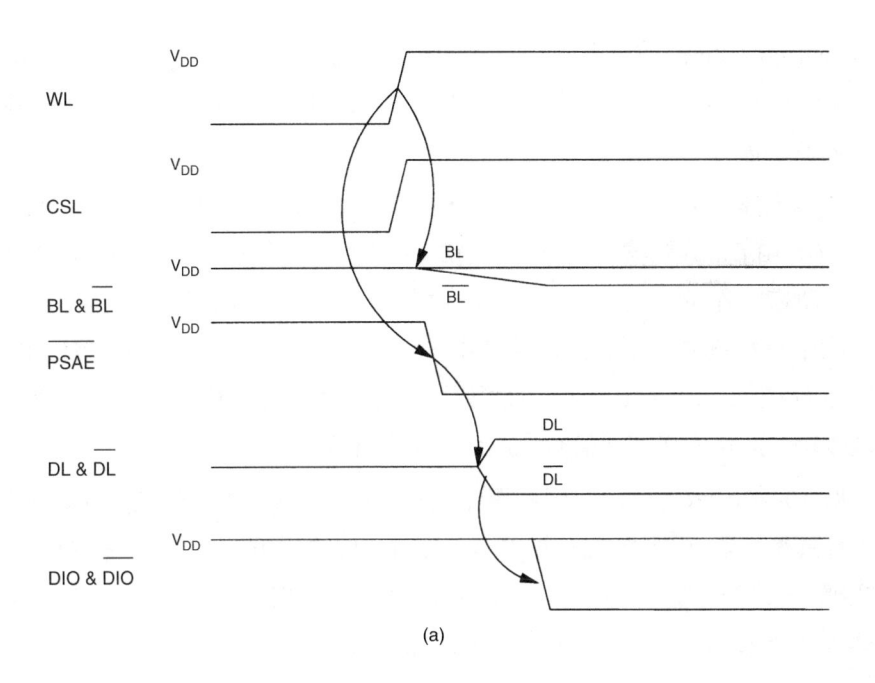

圖 10.36 SRAM 的核心操作。(a) 讀取時序圖。(b) 寫入時序圖。

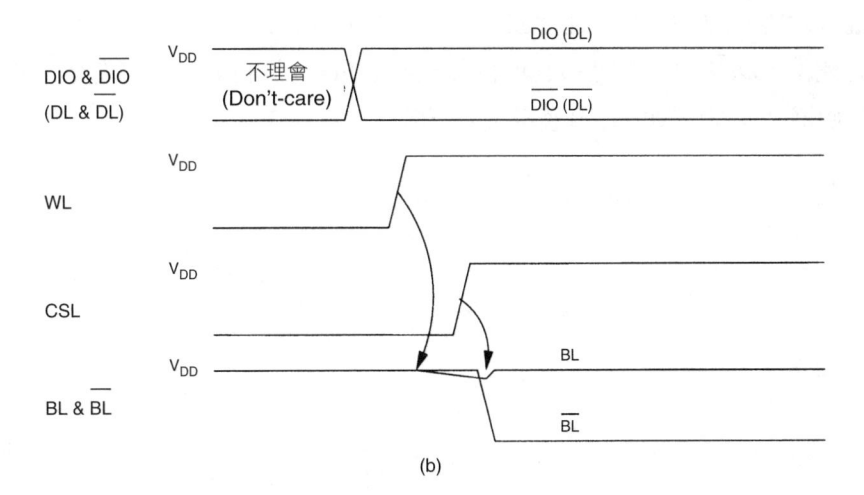

位元線通常會分別預充電至 V_{DD} 或 $V_{DD} - V_{TN}$。取決於 SRAM 元件的應用（於 PDA 的超低功率或高速快取），負載電晶體會在讀取操作期間截止或維持導通。當字組線致能時，其中一條位元線會透過 nMOS 電晶體連接至記憶體單元的 "0" 節點進行放電。SRAM 單元的電流驅動能力非常小（幾十 μA），而當負載電晶體導通時，位元線上的電壓變化僅為幾十 mV。

用來偵測位元線電壓差的感測放大器是由多條位元線（例如，32 條）所共用，而感測放大器至位元線對的連接是由行選擇線所控制。通常情況下，多級感測放大器會用於提高讀取速度。如圖 10.35 所示，高增益電壓放大器或電流

模式 (current-mode) 放大器會作為第一級放大器，而用於產生 CMOS 準位訊號（例如，DIO 和 $\overline{DIO}$）具有大電流驅動能力的電壓模式放大器，則是做為放大器的最後一級。

在寫入操作中，外部元件會提供要寫入至記憶體單元中的資料，而 DIO 和 $\overline{DIO}$、DL 和 $\overline{DL}$ 等訊號線則會根據資料進行設定。字組線是由列位址來選擇，而當在讀取操作時，其中一條位元線會開始放電。當行邏輯閘致能時，寫入緩衝器開始將資料寫入至記憶體單元中，如圖 10.36(b)。由於寫入緩衝器的電流驅動能力遠大於 SRAM 單元，若不同資料須寫入至記憶體單元，單元資料將快速地改變；而寫入操作所需時間則少於讀取操作。

圖 10.37 所示為：當記憶體單元資料 "0" 時，SRAM 讀取操作的波形。藉由位址緩衝器與解碼後的訊號 ($\overline{DA}$)，具有 TTL 準位的位址會轉換成 CMOS 準位訊號。即使 SRAM 晶片的工作電壓為 3.3 V，內部訊號振幅已由內部電壓調整器縮降至 1.2 V，以降低功率消耗與提高可靠度。

此時，字組線 (WL) 為致能，且 BL 稍微放電。位元線上的訊號差是藉由第一級放大器（DL 和 $\overline{DL}$）進行放大。CMOS 準位訊號 ($\overline{DIO}$) 會產生用以驅動重載訊號線。$\overline{DIO}$ 的振幅是透過準位移動器 ($\overline{DIOE}$) 進行轉換，以有效地驅動輸出緩衝器，並將已讀取資料發送至外部裝置 ($DOUT$)。

圖 10.37 SRAM 讀取操作的波形。

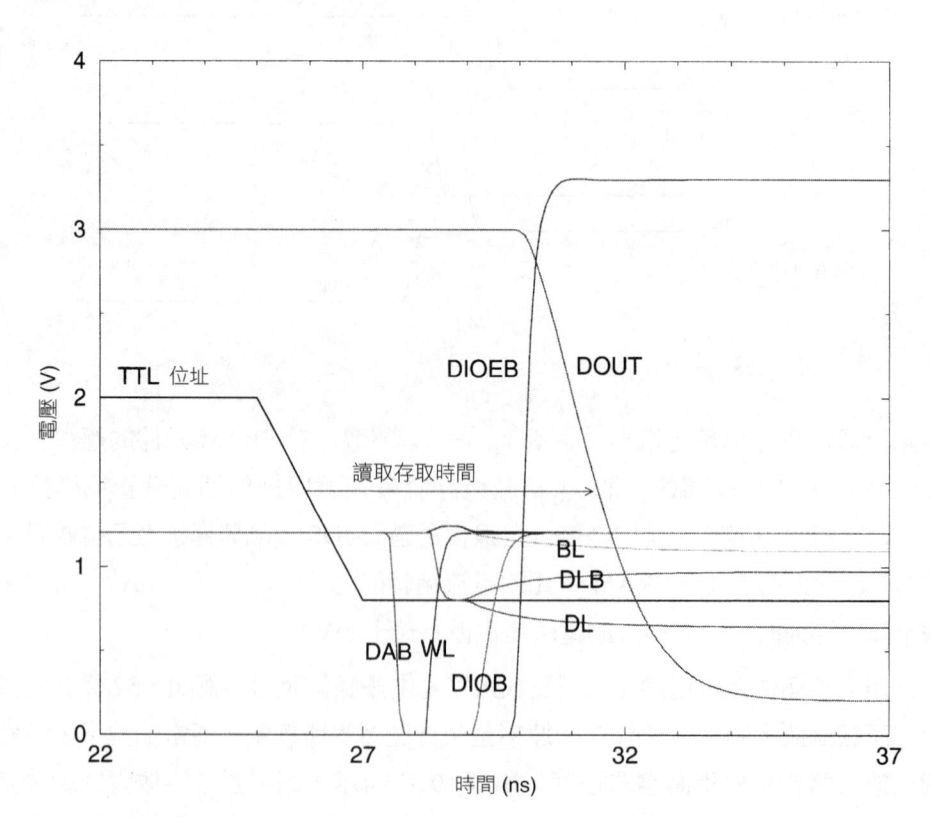

SRAM 單元的漏電流

雖然 DRAM 單元的漏電流會影響到 DRAM 晶片的更新時間間隔，導致增加作用中與待機（即資料保持）功率消耗，SRAM 單元中的漏電流一般則貢獻為晶片待機電流的主要成分。因為數以百萬計的記憶體單元整合於 SRAM 元件中，當特徵尺寸比例縮小時，每個單元的漏電流會累積成為待機功率的相當大部分。此待機功率是使用於如 PDA 手持式設備中低功率消耗晶片的關鍵設計參數。SRAM 單元的漏電流包含了在資料 "1" 節點至基底的接面電流（I_j）、流經已截止 nMOS 與 pMOS 電晶體的次臨界漏電流（I_{nsub} 和 I_{psub}），以及跨越如圖 10.38 所示的薄閘極氧化層之穿隧電流（$I_{tunneling}$）。不像 DRAM，如藉由施加負基底偏壓或使用高臨界電晶體以增加記憶體單元中電晶體臨界電壓的方式應予以慎重考慮，因為在減少漏電流與降低性能（讀取時間與寫入時間）兩者之間有著顯著的折衷。

SRAM 讀取 / 寫入電路

SRAM 中廣泛使用電流模式感測放大器，而非圖 10.26 中所示的電壓感測放大器，以提高訊號感測速度，無關於位元線負載電容。電流模式感測機制的一種特色為訊號線（BL 或 $\overline{BL}$）的小電壓擺幅。圖 10.39 顯示典型的結構。

電流模式感測放大器的定性分析如下。相對於電壓感測放大器，訊號線是連接至閂鎖電晶體（M1 與 M2）的源極。當 $\overline{PSAE}$ 變為低態時會啟動感測放大器。因為 BL 與 $\overline{BL}$ 以及 DL 與 $\overline{DL}$ 的準位會保持在約為 V_{DD} 以及 V_{TP}，感測放大器的所有電晶體（M1、M2、M3 與 M4）都會偏壓在飽和模式。M1 與 M3

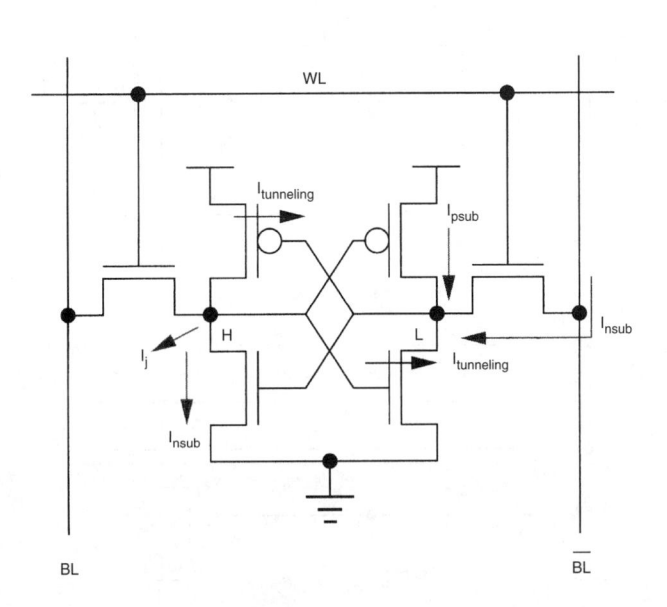

圖 10.38 SRAM 單元的漏電流。

（M2 與 M4）的閘極 - 源極電壓幾乎完全相同，因為每個分支電流均相同。當 $\overline{PSAE}$ 變為低態時，左位元線與右位元線都會具有相同的電位 $V_1 + V_2$。因為位元線電壓相同，位元線負載電流 ($I_L + I_{CELL}$) 與電容電流 (I_{BL}) 也會相等。當記憶體單元抽取單元電流 (I_{CELL}) 時，超過 I_{CELL} 的電流量會流入右支線以維持位元線電壓相等。因此，電流差會出現在 DL 與 $\overline{DL}$ 訊號線上。感測速度幾乎與位元線負載電容無關，因為沒有 BL 和 $\overline{BL}$ 的電容性放電操作。因此，BL 和 $\overline{BL}$ 不需要預充電與等化操作，而這些操作也會導致速度與週期時間的懲罰。

圖 10.39 中所示的電路的開迴路增益 (open-loop gain) 表示為

$$Gain_{open-loop} = \frac{gm(m3)*gm(m4)}{gm(m1)*gm(m2)} \tag{10.10}$$

其中 $gm(m1)$、$gm(m2)$、$gm(m3)$ 與 $gm(m4)$ 分別為 M1、M2、M3 與 M4 的轉

圖 10.39 使用於 SRAM 中的電流感測放大器電路。

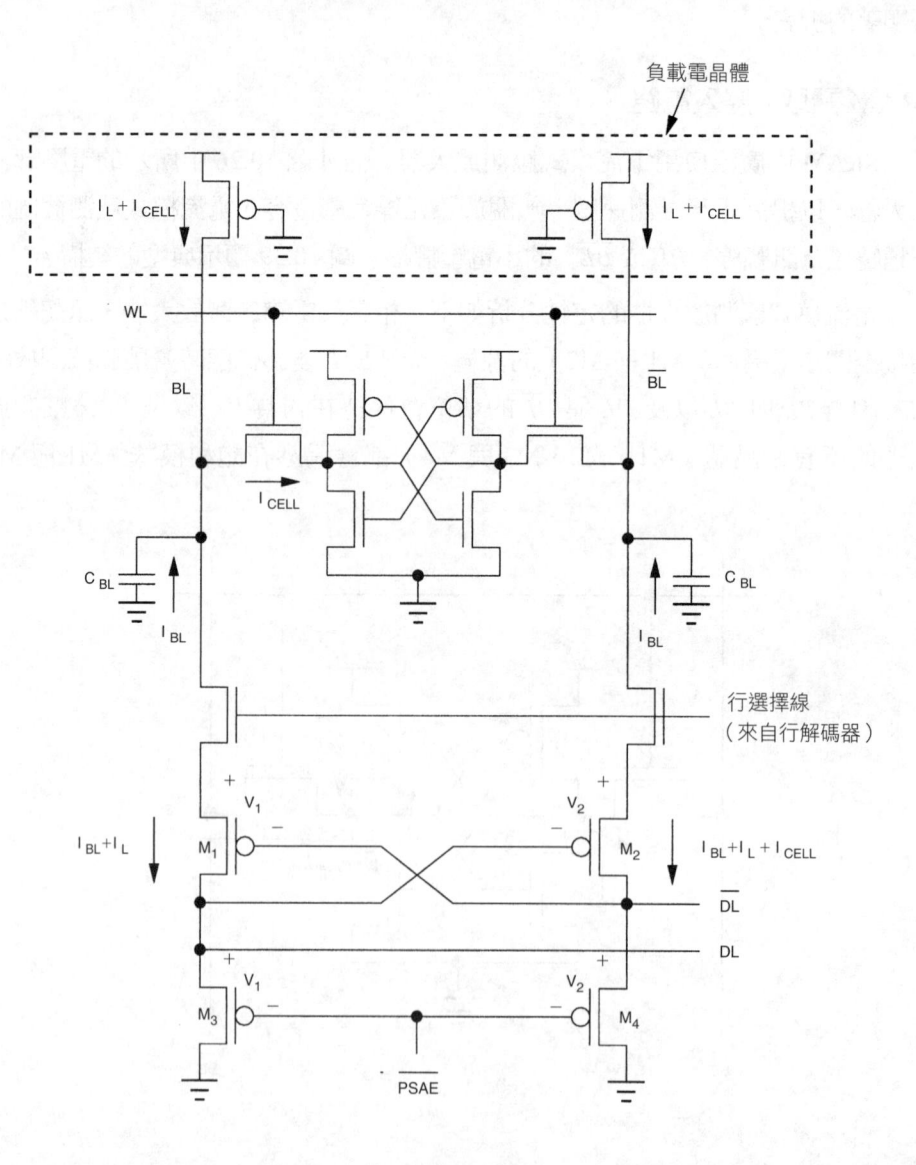

導。電流感測放大器的一項缺點則是功率消耗大於電壓感測放大器。電流模式感測放大器通常會用於高速 SRAM，以及具有大負載電容資料線的高密度 DRAM（例如，圖 10.15 的 *BL_IO* 和 *BL_IOB*）。

低電壓 SRAM

為了盡量減少 SRAM 單元的面積，傳統上會使用最小閘極長度與寬度的元件，這使得 SRAM 單元易受到變異性影響。第 3 章已解釋過，有很多原因會改變臨界電壓。此外，元件的臨界電壓亦可能受到佈局的影響。在圖 10.31 中，交叉耦合 pMOS 電晶體對的臨界電壓可能會因負偏壓溫度不穩定性 (NBTI) 而不同，因為每次僅有一顆 pMOS 電晶體導通。相似地，圖 10.31 的交叉耦合 nMOS 電晶體對會由於正偏壓溫度不穩定性 (PBTI) 的影響而具有臨界電壓不對稱性。在低電源電壓時，六顆電晶體 (6-T) 型 SRAM 的臨界電壓變化會使得靜態雜訊邊界 (static noise margin, SNM) 降低，而 SNM 定義為已儲存資料翻轉 (flip) 前的雜訊容忍 (noise-tolerant) 電壓。圖 10.40(a) 所示為用於測量 SNM 的

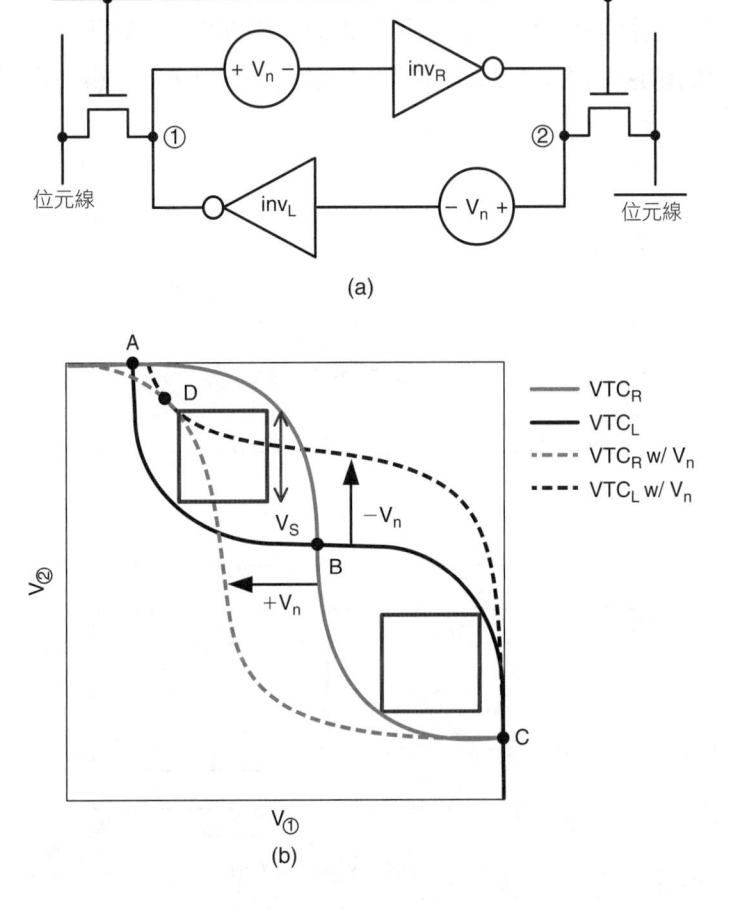

圖 10.40 (a) 用於定義 6-T SRAM SNM 的標準設定。(b) 由於直流雜訊造成靜態雜訊邊界的變異。

等效電路。inv_R 與 inv_L 代表圖 10.31 中 SRAM 單元的右側與左側反相器。兩組 DC 雜訊源 (V_n) 以最壞情況的極性插入至節點①與②。在讀取操作期間，可以翻轉 SRAM 單元狀態的最小直流雜訊定義為 SNM。圖 10.40(b) 顯示如何從兩組電壓轉移曲線所形成的蝴蝶型曲線，來進行 SNM 圖形化測量。SNM 可定義為在蝴蝶型曲線的兩個開口裡，較小的巢狀正方形邊長。使用這種方法，V_S 視為在施加 DC 雜訊前的 SNM。在輸入 V_n 後，inv_L 的 VTC-VTC$_L$，以及 inv_R 的 VTC-VTC$_R$，會垂直和／或水平移位，一直到穩定點 A 與不穩定點 B 相遇在 D 點，如圖 10.40(b) 所示。如果施加更多的 DC 雜訊，則兩個 VTC 會有一個共同點 C，且所儲存的位元會翻轉過來。SNM 主要藉由下拉電晶體與傳送電晶體比值（如圖 10.31 的 $(W/L)_3/(W/L)_1$）來決定，因為在讀取操作期間是由內部節點的分壓所造成。

在數十奈米製程技術中，可寫入性 (writability) 也是 6-T SRAM 設計需要關注的事，因為下拉位元線電壓至接地可能消耗過多功率。寫入轉態點 (trip point) 是一種度量 (metric) 可寫入性的標準，其定義為翻轉 SRAM 單元狀態的最大位元線電壓，如圖 10.41 所示。寫入轉態點主要由 SRAM 單元的上拉比值來決定（例如，圖 10.31 的 $(W/L)_5/(W/L)_3$）。6-T SRAM 單元的變異性容忍度可以在讀取穩定性與可寫入性之間進行折衷。舉例來說，如果藉由謹慎地增加圖 10.31 中的傳送電晶體 M3 與 M4 尺寸以提高 SNM，則這會使資料很難寫入 SRAM 單元。

圖 10.41 寫入轉態點。

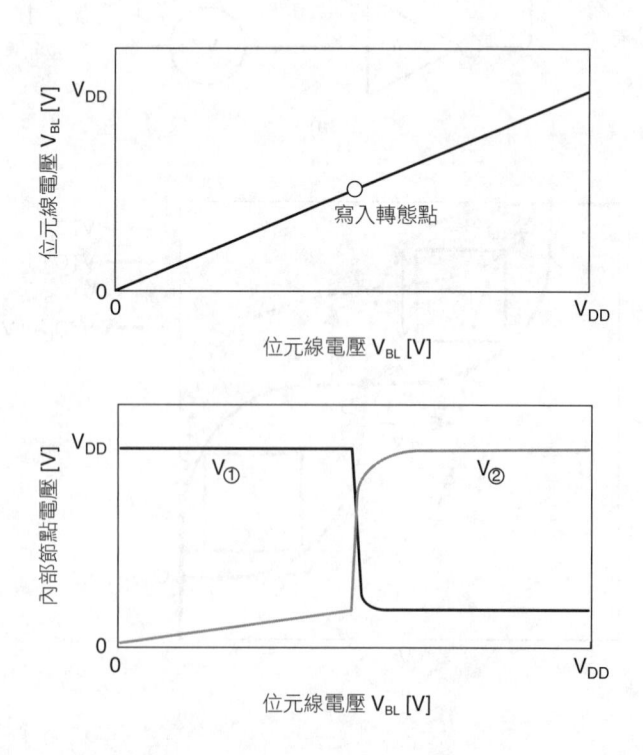

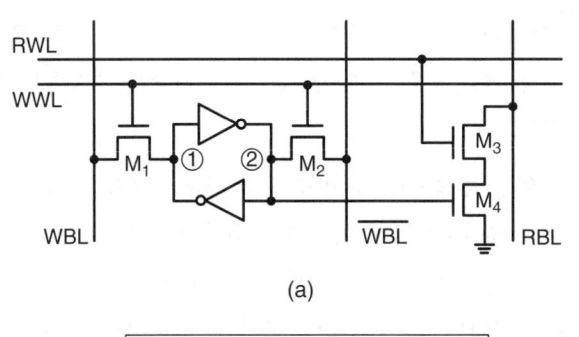

圖 10.42 (a) 8-T SRAM 單元的電路圖。(b) 6-T 與 8-T SRAM 單元的靜態雜訊邊界。

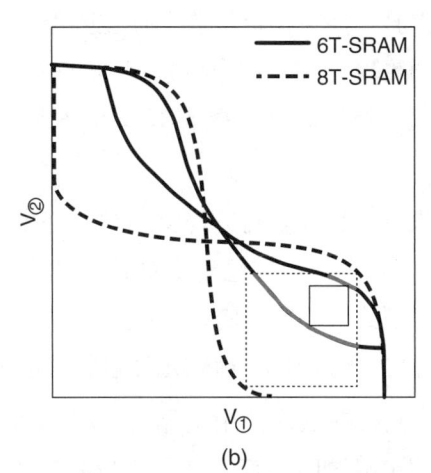

(a)

(b)

　　藉由修改圖 10.30(e) 中所示的傳統 6-T SRAM 單元，幾種八顆電晶體 (8-T) 與十顆電晶體 (10-T) 的 SRAM 單元已經被提出用來提高 SNM。圖 10.42(a) 所示為不使用第二級或動態電源的 8-T SRAM 單元。加入的堆疊電晶體，M_3 與 M_4，僅供讀取用；而加入的傳送電晶體，M_1 與 M_2，則僅供寫入用。換言之，為了克服下降的 SNM，它將 SRAM 單元節點從位元線分離，使得在讀取模式與寫入模式的 SNM 能夠平衡。在 8-T 單元中，讀取操作不會影響到已儲存的資料。六顆電晶體 (6-T) 單元在讀取操作時具有最壞情況的 SNM，其中傳送電晶體會將 "0" 儲存節點的電壓增加到在接地之上，導致 SNM 顯著下降。8-T 單元的最壞情況 SNM 與兩個交叉耦合反相器的最壞情況相同。因此，如圖 10.42(b) 所示，8-T 單元提供了顯著改善的 SNM。

10.4　非揮發性記憶體

　　DRAM 與 SRAM 的 MOS 記憶體結構的缺點是，在沒有電源供應的情形下，所儲存的資料會遺失。為了克服這個問題，各種非揮發性與可程式化（除了光罩式 ROM）記憶體已經被提出。近來，基於浮動閘極概念的快閃記憶體已經成為最普遍的非揮發性記憶體,因為其小單元尺寸與更佳的功能性。因此,我們將在本節中詳述光罩式 ROM 與下一節介紹快閃記憶體的基本結構和操作。

唯讀記憶體陣列也可以視為簡單的組合性布林網路,對於每個輸入組合,即對於每個位址,會產生特定的輸出值。因此,在一個特定的位址位置上儲存二進位資料可以由所選擇列(字組線)至所選擇行(位元線)上的資料路徑存在與否來完成,這相當於元件在特定位置上存在與否。以下,我們將檢視兩種 MOS ROM 陣列的不同實現方法。首先考慮圖 10.43 所示的 4 位元 × 4 位元記憶體陣列。在這裡,每一行組成為虛擬 nMOS NOR 閘,由一些列訊號(即字組線)所驅動。

如同上一節中所描述,每次僅有一條字組線會藉由提高其電壓至 V_{DD} 所啟動(被選中),而所有其它列保持在低電壓準位。如果作用電晶體存在於行與所選擇的列的交叉點,則此電晶體會將行電壓拉低至邏輯低態準位。如果沒有作用電晶體存在於交會點,則 pMOS 負載元件會將行電壓拉高。

因此,邏輯 "1" 位元會在缺乏作用電晶體狀況下儲存,而邏輯 "0" 位元則是在交會點存在著作用電晶體時儲存。為了減少靜態功率消耗,圖 10.43 所示的 ROM 陣列中的 pMOS 負載電晶體,也可以藉由週期性預充電訊號進行驅動,導致成為動態 ROM。

在實際 ROM 佈局中,記憶體陣列起初可以在每個行-列相交點製造 nMOS 電晶體。因此,在最後金屬化步驟中,藉由省略對應電晶體的汲極、源極或閘電極連接,可以實現 "1" 位元。圖 10.44 顯示在一個 NOR ROM 陣列中

圖 10.43 4 位元 × 4 位元基於 NOR 閘的 ROM 陣列範例。

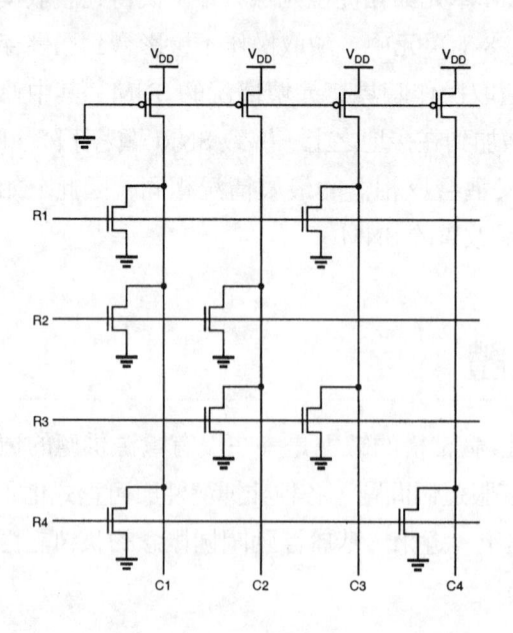

R1	R2	R3	R4	C1	C2	C3	C4
1	0	0	0	0	1	0	1
0	1	0	0	0	0	1	1
0	0	1	0	1	0	0	1
0	0	0	1	0	1	1	0

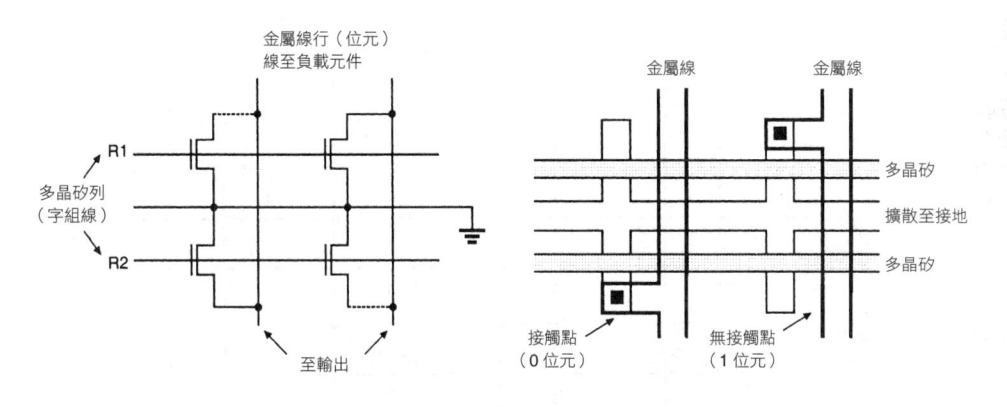

圖 10.44 NOR ROM 陣列佈局的範例。

的四顆 nMOS 電晶體，其形成了兩條金屬位元線與兩條多晶矽字組線的相交點。

為了節省矽晶片面積，每兩顆相鄰列中的電晶體會共用一條接地線，亦使用 n 型擴散區進行繞線。為了在特定位址位置儲存 "0" 位元，對應電晶體閘極擴散區必須透過金屬-擴散區接觸點來連接至金屬位元線。另一方面，省略這種接觸點導致儲存 "1" 位元。

圖 10.45 所示為 ROM 陣列的一大部分，除了連接至金屬行的 pMOS 負載電晶體外。在這裡，圖 10.43 所示的 4 位元 × 4 位元 ROM 陣列是用前述的接觸點-光罩 (contact-mask) 程式化法予以實現。須注意的是，按此結構製造的 16 顆 nMOS 電晶體中，只有 8 顆經由金屬-擴散區的接觸點實際連接至位元線。實際上，金屬行線是直接佈局在擴散區行的上方，以減少 ROM 陣列的水

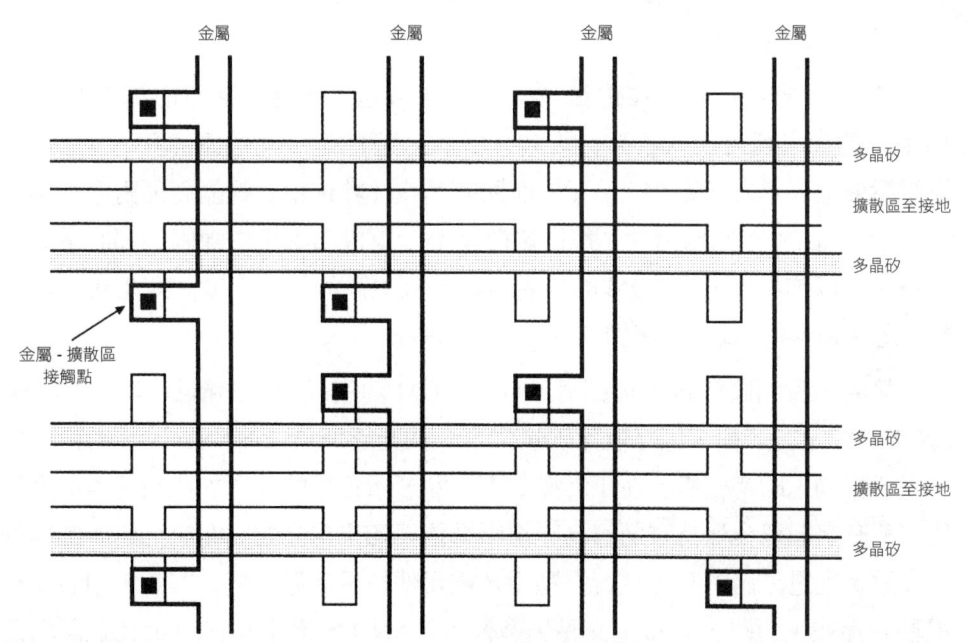

圖 10.45 顯示於圖 10.43 中的 4 位元 × 4 位元 NOR ROM 陣列的佈局圖。

圖 10.46 在佈植-光罩可程式化 NOR 陣列中，nMOS 電晶體安排方式。每個金屬至擴散區接觸點均由兩個相鄰元件共用。

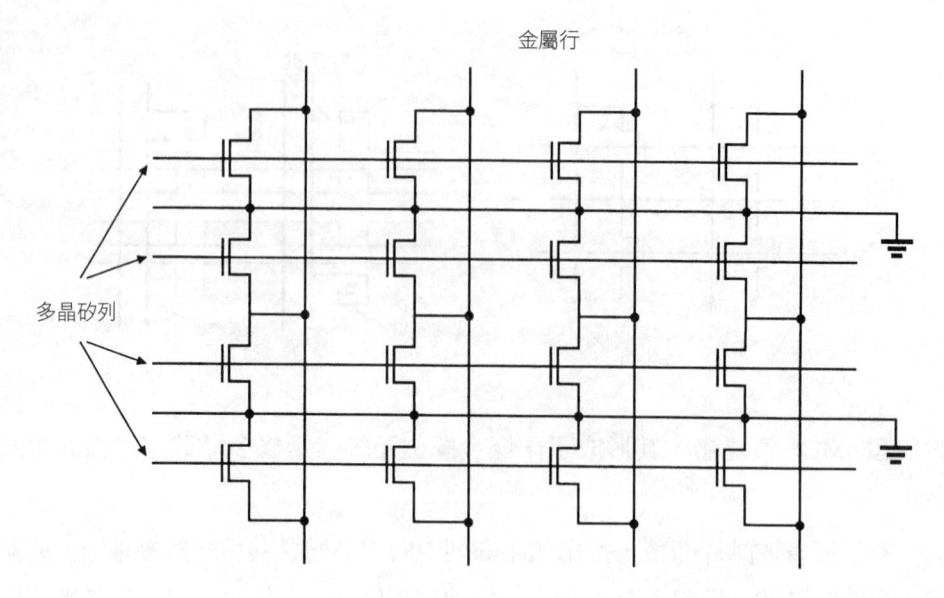

平尺寸。

另一種不同的 NOR ROM 的佈局實現方法，是基於透過通道佈植以提高臨界電壓，來使 nMOS 電晶體停用 (deactivation)。圖 10.46 所示為 NOR ROM 陣列的電路圖，其中每兩列的 nMOS 電晶體共用一條接地線，且每個汲極擴散區至金屬位元線的接觸點是由兩顆相鄰電晶體共用。在這種情況下，所有的 nMOS 電晶體已經連接到行線（位元線），因此，不可能藉由省略對應汲極接觸點於特定位置來儲存 "1" 位元。相反地，對應於所儲存 "1" 位元的 nMOS 電晶體可以停用，即永久截止，並透過製造過程中選擇性通道佈植將其臨界電壓升高至 V_{OH} 準位以上。

基於佈植-光罩程式化法的 4 位元 × 4 位元 ROM 陣列佈局範例（圖 10.43）的另一種可能，顯示於圖 10.47。須注意的是，在這種情況下，每個臨界電壓佈植表示為儲存 "1" 位元，而所有其它（非佈植）電晶體則對應為儲存 "0" 位元。由於在此結構中，每個擴散區至金屬接觸點是由兩個相鄰的電晶體共用，所以佈植-光罩 ROM 的佈局可以得到更高的核心密度，即相較於接觸點-光罩 ROM 佈局，每個儲存位元的矽面積較小。

接著，我們將檢視一種顯著不同的 ROM 陣列設計，亦稱為 NAND ROM（圖 10.48）。在這裡，每條位元線包含了一個空乏型負載 NAND 閘，由某些列訊號所驅動，即字組線。在正常操作下，除了所選擇的線會下拉至邏輯低態準位，所有字組線會保持在邏輯高態電壓準位。如果電晶體存在於行與所選擇列的交點，則電晶體會截止且行電壓由負載元件拉至高態。另一方面，如果沒有電晶體存在（短路）於特定交點，多輸入 NAND 結構中其它的 nMOS 電晶體

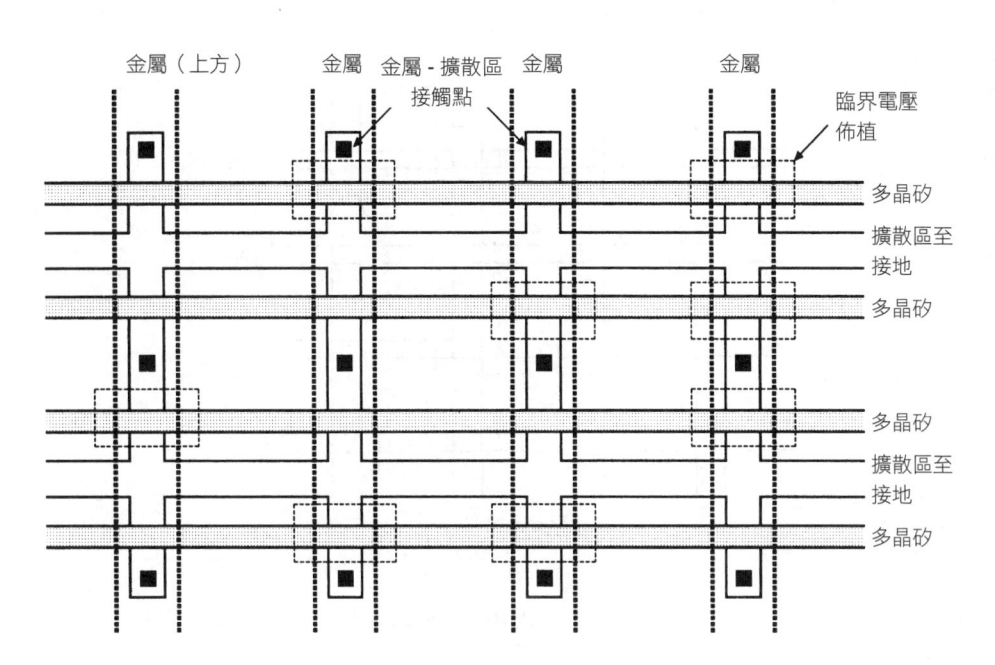

圖 10.47 顯示於圖 10.43 中的 4 位元 × 4 位元 NOR ROM 陣列的佈局範例。儲存 "1" 位元的電晶體臨界電壓是透過佈植來提升至 V_{DD} 以上。

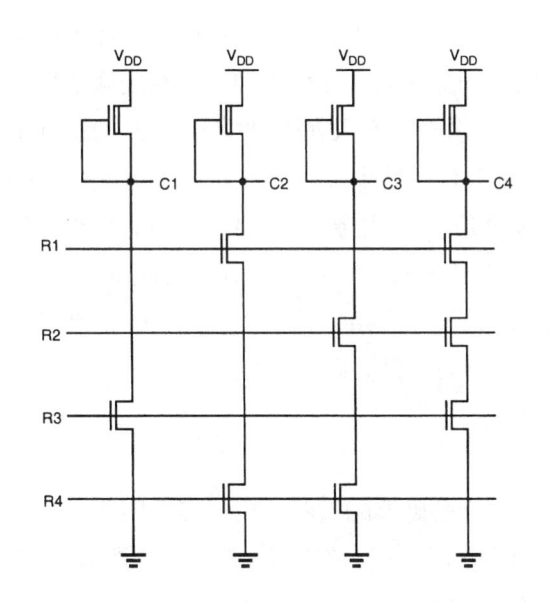

圖 10.48 4 位元 × 4 位元的基於 NAND ROM 陣列。

R1	R2	R3	R4	C1	C2	C3	C4
0	1	1	1	0	1	0	1
1	0	1	1	0	0	1	1
1	1	0	1	1	0	0	1
1	1	1	0	0	1	1	0

會拉低行電壓。因此，可以停用的電晶體儲存了邏輯 "1" 位元，而在交點短路或正常導通的電晶體則儲存了邏輯 "0" 位元。

如在 NOR ROM 中的情況，基於 NAND ROM 陣列初始可以在每個行-列交點製造連接電晶體。然後，透過通道佈植來降低交點對應 nMOS 電晶體的臨界電壓以儲存 "0" 位元，使得電晶體可保持導通，毋須考慮閘極電壓（即交接點 nMOS 電晶體會成為空乏型元件）。

此製程步驟的可用性也就是為何空乏型 nMOS 負載電晶體會用來代替先

圖 10.49 在圖 10.48 中 NAND ROM 陣列的佈植 - 光罩佈局圖。"0" 位元電晶體的臨界電壓透過佈植低於 0 V。

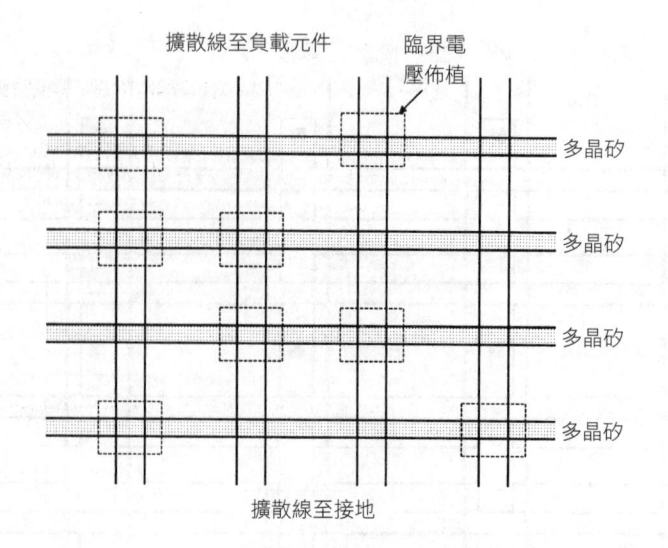

前範例中的 pMOS 負載的原因。圖 10.49 所示為 4 位元 × 4 位元佈植 - 光罩 NAND ROM 的陣列佈局。在這裡，n 型擴散區的垂直行與多晶矽的水平列以規則性間距交接，因此在每個交接點會產生一顆 nMOS 電晶體。具有臨界電壓佈植的電晶體在空乏型元件上的操作一如平常，從而提供了無關閘極電壓準位的連續電流路徑。由於這種結構沒有接觸點嵌入在陣列中，所以它比 NOR ROM 陣列更加緊密。然而，由於每行中有多顆串接連結的 nMOS 電晶體，因而造成存取時間通常會慢於 NOR ROM。一種用於 NAND ROM 陣列的替代佈局方法不會將 nMOS 電晶體放在 "0" 位元位置，如同產生可編程邏輯陣列 (programmable logic array, PLA) 佈局的情況。在這種情況下，遺失的電晶體僅由簡單的金屬線替代，而不是在該位置上使用臨界電壓佈植法。

列與行解碼器的設計

現在，我們將注意力轉向列與行位址解碼器的電路結構，其係根據二進位列與行位址進行選擇陣列中的特定記憶體位置。根據定義，設計用來驅動 NOR ROM 陣列的列解碼器必須提高電壓至 V_{OH} 來選擇 2^N 條字組線其中之一。例如，考慮圖 10.50 中所示的簡單列位址解碼器，需解碼 2 位元列位址，並提高準位以選擇四條字組線之一。

此解碼器最直接的實作方式為另一組 NOR 陣列，由四列（輸出）與四行（兩個位址位元與其互補）所組成。須注意的是，建構此基於 NOR 閘的解碼器陣列可以正如同 NOR ROM 陣列般，使用相同的選擇性程式化方法（圖 10.51）。因此，ROM 陣列與其行解碼器可以製造為兩組相鄰的 NOR 陣列，如圖 10.52 所示。

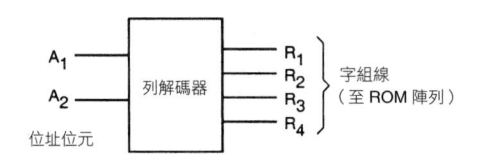

圖 10.50 兩個位址位元與四條字組線的列位址解碼器範例。

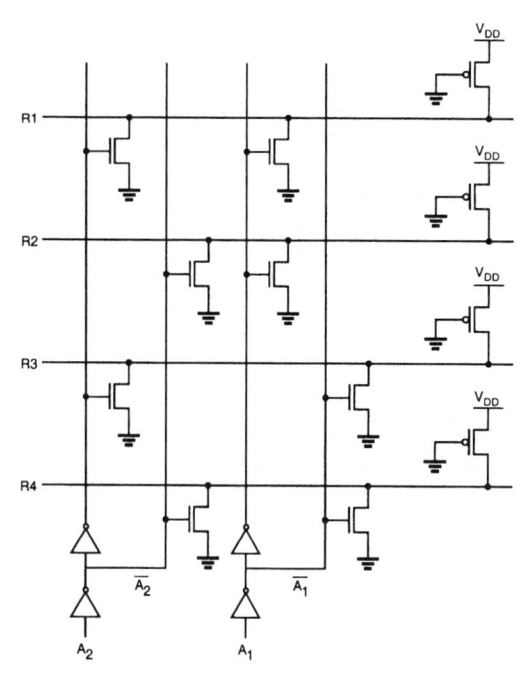

A_1	A_2	R_1	R_2	R_3	R_4
0	0	1	0	0	0
0	1	0	1	0	0
1	0	0	0	1	0
1	1	0	0	0	1

圖 10.51 兩個位址位元與四條字組線的基於 NOR 閘之列解碼器電路。

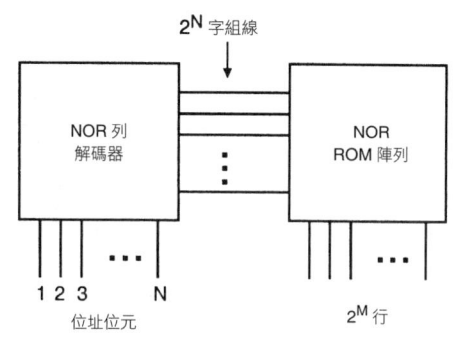

圖 10.52 列解碼器電路與 ROM 陣列作為兩組相鄰 NOR 平面的實作。

另一方面，設計用於驅動 NAND ROM 的列解碼器，必須降低所選擇的列電壓準位至邏輯 "0"，同時保持所有其它列為邏輯高態準位。這個功能可以藉由在每組列輸出使用 N 輸入 NAND 閘予以實現。簡單的四列位址解碼器真值表，以及解碼器與 ROM 的雙 NAND 陣列實現顯示於圖 10.53。

如同 NOR ROM 中的情況，NAND ROM 陣列的列位址解碼器可以使用如記憶體陣列本身的佈局方法予以實現。

行解碼器電路設計為根據 M 位元行位址來選出 ROM 陣列中的 2^M 條位元線（行）的其中一條，並將所選擇的位元線資料內容繞線至資料輸出端。一種直接但昂貴的方法是將 nMOS 傳送電晶體連接至每條位元線（行）輸出，並藉由使用基於 NOR 閘的行位址解碼器進行選擇性驅動 2^M 顆傳送電晶體中的其中一顆，如圖 10.54 所示。在這種安排下，一次只有一顆 nMOS 傳送電晶體導通，取決於施加至解碼器輸入的行位址位元。導通中的傳送電晶體會將所選擇

圖 10.53 NAND ROM 陣列的列解碼器真值表，以及列解碼器電路與 ROM 陣列作為兩組相鄰 NAND 平面的實現。

A_1 A_2	R_1 R_2 R_3 R_4
0 0	0 1 1 1
0 1	1 0 1 1
1 0	1 1 0 1
1 1	1 1 1 0

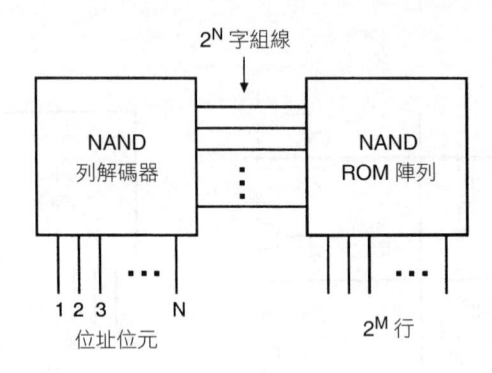

圖 10.54 位元線（行）解碼器的安排，使用了 NOR 位址解碼器與每條位元線具有 nMOS 傳送電晶體。

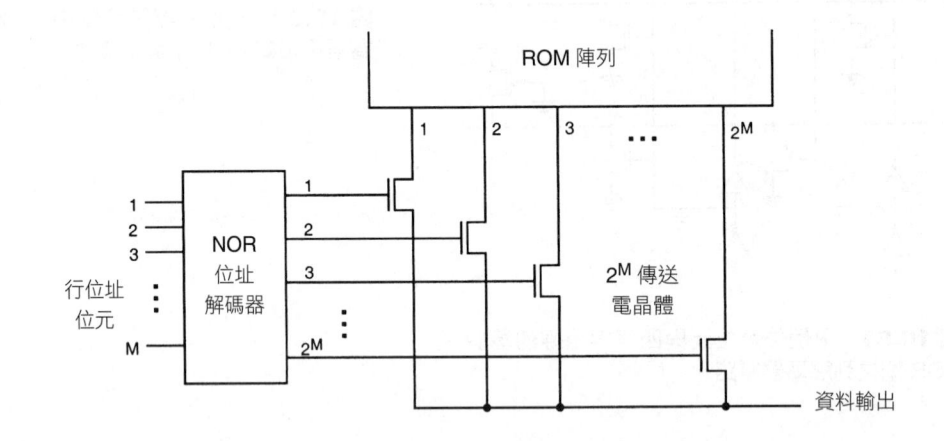

的行訊號送至資料輸出端。同樣地，一次可以選擇多行，且所選擇的行可以繞送至平行 (parallel) 資料輸出端。

須注意的是，實現此行解碼器所需的電晶體數量為 $2^M(M+1)$ 顆，即每條位元線需要 2^M 顆傳送電晶體而解碼器電路則需要 $M \cdot 2^M$ 顆電晶體。當 M 很大時，即對於大量的位元線而言，這個數字可能會迅速增加。

行解碼器電路的替代性設計是要建立由連續（電晶體）級組成的二元選擇樹，如圖 10.55 所示。在這種情況下，傳送電晶體網路被用來選擇每一級的兩條位元線其中之一，而行位址位元則驅動 nMOS 傳送電晶體的閘極。

須注意的是，在此解碼器的樹狀結構中不需要 NOR 位址解碼器，因而明顯地減少了電晶體數量，儘管需要 M 個額外的反相器（$2M$ 顆電晶體）以產生互補行位址位元。在圖 10.55 所示的範例為 8 條位元線的行解碼器樹，需要 3

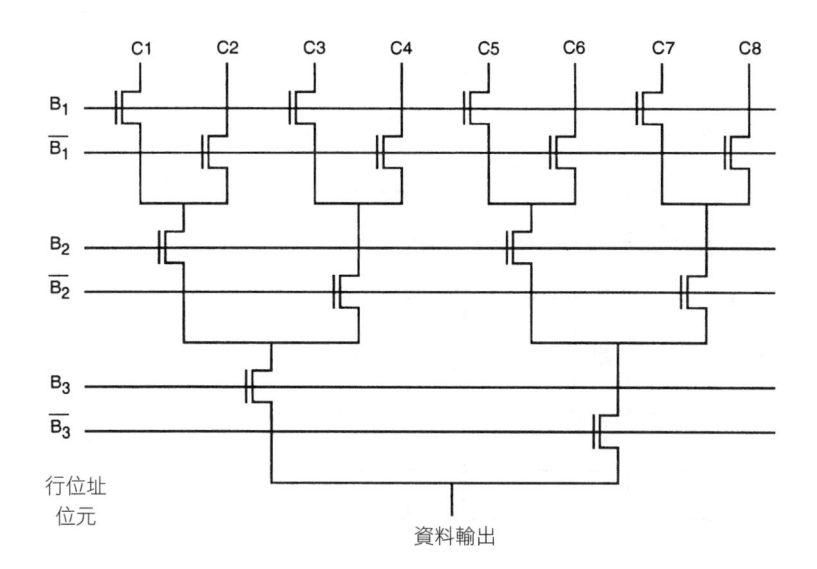

圖 10.55 用於八條位元線的行解碼器電路，以二元樹解碼器實現，其直接由三條行位址位元進行驅動。

個行位址位元（與其補數）以選擇 8 條行線其中之一。

解碼器樹方法的一項缺點是，在資料路徑上串聯連接的 nMOS 傳送電晶體數目等於行位址位元的數目 M。這種情況可能會導致很長的資料存取時間，因為解碼器的延遲時間會受到指向行資料至輸出的解碼器分支之等效串聯電阻影響。為了克服這項限制，行位址解碼器可以用這裡所介紹的兩種結構予以建立，即由相對較淺的部分樹解碼器，以及相似於圖 10.54 所示的額外選擇電路組成。

例題 10.1

下面的例題會討論 32-K 位元的 NOR ROM 陣列的設計，也會檢視有關於存取時間分析的相關設計議題。

32-K 位元 ROM 陣列由 $2^{15} = 32,768$ 個別記憶體單元所組成，其安排成一定數量的列與行，如同已在本章一開始所解釋。須注意的是，在 32K 位元的陣列中，列位址位元與行位址位元的總和必須等於 15；記憶體陣列的實際行與列數字可以依據此條件與其它條件決定，正如以下所示。

假設所考慮的 ROM 陣列具有 7 個列位址位元與 8 個行位址位元，這使得記憶體陣列具有 128 列與 256 行。部分記憶體單元的佈局如圖 10.56 所示，其中，程式化藉由佈植 - 光罩完成以調整那些無作用電晶體的臨界電壓（參見圖 10.47）。為了提供緊密的佈局，這裡所顯示的汲極接觸點實際上是由兩顆相鄰電晶體共用，且金屬位元線（行）直接走線在本例題中所示的擴散行上方。為了簡化光罩圖，金屬行線並未在圖 10.56 中顯示。

圖 10.56 本例題所考慮的佈植 - 光罩可程式化 NOR ROM 陣列的簡化光罩佈局圖。所有尺寸均為微米 ($W = 2\ \mu m$, $L = 1.5\ \mu m$)。

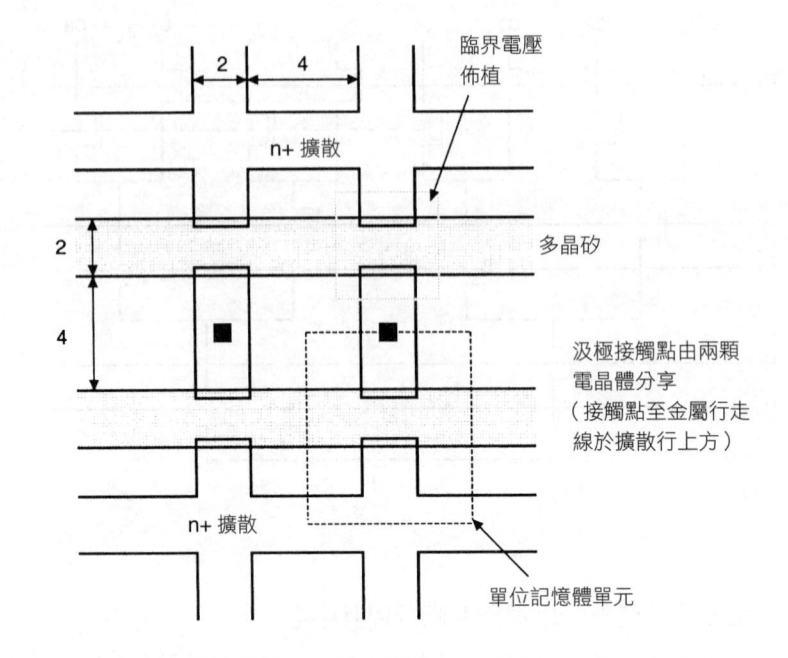

此結構的其它相關參數為

$\mu_n C_{ox} = 20\ \mu A/V^2$

$C_{ox} = 3.47\ \mu F/cm^2$

多晶矽片電阻 = 20 Ω/正方

首先，我們計算出每位元，即每個記憶體單元的列電阻與列電容。假設每個記憶體單元的列電容主要由 nMOS 電晶體的薄氧化層電容來決定，且在主動區外的多晶矽電容可忽略不計。另一方面，與每個記憶體單元相關的列電阻，可以藉由加總多晶矽正方於單位 (unit) 單元上的數量（在此情況下為 3）而計算得到。

$C_{row} = C_{ox} \cdot W \cdot L = 10.4$ fF/ 位元

$R_{row} =$（正方數量）×（多晶矽片電阻）= 60 Ω/ 位元

我們注意到，在此記憶體陣列中的每個多晶矽列（字組線）實際上是一條分散式 RC 傳輸線。圖 10.57 描述了這種結構的一些成分，其最終會影響到記憶體陣列中須考慮到的列存取時間。我們可以看到，一旦列位址解碼器選中了列，即在字組線的一端列電壓會強制為邏輯高態準位，則在該列中的最後一顆（第 256 顆）電晶體的閘極電壓會最後才上升，這是因為 RC 線路的延遲所造成。在列中第 256 顆電晶體的閘極電壓之傳遞延遲時間將會決定列存取時間，t_{row}（圖 10.58）。

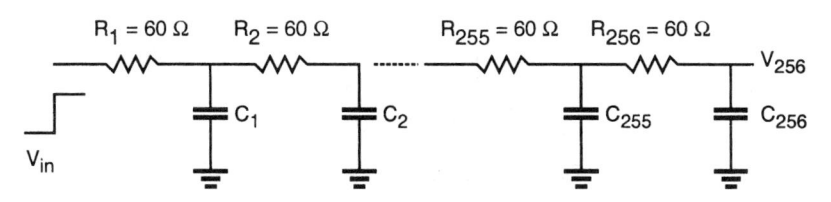

圖 10.57 多晶矽字組線的 RC 傳輸線表示。

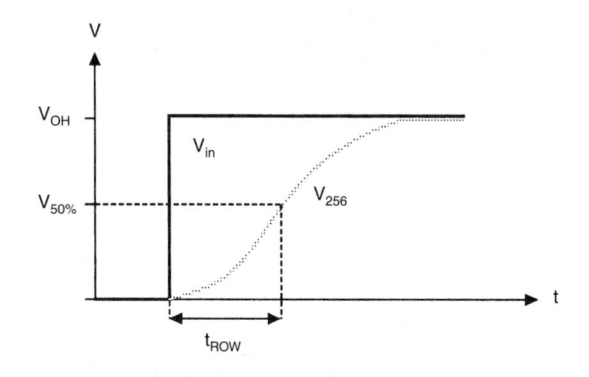

圖 10.58 具有 256 行的記憶體陣列之存取時間定義。

藉由忽略與列位址解碼器電路相關的訊號傳遞延遲，並且假設列（字組線）是由理想步階電壓波形所驅動的，列存取時間可由使用以下的經驗公式予以近似：

$$t_{row} \approx 0.38 \cdot R_T \cdot C_T = 15.53 \text{ ns}$$

其中

$$R_T = \sum_{all\ columns} R_i = 15.36 \text{ k}\Omega$$

$$C_T = \sum_{all\ columns} C_i = 2.66 \text{ pF}$$

更精確的 RC 延遲值可以藉由使用 RC 梯形電路的艾莫爾時間常數 (Elmore time constant) 而計算如下：

$$t_{row} = \sum_{k=1}^{256} R_{jk} C_k = 20.52 \text{ ns} \quad \text{其中} \quad R_{jk} = \sum_{j=1}^{k} R_j$$

列存取時間 t_{row} 是與選擇與啟動此 ROM 陣列中的 128 條字組線其中之一相關的時間延遲。

為了計算列存取時間，我們需考慮 128 輸入 NOR 閘其中之一，其代表此 ROM 結構中的位元線。對應於每行的虛擬 nMOS NOR 閘是使用 pMOS 負載電晶體進行設計，其中的 (W/L) 比值為 (4/1.5)（圖 10.59）。

128 輸入 NOR 閘的輸出節點所負載的合併行電容，可以藉由加總每顆驅動器電晶體的寄生電容予以近似。

$$C_{column} = 128 \times (C_{gd,driver} + C_{db,driver}) \approx 1.5 \text{ pF}$$

圖 10.59 在 ROM 陣列中一行（位元線）的 128 輸入 NOR 閘表示。

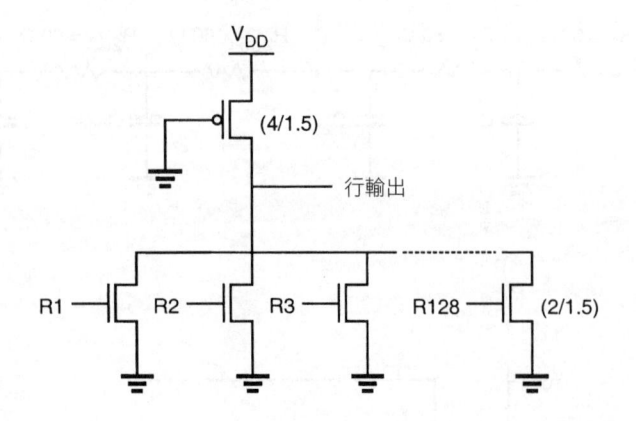

其中

$$C_{gd,drivr} + C_{db,driver} = 0.0118 \text{ pF/ 字組線}$$

因為每次僅有一條字組線（列）由列位址解碼器來啟動，代表行的 NOR 閘實際上可以簡化至圖 10.60 中所示的反相器。為了計算行存取時間，我們必須考慮反相器最壞情況下的訊號傳遞延遲 τ_{PHL}（用於輸出電壓下降）。藉由使用第 6 章中的傳遞延遲公式 (6.18b)，最壞情況下的行存取時間因而可計算得到為 t_{column} = 18 ns。須注意的是，這裡不考慮輸出訊號上升的傳遞延遲 τ_{PHL}，因為在每次行存取操作前，位元線（行）會預充電至高態。

這個由 128 列與 256 行組成的 ROM 陣列之總存取時間，可以藉由加總列與行存取時間求出為 t_{access} = 38.5 ns。

此時，我們也可考慮對於 ROM 陣列的不同安排方式；ROM 陣列是由 256 列與 128 行組成，也就是 8 個列位址位元與 7 個行位址位元。由於這種安排方式的行數目是前例題中行數目的一半，全部列電阻值與行電容值將約為由 256 行安排方式所得到數值的一半。因此，這種結構的列存取時間將會是 256 行 ROM 陣列之列存取時間的四分之一，即約 5 ns。另外，新安排方式中的列數目為 256，所造成的行電容大約是前面情況的兩倍。因此，256×128 記憶體陣列

圖 10.60 表示位元線（行）的等效反相器電路。須注意的是，每次只有一條字組線（列）啟動。

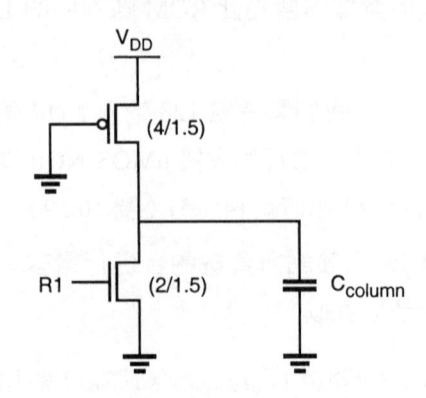

的行存取時間將是兩倍大,約為 36 ns。結論是,我們發現起初檢視的 128×256 陣列的總存取時間短於 256×128 陣列。 ∎

10.5 快閃記憶體

快閃記憶體 (flash memory) 由一顆具有浮動閘極 (floating gate) 的電晶體所組成,其臨界電壓可以藉由施加電場至其閘極而反覆改變(可程式化)。記憶體單元(電晶體)可以具有兩種臨界電壓(兩種狀態),對應至電荷(電子)是否存在於浮動閘極。當電子累積於浮動閘極時,記憶體單元的臨界電壓會變得較高,而慣例上會認為記憶體單元處於 "1" 狀態。這是因為記憶體單元並未被讀取訊號電壓(例如,5 V)施加至控制閘極而導通,而位元線的預充電準位(例如,V_{DD})也一直維持著。記憶體單元的臨界電壓可以藉由從浮動閘極移除電子予以降低,而記憶體單元則認定是在 "0" 狀態。在這種情況下,所施加的電壓使得單元電晶體導通,且位元線會放電至接地。因此,程式化快閃記憶體的單元資料是透過通道熱電子注入 (hot-electron injection) 或 Fowler-Nordheim 穿隧機制,進行儲存或排出 MOS 電晶體浮動閘極中的電子。

快閃記憶體單元的兩種程式化機制,其示意的剖面圖分別顯示於圖 10.61(a) 與 (b) 中。當高電壓(例如,12 V)施加至控制閘極以及跨越汲極至源極之間(例如 6 V),高側向電場對電子進行加熱。雪崩崩潰 (avalanche breakdown) 發生於汲極附近,而衝撞游離化 (impact ionization) 產生了電子-電洞對。控制閘極上的高電壓會吸引電子,並將電子注入浮動閘極穿透氧化層,而電洞會流至基底而成為基底電流。捨棄使用熱電子,浮動閘極改用 > 10 MV/cm 的高電場,藉由氧化層的穿隧電流進行程式化或抹除。當 0 V 與高電壓(例如,12 V)施加至控制閘極與源極時,浮動閘極上的電子會因為穿隧效應而排出源極。

圖 10.62 所示為快閃記憶體單元的等效電容性耦合電路。當電壓(V_{CG} 與 V_D)施加至控制閘極與汲極時,電容耦合的浮動閘極電壓(V_{FG})可表示為

$$V_{FG} = \frac{Q_{FG}}{C_{FG}} + \frac{C_{FC}}{C_{total}} V_{CG} + \frac{C_{FD}}{C_{total}} V_D, \tag{10.11}$$

$$C_{total} = C_{FC} + C_{FS} + C_{FB} + C_{FD} \tag{10.12}$$

其中,Q_{FG} 為儲存於浮動閘極的電荷;C_{total} 為總電容;C_{FC} 為浮動閘極與控制閘極之間的電容;C_{FS}、C_{FB} 與 C_{FD} 分別為浮動閘極與源極、基底和汲極之間的電容;V_{CG} 與 V_D 分別為控制閘極電壓與汲極。

圖 10.61 快閃記憶體的資料程式化與抹除方法。(a) 熱電子注入機制。(b) Fowler-Nordheim 穿隧機制。

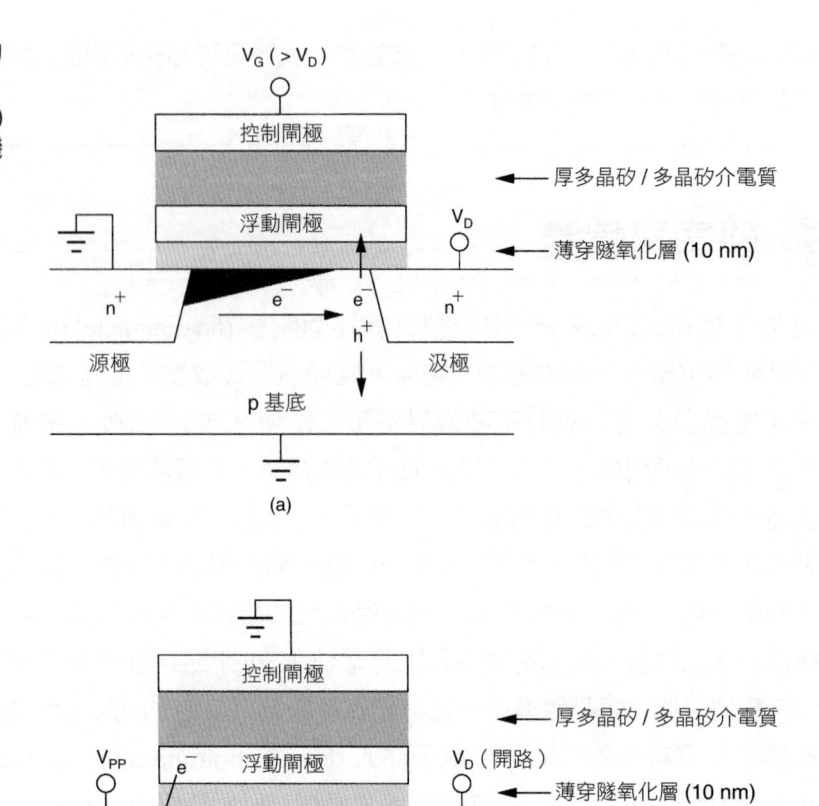

圖 10.62 快閃記憶體單元的等效電容耦合電路。

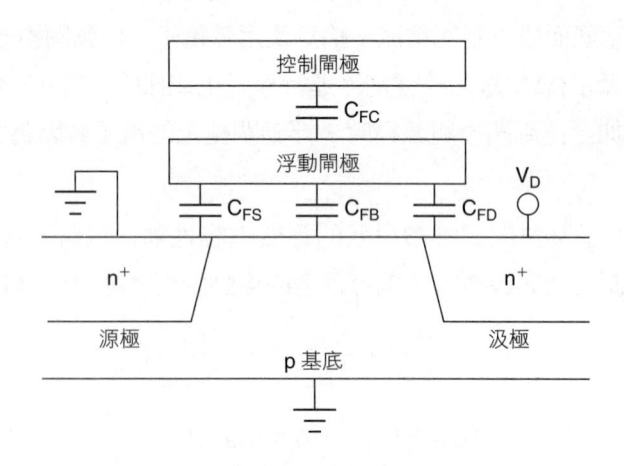

導通控制閘極電晶體所需的最低控制閘極電壓 (V_{CG})，可以將 V_T (FG) 代入 V_{FG} 並整理式 (10.11) 後得到：

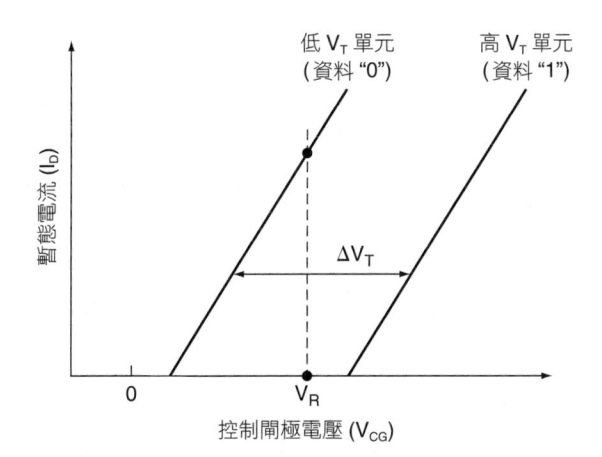

圖 10.63 以低臨界電壓與高臨界電壓作為控制閘極電壓的快閃記憶體單元 I-V 特性曲線。

$$V_T(CG) = \frac{C_{total}}{C_{FC}} V_T(FG) - \frac{Q_{FG}}{C_{FC}} - \frac{C_{FD}}{C_{FC}} V_D \qquad (10.13)$$

其中 $V_T(FG)$ 為導通浮動閘極電晶體的臨界電壓。

此外，兩種記憶體資料狀態（"0" 與 "1"）之間的臨界電壓差值可以表示為

$$\Delta V_T(CG) = -\frac{\Delta Q_{FG}}{C_{FC}} \qquad (10.14)$$

圖 10.63 所示為不同臨界電壓下的快閃記憶體單元 I-V 特性曲線。在單元讀取操作時，控制閘極電壓 (V_R) 被設定夠大，以導通低 V_T 電晶體，但不足以導通高 V_T 電晶體。使用不同的程式化機制的單元邏輯化連結的各類型快閃記憶體單元結構與陣列架構已被提出。NOR、NAND、AND、DINOR（分割位元線 NOR）、HICR（高電容性耦合比例單元）、3D 與多準位單元是快閃記憶體單元的一些範例。本節會解釋最普遍的單元結構（NOR 與 NAND）之單元組織與基本操作，接著將介紹多準位單元的概念。

NOR 快閃記憶體單元

圖 10.64 與表 10.4 所示分別為 NOR 單元的組態與抹除、程式化和讀取等操作的偏壓條件。NOR 單元使用 F-N 穿隧機制來執行抹除操作，並使用熱電子注入機制來進行程式化操作。

在抹除操作中，同時間 0 V 與高電壓（例如，12 V）分別施加至全部的控制閘極（字組線）與單元的源極上。任何存在於浮動閘極上的電子會透過穿隧機制排出至源極。因此，所有單元資料會抹除完畢，且所有記憶體單元會改變為低臨界電壓電晶體。

單元資料可以藉由施加高電壓至控制閘極與所選擇單元的汲極進行程式化（寫入）（例如，12 V 與 6 V 分別加在虛線圓圈出單元的控制閘極與汲極）。汲

圖 10.64 NOR 單元的偏壓條件與組態。

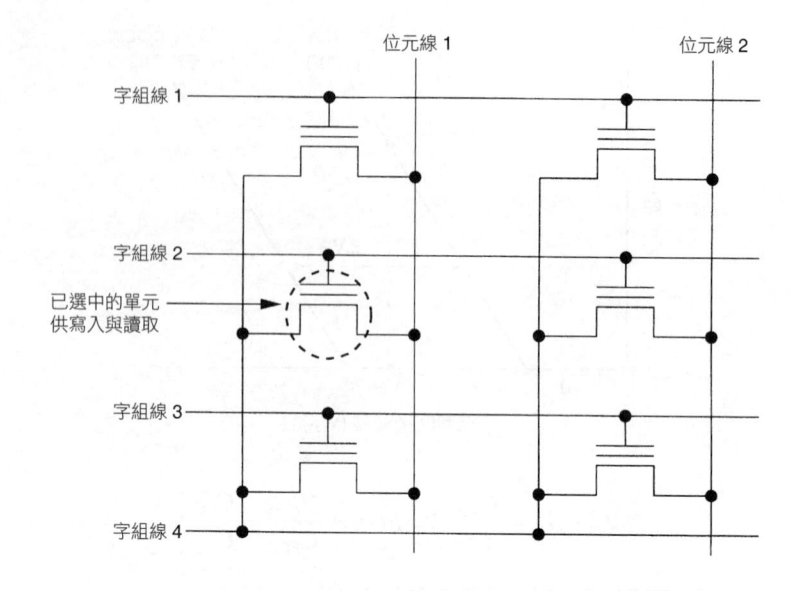

表 10.4 NOR 單元抹除、程式化與讀取操作的偏壓條件。

訊號	抹除	程式化	讀取
位元線 1	開路	6 V	1 V
位元線 1	開路	0 V	0 V
源極線	12 V	0 V	0 V
字組線 1	0 V	0 V	0 V
字組線 2	0 V	12 V	5 V
字組線 3	0 V	0 V	0 V

極附近產生的熱電子被注入至浮動閘極,而因為浮動閘極有電子存在,使得記憶體單元變成高臨界電壓電晶體。因此,每個單元會因抹除操作後不含有電子而成為 "0" 狀態,或是在程式化操作後,浮動閘極含有電子而成為 "1" 的狀態。

讀取操作執行,是藉由施加適當電壓(通常為 V_{DD})至控制閘極與小電壓(例如,1 V)至汲極,以避免產生熱電子。當單元資料為 "0"(低臨界電壓)時,單元電晶體會導通,且電流會流經單元電晶體。另一方面,當單元資料為 "1"(高臨界電壓)時,所施加的控制閘極電壓下無法使單元電晶體導通,且沒有電流會流經單元。單元資料可透過偵測電流大小與放大訊號差異而讀出。

NAND 快閃記憶體單元

藉由串聯 8 個或 16 個單元以除去單元上的接觸點可以減少記憶體單元面積。圖 10.65 與圖 10.66 分別為 8 位元 NAND 單元結構的剖面圖與等效電路圖。進行抹除、程式化與讀取等操作的偏壓條件顯示於表 10.5。

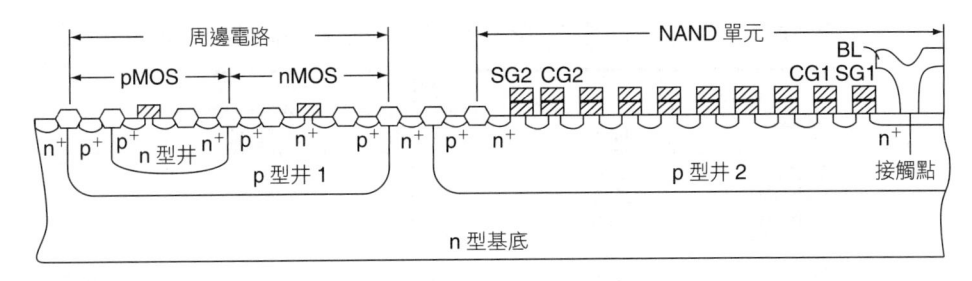

圖 10.65 NAND 單元結構的剖面圖。

（資料來源：F. Masuoka et al., "New ultra high density EEPROM and Flash EEPROM cell with NAND structure cell," *IEDM Dig. Tech.*, pp. 552–555, 1987.）

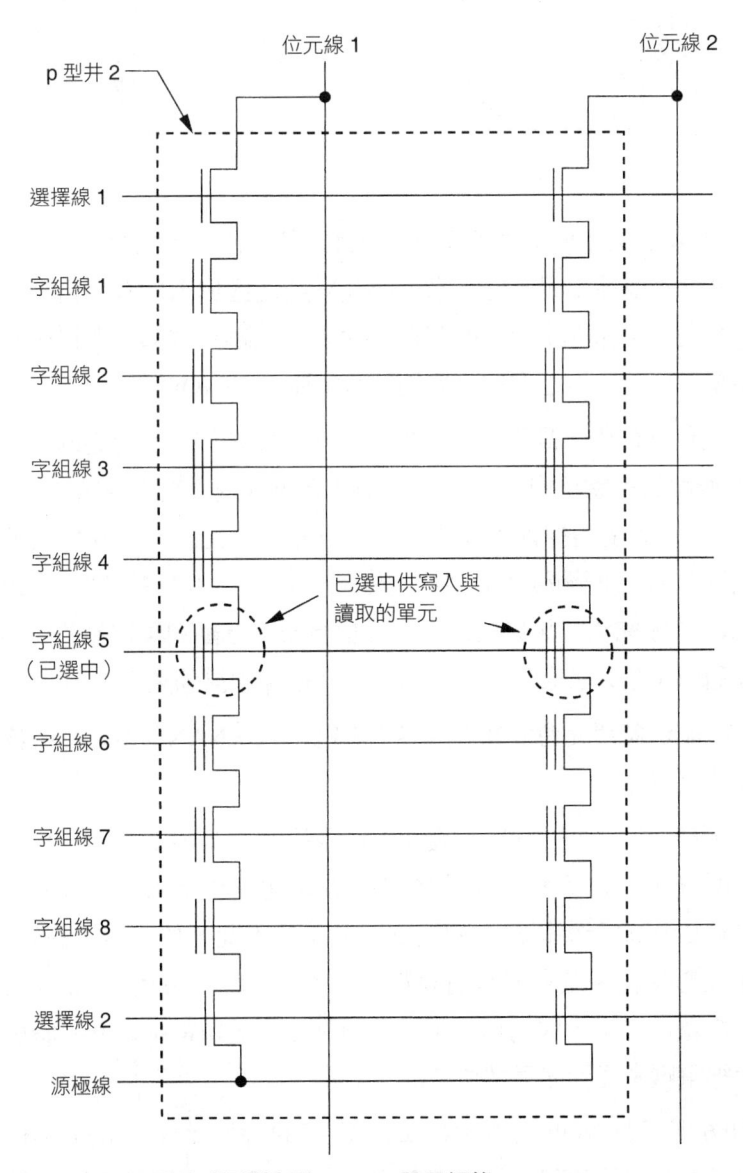

圖 10.66 具單端感測機制的 NAND 單元組態。

表 10.5　NAND 單元進行抹除、程式化與讀取等操作的偏壓條件。

訊號	操作 抹除	程式化	讀取
位元線 1	開路	0 V	1 V
位元線 2	開路	0 V	1 V
選擇線 1	0 V	5 V	5 V
字組線 1	0 V	10 V	5 V
字組線 2	0 V	10 V	5 V
字組線 3	0 V	10 V	5 V
字組線 4	0 V	10 V	5 V
字組線 5	0 V	20 V	0 V
字組線 6	0 V	10 V	5 V
字組線 7	0 V	10 V	5 V
字組線 8	0 V	10 V	5 V
源極線 2	開路	0 V	5 V
源極線	20 V	0 V	0 V
p 型井 2	20 V	0 V	0 V
n 型基底	20 V	0 V	0 V

　　NAND 單元採用 F-N 穿隧機制來執行抹除操作。高電壓（例如，20 V）施加至源極線、p 型井 2 與 n 型基底，而 0 V 則是施加至所有字組線上，將電子從浮動閘極趕出至 p 型井 2。所有單元會變成低臨界電壓，嚴格來說，即使當閘極電壓是 0 V 時，空乏型電晶體仍能有電流，與 NOR 單元不同。

　　在程式化操作中，高電壓（例如，20 V）僅會施加至特定的字組線（字組線 5），而適度的電壓（例如，10 V）則施加至所有未選定的字組線上。V_{DD}（例如，5 V）被施加至選擇線 1 以連接所有單元至位元線，而 0 V 則被施加至選擇線 2。p 型井 2、源極線與 n 型井則偏壓至 0 V。由於只有特定字組線被施加的電壓(20 V)才夠大，足以藉由電容性耦合使得浮動閘極電晶體導通，因此，電子會從通道（基底）吸引至連接所選擇字組線的浮動閘極上。

　　因此，記憶體單元會變為高臨界電壓電晶體。NAND 單元使用該 P-N 穿隧機制來程式化單元。

　　為了讀取單元資料，0 V 被施加至所選擇的字組線上，而 5 V 則被施加至選擇線與所有其它未獲選擇的字組線上。當單元資料為 "1"（高臨界電壓）時，單元電晶體因施加至字組線上的電壓而截止。因此，位元線（例如，1 V）仍維持住預充電準位。當單元具有資料 "0" 時（負臨界電壓），從位元線至接地會形成一條電流路徑，因為單元電晶體通常在字組線電壓為 0 V 時會導通。因此，位元線電壓會從預充電準位拉低。

　　表 10.6 所示為 NOR 與 NAND 單元之間的特性比較。可以看出，NOR 單元結構顯示具有更快的程式化與讀取速度，但面積比 NAND 單元結構大。

表 10.6 NOR 與 NAND 單元的特性比較。

	NOR	NAND
抹除方法	Fowler-Nordheim 穿隧	Fowler-Nordheim 穿隧
程式化方法	熱電子注入	Fowler-Nordheim 穿隧
抹除速度	慢	快
程式化速度	快	慢
讀取進度	快速隨機存取	慢
單元尺寸	大	小
可縮性	困難	容易
應用	嵌入式系統碼儲存	大量儲存

多準位單元的觀念

即使降低記憶體單元尺寸已成為增加記憶體密度的主要技術，致力於每個單元內儲存多準位（例如，4 層）資料的新型方式近來也已改善了有效的記憶體密度。所有的 DRAM 與 SRAM 的記憶體單元在單元內僅有兩種離散狀態，"0" 或 "1"。然而，快閃記憶體中，控制記憶體單元電晶體臨界電壓以改變資料狀態的既有特性，使得它比其它記憶體元件更適用於單元內儲存多種狀態。如果程式化操作可執行得夠準確，則記憶體單元可以具有四種離散電荷狀態，所導致的單元結構可使每單元儲存兩位元。圖 10.67 所示為兩位元 / 單元儲存的臨界電壓分佈。可能狀態的數量會受到數種條件的限制，如可用電荷範圍、程式化操作與讀取操作的精確度以及隨著時間的狀態擾動。由稱為多準位單元 (multi-level cell, MLC) 技術而迅速增加的儲存密度，激勵了行動裝置產業，且這種趨勢將持續並加速。

快閃記憶體電路

進行單元程式化需要高電壓 (V_{PP})，所以晶片上的充電泵 (charge pump) 電路是用來產生程式化電壓。充電泵電路是以 nMOS 或 pMOS 電晶體來實現，以分別產生高正電壓或負電壓。圖 10.68 所示為快閃記憶體中使用 nMOS 電晶體的充電泵電路，用以產生高正電壓的典型電路實作。充電泵電路由一串二極體

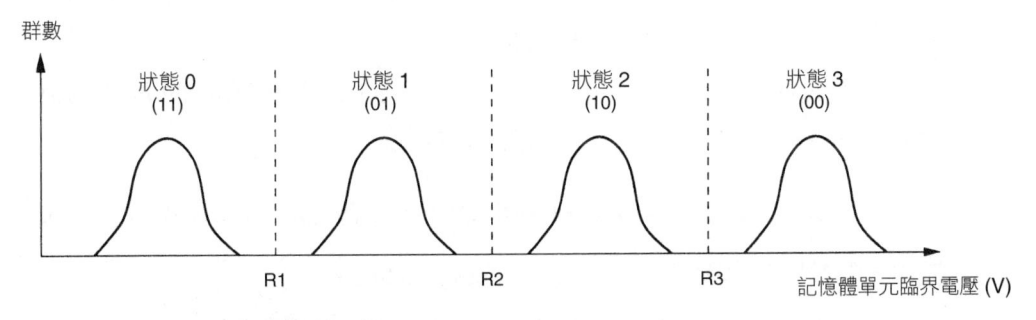

圖 10.67 多準位單元的臨界電壓分佈。

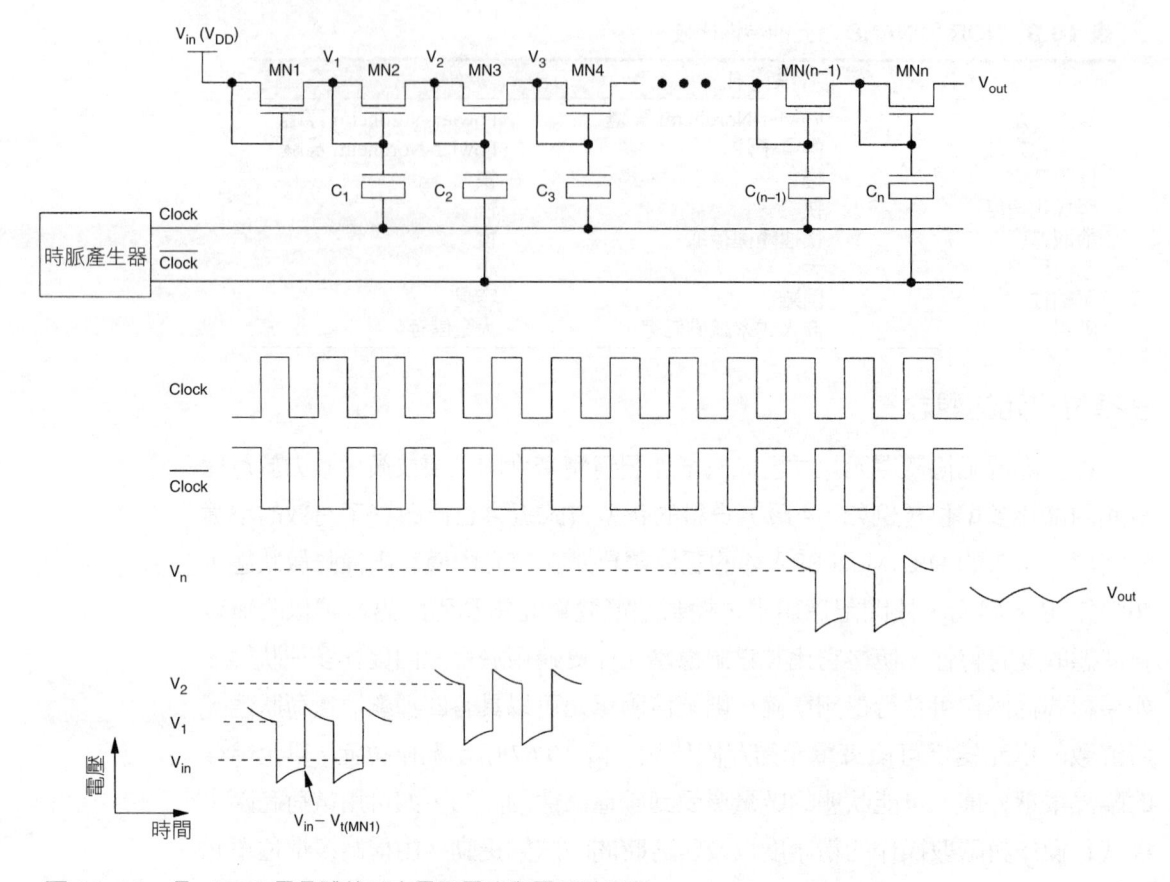

圖 10.68 具 nMOS 電晶體的正充電泵電路與電壓波形圖。

（連接的電晶體）與電容組成，每半個時脈週期會連續充電或放電一次。

當 Clock 變為低態時，連接至 Clock 的電容（即 C_1、C_3、...、$C_{(n-1)}$）會進行放電，而對應的節點電壓（即 V_1、V_3、...、$V_{(n-1)}$）則會拉低。這些節點充電至等於前一節點的電壓減去二極體電壓（nMOS 的臨界電壓）。例如，V_1 充電至 $V_{in} - V_T(MN1)$，以及 V_3 充電至 $V_2 - V_T(MN3)$，以此類推。

隨著 Clock 變為高態（$\overline{Clock}$ 變為低態），耦合至 Clock 的節點會升壓，而連接至 $\overline{Clock}$ 的節點（即 V_2、V_4、...、V_n）則會拉低。因此，連接至 Clock 節點的電荷會轉移到連接至 $\overline{Clock}$ 的節點。

在接下來的半個時脈，連接至 $\overline{Clock}$ 節點的電荷會以相同的方式，轉移到連接至 Clock 的節點。因此，V_{out} 電壓可表示為

$$V_{out} = V_{in} + (\gamma V_{DD} - V_T(MN1)) + \cdots + (\gamma V_{DD} - V_T(MN_n)) \tag{10.15}$$

其中 γ 為升壓效率因子 (boosting efficiency factor)。

在充電泵電路中，電流驅動能力與（電晶體）級數無關。

10.6 鐵電隨機存取記憶體 (FRAM)

在本節中所討論的鐵電隨機存取記憶體 (ferroelectric RAM, FRAM) 為新記憶體技術其中之一，用以實現同時具有非揮發性與高隨機讀/寫速度特性的理想記憶體。鐵電記憶體使用一顆鐵電電容，其中典型電容的介電材料替換為鐵電材料，如 $Pb(Zr_xTi_{1-x})O_3$ 與 $SbBi_2Ta_2O_9$。在 FRAM 之前，採用具有磁滯 (hysteresis) 特性鐵磁核心的鐵磁 (ferromagnetic) 記憶體開發於 1950 年代。但那些記憶體由於單元面積與功率消耗過大而被淘汰。

鐵電電容的磁滯迴路顯示於圖 10.69。鐵電電容的總電荷變化為施加電壓的函數，且電場不存在時（Q_r 為資料 "1" 與 $-Q_r$ 為資料 "0"）也不會消失，不同於介電質電容。這是因為瞬間極化 (polarization) 的現象發生在鐵電材料的晶體結構上。當施加的電場大於 V_C 時，會發生極化方向上的淨變化。之後不會發生進一步的重新定位，且極化也已飽和 (Q_s)。

FRAM 的結構與操作類似於 DRAM，除了板線 (plate line, PL) 以外。圖 10.70(a) 與 (b) 分別表示為核心結構，以及以**步階感測 (step-sensing)** 方式來讀取單元資料為 "1" 的時序圖。始終只儲存資料 "0" 的參考單元置放於每行，以產生用於讀取操作的參考訊號。因為 PPRE 為高態，位元線（BL 和 BLB）預充電至 V_{SS}。選擇並啟動字組線 ($WL0$) 來升壓 (V_{PP}) 以供完整的資料恢復，如同在 DRAM 一樣。連接至其它位元線 ($RWL1$) 的參考字組線會在同時間啟動。步階訊號一起施加至正規板線與參考板線（PL 和 RPL）上。鐵電電容的總電荷從

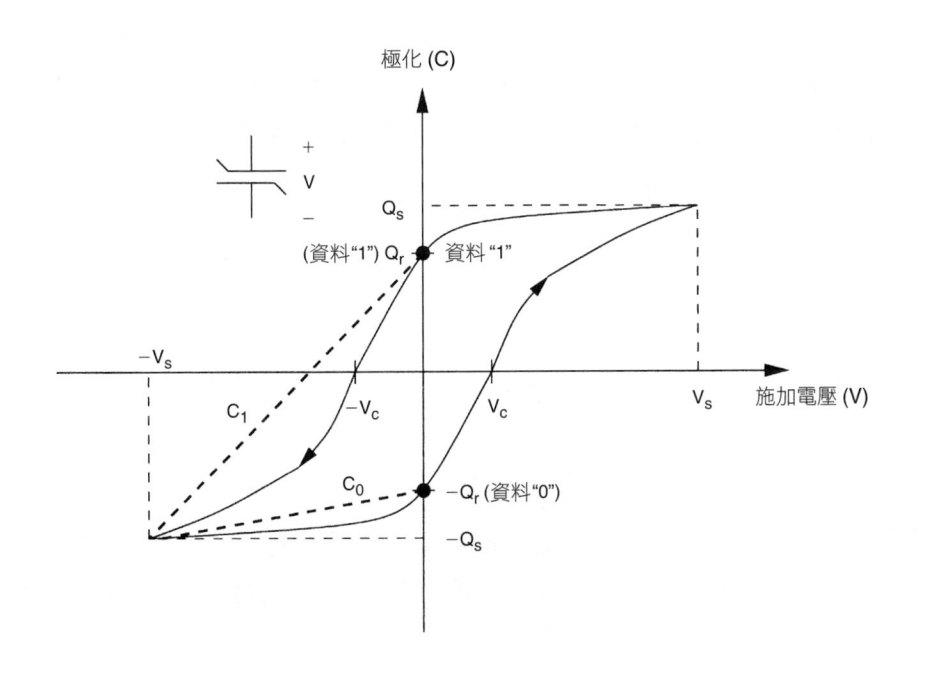

圖 10.69 鐵電電容的遲滯特性。Q_r 與 $-Q_r$：殘餘電荷；Q_s 與 $-Q_s$：飽和電荷；V_c：矯頑 (coercive) 電壓；V_s：飽和電壓；C_0 與 C_1：分別為資料 "0" 與 "1" 的線性電容。

圖 10.70 FRAM 的記憶體結構。(a) 單元陣列。(b) 步階感測方法的讀取時序圖。

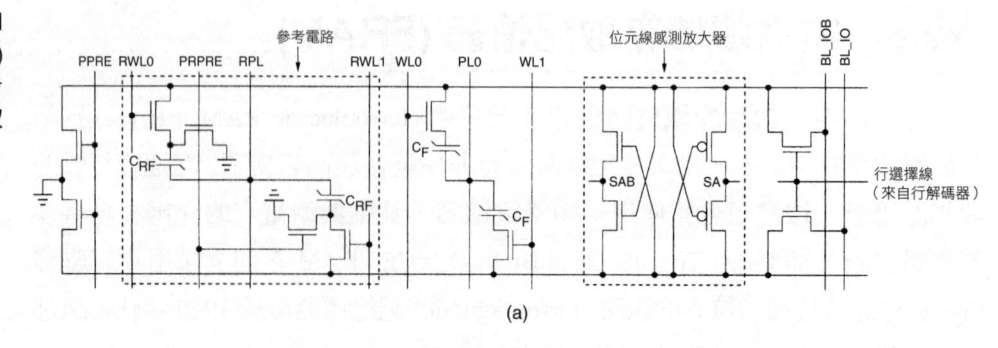

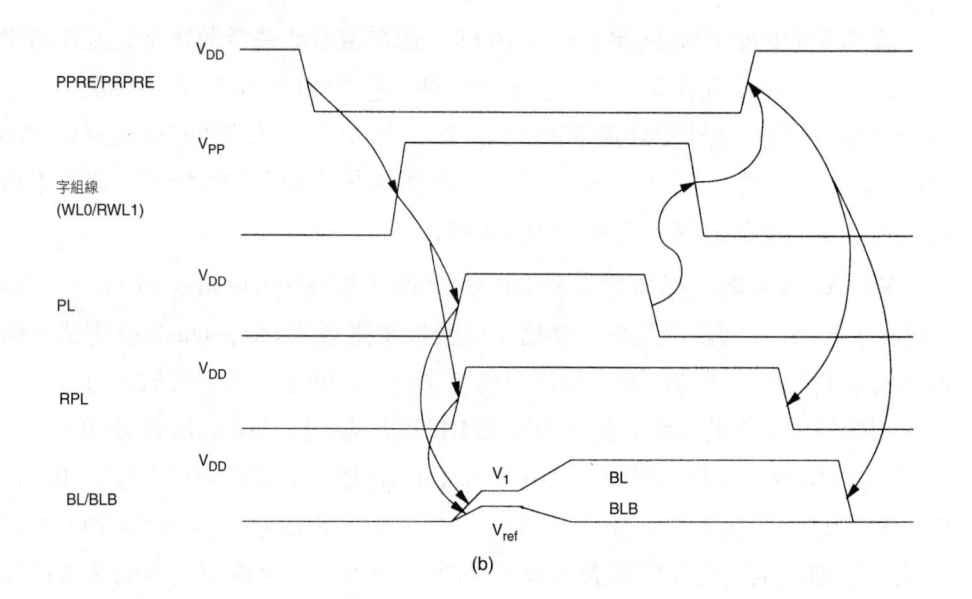

Qr 變為 $-Qs$，且正電荷出現在位元線以維持電中性。當字組線被致能時，C_F 與 C_{BL}，以及 C_{RF} 與 C_{BLB} 形成了電容分壓器。C_F、C_{RF}、C_{BL} 與 C_{BLB} 分別為一般單元電容、參考單元電容、位元線電容與互補位元線電容。

因此，所得到的資料 "1" 電壓差近似為

$$\Delta V_1 = \frac{C_1}{C_1 + C_{BL}} V_{DD} \tag{10.16}$$

其中，C_1 是顯示於圖 10.69 中鐵電電容的線性模型化電容。

相似地，資料 "0" 的電壓差表示為

$$\Delta V_0 = \frac{C_0}{C_0 + C_{BL}} V_{DD} \tag{10.17}$$

其中 C_0 是顯示於圖 10.69 中鐵電質電容的線性模型化電容。參考單元的電容的設定是要確保由參考單元產生的電壓訊號是在 V_0 和 V_1 之間，且比一般單元大。

當電壓訊號藉由正規單元與參考單元產生於位元線與互補位元線上之後，位元線感測放大器會偵測資料位元線對上的訊號差，並放大至 V_{DD} 與 V_{SS} 以恢復全部資料。在感測操作後，總電荷會變為 Q_s；而施加的電場消失後，總電荷會變為 Q_r。

由於步階感測方法可能導致一些可靠度問題，脈波感測方法亦被廣泛地使用，但會造成一些讀取速度下降，因為會使用施加脈波而非保持在板線上的電壓。FRAM 會遭受到兩種鐵電材料的既有問題，即所謂的**疲乏 (fatigue)** 與**印痕 (imprint)**。電容電荷會隨著電容的重複使用而逐漸下降（疲乏）。當某一狀態維持一段很長的時間後，鐵電質電容會趨於寧可停留在此狀態而不再轉換至另一狀態（印痕）。

練習題

10.1 考慮圖 P10.1(a) 中所示的 DRAM 電路。兩顆預充電電晶體的臨界電壓為 2 V。

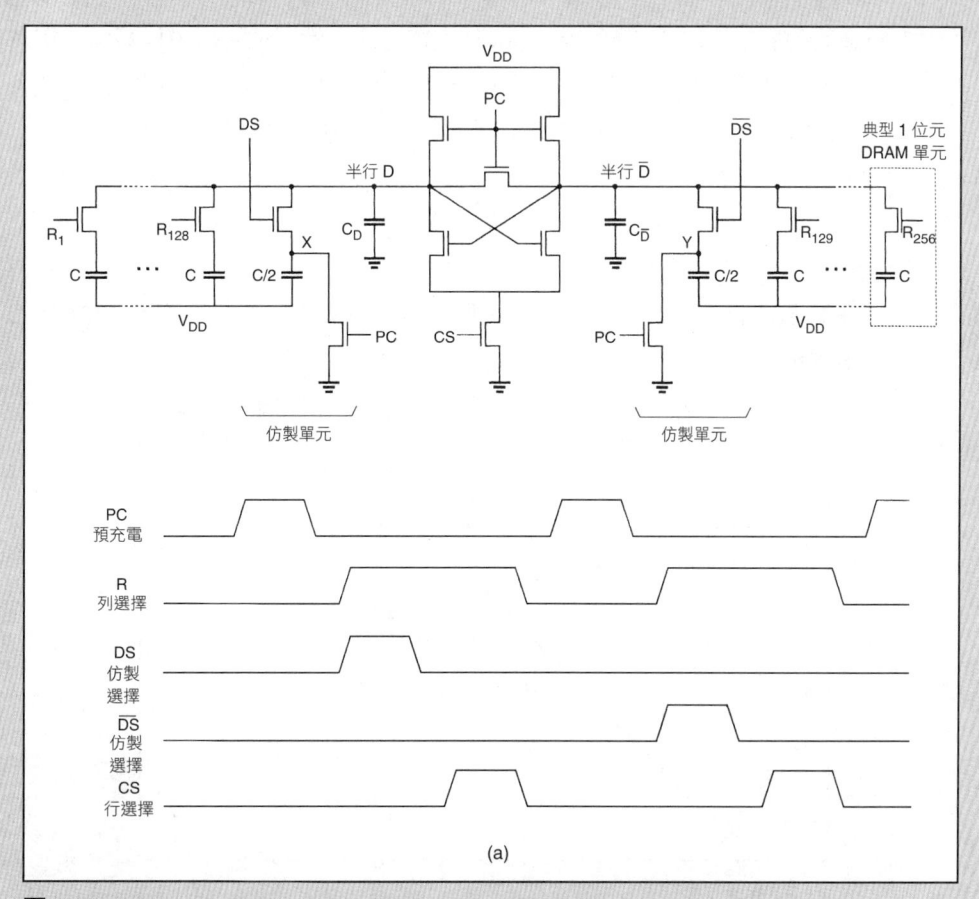

圖 P10.1a

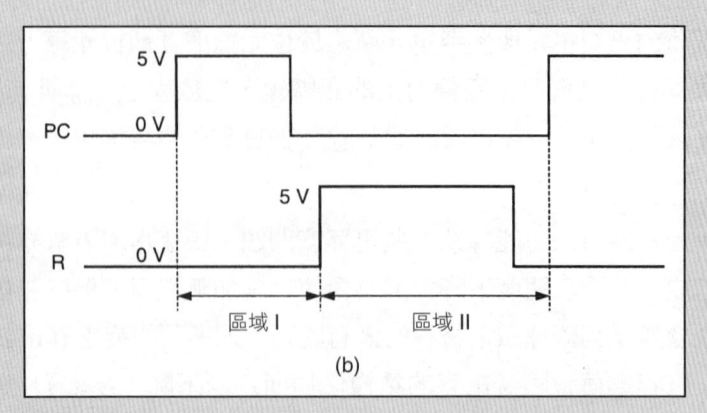

圖 P10.1b

計算在圖 P10.1(b) 的區域 I 與 II 中 V_D 的穩態電壓，假設如下：

$$C = 50 \text{ fF}$$
$$C_D = 400 \text{ fF}$$
$$V(C) = V(C/2) = V_Y = 0 \text{ V 在區域 I}$$

當 PC 為高態時，沒有其它電晶體連接至 D 或 $\overline{D}$ 是導通。

10.2 單顆電晶體的 DRAM 單元是由圖 P10.2 電路圖表示。位元線可以藉由使用時脈預充電電路來預充電至 $V_{DD}/2$。此外，在寫入操作期間字組線電壓為 V_{DD}，在這裡假設寫入電路會帶動位元線電位至 V_{DD} 或 0 V。使用給定參數：

$$V_{T0} = 1.0 \text{ V}$$
$$\gamma = 0.3 \text{ V}^{1/2}$$
$$|2\phi_F| = 0.6 \text{ V}$$

a. 在寫入 -1 操作後，即當位元線驅動至 $V_{DD} = 5$ V 時，找出橫跨儲存電容器的最大電壓。

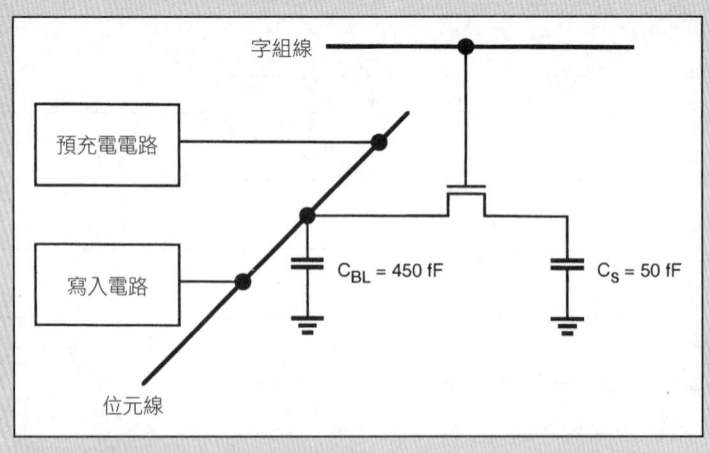

圖 P10.2

b. 假設電路中的漏電流為零，在位元線最早預充電至 $V_{DD}/2$ 之後，找出在讀取 -1 操作期間的位元線電壓值。

10.3 動態 CMOS 唯讀記憶體 (ROM) 已設計為核心陣列，其包含了間距為 12 μm 的 64 列，以及間距為 10 μm 的 64 行，如圖 P10.3 所示。在零時脈相位的間隔期間，每一行會由 pMOS 電晶體預充電至 5 V；而當一顆或更多的 nMOS 電晶體（即 NOR 實現方式）具有高態閘極輸入送至適當的列時，時脈訊號切換至 5 V 之後，每一行電壓會接著下拉。所有的的 nMOS 電晶體具有通道寬度 $W = 4$ μm，以及源極/汲極長度 $Y = 5$ μm。作為一個設計者，你要決定從特定輸入（第 64 列）轉變為高準位到特定位元線輸出（第 64 行）轉變為低準位時的 50% 點間之傳遞延遲時間，τ_{PHL}。假設輸入到第 64 列的訊號只有在預充電操作完成後才會變為有效的高態，如時序圖所示。此外，假設第 64 列運行超過 30 顆 nMOS 電晶體，而第 64 行則連接了 20 顆 nMOS 電晶體。對於延遲的計算，假設只有一顆 nMOS 電晶體進行拉低動作。亦假設在時脈訊號預充電階段，pMOS 強而有力足夠來對預充電節點完全充電，並且忽略其汲極寄生電容。元件參數給定為

$$C_{jsw} = 250 \text{ pF/m}$$
$$C_{j0} = 80 \text{ } \mu\text{F/m}^2$$
$$C_{ox} = 350 \text{ } \mu\text{F/m}^2$$
$$L_D = 0.5 \text{ } \mu\text{m}$$

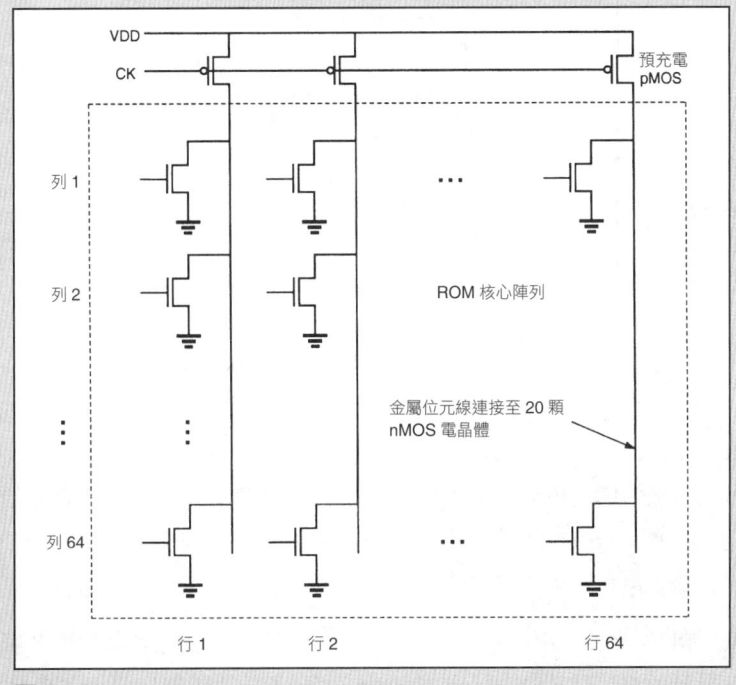

圖 P10.3

$K_{eq} = 1.0$ 於最壞情況電容時
$C_{metal} = 2.0$ pF/cm 與 $R_{metal} = 0.03$ Ω/sq
$C_{poly} = 2.2$ pF/cm 與 $R_{poly} = 25$ Ω/sq
多晶矽線寬度 = 2 μm
金屬線寬度 = 2 μm
$k'_n = 20\ \mu A/V^2$
$k'_p = 10\ \mu A/V^2$
$V_{T,n} = -V_{T,p} = 1.0$ V

10.4 考慮圖 P10.4 所示的 CMOS SRAM 單元。電晶體 M1 與 M2 的 (W/L) 值為 4/4。電晶體 M3 與 M4 的 (W/L) 值為 2/4。M5 與 M6 要調整尺寸，使得單元狀態在 $V_C \leq 0.5$ V 時仍可以改變。假設 M5 與 M6 具有相同尺寸，計算出所需的 (W/L)。使用以下參數：

$$V_{T0,n} = 0.7\ V$$
$$V_{T0,p} = -0.7\ V$$
$$k'_n = 20\ \mu A/V^2$$
$$k'_p = 10\ \mu A/V^2$$
$$\gamma = 0.4\ V^{1/2}$$
$$|2\phi_F| = 0.6\ V$$

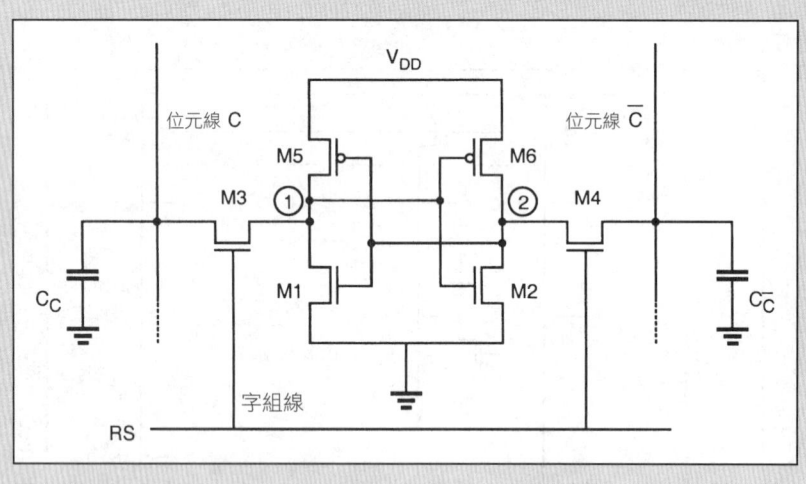

圖 P10.4

10.5 畫出列解碼器與行解碼器電路圖，可供具有四列與兩行的 EPROM 使用。使用 nMOS 技術。發展 EPROM 中的列延遲公式與行延遲公式。自行定義公式中任何不明確的項目。

10.6 考慮一顆 8k × 8k SRAM，具有 64K (= 65,536) 個記憶體單元與 8 條輸出線。在所討論的特定 SRAM 中，7 個位址位元送至列解碼器，而 6 個位址位元送至行解碼器。在每次讀取操作前，位元線預充電至 V_{DD} = 5 V。當位元線已放電下降了 0.5 V 時，讀取操作完成。一個記憶體單元可以提供 1.0 mA 的下拉電流來對位元線放電。

a. 字組線電阻為每記憶體單元 390 Ω。要用何種公式來計算此電阻？
b. 字組線電容為每記憶體單元 22 fF。要用何種公式來計算此電容？
c. 位元線電容為每記憶體單元 6 fF。要用何種公式來計算此電容？
d. 計算此 SRAM 的存取時間（列延遲＋行延遲）。
e. 描述字組線解碼器與位元線解碼器的操作與設計。

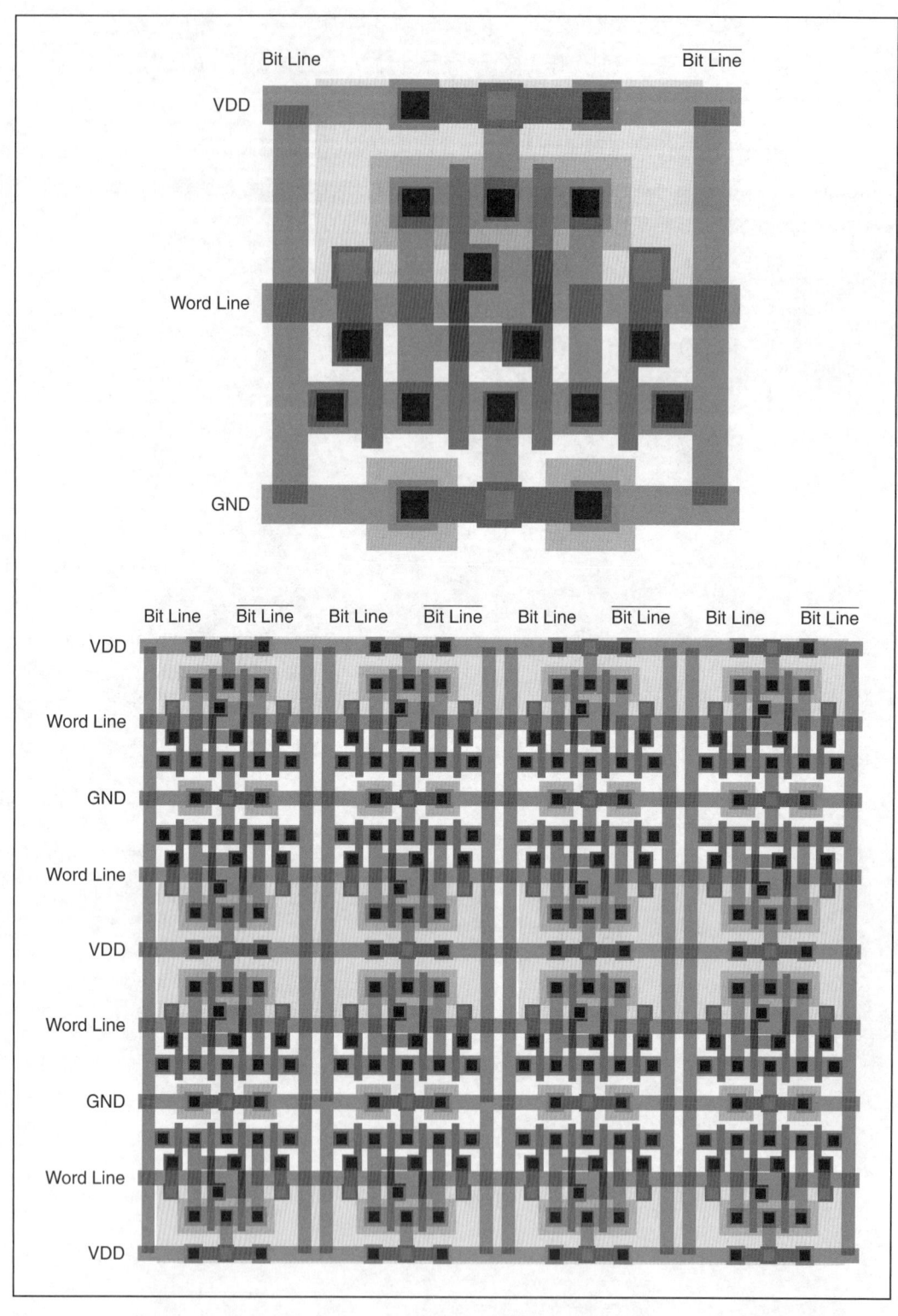

板 10 （上）CMOS SRAM 單元的佈局。（下）4 × 4 SRAM 陣列的佈局，由 16 個單元組成。

Chapter 11

低功率 CMOS 邏輯電路
Low-Power CMOS Logic Circuits

11.1 簡介

可攜式系統 (portable system) 的重要性與在非常高密度的 ULSI 晶片之功率消耗 (power consumption)（和散熱 (heat dissipation)）限制與日俱增，導致近年來低功率設計的快速與創新發展。這些發展背後的驅動力為可攜式設備應用需要低功耗與高資料處理量 (throughput)，例如筆記型電腦、可攜式通訊設備與個人數位助理 (personal digital assistant, PDA)。在大多數情況下，低功率消耗的需求必須同等地符合高晶片密度與高資料處理量的目標。因此，數位積體電路的低功率設計已經出現成為一種積極與迅速發展的領域。

有限的電池壽命向來會對可攜式系統的整體功率消耗施以嚴格要求。儘管新的可充式電池類型，如正開發中的鎳氫 (nickel-metal hydride, NiMH) 電池比傳統鎳鎘 (nickel-cadmium, NiCd) 電池具有較高的能量容量，但在未來短期間內，無法期待能量容量出現革命性增加。由新型電池技術（例如，鎳氫電池）所提供的能量密度（每單位重量所儲存能量數）約為 30 Wh/lb，但仍嫌不足，因為可攜式系統的應用仍在擴展中。因此，透過改進設計來減少積體電路的功率消耗是可攜式系統設計的一項主要挑戰。

低功率設計的需求也成為在高性能數位系統，如微處理器、數位訊號處理器 (digital signal processor, DSP) 以及其它應用的一項主要議題。高性能晶片的共通特性為高整合密度與高時脈頻率。晶片的功率消耗與因而導致的溫度會隨著增加時脈頻率而增加。因為消耗的熱能必須有效地移除以使晶片溫度保持在可接受的準位，封裝、冷卻與熱移除的成本變成這些電路中的一項顯著因素。於 2010 年代早期設計的幾顆高性能微處理器晶片（例如，Intel Core i7 系列以及 AMD Phenom II 系列）操作於 1.5～3.5 GHz 的時脈頻率範圍內，而其典型功率消耗約為 100 W。

ULSI 的可靠度為另一項關切議題，指出了對低功率設計的需求。數位電路的峰值功率消耗與可靠度，如電遷移與熱載子引發元件退化，兩者之間存在著密切的相關性。此外，晶片散熱導致的熱應力是一項重要的可靠度關切議題。因此，減少功率消耗對於提升可靠度非常重要。

在數位系統中用來達成低功率消耗的方法範圍很廣，從元件／製程等級至演算法等級。元件特性（例如，臨界電壓）、元件幾何形狀以及連接線性質都是降低功率消耗的重要因素。電路等級的方法 (measure)，如選擇適當的電路設計型式、降低電壓擺幅與時脈策略都能用來降低功率消耗。架構等級的方法包括各種系統區塊的智慧型電源管理、使用管線化與平行化，以及匯流排結構設計。最後，適當的選擇資料處理演算法可降低系統所消耗的功率，特別是將給定工作中切換事件次數最小化。

在這一章中，我們主要專注於可應用至降低數位積體電路功率消耗的電路等級或電晶體等級之設計方法，也會詳細討論功率消耗的各種來源，並介紹減少功率消耗的設計策略。我們會討論系統等級的考量，如管線化與硬體複製（平行處理），以及這些方法對於功率消耗的影響。絕熱邏輯 (adiabatic logic) 的概念也將被檢視，因為它已成為減少功率消耗的有效方法。

11.2　功率消耗的概述

接下來的章節將檢視 CMOS 電路中時間平均功率消耗的各種來源（成分）。傳統 CMOS 數位電路的平均功率消耗可以表示為三種主要成分之和，即：(1) 動態（切換）功率消耗，(2) 短路功率消耗，以及 (3) 漏電功率消耗。如果系統或晶片包含了傳統 CMOS 閘以外的電路，其在電源供應與接地之間有一條連續電流路徑，則亦須考慮第四種（靜態）功率成分。我們會將討論侷限於傳統靜態與動態 CMOS 邏輯電路。

切換功率消耗

此成分代表在切換事件期間的功率消耗，即當 CMOS 邏輯閘的輸出節點電壓產生邏輯轉態。在數位 CMOS 電路中，當能量從電源抽取出以對輸出節點充電時，會消耗掉切換功率。在此充電過程中，輸出節點電壓通常會產生從 0 至 V_{DD} 的完全轉態，而從電源抽取的一半能量會以熱的型式於導通的 pMOS 電晶體內消耗掉。須注意的是，在放電過程中，雖然沒有能量從電源供應抽出，然而，當輸出電壓從 V_{DD} 下降至 0 時，儲存於輸出電容的能量會以熱的型式於導通的 nMOS 電晶體內消耗掉。圖 11.1 中所示的電路範例可說明於切換期間的動態功率消耗。此範例中，一個雙輸入 NOR 閘透過連接線驅動兩個 NAND 閘。NOR 閘輸出端的全部電容性負載組成為 (1) 閘極本身的輸出節點電容，(2) 全部的連線電容，以及 (3) 所驅動邏輯閘的輸入電容。

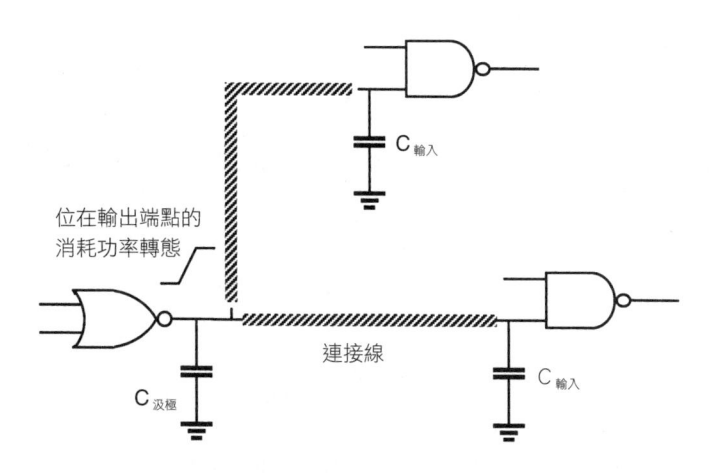

圖 11.1 NOR 閘透過連接線來驅動兩個 NAND 閘。

閘極輸出節點電容主要包含接面寄生電容，其係由電路中 MOS 電晶體的的汲極擴散區所造成。這些電容的物理性質與計算方式已經在第 3 章中詳細討論。擴散電容量近似為接面面積的線性函數。因此，全部汲極擴散區的尺寸決定了輸出節點上的寄生電容量。邏輯閘之間的連接線構成了全部電容中的第二種成分。寄生連接線電容的估計已於第 6 章中徹底地討論過。須注意的是，特別是在次微米技術中，連線電容相較於電晶體相關的電容可以成為主要成分。最後，輸入電容主要是由於連接至輸入端的電晶體閘極氧化層電容所造成。再者，閘極氧化層電容量主要是由每顆電晶體的閘極面積來決定。

因此，任何使輸出電壓轉態的 CMOS 邏輯閘可以藉由 nMOS 網路、pMOS 網路以及連接至其輸出節點的全部負載電容來表示，如圖 11.2 所示。正如已於第 6 章所示，由具有理想零上升時間 (rise time) 與下降時間 (fall time) 的週期性輸入電壓波形所驅動的 CMOS 邏輯閘之平均功率消耗，可以從對輸出節點充電至 V_{DD} 與對總輸出負載電容放電至接地準位時所需的能量來計算求得。

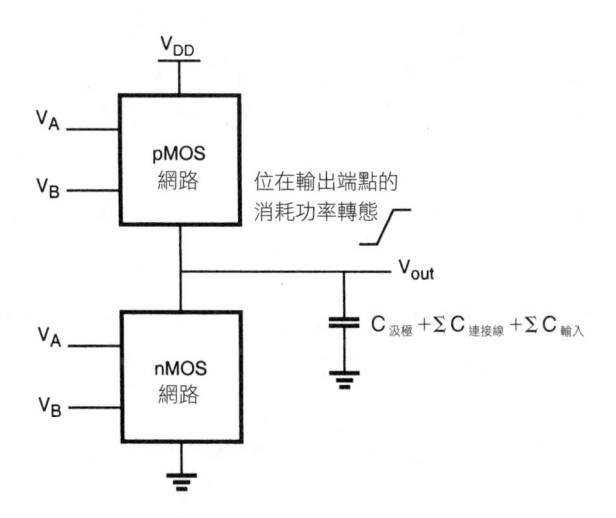

圖 11.2 CMOS 邏輯閘對於切換功率計算的一般表示。

$$P_{avg} = \frac{1}{T}\left[\int_0^{T/2} V_{out}\left(-C_{load}\frac{dV_{out}}{dt}\right)dt + \int_{T/2}^T (V_{DD} - V_{out})\left(C_{load}\frac{dV_{out}}{dt}\right)dt\right] \quad (11.1)$$

進行積分後,就產生眾所皆知的 CMOS 邏輯電路之平均動態(切換)功率消耗表示式。

$$P_{avg} = \frac{1}{T}C_{load}V_{DD}^2 \quad (11.2)$$

或

$$P_{avg} = C_{load} \cdot V_{DD}^2 \cdot f_{CLK} \quad (11.3)$$

須注意的是,只要達到全電壓擺動,CMOS 閘的平均切換功率消耗本質上與所有電晶體特性以及電晶體尺寸無關。因此,給定輸入模式時,切換延遲時間與切換事件發生期間的功率消耗量是無相關的,只要輸出電壓擺幅是位在 0 至 V_{DD} 之間。

這裡所提出的切換功率消耗分析的假設前提是,CMOS 閘的輸出節點在每次時脈週期時會經歷一次消耗功率的轉態(0 至 V_{DD} 轉態)。然而,這種假設並非每次都正確;取決於電路架構、邏輯型式與輸入訊號的統計特性,此節點的轉態速率可以比時脈速率慢。為了更合適地表示此行為,我們將引進節點轉態因子 (node transition factor) α_T,其為每個時脈週期中所經歷電壓轉態造成消耗功率的有效數量。然後,平均切換功率消耗成為

$$P_{avg} = \alpha_T \cdot C_{load} \cdot V_{DD}^2 \cdot f_{CLK} \quad (11.4)$$

切換活動量 (switching activity) 的估計與各種用以減少速率的方法將於第 11.4 節詳細討論。

藉由考慮輸出節點負載電容 C_{load} 的充電與放電過程,可推導出切換功率表示式 (11.3) 與式 (11.4)。但是,在複合 CMOS 邏輯閘電路裡,大部分內部電路節點在切換期間也會進行全部或部分的電壓轉態。因為每個內部節點都具有相關的寄生電容,這些內部的轉態會貢獻至電路的整體功率消耗。事實上,一個內部節點可能經歷幾次轉態,但電路輸出節點的電壓卻維持不變,如圖 11.3 所示。因此,如果只考慮輸出節點電壓的轉態,會導致整體切換功率消耗的低估。

一般來說,內部節點電壓轉態可以是局部的,即節點電壓擺幅可能僅為 V_i,小於全電壓擺幅 V_{DD}。因此,平均切換功率消耗的廣義表示式可以寫成

$$P_{avg} = \left(\sum_{i=1}^{\text{\# of nodes}} \alpha_{Ti} \cdot C_i \cdot V_i\right) \cdot V_{DD} \cdot f_{CLK} \quad (11.5)$$

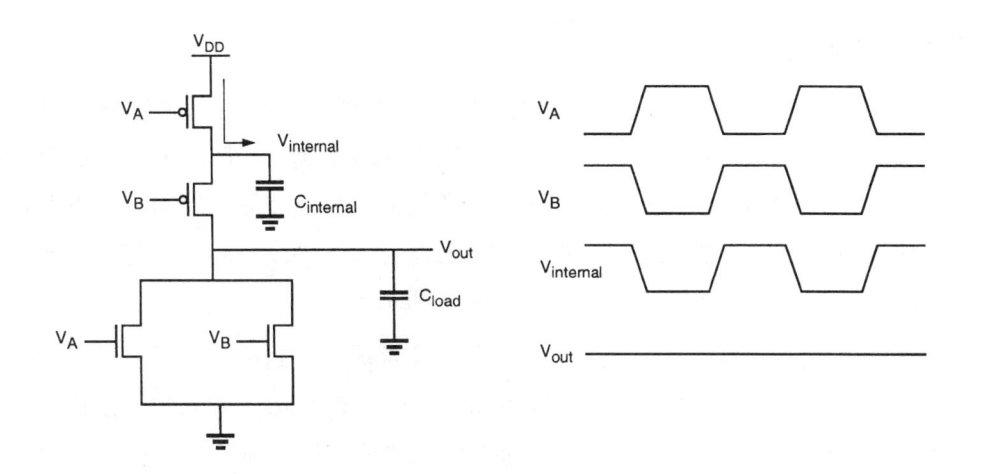

圖 11.3 雙輸入 NOR 閘內部節點的切換會造成動態功率消耗，即使輸出節點電壓維持不變。

其中 C_i 代表電路中每個節點（含輸出節點）的相關寄生電容，而 α_n 則代表與該節點相關的對應節點轉態因子。因此，在式 (11.5) 中括號內項代表在每次切換事件時，從電源供應所抽取的電荷總量。雖然式 (11.5) 是 CMOS 邏輯閘切換功率的更精確表示式，其估算也算是相對複雜。因此，我們將主要仰賴式 (11.4) 來表示 CMOS 邏輯電路的切換功率消耗。

切換功率降低的觀察

從 CMOS 邏輯閘電路的平均切換功率消耗所推導得到的式 (11.4) 與式 (11.5)，來建議降低功率消耗的幾種不同方法。這些方法包括：(1) 降低電源供應電壓 V_{DD}，(2) 減少所有節點的電壓擺幅，(3) 降低切換機率（轉態因子），以及 (4) 減少負載電容。須注意的是，切換功率消耗也是時脈頻率的線性函數，然而僅降低頻率會使整個系統性能明顯地下降。因此，僅在系統整體處理量可以藉由其它方法維持的情況下，降低時脈頻率才確實為可行的選擇。

降低電源供應電壓是在低功率設計中最為廣泛實行的方法之一。雖然這種降低方式通常非常有效，但有幾個重要的問題必須探討，以使系統性能不被犧牲。特別是，我們需要考慮到降低電源供應電壓將會導致延遲增加。此外，低電壓電路或模組的輸入與輸出訊號準位應該與周邊電路相容以維持正確的訊號傳輸。

降低切換活動量需要詳細地進行分析訊號的轉態機率，以及各種電路等級與系統等級方法的實現，如邏輯最佳化、使用閘控時脈訊號與預防突波 (glitch)。最後，藉由使用某些電路設計型式以及調整電晶體適當大小可以降低負載電容。這些與其它降低切換功率消耗的方法將在下面的章節中詳細地檢視。

短路功率消耗

以上檢視過的切換功率消耗純粹是來自於對電路中的寄生負載電容充電所需的能量，且切換功率與輸入訊號的上升與下降時間無關。然而，如果 CMOS 反相器（或邏輯閘）以有限上升與下降時間的輸入電壓波形所驅動，電路中的 nMOS 與 pMOS 電晶體也許會在切換期間同時導通一小段時間，在電源供應與接地間形成一條直接的電流路徑，如圖 11.4 所示。

在切換期間通過 nMOS 與 pMOS 元件的電流成分，對電路中電容充電並沒有貢獻，因此，它稱為短路電流 (short-circuit current) 成分。如果輸出負載電容是小的，和/或輸入訊號的上升與下降時間是大的，此電流成分會特別明顯，如圖 11.5 所示。在這裡，舉例說明了具有小電容負載的對稱 CMOS 反相器的輸入/輸出電壓波形，以及從電源供應抽取的電流成分。當輸入電壓上升至超過臨界電壓 $V_{T,n}$ 時，電路中的 nMOS 電晶體會開始導通，pMOS 電晶體保持導通直到輸入達到電壓準位為 $V_{DD} - |V_{T,p}|$。因此，存在一個時間窗口，在此期間兩顆電晶體都為導通。由於輸出電容是透過 nMOS 電晶體放電，所以輸出電壓開始下降。pMOS 電晶體汲極至源極電壓下降變為非零，這也允許 pMOS 電晶體導通。當輸入電壓轉態完成並且使 pMOS 電晶體截止時，短路電流會被終止。當這兩顆電晶體都導通而輸出電壓開始上升時，類似的事件也會引起在輸入下降轉態期間的短路電流成分。

須注意的是，在輸入上升轉態與輸入下降轉態期間，假設反相器是對稱的，且輸入上升時間與下降時間是完全相同的情況下，短路電流成分的大小幾乎相同。pMOS 電晶體也會導通電流給需要充電的小輸出負載電容，但只有發生在輸入下降轉態期間（在輸入上升轉態期間，輸出電容則是透過 nMOS 元件來放電）。這種電流成分（對負載電容充電的電流成分量）為引起電路的切換功率消耗的原因，也顯示於圖 11.5。這兩種電流成分的平均值決定了從電源供應抽取的總功率。

圖 11.4 nMOS 電晶體與 pMOS 電晶體可能在切換期間（同時）導通短路電流。

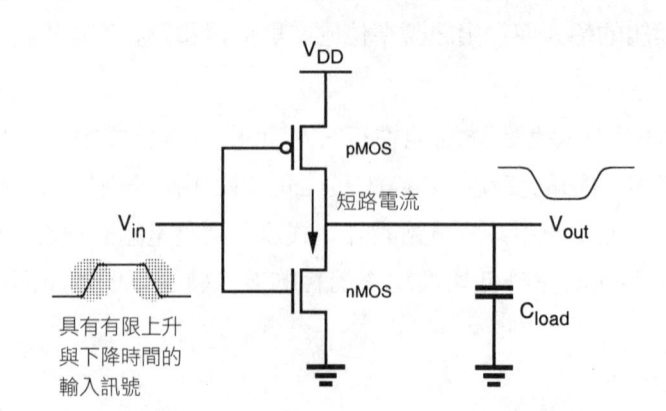

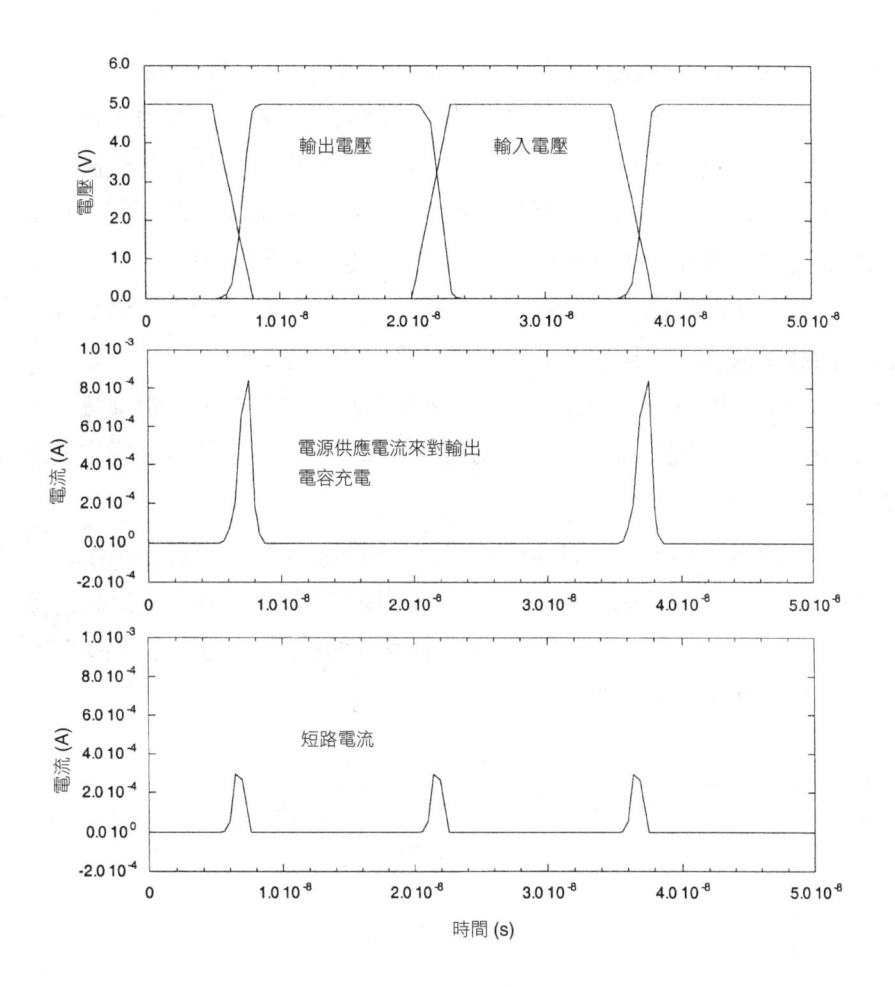

圖 11.5 輸入-輸出電壓波形、用於對負載電容充電的電源供應電流以及具有小電容性負載的 CMOS 反相器之短路電流。從電源供應抽取的總電流是這兩種電流成分的總和。

我們來看一個簡單的分析。考慮對稱 CMOS 反相器，其中 $k_n = k_p = k$，以及 $V_{T,n} = |V_{T,p}| = V_T$，且具有非常小的電容負載。

如果反相器是由具有相同上升與下降時間 ($\tau_{rise} = \tau_{fall} = \tau$) 的輸入電壓波形所驅動，則可以推導出從電源供應抽取的時間平均 (time-averaged) 短路電流為

$$I_{avg}(\text{short-circuit}) = \frac{1}{12} \cdot \frac{k \cdot \tau \cdot f_{CLK}}{V_{DD}} (V_{DD} - 2V_T)^3 \tag{11.6}$$

因此，短路功率消耗成為

$$P_{avg}(\text{short-circuit}) = \frac{1}{12} \cdot k \cdot \tau \cdot f_{CLK} \cdot (V_{DD} - 2V_T)^3 \tag{11.7}$$

須注意的是，短路功率消耗是線性正比於輸入訊號的上升與下降時間，以及電晶體的轉導。因此，降低輸入轉態時間將減小短路電流成分。

現在考慮相同的 CMOS 反相器，它具有較大的輸出負載電容與較小的輸入轉態時間。在輸入上升轉態期間，輸出電壓將有效地保持在 V_{DD} 直到輸入電壓到達其擺幅，且只有在輸入已達到其最終值後，輸出才會開始下降。雖然這

兩顆 nMOS 與 pMOS 電晶體同時在轉態期間導通，pMOS 電晶體不能傳導大量電流，因為它的源極與汲極端點間的電壓降幾乎為零。同樣地，在輸入下降轉態期間，輸出電壓將維持在約為 0 V，且只有在輸入電壓到達其擺幅後，才會開始上升。再次，在輸入電壓轉態期間，兩顆電晶體將同時導通，但 nMOS 電晶體將無法導通顯著的電流量，因為它的汲極至源極電壓近似為零。圖 11.6 中的情況顯示出反相器的模擬輸入與輸出電壓波形，以及從電源供應抽取出的短路與動態電流成分。須注意的是在這種情況下，電源供應電流對輸出負載電容充電的峰值比較大。因為在整個輸入轉態期間，pMOS 電晶體維持在飽和狀態，而不是像前面在圖 11.5 中所示的情況，電晶體在輸入轉態完成之前即離開了飽和區。

關於短路電流的大小的討論似乎顯示，短路功率消耗可以藉由使輸出電壓的轉態時間較大，和 / 或透過使輸入電壓轉態時間較少來減少。但此目標應該小心地與其它性能目標取得平衡，例如傳遞延遲 (propagation delay)；而降低短路電流應被視為許多必須滿足設計者的設計需求之一。

圖 11.6 輸入 - 輸出電壓波形，包含了用於對負載電容充電的電源供應電流，以及具有較大的電容負載與較小的輸入轉態時間的 CMOS 反相器的短路電流。從電源供應抽取的總電流大約等於充電電流。

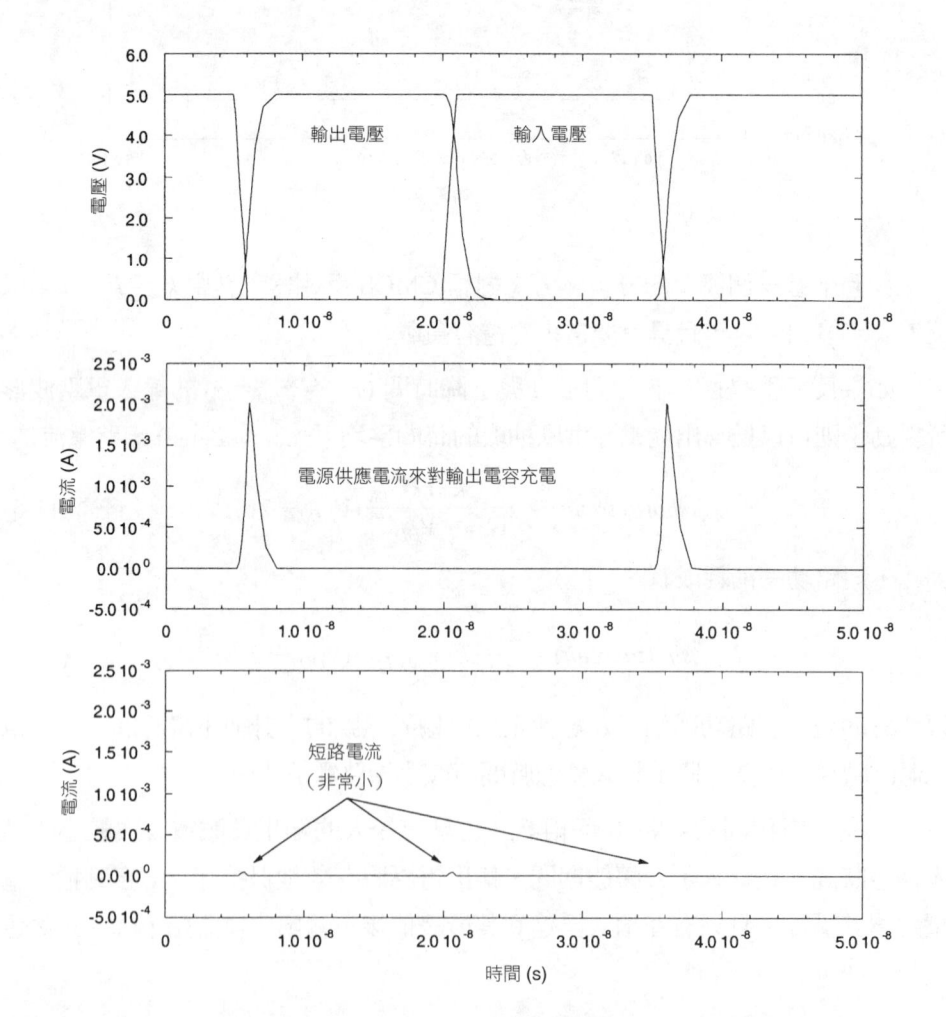

漏電功率消耗

CMOS 邏輯閘所使用的 nMOS 與 pMOS 電晶體通常具有非零的逆向漏電 (reverse leakage)、次臨界電流 (subthreshold current)、閘極引發的汲極漏電 (gate-induced drain leakage, GIDL) 與閘極漏電 (gate leakage)。在含有非常大量電晶體的 CMOS VLSI 晶片中,即使當電晶體沒有經歷任何切換事件時,這些電流也會貢獻至總功率消耗。漏電流的大小主要是由製程參數與所施加的電壓決定。

MOSFET 的四種主要的漏電流成分中,逆向二極體漏電發生在當電晶體的汲極與基底之間的 p-n 接面為逆向偏壓時。逆向偏壓的汲極接面接著導通抽取自電源供應的逆向飽和電流。考慮一個具有高輸入電壓的 CMOS 反相器,其中 nMOS 電晶體為導通且輸出節點電壓被放電到零。雖然 pMOS 電晶體截止,但汲極與 n 型井之間會有逆向電位差 V_{DD},導致二極體漏電經過汲極接面。pMOS 電晶體的 n 型井區域也是以 V_{DD} 逆向偏壓 (相對於 p 型基底)。所以,另一個顯著的漏電流成分會因為 n 型井而存在 (圖 11.7)。

類似的情況可以在輸入電壓為零時被觀察到,且輸出電壓會透過 pMOS 電晶體充電至 V_{DD}。然後,在 nMOS 汲極區域與 p 型基底之間的逆向電位差會造成亦抽取自電源供應的逆向漏電流 (透過 pMOS 電晶體)。

p-n 接面的逆向漏電流可由下式表示

$$I_{reverse} = A \cdot J_S \left(e^{\frac{qV_{bias}}{kT}} - 1 \right) \tag{11.8}$$

其中 V_{bias} 是跨越接面的逆向偏壓,J_S 為逆向飽和電流密度,A 則是接面面積。一般逆向飽和電流密度為 1 pA/μm^2 至 5 pA/μm^2,且隨溫度增加相當地顯著。

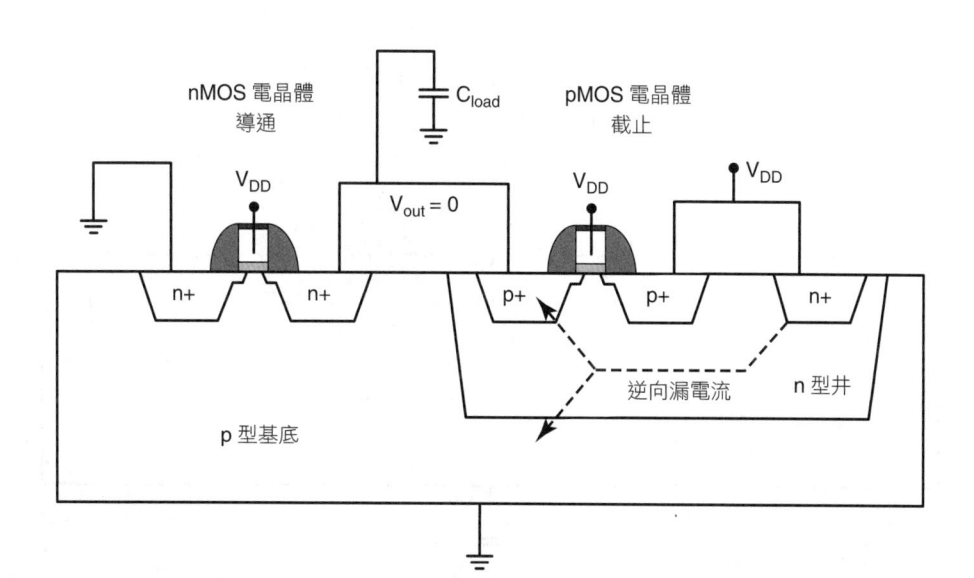

圖 11.7 CMOS 反相器的輸入電壓為高態時的逆向漏電流路徑。

須要注意的是，即使在沒有切換發生時的待機 (standby) 操作期間，逆向漏電也會發生。因此，在包含數百萬顆電晶體的大晶片裡，因為這個機制的功率消耗可能會很顯著。

在 CMOS 電路中的另一種漏電流成分為次臨界電流，這是由於在弱反轉區時，電晶體源極區與汲極區之間的載子擴散所造成。在次臨界操作區的 MOS 電晶體行為類似於雙極性元件 (BJT)，且次臨界電流呈現閘極電壓指數相依性。當閘極至源極電壓較小時，但非常接近元件的臨界電壓時，次臨界電流量可能會變得明顯。在這種情況下，次臨界漏電所造成的功率消耗可能變得與電路的切換功率消耗大小相當。次臨界漏電顯示於圖 11.8。

須注意的是，即使電路沒有切換活動，次臨界漏電流仍可能會發生，且該元件必須被仔細考慮以估計在待機模式時的全部功率消耗。再次使用式 (3.115) 中的次臨界電流表示式，來說明的其與端點電壓的指數相依性。

$$I_D(subthreshold) \cong \frac{qD_n W x_c n_0}{L_B} \cdot e^{\frac{q\phi_r}{kT}} \cdot e^{\frac{q}{kT}(A \cdot V_{GS} + B \cdot V_{DS})} \quad (11.9)$$

一種限制次臨界電流成分的相對簡單方法是避免非常低的臨界電壓，使得當輸入為邏輯 0 時，nMOS 電晶體的 V_{GS} 仍可安全地維持低於 $V_{T,n}$；而當輸入為邏輯 1 時，pMOS 電晶體的 $V_{SG,p}$ 則仍可安全地維持低於 $|V_{T,p}|$。

MOSFET 漏電流的第三種成分是閘極引發的汲極漏電 (GIDL)，這發生在閘極與汲極的重疊區域，其中摻雜密度高於 10^{19} cm^{-3}。當閘極電壓為低態且汲極電壓為高態時，高電場會導致足夠的能量帶在靠近矽與閘極介電質間界面彎曲。然後，價電帶上的電子穿隧 (tunnel) 進入傳導帶。這個能帶至能帶的穿隧現象導致 GIDL 電流。當電源供應電壓按比例縮小至低於矽的能帶隙 (energy

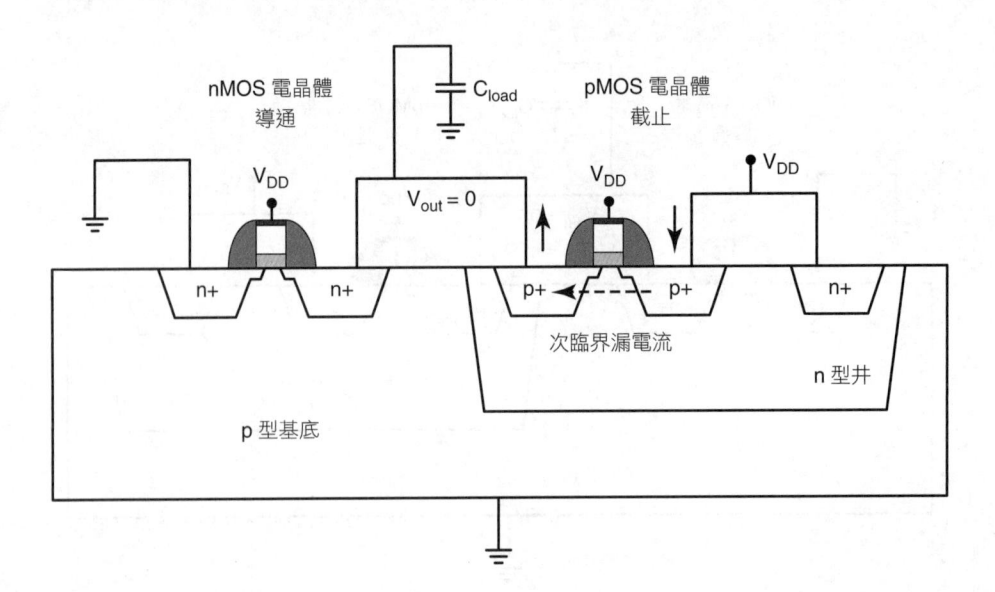

圖 11.8 CMOS 反相器的輸入電壓為高態時的次臨界漏電流路徑。

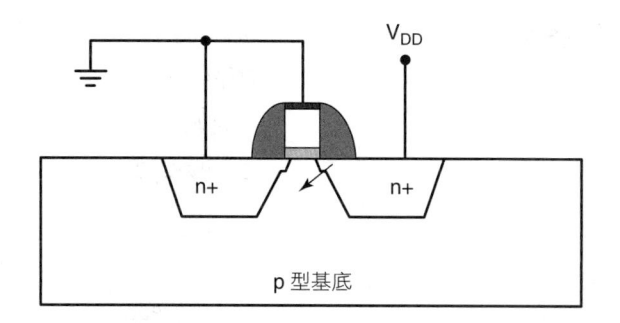

圖 **11.9** CMOS 反相器的輸入電壓為高態時的 GIDL 電流路徑。

band gap)，1.1 V，GIDL 電流也許不影響到數位邏輯電路。但是，在 DRAM 中，資料保持時間 (data retention time) 仍然可能藉由 GIDL 而顯著地降低。GIDL 電流顯示於圖 11.9。

CMOS 電路的第四種漏電流成分為閘極漏電流，會藉由電子透過薄閘極氧化層的量子力學穿隧 (quantum-mechanical tunneling) 效應而發生。如果閘極氧化層厚度為 3 nm 或更小，則電子可以直接穿隧通過閘極氧化層，且當閘極氧化層厚度按比例縮小至 2 nm 或更小時，會顯著地增加。閘極漏電流將增加總功率消耗以及可靠度問題。當低電壓被施加至閘極時，電晶體是截止的，且主要的閘極漏電流會流過閘極到達汲極/源極的重疊區域 (I_{gdo}, I_{gso})。當高電壓被施加至閘極時，電晶體導通，主要的閘極漏電流會流過通道到達汲極/源極 (I_{gcd}, I_{gcs})。相對於其它的閘極漏電流成分，如 I_{gdo}、I_{gso}、I_{gcd} 和 I_{gcs}，流至基底 (I_{gb}) 的閘極漏電流很小。在強反轉區的閘極漏電流量，要比與 $V_{gs} = 0$ 與 $V_{ds} = V_{DD}$ 時的閘極電流高 10 個數量級。因此，CMOS 邏輯閘的閘極漏電流將與輸入相關。閘極漏電流顯示於圖 11.10。對於雙輸入 NAND 閘而言，輸入向量為 (1, 1) 時，閘極漏電流最大。

如果閘極氧化層厚度為 1.7 nm 或更高，則次臨界漏電流為主導；而若閘極氧化層被減至 1.2 nm 或更低，則閘極漏電流為主導。電晶體不能被微縮至低於閘極氧化層厚度 1.2 nm，相當於 5 個分子的厚度，因為元件將會很容易漏電。為了克服這個問題，在保持相同的電流驅動能力的同時，應當採用新結構與材

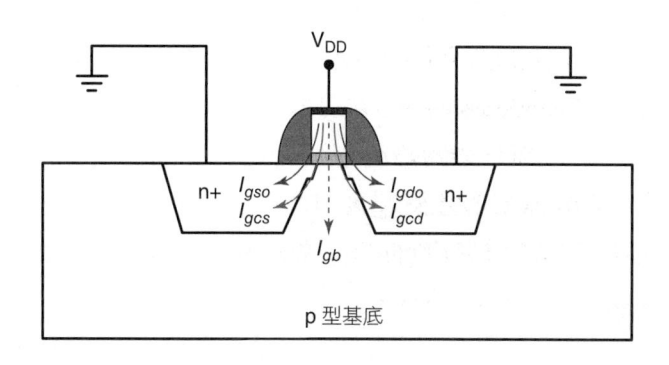

圖 **11.10** CMOS 反相器的輸入電壓為高態時的閘極漏電流路徑。

料。MOSFET 的閘極氧化層位在閘極與矽基底之間。因此，閘極氧化層可以模擬為平行板電容。

$$C = \frac{k\varepsilon_0 A}{d} \tag{11.10}$$

其中，k、ε_0、A 與 d 分別代表相對介電常數 (relative dielectric constant)、自由空間介電係數 (permittivity of free space)、閘極氧化層面積與閘極氧化層厚度。二氧化矽的相對介電常數為 3.9。增加閘極氧化層厚度可以大幅降低閘極漏電，但二氧化矽應該換成具有高介電常數的材料。具有比矽閘極氧化物更高的介電常數之絕緣體被稱為 high-k 介電質，而鉿 (Hf) 與鋯 (Zr) 的矽化物與氧化物通常作為 high-k 介電質。HfO_2 與 ZrO_2 的介電常數分別是 24.5 與 25.0。Intel 的 45-nm 節能 Penryn 處理器是於 2007 年採用以鉿為基礎的 high-k 介電質與金屬閘所開發的。high-k 介電材料元件的閘極漏電流比次臨界漏電流還要小很多。

除了在本節中討論的 CMOS 數位積體電路的的三個主要功率消耗來源之外，一些晶片還可能包含消耗靜態功率的電路。像是虛擬 nMOS 邏輯電路，其利用一顆 pMOS 電晶體作為上拉元件。這種電路類型已經於第 7.4 節討論過，此電路呈現出因為負載電流造成非零的靜態功率消耗。當在估計整體的功率消耗時，應把這種電路的功率消耗列入考慮。

總結我們的討論，CMOS 數位電路中的總功率消耗可以表示為四種成分的總和，

$$P_{total} = \alpha_T \cdot C_{load} \cdot V_{DD}^2 \cdot f_{CLK} + V_{DD}(I_{short\text{-}circuit} + I_{leakage} + I_{static}) \tag{11.11}$$

其中 $I_{short\text{-}circuit}$ 為平均短路電流；$I_{leakage}$ 為逆向漏電、次臨界電流、閘極引發的汲極漏電與閘極漏電；以及 I_{static} 代表從電源供應抽取出的直流電流成分。切換功率消耗是式 (11.11) 的第一項，是大多數 CMOS 邏輯閘功率消耗的主要成分。然而，在奈米時代，因漏電流所導致的功率消耗占整體功率消耗很大一部分。

實際功率消耗範例

我們檢視了 CMOS 數位積體電路中的各種功率消耗，並確認了功率消耗的實際成因。接下來，我們應用此分析以減少 CMOS 邏輯閘電路的功率消耗。了解大型系統或晶片功率消耗的輪廓分佈也很重要，意即在晶片中的不同部分消耗多少功率。了解 CMOS VLSI 晶片中功率消耗的主要成分，可以幫助我們發展出更實際的觀念，並引導我們能更有效地減少大型系統的功率消耗。

表 11.1 各種數位 CMOS VLSI 晶片的功率消耗統計。

晶片	Intel 80386	DEC Alpha 21064	基於標準元件的 ASIC
最小特徵尺寸	1.5 μm	0.75 μm	0.5 μm
邏輯閘數目	36,808	263,666	10,000
時脈頻率 f_{CLK}	16 MHz	200 MHz	110 MHz
電源供應電壓	5 V	3.3 V	3 V
總功率消耗	1.41 W	32 W	0.8 W
邏輯閘	32%	14%	9%
時脈分佈	9%	32%	30%
連接線	28%	14%	15%
I/O 驅動器	26%	37%	43%

在下面的範例中，我們檢視實際晶片的功率消耗，以及如何把總消耗量分成四個主要部分：邏輯電路、時脈產生與分佈、連線以及晶片外 (off-chip) 驅動電路（I/O 電路）。表 11.1 顯示在三顆不同的 CMOS 數位 VLSI 晶片中，這四個部分各自的功率消耗百分比。

須注意的是，這三種晶片的的特性非常不同，像是最小尺寸、操作頻率與電源電壓。因此，總功率消耗量也顯示出非常大的變異。然而，我們可以發現在每顆晶片中的四個主要部分之間的功率消耗分佈有許多相似性。首先，邏輯閘的功率消耗量僅是整體功率消耗的一小部分（通常為 10% 至 30%）。另一方面，I/O 驅動器電路的功率消耗是整體功率消耗的 30% 至 40%，佔了功率預算的一大部分。此外，須注意的是，時脈網路可能會消耗非常大量的功率，其中包括時脈驅動器、分佈連線以及由全域 (global) 時脈訊號所驅動的所有閂鎖器之輸入電容。在最近使用奈米級 CMOS 技術所製造的設計中，也看的到相同的基本趨勢。

這些觀察在確認晶片中整體功率消耗的關鍵部分很有用。例如，該 I/O 電路通常被設計來驅動大型晶片外電容負載，且訊號準位幾乎都是受外部元件所支配。因此，驅動大型晶片外負載的創新低功率方法總是對於整體功率消耗有顯著影響。同樣地，省電 (power-saving) 時脈分佈策略會是一種寶貴的資產。

11.3 透過電壓縮小的低功率設計

式 (11.3) 顯示平均切換功率消耗是正比於電源供應電壓的平方；因此，減少 V_{DD} 將顯著地降低功率消耗。接下來，我們將檢視降低電源供應電壓 V_{DD} 對於切換功率消耗與邏輯閘動態性能的影響。

電壓縮小對功率與延遲的影響

雖然降低電源供應電壓顯著地減少了動態功率消耗，不可避免的設計折衷是延遲的增加。這可以很容易地藉由檢視以下在第 6 章中推導出的 CMOS 反相器電路傳遞延遲表示式來看到。

$$\tau_{PHL} = \frac{C_{load}}{k_n} \cdot \frac{2}{E_{C,n}L_n} \cdot \frac{V_{50\%}[(V_{DD} - V_{T,n}) + E_{C,n}L_n]}{(V_{DD} - V_{T,n})^2} \tag{11.12a}$$

$$\tau_{PLH} = \frac{C_{load}}{k_p} \cdot \frac{2}{E_{C,p}L_p} \cdot \frac{V_{50\%}(V_{DD} - |V_{T,p}| + E_{C,p}L_p]}{(V_{DD} - |V_{T,p}|)^2} \tag{11.12b}$$

如果電源供應電壓按比例縮小，而所有其它參數保持常數時，則傳遞延遲時間將增加。圖 11.11 所示為正規化過的延遲變異為 V_{DD} 函數，其中 nMOS 與 pMOS 電晶體的臨界電壓分別是 $V_{T,n} = 0.8$ V 與 $V_{T,p} = -0.8$ V。正規化過的平均切換功率消耗變異為電源供應電壓的函數，也顯示於同一圖中。

須注意的是，電路速度對於電源供應電壓的相依性也可能會影響在動態功率消耗與電源供應電壓之間的關係。式 (11.3) 提出了當電源供應電壓被降低時，功率消耗可得到平方倍的改善（減少）。然而，這種說法係假設切換頻率（即每單位時間的切換事件數量）保持不變。如果電路一直操作在其傳遞延遲所允許的最大頻率，則單位時間的切換事件次數（即操作頻率）會下降，因為當電源供應電壓降低時，傳遞延遲變得較大。最後結果是切換功率消耗對於電源供應電壓的相依性會變得比簡單的二次方關係還強，顯示於圖 11.11。

須注意的是，在本節中所討論的降低電壓是與定電場尺寸縮小（參見第 3 章）相當不同的；後者的電源供應電壓與關鍵元件尺寸（通道長度、閘極氧化層厚度）與摻雜密度是以相同的因子來縮小。在這裡，我們檢視降低電源供應電壓對於給定的製程技術之影響；因此，關鍵的元件參數與負載電容被假設為

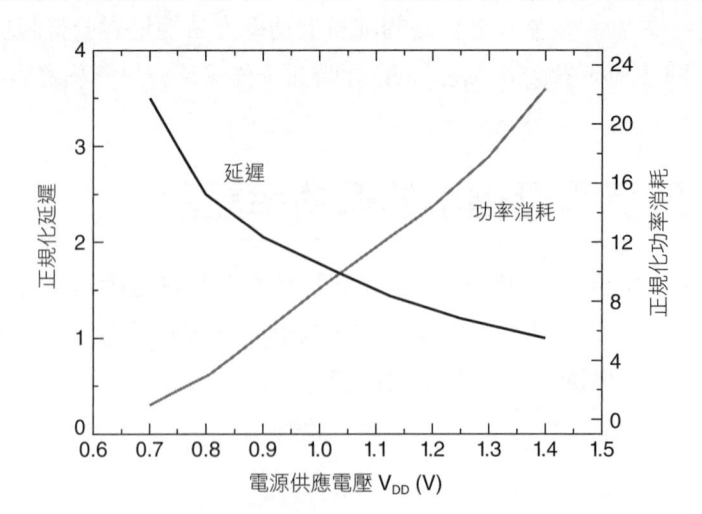

圖 11.11 正規化過的 CMOS 反相器傳遞延遲與平均切換功率消耗，作為電源供應電壓 V_{DD} 函數。

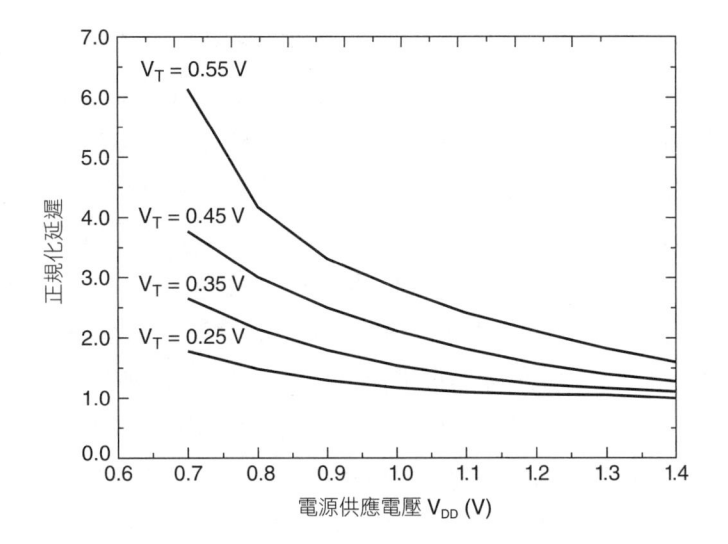

圖 11.12 正規化過的 CMOS 反相器傳遞延遲變異，作為電源供電壓 V_{DD} 與臨界電壓 V_T 的函數。

常數。

傳遞延遲表示式 (11.12) 顯示，如果電晶體的臨界電壓 (V_T) 相應地按比例縮小，則可補償電源供應電壓在延遲上的負面影響。但是，這種方法效果有限制，因為臨界電壓也許無法被縮小至如同電源供應電壓的程度。當線性縮小時，降低臨界電壓允許電路在較低的 V_{DD} 時產生相同的速度性能。圖 11.12 顯示 CMOS 反相器在不同的臨界電壓值，傳遞延遲變化作為電源供應電壓的函數。

我們可以看到，例如，在 V_{DD} = 2 V 時，減少臨界電壓從 0.8 V 至 0.2 V 可以改善延遲兩倍。臨界電壓降低對於傳遞延遲的影響在 V_{DD} < 2 V 的低電源供電壓時，特別顯著。然而，須注意的是，使用低 V_T 的電晶體會提高有關雜訊邊界與次臨界導通的顧慮。對 CMOS 邏輯閘而言，較小的臨界電壓會導致較小的雜訊邊界。次臨界導通電流亦設定了嚴格的限制來對抗降低臨界電壓。當臨界電壓小於 0.2 V，在待機狀態下，即邏輯閘沒有切換時，因為次臨界導通所造成的漏電有可能成為整體功率消耗的顯著部分。此外，傳遞延遲變得對臨界電壓的製程相關變動 (fluctuation) 更為敏感。

僅藉由降低系統的操作頻率而不改變電源供應電壓，可以節省功率消耗，並非能量消耗。因此，動態頻率調整 (dynamic frequency scaling, DFS) 幾乎不值得單獨使用。為了減少系統的能量消耗，動態電壓調整 (dynamic voltage scaling, DVS) 方法已廣泛地使用於許多應用中。使用 DVS 方法可以根據系統的工作量 (workload) 來動態地降低電源供應電壓。一旦電源供應電壓按比例縮小，電路延遲將相對應地降低。因此，系統的時脈頻率應該按比例縮小，以確保可以滿足所有工作的時序限制條件。許多節能 (energy-efficient) CPU，如同 Xscale 80200 與 LongRun 一樣，在 2000 年代早期就採用了動態電壓與頻率調

整 (dynamic voltage and frequency scaling, DVFS) 技術。在 DVFS 方案中，電源供應電壓準位與時脈頻率可以依據工作負荷來快速選擇。當工作量大時，將選擇最高電壓與頻率；而當工作量小時，則會選擇較低的（電壓與頻率）準位。準確的預測工作運轉時間 (task run time)，用以選擇電壓準位與時脈頻率，且不會使系統失效非常重要。幾種 DVFS 技術已被用來估計工作執行時間。一種使用已知的工作運轉時間、最後期限 (deadline)、工作量……等。另一種使用編譯器 (compiler) 支援。其它的 DVFS 技術使用運轉時間的統計資料。為了讓能量降低最佳化，且滿足給定的系統時間限制條件，DVFS 機制中應該考慮動態電流以及漏電流。許多具有 DVFS 機制的晶片僅會使用單一 DVFS 控制器來限制能量降低，特別針對多核心處理器或複雜 SoC。一種精細的 DVFS 可以克服這個問題，並藉由區塊等級控制來進一步降低能量消耗。如在次 130 nm 技術領域下，電源供應電壓與臨界電壓的比值隨著製程微縮而增大，且電壓縮小的好處可能會減少。

接著，我們將檢視兩種電路設計技術，可以用來克服與低 V_T 電路相關的難題（如漏電與高待機功率消耗）。這些技術稱為可變臨界電壓 CMOS (variable-threshold CMOS, VTCMOS) 與多臨界電壓 CMOS (multiple-threshold CMOS, MTCMOS)。

可變臨界電壓 CMOS (VTCMOS) 電路

我們已經看到，使用低電源供應電壓 (V_{DD}) 與在 CMOS 邏輯電路的低臨界電壓 (V_T) 是用來降低整體功率消耗而同時保持高速性能的有效方法。然而，完全使用低 V_T 電晶體來設計 CMOS 邏輯閘，將不可避免地導致增加次臨界漏電現象，因而導致無切換輸出時較高的待機功率消耗。一種可能克服此問題的方式是藉由改變基底偏壓來調整電晶體的臨界電壓，以避免待機狀態下的漏電。

MOS 電晶體的臨界電壓 V_T 是其源極至基底電壓 V_{SB} 的函數，如同第 3 章所討論過的。在傳統 CMOS 邏輯電路中，所有 nMOS 電晶體的基底都是連接至接地電位，而所有 pMOS 電晶體的基底則連接至 V_{DD}。相對於基底而言，這確保了源極與汲極擴散區始終保持在逆向偏壓，且該電晶體的臨界電壓會顯著地受到基底（背閘極偏壓 (backgate bias)）效應的影響。另一方面，在 VTCMOS 電路技術中，電晶體本身就設計為具有低臨界電壓，且 nMOS 與 pMOS 電晶體的基底偏壓是由可變基底偏壓控制電路所產生的，如圖 11.13 所示。

當圖 11.13 中的反相器電路操作在其主動 (active) 模式時，nMOS 電晶體的基底偏壓為 $V_{Bn} = 0$，且 pMOS 電晶體的基底偏壓為 $V_{Bp} = V_{DD}$。因此，反相器電晶體不會經歷任何背閘極偏壓效應。電路操作在低 V_{DD} 與低 V_T，獲得低功率消耗（因為低 V_{DD}）與高切換速度（因為低 V_T）的好處。

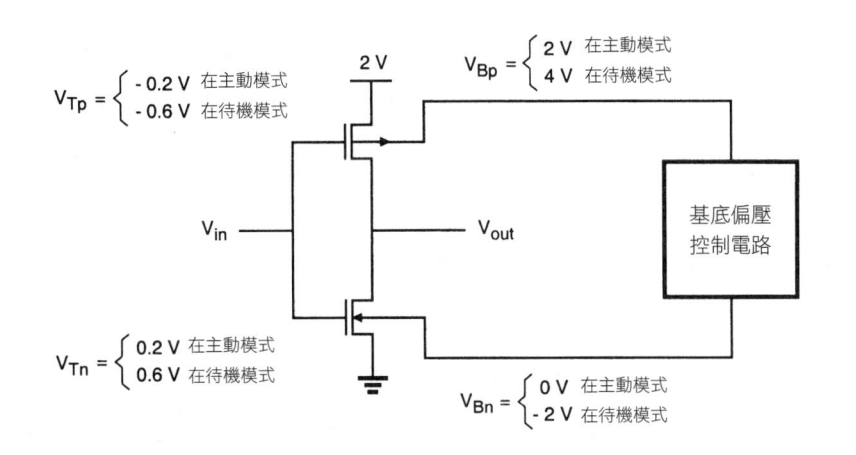

圖 11.13 可變臨界 CMOS (VTCMOS) 反相器電路。nMOS 與 pMOS 電晶體的臨界電壓可藉由調節基底偏壓而增加，以減少在待機模式中的次臨界漏電流。

不過，當反相器電路是在待機模式時，基底偏壓控制電路會產生較低的基底偏壓供給 nMOS 電晶體，以及更高的基底偏壓供給 pMOS 電晶體。因此，由於背閘極偏壓效應的影響，在待機模式下，臨界電壓 V_{Tn} 與 V_{Tp} 的大小都會增加。由於次臨界漏電流會隨臨界電壓的增加而呈現指數下降，因此在待機模式下的漏電功率消耗可以藉由這種技術而明顯降低。

VTCMOS 技術還可以用來自動控制電晶體的臨界電壓，以減少因製程而造成的漏電流與補償臨界電壓相關變動。這種方法也被稱為臨界電壓自我調節法 (self-adjusting threshold voltage scheme, SATS)。

可變臨界 CMOS 電路設計技術可以非常有效地減少次臨界漏電流，以及控制在低 V_{DD} - 低 V_T 應用的臨界電壓值。然而，該技術通常需要雙井 (twin-well) 或三井 (triple-well) 的 CMOS 技術，以針對晶片上的不同部分施加不同的基底偏壓。此外，如果晶片上無法產生基底偏壓的電壓準位，則可能需要獨立的電源接腳。相較於整體的晶片面積，由基底偏壓控制電路所佔據的額外面積通常可以忽略不計。

圖 11.14 所示為具有低內部電源電壓 V_{DDL} 與臨界電壓控制的一般低功率晶片的區塊圖。須注意的是，晶片的輸入／輸出電路通常具有較高的外部電源供應電壓來增加雜訊邊界，以及能與周邊裝置通訊。而晶片上的 DC-DC 電壓轉

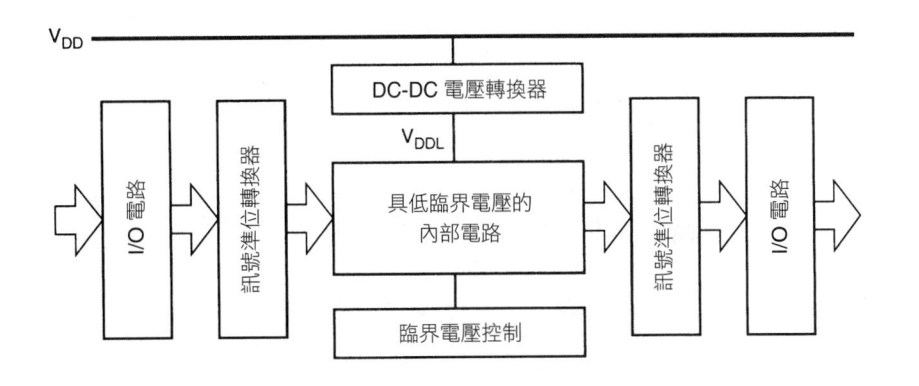

圖 11.14 典型的低功率晶片區塊圖。內部電源供應電壓是由晶片內的 DC-DC 轉換電路產生。

換器產生內部電路使用的低內部電源供應電壓 V_{DDL}。兩個訊號擺幅轉換器（準位轉換器）分別被用來降低輸入訊號的電壓擺幅，以及增加輸出訊號的電壓擺幅。內部低電壓電路可以使用 VTCMOS 技術來設計，其中臨界電壓控制單元可調整基底偏壓以抑制漏電流。

多臨界電壓 CMOS (MTCMOS) 電路

另一種可應用於減少低電壓電路在待機模式下的漏電流技術，是基於電路中使用具有兩種不同臨界電壓的兩種不同類型電晶體（包括 nMOS 與 pMOS）。在這裡，低 V_T 電晶體通常用於設計要求切換速度的邏輯閘，而高 V_T 電晶體則被用於有效地隔離待機中的邏輯閘，以及防止漏電損耗。MTCMOS 邏輯閘的一般電路架構顯示於圖 11.15。

在主動模式時，高 V_T 電晶體會導通，而由低 V_T 電晶體組成的邏輯閘的操作具有低切換功率消耗以及小傳遞延遲。另一方面，當電路切換至待機模式時，高 V_T 電晶體會截止，且任何來自內部低 V_T 電路次臨界漏電流的導通路徑可被有效切斷。圖 11.16 顯示一種以 MTCMOS 技術設計的簡單 D 型閂鎖器電路。須要注意的是，從輸入到輸出的關鍵訊號傳遞路徑僅包含低 V_T 電晶體，而包含高 V_T 電晶體的交叉耦合反相器則用於維持在待機模式時的資料。

相較於 VTCMOS 技術，MTCMOS 技術在觀念上更容易應用與使用，其通常需要一個複雜的基底偏壓控制機制。它不需要雙井或三井 CMOS 製程；它唯一顯著的製程相關成本是須在相同的晶片上製造出具有不同臨界電壓的 MOS 電晶體。MTCMOS 電路技術的缺點之一，是存在著串聯的待機電晶體，不但增加了整體電路面積，也產生額外的寄生電容。

雖然 VTCMOS 與 MTCMOS 電路技術可以非常有效地用來設計低功率 / 低

圖 11.15 多臨界電壓 CMOS (MTCMOS) 邏輯閘的一般架構。

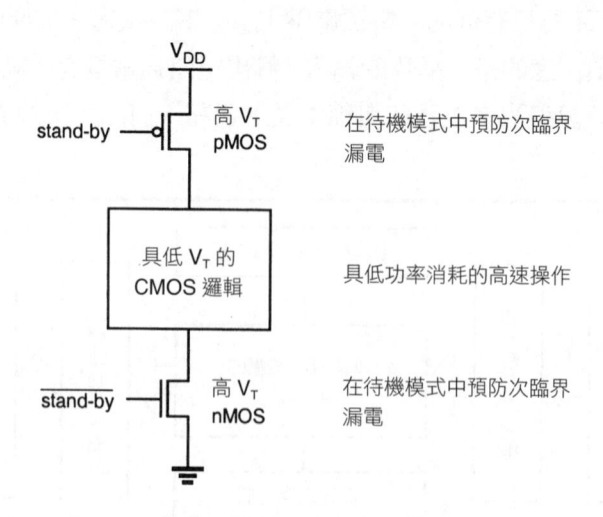

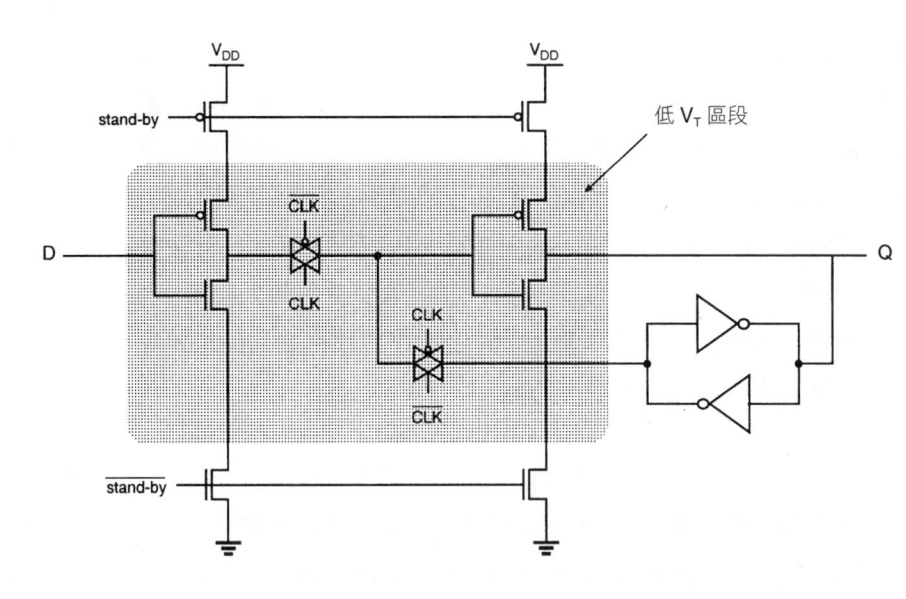

圖 11.16 以 MTCMOS 技術設計的低功率/低電壓 D 型閂鎖器電路。

電壓邏輯閘，但它們可能無法被用來作為低功率 CMOS 邏輯設計的通用解決方案。由於技術限制，某些應用類型無法使用可變臨界電壓與多臨界電壓，可選擇如管線化 (pipelining) 與硬體複製 (hardware replication) 技術的系統等級架構替代方案來維持系統性能（處理量），儘管電壓縮小。接下來，我們將檢視這些由架構設計技術來降低功率消耗的一些範例。

管線化方法

首先，考慮在圖 11.17 中所示的單一功能區塊，它實現了輸入向量 (IN-PUT) 的邏輯函數 **F(INPUT)**。輸入與輸出向量是透過由時脈訊號 CLK 所驅動

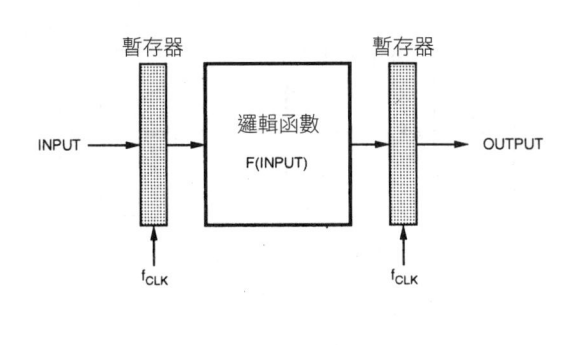

圖 11.17 邏輯函數的單級實現與其簡化時序圖。

的暫存器陣列來進行取樣。假設在此邏輯區塊中（電源供應電壓為 V_{DD}）的關鍵路徑允許最大的取樣頻率為 f_{CLK}；換句話說，這個邏輯區塊的輸入至輸出的最大傳遞延遲 $\tau_{P,max}$ 會等於或小於 $T_{CLK} = 1/f_{CLK}$。圖 11.17 也顯示了電路的簡化時序圖。在每個時脈週期，一組新的輸入向量會被閂鎖至輸入暫存器陣列內，且在一個週期延遲 (latency) 後，輸出資料變為有效。讓 C_{total} 是在每個時脈週期所切換的總電容。在這裡，C_{total} 包括 (1) 在輸入暫存器陣列中所切換的電容，(2) 實現邏輯函數所切換的電容，與 (3) 輸出暫存器陣列中所切換的電容。然後，此結構的動態功率消耗，可以得到為

$$P_{reference} = C_{total} \cdot V_{DD}^2 \cdot f_{CLK} \tag{11.13}$$

現在考慮一種可實現相同邏輯功能的 N 級管線式結構，如圖 11.18 所示。除了原來的輸入與輸出暫存器外，該邏輯函數 **F(INPUT)** 已被分割 (partitioned) 成 N 個連續的分級，且總共有使用了 (N − 1) 個暫存器陣列以建立管線。所有的暫存器由原始取樣頻率 f_{CLK} 所驅動。如果各級分割的函數具有近乎相等的延遲

$$\tau_P(pipeline\_stage) = \frac{\tau_{P,max}(input\text{-}to\text{-}output)}{N} = T_{CLK} \tag{11.14}$$

則兩個連續暫存器之間的邏輯區塊的操作速度可以慢 N 倍，同時維持與前面相同的功能性處理量。這意味著電源供應電壓可降低到 $V_{DD,new}$，以有效地降低電路操作速度 N 倍。因此，解出式 (11.12) 可求得必須降低的電源供應電壓。

具有較低電源供應電壓以及具有與單級結構相同功能處理量的 N 級管線式

圖 11.18 N 級管線式結構實現與圖 11.17 相同的邏輯功能。最大管線級延遲等於時脈週期，且延遲為 N 個時脈週期。

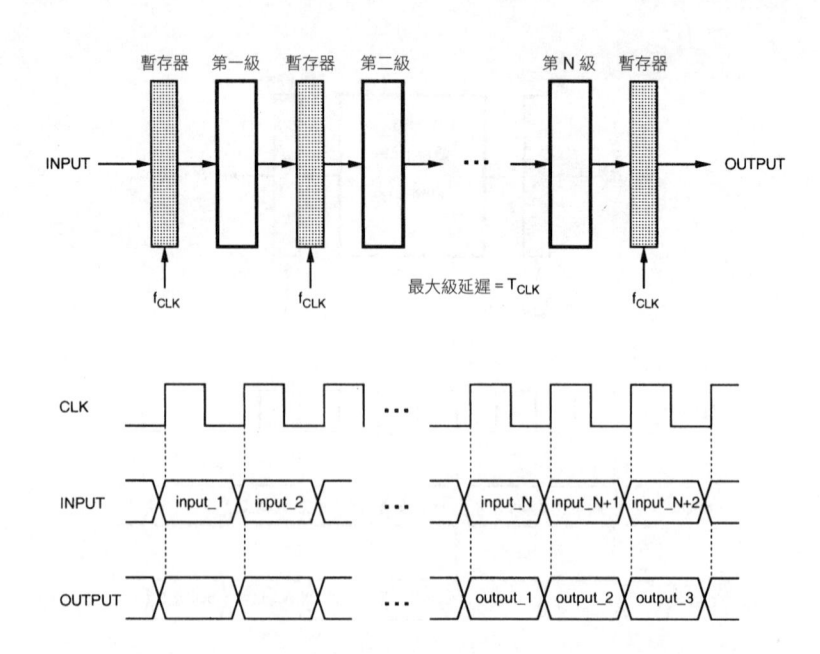

結構，其動態功率消耗可以近似為

$$P_{pipeline} = [C_{total} + (N-1)C_{reg}] \cdot V_{DD,new}^2 \cdot f_{CLK} \qquad (11.15)$$

其中 C_{reg} 表示由每個管線暫存器所切換的電容。然後，在 N 級管線式結構中所達到的功率降低因子 (power reduction factor) 為

$$\begin{aligned}\frac{P_{pipeline}}{P_{reference}} &= \frac{[C_{total} + (N-1)C_{reg}] \cdot V_{DD,new}^2 \cdot f_{CLK}}{C_{total} \cdot V_{DD}^2 \cdot f_{CLK}} \\ &= \left[1 + \frac{C_{reg}}{C_{total}}(N-1)\right]\frac{V_{DD,new}^2}{V_{DD}^2} \end{aligned} \qquad (11.16)$$

例如，考慮將一個單級邏輯區塊 (V_{DD} = 5 V，f_{CLK} = 20 MHz) 更換為四級的管線式結構，操作在相同的時脈頻率下。這意味著每個管線級的傳遞延遲可以增加 4 倍，而不必犧牲資料的處理量。假設所有電晶體的臨界電壓值為 0.8 V，降低速度的目標可以藉由電源供應電壓從 5 V 降低至約為 2 V 來達成（參見圖 11.12）。當 (C_{reg}/C_{total}) = 0.1 時，整體功率降低因子可以由式 (11.16) 求得為 0.2。這意味著，將原來的單級邏輯區塊以在相同的時脈頻率執行的四級管線取代，且將電源供應電壓從 5 V 減少至 2 V，將節省約 80% 的切換功率，同時維持與之前相同的處理量。

這裡描述的架構修改有著相對小的面積負擔。總共 (N − 1) 個暫存器陣列必須被加入，以把原始的單級結構轉換成管線式結構。當為了低功率而與面積有所折衷時，這種方法還增加了從 1 到 N 個時脈週期延遲。然而，在許多應用中，例如訊號處理與資料編碼，週期延遲並非是顯著的顧慮。

平行處理法（硬體複製）

另一種為低功率而與面積有所折衷的方法是使用平行性 (parallelism) 或硬體複製。當要實現的邏輯函數不適合管線化時，這種方法可能特別有用。考慮 N 個完全相同的處理元件，每個都平行地實現邏輯函數 **F(INPUT)**，如圖 11.19 所示。假設連續輸入向量以相同速率到達，如同前面已檢視過的單級情況。輸入向量被繞線至 N 個處理區塊裡的所有暫存器。具有時脈週期為 (NT_{CLK}) 的閘控時脈訊號，被用來在每隔 N 個時脈週期將輸入向量載入至每個暫存器中。這意味著，到達每個輸入暫存器的時脈訊號偏斜了 T_{CLK}，使得 N 組連續輸入向量中的每一組被載入至不同的輸入暫存器中。因為每個輸入暫存器受到較低頻率為 (f_{CLK}/N) 的時脈控制，所以對於每個輸入向量而言，允許用來計算函數的時間增加了 N 倍。這意味著電源供應電壓可以降低，直到關鍵路徑的延遲等於新的時脈週期 (NT_{CLK})。N 個處理區塊的輸出被多工送至操作在時脈頻率為 f_{CLK}

圖 11.19 實現與圖 11.17 相同邏輯函數的 N 個區塊之平行結構。須注意的是，輸入暫存器是由較低的頻率 (f_{CLK}/N) 所控制。

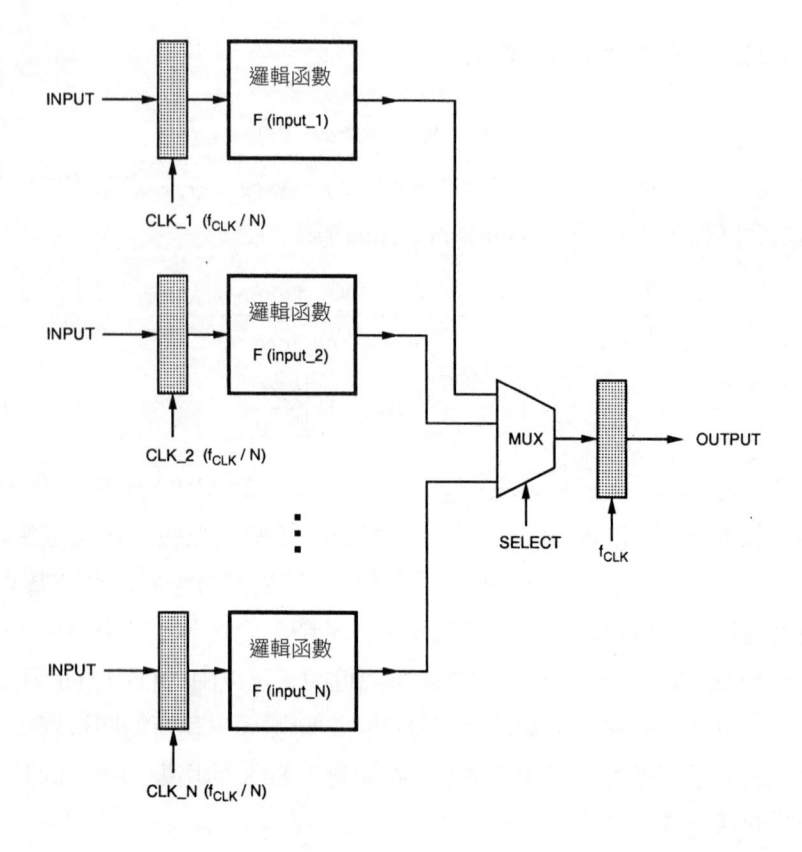

圖 11.20 圖 11.19 所示的 N 個區塊之平行結構的簡化時序圖。

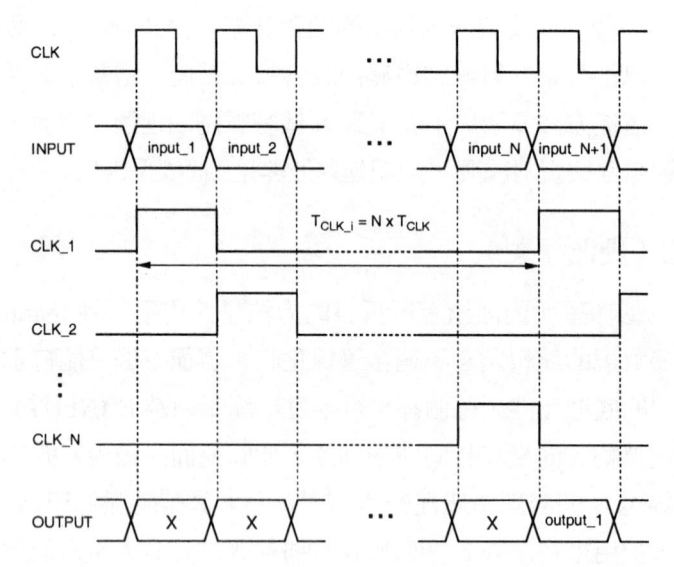

的輸出暫存器中，確保與之前的資料處理量相同。此平行排列的時序圖如圖 11.20 所示。

因為對每組輸入向量而言，允許用來計算函數的時間增加了 N 倍，所以電源供應電壓值可以降至 $V_{DD,new}$，以有效地減緩電路操作速度。求解式 (11.12) 可以發現新的電源供應電壓，如同在管線架構的情況。平行結構的總動態功率消耗（忽略多工器的消耗）為操作在時脈頻率 (f_{CLK}/N) 下的輸入暫存器與邏輯區塊，以及操作在時脈頻率 (f_{CLK}) 下的輸出暫存器所消耗的功率總和。

$$P_{parallel} = N \cdot C_{total} \cdot V_{DD,new}^2 \cdot \frac{f_{CLK}}{N} + C_{reg} \cdot V_{DD,new}^2 \cdot f_{CLK}$$

$$= \left(1 + \frac{C_{reg}}{C_{total}}\right) \cdot C_{total} \cdot V_{DD,new}^2 \cdot f_{CLK} \tag{11.17}$$

須注意的是，還有一項額外的負擔，它包括輸入繞線電容、輸出繞線電容與輸出多工器結構的電容，這些都是隨 N 而增加的函數。如果這一項負擔被忽略了，則在 N 個區塊的平行實現中，可達到的功率降低量為

$$\frac{P_{parallel}}{P_{reference}} = \frac{V_{DD,new}^2}{V_{DD}^2} \cdot \left(1 + \frac{C_{reg}}{C_{total}}\right) \tag{11.18}$$

假設臨界電壓為零，隨著架構驅使的電壓縮小方式所求得的可實現切換功率降低量之下限，如下式為

$$\frac{P_{parallel}}{P_{reference}} \geq \frac{1}{N^2} \tag{11.19}$$

這種方法的兩個明顯後果是增加面積與增加週期延遲。總共 N 個完全相同的處理區塊必須用來以 N 倍因子來減緩操作（時脈）速度。事實上，由於訊號繞線與額外負擔電路的緣故，矽面積將增長，甚至比處理器數量更快。圖 11.20 的時序圖顯示了平行實現具有 N 個時脈週期延遲，如同在 N 級管線結構的實現。然而，考慮到其較小的面積負擔，管線式方法提供了一種更有效率的替代方案來降低功率消耗，同時維持處理量。

11.4 切換活動量的估算與最佳化

在上一節中，我們討論了藉由電壓縮小來進行 CMOS 數位積體電路的動態功率消耗最小化的方法。另一種低功率設計的方法是減少切換活動量 (switching activity)，以及降低執行給定工作時所需要的最小切換電容數量。實現此目標的方法所涵蓋的範圍可以從演算法最佳化到邏輯設計，以及最終到實體光罩設計。接下來，我們將檢視切換活動量的觀念，並介紹一些用來降低它的方法。在第 11.5 節中，我們也會檢視用來對於必須切換至給定工作的電容數量進行最小化的各項方法。

切換活動量的觀念

已在第 11.2 節中所討論過的，在其它參數之中，CMOS 邏輯閘的動態功

率消耗取決於節點轉態因子 (node transition factor) α_T，其係在每個時脈週期中，輸出電容所經歷會造成消耗功率電壓轉態的有效數量。此參數也稱為切換活動量因子，取決於由邏輯閘、邏輯家族與輸入訊號之統計特性所執行的布林函數。

我們可以很容易地調查出不同邏輯閘類型的輸出轉態機率。首先將介紹兩種訊號機率，P_0 與 P_1。P_0 對應至在輸出具有邏輯 "0" 時的機率，而 $P_1 = (1 - P_0)$ 則對應至在輸出具有邏輯 "1" 時的機率。因此，在輸出節點發生消耗功率 (0 至 1) 轉態的機率是這兩種輸出訊號機率的乘積。例如，考慮一個靜態 CMOS NOR2 閘。如果兩個輸入為獨立且均勻分佈，則四種可能的輸入組合 (00, 01, 10, 11) 發生的機率相等。因此，我們可以從 NOR2 閘的真值表發現 $P_0 = 3/4$ 與 $P_1 = 1/4$。因此，在輸出節點發生消耗功率轉態的機率是

$$P_{0 \to 1} = P_0 \cdot P_1 = \frac{3}{4} \cdot \frac{1}{4} = \frac{3}{16} \tag{11.20}$$

轉態機率可顯示於狀態轉態圖 (state transition diagram)，它由兩種可能的輸出狀態與它們之中可能的轉態所組成 (圖 11.21)。一般來說，對於具有 n 個輸入變數 CMOS 邏輯閘，消耗功率輸出轉態機率可以表示為 n_0 的函數；n_0 係真值表中輸出欄位為零的個數。

$$P_{0 \to 1} = P_0 \cdot P_1 = \left(\frac{n_0}{2^n}\right) \cdot \left(\frac{2^n - n_0}{2^n}\right) \tag{11.21}$$

圖 11.22 所示為不同邏輯閘類型在相等的輸入機率下，輸出轉態機率作為輸入數量的函數。對於 NAND 或 NOR 閘，真值表分別僅包含一個 "0" 或 "1"，與輸入的數量無關。因此，輸出轉態機率會隨輸入的數量增加而下降。另一方面，在 XOR 閘中，真值表總是包含相同數量的邏輯 "0" 值與邏輯 "1"。因此，輸出轉態機率維持在 0.25。

在多層級 (multi-level) 邏輯電路中，輸入訊號機率分佈通常不均勻，即邏輯 "0" 與邏輯 "1" 發生的機率不會相等。因此，輸出轉態機率會變為輸入機率分佈的函數。舉例來說，考慮於前面所檢視過的 NOR2 閘。令 $P_{1,A}$ 代表在輸入 A 具有邏輯 "1" 的機率，以及 $P_{1,B}$ 代表在輸入 B 具有邏輯 "1" 的機率。在輸出節點獲得邏輯 "1" 的機率是

圖 11.21 NOR2 閘的狀態轉態圖與狀態轉態機率。

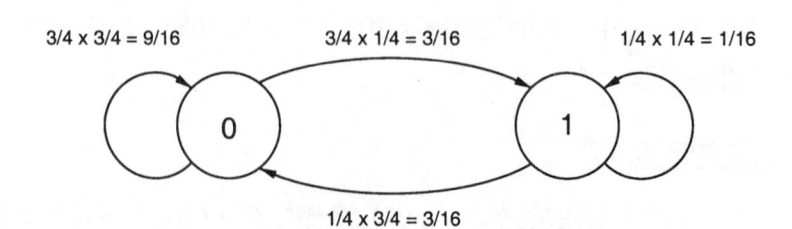

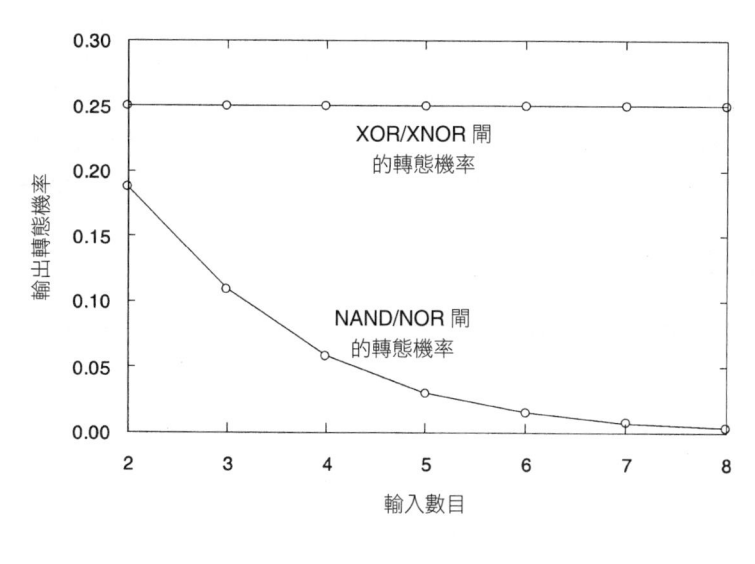

圖 11.22 不同邏輯閘的輸出轉態機率作為輸入數量的函數。須注意的是，XOR 閘的轉態機率是與輸入數目無關。

$$P_1 = (1 - P_{1,A}) \times (1 - P_{1,B}) \tag{11.22}$$

使用此表示式，可發現消耗功率的輸出轉態機率為 $P_{1,A}$ 與 $P_{1,B}$ 的函數。

$$\begin{aligned} P_{0 \to 1} &= P_0 \cdot P_1 = (1 - P_1) \cdot P_1 \\ &= (1 - (1 - P_{1,A}) \cdot (1 - P_{1,B})) \cdot ((1 - P_{1,A}) \cdot (1 - P_{1,B})) \end{aligned} \tag{11.23}$$

圖 11.23 所示為 NOR2 閘的輸出轉態機率分佈，作為兩個輸入機率的函數。我們可以看到，切換活動量的評估在大電路中會成為複雜的問題，特別是涉及到循序元件、重收斂端點 (reconvergent node)（其中，一個邏輯閘輸出被用來作為兩個或更多邏輯閘的輸入變數，沿著數條獨立路徑進行傳遞，且最終合併在另一邏輯閘的輸入端）以及回授迴路。因此，設計者必須仰賴計算機輔助設計 (CAD) 工具來正確評估所給定網路的切換活動量。

在動態 CMOS 邏輯電路中，輸出節點會在每個時脈週期被預充電。如果輸出節點在先前的週期中被放電了（即，如果輸出值是等於 "0"），則在預充電階段時，pMOS 預充電晶體將自電源供應抽取電流。這意味著動態 CMOS 邏

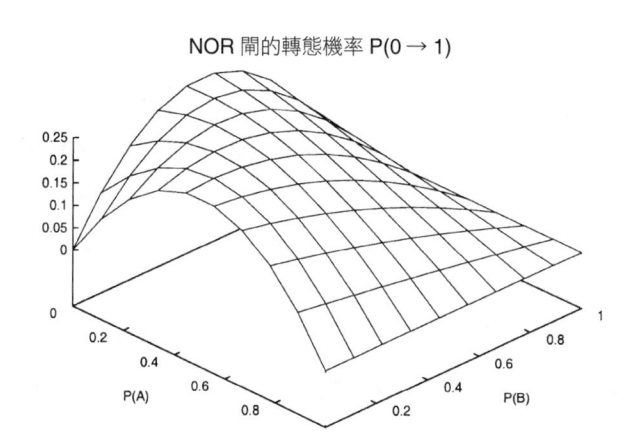

圖 11.23 NOR2 閘的輸出轉態機率作為兩個輸入機率的函數。

輯閘會在每次輸出值等於 "0" 時消耗功率，無論之前或之後的值為何。因此，動態邏輯閘的功率消耗是由輸出節點的訊號值機率來決定，而非由轉態機率。從前面的討論中，我們可以看到訊號值的機率總是比轉態機率大；因此，動態 CMOS 邏輯閘的功率消耗通常比在相同條件下的靜態 CMOS 閘來得大。

減少切換活動量

在 CMOS 數位積體電路的切換活動量可以藉由演算法最佳化、架構最佳化、邏輯拓樸結構的適當選擇，或者是藉由電路等級的最佳化予以降低。接下來，我們將簡要地討論一些可應用於最佳化切換機率的方法，因而最佳化動態功率消耗。

演算法最佳化非常相關於應用與資料特性，例如動態範圍、相關性與資料傳輸的統計性質。某些技術只能適用在特定的應用上，如數位訊號處理 (DSP)，而且不能用在一般用途處理上。例如，可以選擇一種適當的向量量化 (vector quantization, VQ) 演算法來最小化切換活動量。此外，如果**差分樹狀搜尋 (differential tree search)** 演算法被用來取代**全面搜尋 (full search)** 演算法，記憶體存取次數、乘法次數與加法次數可以降低約 30 倍。

在系統等級上，資料的呈現方式對於切換活動量可能會有顯著的影響。在資料位元會依序改變與高度相關的應用裡（如存取指令的位址位元），相較於簡單的二進位編碼，使用格雷編碼 (Gray coding) 導致轉態次數減少。另一個例子是使用**符號 - 大小 (sign-magnitude)** 表示方式，而非 2 補數 (two's complement) 來代表具有符號的資料。符號的改變將導致 2 補數表示法裡高位元的轉態，然而在符號 - 大小表示方式中，只有符號位元將會改變。因此，切換活動量可以在資料符號為經常變化的應用中，藉由使用符號 - 大小表示方式予以減少。

減少突波

在架構等級上降低切換活動量的一種重要方法是基於時間延遲的平衡與突波 (glitch) 的減少。在多層級邏輯電路中，從一個邏輯區塊到下一個邏輯區塊的傳遞延遲可能會引起虛假 (spurions) 訊號轉態、由**臨界競跑 (critical race)** 或**動態冒險 (dynamic hazard)** 所造成的突波。在一般情況下，如果邏輯閘的所有輸入訊號同時改變，則沒有突波發生。但是，如果輸入訊號在不同的時間發生改變，動態冒險或突波就可能會發生。因此，在單一時脈週期裡，節點在穩定至正確的邏輯準位之前（圖 11.24）可能會呈現多次轉態。在某些情況下，訊號突波僅是局部的，即節點電壓不會在接地與 V_{DD} 準位之間造成完全轉態；然

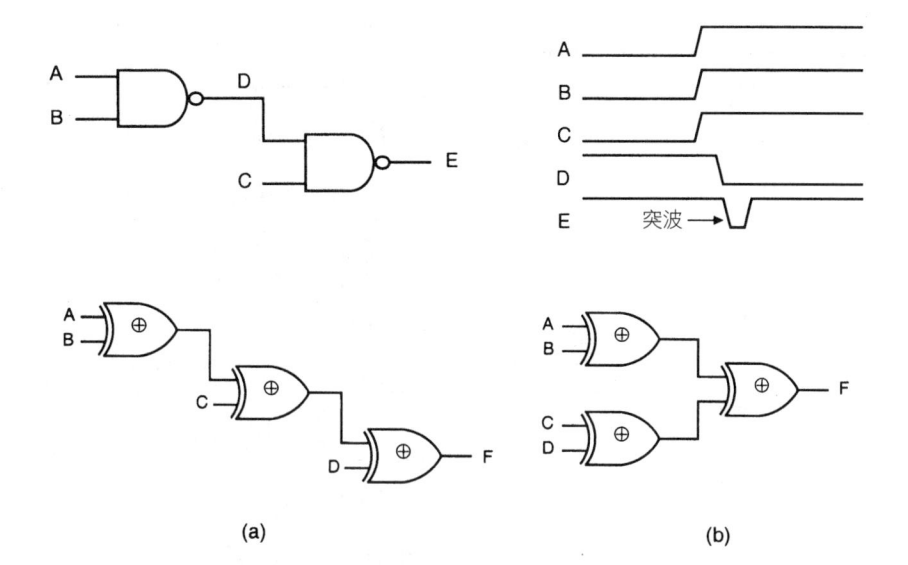

圖 11.24 在多層級靜態 CMOS 電路中的訊號突波。

圖 11.25 (a) 使用鏈狀結構的四輸入同位 (XOR) 函數的實現。(b) 具相同功能使用樹狀結構的實作，此將減少突波轉態。

而，即使是部分的突波也可能造成顯著的動態功率消耗。

突波發生主要是由於在邏輯網路中的路徑長度不匹配 (mismatch) 或不平衡 (imbalance) 所致。這樣的路徑長度不匹配會導致相對於主要輸入的訊號時序不匹配。例如，考慮在圖 11.25 中所示的簡單同位 (parity) 網路。如果所有的 XOR 閘都具有相同延遲，而且四個輸入訊號同時到達，則圖 11.25(a) 中的網路將受到輸入訊號抵達時間的巨大差異所造成的突波困擾。另一方面，在圖 11.25(b) 中所示的網路，所有的輸入抵達時間是均勻地完全相同，因為延遲路徑是平衡的。這樣的重新設計可以顯著地減少突波，因而降低了在複雜多層級網路中的動態功率消耗。此外，須注意的是，圖 11.25(b) 所示的樹狀結構會造成較小的整體傳遞延遲。最後，須注意的是，在多層級的動態 CMOS 邏輯電路中，突波並非顯著的議題，因為在每個時脈週期中，每個節點都會經歷至多一次轉態。

閘控時脈訊號

另一種用於降低 CMOS 邏輯電路切換活動量的有效設計技術是使用條件式 (conditional) 或閘控式 (gated) 的時脈訊號。我們已經在第 11.2 節看到，在時脈分佈網路中的切換功率消耗可能很顯著。如果在目前的時脈週期中，系統中的某些邏輯區塊不會立即使用到，則暫時停用這些區塊的時脈訊號將會明顯地節省切換功率，否則會浪費切換功率。須注意的是，設計有效的時脈閘控策略需要在電路中所執行的各項操作之間的訊號流向與相互關係仔細的分析。圖 11.26 所示為使用閘控時脈技術所設計的 N 位元數值比較器 (number comparator) 電路的區塊圖。

圖 11.26 具閘控時脈機制的 N 位元數值比較器的區塊圖。

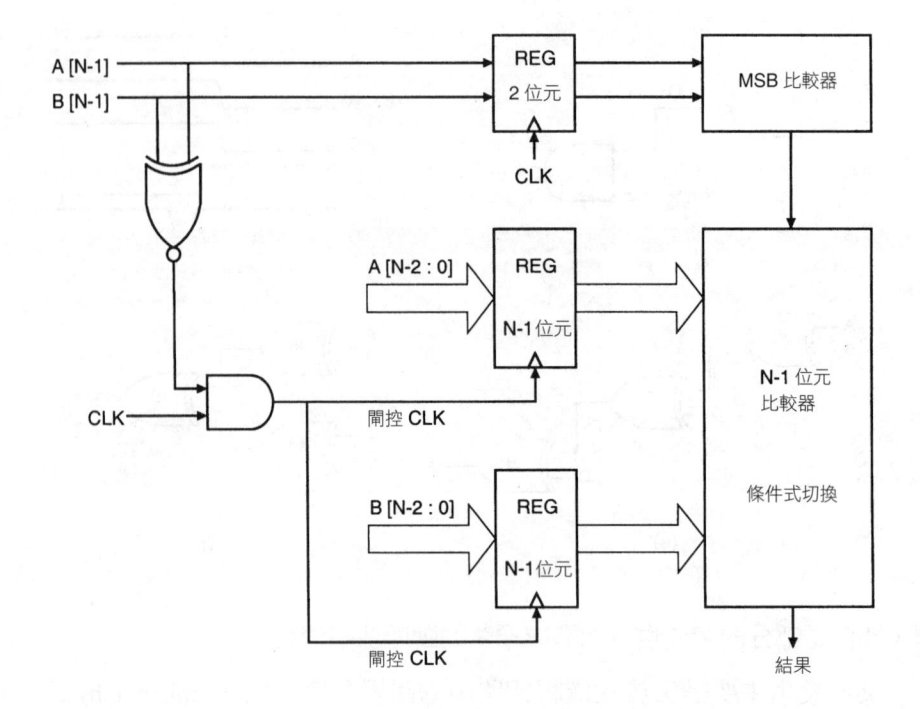

此電路比較兩個無符號 N 位元二進位數值（A 和 B）的大小，並且產生輸出以指出何者較大。在傳統方法中，所有的輸入位元會先被閂鎖至兩個 N 位元暫存器中，然後送至比較器電路。在這種情況下，在每個時脈週期中兩個 N 位元暫存器陣列會消耗功率。然而，如果兩個二進位數值的最高有效位元，A[N − 1] 和 B[N − 1]，彼此不同，則可以僅藉由比較最高有效位元 (most significant bit, MSB) 來判斷。圖 11.26 中所示的電路利用這個簡單的策略來節省切換功率，否則切換功率將被浪費在閂鎖動作以及處理低位元資料。兩個 MSB 閂鎖於由原始系統時脈驅動的兩位元暫存器。與此同時，這 2 個位元被送到 XNOR 閘且 XNOR 的輸出被用於產生具有一個 AND 閘的閘控時脈訊號。如果這兩個 MSB 是不同的（即，"01" 或 "10"）時，則 XNOR 會產生一個邏輯 "0" 的輸出，停止較低位元暫存器的時脈訊號。在這種情況下，一個獨立的 MSB 比較器電路會用來決定這兩個數值中何者較大。如果這兩個 MSB 是相同的（即，"00" 或 "11"）時，則閘控時脈訊號會被施加至較低階的暫存器，並且由 (N − 1) 位元的比較器電路來做判斷。

消耗在較低階暫存器與 (N − 1) 位元比較器電路的功率量可能相當顯著，尤其是如果位元長度 (N) 是很大的時候。假設進入的二進位數值是隨機分佈，我們可以看到閘控時脈策略有效地降低了系統的總切換功率消耗約 50%，因為有一半輸入組合會使該系統的大部分無法作用。這個例子說明，在某些邏輯電路中，閘控時脈策略可以非常有效地減少切換功率消耗。

11.5 降低切換電容

前幾節已經說明，切換電容量在電路的動態功率消耗中扮演著重要的角色。因此，減少這種寄生電容是數位積體電路低功率設計的主要目標。在這一節中，我們將考慮在系統等級、電路等級與實體設計（光罩）等級中，可用於減少切換電容量的各種技術。

系統等級的作法

在系統等級上，一種減少切換電容的方法是限制共享資源的使用。一個簡單的例子是使用全域匯流排 (global bus) 結構來進行大量操作模組（圖 11.27）之間的資料傳輸。如果單一共享匯流排 (shared bus) 被連接至所有模組，如圖 11.27(a)，則此結構會造成大型匯流排電容，因為 (1) 大量驅動器與接收器共用相同的傳輸介質 (medium)，以及 (2) 長匯流排線的寄生電容等緣故。顯然，在每次匯流排存取期間，驅動大型匯流排電容將會需要大量的功率消耗。另

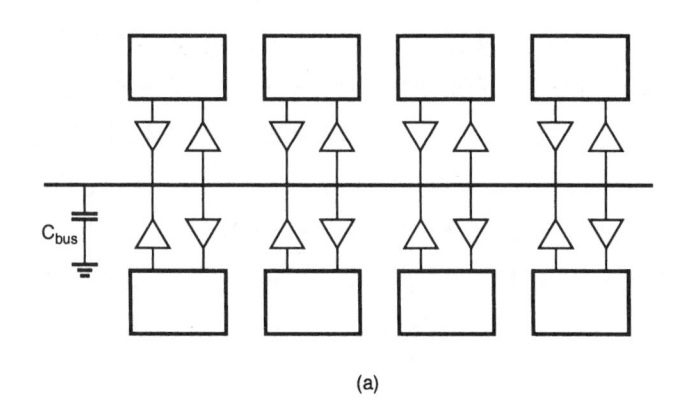

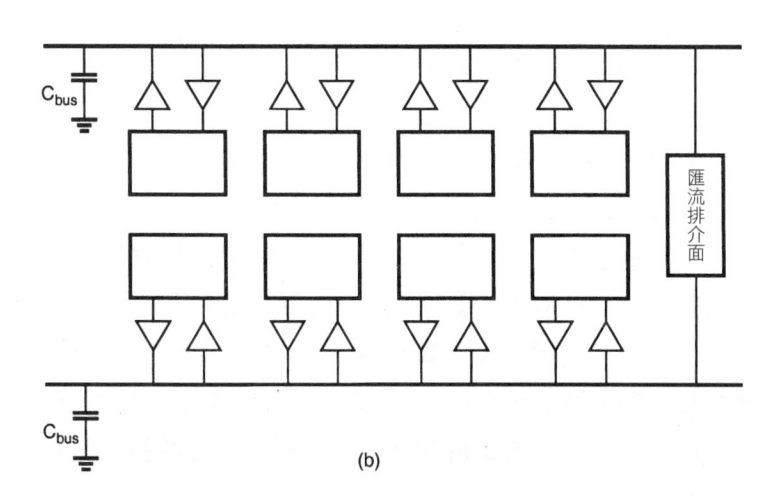

圖 11.27 (a) 使用單一全域匯流排結構來連接晶片上大量的模組會造成大型匯流排電容與大動態功率消耗。(b) 使用較小的局部匯流來降低切換電容量，代價為額外的晶片面積。

一種選擇是：全域匯流排結構可以被分割為許多較小的專用局部匯流排 (local bus)，以處理鄰近模組間的資料傳輸，如圖 11.27(b) 所示。在這種情況下，在每次匯流排存取期間的切換電容顯著地降低，儘管多組匯流排也許會增加晶片上的整體佈線面積。

電路等級的作法

用於實現數位電路邏輯型式的類型也影響到電路的輸出負載電容。電容是為實現給定功能所需電晶體數量的函數。例如，一種減少負載電容的方法是使用轉移閘 (transfer gate)（傳送電晶體邏輯 (pass-transistor logic)），而非傳統 CMOS 邏輯閘來實現邏輯功能。傳送閘 (pass gate) 邏輯設計是具有吸引力的，因為對特定的函數，例如 XOR 與 XNOR，所需的電晶體較少。因此，對低功率設計而言，這種設計型式已經成為傳統 CMOS 外的一項具有前景的替代方案。儘管如此，仍須考量傳送閘邏輯的一些重要的議題。

當傳送邏輯 "1" 時，通過 nMOS 電晶體所造成的臨界電壓降使得電壓擺幅恢復成為必要，以避免造成下一級反相器級或邏輯閘的靜態電流（參見第 9 章）。為了提供可接受的輸出驅動能力，反相器通常會接至傳送閘輸出，這增加了整體的面積、時間延遲與邏輯閘的切換功率消耗。因為傳送電晶體結構通常需要互補式控制訊號，所以雙軌 (dual-rail) 邏輯被用來提供所有互補型式訊號。因此，除了擺幅恢復與輸出緩衝電路外，還需要兩種互補式 nMOS 傳送電晶體網路，可以抵消傳送電晶體邏輯相對於傳統 CMOS 邏輯的固有優勢。因此，必須仔細考慮用來達成低功率的傳送電晶體邏輯閘，且邏輯設計方式的選擇最終必須基於對所有的設計層面仔細地比較，如矽晶片面積與整體延遲，以及切換功率消耗。

光罩等級的作法

在操作期間的切換（即充電或放電）寄生電容量，也可以在實體設計等級或光罩等級上減少。電路中 MOS 電晶體的寄生閘極電容與擴散電容，通常佔組合邏輯電路的總電容一大部分。因此，在光罩等級上減少功率消耗的簡單方法，就是在盡可能與可行的情況下，保持電晶體（尤其是在汲極與源極區域）為最小尺寸，進而最小化寄生電容。以最小尺寸電晶體設計的邏輯閘一定會影響電路的動態性能，並且這個在動態性能與功率消耗之間的折衷應當在關鍵電路中仔細考慮。特別是在驅動大**外部 (extrinsic)** 電容性負載的電路，例如，大扇出電容或繞線電容，電晶體必須以更大的尺寸進行設計。然而，在許多其它情況下，閘極的負載電容主要是**內部 (intrinsic)** 的，因此電晶體的尺寸可以保持在最小。須注意的是，大多數的標準元件庫 (standard cell library) 都使用較大的電晶體來設計，以適應廣泛範圍的電容性負載與性能需求。因此，在每個單元中的切換電容方面，基於標準單元的設計 (standard-cell-based design) 可能會有相當大的負擔。

11.6 絕熱邏輯電路

傳統具有軌對軌 (rail-to-rail) 輸出電壓擺幅的準位恢復 (level-restoring) CMOS 邏輯電路，各項切換事件都會造成來自電源供應能量轉移至輸出節點，或從輸出節點至接地。在輸出從 0 至 V_{DD} 的轉態期間，總輸出電荷 $Q = C_{load}V_{DD}$ 是在定電壓下從電源供應抽取。因此，能量 $E_{supply} = C_{load}V^2_{DD}$ 會在轉態期間從電源供應抽取。對輸出節點的電容充電至電壓準位 V_{DD} 意味著在轉態結束時，輸出節點所儲存的能量為 $E_{stored} = C_{load}V^2_{DD}/2$。因此，一半從電源供應注入的能量會消耗在 pMOS 網路，而只有一半被傳遞到輸出節點。在隨後輸出節點從 V_{DD} 至 0 的轉態期間，沒有電荷會由電源供應抽取，且儲存在負載電容中的能量被消耗在 nMOS 網路。

為了減少損耗，電路設計者可以最小化切換事件、減少該節點的電容、降低電壓擺幅或應用這些方法的組合。然而，在所有這些情況下，從電源供應抽取的能量在消耗之前，僅能使用一次。為了提高邏輯電路的能量效率，回收 (recycle) 從電源供應所抽取的能量可以採用其它方法。稱為**絕熱邏輯 (adiabatic logic)** 的創新邏輯電路類型提供了在切換事件期間進一步降低能量消耗的可能性，以及能量回收或再利用從電源供應抽取能量的可能性。為了達到此一目標，電路拓樸結構與操作原理有時都必須做大幅度修正。利用絕熱技術所達到的能量回收量，也由製造技術、切換速度與電壓擺幅所決定。

「絕熱」一詞通常用於描述與環境沒有能量交換的熱力學 (thermodynamic) 過程，也因此不會因熱消耗而損失能量。在此處，電路節點之間的電荷轉移被視為這種過程，須探討各式各樣技術以最小化在電荷轉移事件期間能量的損失或散熱。須注意的是，電路的完全絕熱操作是一種理想狀況，只有當切換過程被減緩時才能逐漸地趨近。在實際情況下，與電荷轉移事件相關的能量消耗通常由絕緣成分與非絕緣成分所組成。因此，不論切換速度是多少，不太可能發生將所有能量損失減少至零。

絕熱切換

考慮在圖 11.28 中所示的簡單電路，其中的負載電容經由定電流源進行充

圖 11.28 定電流源透過電阻 R 對負載電容 C 充電。

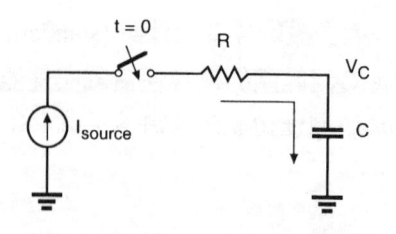

電。該電路類似於用來模擬傳統 CMOS 電路充電事件的等效電路，而不同之處在於，傳統的數位 CMOS 電路中，輸出電容由定電壓源進行充電，而非定電流源。在這裡，R 表示 pMOS 網路的導通電阻。還須注意的是，固定的充電電流相當於線性電壓斜波 (ramp)。假設初始時電容電壓 V_C 值為 0，則電壓作為時間函數的變化，可以得到為

$$V_C(t) = \frac{1}{C} \cdot I_{source} \cdot t \tag{11.24}$$

因此，充電電流可以表示為 V_C 與時間 t 的簡單函數。

$$I_{source} = C \frac{V_C(t)}{t} \tag{11.25}$$

從 $t = 0$ 至 $t = T$ 之間，電阻 R 消耗的能量可得到為

$$E_{diss} = R \int_0^T I_{source}^2 \, dt = R \cdot I_{source}^2 \cdot T \tag{11.26}$$

合併式 (11.25) 與式 (11.26)，在此充電的轉態期間所消耗的能量也可以被表示如下：

$$E_{diss} = \frac{RC}{T} CV_C^2(T) \tag{11.27}$$

現在，可以根據式 (11.27) 來進行一些簡單的觀察。首先，如果充電時間 T 大於 $2\,RC$，則消耗的能量會比傳統情況小。事實上，因為 E_{diss} 與 T 成反比，藉由增加充電時間，所消耗的能量可以任意地變小。此外，我們觀察到，所消耗的能量正比於電阻 R，不同於消耗會取決於電容與電壓擺幅的傳統情況。降低 pMOS 網路的導通電阻會減少能量消耗。

我們已經看到，定電流充電過程有效地從由電源至負載電容轉移能量。因此，一部分儲存在電容的能量也可以藉由逆轉電流源的方向，允許電荷從電容轉移回至電源供應來回收。這是絕熱操作特有的可能性，因為在傳統 CMOS 電路中，能量被使用一次後就會消耗掉。定電流源必須能夠從電路取回能量。因此，絕熱邏輯電路需要具有隨時間變化電壓的非標準電源供應，也被稱為脈波

式電源供應 (pulsed-power supply)。當使用絕熱邏輯時，與這些特定電源電路相關的額外硬體負擔是必須考慮的設計折衷之一。

絕熱邏輯閘

接下來，我們將檢視可用於絕熱切換的簡單電路組態。須注意的是，大多數有關絕熱邏輯電路的研究都相當近期。因此，這裡所呈現的電路應該被認為是簡單的範例。而其它電路拓樸結構也是可能的。但不管特定的電路組態是什麼，都應該強制執行整體的能源回收機制。

首先，考慮在圖 11.29 中所示可以用於驅動電容性負載的絕熱放大器電路。它由兩個 CMOS 傳輸閘與兩顆 nMOS 箝制 (clamp) 電晶體所組成。輸入 (X) 與輸出 (Y) 是雙軌編碼，意味著這兩個訊號反相也可用於控制 CMOS 傳輸閘。

當輸入訊號 X 被設定為有效值時，兩個傳輸閘中之一會變為可穿透 (transparent)。接著，放大器藉由施加的緩慢電壓斜波 V_A，從零上升至 V_{DD} 來供給能量 (energize)。兩個互補式輸出之一的負載電容是透過傳輸閘絕熱式地充電至 V_{DD}，而另一個輸出節點則維持箝制至接地的電位。當充電過程完成時，輸出訊號對才是有效的，且可以被用於其它類似電路的輸入。接著，電路藉由傾斜電壓 V_A 回到 0 來釋放能量 (de-energize)。因此，儲存在輸出負載電容的能量將被電源供應取回。須注意的是，在整個程序中，輸入訊號對必須有效且穩定。

絕熱放大器的簡單電路原理可以推廣至允許任意邏輯函數的實現。圖 11.30 顯示傳統 CMOS 邏輯閘與其對等絕熱邏輯的一般電路拓樸結構。為了把傳統 CMOS 邏輯閘轉換成絕熱閘，上拉與下拉網路必須以互補式傳輸閘（T 閘）網路來替換。實現上拉功能的 T 閘網路被用於驅動絕熱閘的實際輸出，而實現下拉功能的 T 閘網路則驅動互補輸出節點。須注意的是，所有的輸入也應具備互補型式。絕熱邏輯電路的這兩種網路是用於對輸出電容充電以及放電，這確保在每個週期結束時，儲存在輸出節點的能量可以被電源供應回收。為了允許

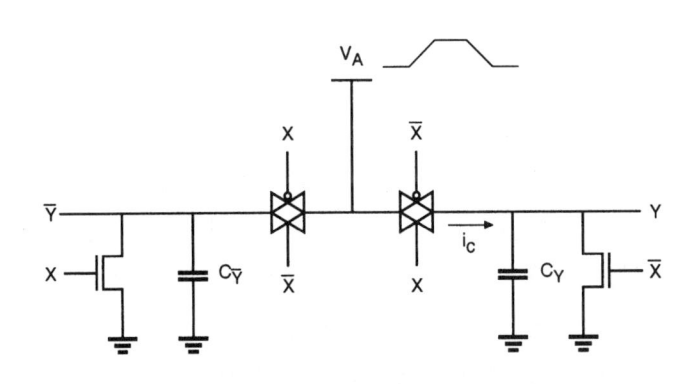

圖 11.29 絕熱放大器電路，透過 CMOS 傳輸閘來轉移互補式輸入訊號至其互補式輸出。

圖 11.30 (a) 傳統 CMOS 邏輯閘的一般電路拓樸結構。(b) 實現相同功能的絕熱邏輯閘拓樸結構。須注意的是，輸出電容的充電與放電路徑的差異。

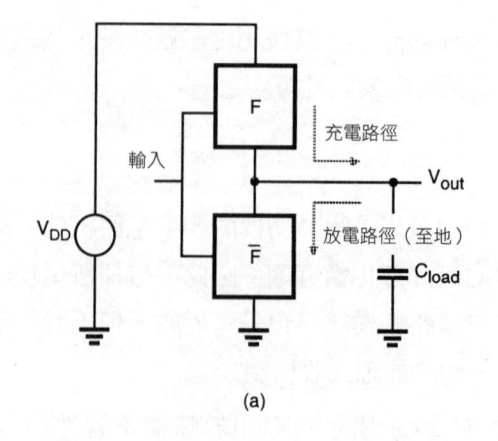

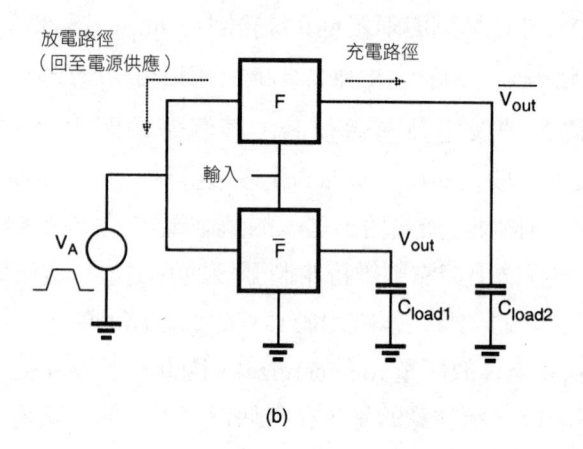

圖 11.31 絕熱 CMOS AND/NAND 的電路圖。

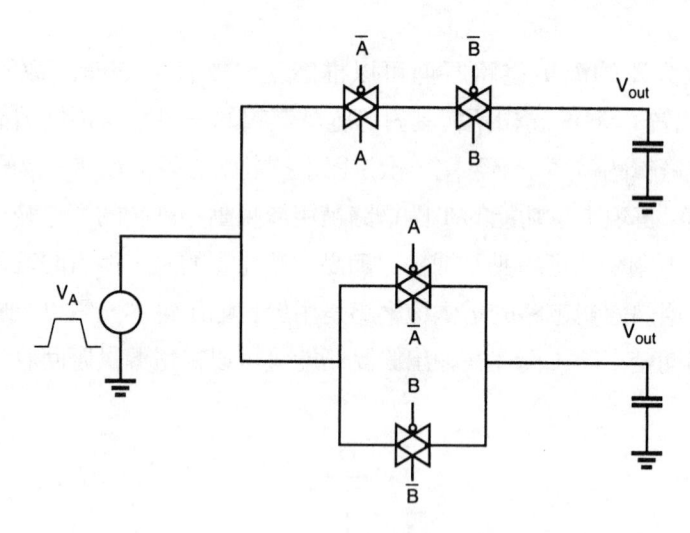

絕熱操作，原先電路的直流電壓源必須由具斜波電壓輸出的脈波式電源供應來更換。須注意的是，轉換傳統 CMOS 邏輯電路至絕熱邏輯電路所必要的電路修改會增加兩倍或甚至更多的元件數量。在一般情況下，降低能量消耗的代價是減緩的切換速度，這是所有絕熱方法的一種折衷。

圖 11.31 所示為雙輸入絕熱 AND/NAND 閘的電路圖範例，它由兩個互補

式 T 閘網路所構成。須注意的是，由兩個 CMOS T 閘串聯連結所構成的網路是用於實現雙輸入變數的 AND 函數，而由兩個 CMOS T 閘並聯連結所構成的網路則是用於實現互補式 NAND 函數。

步階式充電電路

我們已經看到，在充電事件期間的消耗可被最小化，並且在理想的情況下，可以透過使用定電流電源供應減少至零。這需要電源供應可以產生線性的電壓斜波。實際上的電源供應構成可以藉由使用共振 (resonant) 電感電路來近似定電流輸出，以及具有弦波訊號的線性電壓斜波。但電感器的使用存在著一些在電路等級上的困難，尤其是以晶片等級整合與整體效益為考量時。

純電壓斜波可使用步階式 (stepwise) 電源供應電壓波形來替代，其中在充電與放電時，電源供應輸出電壓是以小量增加或減小方式。因為能量消耗取決於在負載電容間來回流過的電荷所造成的平均電壓降，使用較小的電壓步階 (step) 或增量 (increment) 應可以大幅降低功率消耗。

圖 11.32 所示為由一個步階式電源供應電壓波形所驅動的 CMOS 反相器。假設輸出電壓初始為零。當輸入電壓設為邏輯低態準位時，電源供應電壓 V_A 以 n 個相等的電壓步階（圖 11.33）從 0 增加至 V_{DD}。由於 pMOS 電晶體是在此轉態期間導通的，所以輸出負載電容將以步階方式進行充電。pMOS 電晶體的導通電阻可以用線性電阻 R 來表示。因此，輸出負載電容是以小電壓增量透過電阻進行充電。對於第 i 次時間的增量，電容電流量可以表示為

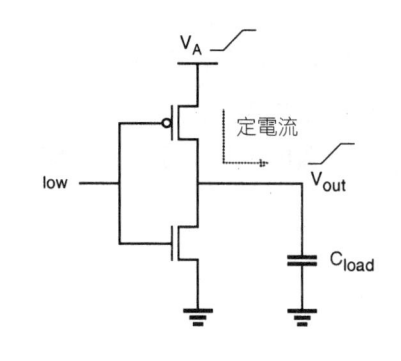

圖 11.32 具有步階式遞增的電源供應電壓之 CMOS 反相器電路。

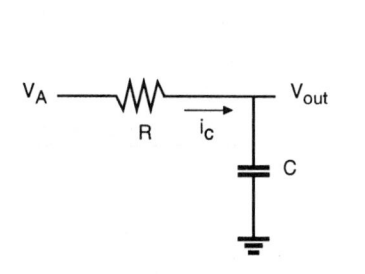

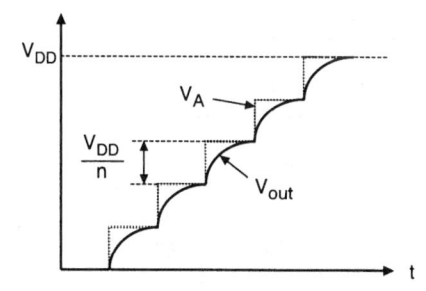

圖 11.33 在圖 11.32（步階式充電情況）中所示的 CMOS 反相器電路的等效電路，以及輸入與輸出電壓波形。

$$i_C = C\frac{dV_{out}}{dt} = \frac{V_A^{(i+1)} - V_{out}}{R} \tag{11.28}$$

以初始條件 $V_{out}(t_i) = V_A^{(i)}$，求解此微分方程式可得

$$V_{out}(t) = V_A^{(i+1)} - \frac{V_{DD}}{n}e^{-t/RC} \tag{11.29}$$

在這裡，n 為步階式電源供應電壓波形的數目。在一個電壓步階增量期間，能量的消耗量現在可以求得為

$$E_{step} = \int_0^\infty i_C^2 R\,dt = \frac{1}{n^2}C\frac{V_{DD}^2}{2} \tag{11.30}$$

因為電容充電至 V_{DD} 需要 n 個步驟，所以總功率消耗為

$$E_{total} = n \cdot E_{step} = \frac{1}{n}C\frac{V_{DD}^2}{2} \tag{11.31}$$

根據這簡化的分析，以 n 個步階或增量對輸出電容充電可使得每個週期的能量消耗減少 n 倍。因此，使用步階式充電，也可使得總功率消耗減少 n 倍。這一結果意味著，如果電壓的步階可以做得非常小，並且電壓的步階數 n 趨近於無限大（即，如果電源供應電壓是緩慢的線性斜波），則能量消耗將趨近於零。

另一個簡單的步階式充電電路的例子是電容性負載的步階式驅動器，以 nMOS 的元件來實現，如圖 11.34 所示。這裡使用了一組由 n 個具有均勻分佈電壓準位的定電壓供應源。負載電容是使用切換元件的陣列，藉由依序連接定電壓源 V_1 至 V_N 進行充電。為了對負載電容放電，定電壓源是以相反的順序連接至負載。

切換元件如圖 11.34 中的 nMOS 電晶體所示，但其中一些可能會以 pMOS 電晶體來取代，以防止討厭的臨界電壓降問題，以及在較高電壓準位下的基底偏壓效應。此電路組態影響最為明顯的缺點之一是需要多組電源供應電壓。能

圖 11.34 電容性負載的步階式驅動電路。負載電容是透過陣列切換元件依序連接至定電壓源 V_i。

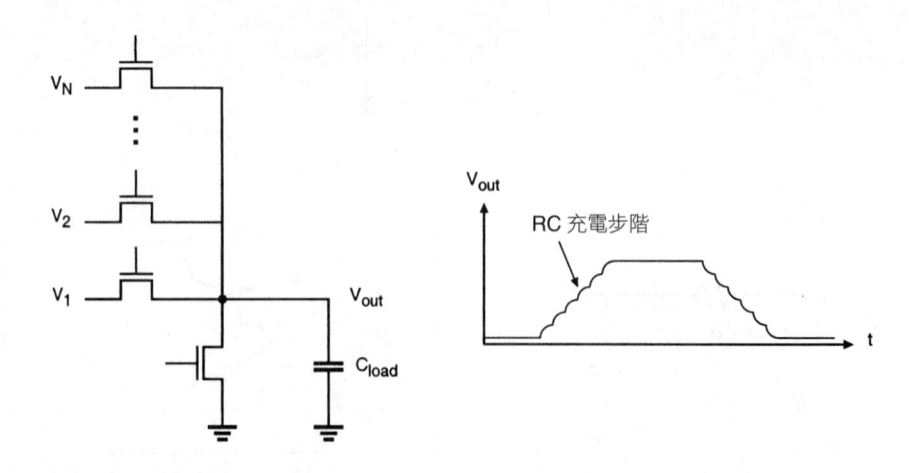

夠有效產生 n 個不同電壓準位的電源供應系統會很複雜且昂貴。而且，在一個大系統中，每個電路的 n 組不同電源供應電壓繞線將造成顯著的負擔。此外，這種概念並不易推廣至一般的邏輯閘。因此，步階式充電驅動器電路最適用於在電路中驅動負責很大一部分總功率消耗的一些關鍵點，如輸出焊墊 (output pad) 與大型匯流排。

到目前為止，我們已經看到，絕熱邏輯電路可以顯著地降低能量損耗，但通常需要以切換時間作為代價。因此，這種絕熱邏輯電路最適用於延遲時間不重要的情況下。此外，絕熱電路組態中實現非傳統的電源供應通常會導致額外整體能量消耗與矽面積的負擔。當絕熱邏輯用來作為低功率設計的方法時，這些問題應該要慎重考慮。

練習題

11.1 對於一個典型的 CMOS 反相器電路（可以使用問題 6.6 中使用的元件參數）：

a. 對步階輸入而言，在輸出由低至高的轉態期間，繪製跨越 pMOS 電晶體上的電壓波形。

b. 繪製在此切換事件期間的瞬間功率消耗，並計算平均功率消耗。

11.2 對於問題 11.1 中所考慮的 CMOS 反相器，以從 0 至 3V 的斜波電壓源來取代其定電源供應電壓。重複 (a) 與 (b) 步驟。

11.3 設計雙輸入絕熱 AND/NAND 閘（如圖 11.31 中給出的電路拓樸結構）。使用以下電源供應斜波來模擬其功率消耗：(a) 在 3-ns 之內從 0 V 轉態至 3 V，以及 (b) 30-ns 之內從 0 V 轉態至 3 V。

11.4 設計一個絕熱全加器電路。與下列比較其電晶體數量：(a) 傳統 CMOS 全加器電路，以及 (b) 傳送電晶體全加器電路。

Chapter 12

算術建構區塊
Arithmetic Building Blocks

12.1 簡介

為了計算二進位資料，微處理器、數位訊號處理器與基頻處理器(baseband processor)都需要各種算術建構區塊，如加法器/減法器(adder/subtractor)、乘法器/除法器(multiplier/divider)、移位器(shifter)、比較器(comparator)與1/0檢測器(one/zero detector)。資料路徑(datapath)設計的優先等級視應用而定，可能是操作速度、功率消耗、面積或設計時間。在許多情況下，高運算速度與低功消耗是兩項最重要的設計目標。微處理器與訊號處理器的速度尤其強烈地依賴於算術單元(arithmetic unit)的速度。在給定的製程技術下，資料路徑的架構(architecture)及其電路實現扮演著決定資料路徑速度的關鍵角色。儘管製程技術顯著地影響著資料路徑的速度、功率消耗與堅固性(robustness)，但本章的焦點是在運算單元的架構與電路實現。本章將介紹基本的算術建構區塊包括加法器、乘法器、移位器與1/0檢測器，並且探討如何折衷數種設計規範。一般會使用第7章的組合邏輯電路來設計資料路徑，但動態邏輯電路也可以用於高速應用，代價是較高的功率消耗與較低的雜訊抗擾性。為了有效率地設計寬位元的資料路徑，微處理器中常使用位元片式(bit-sliced)資料路徑設計。在這樣的結構中，所有運算單元的每一個具有相同權重(weight)的位元都會對齊。

12.2 加法器

本節將從全加法器設計開始討論，接著討論加法器設計的數種類型。

CMOS 全加法器電路 (CMOS Full-Adder Circuit)

在所有資料處理（算術）與數位訊號處理架構中，1位元全加法器電路是使用最廣泛的建構區塊之一。接下來，我們使用傳統CMOS設計方式來檢視全加法器的電路結構與實現。

全加法器的 sum_out 與 carry_out 訊號是定義為三個輸入變數，A、B 與 C 的兩項組合布林函數：

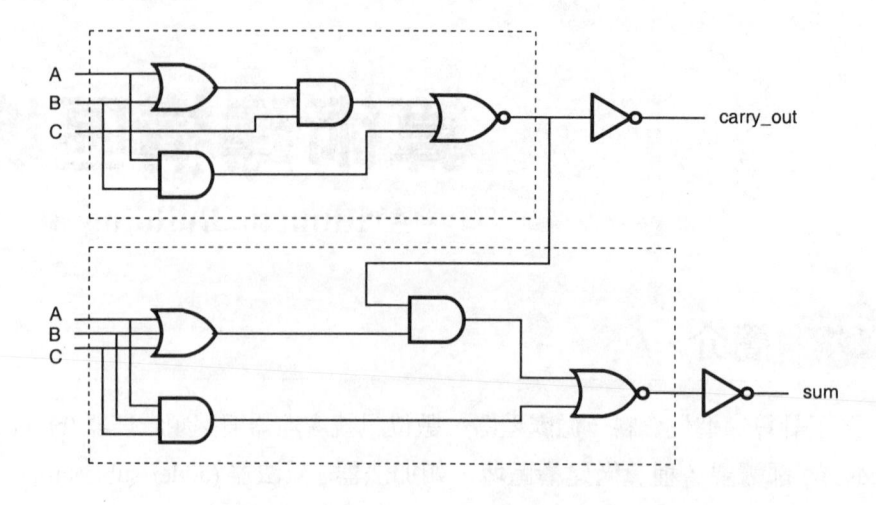

圖 12.1
1 位元全加法器電路的閘等級電路圖。

$$\text{sum\_out} = A \oplus B \oplus C$$
$$= ABC + A\overline{B}\overline{C} + \overline{A}\overline{B}C + \overline{A}CB \qquad (12.1)$$
$$\text{carry\_out} = AB + AC + BC \qquad (12.2)$$

這兩項函數的閘等級 (gate-level) 實現顯示於圖 12.1。須注意的是，我們不獨立實現兩項函數，而是使用 carry_out 訊號來產生和 (sum) 輸出。此實現最終將減少電路複雜度，可因而節省了晶片面積。此外，我們確認了兩個不同的子網路，其包括幾個將被用於實現電晶體等級 (transistor-level) 的全加器電路之邏輯閘（以虛線框標示）。

CMOS 全加法器電路的電晶體等級設計顯示於圖 12.2。連同被用於產生輸出的兩個 CMOS 反相器，此電路包含了總共 14 顆 nMOS 與 14 顆 pMOS 電晶體。

一開始，我們將以 (W/L) 比值 (90 nm/50 nm) 來設計所有 nMOS 與 pMOS 電晶體，此比值為此特定製程技術下所能允許的最小電晶體尺寸。然而，為了最佳化電路的暫態 (transient)（時域 (time-domain)）性能，有必要個別調整電晶體尺寸，如已於第 6 章所檢視的。相同的 CMOS 全加法器電路的性能最佳化

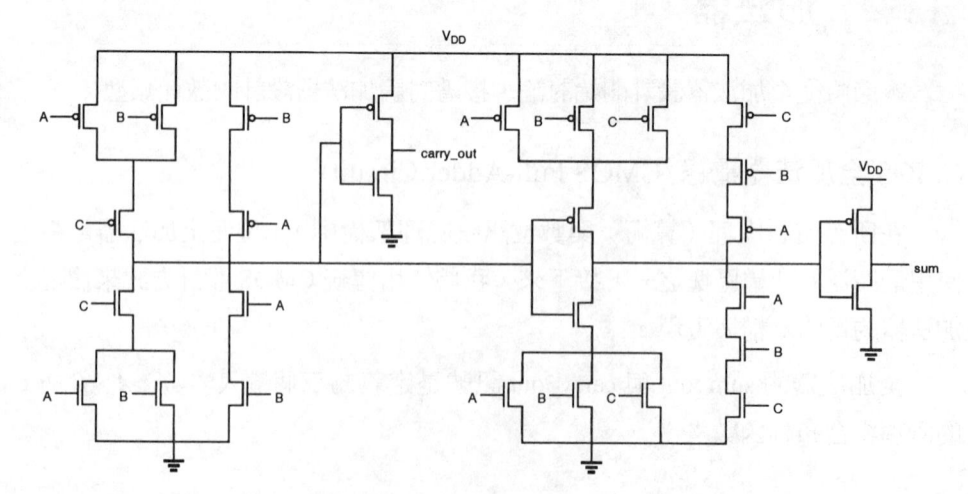

圖 12.2
1 位元全加法器電路的電晶體等級電路圖。

圖 12.3
已最佳化的CMOS全加法器電路光罩佈局。

與更緊密的光罩佈局顯示於圖 12.3。

1 位元 CMOS 全加法器的模擬輸入與輸出電壓波形則顯示於圖 12.4。請參考第 1 章的詳細設計範例，以獲得更多的設計資訊。

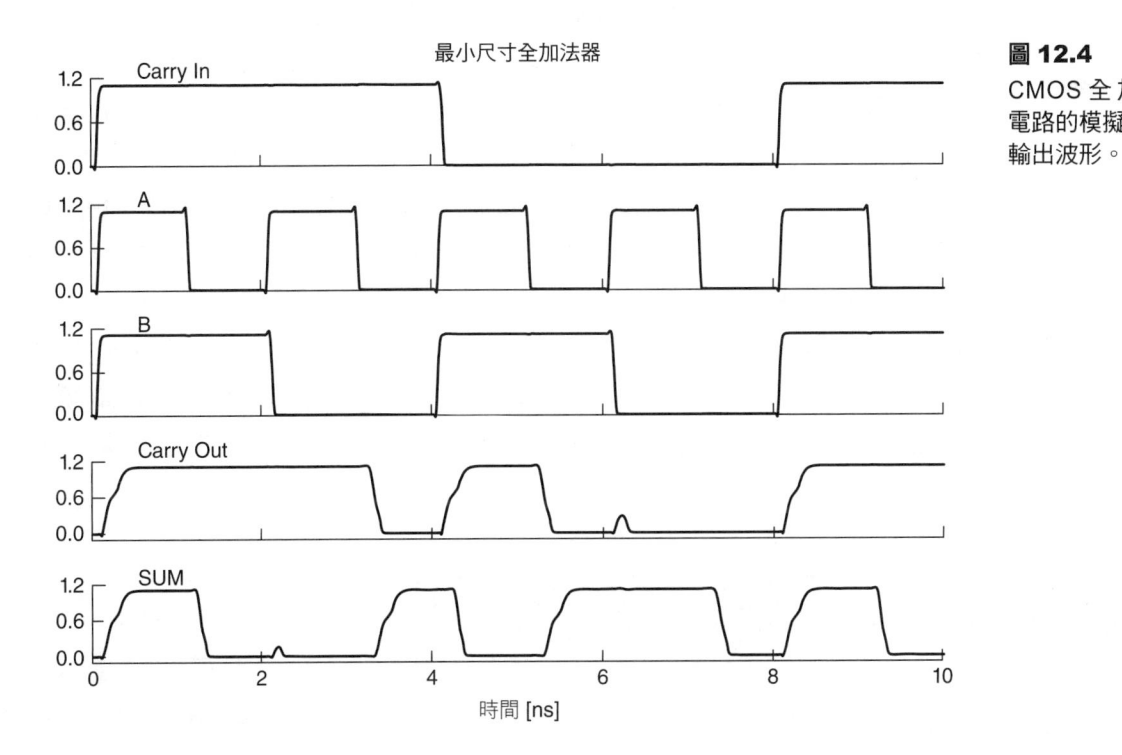

圖 12.4
CMOS 全加法器電路的模擬輸入與輸出波形。

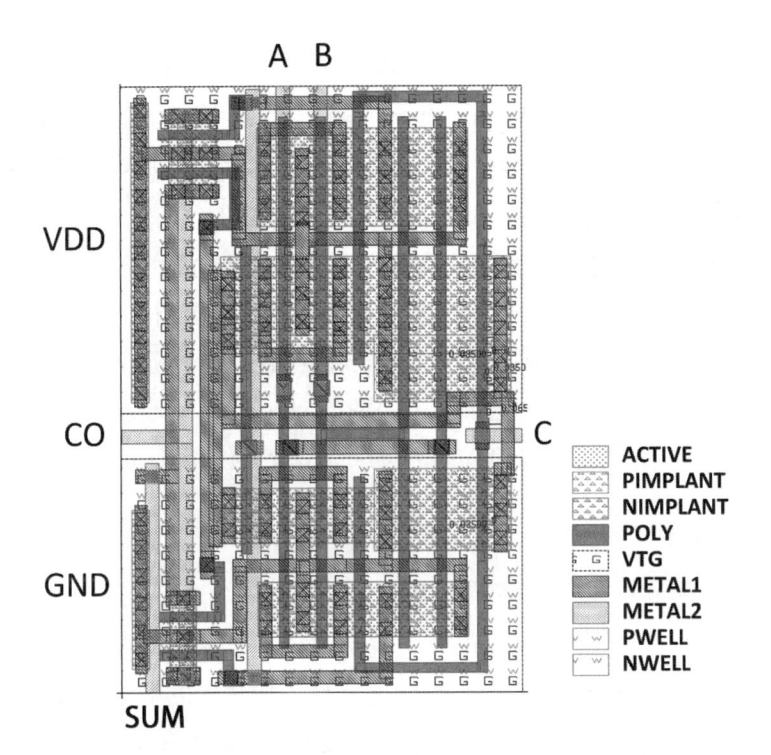

漣波進位加法器 (Ripple Carry Adder, RCA)

前面所呈現的全加法器電路可作為一般的 n 位元二進位加法器的基本建構區塊，它接受兩個 n 位元二進位數值作為輸入，並於輸出產生二進位和。最簡單的此種加法器可以經由串接 (cascade) 全加法器來建立，其中，每個加法器級將執行 2 位元加法，產生相對應的和位元，並傳送進位輸出至下一級。因此，此串接連結加法器的組態稱為漣波進位加法器 (RCA)（圖 12.5）。RCA 的整體速度明顯受限於進位位元以漣波方式 (rippling) 通過進位鏈 (chain) 的延遲；因此，對於加法器鏈的整體性能而言，快速的 carry_out 反應絕對重要。最壞情況 (worst-case) 的 n 位元漣波進位加法器 carry_in 至 carry_out 傳遞延遲是正比於位元數 n。

進位選擇加法器 (Carry Select Adder, CSA)

雖然漣波進位加法器是最簡單的多位元加法器結構，但在位元數增加至 32 或 64 時，進位訊號的延遲將顯著地增加。許多加法器的機制已經被提出，以減少從最低有效位元 (least significant bit, LSB) 至最高有效位元 (most significant bit, MSB) 的最壞情況進位傳遞延遲。進位選擇加法器 (CSA) 是加法器架構之一，其藉由群組加法器的子區塊以減少進位傳遞延遲。CSA 包含兩個完全相同的加法器，分別具有不同的 carry_in、0 與 1。每個區塊的 carry_out 對是使用 carry_in 的 0 與 1 來預先計算。然後，每個區塊的和將基於前一具有 2：1 多工器區塊的 carry_out 來選擇，如圖 12.6 所示。真正的進位訊號也使用 carry_out 對來產生。CSA 的四位元加法器區塊可以使用漣波進位加法器來實現。由於使用兩個完全相同的加法器並聯，CSA 的面積大約是 RCA 的兩倍大。要提升速度，這些 4 位元加法器區塊可以使用更快的加法器來設計，如進位預看加法器 (carry lookahead adder)。本章後面會再說明。除了此加法器子區塊的實現，每一區塊的位元寬度可以被最佳化來進一步提升速度。讓我們研究圖 12.6 所示的 16 位元 CSA 內部路徑延遲。為了簡化問題，4 位元加法器使用 4 位元 RCA 來實現，且假設於真實的進位訊號產生路徑中的全加法器元件 (cell) 與 OR_AND 元件具有相同為 1 的單位延遲。OR_AND 元件的輸出是一個真正的進位訊號，並用於 MUX 控制。所有 4 位元 RCA 的輸出延遲完全相同（4 單位延遲），而

圖 12.5
由全加法器構成的 16 位元漣波進位加法器鏈區塊圖。

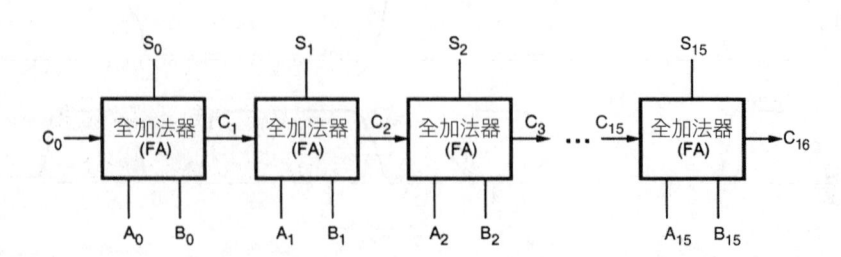

C4、C8、C12 與 C16 的延遲分別是 4、5、6 與 7 個單位延遲。因此，在 MUX 輸入與控制訊號之間，存在著抵達時間的不匹配 (mismatch)，並且最大的不匹配將發生在最後一級。在這裡，MUX 控制訊號的抵達時間是 6 單位延遲，而 MUX 輸入訊號是 4 單位延遲，如圖 12.6 所示黑點處。因此，在這種情況下，我們可以減慢 MUX 輸入路徑以匹配 (match) 抵達時間。圖 12.7 顯示一個 32 位元的平方根 (square root) CSA 電路。除了最後一級以外，個別 MUX 訊號的抵達時間會藉由加入更多位元至隨後的子加法器區塊予以等化均衡 (equalize)。因此，每個子加法器級具有不同的位元數，以減少整體加法器延遲。第一級與第二級具有 4 位元，並且在第三級、第四級、第五級與第六級分別有 5 位元、6 位元、7 位元與 6 位元。8 位元子加法器級可被用於 34 位元加法器，而不增加關鍵路徑 (critical path) 的延遲。然而，當 6 位元加法器區塊用於圖 12.7 中的 32 位元加法器時，最後一級 MUX 訊號的抵達時間會不匹配。抵達時間可以很容易地從電路中黑點的數字來比較。平方根 CSA 的好處將隨著加法器的位元數而增加。

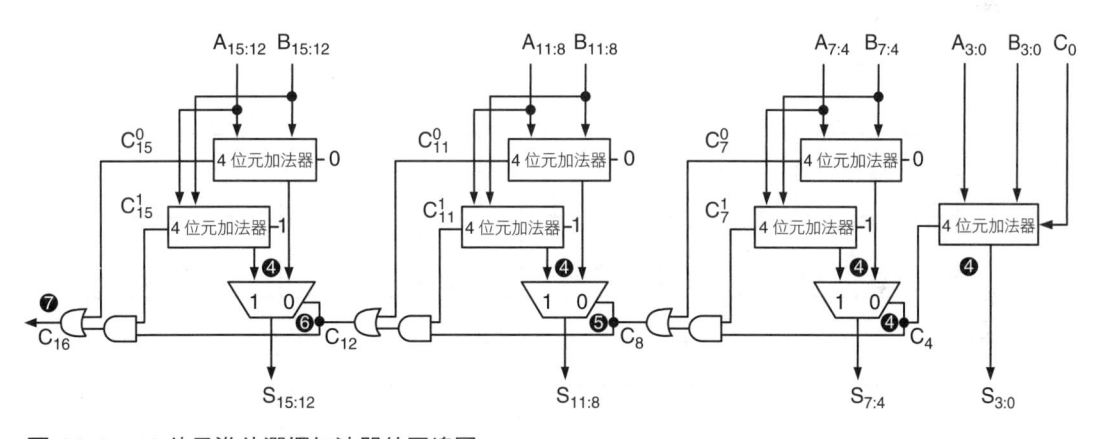

圖 12.6 16 位元進位選擇加法器的區塊圖。

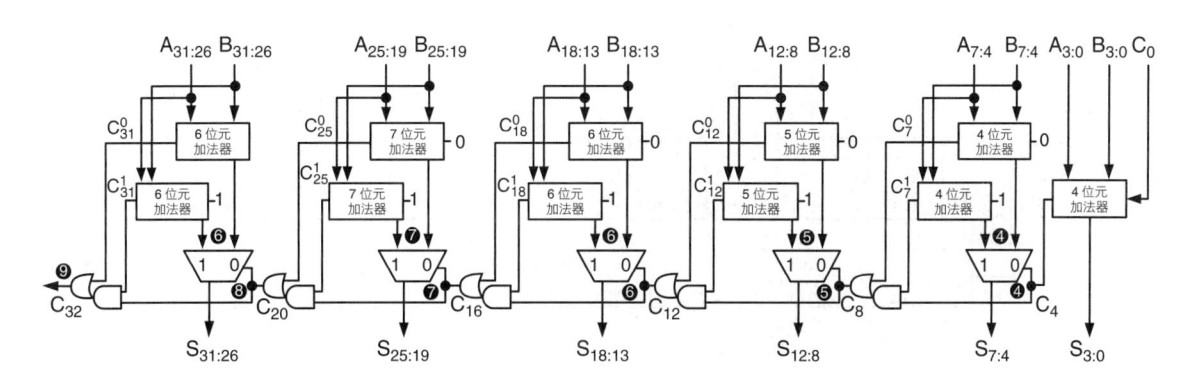

圖 12.7 32 位元的平方根進位選擇加法器的區塊圖。

12.7 考慮使用進位漣波加法器作為其核心操作區塊的 8 位元串列乘法器。請記住，在串列乘法器中，部分乘積列是一個接一個形成，且部分乘積的每一個新列會被加至保存於暫存器中的中間和 (intermediate sum)。

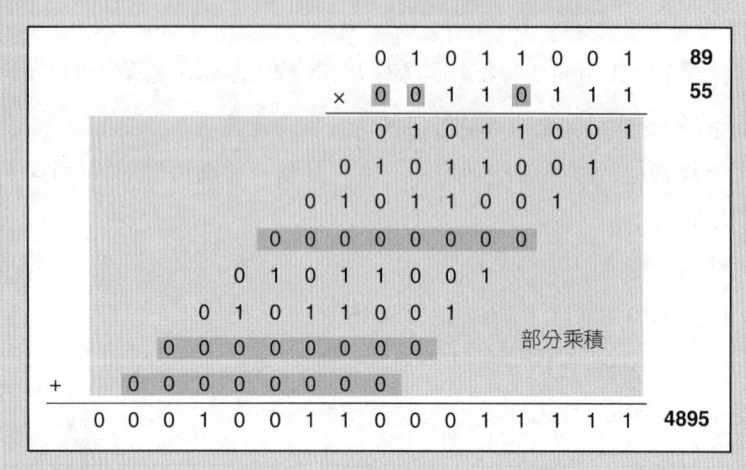

```
                0 1 0 1 1 0 0 1    89
             ×  0 0 1 1 0 1 1 1    55
                0 1 0 1 1 0 0 1
              0 1 0 1 1 0 0 1
            0 1 0 1 1 0 0 1
          0 0 0 0 0 0 0 0
        0 1 0 1 1 0 0 1
      0 1 0 1 1 0 0 1                部分乘積
    0 0 0 0 0 0 0 0
  + 0 0 0 0 0 0 0 0
    0 0 0 1 0 0 1 1 0 0 0 1 1 1 1 1  4895
```

圖 P12.7

所使用的組件指定如下：

1 位元全加法器的 sum 延遲 = 0.13 ns 與 carry_out 延遲 = 0.05 ns

正反器設定時間 = 0.05 ns 與輸出延遲 = 0.05 ns

AND 閘輸出延遲 = 0.05ns

a. 畫出簡單的區塊圖以顯示所有組件。

b. 計算關鍵路徑延遲 (ns)。

c. 計算操作頻率 (MHz)。

d. 計算出處理量（每秒乘法次數）。

12.8 考慮接下來所示的 16 位元漣波進位加法器電路 (n =16)。假設在本設計中使用的 1 位元全加法器單元具有以下的延遲時間：

輸入至 sum 延遲 = 0.2 ns

輸入至 carry_out 延遲 = 0.1 ns

carry_in 至 carry_out 延遲 = 0.05 ns

carry_in 至 sum 延遲 = 0.1 ns

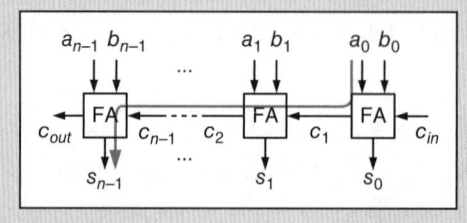

圖 P12.8

進位預看加法器 (Carry Lookahead Adder, CLA)

另一種機制來減少從最低有效位元至最高有效位元的最壞情況進位傳遞延遲是進位預看加法器 (CLA)。圖 12.8 所示為 16 位元 CLA 的電路圖。CLA 的每個位元會產生進位產生訊號 g_i，與進位傳遞訊號 p_i，使用具有輸入 A_i 和 B_i 的改良型全加法器，如下列表示的方程式：

$$g_i = A_i B_i$$
$$p_i = A_i + B_i \tag{12.3}$$

改良型全加法器不會產生如圖 12.9 所示的全加法器單元 carry_out。carry_out 可以使用進位產生訊號與進位傳遞訊號來計算。式 (12.2) 可以利用 G_i 與 P_i 來改寫。

$$C_{i+1} = g_i + p_i C_i \tag{12.4}$$

從式 (12.4) 可發現，如果當 $g_i = 1$ ($A_i = B_i = 1$) 產生了進位，或者當 $p_i = 1$ （或 $A_i = 1$ 或 $B_i = 1$）傳遞了 carry_in，則 carry_out 為 1。$i + 2$ 級與 $i + 3$ 級的 carry_

進位預看邏輯
群組

(a)

(b)

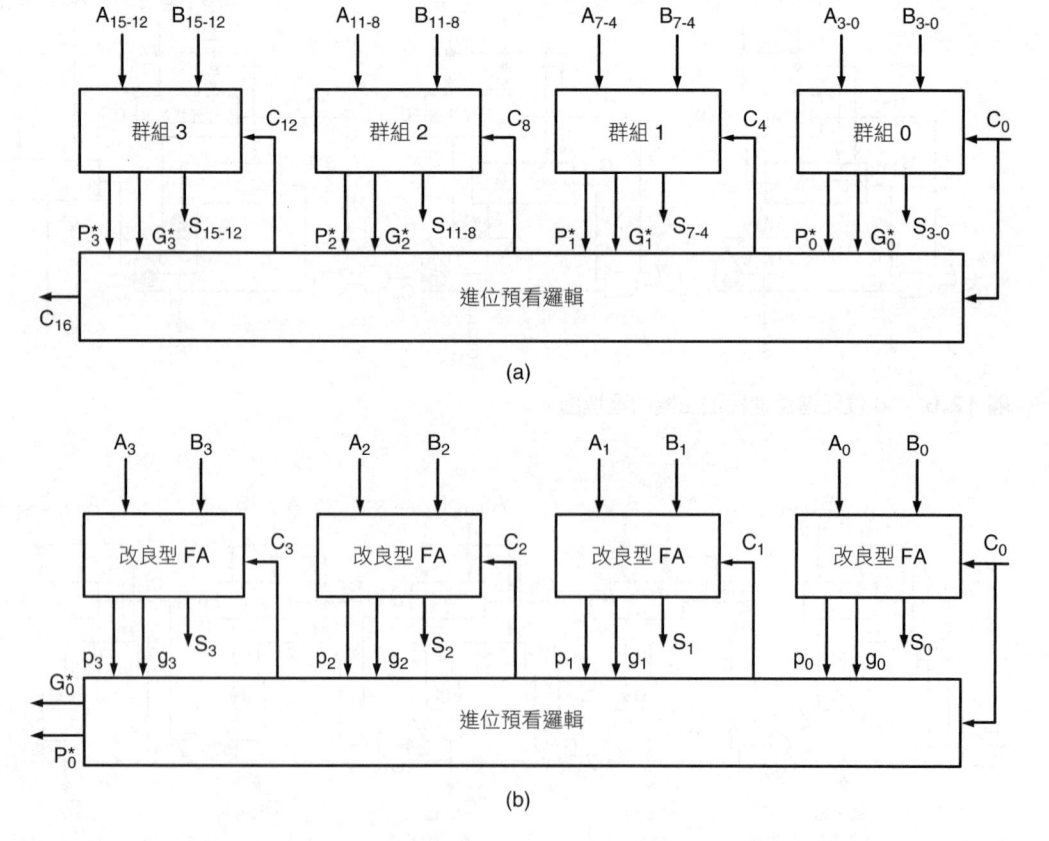

圖 12.8 (a) 16 位元進位預看加法器區塊圖，與 (b) 它的子區塊，群組 0 的內部結構區塊圖。

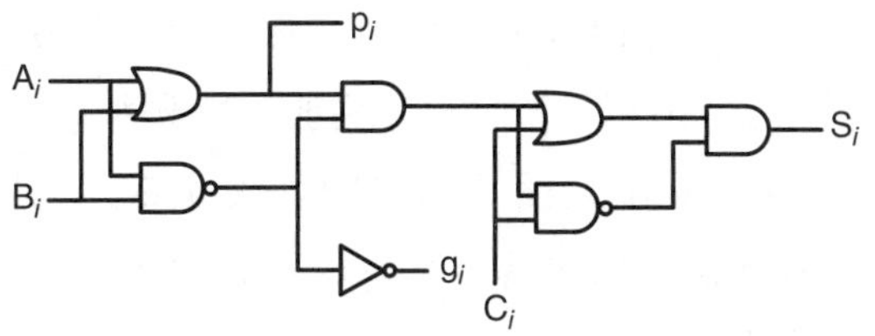

圖 12.9
1 位元改良型全加法器電路的閘等級電路圖。

out，可如下推導得到：

$$C_{i+2} = g_{i+1} + p_{i+1}C_{i+1} = g_{i+1} + p_{i+1}(g_i + p_iC_i) = g_{i+1} + p_{i+1}g_i + p_{i+1}p_iC_i$$
$$= (g_{i+1} + p_{i+1}g_i) + (p_{i+1}p_i)C_i = G_{i+1:i} + P_{i+1:i}C_i \tag{12.5}$$
$$C_{i+3} = g_{i+2} + p_{i+2}g_{i+1} + p_{i+2}p_{i+1}g_i + p_{i+2}p_{i+1}p_iC_i = g_{i+2} + p_{i+2}C_{i+2} \tag{12.6}$$

同樣地，C_{i+3} 不是像 RCA 藉由從 LSB 至 MSB 的進位傳遞所產生，而是藉由使用進位產生訊號 G_i 與進位傳遞訊號 P_i 來平行計算得到。由於此漣波效應的消除，carry_out 可同時被決定，而不管位元數。然而，實際上，若位元數增加，則預看區塊的複雜度將會增加，進而降低了增加的速度。因此，預看區塊的複雜度通常不會延伸超過 4 位元。為了克服這個問題，群組進位訊號，GG_i 與 PP_i，將被用於寬位元加法器，如圖 12.8 所示。群組進位產生訊號與傳遞訊號被定義於 4 位元群組，如下

$$G^*_i = g_{i+3} + p_{i+3}g_{i+2} + p_{i+3}p_{i+2}g_{i+1} + p_{i+3}p_{i+2}p_{i+1}g_i \tag{12.7}$$
$$P^*_i = p_{i+3}p_{i+2}p_{i+1}p_i \tag{12.8}$$

每 4 位元群組的 carry_out 可以依據式 (12.7) 與式 (12.8) 的群組進位訊號來表示為

$$C_4 = G^*_0 + C_0P^*_0$$
$$C_8 = G^*_1 + G^*_0P^*_1 + C_0P^*_0P^*_1$$
$$C_{12} = G^*_2 + G^*_1P^*_2 + G^*_0P^*_1P^*_2 + C_0P^*_0P^*_1P^*_2 \tag{12.9}$$

由這些方程可以發現，產生 4 位元加法器 carry_out 僅需四個閘延遲：第一個來自式 (12.3)，第二個來自式 (12.8)，第二個與第三個來自式 (12.7)，而第三個與第四個來自式 (12.9)。在圖 12.9 中，16 位加法器的全部 carry_out 延遲為 10 個閘延遲。

平行預算加法器 (Parallel Prefix Adder)

即使對於 CSA 與 CLA，如果位元數為 32、64 或 128，進位訊號通過每一級的延遲可能會成為最小化最壞情況延遲的瓶頸。克服這個問題的方法之

一是建立預看結構的多層級樹 (multi-level tree)，其可降低正比於 ($log_2 n$) 的進位傳遞延遲，其中 n 為加法器數量。這些加法器類型被稱為對數預看加法器 (logarithmic lookahead adder)、樹狀加法器 (tree adder)，平行預算加法器。Brent-Kung 加法器、Sklansky 加法器、Kogge-Stone 加法器與 Han-Carlson 加法器是平行預算加法器的代表性例子。

在詳細解釋預算加法器之前，讓我們介紹點運算子 (dot operator)。

$$(G_1, P_1) \cdot (G_2, P_2) = (G_1 + P_1 G_2, P_1 P_2) \qquad (12.10)$$

點運算子滿足結合律 (associative law)，但不滿足交換律 (commutative law)。使用式 (12.10)，(G_i, P_i) 可以定義為

$$(G_i, P_i) = \begin{cases} (g_i, p_i) & \text{若 } i = 1 \\ (g_i, p_i) \cdot (G_{i-1}, P_{i-1}) & \text{若 } 2 \leq i \leq n \end{cases} \qquad (12.11)$$

使用這些方程式，可利用 $(G_i, P_i) = (g_i, p_i) \cdot (g_{i-1}, p_{i-1}) \cdots (g_1, p_1)$ 來計算最終進位。兩種基本點運算單元顯示於圖 12.10。平行預算加法器藉由使用 PG 產生區塊、黑點與灰點運算子以及和產生區塊來實現。所有這些區塊被用在規則性方式中，這減少了設計時間，並有助於設計自動化。

圖 12.11 說明了四組平行預算加法器。每組加法器包括三個區塊：預計算 (pre-computation)（產生 P 與 G）、預算網路 (prefix network)（點運算子、緩衝器）與後計算 (post-computation)（產生和）等區塊。緩衝器用來減少位在關鍵路徑上後來的非關鍵級負載。已提出數種不同的加法器，在預算網路的邏輯級、扇出 (fan-out) 與水平佈線軌道 (wiring track) 數量之間進行折衷。如圖 12.11(a)，Brent-Kung 加法器計算了 2 位元群組的預算。相對於其它加法器，較多的邏輯層是 Brent-Kung 加法器在速度上的一個瓶頸。相較於 Brent-Kung

圖 12.10
點運算子與其電路圖。

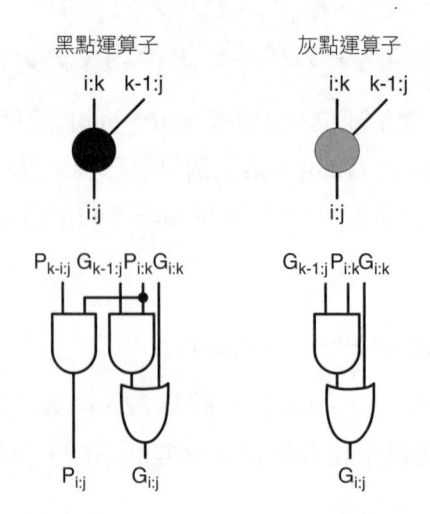

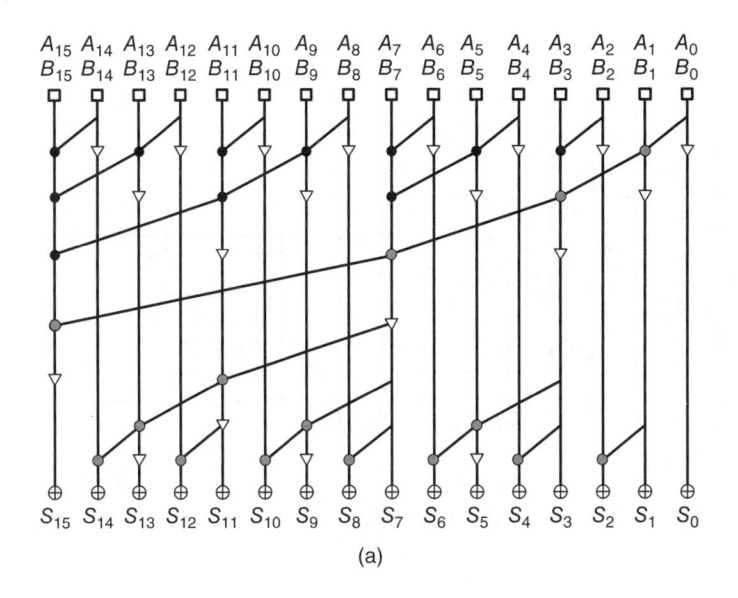

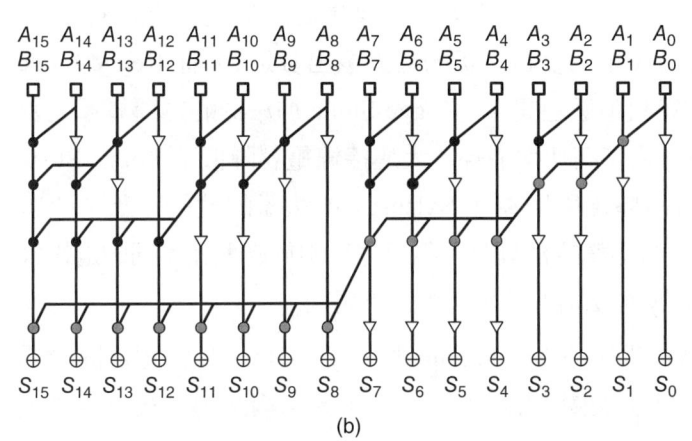

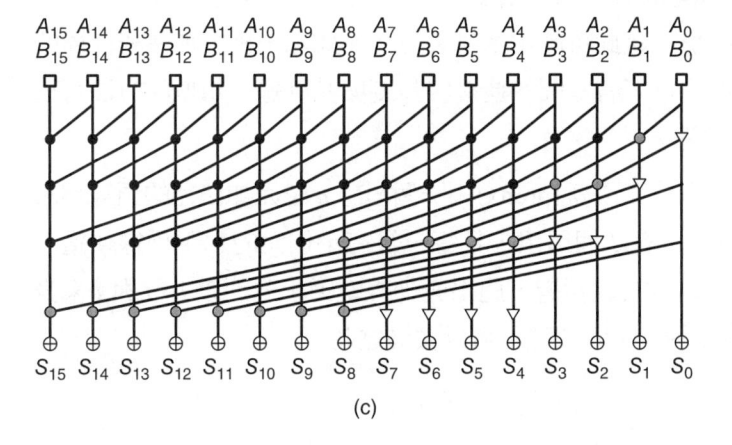

圖 **12.11** 平行預算加法器：(a) Brent-Kung 加法器。(b) Sklansky 加法器。(c) Kogge-Stone 加法器。

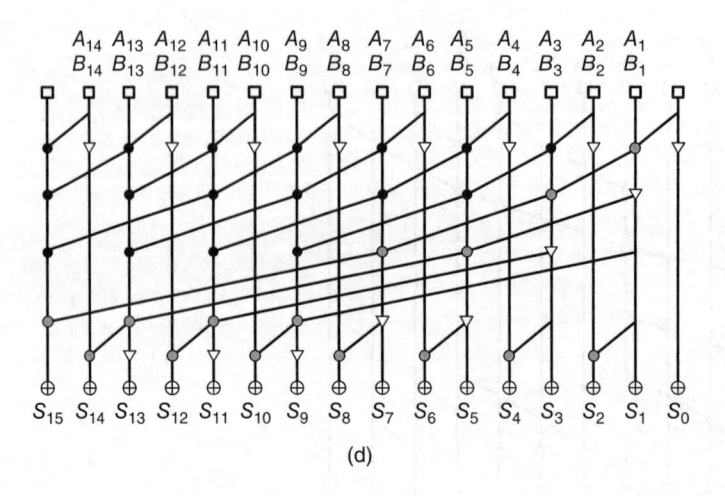

圖 12.11（續） 平行預算加法器：(d) Han-Carlson 加法器。

加法器，Sklansky 與 Kogge-Stone 加法器減少了邏輯層的數量，如圖 12.11(b) 和 (c) 所示。然而，Sklansky 加法器每一級的最大扇出數是 8，而 Kogge-Stone 加法器每一級的最大佈線軌道數也是 8。Kogge-Stone 加法器的點運算單元數量比其它加法器大，會導致了高功率消耗。大連接線電容降低了 Kogge-Stone 加法器的速度提升，而高扇出則限制了 Sklansky 加法器的性能。為了改善 Sklansky 加法器的性能，各邏輯閘都具有多種尺寸以用於處理在不同的邏輯級的高扇出。因此，Sklansky 加法器的佈局多半都不規則。

Han-Carlson 加法器提供了在 Brent-Kung 與 Kogge-Stone 加法器之間於扇出與佈線軌道的折衷方式。如圖 12.11(d)，除了在預算網路的最後一級外，Han-Carlson 加法器的偶數位元不具有點運算子；第 0 位元與第 1 位元的單元可以被佈局在相同的軌道，且此可應用至最後位元。如此一來，加法器佈局的寬度可減少一半，進而降低了各級間的連接線長度與其延遲。類似的方法可以應用於 Brent-Kung 加法器。

許多機制都可以用來計算預算 (prefix)。一個理想 n 位元加法器的預算網路具有 $log_2 n$ 個邏輯，每一級有 2 個扇出，且每一級有 1 位元的水平佈線軌道。平行預算加法器分類可以基於邏輯層、扇出與佈線軌道，分別以 l、f 與 t 來表示。$L = log_2 n$、l、f 與 t 的 n 位元加法器可以被描述為

$$\text{邏輯層：} \quad L + 1$$
$$\text{扇出：} \quad 2^f + 1$$
$$\text{佈線軌道：} \quad 2^t \tag{12.12}$$

其中 L、l、f 與 t 是在 $[0, L-1]$ 範圍內的整數。本章所介紹的平行預算網路滿足 $l + f + t = L - 1$。16 位元平行預算加法器的三維分類法 (taxonomy) 顯示於圖

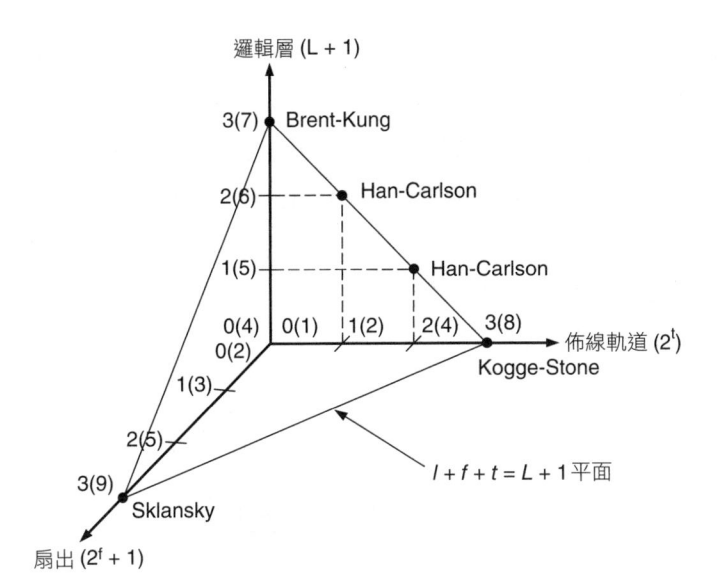

圖 12.12
16 位元預算網路的三維分類圖。

12.12。實際的邏輯層、扇出與佈線軌道是沿著每個軸被註記於括號中。在此平面上，Brent-Kung (3,0,0)、Sklansky (0,3,0) 與 Kogge-Stone (0,0,3) 加法器佔據了頂點。Han-Carlson 加法器位於對角線，因為它是 Kogge-Stone 與 Brent-Kung 加法器之間的折衷。

加法器設計的折衷

依應用而定，高速、低功率或節能 (energy-efficient) 的加法器常是必要元件。RCA 可用於具有小功率消耗與小面積的低速應用。骨牌式 (domino) 邏輯電路已經普遍用於高速加法器的實現上，代價為功率消耗。然而，隨著製程技術微縮，低功率消耗經常是頭號設計準則，而在資料路徑上的骨牌式邏輯電路多以 CMOS 邏輯電路取代以減少功率消耗，並增加由於漏電流所造成的雜訊容忍度。節能加法器的設計可以考慮包括動態與靜態邏輯電路的混合電路。對於 Kogge-Stone 加法器，當輸入位元數增加時，長導線的長度會主導延遲時間。在一般情況下，Sklansky 加法器是預算加法器中最慢的，因而很難設計。Brent-Kung 加法器通常比 Brent-Kung 加法器與 Han-Carlson 加法器速度更慢。要選擇合適的加法器類型，應該考慮位元數、邏輯電路、製程技術與佈局上的位元寬度，以符合設計規格。

12.3 乘法器

在數位系統中，乘法器並不像加法器使用的那麼多，但它們往往決定了系統的性能，因為它們是更複雜且比加法器速度更慢。過去使用簡單的移位與相

加 (shift-and-add) 機制（即，串列乘法器 (serial multiplier)），代價為操作速度慢。另一方面，平行乘法器 (parallel multiplier) 可分類為陣列乘法器 (array multiplier) 與華勒斯樹狀乘法器 (Wallace tree multiplier)。平行乘法器比串列乘法器更快，雖然平行乘法器陣列的連接線複雜度較大。本節的焦點是整數乘法，並使用陣列乘法器來開始實現。在探索陣列乘法器之前，讓我們說明使用兩個整數 A 與 B 的乘法運算。A 與 B 分別是 m 位元與 n 位元二進位數。它們的 (m + n) 位元乘積 Z 可以表示為

$$Z = A \times B = \left(\sum_{i=0}^{m-1} A_i 2^i\right)\left(\sum_{j=0}^{n-1} B_j 2^j\right)$$

$$= \sum_{i=0}^{m-1}\left(\sum_{j=0}^{n-1} A_i B_j 2^{i+j}\right) \tag{12.13}$$

其中 A 與 B 分別是被乘數 (multiplicand) 與乘數 (multiplier)。這種乘法運算會產生 n × m 位元的部分乘積 (partial product)。藉由對兩個輸入位元進行 AND 運算，可以容易地產生部分乘積，然後依據乘數位元位置來位移結果。5 × 4 的整數乘法範例顯示於圖 12.13。在這裡，有兩種方法可以把 4 個 5 位元的部分乘積加起來。首先是移位與相加法，這需要一個 5 位元進位傳遞加法器 (carry propagate adder, CPA)，且重複移位與相加四次。第二種方法是使用 3 個 6 位元 CPA。第一個 CPA 把前面兩個部分乘積相加。第二個 CPA 把後面兩個部分乘積相加。第三個 CPA 把前面兩個 CPA 的輸出相加。這些方法需要很長的時間進行加法，特別是在寬位元情況。相較於第一種與第二種方法，陣列乘法器與華勒斯樹狀乘法器提供更快的乘法。

陣列乘法器

4×4 陣列乘法器的電路圖顯示於圖 12.14。四位元輸入 A 與 B 均以 4 位元的 0 輸入送至乘法器。乘法器的方盒由一個 AND 閘與一個全加法器組成。代替送入 4 位元的 0 輸入，可施加 4 位元輸入 C。然後，(A × B + C) 可以同時計算，而不是先計算 (A × B)，然後把 C 加至 (A × B)。圖 12.14 的陣列乘法器組成是由一個進位保存加法器 (carry-save adder) 用於前四列，以及一個用於最後

圖 12.13
整數乘法。

```
            10101        被乘數 (m 位元，m = 5)
     ×       1101        乘數 (n 位元，n = 4)
          ───────
            10101  ⎫
            00000  ⎬
           10101   ⎪     部分乘積 (n m 位元)
    +     10101    ⎭
          ─────────
        100010001          乘積 (m + n 位元)
```

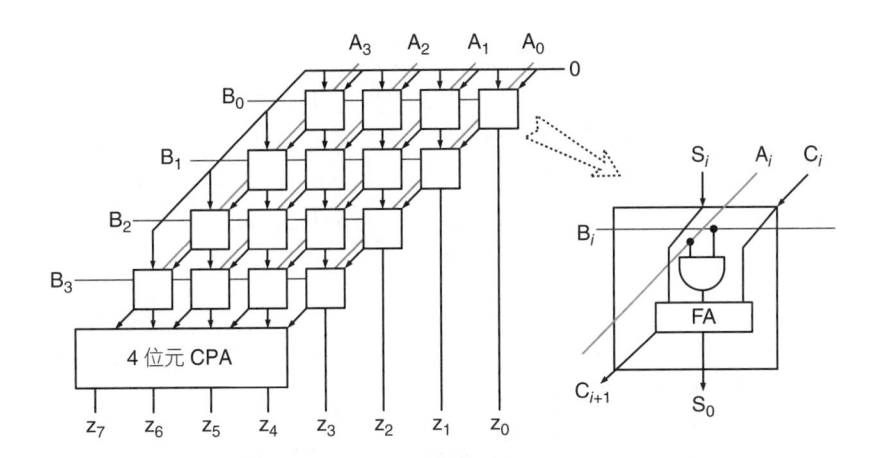

圖 12.14
(4 × 4) 位元陣列乘法器區塊圖。

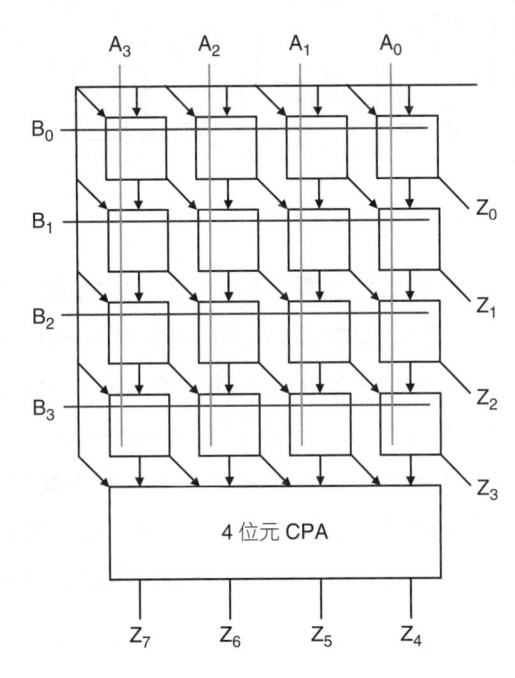

圖 12.15
矩形 (4 × 4) 陣列乘法器。

一排的 4 位元 CPA。與 CPA 情況不同的是，在進位保存加法器裡，每個全加法器所產生的進位不會傳遞至同一列中的較高位元。相反地，在每個位元所產生的進位被認為是一個在 1 位元較高位置的部分乘積。在進位保存加法器中，無論是進位路徑或總和路徑都可能是減少關鍵路徑延遲的瓶頸。CPA 應當快速運算，以便最小化陣列乘法器的整體乘法速度。由於陣列乘法器的一致性 (regularity) 使其相對較容易設計。對於節省面積的緊密佈局，該單元可以用圖 12.15 所示進行佈局。

華勒斯樹狀乘法器

$n \times n$ 陣列乘法器的乘法延遲正比於位元數 n。為了減少延遲，乘法延遲正比於 $log_2 n$ 時可用華勒斯樹狀乘法器。在陣列乘法器中的部分乘積被一個接一

圖 12.16
使用 4:2 壓縮器來減少部分乘積。

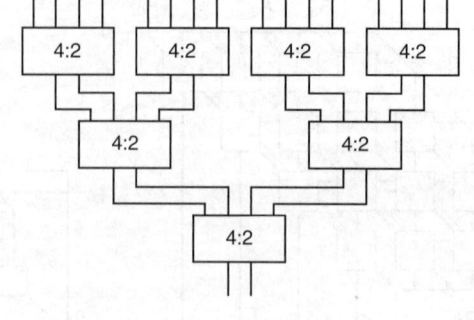

圖 12.17
使用 CMOS 邏輯閘的 4:2 壓縮器電路圖。

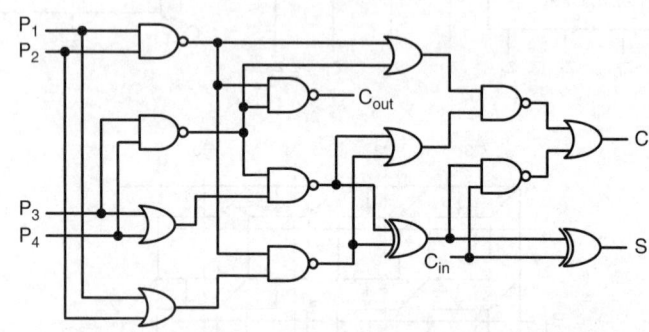

個依序加入。相反地，華勒斯樹狀乘法器的部分乘積是採平行加總：部分乘積矩陣降為兩列矩陣，接著將兩個數以 CPA 相加以產生乘積。雖然華勒斯樹可以減少長字元組乘數的乘法時間，但相較於陣列型而言，由於全加法器之間的不規則佈線，因而造成佈局不易。4:2 壓縮器 (compressor) 可用於簡化具有規則形狀的部分乘積矩陣，並降低佈線的複雜度。部分乘積減化的簡單範例顯示於圖 12.16。4:2 壓縮器的電路圖示於圖 12.17。它具有五個輸入 (P_1, P_2, P_3, P_4 與 C_{in})，以及三個輸出 (C, S, C_{out})。輸入與輸出訊號之間的關係可以表示為

$$2C_{out} + 2C + S = P_1 + P_2 + P_3 + P_4 + C_{in} \tag{12.14}$$

例題 12.1

有幾種實現 4:2 壓縮器的方法。MUX 電路可被用於減少電晶體數量。使用 MUX 組件來繪製 4:2 壓縮器的電路圖。

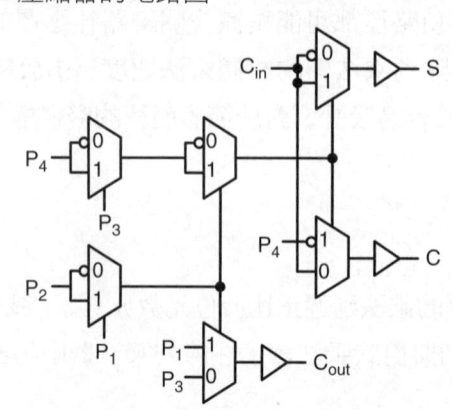

布思乘法器 (Booth multiplier)

布思演算法已被廣泛用來降低 2 補數乘法運算的部分乘積數目。布思演算法的基本想法是把 0 或 1 的字串分組以減少部分乘積。乘數裡的連續 m 個 0 不會產生部分乘積，並且僅需要右移 m 位元。如果乘法器有連續 n 個 1，如 ..0 < 111..11 > 0..，它們可以被改寫為

$$..0 < 111..11 > 0.. = ..1 < 000..00 > 0.. - ..0 < 000..01 > 0..$$
$$= ..1 < 000..0\bar{1} > 0.. \tag{12.15}$$

因此，只有兩個部分乘積是必要的，而不是 m 個。布思演算法總結於表 12.1，其中，x_i 代表一個新建的部分乘積。

在表中說明的演算法可以減少部分乘積的個數。然而，加、減與移位的次數會根據在乘法器中 1 的數目而變化。此外，在某些情況下，加法與減法的數量可能無法降低。例如，藉由表 12.1 的演算法，001010101 在加零至 LSB 側 (001010101→0010101010) 之後，可被重新編碼為 01$\bar{1}$1$\bar{1}$1$\bar{1}$1$\bar{1}$，這使得加法/減法的數量從四增加至八。這兩個問題可以藉由每一次以 3 位元代替 2 位元的方式來克服。部分乘積 x_i 與 x_{i-1} 重新編碼會取決於乘數上相鄰的 3 個位元，b_i、b_{i-1} 與 b_{i-2}。同樣地，x_{i-2} 與 x_{i-3} 重新編碼會取決於乘數上相鄰的 3 個位元，b_{i-2}、b_{i-3} 與 b_{i-4}。在 3 位元群組前，值為零的 b_{-1} 應附加至乘數數值的 LSB 右邊；而且從 LSB 與附加的零開始，3 個相鄰的位元會被群組如下所示。而每一組會重疊 1 位元。

$$\cdots \underbrace{b_7\ b_6\ b_5}_{X_7X_6}\ b_4\ \underbrace{b_3\ b_2\ b_1}_{X_3X_2}\ b_0\ (b_{-1})$$
$$\underbrace{\qquad b_5\ b_4\ b_3\qquad}_{X_5X_4}\ \underbrace{\qquad b_1\ b_0\ (b_{-1})\qquad}_{X_1X_0}$$

表 12.2 列出了新產生的 x_i 值，其值為 0、1 或 −1 其中之一。如果我們把 x_i 與 x_{i-1} 結合起來，結果將是 0、1、2、−1 或 −2 其中之一。這就是所謂的基數 (radix) 為 4 的布思演算法，能有效地處理非連續的 1 或 0。雖然因為基數為 4 之改良型布思演算法選擇五個加數 (addend) 的其中一個，使其在單一週期中所執行的操作較為複雜，但相較於標準的布思演算法，它減少了一半的週期數目。

表 12.1 布思演算法。

b_ib_{i-1}	操作	x_i
00	連續 0	0
11	連續 1	0
10	LSB 連續 1	減法與位移	$\bar{1}$
01	MSB 連續 1	加法與位移	1

表 12.2 改良型布思演算法。

$b_i b_{i-1} b_{i-2}$		x_i	x_{i-1}	操作
000	持續 0	00	+0	右移 PP 兩位元
001	持續 1 開始	01	+A	加總被乘數至 PP 且右移新 PP 兩位元
010	非連續 1	01	+A	加總被乘數至 PP 且右移新 PP 兩位元
011	持續 1 開始	10	+2A	加總被乘數兩次至 PP 且右移新 PP 兩位元
100	持續 1 結束	$\bar{1}0$	−2A	自 PP 減取被乘數兩次且右移新 PP 兩位元
101	非連續 0	$0\bar{1}$	−A	自 PP 減取被乘數兩次且右移新 PP 兩位元
110	持續 1 結束	$0\bar{1}$	−A	自 PP 減取被乘數兩次且右移新 PP 兩位元
111	持續 1	00	0 = (+0)	右移 PP 兩位元

例題 12.2

使用改良型布思演算法，將 00010101_2 與 11101001_2 相乘。

```
              0 0 0 1 0 1 0 1     +21
    符號延伸  x) 1 1 1 0 1 0 0 1   −23
    0 0 0 0 0 0 0 0 0 0 0 1 0 1 0 1    +A(010)
    1 1 1 1 1 1 1 1 0 1 0 1 1 0        −2A(100)
    1 1 1 1 1 1 1 0 1 0 1 1            −A(101)
    0 0 0 0 0 0 0 0 0 0                −0(111)
    ─────────────────────────
    1 1 1 1 1 1 1 0 0 0 0 1 1 1 0 1    −483
```

平行乘法器的整體設計

　　快速且緊密的乘法器設計可以使用改良型布思演算法、華勒斯樹狀與快速進位傳送加法器 (CPA)，如圖 12.18 所示。如前所述，4:2 壓縮器被廣泛採用。根據乘數與被乘數的位元數，可以選擇非布思、基數為 4 的改良型或基數為 8 的改良型布思演算法來最小化乘法時間。如果在許多的乘法情況下，速度不是首要準則，則面積與功率消耗可以被認為是重要的設計因素。同樣地，基於位元數與減少部分乘積方法，可以選擇非布思、基數為 4 的改良型或基數為 8 的改良型布思演算法。對於如 24 位元的少位元數乘法器，非布思與基數為 4 兩種類型的性能接近。因此，簡單的實現建議使用非布思。在一般情況下，基數為 4 的布思乘法器比基數為 8 具有較小的乘法時間，但它佔據比基數為 8 更大的面積。

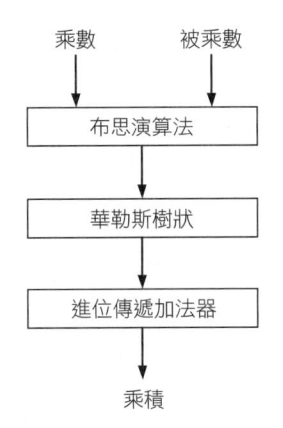

圖 12.18
整體乘法器架構電路圖。

12.4 移位器

在數位系統中，移位器 (shifter) 是一個不可或缺的建構區塊，其可以對特定的位元數進行移位 (shift) 或旋轉 (rotate) 資料。它也可以藉由把資料分別左移或右移來作為簡單的乘法器或除法器。桶型移位器 (barrel shifter) 是一種普遍的移位器架構，且基本上是一個選擇將輸入位移 s 個位置的 n 位元 n:1 MUX。原則上，桶型移位器從輸入至輸出的延遲可以小至單一閘延遲。然而，由於當輸入扇出至 n 個元件時的大連線電容值緣故，這需要大量元件而有較大的延遲。不像其它的算術建構區塊，支配佈局面積的是連接線而非電晶體。一個 8 位元的桶型移位器的電路圖示於圖 12.19。8 位元輸入通常是解碼器輸出。如果選擇訊號 s_0:s_7 是 1000000，則 7 位元將被移位。長連結導線需要適當大小的緩衝器。

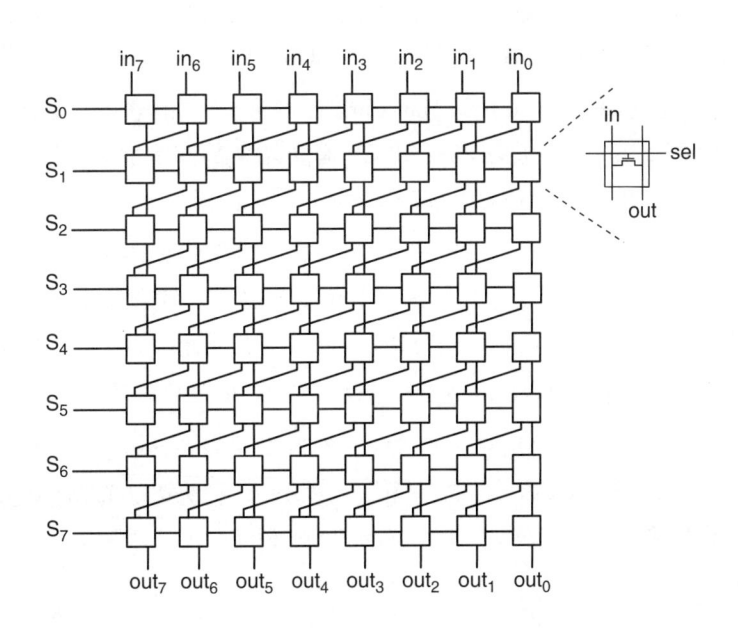

圖 12.19
8 位元桶型移位器的電路圖。

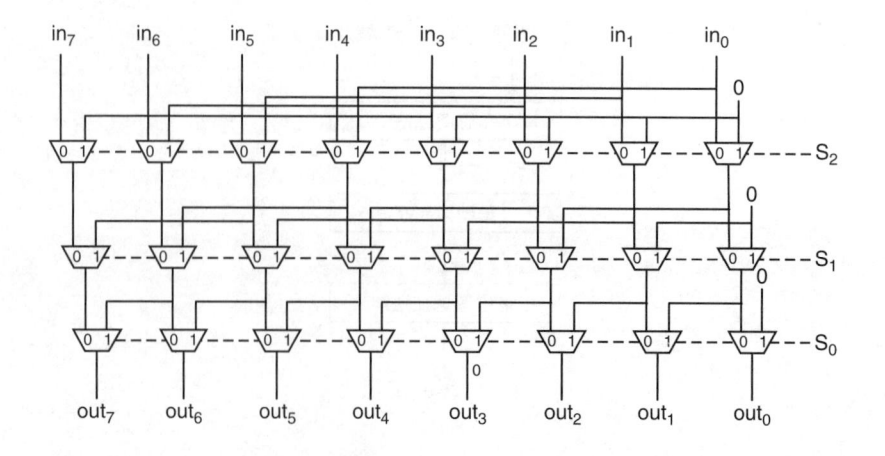

圖 12.20
8 位元對數移位器的電路圖。

對數移位器 (logarithmic shifter) 較適合大量移位，因為它可以藉由使用分級 (staged) 機制來使輸入值移位兩次方。每一級可能會移位超過兩次方或只是簡單地傳遞資料。總移位量為每級移位值的總和。相較於逐位元移位器 (bit-wise shifter)，對數移位器的延遲是以對數比例減少。一個 8 位元對數移位器的電路圖示於圖 12.20。上、中與下級傳遞資料，或分別以 4 位元、2 位元與 1 位元移動資料。如果選擇訊號 $s_0:s_2$ 為 111，則將移位 7 位元。如果位元寬度大時，則對數移位器比桶型移位器受歡迎。然而，增加的位元寬度也許會導致速度降低，因為通過串聯的傳送電晶體會增加電阻值。

練習題

12.1 決定 g_i、p_i、P_i 與 G_i 數值，以及這兩個 16 位元的數目的最終 carry_out：A = 0101 1000 0011 1001；B = 1101 0100 0000 0101。

12.2 設計使用靜態電路的 16 位元 Han-Carlson 加法器。加法器的每個輸出具有 100 fF 的負載電容。執行加法器的 SPICE 模擬以檢查平均功率消耗，以及在最壞情況下的延遲。輸入 A 與 B 每 2 ns 會被送至加法器。

12.3 對問題 12.2 所設計的加法器進行佈局，並且抽取寄生電容與電阻。使用抽取出的寄生電容與電阻值來執行 SPICE 模擬，並且與問題 12.2 所得的平均功率消耗與在最壞情況下的延遲進行比較。如果結果是不同的，描述其原因。

12.4 使用布思的演算法相乘兩個數，A 與 B：A = 3; B = −2。

12.5 解釋使用 4 位元進位級的 16 位元進位跳躍加法器 (carry-skip adder) 或進位略過加法器 (carry-bypass adder) 的操作。繪製簡單區塊圖以顯示所有重要的訊號線與資料流向。假設在本設計中所使用的 1 位元全加法器單元具有以下的延遲時間：

輸入至 sum 延遲 = 0.15 ns

輸入至 carry_out 延遲 = 0.1 ns

carry_in 至 carry_out 延遲 = 0.08 ns

carry_in 至 sum 延遲 = 0.15 ns

在本設計中所使用的 2-1 多工器具有 MUX 輸入至輸出延遲 = 0.05 ns。

a. 為整體 16 位元加法運算估計最壞情況下的延遲。

b. 與傳統的進位漣波加法器比較速度與面積，並簡短地討論這種設計的缺點與優點。

c. 解釋以下輸入的每一級操作：

0 0 1 1 0 0 1 1 1 1 0 0 1 0 1 1　　　LSB

0 1 0 1 1 1 0 0 0 0 1 1 0 0 1 0

提示：為 4 位元級建立一個進位跳躍路徑。

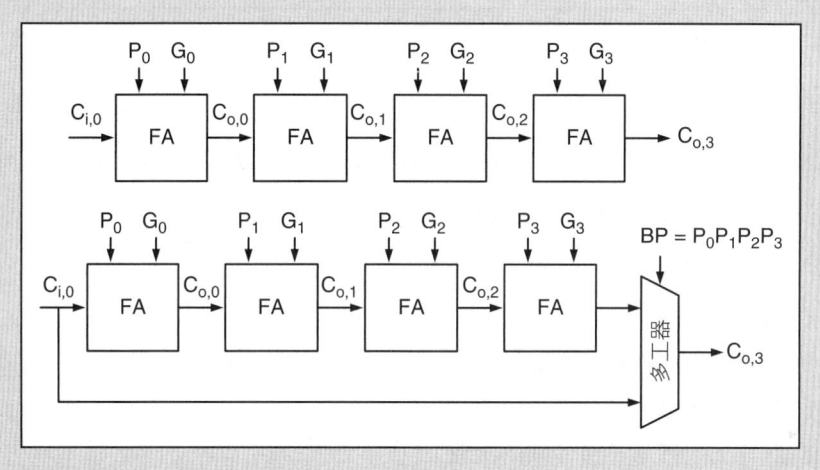

圖 P12.5

12.6 解釋使用 4 位元進位級的 16 位元進位選擇加法器操作。繪製簡單區塊圖以顯示所有重要的訊號線與資料流向。解釋此加法器在最壞情況下的延遲條件。假設在本設計中使用的 1 位元全加法器單元具有面積 $A = 5\ \mu m^2$ 與以下的延遲時間：

sum 延遲 = 0.15 ns

carry_out 延遲 = 0.08 ns

在本設計中所使用的 2-1 多工器具有面積 $A = 1\ \mu m^2$ 與 MUX 的輸入至輸出延遲 = 0.05 ns：

a. 為整個 16 位元加法運算估計最壞情況下的延遲。

b. 與傳統的進位漣波加法器比較速度和面積，其建立係使用與之前相同的建構區塊（1 位元全加法器）。

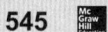

考慮以下輸入位元的加法器操作：

$$\begin{array}{r} 1011010111010111 \quad \text{LSB} \\ +\,0000101100101111 \\ \hline \end{array}$$

a. 最長的進位傳遞路徑為何？
b. 計算總延遲，直到所有輸出 (sum) 位元都算出為止？現在考慮建立一個具 4 位元跳躍級的進位跳躍加法器。
c. 繪製區塊圖。
d. 解釋在所示的輸入設定下，每一個進位跳躍區塊如何操作。
e. 假設跳躍路徑延遲為 0.1 ns，計算直到所有輸出 (sum) 位元都穩定的總延遲？
f. 如果在特定輸入組合都沒有啟動跳躍路徑（旁路路徑），會發生什麼情況？可以估算在這種情況下的最大延遲嗎？

12.9 考慮在這裡所示的 Brent-Kung 平行預算加法器的進位預測 (carry prediction) 區塊。

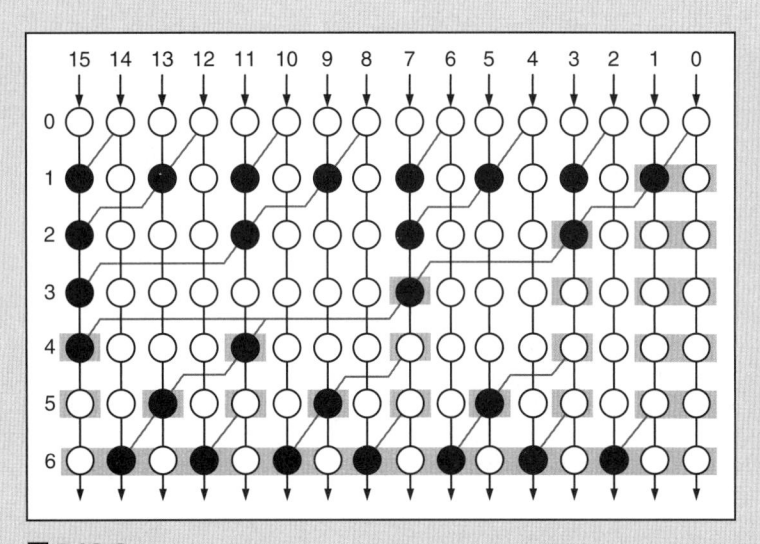

圖 P12.9

a. 解釋進位預測區塊的操作。
b. 假設每一個產生 / 傳遞運算子的輸入至輸出延遲等於 0.2 ns。什麼是整個進位預測區塊的最壞情況延遲？
c. 解釋此特定設計的優點與缺點。
d. 繪製 16 位元進位預測功能的不同設計。是否有可能用四級來構建一個加法器？

12.10 考慮平行預算加法器陣列的以下片段。

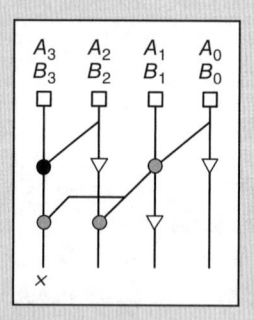

圖 P12.10

a. 已知每一行代表兩個平行訊號 (g, p)，而黑色與灰色點的功能定義在圖 12.10 裡，寫下在節點 X 中得到的輸出訊號表示式。描述其功能，並給出另一種實現此功能的（使用點符號）方式。那一種實現法是較有效率的，為什麼？
b. 為此四行片段繪製閘等效電路（使用 AND/OR 閘）。
c. 考慮於圖 12.11(b) 和 (c) 中所示的兩個 16 位元平行預算加法器的結構，以及在面積、延遲、導線長度與功率消耗方面，對它們進行比較。

Chapter

13

時脈與 I/O 電路
Clock and I/O Circuits

13.1 簡介

時脈產生、分佈電路與輸入 / 輸出 (input/output, I/O) 電路對 VLSI 晶片設計上是不可或缺的。這些電路的設計品質是決定可靠度 (reliability)、訊號完整性 (signal integrity) 與在系統環境中晶片間通訊速度的關鍵因素。大部分的 VLSI 晶片從共通時脈源接收時脈訊號，然後依序產生內部時脈訊號。雖然這種時脈模組的最理想位置是在晶片的中心，但在大部分的情況下，會因導線接合 (wire-bonding) 限制而置於 I/O 邊框 (frame) 內。不過，在印刷電路板 (printed circuit board, PCB) 或是多晶片模組 (multi-chip module, MCM) 上使用裸露覆晶接合 (bare flip-chip bonding) 的一些晶片，均將時脈電路置於中央，使得時脈訊號在晶片上的分佈送至不同位置的時脈偏移 (clock skew) 較少。

如果封裝被認為是矽晶片的保護層，則包括輸入和輸出電路的 I/O 邊框與時脈產生器可以被認為是第二個保護層。任何外部危害事物，如靜電放電 (electrostatic discharge, ESD) 與電性雜訊應該在傳遞至內部電路前先濾除以作為防護。此外，某些晶片必須與電晶體 - 電晶體邏輯 (transistor-transistor logic, TTL) 或射極耦合邏輯 (emitter-coupled logic, ECL) 的雙極性接面電晶體晶片連接；在此情況下，輸入或輸出電路必須提供適當的準位移動 (level shifting)，使得傳送訊號內容可以被 CMOS 晶片正確的接收或送出。本章將討論晶片上時脈產生與分佈 (clock generation and distribution) 電路、靜電放電損害 - 保護電路 (electrostatic discharge damage-protection)、輸入電路、輸出電路、因為輸出焊墊 (pad) 的接合導線寄生電感所產生的晶片上雜訊，以及因為 CMOS 晶片的寄生雙極性接面電晶體造成 I/O 邊框中的閂鎖 (latch-up) 現象與其預防方法。

13.2 ESD 保護

在生產製造與現場操作時，靜電放電 (electrostatic discharge, ESD) 是晶片故障 (failure) 的最普遍原因之一。ESD 通常發生在電荷儲存於機器或人體上，在接觸時或藉由靜電感應而對晶片放電。圖 13.1 顯示 ESD 測試的不同類模型，

圖 13.1
ESD 測試模型 (a) 人體模型，(b) 機器模型，(c) 帶電裝置模型。

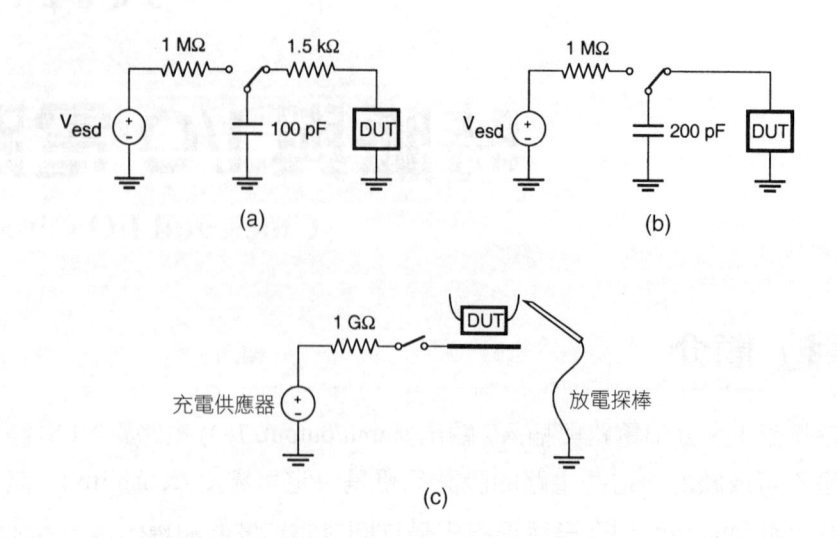

分別命名為人體模型 (human body model, HBM)、機器模型 (machine model, MM) 以及帶電裝置模型 (charged device model, CDM)。

人在 80% 的相對濕度下走過人造地毯，可能會感應出 1.5 kV 的靜電加壓 (stress)。圖 13.1(a) 顯示在 HBM (MIL-STD-883C, Method 3015, 1988) 中，一個帶有電荷的人的手指碰觸，可以用 100 pF 的電容器對一個 1.5 kΩ 電阻放電來模擬。晶片的 I/O 電路內設計有某些保護網路 (protection network, PN) 非常重要，使 ESD 效應可以在傳遞至內部邏輯電路前就被濾除。有效的保護網路可以承受如 8 kV HBM 強度一樣高的 ESD 加壓。

除了人體觸摸外，與其它機器接觸也會引起 ESD 加壓。因為缺乏身體電阻，所以此加壓可能會伴隨更高的電流量而更為劇烈。機器模型的電路圖如圖 13.1(b) 所示。

第三種模型為帶電裝置模型顯示於圖 13.1(c)。此模型專供模型化已封裝的積體電路放電現象。此電荷可能是在晶片組裝過程或在裝運管道中累積。CDM ESD 測試器對待測裝置 (device under test, DUT) 進行電性地充電，接著對其放電至接地，因此可探測到送至 DUT 的很高且短暫持續時間之電流脈波。

HBM 與 MM ESD 測試器的簡化集總式 (lumped) 電路元件模型與此模型對應的參數值一同顯示於圖 13.2。

通常由一顆擴散型 (diffused) 電阻器－二極體結構組成的保護網路 (PN) 與其等效電路模型一同顯示於圖 13.3。輸入電阻通常為 1 kΩ 至 3 kΩ 之間。此電阻連同擴散電容、二極體與輸入電晶體的閘極電容整合並箝制 (clamp) 電壓至安全準位。然而，RC 時間常數應該要夠小，以免顯著地增加電路延遲。

本質上，二極體箝制訊號準位於某電壓範圍內，以最小化 ESD 的衝擊。

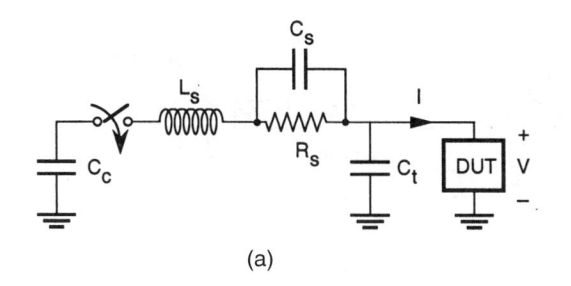

圖 13.2
(a) HBM-ESD 與 MM-ESD 測試器的簡化集總式電路元件模型。(b) 模型參數值。

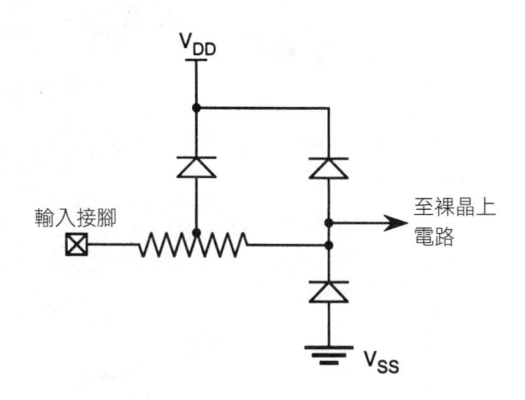

圖 13.3
ESD 保護網路範例。

$$-0.7 \text{ V} < V_A < V_{DD} + 0.7 \text{ V} \tag{13.1}$$

此方法能符合工業標準 (JEDEC Standard No. 7)，其專供避免對於晶片的使用者相關損壞。為了不要永久性損壞二極體結構，應該限制流經二極體的電流少於數十個 mA。由於高電場產生介電質崩潰現象，過去嘗試使用多晶矽串聯電阻都失敗。使用如圖 13.4 所示的額外厚氧化層 nMOS 電晶體已經證明非常有效，並且在超過 3 kV 的 HBM-ESD 測試仍可得到保護。在此電路中，M1 為厚氧化層衝穿 (punch-through) 元件，M2 為厚氧化層 nMOS 電晶體，而 M3 則為操作在飽和模式的薄氧化層 nMOS 電晶體。對於正輸入暫態，M1 與 M2 具有臨界

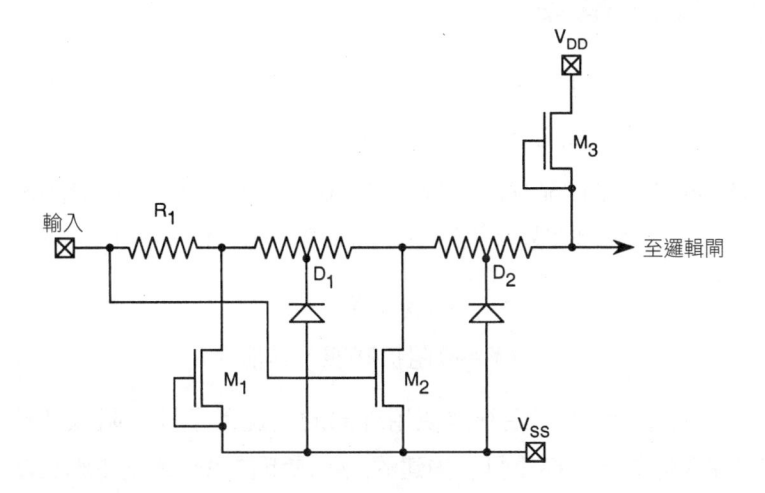

圖 13.4
具有厚氧化層電晶體的保護網路。

圖 13.5
(a) 典型的 ESD 故障模式。(b) 已故障 nMOS 電晶體的 SEM 照像圖。

(N.H.E. Weste and D.M. Harris, *CMOS VLSI Design—A Circuits and Systems Perspective,* Fourth Edition, Reading, MA: Addison-Wesley, 2011.)

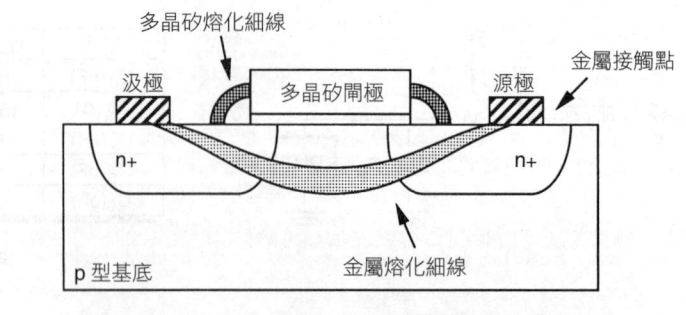

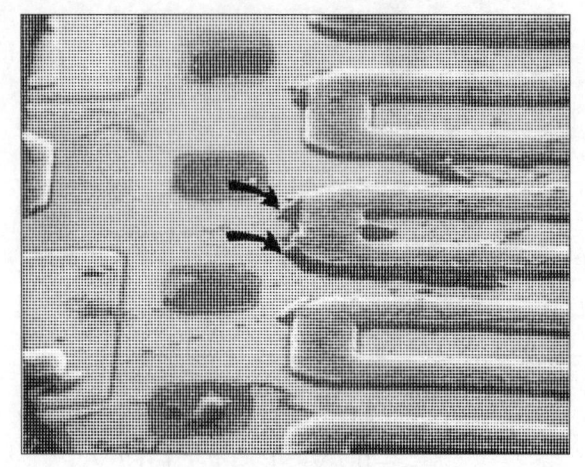

電壓值為 20 V 至 30 V。

圖 13.5 所示為在 nMOS 電晶體中由 ESD- 誘發的熱散逸所導致的典型的 ESD 故障模式，以及掃描式電子顯微照相機 (scanning electron microscopy, SEM) 的已故障 nMOS 電晶體照片。雖然大型驅動器電晶體透過擴散層與基底或槽結構本質上具有保護能力，但類似的保護電路仍可用於輸出電路。

13.3 輸入電路

圖 13.6 顯示一個由傳輸閘 (transmission gate) 構成的簡單輸入電路，由致能訊號 (E) 與其互補電路啟動。

進入的訊號 A 是從晶片的接合焊墊 (bonding pad) 經由保護網路 (PN) 進入至傳輸閘。致能訊號是在晶片上產生，同時控制輸入的閘控 (gating)

$$X = A，當 E = 0$$
$$X = 高阻抗狀態，其他$$

任何未使用的晶片輸入端點應該使用外部的上拉或下拉電阻以連接至 V_{DD} 或 V_{SS}。某些輸入焊墊電路模組具有內建的上拉或下拉電阻或是主動負載（通常導

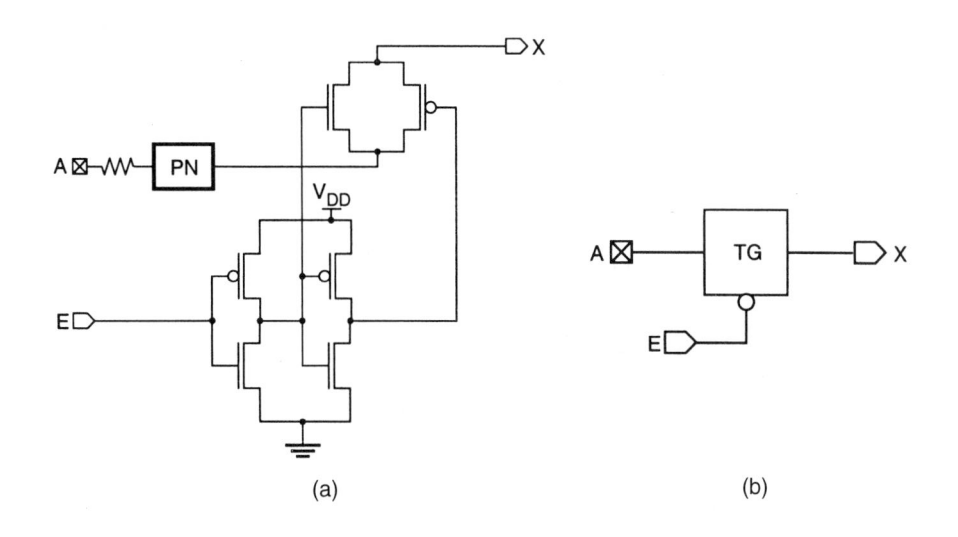

圖 13.6
(a) 輸入串聯傳輸閘電路與 (b) 其符號表示方式。

通的電晶體），這些電阻值為 200 kΩ 至 1 MΩ。

圖 13.7 顯示由保護網路與 CMOS 反相器所組成的反相輸入電路。V_{IL} 與 V_{IH} 的典型值分別為 0.3 V_{DD} 與 0.7 V_{DD}，約為 30% 的雜訊邊界。

藉由調整反相器中的 pMOS 與 nMOS 電晶體通道寬度比例，此基本輸入電路可以被設計來供 CMOS 邏輯電路接收 TTL 訊號。圖 13.8 顯示為從 TTL 至 CMOS 邏輯準位移動的原理。在 TTL 中，最壞情況下的輸出訊號準位是

$$V_{OL} = 0.8 \text{ V}$$
$$V_{OH} = 2.0 \text{ V}$$

因此，輸入電壓少於或等 0.8 V 應該被認定為低態，而輸入電壓大於或等於 2.0 V 應該被認定為高態。

在輸入保護網路之後，進來的訊號必須準位轉換至想要的準位（視其電壓準位）。舉例來說，如果進來的訊號來自 TTL 驅動器，則其低電壓可以高至 0.8 V，而其高輸出電壓可以低至 2.0 V。因此，準位移動必須謹慎，以便轉換

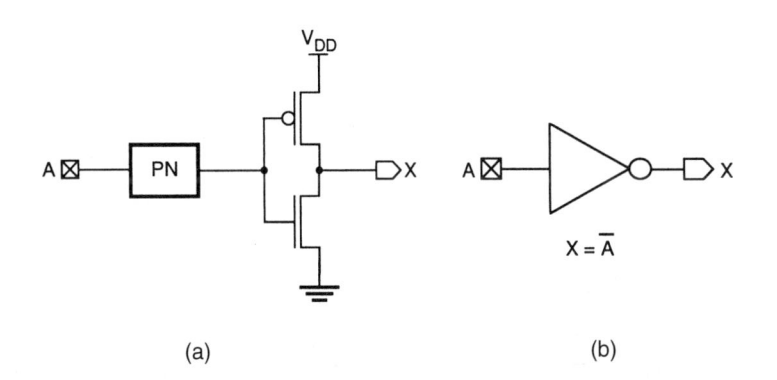

圖 13.7
反相輸入電路 (a) 保護網路，與 (b) 符號圖。

圖 13.8
(a)TTL 至 CMOS 的準位移動與 (b) 相關的電壓轉移特性曲線。

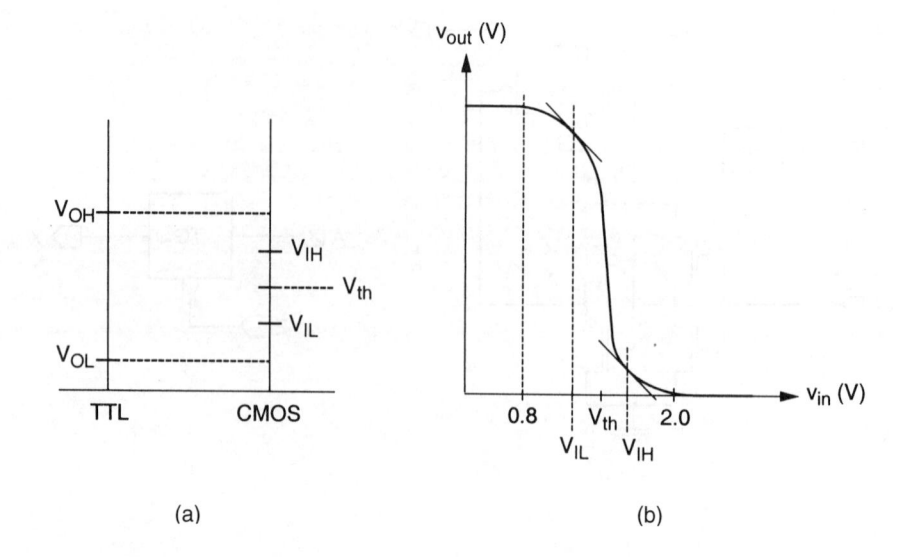

(translate) 此邏輯準位至對應的 MOS 閘極電壓準位，如圖 13.8 所示。

TTL 驅動器與 CMOS 閘之間的準位移動可以藉由適當設計接收端 CMOS 反相器閘的 pMOS 與 nMOS 電晶體之間的比例來達成。實際的方法為調整反相器閘的電晶體比例，使得兩顆電晶體皆操作在飽和區時，飽和電壓是設定在 0.8 V 與 0.2 V 之間的中點。使用 MOS 電晶體的一階模型，反相器閘的飽和電壓可表示為

$$V_{th} = \frac{V_{DD} + V_{Tp} + rV_{Tn}}{1 + r} \tag{13.2}$$

$$r = \sqrt{\frac{\mu_n C_{ox} W_n/L_n}{\mu_p C_{ox} W_p/L_p}} \tag{13.3}$$

從這兩組方程式，我們得到

$$\frac{W_n/L_n}{W_p/L_p} = \frac{\mu_p}{\mu_n}\left[\frac{V_{DD} + V_{Tp} - V_{sat}}{V_{sat} - V_{Tn}}\right]^2 \tag{13.4}$$

例如，如果 $\mu_n = 3\mu_p$ 與 $V_{Tn} = -V_{Tp} = 1.0$ V，且 $V_{DD} = 5$ V，而為了達到

$$V_{sat} = \frac{0.8 + 2.0}{2} = 1.4 \text{ V}$$

nMOS 對 pMOS 的比例必須為

$$\frac{W_n/L_n}{W_p/L_p} = \frac{1}{3}\left[\frac{5 - 1 - 1.5}{1.4 - 1}\right]^2 = \frac{169}{12}$$

從以上的計算，我們決定 $r = 6.5$，以及

$$V_{IL} = \frac{2V_{out} - V_{DD} + r^2 V_{Tn} + V_{Tp}}{r^2 + 1} = \frac{2V_{out} + 36.25}{43.25}$$

其中 V_{out} 滿足下列電流方程式

$$\frac{r^2}{2}(V_{IL} - V_{Tn})^2 = (V_{DD} - V_{IL} + V_{Tp})(V_{DD} - V_{out}) - \frac{1}{2}(V_{DD} - V_{out})^2$$

或

$$21.125(V_{IL} - 1)^2 = (4 - V_{IL})(5 - V_{out}) - \frac{1}{2}(5 - V_{out})^2$$

合併這兩組方程式，我們得到

$$21.125\left[\frac{2V_{out} - 7}{43.25}\right]^2 = \left[\frac{136.75 - 2V_{out}}{43.25}\right](5 - V_{out}) - \frac{1}{2}(5 - V_{out})^2$$

$$V_{out} = 4.97 \text{ V}$$

因而

$$V_{IL} = \frac{2 \times 4.97 + 36.25}{43.25} = 1.07 \text{ V}$$

同樣地

$$V_{IH} = \frac{r^2(2V_{out} + V_{Tn}) + V_{DD} + V_{Tp}}{r^2 + 1} = \frac{84.5V_{out} + 47.25}{43.25}$$

其中 V_{out} 滿足下列電流方程式

$$\frac{1}{2}(V_{DD} - V_{IH} + V_{Tp})^2 = r^2\left[(V_{IH} - V_{Tn})V_{out} - \frac{1}{2}V_{out}^2\right]$$

或

$$\frac{1}{2}(4 - V_{IH})^2 = 6.5^2\left[(V_{IH} - 1)V_{out} - \frac{1}{2}V_{out}^2\right]$$

合併這兩組方程式，我們得到

$$\frac{1}{2}\left(4 - \frac{84.5V_{out} + 47.25}{43.25}\right)^2 = 42.25\left[\left(\frac{84.5V_{out} + 4}{43.25}\right)V_{out} - \frac{1}{2}V_{out}^2\right]$$

求解 V_{out} 和 V_{IH} 得到

$$V_{out} = 0.206 \text{ V} \quad 且 \quad V_{IH} = 1.47 \text{ V}$$

此設計似乎能符合準位移動 CMOS 反相器的設計目標，提供邏輯 "1" 輸出準位於 TTL 輸入電壓上至 0.8 V（少於 V_{IL} = 1.07 V），以及邏輯 "0" 輸出準位於 TTL 輸入電壓不少於 2.0 V。在 V_{in} = 1.47 V 的輸出電壓 0.206 V 遠小於下一級的 n 通道臨界電壓。無論如何，為了保證電路在所有的情況下都能正確地工作，電路模擬都應該要謹慎地執行，要考慮製程條件、元件溫度、與電源供應電壓準位的變異。須注意的是，由於製程變異，某些晶片可能有強 pMOS (PH) 對應弱 nMOS (NL)，或是弱 pMOS (PL) 對應強 nMOS (NH) 的組合，其準位移動電路的性能將有所差異。此變異顯示於圖 13.9 說明。

圖 13.9
由於製程變異造成準位移動器的 VTC 變異。將在第 14 章中討論解決此變異的統計分析與設計方法。

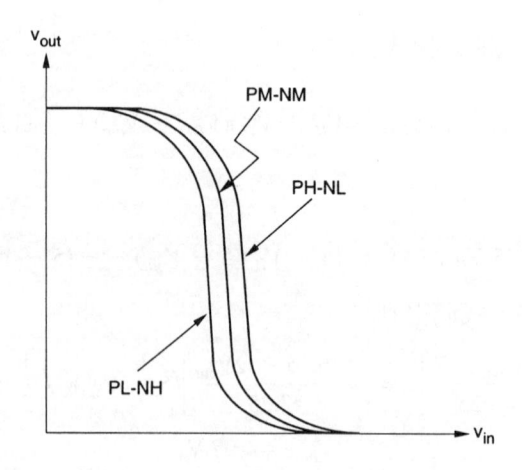

圖 13.10 顯示另外一種非反相 TTL 準位移動電路。在此電路中,準位移動是在第一級完成,接著為第二級的反相器。

圖 13.11 顯示具有史密特觸發器 (Schmitt trigger) 電路的輸入焊墊電路與一顆 70 kΩ 的下拉電阻。此電路在 5 V 的電源供應下,提供 1 V 的負向 (negative-going) 邏輯臨界電壓,以及 4 V 的正向 (positive-going) 邏輯臨界電壓。

圖 13.10
(a) 非反相 TTL 準位移動電路與 (b) 其符號圖。

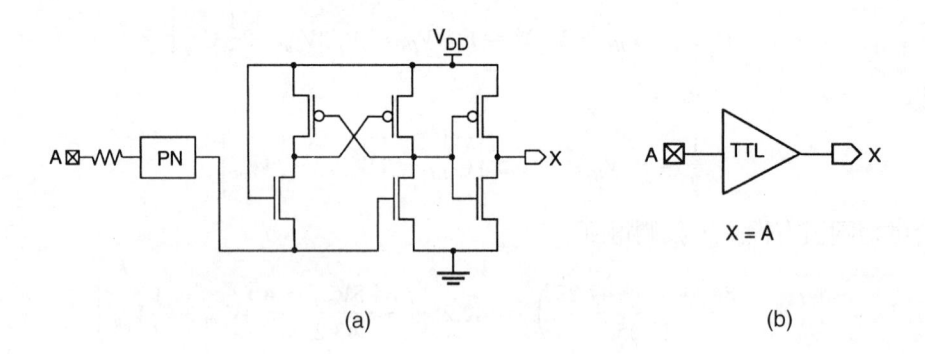

圖 13.11
(a) 具有史密特觸發器的輸入焊墊電路與(b)其符號圖。

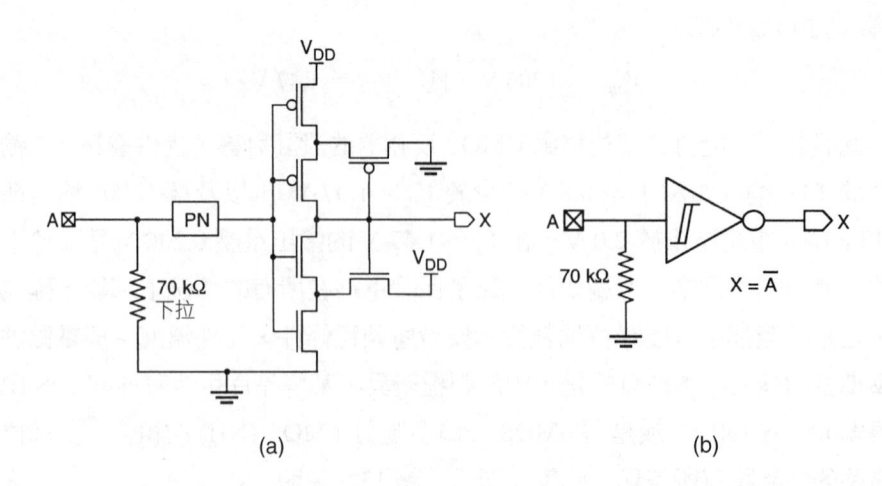

13.4 輸出電路與 L(di/dt) 雜訊

　　VLSI 晶片的輸出電路被設計為三穩態 (tristable)，如圖 13.12 所示。圖 13.12(b) 的電路實現方式比圖 13.12(c) 的電路實現方式需要較多的電晶體（12 顆電晶體）；後者若忽略極性，則僅需 4 顆電晶體。然而，就矽晶面積而言，圖 13.12(b) 的實現方式可能比圖 13.12(c) 的電路還小，因為最後一級電晶體必須將尺寸調大，以提供足夠的電流沒入 (sink) 與源給 (source) 能力，並降低延遲時間。不幸地，這種條件需要很高的電流改變速率 di/dt，而且會引起明顯晶片上的雜訊問題，因為橫跨在連接輸出焊墊至封裝的接合導線上有 $L(di/dt)$ 壓降。

　　為了說明，考慮以下情況：電容器負載初始時被充電至 $V_{DD} = 5$ V，而時脈訊號被設定來導通 nMOS 電晶體以沒入電流至接地。圖 13.13 顯示在切換週期

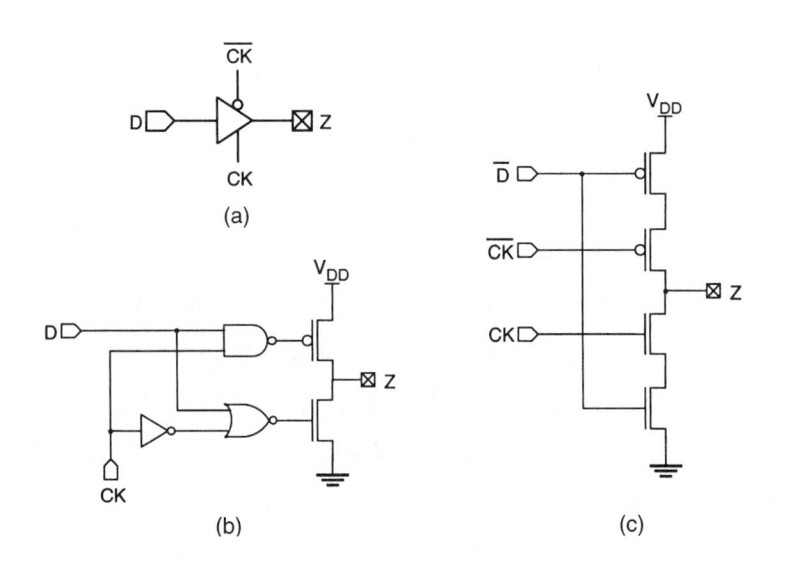

圖 13.12
(a) 三穩態輸出電路的符號圖。(b) (c) 兩種不同電路的實現方式。

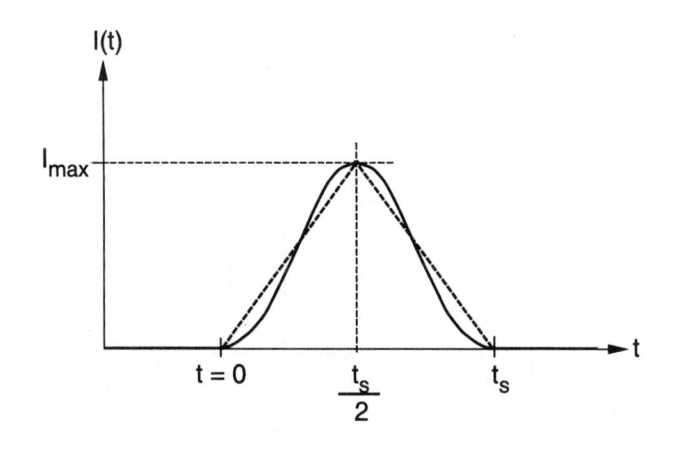

圖 13.13
在切換期間的典型輸出電路電流波形。

中的電流波形。實心線代表真實的電流波形,而三角形點虛線則代表電流波形的簡單近似。藉由近似

$$I_{max}\frac{t_s}{2} = C_{load}V_{DD} \tag{13.5}$$

而且

$$\left[\frac{di}{dt}\right]_{max} \geq \frac{I_{max}}{t_s/2} = \frac{2I_{max}}{t_s} \tag{13.6}$$

因此,下列不等式成立。

$$\left[\frac{di}{dt}\right]_{max} \geq \frac{4C_{load}V_{DD}}{t_s^2} \tag{13.7}$$

例如,如果 C_{load} = 100 pF 與 t_s = 5 ns,則

$$\left[\frac{di}{dt}\right]_{max} \geq \frac{4 \times 100 \times 10^{-12} \times 5}{(5 \times 10^{-9})^2} = 80 \frac{\text{mA}}{\text{ns}}$$

且接合導線具有 L = 2 nH,則 $L(di/dt)$ 電壓降可以高至

$$L\left[\frac{di}{dt}\right]_{max} \geq 160 \text{ mV}$$

應該注意到,如果 t_s 下降 2 倍,則此電壓降將成為 4 倍。由此顯示出延遲時間與雜訊之間的重大折衷問題。觀察 1.2 μm CMOS 製程晶片的使用可知,在電源與接地端點間的電流驟增 (current surge) 可以高至 1100 mA/ns。

在具有 32 位元或更高數目的資料匯流排線之高階微處理器晶片上,如果所有的輸出驅動器同時被驅動,則雜訊問題可能會明顯地惡化。此時,最好能用時脈分佈網路的內建 (built-in) 延遲來錯開切換時間;這等同於用損失晶片速度的代價來降低雜訊。

圖 13.14 顯示一項令人關注用來降低 di/dt 的電路技術。此電路需要額外的閃控 (strobe) 訊號,因而複雜化了時序設計,但是大大地降低 di/dt 的大小。

圖 13.14
用於降低 (*di/dt*) 雜訊的電路結構。

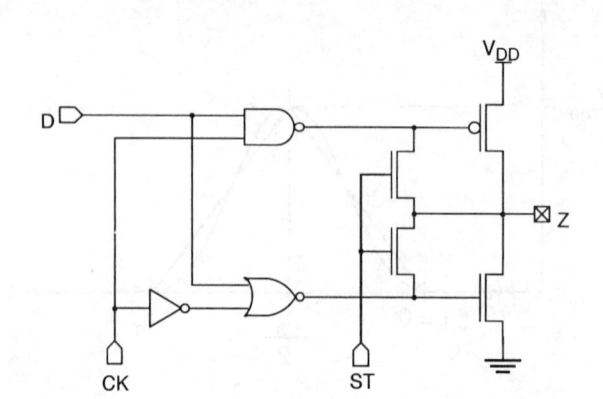

由閃控訊號 (ST) 控制的二顆 nMOS 電晶體所扮演的角色，是對最後一級驅動器電晶體的閘極電位進行預充電 (precharge) 至負載電容的初始電位與最終電位間的一半值。舉例來說，如果 pMOS 與 nMOS 驅動器對的 $r = 1$，則當 ST 為高態時，閘極電壓可以在 CK 升至高態前預充電至 $V_{DD}/2$。

另一項解決輸出驅動器問題的技術是採用基本驅動器電路，僅在資料模式改變時才送出，如圖 13.15 所示。使用一個延遲元件後，只有在輸入訊號的極性改變時，電路才會在節點 B 與 C 產生脈波。結果，驅動器僅發送微分 (differential) 訊號，而非完整數位波形。如圖 13.15(b) 所示，在靜止週期中，參考輸出電壓準位保持在 $V_{DD}/2$，等同於三態週期。輸出驅動器使用分相器 (phase splitter) 產生微分對（訊號）。對應的接收器電路必須對微分資料進行感測、閂鎖以及準位移動。圖 13.16 所示的電路可執行這些功能。

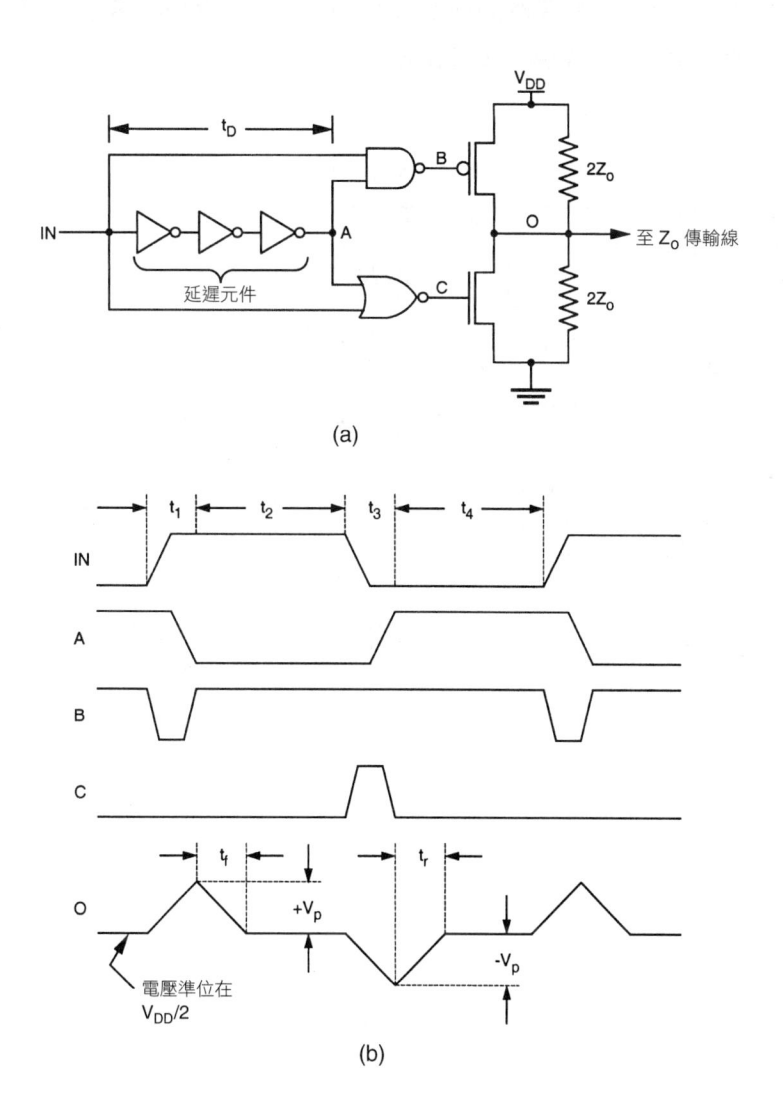

圖 13.15
(a) 僅發送微分訊號的基本驅動器電路。(b) 時序圖顯示有關驅動器電路的電壓波形。

圖 13.16
接收電路被設計來感測、閂鎖以及將微分資料進行準位移動。

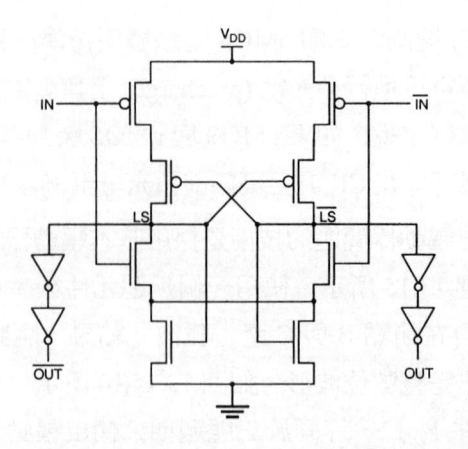

一對輸入與輸出電路可以組合成單一的雙向 I/O 焊墊電路，如圖示 13.17。一種代表性雙向 I/O 焊墊電路的佈局呈現於圖 13.18，顯示了接合焊墊、保護用二極體、擴散電阻，以及輸入與輸出電路。

圖 13.17
(a) 具有 TTL 輸入能力的雙向緩衝電路電路圖。(b) 此雙向緩衝器的區塊圖。

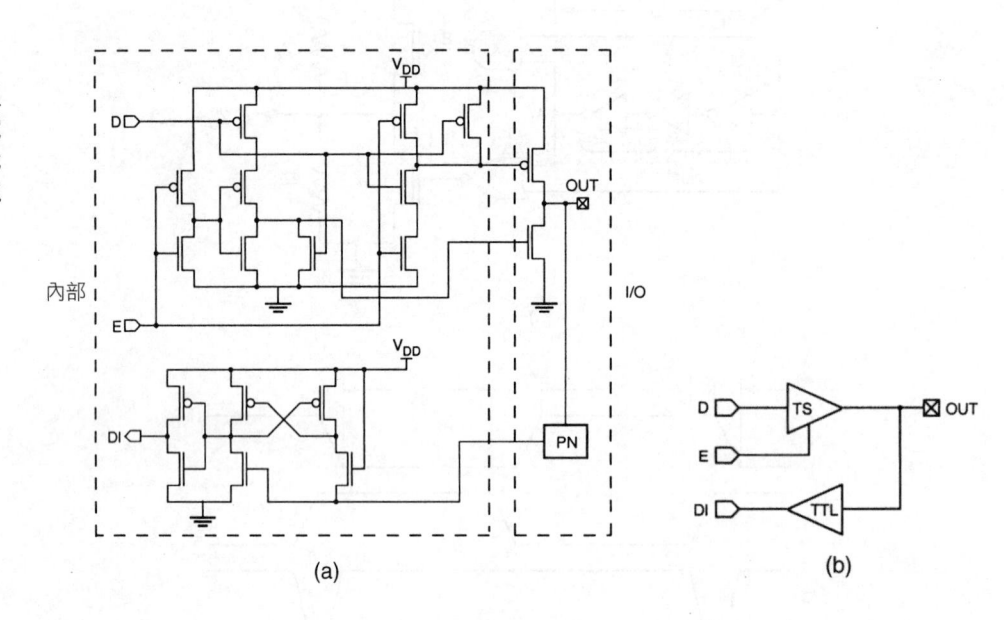

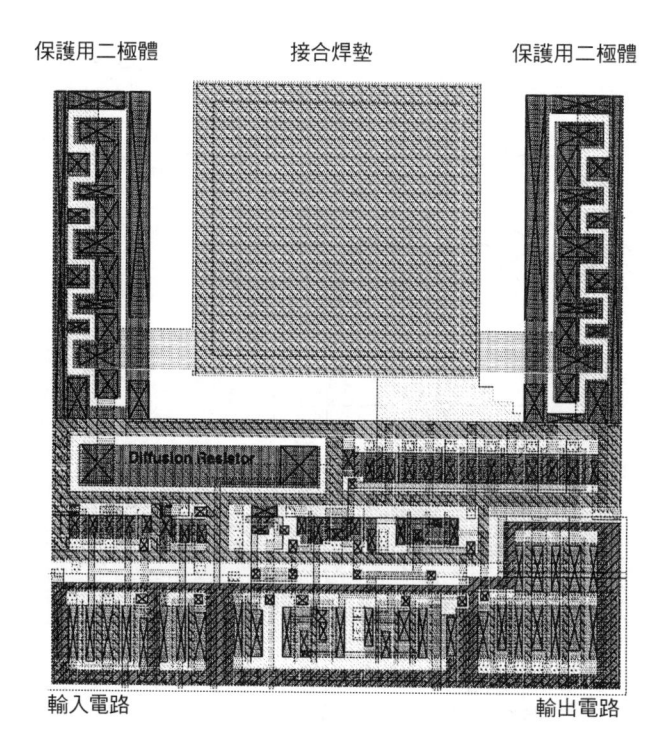

圖 13.18
雙向 I/O 焊墊電路的佈局 (courtesy of MOSIS)。

（圖中標註：保護用二極體、接合焊墊、保護用二極體、Diffusion Resistor、輸入電路、輸出電路）

13.5 晶片上時脈產生與分佈

時脈訊號是數位系統的心跳。因此，時脈訊號的純度非常重要。在理想情況下，時脈訊號應該具有最小的上升時間 (rise time) 與下降時間 (fall time)、指定的責任週期 (duty cycle)，以及零偏移與抖動 (jitter)。偏移是空間上的時脈不確定性，係由時脈緩衝器與時脈分佈網路連接線的製程、電壓與溫度變異所造成。相反地，抖動是時間的時脈不確定性，主要發生於時脈產生器與時脈緩衝器。實際上，時脈訊號具有非零抖動與偏移，以及明顯的上升 / 下降時間；責任週期也可能變動。其實，大型電腦系統會耗費多至機器週期時間的 10% 以允許實際時脈訊號抖動與偏移。此問題在 VLSI 晶片設計也非常嚴重。

簡易時脈產生器

晶片上產生主要時脈訊號的簡易技術為使用環型振盪器 (ring oscillator)，如圖 13.19 所示。這樣的時脈電路已經被使用在低階(low-end)微處理器晶片上。

然而，所產生的時脈訊號可能是完全製程相關且不穩定。因此，基於晶體振盪器 (crystal oscillator) 的個別時脈晶片已被用於高性能 VLSI 晶片家族中。圖 13.20 為具有良好頻譜純度 (spectral purity) 的皮耳士 (Pierce) 晶體振盪器的電路圖。這電路為近似串聯諧振電路，其中的晶體（石英）看見橫跨其端點的

圖 13.19
簡易晶片上時脈產生電路，使用環型振盪器。

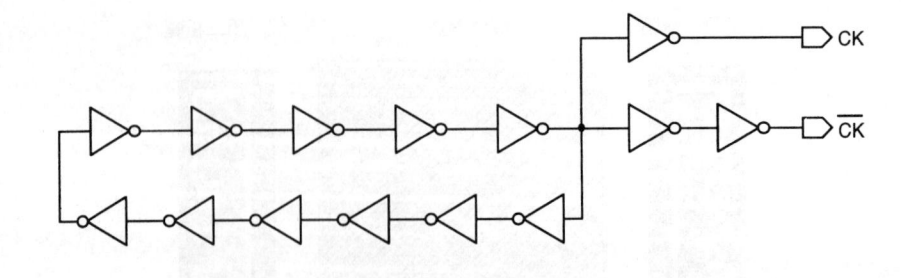

圖 13.20
皮耳士晶體振盪器電路。

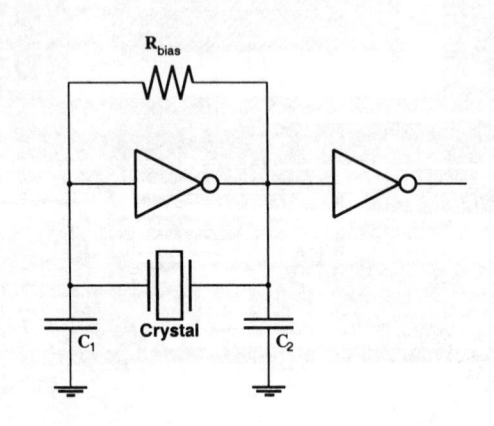

低負載阻抗。雖然串聯諧振存在於晶體內，但決定振盪頻率主要是內部串聯電阻。在等效電路模型中，晶體可以被表示為一個串聯的 RLC 電路。在晶體兩端點的外部負載也對頻率與頻譜純度有相當大的影響。橫跨晶體的反相器提供了必要的電壓差異，而外部的反相器則提供了驅動時脈負載的放大能力。須注意的是，這裡呈現的振盪電路絕非最先進的時脈電路的典型範例，而僅僅是一個簡化的範例。

鎖相迴路

最常見的晶片上時脈產生器是基於鎖相迴路 (phase-locked loop, PLL) 與延遲鎖定迴路 (delay-locked loop, DLL) 類型的電路。圖 13.21 顯示了整體 PLL 的架構。相位頻率偵測器 (phase-frequency detector, PFD) 從晶體接收參考時脈，並將其與除頻後的電壓控制振盪器 (voltage-controlled oscillator, VCO) 時脈進行比較。相位頻率偵測器 (PFD) 根據參考時脈與除頻後的 VCO 時脈之間的相位差來產生 UP 與 DN 訊號。充電泵 (charge pump, CP) 接收來自 PFD 的相位誤差 (phase error) 脈波（UP 與 DN），然後產生正比於相位誤差的電流；根據相位差的極性，此電流會流入或流出迴路濾波器 (loop filter, LF)。當除頻後的 VCO 時脈快於參考時脈時，PFD 產生一個正比於相位差的 DN 脈波，且 CP 會沒入來自 LF 的電流。當 VCO 時脈慢於參考時脈時，則 PFD 將產生一個 UP 脈波

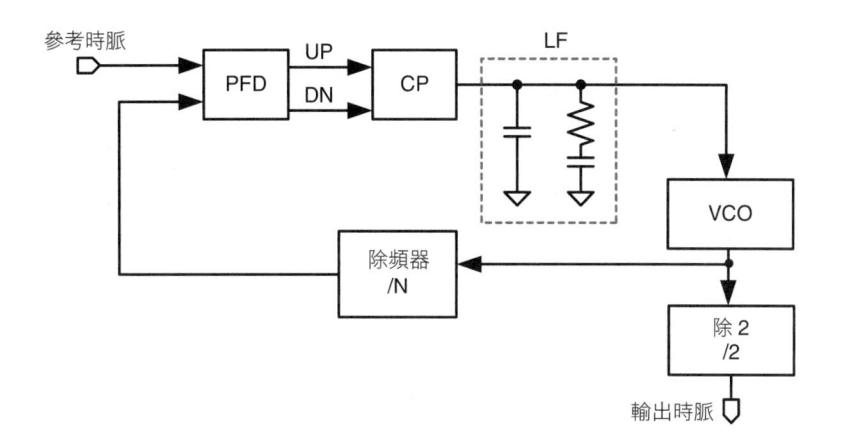

圖 13.21
鎖相迴路的區塊圖。

且會 CP 源給 (source) 電流至 LF。LF 將電流轉換為電壓，並平滑 (smooth) 電壓訊號。LF 電壓控制了 VCO 頻率。VCO 會產生單相位 (single-phase) 或多相位 (multi-phase) 時脈。VCO 是影響整體 PLL 抖動性能的一個重要建構區塊。輸出時脈頻率比參考時脈頻率快上 N 倍。因此，輸出頻率可以容易地藉由鎖相迴路中的除頻器進行倍頻。現在將一一描述 PLL 的每個建構區塊。

相位頻率偵測器 PFD 是用於偵測參考時脈與除頻後的 VCO 時脈之間的頻率與相位差。如圖 13.22 所示為採用基本數位元件的傳統 PFD 結構，是具有三種狀態的循序邏輯電路。如果參考時脈比除頻後的 VCO 時脈更早抵達，則 UP 訊號會變為高態。然後，DN 訊號會在除頻後的 VCO 時脈上升緣時變為高態，如圖 13.23(a) 所示。相反地，如果除頻後的 VCO 時脈比參考時脈更早抵達，則 DN 訊號上升至邏輯高態，UP 訊號會在參考時脈的上升緣時變為高態，如圖 13.23(b) 所示。一旦 UP 與 DN 訊號都成為高態，則重置 (reset) 訊號將藉由 AND 閘產生，其重置 UP 與 DN 訊號至低態。因此，這些 UP 和 DN 訊號脈波寬度的差異與參考時脈和除頻後的 VCO 時脈之間的相位差會相同，如圖 13.24

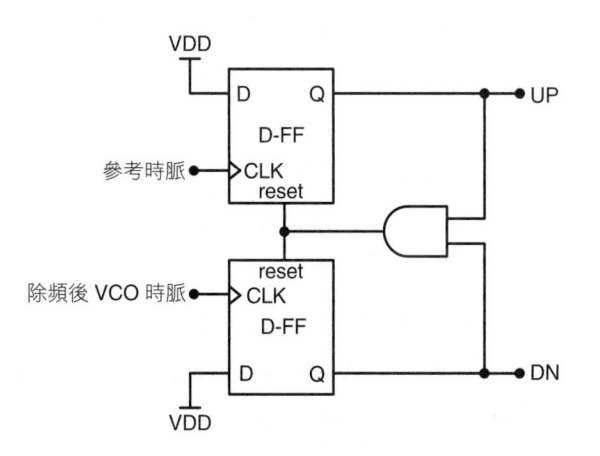

圖 13.22
PFD 結構。

圖 13.23
由 PFD 產生的輸出脈波。

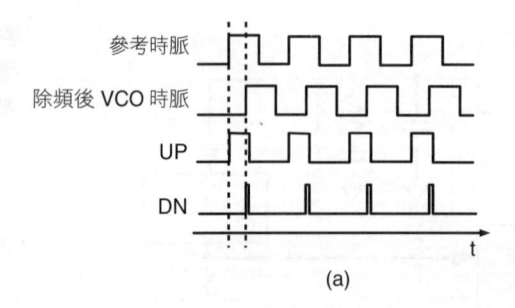

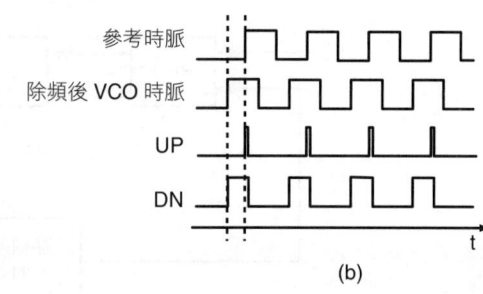

(a) (b)

圖 13.24
PFD 的輸入與輸出特性。

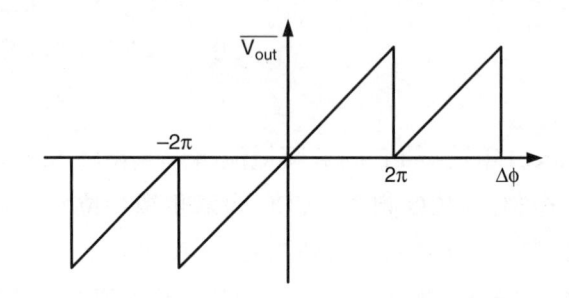

所示。依頻率的差異，PFD 會產生不同的雙向脈波。因此，它不僅能夠偵測相位差，也可以偵測頻率差。

如果兩個時脈抵達非常接近彼此，即稱為 PLL 的鎖定狀態 (locked state)，而 UP 與 DN 訊號會停留在低態。如果兩組 PFD 輸入的相位差很小，例如為幾個 ps，則 PFD 無法產生適當的脈波，因為 PFD 電路需要時間來對輸入訊號作出反應。在這種情況下，PFD 的輸出訊號脈波寬度將會太小，以至於無法代表精確的相位誤差量，即為所謂的**死區 (dead zone)** 問題。要解決這問題可以在重置路徑上插入緩衝器以增加一些延遲。緩衝器延遲可延遲產生重置訊號的時間，然後 UP 與 DN 脈波寬度會依此延遲量成倍增加，同時仍保持相位差為常數。

電壓控制振盪器與其電源供應雜訊抑制 振盪器是一個不穩定的系統，本身會產生如時脈般的週期訊號。某些條件應滿足後才會發生振盪——迴路增益應大於 1，以及總相位移應該是 180°。巴克豪森準則 (Barkhausen criterion) 是一種在波德圖 (Bode plot) 檢查振盪條件的簡單且直覺方法。但是，它有時預測錯誤，因為該準則是必要條件，但並不充分。奈奎斯特穩定度準則 (Nyquist stability criterion) 用於根軌跡圖 (root-locus plot)。

不同於振盪器，VCO 是振盪器，其頻率由電壓所控制的。它是 PLL 的重要建構區塊——PLL 的整體抖動性能與迴路頻寬 (loop bandwidth) 是由電壓控制振盪器的雜訊預算 (noise budget) 所決定。

在理想 VCO 中，輸出頻率是與輸入控制電壓 (control voltage) 成線性比例。輸入與輸出之間的關係可以由以下方程式表示：

$$\omega_{out} = \omega_0 + K_{VCO}V_{CTRL}$$

其中 ω_{out}、ω_0、K_{VCO} 與 V_{CTRL} 分別為輸出頻率、初始 VCO 頻率、VCO 增益與 VCO 控制電壓。VCO 增益（K_{VCO}）是以輸出頻率範圍相對輸入控制電壓範圍的比值進行測量。在一般情況下，具有較大 VCO 增益的 VCO 可以工作在更寬廣的範圍內，但可能會因為在這種情況下增加了漣波 (ripple) 而增加了 PLL 輸出抖動。

設計 VCO 時必須考量幾項因素，如自然頻率 (free running frequency)、調整範圍 (tuning range)、雜訊抑制能力 (noise rejection ability)、功率消耗，以及最重要的輸出訊號純度。自然頻率是在沒有控制電壓時的 VCO 操作頻率。調整範圍是 VCO 能夠產生的頻率範圍。通常 VCO 的調整範圍限制了 PLL 的操作範圍。雜訊抑制能力是 VCO 能夠抑制多少外部環境雜訊的計量；電源供應雜訊抑制與共模 (common-mode) 雜訊抑制是雜訊抑制能力的重大議題。在低功率應用中，功率消耗變為更為重要。隨著時脈產生器與幾乎所有的數位電路廣泛地整合，應確認 PLL 設計具有高電源供應雜訊抑制力。功率被消耗得越多，可以獲得的抖動性能越好，反之亦然。輸出訊號純度是最重要的設計因素，可藉由最佳化前述的因素來控制。時脈抖動與相位雜訊是代表訊號純度的典型值；設計者可選擇在這些因素間進行折衷。

電壓控制振盪器分為兩組類型：諧波振盪器 (harmonic oscillator) 與弛緩振盪器 (relaxation oscillator)。諧波振盪器由能量組件的共振 (resonance) 產生輸出訊號，如 LC-tank，而弛緩振盪器通常由一條延遲元件鏈進行相同運作。諧波振盪器顯現良好的訊號純度，但其積體化能量元件很難設計，例如電感器與電容器，而且它們都是具有龐大面積。再者，它們的調整範圍窄小，不適合作為數位系統的時脈產生器。弛緩振盪器易於設計且尺寸緊密，但是訊號純度比諧波振盪器差。環型振盪器是弛緩振盪器的代表性電路，而 LC 振盪器則是諧波振盪器的代表性電路；它們的典型電路圖示於圖 13.25。

在環型振盪器設計中，具有電源供應雜訊抑制方式的 VCO 顯示於圖 13.26。控制延遲單元 (delay cell) 是藉由內部調整電壓節點 "ctrli"，這使得 VCO 穩健以抵抗電源供應雜訊。運算放大器的頻寬比 PLL 系統更高，所以它可以將系統操作的影響最小化。一般而言，調整器 (regulator) 電晶體 M1 的尺寸是很大，所以電壓容許空間 (voltage headroom) 對於 VCO 的寬頻操作範圍是安全的。加入 M2 是用以抑制在節點 "ctrli" 的電壓漣波。在節點 "ctrli" 上的這

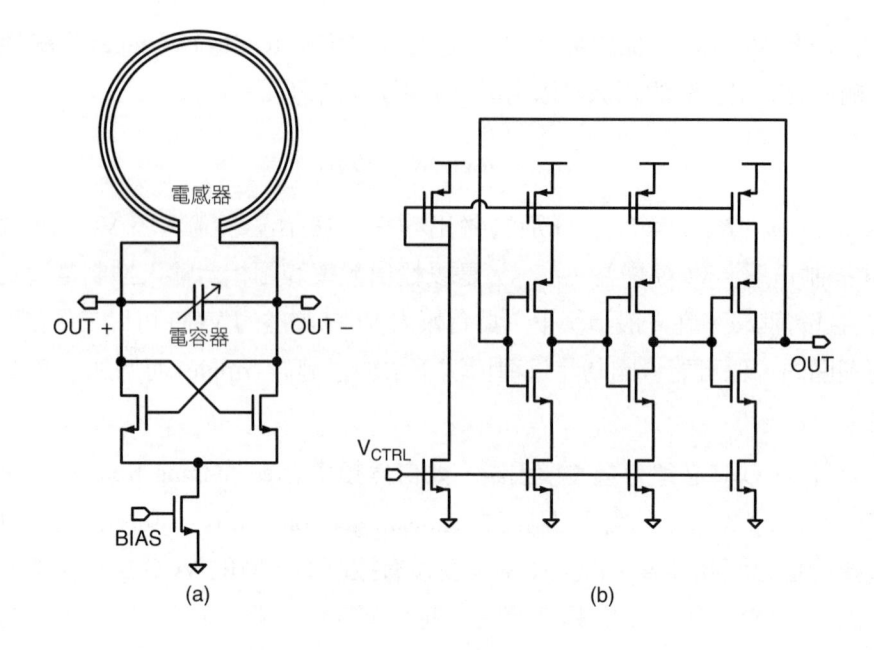

圖 13.25
(a) 諧波振盪器。
(b) 弛緩振盪器。

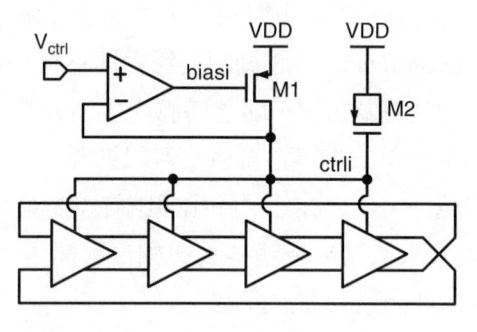

圖 13.26
VCO 結構。

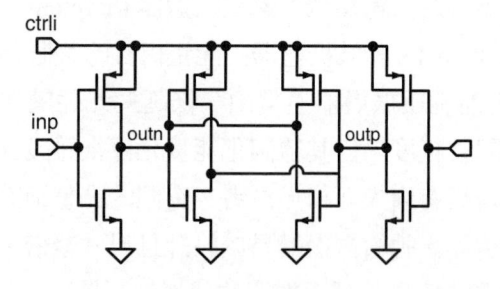

圖 13.27
延遲單元電路圖。

  個大電容與穩壓電晶體 M1 會造成大電容而產生主極點 (dominant pole)，進而導致穩定性問題。因此，在節點 "biasi" 與 "ctrli" 間必須加入額外的電容器與電阻器來作為超前 - 滯後 (lead-lag) 補償。

  每個延遲單元的電路圖顯示於圖 13.27。它是一種背對背反相器插入至輸出節點之間的虛擬差動 (pseudo-differential) 型式，藉由改變延遲單元的電源供應節點 "ctrli" 電壓來控制延遲。延遲單元中的 pMOS 基底被連接至源極節點 (ctrli) 時，並不會導致 V_{th} 變化，而達成了頻率的線性變化。

許多雜訊源會降低鎖相迴路的抖動性能，特別是整合在同一晶片上數位系統的時脈產生器，例如，在相同裸晶上的其它電路與電源供應雜訊透過基底所造成的切換雜訊。電源供應雜訊是時脈產生器抖動的主要來源。當電源供應雜訊注入至延遲單元時，VCO 會受到暫態變異困擾。因此，VCO 必須具有對電源供應雜訊的高抗擾性 (immunity)。解決這個問題的辦法不一，一般會使用電源供應穩壓方式來抑制 VCO 的電源供應雜訊。

如圖 13.21 所示，基於 PLL 的時脈產生器採用了一個 VCO 與兩個除頻器。其中一個除法器（除 N）對輸入參考訊號進行倍頻，而另一個（除 2）則在輸出建立一個責任週期為 50% 的時脈。

充電泵 (CP) 的概念性結構如圖 13.28(a) 所示。它由 UP 電流源與 DN 電流源，以及開關所組成。開關 S1 和 S2 分別是由訊號 UP 和 DN 分別控制。取決於切換，CP 會產生具有相位誤差資訊的 I_{cp}。CP 設計中最引人注目的議題是確保電流 I_{UP} 與 I_{DN} 兩者相等。理想的情況示於圖 13.28(b)。I_a 是流入迴路濾波器的實際電流。

CP 將由 PFD 偵測到的相位差轉換成為電流。然而，電壓控制振盪器是由電壓控制，並非由電流控制。迴路濾波器是一種將電流轉換為電壓的方法，從而可以控制 VCO。為了將電流轉換至電壓，電容器可以用電流來充電，如圖 13.29(a) 所示。因為電容會對 CP 傾出的 (dumped) 電荷進行平均與累積，所以

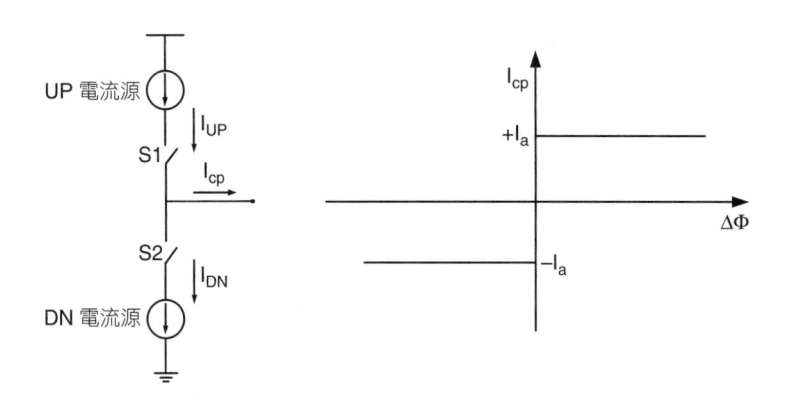

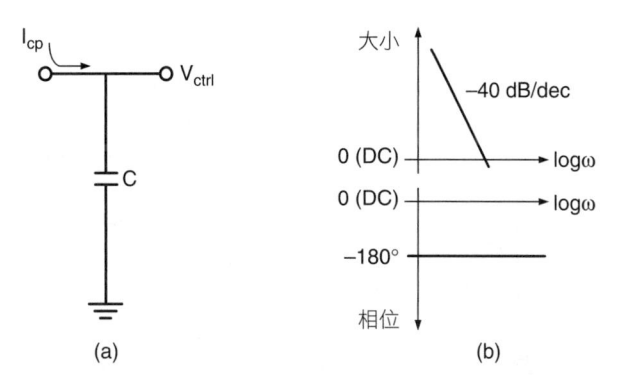

圖 13.28
(a) CP 的概念性結構。(b) 由 CP 產生的理想輸出電流。

圖 13.29
(a) 具有一個電容的迴路濾波器。(b) 使用 (a) 的 PLL 迴路增益特性。

迴路濾波器具有低通濾波器 (low-pass filter) 的特性。

$$\frac{V_{ctrl}}{I_{ep}} = \frac{1}{sC} \tag{13.8}$$

從式 (13.8) 可看到，迴路濾波器會對回授迴路 (PLL) 貢獻一個額外的極點。因為 VCO 在 DC 有一個極點，當使用圖 13.29(a) 的迴路濾波器時，PLL 的迴路增益僅有兩個極點（第 II 型）。由於兩個極點都位於直流（頻率 = 0），所以相位邊界 (phase margin) 為理想的 0 度（圖 13.29(b)），因而造成 PLL 為不穩定。應引入額外的零點 (zero) 來獲得較大的相位邊界。只要加入一顆電阻串聯連接一顆電容就可以實現，如圖 13.30(a) 所示，其轉移函數為

$$\frac{V_{ctrl}}{I_{cp}} = R + \frac{1}{sC} = \frac{sRC + 1}{sC} \tag{13.9}$$

雖然它有助於得到穩定，但在 CP 上每次電流的大擾動會被注入至迴路濾波器中，因為當 CP 導通時，會直接產生 IR 壓降。為了避免這種情況，可增加另一顆並聯電容於圖 13.30(a) 中，如圖 13.31(a) 所示。因而，它成為迴路濾波器的基本結構，其轉移函數為

$$\frac{V_{ctrl}}{I_{cp}} = \left(R + \frac{1}{sC_1}\right) \Big\| \left(\frac{1}{sC_2}\right) = \frac{1 + sRC_1}{s^2 RC_1 C_2 + s(C_1 + C_2)} \tag{13.10}$$

當迴路濾波器用於消除貢獻時脈抖動的高頻雜訊時，較高階的迴路濾波器可能更適合提供更為精確的雜訊濾除。圖 13.31(b) 顯示增加迴路濾波器階數的一般延伸方式。然而，這種延伸使得 VCO 控制電壓比 CP 輸出電壓更低，並且很難涵蓋寬廣範圍。主動濾波器 (active filter) 可以用來增加迴路濾波器的階數，毋需減少 PLL 的調整範圍，且它消耗的面積也比被動濾波器 (passive filter) 還要小，因為電容器與電阻器數量較少。不過，帶內 (in-band) 相位雜訊會增加來自主動組件的附加雜訊。

隨著製程的縮小，在傳統類比 PLL 設計上出現了數項議題。首先，深次微米製程裡的漏電流更高。電容的漏電流降低了迴路濾波器的特性，並增加了

圖 13.30
(a) 具有電容與串聯電阻的迴路濾波器。(b) 使用 (a) 的 PLL 迴路增益特性。

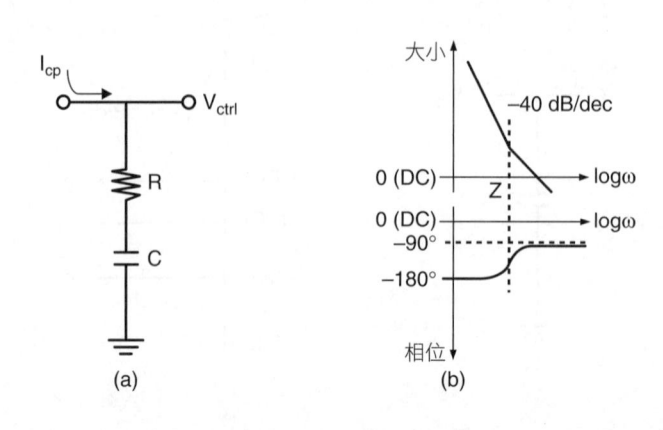

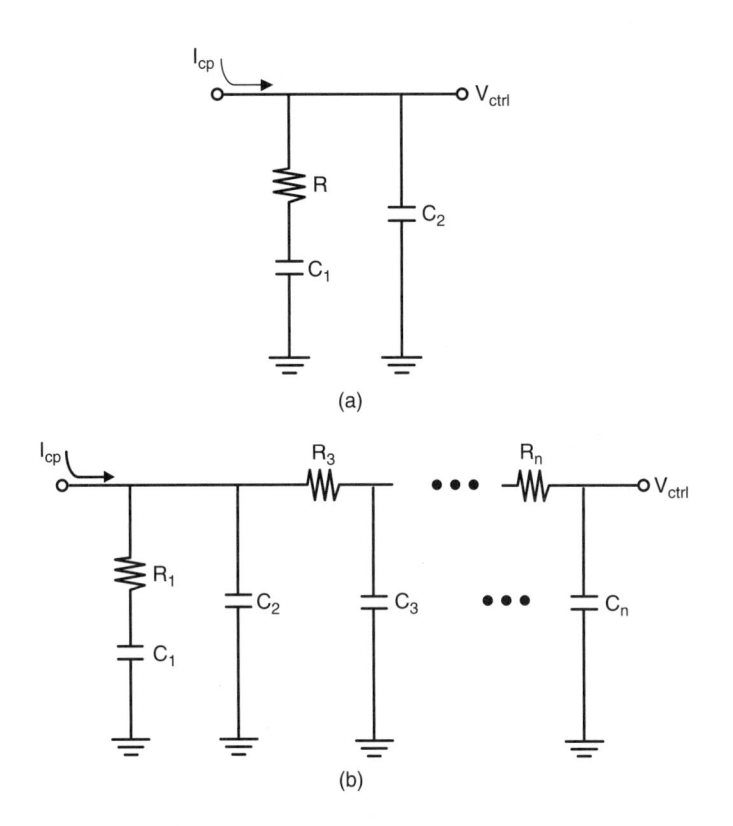

圖 13.31
(a) 具有電容、串聯電阻與並聯電容器的迴路濾波器。
(b) 增加迴路濾波器階數的延伸方式。

穩態功率消耗與長期抖動 (long-term jitter)。此外，電源供應電壓越低，且臨界電壓越高時，PLL 操作範圍會越窄。這些特性增加了 PLL 的雜訊靈敏度 (noise sensitivity)。

全數位鎖相迴路 (all-digital PLL, ADPLL) 被用來克服這些問題，如圖 13.32。ADPLL 包括 PFD、用來轉換相位差至數位字組而非 CP 的時間至數位轉換器 (time-to-digital converter, TDC)、用來濾出數位輸入字組的數位迴路濾波器 (digital loop filter, DLF)、數位控制振盪器 (digitally controlled oscillator, DCO) 而非電壓控制振盪器，與除頻器 (divider)。ADPLL 使用數位訊號處理 (digital signal processing, DSP) 來處理回授機制，因此它的訊號可以比類比型式更加容易與快速地處理。此外，在深次微米製程中，數位電路的性能優於類比電路：它在高速應用中可提供優異的時序精確度，因為低電源供應電壓與相對高的臨界電壓之故，使得類比電路可用的電壓容許空間 (voltage headroom)

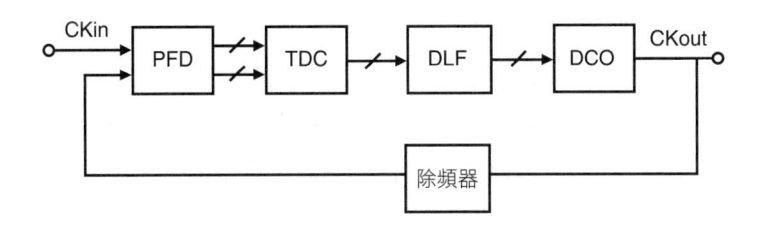

圖 13.32
全數位鎖相迴路。

圖 13.33
DLL 整體區塊圖。

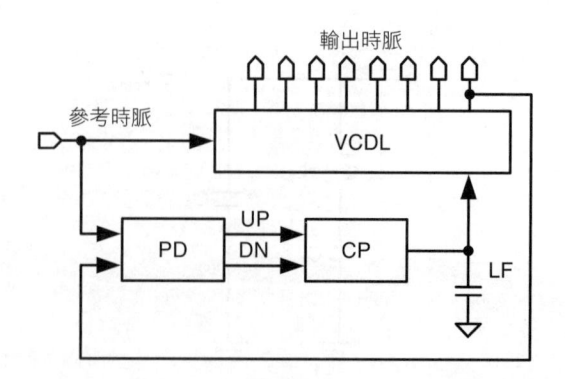

小。由於只有 TDC 與 DCO 對製程電壓與溫度 (process voltage and temperature, PVT) 變異敏感，所以 ADPLL 比類比 PLL 更穩健。

然而，ADPLL 在 TDC 的相位偵測與 DCO 的頻率控制上的解析度 (resolution) 有限。因此，它可能會產生比類比 PLL 更多的抖動。要克服這一點，須高解析度的 TDC 與 DCO。

另一種受歡迎的控制時脈相位系統是延遲鎖定迴路 (DLL)。DLL 的用途類似 PLL，都是時脈相位的控制，但方法不同。DLL 的基本構建區塊類似 PLL。如圖 13.33 所示，DLL 包括相位偵測器 (PD)、充電泵 (CP)、濾波器 (LF) 與電壓控制延遲線 (voltage-controlled delay line, VCDL)。主要區別在於 VCO 被 VCDL 取代。

PD 偵測參考時脈與 VCDL 輸出時脈之間的相位差。根據相位差，CP 將電流推入或拉出 LF。LF 產生 VCDL 的控制電壓。根據控制電壓，VCDL 將增加或減少本身的延遲量。

DLL 僅藉由改變 VCDL 的相位來調整參考時脈與其輸出時脈之間的相位差。然而，PLL 藉由改變時脈頻率來調整輸出時脈的相位。這是 PLL 與 DLL 的主要區別。因此，PLL 在其 VCO 上具有一個以上的極點，且 PLL 的基本轉移函數為二階。所以，在設計 PLL 時絕對要考慮穩定度，可是這在 DLL 設計中並不是問題。

圖 13.34 顯示了基於 C++ 行為模擬（CppSim 軟體）的 DLL 鎖定過程。由於電晶體等級的模擬需要更多的時間，所以通常會事先使用行為模擬來最佳化性能。LF 電壓在 y 軸顯示從初始零值的相對值處被探測 (probed)。當突然的相位移分別發生在開始與 500 ns 時，VCDL 的控制電壓 (LF) 會變化。

現代高性能微處理器的中心包含晶片上具有鎖相迴路的時脈產生器。然而，身為高階系統，PLL 會引起一些設計上的挑戰。製程、電壓與溫度 (PVT) 變異會影響其迴路頻寬，而迴路頻寬對穩定操作至關重要。

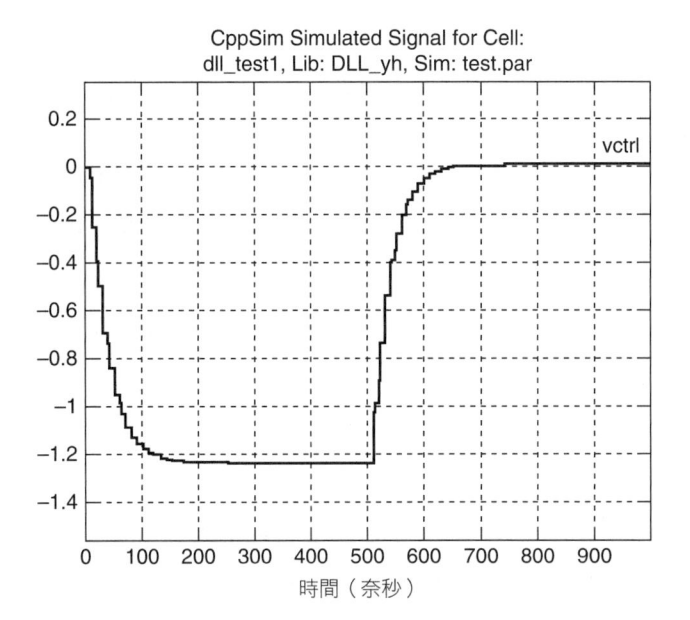

圖 13.34
DLL 的相位鎖定過程。

在 PLL 中，VCO 輸出時序的不確定性會在多個振盪週期累積，並且被 PLL 響應時間所限制住。現代微處理器的操作環境越來越多雜訊，導致由於顯著的電源供應／基底雜訊所造成之延遲變化。鎖相迴路無法瞬間修正這些變異。DLL 被廣泛用於 DRAM 中，因為時脈頻率並不需要倍頻且只需要相位對準。作為一階系統，DLL 被預設為穩定的。DLL 的設計會逐漸需要相對較少的心力。表 13.1 總結了 PLL 與 DLL 的特性。傳統的 DLL 輸入與輸出頻率是一樣的；除此之外，幾種基於 DLL 的倍頻器 (frequency multipliers) 或倍頻延遲鎖定迴路 (multiplying DLL, MDLL) 已經被提出。相對於 DLL，PLL 的優點是可抑制輸入抖動，且沒有限定鎖定問題。

PLL 具有除頻器與電壓控制振盪器，能夠產生倍頻的頻率訊號。然而，如果電源供應雜訊持續超過數個 VCO 時脈週期，則抖動累積 (jitter accumulation)

表 13.1 PLL 與 DLL 作為時脈產生器的比較。

PLL	DLL
■ VCO	■ VCDL
□ 時間抖動累積	□ 無時間抖動累積
■ 高階系統	■ 一階系統
□ 可能不穩定	□ 永遠穩定
□ 不易設計	□ 更容易設計
■ 積體化 LF 高成本	■ 更容易積體化 LF
■ 較少參考訊號相依性	■ 參考頻率相依
■ 易於倍頻	■ 倍頻困難
	■ 有限的鎖定範圍
	$\dfrac{T_{Ref}}{2} < \text{VCDL}_{delay} < \dfrac{3T_{Ref}}{2}$

將導致每個時脈邊緣從理想位置偏離越來越遠，因為在每次振盪結束的時序抖動即為下一次振盪的起點。另外，VCO 與除頻器以輸出時脈的兩倍頻率操作將會消耗大量的功率，並且可能導致高頻電磁干擾 (electromagnetic interference, EMI)。關於這個議題，使用 VCDL 的 DLL 型時脈產生器是相當優於基於 PLL 的時脈產生器。對於開迴路的 VCDL，抖動累積僅在單條延遲線內。乾淨的時脈訊號可以從使用高 Q 值晶體振盪器所實現的基於 DLL 之時脈產生器來獲得。高頻率、高品質的時脈振盪器的設計是一項艱鉅的工作，這已經超出了本節的範圍。

通常 VLSI 晶片接收一個或多個從外界時脈晶片提供的主要時脈訊號，然後產生必要的衍生訊號供內部用途。有時往往會需要使用兩個非重疊 (non-overlapping) 時脈訊號。這兩個時脈訊號的邏輯乘積不論何時都應該為零。圖 13.35 所示為使用原始 CK 訊號來產生 CK-1 與 CK-2 的簡易電路。圖 13.36 則為時脈解碼器，接受主要時脈訊號來產生其餘四個相位訊號。

圖 13.35
從 CK 產生一對非重疊時脈訊號的簡易電路。

圖 13.36
時脈解碼器電路：(a) 電路符號 (b) 實例波形與相關邏輯閘級實現方式。

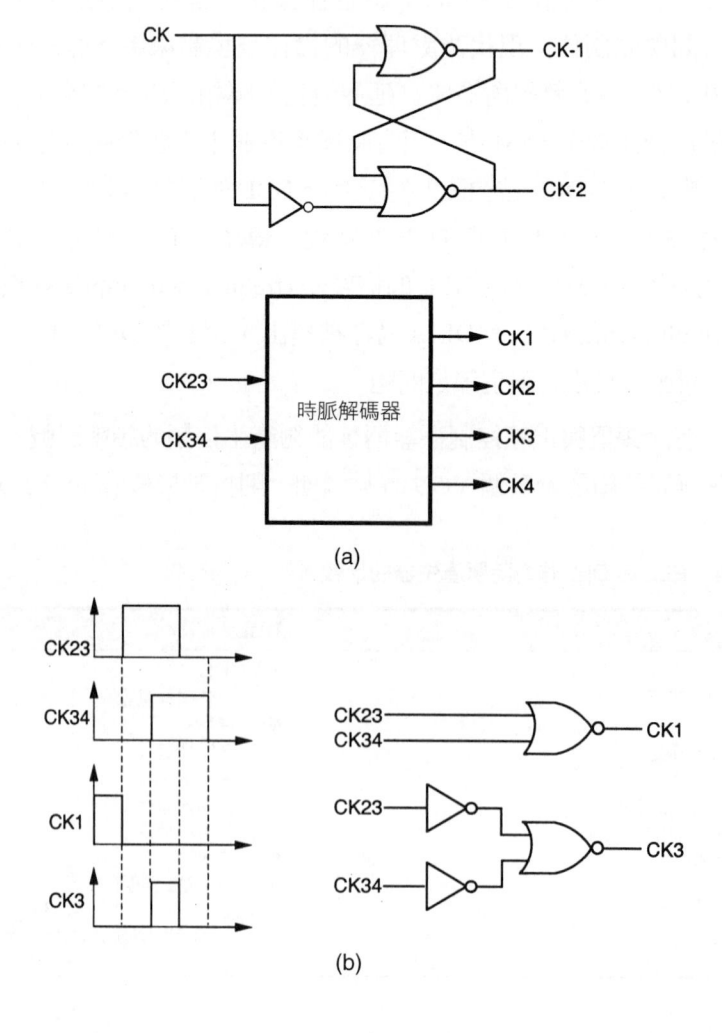

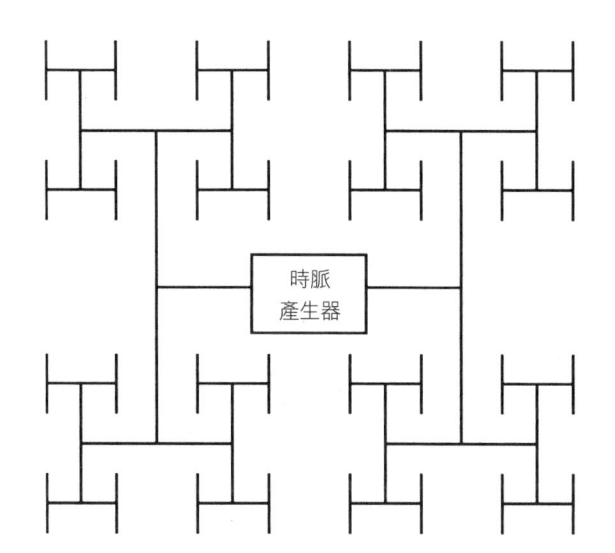

圖 13.37
H-樹狀時脈分佈網路的一般佈局圖。

　　由於晶片區域幾乎都均勻地需要時脈訊號，所以希望所有的時脈訊號都是以均勻 (uniform) 延遲方式分佈。圖 13.37 顯示一種理想的分佈網路為 H 樹狀架構。在這樣的結構中，從中心點至所有分支點的距離都相同，因此訊號延遲也將是相同的。然而，由於有繞線限制與不同的扇出需求，此結構很難在實際上實現。一種更實際的時脈訊號分佈方法是將主要時脈訊號繞線至巨集(macro)區塊內，然後依據不同的負載情況，使用本地 (local) 時脈解碼器來小心地平衡延遲時間。

　　時脈偏移 (clock skew) 的成因主要是由於時脈訊號抵達晶片各點的時間不同，以及因為負載狀況不同導致時脈波形的改變；減少時脈偏移是高速 VLSI 設計的一個很重要的考量。除了均勻分佈時脈網路（H 樹狀）與本地偏移平衡外，許多已開發的電腦輔助設計技術能自動地產生最佳零偏移時脈分佈網路的佈局。圖 13.38 所示為基於預估繞線寄生電容所建造的零偏移 (zero skew) 時脈網路。

　　不管時脈分佈網路的精確幾何形狀為何，時脈訊號都必須像圖 13.39 所示，加入多級緩衝以處理大量的扇出負載。每一緩衝級都能驅動相同的扇出閘數以保持時脈延遲的平衡也非常重要。在圖 13.40 的架構中（用於 DEC Alpha 晶片設計），連接導線之間是將垂直金屬帶線 (strap) 以網狀圖形式交叉連結，以便使橫跨全晶片內的所有時脈訊號均能保持同相。

　　到目前為止，我們已經看到，用相同連接線長度與延伸緩衝來分佈擁有最小時脈偏移與運作良好訊號波形的時脈訊號之必要性。實際上，設計者必須花費大量時間與精力來調整緩衝器（反相器）的電晶體尺寸以及連接線的寬度。加寬連接導線可減少串聯電阻，但代價為增加寄生電容。

圖 13.38
由計算機輔助設計工具所產生的零偏移時脈繞線網路。

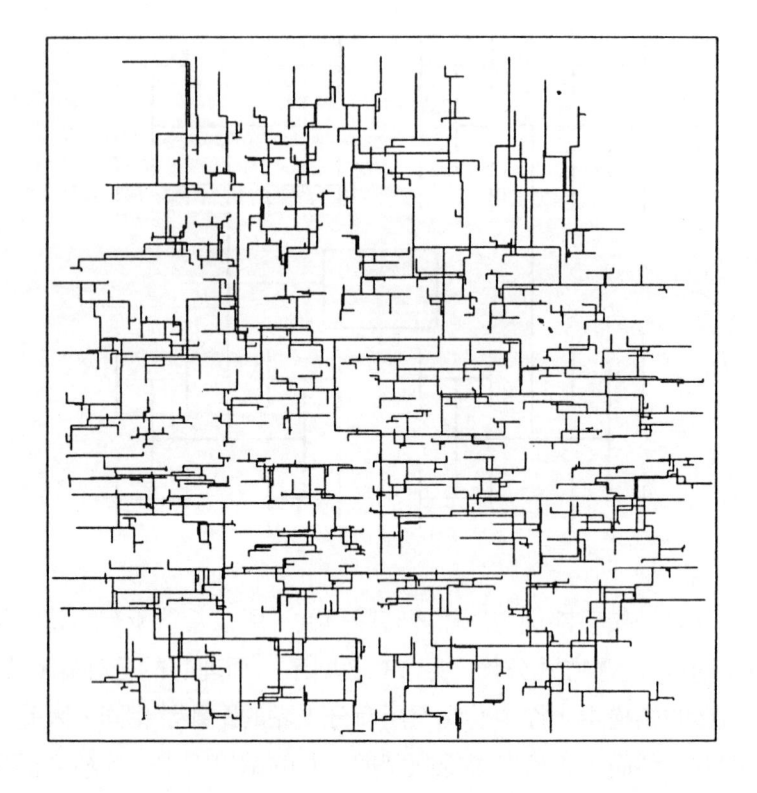

圖 13.39
三階緩衝時脈分佈網路。

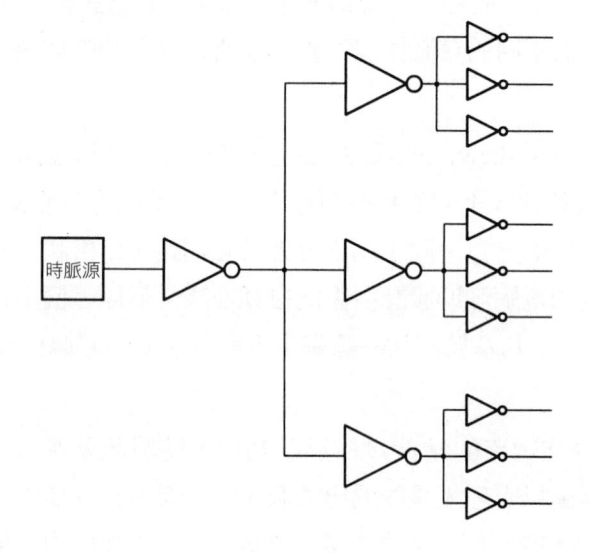

以下幾點是在數位系統設計時必須小心考慮的，特別是在成功的高速 VLSI 設計中：

- 時脈訊號的理想責任週期為 50%，而訊號具有理想責任週期可以在一反相緩衝級鏈中行進更遠。
- 使用基於電壓平均的回授方式可以改善時脈訊號的責任週期，即更接近 50%。

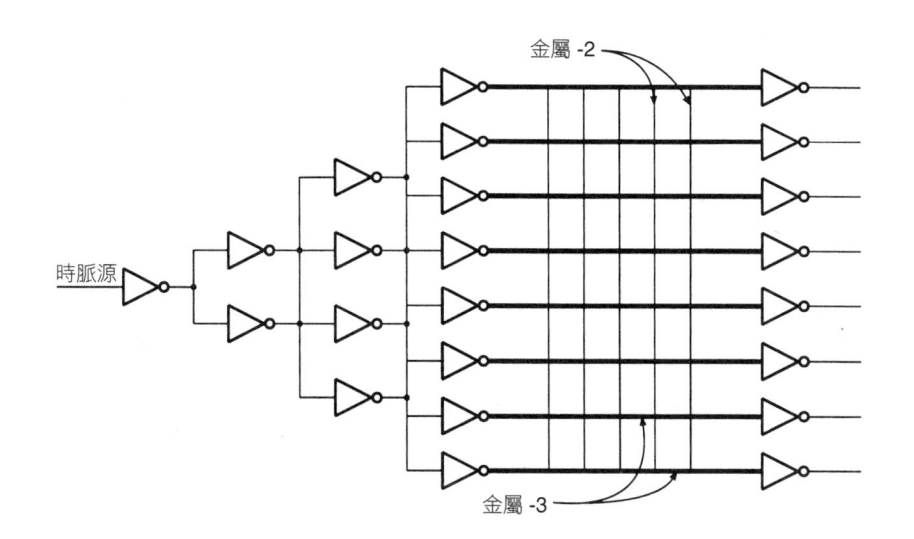

圖 13.40
用於 DEC Alpha 微處理器晶片中時脈分佈網路的一般性結構。

- 為避免連結網路的反射現象，時脈訊號的上升與下降時間應該不能過度減少下降。
- 負載電容應該要藉由降低扇出、連接線長度以及閘極電容來盡可能地減少。
- 時脈分佈線的特性阻抗應該要藉由使用適當地增加 (w/h) 比例（線寬相對於基底至線之間的垂直分離距離比例）來減少。
- 電感性負載可用於部分抵消來自時脈接收器（匹配 (matching) 網路）的寄生電容效應。
- 高速時脈線之間應該維持適當的隔離以避免串音干擾 (crosstalk) 現象。此外，在兩條高速線之間放置一條電源線軌或接地線軌可以是有效的方法。

13.6 閂鎖效應與預防方法

閂鎖效應 (latch-up) 的定義為在 CMOS 晶片中，由於寄生的 pnp 與 npn 雙極性接面電晶體 (BJT) 互相影響，使得位於電源供應線軌與接地線軌之間所產生一條低阻抗路徑。這些 BJT 形成了一顆具有正回授的矽控整流器 (silicon-controlled rectifier, SCR)，實際上會將電源線軌短路至接地，因此導致過度電流流動，甚至造成永久性的元件損壞。雖然使用磊晶層與其它製程改善可以減輕閂鎖效應問題的嚴重性，但閂鎖效應的可靠度顧慮持續存在，特別是在 I/O 電路，因為其封裝密度會隨著特徵尺寸與間距降低而增加。閂鎖效應的敏感度 (susceptibility) 反比於製程上基底摻雜準位以及間距平方的乘積。換句話說，如果間距降為一半，且基底摻雜增為兩倍，則閂鎖效應的敏感度將增為兩倍。圖 13.41 所示為 CMOS 反相器電路的剖面圖，可辨認出寄生 npn 與 pnp 雙極性接面電晶體。

圖 13.41
(a) 具有寄生雙極性接面電晶體的 CMOS 反相器剖面圖。(b) 寄生 BJT 所形成的 SCR 電路模型。

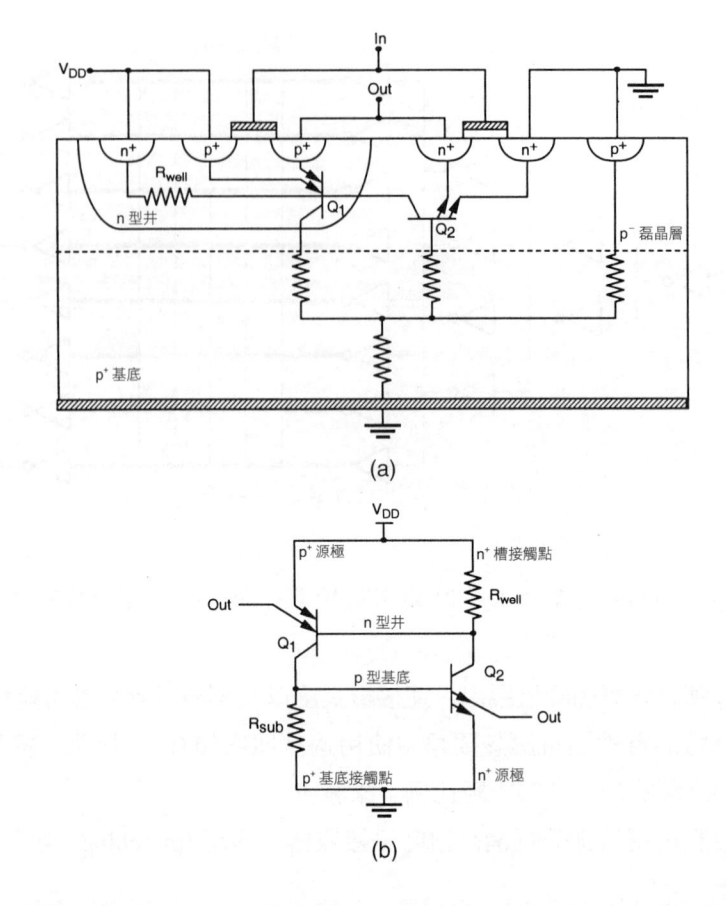

(a)

(b)

　　在等效電路中，Q1 是一顆垂直式 (vertical) 雙射極 pnp 電晶體，其基極是由 n 型井所形成，具有高達數百倍的基極至集極電流增益 (β_1)。Q2 則是一顆橫向式 (lateral) 雙射極 npn 電晶體，其基極是由 p 型基底所形成。此橫向式電晶體的基極至集極電流增益 (β_2) 可能範圍在十分之幾至數十之間。R_{well} 代表位在 n 型井結構中的寄生電阻，範圍在 1 kΩ 至 20 kΩ 之間。基底電阻 R_{sub} 強烈地依基底結構而定，不管它是簡單的 p$^-$ 或 p$^-$ 磊晶 (epitaxial) 層，生長於作為接地面的 p$^+$ 基底上方。在前者情況，R_{sub} 可以高至數百歐姆，而在後者情況，電阻可低至幾個歐姆。

　　要討論閂鎖效應，首先假設寄生電阻 R_{well} 與 R_{sub} 夠大，所以它們可以被忽略（視為開路）。除非 SCR 是藉由外部擾動所觸發，否則兩顆電晶體的集極電流是由集極-基極接面的逆向漏電流所構成；因此，它們的電流增益很低。但是如果其中一顆電晶體的集極電流被外部擾動影響而短暫地增加，產生的回授迴路會導致此電流擾動被乘上 ($\beta_1 \cdot \beta_2$) 倍。此事件即所謂的 **SCR 觸發 (triggering of the SCR)**。一旦觸發，每顆電晶體以正回授驅動另一顆電晶體，最終創造並維持一條位於電源線軌與接地線軌之間的低阻抗路徑，導致閂鎖效應。由此可以看出，如果條件

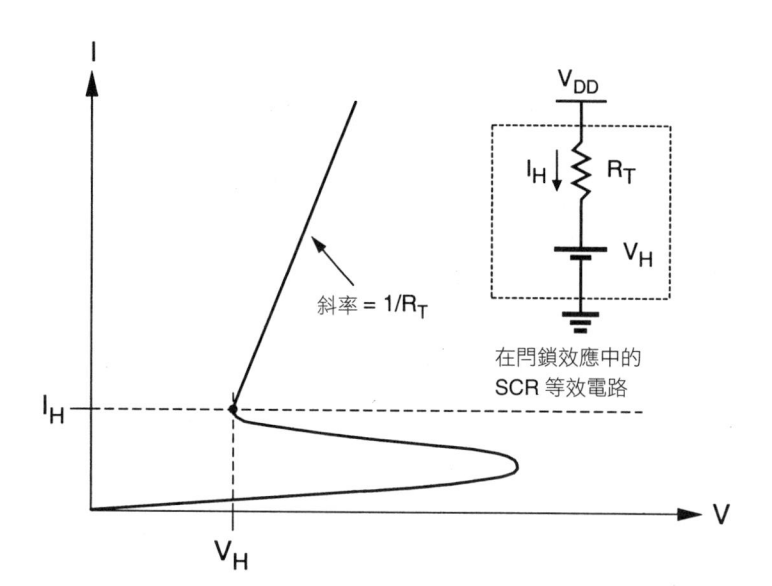

圖 13.42
典型 SCR 的電流 - 電壓特性。

$$\beta_1 \cdot \beta_2 \geq 1$$

成立，兩顆電晶體將持續導通很大的（飽和）電流，甚至在觸發擾動不再作用後。此閂鎖效應條件亦可以寫成集極 - 射極電流增益的型式，如下所示：

$$\frac{\alpha_1}{1-\alpha_1} \cdot \frac{\alpha_2}{1-\alpha_2} \geq 1 \Rightarrow \alpha_1 + \alpha_2 \geq 1 \tag{13.11}$$

圖 13.42 顯示為典型 SCR 的電流 - 電壓特性。在閂鎖效應一開始時，橫跨 SCR 的電壓降變成

$$\begin{aligned} V_H &= V_{BE1,sat} + V_{CE2,sat} \\ &= V_{BE2,sat} + V_{CE1,sat} \end{aligned}$$

其中 V_H 被稱為**保持電壓 (holding voltage)**。只要流經 SCR 的電流大於**保持電流 (holding current)** I_H，低阻抗狀態就會持續；I_H 值係由元件結構所決定。此外，注意到 I-V 曲線的斜率係由在電流路徑上的總寄生電阻 R_T 所決定。

閂鎖效應的一些肇因是：

- 在初始啟動時，V_{DD} 的轉動 (slewing) 會因為基底與井之間的井接面電容而引起足夠的位移電流 (displacement current)。若轉動率夠大，可引起閂鎖效應。但是，當轉動率不是非常高時，SCR 可以在閂鎖效應發生前**動態回復 (dynamic recovery)**。
- 當輸入或輸出訊號擺幅遠高於 V_{DD} 準位或遠低於 V_{SS}（地）準位時，CMOS 晶片上的寄生 SCR 大電流可能會發生，因而注入觸發電流。由於高速電路中的傳輸線阻抗不匹配，類似的擾動可能會發生。
- ESD 加壓也可能藉由從保護網路中的箝制元件 (clamping device) 注入少數載

子至基底或井中而引起閂鎖效應。
- 由於許多驅動器同時切換所造成電源或接地匯流排的意外暫態現象，可能會導通 SCR 中的一顆 BJT。
- 在井接面的漏電流可導致足夠大的橫向電流。
- 由於 X 射線、宇宙射線以及 α 粒子所產生的輻射，可能在基底與井區兩者之間產生電子 - 電洞對，進而觸發 SCR。

在這裡，我們以寄生電晶體 Q1 與 Q2 的電流增益來推導 SCR 保持電流 I_H 的表示式。為了簡易描述，圖 13.41(b) 中的電路連同重要電路參數重畫於圖 13.43。我們可以觀察到

$$I = I_{E1} + I_{RW} \tag{13.12}$$

$$I = I_{E2} + I_{RS} \tag{13.13}$$

從 Q1 與 Q2 的集極 - 射極電流增益 (α) 關係，

$$I_{C1} = \alpha_1 I_{E1} = \alpha_1^0 I \tag{13.14}$$

$$I_{C2} = \alpha_2 I_{E2} = \alpha_2^0 I \tag{13.15}$$

其中 α_1^0 與 α_2^0 表示等效的集極至射極電流增益，併入寄生電阻效應至電晶體中。因此，當 Q1 與 Q2 被使用時，圖 13.43 中的電阻實際上為開路。SCR 電流 I 可以由下式表示

$$I = I_{C1} + I_{C2} + (I_{CBO1} + I_{CBO2}) \tag{13.16}$$

其中 I_{CBO1} 與 I_{CBO2} 代表集極 - 基極接面漏電流，可以合併成單項 I_{CBO}。結合式 (13.16) 至式 (13.12)，我們得到以下的關係：

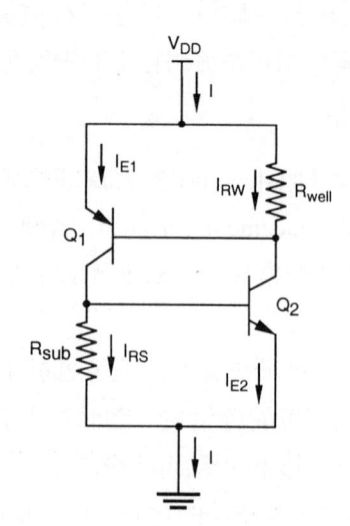

圖 13.43
SCR 等效電路模型。

$$I = \frac{I_{CBO} - (I_{RS}\alpha_1 + I_{RW}\alpha_2)}{1 - (\alpha_1 + \alpha_2)} \quad (13.17)$$

保持電流 I_H 是定義在 I_{CBO} 電流等於零時,即

$$I_H = \frac{I_{RS}\alpha_1 + I_{RW}\alpha_2}{\alpha_1 + \alpha_2 - 1} \quad (13.18)$$

現在,很清楚的是,當 Q1 與 Q2 的集極至射極增益總和接近 1 時,保持電流值將會非常大。因此,寄生 BJT 增益維持很低是很重要的。寄生電阻 R_{sub} 與 R_{well} 在閂鎖效應上亦扮演著重要的角色,因為它們的電流實際上降低了寄生電晶體的基極電流,因而使得引導閂鎖效應的回授電路減弱。因此,降低這些電阻可以防止閂鎖效應。考慮在閂鎖效應開始時的 SCR 電流,

$$I \geq I_H = (V_{DD} - V_H)/R_T \quad (13.19)$$

其中兩顆電晶體是在飽和邊界,因此,保持電壓 $V_H = 2\ V_{BE}$,而 $V_{BE1} = V_{BE2} = V_{BE}$。在這裡,模型化 SCR 是藉由大小為 V_H 的直流電壓源串聯電阻 R_T 而得。合併 SCR 電流表示式 (13.18) 與式 (13.19),以及使用式 (13.18) 的 $I_{RW} = V_{BE}/R_{well}$ 與 $I_{RS} = V_{BE}/R_{sub}$,我們得到

$$\alpha_1 + \alpha_2 \geq 1 + \left(\frac{\frac{R_T}{R_{well}}\alpha_1 + \frac{R_T}{R_{sub}}\alpha_2}{\left(\frac{V_{DD}}{V_{BE}} - 2\right)} \right) \quad (13.20)$$

做為寄生電阻存在時發生閂鎖效應的條件。比較此方程式與式 (13.11) 所得的簡單閂鎖效應條件。式 (13.20) 右邊多出的額外項決定兩個電流增益總和必須要比 1 多出的額外量,以滿足閂鎖效應條件並觸發 SCR。所以要避免閂鎖效應,此額外項應該盡可能變大,即電阻 R_{sub} 與 R_{well} 應該盡可能降低。

下面的模擬範例(圖 13.45)說明了顯示於圖 13.44 CMOS 反相器結構的閂鎖效應,其係藉由在電路輸出節點的脈波所觸發。

避免閂鎖效應的指導準則

- 透過基底的金摻雜 (gold doping) 來降低少數載子生存期(但不導致過度漏電流),或藉由使用肖特基 (Schottky) 源極/汲極接觸點來降低 BJT 射極的少數載子注入效率,以減少 BJT 的增益。
- 使用 p$^+$ 保護環 (guard ring) 連接至 nMOS 電晶體周圍的接地,以及 n$^+$ 保護環連接至 pMOS 電晶體周圍的 V_{DD} 電位,以降低 R_w 與 R_{sub},並且在所注入的少數載子到達寄生 BJT 的基極之前將其捕獲。

圖 13.44
用於閂鎖效應模擬範例的 CMOS 反相器電路。

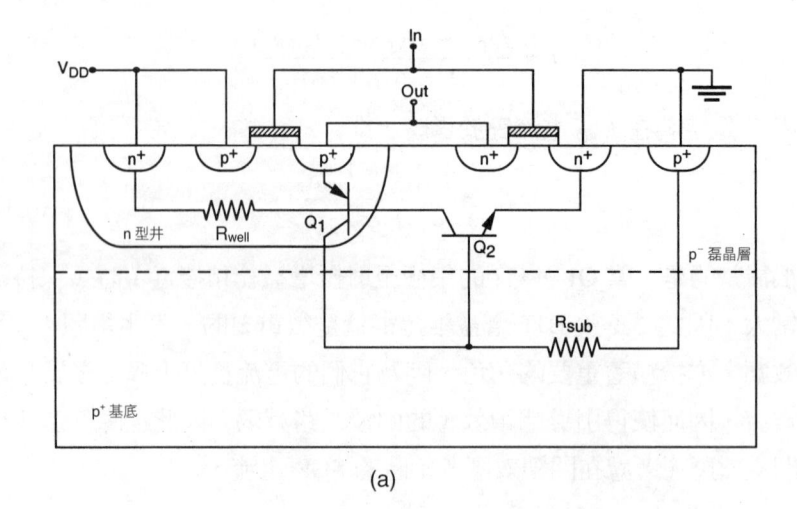

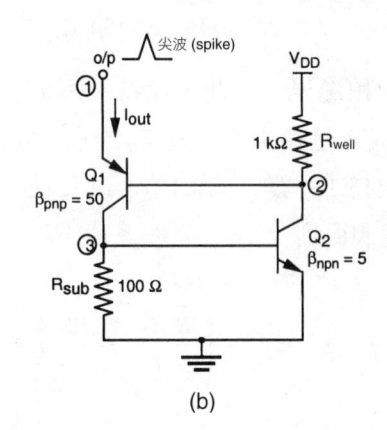

(a)

(b)

- 將基底接觸點與井接觸點盡可能放置接近 MOS 電晶體的源極連接處，以減少 R_w 與 R_{sub} 值。
- 使用最小面積的 p 型井（如果使用雙槽 (twin-tub) 技術或是 n 型基底），以至於讓 p 型井的光電流 (photocurrent) 在暫態脈波期間可以最小化。
- 應當適度放置 pMOS 電晶體的源極擴散區域，以至於當電流流經 V_{DD} 與 p 型井之間時，擴散區域皆位在等電位線 (equipotential line) 上。在某些 n 型井 I/O 電路中，藉由使用 nMOS 電晶體來刪除井。
- 避免源極/汲極接面的順向偏壓，以免注入高電流；在重摻雜的基底頂端使用輕摻雜的磊晶層，會有從垂直式電晶體流至低電阻基底上錯開橫向電流的效應。
- 對 n 通道與 p 通道電晶體進行佈局，使得所有 nMOS 電晶體放置接近 V_{SS}，以及 pMOS 電晶體放置接近 V_{DD}。除此之外，在 pMOS 與 nMOS 電晶體之間維持足夠的間隔 (spacing)。

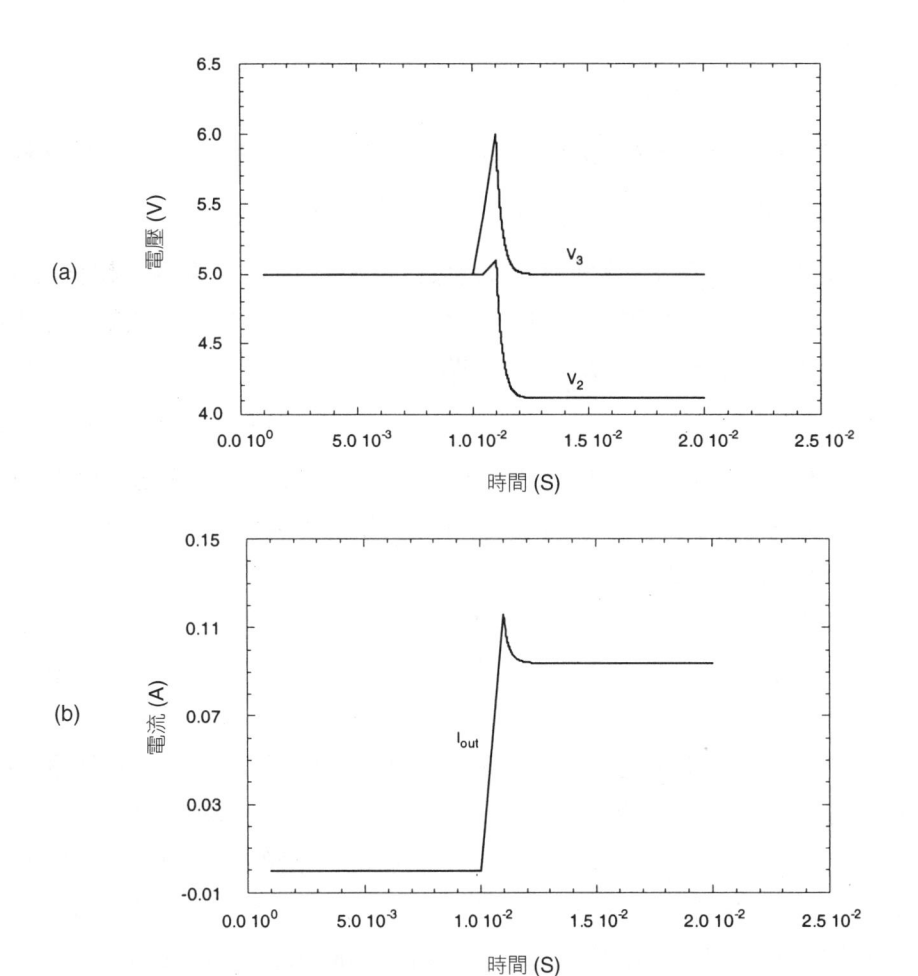

圖 13.45
在透過輸出節點觸發閂鎖效應期間，CMOS 反相器的模擬 (a) 電壓波形與 (b) 電流波形。

(a)

(b)

為了預防閂鎖效應，晶片製造商通常會明確規定限制操作條件。舉例來說，Mitel 公司的八組緩衝器 IC（如 MD74SC540AC）需要超過 V_{DD} 1.9 V 與 200 mA，以及低於 V_{SS} 1 V 與 90 mA 的條件才能觸發輸出的閂鎖效應。圖 13.46 為使用這裡所列出的一些閂鎖效應的指導準則來設計的 I/O 元件佈局，其中相同類型的電晶體被放置在一起。

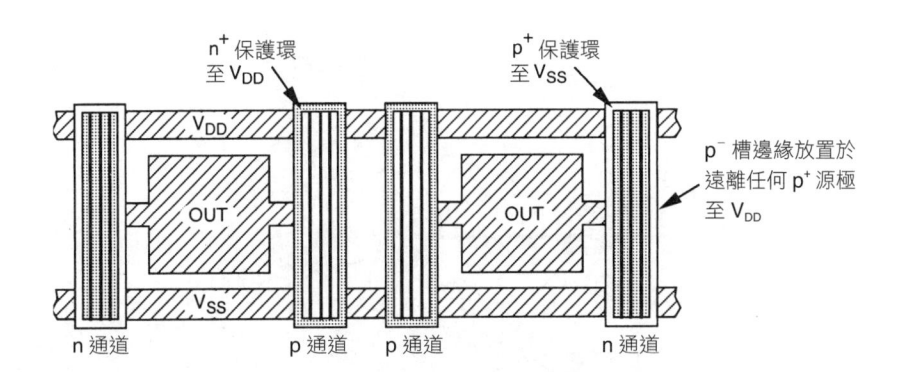

圖 13.46
I/O 單元佈局與閂鎖效應的指導準則。

附錄

晶片網路 (Network on Chip, NoC)：下一世代系統晶片 (SoC) 的新興範例
NoC 的基本原理

當製程技術微縮時，當前與未來對於複雜 SoC 的 VLSI 實現之趨勢為系統整合帶來諸多挑戰。複雜 SoC 的前瞻發展需要傳統匯流排連結技術的逐步演化，以解決大型超深次微米積體化的問題。

- 增加整合密度與操作頻率以及降低晶片上的電源供應電壓，會對訊號完整性（包括：訊號對雜訊的電壓邊界、串音干擾、電磁干擾、同步故障 (synchronization failure) 與介穩性 (meta-stability)、軟性錯誤……等）產生不利的影響，因而對系統層級的可靠度提出了考驗。
- 針對硬性與軟性錯誤兩者的各種來源，包括製程技術、環境（溫度變異、EMI、輻射）、操作模式（超低電壓操作）與不確定性設計方式，系統層級的可靠度需要彈性整合性解決方案。
- 在複雜 SoC 上的全域連線具有比時脈週期更大的傳遞延遲。當製程技術縮小時，漏電功率成為功率消耗的主要貢獻來源。因此，大型 SoC 會使用不同的電壓島 (voltage island) 進行設計，其中動態電壓與頻率縮減機制是作為以工作負載驅使的動態電源管理解決方案，如第 11 章所解釋的。全域非同步與本地同步 (globally asynchronous and locally synchronous, GALS) 機制需要連接各種同步領域。

一種結合了聯網方式與 VLSI 技術的新興晶片網路 (NoC) 解決方案，允許設計者實現可擴展性、有效率且高性能的 SoC，並且克服了傳統（分層式 (layered) 或管線式 (pipe-lined)）基於匯流排之架構。基於 NoC 的系統基本上由以下關鍵組件構成：具網路介面的處理單元 (processing element, PE)、交換節點 (switching node) 與鏈結 (link)（圖 A.1）。然而，與巨集 (macro) 網路不同的

圖 A.1
晶片網路的範例。

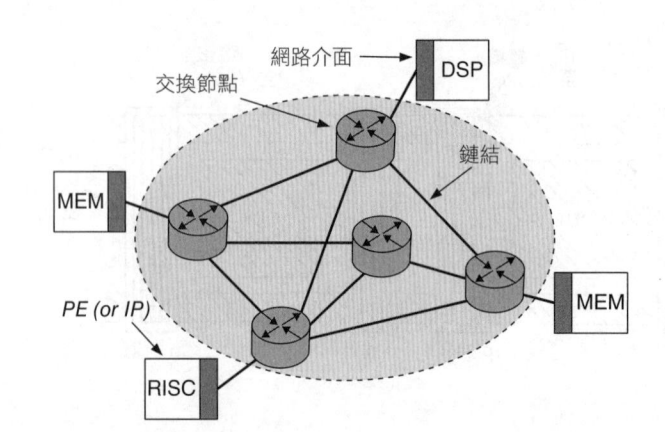

是，晶片上微型 (micro) 網路的頻寬、延遲與能量消耗，必須為在適合於晶片上環境的最佳通訊解決方案予以折衷。

NoC 議題

晶片網路 (NoC) 這個名詞是用途廣泛，包括硬體的通訊基礎設施 (infrastructure)、中間軟體 (middleware) 與作業系統通訊服務、設計方法與提供應用來對映的工具。NoC 概念可以藉由適用於協定堆疊 (protocol stack) 的微型網路（圖 A.2）來直觀地說明，此網路涵蓋了實體議題至應用軟體的抽象層 (abstraction layer)。

實體層　實體層 (physical layer) 主要集中在全域導線與訊號收發器 (transceiver) 的實體實現議題，以及管線式訊號的設計技術以滿足晶片上功率、時序與面積的預算。傳統的軌至軌 (rail-to-rail) 電壓模式傳訊方式 (signaling) 不足以提供高速與節能傳輸給未來的全域連線。替代方式為，低擺幅與電流模式傳訊方式可被用來顯著地降低功率消耗，同時維持高資料速度。然而，在電流模式傳訊方式與資料交換之間存在著折衷，因為相較於電壓模式傳訊方式，電流模式的靜態電流可能在低活動量因子 (activity factor) 時導致功率低效能 (inefficiency)。在低擺幅電壓技術中，最佳的電壓擺幅與接收器的設計需要夠強健以抵抗因雜訊靈敏度與傳遞延遲所引起的性能降級。差動傳訊方式可以用於低擺幅技術以增加雜訊抗擾性，代價為兩倍佈線成本。要實現低功率的 NoC，透過加寬導線的間距或串列化 (serialization) 技術可以最小化佈線面積，進而降低全部的全域導線電容。在串列化技術中，合稱為 SERDES 的串化器 (serializer) 與解串器 (deserializer)，會插入至全域導線的線路介面以減少鏈結位元寬度。基於增加額外編解碼器 (codec) 負擔與發送資料流的特性，一些通道編碼技術可以用於減少鏈結的切換機率。根據網路負載來動態調整電壓與頻率也可用於鏈結上，以便在所需的資料速率下獲得最佳功率消耗。另外，波管線化 (wave-pipelining) 技術可以用來對抗鏈結上多時脈週期傳輸的挑戰。在收發機上的資料同步與在多組鏈結導線之間的相對時脈偏移是需要解決的議題，以便實現波管線化技術。不要求全域同步的新時脈控制機制，如平均同步 (mesochronous)、準同步 (plesiochronous) 和非同步 (asynchronous)，會用於晶片上的通訊。此外，大型晶片上網路的電源

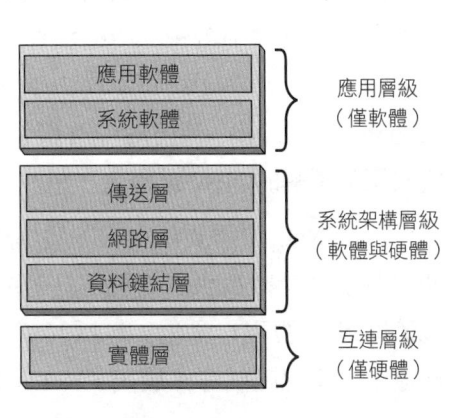

圖 A.2
NoC 的分層協定堆疊，範圍從實體層至應用軟體。

網路實現，對於最小化電壓降來說非常重要。

資料鏈結層 資料鏈結層 (data-link layer) 把實體層視為易於發生錯誤的傳輸媒介 (medium)。對於先進的 FEC，如何偵測與修正來自實體層錯誤的範例為傳統的 ECC。此外，從晶片上鏈結共享媒介所引起的爭論主題也可以在該層解決。

網路與傳送層 在網路層中，已封包的資料可以根據切換的選擇與網路拓樸結構相依的路由演算法 (routing algorithm) 進行傳送。文獻中提到一些特定的 NoC 拓樸結構，例如，網狀 (mesh)、環形圓 (torus) 與八角型 (octagon)。根據不同的應用場景和晶片面積和能量預算之間的折衷，交換技術可選用傳統的分封交換 (packet switching)（包括：存放與轉發 (store-and-forward, SAF)、虛擬跨步 (virtual cut-through) 與蟲洞 (wormhole)）或電路交換 (circuit switching)。在分封交換中，來自源頭的資料會被拆分成小封包 (packet)，然後被轉發至晶片上網路。這些小數據封包可以被緩衝（或排隊）於交換節點（或路由器 (router)）於途中至目的地。另一方面，在資料送出前，電路交換技術在網路中提供了一條專用路徑。死鎖 (deadlock)（封包因為網路壅塞不能轉發）與活鎖 (livelock)（封包跨越網路而沒有找到目的地）是需要解決的潛在問題，而最近一些 NoC 的實現是基於分封交換機制。由於它們與交換技術緊密結合，所以需要建立信息 (message) 從源頭到目的地的路徑的路由演算法。兩種路由算法應用於 NoC：確定性 (deterministic) 路由與適應性 (adaptive) 路由。確定性路由提供資料一條從源頭至目的地的固定路徑。相反地，適應性路由會根據網路狀態與通道狀態，動態地提供用於發送資料的路徑。除了這些路由技術，在 NoC 中，也提出了廣播式 (broadcast) 路由演算法。傳送層 (transport-layer) 演算法處理在目的地 / 來源上資料的組裝 / 分解 (assembly/de-assembly)，以及控制在網路層頂端的終端至終端通訊。

應用層 應用層 (application layer) 包括系統與應用軟體。應用軟體是一種使用者可以在基於 NoC 系統上執行的應用程式。同時，系統軟體將提取 (abstract) 並控制下層硬體平台。應用軟體程式化是基於應用軟體有效率的分割與映射至 NoC 平台上。這些過程可以經由手動最佳化或經由自動化工具鏈來執行，並且與通訊中心的 NoC 架構的理解緊密切結合。到目前為止，軟體的議題是最關鍵且不易理解的 NoC 議題之一。

設計 NoC 還需要專門的開發環境與 CAD 工具。用來分析與評估所關注的 NoC 性能與參數折衷的分析工具是重要的。此外，NoC 合成 (synthesis) 工具可以協助 NoC 實現自動化，包括 NoC 架構（ad hoc 或應用特定）、網路拓樸結構與協定、實現範例等。最後，NoC 測試亦需要特定測試機制，包括基於封包的測試、協定感知 (protocol-aware) 的測試、NoC 的可測試設計……等。

NoC 設計的實現與未來趨勢

晶片網路的方法可用在各式各樣的應用中，例如：

- 通用的基於 NoC 多核心處理器：一顆晶片使用各種處理器核心來支援各種應用與通訊的往來型式。
- 特定應用 NoC 是用於專用晶片以供特定的應用。
- NoC 平台為特定應用的 SoC 以供特定家族應用。
- 基於 NoC 的現場可編程閘陣列 (FPGA)。

圖 **A.3**
Intel 基於 NoC 的 80 核心可程式化處理器 (Intel)。

到目前為止，學術界與工業界裡都有許多 NoC 的實現。Intel（圖 A.3）通用 80 核處理器中使用具有蟲洞交換的 NoC 架構來連接在 8×10 網狀拓樸結構中的 80 顆核心。Tilera 公司的 TILE64 是一顆 64 核心的通用處理器，結合了數種專用的晶片網路與目標為範圍從聯網到多媒體的嵌入式應用。

NoC 方法被用來整合 65-nm CMOS 製程技術中內含數百個處理單元的系統，並可能在未來次 45-nm CMOS 製程技術裡涉及數千顆核心。此外，一項新興的研究趨勢是使用三維 (3D) 晶片實現、無線 (wireless) 傳輸或光子 (photonic) 傳輸以供晶片上連結使用。這些趨勢將導致在未來的 NoC 中的許多新應用機會與設計挑戰。

練習題

13.1 對於低功率設計，多組電源供應電壓可以在晶片中使用晶片上電壓轉換器。晶片電源供應可能是 5-V，然後，除了 5-V 之外，再轉換產生 3.3-V 的電源軌。設計一準位移動器使其能以 5-V 邏輯電路連接 3.3-V 邏輯。使用 $|V_{T0}| = 1.0\,\text{V}$，$\mu_n/\mu_p = 3$ 於你的計算中。

13.2 為了減輕設計的複雜度，沒有時間偏移的時脈訊號分佈通常較受歡迎。然而，在某些情況下，時脈偏移可以用來解決緊湊的時序與預算問題。找出一個可以利用時脈偏移的例子。

13.3 設計一個時脈解碼器電路，從兩個主要時脈訊號產生四個時脈相位。

13.4 由於典型時脈訊號的扇出數目非常高,適當地調整內部連接導線尺寸是很重要的。寄生連接線電阻與電容已在第 6 章討論。假設金屬導線的寄生電阻(片電阻)為 0.03 Ω/正方。

    a. 當 $t = 0.4\ \mu m$,$h = 1\ \mu m$,l(長度)$= 1000\ \mu m$,w(寬度)$= 2\ \mu m$,使用艾莫爾延遲公式來計算扇出電容負載為 5 pF 的內部連接線延遲。考慮到分佈寄生效應,總長度可以分為 10 段,每段為 100-μm 長。

    b. 使用 SPICE 模擬來驗證 (a) 部分的答案。

13.5 I/O 電路的接合焊墊是用最高的金屬層來實現,大小為 $75 \times 75\ \mu m$。如果最高的金屬層至共同的基底層(接地平面)之間具有二氧化矽的分離距離是 1 μm。

    a. 接合焊墊的寄生電容是多少?

    b. 如果接合焊墊被連接至 CMOS 反相器閘極($W_p = 10\ \mu m$,$W_n = 5\ \mu m$,$L_M = 1\ \mu m$),並且也連至三態緩衝器的輸出($W_p = 1000\ \mu m$,$W_n = 500\ \mu m$,$L_M = 1\ \mu m$),請問全部接合焊墊的寄生電阻是多少?汲極區域其它尺寸為 $3\ \mu m$,以及在汲極的寄生電容為 $C_{j0} = 0.3\ fF/\mu m^2$,$C_{jsw} = 0.5\ fF/\mu m$。

13.6 用 SPICE 模擬來驗證 TTL 至 CMOS 準位移動器的正確性。

13.7 晶片輸出緩衝器中最後一級電晶體通常被選擇為非常大,以提供足夠的電流驅動能力。討論在接合焊墊區域實現如此巨大電晶體的佈局策略。

13.8 晶片輸出驅動器電路在電源線軌與接地線軌的切換雜訊,可能大到使得附近的內部電路由於耦合雜訊而打亂其邏輯準位。討論此問題是否可以針對 I/O 電路(吵雜)與內部電路(安靜)使用分開的電源線軌與接地線軌。

13.9 接合導線電感是 2 nH,負載電容是 100 pF,以及 50% 切換延遲時間是 5 ns。

    a. 估測最大的 $L(di/dt)$ 雜訊。

    b. 解釋在較低的操作溫度與較高的電源供應電壓下,雜訊將如何改變。

    c. 當 32 個輸出焊墊同時切換,且當 32 個輸出焊墊從第一個位元到最後一個位元切換有 3.2 ns 偏移,計算全部雜訊電壓峰值。

    d. 使用適當的模型與 SPICE 模擬來驗證你的結果。

13.10 討論準位移動 I/O 電路在製程變異時的靈敏度,特別是通道長度變化,可以降低特定 (W/L) 值的光罩設計。你會選擇最小的 L 允許值嗎?

13.11 以高速電路阻抗匹配的觀點來看,討論連接至 I/O 焊墊的上拉電阻和下拉電阻之正反意見。

Chapter 14

可製造性設計
Design for Manufacturability

14.1 簡介

數位電路設計應該能讓所製造出的電路在各種操作條件下都能滿足性能規格,如速度、功率消耗等。然而,在製造過程中的隨機變動 (random fluctuation) 會引起不想要的電路性能散佈。此外,如電源電壓 V_{DD} 與操作溫度等電路操作條件的隨機變異 (random variation),會導致電路特性變化。性能的過度偏差會造成顯著的良率 (yield) 損失,因而增加產品的單位成本。所以很重要的是,在電路設計早期就應考慮到在製程與環境條件下無法避免的統計變異影響。電路性能應該要對這些變異不敏感,並且應該要有足夠的邊界 (margin) 使得大部分製造出的電路能通過可容許性準則 (acceptability criteria)。這就是**可製造性設計 (design for manufacturability, DFM)** 的基本動機。

可製造性設計(亦稱為計算機輔助設計學的**統計式設計 (statistical design)**)這個術語包括了許多方法與技術。本章將討論一些在可製造性設計中所發生的議題,會對數位電路設計的技術產生衝擊。特別是參數化良率預估、參數化良率最大化、最壞情況分析與變異性最小化等議題。我們將討論問題的公式化,以及個別議題的簡單解決策略。

圖 14.1 所示為製程參數與元件參數之間的關係,以及這些參數對於電路與系統性能影響。

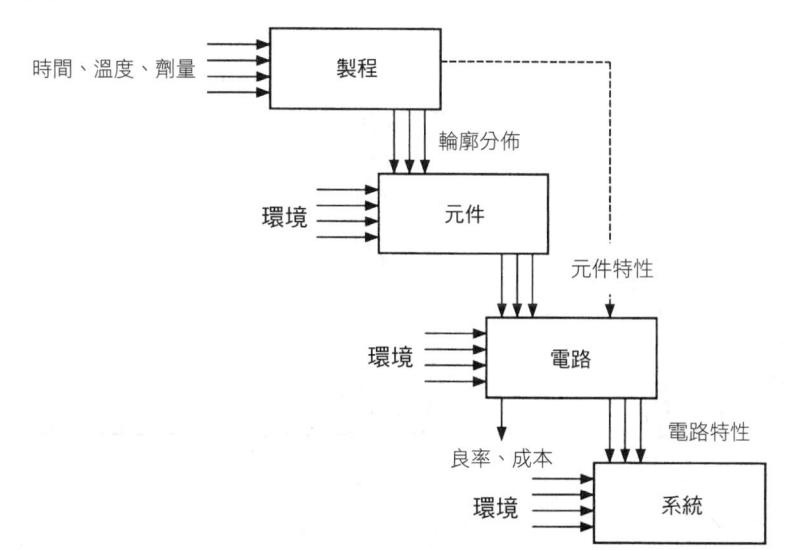

圖 14.1
製程和元件參數、電路和系統性能兩者之間的關係。

14.2 製程變異

圖 14.2 為 SPICE 模擬結果圖，為 4 位元加法電路於室溫及在標稱 (nominal) 電壓 V_{DD} = 1.1 V 的輸出波形。看得出來輸出波形變化相當顯著，這是由於製程擾動導致元件參數變異緣故。雖然是使用共同光罩組來製造積體電路，但是一些晶片的延遲時間較短，而其它的較長。也就是說，可能會因為生產線上無法控制的變異而使得電路性能顯著地改變。因此，一項重要的設計工作是將製造變異對於電路性能的衝擊最小化。

如同已在第 2 章討論，CMOS 積體電路的製造過程非常複雜。大部分次 100 奈米 CMOS 技術皆使用超過 30 道光罩，並有 200 多項化學製程步驟來沉積氧化層與光阻材料，以光學微影與緊接著的化學蝕刻等步驟，將光罩的圖樣轉移至晶圓上。即使具有電腦控制高精確度的製造步驟，光罩校準、摻雜或離子佈植的雜質目標量、MOS 電晶體的多晶矽閘極長度的化學蝕刻以及薄閘極氧化層厚度控制等都是難以避免的某些偏差。

數位電路性能關鍵決定於 MOS 電晶體 I-V 特性與連接線寄生電容，兩者皆會因製程變異而改變。晶片上的特定電晶體可能會比其它位在相同晶圓上不同晶片的相同電晶體具有較高或較低的汲極電流。而對於位在不同晶圓上的晶片來說，這種變異可能會更大。類似的論述也會適用於連接線結構中的寄生電阻與電容。本章將專注在電晶體特性變異，因為它具有較大影響，雖然連接線寄生效應變異亦成為不可忽略。

回想 nMOS 電晶體汲極電流公式，可以描述如下

$$I_d = \mu C_{ox} \frac{W}{L} f(V_{DS}, V_{GS}, V_T) \tag{14.1}$$

其中 μ 為 nMOS 的電子移動率（pMOS 為電洞），

圖 14.2
4 位元加法器輸出波形的製程相關變異。

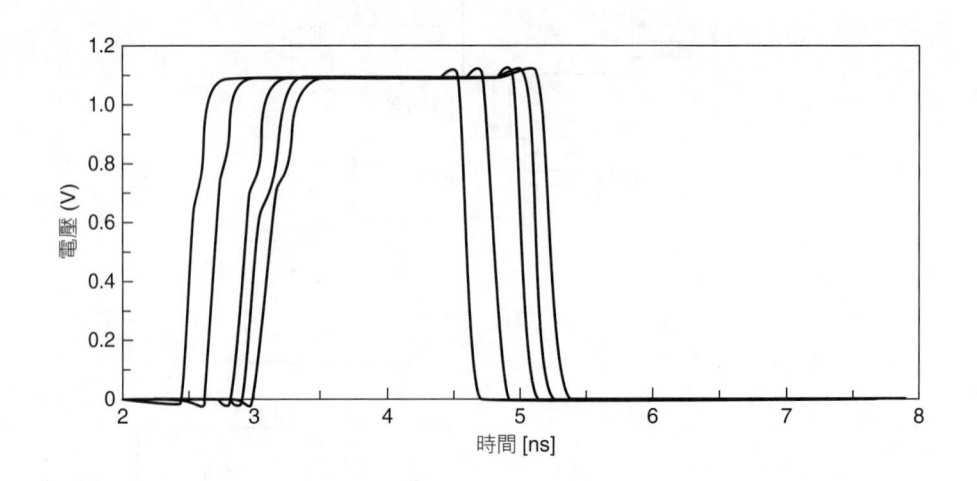

$C_{ox} = \varepsilon_{ox}/t_{ox}$ 為單位面積閘極氧化層電容,

W/L 為通道寬度對通道長度比,

以及 V_T 為電晶體臨界電壓。

表面通道中的多數載子移動率是依據基底或槽的摻雜濃度準位而定。臨界電壓則是取決於 MOS 系統的平帶電壓與基底摻雜濃度。此外,C_{ox} 是反比於閘極氧化層厚度 t_{ox}。因此,在相同的偏壓條件下,μ、t_{ox}、W/L 與 V_T 的隨機擾動將會導致汲極電流變異。這些在汲極電流中的隨機擾動可以轉換成如延遲時間、功率消耗與邏輯臨界電壓等電路性能參數的隨機擾動。式 (14.1) 中的參數中,設計者唯一有裁量權之設計參數是寬長比的標稱值 W/L。因此,為了使電路性能對於製程變異較不敏感,最明顯的設計選擇是決定電路中各種電晶體的 W 與 L 最佳值。同樣地,具有電晶體適當定位的更謹慎佈局可以讓製造出的電路對於製程變異較不敏感(這對類比電路甚至更為重要)。在數位電路中,除了敏感電路如第 13 章裡所討論的準位移動器以及通道漏電流上需極度關心的記憶單元外,L 數值通常是被選擇為所允許的最小值。在類比電路中,L 值可以比最小值大上一個數量級來最小化製程變異對於電路性能的靈敏度。

14.3 基本的觀念與定義

本節將介紹一些常用在可製造性設計中的基本觀念並定義術語。

電路參數

由於製造過程與操作條件的隨機變異,可以預期到電路參數的實際值將會與其標稱值或目標 (target) 值不同。舉例來說,MOS 電晶體的實際通道寬度 W 可以被分解為一項統計變異量 ΔW,以及一項標稱成分 W^o,即 $W = W^o + \Delta W$。一般來說,任何電路參數皆可視為具有一項標稱成分,以及一項無法控制的統計變異成分,如表 14.1 所示。

此表中的幾何 (geometrical) 參數有一項可由電路設計者設定為特定值的標稱成分。如此的標稱成分稱為**可設計的 (designable)** 或**可控制的 (controllable)**,例如:W^o 與 L^o。幾何參數的統計變異成分則稱為干擾成分 (noise component),代表在可設計成分周圍變化的無法控制電路參數擾動,例如:ΔW 與 ΔL。對於元件模型參數與操作條件而言,標稱成分並非由設計者所控制而是由製程與操作條件來設定。對於這些參數而言,標稱成分與隨機成分可以合稱為干擾成分,例如:V_T 與 V_{DD}。一般來說,任何電路參數 x_i 可以表示成

表 14.1 電路參數為標稱成分與隨機成分總和。

	實際值	=	標稱值	+	隨機值
幾何參數					
MOS 通道寬度	W	=	W^o	+	ΔW
MOS 通道長度	L	=	L^o	+	ΔL
元件模型參數					
臨界電壓	V_T	=	V_T^o	+	ΔV_T
氧化層厚度	t_{ox}	=	t_{ox}^o	+	Δt_{ox}
移動率	μ	=	μ^o	+	$\Delta \mu$
操作條件					
電源供應電壓	V_{DD}	=	V_{DD}^o	+	ΔV_{DD}
溫度	T	=	T^o	+	ΔT

$$x_i = d_i + s_i \tag{14.2}$$

其中 d_i 是可設計成分,而 s_i 是隨機干擾成分。對於不具有可設計成分的電路參數而言,d_i 設定為零。同樣地,對完全可控制的電路參數來說,s_i 則設定為零。

所有可設計成分通常會被群組以形成一組參數,稱為**可設計參數 (designable parameter)**。這些參數係以向量 **d** 來表示。同樣地,所有干擾成分會被群組以形成一組**干擾參數 (noise parameter)**。這些干擾參數以隨機向量 **s** 來表示。以向量方式,式 (14.2) 可以被寫為

$$\mathbf{x} = \mathbf{d} + \mathbf{s} \tag{14.3}$$

其它通用的術語會根據其變異是有關製造程序或是操作條件的擾動來分類干擾參數。前者稱為內部 (internal) 干擾參數,而後者則為外部 (external) 干擾參數。例如:V_T 被考慮為內部干擾參數,而 V_{DD} 則為外部干擾參數。

干擾參數分佈

干擾參數被視為隨機變數 (random variable)。由於每個電路參數是由可設計成分及干擾成分所組成,我們也可將其視為一隨機變數。任何隨機變數均可藉由**機率密度函數 (probability density function, PDF)**(還有平均值 (mean) 與標準差 (standard variation),兩者與密度函數有關)來特性化。干擾參數向量 **s** 可以被考慮為隨機向量 (random vector),而且可用**聯合機率密度函數 (joint probability density function, jpdf)** 來特性化。我們將藉由 $f(\mathbf{s})$ 來表示干擾參數的 jpdf。電路參數向量 **x** 也是隨機向量,其 jpdf 可以藉由 $f(\mathbf{x})$ 或 $f(\mathbf{d} + \mathbf{s})$ 來表示。第二種符號強調了電路參數變異性 (variability) 來自於干擾成分,但是其 jpdf 也許與可設計參數相關。

透過測試結構量測與參數萃取可得到內部干擾參數的統計分佈。然而,為了簡化分析,一項常用的假設是將內部干擾參數視為高斯分佈 (Gaussian distri-

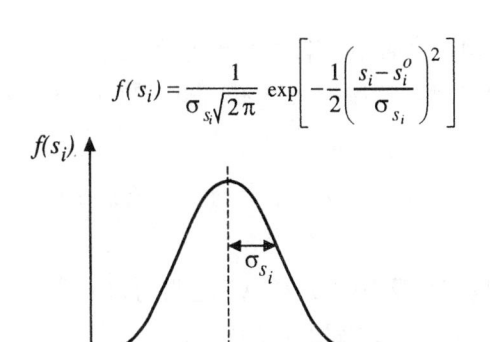

$$f(s_i) = \frac{1}{\sigma_{s_i}\sqrt{2\pi}} \exp\left[-\frac{1}{2}\left(\frac{s_i - s_i^o}{\sigma_{s_i}}\right)^2\right] \qquad f(s_i) = \begin{cases} \dfrac{1}{b-a}, & a \leq s_i \leq b \\ 0, & \text{其它} \end{cases}$$

(a) (b)

圖 14.3
機率密度函數：(a) 高斯與 (b) 均勻隨機變數。

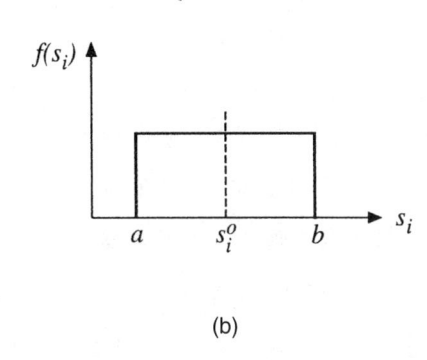

bution)，而外部干擾參數則是均勻分佈的隨機變數（圖14.3）。因為製程步驟是循序本質，故內部干擾參數是統計相關 (statistically correlated) 的。不過，外部干擾參數為統計上獨立的隨機變數 (statistically independent random variables)。因此，內部干擾參數可視相關高斯隨機向量，而外部干擾參數可視為不相關的均勻隨機向量。當干擾向量 **s** 為多變量 (multivariate) 高斯型式時，其分佈可以藉由平均值向量 μ 與共方差矩陣 (covariance matrix) **Q** 來完整特性化，即 **s** ~MVG(μ, **Q**)。

電路性能量度

電路性能量度 (performance measure) 是用來監控電路的功能。例如，反相器的傳遞延遲或時脈分佈樹的各分支間訊號偏移可以被考慮為性能量度。

考慮圖 14.4 所示的簡單 CMOS 反相器電路。讓我們對電路參數作以下假設，以說明一些基本觀念：

- MOS 電晶體的寬度與長度是固定且不易遭受統計變異影響，如 W_1、L_1、W_2 與 L_2 為可設計參數。

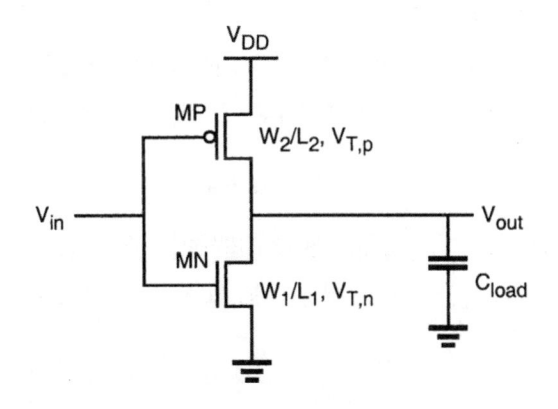

圖 14.4
CMOS 反相器電路。

- MN 與 MP 的臨界電壓，$V_{T,n}$ 與 $V_{T,p}$，以及共通的閘極氧化層厚度 t_{ox}，皆為內部干擾參數。為了簡單起見，我們假設這些隨機變數是不相關（獨立）的，且為高斯分佈。臨界電壓 $V_{T,n}$ 具有平均值為 0.541 V 與標準差為 0.115 V，$V_{T,p}$ 則具有平均值為 −0.493 V 與標準差為 0.093 V；t_{ox} 具有平均值為 1.6 nm 與標準差為 0.242 nm。
- 外部干擾參數為電源供應電壓 V_{DD}，其在範圍 (0.8 V, 1.2 V) 之間均勻地分佈；以及操作溫度 T，其在範圍 (30°C, 90°C) 之間均勻地分佈。此外，V_{DD} 與 T 被認為是獨立的隨機變數。

假設我們希望將反相器的傳遞延遲作為性能量度。CMOS 反相器的傳遞延遲 τ_P 由式 (6.4) 可得，而電壓由高態至低態與由低態至高態的傳遞延遲則由式 (6.18b) 與式 (6.19b) 可得；為了方便，重複兩式如下：

$$\tau_{PHL} = \frac{C_{load}}{k_n} \cdot \frac{2}{E_{C,n}L_n} \cdot \frac{V_{50\%}[(V_{DD} - V_{T,n}) + E_{C,n}L_n]}{(V_{DD} - V_{T,n})^2} \tag{14.4a}$$

$$\tau_{PLH} = \frac{C_{load}}{k_p} \cdot \frac{2}{E_{C,p}L_p} \cdot \frac{V_{50\%}(V_{DD} - |V_{T,p}| + E_{C,p}L_p)}{(V_{DD} - |V_{T,p}|)^2} \tag{14.4b}$$

從以上等式中可看出，這兩種傳遞延遲是相依於 MOS 電晶體寬度與長度，以及其臨界電壓與閘極氧化層厚度。對於電源供應電壓的相依性也很明顯。雖然對於操作溫度的相依性並未明確地顯示出，溫度會對如 MOS 電晶體移動率與臨界電壓等元件參數產生作用，進而影響傳遞延遲。由此觀察，我們可以推廣至性能量度 r 為一種包含電路的可設計性、內部干擾參數與外部干擾參數所組成的函數，即

$$r = r(\mathbf{d} + \mathbf{s}) = r(\mathbf{x}) \tag{14.5}$$

在某些情況下（如傳遞延遲中），也許有可能藉由感興趣的電路參數之閉合型式解析方程式 (closed-form analytical equation) 來表達性能量度。然而在許多情況中，特別是對許多大型電路，不太可能以電路參數的明確函數來表示性能。此時，對於給定電路參數值的電路性能值則可以用電路模擬方式來得到。

假設內部與外部干擾參數設定為其平均值時，對應電路的性能值則可稱為標稱值。由於標稱值僅與可設計參數有關，性能 r 的標稱值可以寫成

$$r^o(\mathbf{d}) = r(\mathbf{d} + \mathbf{s}^o) \tag{14.6}$$

其中 $\mathbf{s}^o$ 為干擾參數的平均值向量。對反相器的例子而言，其傳遞延遲 τ_P 的標稱值可在一負載電容 $C_{load} = 0.1$ pF 情形下計算出 $\tau_P^o = 0.186$ ns。

由於不可避免的統計變異,使得性能值會散佈於標稱值周圍。為了示範電路性能中的變異性,我們把可設計參數(MOS 通道長度與寬度)固定,而改變內部與外部干擾參數。首先,我們根據統計分佈來改變 $V_{T,n}$、$V_{T,p}$ 與 t_{ox},並同時維持外部干擾參數固定。以這種方式來得到的每 1000 次的樣本,會由 SPICE 模擬結果計算得到 τ_P 值。圖 14.5 比較了最好 (best)(最小延遲)與最壞 (worst)(最大延遲)情況的暫態波形,位於標稱情況的樣本之間。傳遞延遲分佈的直方圖 (histogram) 繪製於圖 14.6。此直方圖顯示 τ_P 值大部分分佈於 (68 ps, 202 ps) 範圍中。接下來,我們改變外部干擾參數 V_{DD} 與 T,並同時維持內部干擾參數固定在其標稱值。在此種情況下所得到的直方圖繪製於圖 14.7,顯示 τ_P 值的分佈是有點更小的範圍 (70 ps, 193 ps) 內。

電路性能量度為隨機電路參數的函數,同時也是一項隨機變數。因此,性

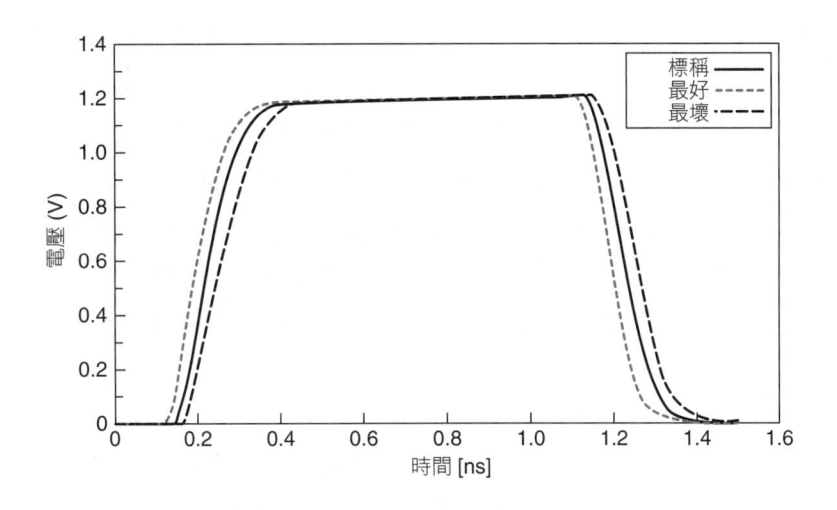

圖 14.5
對於標稱情況、最好情況與最壞情況的波形比較。

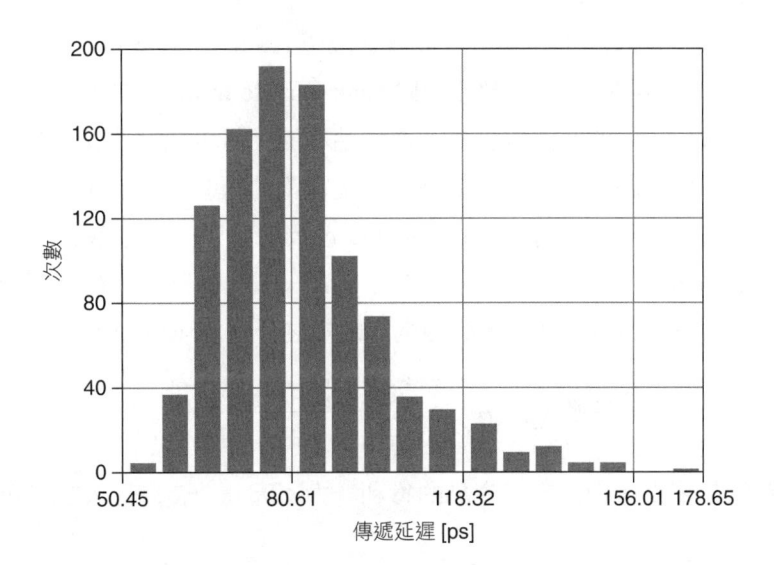

圖 14.6
具有 $V_{T,n}$、$V_{T,p}$ 與 t_{ox}(分佈)的 τ_P 變異直方圖。

圖 14.7
具有 V_{DD} 與 T（分佈）的 τ_P 變異直方圖。須注意的是，延遲分布的範圍遠小於圖 14.7 所示。

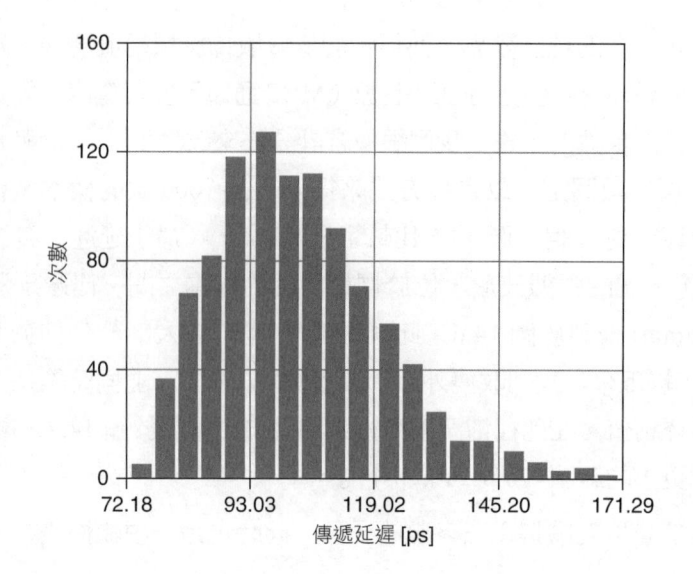

能量度將有平均值與標準差。圖 14.6 與圖 14.7 的直方圖顯示 τ_P 分佈的近似型態。性能量度與電路參數之間的關係往往並不明顯。因此，性能的機率分佈亦不明顯，其平均值與標準差必須採取預估。對於反相器的例子與對於內部干擾參數單獨變異的情況（即對應圖 14.6 直方圖的情況）而言，τ_P 的平均值與標準差的估計值分別為 104.9 ps 與 17.9 ps。須注意的是，性能的標稱值與平均值是不一樣的。然而，如同標稱值，由於干擾參數的效應則已經是被「平均掉了 (averaged out)」，性能量度的平均值與標準差單獨為可設計參數的函數。

參數化良率與性能變異性

另一項有關電路性能的重要概念為**良率 (yield)**。良率損失最小化是可製造性設計的中心思想。許多因素會導致良率損失，如：材料缺陷、微影不當校準、製程變異以及設計邊界不足。**災難式故障 (catastrophic fault)** 為導致電路機能失常的短路與開路；而**參數化故障 (parametric fault)** 則為元件與電路性能的偏移。參數化故障的電路也許具有邏輯性功能，但可能無法滿足某些特定性能規格。每種與電路性能有關的規格會決定電路的可接受度。如果電路性能滿足相對應規格時，則電路稱為可接受的 (acceptable)。良率（也稱為參數化良率 (parametric yield)，以與功能性良率 (functional yield) 區別）是被定義成可接受電路的全部數量相對於製造出電路的全部數量之分式 (fraction)，即

$$\text{參數化良率} = \frac{\text{可接受電路的全部數量}}{\text{製造出電路的全部數量}} \tag{14.7}$$

電路的良率直接地決定了產品的獲利能力；因此，良率最大化是可製造性

設計的主要動機。在先前反相器的例子中，假設我們單獨考慮內部干擾參數的變異，以及可接受性標準為延遲小於 0.19 ns。從圖 14.6 的直方圖中可以看到，很大部分已抽樣的電路未能通過可接受性標準，造成 61.2% 的低良率。須注意的是，即使性能的標稱值可以滿足規格，仍可能產生很差的參數化良率。

電路性能的**變異性 (variability)** 是電路參數無法控制的統計變異所造成性能值散佈的一種量度。變異性的最小化是可製造性設計的另一項重要工作，因為可產出令人更為滿意的一致性產品。實際上被使用的變異性量度方式有數種：標準差或方差 (variance)、標準差與平均值的比例、性能範圍……等。

最後將本節中各項重點與觀察進行總結：

- 電路參數是由可設計成分與干擾成分所構成。
- 干擾參數代表由於製造與環境擾動而造成統計上變異。
- 可設計性參數是確定性的 (deterministic)，而干擾參數則是隨機的。
- 電路性能是可設計參數與干擾參數的函數。
- 電路性能是由機率分佈來特性化，而機率分佈通常必須被預估。
- 電路具有可接受的標稱性能也許會有低參數良率。

14.4 實驗設計與性能模型化

假設有 n 個電路參數，分別以 $\mathbf{x} = (x_1, x_2, \ldots, x_n)$ 來表示。這些電路參數可以是可設計參數或干擾參數。如前所述，電路性能 r 是這些參數的函數 $r(\mathbf{x})$。通常，此函數並非明確地已知，且對於特定值 $\mathbf{x}$，r 必須使用如 SPICE 的電路模擬器來評估。電路模擬在計算上很昂貴，特別是如果電路規模很大且需要進行暫態模擬時。一種有吸引力的替代方式是建立有關 $\mathbf{x}$ 參數的電路性能簡潔模型，然後用性能模型代替電路模擬器來評估性能。採用這種方式決定於兩項準則。第一：模型的建構與評估應該要在計算量上有效率，以便大量節省計算量。第二：模型必須精確。很明顯地，這兩種特點是相互牴觸的條件，而為了發展良好模型，必須達成一些最佳的折衷。

接下來的問題是如何建立這樣的模型。因為模型是作為電路模擬器的替代者，所以可使用在電路模擬中所得到的 r 值來建構。圖 14.8 顯示了發展此種模型的程序。模型建立包含四項步驟。首先，在 $\mathbf{x}$ 空間中選出 m 個**訓練點 (training points)**。第 i 個訓練點以 $\mathbf{x}_i = (x_{1i}, x_{2i}, \ldots, x_{ni})$ 表示。在第二個步驟中，電路在 m 個訓練點進行模擬，且性能量度值係由模擬結果如 $r(\mathbf{x}_1), \ldots, r(\mathbf{x}_m)$ 得到。在第三個步驟中，與 $\mathbf{x}$ 相關的預先指定函數 r 可以「被適配 (fitted)」至資料。而在

圖 14.8
性能模型化程序。

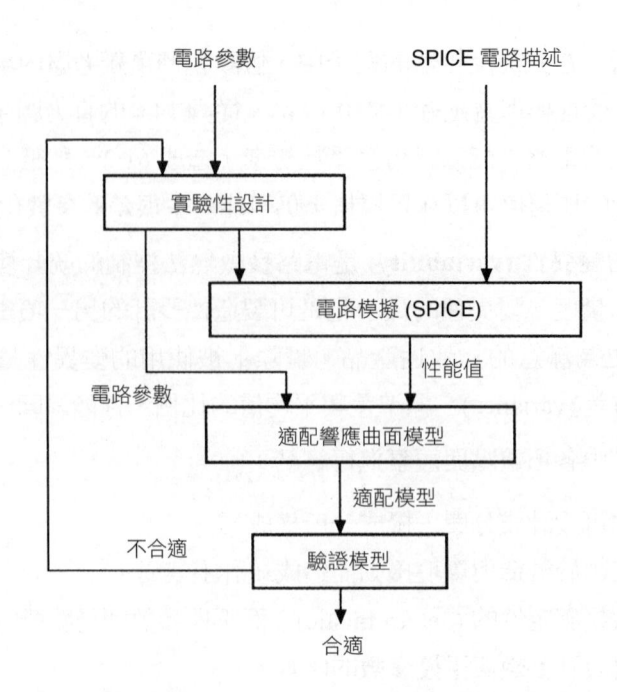

```
電路參數        SPICE 電路描述
    ↓              ↓
  ┌─────────────┐
  │  實驗性設計  │
  └─────────────┘
         ↓
  ┌──────────────────┐
  │  電路模擬 (SPICE) │
  └──────────────────┘
         ↓ 性能值
電路參數
  ┌──────────────────┐
  │ 適配響應曲面模型 │
  └──────────────────┘
         ↓ 適配模型
 不合適
  ┌──────────┐
  │ 驗證模型 │
  └──────────┘
         ↓
        合適
```

最後步驟中，模型須被驗證精確性。假如模型不夠精確，模型化步驟會以更多訓練點或是不同的模型來重複執行。

此模型稱為性能的**響應曲面模型 (response surface model, RSM)**。模型化的計算量代價是依據 m，即訓練點數量，以及對於模擬資料的適配模型過程而決定。模型的精確度可以藉由量化「適配程度 (goodness of fit)」的計算誤差量度來進行校正。所得模型的精確度大大地受到如何由 **x** 空間中選擇訓練點的方式所影響。**實驗性設計 (experimental design)** 技術能有系統地選擇出最好的訓練點，其意義為在最少訓練點數目需求下能得到最精確的模型。

實驗設計 (design of experiments, DOE) 為統計學中一項已制定的分科，且自 1920 年代以後，已經成功地使用在許多製造領域。本章會簡單探討一些經常用於積體電路中的可製造性設計 DOE 技術。為了方便舉例說明某些重點，假設性能量度 r 的 RMS 為電路參數 x_i 的二次多項式，其中 $i = 1, 2, \ldots, n$。特別是，

$$r'(\mathbf{x}) = \alpha_0 + \sum_{i=1}^{n} \alpha_i x_i + \sum_{i=1}^{n}\sum_{j=1}^{n} \alpha_{ij} x_i x_j \tag{14.8}$$

為所使用的 RSM，其中的參數 α_0、α_i 與 α_{ij} 為模型中的適配參數 (fitting parameter)。然而，須注意的是，以上討論也適用於其它 RSM。

因子設計

在這個實驗性設計技術中,每項參數 $x_1, x_2,..., x_i$ 都被量化成兩種準位或兩項設定(範圍中的最小值與最大值)。在不失普遍性下,我們可以假設在正規化 (normalization) 後,對於每項參數的這些數值為 -1 與 $+1$。全因子設計 (full factorial design) 包含了所有可能的 n 個參數值組合。因此,n 個參數的全因子設計具有 2^n 個訓練點或實驗性執行 (run)。以 $n = 3$ 為例的設計矩陣顯示於表 14.2 中,而設計則描繪於圖 14.9。第 k 次執行的性能資料是以 r_k 來表示。全因子設計提供了相當多有關參數 x_i 與性能 r 之間關係的資訊。例如,可以評估參數 x_i 的**主要效應 (main effect)** 或**個別效應 (individual effect)**,而此效應量化了參數如何影響性能的程度。主要效應為下列兩者之間的差值:當參數在高準位 (+1) 時的平均性能值,以及當參數在低準位 (−1) 時的平均性能值。x_i 的主要效應為式 (14.8)RSM 中的 x_i 項係數。我們也可以找出兩項或多項參數間的**交互作用效應 (interaction effect)**,量化了這些因子如何共同地影響性能。兩種因子交互作用效應可以藉由下列兩者之間的差值計算而得:當兩項參數是在同樣準位時的平均性能值,以及當兩項參數是在不同準位時的平均性能值。參數 x_i 與 x_j 的兩種因子交互作用效應為式 (14.8) 中的 x_ix_j 項係數。高階多因子 (multifactor) 交互作用可以用遞迴 (recursive) 方式來計算。

表 14.2 $n = 3$ 全因子設計。

執行	參數 x_1	x_2	x_3	交互 $x_1 \times x_2$	$x_1 \times x_3$	$x_2 \times x_3$	$x_1 \times x_2 \times x_3$	r
1	−1	−1	−1	+1	+1	+1	−1	r_1
2	−1	−1	+1	+1	−1	−1	+1	r_2
3	−1	+1	−1	−1	+1	−1	+1	r_3
4	−1	+1	+1	−1	−1	+1	−1	r_4
5	+1	−1	−1	−1	−1	+1	+1	r_5
6	+1	−1	+1	−1	+1	−1	−1	r_6
7	+1	+1	−1	+1	−1	−1	−1	r_7
8	+1	+1	+1	+1	+1	+1	+1	r_8

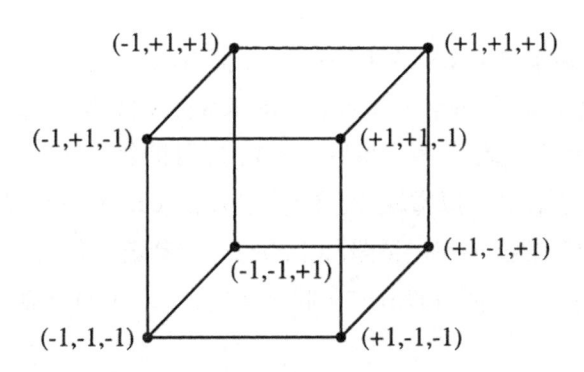

圖 14.9
$n = 3$ 全因子設計的繪圖表示法。

表 14.3　$n = 3$ 全因子設計的一半部分。

執行	參數			交互				r
	x_1	x_2	x_3	$x_1 \times x_2$	$x_1 \times x_3$	$x_2 \times x_3$	$x_1 \times x_2 \times x_3$	
1	-1	-1	$+1$	$+1$	-1	-1	$+1$	r_1
2	-1	$+1$	-1	-1	-1	-1	$+1$	r_2
3	$+1$	-1	-1	-1	$+1$	$+1$	$+1$	r_3
4	$+1$	$+1$	$+1$	$+1$	$+1$	$+1$	$+1$	r_4

因此，全因子設計允許我們利用 (14.8) 式的 RSM 來估算所有一階及交互因子 (cross-factor) 二階之係數。然而，這並不允許我們預估純平方項 x_i^2 的係數。此外，實驗執行次數會隨著參數的數目呈指數型式增加。在大多數模型化情況，高階多因子交互作用效應的值並非那麼必要與重要。在犧牲最重要的主要效應與低階交互作用效應精確度前提下，仍有可能降低全因子設計的規模。方法是透過系統性刪除一些執行操作，僅考慮原始全因子設計的一部分。這種設計被稱為**部分因子設計 (fractional factorial design)**。如果 k 為部分的級數 (degree of fraction)（$k = 1$ 為一半部分，$k = 2$ 為四分之一部分，……等等），則如此的設計需要 2^{n-k} 次實驗性執行，因此也稱為 2^{n-k} 次設計。表 14.2 全因子設計的其中一半顯示於表 14.3 中。我們觀察到表 14.3 中的一些行完全相同。要區分完全相同行的個別效應是不可能的事。這樣的效應被稱為彼此互相**混雜 (confounded) 或混淆 (aliased)**。在表 14.3 的分項設計裡，我們看到 x_3 的主要效應會與 x_1 和 x_2 的交互作用效應混雜在一起。此外，行 $x_1 \times x_2 \times x_3$ 完全等同於行全為 1。這意味著三項因子的交互作用效應會與性能的總計平均值一起混雜。然而，混淆真的不是問題，因為在大部分應用中，高階多因子效應是無關緊要且可被忽略。在式 (14.8) 中的平方式 (quadratic) RSM 中，重要的只有主要效應與兩項因子的交互作用效應，且可假設所有高階交互作用不存在。在部分因子設計中，一個很重要的特點就是這些設計為正交 (orthogonal)，而其能讓我們在估計模型係數時所產生的誤差值降到最低。

中央合成設計

如前所述，關於式 (14.8) 中 RSM，因子設計的一個問題為無法預估純平方項係數。**中央合成設計 (central composite design)** 可以解決這問題，其為因子（全因子或部分因子）設計與「星狀 (star)」設計的結合。圖 14.10 顯示了 $n = 3$ 為例的中央合成設計。以虛線所示的「立方體 (cube)」設計為因子設計，而實線所示則為星狀設計。在這種設計中的每一項參數具有五種準位：0、± 1、$\pm \gamma$，其中 $0 < \gamma < 1$，而且設計的星狀區域中由 $(2n + 1)$ 次執行組成，其中包含

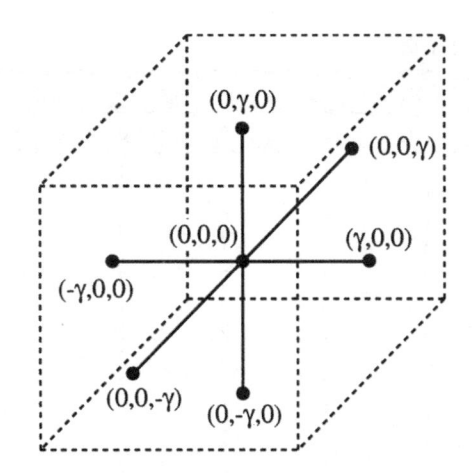

圖 14.10
$n = 3$ 的中央合成設計。

- 一個中心點，其中所有參數值皆設為 0，以及
- $2n$ 個**軸向點 (axial point)**，其軸向對的數值設定為 $-\gamma$ 與 $+\gamma$，而同時所有其它參數皆設定為 0。

參數 γ 通常是由設計者所選定。中央合成設計的主要優點為式 (14.8) 中所有的係數皆可用合理的模擬次數來預估。

田口正交陣列

另一種常用的實驗性設計技巧為使用**正交陣列 (orthogonal array, OA)** 的田口方法 (Taguchi's method)。一組正交陣列為部分因子設計矩陣，其允許對於任何參數準位或參數的交互作用具有平衡且公正的比較。這些正交陣列是以表格樣式準備好可用，有兩種型式。第一類 OA 對應參數被量化為二種準位，而第二類對應 OA 的參數則被量化為三種準位。討論田口技術的教科書中常常提供這些陣列。舉例來說，表 14.4 中所示為 L18 OA。陣列指定的數目代表嘗試或實驗性執行的次數。L18 OA 屬於第二類設計，即每項參數具有三種準位。在田口技術中，可設計或可控制參數的實驗性設計矩陣稱為**內部陣列 (inner array)**，而對於干擾參數的矩陣則稱為**外部陣列 (outer array)**。表 14.4 中的 L18 設計不但可以適用於內部陣列，而且也可用於外部陣列。

拉丁超立方體抽樣

所述的因子與中央合成實驗性設計會在範圍內設定某種參數準位或量化數值。因此，大部分的參數空間依然未被抽樣。「空間填滿 (space filling)」抽樣 (sampling) 為更令人滿意的抽樣策略。取得更完整參數空間覆蓋的最明顯方法是：使用最簡單的抽樣策略──**隨機抽樣 (random sampling)**，以得到參數空間中的訓練點。就技術上而言，隨機抽樣點是從機率密度函數中取出。我們已經

表 14.4 田口 L18 正交陣列。

執行	參數							
	1	2	3	4	5	6	7	8
1	1	1	1	1	1	1	1	1
2	1	1	2	2	2	2	2	2
3	1	1	3	3	3	3	3	3
4	1	2	1	1	2	2	3	3
5	1	2	2	2	3	3	1	1
6	1	2	3	3	1	1	2	2
7	1	3	1	2	1	3	2	3
8	1	3	2	3	2	1	3	1
9	1	3	3	1	3	2	1	2
10	2	1	1	3	3	2	2	1
11	2	1	2	1	1	3	3	2
12	2	1	3	2	2	1	1	3
13	2	2	1	2	3	1	3	2
14	2	2	2	3	1	2	1	3
15	2	2	3	1	2	3	2	1
16	2	3	1	3	2	3	1	2
17	2	3	2	1	3	1	2	3
18	2	3	3	2	1	2	3	1

注意到內部與外部干擾參數為隨機變數，且各有其相關的密度函數。然而，可設計性參數為決定性變數。為了抽樣目的，我們假設可設計性參數在其範圍內的任意值為可能相等地發生。也就是說，我們假設可設計參數對於抽樣為獨立且為均勻分佈的隨機變數。一旦產生隨機抽樣點，就進行電路模擬並計算出性能量度值。理論上，隨機抽樣點是方便且容易產生，並可以對於性能的或然性分佈得到許多推論。這種隨機抽樣類型亦為知名的**蒙地卡羅抽樣 (Monte Carlo sampling)**。隨機抽樣的問題在於需要大量樣本，以便獲得誤差夠小的預估量。此外，隨機抽樣也可能無法填滿空間。這可以藉由考慮圖 14.3(a) 中的鐘型高斯密度 (bell-shaped Gaussian density) 來理解。在隨機抽樣中，靠近鐘型曲線頂點 (peak) 的數值較容易在樣本中被選取，因為此種數值的出現機率較高。換言之，遠離分佈中心區域的數值將無法適當地在樣本中被反映出。

拉丁超立方抽樣 (Latin hypercube sampling, LHS) 是一種減緩此問題的抽樣策略。它保證了每項參數 x_i 對於其分佈的所有部分都有抽樣值。假設 S 為樣本大小，則每個 x_i, $i = 1, 2, \ldots , n$ 的範圍可以被分隔成具有等同邊際機率 (marginal probability) $1/S$ 的 S 個非重疊區域。每組這樣的區間會抽樣一次，以得到每項參數的 S 值。接著，某參數的 S 值會與另一參數的 S 值進行隨機配對，諸如此類。過程顯示於圖 14.11，其中 x_1 為均勻隨機變數，x_2 為高斯隨機變數，且 $S = 5$。須注意的是，在個別機率密度曲線下的面積為（邊際）機率。因此，具有等同機率的區間為在機率密度曲線下面積相等的區間。對均勻隨機變數 x_1 而言，這樣的區間具有相等長度。對 x_2 而言，中心區間具有長度（因

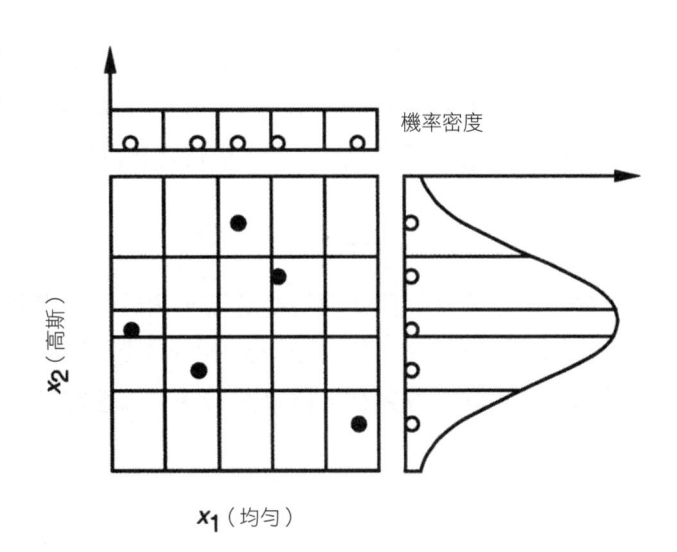

圖 14.11
對於均勻與高斯參數的拉丁超立方抽樣。

密度較高）短於遠離中心區間（其密度較低）。圖 14.11 也顯示出 $S = 5$ 的數值是由每個區間中選出 x_1 與 x_2（以圓圈表示）。然後將這些數值進行隨機配對，以便獲得抽樣點（以圓點表示）。這個例子也說明了拉丁超立方抽樣的一些優點。首先，LHS 提供了比其它實驗性設計技術更為均勻的輸入參數空間覆蓋。其次，可以很容易產生任意大小的抽樣點，並且能處理所有類型的機率密度。

模型適配

一旦實驗性設計在 **x** 空間中完成選擇訓練點，電路會在訓練點進行模擬，然後從模擬結果萃取性能量度的數值。令 S 表示訓練點的數目。現在，**x** 空間中有 S 個點，以及其相對應的 r 值。我們將描述式 (14.8) 中適配平方式 RSM 的技術，並了解相同技術可以用來適配任何 RSM。模型適配 (model fitting) 的目的是為了決定模型中係數，使得模型適配資料盡可能精確，也就是適配誤差 (fitting error) 能被最小化。在式 (14.8) 中，平方式 RSM 係數的數目為 $C=(n+1)(n+2)/2$，其中 n 為模型參數的個數。有些內插法可以運用少於係數數量的資料點數量來適配平方式 RSM，即 $S < C$。但是，我們將情況限制為 $S \geq C$。假若 $S = C$ 時，方程式數量與未知數數量是一樣多，如此簡易的聯立方程組求解將會提供係數的數值。在這種情況下，就毋須嘗試去最小化適配誤差。因此，通常較佳的作法為蒐集比係數數量還多的資料點，以便找出最佳的模型係數組。此方法稱為**最小平方適配法 (least-squares fitting)**（數值分析用語）或**線性迴歸法 (linear regression)**（統計用語）。所使用的誤差量度稱為平方誤差總和 (sum of squared errors)，得到為

$$\varepsilon = \sum_{k=1}^{S} (r(\mathbf{x}_k) - r'(\mathbf{x}_k))^2 \qquad (14.9)$$

其中 $r(\mathbf{x}_k)$ 是在第 k 個資料點的模擬性能值,而 $r'(\mathbf{x}_k)$ 則是模型預測值。須注意的是,$r'(\mathbf{x}_k)$ 與 ε 決定於模型係數。最小平方適配法的目的是得到能使誤差值最小的係數值。正規地描述,最小平方適配法為下列最佳化問題:

$$\underset{\alpha_i}{\text{最小化}}\left[\varepsilon = \sum_{k=1}^{S}(r(\mathbf{x}_k) - r'(\mathbf{x}_k))^2\right] \tag{14.10}$$

誤差 ε 是用於決定模型的適當性。假如模型被認為不精確時,模型化過程必須以大量的訓練點來重複;或者是,可能必須用到不同的設計策略或不同的性能模型。量度模型精確度的方法有好幾種,但這些方法可以很容易在許多統計教科書中找到,因此不在此處討論。

14.5 參數化良率預估

參數化良率 (parametric yield) 是用於對電路的可製造性特性化。如同式 (14.7) 中所定義的,參數化良率是指能夠滿足所有可接受性準則的製造出電路之比例。令 $\mathbf{r} = (r_1, r_2,\ldots, r_p)$ 代表感興趣的 p 種電路性能量度。每種性能都有可接受性規格,如下所示

$$a_k \leq r_k \leq b_k, \quad k = 1, 2, \ldots, p \tag{14.11}$$

其中對於第 k 種性能量度,a_k 代表可接受性下限值,而 b_k 則為上限值。電路性能規格定義了在 p 維**性能空間 (performance space)** 中的**可接受性區域 (acceptability region)**,並用 A_r 表示如下,

$$A_r = \{\mathbf{r}\,|\,a_k \leq r_k \leq b_k, \quad k = 1, 2, \ldots, p\} \tag{14.12}$$

例如,考慮性能量度為功率消耗 P_d 與傳遞延遲 τ_p 的加法器電路。假設其規格如下:

$$\begin{aligned}P_d &\leq 0.5 \text{ mW} \\ \tau_P &\leq 0.16 \text{ ns}\end{aligned} \tag{14.13}$$

圖 14.12 顯示在這種情況下位於性能空間的可接受性區域。參數化良率被定義為可接受的已製造電路之分數比例,且由於電路性能為隨機變數,故參數化良率可以被表示為:

$$Y = \Pr(\mathbf{r} \in A_r) \tag{14.14}$$

因為電路性能的機率密度函數並非很明確地已知,先前的機率很難評估。因此,另一種方法會用來預估良率。

除了性能規格外,電路參數也可能被限制在參數空間中某個子集合內。這

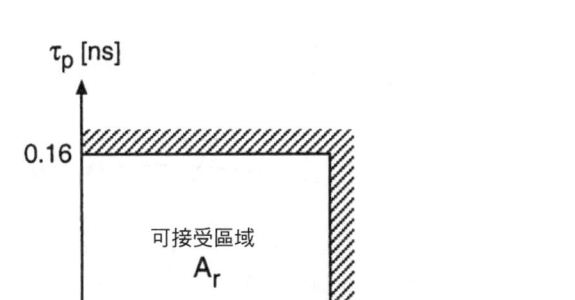

圖 14.12
加法器範例於性能空間中的可接受性區域。

些限制也許由實體考量引起，如非負電阻值。令所允許的電路參數空間以 **X** 來表示。接著，我們可以在電路參數空間中定義一個區域，稱為**可接受區域 (acceptable region)** 或**可行性區域 (feasible region)** A_x，如下所示：

$$A_x = \{\mathbf{x} \mid a_k \leq r_k(\mathbf{x}) \leq b_k, \quad k = 1, 2, \ldots, p \text{ and } \mathbf{x} \in \mathbf{X}\} \quad (14.15)$$

注意 A_r 與 A_x 之間的區分：A_r 表示在性能空間中的可接受區域，而 A_x 表示在電路參數空間中的可接受區域。A_x 顯然為 **X** 的子集合，即 $\mathbf{X} \supset A_x$。從電路參數空間映射至性能空間 $\mathbf{x} \rightarrow \mathbf{r}$ 是由函數 $r_k(\mathbf{x})$，$k = 1, 2, \ldots, p$ 所決定的。這些函數已知為隱含性（即必須用電路模擬來預估），或是可以利用前節所提及明確的響應曲面模型 (RSM) 來近似。一般而言，從性能空間至電路參數空間的反 (inverse) 映射 $\mathbf{r} \rightarrow \mathbf{x}$ 是無法得知的。因此，要定義參數空間中可接受區域的邊界並不容易。

圖 14.13 顯示在 $p = 2$ 與 $n = 2$ 時，參數空間中的假想 (hypothetical) 可接受區域。考慮在圖中以 $P = (d_1, d_2)$ 標註的可設計參數向量（又稱為**設計點 (design point)**）。此點周圍的圈圈代表在統計變化下所獲得的電路參數實際值 (x_1, x_2)。可以容易看出，對此設計點的可接受電路之電路參數落在圓與可接受區域 A_x 的交集。換言之，此設計點的電路參數化良率 Y 為交集的面積（以或然性 (probabilistic) 觀點）。須注意的是，對於給定的製程技術，Y 可以表示成單獨為可設計參數的函數，因為干擾成分在計算面積時被平均掉了。這可以從圖 14.13 中理解；當設計點（為代表參數變異的圓中心）被移至可接受區域的中心時，參數化良率便能提升。

由於給定可接受區域 A_x 包含了能使電路性能滿足規格的電路參數值，在設計點 **d** 的參數化良率 Y 可以被定義為實際電路參數 **x** 屬於 A_x 的機率。數學上為

$$Y(\mathbf{d}) = \Pr(\mathbf{x} \in A_x) = \Pr(\mathbf{d} + \mathbf{s} \in A_x) = \int_{A_x} f(\mathbf{d} + \mathbf{s}) d\mathbf{s} \quad (14.16)$$

我們定義一種指標 (indicator) 函數 $I(r_1, r_2, \ldots, r_p)$ 如下：

圖 14.13
在 $p = 2$ 與 $n = 2$ 時，電路參數空間中的可接受區域。

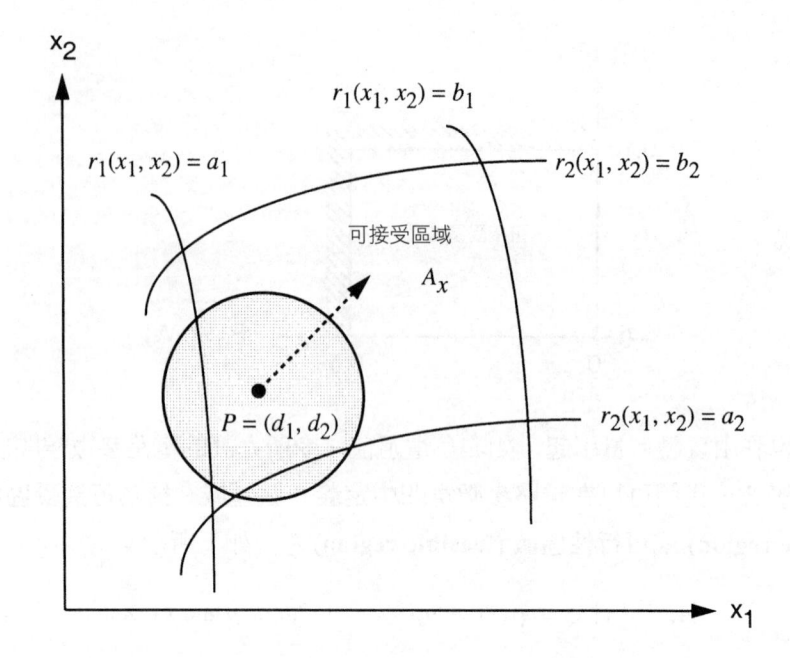

$$I(r_1, r_2, \ldots, r_p) = \begin{cases} 1, & \text{若 } a_k \leq r_k \leq b_k \text{ 對所有 } k \\ 0, & \text{其它} \end{cases} \quad (14.17)$$

然後，良率表示式可以改寫為

$$Y(\mathbf{d}) = \int I(r_1(\mathbf{d}+\mathbf{s}), r_2(\mathbf{d}+\mathbf{s}), \ldots, r_p(\mathbf{d}+\mathbf{s}))f(\mathbf{d}+\mathbf{s})d\mathbf{s} \quad (14.18)$$

接著，我們討論參數化良率預估 (parametric yield estimation) 的兩種簡易方法。

直接蒙地卡羅方法

蒙地卡羅或簡易隨機抽樣是在參數化良率預估中最廣泛使用的方法。各項步驟為：

步驟 1：從干擾參數 $f(\mathbf{s})$ 的聯合機率分佈中，產生（大量）干擾參數 $\mathbf{s}_i$, $i = 1, 2, \ldots, N_{MC}$ 的樣本。

步驟 2：藉由電路模擬得到 $r_1(\mathbf{d}+\mathbf{s}_i), r_2(\mathbf{d}+\mathbf{s}_i), \ldots, r_p(\mathbf{d}+\mathbf{s}_i)$，$i = 1, 2, \ldots, N_{MC}$。

步驟 3：以部分可接受樣本計算出預估的良率。

$$Y'(\mathbf{d}) = \frac{1}{N_{MC}} \sum_{i=1}^{N_{MC}} I(r_1(\mathbf{d}+\mathbf{s}_i), r_2(\mathbf{d}+\mathbf{s}_i), \ldots, r_p(\mathbf{d}+\mathbf{s}_i)) \quad (14.19)$$

良率預估的誤差給定為

$$\sigma(Y') = \left[\frac{Y'(1-Y')}{N_{MC}-1}\right]^{1/2} \quad (14.20)$$

因此，良率預估的精確性是與樣本大小的平方根 (square root) 成反比。而蒙地卡羅法具有下列優點：

- 提供了良率預估的誤差值。
- 樣本數量 N_{MC} 是與電路參數的數目無關。
- 就聯合機率密度函數 $f(\mathbf{s})$ 的特性而論，無須做任何限制性的假設。
- 在電路參數與電路性能之間關係的特性，無須做任何限制性的假設。

雖然考慮了降低樣本大小的各式各樣策略，如方差降低技術、重要性抽樣、控制變量與分層抽樣，因為大量樣本與電路模擬的高成本緣故，蒙地卡羅抽樣在計算成本上仍相當昂貴。

性能模型方法

在此種方法中，電路性能量度的響應曲面模型 (RSM) 是用於評估一組給定電路參數值的性能值。這樣可以避免昂貴的電路模擬，並使良率分析變為可行。由於可設計參數向量 **d** 在良率預估過程為定值，故電路性能的 RSM 便僅由干擾參數來表示。這些響應曲面模型 (RSM) 表示為 $r'_k(\mathbf{s})$，$k=1, 2, ..., p$。例如，式 (14.8) 中的平方式 RSM，可以用 s_i 來取代 x_i。良率預估過程的各項步驟為：

步驟 1：設計一項實驗，並且在訓練點來模擬電路。

步驟 2：將性能 $r'_1(\mathbf{s}), r'_2(\mathbf{s}), ..., r'_p(\mathbf{s})$ 適配至 RSM 上，且若需要時來改善模型精確度。

步驟 3：使用 RSM 的蒙地卡羅抽樣法來得到參數化良率 Y。從 **s** 的聯合密度函數中，產生（大量）干擾參數的樣本，即 $\mathbf{s}_i, i = 1, 2, ..., N_{MC}$。

步驟 4：計算 $r'_k(\mathbf{s}_i)$，$k = 1, 2,..., p$ 與 $i = 1, 2, ..., N_{MC}$。

步驟 5：參數化良率預估可由式 (14.19) 得到，以 r'_k 來取代 r_k。

此方法保留了蒙地卡羅法對於良率預估的優點，且同時降低了相當多的計算成本。

參數化良率預估的簡單範例

讓我們考慮圖 14.4 中的簡單反相器範例。為了說明良率預估程序，我們做下列假設：

- 操作條件不受到統計變異的影響，即無外部干擾參數。
- 兩顆電晶體 MN 與 MP 的通道長度亦不受到統計變異的影響。此外，我們假設兩者通道長度都固定在 0.8 μm。MOS 電晶體的通道寬度為可設計（標稱）成分與干擾成分的總和。對於 MN 與 MP 電晶體，可設計成分分別為 W°_1 與

W_2^o。相應的干擾成分則為 ΔW_1 與 ΔW_2。

- 兩項額外干擾參數是由電晶體 MN 與 MP 臨界電壓（$V_{T,n}$ 與 $V_{T,p}$）的隨機變異所引起。我們假設上述四項干擾參數為獨立的高斯隨機變數。其平均值與標準差 (s.d.) 如下：

ΔW_1: 平均值 = 0 μm， 標準差 = 0.03 μm
ΔW_2: 平均值 = 0 μm， 標準差 = 0.06 μm
$V_{T,n}$: 平均值 = 0.8 V， 標準差 = 0.067 V
$V_{T,p}$: 平均值 = −0.9 V， 標準差 = 0.067 V

- 要討論的性能量度有兩種。第一種為先前定義的傳遞延遲 τ_P。第二種為電路面積。由於沒有佈局資料即無法精確地評估面積，我們假設電路中所有 MOS 電晶體寬度與長度乘積的總和為面積。不僅如此，因為電晶體長度是假設被固定住，面積量度可以簡化為所有電晶體寬度的總和。因此，面積量度 A_m 是給定為

$$A_m = W_1 + W_2 = W_1^o + \Delta W_1 + W_2^o + \Delta W_2 \tag{14.21}$$

- 兩項性能規格：$\tau_P \leq 0.172$ ns 與 $A_m \leq 35$ μm。

有了這些假設後，參數化良率在設計點 $\mathbf{d}_{init} = (W_1^o = 10, W_2^o = 20)$ 使用先前列出的兩種方法來進行計算，其中所有寬度是以單位 μm 顯示。在兩種方法中的 N_{MC} 值為 1000。在直接蒙地卡羅法中，在 $\mathbf{d}$ 使用 N_{MC} 電路模擬來預估參數化良率，得到 79.5%（預估的誤差，根據式 (14.20) 為 1.28%）。在性能模型化法中，10 次電路模擬是用來建構以下傳遞延遲 τ_P 有關干擾參數的線性 RSM 公式：

$$\tau_P' = 0.169 + 0.0069 V_{T,n} - 0.0071 V_{T,p} - 0.0007 \Delta W_1 - 0.0008 \Delta W_2 \tag{14.22}$$

須注意的是，不需要找出面積量度的 RSM，因為式 (14.21) 已經很明確地用電路參數來表示。此外，如同前面所討論過的，因為設計點是固定值，故傳遞延遲的 RSM 模式只與干擾參數有關。基於這種 RSM，參數化良率預估為 79.6%（誤差為 1.27%）。性能模型化法僅需 10 次電路模擬，對照於直接蒙地卡羅法需要 1000 次模擬。此範例顯示性能模型化法可以是相當精準，並且提供了節省大量電路模擬次數。

14.6 參數化良率最大化

如同上一節所述，參數化良率為可設計參數值的函數。因此，可設計參數能被調整以最大化良率。這是參數化良率最大化 (parametric yield maximization) 的基本概念。多年來，出現過各式各樣的良率最大化方法。而這些方法可以

分成兩大類：**基於蒙地卡羅法 (Monte Carlo-based method) 與幾何形狀方法 (geometrical method)**。

基於蒙地卡羅法

在這些方法中，式 (14.16) 或式 (14.18) 中的良率積分是以之前的蒙地卡羅法（或蒙地卡羅法的改良型）來計算，然後在數值上最大化良率。良率最大化可以使用數種最佳化技術。某些技術不需要良率對於可設計參數的導函數 (derivative)。然而，這些方法要比需要導函數資訊的方法來得慢。由於良率是涉及統計分佈的多維度積分，因此通常無法獲得導函數的解析公式。有許多複雜的方法可近似這些導函數，但最簡單的方法為使用有限差分 (finite difference) 法。基於蒙地卡羅法並未明確地描繪出可接受區域的特性。反而是，一組電路參數值是否屬於可接受區域的決定是藉由評估性能與驗證其是否滿足規格來做出。電路性能評估可以藉由實際電路模擬，以及建構性能的響應曲面模式 (RSM) 兩者來達成。

幾何形狀方法

這些方法建立可接受區域 A_x 的近似，而此近似是使用在良率最大化。近似 A_x 有兩種技術。第一種技術為漸進式 (progressively) 建立幾何形狀近似，如同對應 A_x 的單體 (simplex)。此技術稱為**單體近似 (simplicial approximation)**。單體近似法有一項重要的缺點：建構對應 A_x 近似與最大化良率的成本會隨著電路參數數量增加而以指數型式成長。此問題通常稱為「維度災難 (curse of dimensionality)」。第二種技術使用電路性能解析模型，如同前面介紹的響應曲面模式。A_x 的邊界得自於限制方程式 (constraint equation)，$r'_k = a_k$ 與 $r'_k = b_k$，r'_k 代表為第 k 個性能的性能模型，且 a_k 與 b_k 分別為可接受性限制的下限與上限。許多方法使用解析式近似的可接受性區域，這是因為其成本對於大量的電路參數較低。一旦可接受性區域近似被建構後，良率最大化會用到一種稱為**設計中心化 (design centering)** 的技術，其嘗試將設計點朝向可接受性區域的中心移動。設計中心化是一種具有吸引力的方法，並且有許多設計中心化方法已經被提出來了。

簡易良率最大化法

因為良率最大化法的詳細敘述超出本書範圍，在此概述一種簡易參數化良率最大化法。此方法屬於前面所述的蒙地卡羅法類型。

步驟 1：假設以設計參數與干擾參數表示的電路性能模型。這些模型函數以 $r'_k(\mathbf{x})$ 或 $r'_k(\mathbf{d+s})$ 表示，其中 $k = 1, 2, ..., p$。

步驟 2：設計一項實驗，並在訓練點模擬電路。

步驟 3：對性能來適配模型，並驗證模型。

步驟 4：藉由抽取干擾參數的蒙地卡羅樣本與使用式 (14.19) 來預估良率，以得到電路在設計點 **d** 的參數化良率。

步驟 5：針對 **d** 使用某些最佳化演算法來最大化所預估的良率 $Y'(\mathbf{d})$。相同干擾參數之蒙地卡羅樣本是用於在最佳化期間所遭遇的每個新設計點。令最終設計點為 $\mathbf{d}^*$。獲得在 $\mathbf{d}^*$ 的確認良率預估值。

在此過程中，步驟 2 的實驗性設計與步驟 3 的模型是以可設計參數與干擾參數來表示。然而，步驟 4 良率預估中的蒙地卡羅樣本僅以干擾參數表示。

參數化良率最大化的簡易範例

讓我們考慮常見的反相器的範例。如同在第 14.5 節所示的良率預估程序，我們做出同樣的假設。可設計參數為對應於 MN 與 MP 的標稱通道寬度值 W_1^o 與 W_2^o。早先，我們曾經在 $\mathbf{d}_{init} = (W_1^o = 10, W_2^o = 20)$ 點上預估參數化良率為 $Y'(\mathbf{d}_{init}) = 79.6\%$。之前描述的良率最大化程序仍繼續沿用。我們建構 τ_p 的 RSM 模式，以可設計參數 W_1^o、W_2^o 與干擾參數 $V_{T,n}$、$V_{T,p}$、ΔW_1、ΔW_2 兩者表示。在每個設計點上，良率是從四項干擾參數的蒙地卡羅樣本來預估。得自最佳化的最終設計點為 $\mathbf{d}_{final} = (W_1^o = 11, W_2^o = 22)$。在 $\mathbf{d}_{final}$ 點上，參數化良率被預估為 100%。圖 14.14 顯示在良率最大化之前與之後，τ_p 與 A_m 數值分佈的比較。此圖顯示在 $\mathbf{d}_{init}$ 點時，在許多點上違反了 τ_p 規格；然而，在所有點上皆可以滿足面積量度的規格。

圖 14.14
最佳化之前與之後的性能比較。在良率最大化過程期間，傳遞延遲與面積會進行折衷，使得在 $\mathbf{d}_{final}$ 點時，所有點都滿足了傳遞延遲與面積規格。

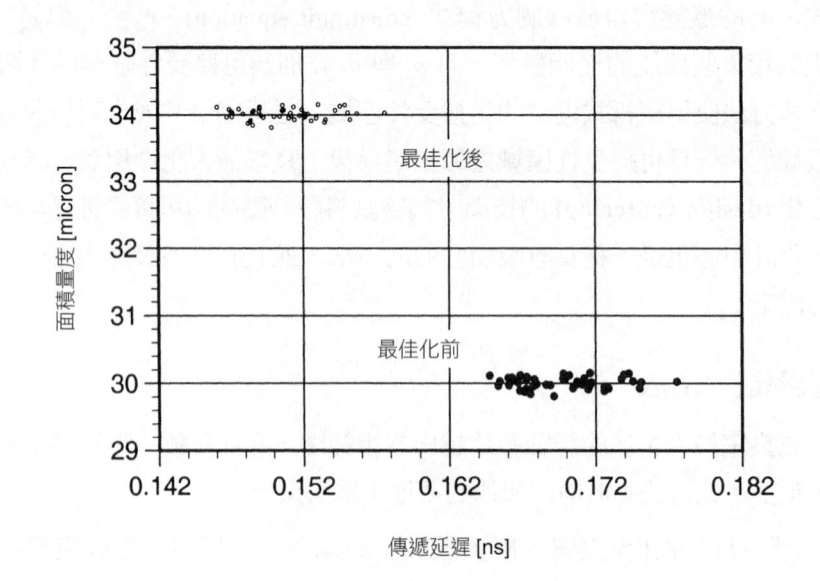

14.7 最壞狀況分析

要考慮數位積體電路設計中的製程容許度 (tolerance)，業界最常用的技術是最壞情況分析 (worst-case analysis)。相較於良率最大化方法，這些方法在計算量成本與設計者心力上花費不多，且提供高參數化良率。在任意設計點上，電路參數中的無法控制擾動導致電路性能偏離其標稱設計值。最壞情況分析的目的是要在這些統計擾動情況下，找出性能可能具有的最壞數值。除了找出電路性能的最壞情況值外，此分析亦能找出干擾參數的最壞情況對應值。最壞情況干擾參數向量是用於電路模擬中，以證明在這些情形下電路性能是否為可接受的。相似於最壞情況分析，我們也能找出**最好情況分析 (best-case analysis)**。事實上，工業設計時常是在最好、最壞及標稱 (nominal) 三種干擾參數情況來進行模擬，而這三種情況提供設計者快速預估電路性能的變動範圍。

對於一些電路性能，如延遲時間，通常數值越大時，性能會越差。對於其它性能值，如功率消耗，數值越小則越好。對每項性能值 r，我們可以因而定義**最壞情況方向 (worst-case direction)** 如下：

$$w = \begin{cases} +1, & \text{若較大值比較小值壞時} \\ -1, & \text{若較小值比較大值壞時} \end{cases} \quad (14.23)$$

最壞情況性能被定義為限制合理性能值總數的某些要求百分比之數值。此百分比或機率稱為**最壞情況機率 (worst-case probability)** ρ。因此，最壞情況電路性能值 r^{wc} 可被定義以下數值為

$$\begin{cases} \Pr(r \geq r^{wc}), & \text{若 } w = +1 \\ \Pr(r \leq r^{wc}), & \text{若 } w = -1 \end{cases} \quad (14.24)$$

此定義顯示於圖 14.15，其中性能值 r 的機率密度函數以 $f(r)$ 表示。在此，最壞情況性能值是在分佈 ρ 比例中比該值更差的數值。須注意的是，對於任意的

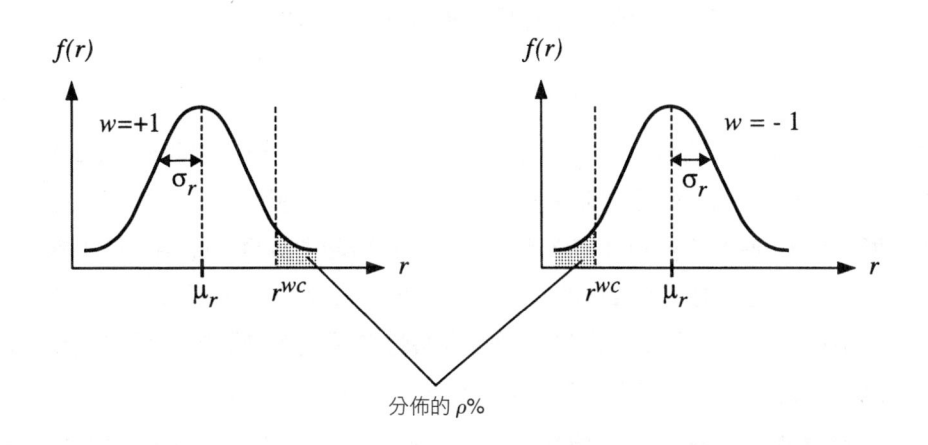

圖 14.15
最壞情況性能值 r^{wc} 的定義。

隨機變數，存在一項**機率分佈函數 (probability distribution function)**（不同於機率密度函數），其表示了隨機變數小於某特定值時的機率值。對於性能值 r，我們可以定義機率分佈函數 $F()$ 如

$$F(a) = \Pr(r \leq a) \tag{14.25}$$

最壞情況性能值 r^{wc} 可以用機率分佈函數來定義

$$\rho = \begin{cases} 1 - F(r^{wc}), & \text{若 } w = +1 \\ F(r^{wc}), & \text{若 } w = -1 \end{cases} \tag{14.26}$$

有人也許會問最壞情況分析與電路參數化良率兩者之間的關係。傳統的最壞情況分析無法解決良率最大化問題。但它卻提供設計者一種對於性能量度變化性的單端 (single-ended) 測試。假設電路是被設計使得所有最壞情況性能都能滿足其規格，即若

$$a_k \leq r_k^{wc} \leq b_k, \quad \text{當 } k = 1, 2, \ldots, p \tag{14.27}$$

則電路的參數化良率至少為 $(1 - \rho)\%$。然而，如果在最壞情況條件下，所有規格都無法滿足時，則無法對電路的參數化良率做出任何明確的定論。

我們將敘述最壞情況分析的兩種技術。第一種稱為「角落 (corners)」技術，是簡單且普遍使用的程序。然而，在許多情況下，這種技術是太過於保守（過度悲觀），並且會產生設計上的瓶頸。第二種技術能提供更精確與真實的分析。讀者應牢記在心的是，在最壞情況分析時會將可設計參數固定住，因而不會出現在以下的討論中。還有，因為被討論的程序中一體適用於所有性能量度，僅有性能量度 r 是用於討論中。

角落技術

在這種技術中，每項干擾參數為獨立地設定至其極端值 (extreme value)。對於干擾參數 s_i 具有平均值為 s_i^o 且標準差為 σ_i，典型的極端值為

$$s_i = s_i^o \pm 3\sigma_i, \quad i = 1, 2, \ldots, n_s \tag{14.28}$$

其中 n_s 為干擾參數的數目。干擾參數與其平均值偏差方向（即式 (14.28) 中使用的＋或－號）取決於增加或減少干擾參數 s_i 是否會使得性能值變差。這是由**靈敏度分析 (sensitivity analysis)** 所決定，也就是藉由計算性能相對於干擾參數的導函數，以及藉由考慮導數的正負號。每項干擾參數 n_s 的靈敏度是根據其標稱（或平均）值進行計算。由於此種技術將每項干擾參數設定為極端值或角落值，因此稱為「角落」或「一次一個 (one-at-a-time)」的方法。

一旦得到干擾參數的最壞情況值後，使用那些（角落）值（在固定設計

點）來模擬電路可計算出最壞情況性能值 r^{wc}。由於所有干擾參數為獨立地被設定至其極限值，此最壞情況分析非常保守。這樣的干擾參數值組合會實際發生在所製造電路上的機率極小。因此，所預測出的電路性能最壞情況值其實是過度悲觀。如果即使在這些悲觀條件下，電路可以被設計成符合全部規格，參數化良率可以保證為非常高。然而，在許多情形中，這樣的設計無法達到，導致嚴重的瓶頸。

更實際可行的最壞情況分析技術

在這種技術中，首先要計算出最壞情況的性能值。它要如何計算呢？我們會依據性能是否為高斯分佈而有兩種可能的情況。

高斯性能量度　如果性能值 r 為高斯分佈，其密度函數會完全被平均值 μ_r 與標準值 σ_r 特性化。此外，給定最壞情況機率 ρ，就可以參考現成的標準高斯隨機變數分佈函數表來找出 r^{wc} 值。標準高斯隨機變數的平均值為 0，標準差為 1。經由 $q = (r - \mu_r)/\sigma_r$ 轉換，隨機變數 r 可以被轉換成標準高斯隨機變數 q。$\Phi()$ 是標準高斯隨機變數分佈函數的標準符號，而 $\Phi^{-1}()$ 則為其反函數。在這種情況下，可以證明式 (14.26) 的解為

$$r^{wc} = \mu_r + \Phi^{-1}(1 - \rho)w\sigma_r \tag{14.29}$$

非高斯性能量度　如果性能值 r 並非高斯分佈，式 (14.26) 就無法用於計算 r^{wc}。在此種情況下，可以使用蒙地卡羅技術來預估分佈函數 $F()$。由於蒙地卡羅技術需要大量的樣本，通常會使用供性能量度的 RSM。給定 ρ 值與預估的 $F()$，式 (14.26) 使用眾所周知的 Newton-Raphson 程序來以數值方式解出 r^{wc}。

求得 r^{wc} 值後，必須計算出導致最壞情況性能的對應干擾參數值組。回想可設計參數為固定，且電路性能僅為干擾參數的函數，即 $\tilde{r}(\mathbf{s})$。因此，最壞情況的干擾參數向量 $\mathbf{s}^{wc}$ 為下列方程式解：

$$\tilde{r}(\mathbf{s}^{wc}) = r^{wc} \tag{14.30}$$

注意式 (14.30) 有 n_s 個未知數，而最壞情況干擾向量具有無限多組解（或為一解平面）。在解平面上的任何干擾參數值組合會產生最壞情況性能。因此，需要一種額外條件以唯一確定解 $\mathbf{s}^{wc}$。對於最壞情況向量最直觀具吸引力的選擇將是式 (14.30) 的解，這也是最有可能的。這呼應了干擾參數值最有可能的組合，可見於會產生最壞情況性能值的已製造電路分佈中。回想，干擾參數向量是藉由聯合機率密度函數（*jpdf*）$f(\mathbf{s})$ 來特性化。因此，為了決定最壞情況的干擾向量可以將以下具有限制條件的最大化問題進行公式化：

$$\text{最大化} \quad f(\mathbf{s})$$
$$\text{條件為} \quad \tilde{r}(\mathbf{s}) = r^{wc} \quad (14.31)$$

在此問題中,密度最大化等同於機率最大化,而限制條件保證會產生最壞情況性能值。

如果干擾參數的 *jpdf* 為高斯分佈,則最佳化具有一項簡單的隱含意義。在此種狀況下,式 (14.31) 的解 $\mathbf{s}^{wc}$ 為式 (14.30) 中最靠近平均向量 $\mathbf{s}^o$(以或然性觀點)平面上的點。$n_s = 2$ 的情況說明於圖 14.16。若我們假設干擾參數 s_1 與 s_2 彼此為獨立,則相等機率密度 $f(s_1, s_2)$ 的等值線 (contour) 為以平均點 (s_1^o, s_2^o) 為中心之圓。式 (14.31) 的解近似於沿著 $r(s_1, s_2) = r^{wc}$ 的平面移動,並且尋找最靠近平均點的點。

若除了干擾參數為高斯分佈外,性能值 r 相對干擾參數為線性的話,式 (14.31) 可以用解析方式解出最壞情況干擾向量的閉合型式解。在其它情況下,具有限制條件的最大化問題必須使用最佳化方法以數值方式解出。

簡單的最壞情況分析範例

為了說明最壞情況分析的流程,我們再度考慮圖 14.4 所示的反相器範例。其中有四項干擾參數 $V_{T,n}$、$V_{T,p}$、ΔW_1 與 ΔW_2,它們的統計分佈已經於第 14.5 節中敘述。傳遞延遲 τ_p 為越小越好的性能量度,因此其最壞情況方向為 $w = +1$。對於此電路,傳遞延遲 τ_p 對 ΔW_1 與 ΔW_2 的變異是相對不敏感的。這在式 (14.22) 的 RSM 也很明顯,因為式中的線性 ΔW_1 與 ΔW_2 項係數很小。因此,在這個範例中,我們去除這兩項干擾參數。這是個更為普遍技術的範例,稱為**參數篩選 (parameter screening)**,其可使用於許多可製造性設計的方法。篩選幫助減少

圖 14.16
兩種高斯干擾參數的最壞情況分析說明。

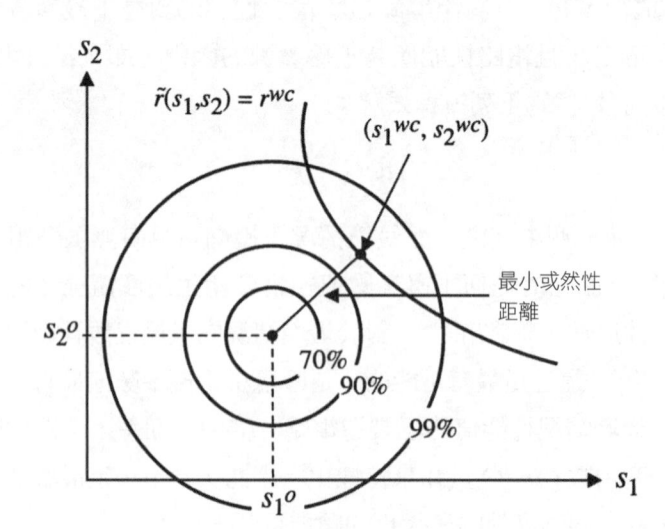

所需考慮參數的數目，因而降低計算量成本。

用於最壞情況分析的固定設計點是最終設計點 $\mathbf{d}_{final}$：$\mathbf{d}_{final} = (W_1^o = 12, W_2^o = 22)$，得自於前面章節中的參數化良率最大化範例。下列的 RSM 是為了傳遞延遲 τ_P 而建構：

$$\tau'_P = 0.151 + 0.0056 V_{T,n} - 0.0073 V_{T,p} \tag{14.32}$$

當 τ_P 表示為獨立高斯隨機變數 $V_{T,n}$ 與 $V_{T,p}$ 的線性函數時，其亦為高斯隨機變數。它的平均值與方差分別被預估為 0.151 ns 與 0.0028 ns。最壞情況機率 ρ 為 0.13% 時，我們可以使用式 (14.29) 來計算出最壞情況值 $\tau_P^{wc} = 0.159$ ns。對式 (14.31) 求解可找出相對應 $V_{T,n}$ 與 $V_{T,p}$ 的最壞情況值，分別為 $V_{T,n}^{wc} = 0.91$ V 與 $V_{T,p}^{wc} = -1.06$ V。須注意的是，這些數值與用角落法所得到的數值是不同的。

使用線性響應表面式 (14.32) 的最壞情況分析結果必須被驗證。為了驗證，透過使用先前非高斯性能量度所描述的程序，用數值方法解出式 (14.26)，可得傳遞延遲的最壞情況值。此程序得到 $\tau_P^{wc} = 0.159$ ns。為了找出最壞情況干擾參數的對應數值組，我們首先於干擾參數中取出大量的蒙地卡羅樣本，並模擬反相器電路以得到每個樣本的傳遞延遲數值。接下來，我們隔離樣本點，使性能是在最壞情況值（我們使用 0.0005 ns）的小容忍度之間，以及使機率密度為最大。然後，另一個蒙地卡羅樣本會在這個點附近的小區域中取出；此過程會重複直到足夠的預估精確度達成為止。最後的樣本點組的傳遞延遲值相對機率密度的圖形顯示於圖 14.17。具有機率密度最大值的點（圖 14.17 中最右邊點）被選為最壞情況干擾參數向量：$V_{T,n}^{wc} = 0.89$ V 和 $V_{T,p}^{wc} = -1.07$ V。使用響應表面法的最壞情況分析因而被驗證為可行。

圖 14.17
以蒙地卡羅方法確認的最壞情況分析。

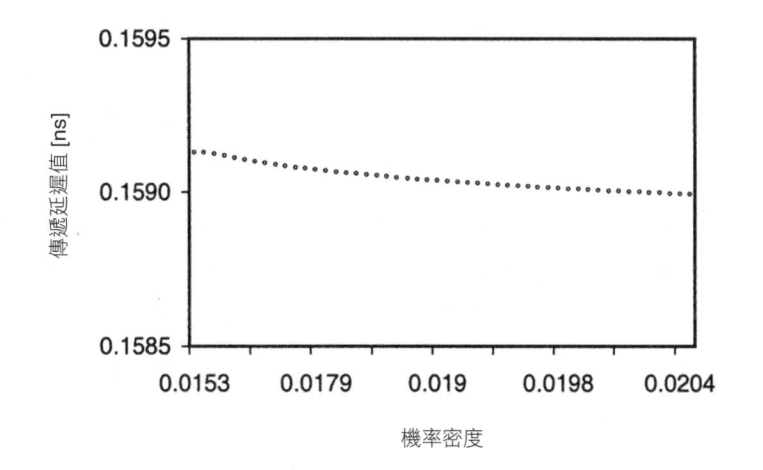

14.8　性能變異性的最小化

電路性能的變異性(variability)是導因於製程擾動與環境擾動。性能變異性的最小化是可製造性設計中的另一項重要主題。具有低變異性的電路會使產品更一致、品質更佳。如同先前所提及，有數種計量可以用來量測性能變異性。我們將用 σ^2 來表示性能值 r 的方差，以量化其變異性。在此再次重申第 14.3 節中所做出的兩種觀點。首先，因為干擾參數效應已經被平均掉了，性能量度的平均值與方差為可設計參數的函數。此意味著，適當地選擇可設計參數值可以最小化性能量度的變異性。這是變異性最小化的本質。其次，因為性能的機率密度是未知的，性能的平均值與方差必須被預估。為了在設計點預估計這兩種量，可以得到干擾參數的蒙地卡羅樣本為：$\mathbf{s}_i$, $i = 1, 2, ..., N_{MC}$。然後平均值 μ 是由樣本平均預估得到為

$$\mu(\mathbf{d}) = \frac{1}{N_{MC}} \sum_{i=1}^{N_{MC}} r(\mathbf{d} + \mathbf{s}_i) \tag{14.33}$$

而方差 σ^2 則是由樣本方差預估得到為

$$\sigma^2(\mathbf{d}) = \frac{1}{N_{MC} - 1} \sum_{i=1}^{N_{MC}} r(\mathbf{d} + \mathbf{s}_i)^2 - \frac{N_{MC}}{N_{MC} - 1} \mu^2 \tag{14.34}$$

電路性能的變異性規格可以下式表示為：

$$\sigma_k^2 \leq c_k, \quad 對於 k = 1, 2, \ldots, p \tag{14.35}$$

其中 σ_k^2 表示性能值 r_k 的方差，且 p 為電路性能值的數目。除了變異性規格外，電路性能的標稱值也有規格。

$$a_k \leq r_k^o \leq b_k, \quad 對於 k = 1, 2, \ldots, p \tag{14.36}$$

因此，變異性最小化問題是要決定出最佳可設計參數值組，以便滿足變異性與標稱性能的規格。在參數化良率最大化的方法中，我們僅須最佳化一項目標函數，那就是良率。然而，在可變異性最小化的問題中，由於對於每種性能皆有兩種目標(object)，且對特定電路而言，我們可能會對多種性能感到興趣，因此可能有多項目標函數(object function)。如此的最佳化問題則稱為**多準則最佳化問題 (multi-criteria optimization problem)**。文獻中有許多解決此種問題的方法；本節提供一種簡單（雖然並非最有效率）的解決策略。

對於每項性能量度 r_k，我們使用方差 σ_k^2 來定義**變異性懲罰 (variability penalty)** A_k 如下：

$$A_k(\mathbf{d}) = 100 \left(\frac{\sigma_k^2(\mathbf{d})}{c_k} \right) \tag{14.37}$$

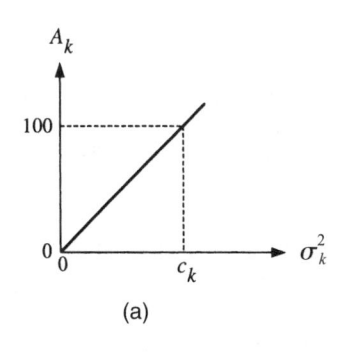

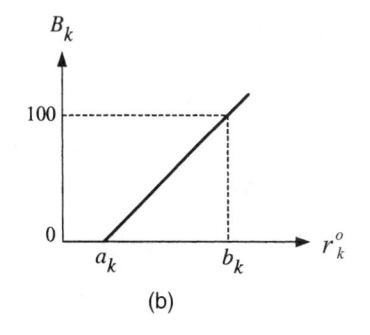

圖 14.18
定義 (a) 可變異性懲罰，(b) 對於越小越好情況的性能懲罰，(c) 對於越大越好情況的性能懲罰，及 (d) 當所有可接受值同樣好時的性能懲罰。

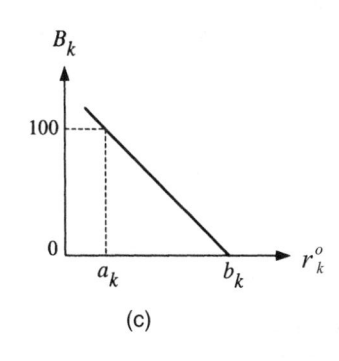

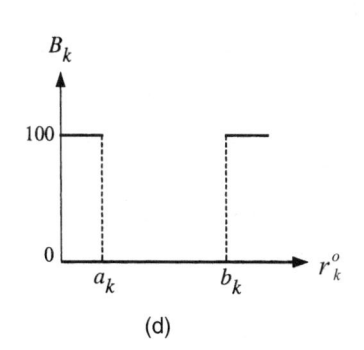

此線性關係顯示於圖 14.18(a)。σ_k^2 的最佳值為零，而且對應的懲罰為零；對於 σ_k^2 值越大時，懲罰也會越大。再來，依據圖 14.18(b) 至 (d) 其中一種關係，我們定義取決於性能標稱值 r_k^o 的**性能懲罰 (performance penalty)** B_k。圖 14.18(b) 所示為 B_k 定義，可以使用於如果較小性能值比較大值更好的情況，而圖 14.18(c) 則為相反情況的定義。若在規格內的所有值同樣地令人滿意，則可以使用圖 14.18(c) 的定義。須注意的是，這些懲罰的定義中的每一項均為線性；而基於性能值的相對有利條件，各式各樣的其它非線性關係亦可使用。對於每一種性能量度的變異性懲罰與效能懲罰如先前顯示所定義。

接下來，我們對設計點定義**電路懲罰 (circuit penalty)** $Z(\mathbf{d})$ 為

$$Z(\mathbf{d}) = \max_{1 \leq k \leq p} \{A_k(\mathbf{d}), B_k(\mathbf{d})\} \tag{14.38}$$

電路懲罰表達了相對於變異性與標稱性能規格的整體設計品質。現在，我們可以將變異性最小化問題公式化，如同電路懲罰最小化方式。正規上，變異性最小化問題是為了

$$\text{最小化} \quad Z(\mathbf{d}) \tag{14.39}$$

因此，我們已將多準則最佳化轉換為單一目標函數的最佳化。然而，如此一來，我們的目標函數就不再是可微分。因此，執行式 (14.39) 最小化的最佳化方法之選擇，必須被限制在毋需目標函數是可微分。

變異性最小化的範例

讓我們考慮圖 14.19 所示的 CMOS 時脈驅動器電路。上方的分支有三個反相器，而在下方分支中有兩個反相器，用來說明於許多時脈樹中出現的訊號偏移 (signal skew) 問題。

為達我們的目的，我們將偏移定義為：當 CLK 訊號與其互補訊號通過 $0.5\ V_{DD}$ 時間的差異。此定義於圖 14.20 中說明，其中我們顯示了兩種偏移，一種為對應至 CLK(ΔS_r) 的時脈上升緣，而另一種則為對應至 CLK(ΔS_f) 時脈下降緣。訊號偏移 ΔS 被定義為這兩種偏移中較大的量，並且也是我們在此電路中感興趣的性能量度。

變異性最小化問題可以確保

1. ΔS 的範圍小於 0.05 ns，且
2. ΔS 的標稱值小於 0.5 ns。

範圍是被定義成 ΔS 的最大值與最小值之間的差異。

電路中的可設計參數為上方分支的第二個與第三個反相器中兩顆電晶體，以及下方分支的最後一個反相器的標稱通道寬度。圖 14.19 標示出可設計參數。內部干擾參數為電路中所有 nMOS 與 pMOS 電晶體通道寬度與長度，以及

圖 14.19
時脈分佈電路。

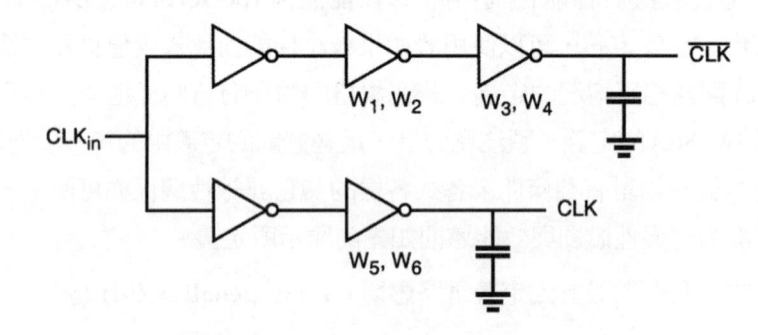

圖 14.20
上升與下降時脈偏移的定義。

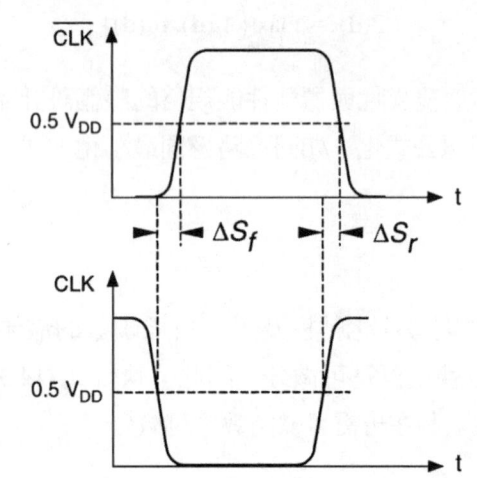

所有電晶體共通閘極氧化層厚度等的干擾成分。外部干擾參數為電源供應電壓 V_{DD} 與操作溫度。為了執行變異性最小化，我們用有關可設計、內部與外部干擾參數來建構 ΔS 的響應表面模型。我們使用 RSM 來預估 ΔS 範圍與標稱值。初始設計點為 $\mathbf{d}_{init}$ = (W_1 = 3, W_2 = 6, W_3 = 3, W_4 = 6, W_5 = 3, W_6 = 6)，其中所有寬度單位是以 μm 表示。在 $\mathbf{d}_{init}$ 點的 ΔS 範圍與標稱值分別被預估為 0.311 ns 與 1.398 ns。在變異性最小化結束時，我們得到最終設計點 $\mathbf{d}_{final}$ = (1.7, 11.1, 16.3, 26.9, 2.5, 38.6)。在 $\mathbf{d}_{final}$ 點的 ΔS 範圍與標稱值分別被預估為 0.04 ns 與 0.384 ns。如果電路可接受性準則是被設為 ΔS 範圍與標稱值，則在 $\mathbf{d}_{init}$ 點的參數化良率為 0%，這意謂著初始設計點上的標稱性能值無法被接受。在 $\mathbf{d}_{final}$ 點，參數化良率被計算為 100%。我們已經達到了對於 ΔS 標稱值下降 72.5%，且同時對 ΔS 範圍減少 87%。

練習題

14.1 在 CMOS 晶片中，考慮點對點連接線的簡單 RC 電路模型。對於步階輸入脈波的 50% 延遲時間為

$$\tau_{50\%} = 0.38RC$$

其中 R 與 C 數值會容易受到製程變異造成隨機擾動的影響。

a. 表示出 $\tau_{50\%}$ 相對於 R 與 C 的靈敏度。
b. 在 R 與 C 數值可以獨立變化的假設下，以 R 與 C 兩者數值變化的百分比來表示延遲的百分比。
c. 決定由於 R 與 C 兩者數值擾動為 ±10% 時的可能最大延遲增加量。

14.2 實驗證明在基底多數載子移動率與摻雜位準之間的關係式為

$$\mu = \mu_{min} + \frac{\mu_{max} - \mu_{min}}{1 + \left(\frac{N}{N_0}\right)^\alpha} \ [cm^2/V \cdot s]$$

其中對電子而言 μ_{max} = 1360 $cm^2/V \times s$，μ_{min} = 92 $cm^2/V \times s$，N_0 = 1.3 × $10^{17}/cm^3$，α = 0.91。而電洞的相對數字則為 μ_{max} = 495 $cm^2/V \times s$，μ_{min} = 48 $cm^2/V \times s$，N_0 = 6.3 × $10^{16}/cm^3$ 與 α = 0.76。

a. 表示出相對於摻雜位準 N 的移動率 μ 靈敏度。
b. 電子與電洞的摻雜濃度從標稱值改變了 10% 時，決定 μ 的百分比改變量。

14.3 移動率對於溫度的相依性被經驗性決定為

$$\mu(T) = \frac{\mu(300\ K)}{\left(\frac{T}{300}\right)^{1.5}}$$

a. 推導與 $\Delta T/T$ 有關的 $\Delta \mu/\mu$ 表示式。

b. 在 $\mu(300K) = 980 \text{ cm}^2/\text{V}\times\text{s}$ 條件下，由於溫度從 300 K 增加 5%，計算 μ 的百分比改變量。

14.4 讓我們考慮元件轉導參數

$$k = \mu C_{ox} \frac{W}{L}$$

大家都知道，由於製程變異，所有四種變數 μ、C_{ox}、W 與 L 均為隨機變數。

a. 推導由於 μ、C_{ox}、W 與 L 的百分比改變量所造成的 k 百分比改變量表示式。

b. 如果你假設全部四組參數獨立地改變（角落技術），在標稱值為 $(\mu^o, C^o_{ox}, W^o, L^o) = (980 \text{ cm}^2/\text{V}\times\text{s}, 35 \times 10^{-8} \text{ F/cm}^2, 5 \text{ }\mu m, 1.0 \text{ }\mu m)$ 條件下，什麼會是由於全部四組參數改變 5% 所造成的最大百分比改變量 (k)？

14.5 由式 (5.87) 中，CMOS 反相器邏輯轉態電壓 V_{th} 為

$$V_{th} = \frac{V_{T0,n} + \sqrt{\frac{1}{k_R}}(V_{DD} + V_{T0,p})}{1 + \sqrt{\frac{1}{k_R}}}$$

其中

$$k_R = \frac{k_n}{k_p} = \frac{\mu_n C_{ox} \frac{W_n}{L_n}}{\mu_p C_{ox} \frac{W_p}{L_p}}$$

a. 為了簡單起見，假設 $\mu_n = 2.5\mu_p$，$L_n = L_p$，推導出與 $V_{T0,n}$、$V_{T0,p}$ 和 W_p/W_n 百分比變化量有關的 V_{th} 百分比變化量表示式。

b. 在標稱值為 $V_{T0,n} = 0.8$ V、$V_{T0,p} = -0.8$ V 和 $W_p = 2.5W_n$ 的條件下，對於 $V_{T0,n}$ 和 $V_{T0,p}$ 兩者均改變 ± 0.1 V，以及 W_p/W_n 改變 $\pm 15\%$ 時，決定 V_{th} 的最大（最壞情況）偏差。

14.6 具有三個訊號輸入端點、一個輸出端點、一個電源供應端點與一個接地端點的 CMOS 晶片提供給你。輸入訊號電壓可以在 0 至 5 V 之間改變，電源供應電壓可以在 4.5 V 至 5.5 V 之間改變，以及元件操作溫度範圍可以在 0 至 85°C 之間。

我們希望設計一項實驗使得晶片的直流響應可以用三個輸入、電源供應電壓與溫度的平方式響應表面模型來描述。

a. 設計全因子法的實驗。

b. 設計拉丁超立方體法的實驗。

c. 設計田口正交陣列。

14.7 設計一個 CMOS 全加法器電路與其佈局，使用寬長比 $W/L = 5/2$ 的 nMOS 電晶體與寬長比 $W/L = 10/2$ 的 pMOS 電晶體。在電容性負載為 1 pF 的條件下，當電源供應變異範圍為 4.5 V 至 5.5 V，且操作溫度變異範圍為 25°C 至 85°C 時，找出你的設計於最壞情況的延遲。假設兩顆電晶體的臨界電壓大小的範圍從 0.8 V 至 1.2 V。在本題中，所有其它參數假設為其標稱值。

14.8 決定問題 14.7 設計的最壞情況功率消耗。

14.9 假設干擾參數為聯合高斯分佈。具有平均值 $\mathbf{s}^o$ 與方差／共方差矩陣 $\mathbf{Q}$ 的高斯隨機向量 $\mathbf{s}$ 之聯合機率密度函數為

$$f(\mathbf{s}) = \frac{1}{(\sqrt{2\pi})^{n_s}(\sigma_1 \sigma_2 \cdots \sigma_{n_s})} \exp\left[-\frac{1}{2}(\mathbf{s} - \mathbf{s}^o)^T \mathbf{Q}^{-1}(\mathbf{s} - \mathbf{s}^o)\right]$$

考慮問題 14.1 中的 RC 電路模型具有性能量度為 50% 的延遲時間 $\tau_{50\%}$。假設 R 與 C 為獨立高斯隨機變數。R 具有平均值 $R^o = 1\ \text{k}\Omega$ 與標準差 $\sigma_R = 1\ \text{k}\Omega$。$C$ 具有平均值 $C^o = 10\ \text{pF}$ 與標準差 $\sigma_C = 1\ \text{pF}$。最壞情況方向 $\tau_{50\%}$ 為 $+1$。

a. 決定 $\tau_{50\%}$ 的平均值與標準差。

b. $\tau_{50\%}$ 並非高斯隨機變數。為了證明此點，請先取出出一組 R 與 C 的蒙地卡羅樣本，使用問題 14.1 中所給定的公式來計算出 $\tau_{50\%}$ 的值並畫出 $\tau_{50\%}$ 的密度。比較此密度以及你在 (a) 中計算出具有平均值與標準差 $\tau_{50\%}$ 之高斯隨機變數的密度。

c. $\tau_{50\%}$ 的最壞情況值可以使用在最壞情況分析中所討論的高斯性能量度的方法來計算出。假設此值表示為 $\tau_{50\%}^{wc}$。為了找出 R 與 C 的最壞情況值，必須求解式 (14.31)。使用高斯隨機向量的 (jpdf) 公式，將式 (14.31) 的最大化重新公式化為最小化。為此最小化的目標函數稱為「或然性距離 (probabilistic distance)」。於此範例，最小化問題可以用鉛筆與紙以解析方式來解出。求出最小化條件。

d. 使用 $R^o = C^o$ 與 $\sigma_R = \sigma_C$ 的事實來得到以 $\tau_{50\%}^{wc}$ 所表示的 R^{wc} 與 C^{wc}。

14.10 a. 以參數化良率、設計心力與計畫時程的觀點，列出積體電路設計使用悲觀的最壞情況分析結果的優點與缺點。

b. 使用如角落技術般單純及悲觀的最壞情況分析，總是會縮短發展時間嗎？

c. 大型計畫往往牽涉許多不同組織。悲觀分析所面對的最嚴重問題為何？

14.11 即使對相同電路，不同的性能仍會有不同的最壞情況模型。舉例來說，延遲時間的最壞情況 MOS 模型將會不同於功率消耗的最壞情況 MOS 模型。可是，大部分設計實現已經使用 nMOS 與 pMOS 電晶體兩者的慢速 (slow)、中速 (medium)、快速 (fast) 電晶體模型。討論要如何在這些情況下模擬 CMOS 時脈分佈電路的時脈偏移。如果電晶體模型可以依設計者客製，模擬時脈偏移電路的正確方法為何？

14.12 在晶片製程上對臨界電壓所需控制、通道長度與寬度變異、閘極氧化層厚度以及基底與槽摻雜輪廓分佈等方面，討論供發展可設計化規格的策略。

14.13 所謂的「丟過牆 (throw-over-the-wall)」方法會需要對應組織投入過多心力。討論如何能以分攤責任來避免這樣的過度需求，使得整體技術發展過程為更具成本效益。

14.14 由於其簡單性，田口正交陣列方法受到設計者的喜愛；已有做好的表格樣式實驗設計可供使用。使用你自行選擇的範例，應用 L18 的表格於 CMOS 電路設計中，來示範統計式設計原理。

14.15 由式 (14.31) 與式 (14.32)，對於兩項均具有平均值為 0 與標準差為 1 的獨立高斯隨機變數，推導最壞情況干擾向量的表示式。

Chapter 15

可測試性設計
Design for Testability

15.1 簡介

決定已製造完成的晶片是否功能完全正常,是一件高度複雜且耗時的工作。然而,當故障 (faulty) 晶片通過了未經適當設計的測試時,將會導致系統故障 (failure) 且在系統除錯 (debug) 時非常困難。一般認為除錯成本由晶片等級至電路板等級會增加十倍,而由系統等級至電路板等級亦然。因此,盡可能早一點偵測出故障 (fault) 非常重要。當電晶體整合至單一晶片中的數量增加時,確保正確功能的晶片測試工作也變得越來越困難。然而,在生產環境中,許多晶片必須在短時間內完成測試以便及時交貨。為了要克服如此困難的議題,**可測試性設計 (design for testability)** 就變得更加重要。本章會討論故障類型、對應的故障模型、可測試 (testable) 電路的設計,以及自我測試 (self-testing) 電路。可測試性將會以可觀察性 (observability) 與可控制性 (controllability)(常用於控制與系統理論中)來定義。本章中一些入門內容大量採用 Patel 的簡介文章。若要深入了解本主題,讀者可參考 Abramovici 等人 (1990) 的著作。

15.2 故障類型與模型

在傳統的認知中,晶片測試通常具有多重用途,並且會嘗試去偵測製造與設計中的故障,以及壓力式 (stressful) 操作條件所導致之故障(此即可靠度問題)。輸入測試向量 (input test vector) 會被設計並施加於待測裝置 (device under test, DUT),或是待測電路 (circuit under test, CUT),以作為其刺激訊號 (stimulus)。接著,量測到的輸出會與預期的正確響應進行比較,以決定 DUT 是好的(通過,go)或壞的(不通過,no-go)。測試中主要的困難係導因於僅能存取 DUT 的輸入輸出接腳,雖然在研發實驗室的測試台 (test bench) 上,在保護層 (passivation) 完成前,在最上方的金屬層可以點測 (probe) 到未封裝晶片上的內部節點。當晶片操作時脈頻率增加時,高速 (at-speed) 測試也會成為難題。這困難來自於從測試器 (tester) 送測試訊號至 DUT 以及從 DUT 到偵測響應訊號的訊號完整性 (signal integrity)(暫態回振 (transient ringing))問題,因為測試器連接線的阻抗不匹配 (impedance mismatch) 與傳輸線問題的緣故。阻抗不匹配的問題在晶片 I/O 設計中已經有部分提到，或是使用查表技巧來修正延遲量測誤差。除了測試器問題外，在複雜晶片中，不論是用人工或透過自動測試型樣產生器 (automatic test pattern generator, ATPG) 來產生正確測試向量以偵測所有模型化故障與設計錯誤已經成為困難的工作。本章只討論晶片的實體缺陷 (physical defect) 所造成的故障。

晶片實體缺陷的例子有：

- 矽基底缺陷
- 光微影缺陷
- 光罩汙染與刮痕
- 製程變異與異常現象
- 氧化層缺陷

實體缺陷可能導致電性故障 (electrical fault) 與邏輯故障 (logical fault)。電性故障包含：

- 短路（橋接故障，bridging fault）
- 開路
- 電晶體固定導通 (stuck-on)，固定開路 (stuck-open)
- 電阻性短路與開路
- 臨界電壓過度改變
- 穩態電流過度改變

電性故障可以轉而造成邏輯故障。而邏輯故障包含：

- 邏輯固定 0 (stuck-at-0) 或固定 1 (stuck-at-1)
- 較慢的轉態（延遲時間故障）
- AND 型橋接，OR 型橋接

圖 15.1 中所示的簡單 NOR2 閘可以解釋在實體缺陷、電性故障與邏輯故障之間的關係。如圖 15.1(a) 所示，在 n 型擴散層區域中共用汲極端點與接地匯接排線兩者之間的一小點金屬（實體缺陷）可以被模型化為輸出節點 Z 與接地之間的電阻性短路，如圖 15.1(b) 所示；而當電阻值為低時，其輸出節點 Z 為固定 0 (s-a-0) 故障，或當電阻值為高時，即會造成上拉延遲故障 (pull-up delay fault)，如圖 15.1(c) 所示。

圖 15.2 顯示 NOR2、NAND2 與反相器閘所組成的 CMOS 電路的其它故障類型。在這個電路中，因為輸入線的某些部分是被短路至電源線軌上，輸入

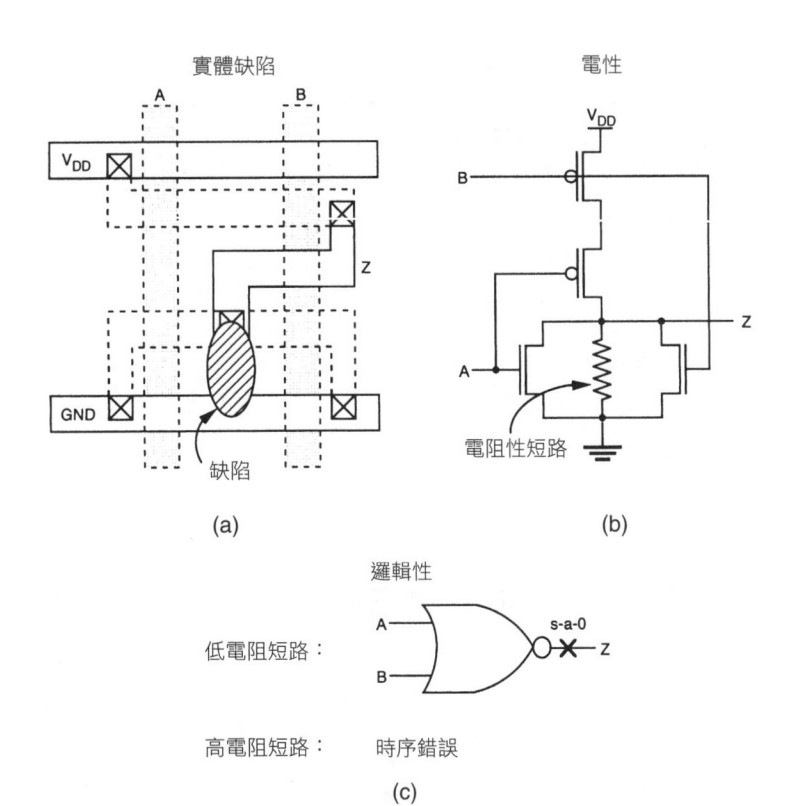

圖 15.1
(a) NOR2 製造的實體缺陷，(b) 其電性故障模型，以及 (c) 其邏輯故障模型。

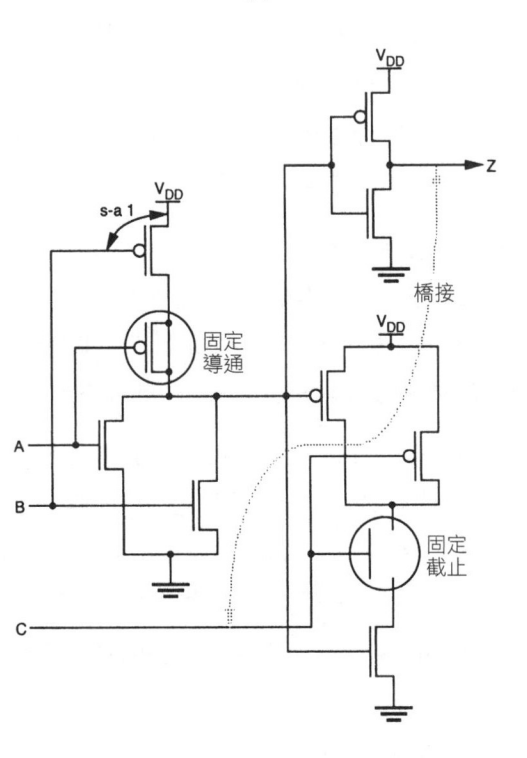

圖 15.2
在包含 NOR2、NAND2 與反相器閘的 CMOS 電路中的一些製程相關缺陷。

線 B 會是固定 1 (s-a-1)。第一級 NOR2 閘的 pMOS 電晶體為固定導通，因為製程問題造成源極與汲極端點之間短路。另一方面，在 NAND2 閘頂端的 nMOS

圖 15.3
MOS 電晶體為 (a) 固定開路（截止）故障與 (b) 固定導通（短路）故障。

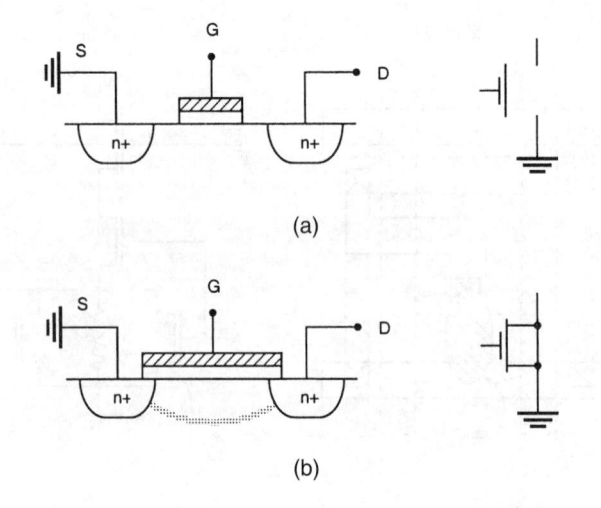

(a)

(b)

電晶體，由於源極或汲極節點的不完整接觸（開路），或由於汲極或源極擴散層與閘極分離太遠而造成固定開路，也會導致電晶體固定截止，與輸入 C 值無關。固定導通與固定開路故障詳究於圖 15.3 中。在反相器輸出線與輸入線 C 之間的橋接故障，有可能是因為兩條線中的任何兩個部分短路所導致的製造缺陷。雖然在電路圖中，這兩條線看起來似乎相隔很遠，但是在實際佈局中，這兩條線的某些部分可能很靠近。此時，這兩條線可能會由於在線路圖樣化 (patterning) 過程中蝕刻不足而導致短路在一起。

雖然 DUT 可能會有缺陷而未對應至單一固定型故障 (stuck-at fault)，單一固定型故障模型仍經常被使用。其中一些原因為：

- 測試向量產生的複雜度大幅降低
- 單一固定型故障無關於製程技術與設計型式
- 單一固定型故障測試可以涵蓋多種固定型故障很大的百分比
- 單一固定型故障可以涵蓋許多未模型化的 (unmodeled) 實體缺陷

事實上，已有人證明在沒有冗餘 (redundancy) 電路的兩層電路中，針對所有單一固定型故障的任何完整測試向量組可以涵蓋所有的固定型故障。多組固定型故障模型可應用至基於熔絲或非熔絲 (fuse- or anti-fuse-based) 的可編程設計中，如可編程閘陣列、現場可編程閘陣列 (FPGA) 與 RAM。

延遲故障 (delay fault) 在目標速度時會導致時序失敗，可能有數種原因，例如：

- 晶片上連接線延遲與其它時序的預測不適當
- 製造過程的過度變異導致顯著的電路延遲與時脈偏移
- 連接並聯電晶體的金屬線開路造成有效電晶體之尺寸過小

- 老化效應如熱載子引發延遲增加

在穩態中，偵測延遲故障的工作要比偵測功能性故障 (functional fault) 來得複雜許多。由於測試器限制，功能性測試通常是在比目標速度還慢的速度進行。慢速測試器上施作延遲測試會使用較特別的時脈。所提到的故障模型會用於故障模擬，針對

- 測試產生
- 建構故障字典
- 故障出現時的電路分析

每種故障字典 (fault dictionary) 儲存了每種故障電路於特定測試向量對應特定模擬故障時的預期輸出響應。

15.3 可控制性與可觀察性

電路**可控制性 (controllability)** 指的是控制者（設計工程師）可以藉由設定電路輸入端點值，來建立在每個節點特定訊號值的難易程度。**可觀察性 (observability)** 則是藉由控制其主要 (primary) 輸入與觀察主要輸出，來決定在電路中任一節點的訊號值難易程度。這裡「主要」一詞指的是待測電路的 I/O 邊界 (boundary)。不論測試向量為特定或隨機產生，電路的可控制性與可觀察性程度，也就是其可測試性程度，都能被量測。例如：假如一個邏輯節點只有透過一組非常長的隨機測試向量序列才可以被設定為邏輯 1 或 0，此節點被稱為具有非常低的隨機可控制性，因為在隨機測試中來產生這組向量的機率非常低。在實務上存在時間限制，而在此時，電路可能是無法測試的。對於組合電路的測試產生有特定步驟，如 D 演算法，其係利用遞迴搜尋 (recursive search) 程序，每次前進一個邏輯閘，或是有需要時到回溯 (backtracking) 一個邏輯閘，直到偵測出所有故障為止。D 演算法需要大量的電腦時間。為了克服這樣的缺點，許多改良的演算法，如路徑導向決策法 (Path-Oriented DEcision Making, PODEM) 與扇出導向測試產生法 (FAN-out-oriented test generation, FAN) 已經被提出。循序邏輯電路測試產生比這些演算法還難上幾個數量級。可測試性設計 (design-for-test, DFT) 技術經常被用來簡化 ATPG 的工作。

現在讓我們考慮圖 15.4 中由四個簡單的邏輯閘所組成的簡單電路。為了偵測在線 8 的任何缺陷，主要輸入 A 與 B 必須設定為邏輯 1。然而，這樣的設定將迫使線 7 變為 1。結果是，任何在線 7 上的固定 1 (s-a-1) 故障在主要輸出端無法被測試到，即使沒有這樣的故障時，在線 7 上的邏輯值可透過主要輸入

圖 15.4
一組簡單電路由四個邏輯閘（四個主要輸入與一個主要輸出）組成。

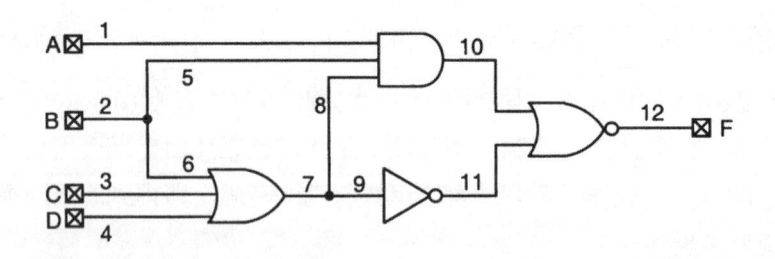

B、C 與 D 來完全控制。因此，此電路並非完全可測試的 (not fully testable)。在此電路中，困難的主因實為輸入 B 扇出至線 5 與線 6，且在經過 OR3 閘之後，兩條線的訊號合併於 AND3 閘。如此的扇出即稱為**再匯聚扇出 (reconvergent fan-out)**。再匯聚扇出使得電路的測試更加地不容易。

如果設定一特定節點值為 1 或 0（故障激勵）並傳遞節點上錯誤至輸出（故障效應傳遞）需要大量的輸入向量，則可測試性為低。具有較差的可控制性電路，包括具有回授、解碼器與時脈產生器的電路。具有較差的可觀察性電路，包含了具有長回授迴路的循序電路，具有再匯聚扇出、冗餘 (redundant) 節點的電路，以及嵌入式記憶體電路，如 RAM、ROM 與 PLA 等。

15.4 特定用途的可測試設計技術

一種增加可測試性的方法是使節點更容易存取，代價為是對原始設計實際插入更多存取電路。以下列出一些特定用途的可測試設計技巧。

分割與多工技巧

由於許多串聯的邏輯閘、功能區塊或大型電路的順序都是很難測試，此種電路可以將其分割且插入多工器 (MUX)，使得一些主要輸入可以透過具有可存取控制訊號的多工器導入至分割區。利用**分割與多工 (Partition-and-MUX)** 設計技術，可存取 (accessible) 節點數目會增加，而測試型樣的數目則可以減少。以 32 位元的計數器為例。將此計數器分成兩個 16 位元部分會減少測試時間，原則上減少 2^{15} 倍。然而，電路分割與加入多工器將可能會增加晶片面積與電路延遲。此種方式並非獨特的，並且類似於大型、複雜問題的各個擊破 (divide-and-conquer) 法。圖 15.5 說明這種方法。

初始化循序電路

當循序邏輯電路啟動電源後，其初始狀態可能是隨機、未知狀態。在這種情況下，電路不可能正確地啟始測試程序。循序電路的狀態可以透過**初始化**

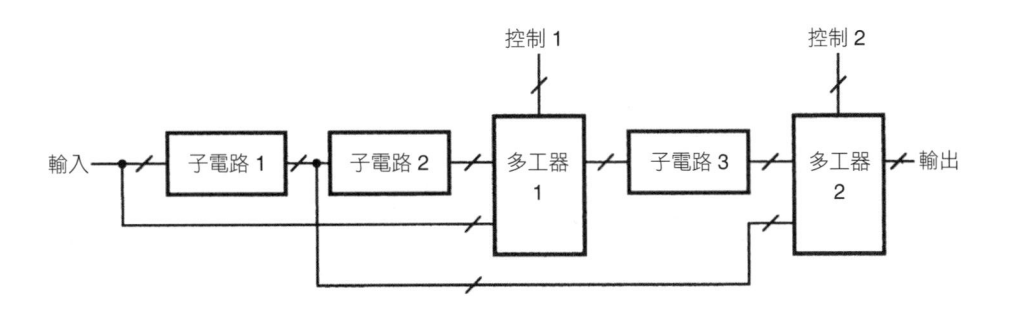

圖 15.5
大型電路的分割與多工方法。

(initialization) 的方式被帶至已知狀態。在許多設計中，初始化可以容易地完成，藉由將正反器或閂鎖器電路的非同步預設或清除輸入訊號接至主要輸入或可控制輸入。

停止內部振盪器與時脈動作

為了避免在測試時有同步問題，內部振盪器與時脈應該停止動作。舉例來說，與其直接連接電路至晶片上的振盪器，時脈訊號會與除能 (disabling) 訊號進行 OR 動作，隨後再插入測試訊號，如圖 15.6 所示。

避免非同步邏輯與冗餘邏輯

增強可測試性需要認真的折衷。非同步邏輯電路的速度通常快於同步邏輯電路。然而，非同步邏輯電路的設計與測試卻比同步邏輯電路更為困難，並且非同步邏輯電路轉態時間也難以預測。同樣地，非同步邏輯電路的操作對於輸入測試型樣相當敏感，常導致競跑 (race) 問題以及瞬間訊號值會與期望值相反的冒險 (hazard) 問題。有時候，設計中的邏輯冗餘性 (redundancy) 是為了可靠度而用來遮蔽靜態風險狀況。然而，冗餘節點無法被觀察到，因為主要輸出值不能與冗餘節點值有關。所以，冗餘節點的某些故障無法被測試或偵測出來。圖 15.7 顯示了底部 NAND2 閘是冗餘的，且在其輸出線上的固定 1 故障無法被偵測。如果有一個故障是無法偵測的，則相關的訊號線或邏輯閘可以被移除而不會改變邏輯函數。

即便冗餘節點是設計來當作備用部分，不是增強電路可靠度就是增加製程良率，使得測試多餘節點並非必要，但多餘電路仍會使得測試產生更為複雜與困難。事實上，測試產生器，特別是隨機或特定性的測試產生器，將無法辨別

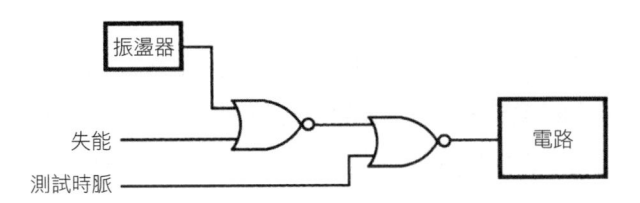

圖 15.6
經由振盪器除能來避免同步問題。

圖 15.7
(a) 冗餘邏輯閘的例子。(b) 移除冗餘邏輯閘後的等效邏輯閘。

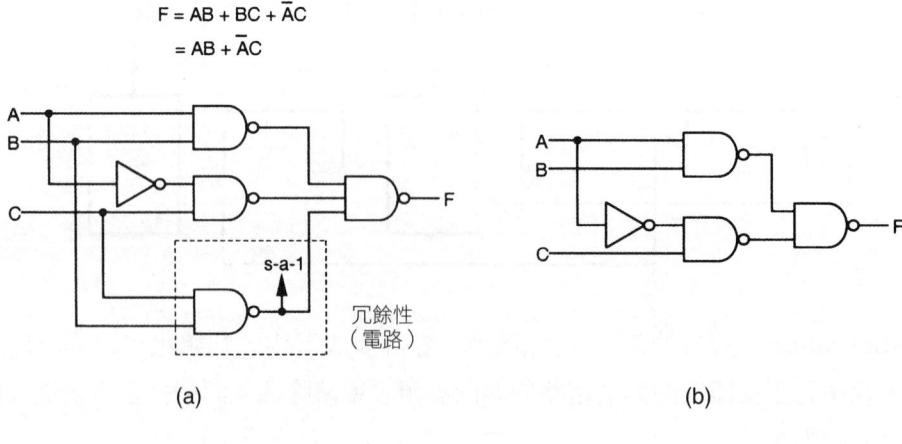

$$F = AB + BC + \bar{A}C$$
$$= AB + \bar{A}C$$

(a)   (b)

圖 15.8
脈波產生電路使用了三個反相器的延遲鏈。

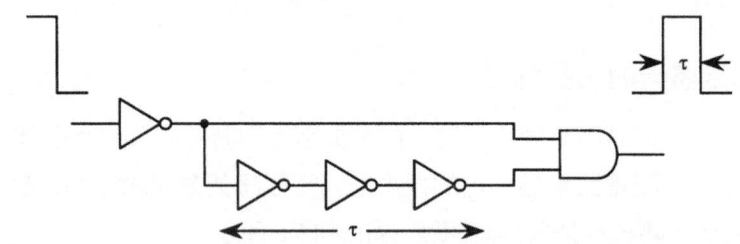

出這樣的設計目的。另外，缺乏設計效率也會無意間導致一些冗餘電路。

避免延遲相依邏輯

反相器鏈可以用於設計延遲時間，並且將其輸出與輸入一起作 AND 運算來產生脈波，如圖 15.8 所示。

大多數的自動測試型樣產生 (ATPG) 程式不會包括邏輯延遲以降低程式複雜度。結果是，這樣的延遲相關邏輯會被視為冗餘的組合邏輯，且 ATPG 永遠會將再匯聚邏輯閘的輸出設定為邏輯 0，但此並非正確。因此，在可測試性設計中應該避免使用**延遲相依 (delay-dependent)** 邏輯。

15.5 基於掃描式技術

如同之前所討論的，提供更多可存取邏輯節點，使用更多的主要輸入線與多工器可以增強電路的可控制性與可觀察性。然而，使用額外的 I/O 接腳會是昂貴的，不僅是在晶片製作，封裝亦然。一種普遍的替代方案是使用具有移位 (shift) 與平行載入 (parallel load) 能力的掃描暫存器 (scan register)。對於設計可測試性的循序邏輯電路而言，掃描式設計技術是一種結構化的方式。暫存器中的儲存單元是用來做為觀察點、控制點或兩者皆是。藉由使用掃描式設計技

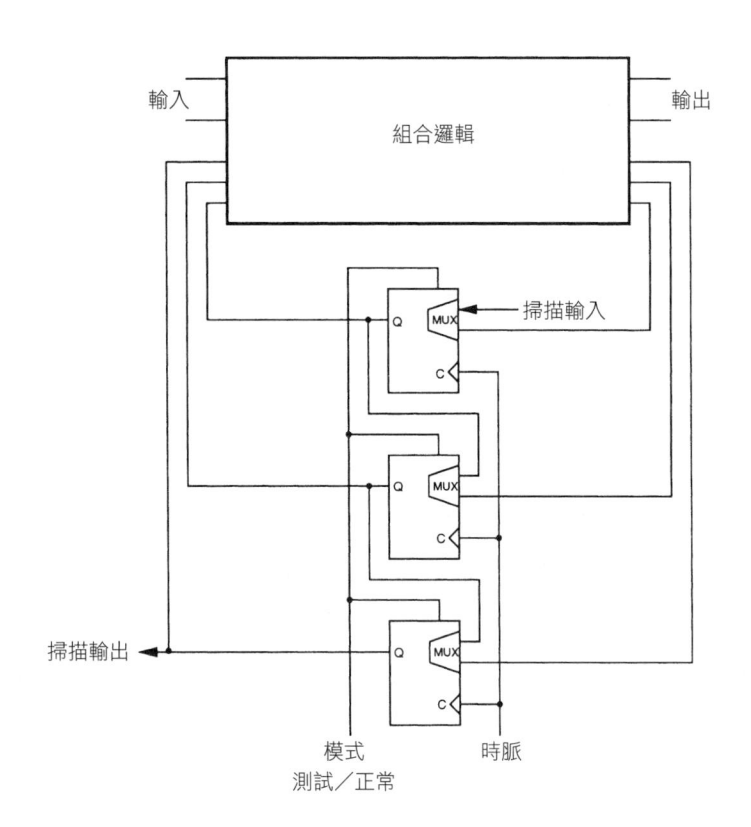

圖 15.9
基於掃描式設計的一般架構。

術，循序邏輯電路的測試可以降低為對組合邏輯電路的測試問題。

一般來說，循序邏輯電路是由組合邏輯電路與一些儲存單元所構成。在基於掃描式設計 (scan-based design) 中，儲存元件會藉由使用多工器與模式 (mode) 控制訊號（測試／正常），被連接而形成一個長串列移位暫存器 (shift register)，也就是所謂的**掃描路徑 (scan path)**，如圖 15.9 所示。

在測試模式下，掃描輸入 (scan-in) 訊號被時脈控制進入掃描路徑，而最後一級閂鎖器電路的輸出則為掃描輸出 (scan-out)。在正常模式下，掃描輸入路徑被停止動作，而電路功能則作為循序電路用。測試順序如下：

步驟 1：將模式設為「測試」，且讓閂鎖器接受來自掃描輸入的資料。

步驟 2：藉由移入與移出測試資料來驗證掃描路徑。

步驟 3：掃描輸入（移入）所要求的狀態向量至移位暫存器。

步驟 4：施加測試型樣至主要輸入接腳上。

步驟 5：設定模式為「正常」，且在足夠的時間傳遞後來觀察電路的主要輸出。

步驟 6：使用一個機器週期的電路時脈，以抓取組合邏輯輸出訊號至暫存器中。

步驟 7：返回至「測試」模式；掃描輸出暫存器內容，並且同時掃描輸入下一個型樣。

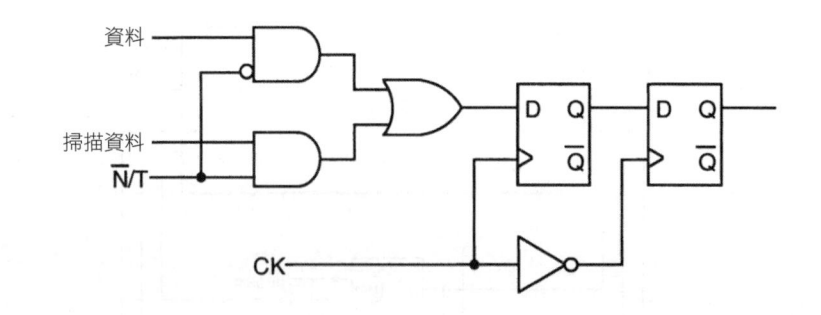

圖 15.10
邊緣觸發 D 型正反器的基於掃描式設計。

步驟 8：重複步驟 3 至步驟 7，直到所有測試型樣都施加過為止。

在掃描式設計中的儲存單元可以使用邊緣觸發 D 型正反器、主僕式正反器或互補時脈訊號控制的準位敏感閂鎖器來實現，以確保為無競跑 (race-free) 操作。這些閂鎖器與正反器電路在第 8 章中已經有詳細的討論。圖 15.10 所示為邊緣觸發 D 型正反器的基於掃描式設計。在大型高速電路於正常與移位兩種操作中，如對單一時脈訊號進行最佳化時脈偏移等動作是很困難。使用兩種獨立時脈訊號可克服此難處，一種用於正常操作，而另一種則用於移位操作。由於移位操作不需要在目標速度下執行，其時脈訊號比較不受限制。

基於掃描式設計中有一種很重要的方法是準位敏感掃描設計 (level-sensitive scan design, LSSD)，其結合了準位靈敏度與使用移位暫存器的掃描路徑法。準位靈敏性可確保循序電路響應無關於電路暫態特性，如元件延遲與線路延遲。因此，LSSD 移除了電路風險與競速問題。由於測試僅需對電路的組合部分產生，使得 LSSD 的 ATPG 也被簡化。

邊界掃描 (boundary scan) 測試法也使用於測試印刷電路板 (PCB)，以及具有多晶片的多晶片模組 (MCM) 上。移位暫存器是被放置於靠近 I/O 接腳的每顆晶片上，以形成供測試用的環繞電路板鏈結。成功實現邊界掃描測試法後，PCB 測試可以使用更簡易的測試器。

缺點是，掃描式設計使用更多複雜閂鎖器、正反器、I/O 接腳與連接導線，因此，需要更多的晶片面積。由於長暫存器中的移位時間增加，每個測試型樣的測試時間也同樣增加。

15.6 內建自我測試技術

在內建自我測試 (built-in self-test, BIST) 設計中，部分電路可以用於測試電路本身。線上 BIST 是在正常操作狀況下執行測試，而離線 BIST 則是離線時來執行測試。BIST 所需的基本電路模組包括：

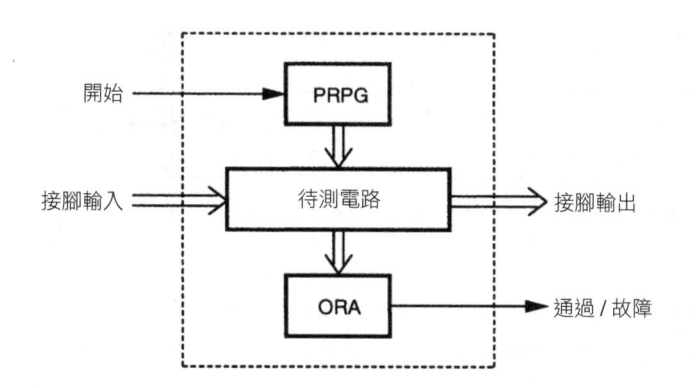

圖 15.11
BIST 步驟。

- 虛擬隨機型樣產生器 (pseudo random pattern generator, PRPG)
- 輸出響應分析器 (output response analyzer, ORA)

這兩個模組的作用顯示於圖 15.11。PRPG 與 ORA 的實現可以使用線性回授移位暫存器 (linear feedback shift register, LFSR) 來完成。

虛擬隨機型樣產生器

為了測試電路，首先必須使用虛擬隨機型樣產生器、權重測試產生器 (weighted test generator)、可適性測試產生器 (adaptive test generator)，或其它方法產生測試型樣。虛擬隨機型樣產生器的電路可以使用 LFSR 來實現，如圖 15.12 所示。

做為 ORA 的線性回授移位暫存器

為了降低晶片面積的懲罰，精簡過的測試響應比較會使用資料壓縮 (data compression) 技術，而非完整的原始 (raw) 測試資料。其中一種常用的資料壓縮技術是基於循環冗餘檢查 (cyclic redundancy check) 概念的**簽章分析法 (signature analysis)**。此方法使用了多項式除法，將測試輸出資料的多項式表示式與一個特徵多項式 (characteristic polynomial) 相除，所得的餘式即為簽章值。此簽章

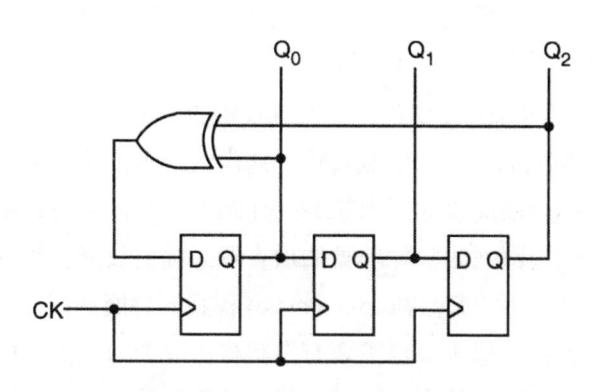

圖 15.12
使用 LFSR 的虛擬隨機序列產生器。

圖 15.13
多項式除法使用 LFSR 於簽章分析。

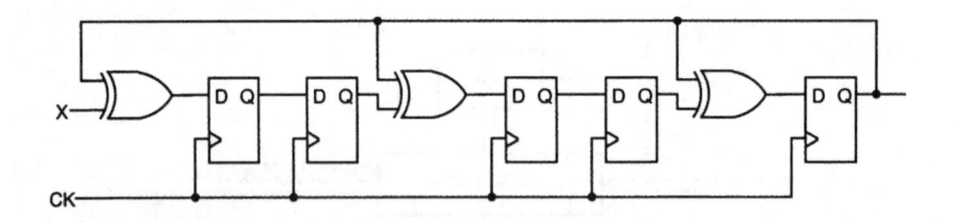

值接著與期望簽章值進行比較，以決定待測裝置是否故障。我們都知道壓縮可能會導致一些故障涵蓋範圍 (fault coverage) 的遺失。有可能使得故障電路輸出與無故障電路輸出相符；因此，簽章分析無法偵測故障。這種現象稱為**混淆 (aliasing)**。

最簡單型式的簽章產生器是由單一輸入的線性回授移位暫存器 (LFSR) 所組成，如圖 15.13 所示，其中所有的閂鎖器皆為邊緣觸發。在這種情況下，在最後一個輸入位元已被取樣後，暫存器中的內容即為簽章序列。輸入序列 $\{a_n\}$ 是用多項式 $G(x)$ 來表示，而輸出序列則是多項式 $Q(x)$。可以證明 $G(x) = Q(x)P(x) + R(x)$，其中 $P(x)$ 是 LFSR 的特徵多項式，而 $R(x)$ 則是階數較 $P(x)$ 低的餘式。對於圖 15.13 中的簡單例子，特徵多項式為

$$P(x) = 1 + x^2 + x^4 + x^5$$

對於 8 位元的輸入序列 $\{1\ 1\ 1\ 1\ 0\ 1\ 0\ 1\}$，對應輸入多項式為

$$G(x) = x^7 + x^6 + x^5 + x^4 + x^2 + 1$$

最後餘式項成為 $R(x) = x^4 + x^2$，其等同於暫存器內容為 $\{0\ 0\ 1\ 0\ 1\}$。

輸出響應分析器

故障字典於晶片上儲存含有全部測試輸入與相對應輸出，以晶片面積而言，是過分地昂貴而不可行。一種簡單的變通方法是在相同輸入下，比較兩個完全相同電路的輸出，其中一個電路當作參考用。然而，如果兩個電路具有相同故障時，它們的輸出仍會一致。雖然兩個完全相同電路具有完全相同故障的機率非常低，這種故障無法以此技術偵測出。

除了這些電路可做為 BIST 之外，自我檢查 (self-checking) 設計技術可以使用在線上操作期間來自主地偵測故障。通常檢查器電路會被插入，使得當線上故障發生時，檢查器產生並送出訊號。在超大型數位電路或系統中到處分佈檢查器，可以藉由追蹤送出故障訊號的檢查器來提供故障位置的及時偵測。使用自我檢查電路簡化了軟體診斷 (diagnostic) 程式的發展過程。不過，還是需要一些額外硬體，且檢查器本身也需要有自我檢查能力。當需要檢查器本身的自我檢查能力時，單一輸出檢查器是不足夠的，因為輸出也許有固定故障，因而

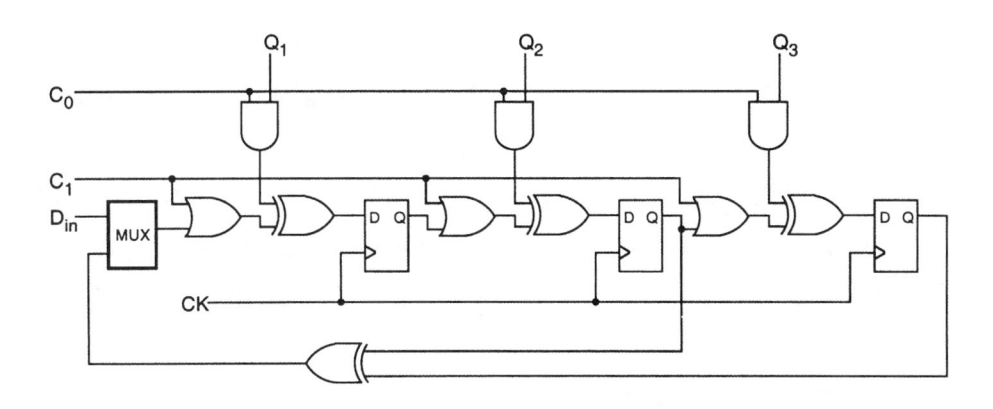

圖 15.14
3 位元內建邏輯區塊觀測器 (BILBO) 範例

C_0	C_1	模式
0	0	線性移位
1	0	簽章分析
1	1	資料（互補式）閂鎖
0	1	重置

阻止了待測電路實際故障的偵測。可以改用具有一對輸出的檢查器來克服此問題。

內建邏輯區塊觀測器

內建邏輯區塊觀測器 (built-in logic block observer, BILBO) 的暫存器是 ORA 的一種型式，可使用於分割後暫存器的每個群組 (cluster) 中。基本的 BILBO 電路示於圖 15.14，允許由 C_0 與 C_1 訊號控制的四種不同模式。

BILBO 操作允許監控 (monitoring) 電路操作，於許多測試點上透過互斥或 (exclusive-OR) 動作送至 LFSR 中，等同於具有多組輸入的簽章分析器。

15.7 電流監控 I_{DDQ} 測試

一種經常使用於測試製造缺陷的技術為 I_{DDQ} 測試。在橋接故障的情況下，CMOS 電路從電源供應器所抽取的靜態電流將會明顯地高，遠超過預期的漏電流範圍。例如，如果在 CMOS 反相器中 pMOS 電晶體的汲極節點由於橋接故障而短路至電源供應線軌，即使當輸入為高態時，其 I_{DDQ} 電流可能會非常的大。這種方法也可以偵測其它測試方法不易偵測出的製造缺陷，包含：

- 閘極氧化層短路
- 通道衝穿 (punch-through)
- p-n 二極體漏電。
- 傳輸閘缺陷。

I_{DDQ} 測試包含了施加測試向量,接著監控在直流穩態時從電源供應線軌所抽取的電流。雖然這個測試需要更多的測試時間,所需來監控 DUT 各個部分 I_{DDQ} 的少量電路負擔可以大幅地改善故障偵測能力。

當固定故障測試需要故障觸發與故障效應傳遞,I_{DDQ} 測試僅需要故障敏化 (fault sensitization)。不過,它在開汲極或開閘極測試中的性能較不有效。I_{DDQ} 故障涵蓋範圍是相對容易得到,且對於大型設計可潛在地提供了全晶片故障涵蓋範圍。

I_{DDQ} 可測試性的指導準則如下:

- 低靜態電流狀態;例如,偏好於全 CMOS 電路
- 無主動上拉或下拉電路
- 沒有內部驅動衝突;例如,驅動器共用匯流排
- 在電路中無浮接節點
- 沒有降級電壓;例如,必須為 $V_{OH} = V_{DD}$ 與 $V_{OL} = 0$

練習題

15.1 請給出一個邏輯電路例子,其中固定 1 故障與固定 0 故障是無法分辨的。

15.2 請證明圖 15.13 中,LFSR 的餘式 (remainder) 確實為 $R(x) = x^4 + x^2$。

15.3 請解釋匯流排架構有關可測試性的優點或缺點。匯流排結構如何影響到晶片面積的負擔?

15.4 請決定晶片漏電流測試應該在功能性測試之前或之後完成。包含動態電路設計以操作在非常高的頻率的晶片,有關其測試頻率,你能說些什麼呢?在相當低的頻率,功能性測試會失敗嗎?如果會,請解釋其原因。

15.5 請展示邏輯故障涵蓋範圍是與測試向量序列相關的一些邏輯電路例子。

15.6 在圖 15.2 中,請找出於線 B 中偵測到的固定 0 故障之所有測試向量組。重複上述要求,找出在線 C 中的固定 1 故障。

15.7 請證明,如果在組合電路中有無法偵測出的 (undetectable) 固定故障,則電路可以根據下列規則縮減(這裡所給的是 OR 閘的規則組;請證明之,並對於 AND、NOR、NAND 與 XOR 閘找出其規則)。

無法偵測出的故障	OR 閘的縮小規則
輸入 x_i s-a-0	移除輸入 x_i
輸入 x_i s-a-1	移除 OR 閘,連接輸出至 1
輸出 s-a-0	移除 OR 閘,連接輸出至 0
輸出 s-a-1	移除 OR 閘,連接輸出至 1

15.8 應用問題 15.7 的規則至圖 15.7 所示的電路。

參考文獻

Abramovici, M., Breuer, M.A., and Friedman, A.D., *Digital Systems Testing and Testable Design,* New York, NY: Computer Science Press, 1990.

Alvarez, A.R., ed., *BiCMOS Technology and Applications,* second edition, Boston, MA: Kluwer Academic Publishers, 1994.

Annaratone, M., *Digital CMOS Circuit Design,* Norwell, MA: Kluwer, 1986.

Anner, G.E., *Planar Processing Primer,* New York, NY: Van Nostrand Rheinhold, 1990.

Athas, W.C., Swensson, L., Koller, J.G., and Chou, E., "Low-power digital systems based on adiabatic-switching principles," *IEEE Transactions on VLSI Systems,* vol. 2, pp. 398–407, December 1994.

Bakoglu, H.B., *Circuits, Interconnections and Packaging for VLSI,* Reading, MA: Addison-Wesley, 1990.

Barber, M.R., "Fundamental timing problems in testing MOS VLSI on modern ATE," *IEEE Design and Test,* pp. 90–97, August 1984.

Bell, S., Edwards, B., Amann, J., Conlin, R., Joyce, K., Leung, V., MacKay, J., Reif, M., Liewei, B., Brown, J., Mattina, M., Chyi-Chang, M., Ramey, C., Wentzlaff, D., Anderson, W., Berger, E., Fairbanks, N., Khan, D., Montenegro, F., Stickney, J., and Zook, J., "TILE64—processor: a 64-Core SoC with mesh interconnect," in *ISSCC Dig. Tech. Papers,* pp. 88–598, 2008.

Bellaouar, A. and Elmasry, M.I., *Low-Power Digital VLSI Design,* Norwell, MA: Kluwer Academic Publishers, 1995.

Benini, L. and De Micheli, G., "Networks on chips: a new SoC paradigm," *IEEE Computer,* vol. 35, no. 1, pp. 70–78, 2002.

Bernstein, K. and Rohrer, N.J., *SOI Circuit Design Concepts,* Dordrecht, The Netherlands: Kluwer Academic Publishers, 2000.

Bernstein, K., Frank, D.J., Gattiker, A.E., Haensch, W., Ji, B.L., Nassif, S.R., Nowak, E.J., Pearson, D.J., and Rohrer, N.J., "High-performance CMOS variability in the 65-nm regime and beyond," *IBM J. Res. & Dev.,* vol. 50, no. 4, July 2006.

Berridge, R., et al., "IBM Power6 microprocessor physical design and design methodology," *IBM Journal of Research and Development,* vol. 51, no. 6, pp. 685–714, Nov. 2007.

Bilardi, G., Pracchi, M., and Preparata, F.P., "A critique of network speed in VLSI models of computation," *IEEE Journal of Solid-State Circuits,* vol. DC-17, no. 4, pp. 696–702, August 1982.

Box, G.E.P. and Draper, N.R., *Empirical Model Building and Response Surfaces,* New York, NY: John Wiley and Sons, Inc., 1987.

Box, G.E.P., Hunter, W.G., and Hunter, J.S., *Statistics for Experimenters: An Introduction to Design, Data Analysis and Model Building,* New York, NY: John Wiley and Sons, Inc., 1978.

Breuer, M.A. and Friedman, A.D., *Reliable Design of Digital Systems,* Rockville, MD: Computer Science Press, 1976.

Brews, J.R., "A charge-sheet model of the MOSFET," *Solid-State Electronics,* vol. 21, pp. 345–355, 1978.

Brown, W.D. and Brewer, J.E., *Nonvolatile Semiconductor Memory Technology: A Comprehensive Guide to Understanding and Using NVSM Devices, IEEE Press Series on Microelectronic Systems,* 1997.

Chan, V., Rim, K., Ieong, M., Yang, S., Malik, R., Teh, Y., Yang, M., and Ouyang, Q., "Strain for CMOS performance improvement," *IEEE Custom Integrated Circuits Conference,* pp. 667–674, Sept. 2005.

Chandrakasan, A.P. and Brodersen, R.W., *Low Power Digital CMOS Design,* Norwell, MA: Kluwer Academic Publishers, 1995.

Chang, C.Y. and Sze, S.M., *ULSI Technology,* New York, NY: McGraw-Hill, 1996.

Chang, R. and Spanos, C.J., "Dishing-radius model of copper CMP dishing effects," *IEEE Transactions on Semiconductor Manufacturing,* vol. 18, no. 2, pp. 297–303, May 2005.

Chen, H.Y. and Kang, S.M., "iCOACH: A circuit optimization aid for CMOS high-performance circuits," *Integration, the VLSI Journal,* 10, pp. 185–212, 1991.

Cheng, Y., Chan, M., Hui, K., Jeng, M., Liu, Z., Huang, J., Chen, K., Tu, R., Ko, P.K., and Hu, C., *BSIM3v3 Manual,* Department of Electrical Engineering and Computer Science, University of California, Berkeley, 1996.

Christie, P. and Stroobandt, D., "The interpretation and application of Rent's Rule." *IEEE Trans. on VLSI Systems,* vol. 8, no. 6, pp. 639–648, Dec. 2000.

Colinge, J.-P., *FinFETs and Other Multi-Gate Transistors,* New York, NY: Springer, 2008.

Cong, J. and He, L., "Optimal wiresizing for interconnects with multiple sources," *ACM Transaction on Design Automation of Electronic Systems,* vol. 1, no. 4, pp. 478–511, October 1996.

Cong, J., He, L., Koh, C.K., and Pan, Z., "Global interconnect sizing and spacing with consideration of coupling capacitance," *Proc. IEEE Int'l Conf. on Computer-Aided Design,* San Jose, CA, pp. 628–633, November 1997.

Dally, W.J., and Towles, B., "Route packets, not wires: on-chip interconnection networks," *Proc. ACM/IEEE Design Automation Conference,* pp. 684–689, Austin, TX, 2001.

De Los Santos, H.J. and Hoefflinger, B., "Optimization and scaling of CMOS bipolar drivers for VLSI interconnects," *IEEE Transactions on Electron Devices,* vol. ED-33, pp. 1722–1729, November 1986.

DeWilde, P., "New algebraic methods for modelling large-scale integrated circuits," *International Journal of Circuit Theory and Applications,* vol. 16, no. 4, pp. 473–503, October 1988.

Diaz, C.H., Kang, S.M., and Duvvury, C., *Modeling of Electrical Overstress in Integrated Circuits,* Norwell, MA: Kluwer Academic Publishers, 1994.

Diaz, C.H., Kang, S.M., and Leblebici, Y., "An accurate analytical delay model for BiCMOS driver circuits," *IEEE Transactions on Computer-Aided Design,* vol. 10, pp. 577–588, May 1991.

Digital/Analog Communications Handbook, Issue 9, *Mitel Semiconductor,* 1993.

Dillinger, T.E., *VLSI Engineering,* Englewood Cliffs, NJ: Prentice-Hall, Inc., 1988.

Dobberpuhl, D. et al., "A 200 MHz 64-b dual issue CMOS microprocessor," *IEEE J. Solid-State Circuits,* vol. 27, pp. 1555–1567, November 1992.

Embabi, S.H.K., Bellaouar, A., and Elmasry, M.I., *Digital BiCMOS Integrated Circuit Design,* Boston, MA: Kluwer Academic Publishers, 1993.

Enz, C., Krummenacher, F., and Vittoz, E., "An analytical MOS transistor model valid in all regions of operation and dedicated to low voltage and low current applications," *Analog Int. Circ. and Signal Proc.,* vol. 8, pp. 83–114, 1995.

Enz, C.C. and Vittoz, E.A., *Charge-based MOS Transistor Modeling: The EKV Model for Low-power and RF IC Design,* London, England: John Wiley & Sons, Inc., 2006.

Ferris-Prabhu, A.V., "On the assumptions contained in semiconductor yield models," *IEEE Transactions on Computer-Aided Design,* vol. 11, pp. 955–965, August 1992.

Fey, C.F., "Custom LSI/VLSI chip design complexity," *IEEE Journal of Solid-State Circuits,* vol. SC-20, no. 2, April 1985.

Flynn, M.J. and Oberman, S.F., *Advanced Computer Arithmetic Design,* New York, NY: John Wiley & Sons, Inc., 2001.

Foty, D., *MOSFET Modeling with SPICE,* Englewood Cliffs, NJ: Prentice-Hall, 1997.

Gabara, T.J. and Thompson, D.W., "High speed, low power CMOS transmitter-receiver system," *IEEE International Conference on Computer Design,* pp. 344–347, October 1988.

Glasser, L.A. and Dobberpuhl, D.W., *The Design and Analysis of VLSI Circuits,* Reading, MA: Addison-Wesley Publishing Co., 1985.

Goncalves, N.F. and De Man, H., "NORA: A racefree dynamic CMOS technique for pipelined logic structures," *IEEE Journal of Solid-State Circuits,* vol. SC-18, no. 3, pp. 261–266, June 1983.

Gray, P.R. and Meyer, R.G., *Analysis and Design of Analog Integrated Circuits,* fourth edition, New York, NY: John Wiley & Sons, Inc., 2001.

Greason, W.D., *Electrostatic Damage in Electronics: Devices and Systems,* Somerset, England: Research Studies Press, Ltd., 1987.

Grove, A.S., *Physics and Technology of Semiconductor Devices,* New York, NY: John Wiley & Sons, Inc., 1967.

Harris, D., "A taxonomy of prefix networks," *Proc. 37th Asilomar Conf. Signals, Systems, and Computers,* pp. 2213–2217. November 2003.

Harris Semiconductor, *SC3000 1.5-Micron CMOS Standard Cells,* 1989.

Haznedar, H., *Digital Microelectronics,* Redwood City, CA: Benjamin/Cummings, 1991.

Hedenstierna, N. and Jeppson, K.O., "Comments on the optimum CMOS tapered buffer problem," *IEEE Journal of Solid-State Circuits,* vol. 29, no. 2, pp. 155–158, February 1994.

Henson, W.K., Yang, N., Kubicek, S., Vogel, E.M., Worthman, J.J., Meyer, K.D., and Naem, A., "Analysis of leakage currents and impact on off-state power consumption for CMOS Technology in the 100nm regime," *IEEE Transactions on Electron Devices,* vol. 47, pp. 1393–1400, July 2000.

Hilewitz Y., and Lee, R.B., "A new basis for shifters in general-purpose processors for existing and advanced bit manipulations," *IEEE Transactions on Computers,* vol. 58, no. 8, pp. 1035–1048, Aug. 2009.

Hill, F.J. and Peterson, G.R., *Computer-Aided Logical Design with Emphasis on VLSI,* fourth edition, New York, NY: John Wiley & Sons, Inc., 1993.

Ho, R., Mai, K.W., and Horowitz, M.A., "The future of wires," *Proceedings of the IEEE,* vol. 89, no. 4, pp. 490–504, 2001.

Hollis, E.E., *Design of VLSI Gate Array ICs,* Englewood Cliffs, NJ: Prentice Hall, Inc., 1987.

Horowitz, M. and Dutton, R.W., "Resistance extraction from mask layout data," *IEEE Transactions on Computer-Aided Design,* vol. CAD-2, no. 3, pp. 145–150, July 1983.

Horst, E., Muller-Schloer, C., and Schwartzel, H., *Design of VLSI Circuits,* Heidelberg: Springer-Verlag, 1987.

Hu, T.C. and Kuh, E.S., *VLSI Circuit Layout: Theory and Design,* IEEE Press, 1985.

Hwang, I.S. and Fisher, A.L., "Ultrafast compact 32-bit CMOS adders in multiple-output domino logic," *IEEE Journal of Solid-State Circuits,* vol. 24, no. 2, pp. 358–369, June 1982.

Ikeda, T., Watanabe, A., Nishio, Y., Masuda, I., Tamba, N., Odaka, M., and Ogiue, K., "High-speed BiCMOS technology with a buried twin well structure," *IEEE Transactions on Electron Devices,* vol. ED-34, pp. 1304–1309, June 1987.

International Technology Roadmap for Semiconductors 2005, www.itrs.net.

Itoh, K., *VLSI Memory Chip Design,* Springer Series in Advanced Microelectronics 5, 2001.

Jeng, M.C., Lee, P.M., Kuo, M.M., Ko, P.K., and Hu, C., *Theory, Algorithms, and User's Guide for BSIM and SCALP,* Electronic Research Laboratory Memorandum, UCB/ERL M87/35, Berkeley, CA: University of California, 1983.

Jha, N. and Kundu, S., *Testing and Reliable Design of CMOS Circuits,* Norwell, MA: Kluwer Academic Publishers, 1990.

Johnson, H.W. and Graham, M., *High-Speed Digital Design,* Englewood Cliffs, NJ: Prentice-Hall PTR, 1993.

Kang, S.M., "Accurate simulation of power dissipation in VLSI circuits," *IEEE Journal of Solid-State Circuits,* vol. SC-21, no. 10, pp. 889–891, October 1986.

Kang, S.M., Krambeck, R.H., Law, H.-F.S., and Lopez, A.D., "Gate matrix layout of random logic in a 32-bit CMOS CPU chip adaptable to evolving logic design," *IEEE Transactions on Computer-Aided Design,* vol. CAD-2, no. 1, pp. 18–29, January 1983.

Karen, I., *Computer Arithmetic Algorithms,* second edition, Natick, MA: A K Peters, 2002.

Kim, C., Hwang, I.-C., and Kang, S.-M., "Low-power small-area 7.28ps jitter 1-GHz DLL-based clock generator," *IEEE Journal of Solid-State Circuits,* vol. 37, no. 11, pp. 1414–1420, November 2002.

Krambeck, R.H., Lee, C.M., and Law, H.-F.S., "High-speed compact circuits with CMOS," *IEEE Journal of Solid-State Circuits,* vol. SC-17, no. 3, pp. 614–619, June 1982.

Kwak, Y.-H., Jung, I., and Kim, C., "A Gbps+ slew-rate/impedance controlled output driver with single-cycle compensation time," *IEEE Transactions on Circuits and Systems II,* vol. 57, no. 2, pp. 120–125, Feb. 2010.

Landman, B.S., and Russo, R.L., "On a pin versus block relationship for partitions of logic graphs," *IEEE Trans. on Computer,* C-20, pp. 1469–1479, 1971.

Leblebici, Y. and Kang, S.M., *Hot-Carrier Reliability of MOS VLSI Circuits,* Norwell, MA: Kluwer Academic Publishers, 1993.

Lee, C.M. and Szeto, E.W., "Zipper CMOS," *IEEE Circuits and Devices Magazine,* pp. 10–16, May 1986.

Lee, K., Shur, M., Fjeldly, T.A., and Ytterdal, Y., *Semiconductor Device Modeling for VLSI,* Englewood Cliffs, NJ: Prentice-Hall, Inc., 1993.

Lee, S.-W. and Rennick, R.C., "A compact IGFET model-ASIM," *IEEE Transactions on Computer-Aided Design,* vol. 7, no. 9, pp. 952–975, September 1988.

Lin, H.C., Ho, J.C., Iyer, R.R., and Kwong, K., "Complementary MOS-bipolar transistor structure," *IEEE Transactions on Electron Devices,* vol. ED-16, pp. 945–951, November 1969.

Liu, Z.-H., Hu, C., Huang J.-H., Chan, T.-Y., Jeng, M.-C., Ko P.K., and Cheng, Y.C., "Threshold voltage model for deep-submicrometer MOSFETs," *IEEE Transactions on Electron Devices,* vol. 40, no. 1, pp. 86–95, January 1993.

Lopez, A.D. and Law, H.-F.S., "A dense gate matrix layout method for MOS VLSI," *IEEE Transactions on Electron Devices,* vol. ED-27, no. 8, pp. 1671–1675, August 1980.

Mahoney, P., Fetzer, E., Doyle, B., and Naffziger, S., "Clock distribution on a dual-core, multi-threaded Itanium®-family processor," *IEEE International Solid-State Circuits Conference,* Feb. 2005, San Francisco, CA.

Maly, W., *Atlas of IC Technologies,* Menlo Park, CA: Benjamin/Cummings, 1987.

Maly, W. and Director, S.W., eds., *Statistical Approach to VLSI,* Amsterdam: North Holland, 1994.

Massobrio, G. and Antognetti, P., *Semiconductor Device Modeling with SPICE,* second edition, New York, NY: McGraw-Hill, 1993.

Matthys, R.J., *Crystal Oscillator Circuits,* New York, NY: John Wiley & Sons, Inc., 1983.

McClurkey, E.J., *Logic Design Principles with Emphasis on Testable VLSI Circuits,* Englewood Cliffs, NJ: Prentice-Hall, Inc., 1986.

Mead, C. and Conway, L., *Introduction to VLSI Systems,* Reading, MA: Addison-Wesley Publishing Company, Inc., 1980.

Meyer, J.E., "MOS models and circuit simulation," *RCA Review,* 32, pp. 42–63, March 1971.

Miller, I. and Freund, E., *Probability and Statistics for Engineers,* second edition, Englewood Cliffs, NJ: Prentice Hall, Inc., 1977.

Mokhari-Bolhassan, M.E. and Kang, S.M., "Analysis and correction of VLSI delay measurement errors due to transmission-line effects," *IEEE Trans. Circuits and Systems,* vol. 35, pp. 19–25, January 1988.

Momose, H., Shibata, H., Saitoh, S., Miyamoto, J., Kanzaki, K., and Kohyama, S., "1.0-mm n-well CMOS/bipolar technology," *IEEE Transactions on Electron Devices,* vol. ED-32, pp. 217–223, February 1985.

Mukhopadhyay, S., Neau, C., Cakici, R.T., Agarwal, A., Kim, C.H., and Roy, K., "Gate leakage reduction for scaled devices using transistor stacking," *IEEE Transactions on VLSI Systems,* vol. 11, pp. 716–730, August 2003.

Muller, R.S. and Kamins T., *Device Electronics for Integrated Circuits,* second edition, New York, NY: John Wiley & Sons, Inc., 1986.

Murphy, B.T., "Cost-size optima of monolithic integrated circuits," *Proceedings of IEEE,* vol. 52, pp. 1937–1945, December 1964.

Nagel, L.W., *SPICE2: A Computer Program to Simulate Semiconductor Circuits,* Memo ERL-M520, Berkeley, CA: University of California, 1975.

Najm, F., "A survey of power estimation techniques in VLSI circuits," *IEEE Transactions on VLSI Systems,* vol. 2, pp. 446–455, December 1994.

Oklobdzija, V.G., Stojanovic, V.M., Markovic, D.M., and Nedovic, N.M., *Digital System Clocking High-Performance and Low-Power Aspects,* New York, NY: John Wiley & Sons, Inc., 2003.

Osseiran, A., *Design for Testability,* Swiss Federal Institute of Technology (EPFL) Intensive Summer Course Note, 1993.

Packan, P., *IEEE Electron Device Meeting Short Course,* 2007.

Patel, J.H., *ECE443 Class Notes,* University of Illinois at Urbana-Champaign, Spring 1994.

Pelgrom, M., *Analog-to-digital Conversion,* second edition, New York, NY: Springer, 2013.

Plummer, J.D., Deal, M.D., and Griffin, P.B., *Silicon VLSI Technology,* Upper Saddle River, NJ: Prentice Hall, Inc., 2000.

Prince, B., *Semiconductor Memories: A Handbook of Design, Manufacture and Application,* second edition, New York, NY: John Wiley & Sons, Inc., 1996.

Rabaey, J.M. and Pedram, M., ed., *Low Power Design Methodologies,* Norwell, MA: Kluwer Academic Publishers, 1995.

Razavi, B., *Monolithic Phase-Locked Loops and Clock Recovery Circuits,* New York, NY: IEEE Press, 1996.

Rogers, J., Plett, C., and Dai, F., *Integrated Circuit Design for High-speed Frequency Synthesis,* Norwood, MA: Artech House, 2006.

Ross, P.J., *Taguchi Techniques for Quality Engineering,* New York: McGraw-Hill, 1988.

Rosseel, G.P. and Dutton, R.W., "Influence of device parameters on the switching speed of BiCMOS buffers," *IEEE Journal of Solid-State Circuits,* vol. 24, pp. 90–99, February 1989.

Roy, K., Mukhopadhyay, S., Mahmoodi-Meimand, H., "Leakage current mechanisms and leakage reduction techniques in deep-submicrometer CMOS circuits," *Proceedings of the IEEE,* vol. 91, no. 2, pp. 305–327, 2003.

Ruehli, A.E. and Brennan, P.A., "Efficient capacitance calculations for three-dimensional multiconductor systems," *IEEE Transactions on Microwave Theory and Applications,* vol. MTT-21, no. 2, pp. 76–82, February 1973.

Sah, C.-T., *Fundamentals of Solid-State Electronics,* River Ridge, NJ: World Scientific Publishing Co., 1991.

Sakurai, T. and Kuroda, T., *Low Power CMOS Technology and Circuit Design for Multimedia Applications,* Lecture notes, Advanced Course on Architectural and Circuit Design for Portable Electronic Systems, EPFL—Swiss Federal Institute of Technology, Lausanne, June 1997.

Sakurai, T. and Newton, A.R., "Alpha-power law MOSFET model and its application to CMOS inverter delay and other formulas," *IEEE Journal of Solid-State Circuits,* vol. 25, no. 2, pp. 584–594, April 1990.

Sakurai, T. and Newton, A.R., "Delay analysis of series-connected MOSFET circuits," *IEEE Journal of Solid-State Circuits,* vol. 26, no. 2, pp. 122–131, February 1991.

Sapatnekar, S.S. and Kang, S.M., *Design Automation for Timing-Driven Layout Sythesis,* Norwell, MA: Kluwer Academic Publishers, 1993.

Schichman, H. and Hodges, D.A., "Modeling and simulation of insulated-gate field-effect transistors," *IEEE Journal of Solid-State Circuits,* vol. SC-3, no. 5, pp. 285–289, September 1968.

Sechen, C. and Sangiovanni-Vincentelli, A., "The TimberWolf placement and routing package," *IEEE Journal of Solid-State Circuits,* vol. SC-20, no. 2, pp. 510–522, April 1985.

Sheu, B.J., Scharfetter, D.L., Ko, P.K., and Jeng, M.C., "BSIM, Berkeley short-channel IGFET model," *IEEE Journal of Solid-State Circuits,* vol. SC-22, pp. 558–566, 1987.

Shoji, M., "FET scaling in domino CMOS gates," *IEEE Journal of Solid-State Circuits,* vol. SC-20, no. 5, pp. 1067–1071, October 1985.

Shoji, M., *CMOS Digital Circuit Technology,* Englewood Cliffs, NJ: Prentice-Hall, Inc., 1988.

Shoji, M., *Theory of CMOS Digital Integrated Circuits and Circuit Failures,* Princeton, NJ: Princeton University Press, 1992.

Strojwas, A., ed., *Selected Papers on Statistical Design of Integrated Circuits,* IEEE Press, 1987.

Svensson, C. and Liu, D., "A power estimation tool and prospects of power savings in CMOS VLSI chips," *Proceedings of International Workshop on Low Power Design,* 1994.

Sze, S.M., *Physics of Semiconductor Devices,* second edition, New York, NY: John Wiley & Sons, Inc., 1981.

Sze, S.M., *VLSI Technology,* New York, NY: McGraw-Hill, 1983.

Tsay, R.S., "An exact zero-skew clock routing algorithm," *IEEE Trans. Computer-Aided Design,* vol. 12, pp. 242–249, February 1993.

Tsividis, Y.P., *Operation and Modeling of the MOS Transistor,* New York, NY: McGraw-Hill, 1987.

Tummala, R.R., *Fundamentals of Microsystems Packaging,* New York, NY: McGraw-Hill, 2001.

Uehara, T. and Van Cleemput, W.M., "Optimal layout of CMOS functional arrays," *IEEE Transactions on Computers,* vol. C-30, no. 5, pp. 305–313, May 1981.

Uyemura, J.P., *Fundamentals of MOS Digital Integrated Circuits,* Reading, MA: Addison-Wesley, 1988.

Vangal, S., Howard, J., Ruhl, G., Dighe, S., Wilson, H., Tschanz, J., Finan, D., Iyer, P., Singh, A., Jacob, T., Jain, S., Venkataraman, S., Hoskote, Y., and Borkar, N., "An 80-Tile 1.28TFLOPS Network-on-Chip in 65nm CMOS," *ISSCC Dig. Tech. Papers,* pp. 98–589, 2007.

Wadsack, R.L., "Fault modeling and logic simulation of CMOS and MOS integrated circuits," *Bell System Technical Journal,* vol. 57, no. 5, pp. 1449–1474, May-June 1978.

Weste, N.H.E. and Eshraghian, K., *Principles of CMOS VLSI Design—A Systems Perspective,* second edition, Reading, MA: Addison-Wesley Publishing Co., 1993.

Weste N.H.E. and Harris, D.M., *CMOS VLSI Design—A Circuits and Systems Perspective,* fourth edition, Reading, MA: Addison-Wesley, 2011.

Wolf, S. and Tauber, R.N., *Silicon Processing for the VLSI Era: Process Technology* (Volume 1), Sunset Beach, CA: Lattice Press, 1986.

Wolf, S., *Silicon Processing for the VLSI Era: Process Integration* (Volume 2), Sunset Beach, CA: Lattice Press, 1990.

Wong, B.P., Mittal, A., Cao, Y., and Starr, G., *Nano-CMOS Circuit and Physical Design,* New York, NY: John Wiley & Sons, Inc., 2005.

Yang, P. and Chatterjee, P.K., "SPICE modeling for small geometry MOSFET circuits," *IEEE Transactions on Computer-Aided Design,* vol. CAD-1, no. 4, pp. 169–182, 1982.

Yang, W., Dunga, M.V., Xi, X., He, J., Liu, W., Kanyu, L., Cao, M., Jin, X., Ou, J., Chan, M., Kiknejad, A., and Hu, C., *BSIM4.6.2 MOSFET Model–User's Manual,* Department of Electrical Engineering and Computer Science, University of California, Berkeley, 2008.

Yoo, S.M. and Kang, S.M., "New high performance sub-1V circuit technique with reduced standby current and robust data handling," *IEEE International Symposium on Circuits and Systems,* May 28–31, 2000, Geneva, Switzerland.

Yuan, C.P. and Trick, T.N., "A simple formula for the estimation of capacitance of two-dimensional interconnects in VLSI circuits," *IEEE Electron Device Letters,* vol. EDL-3, no. 12, pp. 391–393, December 1982.

Yuan, J. and Svensson, C., "High-speed CMOS circuit technique," *IEEE Journal of Solid-State Circuits,* vol. 24, no.1, pp. 62–70, February 1989.

Zhou, D., Preparata, F.P., and Kang, S.M., "Interconnection delay in very high-speed VLSI," *IEEE Transactions on Circuits and Systems,* vol. 38, no. 7, pp. 779–790, July 1991.

Zhou, X., Lim, K.Y., and Lim, D., "A general approach to compact threshold voltage formulation based on 2-D numerical simulation and experimental correlation for deep-submicron ULSI technology development," *IEEE Transactions on Electron Devices,* vol. 47, no. 1, pp. 214–221, January 2000.

Zimmermann, R. and Fichtner, W., "Low-power logic styles: CMOS versus pass-transistor logic," *IEEE Journal of Solid-State Circuits,* vol. 32, no. 7, pp. 1079–1090, July 1997.

重要公式

Physical and Materials Constants

Boltzmann's constant	k	1.38×10^{-23}	J/K
Electron charge	q	1.6×10^{-19}	C
Thermal voltage	kT/q	0.026 (at $T = 300$ K)	V
Energy gap of silicon (Si)	E_g	1.12 (at $T = 300$ K)	eV
Intrinsic carrier concentration of silicon (Si)	n_i	1.45×10^{10} (at $T = 300$ K)	cm^{-3}
Dielectric constant of vacuum	ε_0	8.85×10^{-14}	F/cm
Dielectric constant of silicon (Si)	ε_{Si}	$11.7 \times \varepsilon_0$	F/cm
Dielectric constant of silicon dioxide (SiO$_2$)	ε_{ox}	$3.97 \times \varepsilon_0$	F/cm

Commonly Used Prefixes for Units

giga	G	10^9
mega	M	10^6
kilo	k	10^3
milli	m	10^{-3}
micro	μ	10^{-6}
nano	n	10^{-9}
pico	p	10^{-12}
femto	f	10^{-15}

MOSFET Drain Current Equations

n-channel MOSFET:

$$I_D(lin) = \frac{\mu_n \cdot C_{ox}}{2} \cdot \frac{W}{L} \cdot \frac{1}{1 + \left(\frac{V_{DS}}{E_c L}\right)} \cdot \left[2 \cdot (V_{GS} - V_T) \cdot V_{DS} - V_{DS}^2\right] \quad \text{for} \quad V_{GS} \geq V_T$$

$$\text{and} \quad V_{DS} < \frac{(V_{GS} - V_T) \cdot E_c L}{(V_{GS} - V_T) + E_c L}$$

$$I_D(sat) = W \cdot v_{sat,n} \cdot C_{ox} \cdot \frac{(V_{GS} - V_T)^2}{(V_{GS} - V_T) + E_c L} \cdot (1 + \lambda \cdot V_{DS}) \quad \text{for} \quad V_{GS} \geq V_T$$

$$\text{and} \quad V_{DS} \geq \frac{(V_{GS} - V_T) \cdot E_c L}{(V_{GS} - V_T) + E_c L}$$

p-channel MOSFET:

$$I_D(lin) = \frac{\mu_p \cdot C_{ox}}{2} \cdot \frac{W}{L} \cdot \frac{1}{1 + \left(\frac{V_{SD}}{E_c L}\right)} \cdot \left[2 \cdot (V_{SG} - |V_T|) \cdot V_{SD} - V_{SD}^2\right] \quad \text{for} \quad V_{SG} \geq |V_T|$$

$$\text{and} \quad V_{SD} < \frac{(V_{SG} - |V_T|) \cdot E_c L}{(V_{SG} - |V_T|) + E_c L}$$

$$I_D(sat) = W \cdot v_{sat,p} \cdot C_{ox} \cdot \frac{(V_{SG} - |V_T|)^2}{(V_{SG} - |V_T|) + E_c L} \cdot (1 + |\lambda| \cdot V_{SD}) \quad \text{for} \quad V_{SG} \geq |V_T|$$

$$\text{and for} \quad V_{SD} \geq \frac{(V_{SG} - |V_T|) \cdot E_c L}{(V_{SG} - |V_T|) + E_c L}$$

CMOS Inverter Switching Threshold

$$V_{th} = \frac{V_{T0,n} + \sqrt{\kappa} \cdot (V_{DD} - |V_{T0,p}|)}{1 + \sqrt{\kappa}} \quad \text{where} \quad \kappa = \frac{W_p}{W_n} \cdot \frac{E_{C,n} \cdot L_n}{E_{C,p} \cdot L_p} = \frac{W_p \cdot E_{C,n}}{W_n \cdot E_{C,p}}$$

CMOS Inverter Propagation Delay Times

$$\tau_{PHL} = \frac{C_{load}}{k_n} \cdot \frac{2}{E_{C,n} L_n} \cdot \frac{V_{50\%}[(V_{DD} - V_{T,n}) + E_{C,n} L_n]}{(V_{DD} - V_{T,n})^2}$$

$$\tau_{PHL} = \frac{C_{load}}{k_{n,load} |V_{T,load}|} \left[\frac{2(V_{DD} - |V_{T,load}| - V_{OL})}{|V_{T,load}|} + \ln\left(\frac{2(|V_{T,load}| - (V_{DD} - V_{50\%})}{V_{DD} - V_{50\%}}\right)\right]$$

名詞索引

DDR（dual data rate，雙倍資料率）433
SCR 觸發 (triggering of the SCR) 574

三畫

干擾參數 (noise parameter) 588

四畫

不被允許 (not-allowed) 334
中央合成設計 (central composite design) 596
井區 (well) 45
介穩態 (metastability) 345
元件庫 (library) 19
內部 (intrinsic) 516
內部陣列 (inner array) 597
分級係數 (grading coefficient) 144
分割與多工 (Partition-and-MUX) 624
雙態觸變開關 (toggle switch) 342
反相器的臨界電壓 (inverter threshold voltage) 179
反轉 (inversion) 89
反轉層 (inversion layer) 91
比例式動態邏輯 (ratioed dynamic logic) 386

五畫

主要效應 (main effect) 595
主動區 (active area) 52
主動區 (active region) 45
主僕式正反器 (master-slave flip-flop) 343
功函數 (work function) 87
功率密度 (power density) 112
可行性區域 (feasible region) 601
可抹除可程式化唯讀記憶體 (erasable PROM, EPROM) 414

可接受性區域 (acceptability region) 600
可接受區域 (acceptable region) 601
可控制的 (controllable) 587
可控制性 (controllability) 623
可設計的 (designable) 587
可設計參數 (designable parameter) 588
可測試性設計 (design for testability) 619
可程式化唯讀記憶體 (programmable ROM, PROM) 414
可製造性設計 (design for manufacturability, DFM) 585
可觀察性 (observability) 623
外部 (extrinsic) 516
外部陣列 (outer array) 597
布林描述 (Boolean description) 19
平面規劃 (floorplanning) 19
平帶 (flat-band) 160
平衡費米能階 (equilibrium Fermi level) 86
本質費米能階 (intrinsic Fermi level) 86
正交陣列 (orthogonal array, OA) 597
正光阻 (positive photoresist) 47
正邏輯表示法 (positive logic convention) 179, 281
由上至下 (top-down) 19

六畫

交互作用效應 (interaction effect) 595
光阻（photoresist，又稱光阻劑）46
光罩 (mask) 46
光罩式唯讀記憶體 (mask ROM) 414
光罩產生 (mask generation) 19
全面搜尋 (full search) 512
再匯聚扇出 (reconvergent fan-out) 624

641

列 (row) 30
印痕 (imprint) 481
同步 (synchronous) 431
多準則最佳化問題 (multi-criteria optimization problem) 612
字組線 (word line) 417
有限狀態機 (finite state machine, FSM) 19
有效區域 (region of validity) 103
有效通道長度 (effective channel length) 106
次臨界電流 (subthreshold current) 130, 162
次臨界導通 (subthreshold conduction) 130
死區 (dead zone) 562
自我校準 (self-aligned) 51
行選擇線 (column select line, CSL) 431

七畫

位元線 (bit line) 417
位址多工 (address multiplexing) 419
低功率 (low-power) 193
低態作用 (active low) 337
夾止 (pinch-off) 99
步階感測 (step-sensing) 479
汲極感應能障降低 (drain-induced barrier lowering, DIBL) 130
汲極感應臨界電壓偏移 (drain-induced threshold shift, DITS) 130
災難式故障 (catastrophic fault) 592
良率 (yield) 592

八畫

初始化 (initialization) 624
定電壓尺寸縮小 (constant-voltage scaling) 110
延伸資料輸出 (extended data-out, EDO) 432
延遲相依 (delay-dependent) 626
延遲故障 (delay fault) 622
往返時間 (turnaround time) 26
性能空間 (performance space) 600
性能懲罰 (performance penalty) 613
拉丁超立方抽樣 (Latin hypercube sampling, LHS) 598
矽編譯 (silicon compilation) 36
空乏 (depletion) 89
空乏型 (depletion-type) 92
空乏模式 (depletion-mode) 92
表面反轉 (surface inversion) 91
表面移動率 (surface mobility) 102
表面電位 (surface potential) 87
表面黏著技術 (surface-mounted technology, SMT) 38
金屬氧化層半導體場效電晶體 (metal oxide semiconductor field effect transistor, MOSFET) 5
非同步 (asynchronous) 431
保持電流 (holding current) 575
保持電壓 (holding voltage) 575
保護環 (guard rings) 205

九畫

負光阻 (negative photoresist) 47
閂鎖效應 (latch-up) 205, 573

十畫

個別效應 (individual effect) 595
差分樹狀搜尋 (differential tree search) 512
弱反轉區 (weak inversion region) 162
時序-關鍵路徑 (timing-critical path) 32
氧化層相關電容 (oxide-related capacitance) 140
氧化層崩潰 (oxide breakdown) 133
疲乏 (fatigue) 481
真實單相時脈訊號 (true single-phase clock, TSPC) 405
訊號串音干擾 (signal crosstalk) 254
訓練點 (training points) 593
針孔 (pinhole) 132

高態作用 (active high) 337
側壁 (sidewall) 143

十一畫

動態回復 (dynamic recovery) 575
動態冒險 (dynamic hazard) 512
動態隨機存取記憶體 (dynamic RAM, DRAM) 414
參數化故障 (parametic fault) 592
參數篩選 (parameter screening) 610
唯讀記憶體 (read-only memory, ROM) 414
基底 (substrate) 85
基底偏壓係數 (substrate bias coefficient) 96
基於蒙地卡羅法 (Monte Carlo-based method) 605
基體效應係數 (body-effect coefficient) 96
崩潰電場 (breakdown field) 133
從下往上 (bottom-up) 19
掃描路徑 (scan path) 627
接面電容 (junction capacitance) 140
接腳通孔 (pin-through-hole, PTH) 38
混淆 (aliased) 596
混淆 (aliasing) 630
混雜 (confounded) 596
現場可編程閘陣列 (field programmable gate array, FPGA) 24
符號 - 大小 (sign-magnitude) 512
累積 (accumulation) 89
統計式設計 (statistical design) 585
設計中心化 (design centering) 605
設計規則檢查 (design rule checker, DRC) 13
設計點 (design point) 601
軟節點 (soft node) 368
通道 (channel) 27, 92
通道長度 (channel length) 92
通道長度調變 (channel length modulation, CLM) 107

通道長度調變係數 (channel length modulation coefficient) 108
通道寬度 (channel width) 92
部分因子設計 (fractional factorial design) 596
鳥嘴 (bird's beak) 54

十二畫

單體近似 (simplicial approximation) 605
場氧化層 (field oxide) 52
幾何形狀方法 (geometrical method) 605
晶片選擇 (chip select, CS) 417
最小平方適配法 (least-squares fitting) 599
最好情況分析 (best-case analysis) 607
最壞情況方向 (worst-case direction) 607
最壞情況機率 (worst-case probability) 607
無比例式動態邏輯 (ratioless dynamic logic) 388
絕熱邏輯 (adiabatic logic) 517
評估 (evaluate) 390
費米電位 (Fermi potential) 86
超級緩衝器 (super buffer) 274
軸向點 (axial point) 597
進位漣波 (carry ripple) 14

十三畫

傳導帶 (conduction band) 86
微影技術 (lithography) 46
愚蠢微縮法 (dumb shrink method) 36
準位敏感 (level-sensitive) 339
葉元件 (leaf cells) 19
資料輸出緩衝器 (data out buffer) 417
閘陣列 (gate array, GA) 27
閘極電極 (gate electrode) 85
電子式可抹除可程式化唯讀記憶體 (electrically erasable PROM, EEPROM) 414
電子束 (electron beam, E-beam) 48
電子表面移動率 (electron surface mobility) 102
電子親和力 (electron affinity) 87

電位障 (potential barrier) 130
電路懲罰 (circuit penalty) 613
電荷分享 (charge sharing) 387
電壓靴帶 (voltage bootstrapping) 380
預充電 (precharge) 390
飽和區 (saturation region) 100
飽和模式 (saturation mode) 100
飽和邊界 (saturation boundary) 371

十四畫

實驗性設計 (experimental design) 594
實驗設計 (design of experiments, DOE) 594
漸進通道近似法 (gradual channel approximation, GCA) 101
管線化 (pipelined) 432
蒙地卡羅抽樣 (Monte Carlo sampling) 598

十五畫

價電帶 (valence band) 86
增強型 (enhancement-type) 92
增強模式 (enhancement-mode) 92
寫入致能 (write enable, WE) 417
槽區 (tub) 45
模組描述 (module description) 19
線性迴歸法 (linear regression) 599
線性區 (linear region) 99
線性模式 (linear mode) 99
衝穿 (punch-through) 132
質量作用定律 (Mass Action Law) 86

十六畫

整頁存取模式 (page access mode) 431
整體尺寸縮小 (full scaling) 110
機率分佈函數 (probability distribution function) 608

機率密度函數 (probability density function, PDF) 588
橫向擴散 (lateral diffusion) 154
輸入位址緩衝器 (input address buffer) 417
隨機存取記憶體 (random access memory, RAM) 414
隨機抽樣 (random sampling) 597
靜態隨機存取記憶體 (static RAM, SRAM) 414

十七畫

縮小 (scaling) 110
縮小因子 (scaling factor) 111
聯合機率密度函數 (joint probability density function, jpdf) 588
臨界電壓 (threshold voltage) 93
臨界競跑 (critical race) 512

十八畫

雙相位時脈控制 (two-phase clocking) 384
雜訊邊界 (noise margin) 183

十九畫

簽章分析法 (signature analysis) 629

二十一畫

響應曲面模型 (response surface model, RSM) 594

二十三畫

變異性 (variability) 593
變異性懲罰 (variability penalty) 612
驗證 (verification) 19

二十四畫

靈敏度分析 (sensitivity analysis) 608